Original-Prüfungsfragen mit Kommentar

C.-T. Emmig · B. K. Keppler

GK 1

Chemie für Mediziner

... und noch mehr Tips für die Prüfungsvorbereitung

Das Repetitorium MEDI-LEARN hat fast alle seit 1981 gestellten Prüfungsfragen analysiert. Im Physikum sind das mehr als 10.000 Fragen.
Dabei wurde festgestellt, daß sich im Fach Chemie 78% aller bisher gestellten Fragen durch wenige Themen abdecken lassen.
Die „Top-Themen“ enthalten diejenigen Stichworte, die in diesem Zeitraum mit mindestens 10 Fragen vertreten waren.

Die Top-Themen der Prüfung

Thema	Anteil
Monosaccharide	8,2%
Aminosäuren	6,5%
Funktionelle Gruppen und Stereochemie von Natur- und Arzneistoffen	5,6%
Carbonsäuren und Carbonsäurederivate	5,2%
Chemie der Vitamine und Coenzyme	4,9%
Konfigurationsisomere	3,9%
Lipide	3,9%
Aufbau des Atoms, Ordnungs-, Kernladungs-, Massenzahl, Isotope	3,3%
Grundkörper (Aliphaten, Aromaten, Heterocyclen und ihre Reaktionen)	3,2%
Peptide	3,0%
Proteine	2,3%
Gibbs-Helmholtz-Gleichung, Berechnung von Gibbs freier Energie	2,0%
Energetische und kinetische Prinzipien	2,0%
Brönsted-Säuren bzw. -Basen	1,9%
pH, pK	1,9%
Puffer	1,9%
Oligo- und Polysaccharide	1,8%
Titrationskurven	1,7%
Hydroxy- und Ketocarbonsäuren	1,7%
Grundbegriffe der Oxidation/Reduktion	1,4%
Grundbegriffe homogener und heterogener Systeme	1,4%
Haupt- u. Nebengruppenelemente, Gesetzmäßigkeiten in Perioden u. Hauptgruppen	1,3%
Metallkomplexe	1,3%
Alkohole	1,3%
Aldehyde und Ketone	1,3%
Fettsäuren	1,3%
Nukleinsäuren	1,3%
Geschwindigkeitsbestimmende Teilschritte von Reaktionsketten	1,2%
Salze	1,1%
Trennverfahren	1,1%
Summe	**78,8%**

Fragenanteil pro Kapitel Chemie

Die Darstellung des prozentualen Fragenanteils pro Kapitel empfehlen wir als Grundlage Ihrer Lernplanung.

	Kapitel	Anteil
1	Ausgewählte anorganische Verbindungen	0,0%
2	Ausgewählte organische Verbindungen	0,0%
3	Aufbau der Materie	12,3%
4	Reaktionen der Stoffe	16,8%
5	Heterogene Gleichgewichte	3,9%
6	Energetik und Kinetik	8,6%
7	Struktur und Reaktion einfacher Verbindungen	24,6%
8	Isomerie organischer Verbindungen	7,6%
9	Funktionelle Gruppen und Stereochemie von Natur- und Arzneistoffen	9,7%
10	Kohlenhydrate	7,0%
11	Aminosäuren, Peptide, Proteine	7,6%
12	Fettsäuren, Lipide	1,1%
13	Nukleotide, Nukleinsäuren, Chromatin	0,8%

Für die Hinweise danken wir: MEDI-LEARN

Bahnhofstr. 26b, 35037 Marburg Tel. 06421/681668
Fax 06421/9619110 http://www.medi-learn.de

Original-Prüfungsfragen mit Kommentar

GK 1
Chemie für Mediziner

12. Auflage

Bearbeitet von C.-T. Emmig
und B. K. Keppler
unter Mitarbeit von A. Ding

Originalwortlaut des Gegenstandskatalogs
im Internet über http://www.thieme.de/Schwarze Reihe

1999
Georg Thieme Verlag Stuttgart · New York

Dr. Claus-Thomas Emmig
Untergasse 33

67308 Zell

Prof. Dr. Dr. Bernhard K. Keppler
Institut für Anorganische Chemie
Währingerstr. 42
A-1090 Wien

1. Auflage 1983
2. Auflage 1984
3. Auflage 1985
4. Auflage 1986
5. Auflage 1988
6. Auflage 1990
7. Auflage 1991
8. Auflage 1992
9. Auflage 1994
10. Auflage 1996
11. Auflage 1997
12. Auflage 1999

Die Deutsche Bibliothek – CIP-Einheitsaufnahme

Original-Prüfungsfragen mit Kommentar GK 1.
– Stuttgart ; New York : Thieme
Teilw. hrsg. von Alexander Bob ... – Teilw. im VCH-Verl., Weinheim, Basel, Schweiz, Cambridge, New York, NY, Tokyo. – Teilw. im Verl. Chapman and Hall, London, Glasgow, Weinheim, New York, Tokyo, Melbourne, Madras
Chemie für Mediziner : mit Lerntexten und Kurzlehrbuch / bearb. von B. K. Keppler und C.-T. Emmig. Unter Mitarb. von A. Ding. – 12. Aufl. – 1999
ISBN 3-13-114912-4

Unsere Homepage: http://www.thieme.de

Satz und Druck: Druckhaus Götz GmbH, Ludwigsburg
Bindung: Großbuchbinderei Heinr. Koch GmbH & Co. KG, Tübingen
Printed in Germany

ISBN 3-13-114912-4

Vorwort

Das vorliegende Buch enthält und kommentiert 533 Examensfragen, die vom August 1974 bis einschließlich August 1998 im Fachgebiet Chemie gestellt wurden. Die Fragen sind nach den Themengebieten des Gegenstandskataloges gegliedert, sämtliche Gegenstände werden behandelt.
Seit der 5. Auflage ist dem vorliegenden Band ein Kurzlehrbuch vorangestellt, welches die zum Physikum notwendigen Fakten in konzentrierter Form zusammenfaßt. Es folgt in seiner Gliederung genau dem neuen Gegenstandskatalog. Die vom GK geforderten Lerninhalte sind jedem Kapitel in kleiner Schrift vorangestellt und werden anschließend vollständig abgehandelt. Durch die äußerst knappe Formulierung ist praktisch jeder Satz wichtig. Eine sinnvolle Examensvorbereitung erfordert deswegen unbedingt, die im Kurzlehrbuch geschilderten Zusammenhänge durch die kommentierten Fragen einzuüben. Ausführlichere Lehrbücher, die über das vom GK geforderte Wissen hinausgehen und die einzelnen Punkte breiter schildern, können durch das Kurzlehrbuch natürlich nicht ersetzt werden. Da im neuen GK die Fächer Chemie und Biochemie (Physiologische Chemie) zusammengefaßt in einem Text aufgeführt sind, wird bei einigen Punkten, die die Biochemie betreffen, auf die entsprechenden Lehrbücher verwiesen.
Bei allen, die uns geholfen haben, Fehler und Irrtümer der vergangenen Auflagen zu berichtigen, möchten wir uns sehr herzlich bedanken. Konstruktive Kritik nehmen wir weiterhin gerne entgegen.
Für das Physikum wünschen wir viel Erfolg!

Zell/Wien, im Januar 1999

Claus-Thomas Emmig
Bernhard K. Keppler

Inhalt

Die *kursiv* gedruckten Seitenzahlen verweisen auf das Kurzlehrbuch, die **halbfett** gedruckten Seitenzahlen auf den Kommentarteil.

Lerntextverzeichnis

Bearbeitungshinweise

In den Original-Aufgabenheften, die die Grundlage der Prüfung bilden, sind die Fragen nicht nach Fächern, sondern nach Aufgaben-Typen geordnet.

Zur Prüfungsvorbereitung erscheint eine fachbezogene Fragenordnung, wie sie in diesem Band praktiziert wird, geeigneter.

Die Lösung zu jeder Frage ist am Unterrand derselben Seite vermerkt.

Es ist zweckmäßig, beim ersten Durchgang die falsch beantworteten Fragen zu markieren, um sie kurz vor dem Prüfungstermin zu wiederholen.

Aber Vorsicht! Manche Fragen werden im Examen wortgetreu wiederholt, doch kann die Reihenfolge der möglichen Antworten geändert sein.

Aufgabentypen:

Aufgabentyp A: Einfachauswahl

Erläuterung: Bei diesem Aufgabentyp ist von den fünf mit (A) bis (E) gekennzeichneten Antwortmöglichkeiten eine einzige auszuwählen, und zwar entweder die allein bzw. am ehesten zutreffende Aussage oder die einzig falsche bzw. am wenigsten zutreffende Aussage. Wenn die Falschaussage zu markieren ist, enthält der Vorsatz ein fettes (im Originalheft noch unterstrichenes) **nicht** oder einen ähnlichen deutlichen Hinweis.

Lesen Sie immer alle Antwortmöglichkeiten durch, bevor Sie sich für eine Lösung entscheiden!

Aufgabentyp B: Aufgabengruppe mit gemeinsamem Antwortangebot – Zuordnungsaufgaben

Erläuterung: Jede dieser Aufgabengruppen besteht aus:

a) einer Liste mit numerierten Begriffen, Fragen oder Aussagen (Liste 1 = Aufgabengruppe)
b) einer Liste von 5 durch die Buchstaben (A)–(E) gekennzeichneten Antwortmöglichkeiten (Liste 2)

Sie sollen zu jeder numerierten Aufgabe der Liste 1 aus der Liste 2 *eine* Antwort (A) bis (E) auswählen, die Sie für zutreffend halten oder von der Sie meinen, daß sie im engsten Zusammenhang mit dieser Aufgabe steht. Bitte beachten Sie, daß jede Antwortmöglichkeit (A) bis (E) für mehrere Aufgaben der Liste 1 die Lösung darstellen kann.

Aufgabentyp C: Kausale Verknüpfung

Erläuterung: Bei diesem Typ besteht die Aufgabe aus zwei Aussagen, die mit „weil" verknüpft sind. Jede der beiden Aussagen kann unabhängig von der anderen richtig oder falsch sein. Wenn beide Aussagen richtig sind, so kann die Verknüpfung durch „weil" richtig oder falsch sein. Ein gegebenenfalls vorangestellter Sachverhalt ist bei der Beurteilung zu berücksichtigen. Nach Prüfung entnehmen Sie den richtigen Lösungsbuchstaben dem Lösungsschema:

Antwort	Aussage 1	Aussage 2	Verknüpfung
A	richtig	richtig	richtig
B	richtig	richtig	falsch
C	richtig	falsch	–
D	falsch	richtig	–
E	falsch	falsch	–

Aufgabentyp D: Aussagenkombination

Erläuterung: Bei diesem Aufgabentyp werden mehrere durch eingeklammerte Zahlen gekennzeichnete Aussagen gemacht. Wählen Sie bitte die zutreffende Lösung unter den 5 vorgegebenen Aussagenkombinationen (A)–(E) aus.

Allen Aufgabentypen gemeinsam ist, daß am Ende eine und nur eine der fünf möglichen Lösungen (A) bis (E) zu markieren ist. Eine Mehrfachmarkierung wird als falsch gewertet. Das Fehlen einer Markierung wird in gleicher Weise falsch gewertet wie eine Markierung an falscher Stelle. Man sollte also, auch wenn man eine Aufgabe nicht lösen kann, in jedem Falle eine Lösung raten, weil man so eine 20%-Chance hat, die richtige Lösung zu treffen.

Abkürzungen

[X] = Konzentration eines Stoffes X
1 atm = 101 325 Pa
A = Arbeit
ΔA = Änderung der Arbeit
a = axial
A^- = korrespondierende oder konjugierte Base zur Säure HA
A_{el} = elektrische Arbeit
ADP = Adenosindiphosphat
Ala = Alanin
AMP = Adenosinmonophosphat
c-AMP = Cycloadenosinmonophosphat
Arg = Arginin
Ans = Asparagin
Asp = Asparaginsäure
ATP = Adenosintriphosphat
A_{Vol} = Volumenarbeit
B = Base
c = Konzentration
C_B = Konzentration einer Base
C_S = Konzentration einer Säure
Cys = Cystein
Cys-Cys = Cystin
Cys_2 = Cystin
d = Schichtdicke
δ^+, δ^- = Partialladungen
dt = zeitliche Änderung
e = equatorial
E = je nach Zusammenhang Extinktion oder tatsächlich meßbares Potential
E^0 = Normalpotential
ε = molarer Extinktionskoeffizient
EDTA = Ethylendiamintetraessigsäure
EMK = elekromotorische Kraft
F = Faraday-Konstante = 96 496 Coulomb
G = freie Enthalpie
ΔG = Freie Reaktionsenthalpie
ΔG^* = freie Aktivierungsenergie oder freie Aktivierungsenthalpie
ΔG^0 = Änderung der freien Enthalpie unter Standardbedingungen
Gln = Glutamin
$Gln\text{-}NH_2$ = Glutamin
Glu = Glutaminsäure
Gly = Glycin
H = Enthalpie
ΔH = Änderung der Enthalpie
ΔH_f^0 = Standardbildungsenthalpie
HA = Säure
HB^+ = korrespondierende oder konjungierte Säure zur Base B
His = Histidin (Imidazoylalanin)
Hyp = Hydroxyprolin
I = Intensität des Lichts nach Durchtritt durch die Lösung
I_I = Intensität des einstrahlenden Lichts
Ile = Isoleucin
INN = International Nonproprietary Name
k = je nach Zusammenhang Konstante oder Geschwindigkeitskonstante
K = je nach Zusammenhang Gleichgewichtskonstante oder Verteilungskoeffizient
K_B = Basenkonstante
K_{Dis} = Dissoziationskonstante
K_S = Säurekonstante
K_W = Ionenprodukt des Wassers
Leu = Leucin
Lp = Löslichkeitsprodukt
Lys = Lysin
M = molar
m-Stellung = meta-Stellung
Met = Methionin
N = normal
n = je nach Zusammenhang Anzahl der Mole, geradkettig oder Ziffern (z. B. n = 1, 2, 3, 4, usw.)
N_A = Avogadro-Konstante = $6{,}023 \times 10^{23}\ mol^{-1}$
ne^- = Anzahl der Elektronen
N_L = Loschmidt-Zahl = $6{,}023 \times 10^{23}\ mol^{-1}$
o-Stellung = ortho-Stellung
Ox = Oxidationsmittel = Elektronenakzeptor
P = Druck
PABS = 3'-Phosphoadenosin-5'-phosphosulfat
PABS = p-Aminobenzoesäure
p-Stellung = para-Stellung
pH = negativer dekadischer Logarithmus der H_3O^+-Ionenkonzentration
PHe = Phenylalanin
pH_{iso} = pH am isoelektrischen Punkt
pK_B = negativer Logarithmus der Basenkonstanten
pK_S = negativer Logarithmus der Säurenkonstanten
pOH = negativer dekadischer Logarithmus der OH^--Ionenkonzentration
P_{osm} = osmotischer Druck
Pro = Prolin
Q = Wärme
ΔQ = Änderung der Wärme
R = je nach Zusammenhang allgemeine Gaskonstante ($8{,}314\ J \times K^{-1} \times mol^{-1}$) oder organischer Rest
Red = Reduktionsmittel = Elektronendonor
S = Entropie
ΔS = Änderung der Entropie
ΔS^o = Änderung der Entropie unter Standardbedingungen
Ser = Serin

T	= absolute Temperatur
t	= tertiär
Thr	= Threonin
Trp	= Tryptophan
Tyr	= Tyrosin
U	= innere Energie
ΔU	= Änderung der inneren Energie
ÜZ	= Übergangszustand
v	= Reaktionsgeschwindigkeit
V	= je nach Zusammenhang Volt oder Volumen
ΔV	= Änderung des Volumens
Val	= Valin
Z	= Zwischenstufe

Kurzlehrbuch

1 Ausgewählte anorganische Verbindungen

Kenntnis von Formel und Namen der folgenden Verbindungen: bei Salzen, Säuren und Basen Dissoziationsverhalten in wäßriger Lösung, Reaktionen soweit unter den Gegenständen der nachfolgenden Kapitel aufgeführt (Gleichungen – außer Henderson-Hasselbalch- und Michaelis-Menten-Gleichung – werden vorgegeben).

Bei einigermaßen wasserlöslichen Verbindungen wurde die Dissoziation in wäßriger Lösung angegeben. Man beachte jedoch, daß die angegebenen Ionen niemals frei, sondern solvatisiert vorliegen (vgl. Abschn. 3.3.12).

1.1 Sauerstoff, Wasserstoff

Eigendissoziation: $2H_2O \rightleftharpoons H_3O^+ + OH^-$

H_2O Wasser

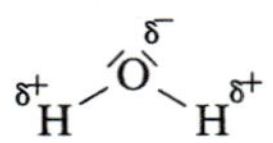

O_2 Sauerstoff
O_3 Ozon

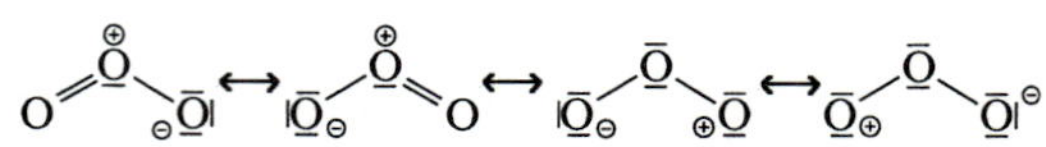

H_2 Wasserstoff

H—H

H_2O_2 Wasserstoffperoxid

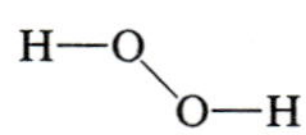

1.2 Alkaliverbindungen

Die aufgeführten Salze sind sämtlich gut wasserlöslich.

		Reaktion in Wasser
NaOH	Natriumhydroxid	$NaOH \rightarrow Na^+ \cdot aq + OH^{\ominus} \cdot aq$
$NaHCO_3$	Natriumhydrogencarbonat	$NaHCO_3 \rightarrow Na^+ + HCO_3^{\ominus}$
KOH	Kaliumhydroxid	$KOH \rightarrow K^+ + OH^{\ominus}$
Na_2CO_3	Natriumcarbonat	$Na_2CO_3 \rightarrow 2Na^+ + (CO_3^{2-}) \xrightarrow{+H_2O} HCO_3^- + OH^{\ominus}$
K_2CO_3	Kaliumcarbonat	$K_2CO_3 \rightarrow 2K^+ + (CO_3^{2-}) \xrightarrow{+H_2O} HCO_3^- + OH^{\ominus}$
KCN (KC≡N)	Kaliumcyanid („Cyankali“)	$KCN \rightarrow K^+ + CN^{\ominus}$

1.3 Erdalkaliverbindungen

Mit Ausnahme des Magnesiumsulfates sind die aufgeführten Beispiele schwer wasserlöslich.

$MgSO_4$ Magnesiumsulfat — $MgSO_4 \rightarrow Mg^{2+} + SO_4^{2-}$
$CaSO_4$ Calciumsulfat
$BaSO_4$ Bariumsulfat
$CaCO_3$ Calciumcarbonat
CaC_2O_4 Calciumoxalat

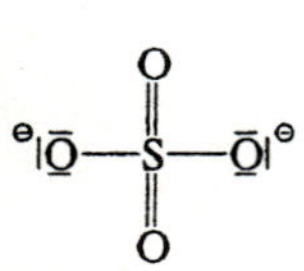

Sulfatanion

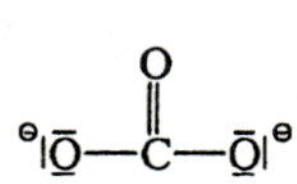

Carbonatanion

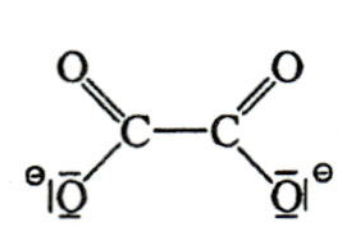

Oxalatanion

1.4 Kohlenstoffverbindungen

CO_2 O=C=O Kohlendioxid
CO |C≡O| Kohlenmonoxid

H_2CO_3 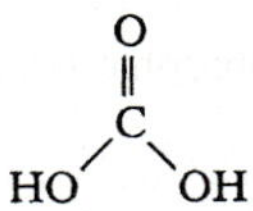 Kohlensäure

Die in freier Form nicht isolierbare Kohlensäure tritt in geringem Maße bei der Lösung von CO_2 in Wasser auf.

$$2H_2O + CO_2 \overset{0,2\%}{\rightleftharpoons} H_2CO_3 \rightleftharpoons H^+ + HCO_3^-$$

1.5 Stickstoffverbindungen

NH_3 Ammoniak 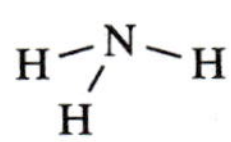

$NH_3 + H_2O \rightleftharpoons NH_4^+ + OH^-$

NH_4Cl Ammoniumchlorid 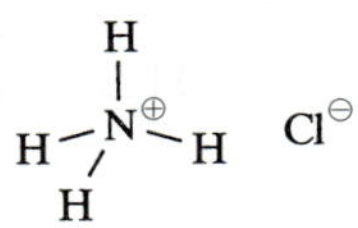

$NH_4Cl \rightleftharpoons NH_4^+ + Cl^-$

HNO_3	Salpetersäure	
KNO_3	Kaliumnitrat	
$NaNO_3$	Natriumnitrat	
$AgNO_3$	Silbernitrat	
$NaNO_2$	Natriumnitrit	
N_2	Stickstoff	|N≡N|

$HNO_3 \rightleftharpoons H^+ + NO_3^-$
$KNO_3 \rightleftharpoons K^+ + NO_3^-$
$NaNO_3 \rightleftharpoons Na^+ + NO_3^-$
$AgNO_3 \rightleftharpoons Ag^+ + NO_3^-$
$NaNO_2 \rightleftharpoons Na^+ + NO_3^-$

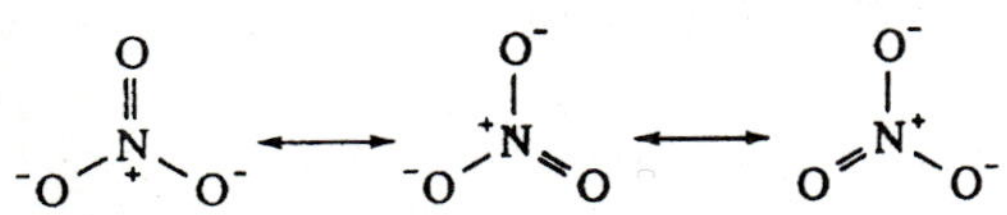

mesomeres Nitrat-Anion

mesomeres Nitrit-Anion

1.6 Phosphorverbindungen

Phosphorsäure (H_3PO_4) ist eine dreibasige Säure, die in drei Stufen dissoziiert:

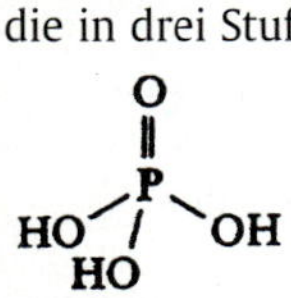

Phosphorsäure

$$H_3PO_4 \rightleftharpoons H_2PO_4^-$$
$$H_2PO_4^- \rightleftharpoons HPO_4^{2-}$$
$$HPO_4^{2-} \rightleftharpoons PO_4^{3-}$$

Entsprechend bildet Phosphorsäure drei Reihen von Salzen: **Dihydrogenphosphate** mit dem $H_2PO_4^-$-Anion, **Hydrogenphosphate** mit dem HPO_4^{2-}-Anion und **Phosphate** mit dem PO_4^{3-}-Anion.

Alle Phosphorsalze des Natriums und Kaliums sind wasserlöslich. In Wasser zeigen die Dihydrogenphosphate eine leicht saure Reaktion, die Hydrogenphosphate reagieren schwach, die Phosphate stark basisch:

$H_2PO_4^- + H_2O \rightleftharpoons HPO_4^{2-} + H_3O^+$
$HPO_4^{2-} + H_2O \rightleftharpoons H_2PO_4^- + OH^-$
$PO_4^{3-} + H_2O \rightleftharpoons HPO_4^{2-} + OH^-$

Beispiele:

NaH_2PO_4	Natriumdihydrogenphosphat
Na_2HPO_4	Natriumhydrogenphosphat
Na_3PO_4	Natriumphosphat
KH_2PO_4	Kaliumdihydrogenphosphat
K_2HPO_4	Kaliumhydrogenphosphat
K_3PO_4	Kaliumphosphat
$Ca_3(PO_4)_2$	Calciumphosphat (in Wasser praktisch unlöslich)

Pyrophosphate: auch Diphosphate genannt, sind Salze der Pyrophosphorsäure bzw. Diphosphorsäure $H_4P_2O_7$, z.B.:

$Na_2H_2P_2O_7$	Natriumdihydrogenpyrophosphat oder Natriumdihydrogendiphosphat,
$K_4P_2O_7$	Kaliumpyrophosphat oder Kaliumdiphosphat

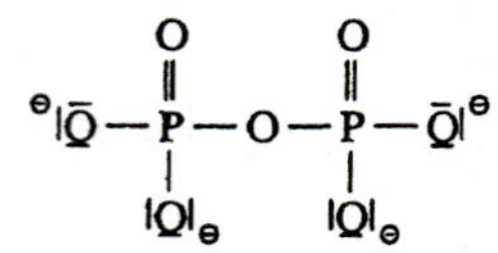

Pyrophosphat oder Diphosphat-Anion

1.7 Schwefelverbindungen

H_2S Schwefelwasserstoff

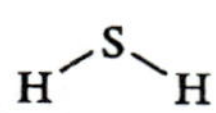

$$H_2S \rightleftharpoons H^+ + HS^-$$

H_2SO_4 Schwefelsäure

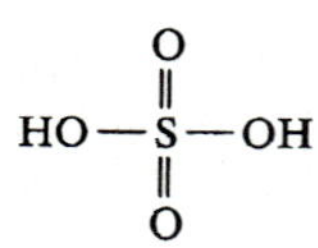

$$H_2SO_4 \rightleftharpoons H^+ + HSO_4^-$$

$$HSO_4^- \rightleftharpoons H^+ + SO_4^{2-}$$

Na_2SO_4 Natriumsulfat

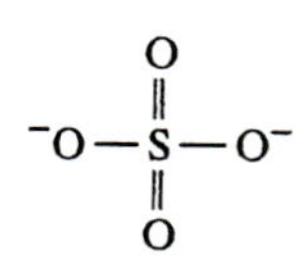

Sulfat-Anion

$$Na_2SO_4 \rightleftharpoons 2\,Na^+ + SO_4^{2-}$$

SO_2 Schwefeldioxid

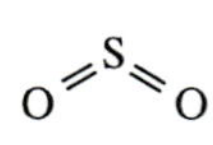

1.8 Halogene, Halogenverbindungen

Cl_2	Chlor	
Br_2	Brom	
I_2	Iod	
HCl	Chlorwasserstoff	$HCl \rightleftharpoons H^+ + Cl^\ominus$

Natrium- und Kaliumhalogenide, z.B.:

NaCl	Natriumchlorid	$NaCl \rightleftharpoons Na^+ + Cl^\ominus$
NaI	Natriumiodid	$NaI \rightleftharpoons Na^+ + I^\ominus$
KBr	Kaliumbromid	$KBr \rightleftharpoons K^+ + Br^\ominus$
CaF_2	Calciumfluorid	–
$CaCl_2$	Calciumchlorid	$CaCl_2 \rightleftharpoons Ca^{2+} + 2\,Cl^\ominus$

1.9 Schwermetallverbindungen

$FeCl_3$	Eisen(III)chlorid
$FeSO_4$	Eisen(II)sulfat
$ZnSO_4$	Zinksulfat
$CoCl_2$	Cobalt(II)chlorid
$CuSO_4$	Kupfersulfat

2 Ausgewählte organische Verbindungen

Auswahl des Namens einer der folgenden Verbindungen bei vorgegebener Strukturformel, Auswahl der Strukturformel bei Vorgabe des Namens einer Verbindung, Eigenschaften der Verbindungen anhand der Strukturformel oder des Namens (Gleichungen – außer Henderson-Hasselbalch- und Michaelis-Menten-Gleichung – werden vorgegeben)

2.1 Alkane

Alkane sind unpolare Verbindungen, die in Wasser nur sehr schwer bis gar nicht löslich sind. Ihre Siede- und Schmelzpunkte steigen in erster Näherung mit zunehmendem Atomgewicht. Bei Isomeren mit gleicher Kohlenstoffzahl besitzen die verzweigten einen niedrigeren Siede- und Schmelzpunkt.

Systematische Namen sind fett gedruckt, nicht mehr zulässige Trivialnamen in Klammern gesetzt. „*n*" (= normal) zur Kennzeichnung unverzweigter Kohlenwasserstoffe ist nicht notwendig; es wird nur zur expliziten Abgrenzung zu den verzweigten Isomeren verwendet.

Methan	CH_4		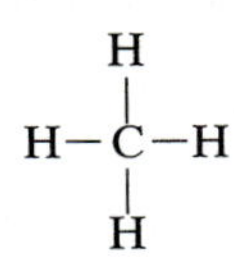
Ethan	C_2H_6	CH_3-CH_3	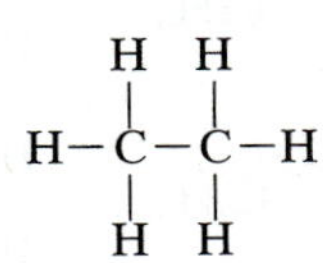
Propan	C_3H_8	$CH_3-CH_2-CH_3$	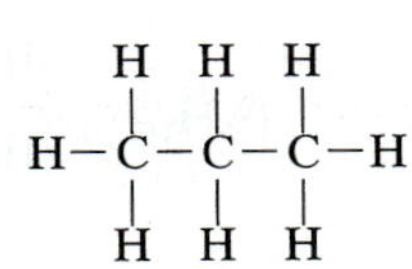
Butane: 1) *n*-Butan	C_4H_{10}	$CH_3-CH_2-CH_2-CH_3$	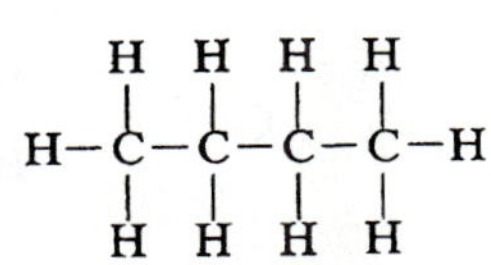
2) Isobutan, *i*-Butan, **2-Methylpropan**	C_4H_{10}	$CH_3-CH(CH_3)_2$	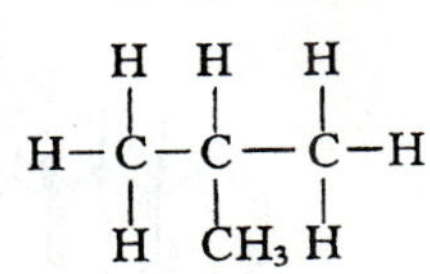

Pentane:

1) *n*-Pentan C_5H_{12} $CH_3-CH_2-CH_2-CH_2-CH_3$

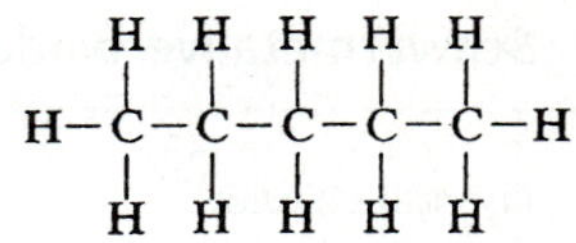

2) Isopentan, *i*-Pentan, **2-Methylbutan** C_5H_{12}

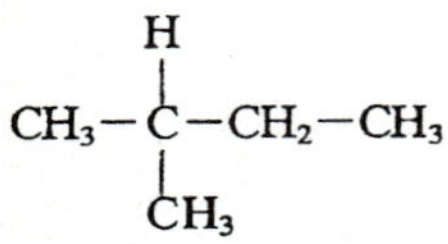

oder

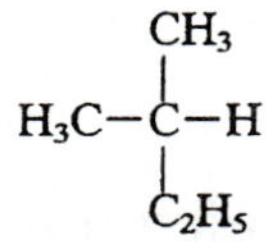

oder $CH_3-CH(CH_3)-C_2H_5$

3) Neopentan, **2,2-Dimethylpropan,** (Tetramethylmethan)

C_5H_{12} $C(CH_3)_4$

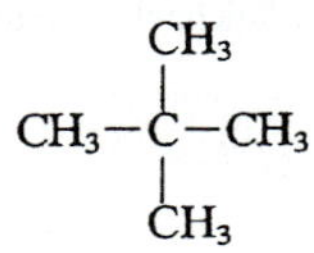

Hexane:

1) *n*-Hexan C_6H_{14} $CH_3-CH_2-CH_2-CH_2-CH_2-CH_3$

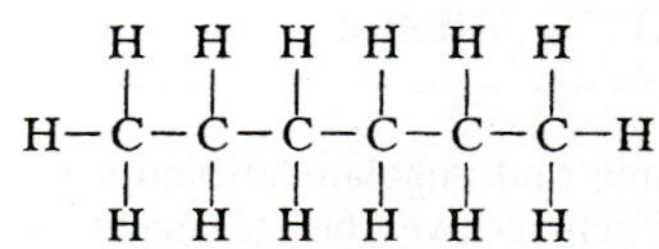

2) Isohexan, *i*-Hexan, **2-Methylpentan** $CH_3-CH(CH_3)-CH_2-CH_2-CH_3$

3) **3-Methylpentan** $CH_3-CH_2-CH(CH_3)-CH_2-CH_3$

4) (Neohexan), **2,2-Dimethylbutan** $CH_3-C(CH_3)_2-CH_2-CH_3$

5) **2,3-Dimethylbutan** $CH_3-CH(CH_3)-CH(CH_3)-CH_3$

Cyclopropan C_3H_6

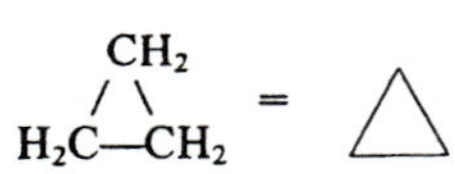

Cyclobutan C_4H_8

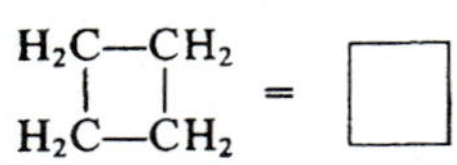

Cyclopentan C_5H_{10}

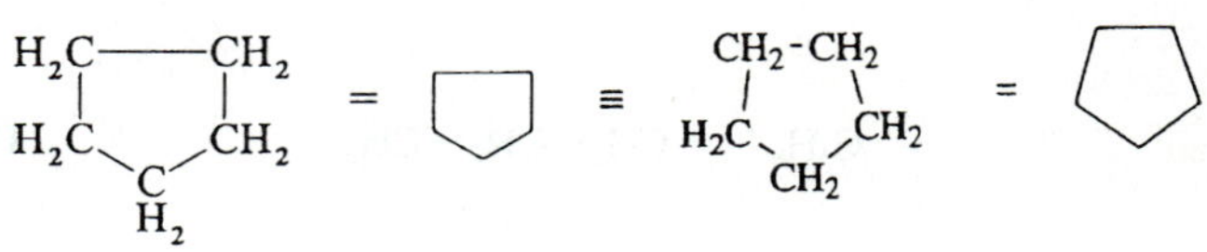

Cyclohexan C_6H_{12}

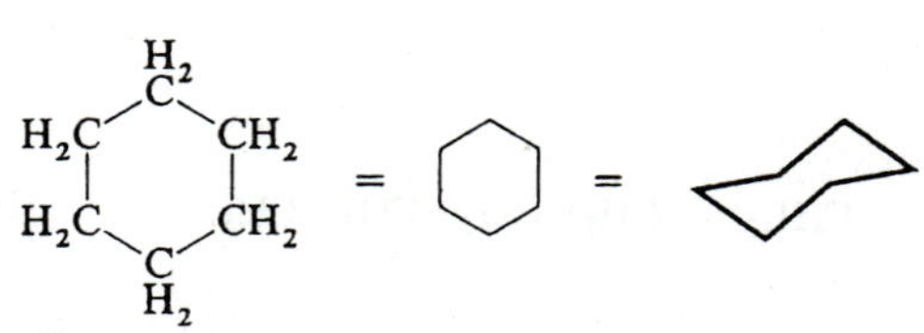

Gonan (Steran)

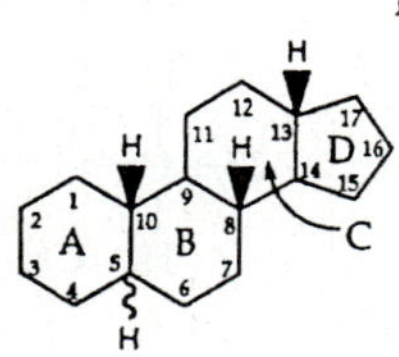

2.2 Alkene

Ethen C_2H_4 $CH_2{=}CH_2$

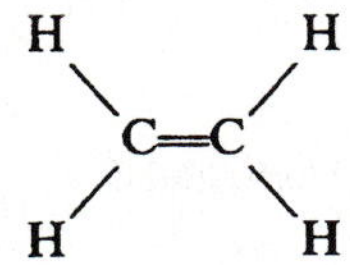

Propen C_3H_6 $CH_3{-}CH{=}CH_2$

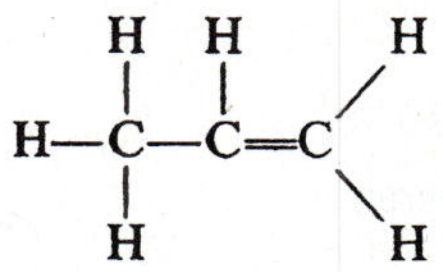

1,3-Butadien C_4H_6 $CH_2{=}CH{-}CH{=}CH_2$

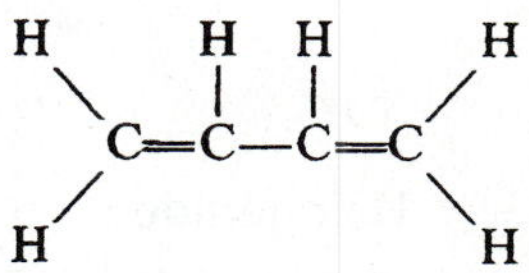

Isopren, 2-Methyl-1,3-butadien C_5H_8 $CH_2{=}CH{-}\underset{\displaystyle CH_3}{\underset{|}{C}}{=}CH_2$

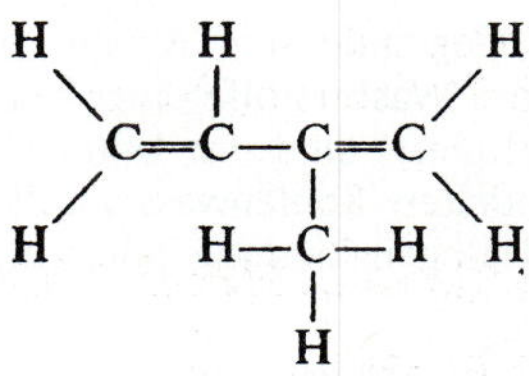

2-Buten C_4H_8 $CH_3{-}CH{=}CH{-}CH_3$

Es existiert eine *cis*- und eine *trans*-Form:

cis-2-Buten

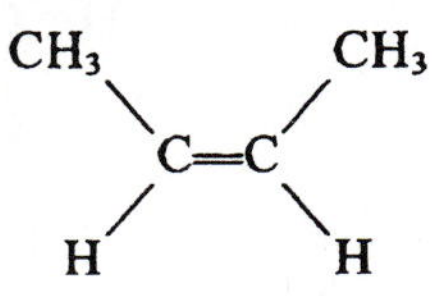

trans-2-Buten

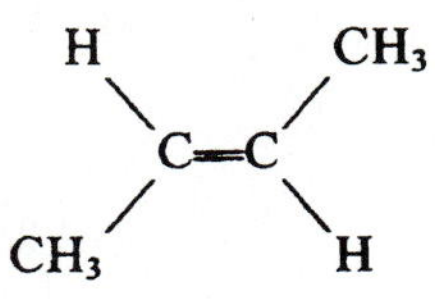

2.3 Aromaten

Benzol (die Endung „-ol" ist historisch bedingt, sie weist hier nicht auf eine OH-Gruppe hin)

C_6H_6  oder 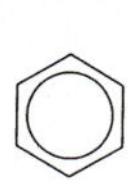

Die Kohlenstoffatome sind durch die Ecken des Sechsringes symbolisiert, an jedem Kohlenstoffatom ist noch ein Wasserstoffatom gebunden, welches nicht eingezeichnet wird. In der neueren Schreibweise wird das delokalisierte π-Elektronensystem durch einen Ring symbolisiert. Es werden aber beide Schreibweisen benutzt.

Toluol C_7H_8

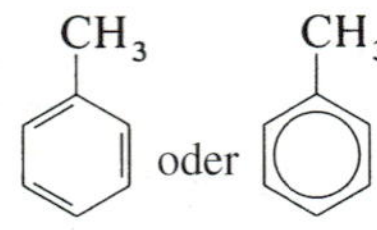

Naphthalin $C_{10}H_8$

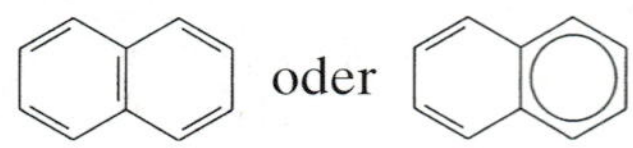

Benzo[a]pyren

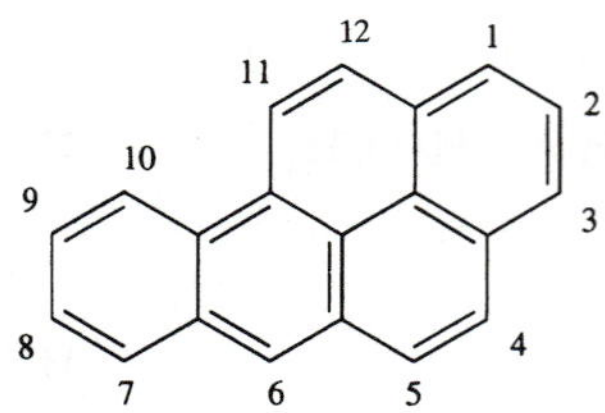

2.4 Halogenide

Alkylhalogenide sind Alkane, bei denen ein oder mehrere Wasserstoffatome durch Halogene ersetzt (substituiert) sind. Im Unterschied zu den bisher behandelten Kohlenwasserstoffen ist die Kohlenstoff-Halogen-Bindung polar mit positiver Partialladung auf dem Kohlenstoff und negativer auf dem Halogen.

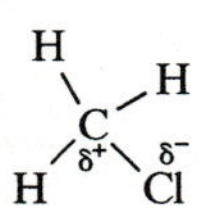

Alkylhalogenide sind reaktionsfreudiger als Alkane und zeigen deutlich höhere Schmelz- und Siedepunkte als Kohlenwasserstoffe gleicher Kohlenstoffzahl.

Methylenchlorid, Dichlormethan CH_2Cl_2

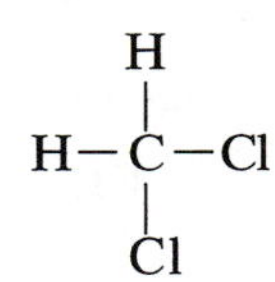

Chloroform, Trichlormethan $CHCl_3$

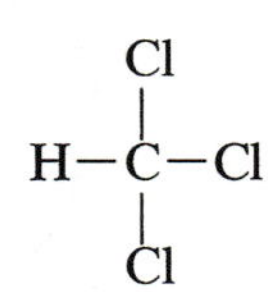

Tetrachlorkohlenstoff, Tetrachlormethan CCl_4

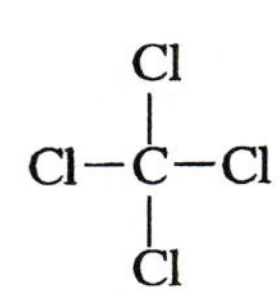

Methyliodid, Iodmethan CH_3I

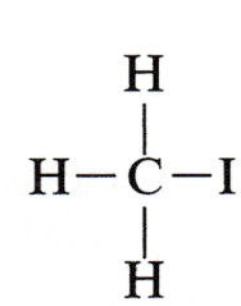

2.5 Alkohole, Phenole

Alkohole kann man als Substitutionsprodukte des Wassers ansehen, wobei ein Wasserstoffatom durch einen organischen Rest „R“ ersetzt ist. Entsprechend zeigen Alkohole ein amphoteres Verhalten (Abschn. 7.2.1). Die polare Hydroxygruppe der Alkohole kann Wasserstoffbrücken (Abschn. 3.3.11) ausbilden, was sich in vergleichsweise hohen Siedepunkten äußert.

Methanol CH_3OH

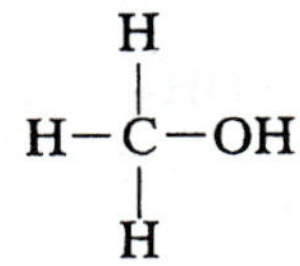

Ethanol C_2H_5OH

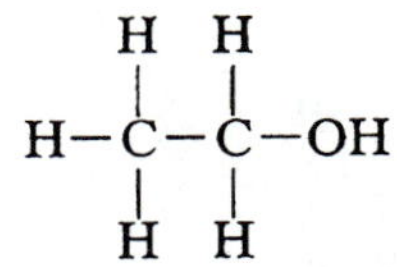

Propanole: C_3H_7OH

$CH_3-CH_2-CH_2-OH$

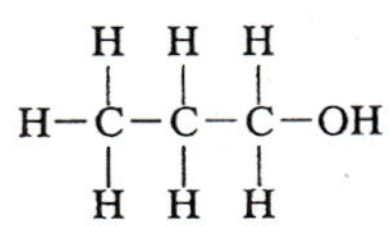

n-Propanol
1[1)]-Propanol

$CH_3CH(OH)CH_3$

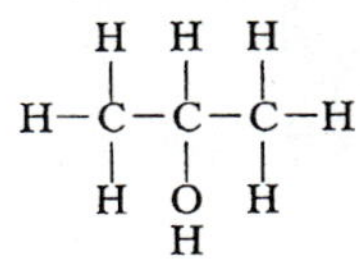

2-Propanol

Butanole: C_4H_9OH

n-Butanol
1[1)]-Butanol $CH_3(CH_2)_2CH_2OH$

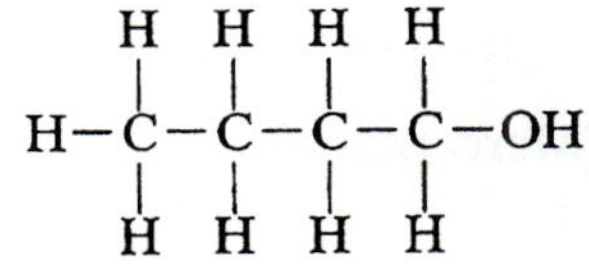

sek. Butylalkohol
2-Butanol $CH_3CH_2CH(OH)CH_3$

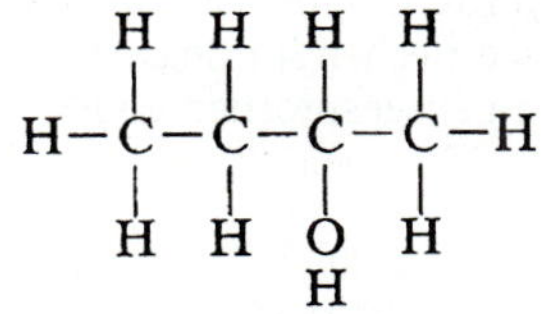

Isobutanol
2-Methyl-1-propanol $CH_3CH(CH_3)CH_2OH$

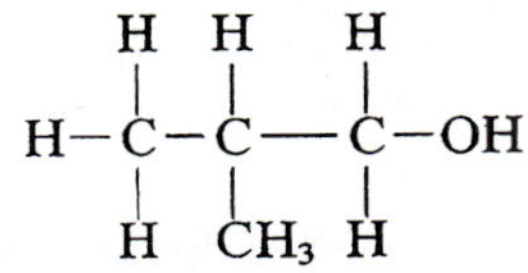

tert. Butanol, *t*-Butanol,
(2-Methyl-2-propanol) $CH_3C(CH_3)_2OH$

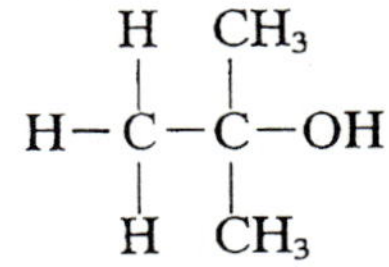

1) Positionsangabe nicht zwingend erforderlich

Glykol
(1,2 Ethandiol) $C_2H_4(OH)_2$

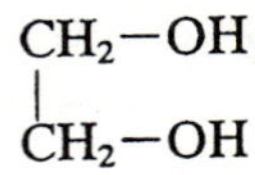

Glycerol (Glycerin)
(1,2,3-Propantriol) $C_3H_5(OH)_3$

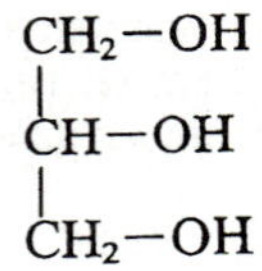

1,3-Dihydroxyaceton

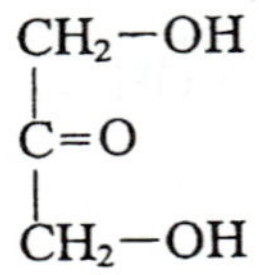

Phenol

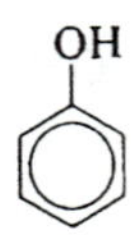

Hydrochinon

Cholesterol (Cholesterin)

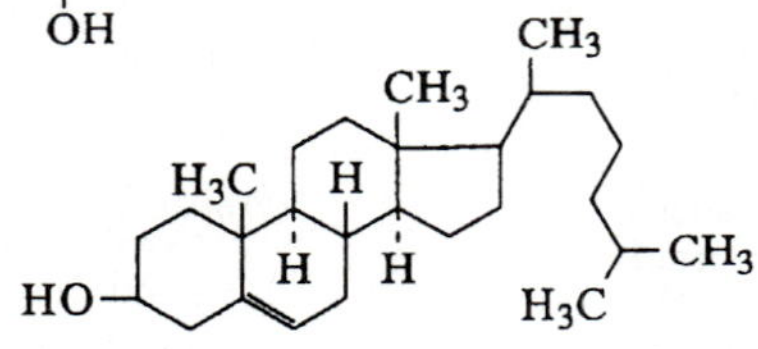

2.6 Thiole (Mercaptane)

Thiole sind die Schwefelanalogen der Alkohole, d. h. der Sauerstoff der Hydroxygruppe ist durch ein Schwefelatom ersetzt. Sie riechen im Gegensatz zu den einfachen Alkoholen ausgesprochen widerlich. Die geringere Polarität des Schwefelatoms bedingt drastisch veränderte physikalische und chemische Eigenschaften. Thiole sieden sehr viel niedriger als vergleichbare Alkohole.

Ethanthiol
(Ethylmercaptan) C_2H_5SH

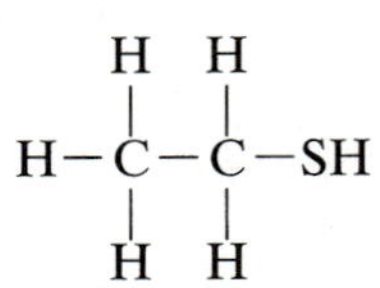

Cysteamin
(2-Aminoethanthiol) $H_2N{-}CH_2{-}CH_2{-}SH$

2.7 Ether

Ether lassen sich formal als Disubstitutionsprodukte des Wassers mit der allgemeinen Formel R—O—R′ auffassen. Ether sind wegen des elektronegativen Sauerstoffs polare Verbindungen. Sie können jedoch keine Wasserstoffbrücken mehr ausbilden und sieden deshalb sehr viel tiefer als Alkohole gleicher Kohlenstoffzahl.

Diethylether (Ether) $C_2H_5-O-C_2H_5$

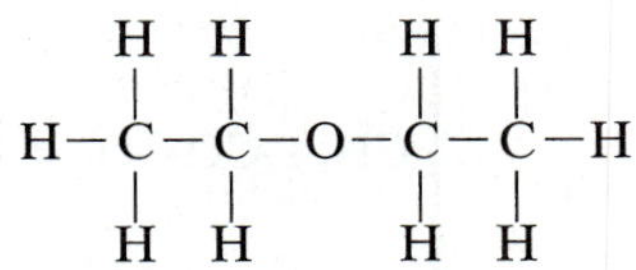

Tetrahydrofuran (THF)

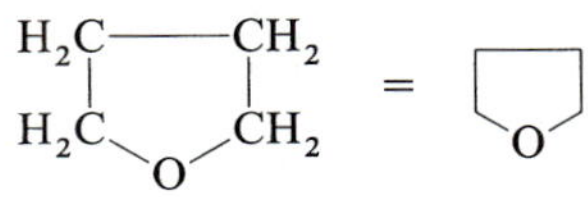

Tetrahydropyran (THP)

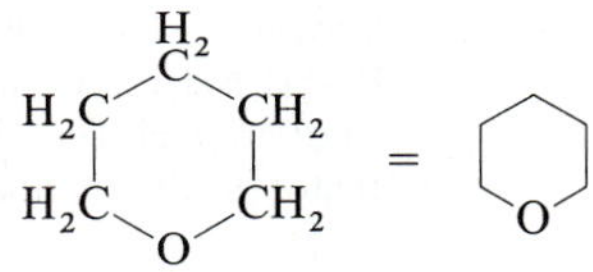

2.8 Amine

Wie die Alkohole formal als Substitutionsprodukte des Wassers gesehen werden können, sind die Amine als Substitutionsprodukte des Ammoniaks zu verstehen. Mit Säuren können sie, wie Ammoniak, Salze bilden. Amine sind polar und zwischen dem Aminstickstoff und den Aminprotonen können sich Wasserstoffbrücken bilden. Die niederen Amine sind unter basischer Reaktion gut wasserlöslich. Sie sieden drastisch niedriger als vergleichbare Alkohole.

Methylamin CH_3NH_2

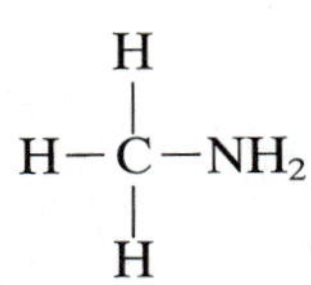

Dimethylamin $(CH_3)_2NH$

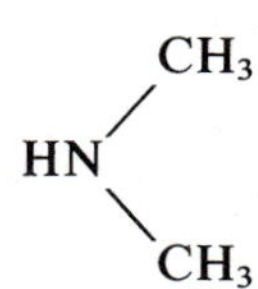

Trimethylamin $(CH_3)_3N$

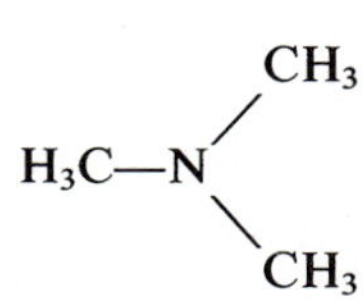

Anilin $C_6H_5NH_2$

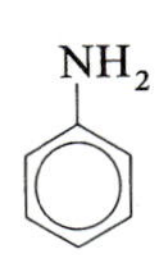

Ethanolamin $HO-CH_2-CH_2-NH_2$

Cholin

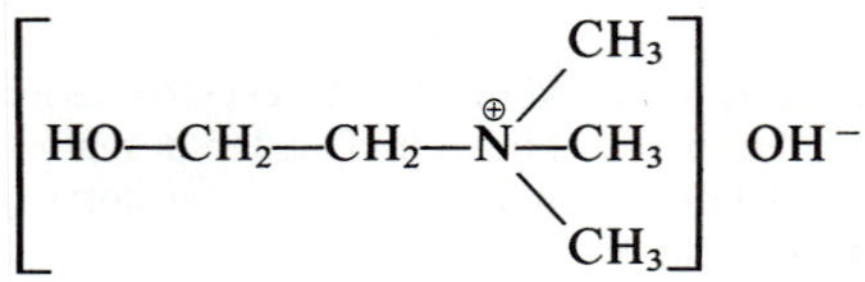

Acetylcholin

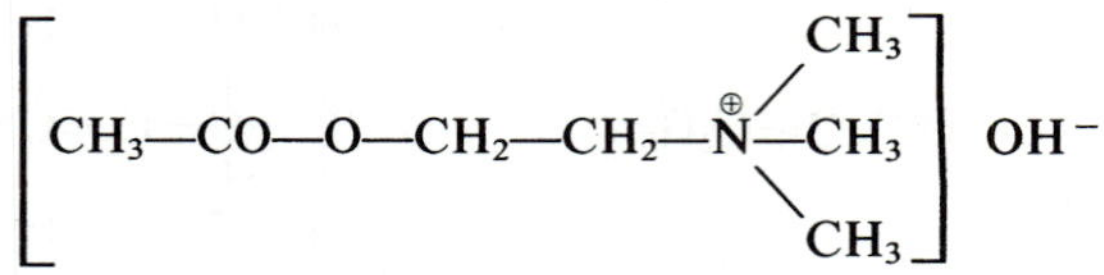

2.9 Sulfonsäuren

Sulfonsäuren sind Verbindungen mit einer oder mehreren HSO_3-Resten als funktionelle Gruppe.

Benzosulfonsäure

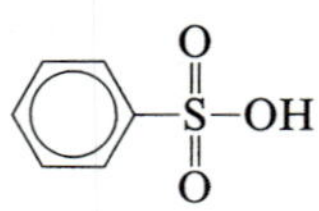

Vertreter der **Sulfonsäureamide (Sulfonamide)**, $R-SO_2NH_2$, sind wichtige antibakteriell wirkende Arzneimittel. Die Hydroxygruppe des Sulfonsäurerestes ist durch eine Aminogruppe ersetzt.

Sulfonsäureamide
z.B. Benzolsulfonsäureamid

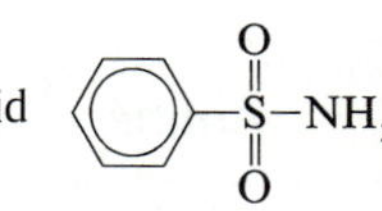

2.10 Aldehyde, Ketone

Aldehyde und Ketone besitzen eine Carbonylgruppe, in der eine Kohlenstoff-Sauerstoff-Doppelbindung vorliegt. Die Carbonylbindung ist polar. Aldehyde und Ketone mit kleiner Kohlenstoffzahl lösen sich (unter teilweiser Hydratbildung) in Wasser.

Formaldehyd $H-CHO$

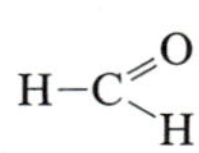

Acetaldehyd CH_3-CHO

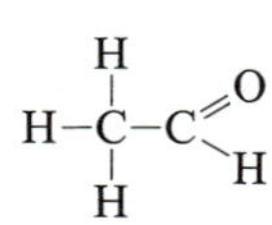

Benzaldehyd

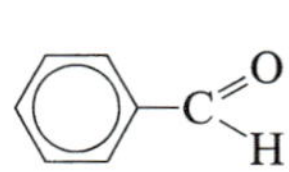

Aceton CH_3COCH_3

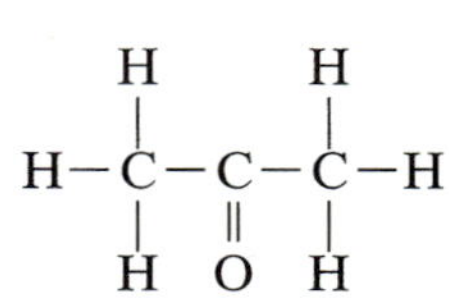

2.11 Chinone

p-Benzochinon 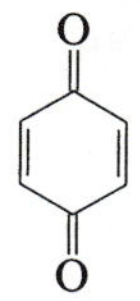

1,4-Naphthochinon 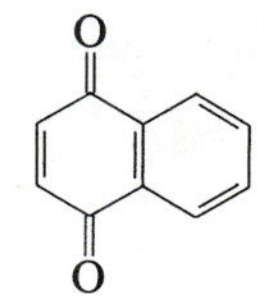

2.12 Carbonsäuren und ihre Anionen

Funktionelle Gruppe ist die Carboxylgruppe, $-COOH$ oder $-CO_2H$. Der Kohlenstoff der Carboxylgruppe ist wie der der Carbonylgruppe positiv polarisiert. Trotz sehr hoher Siedepunkte sind fast alle Carbonsäuren bis ca. C_{10} flüssig. Bis zu etwa acht Kohlenstoffatomen sind sie wasserlöslich. In Wasser dissoziieren Carbonsäuren teilweise. Ihre konjugierten Basen, die Carboxylatanionen, haben häufig völlig anders lautende Trivialnamen als die Säure.

			Anionen bzw. Salze:
Ameisensäure	$H-COOH$	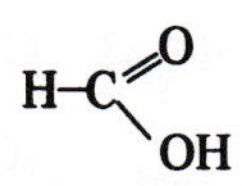	Formiate
Essigsäure	CH_3-COOH	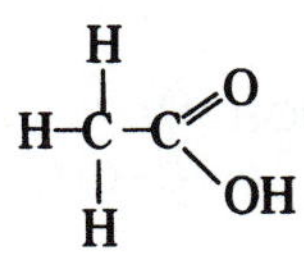	Acetate
Propionsäure	CH_3-CH_2-COOH	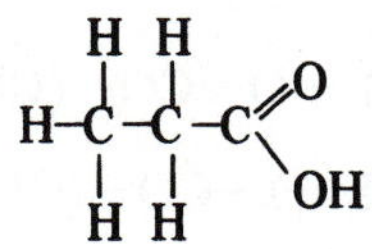	Propionate
n-Buttersäure	$CH_3CH_2CH_2COOH$	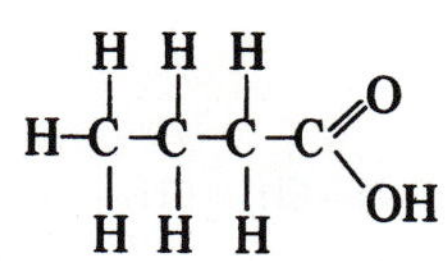	Butyrate
Palmitinsäure	$CH_3-(CH_2)_{14}-COOH$		Palmitate
Stearinsäure	$CH_3-(CH_2)_{16}-COOH$		Stearate
Ölsäure	$CH_3-(CH_2)_7-CH{=}CH-(CH_2)_7-COOH$		Oleate
Linolsäure	$CH_3-(CH_2)_4-CH{=}CH-CH_2-CH{=}CH-(CH_2)_7-COOH$		

Linolensäure	$CH_3-CH_2-CH=CH-CH_2-CH=CH-CH_2-CH=CH-(CH_2)_7-COOH$
Arachidonsäure 5,8,11,14-Eicosatetraensäure	$CH_3-(CH_2)_4-(CH=CH-CH_2)_4-(CH_2)_2-COOH$
Benzoesäure Salze: Benzoate	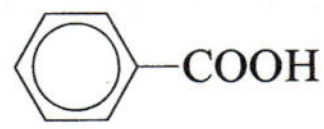
p-Aminobenzoesäure (PABS)	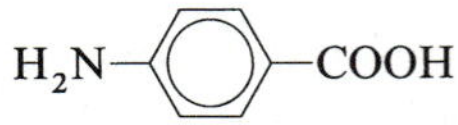
Iodessigsäure	$I-CH_2-COOH$

2.13 Carbonsäureester

In den Carbonsäureestern ist formal das Proton der Carboxygruppe durch einen organischen Rest ersetzt. Die Ester besitzen einen wesentlich tieferen Siedepunkt als Carbonsäuren oder Alkohole mit ähnlicher Kohlenstoffzahl, und sie lösen sich kaum oder überhaupt nicht in Wasser.

Essigsäureethylester	$CH_3-CH_2-O-CO-CH_3$
Acetessigsäureethylester	$CH_3-CO-CH_2-C(=O)-O-CH_2-CH_3$
Acetylsalicylsäure (Aspirin)	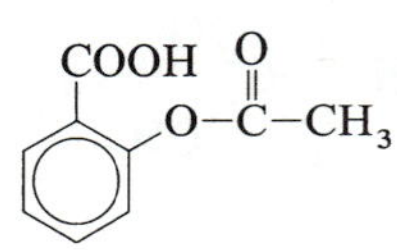
Tristearin (Tristearoylglycerol)	$CH_2-O-CO-(CH_2)_{16}-CH_3$ $CH-O-CO-(CH_2)_{16}-CH_3$ $CH_2-O-CO-(CH_2)_{16}-CH_3$
S-Acetylcysteamin (ein Thioester)	$H_2N-CH_2-CH_2-S-CO-CH_3$
Acetyl…, Acet…	$H_3C-C(=O)-$

2.14 Säureanhydride

Säureanhydride bilden sich durch Kondensation (Wasserabspaltung) aus zwei Molekülen Säure. Durch Wasserzugabe wird die Reaktion umgekehrt.

Acetanhydrid $CH_3-CO-O-CO-CH_3=$ 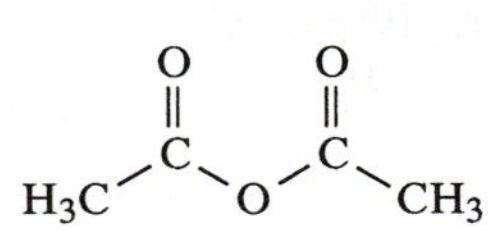

Acetylphosphat

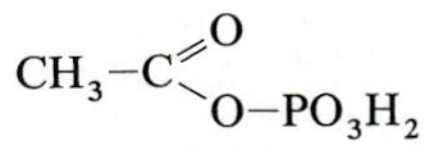

Carbamoylphosphat

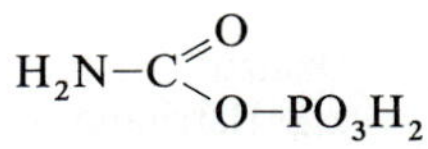

2.15 Säurechloride

Bei den Säurechloriden ist die OH-Gruppe der Carboxylfunktion durch Chlor ersetzt. Acetylchlorid wird in Wasser zu Essigsäure und HCl hydrolysiert.

Acetylchlorid CH_3COCl

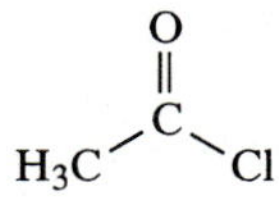

Phosgen $COCl_2$

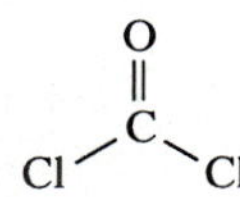

2.16 Säureamide

Säureamide tragen an der Carbonylgruppe statt einer OH-Gruppe eine NR_2-Gruppe. R kann H, Alkyl, Aryl usw. sein. Um Unterschied zu den Aminen reagieren normale Säureamide in wäßriger Lösung neutral. Harnstoff ist das Diamid der Kohlensäure, Guanidin kann als Amidin der Carbamidsäure aufgefaßt werden; es reagiert in wäßriger Lösung stark basisch.

Harnstoff

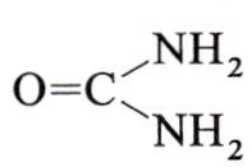

Guanidin

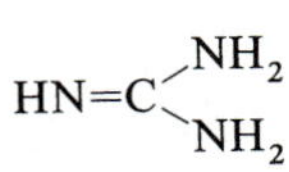

Barbitursäure

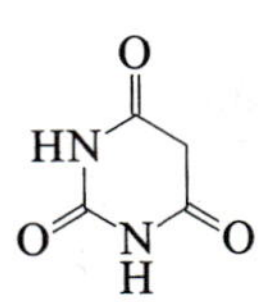

Nikotinsäureamid

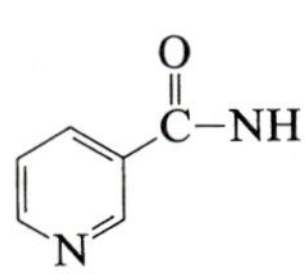

2.17 Dicarbonsäuren und ihre Anionen

Anionen bzw. Salze:

Oxalsäure

Oxalate,
z. B. Natriumoxalat, $Na_2C_2O_4$
Hydrogenoxalate,
z. B. Natriumhydrogenoxalat, $NaHC_2O_4$

Malonsäure

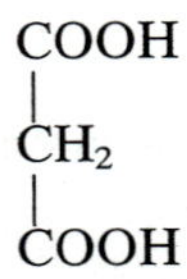

Malonate

Bernsteinsäure

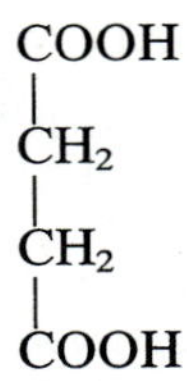

Succinate

Glutarsäure

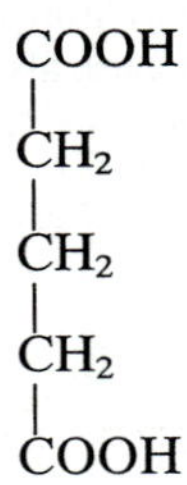

Glutarate

Fumarsäure

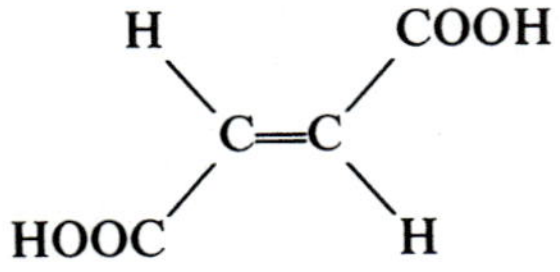

(*trans*-Form)

Fumarate

Maleinsäure

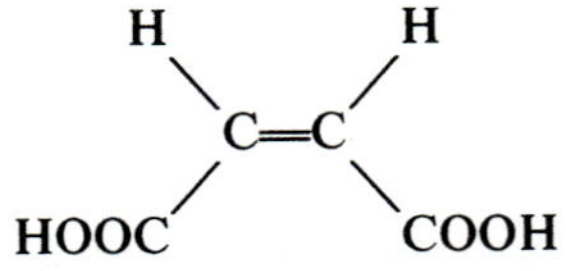

(*cis*-Form)

Maleate

2.18 Hydroxy- und Ketocarbonsäuren und ihre Anionen

Hydroxycarbonsäuren, Carbonsäuren mit zusätzlicher Alkoholgruppe und Ketocarbonsäuren, Carbonsäuren mit zusätzlicher Ketofunktion sind in der Biochemie z. T. von zentraler Bedeutung.

			Anionen bzw. Salze:
Milchsäure	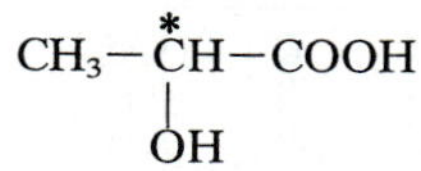	D- und L-Form möglich	Lactate
Glycerinsäure	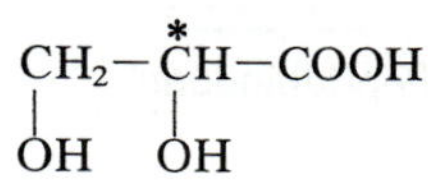	D- und L-Form möglich	
Äpfelsäure	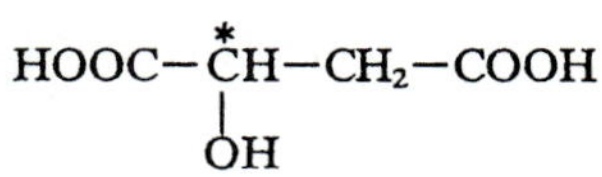	D- und L-Form möglich	Malate
Weinsäure	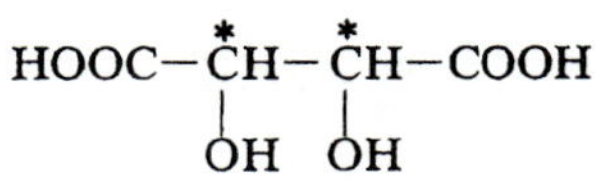	D- und L- und meso-Form möglich	Tartrate
3-Hydroxybuttersäure	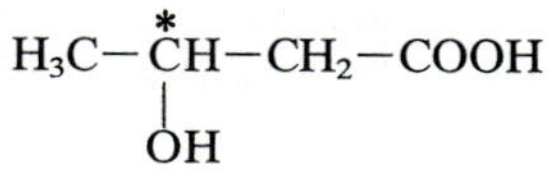	D- und L-Form möglich	3-Hydroxybutyrate
Citronensäure	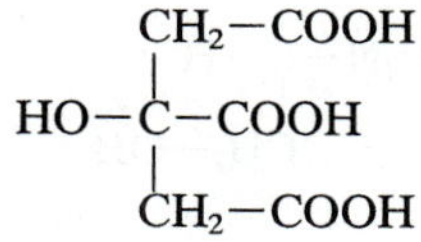		Citrate
Brenztraubensäure	$CH_3-CO-COOH$		Pyruvate
Oxalessigsäure	$HOOC-CO-CH_2-COOH$		
α-Ketoglutarsäure	$HOOC-CO-CH_2-CH_2-COOH$		
Acetessigsäure	$CH_3-CO-CH_2-COOH$		

2.19 Aminosäuren

Aminosäuren, nicht zu verwechseln mit Säureamiden (2.16), tragen neben der Carboxylfunktion noch eine Aminogruppe. Die Peptid- bzw. Proteinbildung erfolgt durch eine Amidbindung (Peptidbindung) zwischen α-Aminosäuremonomeren.

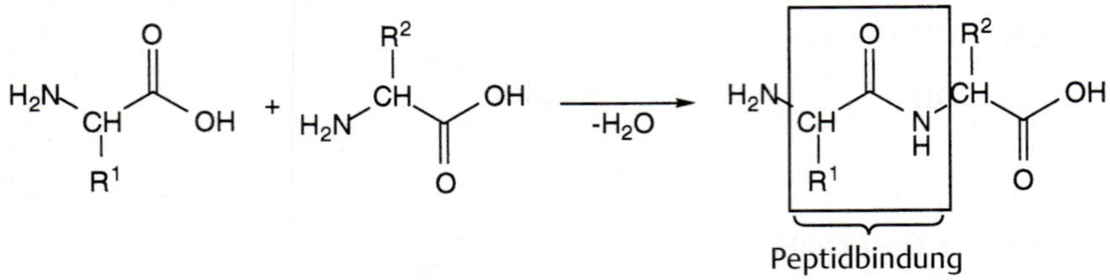

Man findet beim Abbau von Proteinen in der Regel 20 bis 25 verschiedene Aminosäuren (= Proteinogene Aminosäuren). Diese sind im folgenden zusammengestellt:

1. Aliphatische Aminosäuren

a) Neutrale Aminosäuren

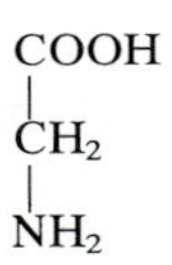

Glycin (Gly; G)

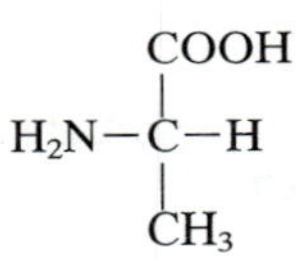

L-Alanin (Ala; A)

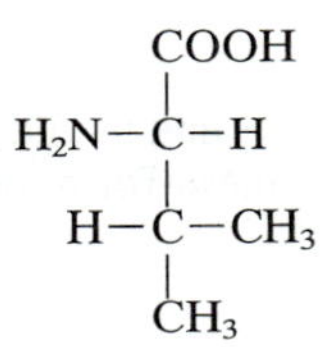

L-Valin (Val; V)

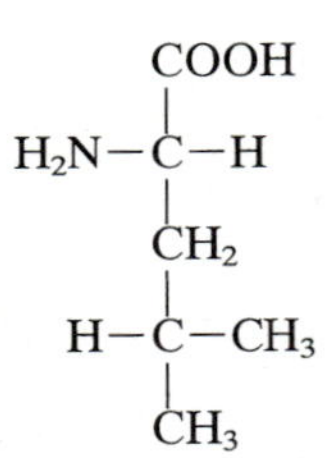

L-Leucin (Leu; L)

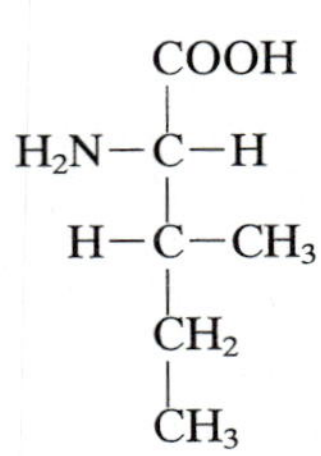

L-Isoleucin (Ile; I)

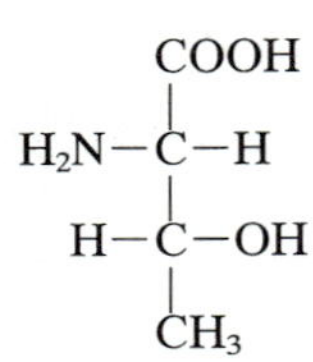

L-Threonin (Thr; T)

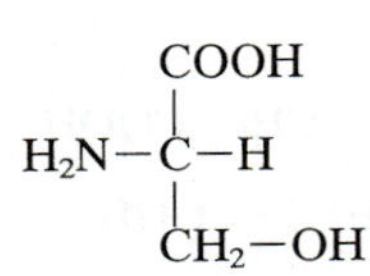

L-Serin (Ser; S)

b) Saure Aminosäuren und ihre Amide

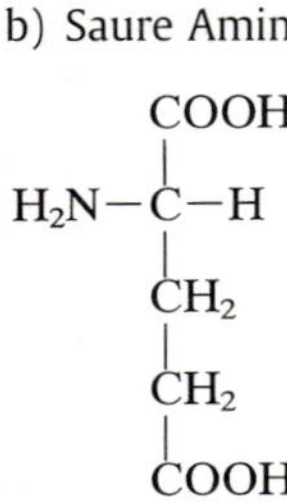

L-Glutaminsäure (Glu; E)

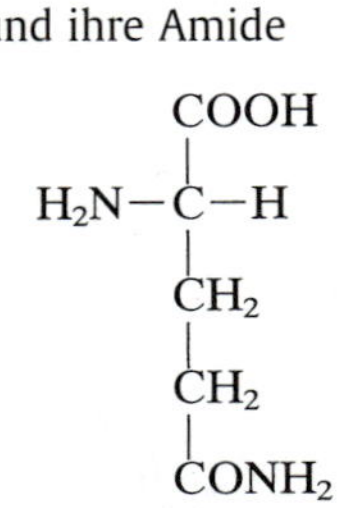

L-Glutamin (Glu-NH_2; Gln; Q)

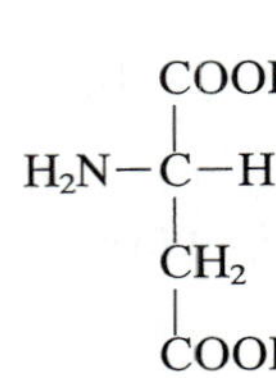

L-Asparaginsäure (Asp; D)

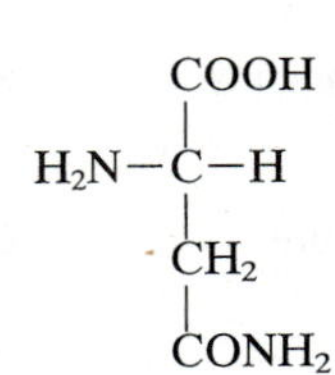

L-Asparagin (Asp-NH_2; Asn; N)

c) Basische Aminosäuren

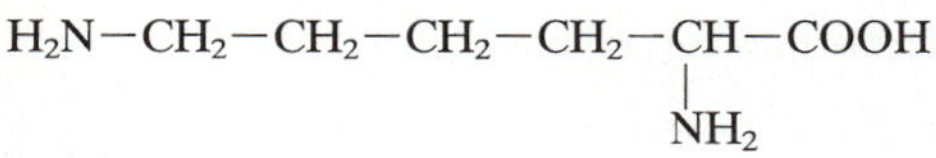

Lysin (Lys; K)

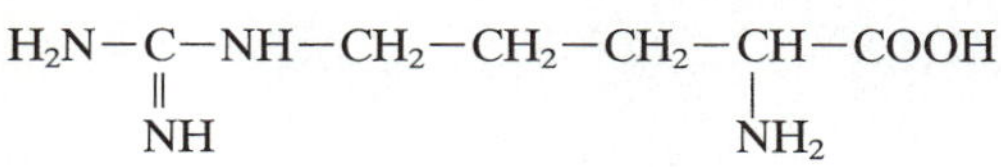

Arginin (Arg; R)

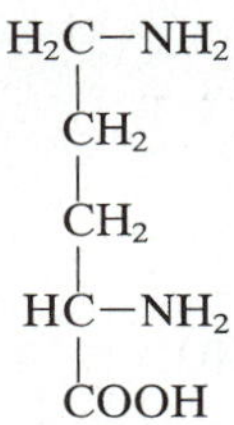

L-Ornithin

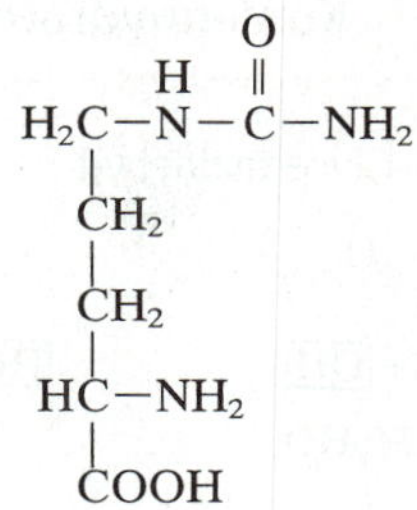

L-Citrullin

d) S-haltige Aminosäuren

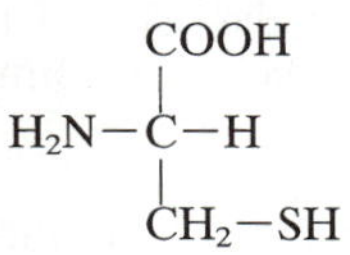

L-Cystein
(Cys; C)

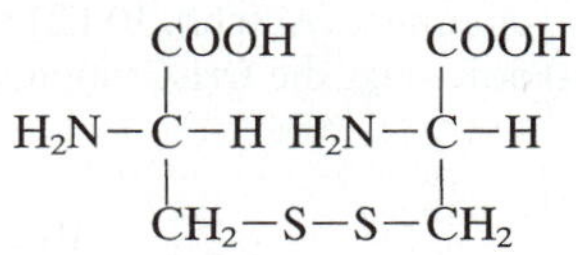

L-Cystin
(Cys-Cys)

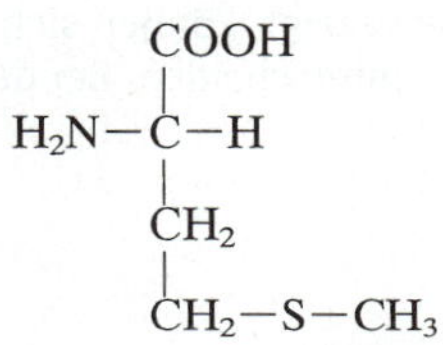

L-Methionin
(Met; M)

2. Aromatische und heterozyklische Aminosäuren

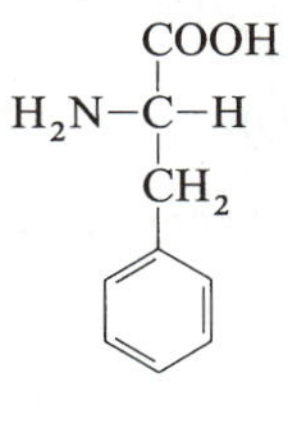

L-Phenylalanin
(Phe; F)

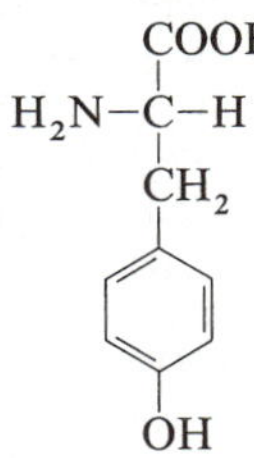

L-Tyrosin
(Tyr; Y)

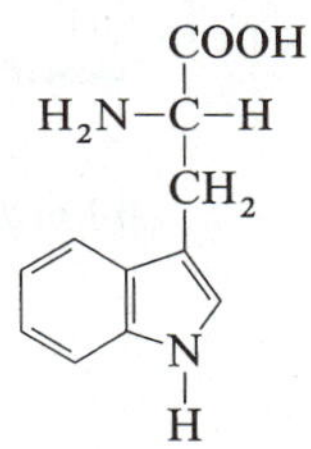

L-Tryptophan
(Trp; W)

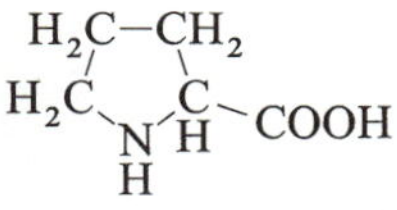

L-Prolin
(Pro)

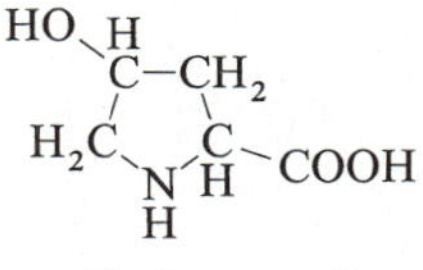

L-Hydroxyprolin
(Hyp)

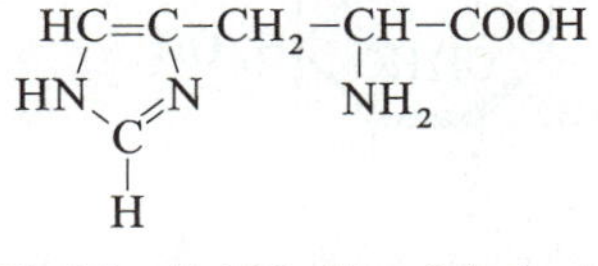

Histidin (1-*H*-Imidazol-4-alanin
(His; H)

Weitere Aminosäuren:

γ-Aminobuttersäure $H_2N-CH_2-CH_2-CH_2-COOH$

β-Alanin

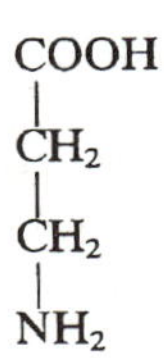

2.20 Kohlenhydrate

D- und L-Glycerinaldehyd

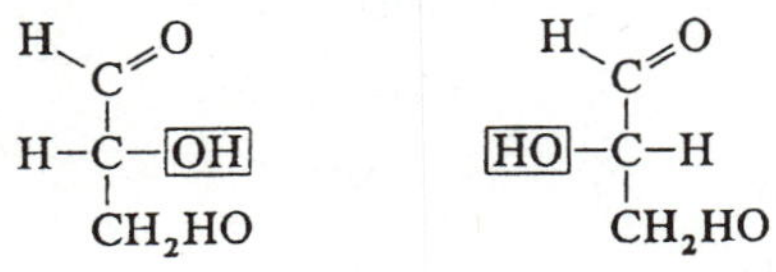

D-Glycerinaldehyd L-Glycerinaldehyd

Monosaccharide können sowohl in offenkettiger Form als auch in Ringstruktur auftreten. Beim Ringschluß, hier am Beispiel der D-Galactose gezeigt, können sich zwei Anomere (Abschn. 10.1.3) bilden, die sich in der Stellung der OH-Gruppe an C-1 unterscheiden. Bei der α-Form zeigt die OH-Gruppe unter, bei der β-Form über die Ringebene.

D-Galactose

Als vereinfachte Form, die beide Anomere beinhaltet, schreibt man die folgende Struktur:

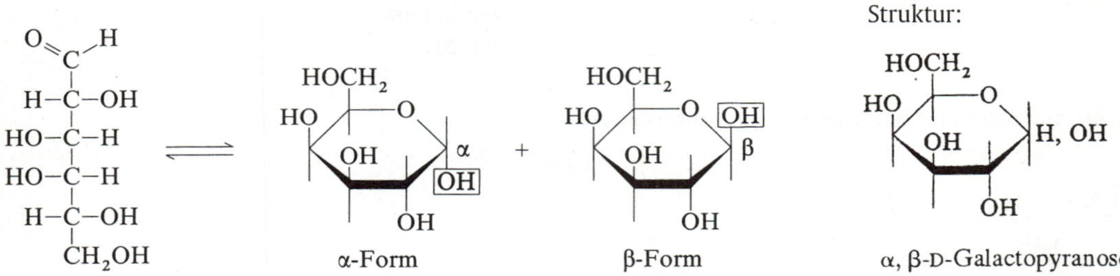

α-Form β-Form α, β-D-Galactopyranose

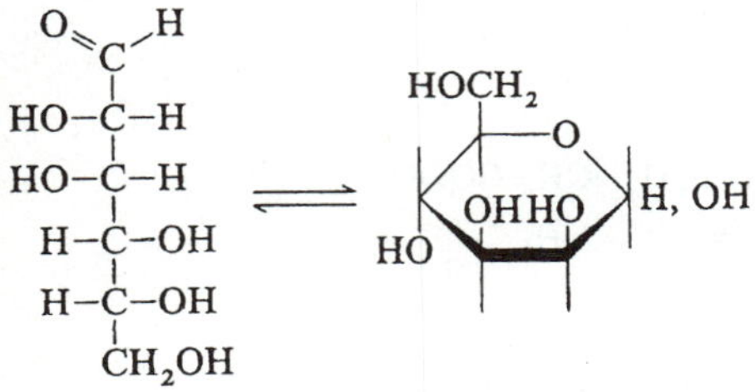

D-Mannose α, β-D-Mannopyranose

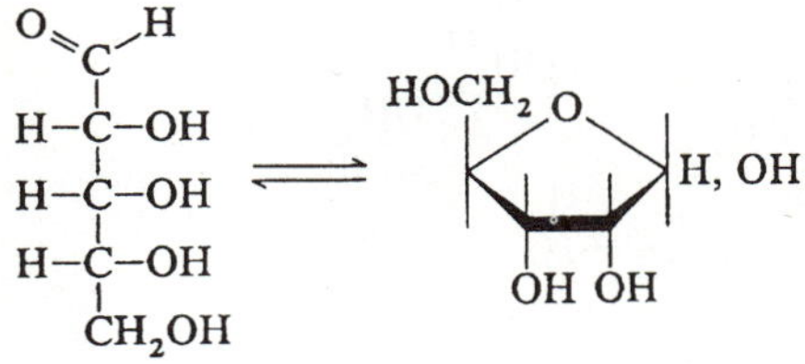

D-Ribose α,β-D-Ribofuranose

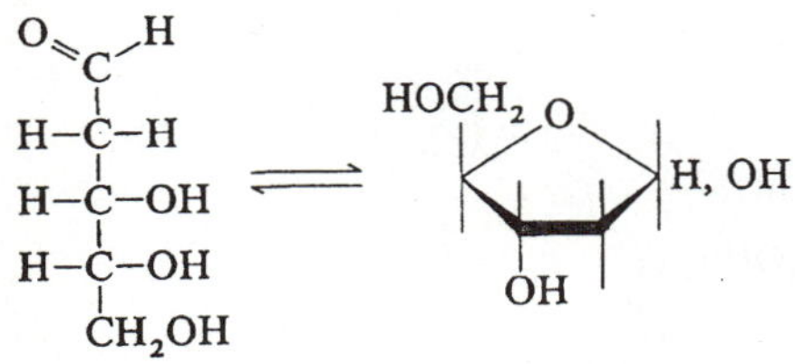

2-Desoxy-D-ribose 2-Desoxy-α,β-D-Ribofuranose

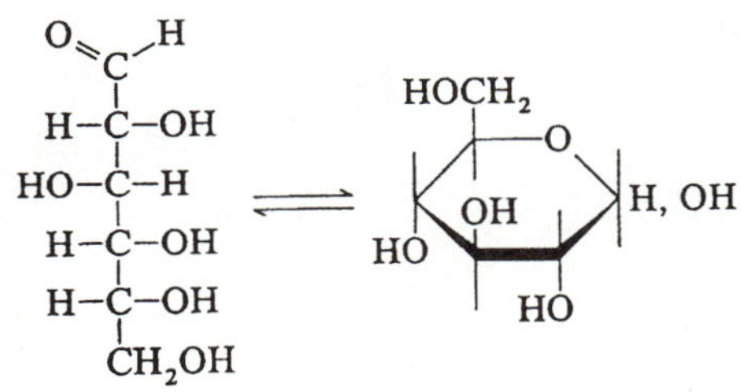

D-Glucose α,β-D-Glucopyranose

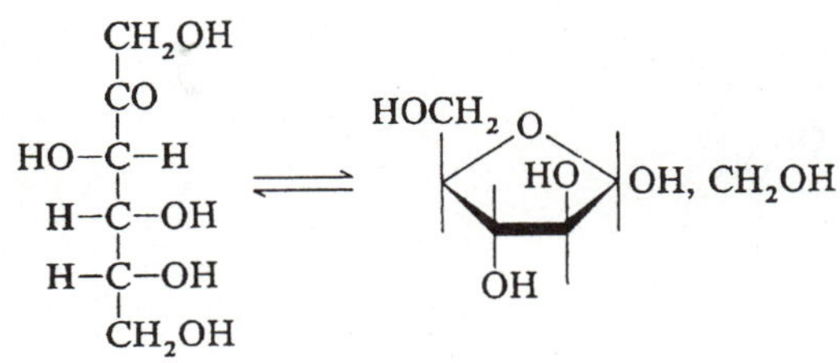

D-Fructose α,β-D-Fructopyranose

Saccharose

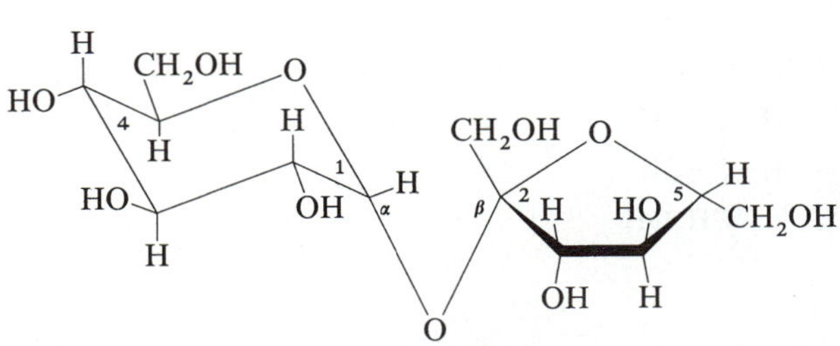

α-D-Glucopyranoseteil *β*-D-Fructofuranoseteil

Saccharose (Rohrzucker)

Lactose

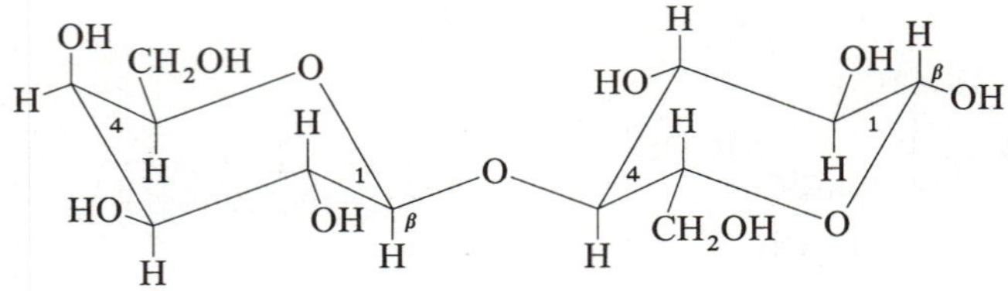

β-D-**Galactoseteil** *β*-D-Glucoseteil

Lactose, *β*-Form (Milchzucker)

Maltose

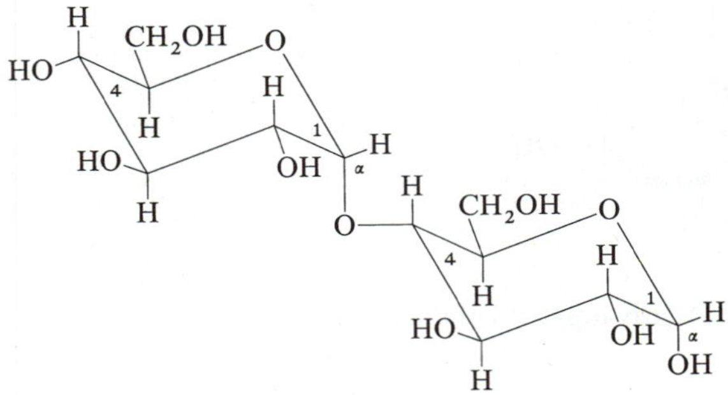

Maltose (α-Form)

Isomaltose

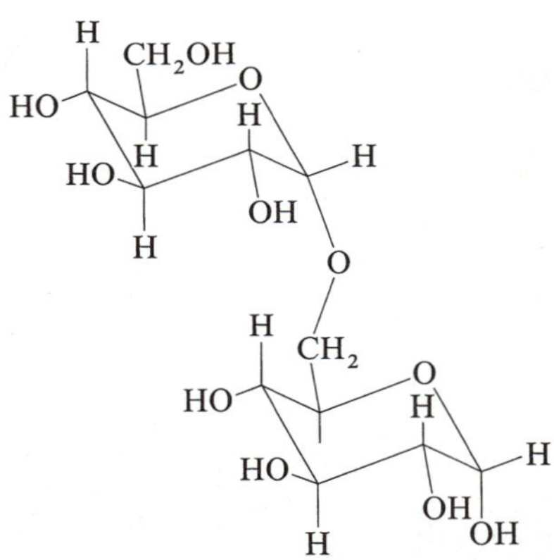

Isomaltose (α-Form)

D-Glucosamin

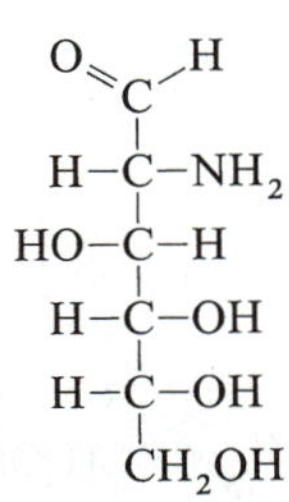

N-Acetylglucosamin

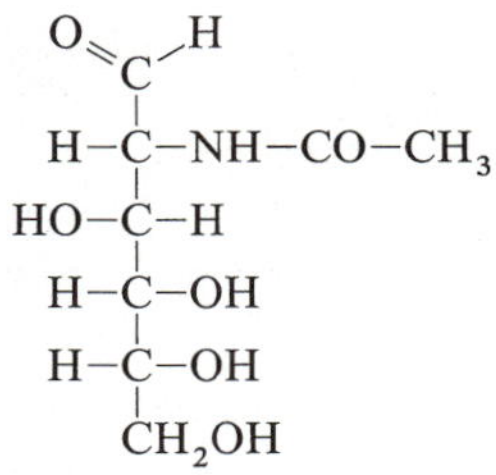

δ-Gluconolacton oder D-Gluconsäure-5-lacton

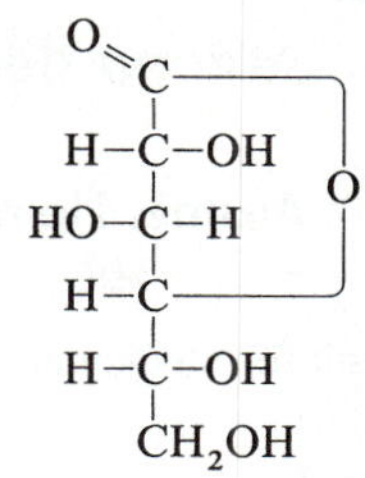

D-Glucuronsäure

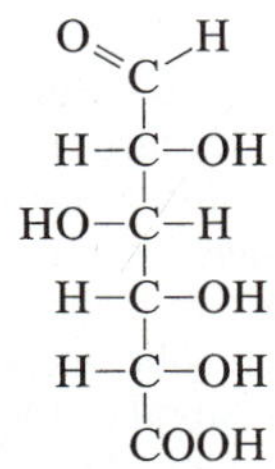

Mannitol, D-Mannit

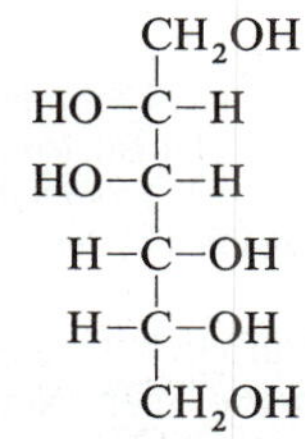

D-Gluconsäure

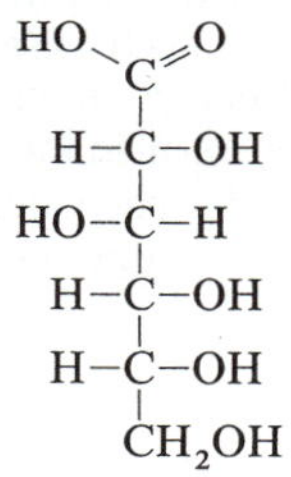

Sorbitol, D-Sorbit

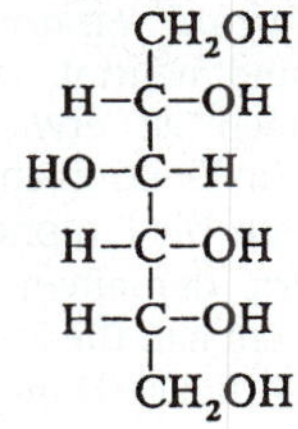

myo-Inositol, myo-Inosit

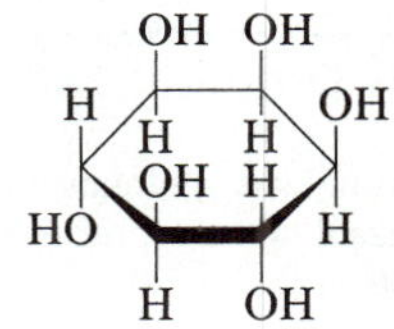

2.21 Heterocyclen

Mit Ausnahme der beiden cyclischen Ether THF und THP (Abschn. 2.7), sind alle genannten Beispiele *Heteroaromaten* (Abschn. 2.3 und 7.1.16).

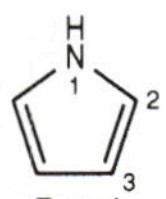

Pyrrol

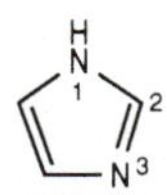

Imidazol

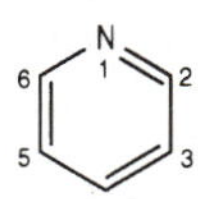

Pyridin

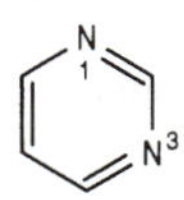

Pyrimidin

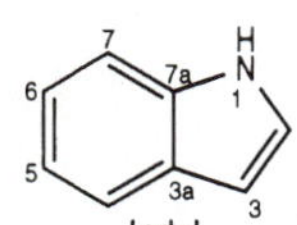

Indol

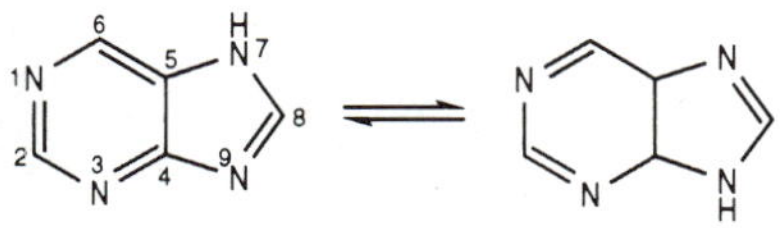

7*H*-Purin 9*H*-Purin

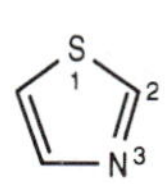

Thiazol

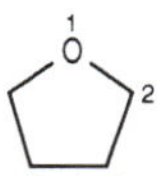

Tetrahydrofuran, THF

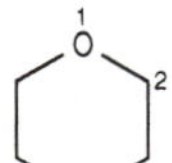

Tetrahydropyran, THP

3 Aufbau der Materie

3.1 Atome, Elemente

(s. a. Physik für Mediziner 3.1)

3.1.1 Aufbau des Atoms

Zusammenhang zwischen den Begriffen Ordnungszahl, Kernladungszahl und Nukleonenzahl (Massenzahl) einerseits und Zahl der Protonen und Neutronen im Kern sowie der Elektronen in der Hülle andererseits

Die Elementarteilchen, aus denen alle Atome bestehen, sind Protonen, Neutronen und Elektronen. Die *Protonen* besitzen eine positive elektrische Elementarladung, die *Elektronen* eine negative, die *Neutronen* sind neutral. Die Masse der Protonen und Neutronen ist etwa gleich und entspricht $1{,}7 \cdot 10^{-24}$ g. Ein Elektron entspricht etwa 1/1836 der Protonenmasse. Die Protonen und Neutronen bilden den *Atomkern*, der einen Durchmesser von etwa 10^{-12} - 10^{-13} cm hat. Die Elektronen bilden die *Hülle* um diesen Kern. Die Hülle hat einen Durchmesser von etwa 10^{-8} cm. Die Hülle, in der sich die Elektronen bewegen, ist also wesentlich größer als der Kern. Protonen und Neutronen werden unter dem Begriff *Nukleonen* zusammengefaßt.

Die Anzahl der Nukleonen ist identisch mit der *Massenzahl* und gibt an, wie viele Protonen und Neutronen im Atomkern vorhanden sind. Die Anzahl der Protonen, die positiv geladen sind, ist gleich der Anzahl der negativ geladenen Elektronen, so daß die Atome nach außen hin elektrisch neutral sind. Die Zahl der Protonen entspricht der *Kernladungszahl*. Die Kernladungszahl ist identisch mit der *Ordnungszahl*, nach der die chemischen Elemente im Periodensystem geordnet werden.

3.1.2 Ordnungszahl, Kernladungszahl und Massenzahl

Identifizierung von Ordnungszahl, Kernladungszahl und Nukleonenzahl an entsprechend gekennzeichneten Elementsymbolen

Jedes Element hat ein entsprechendes Symbol, z. B. Kohlenstoff C (von lat. Carbo). Man kann dieses Elementsymbol durch Zahlenangaben ergänzen. Die *Kernladungszahl*, die gleich der *Ordnungszahl* ist, wird links unten vor das Elementsymbol geschrieben, und die *Nukleonenzahl* (*Massenzahl*) wird oben links vermerkt:

Nukleonenzahl
(Massenzahl)
↓
${}^{12}_{6}C$ ← Elementsymbol
↖
Ordnungszahl
(Kernladungszahl)

Beispiele:

${}^{1}_{1}H$ H = Wasserstoff (hydrogen)

${}^{16}_{8}O$ O = Sauerstoff (oxygen)

${}^{23}_{11}Na$ Na = Natrium

${}^{238}_{92}U$ U = Uran

Die Differenz zwischen *Kernladungszahl (Ordnungszahl)* und *Nukleonenzahl (Massenzahl)* entspricht der *Neutronenzahl.*

3.1.3 Isotope

Definition, Unterscheidung von stabilen Isotopen und Radioisotopen (^{1}H, ^{2}H, ^{3}H, ^{12}C, ^{13}C, ^{14}C), Kenntnis medizinisch wichtiger Radioisotope wie z. B. ^{32}P, ^{60}Co, ^{125}I, ^{131}I, ^{226}Ra, ^{3}H, ^{14}C und ihrer Anwendungsbereiche

Die *Kernladungszahl* der zu einem Element gehörenden Atome, die gleich der Elektronenzahl ist, ist für jedes Element charakteristisch, sie bestimmt dessen Stellung im Periodensystem und über die zum Ladungsausgleich notwendigen Elektronen seine chemischen Eigenschaften.
Im Gegensatz dazu können chemisch gleiche Elemente einen unterschiedlichen Neutronengehalt und somit auch eine unterschiedliche Massenzahl bzw. Nukleonenzahl haben. Man spricht dann von *Isotopen.* Diese *Isotope* sind nur mit physikalischen Messungen voneinander zu unterscheiden, denn sie haben die gleichen chemischen Eigenschaften.
Vom Sauerstoff treten beispielsweise Isotope mit der Massenzahl 16 und 17 auf:

$$^{16}_{8}O \quad ^{17}_{8}O$$

Die meisten Elemente liegen in der Natur als Isotopengemische vor. Einige dieser Isotopen sind instabil, sogenannte Radioisotope oder *Radionukleide.* Sie gehen unter Abgabe von Strahlung in stabilere Isotope über (siehe GK Physik, Radioaktivität). Im natürlichen Wasserstoff liegen drei Isotope vor ^{1}H (Protium), ^{2}H (Deuterium), ^{3}H (Tritium). Deuterium hat einen Anteil von 0,016% am natürlichen Wasserstoff und ist ein stabiles Isotop, während Tritium, das einen Anteil von $< 10^{-10}$% besitzt, unter Aussendung von β-Strahlung mit einer Halbwertszeit von ca. 12 Jahren zerfällt. Es entsteht dabei das Heliumisotop $^{3}_{2}He$. Kohlenstoff setzt sich zusammen aus den Isotopen ^{12}C, ^{13}C und ^{14}C. Der Gehalt des natürlichen Kohlenstoffs an dem stabilen Isotop ^{13}C beträgt etwa 1,1%. Das radioaktive Isotop ^{14}C kommt nur in Spuren vor. Es besitzt eine Halbwertszeit von 5570 Jahren und wird zur physikalischen Altersbestimmung genutzt (Radiocarbonmethode).
In der Medizin wichtige Isotope und deren Anwendungsgebiete sind:

Isotop	Anwendungsgebiet
^{32}P	Bestimmung des Blutvolumens mittels ^{32}P-markierter Erythrozyten; zur lokalen Behandlung maligner Pleuraergüsse (β-Strahler) und seltener zur systemischen Behandlung von Knochenmetastasen u. a.
^{60}Co	Ein β- und γ-Strahler, findet Anwendung in der Strahlentherapie in Telegammageräten, aber auch in Form von Perlen, Draht u. ä. zur intracavitären Bestrahlung, z. B. Harnblase, Collum Uteri.
^{125}I	Ein γ-Strahler; wird vor allem für in vitro Untersuchungen, wie Markierungen von Proteinen, Hormonen u. a. verwendet.
^{131}I	Ein β- und γ-Strahler, der zur sogenannten Radiojodtherapie von Schilddrüsentumoren bei Frauen in höherem Alter verwendet wird. Das ^{131}Iod wird dabei oral verabreicht.
^{226}Ra	Zur intracavitären Therapie mittels einer Radiumzelle, die in eine Organhöhle eingeführt wird. Aber auch zur sogenannten interstitiellen Therapie, „Spickmethode", wobei Radiumträger ins Gewebe appliziert werden. Im weiteren Sinne wird unter Radiumtherapie auch die Radiumemanationstherapie verstanden, die in Trink-, Bade- und Inhalationskuren mit Radon, welches beim Radiumzerfall entsteht, besteht (z. B. Stollenkur in Bad Gastein).
^{3}H	Schwacher β-Strahler, wird zur Markierung von Molekülen für biochemische Untersuchungen angewandt.
^{14}C	Verwendung als nuklearmedizinischer Tracer für Stoffwechseluntersuchungen und für Altersbestimmungen nach dem Radiocarbonverfahren.

3.1.4 Avogadro-Konstante

Definition

3.1.5 Relative Atommasse

Definition (reine Zahl)

3.1.6 Elemente

Definition; Erklärung, warum die rechnerische Atommasse natürlicher Elemente keine ganze Zahl ist

zu 3.1.4 – 3.1.6 Avogadro-Konstante, relative Atommasse, Elemente

Bei Atomen und Molekülen wird in der Regel nicht das absolute Gewicht angegeben, sondern die *relative Atommasse* bzw. die relative Molekülmasse (früher auch Molekulargewicht). Diese wird auf das *Kohlenstoff-Isotop* ^{12}C bezogen.
Ein Zwölftel der Masse des Kohlenstoff-Isotops ^{12}C wird willkürlich gleich 1 gesetzt und als Atommassen-Einheit u definiert. Es entsteht dabei ein System von reinen Verhältniszahlen. ^{32}S (S = Schwefel) hat demnach die 32-fache relative atomare Masse von 1/12 der Masse des Bezugsatoms ^{12}C oder das 32-fache von u. Das Wasserstoff-Isotop ^{1}H hat die relative Atommasse von 1.
Stoffe, die chemisch nicht in kleinere Bestandteile zerlegt werden können, sind Elemente. Sie bestehen aus einer einzigen Atomart mit gleicher Kernladungs- und Elektronenzahl.
Normalerweise bestehen natürlich vorkommende Elemente aber aus Isotopengemischen einer bestimmten prozentualen Zusammensetzung. Die einzelnen Isotope haben unterschiedliche relative Atommassen. Deshalb benutzt man in der täglichen Praxis eine durchschnittliche relative Atommasse, die sich aus den unterschiedlichen Massen der Isotope eines Elements, entsprechend ihrem natürlichen Vorkommen, ergibt. Dadurch entstehen gebrochene Zahlen.
Für den natürlich vorkommenden Kohlenstoff ergibt sich die relative Atommasse von 12,011, die berücksichtigt, daß Kohlenstoff zum größten Teil aus dem Isotop ^{12}C besteht und noch geringe Mengen ^{13}C enthält.
Die *Stoffmenge* eines Systems, das sich aus so vielen Teilchen zusammensetzt, wie Atome in 12 g des ^{12}C-Isotops enthalten sind, entspricht 1 Mol. Man weiß, daß in einem Mol stets $6 \cdot 10^{23}$ Teilchen vorhanden sind. Die Stoffmenge definiert also eine Teilchenzahl, und es muß angegeben werden, worauf sie bezogen wird. 1 Mol Helium entspricht demnach $6 \cdot 10^{23}$ *Atomen* Helium, 1 Mol Wasser jedoch $6 \cdot 10^{23}$ *Molekülen* H_2O. Entsprechend kann man die Stoffmengenangabe auch auf Elementarteilchen, Ionen usw. beziehen.
Die Zahl $6 \cdot 10^{23}$ wird als *Avogadro-Konstante* N_A, früher auch Loschmidt-Zahl N_L genannt; sie hat die Einheit mol^{-1}. Es handelt sich dabei um eine Naturkonstante. Ihr Wert hängt nicht von äußeren Bedingungen wie Temperatur, Druck usw. ab.
Die *relative Molekülmasse* gibt die Masse eines Moleküls in der Atommasseneinheit u an. Die *molare Masse* ist eine Mengenangabe; sie entspricht der in Gramm angegebenen relativen Molekülmasse. Sie hat die Einheit g/mol, und ihr Betrag ist mit der relativen Atommasse, bzw. der relativen Molekülmasse, identisch.

3.1.7 Orbital

Orbital als Raum der Aufenthaltswahrscheinlichkeit von Elektronen (Elektronendichteverteilung), räumliche Anordnung und Symmetrie von s- und p-Orbitalen.

Wie schon erwähnt, bestehen die Atome aus einem Kern und einer Hülle. In dem Kern befinden sich die Nukleonen, also Protonen und Neutronen, in der Hülle befinden sich die Elektronen.
Die Elektronen sind in der Hülle nicht gleichmäßig verteilt, sondern besitzen bestimmte Aufenthaltswahrscheinlichkeiten in bestimmten Räumen. Die

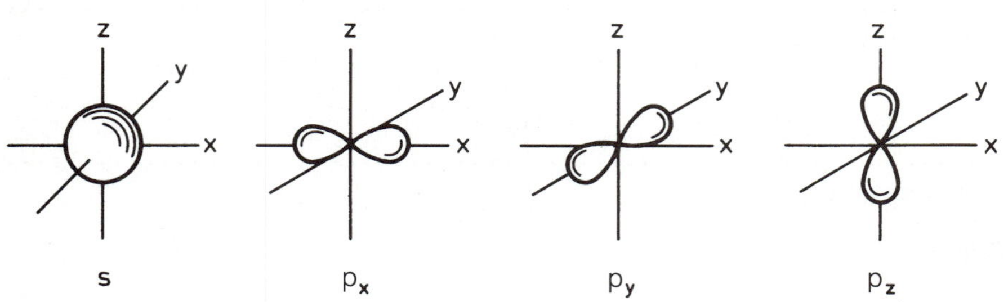

Abb. 3.1 s-, p_x-, p_y- und p_z-Orbitale. Orbitale geben den Raum an, in dem sich Elektronen mit etwa 90%iger Wahrscheinlichkeit aufhalten. Der Schnittpunkt der Koordinaten gibt die Lage des Kerns an, in dem die Aufenthaltswahrscheinlichkeit der Elektronen gleich Null ist.

Räume, in denen sich die Elektronen mit etwa 90% Wahrscheinlichkeit aufhalten, nennt man *Orbitale*. Die wichtigsten Orbitale sind die s- und p-Orbitale, die in Abbildung 3.1 dargestellt sind.
Man kann sie sich als negative Ladungswolken vorstellen. Das s-Orbital besitzt Kugelsymmetrie, während die p-Orbitale hantelförmig aufgebaut sind und jeweils in der x-, y- oder z-Richtung im Raum ausgerichtet sind. Man spricht daher von s-, p_x-, p_y- und p_z-Orbitalen. Jedes Orbital kann zwei Elektronen aufnehmen.

3.2 Periodensystem

3.2.1 Ordnungsprinzip

Anordnung der Elemente nach steigender Kernladungszahl und Zusammenfassung chemisch verwandter Elemente in Gruppen.

Im Periodensystem werden die chemischen Elemente nach steigender Kernladungszahl so angeordnet, daß die Elemente mit ähnlichen Eigenschaften untereinander stehen. Da die chemischen Eigenschaften eines Elementes entscheidend von der Elektronenkonfiguration abhängen, haben die untereinander stehenden Elemente ähnliche Elektronenkonfigurationen.
Die waagerecht verlaufenden Zeilen des Periodensystems nennt man *Perioden*. In den senkrecht verlaufenden Spalten, den sogenannten *Gruppen*, sind Elemente mit ähnlichen chemischen Eigenschaften zusammengefaßt.

	Hauptgruppen		Nebengruppen										Hauptgruppen					
Perioden	I	II	III	IV	V	VI	VII	VIII			I	II	III	IV	V	VI	VII	VIII
1	1 **H** 1.008																	2 **He** 4.003
2	3 **Li** 6.94	4 **Be** 9.01											5 **B** 10.81	6 **C** 12.011	7 **N** 14.01	8 **O** 16.00	9 **F** 19.00	10 **Ne** 20.18
3	11 **Na** 22.99	12 **Mg** 24.31											13 **Al** 26.98	14 **Si** 28.09	15 **P** 30.97	16 **S** 32.06	17 **Cl** 35.45	18 **Ar** 39.95
4	19 **K** 39.10	20 **Ca** 40.08	21 **Sc** 44.96	22 **Ti** 47.90	23 **V** 50.94	24 **Cr** 52.00	25 **Mn** 54.94	26 **Fe** 55.85	27 **Co** 58.93	28 **Ni** 58.71	29 **Cu** 63.55	30 **Zn** 65.37	31 **Ga** 69.72	32 **Ge** 72.59	33 **As** 74.92	34 **Se** 78.96	35 **Br** 79.90	36 **Kr** 83.80
5	37 **Rb** 85.47	38 **Sr** 87.62	39 **Y** 88.91	40 **Zr** 91.22	41 **Nb** 92.91	42 **Mo** 95.94	43 **Tc** 98.91	44 **Ru** 101.07	45 **Rh** 102.91	46 **Pd** 106.4	47 **Ag** 107.87	48 **Cd** 112.40	49 **In** 114.82	50 **Sn** 118.69	51 **Sb** 121.75	52 **Te** 127.60	53 **I** 126.90	54 **Xe** 131.30
6	55 **Cs** 132.91	56 **Ba** 137.34	57 **La** 138.91	72 **Hf** 178.49	73 **Ta** 180.95	74 **W** 183.85	75 **Re** 186.2	76 **Os** 190.2	77 **Ir** 192.22	78 **Pt** 195.09	79 **Au** 196.97	80 **Hg** 200.59	81 **Tl** 204.37	82 **Pb** 207.2	83 **Bi** 208.98	84 **Po** (209)	85 **At** (210)	86 **Rn** (222)
7	87 **Fr** (223)	88 **Ra** 226.03	89 **Ac** (227)	104 **(Ku)** (261)	105 **(Ha)** (262)													

Lanthaniden	58 **Ce** 140.12	59 **Pr** 140.91	60 **Nd** 144.24	61 **Pm** (145)	62 **Sm** 150.4	63 **Eu** 151.96	64 **Gd** 157.25	65 **Tb** 158.93	66 **Dy** 162.50	67 **Ho** 164.93	68 **Er** 167.26	69 **Tm** 168.93	70 **Yb** 173.04	71 **Lu** 174.97
Actiniden	90 **Th** 232.04	91 **Pa** 231.04	92 **U** 238.03	93 **Np** 237.05	94 **Pu** (244)	95 **Am** (243)	96 **Cm** (247)	97 **Bk** (249)	98 **Cf** (249)	99 **Es** (254)	100 **Fm** (257)	101 **Md** (258)	102 **No** (255)	103 **Lr** (256)

Abb. 3.**2** Periodensystem der Elemente. () = zugängliches Isotop mit der längsten Halbwertszeit

3.2.2 Elektronenkonfiguration

Aufbau der Elektronenhülle bei Elementen bis zur Ordnungszahl 10 (s- und p-Elektronen), Angabe der Elektronenkonfiguration in abgekürzter Schreibweise, maximale Besetzung der ersten drei Elektronenschalen.

Die *Elektronenhülle* der Elemente kann, wie oben schon erwähnt, in Schalen unterteilt werden. Von innen nach außen spricht man von der K-, L-, M-, N- usw. Schale.

Eine neue Schale wird jeweils mit Beginn einer neuen Periode begonnen. Bei den Nebengruppenelementen werden bisher unvollständig besetzte innere Schalen weiter aufgefüllt. Innerhalb der einzelnen Schalen kann die Aufenthaltswahrscheinlichkeit der Elektronen mittels der schon oben besprochenen Orbitale angegeben werden.

Die erste Schale, die K-Schale, enthält nur ein s-Orbital, welches mit maximal zwei Elektronen besetzt werden kann.

Die zweite Schale oder L-Schale enthält ein 2 s-Orbital sowie drei p-Orbitale, p_x, p_y und p_z, die jeweils mit maximal zwei Elektronen besetzt werden, wobei die p-Orbitale erst nach vollständiger Besetzung des 2 s-Orbitals gefüllt werden. Innerhalb der p-Orbitale werden diese zunächst einfach besetzt, und erst nachdem alle ein Elektron erhalten haben, auch doppelt besetzt. Die Numerierung der Schalen entspricht gleichzeitig der sogenannten *Hauptquantenzahl*. Die Anzahl der Elektronen in der äußeren Schale ist bei den Hauptgruppenelementen identisch mit der Gruppennummer.

In der Tabelle 3.1 wird die Elektronenkonfiguration der ersten zehn Elemente dargestellt.

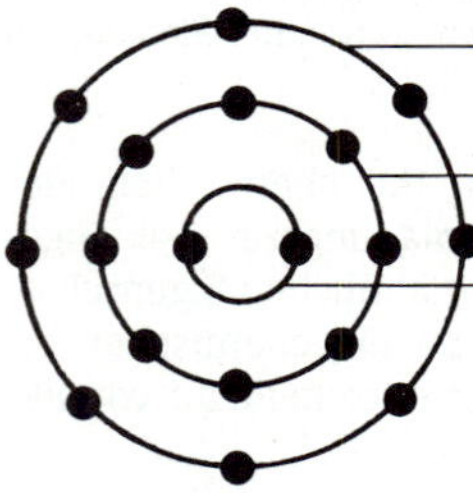

Abb. 3.**3** Schalenaufbau der Elektronenhülle am Beispiel des Argon

Tab. 3.**1** Elektronenkonfiguration für die Elemente Wasserstoff bis Neon

		Orbitale			**Elektronenkonfiguration**	
Ordnungszahl	**Element**	**1s**	**2s**	**2p**	**ausführlich**	**abgekürzt**
1	H (Wasserstoff)	↑			$1s^1$	
2	He (Helium)	↑↓			$1s^2$	[He]
3	Li (Lithium)	↑↓	↑		$1s^22s^1$	[He] $2s^1$
4	Be (Beryllium)	↑↓	↑↓		$1s^22s^2$	[He]$2s^2$
5	B (Bor)	↑↓	↑↓	↑	$1s^22s^22p^1$	[He] $2s^22p^1$
6	C (Kohlenstoff)	↑↓	↑↓	↑ ↑	$1s^22s^22p^2$	[He] $2s^22p^2$
7	N (Stickstoff)	↑↓	↑↓	↑ ↑ ↑	$1s^22s^22p^3$	[He] $2s^22p^3$
8	O (Sauerstoff)	↑↓	↑↓	↑↓ ↑ ↑	$1s^22s^22p^4$	[He] $2s^22p^4$
9	F (Fluor)	↑↓	↑↓	↑↓ ↑↓ ↑	$1s^22s^22p^5$	[He] $2s^22p^5$
10	Ne (Neon)	↑↓	↑↓	↑↓ ↑↓ ↑↓	$1s^22s^22p^6$	[Ne]

3.2.3 Hauptgruppenelemente

Auffüllung äußerer Schalen beim Durchlaufen einer Periode von links nach rechts, Zahl der Valenzelektronen, Erkennen der Hauptgruppe eines Elementes anhand der vorgegebenen Elektronenkonfiguration (nur bei biochemisch wichtigen Elementen), Zuordnung von Name und Symbol bzw. einer vorgegebenen Hauptgruppe biochemisch wichtiger Hauptgruppenelemente: H, Na, K, Mg, Ca, C, N, P, O, S, F, Cl, I; Erkennen der Position bei vorgegebenem Periodensystem

3.2.4 Gesetzmäßigkeiten in Perioden und Hauptgruppen

Änderung von Eigenschaften der Elemente beim Durchlaufen einer Periode bzw. Gruppe des Periodensystems: Atomradius, Ionenradius, Elektronegativität, metallischer oder nichtmetallischer Charakter

3.2.5 Nebengruppenelemente

Auffüllung innerer Elektronenschalen bei Nebengruppenelementen; Metallcharakter, Zuordnung von Name und Symbol biochemisch wichtiger Nebengruppenelemente: Zn, Fe, Co, Cu, Cr, Mo, Mn; Begriff und Bedeutung der Spurenelemente

zu 3.2.3 – 3.2.5 Gesetzmäßigkeiten in Perioden und Hauptgruppen

Die Eigenschaften der Elemente ändern sich beim Durchlaufen einer Periode bzw. einer Gruppe des Periodensystems in charakteristischer Weise:

Tab. 3.**2** Eigenschaften der Elemente

Eigenschaften der Elemente	Innerhalb einer Periode von links nach rechts	Innerhalb einer Gruppe von oben nach unten
Atomradius	Nimmt ab	Nimmt zu
Ionenradius	Nimmt ab	Nimmt zu
Elektronegativität	Nimmt zu	Nimmt ab
Metallcharakter	Nimmt ab	Nimmt zu

Der nicht-metallische Charakter verhält sich genau umgekehrt wie der metallische Charakter.
Unter *Elektronegativität* eines Atoms versteht man dessen Fähigkeit, Elektronen in einer Bindung anzuziehen.
Ionen entstehen, wenn ein Atom oder ein Molekül eines oder mehrere Elektronen abgibt bzw. aufnimmt. Es entstehen dann ein- oder mehrfach *positiv geladene Ionen (Kationen)* und ein- oder mehrfach *negativ geladene Ionen (Anionen).*
Die Ionen, die durch Abgabe von Elektronen entstehen (Kationen), haben einen kleineren Ionenradius als der Atomradius des zugrundeliegenden Elementes. Die Ionen, die durch Aufnahme von Elektronen entstehen (Anionen), haben einen größeren Ionenradius im Vergleich zum Atomradius des zugrundeliegenden Elementes.
Die Elemente mit geringer Elektronegativität stehen links im Periodensystem; sie geben relativ leicht Elektronen unter Bildung von Kationen ab. Diese Elektronen werden von Elementen, die weit rechts im Periodensystem stehen und eine hohe Elektronegativität haben, unter Bildung von Anionen leicht aufgenommen.

Hauptgruppenelemente und Nebengruppenelemente

Wie man in Abb. 3.2 sieht, werden im Periodensystem *Hauptgruppen* und *Nebengruppen* bzw. Hauptgruppenelemente und Nebengruppenelemente unterschieden.
Mit wachsender Ordnungszahl bzw. Kernladungszahl werden innerhalb einer Periode weitere Elektronen in die Hülle der entsprechenden Atome eingebaut.
Bei den Hauptgruppenelementen wird innerhalb einer Periode die jeweils äußere Schale aufgefüllt, während bei den Nebengruppen und Lanthaniden und Actiniden mit steigender Kernladungszahl innere Elektronenschalen aufgefüllt werden.
Da Änderungen in der äußeren Elektronenschale wesentlich stärkere Konsequenzen für das chemische Reaktionsverhalten eines Elementes haben, unterscheiden sich die Hauptgruppenelemente in einer Periode deutlich mehr voneinander als die Nebengruppenelemente innerhalb einer Periode.
Alle Nebengruppenelemente einschließlich der Lanthaniden und Actiniden haben metallischen Charakter.

Biochemisch wichtige Hauptgruppenelemente

Bei folgenden Hauptgruppenelementen sollen Name, Symbol und Nummer der Hauptgruppe zugeordnet werden.

Tab. 3.**3** Biochemisch wichtige Hauptgruppenelemente und ihre Elektronenkonfiguration

Symbol	Name	Hauptgruppe	Elektronenkonfiguration
H	Wasserstoff	I	$[1s^1]$
Na	Natrium	I	$[Ne.3s^1]$
K	Kalium	I	$[Ar,4s^1]$
Mg	Magnesium	II	$[Ne,3s^2]$
Ca	Calcium	II	$[Ar,4s^2]$
C	Kohlenstoff	IV	$[He,2s^2 2p^2]$
N	Stickstoff	V	$[He,2s^2 2p^3]$
P	Phosphor	V	$[Ne,3s^2 3p^3]$
O	Sauerstoff	VI	$[He,2s^2 2p^4]$
S	Schwefel	VI	$[He,3s^2 3p^4]$
F	Fluor	VII	$[He,2s^2 2p^5]$
Cl	Chlor	VII	$[Ne,3s^2 3p^5]$
I (J)	Iod (Jod)	VII	$[Kr,4d^{10} 5s^2 5p^5]$

Biochemisch wichtige Nebengruppenelemente

Bei folgenden Nebengruppen- bzw. Spurenelementen sollen Name und Symbol zugeordnet werden: Zink (Zn), Eisen (Fe), Kobalt (Co), Kupfer (Cu), Chrom (Cr), Molybdän (Mo), Mangan (Mn).

Unter *Spurenelementen* versteht man Stoffe, die vom menschlichen Organismus in geringen Mengen benötigt werden und schon in Spuren für das biologische Geschehen von großer Bedeutung sind.

3.2.6 Andere medizinisch bedeutsame Elemente

Zuordnung und Name und Symbol von: As, Hg, Cd, Tc, Br

Bei folgenden medizinisch wichtigen Elementen sollen Name und Symbol zugeordnet werden: Arsen (As), Quecksilber (Hg), Cadmium (Cd), Technetium (Tc) und Brom (Br).

3.3 Chemische Bindung

3.3.1 Moleküle, Molekülmasse

Definition, Berechnung der relativen Molekülmasse aus der Summenformel bei Vorgabe der relativen Atommassen

3.3.2 Biochemisch wichtige Bindungen

Einfache Erklärung (keine MO-Theorie!) für das Zustandekommen von: Ionenbindung, Atombindung (kovalente Bindung), polarer Atombindung, koordinativer Bindung, Wasserstoffbrückenbindung, van-der-Waals-Bindung, hydrophober Wechselwirkung; Größenordnung der Bindungsenergie

3.3.3 Bindigkeit

Angabe der Bindigkeit von C, N, O, S, Cl und H in vorgegebenen Verbindungen

3.3.4 Oxidationszahl

Biochemisch bedeutsame Oxidationszahlen der unter 3.2.3 genannten Hauptgruppenelemente sowie von Fe, Co, Cu, Zn

3.3.5 Ionen

Unterschiede und Gemeinsamkeiten von Atom und Ion eines Hauptgruppenelementes (Kernladung, Ladung, Masse, Radius, Elektronenkonfiguration), Oktettregel

3.3.6 Ionenbindung

Ausbildung zwischen Atomen stark unterschiedlicher Elektronegativität (1./2. und 6./7. Hauptgruppe), elektrostatische Natur, nicht gerichtet, Bildung von Ionengittern

3.3.7 Atombindung

Ausbildung zwischen Atomen ähnlicher Elektronegativität, gemeinsames Elektronenpaar, gerichtet, Größenordnung der Bindungslänge

3.3.8 Gewinkelte Moleküle

Alkohole, Ether, Ammoniak, Amine

3.3.9 Freie Elektronenpaare

Kennzeichnung der Atome (O, N, S, Cl) in vorgegebenen Molekülen, die Träger freier Elektronenpaare sind; Angabe der Zahl der freien Elektronenpaare

3.3.10 Dipolmoleküle

Erkennen von Dipolmolekülen bei vorgegebenen Strukturformeln einfacher Verbindungen, polarisierte Atombindung als Merkmal eines Dipolmoleküls, Richtung der Polarisierung bei O—H, N—H, C—O, C—Cl, C—N, Einfluß der Elektronegativität auf die Polarisierung

3.3.11 Wasserstoffbrückenbindungen

Erkennen von Donator/Akzeptor in Verbindungen, die N oder O enthalten; biochemisch wichtige Beispiele (H_2O, Proteine, DNA), Auswirkungen (qualitativ) auf die physikalischen Eigenschaften: Siedepunkt, Schmelzpunkt, Löslichkeit, scheinbare Molmasse; Auswirkungen auf die Struktur (beispielhaft)

zu 3.3.1 – 3.3.11 Chemische Bindung

Die Gliederung dieses Kapitels weicht aus didaktischen Gründen von der des Gegenstandskataloges ab, enthält aber alle im GK aufgeführten Punkte.
Wechselwirkungen zwischen Teilchen (Atomen, Molekülen, Ionen ...) werden nach ihrer Art, Stärke, Richtung und Reichweite unterschieden. Man differenziert zwischen

1. kovalenter Bindung
2. Ionenbindung
3. koordinativer Bindung
4. metallischer Bindung
5. Wasserstoffbrücken (-Bindung)
6. van-der-Waals-Wechselwirkungen und
7. hydrophoben Wechselwirkungen.

Das Maß für die Stärke einer Wechselwirkung oder Bindung ist die Bindungsdissoziationsenergie oder häufig einfach *Bindungsenergie*. Es ist die Energie, die aufgebracht werden muß, um eine (Bindungs-) Wechselwirkung völlig aufzuheben.

Die Bindungstypen 1 – 4 zählt man zu den *Hauptvalenzbindungen*. Sie haben eine kurze Reichweite und Dissoziationsenergien zwischen 50 und 1000 kJ/mol, typischerweise um 400 kJ/mol. Die *Nebenvalenzbindungen* 5 – 7 spielen in der Biochemie eine wichtige Rolle. Ihre Reichweiten sind länger als die der Hauptvalenzbindungen und ihre Bindungskräfte deutlich geringer. Wasserstoffbrücken-Bindungen haben eine Dissoziationsenergie von 1 – 50 kJ/mol, typischerweise zwischen 15 und 45 kJ/mol. Die Energie der van-der-Waals-Kräfte und der hydrophoben Wechselwirkungen liegt unter 20 kJ/mol.

Atombindung

Die Ausbildung einer Atombindung sei beispielhaft an der Bildung des Cl_2-Moleküls aus zwei Chloratomen erläutert. Der Reaktionsablauf:

$$2\,Cl \rightarrow Cl_2$$

Die Elektronenpaare in der äußersten Schale kann man an dem entsprechenden Atomsymbol durch Striche, die einzelnen Elektronen durch Punkte darstellen. Atombindungen werden durch Striche zwischen den jeweiligen Atomen symbolisiert. Der Reaktionsablauf in dieser ausführlicheren Schreibweise lautet dann:

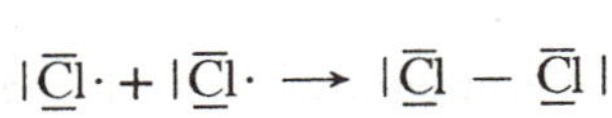

Die sieben Elektronen der äußeren Schale des Chlor-Atoms kann man aus dessen Stellung im Periodensystem entnehmen (vgl. Tab. 3.3). Der Strich zwischen den beiden Cl-Atomen, der die Bindung symbolisiert, steht gleichzeitig für die Ausbildung eines gemeinsamen Elektronenpaares, das sich bei Annäherung der beiden Chlor-Atome aus den beiden einzelnen Elektronen bildet. Unter Einbeziehung dieses gemeinsamen Elektronenpaares können jedem Chlor-Atom formal acht Elektronen auf der äußeren Schale zugeordnet werden.

Diese acht Elektronen stellen einen energetisch besonders stabilen Zustand dar. Viele Reaktionen lassen sich durch das Streben nach der Ausbildung eines solchen *Oktetts* erklären *(Oktettregel).*

Dieses Oktett in der äußeren Schale wird bei den Edelgasen, mit Ausnahme von Helium, erreicht, ohne daß eine chemische Bindung ausgebildet werden muß. Das hat zur Folge, daß Edelgase sehr reaktionsträge sind und nur in Ausnahmefällen chemische Reaktionen eingehen.

Die erste Schale, die K-Schale, kann nur zwei Elektronen aufnehmen. Das leichteste Edelgas, das Helium (He), hat deshalb nur zwei Elektronen in seiner Schale. Diese stabile Heliumkonfiguration wird auch bei der Reaktion zweier Wasserstoff-Atome miteinander erreicht:

$$2\,H^{\cdot} \rightarrow H{-}H$$

Atombindungen sind meist zwischen 100 und 300 pm lang (ca. 0,1 – 0,3 nm). Im Vergleich sind Viren etwa einhundert Mal länger (ca. 20 nm) und Bakterien zehntausend Mal länger (ca. 5 μm). In derselben Größenordnung liegen die menschlichen Zellen. Ein Erythrozyt hat etwa einen Durchmesser von 7,5 μm.

Man kann sich die Ausbildung von kovalenten Bindungen auch als Überlappung von Atomorbitalen vorstellen. Im Falle der Reaktion zweier Wasserstoff-Atome unter Ausbildung eines Wasserstoff-Moleküls kommt es zur Überlappung von zwei 1s-Orbitalen mit einem gemeinsamen Elektronenpaar. Im Falle der schon dargestellten Reaktion der beiden Chlor-Atome überlappen sich zwei 3 p-Orbitale.

Die Bindung zwischen den beiden Chlor-Atomen bzw. zwei H-Atomen ist rotationssymmetrisch. Man spricht von einer σ-Bindung. Über eine σ-Bindung gebundene Atome sind gegeneinander frei drehbar. In Abb. 3.4 ist die Bildung von σ-Bindungen dargestellt.

Die kovalenten Bindungen haben eine eindeutige Richtung im Raum, beispielsweise die Verbindung zwischen den beiden H-Atomen, d.h. die Bindung ist *gerichtet.*

Betrachten wir nun komplizierter gebaute Moleküle, wie das Methan-Molekül (CH_4), das Ammoniak-Molekül (NH_3) und das Wasser-Molekül (H_2O): Hier muß man sich nun vorstellen, daß die s- und p-Orbitale der jeweiligen Elemente, bevor sie mit Wasserstoff eine Bindung eingehen, in einen *angeregten Zustand* übergehen, wobei ein 2 s-Elektron auf das 2 p-Niveau gehoben wird. Anschließend bildet sich im Valenzzustand ein sp^3-Hybrid, in dem aus einem s- und drei p-Orbitalen vier gleichwertige sp^3-Hybridorbitale mit tetraedrischer Symmetrie entstehen.

Im Kohlenstoff sind die vier sp^3-Hybrid-Orbitale jeweils einfach mit einem Elektron besetzt, bei Stickstoff kommt ein Elektron dazu, so daß ein Hybrid-Orbital doppelt besetzt ist. Im Sauerstoff sind zwei Hybrid-Orbitale doppelt besetzt, vgl. Abb. 3.5.

Die Ausbildung der kovalenten Bindungen mit Wasserstoff erfolgt nun durch Überlappung der einfach besetzten sp^3-Hybrid-Orbitale mit jeweils einem 1 s-Orbital des Wasserstoffs unter Spinpaarung.

Eine echte Tetraeder-Symmetrie liegt nur bei Methan vor, bei Ammoniak und Wasser werden die Winkel zwischen den entstandenen σ-Bindungen etwas „zusammengedrückt", da die noch vorhandenen, freien Elektronenpaare viel Platz beanspruchen (Abb. 3.6).

Ganz analog zum Methan-Molekül läßt sich das Ethan-Molekül, $H_3C{-}CH_3$, verstehen, in dem eines der sp^3-Hybrid-Orbitale des Kohlenstoffs sich nicht mit einem 1 s-Orbital des Wasserstoffs, sondern mit einem sp^3-Hybrid-Orbital eines anderen Kohlenstoff-Moleküls überlappt.

Die Ausbildung von Doppelbindungen im Ethen-Molekül erklärt sich dadurch, daß hier ein p-Orbital

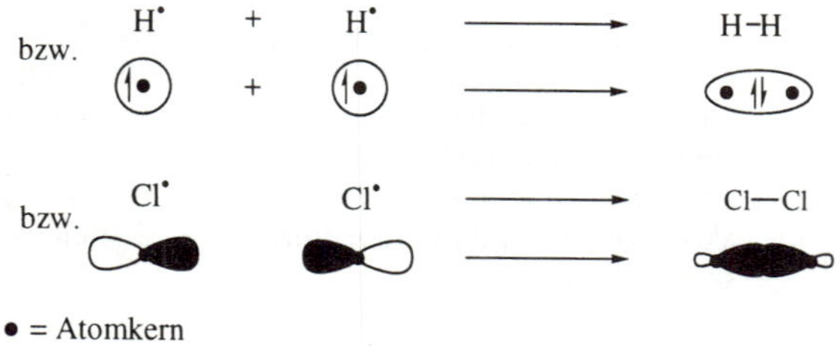

Abb. 3.4 Bildung von σ-Bindungen aus zwei s- bzw. zwei p-Orbitalen

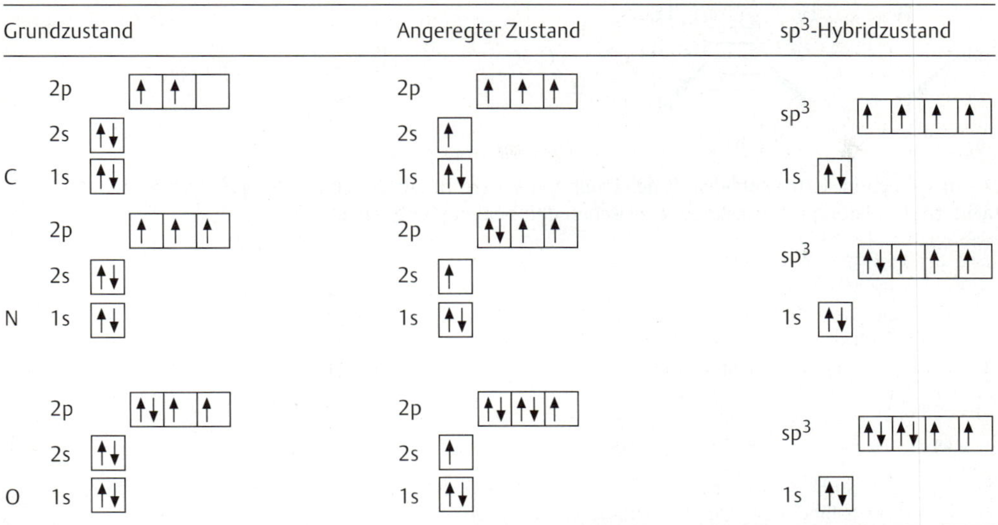

Abb. 3.5 Bildung von sp^3-Hybriden am Beispiel des Kohlenstoff, Stickstoff und Sauerstoff.

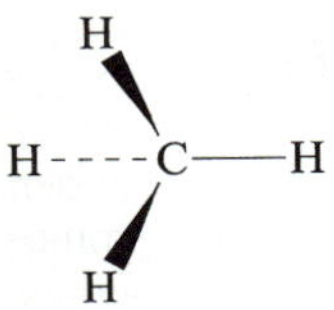

Methan, CH_4, tetraedrisch gebaut, ∢H–C–H = 109°.

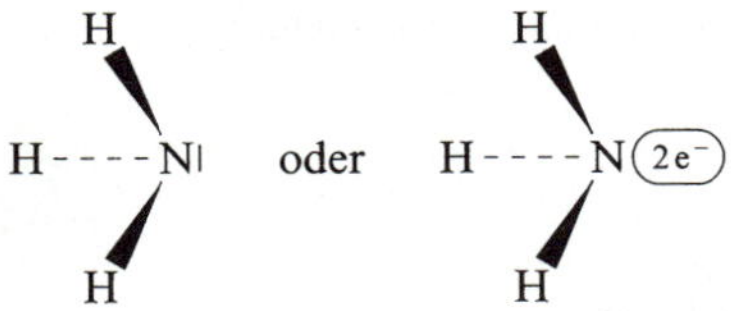

Ammoniak, NH_3; unter Einbezug des freien Elektronenpaares ergibt sich ein verzerrtes Tetraeder, ∢H–N–H = 107°.

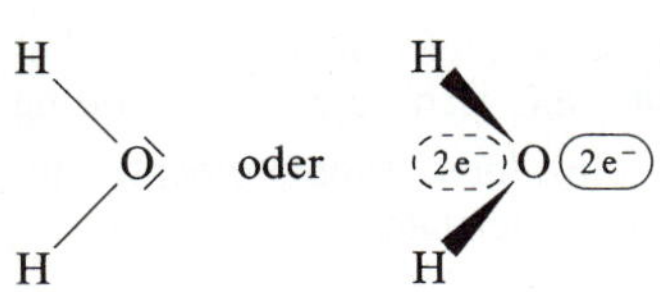

Wasser, H_2O; unter Einbezug der beiden freien Elektronenpaare ergibt sich ein verzerrtes Tetraeder, ∢H–O–H = 105°.

Abb. 3.6 Struktur von Methan (CH_4), Ammoniak (NH_3) und Wasser (H_2O)
— liegt in der Papierebene
··· zeigt nach hinten
▶ zeigt nach vorne

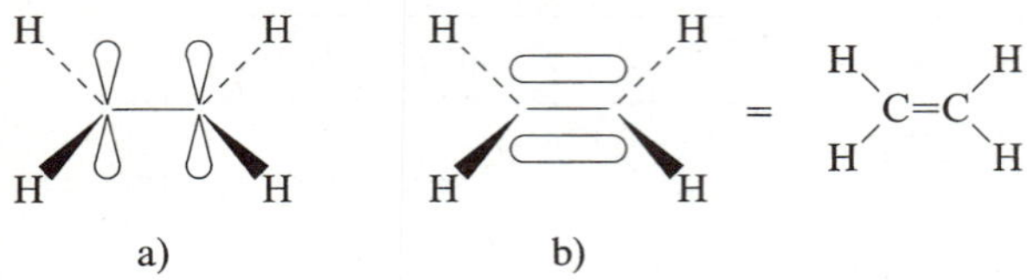

Abb. 3.**7** a) sp^2-hybridisierter Kohlenstoff des Ethen mit senkrecht auf der Ebene des sp^2-Hybrids stehenden p-Orbitalen; b) Ausbildung einer π-Bindung zwischen den beiden p-Orbitalen.

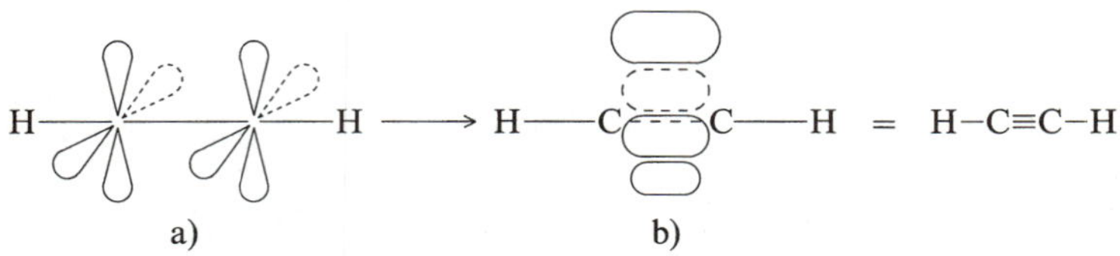

Abb. 3.**8** a) Lineares sp-Hybrid des Ethins mit jeweils zwei senkrecht zueinander stehenden p-Orbitalen; b) Ausbildung zweier π-Bindungen durch Überlappung der p-Orbitale

bei der Hybridisierung ausgespart wird und nur drei *sp^2-Hybrid-Orbitale* entstehen. Beim sp^2-hybridisierten Kohlenstoff zeigen die einzelnen Hybrid-Orbitale in die Ecken eines gleichseitigen Dreiecks, in dessen Mitte der Kohlenstoff liegt. Alle σ-Bindungen des sp^2-hybridisierten Kohlenstoffs liegen also in einer Ebene. Die beiden frei bleibenden gegenüberliegenden p-Orbitale können sich dann gegenseitig überlappen und zu einer π-Bindung führen. Bei der π-Bindung ist die freie Drehbarkeit um die C—C-Achse blockiert (Abb. 3.7).

Analog ist das Ethin-Molekül aufgebaut, bei dem zwei *sp-Hybrid-Orbitale* ausgebildet werden, die linear angeordnet sind. Es bleiben demnach jeweils zwei p-Orbitale übrig, die sich überlappen können und so zwei π-Bindungen zusätzlich zu der einen σ-Bindung ausbilden, insgesamt also eine Dreifachbindung, wie dies in Abb. 3.8 dargestellt ist.

Ähnliche Verhältnisse liegen beim N_2-Molekül vor, nur daß hier eines der beiden sp-Hybrid-Orbitale schon doppelt besetzt ist und keine weitere Bindung erfolgen kann. Dort, wo bei Ethin ein Wasserstoffatom gebunden wird, liegt beim N_2 ein freies Elektronenpaar vor.

Atombindungen bilden sich meist zwischen Elementen ähnlicher Elektronegativität aus. Die *Elektronegativität* ist ein Maß für die Fähigkeit einzelner Elemente, Elektronen anzuziehen. Man kann sich vorstellen, daß das gemeinsame Elektronenpaar, welches eine kovalente Bindung charakterisiert, bei einer Bindung zwischen Atomen gleicher Elektronegativität weder zur einen noch zur anderen Seite hin polarisiert wird, während es bei Atomen unterschiedlicher Elektronegativität mehr zu dem Atom mit der höheren Elektronegativität hin polarisiert ist. Ist letzteres der Fall, entsteht eine sogenannte polare Atombindung.

Wichtige polare Bindungen sind:

$$\overset{\delta-}{O}-\overset{\delta+}{H},\quad \overset{\delta-}{N}-\overset{\delta+}{H},\quad \overset{\delta+}{C}-\overset{\delta-}{O},\quad \overset{\delta+}{C}-\overset{\delta-}{Cl},\quad \overset{\delta+}{C}-\overset{\delta-}{N}.$$

Polare Atombindungen liegen beispielsweise in den Molekülen Wasser, H_2O, Ethanol, C_2H_5OH, Ammoniak, NH_3, Methylamin, NH_2CH_3, und Chlormethan, CH_3Cl, vor. Die Polarisierung wird durch *Partialladungen δ* symbolisiert. Wenn die Polarisierung sich in Größe und Richtung nicht ausgleicht, entsteht ein *Dipolmolekül* mit einem *Dipolmoment*.

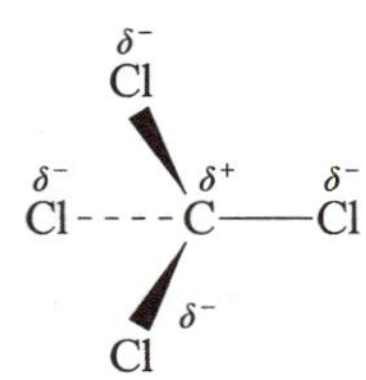

Diese Verbindung, CCl_4 (Tetrachlormethan), hat kein Dipolmoment, da sich die Polarisierung $\overset{\delta-}{Cl}-\overset{\delta+}{C}$ bzw. die einzelnen Dipolmomente in Größe und Richtung ausgleichen.

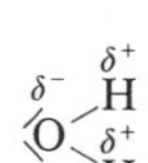

Wasser, H_2O, hat ein Dipolmoment, da sich die Polarisierungen, $\overset{\delta+}{H}-\overset{\delta-}{O}$, in Größe und Richtung nicht ausgleichen.

Wenn die Elektronegativitätsdifferenz so groß wird, daß die Bindungselektronen ganz auf die Seite eines Partners gezogen werden, so entsteht eine Ionenbindung. Abb. 3.9 zeigt schematisch den Übergang

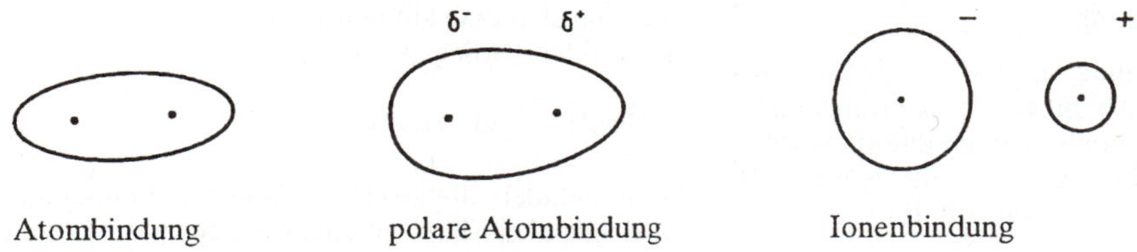

Abb. 3.**9** Ladungsverteilung bei der Atombindung, der polaren Atombindung und der Ionenbindung.

von kovalenter Bindung zu polarer Atombindung und Ionenbindung.

Ionenbindung

Die Ionenbindung wird bei Atomen mit stark unterschiedlicher Elektronegativität, also beispielsweise zwischen Natrium und Chlor, ausgebildet.
Ein 3 s-Elektron von Natrium geht vollständig zum Chlor über. So erreicht das Natrium die Elektronenkonfiguration von Neon und Chlor die Elektronenkonfiguration von Argon. Beide haben acht Elektronen in ihrer äußersten Schale.
Die Bindung beruht auf der *elektrostatischen Anziehung* zwischen den positiv geladenen Natriumkationen und den negativ geladenen Chloridanionen. Diese Anziehung ist nicht gerichtet und erfolgt nach allen Richtungen des Raumes gleich stark. Die Ionenbindung ist eine ungerichtete Bindung.
Charakteristische Beispiele für Ionenbindungen sind Alkali- und Erdalkali-Halogenide, wie Natriumchlorid, Natriumbromid, Magnesiumchlorid, Calciumchlorid.
Da die ionische Bindung nicht gerichtet ist, umgibt sich jedes Ion mit möglichst vielen Ionen entgegengesetzter Ladung, sogenannten Gegenionen. Man erhält dadurch ein *Ionengitter*.

Abb. 3.**10** Aufbau des Kochsalzgitters (NaCl); kleine Kugeln Na^+-Ionen, große Kugeln Cl^--Ionen.

Bindungsenergien

Die Größenordnung der Bindungsenergien sind in Tab. 3.4 anhand einiger Beispiele verdeutlicht:

Tab. 3.**4** Bindungsenergien

Bindungstyp	Beispiel	Bindungsenergie	
		[kJ/mol]	[kcal/mol]
Atombindungen	C—H	≈ 400	≈ 100
	C—C	≈ 350	≈ 80
	C=C	≈ 600	≈ 150
	O—H	≈ 450	≈ 110
Ionenbindungen	NaCl	≈ 750	≈ 180
Wasserstoffbrückenbindung	—	≤ 40	≤ 10
Hydrophobe Wechselwirkungen und van-der-Waals-Bindungen	—	≤ 10	≤ 2

Molekülmassenberechnung

Eine Definition der relativen Molekülmasse wurde schon in Abschnitt 3.1.5 gegeben.
Die Molekülmasse ergibt sich aus der Summe der Atommasse der Elemente, die in dem Molekül enthalten sind. Beispiel: Orthophosphorsäure, H_3PO_4, enthält drei Wasserstoff-Atome, Phosphor und vier Sauerstoff-Atome. Die *relative Molekülmasse* ergibt sich daher aus:

Tab. 3.**5** Molekülmassenberechnung für H_3PO_4

Anzahl der Atome	**Relative Atommasse**
3 Wasserstoff-Atome	3 × 1
1 Phosphor-Atom	1 × 31
4 Sauerstoff-Atome	4 × 16
3 + 31 + 64 = 98 = relative Molekülmasse	

Die koordinative Bindung

Die *koordinative Bindung* ist ein Sonderfall der Atombindung, in der das bindende Elektronenpaar ausschließlich von einem der beiden Bindungspartner stammt. Dieser Bindungstyp ist für die meisten Metallkomplexe charakteristisch, z. B. für

$$Cu^{2+} + 4\,NH_3 \rightleftharpoons [Cu(NH_3)_4]^{2+}.$$

Hier wird das freie Elektronenpaar des Stickstoffs zur Ausbildung von vier koordinativen Bindungen zum Cu^{2+}-Ion benutzt

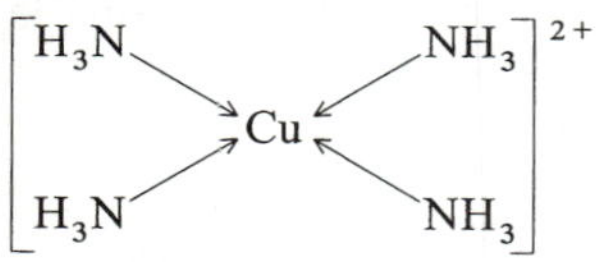

Abb. 3.**11** Kupfertetramminkomplex
Die koordinative Bindung wird oft mit einem Pfeil oder mit einer gestrichelten Linie angedeutet.

Bindigkeit und Oxidationszahl

Die *Bindigkeit* gibt an, wieviel kovalente Bindungen von einem Atom ausgehen:

Tab. 3.**6** Beispiele für Bindigkeiten von Atomen in kovalenten Bindungen

CH_4:	4-bindiger Kohlenstoff, 1-bindiger Wasserstoff;
NH_3:	3-bindiger Stickstoff, 1-bindiger Wasserstoff;
NH_4^+:	4-bindiger Stickstoff, 1-bindiger Wasserstoff;
H_2O:	2-bindiger Sauerstoff, 1-bindiger Wasserstoff;
H_3O^+:	3-bindiger Sauerstoff, 1-bindiger Wasserstoff;
H_2S:	2-bindiger Schwefel, 1-bindiger Wasserstoff;
HCl:	1-bindiges Chlor, 1-bindiger Wasserstoff.

NH_4^+ und H_3O^+ entstehen durch Überlappung eines leeren 1 s-Orbitals eines Protons mit einem freien Elektronenpaar des Ammoniak- oder des H_2O-Moleküls. Dies ist ein anderes Beispiel für eine koordinative Bindung.
Ein weiterer, rein formaler Begriff, der aber für die Beschreibung verschiedener chemischer Reaktionen sehr nützlich ist, ist die sogenannte *Oxidationszahl.*
Bei einatomigen Ionen ist die Oxidationszahl gleich der Ladung der entsprechenden Ionen, in $Na^+\ Cl^-$ hat Na die Oxidationszahl +1, Cl die Oxidationszahl −1. Man schreibt die Oxidationszahl über das entsprechende Atom:

$$\overset{+1}{Na}\ \overset{-1}{Cl}$$

Einzelne Elemente können auch in mehreren Oxidationszahlen vorliegen, z. B.:

$$\overset{+2}{Fe}\ \overset{-1}{Cl_2} \quad \text{und} \quad \overset{+3}{Fe}\ \overset{-1}{Cl_3}$$

Bei Molekülen, die kovalente Bindungen enthalten, wird formal das Bindungselektronenpaar dem Atom mit der größten Elektronegativität zugeordnet. Dadurch ist beispielsweise im Wassermolekül dem Sauerstoff die Oxidationszahl −2 und dem Wasserstoff die Oxidationszahl +1 zugeordnet. Die Summe der Oxidationszahlen eines ungeladenen Moleküls ergibt immer Null bzw. entspricht bei einem Ion der Ladung.
Bei folgenden Elementen sollen die Oxidationszahlen zugeordnet werden können, wie anhand einiger Verbindungen dieser Elemente beispielhaft erläutert ist.

$$\overset{+1}{H_2}\overset{-2}{O},\ \overset{+1}{Na}\overset{-1}{Cl},\ \overset{+1}{K}\overset{-1}{I},\ \overset{+2}{Mg}\overset{-1}{F_2},\ \overset{+2}{Ca}\overset{-2}{S},\ \overset{+4}{C}\overset{-1}{Cl_4},\ \overset{+4}{C}\overset{-2}{O_2},\ \overset{-3}{N}\overset{+1}{H_3},$$

$$\overset{+1}{H}\overset{+5}{N}\overset{-2}{O_3},\ \overset{+1}{H_3}\overset{+5}{P}\overset{-2}{O_4},\ \overset{+2}{Zn}\overset{-2}{O},\ \overset{+1}{Cu}\overset{-1}{Cl},\ \overset{+2}{Cu}\overset{-1}{Cl_2},\ \overset{+2}{Fe}\overset{-1}{Cl_2},\ \overset{+3}{Fe}\overset{-1}{Cl_3}$$

Zwischenmolekulare Wechselwirkungen mit niedriger Energie, Wasserstoffbrückenbindung

Wir haben bisher schon gesehen, daß Moleküle, die polare Atombindungen enthalten, als Dipole vorliegen. Diese Dipole können in Wechselwirkung miteinander treten.

$$X^{\delta-}-H^{\delta+},\ \overline{|Y}^{\delta-}-R^{\delta+}$$

X wird als **Protonendonor**, Y als **Protonenakzeptor** bezeichnet.
Dies ist ganz besonders stark der Fall in Molekülen mit OH- und NH-Bindung. Die Moleküle ordnen sich dann so an, daß der Molekülteil mit der negativen Partialladung auf dem Sauerstoff- bzw. dem Stickstoff-Atom dem Molekülteil des anderen Dipols mit der positiven Partialladung auf dem Wasserstoff-Atom gegenüberliegt. Es entstehen dabei *Wasserstoffbrückenbindungen* mit relativ niedriger Energie, die aber wesentlich die physikalischen Eigenschaften dieser Verbindungen beeinflussen.
Wie aus Abbildung 3.12 ersichtlich, werden die Wassermoleküle untereinander durch Wasserstoffbrückenbindungen vernetzt, d. h. das Wasser bekommt eine scheinbar höhere molare Masse. Dadurch erhöhen sich auch physikalische Parameter wie Siedepunkt, Schmelzpunkt und Verdampfungswärme (die zur Verdampfung aufzubringende Wärmemenge).
Außer bei Wasser und Ammoniak können Wasserstoffbrückenbindungen auch leicht bei Alkoholen, Carbonsäuren, Aminen und Peptiden ausgebildet werden. Auch die Löslichkeit von Alkohol in Wasser

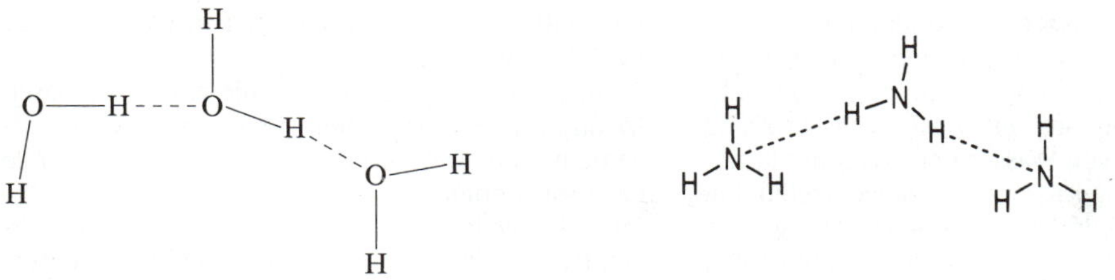

Abb. 3.12 Wasserstoffbrückenbindungen des Wassers und des Ammoniaks

ist u.a. auf Wasserstoffbrückenbindungen zurückzuführen.

Eine wesentliche Rolle spielen solche Wasserstoffbrückenbindungen bei der Ausbildung der Struktur der Desoxyribonukleinsäure (DNA), in der die gegenüberliegenden DNA-Basen durch Wasserstoffbrückenbindungen zusammengehalten werden.

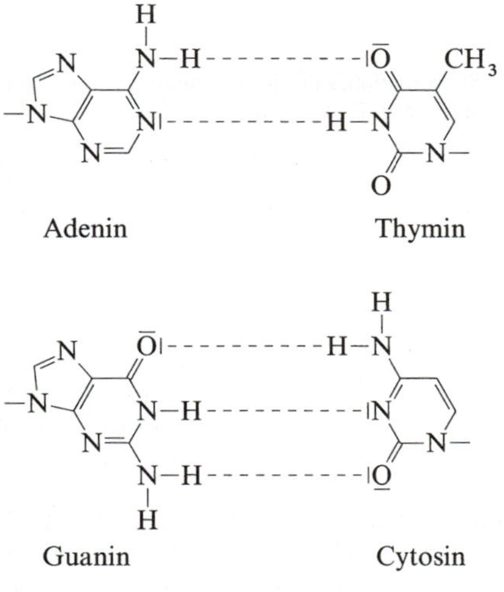

Abb. 3.13 Wasserstoffbrückenbindungen zwischen NH und N und zwischen NH und O am Beispiel der DNA-Basen

Tabelle 3.7 zeigt einen Vergleich der physikalischen Parameter von H_2S und H_2O, wobei H_2O im Gegensatz zu H_2S Wasserstoffbrücken ausbilden kann. Schmelzpunkt, Siedepunkt und Verdampfungswärme des Wassers liegen wesentlich höher als die entsprechenden Parameter von Schwefelwasserstoff.

Tab. 3.7 Vergleich physikalischer Parameter

Verbindung	Schmelzpunkt [°C]	Siedepunkt [°C]
H_2O	0	100
H_2S	– 85	– 60

Van-der-Waals-Kräfte

Dies sind Anziehungskräfte mit sehr viel geringerem Energiegehalt, in der Regel kleiner als 10 kJ/mol oder 2 kcal/mol, die bei unpolaren Molekülen eine Rolle spielen. Sie entstehen durch kurzfristige ungleiche Ladungsverteilungen in den Molekülen, eine sogenannte temporäre Dipolbildung. Diese temporären Dipole können untereinander in Wechselwirkung treten.

Hydrophobe Wechselwirkungen

Unpolare, also hydrophobe Moleküle, wie beispielsweise Kohlenwasserstoffe, die man in polaren Lösungsmitteln wie Wasser suspendiert, haben die Tendenz zu assoziieren. Die Größe dieser Bindungsenergie zwischen sogenannten Alkylresten liegt in der Größenordnung von 10 kJ/mol bzw. 2 kcal/mol. Es handelt sich also um eine sehr schwache Wechselwirkung.

Man kann dies veranschaulichen, wenn man Öl in Wasser durch kräftiges Schütteln suspendiert. Läßt man die Suspension dann stehen, so lagern sich mit der Zeit die Öltröpfchen zu immer größeren Konglomeraten zusammen.

3.3.12 Hydratation

Hydratation von Kationen, Anionen, organischen Verbindungen wie Alkohole, Carbonsäure, Zucker, Proteine; Einfluß von Größe und Ladung bei Ionen, Einfluß der Temperatur (qualitativ), Beschreibung als Ion/Dipol- oder Dipol/Dipol-Wechselwirkung

Wenn man Kochsalz, NaCl, in Wasser auflöst, liegen die Na^+- und Cl^--Ionen jeweils von einer Hydrathülle umgeben vor. Unter *Hydrathülle* versteht man eine aufgrund der *Ion-Dipol-Wechselwirkung* entstandene Hülle von Wassermolekülen um Kationen bzw. Anionen. Analoge Vorgänge treten bei *Dipol-Dipol-Wechselwirkungen* auf. Da Wasser als Dipol vorliegt, richtet es sich in der Umgebung von Ionen und Dipolen so aus, daß sich entgegengesetzte Ladungen bzw. Partialladungen möglichst nahe kommen. In der Umgebung eines Kations werden Wassermoleküle so ausgerichtet sein, daß der negativ polarisierte Sauerstoff in Richtung der positiven Ladung zeigt, bei einem Anion orientieren sich die positiv polarisierten Wasserstoffatome in Richtung der negativen Ladung.
Die bei der Hydratation freiwerdende Energie wird *Hydratationsenergie* genannt. Übertrifft diese die Gitterenergie, also jene Energie, die aufzubringen ist, um die einzelnen Ionen eines Salzes aus ihrem Ionengitter zu lösen, kann ein Salz in Wasser aufgelöst werden.
Ähnliche Vorgänge gelten für alle anderen polaren Lösungsmittel (Solvenzien). Man spricht dann allgemein von *Solvatationsenergie* bzw. *Solvathülle* bzw. *Solvatation.*
Im Falle der Ionen der Übergangsmetallverbindungen tritt oft zusätzlich zur Solvatation eine koordinative Bindung bei geeigneten Lösungsmitteln auf.
Die Solvatation bzw. Hydratation hängt von der *Ladungsdichte* des Ions ab. Je höher diese ist, d.h. je kleiner der Ionenradius und je größer die Ionenladung ist, desto größer ist auch die Hydrathülle bzw. Solvathülle. Aus diesem Grund hat Li^+ z.B. eine größere Hydrathülle als Na^+.
Die Solvatation bzw. Hydratation nimmt mit steigender Temperatur ab. Neben Anionen und Kationen können auch organische Verbindungen mit polaren Gruppen wie Alkohole, Zucker und Proteine solvatisiert bzw. hydratisiert werden.

3.3.13 Metallkomplexe

Definitionen: Zentralion, Liganden, Koordinationszahl, Gesamtladung; Auswahl von Ionen oder Molekülen, die als Liganden in Frage kommen, Kenntnis von Zentralionen und deren Koordinationszahl in biochemisch wichtigen Verbindungen (Fe, Mg, Zn, Cu, Co)

3.3.14 Koordinative Bindung

Herkunft des bindenden Elektronenpaares, unterschiedliche Festigkeit der Bindung bei verschiedenen Metallkomplexen

3.3.15 Chelat-Komplexe und Chelatoren

Erkennen in vorgegebenen Verbindungen, Auswahl von Chelatoren aus vorgegebenen Verbindungen, Kennzeichnung der koordinierenden Atome; Zähnigkeit, bevorzugte Bildung von 5- oder 6-Ringstrukturen, Bedeutung von EDTA in der Medizin, Beispiele für biochemisch wichtige Chelatkomplexe: Hämoglobin, Cytochrome, Cobalamin

zu 3.3.13 – 3.3.15 Metallkomplexe, Koordinative Bindung, Chelat-Komplexe und Chelatoren

Metallkomplexe sind die klassischen Beispiele für die *koordinative Bindung*. Ein *Metallkomplex* besteht aus einem *Zentralion*, das von *Liganden* umgeben ist. Diese Liganden sind Moleküle, die ein oder mehrere freie Elektronenpaare für die koordinative Bindung an das Zentralion zur Verfügung stellen. Sie fungieren als *Elektronendonor.* Das Zahlenverhältnis von Ligand bzw. wenn der Ligand mehrere Bindungsstellen hat, das Verhältnis der Bindungsstellen der Liganden zum Zentralion heißt *Koordinationszahl.* Die Koordinationszahl hat meist den Wert 6, manchmal auch 4, selten 8 oder 2 oder andere. Die Ladung des Gesamtkomplexes ergibt sich aus der Summe der Ladungen des Zentralatom/ion und der Liganden. Als Beispiel sei wieder die Bildung des Kupfertetramminkomplexes, $[Cu(NH_3)_4]^{2+}$, angegeben, der aus einem Cu^{2+}-Ion und 4 Ammoniakmolekülen entsteht. Die Ammoniakmoleküle stellen ihr freies Elektronenpaar für die koordinative Bindung zur Verfügung. Die Summe der Ladungen der Liganden und des Zentralions ist 2+. Die koordinative Bindung wird in der Regel mit gestrichelten Linien oder mit Pfeilen symbolisiert (vgl. Abb. 3.11). Oft wird aber auch etwas nachlässiger einfach mit durchgezogenen Strichen formuliert. Der Komplex hat die Koordinationszahl 4, wie sich aus dem Verhältnis von Liganden zum Zentralion ergibt.
Verwendet man nun als Liganden eine organische Verbindung, die zwei Bindungsstellen hat und als

Elektronendonor fungieren kann, wie beispielsweise Ethylendiamin, dann sieht die Reaktion folgendermaßen aus:

$$Cu^{2+} + 2\,H_2N{-}CH_2{-}CH_2{-}NH_2 \rightleftharpoons [Cu(H_2N{-}CH_2{-}CH_2{-}NH_2)_2]^{2+}$$

Man spricht hier von einem *zweizähnigen Liganden,* da er über zwei Bindungsstellen an das Zentralion bindet. Trotzdem hat der Komplex, wiederum wie oben, die Koordinationszahl 4, da bei *mehrzähnigen* Liganden das Verhältnis der Bindungsstellen zum Zentralatom/ion maßgebend ist. Die mit zwei- oder mehrzähnigen Liganden erhaltenen Komplexe werden auch als *Chelatkomplexe* bzw. Chelate bezeichnet. Der Ligand kann auch als Chelatbildner oder Chelatpartner bezeichnet werden. Diese Liganden bilden zusammen mit dem Zentralion meist 5- oder 6-Ring-Strukturen, die aufgrund der geringen Ringspannung relativ stabil sind. Im Bisethylendiaminkupfer(II)chlorid liegen zwei 5-Ring-Strukturen vor (siehe Abb. 3.14).

Einige typische Liganden sind in Abbildung 3.15 aufgeführt. ETDA, Ethylendiamintetraessigsäure, ist ein Ligand bzw. ein Chelatbildner, der in vitro als Antikoagulans durch Komplexierung von Calcium wirkt.

Wichtige Zentralatome/ionen natürlich vorkommender Chelate sind z. B. das Eisen im Hämoglobin, bzw. Häm und den Cytochromen, das Magnesium im Chlorophyll sowie das Cobalt im Vitamin B_{12}.

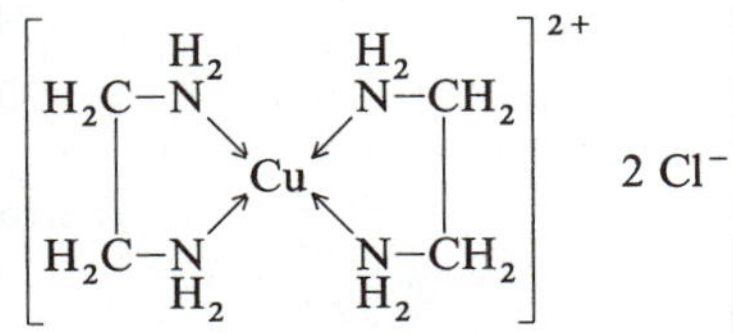

Abb. 3.**14** Bis-1,2-diaminoethankupfer(II)chlorid Bisethylendiaminkupfer(II)chlorid (Trivialname)

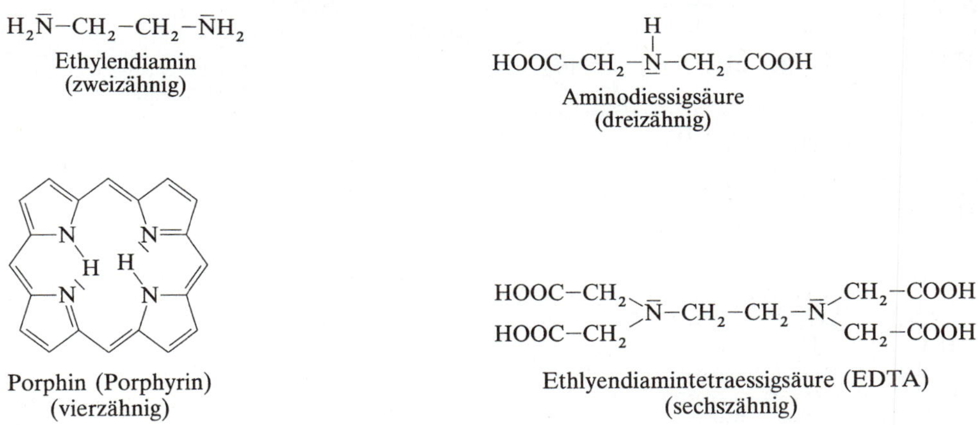

Abb. 3.**15** Beispiele für Liganden mit unterschiedlicher Zähnigkeit

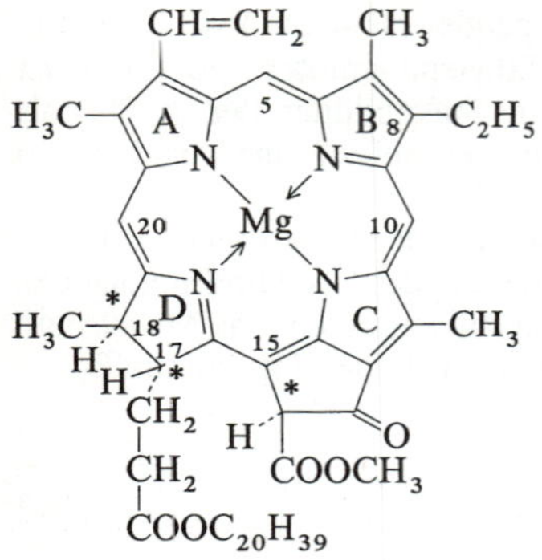

Chlorophyll a

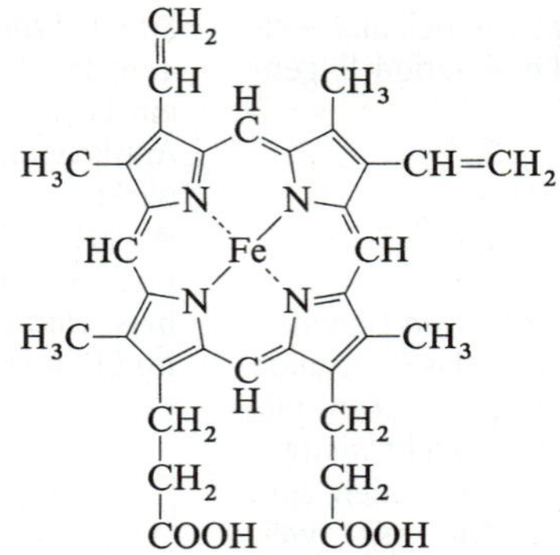

Häm
(Ferroprotoporphyrin 9)

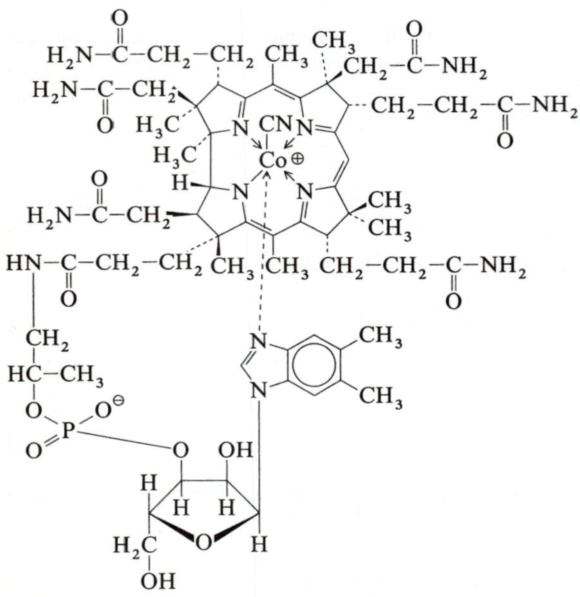

Vitamin B_{12}

Abb. 3.**16** Strukturen von Häm, Chlorophyll a und Cobalamin (Vitamin B_{12})

4 Reaktionen der Stoffe

4.1 Massenwirkungsgesetz

4.1.1 Konzentrationsmaße

Definition von Molarität, Volumenanteil (Volumenprozent), Gewichtsanteil (Gewichtsprozent); Umrechnung dieser Größenwerte ineinander

*Hier scheinen sich einige Ungenauigkeiten in den Gegenstandskatalog eingeschlichen zu haben. Es wird vermutet, daß statt des Begriffs „Volumenanteil“ die „Volumenkonzentration“ gemeint ist. Nur dann stimmt auch die Kapitelüberschrift „Konzentrationsmaße“. Wir haben wegen dieser Unklarheit sowohl die Definition für den Volumen**anteil** als auch den für die Volumen**konzentration** aufgenommen.*

Molarität ist der veraltete Begriff für die *Stoffmengenkonzentration* c und ist definiert als die Stoffmenge n eines Stoffes i pro Volumeneinheit der Lösung $V_{Lösung}$. Die Stoffmengenkonzentration wird gewöhnlich in mol/L angegeben.

$$c_i = \frac{n_i}{V_{Lösung}}$$

Statt c wird für die Stoffmengenkonzentration eines Stoffes auch häufig eine eckige Klammer benutzt. So kann man z.B. für c_{NaCl} auch [NaCl] schreiben. Man verwendet diese Alternative gerne bei der Formulierung des Massenwirkungsgesetzes.

Der *Volumenanteil* φ ist das Verhältnis des Volumens einer Komponente V_i zur Summe der Volumina aller Komponenten (*vor* der Mischung!).

$$\varphi_i = \frac{V_i}{\sum_{i=1}^{n} V_i}$$

bei nur einer Komponenten x im Lösungsmittel Lm:

$$\varphi_x = \frac{V_x}{V_x + V_{Lm}}$$

Multipliziert man das Verhältnis mit dem Faktor 100 erhält man den Volumenanteil in Prozent.

Beispiel: Eine wäßrige alkoholische Lösung mit ($\varphi = 20\%$ entsteht durch Mischen von 200 ml Ethanol und 800 ml Wasser. (Das Volumen der Mischung ist mit 980 ml kleiner als die Summe der Volumina der beiden Komponenten.)

Die *Volumenkonzentration* σ wird analog der Stoffmengenkonzentration definiert. Es ist das Verhältnis des Volumens einer Komponente i zum Volumen der Lösung $V_{Lösung}$.

$$\sigma_i = \frac{V_i}{V_{Lösung}}$$

Die Multiplikation mit 100 führt wieder zu einer Prozentangabe.

Der *Gewichtsanteil*, der heute mit *Massenanteil* w bezeichnet wird, ist das Verhältnis der Masse einer Komponente m_i zur Gesamtmasse der Lösung. Bei Angabe von w in Prozent muß mit 100 multipliziert werden.

$$w_i = \frac{m_i}{m_{Lösung}}$$

4.1.2 Chemisches Gleichgewicht

Charakteristika; Zusammenhang zwischen Konzentration der Reaktionspartner und Gleichgewichtskonstante (Massenwirkungsgesetz) für vorgegebene Beispiele: Säure/Basen-Dissoziation, Esterbildung, Bildung und Zerfall von Metallkomplexen

Betrachtet man eine chemische Reaktion, beispielsweise die Bildung von Essigsäureethylester aus Essigsäure und Ethanol in einem geschlossenen System, wie in einem Reaktionskolben (Wärme bzw. Energieaustausch mit der Umwelt ist möglich), so findet stets eine Hinreaktion statt:

$$\underset{\text{Essigsäure}}{CH_3COOH} + \underset{\text{Ethanol}}{C_2H_5OH} \longrightarrow \underset{\text{Essigsäureethylester}}{C_2H_5O-\overset{\overset{\displaystyle O}{\|}}{C}-CH_3} + \underset{\text{Wasser}}{H_2O}$$

ebenso eine Rückreaktion:

$$\underset{\text{Essigsäureethylester}}{C_2H_5O-\overset{\overset{\displaystyle O}{\|}}{C}-CH_3} + \underset{\text{Wasser}}{H_2O} \longrightarrow \underset{\text{Essigsäure}}{CH_3COOH} + \underset{\text{Ethanol}}{C_2H_5OH}$$

Nach einer gewissen Zeit hat sich ein Gleichgewicht, das sogenannte *chemische Gleichgewicht*, ausgebildet, bei dem Hin- und Rückreaktion gleich schnell verlaufen, d. h. die Konzentration der Edukte und Produkte konstant bleibt und somit makroskopisch die Gesamtreaktionsgeschwindigkeit gleich Null ist. Für diesen Fall gilt das *Massenwirkungsgesetz.*

Angewendet auf obiges Beispiel, wobei die Hin- und Rückreaktion durch einen sogenannten Gleichgewichtspfeil angedeutet wird, lautet das Massenwirkungsgesetz:

$$K = \frac{[\text{Essigsäureethylester}] \cdot [H_2O]}{[\text{Ethanol}] \cdot [\text{Essigsäure}]} = \text{konstant}$$

oder allgemein für die Reaktion

$$A + B \rightleftharpoons C + D$$

$$K = \frac{[C] \cdot [D]}{[A] \cdot [B]}$$

K = Gleichgewichtskonstante

In Worten

Der Quotient aus dem Produkt der Konzentration der Produkte dividiert durch das Produkt der Konzentrationen der Edukte ist konstant (bei konstanten äußeren Bedingungen [p, T, ...]). Die Konzentration wird mit eckigen Klammern symbolisiert, vgl. 4.1.1.

Die *Gleichgewichtskonstante* K wird experimentell bestimmt. Sie ist von der Temperatur abhängig. Man kann also nur Gleichgewichtskonstanten miteinander vergleichen, die bei gleicher Temperatur gemessen wurden.

Die Anwendung auf die Säure-/Base-Dissoziation und Bildung und Zerfall von Metallkomplexen ist in Kapitel 4.3 und 4.5 beschrieben.

Bei Reaktionen, bei denen das Gleichgewicht sehr weit auf der Seite der Produkte liegt, schreibt man oft unkorrekterweise:

$$A + B \rightarrow C + D$$

Dies ist eine unpräzise Vereinfachung, da jede chemische Reaktion auch eine Rückreaktion hat.

4.1.3 Gekoppelte Reaktionen

Überprüfen der Gesamtreaktionsgleichung aus vorgegebenen, miteinander gekoppelten Reaktionen, Berechnung des Massenwirkungsgesetzes der Gesamtreaktion aus den Massenwirkungsgesetzen der Einzelreaktionen

Sind zwei oder mehrere Reaktionen miteinander gekoppelt,

$$A + B \rightleftharpoons C + D$$

$$K_1 = \frac{[C] \cdot [D]}{[A] \cdot [B]}$$

$$C + D \rightleftharpoons E + F$$

$$K_2 = \frac{[E] \cdot [F]}{[A] \cdot [B]}$$

so erhält man die *Gleichgewichtskonstante der Gesamtreaktion:*

$$A + B \rightleftharpoons E + F$$

$$K = \frac{[E] \cdot [F]}{[A] \cdot [B]}$$

Diese ist gleich dem Produkt $K_1 \cdot K_2$ der Einzelreaktionen:

$$\frac{[C] \cdot [D]}{[A] \cdot [B]} \cdot \frac{[E] \cdot [F]}{[C] \cdot [D]} = \frac{[E] \cdot [F]}{[A] \cdot [B]} = K$$

Beispiele hierzu siehe Punkt 4.3.2

4.1.4 Gleichgewichtslage

Einfluß von Reaktionsparametern, wie z. B. Konzentration, Partialdruck auf die Gleichgewichtslage bei konstanter Temperatur

Betrachtet man für unsere allgemeine Reaktion:

$$A + B \rightleftharpoons C + D$$

das Massenwirkungsgesetz

$$K = \frac{[C] \cdot [D]}{[A] \cdot [B]}$$

so wird klar, daß bei Zugabe eines der Partner von außen sich die Konzentration der anderen Reaktionspartner ändern muß, da die Gleichgewichtskonstante K sich nicht verändert.

Durch Erhöhung der Konzentration von A entsteht also mehr von C und D. Durch Erhöhung der Kon-

zentration von D nimmt A und B zu. Durch Entzug von D nimmt C zu, usw.
Das gleiche gilt bei Reaktionen von Gasen, bei denen anstatt der Konzentrationen die *Partialdrükke* eingesetzt werden.

Angewandt auf unsere Esterbildungsreaktion kann die Ausbeute an Ester bezogen auf die Ausgangssubstanz Essigsäure erhöht werden, wenn man die Komponente Ethanol erhöht, und/oder wenn man das entstehende Wasser aus dem Reaktionsgleichgewicht abzieht.

4.2 Salze

4.2.1 Elektrolyte

Definition starker und schwacher Elektrolyte, Salze als starke Elektrolyte, Leitfähigkeit wäßriger Lösungen

Stoffe, die beim Auflösen in Wasser oder anderen stark polaren Lösungsmitteln in Ionen dissoziieren, nennt man *Elektrolyte.*
Man unterscheidet zwischen starken Elektrolyten, das sind solche Stoffe, die praktisch vollständig dissoziieren, und schwachen Elektrolyten, das sind solche Stoffe, die nur zu einem geringeren Teil dissoziieren.

Lösungen von Elektrolyten bzw. auch deren Schmelzen leiten den elektrischen Strom durch Wanderung der Ionen.
Salze haben von vornherein einen ionischen Aufbau in einem sogenannten *Ionengitter.* Beim Auflösen in Wasser oder anderen polaren Lösungsmitteln kann dieses Ionengitter durch Hydratisierung bzw. Solvatisierung gelöst werden. Der gelöste Anteil des Salzes liegt dann praktisch vollständig dissoziiert vor. Lösungen von Salzen sind also starke Elektrolyte, ebenso wie Salzschmelzen.

4.2.2 Löslichkeit

Löslichkeitsprodukt, medizinische Bedeutung von $BaSO_4$, PbS, Calciumphosphat, Magnesiumammoniumphosphat; Bedeutung für die Skelett- und Konkrementbildung

Betrachten wir die Lösung eines schwer löslichen Salzes, wie beispielsweise Bariumsulfat, in Wasser, so gilt das Gleichgewicht:

$$BaSO_4 \rightleftharpoons Ba^{2+} + SO_4{}^{2-}$$

Wendet man darauf das Massenwirkungsgesetz an, so ergibt sich die Gleichgewichtskonstante K zu

$$K = \frac{[Ba^{2+}] \cdot [SO_4^{2-}]}{[BaSO_4]}$$

Durch Umformung erhält man

$$K \cdot [BaSO_4] = [Ba^{2+}] \cdot [SO_4^{2-}]$$

In einer gesättigten Lösung von $BaSO_4$ über einen festen Bodenkörper von Bariumsulfat ist $[BaSO_4]$ konstant, da zwischen dem Bariumsulfat in Lösung und dem festen Bariumsulfat ein dynamisches heterogenes Gleichgewicht besteht, das dafür sorgt, daß $[BaSO_4]$ bei gleichbleibender Temperatur konstant bleibt. Man kann daher $K \cdot [BaSO_4]$ zu einer neuen Konstante, dem **Löslichkeitsprodukt,** Lp, zusammenfassen:

$$Lp = [Ba^{2+}] \cdot [SO_4^{2-}]$$

Das Löslichkeitsprodukt ist temperaturabhängig. Seine Einheiten, die meist weggelassen werden, sind mol^2/l^2, mol^3/l^3, usw. Das Löslichkeitsprodukt von Bariumsulfat beträgt 1×10^{-10}, das von Bleisulfid, PbS, 1×10^{-29}, beide bei 25 °C gemessen. Bariumsulfat wird als Kontrastmittel bei Röntgenuntersuchungen des Magen-Darm-Traktes eingesetzt. Aufgrund des geringen Löslichkeitsproduktes ist gewährleistet, daß nur geringste Spuren der toxischen Ba^{2+}-Ionen resorbiert werden können. Wasserlösliche Bariumverbindungen sind sehr stark giftig. Bei Bleivergiftungen, die klinisch immer noch von großer Bedeutung sind, erkennt man den typischen Bleisaum am Zahnfleischrand als graubläuliches Band. Dieser entsteht durch Einwirkung von H_2S, welches von in den Zahntaschen anwesenden Bakterien gebildet wird, auf die Blei-Ionen, die dann als unlösliches Bleisulfid ausfallen.
Schwer lösliche Calciumphosphate bilden in Form des Hydroxylapatit $[3\ Ca_3(PO_4)_2) \cdot Ca(OH)_2]$, Bestandteile der Mineralsubstanz des Knochens und der Zahnhartsubstanz. Magnesiumammoniumphosphat, $MgNH_4PO_4 \cdot 6\ H_2O$, ist im Harnsediment, vor allem bei alkalischem Harn, vorhanden und bildet, meist zusammen mit Apatit und Calciumoxalat, Harnsteine.

4.3 Säuren und Basen

4.3.1 Elektrolytnatur

Klassifizierung von Säuren und Basen als starke oder schwache Elektrolyte (bei vorgegebener Dissoziationskonstante)

Im folgenden wird außer 4.3.1 auch der GK-Punkt 4.3.3 abgehandelt.
Es gibt mehrere Definitionen des Begriffs Säure und Base. Nach *Brönsted* sind *Säuren* als *Protonendonoren*, d. h. Stoffe, die Protonen abgeben und *Basen* als *Protonenakzeptoren*, d. h. Stoffe, die Protonen aufnehmen, definiert.
Säure-Base-Reaktionen lassen sich demnach ganz allgemein formulieren:

HA	$\rightleftharpoons$	H^+	+	A^-
Säure		Proton		Säureanion, konjugierte Base oder korrespondierende Base

Beispiel:

CH_3COOH	$\rightleftharpoons$	H^+	+	CH_3COO^-
Essigsäure		Proton		Essigsäureanion, Acetation

Bei dieser allgemeinen Reaktion muß bei der Abgabe des Protons aus der Säure immer eine Base entstehen, da man die Reaktion genausogut als Rückreaktion betrachten kann, bei der A^- ein Proton aufnimmt und zu HA reagiert und A^- damit definitionsgemäß eine Base ist.
Die aus der Säure HA entstandene Base nennt man deswegen *korrespondierende* oder *konjugierte Base*, HA und A^- werden zusammen als *konjugiertes* oder *korrespondierendes Säure-Base-Paar* gesehen.
Ausgehend von einer Base B läßt sich eine andere Reaktion formulieren:

B	+	H^+	$\rightleftharpoons$	HB^+
Base		Proton		konjugierte Säure

Beispiel:

NH_3	+	H^+	$\rightleftharpoons$	NH_4^+
Ammoniak		Proton		Ammoniumion

Das heißt, aus einer Base kann durch Aufnahme eines Protons die entsprechende konjugierte Säure entstehen.
Solche Reaktionen lassen sich auch kombinieren, das von HA abgegebene Proton wird dann von B aufgenommen, man erhält:

$$HA + B \rightleftharpoons HB^+ + A^-$$

In unserem Beispiel:

$CH_3COOH + NH_3$		$\rightleftharpoons$	NH_4^+	+	CH_3COO^-
Essigsäure	Ammoniak		Ammoniumionen		Essigsäureanion Acetation

Es handelt sich also bei diesen Säure-Base-Reaktionen um *Protonenübertragungsreaktionen.*
Bei Säuren und Basen lassen sich wieder starke und schwache Säuren/Basen unterscheiden. Die Einteilung hängt davon ab, ob die Säuren bzw. Basen in der wäßrigen Lösung oder in einem anderen polaren Lösungsmittel nahezu vollständig oder nur zu einem geringen Teil dissoziieren.
Dies läßt sich mittels der *Dissoziationskonstante* ausdrücken, die ein Spezialfall des Massenwirkungsgesetzes ist.
Sie lautet für die Reaktion:

$$HA \rightleftharpoons H^+ + A^-$$

$$K_{Dis} = \frac{[H^+] \cdot [A^-]}{[HA]}$$

Wenn das Gleichgewicht weitgehend auf der Seite von A^- und H^+ liegt, dann ist die Säure praktisch vollständig dissoziiert. Die Konstante K_{Dis} ist groß, demzufolge liegt ein starker Elektrolyt vor. Im umgekehrten Fall spricht man von einem schwachen Elektrolyten.
Hier nun das Beispiel einer Säure (Salzsäure), die ein starker Elektrolyt ist:

$$HCl \rightleftharpoons H^+ + Cl^-$$

$$K_{Dis} = \frac{[H^+] \cdot [Cl^-]}{[HCl]}$$

$$K_{Dis} = \approx 10^6$$

Hier das Beispiel für eine Säure (Essigsäure), als schwachen Elektrolyten:

$$CH_3COOH \rightleftharpoons H^+ + CH_3COO^-$$

$$K_{Dis} = \frac{[H^+] \cdot [CH_3COO^-]}{[CH_3COOH]}$$

$$K_{Dis} = 10^{-4,75}$$

4.3.2 Dissoziation

z. B. von Phosphorsäure, Schwefelsäure, Kohlensäure, Citronensäure mit Wasser als Lösungsmittel

Manche Elektrolyte können in mehreren Stufen dissoziieren. Beispiele hierfür sind Phosphorsäure, H_3PO_4, Schwefelsäure, H_2SO_4, Kohlensäure, H_2CO_3, und Zitronensäure, $HOOCCH_2C(OH)(COOH)CH_2$-COOH. Die Dissoziation dieser mehrstufig dissoziierenden Elektrolyte kann folgendermaßen formuliert werden:

$$H_3PO_4 \rightleftharpoons H_2PO_4^- + H^+$$

$$K_1 = \frac{[H_2PO_4^-] \cdot [H^+]}{[H_3PO_4]}$$

H_3PO_4 = Phosphorsäure bzw. Orthophosphorsäure
$H_2PO_4^-$ = Dihydrogenphosphatanion bzw. primäres Phosphatanion.

$$H_2PO_4^- \rightleftharpoons H^+ + HPO^{2-}$$

$$K_2 = \frac{[H^+] \cdot [HPO_4^{2-}]}{[H_2PO_4^-]}$$

HPO_4^{2-} = Hydrogenphosphatanion bzw. sekundäres Phosphatanion.

$$HPO_4^{2-} \rightleftharpoons H^+ + PO_4^{3-}$$

$$K_3 = \frac{[H^+] \cdot [PO_4^{3-}]}{[HPO_4^{2-}]}$$

PO_4^{3-} = Phosphat- bzw. Orthophosphatanion bzw. tertiäres Phosphatanion.
Die Gesamtreaktionsgleichung bei *vollständiger Dissoziation* ergibt sich als Summe der einzelnen Reaktionsgleichgewichte bzw. als Produkt von

$$K_1 \cdot K_2 \cdot K_3 = K$$

$$H_3PO_4 \rightleftharpoons PO_4^{3-} + 3H^+$$

$$K = \frac{[PO_4^{3-}] \cdot [H^+]^3}{[H_3PO_4]}$$

Weitere Beispiele:

Schwefelsäure:

$$H_2SO_4 \rightleftharpoons HSO_4^- + H^+$$

$$K_1 = \frac{[HSO_4^-] \cdot [H^+]}{[H_2SO_4]}$$

H_2SO_4 = Schwefelsäure;
HSO_4^- = Hydrogensulfatation bzw. primäres Sulfatanion.

$$HSO_4^- \rightleftharpoons SO_4^{2-} + H^+$$

$$K_2 = \frac{[SO_4^{2-}] \cdot [H^+]}{[HSO_4^-]}$$

SO_4^{2-} = Sulfatanion bzw. sekundäres Sulfatanion.

Gesamtreaktion:

$$H_2SO_4 \rightleftharpoons SO_4^{2-} + 2H^+$$

$$K = K_1 \cdot K_2$$

$$K = \frac{[SO_4^{2-}] \cdot [H^+]^2}{[H_2SO_4]}$$

Kohlensäure:

$$H_2CO_3 \rightleftharpoons H^+ + HCO_3^-$$

$$K_1 = \frac{[H^+] \cdot [HCO_3^-]}{[H_2CO_3]}$$

H_2CO_3 = Kohlensäure;
HCO_3^- = Hydrogencarbonatanion bzw. primäres Carbonatanion.

$$HCO_3^- \rightleftharpoons H^+ + CO_3^{2-}$$

$$K_2 = \frac{[H^+] \cdot [CO_3^{2-}]}{[HCO_3^-]}$$

CO_3^{2-} = Carbonatanion bzw. sekundäres Carbonatanion.

Gesamtreaktion:

$$H_2CO_3 \rightleftharpoons CO_3^{2-} + 2H^+$$

$$K = K_1 \cdot K_2$$

$$K = \frac{[CO_3^{2-}] \cdot [H^+]^2}{[H_2CO_3]}$$

Analog lassen sich die einzelnen Stufen der Dissoziation der Citronensäure formulieren, wobei jeweils ein Proton von den drei COOH-Gruppen abdissoziieren kann.

4.3.3 Brönsted-Säure, Brönsted-Base

Definition des Begriffs Brönsted-Säure bzw. -Base, Kennzeichnung von Brönsted-Säuren bzw. -Basen in vorgegebenen Reaktionsgleichungen, Erkennen konjugierter Säure/Base-Paare, Definition und Erkennen von Ampholyten siehe 4.3.1 und 4.3.4

4.3.4 pH, pK

Definition der Begriffe

Wasser unterliegt der *Autoprotolyse*, d.h. es kann, auch wenn keine anderen Stoffe darin enthalten sind, Protonen an andere Wassermoleküle abgeben, also gleichzeitig als Protonendonor und Protonenakzeptor wirken. Solche Stoffe nennt man *Ampholyte*, oder man spricht von *amphoterem Verhalten*. Weitere Ampholyte sind die Anionen mehrprotoniger Säuren (Punkt 4.3.2), wie beispielsweise HSO_4^-, HCO_3^-, $H_2PO_4^-$ und HPO_4^{2-}, die noch dissoziablen Wasserstoff enthalten. Diese können sowohl durch Abspaltung von Protonen als Säuren wirken, als auch durch Anlagerung von Protonen Basenfunktion ausüben. Organische Ampholyte sind z.B. die Aminosäuren, die neben einer Carboxylgruppe, COOH-, auch noch eine für die Baseneigenschaften verantwortliche Aminogruppe, NH_2, besitzen (siehe Punkt 11.1).
Die Autoprotolyse des Wassers läßt sich schreiben als:

$$H_2O + H_2O \rightleftharpoons H_3O^+ + OH^-$$

oder vereinfacht:

$$H_2O \rightleftharpoons H^+ + OH^-$$

Wendet man darauf das Massenwirkungsgesetz an, so erhält man

$$K = \frac{[H^+] \cdot [OH^-]}{[H_2O]}$$

oder

$$[H^+] \cdot [OH^-] = K \cdot [H_2O]$$

Da das Wasser nur zu einem sehr geringen Anteil der Autoprotolyse unterliegt, wird die Konzentration des Wassers insgesamt praktisch nicht verändert und kann somit als Konstante eingesetzt werden. Sie beträgt 55,5 mol/l.
Der Wert K kann experimentell gemessen werden, er entspricht $1{,}8 \cdot 10^{-16}$. Man erhält $[H^+] \cdot [OH^-] = 10^{-14}\ mol^2/l^2$.
Dieses Produkt nennt man auch *Ionenprodukt* des Wassers, oder, abgekürzt, K_W.

$$K_W = [H_3O^+] \cdot [OH^-] = 10^{-14}\ mol^2/l^2$$

Das Ionenprodukt des Wassers ist temperaturabhängig. Da die H_3O^+-Ionenkonzentration gleich der OH^--Konzentration sein muß, erhält man $10^{-14}\ mol^2/l^2 = [H_3O^+]^2$. Daraus folgt:

$$[H_3O^+] = 10^{-7}\ mol/l$$

Im Wasser ist demnach eine H_3O^+-Ionenkonzentration von 10^{-7} mol/l enthalten.
Der negative dekadische Logarithmus der H_3O^+-Ionenkonzentration wird *pH-Wert* genannt. Es gilt:

$$pH = -\lg [H_3O^+] = 7$$

Wasser hat, soweit keine anderen Stoffe wie Säuren oder Basen zugegeben werden, immer den pH-Wert 7.
Der pH-Wert 7 ist als Neutralpunkt für wäßrige Lösungen definiert. Ist der *pH-Wert kleiner als 7*, so spricht man von einer *sauren Lösung*, ist er *größer als 7*, so spricht man von einer *alkalischen Lösung*.
Manchmal wird auch der Begriff des pOH-Wertes verwendet, der in ähnlicher Weise wie der pH-Wert definiert ist als negativer Logarithmus, hier der OH-Ionenkonzentration, d.h. das Ionenprodukt des Wassers

$$10^{-14}\ mol^2/l^2 = [H_3O^+] \cdot [OH^-]$$

läßt sich auch schreiben als

$$pH + pOH = 14 \quad \text{oder} \quad pOH = 14 - pH.$$

Säure- und Basenkonstante:

Wendet man auf die *Dissoziation einer Säure* in Wasser

$$HA + H_2O \rightleftharpoons H_3O^+ + A^-$$

das Massenwirkungsgesetz an, so erhält man

$$K_{Dis} = \frac{[H_3O^+] \cdot [A^-]}{[HA] \cdot [H_2O]}$$

Nach Umformung ergibt sich

$$K_{Dis} \cdot [H_2O] = \frac{[H_3O^+] \cdot [A^-]}{[HA]}$$

Da die Konzentration an H_2O konstant ist, kann man das Produkt aus K_{Dis} und $[H_2O]$ zu einer Konstanten zusammenfassen, die *Säurekonstante* K_S genannt wird.

$$K_S = \frac{[H_3O^+] \cdot [A^-]}{[HA]}$$

Analog kann man bei der *Dissoziation von Basen* vorgehen:

$$B + H_2O \rightleftharpoons HB^+ + OH^-$$

$$K_{Dis} = \frac{[HB^+] \cdot [OH^-]}{[B] \cdot [H_2O]}$$

Nach Umformung wie oben erhält man:

$$K_{Dis} \cdot H_2O = \frac{[HB^+] \cdot [OH^-]}{[B]} = \text{Basenkonstante} = K_B$$

Der negative Logarithmus der Säurekonstanten K_S bzw. der Basenkonstanten K_B wird *pK_S*- bzw. *pK_B-Wert* genannt. Es gilt:

$$-\lg K_S = pK_S \qquad -\lg K_B = pK_B$$

Aus der obigen Gleichung wird klar, daß eine Säure um so stärker dissoziiert, d. h. eine um so stärkere Säure ist, je größer der K_S-Wert bzw. je kleiner der pK_S-Wert ist.
Das Analoge gilt für den K_B- und den pK_B-Wert. Betrachtet man nochmals die Dissoziation einer Säure HA in Wasser:

$$HA + H_2O \rightleftharpoons A^- + H_3O^+$$

so ist A^- die korrespondierende Base zu der Säure HA.
Nur für diesen Fall und nur für wäßrige Lösungen gilt analog zum Ionenprodukt des Wassers:

$$pK_S + pK_B = 14$$

4.3.5 pH-Berechnung bei starken Säuren und Basen

Berechnung des pH-Wertes verdünnter wäßriger Lösungen starker Säuren und Basen bei Vorgabe der Konzentration und umgekehrt

Da starke Säuren und Basen praktisch vollständig dissoziieren, kann die H_3O^+-Ionenkonzentration der Konzentration der Säure gleichgesetzt werden und die OH^--Konzentration der Konzentration der Base gleichgesetzt werden. Starke Säuren sind beispielsweise Salzsäure, HCl, Schwefelsäure, H_2SO_4, Salpetersäure, HNO_3. Beispiele für starke Basen sind Natronlauge, NaOH, und Kalilauge, KOH.
Beispiel: Gesucht ist der pH-Wert einer 10^{-3}-molaren Salzsäurelösung.

$$[HCl] = 10^{-3} \text{ mol/l}$$

$$pH = -\lg [H_3O^+] = -\lg [HCl] = -\lg 10^{-3} = 3$$

Analog wäre der pH-Wert einer 10^{-2}-molaren Salzsäure = 2, einer 10^{-1}-molaren Salzsäure = 1 und der einer 1-molaren Salzsäure = 0.
Salzsäure läßt sich natürlich noch höher konzentrieren. Die konzentrierte Salzsäure ist etwa 12-molar. Bei so hohen Konzentrationen entstehen allerdings Anomalien im Dissoziationsverhalten.
Verdünnt man nun die Salzsäure stärker, so erhält man bei 10^{-6}-molarer HCl einen pH-Wert von 6, bei 10^{-7} erhält man einen Wert von 7. Verdünnt man sie noch stärker, beispielsweise auf 10^{-8} oder sogar auf 10^{-14}, so würde man rein rechnerisch einen pH-Wert von 8 bzw. 14 erreichen, eine sehr kleine H^+-Ionenkonzentration, die einer stark alkalischen Lösung entsprechen würde. Dies ist natürlich nicht richtig, da die H^+-Ionenkonzentration des Wassers von sich aus schon 10^{-7} beträgt und eine Säure, die auf mehr als 10^{-7}-molar verdünnt wird, die natürlich vorhandene H^+-Ionenkonzentration des Wassers praktisch nicht mehr ändert und deshalb ein pH von 7 auch bei weiterer Verdünnung erhalten bleibt.
Gegeben ist nun eine 10^{-3}-normale Natronlauge, gesucht ist der pH-Wert.

$$pOH = -\lg [OH^-] = -\lg [NaOH] = -\lg 10^{-3} = 3.$$

$$pH = 14 - pOH$$

$$pH = 14 - 3 = 11$$

Wird nun eine Lauge (Base) sehr stark verdünnt, beispielsweise auf 10^{-13}, so würde sich rein rechnerisch aus der obigen Gleichung ein pH-Wert von 1 ergeben, was natürlich mit derselben Argumentation wie bei stark verdünnten Säuren nicht sinnvoll ist, da das Wasser eine OH^--Konzentration von 10^{-7} mol/l von vornherein hat und bei noch stärker verdünnten Laugen dieser nur geringfügig geändert wird. So kann bei stark verdünnten Laugen der pH-Wert nicht unter 7 sinken.

4.3.6 pH-Berechnung bei schwachen Säuren und Basen

Berechnung des pH-Wertes verdünnter wäßriger Lösungen schwacher Säuren oder Basen bei Vorgabe der Konzentration und der Dissoziationskonstanten oder Berechnung der Disoziationskonstanten oder der Konzentration aus dem pH-Wert bei Vorgabe der Gleichung

Betrachtet man wieder die Gleichung:

$$HA + H_2O \rightleftharpoons A^- + H_3O^+$$

$$K_S = \frac{[A^-] \cdot [H_3O^+]}{[HA]}$$

so gilt:

$$K_S \cdot [HA] = [A^-] \cdot [H_3O^+]$$

Da A^- und H_3O^+ identische Zahlenwerte haben müssen, gilt:

$$K_S \cdot [HA] = [H_3O^+]^2$$

Daraus folgt:

$$[H_3O^+] = \sqrt{K_S \cdot [HA]}$$

Bei schwachen Säuren kann man nun die Vereinfachung machen, daß die Konzentration der Säure HA nach der Dissoziation, da die Säure nur schwach dissoziiert, praktisch gleich der Ausgangskonzentration ist, es gilt also:

$$[H_3O^+] = \sqrt{K_S \cdot c_S} \text{ bzw. } pH = \frac{pK_S - \lg c_S}{2}$$

c_S = Konzentration der eingesetzten schwachen Säure

Für schwache Basen gilt analog:

$$pOH = \sqrt{K_B \cdot c_B}$$

c_B = Konzentration der eingesetzten schwachen Base bzw.

$$pOH = \frac{pK_B - \lg c_B}{2}$$

$$\text{bzw: } pH = 14 - \frac{pK_B - \lg c_B}{2}$$

Man erhält also für eine 0,01-molare Essigsäure bei $pK_S = 4{,}75$

$$pH = \frac{4{,}75 - \lg 0{,}01}{2} = \frac{4{,}75 - (-2)}{2} = \frac{6{,}75}{2} = 3{,}4$$

4.3.7 Titrationskurven

Kennzeichnung von pK-Wert, Äquivalenzpunkt, Neutralpunkt, Pufferbereich in Titrationskurven

Eine unbekannte Menge bzw. Konzentration eines bestimmten gelösten Stoffes liegt vor. Der Gehalt der Lösung an diesem Stoff wird durch die Zugabe einer sogenannten Maßlösung bestimmt. Die Maßlösung enthält eine definierte Menge bzw. Konzentration eines Stoffes, der mit dem zu bestimmenden Stoff eine definierte chemische Reaktion eingeht. Man nennt diese Methode einer Gehaltsbestimmung auch *Titration*. Bei dieser Reaktion müssen sich leicht meßbare Parameter, wie pH-Wert, Redoxpotential u. ä. ändern, die in einem Koordinatensystem auf der Ordinate gegen die Menge der zugegebenen Maßlösung, auf der Abszisse aufgetragen werden. Man erhält so charakteristische Titrationskurven.

Sehr häufig wird der Gehalt von Säuren durch Titration mit einer Base unter Verfolgung des pH-Wertes bestimmt und umgekehrt. Nehmen wir an, wir titrieren eine Salzsäurelösung unbekannter Konzentration mit 0,1-molarer NaOH. Der pH-Wert der Salzsäurelösung wird je nach Konzentration zunächst im sauren bis stark sauren Bereich liegen. Durch Zugabe der 0,1-molaren NaOH wird Salzsäure unter Bildung von Kochsalz verbraucht.

$$HCl + NaOH \rightleftharpoons NaCl + H_2O$$

Wenn genausoviel NaOH zugegeben wurde wie der vorliegenden Menge an HCl entspricht, so liegt eine reine Kochsalzlösung vor. Der pH der Lösung ist neutral. Der pH-Wert beträgt 7, da NaCl weder sauer noch basisch reagiert. Bei weiterer Zugabe von NaOH reagiert die Lösung zunehmend basisch (alkalisch). Man erhält durch sukzessives Auftragen des pH-Wertes gegen die zugesetzte Menge NaOH oder allgemein gegen den Titrationsgrad, die in Abb. 4.1 a gezeigte Kurve.

Die Form der Kurve ist charakteristisch für die Titration einer starken Säure mit einer starken Base.

Beim Titrationsgrad Null wurde noch keine Base zugegeben, beim Titrationsgrad 0,5 ist die Hälfte der Säure durch Base neutralisiert, beim Titrationsgrad 1 ist genausoviel Base, wie der vorliegenden Menge an Säure entspricht, zugegeben, beim Titrationsgrad 2 ist doppelt soviel Base zugegeben wie der vorliegenden Säure entspricht.

Man sieht aus der Kurve, daß anfangs relativ viel Base zugegeben werden kann, bei relativ geringfügiger pH-Änderung, während um den *Äquivalenzpunkt* (Titrationsgrad 1) sich der pH bei Zugabe kleiner Mengen Base sehr stark ändert.

Bei Titrationen einer starken Säure mit einer starken Base ist der Äquivalenzpunkt gleich dem Neutralpunkt (pH = 7).

Titriert man eine starke Lauge mit einer starken Säure, so erhält man einen ähnlichen Kurvenverlauf (Abb. 4.1 b). Titriert man nun eine schwache Säure, wie Essigsäure mit einer starken Base (NaOH), so erhält man eine Kurve, wie sie in Abb. 4.1 c gezeigt ist. Da eine schwache Säure vorliegt, beginnt die Titration in einem *mittleren* pH-Bereich. Sie verläuft dann zunächst relativ flach und erreicht den Äquivalenzpunkt im alkalischen Bereich.

Nehmen wir das oben angeführte Beispiel, also die Titration von Essigsäure mit NaOH, dann liegt am Äquivalenzpunkt eine Lösung von Natriumacetat vor. Natriumacetat reagiert aber alkalisch, da es das Salz einer schwachen Säure mit einer starken Base ist und somit der basische Einfluß überwiegt. Analog reagieren Salze von starken Säuren mit schwachen Basen, wie beispielsweise Ammoniumchlorid, sauer, da hier der Einfluß der Säure überwiegt. Der Äquivalenzpunkt bei der Titration einer schwachen Base mit einer starken Säure liegt also im sauren Bereich, wie Abb. 4.1 d zeigt.

Bei Titrationsgrad 0,5, der auch *Halbäquivalenzpunkt* genannt wird, entspricht der pH-Wert dem pK-Wert, bei der Titration einer Säure mit einer Base dem pK_S-Wert. Dies läßt sich leicht herleiten:

$$K_S = \frac{[H_3O^+] \cdot [A^-]}{[HA]}$$

Man erhält durch Umformung:

$$[H_3O^+] = \frac{K_S \cdot [HA]}{[A^-]}$$

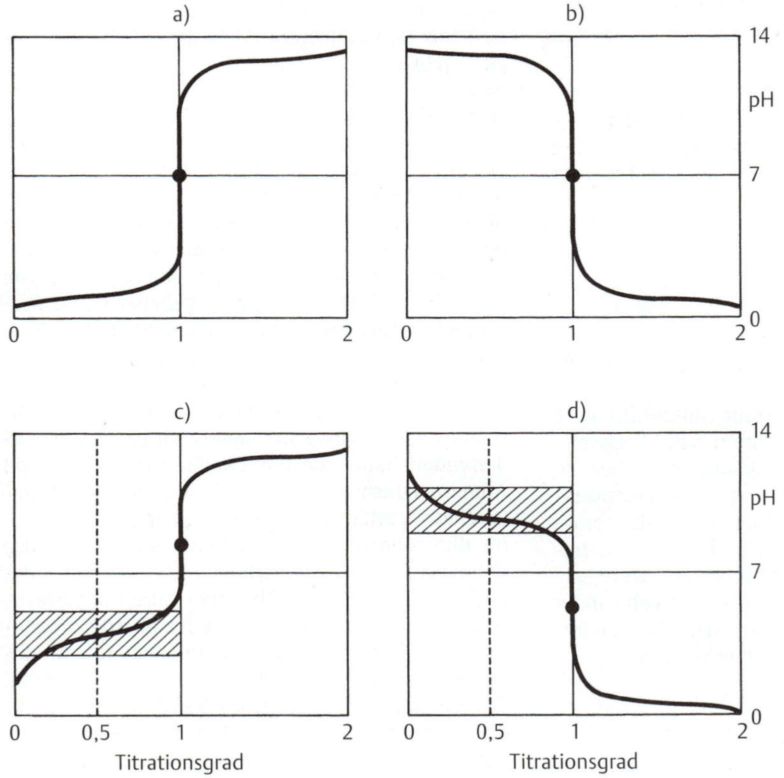

Abb. 4.**1**
a) Titration einer starken Säure mit einer starken Base
b) Titration einer starken Base mit einer starken Säure
c) Titration einer schwachen Säure mit einer starken Base
d) Titration einer schwachen Base mit einer starken Säure
▨ = Pufferbereich ● = Äquivalenzpunkt

Davon bildet man den negativen dekadischen Logarithmus:

$$pH = pK_S + \lg\frac{[A^-]}{[HA]}$$

Da nun am Halbneutralisationspunkt genau die Hälfte der Säure in ihr Salz übergeführt worden ist, hat A^- genau dieselbe Konzentration wie HA.

Man erhält also:

$$pH = pK_S + \lg 1 \qquad pH = pK_S$$

Bei der Titration einer schwachen Säure mit einer starken Base, bzw. bei der Titration einer schwachen Base mit einer starken Säure ändert sich, wie man aus Abb. 4.1 sieht, der pH-Bereich bei Zugabe von Base bzw. Säure um den pK_S- bzw. pK_B-Wert nur sehr wenig. Man nennt diese den *Pufferbereich* in Titrationskurven bzw. Pufferkurven.

4.3.8 Puffer

Definition, Kenntnis der Henderson-Hasselbalch-Gleichung, aus vorgegebenen Elektrolytgemischen solche mit Pufferwirkung erkennen, Pufferkapazität, Hydrogencarbonat/Kohlensäure-Puffer als Beispiel eines „offenen" Puffers

4.3.9 pH-Wert von Puffern

Berechnung des pH-Wertes von Pufferlösungen aus vorgegebener Konzentration von schwacher Säure, korrespondierender Base und pK-Wert

zu 4.3.8 und 4.3.9

Unter *Puffersystem* versteht man die Mischung einer schwachen Säure mit ihrer korrespondierenden Base, wie man es beispielsweise bei der Titration von Essigsäure mit NaOH erhält.
Es gilt, wie schon abgeleitet, die Gleichung:

$$pH = pK_S + \lg\frac{[A^-]}{[HA]}$$

Diese Gleichung wird auch *Henderson-Hasselbalch-Gleichung* genannt.
Stellt man nun eine solche Lösung durch Mischung einer schwachen Säure mit ihrem Salz, beispielsweise von Essigsäure mit Natriumacetat, her, so kann man die Konzentration A^- näherungsweise der Konzentration des Salzes setzen, da dies praktisch vollständig dissoziiert ist und die Konzentration HA praktisch der Konzentration der Säure setzen, da diese als schwache Säure fast vollständig undissoziiert ist. Demnach kann man die Henderson-Hasselbalch-Gleichung auch schreiben als

$$pH = pK_S + \lg\frac{[\text{Salz}]}{[\text{Säure}]}$$

Ein Puffersystem ist, wie aus dem Verlauf der Titrationskurven in Abb. 4.1 zu sehen ist, in der Lage, den pH-Bereich bei Zugabe von Säure oder Lauge über einen relativ großen Bereich nahezu konstant zu halten. Ein Puffersystem besitzt optimale Pufferkapazität im Bereich $pH = pK_S$, wenn also Konzentration Salz und Konzentration Säure gleich sind bzw. $[A^-] = [HA]$.
Außerdem hängt die Pufferkapazität von der Konzentration der Pufferlösung ab. Eine höher konzentrierte Pufferlösung kann natürlich mehr Protonen bzw. OH^--Ionen ohne Änderung des pH-Wertes aufnehmen als eine nur schwach konzentrierte. Der pH-Wert der Pufferlösung ist allerdings nicht von der Absolutkonzentration, sondern nur von dem Verhältnis HA zu A^- bestimmt. Der pH-Wert von Pufferlösung läßt sich bei vorgegebener Konzentration schwacher Säure und korrespondierender Base und pK-Wert nach der Henderson-Hasselbalch-Gleichung errechnen. Beim Verdünnen einer Pufferlösung ergibt sich also keine pH-Änderung. Aus Mischungen von schwachen Basen mit der korrespondierenden Säure, beispielsweise Mischungen von Ammoniaklösung mit einer Lösung von Ammoniumchlorid, erhält man ebenfalls Puffersysteme.
Im Blut sind drei Puffersysteme wirksam: 1. das Kohlensäure/Hydrogencarbonat-System, 6% der Pufferkapazität, 2. das Phosphorsäure/Dihydrogenphosphat- bzw. Dihydrogenphosphat/Hydrogenphosphat-System, 1% der Pufferkapazität, 3. das Protein/Anion-System, 93% der Pufferkapazität. Das Kohlensäure/Hydrogencarbonat-System ist für die Schnellregulation des pH im Blut sehr wichtig. Der pH kann bei diesem Gleichgewicht durch Abatmen von CO_2 in der Lunge zusätzlich kurzfristig reguliert werden. Es handelt sich hier um ein sogenanntes offenes Puffersystem.

4.3.10 Methoden zur Messung von pH-Werten

Prinzip der pH-Messung (Potentialmessung mit Hilfe einer Glaselektrode oder einer pH-abhängigen Redoxelektrode, näherungsweise auch mit Hilfe von Indikatoren)

4.3.11 Farbindikatoren

Wirkungsweise

zu 4.3.10 und 4.3.11

Die Messung des pH-Wertes mit Hilfe der Glaselektrode beruht darauf, daß H^+-Ionen in der Lage sind, durch sehr dünne Glasmembranen zu wandern, während andere Ionen zurückgehalten werden. Dadurch entsteht eine Potentialdifferenz, die proportional der H^+-Ionenkonzentration in der zu prüfenden Lösung ist. Mittels entsprechender Eichlösungen läßt sich so der pH-Wert sehr genau bestimmen.
Redoxelektroden, die pH-abhängig sind, wie beispielsweise die Wasserstoffelektrode oder auch die Chinhydronelektrode (Chinin/Hydrochinon-Elektrode), werden ebenfalls zur pH-Bestimmung verwendet.
Der pH-Wert läßt sich ungefähr mittels sogenannter *Indikatoren* bestimmen. Es handelt sich dabei um Substanzen, bei denen die Farbe der undissoziierten Säure sich von der des Anions stark unterscheidet. Es liegt die Dissoziationsgleichung vor:

$$\mathrm{HInd} \rightleftharpoons \mathrm{H^+} + \mathrm{Ind^-}$$

$$K_{Ind} = \frac{[H^+] \cdot [Ind^-]}{[HInd]}$$

Durch entsprechende Umformung erhält man:

$$pH = pK_{Ind} + \lg \frac{[Ind^-]}{[HInd]}$$

Das Verhältnis von Ind^- zu HInd ist abhängig vom pH. Die Eigendissoziation des Indikators trägt zum pH praktisch nicht bei, da der Indikator nur in Spuren der zu prüfenden Lösung zugesetzt wird. Dadurch wird das Verhältnis der Konzentration Ind^- zu HInd, und damit die Farbe der Lösung, vom vorliegenden pH-Wert bestimmt. Der pH-abhängige Umschlagpunkt der Indikatoren ist ungefähr gleich deren pK_S-Wert, an dem $[Ind^-]$ gleich [HInd] ist.

Tab. 4.1 Farbindikatoren und deren Umschlagspunkte

Indikator	$pK_s \approx$ pH des Umschlagspunktes	Farbe	
		HInd	Ind^-
Phenolphthalein	9,1	farblos	rot
Bromthymolblau	6,9	gelb	blau
Methylrot	5,1	rot	gelb

4.4 Oxidation und Reduktion

4.4.1 Begriffe

Oxidation als Elektronenabgabe, Reduktion als Elektronenaufnahme, Oxidationsmittel, Reduktionsmittel, oxidiertes und reduziertes Produkt

4.4.2 Einfache Reaktionsgleichungen

Ergänzung unvollständiger Gleichungen einfacher Redoxreaktionen unter Berücksichtigung von Massen- und Ladungsbilanz, Kennzeichnung von Oxidationsmittel und Reduktionsmittel bzw. von oxidiertem und reduziertem Produkt in der Gleichung

zu 4.4.1 und 4.4.2

Oxidation ist definiert als *Elektronenabgabe*, *Reduktion* ist definiert als *Elektronenaufnahme*. Gleichzeitig gilt, daß bei der Oxidation die Oxidationszahl erhöht wird und bei der Reduktion die Oxidationszahl erniedrigt wird.

Liegt in einer Reaktion eine Wasserstoffaufnahme (Hydrierung) vor, so handelt es sich um eine Reduktion, liegt eine Wasserstoffabgabe (Dehydrierung) vor, so handelt es sich um eine Oxidation.
Früher wurde Oxidation als Sauerstoffaufnahme (oxygen = Sauerstoff) bzw. Reduktion als Sauerstoffabgabe definiert. Diese Definition ist aber nur noch von historischem Interesse.
Oxidation und Reduktion können nie isoliert verlaufen, sondern die Oxidation des einen Stoffes ist mit der Reduktion des anderen Stoffes verbunden. Man spricht von sogenannten *Redox-Reaktionen* und formuliert *Redox-Gleichungen.*
Ähnlich wie bei den korrespondierenden Säure- und Base-Paaren lassen sich korrespondierende Redox-Paare formulieren.

Allgemein:

$$\text{Red} \rightleftharpoons \text{Ox} + \text{n e}^-$$

Red = Elektronendonor = Reduktionsmittel = oxidierbarer bzw. reduzierender Stoff = Stoff mit der niedrigeren Oxidationszahl
Ox = Elektronenakzeptor = Oxidationsmittel = reduzierbarer bzw. oxidierender Stoff = Stoff mit der höheren Oxidationszahl
n e = Anzahl der Elektronen

Teilprozesse:

$$\text{Red} \rightleftharpoons \text{Ox} + \text{n e}^-$$

$$\text{Ox} + \text{ne}^- \rightleftharpoons \text{Red}$$

Diese Teilprozesse lassen sich nur theoretisch formulieren. In der Praxis ist eine Oxidation immer mit einer Reduktion und umgekehrt verbunden. Dies sei am klassischen Beispiel der Bildung von Kochsalz aus Natrium und Chlor erläutert.

$$2\,\overset{0}{\text{Na}} + \overset{0}{\text{Cl}_2} \rightleftharpoons 2\,\overset{+1}{\text{Na}}\overset{-1}{\text{Cl}}$$

Dies kann man entsprechend Red $\rightleftharpoons$ Ox + n e^- zerlegen in:

$$2\,\overset{0}{\text{Na}} \rightleftharpoons 2\,\overset{+1}{\text{Na}} + 2\,e^-$$

und entsprechend Ox + n e^- $\rightleftharpoons$ Red in:

$$\overset{0}{\text{Cl}_2} + 2\,e^- \rightleftharpoons 2\,\overset{-1}{\text{Cl}^-}$$

Die entsprechenden korrespondierenden Redox-Paare werden abgekürzt geschrieben als

$Cl_2/2\,Cl^-$ und Na/Na^+.

Weitere Beispiele:

a) $\overset{+7}{\text{Mn}}O_4^- + 5\,\overset{+2}{\text{Fe}}^{2+} + 8\,H^+ \rightleftharpoons \overset{+2}{\text{Mn}}^{2+} + 5\,\overset{3+}{\text{Fe}}^{3+} + 4\,H_2O$

Diese Redoxgleichung läßt sich wieder unterteilen in einen Reduktions- und einen Oxidationsvorgang:

b) $\overset{+7}{\text{Mn}}O_4^- + 8\,H^+ + 5\,e^- \rightleftharpoons \overset{+2}{\text{Mn}}^{2+} + 4\,H_2O$

c) $5\,\overset{+2}{\text{Fe}}^{2+} \rightleftharpoons 5\,\overset{+3}{\text{Fe}}^{3+} + 5\,e^-$

Als Summe von b und c erhält man wieder die Gleichung a. Man achte darauf, daß bei allen Reaktionsgleichungen die Summe der Ladungen und Massen auf beiden Seiten gleich sein müssen!

a) $\overset{+6}{\text{Cr}}_2O_7{}^{2-} + 5\,H^+ + 3\,\overset{+4}{\text{H}}_2SO_3 \rightleftharpoons 2\,\overset{+3}{\text{Cr}}^{3+} + 4\,H_2O + 3\,H\overset{+6}{\text{S}}O_4^-$

b) $\overset{+6}{\text{Cr}}_2O_7{}^{2-} + 14\,H^+ + 6\,e^- \rightleftharpoons 2\,\overset{+3}{\text{Cr}}^{3+} + 7\,H_2O$

c) $3\,\overset{+4}{\text{H}}_2SO_3 + 3\,H_2O \rightleftharpoons 3\,H\overset{+6}{\text{S}}O_4^- + 9\,H^+ + 6\,e^-$

Die Summe aus a und b ergibt c, nach Kürzen von H_2O und e^- auf beiden Seiten.

4.4.3 Nernst-Gleichung

Berechnungen mit Hilfe der Nernst-Gleichung (vorgegeben) an Metallelektroden und Redoxsystemen (auch organischen)

4.4.4 Wasserstoffelektrode

Aufbau der Normalwasserstoffelektrode und ihre Bedeutung als Bezugssystem, Abhängigkeit des Potentials vom pH-Wert der Lösung

4.4.5 Normalpotential

Definition des Normalpotentials von Redoxsystemen, Kenntnis, daß Redoxsysteme aufgrund ihres Normalpotentials in der Spannungsreihe aufgereiht werden, Bedeutung der Spannungsreihe für die Vorhersage von spontan ablaufenden Redoxreaktionen

4.4.6 Redoxelektroden

Definition des Normalpotentials einer inerten Elektrode in einer Lösung, die äquimolare Konzentrationen der Redoxpartner enthält (z. B. Chinon-Hydrochinon-System)

zu 4.4.3 – 4.4.6

Die Stärke von Oxidations- oder Reduktionsmitteln läßt sich durch die *Potentialdifferenz* beschreiben, die man experimentell durch Messen von elektrischen Spannungen feststellen kann.
Hierzu wurde zunächst die sogenannte *Normalwasserstoffelektrode* als Bezugselektrode gewählt. Das Potential an der Normalwasserstoffelektrode für

$$H_2 \rightleftharpoons 2\,H^+ + 2\,e^-$$

wurde willkürlich definitionsgemäß gleich Null gesetzt.
Die Normalwasserstoffelektrode (Abb. 4.2) besteht aus einem mit Wasserstoff umspülten Platinblech, das in einer Lösung eintaucht, die durch Zugabe einer starken Säure auf eine Wasserstoffionenkonzentration von 1 mol/l, bei einer Temperatur von 25 °C eingestellt wurde. Das H_2-Gas wird mit einem Druck von 1 Atmosphäre (1 atm = 101 325 Pa) eingeleitet.
Will man nun das Potential gegenüber einem anderen Redoxpaar messen, so läßt sich das Normalpotential, wie in Abb. 4.2 angegeben, an dem Voltmeter zwischen den beiden Halbzellen ablesen. Kombiniert man beispielsweise die Normalwasserstoffelektrode mit einer Halbzelle, die das Redoxpaar Zn/Zn^{2+} enthält, so mißt man das Normalpotential $Zn \rightleftharpoons Zn^{2+} + 2e^-$, $E^0 = -0{,}76$ V. Auch hier müssen eine 1-molare H^+- bzw. Zn^{2+}-Konzentration und eine Temperatur von 25 °C eingehalten werden.
Man kann diese so erhaltenen *Redoxpotentiale,* wie in Tabelle 4.2, zu einer Spannungsreihe zusammenfassen und daraus die Fähigkeit zur Oxidation bzw. Reduktion ablesen. Je positiver das Normalpotential eines Stoffes, desto schwieriger gibt er seine Elektronen ab, um so schwieriger wird er selbst oxidiert und um so stärker wirkt seine oxidierte Form als Oxidationsmittel. Umgekehrt gilt, je negativer ein Redoxpotential, desto stärker die reduzierende Wirkung und desto leichter wird das jeweilige Element oder der jeweilige Stoff selbst oxidiert.
Die Richtung des freiwilligen Elektronenflusses zwischen den verschiedenen Redoxpaaren verläuft in der Tab. 4.2 von oben nach unten. Natürlich lassen sich die Normalpotentiale von Halbelementen bzw. Redoxpaaren nicht nur bei Metallen und deren Ionen messen, sondern auch bei allen anderen Stoffen, die fähig sind, Elektronen abzugeben oder aufzunehmen. So ist dies auch bei organischen Stoffen wie beispielsweise beim Chinon-Hydrochinonsystem möglich.

Tab. 4.2 Redox-Normalpotentiale. Als Bezugspunkt dient das Potential $H_2 \rightleftharpoons 2H^+ + 2e^-$, das willkürlich gleich Null gesetzt wurde.

Red	Ox	E^0 [V]
Li	$\rightleftharpoons Li^+ + e^-$	−3,05
K	$\rightleftharpoons K^+ + e^-$	−2,92
Ca	$\rightleftharpoons Ca^{2+} + 2e^-$	−2,76
Na	$\rightleftharpoons Na^+ + e^-$	−2,71
Mg	$\rightleftharpoons Mg^{2+} + 2e^-$	−2,40
Zn	$\rightleftharpoons Zn^{2+} + 2e^-$	−0,76
S^{2-}	$\rightleftharpoons S + 2e^-$	−0,51
$(COOH)_2$	$\rightleftharpoons 2CO_2 + 2H^+ + 2e^-$	−0,47
Fe	$\rightleftharpoons Fe^{2+} + 2e^-$	−0,44
H_2	$\rightleftharpoons 2H^+ + 2e^-$	0,00
Cu^+	$\rightleftharpoons Cu^{2+} + e^-$	+0,17
Cu	$\rightleftharpoons Cu^{2+} + 2e^-$	+0,35
$2I^-$	$\rightleftharpoons I_2 + 2e^-$	+0,58
H_2O_2	$\rightleftharpoons O_2 + 2H^+ + 2e^-$	+0,68
Hydrochinon	$\rightleftharpoons$ Chinon + $2H^+ + 2e^-$	+0,70
Fe^{2+}	$\rightleftharpoons Fe^{3+} + e^-$	+0,75
Ag	$\rightleftharpoons Ag^+ + e^-$	+0,80
Hg	$\rightleftharpoons Hg^{2+} + 2e^-$	+0,85
$2Br^-$	$\rightleftharpoons Br_2 + 2e^-$	+1,07
$2\,Cr^{3+} + 7\,H_2O$	$\rightleftharpoons Cr_2O_7^{2-} + 14\,H^+ + 6e^-$	+1,33
$2\,Cl^-$	$\rightleftharpoons Cl_2 + 2e^-$	+1,36
$Mn^{2+} + 4\,H_2O$	$\rightleftharpoons MnO_4^-\ \ 8H^+ + 5e^-$	+1,51
$2\,H_2O$	$\rightleftharpoons H_2O_2 + 2H^+ + 2e^-$	+1,78
$2\,F^-$	$\rightleftharpoons F_2 + 2e^-$	+2,85

Wie schon oben erwähnt, gelten die Normalpotentiale der Tab. 4.2 nur bei 1 atm, 25 °C und einmola-

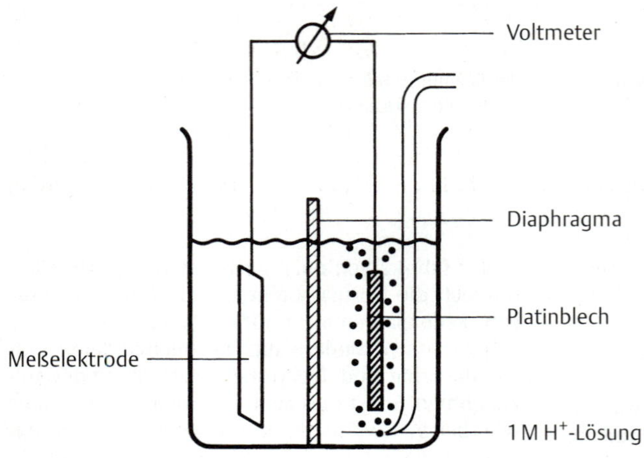

Abb. 4.2 Versuchsanordnung zum Messen von Redoxpotentialen im Vergleich zur Normalwasserstoffelektrode. Die Normalwasserstoffelektrode besteht aus einem Platinblech, das bei 25 °C in einer 1 M H^+-Lösung taucht (z. B. 1 M HCl) und von H_2 umspült wird. Besteht die Meßelektrode z. B. aus Zink, das in eine 1 M $ZnSO_4$-Lösung bei 25 °C taucht, so mißt man das Normalpotential $Zn \rightleftharpoons Zn^{2+} + 2e^-$, $E^0 = -0{,}76$ V.

rer Konzentration. Ändern sich nun Konzentration und Temperatur, so stehen die tatsächlichen Potentiale E mit den Normalpotentialen E^0 über die *Nernst-Gleichung* in Zusammenhang. Es gilt:

$$E = E^0 + \frac{RT}{nF} \ln \frac{[Ox]}{[Red]}$$

E: tatsächlich meßbares Potential
E^0: Normalpotential
R: allgemeine Gaskonstante
T: absolute Temperatur
n: Anzahl der ausgetauschten Elektronen pro Formelumsatz
F: Faraday-Konstante

Die Gleichung läßt sich bei 25 °C (= 298 K) nach Einsetzen der entsprechenden Konstanten und nach Umrechnung des natürlichen auf den dekadischen Logarithmus vereinfachen zu:

$$E = E^0 + \frac{0{,}059}{n} \lg \frac{[Ox]}{[Red]}$$

4.5 Reaktionen von Metallkomplexen

4.5.1 Stabilität

Zerfallskonstante als Maß für die Komplexstabilität (Kehrwert: Bildungskonstante)

4.5.2 Gleichungen

Überprüfung vorgegebener Bildungsgleichungen (Massen- und Ladungsbilanz)

4.5.3 Austausch von Liganden

Definition, Erkennen von Komplexreaktionen, die unter Ligandenaustausch ablaufen (an Hydraten, Chelat-Komplexen, z. B. am Hämoglobin)

zu 4.5

Bei der oben angeführten Reaktion der Bildung des Kupfertetramminkomplexes (Punkt 3.3.1 – 3.3.11) handelt es sich, wie im Prinzip bei allen chemischen Reaktionen, um eine *Gleichgewichtsreaktion:*

$$Cu^{2+} + 4\ NH_3 \rightleftharpoons [Cu(NH_3)_4]^{2+}$$

Die Anwendung des Massenwirkungsgesetzes auf diese Komplexbildungsreaktion lautet:

$$K = \frac{[Cu(NH_3)_4]^{2+}}{[Cu^{2+}] \cdot [NH_3]^4}$$

Bei solchen Komplexbildungsreaktionen heißt K auch *Stabilitätskonstante* des Komplexes bzw. der reziproke Wert 1/K ist gleich der *Dissoziations-* oder *Zerfallskonstante* des Komplexes. Letztere sind ein Maß für die Instabilität des Komplexes.

Streng genommen müßte man bei der Reaktionsgleichung, die die Bildung des Kupfertetramminkomplexes beschreibt, auch berücksichtigen, daß das Cu^{2+}-Ion nicht isoliert vorliegt, sondern in wäßriger Lösung, für die diese Komplexbildungskonstante gilt. Es ist also von Wassermolekülen umgeben, die mit ihren freien Elektronenpaaren ebenfalls als Elektronendonor wirken. Der Einfluß des Wassers geht in die in wäßriger Lösung gemessenen Stabilitätskonstante ein. Man muß sich immer verdeutlichen, daß diese Komplexbildungskonstante nur für das wäßrige Medium gilt und bei anderen Solvenzien andere Komplexbildungskonstanten gelten.

Wie bei allen Reaktionsgleichungen (siehe auch Redox-Reaktionen, Säure/Base-Reaktionen, usw.) muß auch bei den Komplexbildungsreaktionen die Massen- und Ladungsbilanz ausgeglichen sein. Das heißt, die Summe der Atome bzw. Ladungen auf der linken Seite der Gleichung muß der auf der rechten Seite entsprechen. Dies sei kurz an der Bildungsgleichung des Komplexes cis-Diammindichloroplatin(II) erläutert, der in der Krebstherapie eine große Rolle spielt und vor allem zur Therapie von Hodenkarzinomen eingesetzt wird. Der Komplex wird auch kurz als Cisplatin (= INN = International Nonproprietary Name) bezeichnet. Der Komplex läßt sich durch Reaktion von Ammoniak mit Kaliumtetrachloroplatinat herstellen:

$$2\,NH_3 + K_2PtCl_4 \rightleftharpoons \text{cis-}Pt(NH_3)_2Cl_2 + 2\,KCl$$

Der entstehende Komplex ist cis-konfiguriert, d.h. die beiden Ammoniak-Liganden stehen auf derselben Seite (Abb. 4.3). Das entsprechende trans-Derivat ist chemotherapeutisch nicht aktiv.

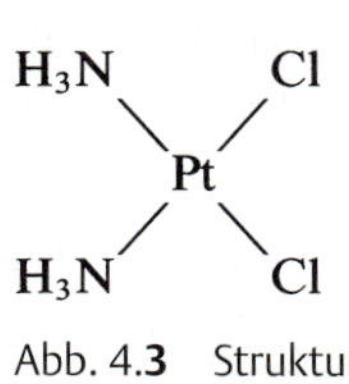

Abb. 4.**3** Struktur des Komplexes cis-Diammindichloroplatin(II), Cisplatin (INN)

Wie man sich anhand der Reaktionsgleichungen leicht überzeugen kann, ist die Anzahl der Stickstoff-, Wasserstoff-, Kalium-, Platin- und Chlor-Atome auf der linken Seite gleich der auf der rechten Seite. Da Kaliumtetrachloroplatinat in der wäßrigen Lösung, in der diese Reaktion durchgeführt wird, dissoziiert vorliegt, läßt sich die Reaktionsgleichung auch folgendermaßen schreiben:

$$2\,NH_3 + 2\,K^+ + PtCl_4^{2-} \rightleftharpoons$$
$$\text{cis-}Pt(NH_3)_2Cl_2 + 2\,K^+\ 2\,Cl^-$$

Neben der Anzahl der Atome *(Massenbilanz)* muß hier auch die Anzahl der Ladungen *(Ladungsbilanz)* auf beiden Seiten gleich sein. Die Summe der Ladungen auf der linken Seite (zwei positive und zwei negative) ergibt Null, dasselbe gilt für die rechte Seite.

Da die Kaliumionen an der Reaktion nicht beteiligt sind, kann man sie auch weglassen und schreibt dann vereinfacht:

$$2\,NH_3 + PtCl_4^{2-} \rightleftharpoons \text{cis-}Pt(NH_3)_2Cl_2 + 2\,Cl^-$$

Auch hier stimmt die Massen- und Ladungsbilanz für beide Seiten der Reaktionsgleichung.

Komplexbildungsreaktionen können auch unter *Ligandenaustausch* ablaufen, wobei ein Ligand, der in der Lage ist, mit dem Zentralatom/ion einen stärkeren Komplex zu bilden, den ursprünglichen Liganden verdrängt. Beispielsweise wird Wasser im Kupfertetraquakomplex leicht durch Ammoniak substituiert:

$$[Cu(H_2O)_4]^{2+} + 4\,NH_3 \rightleftharpoons [Cu(NH_3)_4]^{2+} + 4\,H_2O$$

Metallkomplexe werden in Reaktionsgleichungen oft in eckige Klammern gesetzt, dies hat nichts mit der Symbolisierung von Konzentrationen durch eckige Klammern bei Anwendung des Massenwirkungsgesetzes zu tun.

Medizinisch wichtig ist der Ligandenaustausch am Hämoglobin, wo Sauerstoff leicht durch Cyanid, CN^-, oder Kohlenmonoxid, CO, ersetzt werden kann, die beide eine sehr viel höhere Komplexbildungstendenz im Vergleich zum Sauerstoff besitzen. Durch Blockierung der Transportfunktion des Hämoglobin für Sauerstoff können dadurch tödliche Vergiftungen entstehen.

5 Heterogene Gleichgewichte

5.1 Grundbegriffe

5.1.1 Homogen, heterogen

Definition der Begriffe; Angabe von Beispielen für homogene und heterogene Mischungen (Gasmischungen, Lösungen, Suspensionen, Emulsionen, Aerosole)

Ein *reiner Stoff* besteht aus einer einzigen Verbindung oder einem Element. Reine Stoffe können in drei verschiedenen *Aggregatzuständen* vorliegen: fest, flüssig und gasförmig. Ein *homogener Stoff* ist, im Gegensatz zu einem heterogenen Stoff, in jeder Volumeneinheit einheitlich in seinen physikalischen Eigenschaften. Ein homogener Teilbereich wird *„Phase"* genannt. In einem *heterogenen Stoff* treten verschiedene Phasen bzw. Phasengrenzflächen auf. Homogene Stoffe, „Phasen", sind z. B. Mischungen von Gasen oder Lösungen, wie die Luft als Mischung von Stickstoff, Sauerstoff und einigen anderen Gasen, oder beispielsweise eine Lösung von Kochsalz in Wasser. Reine Stoffe, d. h. chemische Elemente oder Verbindungen, die in einem Aggregatzustand vorliegen, sind ebenfalls homogen (z. B. gasförmiger Sauerstoff, festes Kochsalz, Wasser, Wasserdampf, Eis).
Heterogene Stoffe bestehen aus einer Mischung verschiedener homogener Stoffe. Man unterscheidet zwischen Gemenge, Suspension, Emulsion und Aerosol.
Ein *Gemenge* ist eine Mischung mehrerer Feststoffe (z. B. Sand).
Eine *Suspension* ist eine Mischung aus einer Flüssigkeit und einem Feststoff bzw. einer Aufschlämmung eines Feststoffes in einer Flüssigkeit (z. B. Schlamm). Charakteristisch ist, daß mit der Zeit eine Entmischung eintritt und die festen Partikel sich am Boden absetzen.
Eine *Emulsion* ist eine heterogene Mischung verschiedener Flüssigkeiten, wobei feine Tröpfchen der einen Flüssigkeit in der anderen schweben. Bekanntestes Beispiel hierfür ist die Milch, in der Fetttröpfchen in Wasser emulgiert sind.
Bei einem *Aerosol* schweben fein verteilte feste oder flüssige Partikel in einem Gas, beispielsweise im Nebel, in dem Wassertröpfchen in der Luft schweben, oder im Rauch, in dem fein verteilte feste Partikel (z. B. Ruß) in der Luft schweben.
Heterogene Mischungen werden auch als *Dispersionen* bezeichnet. Diese lassen sich je nach Teilchengröße des dispergierten Stoffes einteilen in molekulardisperse, kolloiddisperse und grobdisperse Systeme.
Von molekulardispersen Systemen spricht man bei Teilchengrößen bis 1 nm. Es handelt sich hier um niedermolekulare Stoffe, auch echte Lösungen gehören zu den molekulardispersen Systemen.
Bei kolloiddispersen Systemen treten Teilchengrößen von 10 bis 200 nm auf. Es handelt sich um Lösungen von Makromolekülen, die mit dem bloßen Auge nicht als Trübung erkennbar sein müssen.
Bei den grobdispersen Systemen liegen Teilchengrößen über 200 nm vor, die lichtmikroskopisch erkennbar sind.
Die Zuordnung der Dispersionen zu den heterogenen Mischungen hängt von der Methode der Beobachtung ab. Mit dem Elektronenmikroskop lassen sich ohne weiteres auch größere Moleküle (ca. 2,2 Å $= 2{,}2 \cdot 10^{-10}$ m) identifizieren, so daß dadurch eine mit dem Lichtmikroskop oder mit dem normalen Auge als homogen erscheinende Lösung definitionsgemäß inhomogen wird.

5.1.2 Homogene und heterogene Gleichgewichte

Definition der Begriffe

Im heterogenen Gleichgewicht treten, im Gegensatz zum homogenen Gleichgewicht, verschiedene Phasen auf. Ein Beispiel wurde bei der Erläuterung des Löslichkeitsproduktes (Punkt 4.2.2) gegeben, das anhand des heterogenen Gleichgewichtes zwischen dem Festkörper Bariumsulfat und gelöstem Bariumsulfat erklärt wurde. Ein homogenes Gleichgewicht liegt z. B. bei der Dissoziation von Essigsäure in Wasser vor (Punkt 4.3.1).

5.1.3 Nernst-Verteilungssatz

Berechnungen von Konzentrationen, Konzentrationsverhältnissen oder des Verteilungskoeffizienten bei Vorgabe der erforderlichen Daten

Löst man einen Stoff in zwei nicht miteinander mischbaren Lösungsmitteln (Phasen), so verteilt sich der Stoff in den beiden Phasen nach dem *Nernst-Verteilungssatz.*

$$K = \frac{c_1}{c_2}$$

K = Verteilungskoeffizient
c_1 = Konzentration des gelösten Stoffes in Phase 1
c_2 = Konzentration des gelösten Stoffes in Phase 2

K ist abhängig von der Temperatur, von der Art des gelösten Stoffes und von den jeweiligen Lösungsmitteln.
Das Nernst-Verteilungsgesetz hat eine große Bedeutung bei der Trennung von Stoffen durch Extraktion.

5.1.4 Adsorption

Beeinflussung der Adsorption an festen Oberflächen durch Temperatur, Art, Konzentration der adsorbierten Substanz, Art und Oberfläche des Adsorbens, Art des Lösungsmittels

Adsorption ist die Anlagerung eines Stoffes an feste Oberflächen bzw. an ein Adsorptionsmittel oder Adsorbens.

In der Regel ist die adsorbierte Stoffmenge proportional der Konzentration und indirekt proportional der Temperatur. Außerdem hängt die Fähigkeit zur Adsorption von der Art und Oberfläche des Adsorbens und von der Art des Lösungsmittels ab.

5.1.5 Konzentration eines Gases in einer Flüssigkeit

Abhängigkeit der Konzentration von Gasen in Flüssigkeiten vom Partialdruck und der Temperatur (Henry-Dalton-Gesetz)

In Analogie zum Nernst-Verteilungssatz läßt sich das *Henry-Dalton-Gesetz* formulieren, das den Zusammenhang zwischen dem Partialdruck eines Gases über einer Flüssigkeit und dessen Konzentration in einer Flüssigkeit angibt.

$$k = \frac{p}{c}$$

k = Konstante
p = Partialdruck des Gases über der Flüssigkeit
c = Konzentration des Gases in der Flüssigkeit

5.1.6 Osmose, Donnan-Gleichgewicht, Dialyse

Prinzip

In Abb. 5.1 ist ein U-Rohr dargestellt, in dem sich zunächst reines Wasser und in der Mitte eine semipermeable (halbdurchlässige) Membran befindet. Die semipermeable Membran ist dadurch gekennzeichnet, daß sie zwar durchlässig ist für Wasser bzw. allgemein als Lösungsmittel, aber nicht für darin gelöste Stoffe. Reichern wir nun den linken Schenkel des U-Rohrs mit Kochsalz an, so kann das Kochsalz aufgrund der semipermeablen Membran nicht in den rechten Schenkel des U-Rohrs diffundieren. Um das Konzentrationsgefälle auszugleichen, können aber Wassermoleküle aus dem rechten Schenkel in den linken Schenkel diffundieren und dadurch die Kochsalzlösung verdünnen. Dadurch steigt der Flüssigkeitsspiegel im linken Schenkel. Man nennt diesen Vorgang *Osmose.*

Wenn der Druck, mit dem das reine Lösungsmittel in die Lösung drängt, gleich ist dem hydrostatischen Druck, der durch den Niveau-Unterschied in den beiden U-Rohr-Schenkeln entsteht, herrscht Gleichgewicht. Der *osmotische Druck* (π) läßt sich für Nichtelektrolyte mittels einer Gleichung, die der allgemeinen Gasgleichung ähnelt, berechnen.

$$\pi \cdot V = n \cdot R \cdot T$$

n = Anzahl der Mole, R = Allgemeine Gaskonstante, T = absolute Temperatur in Kelvin, K.

Mit der Definition der Stoffmengenkonzentration ($c = \frac{n}{V_{Lsg}}$): $\pi = c \cdot R \cdot T$

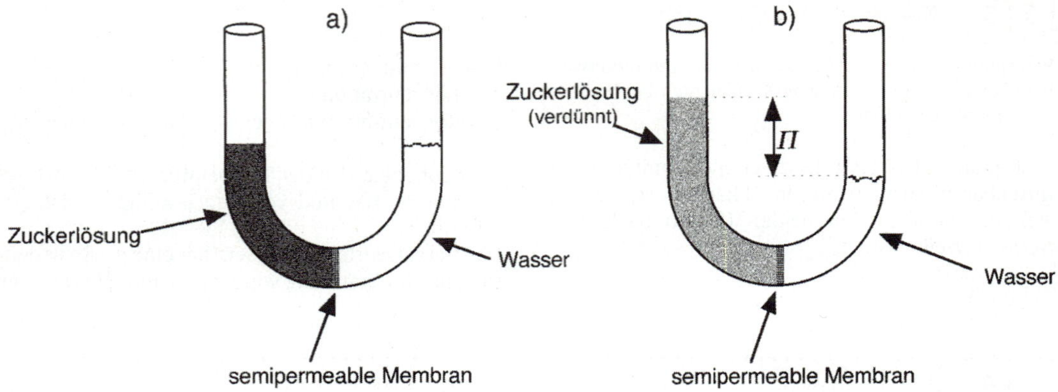

Abb. 5.1 Verdünnung einer Zuckerlösung durch Osmose

Dialyse

Man kann semipermeable Membranen so auslegen, daß sie durchlässig sind für niedermolekulare, nicht aber für hochmolekulare Stoffe. Dies macht man sich bei der Dialyse zunutze.
Hierbei befindet sich auf der einen Seite der semipermeablen Membran eine Eiweiß-Lösung, die einen hohen Anteil an niedermolekularen Stoffen wie Kochsalz enthält. Auf der anderen Seite der Membran fließt eine Lösung von reinem Wasser vorbei. Dabei werden der ersten Lösung in zunehmendem Maße die niedermolekularen Bestandteile entzogen und nur die hochmolekularen bleiben jenseits der Membran zurück.
Dieses Prinzip kann ganz allgemein zur Reinigung bestimmter biologischer Materialien angewandt werden, ist aber auch das Prinzip der künstlichen Niere.

Donnan-Gleichgewicht

Wenn zwei Flüssigkeitsräume durch eine Membran getrennt sind, die niedermolekulare Ionen frei diffundieren läßt, so stellen sich, wenn man den einen Flüssigkeitsraum durch Zugabe von etwas Natriumchlorid mit Na^+- und Cl^--Ionen anreichert, in kurzer Zeit aufgrund der freien Diffusion durch die Membran gleiche Konzentrationen auf beiden Seiten der Membran ein. Anders ist dies, wenn man den extrazellulären und den intrazellulären Raum betrachtet, die durch die Zellmembran voneinander getrennt sind. Im intrazellulären Raum liegen relativ viele Proteinanionen ($Prot^-$) mit entsprechenden Kationen vor. In unserem Beispiel wurde Natrium als Kation genommen (Abb. 5.2 a).
Im extrazellulären Raum liegt zunächst dieselbe Ionenkonzentration wie im intrazellulären Raum vor. Da allerdings die Proteinanionen nicht in der Lage sind, durch die Zellmembran zu diffundieren, auf der anderen Seite aber Na^+ und Cl^- aus dem extrazellulären Raum in den intrazellulären Raum diffundieren können, stellt sich zunächst ein sogenanntes *Donnan-Gleichgewicht* (Abb. 5.2 b) ein, bei dem im extrazellulären Raum eine niedrigere Ionenkonzentration als im intrazellulären Raum vorliegt.

	EZR	M	IZR
a)	Na^+Cl^-	¦	Na^+Prot^-
	Na^+Cl^-	¦	Na^+Prot^-
	Na^+Cl^-	¦	Na^+Prot^-
b)		¦	Na^+Cl^-
	Na^+Cl^-	¦	Na^+Prot^-
	Na^+Cl^-	¦	Na^+Prot^-
		¦	Na^+Prot^-
c)	Na^+Cl^-	¦	Na^+Cl^-
	Na^+Cl^-	¦	Na^+Prot^-
	Na^+	¦	Na^+Prot^-
		¦	$Prot^-$

EZR = extrazellulärer Raum
IZR = intrazellulärer Raum
M = für $Prot^-$ undurchlässige Membran

Abb. 5.2
a) Ausgangssituation
b) ein Teil an Na^+Cl^- diffundiert in den IZR
c) ein Teil an Na^+ diffundiert zurück. Bildung eines Membranpotentials zwischen EZR und IZR

Bei diesem Gleichgewicht gilt für die niedermolekularen Ionen, die frei diffundieren können:

$[Na^+]_E \cdot [Cl^-]_E = [Na^+]_I \cdot [Cl^-]_I$

E = extrazellulärer Raum
I = intrazellulärer Raum

oder

$$\frac{[Na^+]_E}{[Na^+]_I} = \frac{[Cl^-]_I}{[Cl^-]_E}$$

Mittels dieser Gleichung kann man die Konzentration einer Ionenart berechnen, wenn die Konzentrationen der anderen Ionen gegeben sind. Durch die ungleiche Verteilung der Ionenkonzentrationen im intrazellulären und extrazellulären Raum ergibt sich eine Differenz im osmotischen Druck, der sogenannte *Donnan-osmotische-Druck*.

Ebenfalls bildet sich ein sogenanntes *Donnan-Potential* aus, das man sich wie in Abb. 5.2c gezeigt, derart vorstellen kann, daß entsprechend dem Konzentrationsgefälle einzelne Na^+-Ionen in den extrazellulären Raum wandern, ohne daß ein Ladungsausgleich erfolgen kann, weil die entsprechenden $Protein^-$-Ionen nicht durch die semipermeable Wand folgen können. So ist das Zellinnere in der Regel elektrisch negativ geladen.
Dieses Potential läßt sich folgendermaßen berechnen:

$$E = \frac{R \cdot T \cdot 2{,}3}{F} \cdot \lg \frac{[Na^+]_I}{[Na^+]_E}$$

R = allgemeine Gaskonstante
T = absolute Temperatur
F = Faraday-Konstante

5.2 Anwendungen auf Trennverfahren

5.2.1 „Klassische" Trennverfahren

Ausnutzung von Dampfdruckunterschieden bei Trennungen mit Hilfe von Destillation, Gefriertrocknung, Ausnutzung von Löslichkeitsunterschieden bei Kristallisation, Ausnutzung von unterschiedlichen Verteilungskoeffizienten bei Extraktion

Trennung mit Hilfe von Dampfdruckunterschieden

Destillation: Gemische von verschiedenen Flüssigkeiten können getrennt werden, wenn die einzelnen Komponenten unterschiedliche Dampfdrücke besitzen. Mit steigender Temperatur steigt auch der Dampfdruck der einzelnen Komponenten. Wenn der Dampfdruck gleich dem Druck des über der Flüssigkeit stehenden Gases ist, beginnt die Flüssigkeit zu sieden. Es destillieren dann mit steigender Temperatur zunächst die Komponenten, die den höchsten Dampfdruck besitzen und können so von denen mit dem niedrigeren Dampfdruck getrennt werden. Der Siedepunkt, d.h. der Punkt, bei dem der Dampfdruck gleich dem Druck des darüber stehenden Gases ist, läßt sich durch Anlegen von Vakuum verringern (Vakuumdestillation).

Sublimation: Wenn bei Erhöhung der Temperatur ein Feststoff unmittelbar vom festen in den gasförmigen Aggregatzustand übergeht, unter Überspringen des flüssigen Aggregatzustandes, spricht man von Sublimation. Der gasförmige Stoff wird dabei auf einer kalten Oberfläche wieder abgeschieden. Auch hier gilt, daß die Stoffe mit dem höchsten Dampfdruck bei steigender Temperatur zuerst verdampfen und sich dadurch Stoffgemische trennen lassen bzw. Stoffe reinigen lassen.

Gefriertrocknung: Eine wäßrige Lösung oder Suspension, die unterschiedliche Stoffe, meist biologische Materialien enthält, wird tiefgefroren. Es wird durch Anlegen von Vakuum der Stoff mit dem höchsten Dampfdruck (das Wasser) zum Verdampfen gebracht und in einem Kühlsystem wieder abgeschieden. Es handelt sich hier um eine sehr schonende Methode, um Wasser zu entziehen bzw. eine Substanz zu trocknen.

Trennung mit Hilfe von Löslichkeitsunterschieden

Kristallisation: Die Löslichkeit einer Substanz in einem Lösungsmittel steigt in der Regel mit zunehmender Temperatur und ist außerdem stoffspezifisch. Wenn man also ein Substanzgemisch in einem heißen Lösungsmittel aufnimmt und langsam abkühlen läßt, wird die Substanz, die sich am schlechtesten löst, zuerst ausfallen bzw. auskristallisieren. Man kann so das Stoffgemisch auftrennen.

Anwendung von unterschiedlichen Verteilungskoeffizienten

Extraktion: Bei der Extraktion macht man sich die unterschiedliche Verteilung (siehe Nernst-Verteilungssatz) verschiedener Stoffe in bestimmten, nicht miteinander mischbaren Lösungsmitteln zunutze. Durch Wiederholen des Extraktionsvorganges kann ein Stoff vollständig in eine Phase übergeführt und damit von Verunreinigungen und anderen Stoffen abgetrennt werden.

5.2.2 Chromatographische Trennverfahren

Adsorptions- und Verteilungsgleichgewichte als Grundlagen (Dünnschicht-, Ionenaustausch-, Gas- und Gelchromatographie), allgemeine Kenntnisse der Durchführung von Säulen- und Dünnschichtchromatographie (analytisch/präparativ, stationäre/mobile Phase, Laufmittel, Eluat, Detektion, R_f-Wert/Retentionszeit)

Die Grundlage aller chromatographischen Trennverfahren sind Adsorptions- und Verteilungsgewichte. Bei allen chromatographischen Trennmethoden strömt eine *mobile* (bewegliche) *Phase (Elutionsmittel, Laufmittel)* an einer *stationären* (unbeweglichen) *Phase* vorüber. Die mobilen Phasen lassen sich wieder einteilen in flüssige Phasen und gasförmige Phasen. Man spricht von *Flüssigkeitschromatographie* oder *Gaschromatographie.*
Bei der stationären Phase kann es sich entweder um einen Feststoff handeln oder um eine dünne am Feststoff haftende Flüssigkeitsschicht. Im ersten Fall wird die Trennwirkung durch die unterschiedliche Adsorption der verschiedenen Komponenten in der mobilen Phase an der festen Phase bewirkt. Dieses Verfahren nennt man auch *Adsorptionschromatographie.* Im zweiten Fall spielen Verteilungsgleichgewichte zwischen der mobilen Phase und der dünnen, flüssigen stationären Phase, die auf dem entsprechenden Feststoff haftet, eine Rolle. Hier spricht man von *Verteilungschromatographie.*
Als Beispiele für *Flüssigkeitschromatographie* sind die *Säulenchromatographie,* die *Dünnschichtchromatographie,* die *Gelfiltration* bzw. *-chromatographie* und die *Ionenaustauschchromatographie* zu nennen. Bei diesen Beispielen handelt es sich um *Adsorptionschromatographie,* da als stationäre Phase immer Feststoffe verwendet werden.
Bei der *Säulenchromatographie* (Abb. 5.3) wird als stationäre Phase meist Siliciumoxid, Aluminiumoxid oder Cellulose verwendet. Es werden unterschiedlich lange und dicke Säulen mit den Feststoffen als stationäre Phase gefüllt und in der mobilen Phase, welche aus unterschiedlichsten Lösungsmitteln bestehen kann, das zu trennende Substanzgemisch daran vorbeigeführt. Durch unterschiedlich starke Adsorption an den Feststoffteilchen wird das Substanzgemisch aufgetrennt und im am Ende der Säule austretenden *Eluat* erscheinen die verschiedenen Substanzen nach unterschiedlichen *Retentionszeiten.* Die *Detektion* der Substanzen kann z. B. anhand charakteristischer Absorptionen im UV-Bereich vorgenommen werden.
Die *Dünnschichtchromatographie* benutzt in der Regel dieselben stationären Phasen wie die Säulenchromatographie, nur werden sie hier in einer dünnen Schicht aufgetragen und die Trennung dient mehr *analytischen* Zwecken, während sie bei der Säulenchromatographie, die sich mit größeren Mengen durchführen läßt, der *präparativen* Auftrennung von Substanzgemischen dient. Das Aluminiumoxid bzw. Kieselgel wird mittels eines Bindemittels, meist Gips, in einer dünnen Schicht auf einer Glas-, Kunststoff- oder Metallplatte aufgebracht. Man trägt dann das zu trennende Substanzgemisch in gelöster Form auf, läßt es antrocknen und daran ein Lösungsmittel oder Lösungsmittelgemisch als mobile Phase vorbeiziehen. Dabei werden die unterschiedlichen Substanzen unterschiedlich weit von dem Lösungsmittel transportiert. Die auf-

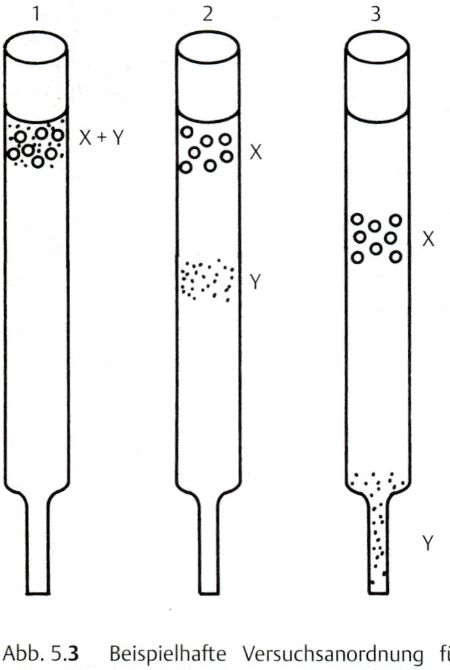

Abb. 5.3 Beispielhafte Versuchsanordnung für die Säulenchromatographie. Beim Durchlaufen der Säulen 1 bis 3 werden die Substanzen X und Y aufgetrennt. Bei 3 erscheint Y im Eluat.

zutrennenden Substanzen erscheinen als Substanzflecke mit unterschiedlicher Entfernung von der Startlinie. Man kann diese Substanzflecke durch Besprühen mit Farbindikatoren sichtbar machen. Charakteristisch für eine Substanz ist der sogenannte *R_f-Wert,* der sich aus der Entfernung zwischen Startlinie und Substanzzone, dividiert durch die Entfernung zwischen Startlinie und Lösungsmittelfront, errechnet.

$$R_f = \frac{\text{Entfernung Startlinie – Substanzzone}}{\text{Entfernung Startlinie – Lösungsmittelfront}}$$

Daraus ergibt sich, daß die R_f-Werte zwischen 0 und 1 liegen müssen. Sie sind für schnell wandernde Stoffe, die relativ nah an der Lösungsmittelfront liegen, größer als für langsam wandernde, die nah an der Startlinie verblieben sind.

Bei der *Papierchromatographie* wird ein saugfähiges Papier als stationäre Phase verwendet. Das weitere Verfahren ist analog der Dünnschichtchromatographie. Diese früher häufig angewandte Methode kommt heute nur noch selten zur Anwendung.

Die *Gelfiltration* benutzt hochmolekulare Stoffe mit unterschiedlich großen Hohlräumen als stationäre Phase, die die in der mobilen Phase gelösten Stoffe unterschiedlich stark zurückhalten können. Bei der Gelchromatographie bzw. Gelfiltration wandern also größere Moleküle schneller als kleine, da die kleineren in den entsprechenden Hohlräumen zurückgehalten werden. Als stationäre Phase kommen beispielsweise verschiedene Dextrane in Frage (s. Abb. 5.4).

Bei der *Ionenaustauschchromatographie* dienen hochmolekulare Stoffe mit ionischen Gruppen als stationäre Phase, die durch elektrostatische Anziehung unterschiedliche Ionen in der mobilen Phase mehr oder weniger stark zurückhalten können.

Man kann einen Ionenaustauscher allerdings auch dafür verwenden, bestimmte Ionen aus einer Lösung vollkommen abzutrennen. Hierfür müssen diese Ionen von denen im Ionenaustauscher vorkommenden ionischen Gruppen stark festgehalten werden. Der Ionenaustauscher muß dann von Zeit zu Zeit wieder regeneriert werden, da er vollständig mit den abzutrennenden Ionen beladen ist. Dies geschieht im Falle von Kationen durch starke Säuren, welche die Kationen gegen Protonen ersetzen, und im Falle von Anionen durch starke Laugen, welche die Anionen wieder durch OH-Gruppen ersetzen. Je nach Ionenart, die vom Austauscher festgehalten wird, spricht man von Anionen- bzw. Kationenaustauschern.

Bei der *Gaschromatographie* handelt es sich um eine Verteilungschromatographie, da hier eine hochsiedende Flüssigkeit, als Film über einen Feststoff gezogen, die stationäre Phase bildet. Die mobile Phase ist ein Trägergas, wie beispielsweise Helium oder Argon, in das die zu trennenden Stoffe verdampft werden. Sie werden dann an der stationären Phase mehr oder weniger stark zurückgehalten.

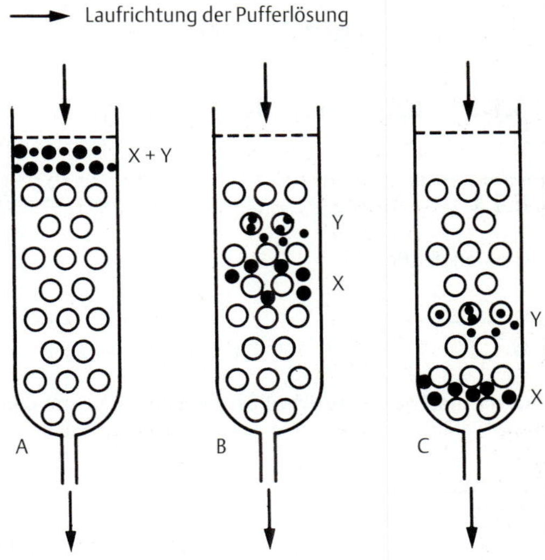

Abb. 5.4 Schematische Darstellung der Gelfiltration. Die kleinen Moleküle werden von den Hohlräumen des Gels länger zurückgehalten als die großen. Beim Durchlaufen der Säulen A bis C werden die Substanzen in X und Y aufgetrennt.

5.2.3 Dialyse

Stofftrennung durch Dialyse
siehe 5.1.6

5.2.4 Reinheitskriterien von Substanzen

Schmelzpunkt, Siedepunkt, chromatographische Daten, Spektren (UV, IR), Prinzip der Anwendung zur Unterscheidung reiner Stoffe von Gemischen

Die *wichtigsten Reinheitskriterien* sind: Schmelztemperatur, Siedetemperatur, Brechungsindex, Spektren und chromatographische Daten.
Ein *reiner Stoff* hat einen exakten und reproduzierbaren Schmelzpunkt, der durch Verunreinigungen erniedrigt wird. Wasser, das mit Kochsalz verunreinigt ist, gefriert erst unter 0 °C. Analoges gilt für die Siedetemperatur, die durch Verunreinigungen erhöht wird. Mit Kochsalz verunreinigtes Wasser siedet erst bei über 100 °C.

Der *Brechungsindex* mißt die Ablenkung monochromatischen Lichts beim Durchtritt durch die Prüfsubstanz und ist eine für diese Substanz charakteristische Größe.
Beim Durchtritt von Licht verschiedener Wellenlänge durch eine zu untersuchende Substanz wird dieses von der Substanz in charakteristischer Weise absorbiert. Wenn man die Absorption gegen die Wellenlänge des eingestrahlten Lichtes aufträgt, erhält man ein *Spektrum*, z. B. Infrarotspektren, Ultraviolettspektren usw., die für die jeweilige Substanz bzw. auch für deren Verunreinigung charakteristisch sind.

6 Energetik und Kinetik

6.1 Grundbegriffe der Energetik

6.1.1 Endergon/exergon, endotherm/exotherm

Definition der Begriffe

6.1.2 Gibbs' freie Energie (= freie Reaktionsenthalpie)

ΔG: maximal geleistete Arbeit bei reversibel isotherm und isobar geführten Prozessen in geschlossenen Systemen

6.1.3 Reaktionsenthalpie

ΔH: Reaktionswärme einer isotherm und isobar geführten Reaktion

6.1.4 Reaktionsentropie

ΔS: Maß für die Änderung des Ordnungszustandes eines Systems im Verlauf einer Reaktion

6.1.5 Gibbs-Helmholtz-Gleichung

Kenntnis, daß in geschlossenen Systemen (isotherm, isobar) $\Delta G = \Delta H - T\Delta S$ gilt, Bedeutung der Gleichung

6.1.6 Änderung von Gibbs' freier Energie bei Konzentrationsänderungen

Bedeutung der Gleichung $\Delta G = \Delta G^0 + RT \ln K$, Berechnungen an biochemisch wichtigen Beispielen, Unterschied zwischen Gibbs' freier Energie (ΔG) und Gibbs' freier Standardenergie (ΔG^0 und $\Delta G^{0\prime}$)

zu 6.1 – 6.1.6

Man unterscheidet in der Thermodynamik (Energetik) verschiedene Arten von Systemen (Tab. 6.1):

Tab. 6.**1** Systemarten der Thermodynamik

Art des Systems	Wand des Systmes für	
	Materie	Energie
Abgeschlossenes, isoliertes System	Undurchlässig	Undurchlässig
Geschlossenes System	Undurchlässig	Durchlässig
Offenes System	Durchlässig	Durchlässig

Der erste Hauptsatz der Thermodynamik lautet für isolierte oder abgeschlossene Systeme:

Die Summe aller Energieformen des Systems ist konstant.

Es können also innerhalb des Systems zwar Energien von einer Form in die andere Form übergeführt werden, beispielsweise kinetische Energie in Wärmeenergie, es kann aber keine Energie verlorengehen oder vernichtet werden bzw. aus dem Nichts heraus geschaffen werden.
Erster Hauptsatz der Thermodynamik für geschlossene Systeme:
Im Gegensatz zu den abgeschlossenen oder isolierten Systemen, die für Energie und Materie undurchlässig, sind, sind geschlossene Systeme definitionsgemäß für Energie durchlässig, für Materie aber undurchlässig.
Hier lautet der erste Hauptsatz der Thermodynamik wie folgt:

Eine Änderung der inneren Energie des Systems kann durch Übertragung von Arbeitsbeträgen oder Wärmemengen hervorgerufen werden.

Da bei einem geschlossenen System keine Übertragungen von Materie möglich sind, kann Energie nur in Form von **Wärme Q** oder **Arbeit A** übertragen werden. **Die Änderung der inneren Energie ΔU** nach dem ersten Hauptsatz der Thermodynamik für geschlossene Systeme läßt sich also auch formulieren als

$$\Delta U = \Delta Q + \Delta A$$

wobei ΔQ und ΔA bei Entnahme aus dem System ein negatives Vorzeichen bekommen und bei Zuführung in das System ein positives Vorzeichen.
Arbeit wird bei chemischen Reaktionen hauptsächlich als Volumenarbeit verrichtet, beispielsweise bei einer Gasentwicklung, bei der das Volumen gegen den Atmosphärendruck vergrößert wird.
Meistens werden Reaktionen unter konstantem Druck, also isobar ausgeführt mit $p = \text{konstant}$.
Wenn

$$A_{VOL} = -p\Delta V$$

dann gilt:

$$\Delta U = \Delta Q - p\Delta V$$

Bei einer Volumenzunahme ist V positiv, bei einer Volumenabnahme negativ. Die bei *isobaren Vorgängen* auftretende Reaktionswärme wird *Enthalpie H* genannt. Der erste Hauptsatz erhält dann die folgende Form:

$$\Delta U = \Delta H - p\Delta V$$

oder

$$\Delta H = \Delta U + p\Delta V$$

Die Reaktionswärme oder Reaktionsenthalpie ΔH ist bei Reaktionen, die mit Wärmeentwicklung einhergehen, sogenannten *exothermen Reaktionen*, negativ und bei Reaktionen, die mit Abkühlung einhergehen, sogenannten *endothermen Reaktionen*, positiv.

$\Delta H < 0$ *exotherme Reaktion*
$\Delta H > 0$ *endotherme Reaktion*

Der allgemeine Begriff Reaktionsenthalpie wird in einigen speziellen Fällen, beispielsweise bei der Neutralisation, auch Neutralisationsenthalpie genannt, bei der Hydratation Hydratationsenthalpie. Außerdem spricht man noch von Solvatations-, Lösungs-, Mischungs-, Schmelz- und Verdampfungsenthalpie.
Unter der *Bildungsenthalpie* versteht man die bei der Bildung von Molekülen unter *Standardbedingungen (25 °C, 1 atm)* aus den Elementen auftretenden Reaktionswärmen.
Da man immer nur Enthalpiedifferenzen messen kann, wurde willkürlich festgelegt, daß die stabilste Form eines Elementes unter Standardbedingungen die *Enthalpie 0* besitzt.
Unter der *Standardbildungsenthalpie* ΔH_f^0 versteht man die Reaktionswärme, die bei der Bildung von 1 mol einer Verbindung aus den Elementen unter

Standardbedingungen auftritt. Bei H_f^0 steht f für *„formation“* = Bildung, der Exponent 0 wird oft verwandt, wenn 1 mol einer Verbindung aus den Edukten unter Standardbedingungen entsteht. Zum Beispiel beträgt die Standardbildungsenthalpie für die Reaktion von Kohlenstoff und Sauerstoff zu Kohlendioxid – 393 kJ/mol.

$C + O_2 \rightarrow CO_2$

$\Delta H_f^0 = -\ 393 kJ/mol$

Führt man die Reaktion in Einzelschritten durch, also:

$C + 1/2\ O_2 \rightarrow CO$

$H_f^0 = -\ 110\ kJ/mol$

$CO + 1/2\ O_2 \rightarrow CO_2$

$H_f^0 = -283\ kJ/mol$

$\sum = -\ 393\ kJ/mol$

so sieht man, daß sich die Reaktionsenthalpien der Einzelreaktionen addieren zu der Reaktionsenthalpie der Gesamtreaktion, die – 393 kJ/mol beträgt.
Die Reaktionsenthalpien sind unabhängig vom Reaktionsweg, sie sind nur vom Anfangs- und vom Endzustand abhängig.
Dies ist der sogenannte Hess-Satz, der ein Spezialfall des Energieerhaltungssatzes ist.

Hess-Satz:
Die Reaktionsenthalpie ist unabhängig vom Reaktionsweg.

Gibbs-Helmholtz-Gleichung, freie Enthalpie, endergone und exergone Reaktionen
Aus der täglichen Beobachtung weiß man, daß sich ein Stück Eis, das man in ein Glas Wasser wirft, unter Abkühlung des Wassers auflöst. Nie wird man aber den umgekehrten Vorgang feststellen, nämlich, daß in einem Glas Wasser ein Stück Eis auskristallisiert, während sich das darumliegende Wasser erwärmt, obwohl auch der letztere Prozeß dem Energieerhaltungssatz nicht widerspricht, da keine Energie verloren geht.
Für den umgekehrten Vorgang existiert also keine Triebkraft, während für den ersten Vorgang, das Auflösen von Eis in Wasser, tatsächlich eine existiert. Dieser Vorgang, das Auflösen von Eis in Wasser, ist irreversibel.
Die die Triebkraft eines chemischen Vorgangs bestimmende Größe heißt bei isobaren und isothermen Prozessen

freie Enthalpie G

Die Änderung der freien Enthalpie hängt nach der *Gibbs-Helmholtz-Gleichung* mit der Änderung der Enthalpie und der Änderung der sogenannten Entropie wie folgt zusammen:

$$\Delta G = \Delta H - T\Delta S$$

Gibbs-Helmholtz-Gleichung

G = freie Enthalpie
H = Enthalpie
S = Entropie
T = absolute Temperatur

Die *Entropie S* ist ein Maß für die Unordnung bzw. Ordnung innerhalb eines Systems.
Die Entropie nimmt mit zunehmender Unordnung zu. Die Triebkraft einer chemischen Reaktion, die Änderung der freien Enthalpie ΔG, ist also um so größer, je stärker die Wärmeentwicklung einer Reaktion ist ($\Delta H < 0$) und je größer die Entropiezunahme ist ($\Delta S > 0$).
Reaktionen, bei denen $\Delta G < 0$ ist, nennt man *exergone Reaktionen.* Diese Reaktionen können von selbst, also freiwillig und ohne Energiezufuhr, ablaufen.
Ist ΔG dagegen > 0, so spricht man von einer *endergonen Reaktion,* die nur unter Energiezufuhr ablaufen kann.
Bei $\Delta G = 0$ herrscht Gleichgewicht.
Bei spontanen Reaktionen, Reaktionen in geschlossenen isobaren und isothermen Systemen, nimmt also die freie Enthalpie ab. Hat sich bei einer Reaktion das chemische Gleichgewicht eingependelt, findet keine Änderung der freien Enthalpie mehr statt.

$\Delta G < 0$: *exergone Reaktion*

$\Delta G > 0$: *endergone Reaktion*

$\Delta G = 0$: *Gleichgewichtslage*

Die Begriffe endergon und exergon beziehen sich auf die freie Enthalpie G, während sich die Begriffe endotherm und exotherm auf die Enthalpie H beziehen! Diese Begriffe dürfen nicht verwechselt werden.
Die Triebkraft einer chemischen Reaktion nimmt also um so mehr zu, je exothermer die Reaktion bei gleichzeitiger Entropiezunahme ist ($\Delta H < 0$, $\Delta S > 0$).
Endotherme Reaktionen können nur exergonisch werden, wenn der Entropiebetrag $|T \cdot \Delta S|$ den Betrag von $|\Delta H|$ übersteigt.
Zusammenfassend läßt sich sagen, daß jedes natürliche Geschehen bestimmt wird von dem Bestreben nach Zunahme der Entropie bzw. Unordnung.

Dieser Satz kann leicht durch die tägliche Erfahrung verifiziert werden, die zeigt, daß die Unordnung nie spontan abnimmt, sondern erhebliche Energie investiert werden muß, um aus Unordnung wieder Ordnung zu machen.

G bei Änderung der Konzentration:
Bei chemischen Reaktionen, beispielsweise

$$aA\ bB \rightleftharpoons cC + dD$$

findet keine vollständige Umsetzung statt, sondern es spielt sich ein Gleichgewicht zwischen Edukten und Produkten ein, welches durch die Gleichgewichtskonstante

$$K = \frac{[C]^c \cdot [D]^d}{[A]^a \cdot [B]^b}$$

charakterisiert ist.
Die Gleichgewichtslage ist zwischen Edukten und Produkten der thermodynamisch begünstigte Zustand, welches auch im Energiediagramm, Abb. 6.1, für eine exergone Reaktion gezeigt ist.
Die Änderung der freien Enthalpie ΔG hängt also von der Konzentration der einzelnen Reaktionspartner ab. Dieser Zusammenhang ist in der folgenden Gleichung für das obige Reaktionsbeispiel gegeben:

$$\Delta G = \Delta G^0 + RT \ln \frac{[C]^c \cdot [D]^d}{[A]^a \cdot [B]^b}$$

ΔG^0 ist die Änderung der freien Enthalpie unter Standardbedingungen bei vollständigem molaren Formelumsatz. Merke: ΔG^0 = Änderung der freien Enthalpie unter Standardbedingungen = Gibbs' freie Standardenergie. ΔG = Änderung der freien Enthalpie = Gibbs' freie Energie.
Für den Fall, daß sich das chemische Gleichgewicht eingestellt hat, wird die Änderung von $\Delta G = 0$, und in das logarithmische Glied der obigen Gleichung läßt sich die Gleichgewichtskonstante K einsetzen. Man erhält:

$$0 = \Delta G^0 + RT \ln K$$

bzw.

$$\Delta G^0 = -RT \ln K$$

Diese Beziehung wird häufig benutzt, um durch experimentelle Bestimmung der Gleichgewichtskonstanten K ΔG^0 zu errechnen.
Ein biochemisch wichtiges Beispiel ist die Verbrennung der Glucose:

$$C_6H_{12}O_6 + 6\ O_2 \rightleftharpoons 6\ CO_2 + 6\ H_2O$$

Hierbei beträgt $\Delta G^0 = -2881\ kJ \cdot mol^{-1}$, $\Delta H^0 = -2827\ kJ \cdot mol^{-1}$ und $\Delta S^0 = +180\ J \cdot mol^{-1}\ K^{-1}$. Die Verbrennung von Glucose verläuft also stark exergonisch und exotherm.

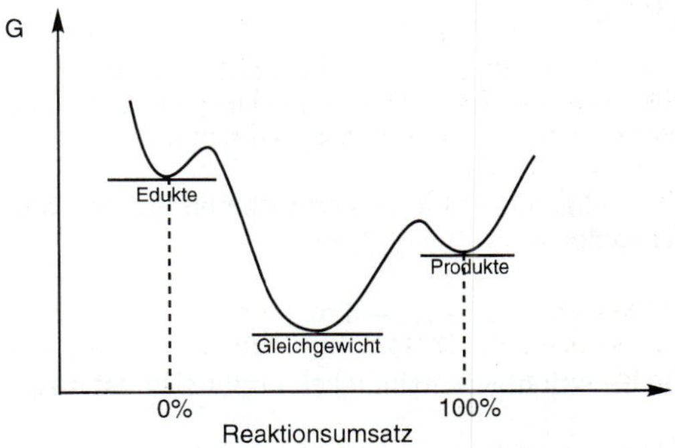

Abb. 6.**1** Energiediagramm einer Gleichgewichtsreaktion. G hat ein Minimum im Gleichgewichtszustand zwischen Edukten und Produkten.

6.1.7 Gibbs' freie Energie und EMK

Bedeutung der Gleichung $\Delta G = -z \cdot F \cdot \Delta E$; Berechnungen an biochemisch wichtigen Beispielen (s. a. 6.3)

In einer galvanischen Zelle wird die elektrische Arbeit A_{el}

$$A_{el} = -n \cdot F \cdot \Delta E$$

verrichtet.

- n = Anzahl der Mole an Elektronen, die bei der Reaktion übertragen werden
- F = Faradaykonstante
- ΔE = Potentialdifferenz zwischen den beiden Elektroden

Die in einer galvanischen Zelle geleistete elektrische Arbeit ist gleich der Änderung der freien Enthalpie:

$$A_{el} = \Delta G$$

Daraus ergibt sich:

$$\Delta G = -n \cdot F \cdot \Delta E$$

oder unter Standardbedingungen bei einem Formelumsatz:

$$\Delta G^0 = -n \cdot F \cdot \Delta E^0$$

wobei ΔE^0 das Normalpotential ist.

6.2 Grundbegriffe der Kinetik

6.2.1 Reaktionsgeschwindigkeit

Zeitliche Änderung der Konzentration (dc/dt) als Maß für die Reaktionsgeschwindigkeit für eine gegebene Reaktion, Bedeutung des Vorzeichens

Die Reaktionsgeschwindigkeit einer chemischen Reaktion ist definiert als Änderung der Konzentration eines Ausgangsstoffes (Eduktes) oder eines entstehenden Stoffes (Produktes).
Die *Reaktionsgeschwindigkeit v* läßt sich so als Differentialquotient angeben:

$$A + B \rightarrow C + D$$

$$v = \frac{d[C]}{dt} = \frac{d[D]}{dt} = -\frac{d[A]}{dt} = -\frac{d[B]}{dt}$$

oder

$$v = -\frac{dc}{dt}$$

v = Reaktionsgeschwindigkeit
c = Konzentration eines Eduktes

Da die Edukte während der Reaktion abnehmen, hat der Differentialquotient ein negatives Vorzeichen. Bei den Produkten, die während der Reaktion zunehmen, hat der Differentialquotient ein positives Vorzeichen.
Die Konzentration wird in der Regel in mol/l angegeben, die Zeit in einem eigenen Maßstab von Sekunden bis Minuten bis Stunden, je nach Geschwindigkeit der Reaktion.

6.2.2 Reaktionsordnung

Definition des Begriffs Reaktionsordnung, Benennung von Kriterien, an denen die Reaktionsordnung (0., 1., 2. sowie pseudonullte und -erste Ordnung) erkannt wird

Ganz allgemein läßt sich eine chemische Reaktion darstellen als

$$aA + bB + cC + \ldots \rightarrow \text{Produkte}$$

Die Reaktionsgeschwindigkeit ergibt sich dann zu

$$v = -\frac{1}{a}\frac{d[A]}{dt} = -\frac{1}{b}\frac{d[B]}{dt} = -\frac{1}{c}\frac{d[C]}{dt} \ldots \text{usw.}$$

Der Wert der Reaktionsgeschwindigkeit v ist abhängig von der Konzentration [A] und der Anzahl der eingesetzten Mole von A, die durch a gegeben ist, entsprechend bei B und C usw. Sie ist außerdem von einer Konstanten, der sogenannten Geschwindigkeitskonstanten k, abhängig.
Für die oben beschriebene allgemeine Reaktion läßt sich dann die Reaktionsgeschwindigkeit v zu

$$v = k \cdot [A]^a \cdot [B]^b \cdot [C]^c$$

berechnen.

Die Reaktionsordnung ist definiert als die Summe der Exponenten.

$$\sum a + b + c + \ldots = \text{Reaktionsordnung}$$

Diese Gesetzmäßigkeiten gelten streng genommen nur dann, wenn alle Reaktionspartner, A, B, C usw., am geschwindigkeitsbestimmenden Schritt der Reaktion beteiligt sind.
Nehmen wir nun beispielsweise die Reaktion

$$A \rightleftharpoons B + C,$$

also eine Zerfallsreaktion, denn das Molekül A zerfällt in zwei Moleküle B und C, oder allgemein

$$A \rightarrow \text{Produkte},$$

dann kann man nach der oben genannten Gleichung schreiben:

$$v = k \cdot [A]$$

Die Summe der Exponenten ist bei dieser Reaktion 1, d.h. es handelt sich hier um eine Reaktion erster Ordnung.
Da ein Molekül A in die Moleküle B und C bzw. Produkte zerfällt, spricht man auch von einer *unimolekularen* oder *monomolekularen Reaktion.*
Nehmen wir nun die Reaktion

$$A + B \rightarrow \text{Produkte},$$

so kann man nach der oben genannten allgemeinen Gleichung schreiben:

$$v = k \cdot [A] \cdot [B]$$

Die Summe der Exponenten ist hier 2, es handelt sich also um eine Reaktion *zweiter Ordnung.* Da

zwei Moleküle miteinander reagieren, das Molekül A und das Molekül B, spricht man auch von einer *bimolekularen Reaktion.*
Ähnliches gilt auch bei der Reaktion:

$$2A \rightarrow \text{Produkte}$$

Hier reagieren 2 Moleküle A zu den Produkten. Die Geschwindigkeit ergibt sich zu

$$v = k \cdot [A]^2.$$

Auch hier handelt es sich um eine Reaktion zweiter Ordnung und um eine bimolekulare Reaktion.
Als weiteres Beispiel sei genannt:

$$A + B + C \rightarrow \text{Produkte.}$$

Hier ergibt sich die Reaktionsgeschwindigkeit v zu

$$v = k \cdot [A] \cdot [B] \cdot [C].$$

Es handelt sich hier um eine Reaktion *dritter Ordnung* und um eine *trimolekulare Reaktion.*
Dasselbe gilt für die Reaktion:

$$2A + B \rightarrow \text{Produkte}$$

$$v = k\,[A]^2 \cdot [B]$$

Sehen wir uns nun die Reaktion

$$A + B \rightarrow \text{Produkte}$$

an. Nehmen wir an, daß bei dieser Reaktion B das Lösungsmittel ist, das während der Reaktion in sehr großem Überschuß vorliegt. Durch die Reaktion des Stoffes A mit dem Lösungsmittel wird die gesamte Lösungsmittelkonzentration nur unwesentlich verändert. Es gilt zwar strenggenommen:

$$v = k\,[A] \cdot [B]$$

da aber das Lösungsmittel in sehr großem Überschuß vorliegt, also praktisch konstant bleibt, kann man [B] k zu einer neuen Konstanten k′ zusammenfassen, es ergibt sich dann:

$$v = k' \cdot [A]$$

Man erhält also beim Messen der Reaktionsgeschwindigkeit

$$v = -\frac{d[A]}{dt}$$

eine Reaktion erster Ordnung. Da es sich hier aber eigentlich um eine bimolekulare Reaktion zweiter Ordnung handelt, spricht man hier von einer *pseudomonomolekularen Reaktion* bzw. einer Reaktion *pseudo-erster Ordnung.*
Ein anderer Sachverhalt bei der Reaktion

$$A + B \rightarrow \text{Produkte}$$

tritt ein, wenn diese Reaktion durch ein Enzym katalysiert wird, welches pro Zeiteinheit nur eine ganz bestimmte Menge an Reaktionsumsatz katalysieren kann, und die Menge der vorhandenen Edukte A und B im Verhältnis hierzu in sehr großem Überschuß vorliegen. Experimentell sieht man dann, daß die Reaktionsgeschwindigkeit völlig unabhängig von der Konzentration [A] und der Konzentration [B] ist. Man erhält eine konstante Reaktionsgeschwindigkeit:

$$v = k$$

Man spricht hier von einer *Reaktion (pseudo-)nullter Ordnung.*

6.2.3 Geschwindigkeitsbestimmender Teilschritt

Erkennen des geschwindigkeitsbestimmenden Teilschritts in einer aus mehreren Teilreaktionen bestehenden Reaktionskette (bei Angabe entsprechender Größen)

Die meisten chemischen Reaktionen verlaufen über Zwischenstufen. Die dabei ablaufenden Einzelreaktionen, die letztendlich zu den Endprodukten führen, haben eine unterschiedliche Reaktionsgeschwindigkeit.
Der *geschwindigkeitsbestimmende Schritt* für die Gesamtreaktion ist immer die am langsamsten verlaufende Teilreaktion. Hat man mehrere Ausgangssubstanzen A, B und C, und der geschwindigkeitsbestimmende Schritt ist die Reaktion von A mit B, und die Folgereaktion des Zwischenproduktes mit C verläuft relativ schnell, dann hängt die Gesamtreaktionsgeschwindigkeit nur von A und B ab. Das heißt also, man kann aus der stöchiometrischen Gleichung einer Reaktion nie unmittelbar auf die Kinetik und die Reaktionsordnung zurückschließen, sondern man muß die geschwindigkeitsbestimmenden Schritte kennen.
Umgekehrt läßt sich der geschwindigkeitsbestimmende Schritt, wenn die Kinetik durch Messung bekannt ist, ermitteln.

6.2.4 Energieprofil

Kennzeichnung von „Übergangszustand“ (aktivierter Komplex), „Zwischenstufe“, „Aktivierungsenergie“ (ΔG^*) und „Reaktionsenergie“ (ΔG) anhand einer Skizze des Energieprofils einer Reaktion, Angabe der Ordinatenbezeichnung

Das *Energieprofil* einer chemischen Reaktion, wie in Abb. 6.2 skizziert, zeigt auf, welche Energiebeiträge während einer Reaktion aufgewendet oder freigesetzt werden.

Der Energiegehalt der beteiligten Moleküle wird auf der Ordinate aufgetragen. Als Energiegröße wird dabei die Enthalpie H oder die freie Enthalpie G eingesetzt. Entsprechend bezeichnet man die Aktivierungsenergie als (freie) Aktivierungsenthalpie. (Die freie Aktivierungsenthalpie wird unkorrekterweise oft als Aktivierungsenergie bezeichnet.) Die Abszisse wird Reaktionskoordinate genannt, sie symbolisiert das Fortschreiten der Reaktion.

Das in Abb. 6.2 dargestellte Energieprofil ist typisch für viele chemische Reaktionen. Obwohl die freie Enthalpie der Endprodukte niedriger liegt als die freie Enthalpie der Edukte, läuft die Reaktion nicht spontan ab, da zunächst ein *Übergangszustand* überwunden werden muß, der sehr energiereich ist und dessen Überwindung die (freie) *Aktivierungsenthalpie* oder *Aktivierungsenergie* ΔG^* aufgewandt werden muß. Beispielsweise ist die Verbrennung von Papier ein stark exergonisch verlaufender Prozeß, der aber nicht spontan abläuft, sondern einer Aktivierungsenergie bedarf, die durch das Anzünden zugeführt wird.

Viele Reaktionen verlaufen über mehrere Übergangszustände, in denen sogenannte *aktivierte Komplexe* vorliegen. Zwischen den Übergangszuständen liegen etwas weniger energiereiche Zwischenstufen.

Anhand der Abb. 6.3 werden die Bedeutung der Begriffe *(freie) Reaktionsenthalpie, (freie) Aktivierungsenthalpie, Übergangszustand (aktivierter Komplex)* und *Zwischenstufe* verdeutlicht.

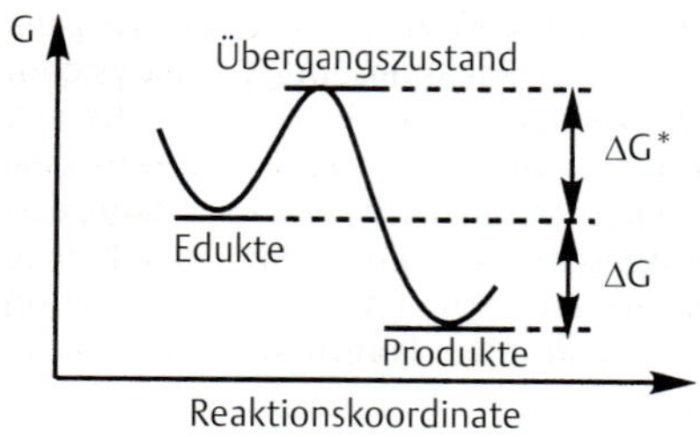

Abb. 6.**2** Energieprofil einer chemischen Reaktion
G = freie Enthalpie
ΔG^* = freie Aktivierungsenergie
ÜZ = Übergangszustand, aktivierter Komplex
ΔG = freie Reaktionsenthalpie

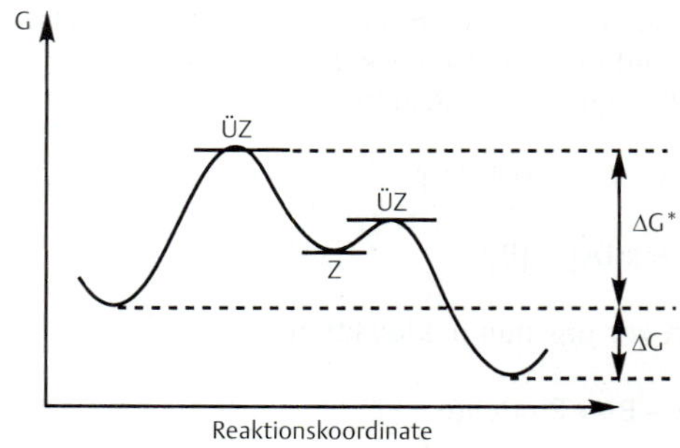

Abb. 6.**3** Reaktionsprofil einer chemischen Reaktion, die über zwei Übergangszustände ÜZ (aktivierte Komplexe) und eine Zwischenstufe Z verläuft.
G = freie Enthalpie
ΔG^* = freie Aktivierungsenthalpie
ΔG = freie Reaktionsenthalpie

6.2.5 Parallelreaktionen

Erkennen der bevorzugt ablaufenden Reaktion in einem System mit mehreren Reaktionswegen mit unterschiedlicher Aktivierungsenergie

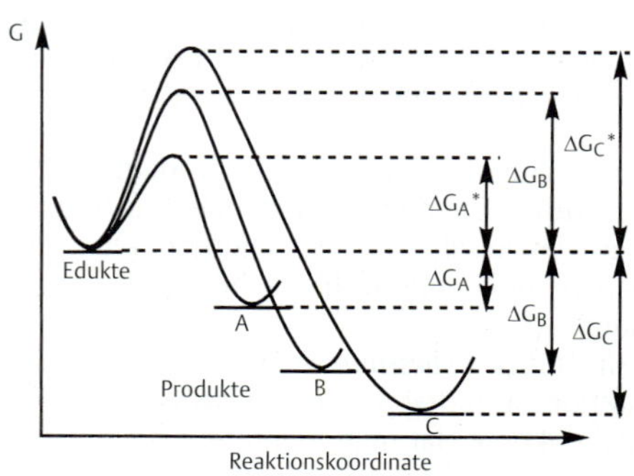

Abb. 6.**4** Energieprofil dreier Parallelreaktionen. Das Produkt A entsteht bevorzugt, da hierfür die geringste Aktivierungsenergie ΔG_A^* überwunden werden muß, obwohl die Reaktionsenthalpie für das Produkt C ΔG_C viel größer als ΔG_A ist.

Oft können aus ein und demselben Ausgangsprodukt (Edukt) verschiedene Produkte über verschiedene Übergangszustände mit verschiedenen Aktivierungsenthalpien entstehen. Es wird immer der Weg bevorzugt, der mit der niedrigsten Aktivierungsenthalpie verbunden ist, unabhängig von der Reaktionsenthalpie. Abb. 6.4 verdeutlicht dies anhand eines Energieprofiles.

Das Produkt A entsteht bei dieser Reaktion bevorzugt, obwohl bei diesem Produkt eine geringere Reaktionsenthalpie ΔG_A frei wird. Es muß aber im Vergleich zu Produkt B und C eine viel geringere Aktivierungsenergie aufgebracht werden.
Die Reaktion zu dem Produkt A wird also kinetisch kontrolliert. Die Reaktion verläuft nicht zum Produkt C, welches am stabilsten ist, wie man an seiner niedrigen Lage im Energieprofil erkennen kann.

6.2.6 Katalyse

Wirkungsweise eines Katalysators: Einfluß des Katalysators auf Reaktionsgeschwindigkeit, Aktivierungsenergie, Gleichgewichtslage

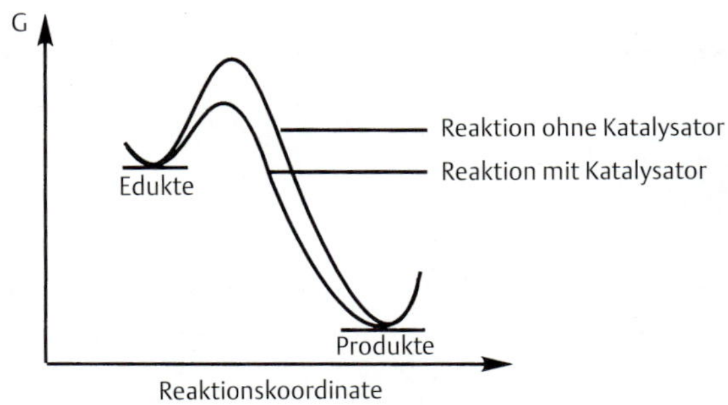

Abb. 6.**5** Wirkungsweise eines Katalysators

Ein *Katalysator* ist ein Stoff, der, wie in Abb. 6.5 dargestellt, die Aktivierungsenergie einer chemischen Reaktion verringern kann. Dadurch wird die Reaktionsgeschwindigkeit erhöht und die Gleichgewichtslage schneller eingestellt. Ein Katalysator beschleunigt sowohl die Hin- als auch die Rückreaktion, so daß die Gleichgewichtslage als solche nicht verändert wird.
Ein Katalysator wird bei der Reaktion nicht verbraucht. Die Wirkungsweise kann man durch die Bildung eines Zwischenstoffes erklären, der eine niedrigere Energie hat als der aktivierte Komplex, der bei der Reaktion ohne Mitwirken eines Katalysators entstehen würde.
Dieser Zwischenstoff reagiert dann wieder zu den Endprodukten unter Freisetzung des Katalysators weiter.
Fast alle biochemischen Reaktionen laufen unter Mitwirkung von Katalysatoren ab.

6.3 Biochemische Anwendung

6.3.1 Reversible Reaktionen

Beurteilung der Reaktionsrichtung reversibler biochemischer Reaktionen bei Kenntnis der Gleichgewichtskonstanten, der Konzentration der Ausgangsstoffe und der freien Energie

6.3.2 Fließgleichgewicht

(dynamisches Gleichgewicht, Steady state), Bedeutung in offenen Systemen

6.3.3 Gekoppelte Reaktionen

Ablauf einer endergonen Reaktion durch energetische Kopplung mit der exergonen Reaktion

6.3.4 „Energiereiche“ Verbindungen, Gruppenübertragungspotential

Größenordnung (kJ/mol) der freien Energie der Hydrolyse „energiereicher“ Verbindungen (z. B. ATP, GTP, Kreatinphosphat, Acetyl-CoA, PEP), Unterschied zwischen Phosphorsäureester- bzw. Phosphorsäureanhydrid-Bindung

6.3.5 Biokatalyse

Enzyme als Biokatalysatoren, Proteinnatur von Enzymen, Definition der Begriffe: Substratspezifität, Stereoselektivität – Stereospezifität, „aktives Zentrum“ und „prosthetische Gruppe“, Bedeutung von Coenzymen (Cosubstrate, Cofaktoren)

6.3.6 Enzymkinetik

Michaelis-Menten-Beziehung, kinetische Größen zur Kennzeichnung eines Enzyms (Definition, graphische Darstellung einer Enzymkinetik): Substratsättigung, Enzymaktivität, Enzymmenge, Halbsättigungskonzentration, Unit (μmol/min), Unit/Bezugsgröße (Serum: Volumen, Protein: Masse, Enzym: Molmenge)

6.3.7 Hemmung von Enzymen

Definition der Begriffe „kompetitive“ und „nichtkompetitive Hemmung“, Beispiele, Erkennen des Hemmtyps in graphischer Darstellung

6.3.8 Enzymaktivität

Einfluß des Milieus (Temperatur, pH-Wert, Ionen, Substrate, Produkte, Effektoren)

6.3.9 Photometrische Methode

Absorptionsspektrometrie zur Bestimmung kinetischer Größen, Lambert-Beer-Gesetz (Berechnungen bei Vorgabe der Gleichung), Wellenlängenabhängigkeit der Extinktion (s. a. Physik für Mediziner 7.3)

Prinzipien der enzymatischen Substratkonzentrationsbestimmung und der Enzymaktivitätsbestimmung

6.3.10 Energiegewinnung in der Atmungskette

Analogie zwischen Knallgasreaktion und biologischer Energiegewinnung in der Atmungskette, Berechnung der freien Energie aus den Normalpotentialen der beteiligten Redoxpartner (H, NADH, Coenzym Q, Cytochrom c, O_2), Unterschied zwischen chemischen und biochemischen Standardbedingungen

zu 6

Die Gegenstände des Punktes 6 gehören fast ausschließlich zum Gebiet Biochemie und müssen in den entsprechenden Lehrbüchern nachgelesen werden. Es seien hier nur einige chemische Grundlagen hervorgehoben, die in den vorherigen Kapiteln nicht erwähnt sind.

zu Fließgleichgewicht

Die verschiedenen Systemtypen, die man in der Thermodynamik unterscheidet, wurden schon im Kapitel 6.1.6, Tabelle 6.1, beschrieben. Im Gegensatz zu den recht übersichtlichen geschlossenen Systemen, die in der experimentellen Chemie meist verwandt werden, spielen im menschlichen Organismus offene Systeme eine viel größere Rolle. In einem offenen System werden die Ausgangsstoffe einer Reaktion mit einem konstanten Zufluß eingegeben. Die Endprodukte werden mit einer konstanten Ausfuhrrate aus dem System entfernt. Hier kann sich wegen der ständigen Zugabe von Edukten und Entnahme von Produkten kein echtes chemisches Gleichgewicht einstellen. Solche offenen Systeme werden Fließgleichgewichte oder Steady State Systems oder stationäre Zustandssysteme genannt. Diese Fließgleichgewichte spielen im Körper eine sehr große Rolle, in dem ständig Nahrungsstoffe zugeführt und Stoffwechselprodukte ausgeführt werden.

zu Gekoppelte Reaktionen und „Energiereiche" Verbindungen

Endergonische Reaktionen, die für sich nicht ablaufen können, werden in biochemischen Prozessen oft mit exergonischen Reaktionen gekoppelt, so daß insgesamt eine exergonische Reaktion entsteht, die thermodynamisch ablaufen kann. Die Energie wird meist durch Phosphorsäureanhydrid-Bindungen, beispielsweise im ATP, zur Verfügung gestellt, bei deren Hydrolyse etwa 40 kJ/mol^{-1} pro Anhydrid-Bindung frei werden.

zu Photometrische Methode

Lambert-Beer-Gesetz, Extinktion:
Läßt man Licht von der Intensität I_0 durch eine Lösung mit der Schichtdicke d und der Konzentration einer absorbierenden Substanz c hindurchstrahlen, so wird das Licht durch Streuung und Absorption zur Intensität I abgeschwächt.
Es gilt das *Lambert-Beer-Gesetz:*

$$E = \ln\frac{I_0}{I} = \varepsilon \cdot c \cdot d$$

E = Extinktion
ε = molarer Extinktionskoeffizient (eine Stoffkonstante)
c = Konzentration des absorbierenden Stoffes
d = Schichtdicke
I_0 = Intensität des einstrahlenden Lichtes
I = Intensität des Lichtes nach Durchtritt durch die Lösung

Man kann also durch Messung des Verhältnisses I_0 zu I bei bekannter Schichtdicke d und bekanntem molaren Extinktionskoeffizienten ε die Konzentration c eines gelösten Stoffes bestimmen.
Dieses photometrische Verfahren wird in der medizinischen Chemie zur Bestimmung der Konzentration zahlreicher Stoffe angewandt. Da die Extinktion wellenlängenabhängig ist, muß man bei diesen Untersuchungen immer Licht einer Wellenlänge, monochromatisches Licht, verwenden.

7 Struktur und Reaktion einfacher organischer Verbindungen

7.1 Grundkörper (Aliphaten, Aromaten, Heterocyclen)

7.1.1 Einfach- und Doppelbindungen

Erkennen von sp^3- und sp^2-hybridisierten C-Atomen, Kenntnis der normalen Bindungswinkel (109°, 120°), Erkennen von Einfach- und Doppelbindungen in Strukturformeln

Das einfachste organische Molekül ist das Methan (CH_4), in dem die H-Atome in den Ecken eines Tetraeders mit dem Kohlenstoffatom C im Zentrum angeordnet sind. In Abb. 7.1 ist Methan in seiner dreidimensionalen Struktur aufgezeichnet. Daneben befindet sich eine sogenannte Projektionsformel des Methan, in der das gesamte Molekül auf die Zeichenebene projiziert ist.

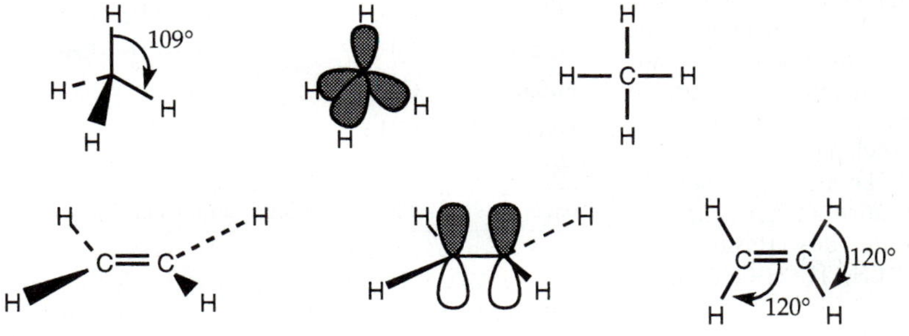

Abb. 7.1 Tetraeder des sp^3-hybridisierten Kohlenstoffs im Methan und die ebene sp^2-hybridisierte Form im Ethen

Diese *Projektionsformeln* (Stereoformeln) werden benutzt, wenn man die Struktur eines Moleküls genau wiedergeben will. Meist genügt aber die einfache Schreibweise, wie in unserem Beispiel CH_4.
Auch bei der vereinfachten, in die Papierebene projizierten Formel ist zu beachten, daß es sich, wie in Kapitel 3.3.1 – 3.3.11 erläutert, um sp^3-hybridisierten Kohlenstoff mit einem Bindungswinkel H—C—H von 109° handelt.

Werden zwischen zwei Kohlenstoffatomen Doppelbindungen ausgebildet, wie es beispielsweise beim Ethen (Ethylen) $H_2C{=}CH_2$ der Fall ist, so liegt ein sp^2-hybridisierter Kohlenstoff vor (siehe Kapitel 3.3.1 – 3.3.11). Hier beträgt der Bindungswinkel H—C—H, bzw. H—C—C jeweils 120°. Die Kohlenstoff- und Wasserstoffatome liegen bei dieser Verbindung in der selben Ebene. Entsprechende Abbildungen von Orbitalmodellen sind schon im Kap. 3.3.1 – 3.3.11 erläutert worden.

7.1.2 σ-Bindung

σ-Bindung als rotationssymmetrische Atombindung zwischen 2 Bindungspartnern

Die *σ-Bindung* ist eine rotationssymmetrische Atombindung zwischen zwei Bindungspartnern, wie sie beispielsweise bei Methan (CH_4) und den übrigen Alkanen (C_nH_{2n+2}) zwischen den Wasserstoff- und Kohlenstoffatomen besteht. Die σ-Bindung ist um ihre Achse frei drehbar (siehe 3.3.1 – 3.3.11).

7.1.3 π-Bindung

Rotationseinschränkung durch außerhalb der Bindungsachse und der Bindungsebene liegende Überlappungszonen der p-Orbitale zu π-Orbitalen

Die Doppelbindung im Falle des Ethens besteht aus einer σ-Bindung und einer π-Bindung (Kap. 3.3.1 – 3.3.11).
Durch die zusätzliche π-Bindung, die durch Überlappung von jeweils zwei p-Orbitalen benachbarter Kohlenstoffatome entsteht, ist die freie Drehbarkeit um die C—C-Achse im Unterschied zur σ-Bindung eingeschränkt. Durch Energiezufuhr in Form von Wärme oder Bestrahlung ist jedoch durch vorübergehendes Lösen der π-Bindung eine Rotation möglich.

In Abb. 7.2 ist am Beispiel des Ethen und des Propen die Konstitution der Verbindungen, die sowohl Einfach- als auch Doppelbindungen enthalten, in verschiedenen Schreibweisen dargestellt.

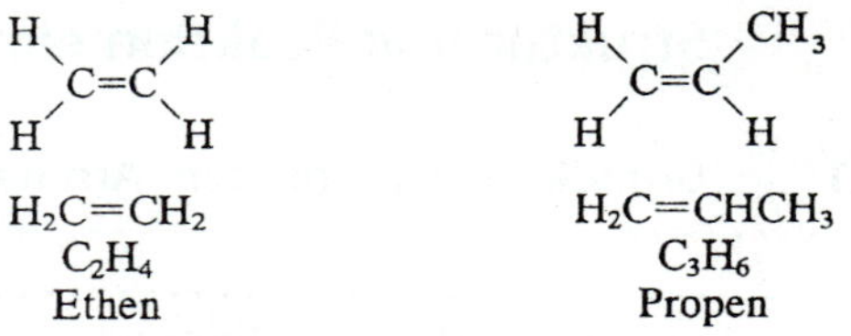

Abb. 7.2 Struktur von Ethen und Propen

7.1.4 Aliphatische Reste

Erkennen in vorgegebenen Strukturformeln (bis C-Atom 6 mit Namen)

Homologe Reihen chemischer Verbindungen unterscheiden sich durch die Anzahl des Auftretens eines bestimmten identischen Strukturelementes. Die homologe Reihe der Alkane ist in Tab. 7.1 gezeigt, sie unterscheiden sich in aufsteigender Reihenfolge um jeweils eine zusätzliche Methylen ($—CH_2$-) Gruppe. Die entsprechenden Formeln können unter Berücksichtigung der Konstitution auch ausführlicher geschrieben werden, im Falle des Hexans z.B. $CH_3(CH_2)_4CH_3$ oder $CH_3CH_2CH_2CH_2CH_2CH_3$ (siehe auch 2.1).

Tab. 7.1 Alkane

Name	Summenformel	
Methan	CH_4	CH_3—H
Ethan	C_2H_6	CH_3—**CH_2**—H
Propan	C_3H_8	CH_3—CH_2—**CH_2**—H
Butan	C_4H_{10}	usw.
Pentan	C_5H_{12}	
Hexan	C_6H_{14}	
usw.	allgemeine Summenformel: C_nH_{2n+2}	

Von den Alkanen, die hier aufgeführt wurden, sind sämtliche unverzweigt bzw. geradkettig. Dies wird gelegentlich durch die Vorsilbe „*n*-" (n = normal) vor dem entsprechenden Alkan symbolisiert, also *n*-Hexan. Die entsprechenden nichtgeradkettigen bzw. verzweigten Konstitutionsisomere werden weiter unten behandelt.
Von den beschriebenen *n*-Alkanen leiten sich die einfachsten aliphatischen Reste, die Alkylreste, ab. Sie entstehen formal aus den Alkanen durch Abstraktion eines Wasserstoff-Atoms.

Tab. 7.**2** Alkylreste

Name	Summenformel
Methyl	CH_3
Ethyl	C_2H_5
Propyl	C_3H_7
Butyl	C_4H_9
Pentyl	C_5H_{11}
Hexyl	C_6H_{13}
usw.	allgemeine Summenformel: C_nH_{2n-1}

7.1.5 C-Atome

Erkennen primärer, sekundärer, tertiärer und quartärer C-Atome in Strukturformeln

Primäre C-Atome sind mit einem weiteren Kohlenstoff-Atom verbunden, sekundäre mit zwei, tertiäre mit drei und quartäre mit vier Kohlenstoff-Atomen.

Beispiele:

Ethan

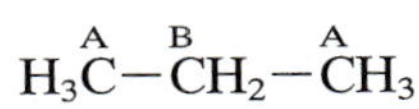

Propan

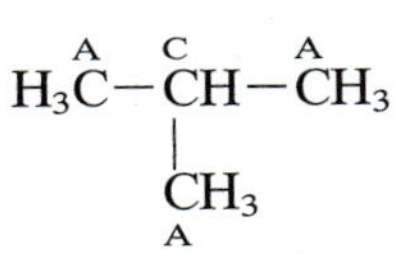

2-Methylpropan

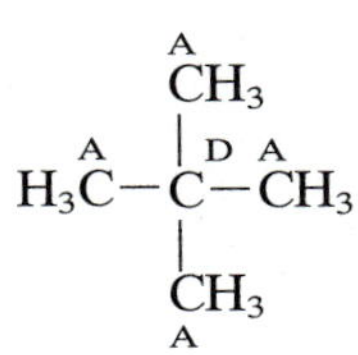

2,2-Dimethylpropan

Die mit A gekennzeichneten C-Atome sind primäre C-Atome, die mit B gekennzeichneten sekundäre, die mit C tertiäre und die mit D quartäre C-Atome.

7.1.6 *n*- und *iso*-Alkane

Erkennen von *n*- und *iso*-Alkanen sowie von Alkylresten

Die *iso*-Alkane unterscheiden sich von den in 7.1.4 besprochenen *n*-Alkanen dadurch, daß sie eine Verzweigungsstelle enthalten.

Beispiel:

$CH_3-CH_2-CH_2-CH_3$

n-Butan

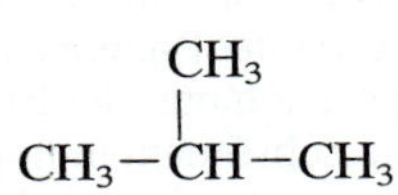

iso-Butan

Die entsprechenden Alkyl-Reste werden analog zu den *n*-Alkanen durch Abstraktion eines H-Atoms gebildet, z. B. *iso*-Butyl oder *tertiär*-Butyl:

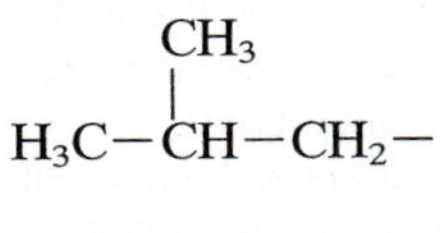

i-Butyl

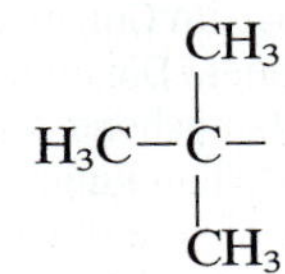

t-Butyl

7.1.7 Cycloalkane

Erkennen in Strukturformeln, Cycloalkylreste

Tab. 7.3 Cycloalkane

Name	Summenformel
Cyclopropan	C_3H_6
Cyclobutan	C_4H_8
Cyclopentan	C_5H_{10}
Cyclohexan	C_6H_{12}
usw.	allgemeine Summenformel: C_nH_{2n}

Cycloalkane sind ringförmig geschlossene Verbindungen, wie es anhand der in die Papierebene projizierten Strukturformeln nochmals verdeutlicht wird.

Cyclopropan

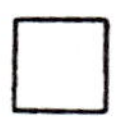

Cyclobutan

Cyclopentan

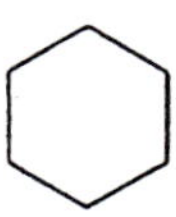

Cyclohexan

Das Cyclohexan wird zunehmend, zumindest in der neueren Literatur, in seiner stereochemisch korrekteren Sesselform dargestellt, vgl. Abschn. 8.5.2.

Man kann auch anstatt jeder Ecke in den hier aufgezeichneten Strukturformeln jeweils eine CH_2-Gruppe eintragen. Diese etwas umständliche Formulierung wird aber praktisch nie benutzt.
Die entsprechenden Cycloalkylreste werden wieder durch Abstraktion eines H-Atoms gebildet:

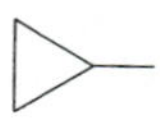

C_3H_5
Cyclopropyl

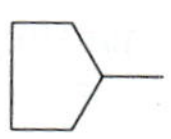

C_5H_9
Cyclopentyl

7.1.8 Homologe Reihe

Homologe Reihe (bis zu 6 C-Atomen) bei Alkanen und Cycloalkanen

siehe 7.1.4 – 7.1.7

7.1.9 Gonan (Steran)

Der Kohlenwasserstoff *Gonan* (Steran) ist ein tetracyclisches Ringsystem, das den meisten Steroiden zugrundeliegt.
Die Ringe im Gonangerüst werden mit A, B, C und D bezeichnet. Die einzelnen Kohlenstoffatome werden entsprechend Abb. 7.3 durchnumeriert.
Die einzelnen Ringe sind meist trans verknüpft, wie in Abb. 7.3, die die Konformation des 5α-Gonangerüstes mit *all-trans*-Verknüpfung der Ringe zeigt. *Cis*-Verknüpfungen kommen natürlicherweise bei Digitalis-Glykosiden, Krötengiften, Gallensäuren (A/B *cis*) und Pregnan-Derivaten vor.
Weiter unten ist die Struktur des Cholesterins aufgezeichnet. Man sieht, daß man zwischen zwei Sorten von Substituenten unterscheiden kann, solche, die vor der Papierebene liegen (β-Stellung), und solche, die hinter der Papierebene liegen (α-Stellung). Die Substituenten in β-Stellung werden mit durchgezogenen Linien gekennzeichnet, die in α-Stellung mit unterbrochenen Linien.

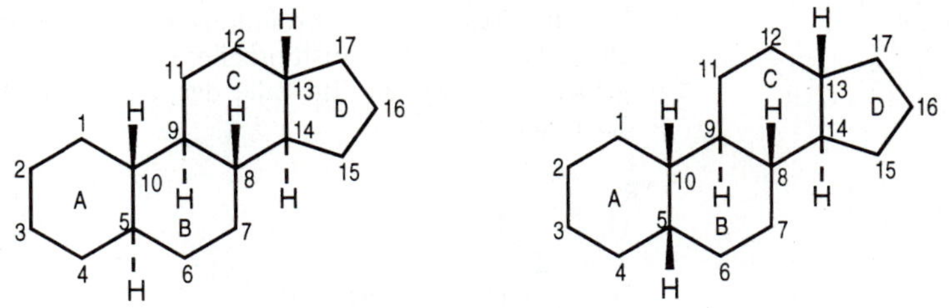

5α-Gonan

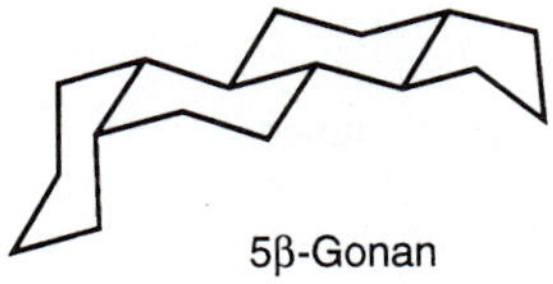

5β-Gonan

Konformationen des Gonan

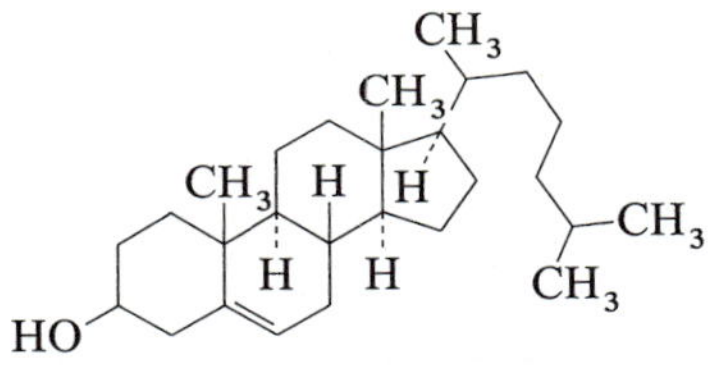

Cholesterin

Abb. 7.**3** Gonangerüst und Struktur des Cholesterin

7.1.10 Alkene

Nomenklaturregeln zur Beschreibung der Lage der Doppelbindung in der Kette

7.1.11 Homologe Reihe der Alkene

Homologe Reihe der Alkene (bis zu 6 C-Atomen)

zu 7.1.10 – 7.1.11

Die homologe Reihe der 1-Alkene ist in Tab. 7.4 dargestellt

Alkene enthalten eine Doppelbindung. Bei den hier aufgeführten Alkenen liegt die Doppelbindung zwischen dem ersten und dem zweiten Kohlenstoffatom, wie es durch die Zahl 1 vor dem Namen gekennzeichnet wird. Bei einfachen Alkenen muß die Lage der Doppelbindung nur angegeben werden, wenn sie sich **nicht** zwischen C-1 und C-2 befindet oder wenn ausdrücklich darauf hingewiesen werden soll. Das Kohlenstoffatom, von dem die Bindung ausgeht, erhält eine möglichst kleine Zahl (Positionsziffer).

Tab. 7.**4** Alkene

Name	Summenformel	
Ethen	C_2H_4	$H_2C{=}CH_2$
1-Propen	C_3H_6	$H_2C{=}CH{-}\mathbf{CH_2}{-}H$
1-Buten	C_4H_8	$H_2C{=}CH{-}CH_2{-}\mathbf{CH_2}{-}H$
1-Penten	C_5H_{10}	usw.
1-Hexen	C_6H_{12}	
usw.	allgemeine Summenformel für Alkene mit einer Doppelbindung: C_nH_{2n}	

$$H_3\overset{1}{C}-\overset{2}{C}H=CH-CH_3$$

2-Buten

$$H_3\overset{1}{C}-\overset{2}{C}H=CH-CH_2-CH_3$$

2-Penten (nicht „3-Penten“)

$$H_3\overset{1}{C}-\overset{2}{C}H_2-\overset{3}{C}H=CH-CH_2-CH_3$$

3-Hexen

Alkene können auch mehrere Doppelbindungen enthalten, wie beispielsweise 1,3-Butadien ($CH_2{=}CH{-}CH{=}CH_2$), welches jeweils eine Doppelbindung zwischen dem 1. und 2. und dem 3. und 4. Kohlenstoffatom enthält. Bei mehreren Doppelbindungen muß deren Position so bezeichnet werden, daß eine Ziffernkombination aus möglichst kleinen Zahlen entsteht.

$$H_2\overset{1}{C}=\overset{2}{C}H-\overset{3}{C}H=\overset{4}{C}H-CH_3$$

1,3-Pentadien (nicht 2,4-)

Um die Struktur der Verbindungen zu verdeutlichen, können auch ausführlichere Schreibweisen gewählt werden, wie im Falle des 1-Hexens bzw. 1,3-Butadiens.

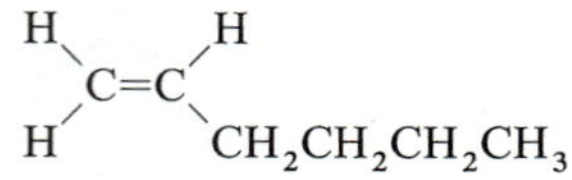

1-Hexen

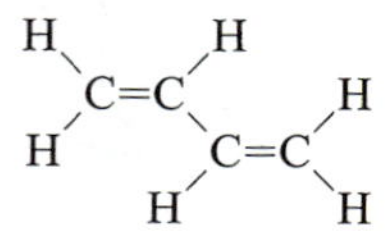

1,3-Butadien

7.1.12 Konjugierte π-Systeme

Erkennen in vorgegebenen Strukturformeln, Energie konjugierter Systeme im Vergleich zu nichtkonjugierten

Wenn mehrere π-Bindungen in einem Molekül vorkommen, kann man drei Fälle unterscheiden:

a) Die π-Bindungen wechseln sich jeweils mit einer σ-Bindung ab, so daß immer eine π-Bindung und eine σ-Bindung aufeinander folgen. Man spricht hier von sogenannten *konjugierten π-Systemen.*
b) Die *π-Bindungen* sind *isoliert,* d.h. zwischen den einzelnen π-Bindungen liegen mehr als eine σ-Bindung.
c) Die π-Bindungen sind *kumuliert* und folgen direkt aufeinander.

Konjugierte π-Systeme sind immer energieärmer als nichtkonjugierte π-Systeme, da die die π-Bindungen ausbildenden p-Orbitale bei konjugierten Systemen in gewissem Umfang sich auch über die zwischen den Doppelbindungen liegenden σ-Bindungen hinweg überlappen können und so eine sogenannte delokalisierte Ladungswolke über das ganze konjugierte π-System hinweg bilden können. Dieser Zustand ist energetisch begünstigt.

a) 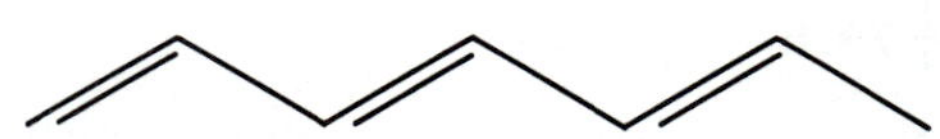

Konjugiertes π-System im 1,3,5-Heptatrien

b) 

Isolierte π-Bindungen im 1,5-Heptadien

c) $H_2C{=}C{=}CH_2$ oder

Kumulierte π-Bindungen im „Allen“ (1,2-Propadien)

Abb. 7.4 Konjugierte, isolierte und kumulierte π-Bindungen

7.1.13 Aromaten

Erkennen von Aromaten (auch mehrkernigen) und von Arylresten (Phenyl, Naphthyl)

Hier wird auch der Punkt 7.1.15 abgehandelt.

Aromaten sind ringförmige, eben bzw. planar gebaute konjugierte π-Systeme. Das einfachste Beispiel ist das Benzol, dessen Struktur in Abb. 7.5 gezeigt ist.

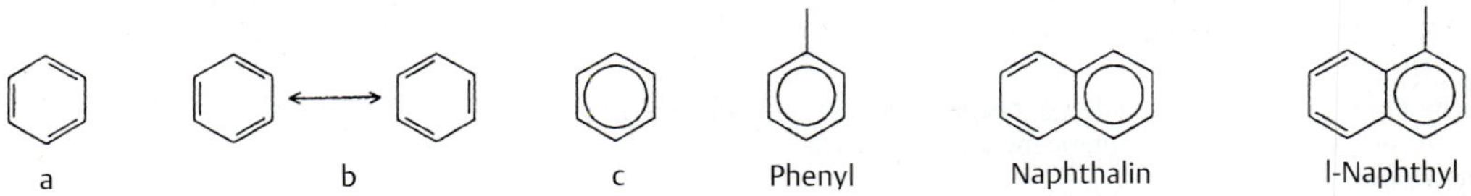

Abb. 7.**5** **a** oft verwendete Schreibweise von Benzol in der „Cyclohexatrien"-Form, die den tatsächlichen Bindungsverhältnissen nicht entspricht; **b** mesomere Grenzstrukturen des Benzol; **c** hier ist die Delokalisierung der π-Elektronen durch einen Ring symbolisiert

Cyklische konjugierte π-Systeme sind noch stabiler als lineare, da bei den ringförmig konjugierten π-Systemen eine vollständige Delokalisation der π-Elektronen stattfindet, so daß kein Unterschied mehr innerhalb der Bindungen zwischen den einzelnen Kohlenstoffatomen besteht und auch die Bindungslängen völlig identisch sind. Man kann sich dies leicht anhand der zur Ringebene senkrecht stehenden p-Orbitalen vorstellen, die am sp^2-hybridisierten Kohlenstoff übrigbleiben und die eine vollkommen gleichmäßig delokalisierte Elektronenwolke überhalb und unterhalb des Ringsystems bilden können.

Trotzdem wird das Benzol meist mit der in der obigen Abbildung links gezeigten Struktur, in der fixierte Doppelbindungen eingezeichnet sind, symbolisiert. Man muß sich aber vorstellen, daß diese Struktur nur eine der sogenannten mesomeren Grenzstrukturen ist, durch die sich das Benzol beschreiben läßt. In der Mitte der Abbildungen sind die beiden *mesomeren Grenzstrukturen* aufgezeichnet. Der tatsächliche Zustand des Benzols liegt zwischen diesen beiden Strukturen. Oft wird dies auch, wie in der obigen Abbildung ganz rechts gezeichnet, mit einem Ring symbolisiert, der die delokalisierte Ladungswolke darstellen soll. Die oben gezeigten mesomeren Grenzstrukturen stellen die Struktur eines hypothetischen Hexatriens dar, welches tatsächlich nicht existiert. Das Benzol mit seinem voll durchkonjugierten π-System ist um etwa 150 kJ/mol energieärmer bzw. stabiler als das hypothetische Cyclohexatrien.

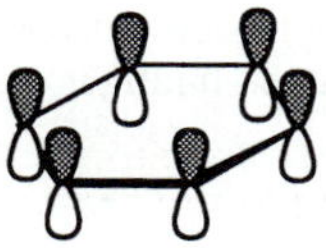

p-Orbitale der Kohlenstoffatome im Benzol

7.1.14 Disubstituierte Benzolderivate

Erkennen von o-, m- und p-ständigen Substituenten (Strukturformeln vorgegeben)

Wenn zwei Substituenten am Benzolring vorhanden sind, können diese entweder in *ortho-* oder in *meta-* oder in *para-Stellung* zueinander stehen (o-, m-, p-Stellung).

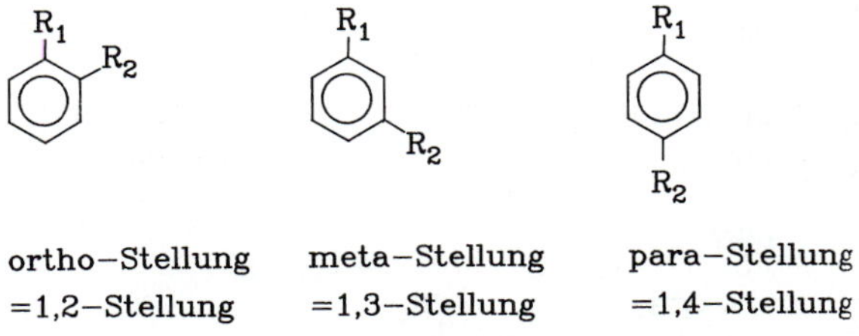

Abb. 7.**6** Ortho-, meta- und para-disubstituierte Benzole

7.1.15 Bindungsverhältnisse beim Benzol

Cyklische Konjugation (Orbitalmodelle), ebener Bau, gleiche C—C-Bindungslänge, Mesomerieenergie (Vergleich mit Hexatrien)

siehe 7.1.13

7.1.16 Klassifizierung von Heterocyclen

Bei vorgegebenen Verbindungen kennzeichnen: aliphatisch/aromatisch, N-, O- oder S-Heterocyclen

Heterocyclen sind *aliphatische* oder *aromatische Ringsysteme*, in denen ein oder mehrere Kohlenstoffatome durch Stickstoff, Sauerstoff, Schwefel oder andere Elemente substituiert sind. Man spricht von Stickstoffheterocyclen, Sauerstoffheterocyclen und Schwefelheterocyclen.

Aromatisch sind diejenigen Heterocyclen, die sechs π-Elektronen im Ringsystem haben. Bei manchen Heterocyclen beteiligen sich die freien Elektronenpaare der Heteroatome am delokalisierten π-System. Streng genommen gilt, daß ein aromatisches System $(4n + 2)$ π-Elektronen hat (Hückel-Regel, $n = 0, 1, 2, 3, \ldots$).

7.1.17 Erkennen von Heterocyclen

Überprüfung biochemisch wichtiger Verbindungen auf die Strukturmerkmale von Pyrrol, Imidazol, Pyridin, Pyrimidin, Indol, Purin, Thiazol, Tetrahydrofuran, Tetrahydropyran

Die unter Punkt 2.21 aufgeführten Heterocyclen, die in biochemisch wichtigen Verbindungen häufig vorkommen, sollen erkannt und benannt werden können. Die Heterocyclen Pyrrol, Imidazol, Pyridin, Pyrimidin, Indol, Purin und Thiazol sind aromatisch, Tetrahydrofuran und Tetrahydropyran sind aliphatisch.

7.1.18 Reaktive Teilchen

Klassifizierung vorgegebener Teilchen als Radikale, Kationen, Anionen, Nucleophile und Elektrophile

Reaktive Teilchen haben, wie der Name schon sagt, die Eigenschaft, sehr leicht mit anderen Molekülen Reaktionen einzugehen d.h. reaktionsfreudig zu sein.
Reaktive Teilchen können Ionen sein, also Kationen oder Anionen und Moleküle wie Radikale, Elektrophile und Nucleophile. Viele reaktive Teilchen sind so reaktionsfreudig, daß sie nur unter besonderen Bedingungen existieren können und in der Regel nur Intermediate darstellen, die schnell mit einem entsprechenden Substrat weiterreagieren. Die Kenntnis dieser Teilchen ist für ein tieferes Verständnis vieler Reaktionen in der organischen Chemie notwendig.
Radikale sind durch ein ungepaartes Elektron gekennzeichnet, das die Tendenz hat, sich mit einem zweiten Elektron zu einem Elektronenpaar zu vereinigen.
Beispiele für Radikale sind das Methylradikal, $CH_3\cdot$, das Ethylradikal $CH_3CH_2\cdot$ oder das Tertiärbutylradikal $(CH_3)_3C\cdot$.

Radikale entstehen durch Homolyse, d.h. durch Auftrennung einer Elektronenpaar-Bindung derart, daß bei jedem Fragment ein Elektron zurückbleibt.

Beispiele:

$CH_4 \rightarrow CH_3\cdot + H\cdot$

Methan — Methylradikal — Wasserstoffradikal (= Wasserstoffatom)

oder:

$CH_3CH_2CH_3 \rightarrow CH_3CH_2\cdot + CH_3\cdot$

Propan — Ethylradikal — Methylradikal

oder:

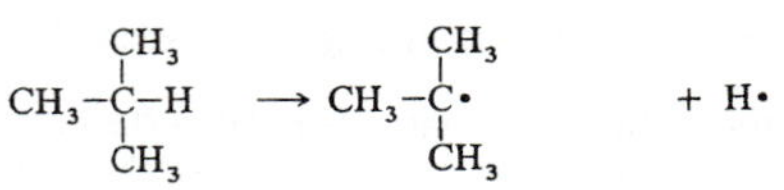

Tertiärbutan — Tertiärbutylradikal — Wasserstoffradikal

Die Bildung solcher Radikale ist, wie gesagt, nur unter besonderen experimentellen Bedingungen möglich.

Die umgekehrte Reaktion, also die Vereinigung zweier Radikale unter Ausbildung einer Bindung ist gegenüber der Bildung der Radikale äußerst stark begünstigt.
Ein *kationisches reaktives Teilchen* ist beispielsweise das Tertiärbutylkation, welches aus Tertiärbutylchlorid durch Dissoziation entstehen kann.

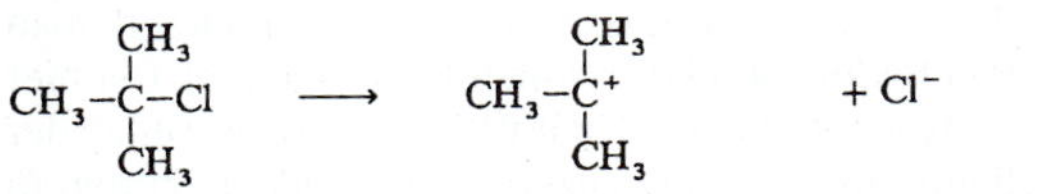

Tertiärbutylchlorid Tertiärbutylkation Chlorid

Ionen, in denen der Kohlenstoff eine positive Ladung trägt, nennt man *Carbeniumionen* (früher auch, unkorrekterweise, Carboniumionen).
Die Stabilität des oben angeführten Tertiärbutylkations wird durch den sogenannten elektronenschiebenden Effekt der Methylgruppen, den sogenannten *positiven induktiven Effekt* (+ I-Effekt), begünstigt. Dieser + I-Effekt ist auch anderen Alkylgruppen eigen. Einen *negativen induktiven Effekt* (– I-Effekt), einen elektronenziehenden Effekt, haben Gruppen, die eine höhere Elektronegativität im Vergleich zum Kohlenstoff besitzen.
CF_3– oder auch F– sind beispielsweise typische elektronenziehende Gruppen. Durch solche Gruppen wird der umgekehrte Vorgang wie bei den Carbeniumionen, nämlich die Bildung von negativ geladenem Kohlenstoff, sogenannten *Carbanionen*, begünstigt, wie es beim Trifluormethylanion bzw. beim Tricyanomethylanion der Fall ist.

CF_3H → CF_3^- + H^+
Trifluormethan Trifluormethylanion

$(CN)_3CH$ → $(CN)_3C^-$ + H^+
Tricyanomethan Tricyanomethylanion

Unter *elektrophilen Teilchen* versteht man Teilchen, die einen Elektronenmangel besitzen. Hierzu gehören auch die oben schon angeführten Carbeniumionen $(R)_3C^+$.

R symbolisiert hier wieder allgemein einen organischen Rest. Ferner gehören aber auch nichtionische Verbindungen dazu, also Verbindungen, die keine ganze positive Ladung, sondern nur eine sogenannte Partialladung auf dem Kohlenstoffatom besitzen, wie die Carbonylgruppe:

$$R_2\overset{\delta+}{C}=\overset{\delta-}{O}$$

Diese Gruppe besitzt eine positive Partialladung auf dem Kohlenstoff, d.h. der Kohlenstoff ist hier elektrophil, er zieht Elektronen eines potentiellen Reaktionspartners an. Ähnlich ist dies auch bei Säurechloriden, wie beispielsweise Acetylchlorid, bei dem eine ähnliche Ladungsverteilung mit noch größerer positiver Partialladung auf dem Kohlenstoff besteht:

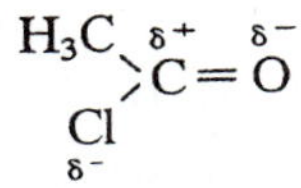

Acetylchlorid

Desweiteren versteht man unter elektrophilen Teilchen auch Ionen wie H^+ bzw. H_3O^+.
Elektrophile Teilchen sind in der Lage, elektronenreiche Verbindungen wie z.B. Anionen und Nucleophile, aber auch Doppelbindungen bzw. π-Bindungen, anzugreifen bzw. von ihnen angegriffen zu werden.
Bei *nukleophilen Teilchen* besteht ein Elektronenüberschuß. Zu diesen zählen die oben schon genannten Carbanionen, aber auch andere Anionen wie Carboxylatanionen ($RCOO^-$), Halogenide wie beispielsweise Chlorid (Cl^-), Alkoholate (RO^-), die entsprechenden Thioverbindungen (Mercaptate, RS^-) und Hydroxid (OH^-), neutrale Verbindungen wie (R_3N) und (R_2O), die über freie Elektronenpaare verfügen, ebenso wie Verbindungen mit Doppel-Bindungen und Aromaten. Nukleophile Verbindungen sind in der Lage, elektrophile Verbindungen bzw. Kationen anzugreifen oder von ihnen angegriffen zu werden.

7.1.19 Additionsreaktionen

Anlagerung von H_2 oder H_2O an die C = C-Doppelbindung (Hydrierung, Hydratisierung), Überprüfung und Vervollständigung vorgegebener Reaktionsgleichungen, Substanzklasse der Reaktionsprodukte; zweistufiger Ablauf der Reaktion: Angriff elektrophil, dann nucleophil

7.1.20 Eliminierungsreaktionen

Abspaltung von H_2 und H_2O (Dehydrierung, Dehydratisierung), Überprüfung und Vervollständigung vorgegebener Reaktionsgleichungen, Substanzklasse oder Reaktionsprodukte

zu 7.1.19 – 7.1.20

Einige Additions- und Eliminierungsreaktionen sind in dem untenstehenden Schema aufgeführt.
Alkene werden oft auch als Olefine bezeichnet.

Additions-Reaktionen:

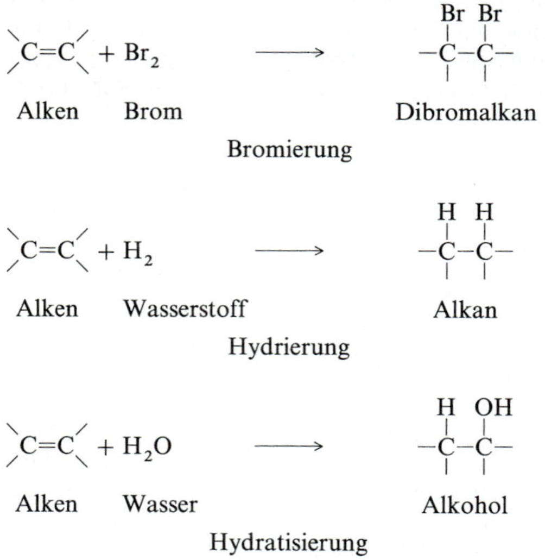

Die Anlagerung von Brom an die Doppelbindung eines Alkens nennt man *Bromierung*, dabei entsteht ein Dibromalkan. Wenn die Doppelbindung endständig ist, entsteht ein 1,2-Dibromalkan. Bei der Anlagerung von Wasserstoff an ein Alken spricht man von *Hydrierung*. Es entsteht ein Alkan. Bei der Anlagerung von Wasser an das Alken spricht man von *Hydratisierung*. Es entsteht ein Alkohol. Der hier verwendete Begriff Hydratisierung ist derselbe, der beim Auflösen von Salzen und ähnlichen Stoffen in Wasser benutzt wird, wobei dort allerdings nur die Anlagerung des Dipols Wasser gemeint ist.
Beispiele für die Eliminierungsreaktion sind die Dehydrierung eines Alkans zu einem Alken unter Abspaltung von Wasserstoff und die Dehydratisierung eines Alkohols zu einem Alken unter Abspaltung von Wasser.

Eliminierungsreaktionen:

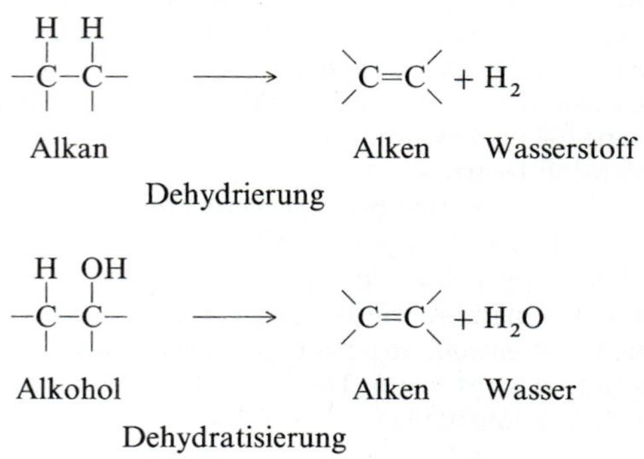

Die zweistufige elektrophile Addition beginnt mit dem Angriff eines Elektrophils unter Bildung eines intermediären Carbeniumions. In einem zweiten schnellen Schritt wird dann ein Nukleophil addiert. Die säurekatalysierte Addition von Wasser an Ethylen zum Ethanol hat man sich folgendermaßen vorzustellen:

$$H_2C{=}CH_2 + H^{\oplus} \longrightarrow [H_3C{-}\overset{\oplus}{C}H_2]$$

$$[H_3C{-}\overset{\oplus}{C}H_2] \xrightarrow{+H_2O} H_3C{-}CH_2OH + H^{\oplus}$$

Die Addition erfolgt zunächst über den Angriff eines elektrophilen Agens. Anschließend wird ein Nucleophil angelagert. Die Reaktion kann aber auch über einen radikalischen Mechanismus erfolgen. Oft sind bei den Additions- und Eliminierungsreaktionen spezifische Katalysatoren und Reaktionsbedingungen notwendig.

7.1.21 Substitutionsreaktionen

Erkennen von Substitutionsreaktionen bei aliphatischen und aromatischen Verbindungen anhand vorgegebener Reaktionsgleichungen

Substitutionsreaktionen an aliphatischen Verbindungen:
Die nebenstehende Gleichung gibt ein allgemeines Schema für eine Substitution einer Gruppe X durch eine andere Gruppe Y an einem aliphatischen Rest.

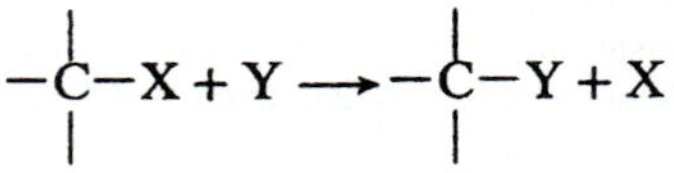

Substitutionsreaktionen an aromatischen Verbindungen:
Die Reaktion von Benzol mit Brom führt nicht wie im Falle der Alkene zu einer Addition, sondern zu einer *Substitutionsreaktion*, bei der das energetisch

begünstigte aromatische System beibehalten wird. Beispielsweise entsteht, unter Substitution eines Wasserstoffatomes am Benzolring durch Brom, Brombenzol und Bromwasserstoff.

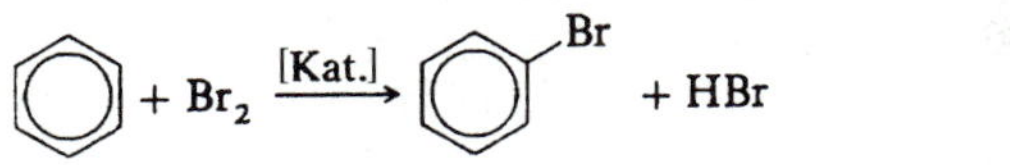

Benzol Brom Brombenzol Bromwasserstoff

Bromierung

Substitutionsreaktion

Durch Substitution können auch andere Gruppen eingeführt werden, beispielsweise Nitrogruppen ($-NO_2$), Sulfogruppen ($-SO_3H$) u.a.
Neben der Bromierung kann natürlich auch eine Chlorierung oder allgemein eine Halogenierung durchgeführt werden.
Vom Gegenstandskatalog nicht verlangt werden die Reaktionsmechanismen, die bei den oben angeführten Substitutionen am Aromaten über einen elektrophilen Angriff verlaufen.

7.2 Verbindungen mit einfach gebundenen Heteroatomen

7.2.1 Alkohole

Klassifizierung von primären, sekundären, tertiären, einwertigen und mehrwertigen Alkoholen (Strukturformeln vorgegeben)

Tab. 7.**5** Einwertige Alkohole

Name	Summenformel	Geläufige Schreibweise	Siedepunkt [°C]
Methanol	CH_4O	CH_3OH	64,7
Ehanol	C_2H_6O	CH_3CH_2OH	78,3
Propanol	C_3H_8O	$CH_3(CH_2)_2OH$	97,4
Butanol	$C_4H_{10}O$	$CH_3(CH_2)_3OH$	117,5
Pentanol	$C_5H_{12}O$	$CH_3(CH_2)_4OH$	138
Hexanol	$C_6H_{14}O$	$CH_3(CH_2)_5OH$	155,8
usw.	allgemeine Summenformel: $C_nH_{2n+1}OH$		

Die hier aufgeführten *einwertigen Alkohole* enthalten eine OH-Gruppe am C1. Diese kann natürlich auch, wie beispielhaft beim 2-Pentanol, $CH_3CH(OH)CH_2{-}CH_2{-}CH_3$, am zweiten oder einem anderen C-Atom sitzen. Die Position bzw. die Positionen der Alkoholgruppe muß dann, wie im obigen Beispiel, durch möglichst kleine vorangestellte Positionsziffern angegeben werden.

Es können auch bei *mehrwertigen Alkoholen* zwei bzw. mehrere OH-Gruppen im Molekül vorkommen, wie die folgenden Beispiele zeigen:

1,2-Ethandiol (Glykol)
zweiwertiger Alkohol

$CH_2{-}CH_2$ (je C: OH)
OH OH

1,2-Propandiol (Propylenglykol)
zweiwertiger Alkohol

$CH_2{-}CH{-}CH_3$
OH OH

1,2,3-Propantriol (Glycerin)
dreiwertiger Alkohol

$CH_2{-}CH{-}CH_2$
OH OH OH

Zusätzlich zu den systematischen Namen wurden in Klammern die sogenannten Trivialnamen aufgeführt, die heute immer noch häufig gebraucht werden.
Alkohole sind durch die *Hydroxygruppe* (—OH-Gruppe) charakterisiert. Je nachdem, ob die Hydroxygruppe an einem primären, sekundären oder tertiären Kohlenstoffatom sitzt, spricht man von einem primären, sekundären oder tertiären Alkohol.

Beispiele:

Primärer Alkohol:

CH_3CH_2OH
Ethanol („Alkohol")

Allgemeine Formel:

$R{-}CH_2{-}OH$

Sekundärer Alkohol:

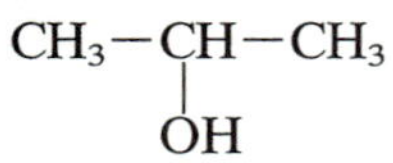

2-Propanol (Isopropylalkohol)

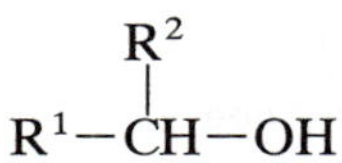

Tertiärer Alkohol:

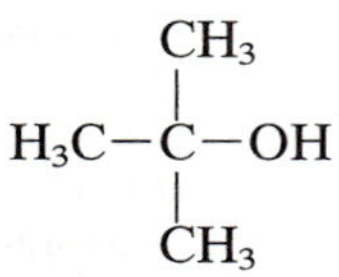

2-Methyl-2-propanol, *tertiär*-Butanol, *t*-Butanol

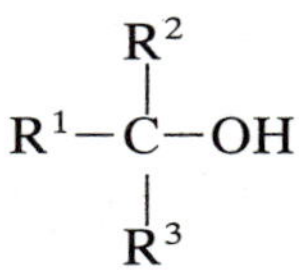

R = organischer Rest

7.2.2 Unterschiede Alkane/Alkohole

Eigenschaften, in denen sich Alkane und Alkohole unterscheiden (Siedepunkt, Assoziationsvermögen, Wasserstoffbrückenbindung, Löslichkeit in lipophilen und hydrophilen Lösungsmitteln)

Alkohole unterscheiden sich von den zugrundeliegenden Alkanen durch das Vorliegen einer oder mehrerer Hydroxy-Gruppen. Dadurch können Alkohole untereinander Wasserstoffbrückenbindungen und durch die Polarität des Moleküls auch andere Assoziate bilden, so daß der Siedepunkt, wenn man Alkohole und Alkane mit ähnlicher C-Zahl und gleichem Molekulargewicht miteinander vergleicht, bedeutende Unterschiede aufweist.

Methanol, Ethanol, Propanol und Butanol liegen bei Raumtemperatur als Flüssigkeiten vor, während Methan, Ethan, Propan und Butan gasförmig sind. Ebenso sind die niederen primären Alkohole sehr leicht in Wasser und anderen polaren Lösungsmitteln löslich, sie sind also relativ hydrophil. Alkane hingegen sind nur in apolaren, lipophilen oder hydrophoben Lösungsmitteln löslich.
Bei Alkoholen mit hoher C-Zahl und nur einer Hydroxygruppe werden die lipophilen Eigenschaften wieder stärker, umgekehrt überwiegen die hydrophilen Eigenschaften bei niedriger C-Zahl bzw. hoher Anzahl von Hydroxygruppen.

7.2.3 Redoxreaktionen bei Alkoholen und Thiolen

Überprüfung vorgegebener Reaktionsgleichungen für die Oxidation primärer Alkohole (zu Aldehyden/Carbonsäuren), sekundärer Alkohole (zu Ketonen) und Thioalkohole (zu Disulfiden), Kennzeichnung des Oxidationsvorgangs durch Abgabe von Protonen und Elektronen oder als Dehydrierung, Erkennen von Verbindungen (Strukturformeln vorgegeben), die durch Oxidation/Reduktion ineinander umgewandelt werden

Primäre Alkohole lassen sich zu *Aldehyden* und diese weiter zu *Carbonsäuren* oxidieren. Der Vorgang ist reversibel, man kann also Carbonsäuren zu Aldehyden und diese zu primären Alkoholen reduzieren.

Oxidation und Reduktion lassen sich auch als Elektronenabgabe bzw. Elektronenaufnahme darstellen. Die *Oxidation* vom Alkohol zum Aldehyd kann auch als *Dehydrierung* bzw. die umgekehrte *Reduktion* als *Hydrierung* bezeichnet werden. *Sekundäre Alkohole* lassen sich zum entsprechenden *Keton* oxidieren, diese können wieder zum sekundären Alkohol reduziert werden. Eine weitere Oxidation des Ketons unter normalen Bedingungen ist nicht möglich.
Tertiäre Alkohole lassen sich unter normalen Bedingungen nicht weiter oxidieren.

Allgemeines Reaktionsschema:

Primärer Alkohol:

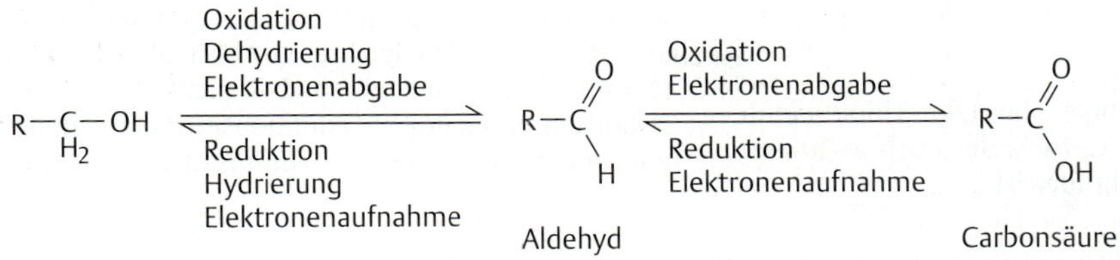

Sekundärer Alkohol:

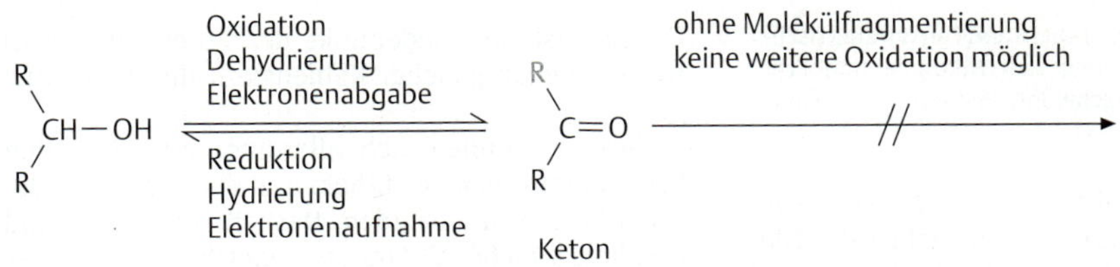

Tertiärer Alkohol:

$(R)_3C{-}OH$ ⇸ keine Oxidation ohne Molekülfragmentierung möglich

Substituiert man den Sauerstoff der Hydroxygruppe der Alkohole durch Schwefel, so erhält man Thiole (veraltet: Mercaptane). Die Oxidation von Mercaptanen führt in der Regel zu Disulfiden. Es ist auch eine Oxidation zu Sulfonsäuren möglich.

Allgemein:

$$RCH_2{-}SH + SH{-}CH_2R \underset{\text{Reduktion, Hydrierung, Elektronenaufnahme}}{\overset{\text{Oxidation, Dehydrierung, Elektronenabgabe}}{\rightleftharpoons}} RCH_2{-}S{-}S{-}CH_2R + 2\,H^+ + 2\,e^-$$

Beispiel: Oxidation von L-Cystein zu L-Cystin

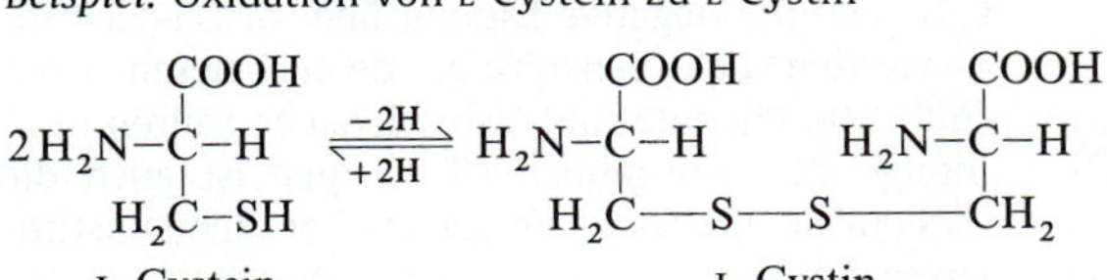

7.2.4 Unterschiede Alkohole/Thiole

Eigenschaften, in denen sich primäre Alkohole und Thiole gleicher C-Atomzahl unterscheiden (Acidität, Oxidierbarkeit)

Im Gegensatz zu Alkoholen besitzen Thiole einen äußerst widerwärtigen Geruch, der noch in großen Verdünnungen wahrnehmbar ist.

Thiole besitzen eine höhere Azidität als Alkohole und bilden daher leichter Salze, sogenannte Thiolate. Thiole werden leichter oxidiert als Alkohole, allerdings am Schwefel, so daß nicht die zu den Carbonsäuren analogen Oxidationsprodukte entstehen, sondern Disulfide und Sulfonsäuren.

7.2.5 Ether

Strukturmerkmale symmetrischer und unsymmetrischer Ether, Eigenschaften, in denen sich Alkohole und Ether gleicher C-Atomzahl unterscheiden (Siedepunkt, Oxidierbarkeit, Basizität)

Ether sind durch das Strukturelement R^1-O-R^2 gekennzeichnet. Das bekannteste Beispiel ist der Diethylether („Äther"): $H_5C_2-O-C_2H_5$.
Es gibt aber auch cyclische Ether, wie die unter Punkt 7.1.17 aufgeführten aliphatischen Sauerstoffheterocyclen, Tetrahydrofuran und Tetrahydropyran.
Da bei den Ethern keine OH-Gruppen vorhanden sind, kann es nicht zur Ausbildung von Wasserstoffbrücken zwischen den Ethermolekülen kommen.
Deshalb ist der Siedepunkt der Ether, verglichen mit Alkoholen gleicher Kohlenstoffzahl viel niedriger.
In Wasser können sich allerdings zwischen den Sauerstoffatomen des Ethers und dem Wasser Wasserstoffbrücken ausbilden. Deshalb sind Ether und Alkohole gleicher C-Zahl etwa gleich gut in Wasser löslich. Diethylether und Butanol etwa zu 8 g/100 g Wasser.
Ether können nicht analog den Alkoholen oxidiert werden. Wegen der zusätzlichen Alkylgruppe am Sauerstoff sind die Ether etwas stärker basisch als Alkohole (+ I-Effekt).

7.2.6 Thioether

Strukturprinzip, Erkennen in vorgegebenen Formeln

Thioether sind durch das Strukturprinzip R-S-R gekennzeichnet. Ein biochemisch wichtiger Thioether ist das Methionin:

L(−)-Methionin (Met), 2-Amino-4-(methylthio)-buttersäure

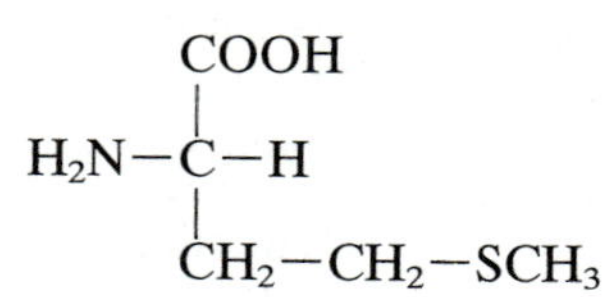

7.2.7 Phenole

Klassifikation von einwertigen und mehrwertigen Phenolen (Strukturformeln vorgegeben), charakteristische Eigenschaften von Phenolen (Acidität, Oxidierbarkeit, erleichterte Substitution am Kern verglichen mit Benzol)

Phenole sind Alkohole, die an der Hydroxygruppe einen aromatischen Rest tragen. Das einfachste Beispiel C_6H_5-OH trägt den Namen der Substanzklasse, Phenol. Analog zu den Alkoholen gibt es auch hier ein- und mehrwertige Phenole, wie in Abb. 7.7 aufgezeigt.
Phenole, die in ortho- bzw. in para-Stellung zwei OH-Gruppen tragen, sind zu sogenannten *Chinonen* oxidierbar.

Die Phenole haben eine erhöhte Acidität in Vergleich zu den Alkoholen, da das Phenolatanion $C_6H_5-O^-$ die negative Ladung über das π-Elektronensystem des Benzolrings delokalisieren kann (Abb. 7.8). Phenole sind also schwache Säuren.
Infolge der hydrophilen OH-Gruppe ist auch die Löslichkeit in Wasser besser als bei nichtsubstituierten Aromaten. Phenole sind im Vergleich zu den unsubstituierten Aromaten leichter der elektrophilen Substitution zugänglich, da die freien Elektronenpaare des Sauerstoff in das konjugierte π-Elektronensystem des Rings einbezogen werden können und somit die Elektronendichte im Kern erhöhen.

Phenole *Chinone*

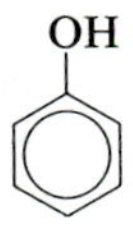

Phenol

1,2-Dihydroxybenzol
o-Dihydroxybenzol
(Brenzkatechin)

1,2-Benzochinon

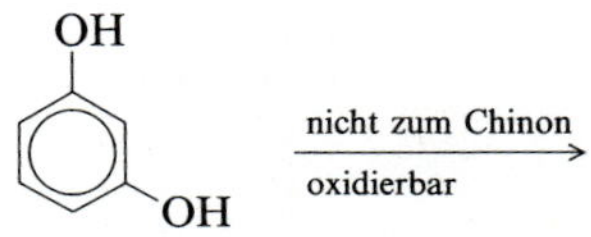

1,3-Dihydroxybenzol
m-Dihydroxybenzol
(Resorcin)

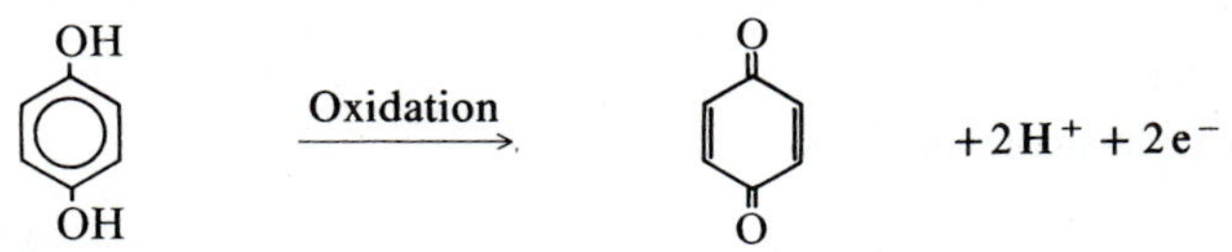

1,4-Dihydroxybenzol
p-Dihydroxybenzol
(Hydrochinon)

1,4-Benzochinon
(„Chinon")

Abb. 7.**7** Ein- und zweiwertige Phenole und deren Oxidierbarkeit zu den entsprechenden Chinonen.

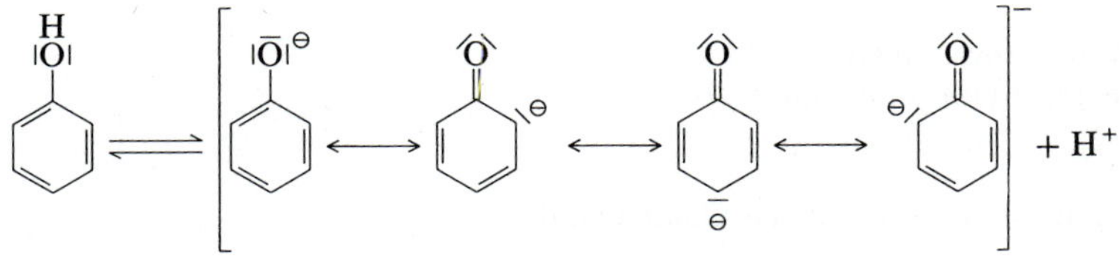

Abb. 7.**8** Mesomere Grenzstrukturen des Phenolatanions, die die Acidität des Phenols bzw. die leichte Protonenabgabe vom Phenol begründen.

7.2.8 Amine

Klassifikation von primären, sekundären und tertiären Aminen, deren Salzen, sowie von quartären Ammoniumsalzen (Strukturformeln vorgegeben)

Amine leiten sich vom Ammoniakmolekül NH_3 ab. Je nachdem, wieviel Wasserstoffatome durch organische Reste ersetzt sind, spricht man von *primären, sekundären* und *tertiären Aminen.*

Beispiele:

Ammoniak | primäres Amin

sekundäres Amin | tertiäres Amin

Infolge des freien Elektronenpaares am Stickstoff sind Amine basisch, so daß sie mit einer Säure HA analog dem Ammoniak, zu Ammoniumionen reagieren können.

Allgemein:

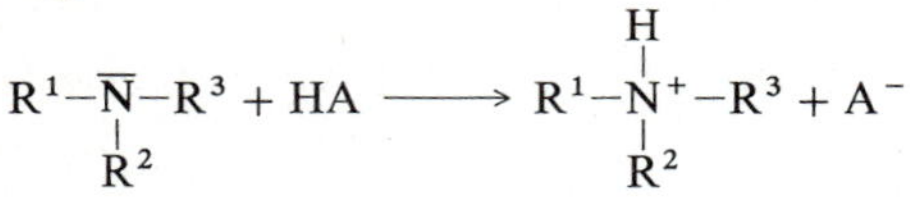

Ammoniumion

Beispiel:

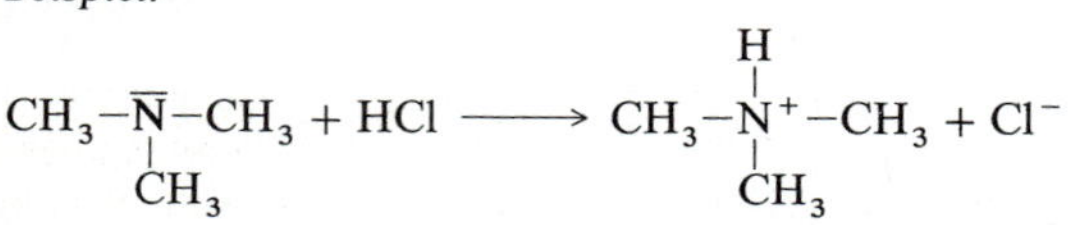

Trimethylamin | Trimethylammoniumchlorid

In *quartären Ammoniumsalzen* bildet das Stickstoffatom unter Einbeziehung des freien Elektronenpaars vier Bindungen zu organischen Resten aus und trägt deshalb eine positive Ladung:

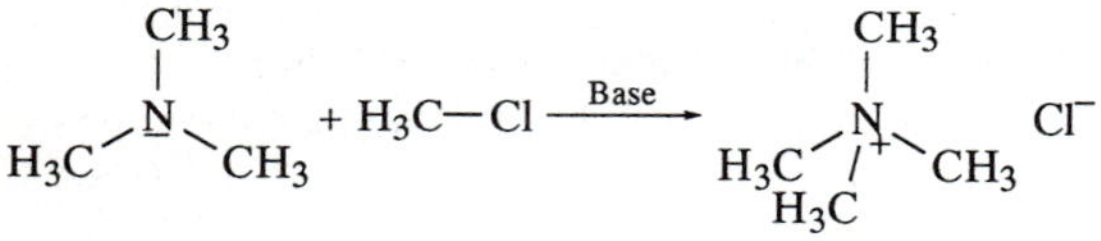

Tetramethylammoniumchlorid
(ein quartäres Ammoniumsalz)

Wichtige Beispiele für quartäre Ammoniumsalze sind das Cholin und das Acetylcholin.

$[HOCH_2CH_2N(CH_3)_3]^+OH^-$

Cholin

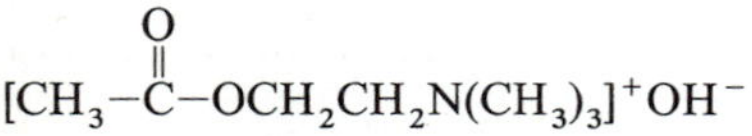

Acetylcholin

7.2.9 Basizität von Aminen und Amiden

Kenntnis des Einflusses von Substituenten (aromatisch/aliphatisch, Acyl- und Sulfonyl-Reste)

Wegen des positiven induktiven (+ I) Effektes von Alkylgruppen sind die sekundären Amine stärker basisch als die primären Amine. Da bei den tertiä-

ren Aminen noch eine Alkylgruppe hinzukommt, sollten diese eigentlich noch stärker basisch sein als die sekundären Amine. Hier wirken sich aber sterische und Solvatationseffekte derart aus, daß tertiäre Amine in der Regel etwas schwächer basisch sind als sekundäre Amine.
Aromatische Reste, wie beispielsweise im Anilin, vermindern die Basizität.

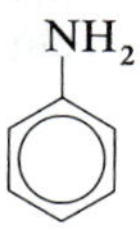

Anilin

Dies rührt daher, daß das freie Elektronenpaar des Stickstoffs in das aromatische π-Elektronensystem mit einbezogen wird und somit weniger für die Anlagerung eines Protons zur Verfügung steht als bei aliphatischen Aminen.
Noch weniger basisch ist die Aminogruppierung, wenn sie mit den stark elektronenziehenden Acyl- und Sulfonylresten substituiert sind. Es entstehen hier Carbon(säure)amide und Sulfon(säure)amide, deren Amidoprotonen durch Basen spaltbar sind. Säureamide mit spaltbarem Proton am Stickstoff können mit starken Basen Salze bilden.

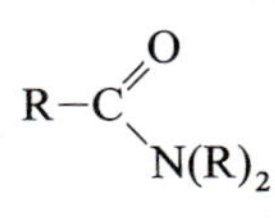

Carbon(säure)amide

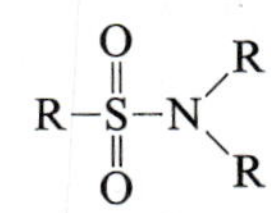

Sulfon(säure)amide

7.3 Carbonylverbindungen

7.3.1 C=O-Doppelbindungen

Richtung der Polarisation, Bindungszustand, Bindungswinkel, freie Elektronenpaare

Analog wie bei der π-Bindung zwischen zwei Kohlenstoffatomen, liegt auch bei der *C=O-Doppelbindung* ein sp^2-Hybrid vor, mit einem Winkel von 120° zwischen R—C—R bzw. R—C—O.

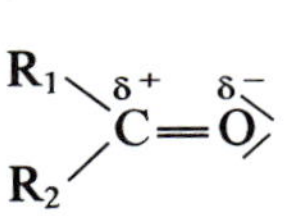

Am Sauerstoff finden sich noch zwei freie Elektronenpaare, die durch Striche gekennzeichnet sind. Wegen der größeren Elektronegativität des Sauerstoffs befindet sich eine negative Partialladung über dem O und eine positive Partialladung über dem C. Mit den Symbolen R wird allgemein ein organischer Rest symbolisiert, wie beispielsweise Methyl (CH_3—) oder Ethyl (CH_3CH_2—) usw.
Da zwischen Sauerstoff und Kohlenstoff analog der C=C-Doppelbindung eine σ- und eine π-Bindung besteht, ist die C=O-Doppelbindung nicht rotationssymmetrisch und nicht frei drehbar, sondern starr. C=O-Doppelbindungen können ebenso wie C=N-Doppelbindungen zusammen mit C=C-Doppelbindungen konjugierte π-Systeme bilden, wobei auch hier die konjugierten π-Systeme, im Gegensatz zu den isolierten, energetisch begünstigt sind.

7.3.2 Reaktivität der CO-Gruppe

Kennzeichnung der elektrophilen und nucleophilen Zentren (Strukturformeln vorgegeben)

7.3.3 Aldehyde und Ketone

Klassifizierung, Umsetzung mit Nucleophilen (Wasser, Alkoholen, primären Aminen), Reaktionsablauf: Addition eines Nucleophils an die CO-Gruppe mit nachfolgender Dehydratisierung, Erklärung der Säurekatalyse, Ergänzung von vorgegebenen Reaktionsgleichungen, Kenntnis der Verbindungsklasse der Reaktionsprodukte, Zuordnung von Reaktionspartnern und Produkten (Strukturformeln vorgegeben)

zu 7.3.2 und 7.3.3

Den Aldehyden und Ketonen gemeinsam ist die Carbonylgruppe (C=O-Gruppe). Durch die größere Elektronegativität des Sauerstoffatoms ist die C=O-Gruppe so polarisiert, daß der Kohlenstoff ein *elektrophiles Zentrum* und der Sauerstoff ein *nucleophiles Zentrum* darstellt.

Aldehyd Keton

Umsetzung von Aldehyden und Ketonen mit den Nucleophilen Wasser, Alkohole und primäre Amine: Aldehyde und Ketone liegen in wäßriger Lösung teilweise als Hydrate vor.

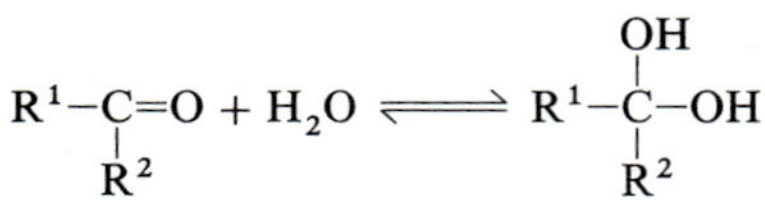

Hydrat

Aldehyd: $R^1 = H$, R^2 = organischer Rest
Keton: R^1, R^2 = organischer Rest

Die Hydratbildung ist wie andere nukleophile Angriffe an der Carbonylgruppe säurekatalysiert, d. h. durch Protonen katalysiert.
Dabei wird nach folgendem Schema die Elektrophilie des Kohlenstoffs noch erhöht.

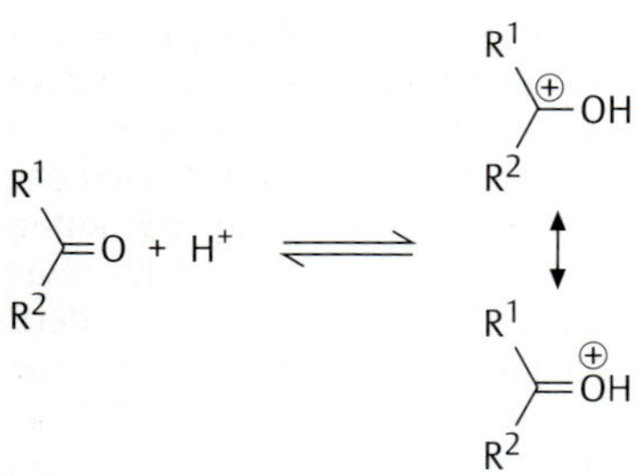

Das im Extremfall entstehende sehr *stark elektrophile Carbeniumion* setzt sich mit dem Nucleophil, in diesem Falle Wasser, um.

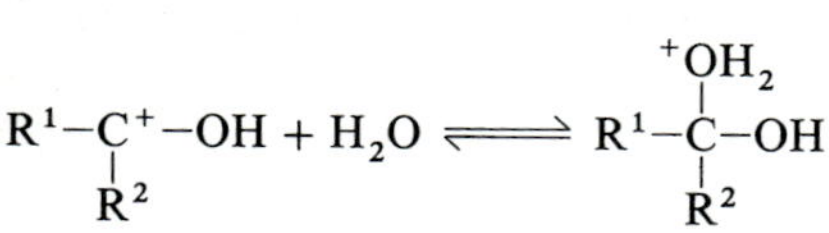

Die entstandene Verbindung spaltet den Katalysator, das Proton, unter Bildung des Hydrates wieder ab.

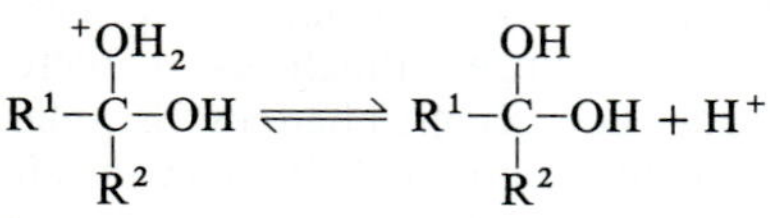

Die katalytische Wirkung des Protons besteht also in einer Verstärkung der Polarisierung der C=O-Gruppe, was im Extremfall zur Ausbildung eines Carbeniumions, wie oben gezeigt, führen kann. Analog zum Wasser können auch andere Nucleophile wie Alkohole und primäre Amine am C=O-Kohlenstoff angreifen.
Bei der Umsetzung mit Alkoholen entsteht zunächst ein *Halbacetal*, welches nach Wasserabspaltung und Reaktion mit einem weiteren Alkoholmolekül zum *Acetal* abreagieren kann.
Auch dieser Prozeß ist protonenkatalysiert.

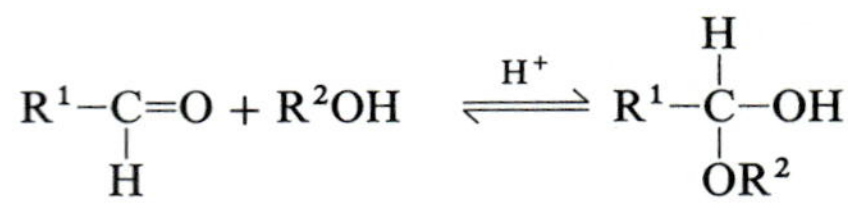

Aldehyd Alkohol Halbacetal

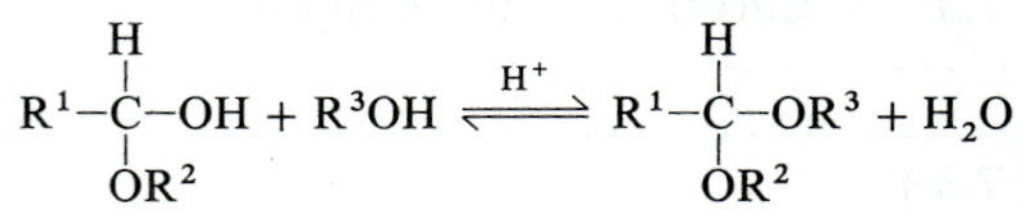

Halbacetal Alkohol (Voll)acetal

Ketone reagieren entsprechend zu *Ketalen.*

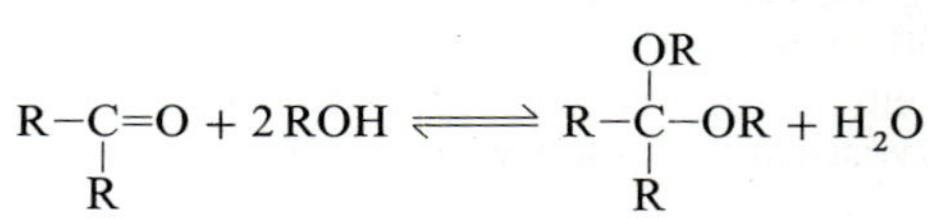

Keton Alkohol Ketal

Auch primäre Amine greifen als nucleophile Agenzien Aldehyde und Ketone unter anschließender Wasserabspaltung und Reaktion zu den entsprechenden Azomethinen an.

$$R^1{-}\underset{\substack{|\\R^2}}{C}{=}O \; + \; RNH_2 \; \rightleftharpoons \; R^1{-}\underset{\substack{|\\R^2}}{C}{=}NR \; + \; H_2O$$

Aldehyd od. Keton — primäres Amin — Azomethin

Im folgenden Schema sind einige Reaktionsmöglichkeiten der Aldehyde und Ketone mit nucleophilen Agenzien nochmals zusammengefaßt.

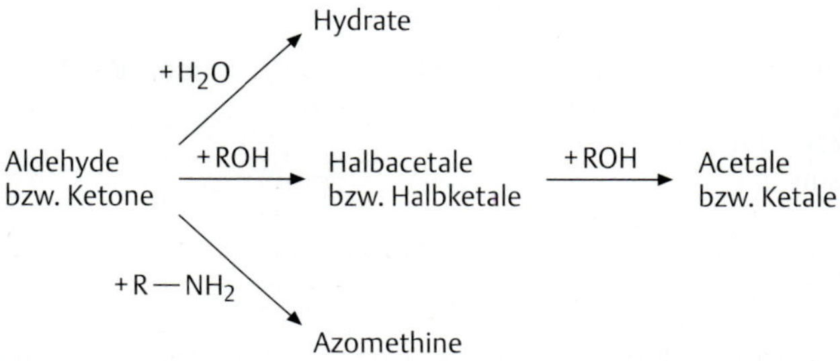

7.3.4 Unterschiede Aldehyde/Ketone

Reaktionen, in denen sich Aldehyde und Ketone unterscheiden (Oxidierbarkeit) bzw. gleichen (Reaktionen mit Nucleophilen)

Bei der *Reaktion mit Nucleophilen* sind Aldehyde und Ketone, wie wir oben gesehen haben, relativ ähnlich.
Ein prinzipieller Unterschied zwischen Aldehyden und Ketonen besteht bei deren *Oxidierbarkeit.*

Aldehyde sind zu Carbonsäuren unter Erhalt des Kohlenstoffgerüstes oxidierbar, während Ketone nicht oder nur unter Zerstörung des C-Gerüstes oxidierbar sind. Dies macht man sich für den Aldehydnachweis mit Tollens Reagenz oder Fehling-Lösung zunutze.

7.3.5 α-ständige H-Atome in Carbonylverbindungen

Erkennen in vorgegebenen Strukturformeln; Abspaltbarkeit von Proton unter Bildung eines Carbanions (mesomeriestabilisiert), Acidität in Abhängigkeit von der Zahl der benachbarten Carbonylgruppen

Das der Carbonylgruppe eines Aldehyds oder Ketons benachbarte C-Atom nennt man *α-ständiges C-Atom* bzw. die α-Stellung, das nächste *β-ständiges C-Atom* bzw. β-Stellung usw.
Die α-ständigen H-Atome, H-Atome, die am α-C-Atom gebunden sind, sind bei Aldehyden und Ketonen durch starke Basen als Protonen abspaltbar.
Das entstehende Carbanion ist über drei Atome *mesomeriestabilisiert.*

Die Acidität der α-ständigen C—H-Gruppe ist wesentlich abhängig von der Anzahl der vorhandenen Carbonylgruppen.

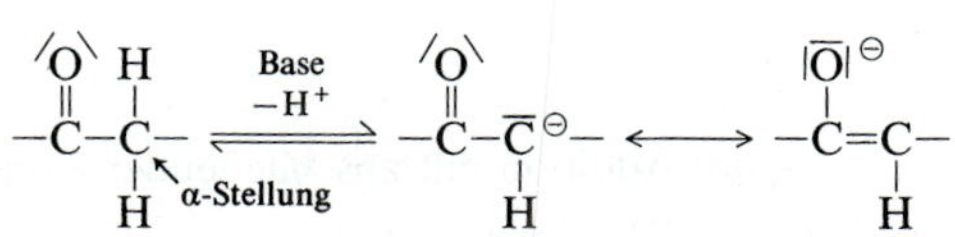

mesomeriestabilisiertes Carbanion

Im Falle des Acetylacetons läßt sich in α-Stellung wesentlich leichter ein Proton abspalten, da das entstehende Anion hier über fünf Kohlenstoffatome mesomeriestabilisiert ist.

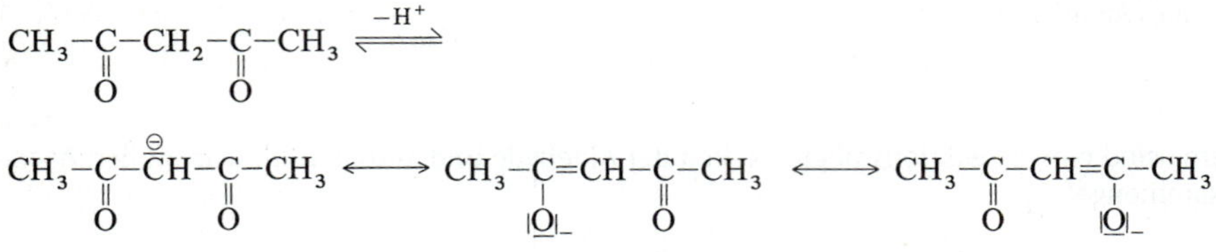

mesomeriestabilisiertes Acetylacetonat-Carbanion

Durch die Abspaltung eines Protons in α-Stellung zu einer Carbonylgruppe entsteht ein nucleophiles Zentrum, welches mit dem elektrophilen Zentrum einer weiteren Carbonylgruppe reagieren kann.

Dies ist die Grundlage zum Verständnis der Aldol-Addition bzw. -Kondensation.

7.3.6 Aldol-Addition bzw. -Kondensation

Reaktionsablauf (am Beispiel R—CH2—CHO): Nucleophiler Angriff des Carbanions am Carbonyl-C-Atom, Verlängerung der C-Kette, Dehydratisierung; Bedeutung des alkalischen Milieus, Zuordnung von Reaktionspartnern und Produkten (Strukturformeln vorgegeben)

Durch Abspaltung eines α-ständigen Protons durch eine starke Base entsteht ein mesomeriestabilisiertes Carbanion (1).

(1) 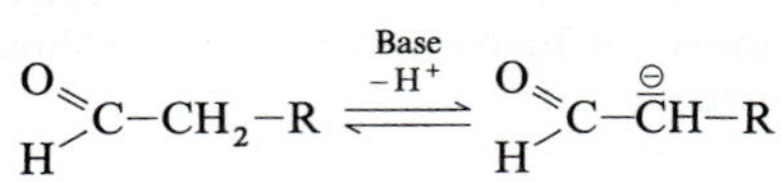

Dieses Carbanion reagiert mit dem nucleophilen Zentrum einer weiteren Carbonylgruppe (2).

(2) 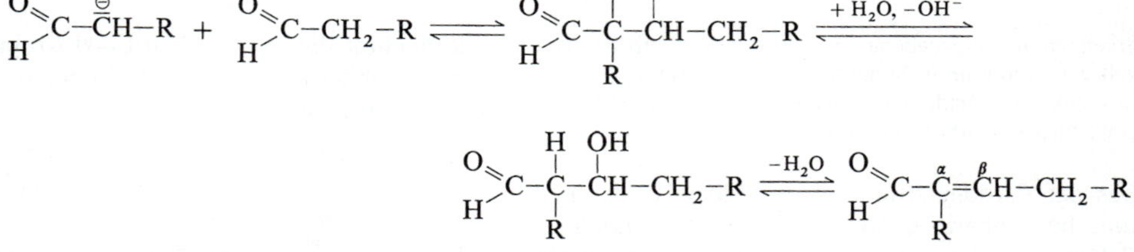

Aldol-Addition mit anschließender Kondensation

Nach Addition des Carbanions an das elektrophile Zentrum eines weiteren Aldehydmoleküls entsteht ein α-Hydroxyaldehyd, der unter Kondensation zu einem α,β-ungesättigten Aldehyd reagiert. Unter *Kondensation* versteht man die inter- oder intramolekulare Vereinigung von Molekülen oder Molekülteilen unter Wasserabspaltung. Im Endeffekt ist also die Kohlenstoffkette um zwei Glieder verlängert worden.

Die Reaktion kann wie folgt zusammengefaßt werden.

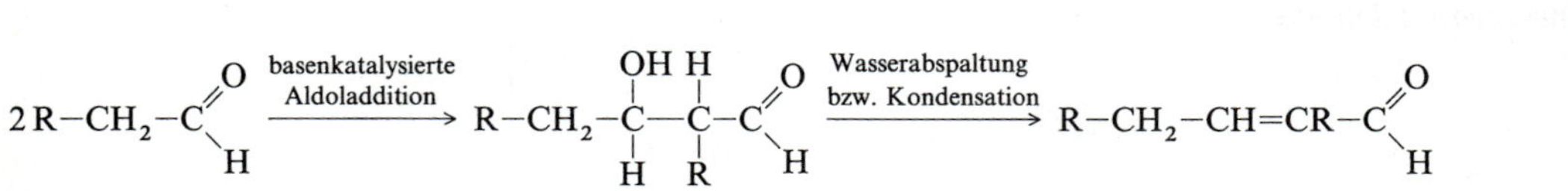

7.3.7 Chinone

Erkennen der 1,4-Chinonstruktur in vorgegebenen Verbindungen
siehe auch 7.2.7

1,4-Chinone sind durch das Vorhandensein des folgenden Strukturelementes gekennzeichnet:

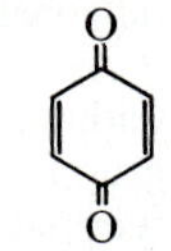

7.3.8 Hydrochinon/Chinon-System

Erkennen als Redox-System, Überprüfung vorgegebener Reaktionsgleichungen auf Richtigkeit (Strukturformeln, Abgabe/Aufnahme von Elektronen und Protonen)

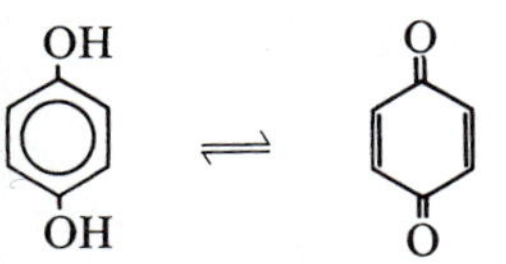

$+ 2H^+ + 2e^-$

Hydrochinon **p-Benzochinon 1,4-Benzochinon**

Auf die 1,4-Chinon-Struktur und das Hydrochinon/Chinon-Redoxsystem wurde bereits in Kap. 7.2.7 eingegangen. Ebenso wie die Wasserstoff-Elektrode kann das pH-abhängige Hydrochinon/Chinon-Redoxsystem zur Messung des pH-Wertes verwendet werden.
In der pH-Meßtechnik wird oft die sogenannte Chinhydron-Elektrode eingesetzt. Chinhydron ist ein Additionsprodukt aus je einem Mol Chinon und Hydrochinon. Die Chinhydron-Elektrode besteht aus einer Aufschlämmung von Chinhydron, in die eine Platinelektrode eintaucht. Nach der Nernst-Gleichung gilt:

$$E = E^0 + \frac{RT}{2F} \ln \frac{[\text{Chinon}][H^+]^2}{[\text{Hydrochinon}]}$$

Durch die experimentellen Bedingungen gilt:

$$[\text{Chinon}] = [\text{Hydrochinon}]$$

Daraus folgt:

$$E = E^0 + \frac{RT}{2F} \ln [H^+]^2$$

Durch weitere Umformungen erhält man:

$$E = E^0 + \frac{RT}{F} \ln [H^+]$$

oder:

$$E = E^0 + 0{,}059 \lg [H^+]$$

oder, bei Einführung des pH-Begriffes:

$$E = E^0 - 0{,}059 \cdot pH$$

7.4 Carbonsäuren und Carbonsäurederivate

7.4.1 Acidität

Ursache der unterschiedlichen Acidität von Carbonsäuren und Alkoholen, qualitativer Einfluß von Substituenten (NH_3^+, OH, Cl, jeweils in α- und β-Stellung) auf den pK-Wert einer Carbonsäure

Charakteristisch für *Carbonsäuren* ist die *Carboxylgruppe COOH.*
Die Carboxylgruppe kann sehr viel leichter Protonen abgeben als die OH-Gruppe der Alkohole, da noch ein weiterer elektronenziehender Sauerstoff am Kohlenstoffatom sitzt und außerdem das Entstehen der Carboxylatanionen durch deren Mesomeriestabilisierung begünstigt ist.

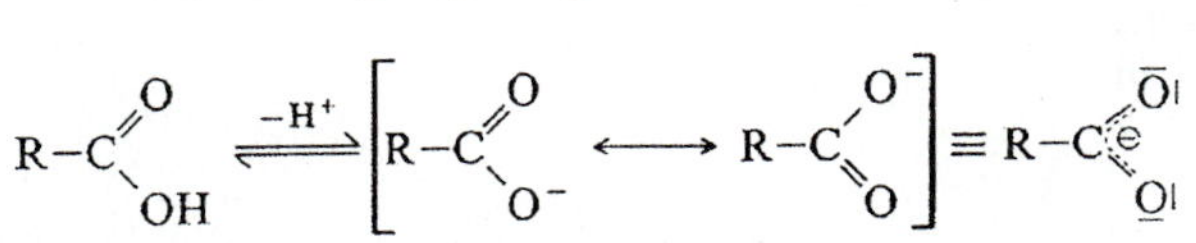

Carbonsäure mesomeriestabilisiertes Carboxylatanion

Beispiele für Carbonsäuren wurden unter Kap. 2.12 gegeben. Es existieren natürlich auch entsprechende aromatische Carbonsäuren, wie beispielsweise Benzoesäure C_6H_5COOH.
Weitere elektronenziehende Reste in α- oder β-*Stellung* zur Carboxylgruppe erhöhen die Acidität einer Carbonsäure, wobei der Einfluß der β-ständigen Substituenten durch den größeren Abstand von der Carboxylgruppe wesentlich geringer ist.
Wichtige elektronenziehende Substituenten sind

$-\overset{\oplus}{N}H_3$, $-OH$, $-Cl$, $-CN$.

7.4.2 Klassifizierung

Klassifizierung als Mono-, Di- oder Tricarbonsäuren (Strukturformeln vorgegeben)

Carbonsäuren werden je nach Anzahl der Carboxylgruppen in *Mono-, Di-, Tricarbonsäuren* usw. eingeteilt (siehe auch 2.12).

Wichtig sind aber auch die höherkettigen Homologen wie

Palmitinsäure $CH_3(CH_2)_{14}COOH$
Stearinsäure $CH_3(CH_2)_{16}COOH$
Ölsäure $CH_3(CH_2)_7CH{=}CH(CH_2)_7COOH$

Wichtige aromatische Carbonsäuren sind die

Benzoesäure 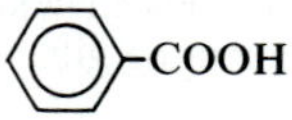

p-Aminobenzoesäure 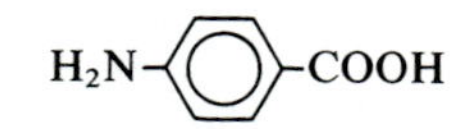

Acetylsalicylsäure „Aspirin®" 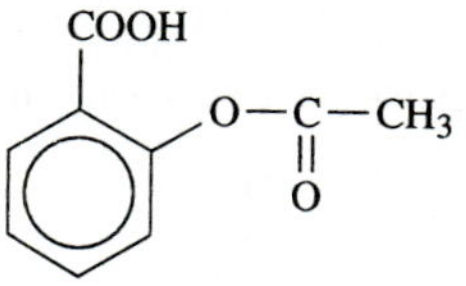

Wichtige Dicarbonsäuren sind die

COOH
|
COOH **Oxalsäure**

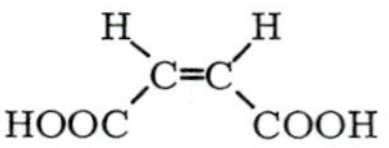 **Maleinsäure**

COOH
|
CH_2
|
COOH **Malonsäure**

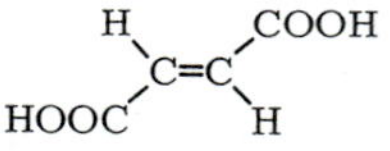 **Fumarsäure**

Ein wichtiges Beispiel für Tricarbonsäuren ist die

Zitronensäure 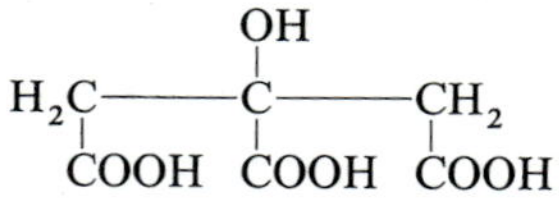

7.4.3 Oberflächenaktive Stoffe

Molekülaufbau am Beispiel der Anion-Seifen, Beschreibung der Wirkung (regelmäßige Anordnung der Moleküle an der Phasengrenze, Mizellenbildung. Senkung der Oberflächenspannung des Wassers, Emulgiervermögen)

Die Alkalisalze der längerkettigen Carbonsäuren, z.B. Natriumstearat, Natriumpalmitat, werden *Anionseifen* genannt. Sie verfügen über einen hydrophilen Teil, die Carboxylgruppe, und einen lipophilen Teil, die Kohlenwasserstoffkette. Sie sind dadurch in der Lage, als oberflächenaktive Stoffe zu wirken.
In Wasser ordnen sie sich jeweils an der Phasengrenzfläche derart an, daß der hydrophile Teil in das Wasser hineinragt, und der hydrophobe bzw. lipophile Teil aus dem Wasser herausragt. Sie senken dadurch die Oberflächenspannung des Wassers und sind gleichzeitig in der Lage, lipophile Teile, wie beispielsweise Öltröpfchen, als Mizellen zu emulgieren.
Dies geschieht derart, daß der lipophile Teil dieser oberflächenaktiven Stoffe zu den Öltröpfchen hingewandt ist, während der hydrophile Teil zum Wasser hingewandt ist und so die Emulgierung ermöglicht. Schematisch ist dies in Abb. 7.9 dargestellt.

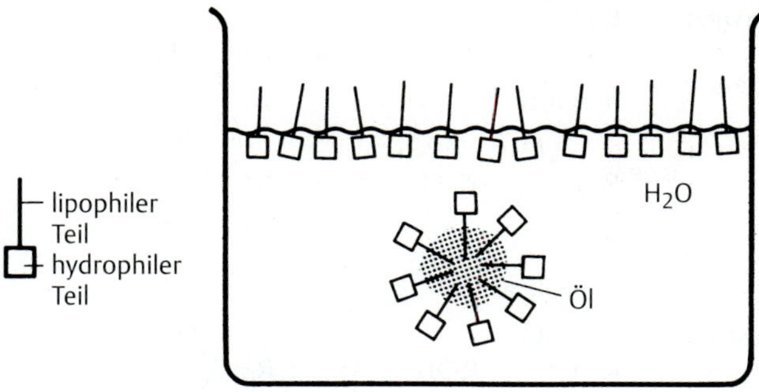

Abb. 7.9 Wirkungsweise von oberflächenaktiven Stoffen

7.4.4 Lipophile/hydrophile Gruppen

Kennzeichnung in vorgegebenen Verbindungen

Lipophile Verbindungen bzw. Verbindungen, die hauptsächlich aus apolaren Alkyl- und Arylresten, ohne funktionelle Gruppen, bestehen, sind fettähnlich und nicht mit Wasser mischbar. Sie werden auch *hydrophob* genannt.
Hydrophile Verbindungen, die polare Gruppen wie (COOH), (OH), (NH_2) u. ä. enthalten, sind mehr oder weniger mit Wasser mischbar. Hydrophil und lipophob bedeuten dasselbe.
Hydrophil = lipophob = gut mit Wasser mischbar
Hydrophob = lipophil = schlecht mit Wasser mischbar
Polare Verbindungen lösen sich in polaren Lösungsmitteln.
Apolare Verbindungen lösen sich in apolaren Lösungsmitteln.
Es gilt hier die alte Alchemistenregel: „Gleiches löst sich in Gleichem".
Wenn Verbindungen aus hydrophilen und lipophilen Gruppen bestehen, kommt es darauf an, welche Eigenschaften überwiegen, um auf das Verhalten der Verbindung bezüglich Fett- oder Wasserlöslichkeit rückschließen zu können.

Ethanol, C_2H_5OH, ist beispielsweise eine Verbindung, die leicht in Wasser löslich ist und in der der hydrophile Anteil, die OH-Gruppe, die Eigenschaft des Moleküls wesentlich bestimmt. Ähnliches gilt für Essigsäure, CH_3COOH. Das lipophile Benzol ist in Wasser sehr wenig löslich und kann nur in unpolaren lipophilen Lösungsmitteln gelöst werden.

Beispiele:

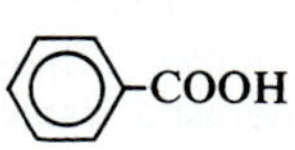

lipophile Gruppe hydrophile Gruppe

Benzoesäure

$CH_3(CH_2)_{14}COOH$

lipophile Gruppe hydrophile Gruppe

Palmitinsäure

7.4.5 Carbonsäurederivate

Klassifizierung von Verbindungen (Strukturformeln vorgegeben) als Carbonsäurechloride, -anhydride, -amide, -ester und -thioester

7.4.6 Umsetzung mit Nucleophilen

Einordnung der Carbonsäurederivate nach ihrer Reaktivität gegenüber Nucleophilen (H_2O, Alkoholen, NH_3, Aminen), Überprüfung vorgegebener Reaktionsgleichungen auf Richtigkeit, Bedeutung der Säurekatalyse (ohne Einzelmechanismus)

zu 7.45 und 7.46

Ein wichtiger Aspekt in der Chemie der Carbonsäuren besteht in der Möglichkeit, die Carboxylgruppe abzuwandeln. Die OH-Gruppe der Carbonsäure

wird durch eine andere funktionelle Gruppe ersetzt, das Produkt nennt man Carbonsäurederivat.
Die Carbonsäurederivate können eingeteilt werden in:

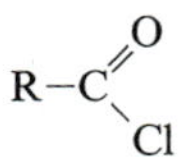

Carbonsäurechloride

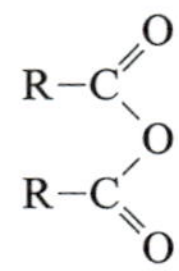

Carbonsäureanhydride

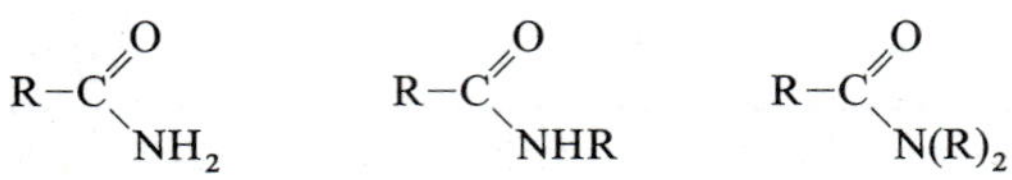

Carbonsäureamide

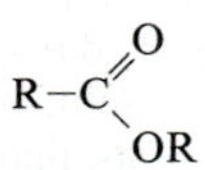

Carbonsäureester

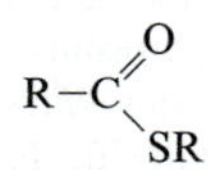

Carbonsäurethioester

Die Reaktivität der obengenannten Carbonsäurederivate gegenüber Nucleophilen sinkt in der Reihenfolge Chlorid > Anhydrid > Ester > Amid > Thioester. Die angeführten Carbonsäurederivate lassen sich allgemein mit

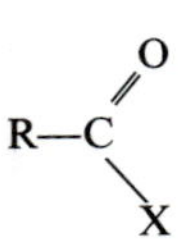

formulieren, wobei X die unten angegebenen Bedeutungen haben kann.

X = Cl, $-OOCR$, $-OR$, $-NH_2$, $-NHR$, $-NR_2$, $-SR$.

Die Umsetzung mit einem Nucleophil NuH, wie etwa H_2O, HOR, NH_3, NRH_2 und $N(R)_2H$ erfolgt nach dem Prinzip:

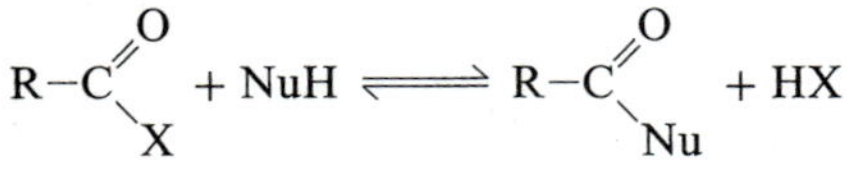

Der Angriff des Nucleophils erfolgt an dem eine positive Partialladung tragenden elektrophilen Kohlenstoff des Carbonsäurederivates unter Substitution der Gruppe X.

Beispiele:
Carbonsäurederivat + Nucleophil $\rightleftharpoons$ Produkte

Hydrolyse:

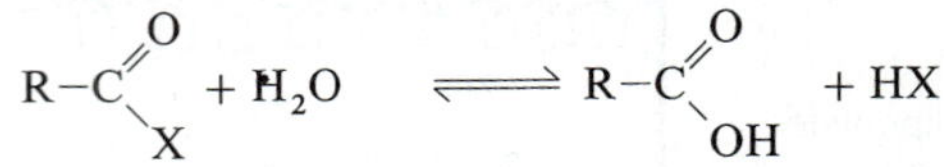

Alkoholyse:

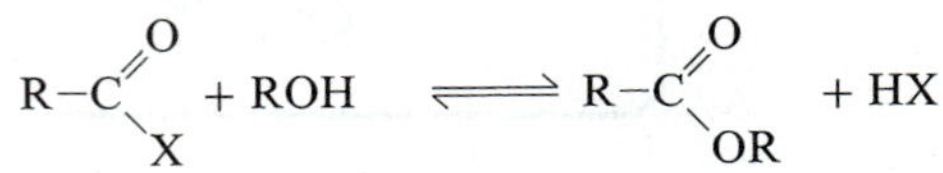

Aminolyse:

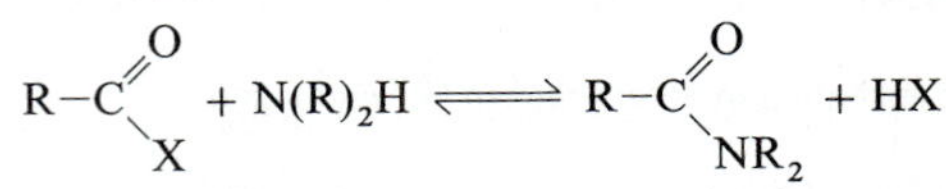

X = $-Cl$, $-OOCR$, $-OR$, $-NH_2$, $-NHR$, $-NR_2$, $-SR$

Umsetzung von Carbonsäurederivaten mit den Nucleophilen H_2O, NH_3, Alkohole und Amine.
Für all diese Reaktionen gilt, daß sie durch Säurekatalyse erleichtert werden. Dies geschieht nach dem gleichen Prinzip, wie wir es in Kap. 7.3 bei dem durch Säurekatalyse begünstigten Angriff eines Nucleophils an einer Carbonylgruppe gesehen haben.
Durch Anlagerung eines Protons an den nucleophilen Sauerstoff des Carbonsäurederivates wird die positive Partialladung auf dem Kohlenstoff noch verstärkt, im Extremfall bis zur Ausbildung eines Carbeniumiones.
Dieses elektrophile Zentrum reagiert dann sehr leicht mit einem Nucleophil unter Substitution der Gruppe X und Abspaltung des Katalysatorprotons.

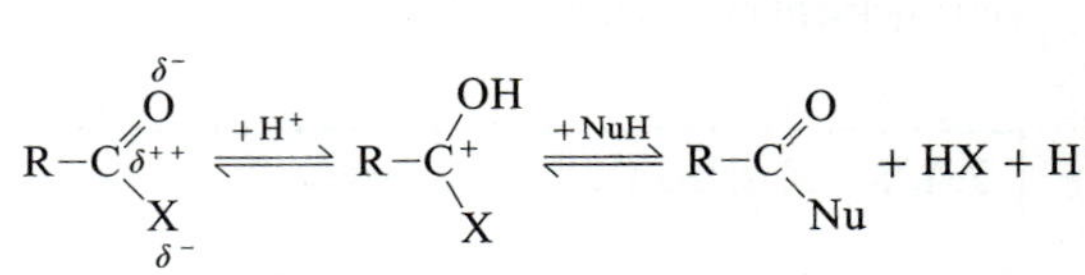

7.4.7 Säurekatalysierte Veresterung

Überprüfung vorgegebener Reaktionsgleichungen auf Richtigkeit, Einfluß von Katalysator und Temperatur auf die Einstellungsgeschwindigkeit des Gleichgewichts

Die Umsetzung eines Alkohols und einer Carbonsäure zu einem Ester nennt man *Veresterung*.

Stöchiometrische Gleichung:

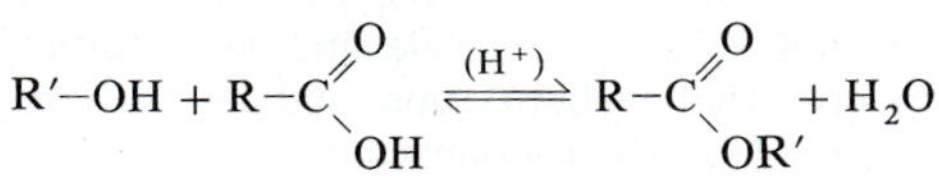

Auch diese Reaktion ist säurekatalysiert. Auch hier bedingt die Anlagerung eines Protons an die Carboxylgruppe eine verstärkte Elektrophilie des Carbonsäurekohlenstoffatomes, welches dann mit dem nucleophilen Alkohol abreagieren kann.

Bei der säurekatalysierten Veresterung handelt es sich um eine typische Gleichgewichtsreaktion, bei der laut Massenwirkungsgesetz

$$K = \frac{[\text{Ester}] \cdot [H_2O]}{[\text{Carbonsäure}] \cdot [\text{Alkohol}]}$$

das Gleichgewicht auf die Seite der Produkte verschoben werden kann, indem man eines der Produkte, Ester oder Wasser, dem Gleichgewicht entzieht oder ein Edukt, Säure oder Alkohol, im Überschuß zugibt.
Die Einstellung des Gleichgewichts wird durch Säurekatalyse und Temperaturerhöhung beschleunigt. Die selbe Gleichgewichtseinstellung erhält man natürlich, wenn man von dem Ester ausgeht. Zu präparativen Zwecken werden Ester jedoch basisch hydrolysiert, vgl. 7.4.8.

Mechanismus (für primäre und sekundäre Alkohole):

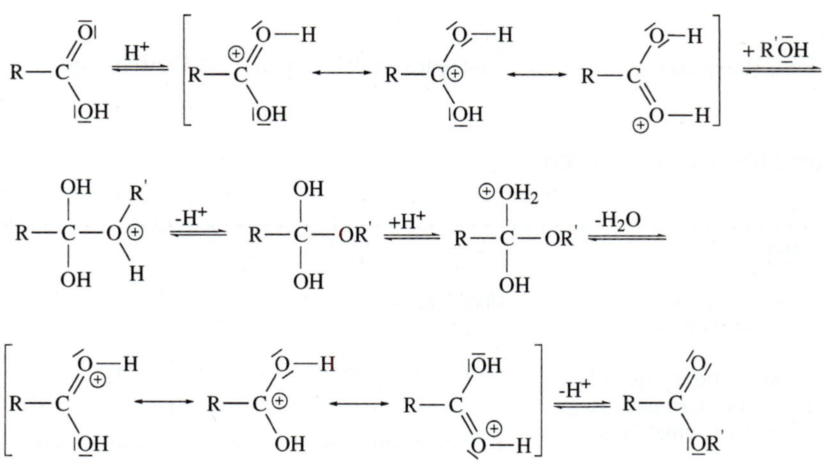

7.4.8 Alkalische Esterhydrolyse und Carbonsäureamidhydrolyse

Überprüfung vorgegebener Reaktionsgleichungen auf Richtigkeit, Unterschiede zur säurekatalysierten Esterhydrolyse: Vollständigkeit des Reaktionsablaufs, irreversible/reversible Reaktion, Verbrauch von OH^-

Im Unterschied zur säurekatalysierten Esterhydrolyse, die ein reversibler Vorgang ist, ist die *alkalische Esterhydrolyse* irreversibel.
Die hier verwendeten OH^--Ionen aus Natron- oder Kalilauge fungieren nicht als Katalysator, sondern als Reaktionspartner.

Reaktionsmechanismus:

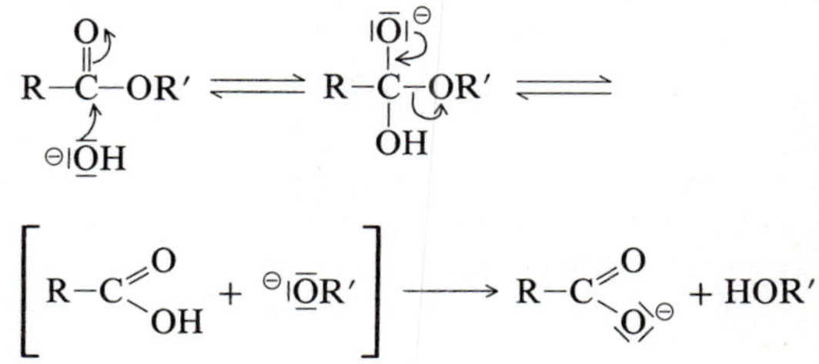

Das Nucleophil OH^- greift das elektrophile Zentrum am Esterkohlenstoff an. Anschließend erfolgt die Abspaltung eines Alkoholatanions, welches irreversibel mit der entstandenen Carbonsäure zum Carboxylatanion und Alkohol weiterreagiert.

Das Carboxylatanion ist gegenüber dem Alkoholatanion wegen seiner Mesomeriestabilisierung erheblich energetisch begünstigt. Deswegen verläuft die Reaktion irreversibel in Richtung der Esterspaltung bzw. Verseifung. OH^- wird dabei verbraucht.

7.4.9 Lactone

Erkennen der Esterbindung in Lactonen (Strukturformeln vorgegeben)

Lactone sind cyclische („innere") Ester von Hydroxycarbonsäuren, die sowohl eine Alkoholfunktion als auch eine Carboxylgruppe im gleichen Molekül enthalten (vgl. 2.18 u. 7.5). Sie entstehen durch **intra**molekulare Veresterung. Am häufigsten sind die γ- und die δ-Lactone, wobei die γ-Lactone die stabileren sind. Wichtige Beispiele sind das γ-Butyrolacton aus γ-Hydroxybuttersäure und das δ-Valerolacton aus δ-Hydroxyvaleriansäure.

Beispiele:

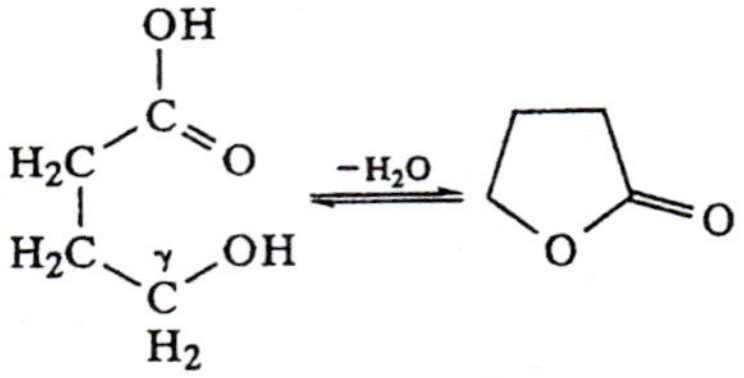

γ-Hydroxybuttersäure γ-Butyrolacton

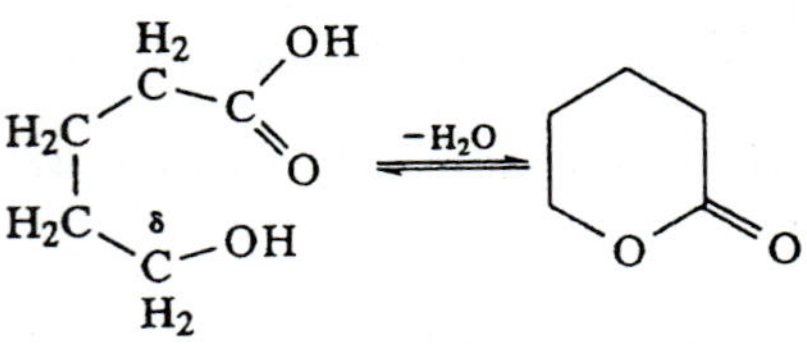

δ-Hydroxyvalerieansäure δ-Valerolacton

7.5 Hydroxy- und Ketocarbonsäuren

7.5.1 Klassifizierung

Klassifizierung von Verbindungen als α- und β-Hydroxy- bzw. Ketocarbonsäuren (Strukturformeln vorgegeben)

Hydroxycarbonsäuren bzw. Keto- oder Oxocarbonsäuren enthalten zusätzlich zu der Carboxylgruppe noch eine Hydroxygruppe OH bzw. eine Carbonylgruppe C=O.

Die Stellung der Hydroxy- bzw. der Oxogruppe wird häufig durch kleine griechische Buchstaben angegeben. „α" bedeutet eine Hydroxy- bzw. Ketogruppe in 2-Stellung zur Carboxylgruppe, „β" in 3-Stellung usw.

Übersicht:

$R-\underset{\displaystyle OH}{\underset{\vert}{CH}}-COOH$	$R-\underset{\displaystyle OH}{\underset{\vert}{CH}}-CH_2-COOH$
α-Hydroxycarbonsäure	β-Hydroxycarbonsäure
$R-\underset{\displaystyle O}{\underset{\Vert}{C}}-COOH$	$R-\underset{\displaystyle O}{\underset{\Vert}{C}}-CH_2-COOH$
α-Ketocarbonsäure α-Oxocarbonsäure	β-Ketocarbonsäure β-Oxocarbonsäure

Biologisch wichtige Hydroxy- und Ketocarbonsäuren:

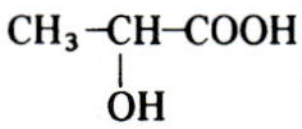

Milchsäure

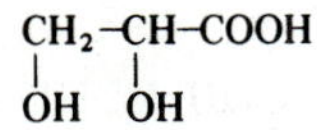

Glycerinsäure

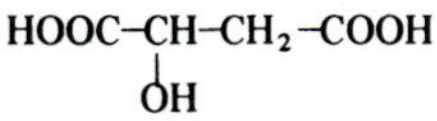

Äpfelsäure

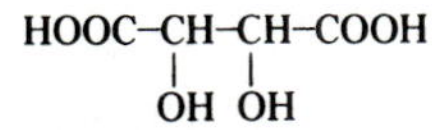

Weinsäure

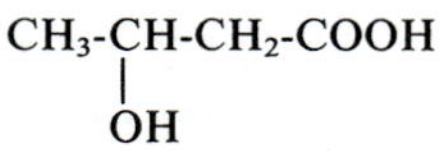

β-Hydroxybuttersäure

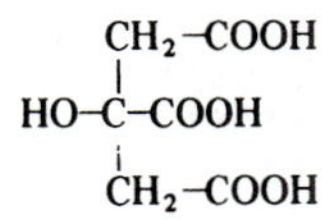

Zitronensäure

$CH_3-CO-COOH$

Brenztraubensäure

$HOOC-CO-CH_2-COOH$

Oxalessigsäure

$HOOC-CO-CH_2-CH_2-COOH$

α-Ketoglutarsäure

$CH_3-CO-CH_2-COOH$

Acetessigsäure

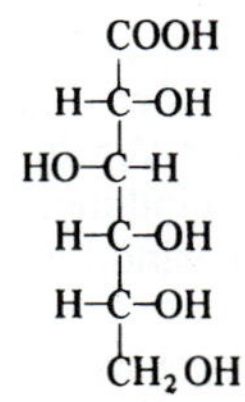

D-Gluconsäure

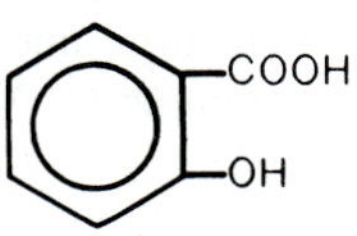

Salicylsäure

7.5.2 Redox-Reaktionen

Überprüfung von Redox-Gleichungen auf Richtigkeit, Erkennen von Verbindungen, die sich durch Redox-Reaktionen ineinander umwandeln lassen

Hydroxycarbonsäuren mit sekundärer OH-Gruppe können zu den entsprechenden Ketocarbonsäuren oxidiert werden bzw. diese wieder zu den entsprechenden Hydroxycarbonsäuren reduziert werden. Liegt eine primäre Hydroxygruppe vor, so kann diese über den Aldehyd weiter zu der entsprechenden Carbonsäure oxidiert werden.

Übersicht:

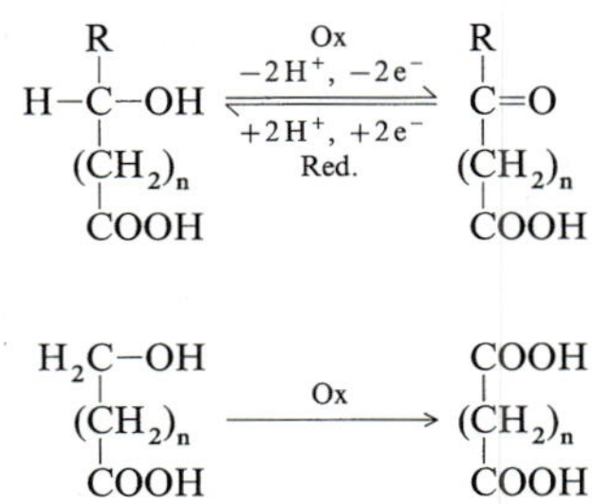

bei n = 0: Hydroxy- bzw. Ketogruppe in α-Stellung
bei n = 1: Hydroxy- bzw. Ketogruppe in β-Stellung

Beispiel:

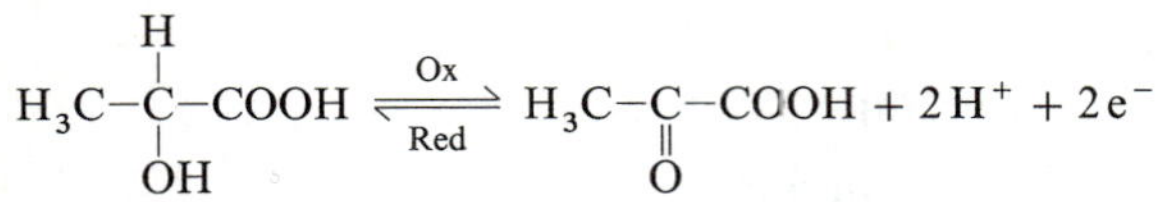

Milchsäure Brenztraubensäure

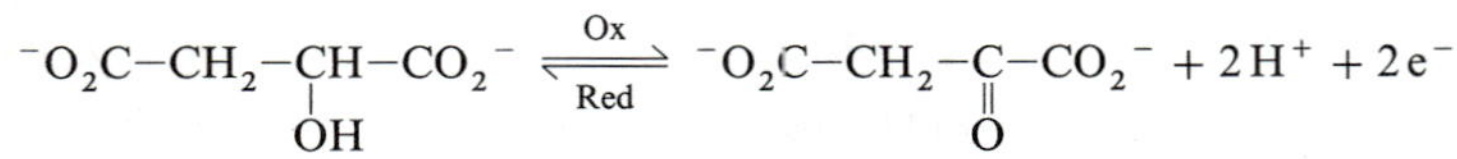

Malat Oxalacetat

7.5.3 Keto-Enol-Tautomerie

Erkennen von Verbindungen (Formeln vorgegeben), die zur Keto-Enol-Tautomerie befähigt sind, Erkennen von Keto- und Enol-Form einer Verbindung

Bei der *Keto-Enol-Tautomerie* handelt es sich um eine Isomerie, bei der zwei Formen einer Verbindung, die durch Protonenwanderung und Bindungsverschiebung ineinander umwandelbar sind, im Gleichgewicht stehen.
Ketocarbonsäuren sind eine der Verbindungsklassen, bei denen eine Keto-Enol-Tautomerie möglich ist.

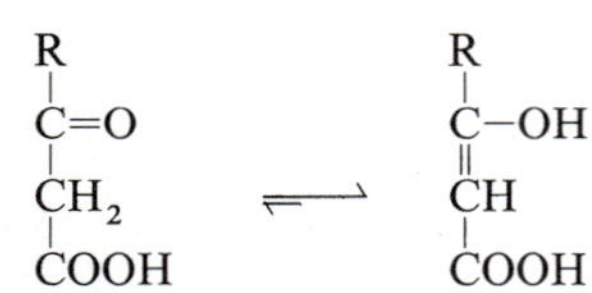

Ketoform Enolform (72% für $R{=}CH_3$)
einer *β*-Ketocarbonsäure

Enolformen sind bei allen Ketogruppierungen mit α-ständigem Wasserstoff möglich, wie am Beispiel des Aceton gezeigt.

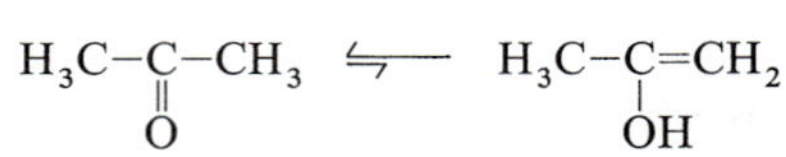

Ketoform Enolform (0,0003%)
des Aceton

Beim Aceton befindet sich nur ein sehr geringer Teil in der Enolform. β-Ketocarbonsäuren liegen meist in der Enolform vor, da diese Struktur durch Ausbildung eines konjugierten π-Systems zwischen der Carboxylgruppe und der α, β-ständigen Doppelbindung begünstigt ist. Eine andere Form dieser Tautomerie unter Beteiligung einer C=N-Doppelbindung kann bei der Barbitursäure und bei den Purin- und Pyrimidinderivaten der DNA-Nukleobasen gesehen werden.

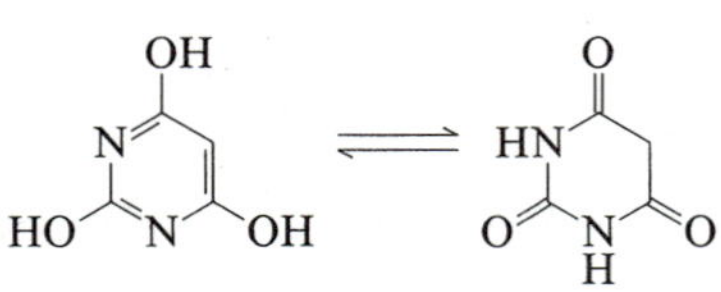

Barbitursäure

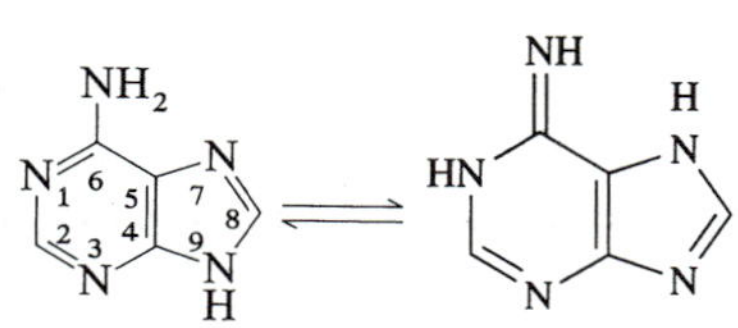

Adenin

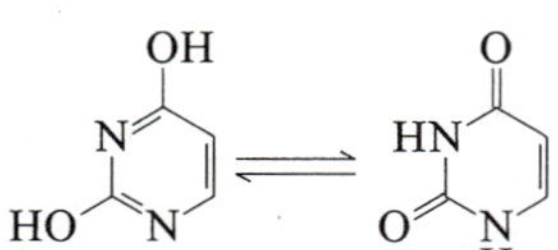

Uracil

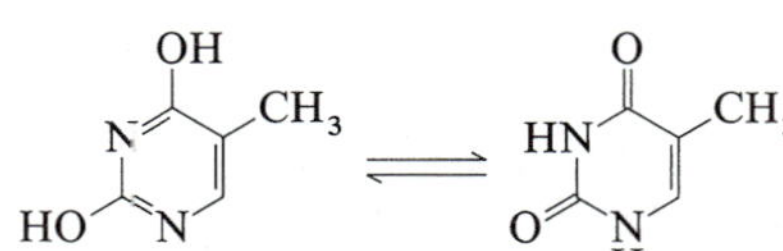

Thymin

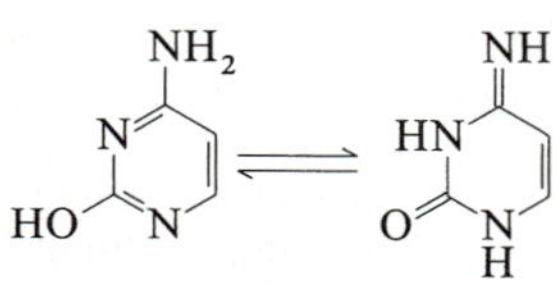

Cytosin

7.5.4 Decarboxylierung

Zuordnung von Ausgangs- und Endprodukt bei der Decarboxylierung von Ketosäuren und α-Aminosäuren (Strukturformeln vorgegeben)

Aus Carboxylgruppen kann CO_2 abgespaltet werden. Man nennt diesen Vorgang *Decarboxylierung*. Diese Reaktion wird durch α- und β-ständige Keto-, Hydroxy- oder Aminogruppierungen begünstigt. Aus Aminosäuren werden so die biogenen Amide gebildet.

Beispiele:
Die Decarboxylierung von Acetessigsäure zu Aceton:

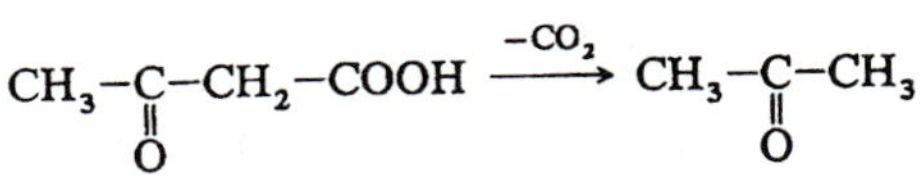

Acetessigsäure Aceton

Die Bildung von Cysteamin aus Cystein:

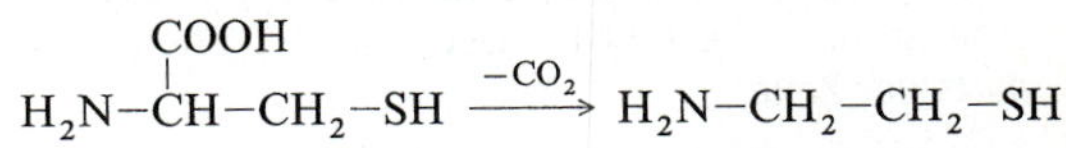

Cystein Cysteamin

Allgemein: α-Aminosäure ergibt biogenes Amin.

α-Aminosäure biogenes Amin

7.6 Organische Derivate der Phosphor-, Schwefel- und Kohlensäure

7.6.1 Phosphorsäure

Erkennen von Mono- und Diestern mit Alkoholen (Formeln vorgegeben), Kennzeichnung von Phosphorsäureestern oder -anhydriden (Formeln vorgegeben), z.B. AMP, ATP, cAMP, 1,3-Biphosphoglycerat, Acylphosphat

Die *Phosphorsäure* H_3PO_4 hat drei OH-Gruppen, mit denen sie durch Reaktion mit Alkohol Ester bilden kann.
Es können *Mono-*, *Di-* und *Triester* entstehen.

Phosphorsäure Phosphorsäuremonoester -diester -triester

Außerdem kann die Phosphorsäure unter Wasserabspaltung Anhydride bilden.

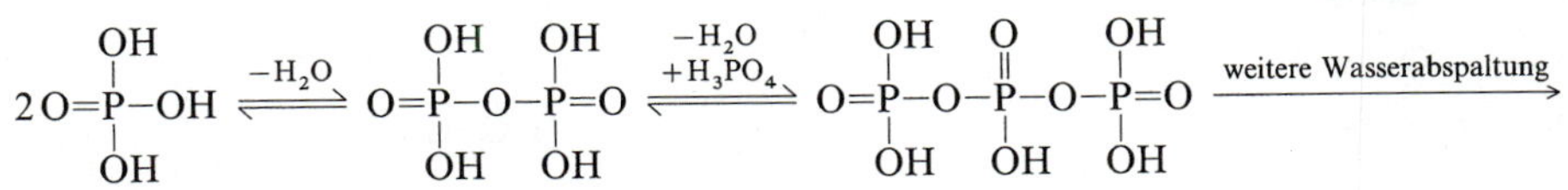

Phosporsäure Diphosphorsäure (Pyrophosphorsäure) Triphosphorsäure

⟶ „Phosphorpentoxid" P_4O_{10}, Phosphorsäureanhydrid

Es können auch cyclische Ester entstehen und in einer Verbindung kombiniert Ester und Anhydrid vorhanden sein.
Die Phosphorsäureester und -anhydride spielen eine große Rolle bei der Deckung des Energiebedarfs der Zelle.

Acylphosphate sind ganz allgemein Verbindungen, die die Gruppierung R—C(O)—OPO_3H_2 enthalten. Meist wird darunter aber speziell das Acetylphosphat, CH_3—CO—OPO_3H_2, verstanden.

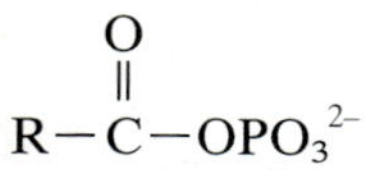
Acylphosphate

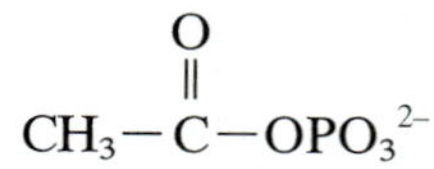
Acetylphosphat

Die folgenden Strukturen in Abb. 7.10 sind von zentraler biologischer Bedeutung:

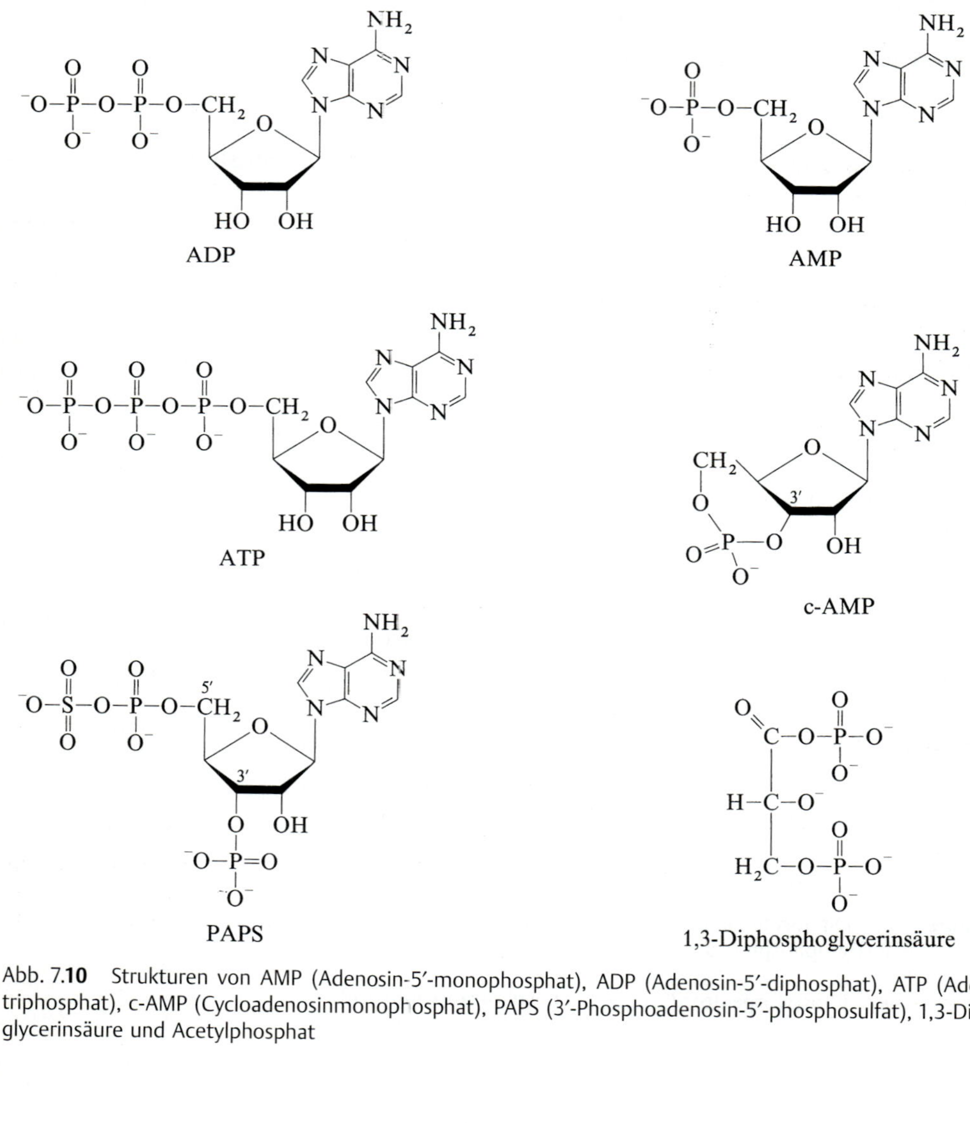

Abb. 7.**10** Strukturen von AMP (Adenosin-5′-monophosphat), ADP (Adenosin-5′-diphosphat), ATP (Adenosin-5′-triphosphat), c-AMP (Cycloadenosinmonophosphat), PAPS (3′-Phosphoadenosin-5′-phosphosulfat), 1,3-Diphosphoglycerinsäure und Acetylphosphat

PAPS (3′-Phosphoadenosin-5′-phosphosulfat) ist ein gemischtes Anhydrid aus einem Phosphorsäureester und Schwefelsäure. Bei der 1,3-Diphosphoglycerinsäure liegt sowohl ein Anhydrid zwischen einer Carboxylgruppe und der Phosphorsäure als auch ein Phosphorsäureester mit der OH-Gruppe in 3-Position vor. Beim Cyclo-AMP, Cyclo-Adenosinmonophosphat, liegt ein cyclischer Phosphorsäureester vor. Ausgehend vom AMP, Adenosinmonophosphat, über ADP, Adenosindiphosphat, bis zum ATP, Adenosintriphosphat, wird jeweils an den Adenosin-Phosphorsäureester AMP ein weiteres Phosphorsäuremolekül unter Anhydridbildung gebunden.

Freie Energie der Hydrolyse

Bei der Hydrolyse der Phosphorsäureanhydridbindung werden ca. 40 kJ/mol frei. Die freie Energie bzw. Enthalpie hängt von der Konzentration der Reaktionspartner ab. Die exergone Spaltung von Phosphorsäureester und Anhydridbindungen ist physiologisch von größter Bedeutung (siehe 6.3.4).

7.6.2 Schwefelsäure

Erkennen von Mono- und Diestern mit Alkoholen, Anhydriden mit Phosphorsäure (z.B. PAPS), Sulfonsäuren, Sulfonamiden

Mono- und Diester der Schwefelsäure mit Alkohol haben die folgenden allgemeinen Formeln (R = organischer Rest):

PAPS wurde schon unter 7.6.1 beschrieben. Sulfonsäuren haben die allgemeine Struktur $R{-}SO_3H$ (siehe auch Punkt 7.2.9). Sulfonamide (Sulfonsäureamide) haben die allgemeine Struktur RSO_2NR_2:

$R{-}SO_2OH$

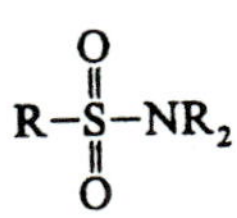

In der Medizin versteht man unter „Sulfonamiden" bakteriostatische Substanzen, die sich im wesentlichen vom Sulfanilamid ableiten.

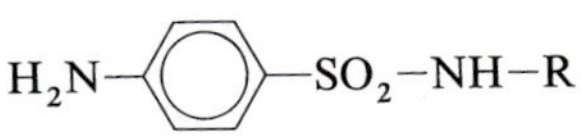

Wenn R = H: Sulfanilamid

Eine große Rolle spielt heute die Kombination des Sulfonamids Sulfamethoxazol mit Trimethoprim (kurz: Co-Trimoxazol) bei der Therapie zahlreicher bakterieller Infektionen.

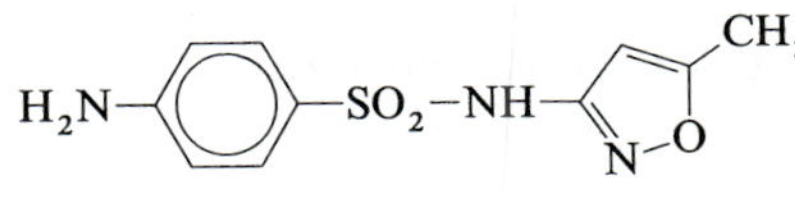

„Sulfamethoxazol" (INN)

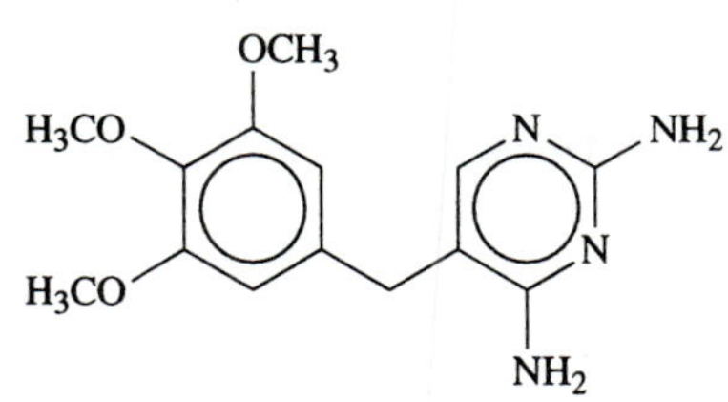

„Trimethoprim"

7.6.3 Kohlensäure

Struktur und Eigenschaften von Harnstoff und Guanidin, Erkennen von N-substituierten Harnstoff- und Guanidin-Derivaten (auch cyklischen) bei vorgegebenen Formeln; Carbamoylphosphat

Die Strukturen von Harnstoff, Guanidin und die ihrer Derivate sowie Carbamoylphosphat leiten sich von der Kohlensäure ab (siehe auch 2.14 und 2.16):

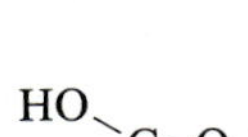

Kohlensäure

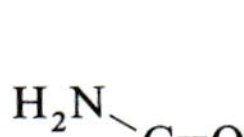

Harnstoff

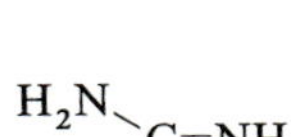

Guanidin

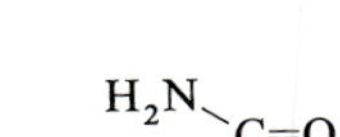

Carbamoylphosphat

Harnstoff-Derivate:
a) Barbitursäure und Analoga

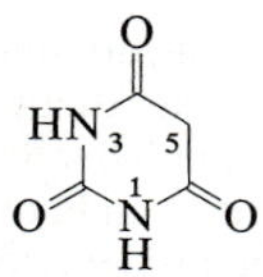
Barbitursäure

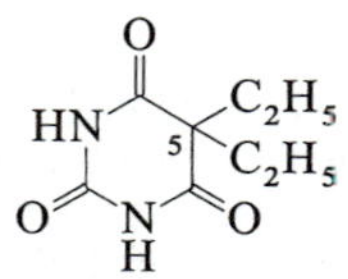
„Veronal"®
INN: Barbital

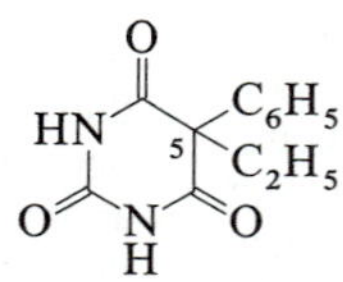
„Luminal"
INN: Phenobarbital

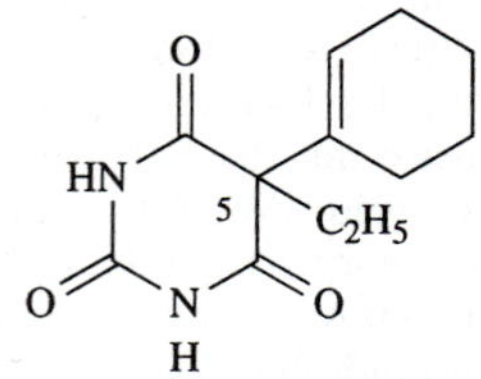
„Phanodorm"®
INN: Cyclobarbital

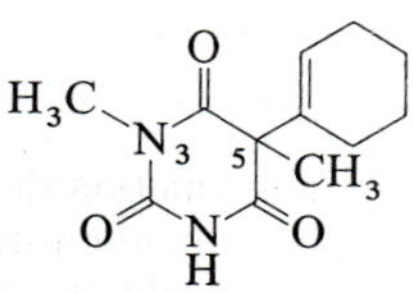
„Evipan"®
INN: Hexobarbital

INN = International Nonproprietary Name.

b) Pyrimidinbasen aus Nukleinsäuren

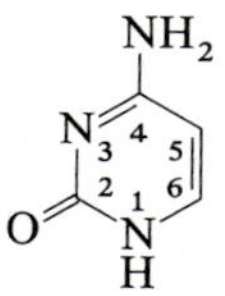
Cytosin

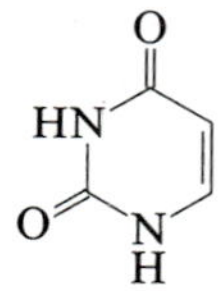
Uracil

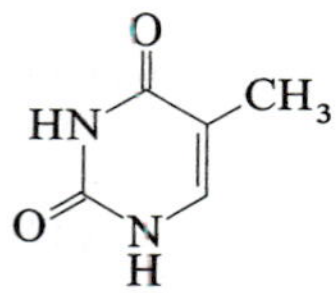
Thymin

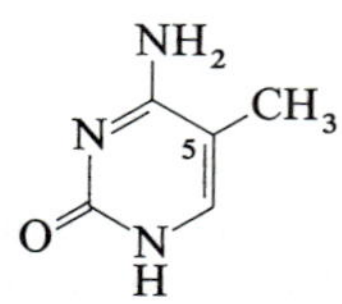
5-Methyl-cytosin

Guanidin-Derivate:

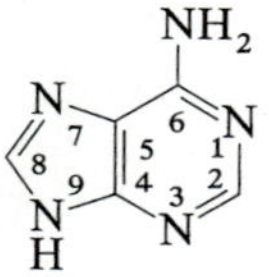
Adenin

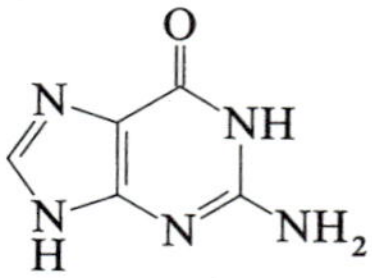
Guanin

Das aus dem Eiweißstoffwechsel entstammende Ammoniak, NH_3, das schon in niedrigen Konzentrationen giftig wirkt, wird als Harnstoff ausgeschieden. Harnstoff wird in der Leber aus Ammoniak und Kohlendioxid synthetisiert und täglich in einer Menge von etwa 30 g ausgeschieden.

Guanidin ist ein Abbauprodukt von Guanin. In der Natur sind Guanidin-Verbindungen wie Arginin, Kreatin und Kreatinin weit verbreitet.
Das Carbamoylphosphat spielt eine Rolle bei der Biosynthese der Pyrimidin-Basen und bei der Harnstoff-Synthese.

8 Isomerie organischer Verbindungen

8.1 Konstitution, Konformation, Konfiguration

Definition, Erkennen, welche Angabe vorgegebenen Formeln entnommen werden kann

Das Teilgebiet der Chemie, das sich hauptsächlich mit Stereoisomeren beschäftigt, wird Stereochemie genannt. *Stereoisomere* unterscheiden sich nur in ihrer dreidimensionalen Struktur, nicht aber in der Art, wie die einzelnen Atome miteinander verknüpft sind. Wichtige Begriffe sind die Konstitution, die Konformation und die Konfiguration.
Die *Konstitution* gibt die Art und Reihenfolge der in einem Molekül vorhandenen Atome und Bindungen an. Die Ausrichtung der Atome im Raum wird dabei nicht berücksichtigt.
Die *Konfiguration* beschreibt die räumliche Anordnung aller Atome innerhalb eines Moleküles ohne Berücksichtigung der verschiedenen Anordnungen, die durch Drehung der Atome um Einfachbindungen entstehen können.
Die *Konformation* gibt die genaue sterische Anordnung aller Atome wieder, einschließlich der unterschiedlichen Drehmöglichkeiten um Einfachbindungen. Abb. 8.1 verdeutlicht den Unterschied zwischen Konstitution, Konfiguration und Konformation.

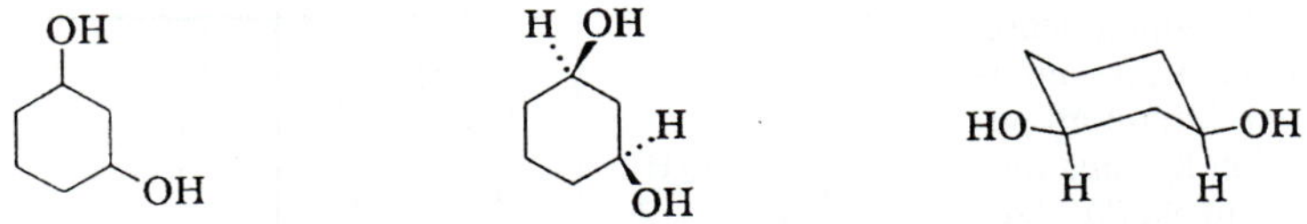

Konstitution — Konfiguration von 1,3-Dihydroxycyclohexan — Konformation

Abb. 8.1 Unterschied zwischen Konstitution, Konfiguration und Konformation

8.2 Konstitutionsisomere

Definition, Erkennen unter vorgegebenen Verbindungen (Strukturformel) wie z.B. Alkane bis C_6, Dimethylether/Ethanol, Citronensäure/Isocitronensäure

Konstitutionsisomere sind Verbindungen mit gleicher Summenformel, aber unterschiedlicher Verknüpfung der Atome.

Beispiele:

		Summenformel
$CH_3CH_2CH_2CH_3$ Butan	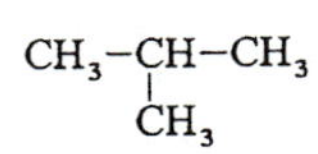 2-Methylpropan (*iso*-Butan)	C_4H_{10}
$CH_3CH_2CH_2CH_2CH_3$ *n*-Pentan	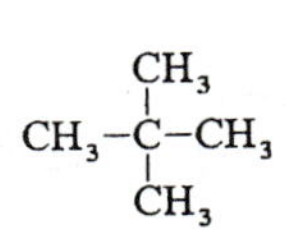 2,2-Dimethylpropan (Neopentan)	C_5H_{12}
$CH_3{-}O{-}CH_3$ Dimethylether	CH_3CH_2OH Ethanol	C_2H_6O
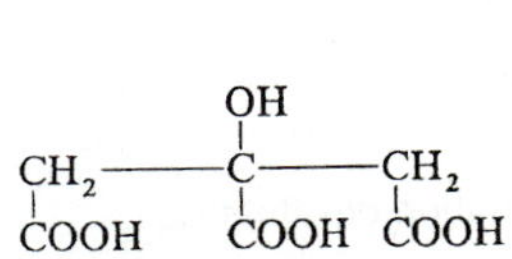 Zitronensäure	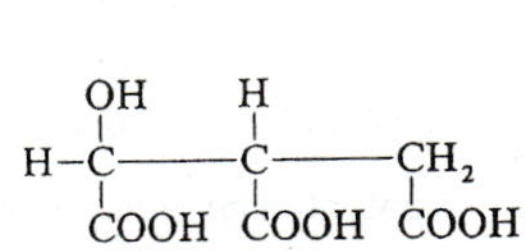 Isozitronensäure	$C_6H_8O_7$

8.3 Stereoisomere

Definition: Konfigurationsisomere, Konformere; Raumformel als Unterscheidungsmerkmal, *cis*-trans-Isomere, Verbindungen mit chiralen Zentren

Dieser Punkt wird unter 8.1, 8.4, 8.5.3 und 8.5.4 abgehandelt.

8.4 Konformere

Reihung der Konformeren des Ethans und *n*-Butans nach Energiegehalt (Newman-Projektion), Zick-Zack-Konformation langer aliphatischer Ketten (z. B. bei Fettsäuren), Zuordnung von Sessel- und Wannen-Form (Formel vorgegeben) des Cyclohexans, Reihung von Konformeren bei mono- und disubstituierten Cyclohexanderivaten nach Energieinhalt

Konformationen unterscheiden sich durch die unterschiedliche Drehung über eine σ-Bindung verknüpfter Atome um die Kern-Kern-Verbindungsachse. *Konformere* oder *Konformationsisomere* sind Konformationen eines Moleküls, die einem Minimum potentieller Energie entsprechen. In Abb. 8.3 sind dies die Konformationen mit den Drehwinkeln 60°, 180° und 300°. Konformere haben die gleiche Summenformel und, soweit die Konformation, also die räumlich exakte Struktur nicht angegeben ist, auch die gleiche Strukturformel.

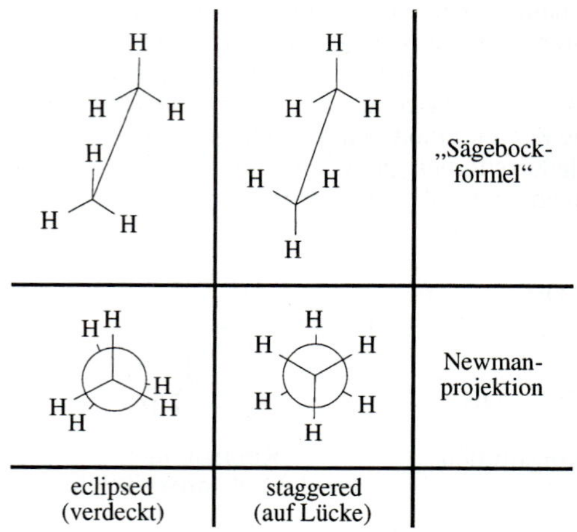

Abb. 8.2 Konformationen des Ethans (Newman-Projektion)

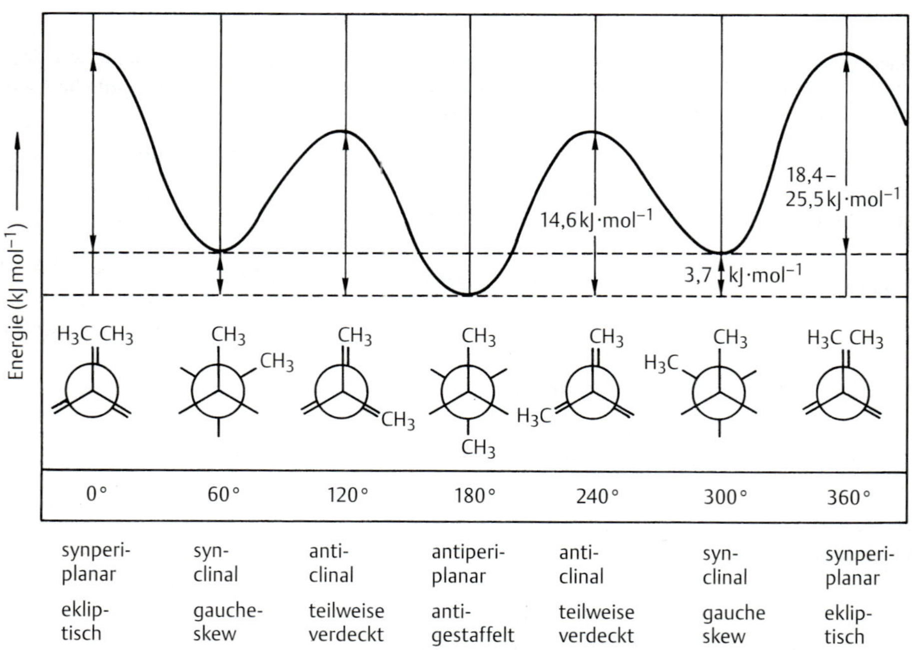

Abb. 8.3 Konformationen und Diagramm der potentiellen Energie der Konformation des Butans

Um Konformationen darzustellen, verwendet man die sogenannte *Newman-Projektion.*

Hierbei sieht man in Richtung der σ-Bindung, um die sich zwei gegenüberliegende Molekülteile gegeneinander drehen können. Im Falle des Ethans sieht man in die Richtung der C—C σ-Bindung. Diese steht also senkrecht auf der Papierebene.

Die Bindungen der drei Wasserstoffatome zum vorderen C-Atom werden mit durchgezogenen Linien symbolisiert, während die zum hinteren C-Atom an einem Kreis enden (Abb. 8.2).

Wie aus Abb. 8.1 ersichtlich, können die Wasserstoffatome zueinander auf Lücke (staggered) oder gestaffelt, bzw. verdeckt oder eclipsed (ekliptisch) stehen.

Natürlich sind auch Zwischenformen denkbar, die aber nicht extra bezeichnet werden.

Die verdeckte bzw. ekliptische Form wird in der Newman-Projektion etwas verdreht gezeichnet, obwohl die einzelnen H-Atome direkt hintereinanderliegen.

Wie man sich leicht vorstellen kann, ist aufgrund der gegenseitigen Abstoßung der Substituenten, in diesem Fall der H-Atome, die eclipsed-Form immer energiereicher als die staggered-Form. Der Energieunterschied beträgt etwa 12,6 kJ/mol. Dieser Energieunterschied ist so gering, daß bei Raumtemperatur die Drehung um die C—C σ-Bindung praktisch nicht behindert wird.

Zwei zusätzliche Konformere kommen hinzu, wenn man die Drehung um die mittlere C—C-Bindung, beispielsweise des Butanmoleküls betrachtet, da die beiden betreffenden Kohlenstoffatome dann substituiert sind.

Die Mehrzahl der Butanmoleküle befindet sich im Gaszustand in der etwas energieärmeren anti-Konformation. Ein geringerer Teil der Moleküle nimmt auch die gauche-Konformation an. Der Energieunterschied zur synperiplanaren Konformation beträgt etwa 25 kJ/mol.

In einer langen C—C-Kette ist die sogenannte Zick-Zack-Kette die stabilste Konformation. In ihr haben alle Atome den größtmöglichen Abstand zueinander, z. B. Stearinsäure (*n*-Oktadecansäure).

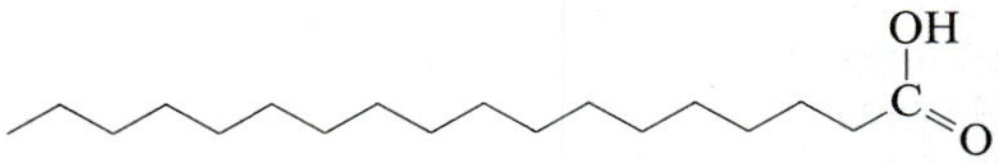

Sessel- und Wannenform des Cyclohexans und dessen Substitutionsprodukte siehe 8.5.2

8.5 Konfigurationsisomere

8.5.1 Cis-trans-Isomere

Erkennen anhand vorgegebener Strukturformeln (z. B. 2-Buten, Maleinsäure/Fumarsäure, Ölsäure/Elaidinsäure)

Durch eine Doppelbindung, wie im Fall des 2-Buten, ist die freie Drehbarkeit um die C—C-Achse aufgehoben. Es ist deshalb ein sogenanntes *cis-Isomer* mit cis-ständigen CH_3-Gruppen und ein *trans-Isomer* mit trans-ständigen CH_3-Gruppen möglich. Man bezeichnet diese Isomeren als *geometrische Isomere.*

cis-2-Buten

trans-2-Buten

Weitere Beispiele sind die *cis-trans*-Isomeren Maleinsäure/Fumarsäure und Ölsäure/Elaidinsäure:

Maleinsäure
cis-konfiguriert

Fumarsäure
trans-konfiguriert

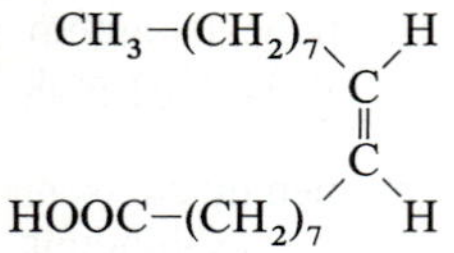

Ölsäure
cis-konfiguriert

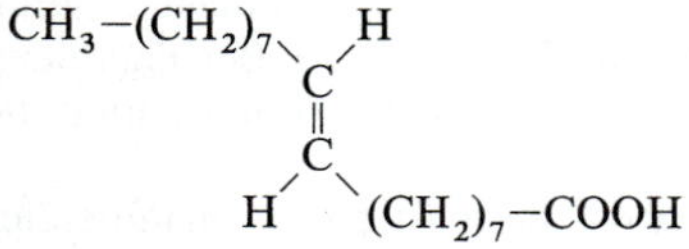

Elaidinsäure
trans-konfiguriert

Bei mehr als einem Substituenten pro doppelt gebundenem C-Atom versagt die *cis/trans*-Nomenklatur. Sie wird ersetzt durch die *E/Z-Nomenklatur*. „*E*“ steht für **e**ntgegen und „*Z*“ für **z**usammen. Dieses Nomenklatursystem macht von der Prioritätenfolge der Substituenten nach Cahn, Ingold und Prelog Gebrauch. Danach steigt die Priorität eines Substituenten mit seiner Ordnungszahl. Die Cahn-Ingold-Prelog Regeln werden im Zusammenhang mit der noch zu besprechenden Spiegelbildisomerie näher erläutert werden. Um festzulegen, ob es sich um ein *E*- oder *Z*-Isomeres handelt, bestimmt man bei jedem der doppelt gebundenen C-Atome den Substituenten mit der höchsten Priorität. Liegen diese bei beiden C-Atomen auf der gleichen Seite des Moleküls, handelt es sich um das *Z*-Isomere.

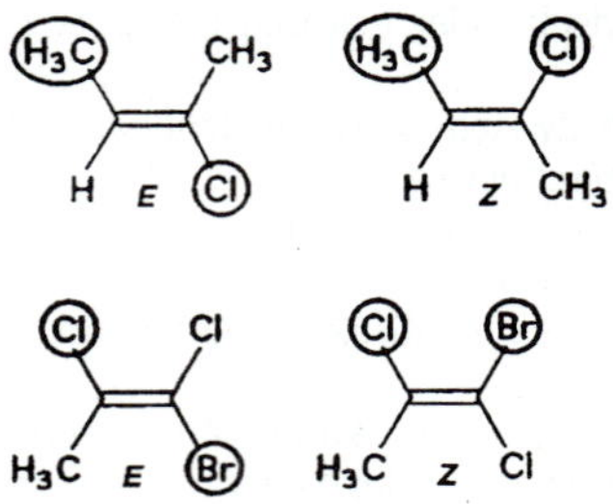

8.5.2 *Cis-trans*-Isomere am Cyclohexan

Erkennen bei disubstituierten Cyclohexanderivaten, Kennzeichnung axialer und equatorialer Substituenten

Cyclohexan, das üblicherweise durch einen in die Papierebene projizierten 6-Ring dargestellt wird, kann, wenn man die einzelnen Konformere berücksichtigt, sowohl in einer *Sessel*- als auch in einer *Wannenform* vorliegen.
Die Sesselform des Cyclohexans ist etwas energieärmer als die Wannenform. Der Energieunterschied beträgt etwa 25 kJ/mol. Die Bindungen am Cyclohexanmolekül vom Kohlenstoff zu Wasserstoff oder anderen Substituenten lassen sich in *equatoriale* (e) und *axiale* (a) Bindungen einteilen. Equatoriale Bindungen liegen in erster Näherung in der Ringebene, axiale etwa parallel zu einer Achse senkrecht zur Molekülebene.

Wird das Cyclohexan mit anderen Gruppen als Wasserstoff, beispielsweise Chlor, substituiert, so erfolgt dies bevorzugt in der equatorialen Stellung, da hier die geringste sterische Hinderung durch die übrigen Substituenten bzw. H-Atome besteht.
Beim 1,2-substituierten Cyclohexan gibt es ein *trans*- und ein *cis*-Isomer. Das *trans-Isomer* kann in einer a,a- und in einer e,e-Form, das *cis-Isomer* in einer e,a- und in einer a,e-Form auftreten. Beim *cis*-Isomeren unterscheiden sich die beiden Konformere nicht in ihrem Energiegehalt, während bei den *trans*-Isomeren die equatoriale e,e-Form bevorzugt ist.
Innerhalb der *cis*- bzw. der *trans*-Konformere erfolgt die Umwandlung über ein einfaches Umklappen der Sesselform. In ähnlicher Weise lassen sich auch bei 1,3-Substitutionen *cis*- und *trans*-Isomere mit entsprechenden Konformeren unterscheiden.

Abb. 8.**4** Sessel- und Wannenform des Cyclohexan mit axialen (a) und equatorialen (e) Bindungen

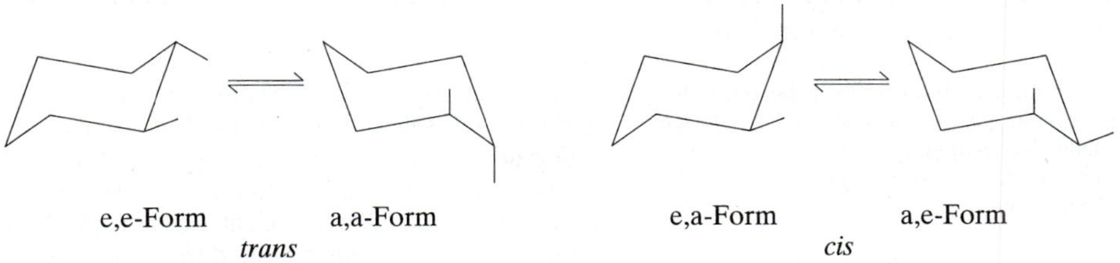

Abb. 8.5 *cis-* und *trans-*Isomere beim 1,2-disubstituierten Cyclohexan

8.5.3 Verbindungen mit chiralen Zentren

Definition des Chiralitätszentrums, Kennzeichnung von Chiralitätszentren in vorgegebenen Strukturformeln

8.5.4 Enantiomere

Definition, Zuordnung bei vorgegebenen Verbindungen mit einem Chiralitätszentrum (Projektionsschreibweise nach Fischer oder perspektivisch gekennzeichnet)

zu 8.5.3 und 8.5.4

Ist ein Kohlenstoff mit vier verschiedenen Substituenten besetzt, wie es bei der Milchsäure der Fall ist, so existieren bei gleicher Summenformel zwei verschiedene Isomere, die sich wie Bild und Spiegelbild zueinander verhalten. Solche Isomere nennt man *Enantiomere* oder *optische Antipoden.*

Das Kohlenstoffatom, welches die vier verschiedenen Substituenten trägt, nennt man *asymmetrisches C-Atom* oder *Chiralitätszentrum.* Ein Chiralitätszentrum wird durch einen Stern am entsprechenden Kohlenstoffatom gekennzeichnet.

Um die genaue Konfiguration der beiden Enantiomeren anzugeben, benutzt man die sogenannten *Fischer-Projektionen.*

Die Konfiguration ist in der oberen Hälfte der Abb. 8.6 angegeben. Man sieht, daß sich beide Moleküle wie Bild und Spiegelbild verhalten und nicht miteinander in Deckung zu bringen sind. Enantiomere können nur auf chemischem Wege ineinander umgewandelt werden, da hierfür Bindungen gebrochen und neue gebildet werden müssen.

Bei den Fischer-Projektionen in der unteren Hälfte der Abb. 8.6 wurden die darüber befindlichen Bilder in die Papierebene projiziert, wobei vereinbarungsgemäß die waagerechten Bindungen vor der Papierebene liegen und die senkrechten hinter der Papierebene.

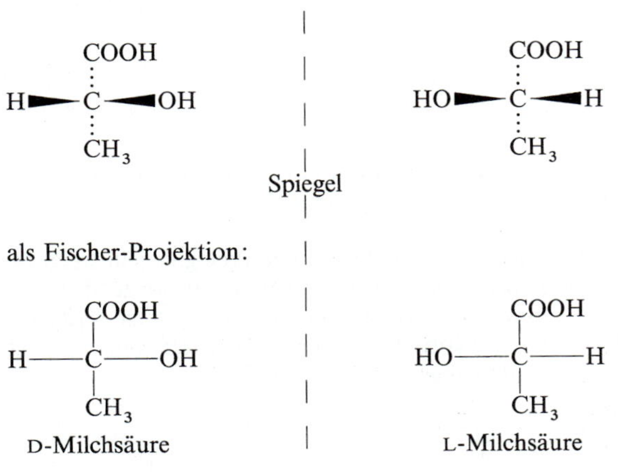

Abb. 8.6 Herleitung der Fischer-Projektionen der D- und L-Milchsäure

8.5.5 Eigenschaften von Enantiomeren

Unterschiede: Drehsinn der Drehung des linear polarisierten Lichtes, Reaktivität gegenüber chiralen Reagentien. Keine Unterschiede: Siede- und Schmelztemperatur, Löslichkeit, spektroskopische Daten und Reaktivität gegenüber achiralen Reagentien

Enantiomere unterscheiden sich in den meisten chemischen und physikalischen Eigenschaften wie Löslichkeit, Schmelzpunkt, Siedepunkt, Reaktivität gegenüber achiralen Reagentien, spektroskopischen Daten usw., nicht.

Eine Ausnahme ist das Verhalten gegenüber Reagentien, die selbst chiral sind. Dies spielt eine große Rolle in Medizin und Biologie. Ebenfalls verhalten sich die beiden Enantiomere unterschiedlich gegenüber polarisiertem Licht, dessen Schwingungsebene beim Durchgang durch eine Lösung eines Enantiomeren gedreht wird. Die Drehung der Schwingungsebene erfolgt bei beiden Enantiomeren um den gleichen Betrag, aber in entgegengesetzter Richtung.

8.5.6 D/L-Nomenklatur

Erkennen von D/L-Isomeren (z.B. α-Aminosäuren, Glyceroaldehyd)

Die D/L-Nomenklatur ist eine historische Bezeichnungsweise für asymmetrische Kohlenstoffatome, die die *relative Konfiguration* angibt. Bezugssubstanz ist der Glycerinaldehyd: Dem rechtsdrehenden Enantiomeren wurde willkürlich die Konfiguration zugeteilt, in der nach der Fischer-Projektion die Hydroxygruppe des asymmetrischen Kohlenstoffatoms auf der rechten Seite steht. Dieses Enantiomere wurde mit „D" gekennzeichnet und der optische Antipode mit „L".
Alle optischen aktiven Verbindungen, die sich *chemisch* auf den D- oder L-Glycerinaldehyd zurückführen ließen, wurden entsprechend der D- oder L-Reihe zugeordnet. Bei Sacchariden, die mehrere asymmetrische Kohlenstoffatome im Molekül aufweisen, entscheidet das vom höchstoxidierten Kohlenstoffatom am weitesten entfernte asymmetrische Zentrum. In der Fischer-Schreibweise, vgl. Abschn. 10, ist dies immer das unterste asymmetrische Kohlenstoffatom, bei α-Aminosäuren die Stellung der Aminogruppe.
Als weiteres Beispiel sei der Glycerinaldehyd (Glycerolaldehyd) aufgeführt:

D-Glycerinaldehyd L-Glycerinaldehyd

8.5.7 Diastereomere

Definition, Unterschiede in Siede- und Schmelztemperatur, Löslichkeit, Drehwert

Diastereomere sind Stereomere, die keine Enantiomere sind.

Diastereomere unterscheiden sich in Siedepunkt, Schmelzpunkt und Löslichkeit.

8.5.8 Unterscheidung von Enantiomeren und Diastereomeren

Erkennen bei Vorgabe biochemisch relevanter Moleküle mit 2 bis 4 Chiralitätszentren in Fischer-Projektion

R/S-Nomenklatur nach Cahn, Ingold und Prelog

Die D/L-Nomenklatur gibt die *relative Konfiguration* an und bezieht sich auf den D- und L-Glycerinaldehyd (8.5.6). Die *R/S*-Nomenklatur gibt die *absolute Konfiguration* an. Es wird empfohlen, sich in ausführlichen Lehrbüchern über die beiden Nomenklatursysteme zu informieren. Hier kann nur eine kurze Gebrauchsanleitung gegeben werden.

Nach den Cahn, Ingold und Prelog Regeln steigt die *Priorität* eines Substituenten mit steigender Ordnungszahl. Primär hängt die Reihenfolge (Priorität) der Substituenten eines Kohlenstoffatoms von den *direkt* gebundenen Atomen ab.

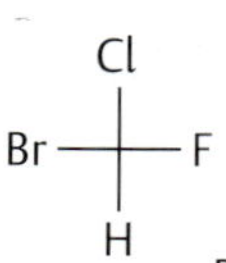

Br>Cl>F>H

Wenn damit keine Entscheidung getroffen werden kann, betrachtet man die auf das direkt gebundene Atom folgenden Atome.

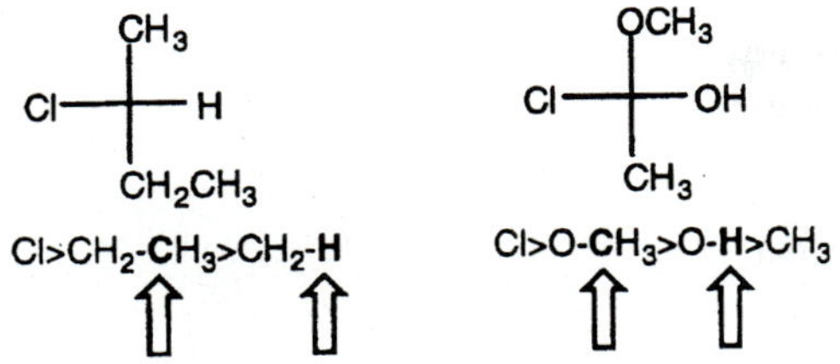

Bestimmung der absoluten Konfiguration

Die Bestimmung der Konfiguration muß für jedes asymmetrische Kohlenstoffatom getrennt durchgeführt werden. In der Fischer-Projektion wird dazu der Substituent niedrigster Priorität nach unten geschrieben und beim weiteren Vorgehen ignoriert. Die drei übrigen Substituenten werden mit einem bogenförmigen Pfeil in Richtung fallender Priorität miteinander verbunden. Der Drehsinn gibt die absolute Konfiguration wieder. Verläuft er im Uhrzeigersinn, liegt eine *R*-Konfiguration vor, verläuft er entgegen dem Uhrzeigersinn, besitzt das gerade betrachtete C-Atom *S*-Konfiguration.

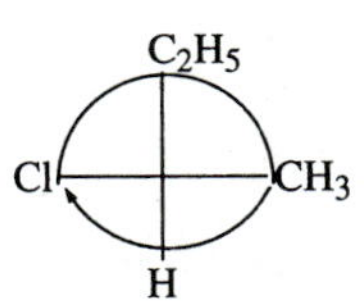

R

Es ist unbedingt darauf zu achten, daß der Rest mit der geringsten Priorität nach unten geschrieben wird. Dazu kann es notwendig werden, Substituenten gegeneinander auszutauschen. Der einfache Austausch von zwei Substituenten führt zur Konfigurationsumkehr. Erst durch einen doppelten Austausch bleibt die ursprüngliche Konfiguration erhalten.

Das Vorgehen sei am Beispiel des 1,2-Dichlorbutans erläutert.

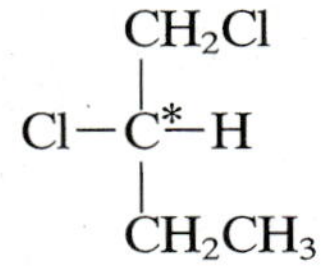

In der Fischer Projektion muß zunächst das Wasserstoffatom nach unten gebracht werden. Dazu tauscht man H gegen C_2H_5. Das Ergebnis der Operation führt zur (falschen!) *R*-Konfiguration. Erst der doppelte Austausch führt zur korrekten *S*-Konfiguration (Abb. 8.7).

Mit der Zahl der Chiralitätszentren wächst auch die Zahl der möglichen Stereoisomeren bzw. Enantiomeren und Diastereomeren. Betrachten wir uns beispielhaft das 2,3-Dibrompentan, wie es in Abb. 8.8 dargestellt ist.

Man erhält in diesem Fall zwei Enantiomerenpaare. Die 2*R*,3*R*-Form ist enantiomer zur 2*S*,3*S*-Form. Außerdem ist die 2*R*,3*S*-Form enantiomer zur 2*S*,3*R*-Form, alle übrigen Kombinationen sind diastereomer zueinander. Sind die beiden Chiralitätszentren mit denselben Substituenten besetzt, so reduziert sich die Anzahl der Stereoisomeren, wie es in der Abb. 8.9 für die Weinsäure dargestellt ist.

Man hat ein Enantiomerenpaar, nämlich die 2*R*,3*R*-Weinsäure und die 2*S*,3*S*-Weinsäure. Außerdem existiert die sogenannte *meso*-Weinsäure, die diastereomer zu den übrigen Formen ist.

Die *meso*-Weinsäure ist durch eine innere Spiegelebene zwischen den beiden mittleren Kohlenstoffatomen charakterisiert und ist daher optisch inaktiv, d. h. sie dreht die Polarisationsebene des Lichtes nicht.

Als *Racemat* bezeichnet man die insgesamt optisch inaktive Mischung aus zwei Enantiomeren im Verhältnis 1 : 1, bei der sich die Drehung des polarisierten Lichtes durch beide Enantiomeren gegenseitig aufhebt.

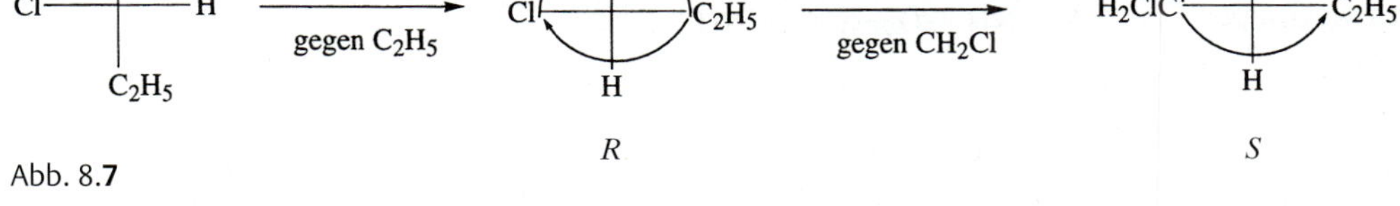

R *S*

Abb. 8.**7**

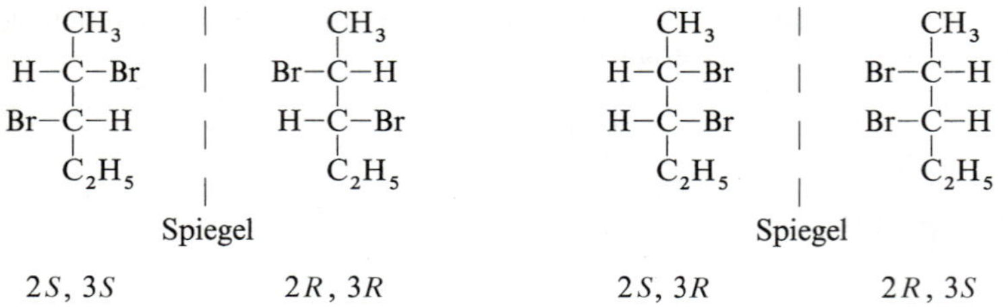

Abb. 8.**8** Enantiomere und Diastereomere des 2,3-Dibrompentan

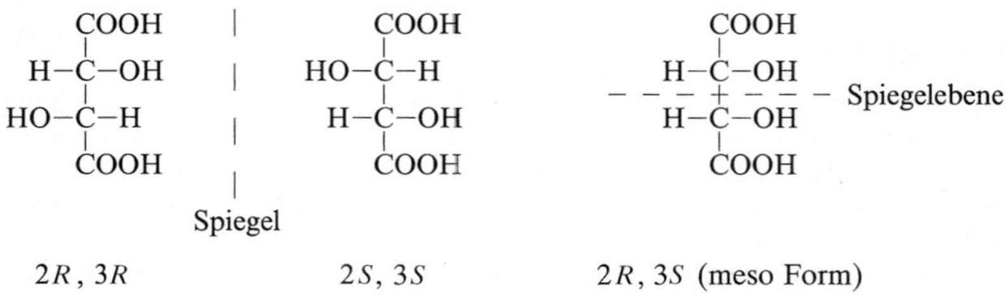

Abb. 8.**9** Enantiomere und Diastereomere der Weinsäure

9 Funktionelle Gruppen und Stereochemie von Natur- und Arzneistoffen

Überprüfung vorgegebener Strukturformeln, auch in komplizierten biochemisch oder medizinisch wichtigen Verbindungen (Abschnitt „Chemie wichtiger Naturstoffe"), auf die in Kap. 7 und 8 genannten funktionellen Gruppen und Strukturmerkmale

Funktionelle Gruppen wie primäre, sekundäre und tertiäre Amine und Alkohole sowie Mercaptane, Ether, Carbonsäuren und ihre Derivate und Sulfonamidgruppierungen sollen in Naturstoffen und Arzneimitteln erkannt und benannt werden können. Dies sei an einigen Beispielen erläutert.

Folsäure
a primäres Amin
b sekundäres Amin
c Säureamid-Gruppe
d Carboxylgruppe
e Guanidin-Gruppe

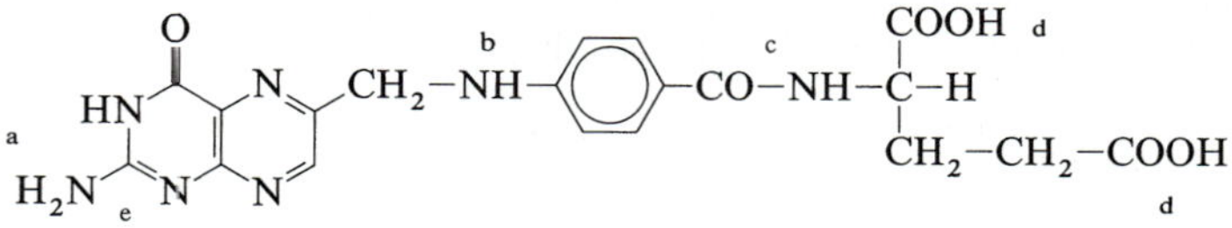

Phthalylsulfathiazol
a Sulfonamidgruppe
b Säureamidgruppe
c Carboxylgruppe

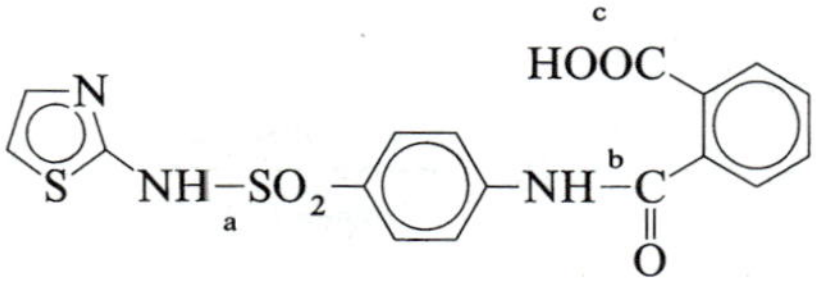

Pyridoxin
a phenolische Gruppe
b primärer Alkohol
c Pyridin

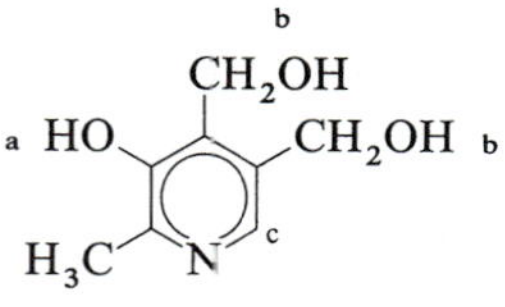

Captopril
a Säureamidgruppe
b Thioalkoholgruppe
c Carboxylgruppe

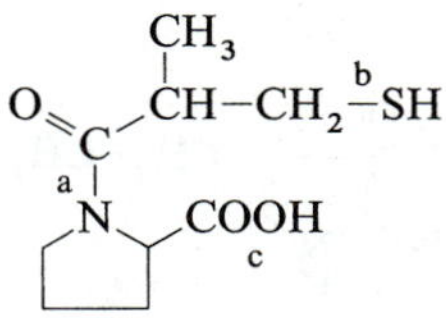

Chinin
a sekundärer Alkohol
b tertiäres Amin
c Ether
d Pyridinring
e Alken

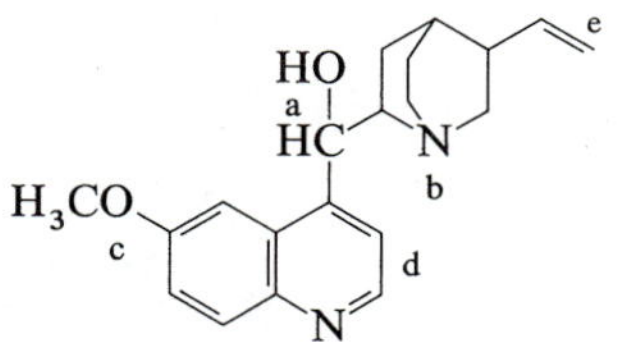

Riboflavin (= Vitamin B_2)
a primärer Alkohol
b tertiäres Amin
c Pyrazinring
d Säureamid
e sekundärer Alkohol
f Harnstoff

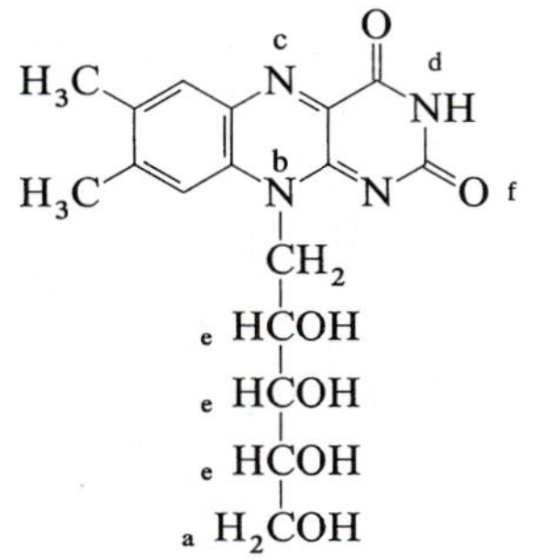

Chlortalidon
a Säureamid
b Keton
c Sulfonamid
d ortho-substituierter Benzolring

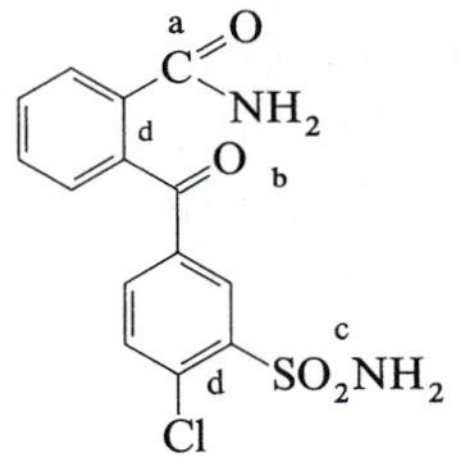

Thiaminmolekül
a Pyrimidinring
b Thiazolring
c primärer Alkohol
d primäres Amin

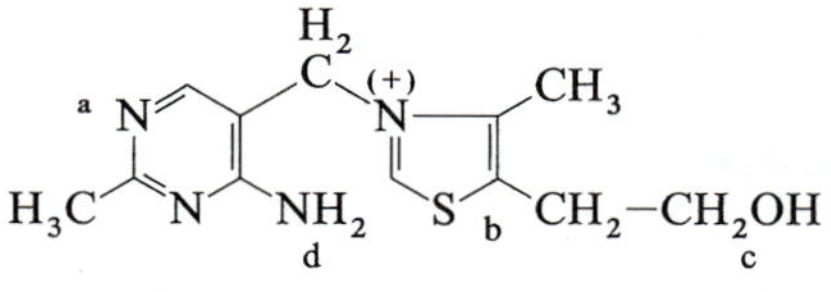

Griseofulvin
a Keton
b Enolether

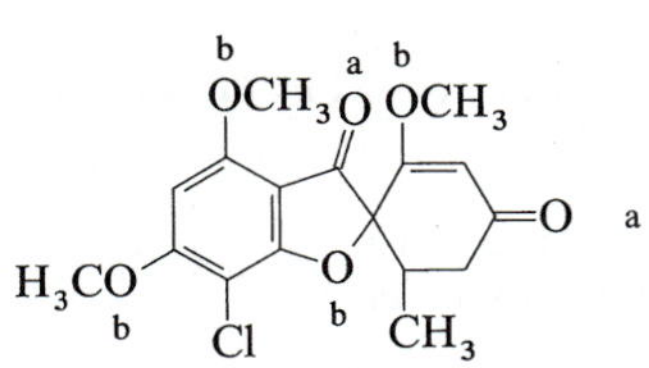

Spectinomycin
a sekundäres Amin
b sekundärer Alkohol
c n-Hydroxyketon
d Ether

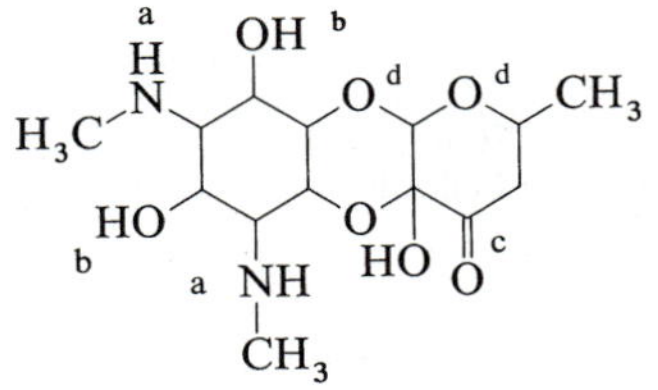

Serotonin
a Indol
b primäres Amin
c Phenol

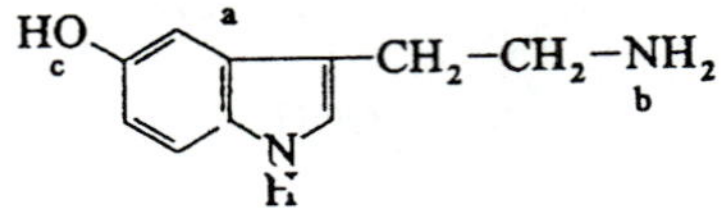

Sphingomyelin
a Amidbindung (Säureamid)
b trans-konfigurierte Doppelbindung
c sekundärer Alkohol
d quartäres Ammoniumsalz
e Phosphorsäurediester

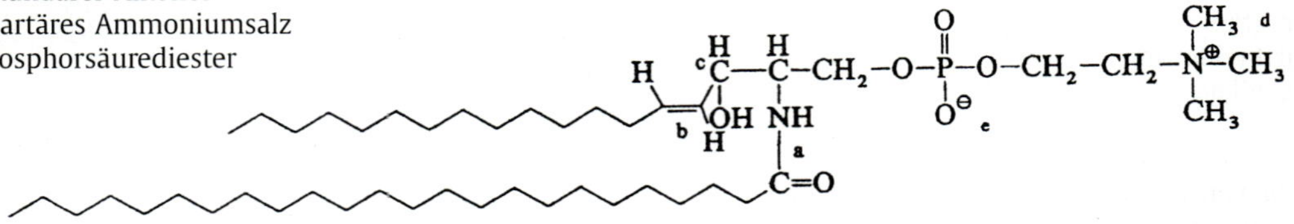

Thiaminpyrophosphat
a Thiazolring
b Pyrimidinring
c primäres Amin
d Diphosphat

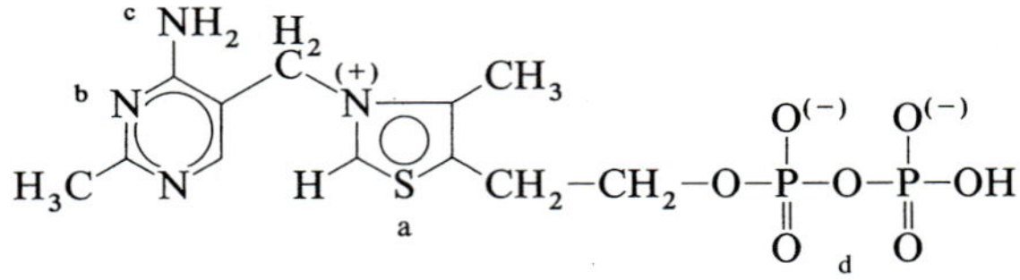

N-Acetylneuraminsäure
a Monocarbonsäure
b OH-Gruppe in axialer Position
c OH-Gruppe in equatorialer Position
d primärer Alkohol
e Halbacetal
f Säureamid
g Glycerin

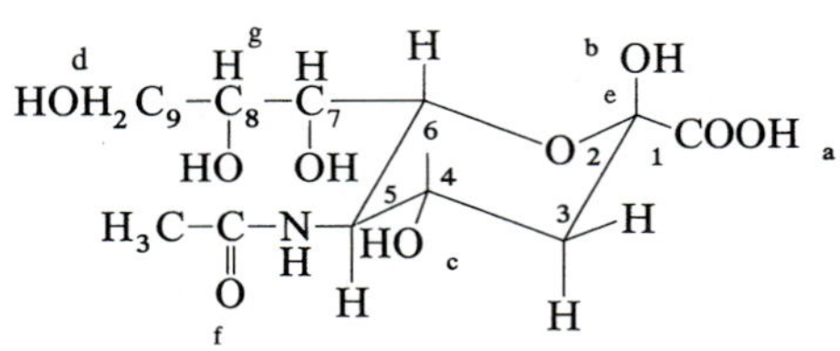

10 Kohlenhydrate

10.1 Monosaccharide

10.1.1 Klassifizierung

Triosen, Tetrosen, Pentosen, Hexosen, Aldosen, 2-Desoxyaldosen, Ketosen, Furanosen, Pyranosen, Aminozucker (Verbindungen vorgegeben)

10.1.2 Schreibweisen

Erkennen von vorgegebenen Verbindungen (s. 2.20) in der Fischer-Projektion, in der Haworth-Formel und Sesselform-Schreibweise

10.1.3 Stereochemie

D- und L-Reihe, α- und β-Anomere, $^4C_1$-Konformation bei Pyranosen der D-Reihe

10.1.4 Struktur

siehe auch 2.20

10.1.5 Reaktionen

Prinzip der Umsetzung mit alkoholischen OH-Gruppen (Halbacetale und Acetale), Aminen, Oxidationsmitteln (-onsäuren, -uronsäuren), Reduktionsmitteln (Zuckeralkohole)

10.1.6 Funktion

Energielieferanten, Bausteine für die Synthese von Disacchariden, Polysacchariden, Glykoproteinen, Glykolipiden, Glykosaminoglykanen

zu 10.1 – 10.1.6

Unter *Kohlenhydraten* verstand man ursprünglich Verbindungen, denen die Summenformel $(CH_2O)_n$ zukommt, die, wie im Namen ursprünglich angedeutet, Kohlenstoff C und Wasser H_2O im Verhältnis 1 : 1 enthalten. Diese Definition ist heute nicht mehr streng gültig, den Namen hat man allerdings beibehalten.
Kohlenhydrate werden heute oft auch als *Saccharide* (von saccharon = Zucker) bezeichnet. Man unterteilt sie in *Monosaccharide,* wie Ribose, Glucose, Fructose, *Oligosaccharide,* wie Saccharose (Rohrzucker) und Lactose (Milchzucker) und *Polysaccharide,* wie Stärke, Glykogen und Zellulose.
Die *Monosaccharide* werden je nach Anzahl der enthaltenen Kohlenstoffatome unterteilt in Triosen, Tetrosen, Pentosen, Hexosen und Heptosen.
Diese unterteilt man wieder in Aldosen und Ketosen, je nachdem, ob sie eine Aldehyd- oder eine Ketofunktion enthalten.

Die Aldosen lassen sich vom Glycerinaldehyd, einer Aldotriose, ableiten (Abb. 10.1).

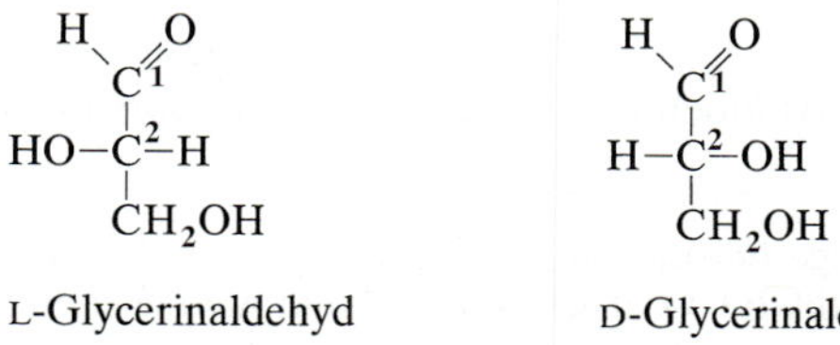

Abb. 10.**1** Fischer-Projektionen der Aldotriosen L-Glycerinaldehyd und D-Glycerinaldehyd

Das C-2-Atom ist in dieser Verbindung asymmetrisch. Steht die OH-Gruppe in der Fischer-Projektion links, spricht man von L-, steht sie rechts, von D-Glycerinaldehyd.
Analog hierzu werden die restlichen Aldosen der D- oder L-Reihe zugeordnet.
Die Konfiguration an dem von C-1 weitest entfernten Asymmetriezentrum entscheidet über die Zuordnung (Abb. 10.2).

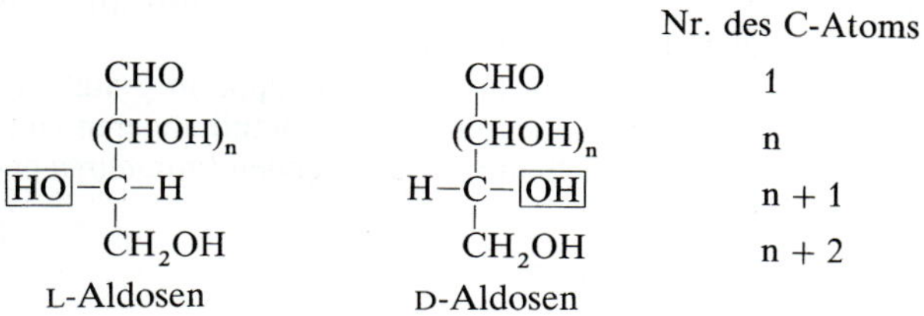

Abb. 10.**2** Fischer-Projektionen der D- und L-Aldosen

Die übrigen C-Atome, in Abb. 10.2 zwischen C_1 und C_{n+1}, sind ebenfalls asymmetrisch, werden aber bei der Zuordnung zur D- oder L-Reihe nicht berücksichtigt.

Das *optische Drehvermögen* des jeweiligen Zuckers bzw. Monosaccharids ist unabhängig von der Zuordnung zur D- oder L-Reihe. Die Richtung der Drehung der Polarisationsebene wird mit dem Vorzeichen + oder – angegeben. Der linksdrehende L-Glycerinaldehyd wird deshalb auch als L-(–)-Glycerinaldehyd geschrieben.

Wichtige *Aldosen* sind die D-Ribose, eine Aldopentose und die D-2-Desoxyribose, eine Desoxyaldopentose, bei der am C-Atom 2 eine Hydroxygruppe durch ein Wasserstoffatom ersetzt ist. Beide sind wichtige Bestandteile der Nukleinsäuren.

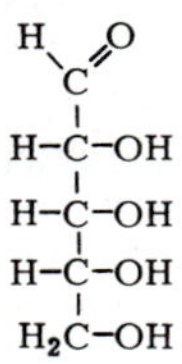

D-Ribose
(eine Aldopentose)

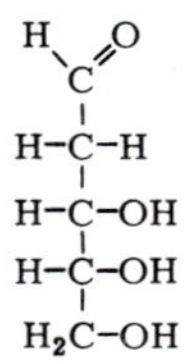

D-2-Desoxyribose
(eine Desoxyaldopentose)

Wichtige *Hexosen* sind die D-Glucose (Traubenzucker) und die D-Galaktose. Beide sind Aldohexosen.

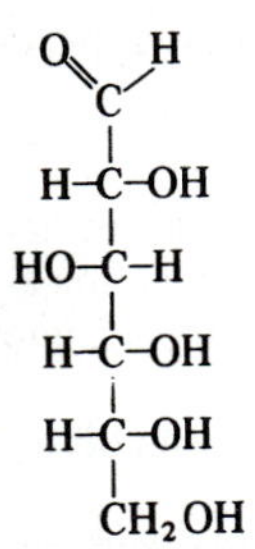

D-Glucose

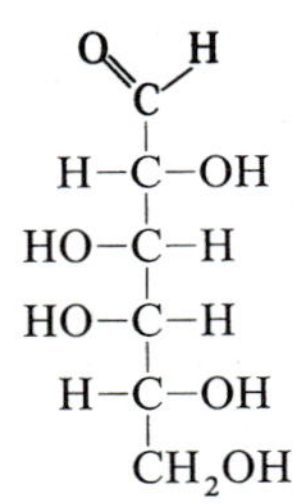

D-Galaktose

Zwei Aldohexosen

Die meisten Zucker sind infolge der vielen Hydroxylgruppen sehr leicht wasserlöslich. Die *Ketosen* tragen an Stelle einer Aldehydfunktion am C_1 eine Ketofunktion an einem der folgenden C-Atome.

Die Zuordnung zur D- oder L-Reihe geschieht analog wie bei den Aldosen. Eine wichtige Ketohexose ist die D-Fructose.

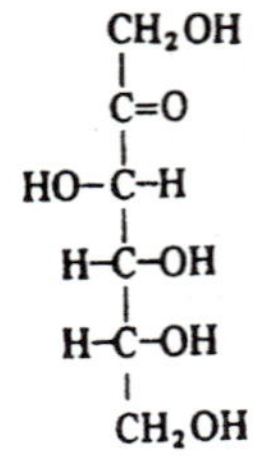

D-Fructose
eine Ketohexose

Ein wichtiges Derivat der Glucose ist die *Gluconsäure,* welche sich aus Glucose leicht durch Oxidation herstellen läßt. Auch mit anderen Zuckern lassen sich die entsprechenden *-onsäuren (Aldonsäuren)* erhalten.

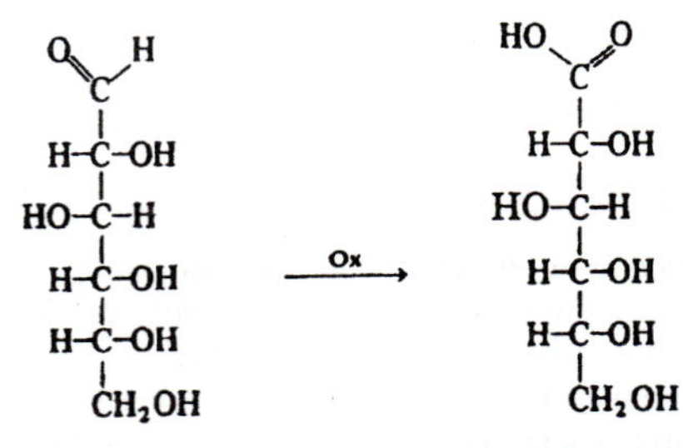

D-Glucose D-Gluconsäure

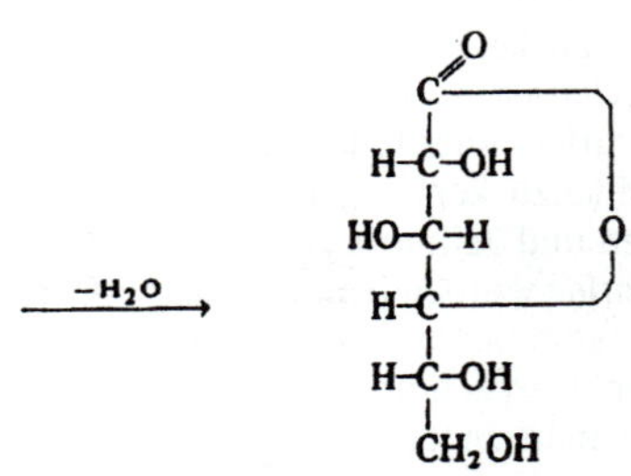

D-Gluconsäure-γ-lacton

Hierbei wird die Aldehydfunktion am C-Atom 1 zur Carboxylgruppe oxidiert. Diese kann mit der OH-Gruppe am C-Atom 5 unter Wasserabspaltung zu einem Lacton reagieren.

Durch Oxidation der CH_2OH-Gruppe in 6-Stellung entsteht die Glucuronsäure. Auch mit anderen Zuckern lassen sich die entsprechenden *Uronsäuren* erhalten.

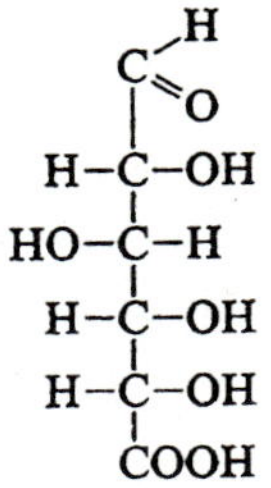

Glucuronsäure

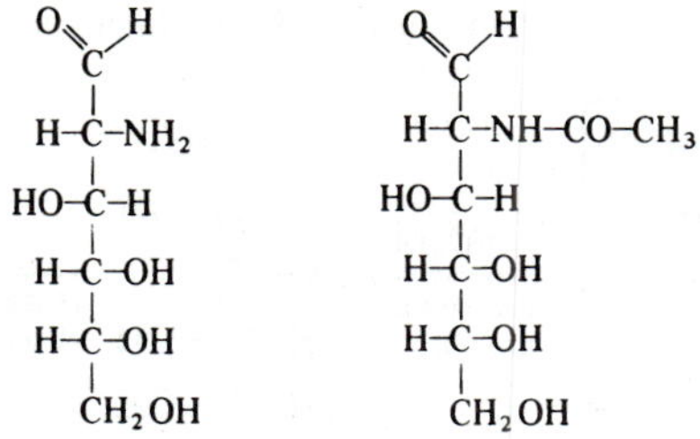

D-Glucosamin N-Acetyl-D-glucosamin

Mit geeigneten Reduktionsmitteln lassen sich die Monosaccharide zu mehrwertigen Alkoholen, den sogenannten *Zuckeralkoholen,* reduzieren. Dabei entsteht aus D-Glucose D-Sorbit und aus D-Mannose D-Mannit. Die —C=O-Gruppe wird dabei zur —OH-Gruppe reduziert (siehe auch 2.20).

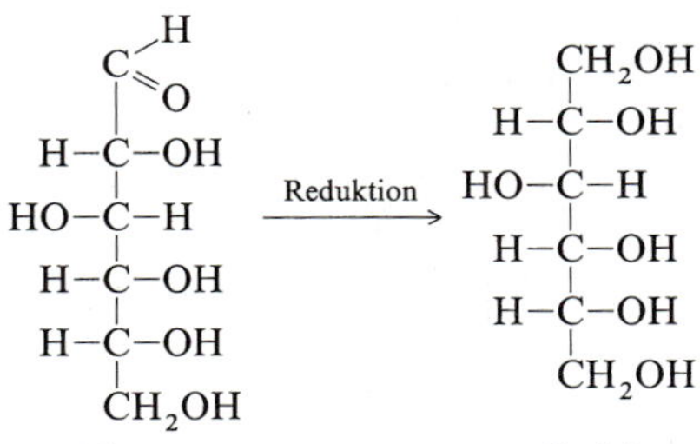

D-Glucose D-Sorbit

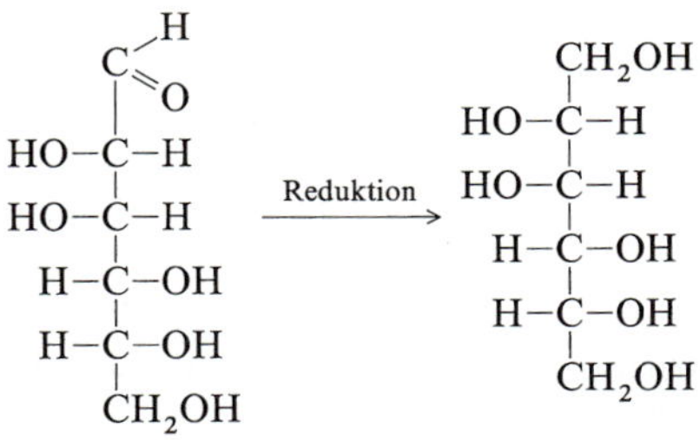

D-Mannose D-Mannit

Weitere Derivate der Glucose sind *D-Glucosamin,* in dem die OH-Gruppe am C-Atom 2 durch eine NH_2-Gruppe ersetzt ist, bzw. das entsprechende N-Acetyl-substituierte Derivat, das *N-Acetyl-D-glucosamin.*

Aldosen und Ketosen können mit einer der OH-Gruppen desselben Moleküls, intramolekular, zu *cyclischen Halbacetalen* kondensieren. Diese Reaktion zwischen Keto- bzw. Aldehydfunktionen und OH-Funktionen wurde schon im Kapitel 7.3 beschrieben. Die entstehenden cyclischen Halbacetale sind bevorzugt fünf- oder sechsgliedrige Ringe, die nach Tetrahydrofuran Furanosen bzw. nach Tetrahydropyran Pyranosen genannt werden.
Man spricht also von Aldofuranosen und Aldopyranosen bzw. von Ketofuranosen und Ketopyranosen. Die Halbacetalbildung wird in Abb. 10.3 am Beispiel der D-Glucose erläutert.
Es besteht dabei ein Gleichgewicht zwischen D-Glucose und den entsprechenden Halbacetalen α-D- und β-D-Glucose in Wasser.
Bei der Bildung der Halbacetale entsteht am C-Atom 1 ein weiteres asymmetrisches C-Atom bzw. ein weiteres Chiralitätszentrum. Es sind hier zwei Konfigurationen *(Anomere)* möglich, die je nach Stellung der OH-Gruppe am C-Atom 1 als α- oder β-Form bezeichnet werden. Die α-D- bzw. β-D-Glucose kann, da es sich bei den Halbacetalen um einen sechsgliedrigen Ring handelt, als α-D- bzw. β-D-Glucopyranose bezeichnet werden. Oft wird die α-D-Glucose auch als das $^1C_4$- und die β-D-Glucose als das $^4C_1$-Konformere bezeichnet.
Für cyclische Halbacetale existieren, wie am Beispiel der Glucose in Abb. 10.3 erläutert, drei verschiedene Schreibweisen, die sogenannten Tollens-Ringformeln (in Analogie zu den Fischer-Projektionen), die Ringformeln nach Haworth und schließlich die Konformationsformeln, die die Struktur des Moleküls am genauesten wiedergeben.
D-Pyranosen liegen bevorzugt in der stabileren Sesselform vor. Die Tollens-Ringformeln und Fischer-Projektionen können auch unter Weglassen der H-Atome und eines Teils der C-Atome geschrieben werden, und auch der Ring am unteren C-Atom kann anders geschlossen werden. Die am Beispiel der D-Glucose bzw. der α-D-Glucose angegebenen Schreibweisen sind gleichwertig.

Schreibweise als *Fischer-Projektion* bzw. *Tollens-Ringformel:*

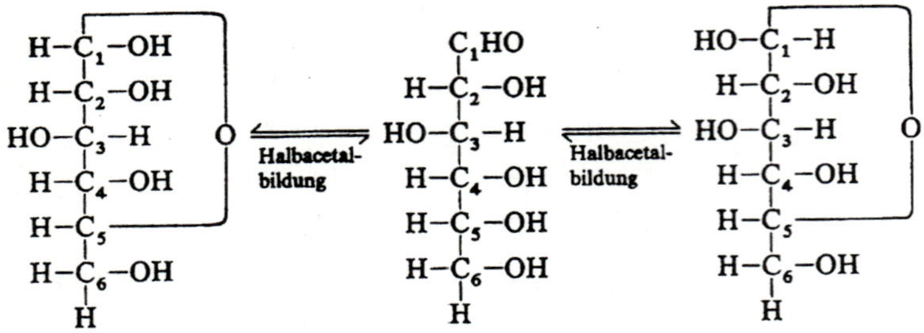

Schreibweise in Ringformeln nach *Haworth:*

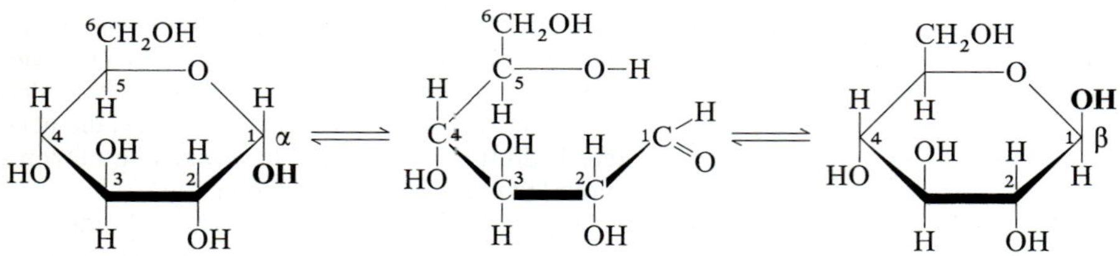

α-D-Glucose ($^1C_4$)
α-D-Glucopyranose

D-Glucose

β-D-Glucose ($^4C_1$)
β-D-Glucopyranose

Schreibweise als *Konformationsformeln* (Sesselform):

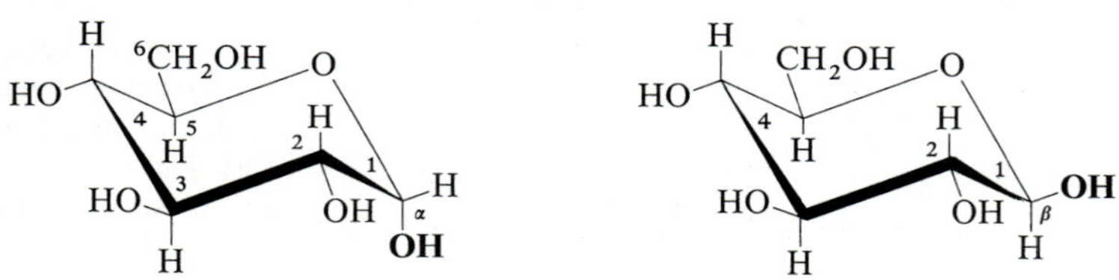

α-Form

β-Form

Abb. 10.**3** Gleichgewicht zwischen D-Glucose und den Halbacetalformeln α-D- und β-D-Glucose in Wasser, Schreibweisen als Fischer-Projektion, Ringformeln nach Haworth und als Konformationsformeln

Die rechte der beiden linearen Schreibweisen auf der nächsten Seite für die α-D-Glucose wird angewandt, um von der Fischer bzw. Tollens Darstellung zu der ringförmigen Schreibweise nach Haworth zu gelangen.
Dazu bringt man zunächst die sechs (bei Furanosen fünf) Atome, die den Ring bilden in eine senkrechte Reihe. Um die Konfiguration an C-5 (C-4) nicht zu verändern muß ein doppelter Austausch ausgeführt werden. Im obigen Beispiel tauscht das Sauerstoffatom seine Position mit der Hydroxymethyl-($-CH_2OH$)-Gruppe, dann tauschen das Wasserstoffatom an C-5 und die Hydroxymethylgruppe ihre Plätze. Im Ergebnis erhält man so die mittlere der α-D-Glucose Darstellungen. Nun zeichnet man einen Ring in eine waagrechte Fläche senkrecht zur Papierebene. Die Substituenten links der Hauptkette (C-1 ... O) in der Fischer/Tollens-Darstellung zeigen über, die Substituenten rechts unter die Ringebene.

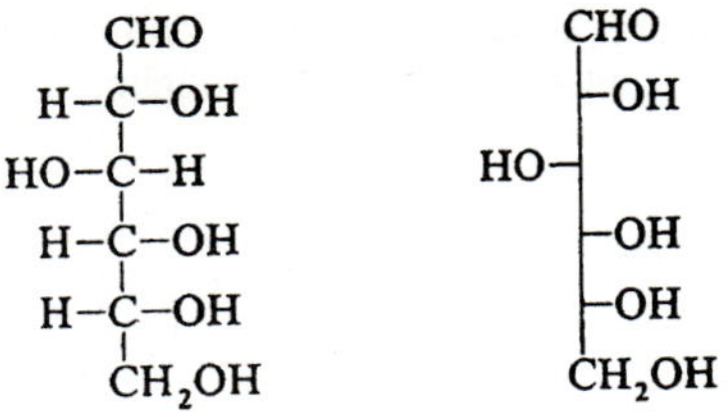

D-Glucose

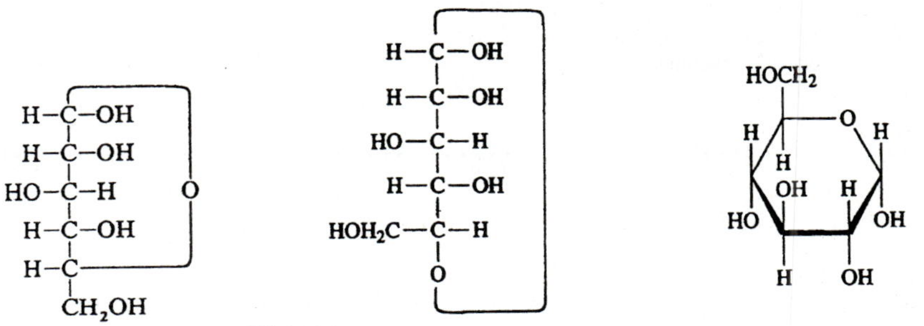

α-D-Glucopyranose

Als Beispiel für eine Aldofuranose sei die β-D-Ribofuranose aufgeführt. Die β-D-Fructofuranose und die β-D-Fructopyranose stehen für eine Ketofuranose bzw. eine Ketopyranose.

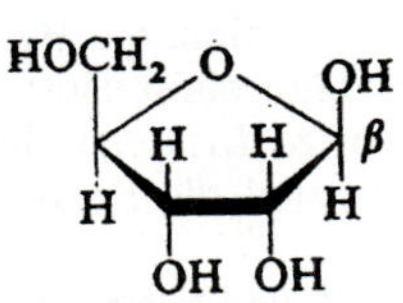

β-D-Ribofuranose

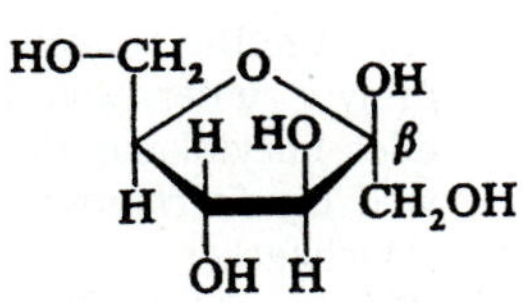

β-D-Fructofuranose

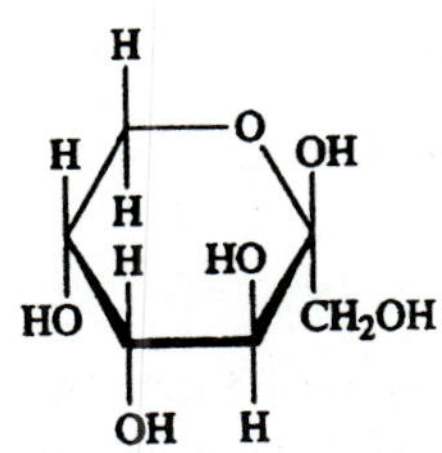

β-D-Fructopyranose

Die cyclischen Halbacetale können mit Hydroxygruppen tragenden Verbindungen zu *Vollacetalen* weiterreagieren.

Man spricht hier von Glykosiden bzw. glycosidischer Bindung. Aus α- bzw. β-D-Glucose erhält man mit Methanol Methyl-α-D-glucopyranosid bzw. Methyl-β-D-glucopyranosid.

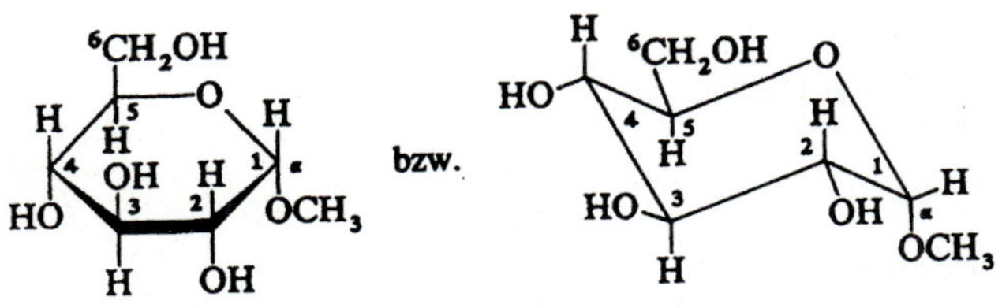

Methyl-α-D-glucopyranosid

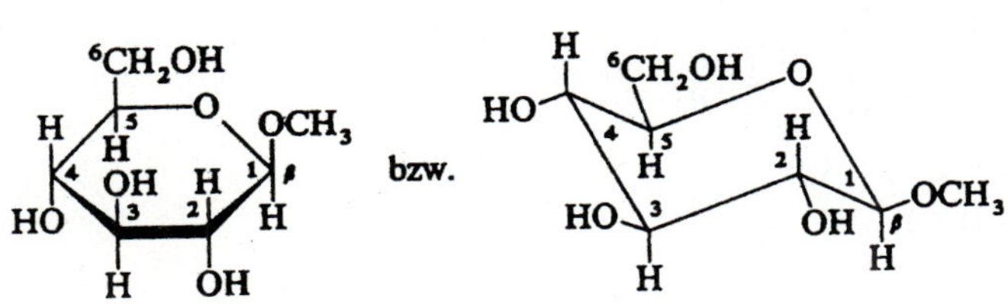

Methyl-β-D-glucopyranosid

Zucker, vor allem die Glucose, sind ein wichtiger Energielieferant für die Zellen. Monosaccharide dienen als Bausteine für die Synthese von Disacchariden, Polysacchariden, Glykoproteinen, Glykolipiden und Glykosaminoglykanen (siehe Lehrbücher der Biochemie).

10.2 Disaccharide

10.2.1 Klassifizierung, Aufbau

1,4-, 1,6-Verknüpfung, α- und β-glykosidische Bindung (Haworth- oder Sesselform-Schreibweise), Erkennen der enthaltenen Monosaccharide

10.2.2 Struktur

s. 2.20

10.2.3 Reaktionen

Bildung durch Kondensation, säure- oder enzymkatalysierte Hydrolyse zu Monosacchariden

10.2.4 Funktion

s. 10.16

zu 10.2 – 10.2.4

Anstatt mit Alkoholen können Saccharide auch mit weiteren Sacchariden reagieren, je nach Art der Verknüpfung spricht man dann unter anderem von 1,1-, 1,2-, 1,4- und 1,6-α- oder β-Glycosidbindungen. Es handelt sich hierbei um eine Kondensationsreaktion. Die Umkehrung dieser Reaktion, die Hydrolyse zu den Monosacchariden läuft meist säure- oder enzymkatalysiert ab. Wichtige Disaccharide sind die *Saccharose* (Rohrzucker) und die *Lactose* (Milchzucker).

Weitere wichtige Disaccharide sind die *Maltose*, die aus zwei 1,4-α-glykosidisch verknüpften Glucoseeinheiten besteht, und die *Cellobiose*, welche aus zwei 1,4-β-glykosidisch verbundenen Glucosebausteinen besteht.

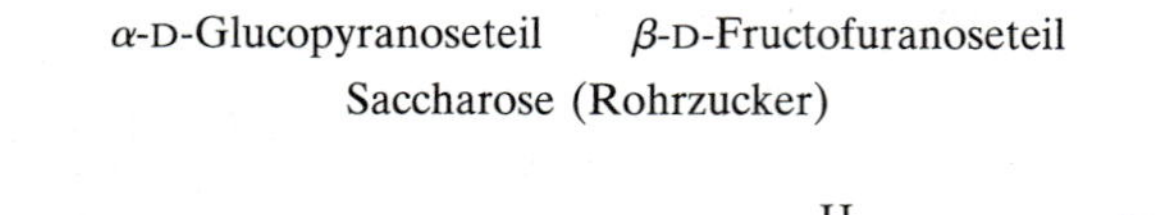

α-D-Glucopyranoseteil *β*-D-Fructofuranoseteil
Saccharose (Rohrzucker)

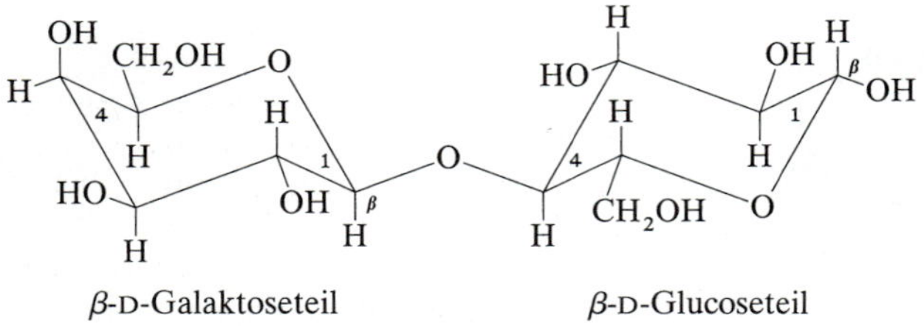

β-D-Galaktoseteil *β*-D-Glucoseteil
Lactose, *β*-Form (Milchzucker)

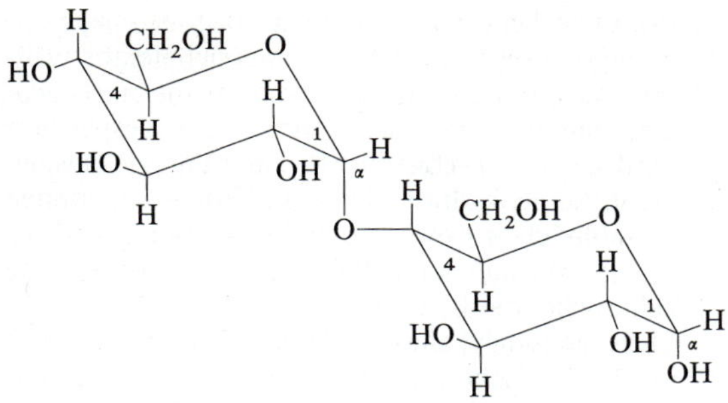
Maltose (α-Form)

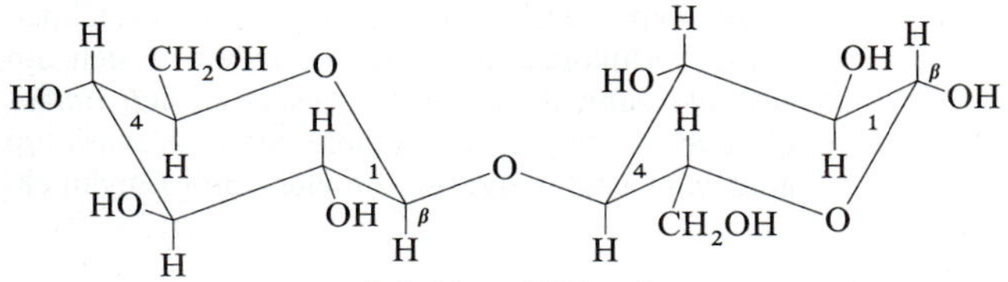
Cellobiose (β-Form)

10.3 Oligo- und Polysaccharide

10.3.1 Klassifizierung, Aufbau

Homoglykane, Heteroglykane; Erkennen der enthaltenen Monosaccharide, α- und β-glykosidische Bindung, Kennzeichnung von Haupt- und Nebenketten, linearer oder helikaler Aufbau der Hauptkette

10.3.2 Struktur

Strukturprinzip von Glykogen, Stärke, Cellulose, Dextran, Glykosaminoglykanen (Ausschnitt der Polysaccharidketten vorgegeben)

10.3.3 Reaktionen

Bildung durch Polykondensation, säure- und enzymkatalysierte Hydrolyse zu Mono- bzw. Disacchariden

10.3.4 Funktion

Energiespeicher, Komponenten von Membranen, der Interzellularsubstanz bzw. pflanzliche Zellwände, biologische Erkennung

zu 10.3 – 10.3.4

Struktur der Polysaccharide

Die Polysaccharide *Cellulose, Glykogen* und *Stärke* bestehen aus D-Glucose. Sie unterscheiden sich nur durch die Art ihrer Verknüpfung und die Sekundärstruktur. Cellulose besteht aus 1,4-β-glykosidisch verknüpften Glucosemolekülen. Das Makromolekül ist fadenförmig gebaut (Abb. 10.4). Das in Kap. 10.2 erwähnte Disaccharid Cellobiose entsteht beim Abbau der Cellulose.

Im menschlichen Verdauungssystem gibt es keine Enzyme zur Spaltung der 1,4-β-glykosidischen Verbindung der Cellulose, die daher nicht verdaut werden kann und nur eine Funktion als Ballaststoff hat.

Die pflanzliche Stärke besteht zu etwa 20% aus Amylose und zu etwa 80% aus dem in kaltem Wasser unlöslichen Amylopektin.

Die *Amylose* besteht aus 1,4-α-glykosidisch verknüpften Glucoseeinheiten, die im Gegensatz zum *linearen* Cellulosemolekül spiralig bzw. *helikal* aufgebaut sind (Abb. 10.4). Abbauprodukt der Amylose ist das in Kap. 10.2 erwähnte Disaccharid Maltose. Die „tierische Stärke" Glykogen besteht aus 1,4-α-glykosidisch verknüpften Glucoseeinheiten, die, ähnlich wie bei der Amylose, die *Hauptkette* bilden, besitzt aber zusätzlich noch 1,6-α-glykosidische Verzweigungen *(Nebenketten)* (Abb. 10.4).

Die pflanzliche Stärke dient nach ihrer enzymatischen Hydrolyse im Darm als Energielieferant, während die „tierische Stärke" Glykogen, die aus Glucoseeinheiten aufgebaut in der Leber gespeichert wird, als relativ schnell verfügbarer Energiespeicher dient. Kohlenhydrate haben außerdem Funktionen in zahlreichen Geweben, Zellmembranen, und als Rezeptoren auf der Zelloberfläche (Näheres siehe Lehrbücher der Biochemie).

Glykosaminoglykane oder Mukopolysaccharide enthalten Gemische von Hexosen sowie deren Carbonsäuren, Sulfonsäuren und Amine als Bausteine. Sie liegen im Gewebe nicht als freie Polysaccharide, sondern gebunden an Proteine vor. Makromoleküle dieses Typs werden als Proteoglykane bezeichnet. Bei den Mukopolysacchariden handelt es sich um *Heteroglykane*, da sie im Gegensatz zu den *Homoglykanen* nicht nur aus einem Monosaccharidtyp aufgebaut sind. Cellulose, Amylose und Amylopek-

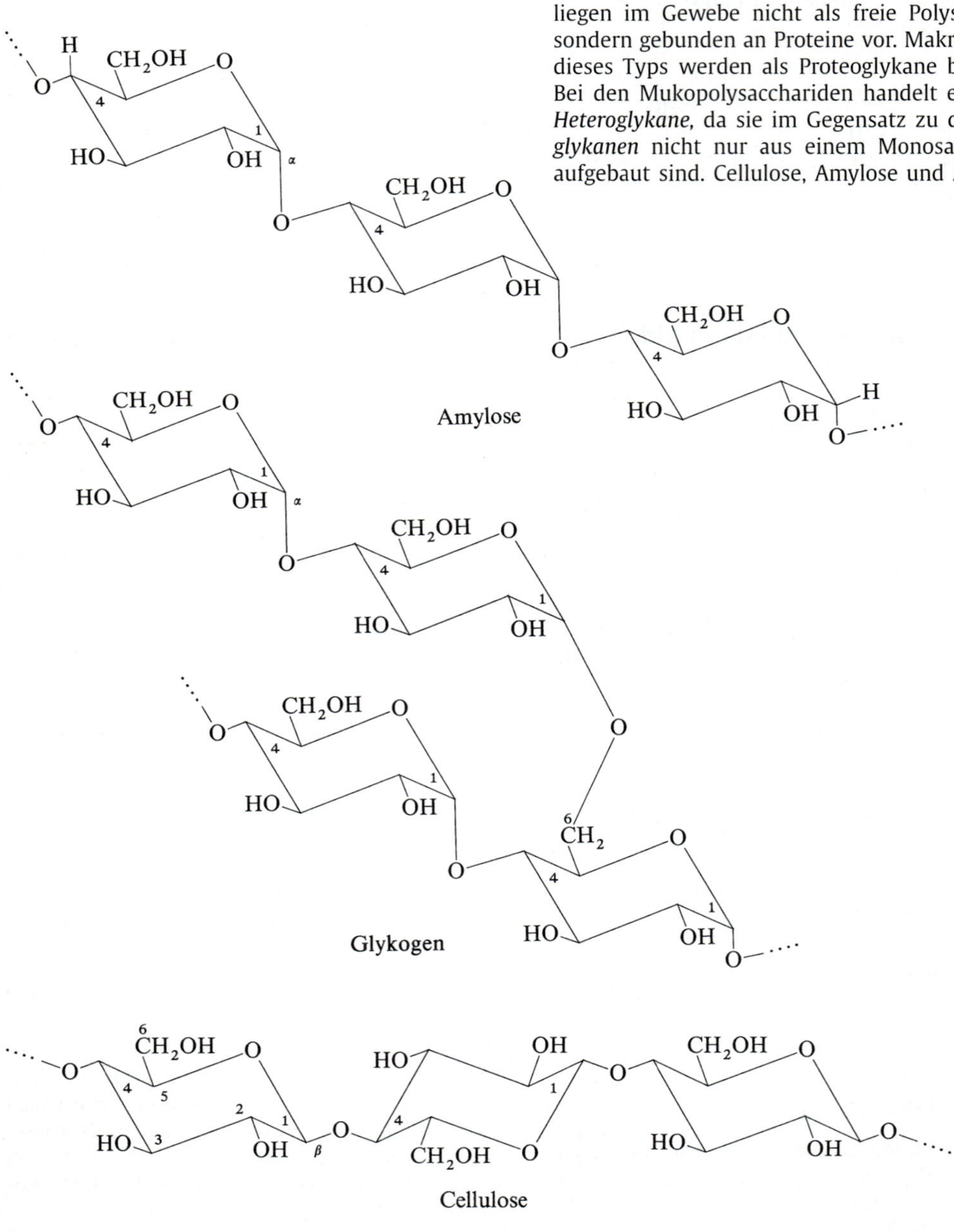

Abb. 10.**4** Strukturen von Amylose, Glykogen und Cellulose

tin gehören zu den Homoglykanen, da sie nur aus Glucosebausteinen bestehen.
Dextrane sind Polysaccharide, die aus Glucoseresten in 1,4- und 1,6-Bindungen aufgebaut sind und die von verschiedenen Mikroorganismen beim Wachsen auf Saccharoselösung gebildet werden. Sie werden in der Medizin hauptsächlich als Blutersatzstoff (Plasmaexpander) verwendet.
Die Bildung der Polysaccharide ist eine Polykondensationsreaktion. Die Hydrolyse zu den Mono- bzw. Disacchariden verläuft säure- oder enzymkatalysiert.

11 Aminosäuren, Peptide, Proteine

11.1 Aminosäuren

11.1.1 Klassifizierung

L-Reihe (Fischer-Projektion, Stereoformel), α-Aminogruppe, proteinogen – nicht proteinogen, hydrophobe – hydrophile Reste

11.1.2 Eigenschaften

Struktur in Abhängigkeit vom pH-Wert (neutrale Aminosäuren), isoelektrischer Punkt: Definition; saure, neutrale, basische Aminosäuren, Wanderungsrichtung im elektrischen Feld bei vorgegebenem pH-Wert, Puffereigenschaften, Redoxverhalten (Cystein – Cystin)

11.1.3 Struktur

s. 2.19

11.1.4 Reaktionen

Aminogruppe: Bildung von Azomethinen, Amiden; Carboxylgruppe: Bildung von Estern, Amiden (nach Aktivierung), Bildung von Disulfidbrücken, Phosphorsäureestern, N- und O-Glykosiden; Decarboxylierung

11.1.5 Funktion

Energielieferanten, Bausteine für die Synthese von Peptiden, Proteinen, Neurotransmittern, Hormonen, biogenen Aminen; Donator von Methylgruppen und anderen C_1-Einheiten, S-Donator für die Sulfatbildung, N-Donator für die Synthese von Aminozuckern und für die Purin- und Pyrimidinsynthese

zu 11.1 – 11.1.5

Die *α-Aminosäuren* haben in α-Stellung zur Carboxylfunktion eine Aminogruppe. Wenn der Rest R in der Abbildung 11.1 ungleich Wasserstoff ist, dann ist die Aminosäure optisch aktiv. Wenn in der angegebenen Fischer-Projektion die Aminogruppe links steht, spricht man von einer *L-Aminosäure*, wenn die Aminogruppe rechts steht, von einer *D-Aminosäure*.

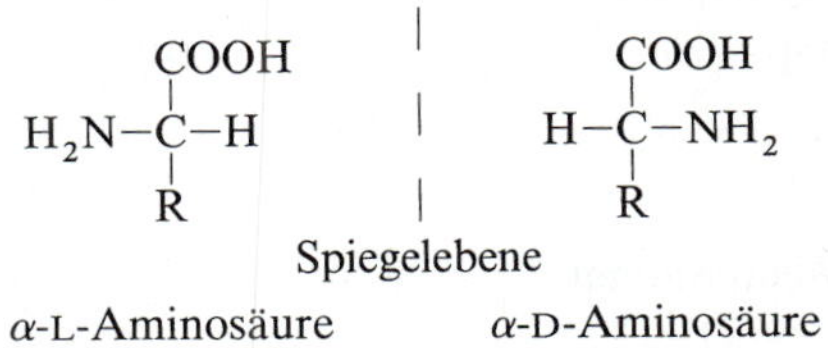

Abb. 11.1 Fischer-Projektion einer α-L- und einer β-D-Aminosäure

Die in der *Natur* vorkommenden Aminosäuren sind fast alle *α-L-Aminosäuren*. Man kann die Aminosäuren weiter unterteilen in neutrale, saure und basische Aminosäuren. *Neutrale Aminosäuren* enthalten eine Amino- und eine Carboxylgruppe.

Die *sauren Aminosäuren* enthalten mehr Carboxylgruppen als Aminogruppen.
Die *basischen Aminosäuren* enthalten mehr Aminogruppen bzw. basische Stickstoffgruppen als Carboxylgruppen.
Biologisch besonders wichtig sind die folgenden Aminosäuren.

Neutrale Aminosäuren:

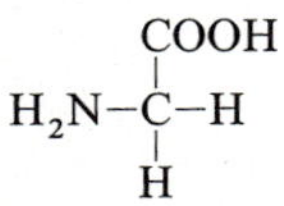

Glycin
Gly

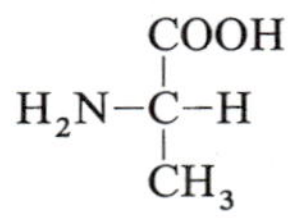

L-α-Alanin
Ala

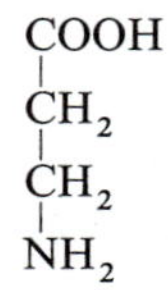

β-Alanin

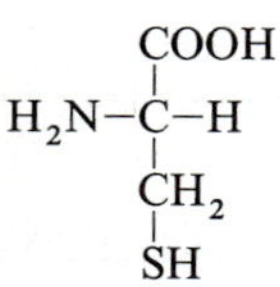

L-Cystein
Cys

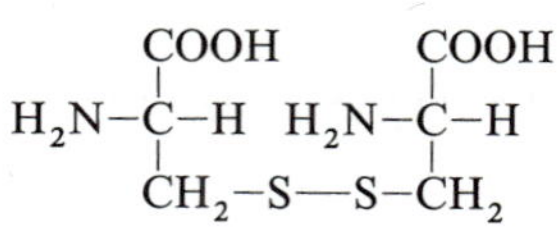

L-Cystin
Cys_2

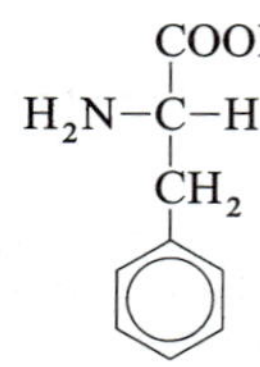

L-Phenylalanin
Phe

Saure Aminosäuren:

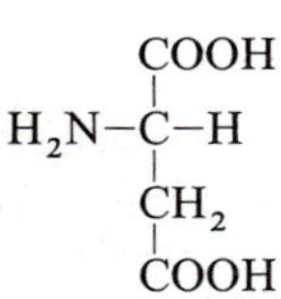

L-Asparaginsäure
Asp

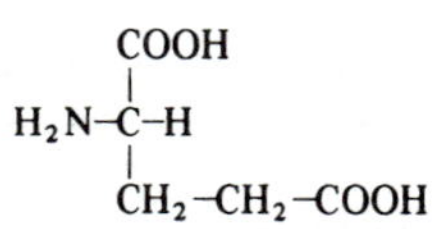

L-Glutaminsäure
Glu

Basische Aminosäuren:

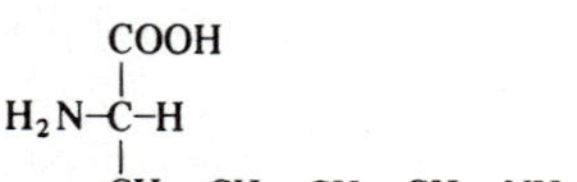

L-Lysin
Lys

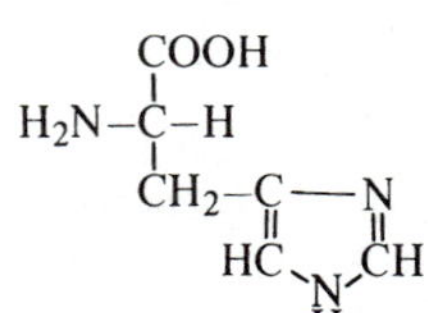

L-Histidin
His

Die Strukturen weiterer Aminosäuren sind unter Punkt 2.19 aufgeführt. Man unterscheidet zwischen proteinogenen und nicht-proteinogenen Aminosäuren. Die proteinogenen Aminosäuren sind am Aufbau der Proteine beteiligt bzw. entstehen bei deren Abbau. Die Aminosäuren enthalten hydrophobe und hydrophile Reste. Je nachdem, welche Eigenschaft überwiegt, sind sie mehr oder weniger gut wasserlöslich. Beispielsweise enthält das Phenylalanin neben der hydrophilen Carboxylgruppe den großen hydrophoben Phenylrest, der die Eigenschaften des Moleküls überwiegend bestimmt und es daher schwer wasserlöslich macht. Zusätzliche Carboxylgruppen im Molekül der sauren Aminosäuren lassen wieder die hydrophilen Eigenschaften mehr in den Vordergrund treten.

Die Amino- und Carboxylat-Gruppen in den Aminosäuren können, wie schon in den vorhergehenden Kapiteln erläutert wurde, verschiedene chemische Reaktionen eingehen. Beispielsweise kann die Aminogruppe mit weiteren Carboxylgruppen zu Säureamiden der allgemeinen Struktur RHN—CO—R′ abreagieren oder auch mit meist aromatischen Aldehyden sogenannte Azomethine (Schiffsche Basen) bilden:

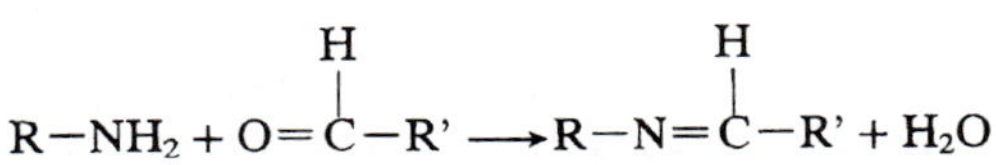

Azomethin

Die Carboxylgruppen können unter anderem mit alkoholischen Funktionen zu Estern und mit Aminofunktionen zu Amiden reagieren.

SH-Gruppen-haltige Aminosäuren können mit anderen Molekülen, die ebenfalls SH-Gruppen tragen, oder auch untereinander, Disulfidbrücken bilden. Diese werden meist durch die Dehydrierung der SH-Gruppen zweier Cystein-Reste ausgebildet. Es handelt sich hierbei um eine Redoxreaktion:

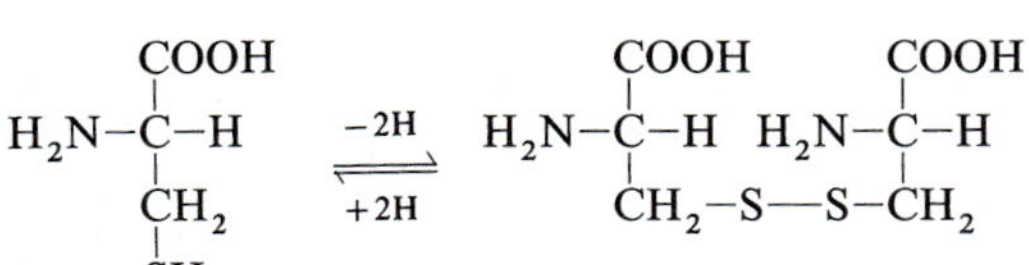

L-Cystein L-Cystin

Ebenfalls können Phosphorsäureester sowie mit den entsprechenden Zuckern N- und O-Glykoside gebildet werden.

Bestimmte Aminosäuren können durch Decarboxylierung in biogene Amine übergehen. In der folgenden Tabelle sind einige Aminosäuren ihren biogenen Aminen bzw. deren Derivaten gegenübergestellt.

Tab. 11.1 Aminosäuren und ihre biogenen Amine bzw. deren Derivate

Aminosäure	Biogenes Amin bzw. Derivat
Asparaginsäure	β-Alanin
Cystein	Cysteamin
Glutaminsäure	γ-Aminobuttersäure
Tryptophan	Tryptamin, Serotonin, Melatonin
Thyrosin	Thyramin, Dopamin, Noradrenalin, Adrenalin

Reaktionsbeispiele:

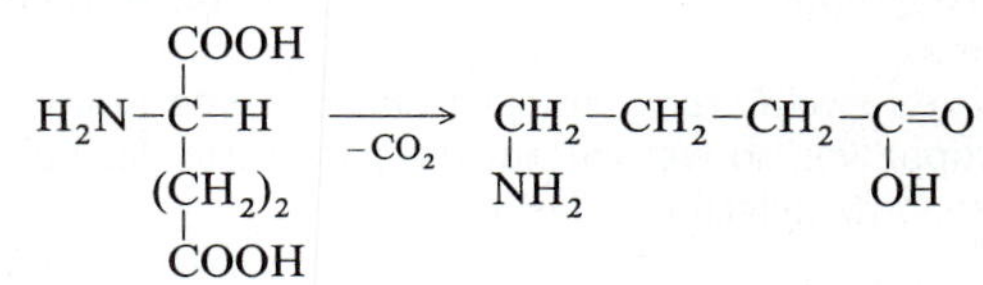

L-Glutaminsäure γ-Aminobuttersäure

(Decarboxylierung)

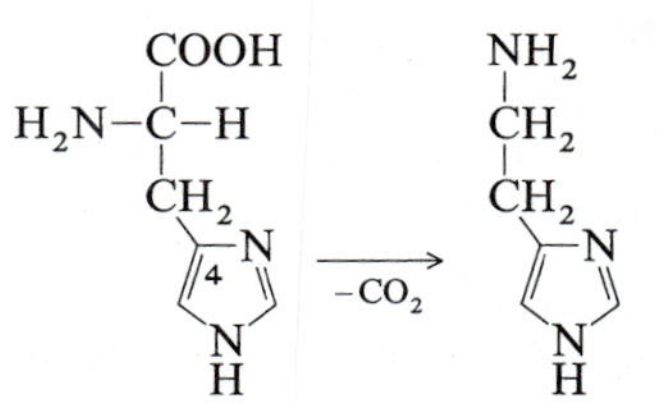

L-Histidin Histamin

(Decarboxylierung)

Die α-Aminogruppe wirkt gegenüber dem aciden Carboxylproton als Base. Aminosäuren liegen deshalb in festem Zustand und in neutraler Lösung überwiegend als *Zwitterionen* oder *innere Salze* vor. Werden der Lösung Protonen zugegeben, dann wird die Carboxylgruppe wieder protoniert. Werden der Lösung dagegen Protonen entzogen, dann wird die NH_3^+-Gruppe deprotoniert.

Den pH-Wert, bei dem alle Aminosäuremoleküle als Zwitterion vorliegen und somit die Nettoladung gleich Null ist, nennt man *isoelektrischen Punkt*. Bei diesem pH-Wert wandert die Aminosäure im elektrischen Feld nicht.

Der isoelektrische Punkt läßt sich aus den beiden pKs-Werten für die Carboxylgruppe und die Aminogruppe berechnen.

$$pH_{Iso} = \frac{pKs_1 + pKs_2}{2}$$

Liegen *zwei Aminogruppierungen* vor, so werden nur deren pKs-Werte bei der Berechnung des isoelektri-

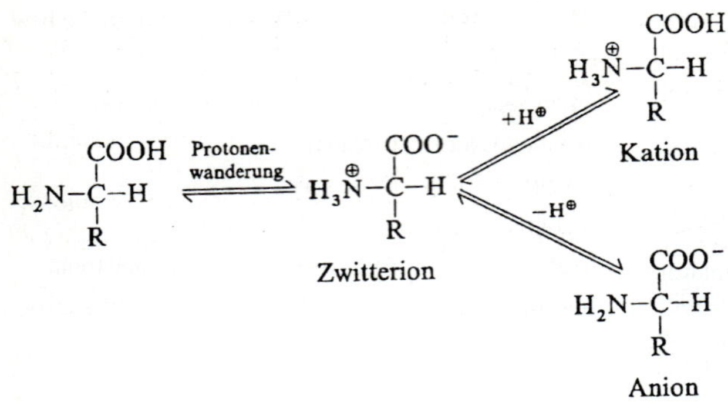

Abb. 11.2 Strukturformeln von Aminosäuren in wäßriger Lösung

schen Punktes berücksichtigt und nicht der der Carboxylgruppe, deren Einfluß vernachlässigt werden kann.
Liegen *zwei Carboxylgruppen* und nur eine Aminogruppe vor, so werden nur die pKs-Werte der beiden Carboxylgruppen berücksichtigt.

Zwitterion: liegt am isoelektrischen Punkt vor, wandert nicht im elektrischen Feld.
Kation: liegt vor bei Protonen bzw. Säurezugabe, pH < isoelektrischer Punkt, wandert zur Kathode.
Anion: entsteht bei Protonenentzug bzw. Laugenzugabe, pH > isoelektrischer Punkt, wandert zur Anode.
Bezüglich der vielfältigen biochemischen Funktionen der Aminosäuren sei auf die einschlägigen Lehrbücher der Biochemie verwiesen.

11.2 Peptide

11.2.1 Klassifizierung, Aufbau

Di-, Tri-, Oligo- und Polypeptide; Erkennen der C- und N-terminalen Aminosäure, Sequenz (Definition, Sequenzisomerien), Erkennen der enthaltenen Aminosäure bei vorgegebener Strukturformel

11.2.2 Peptidbindung

Kennzeichnung in vorgegebenen Verbindungen, Stereochemie, Ladungsverteilung, herabgesetzte Basizität des N-Atoms

11.2.3 Strukturprinzip

von z.B. Glutathion, Releasing Hormonen (Liberinen), Adiuretin, Glukagon, Insulin

11.2.4 Reaktionen

Hydrolyse unter dem Einfluß starker Säuren oder Basen, Bildung durch Kondensation (Aktivierung der Carboxylgruppe)

11.2.5 Funktion

Hormone, Neurotransmitter, Redoxsysteme, Toxine, Antibiotika

zu 11.2 – 11.2.5

Zwei Aminosäuren können unter Abspaltung von Wasser und Ausbildung einer Peptidbindung zwischen der Carboxylgruppe der einen und der NH_2-Gruppe der anderen Aminosäure miteinander reagieren.
Die *Peptidbindung* ist eine Säureamidfunktion, die durch nucleophilen Angriff des Aminstickstoffs an dem elektrophilen Kohlenstoff der Carboxylgruppe in einer *Kondensationsreaktion* entsteht.
Lagern sich in dieser Weise zwei Aminosäuren zusammen, so spricht man von einem Dipeptid. Geht diese Kondensationsreaktion weiter, unter Reaktion mit einer weiteren Aminosäure, so entsteht ein Tripeptid usw.

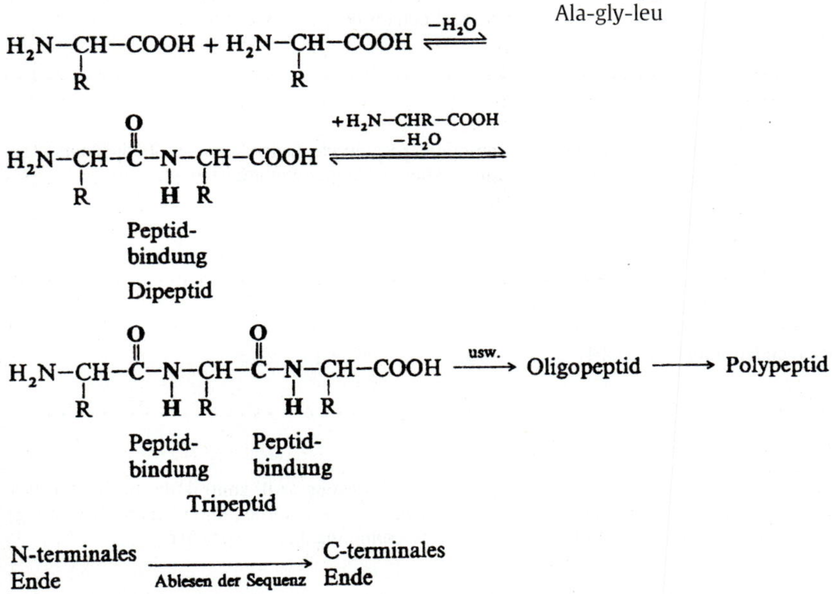

Diese Reaktion kann fortgeführt werden zu Oligo- und schließlich zu Polypeptiden (Proteine).
Bei der Scheibweise von Peptiden beginnt man immer links mit dem N-terminalen Ende, welches die freie Aminofunktion trägt und schreibt weiter nach rechts bis zum C-terminalen Ende, welches die freie Carboxylgruppe trägt.
Hat man beispielsweise ein Tripeptid aus Leucin, Alanin und Glycin, so wird dieses wie folgt aufgeschrieben:

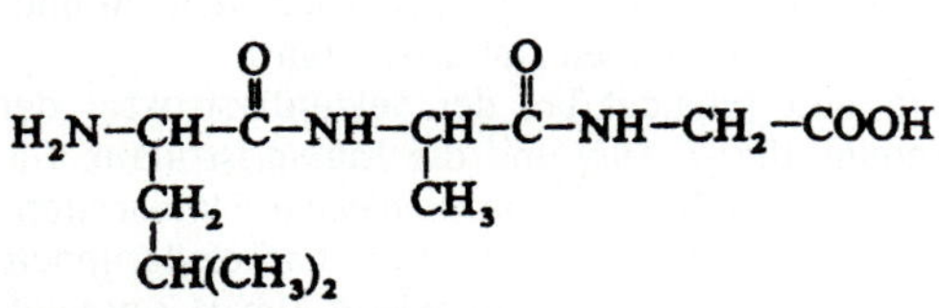

Sequenz: Leu-ala-gly

Die *Aminosäuresequenz* wird dann gelesen, als Leucylalanylglycin, d.h. an alle Aminosäuren, außer dem am C-terminalen Ende, wird die Endung -yl angehängt.
Abgekürzt wird die obige Aminosäuresequenz Leu-ala-gly geschrieben.
Bei Tripeptiden mit drei verschiedenen Aminosäuren gibt es sechs Möglichkeiten der unterschiedlichen Anordnung der Aminosäuren.

Beispiel:

Leu-ala-gly
Leu-gly-ala
Gly-leu-ala
Gly-ala-leu
Ala-leu-gly
Ala-gly-leu

Bei der *Peptidbindung* existieren *zwei mesomere Grenzstrukturen.*

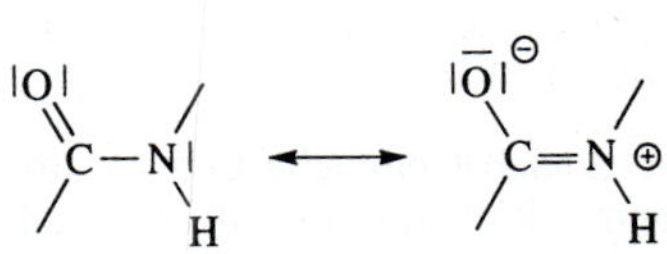

Mesomere Grenzstrukturen der Peptidbindung

Der tatsächliche Zustand der Peptidbindung liegt zwischen diesen beiden mesomeren Grenzstrukturen, d.h. die C—N-Bindung hat partiellen Doppelbindungscharakter. Dadurch ist die freie Drehbarkeit um die C—N-Bindung eingeschränkt und es gibt eine *cis-trans*-Isomerie.
Die Struktur der natürlichen Peptidbindung ist, wie oben gezeichnet, immer *trans*-konfiguriert. Alle zur

Peptidbindung gehörenden Atome und Bindungen liegen in einer Ebene. Durch das Einbeziehen des freien Elektronenpaares des Stickstoffs in die mesomeren Grenzstrukturen ist die Elektronendichte am Stickstoff erniedrigt, infolgedessen ist der Stickstoff in der Peptidbindung weniger basisch.

Peptide können unter dem Einfluß von Säuren oder Basen, nicht aber von reinem Wasser, wieder in die Ausgangsaminosäure gespalten werden.
Bezüglich 11.2.3 und 11.2.5 siehe Lehrbücher der Biochemie.

11.3 Proteine

11.3.1 Klassifizierung, Aufbau

Einfache und zusammengesetzte Proteine, Glykoproteine, Metalloproteine, Proteine mit prosthetischen Gruppen, Lipoproteine, globuläre und fibrilläre Proteine.

Primärstruktur (Sequenz), Sekundärstruktur (α-Helix, Faltblattstruktur), Tertiär- und Quartärstruktur (Definition, Bindungsarten zur Stabilisierung der Proteinstruktur), native und denaturierte Proteine

11.3.2 Eigenschaften

Ampholyte, Puffer, hydrophile/hydrophobe Proteine; Beeinflussung der Löslichkeit (Temperatur, Salze, organische Lösungsmittel, pH-Wert), Denaturierung, Wanderung im elektrischen Feld

Trennung z.B. durch Elektrophorese, Löslichkeits-, Ladungs- oder Teilchengrößenunterschiede

11.3.3 Reaktionen

Hydrolyse, Bildung durch Polykondensation (s.a. 11.2.4)

11.3.4 Funktion

Katalyse (z.B. Enzyme, Translokatoren), Struktur (z.B. Membranen, Zytoskelett, Kollagenfasern, Chromatin), Transport (z.B. Albumin), Kommunikation (z.B. Hormone, Rezeptoren), Bewegung (z.B. kontraktile und motile Proteine), Abwehr (z.B. Antikörper, Komplement, Gerinnung), Puffer, Wasserbindung, Energiespeicher

11.3.5 Serumproteine

Trennungsverfahren, ungefährer prozentualer Anteil der bei der Elektrophorese auftretenden Fraktionen

zu 11.3.1 – 11.3.5

Man unterscheidet zunächst einfache und zusammengesetzte *Proteine.* Proteine, die noch einen nicht aus Aminosäuren bestehenden Baubestandteil haben, sind zusammengesetzte Proteine (Proteide). Die Nicht-Aminosäuregruppe wird als *prosthetische Gruppe* bezeichnet. Als prosthetische Gruppe kommen Kohlenhydrate *(Glykoproteine),* Nukleinsäuren, *(Nukleoproteine),* Metalle *(Metalloproteine),* Lipide *(Lipoproteine)* u.a., in Frage. Man klassifiziert die Proteine auch nach ihrer Molekülform in *globuläre* Proteine und *fibrilläre* Proteine. Zu den globulären Proteinen, die die Form eines Rotationsellipsoids besitzen, gehören z.B. Albumine und Globuline. Sie sind in der Regel löslich in Wasser. Fibrilläre Proteine besitzen eine Faserstruktur, wie z.B. das Kollagen, Elastin oder Keratin. Zum Teil sind sie unlöslich in Wasser.
Die *Primärstruktur* der Proteine ist durch deren Sequenz und die dazugehörige chemische Strukturformel angegeben.
Die *Sekundärstruktur* ist eine definierte räumliche Anordnung des Makromoleküls, die durch die Wasserstoffbrückenbindungen zwischen den Amino- und Carboxylgruppen stabilisiert wird.
Man unterscheidet bei der Sekundärstruktur der Proteine die *α-Helix* und die *Faltblattstruktur.* Die *α-Helix* entsteht durch *intramolekulare Wasserstoffbrücken* zwischen Amino- und Carboxylgruppen, wobei sich die Peptidkette, wie in Abb. 11.3 gezeigt, schraubenartig anordnet. Eine Windung geht über

Abb. 11.3 Sekundärstruktur der Proteine
a) α-Helix
b) Faltblattstruktur

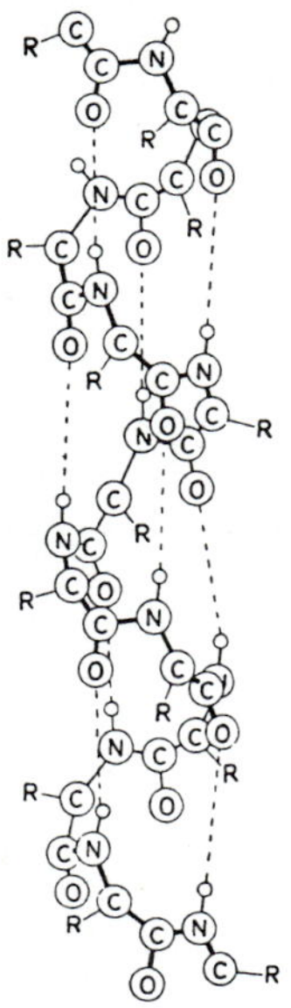

a)

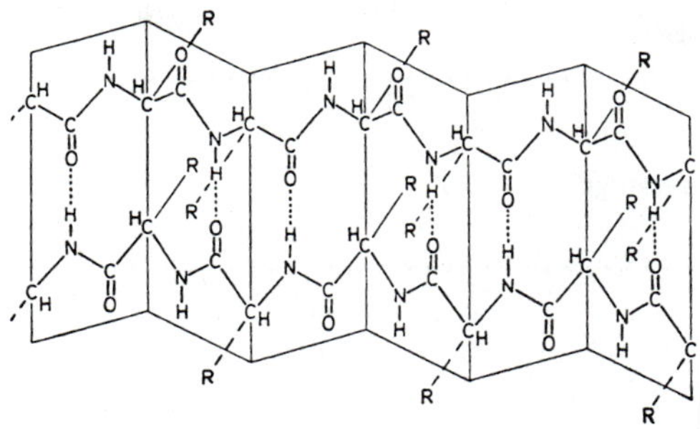

b)

etwa 3,7 Aminosäurereste. Die Wasserstoffbrücken zwischen den übereinanderliegenden NH- und CO-Gruppierungen sind mit gestrichelten Linien dargestellt.

Anstelle dieser intramolekularen Wasserstoffbrükken können sich auch *intermolekulare Wasserstoffbrücken* zwischen verschiedenen Proteinmolekülen ausbilden, man erhält dann die in Abb. 11.3 dargestellte *Faltblattstruktur.*

Die Struktur der α-Helix findet man beispielsweise bei den Proteinen der Haare oder der Wolle (α-Keratine).

Die Faltblattstruktur liegt beispielsweise in der Hornsubstanz (β-Keratine) vor.

Strukturen, die durch Wechselwirkung dieser Sekundärstrukturen miteinander zustandekommen, nennt man *Tertiärstrukturen.* Diese sind individuell verschieden für alle Proteine. Man bezeichnet damit die Wechselwirkung der Aminosäurereste innerhalb eines Proteinstranges, z. B. die der negativ geladenen Glutamate mit Lysinammoniumresten. Hydrophobe Aminosäuren, Tryptophan, Isoleucin oder Valin lagern sich gerne zu hydrophoben Bereichen zusammen. Diese Wechselwirkungen führen zur Ausbildung der Tertiärstruktur eines Proteines.

Lagern sich nun mehrere Proteine zu funktionellen Einheiten zusammen, so spricht man von einer *Quartärstruktur.*

Die Sekundär- und Tertiärstrukturen der *nativen* Proteine können durch Hitze, aber auch durch Zusetzen von Chemikalien (Säuren, Salze, u. a.) weitgehend zerstört werden. Man spricht dann von einer *Denaturierung* der Proteine.

Proteine bzw. Aminosäuren können, wie oben besprochen, sowohl Protonen aufnehmen als auch abgeben. Man bezeichnet sie deshalb als *Ampholyte* (siehe auch 4.3.3 und 11.1). Aminosäuren bzw. Proteine bilden medizinisch wichtige *Puffersysteme* (4.3.8). Die Löslichkeit von Proteinen läßt sich durch Erhöhen der Temperatur, durch Zugabe von Salzen (Aussalzen), organische Lösungsmittel und durch Zugabe von Säuren (Erhöhen des pH-Wertes) vermindern. Es kommt dabei zur Ausfällung und unter Umständen zur Denaturierung.

Aufgrund der unterschiedlichen elektrischen Ladungen verschiedener Proteine wandern diese im elektrischen Feld unterschiedlich schnell. Dies nutzt man bei der *Elektrophorese* zur Trennung von Proteingemischen aus.

Durch fraktionierte Fällung, z. B. mit Ammoniumsulfat oder Ethanol, lassen sich Proteine aufgrund von Löslichkeitsunterschieden auftrennen.

Ebenfalls geeignet ist die Gelfiltration bzw. -chromatographie, wobei die Proteine nach Molekülgröße aufgetrennt werden (5.2.2).

Bei der Bildung der Proteine bzw. Polypeptide aus den einzelnen Aminosäuren handelt es sich um eine Polykondensationsreaktion. Die Proteine (Polypeptide) können durch Einwirkung von Säuren oder Basen wieder zu den Aminosäuren hydrolysiert werden. Ausführlichere Informationen zu diesem Kapitel und zur Funktion der Proteine sowie zum Punkt Serumproteine finden sich in den Lehrbüchern der Biochemie.

12 Fettsäuren, Lipide

12.1 Fettsäuren

12.1.1 Klassifizierung

geradzahlig – ungeradzahlig, gesättigt – ungesättigt

12.1.2 Strukturprinzip

s. 2.12

12.1.3 Eigenschaften

Löslichkeit, Anionen als oberflächenaktive Stoffe (Bildung von Phasengrenzflächen und Mizellen in Wasser)

12.1.4 Reaktionen

Bildung von Estern und Amiden, Reduktion zu Aldehyden und Alkoholen, Reaktivität der ungesättigten Fettsäuren an den Doppelbindungen

12.1.5 Funktion

Energielieferanten, Bausteine für die Synthese von Lipiden, Glykolipiden, Phospholipiden, Prostaglandinen; essentielle Fettsäuren

zu 12.1.1 – 12.1.5

Monocarbonsäuren werden aufgrund des Vorkommens einiger ihrer Vertreter in den Fetten auch als *Fettsäuren* bezeichnet. Im engeren Sinne versteht man darunter höhere Monocarbonsäuren, etwa ab C_{12}. Man unterscheidet *gesättigte Fettsäuren,* wie Palmitinsäure, Stearinsäure, *einfach ungesättigte Fettsäuren,* wie Ölsäure und *mehrfach ungesättigte Fettsäuren,* wie Linolsäure, Linolensäure und Arachidonsäure. Die Struktur und Chemie dieser Verbindungen wurde unter 2.12, 7.4, 7.4.3 und 8.4 besprochen. Die Alkalisalze der Fettsäuren wirken als Seifen bzw. Emulgatoren (7.4.3). Die Bildung von Estern, Amiden, Reduktion zu Aldehyden und Alkoholen wurde unter 7.4 besprochen. Analog der Oxidation der Alkohole zu Aldehyden und der Aldehyde zu Carbonsäuren lassen sich auf umgekehrtem Wege die Carbonsäuren zu Aldehyden bzw. Alkoholen reduzieren. Die ungesättigten Fettsäuren sind in Allyl-Stellung, d. h. in Nachbarschaft zur Alken-Gruppe, mit molekularem Sauerstoff an der Luft oxidierbar. Die entstehenden Peroxide können zerfallen und eine Polymerisation der Fettsäuren zu hochmolekularen Harzen einleiten. Linolsäure und Linolensäure sind essentielle Fettsäuren, d. h. der menschliche Organismus kann diese Stoffe, die er benötigt, nicht selbst synthetisieren. Die mehrfach ungesättigte Fettsäure Arachidonsäure kann aus Linol- oder Linolensäure hergestellt werden. Fettsäuren sind wichtige Energielieferanten für die Zelle und Bausteine für die Synthese von Lipiden, Glykolipiden, Phospholipiden und Prostaglandinen.

12.2 Lipide

12.2.1 Klassifizierung

Neutral – polar, Triacylglycerole, Glycerolphosphatide, Sphingolipide, Steroide, Carotinoide

12.2.2 Eigenschaften

Löslichkeit, Bildung von Phasengrenzflächen und Mizellen in Wasser

12.2.3 Struktur

Prinzip der Struktur von Acylglycerolen, Phospholipiden, Glykolipiden, Cholesterol, Steroidhormonen, Gallensäuren

12.2.4 Reaktionen

Alkalische Hydrolyse von Triacylglycerolen und Phospholipiden (Reaktionsgleichung, Benennung der Produkte), Bildung aus den Bausteinen durch Kondensation, Polymerisation von „aktivem Isopren"

12.2.5 Funktion

Energiespeicher, Wärmeisolation, Membrankomponenten, Signalübertragung, mechanische Schutzfunktion

zu 12.2.1 – 12.2.5

Man teilt die *Lipide* zunächst ein in Neutralfette und solche, die noch polare Gruppen enthalten. Die Neutralfette sind die Fettsäureester des Glycerins, Triglyceride oder Triacylglycerole.

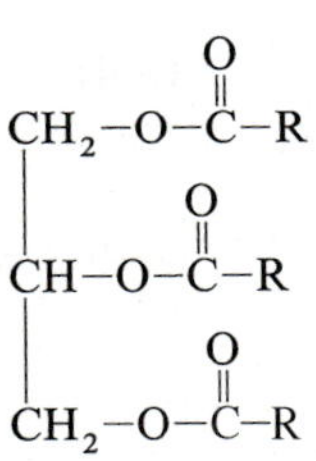

Abb. 12.1 Allgemeine Struktur der Triglyceride.

Triglyceride (Fette) entstehen durch Veresterung des dreiwertigen Alkohols Glycerin mit längerkettigen Carbonsäuren (Fettsäuren), hauptsächlich Palmitinsäure, Stearinsäure und Ölsäure (Abb. 12.1).
Bei den ***Phospholipiden*** oder Glycerolphosphatiden ist eine OH-Funktion des Glycerins mit Phosphorsäure verestert. Eine weitere OH-Gruppe der Phosphorsäure bildet einen Ester entweder mit Colamin, wobei man *Kephaline* erhält oder mit Cholin, wodurch man *Lecithin* erhält.
Die Phosphorsäure kann mit der OH-Gruppe am C-Atom 1 oder am C-Atom 2 des Glycerins verestert sein. Entsprechend spricht man von α- oder β-Phospholipiden.
Ebenso können Kohlenhydrate an das Glycerin gebunden sein. Man spricht dann von Glykolipiden. Allgemein ist dies nochmals in Abb. 12.3 dargestellt.
Den Sphingolipiden liegt der Aminoalkohol Sphingosin zugrunde. Die allgemeine Struktur ist in Abb. 12.4 dargestellt.

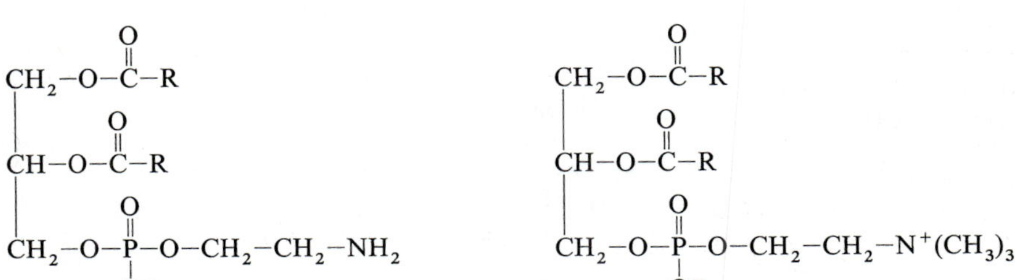

α-Kephalin α-Lecithin

Abb. 12.2 Allgemeine Struktur der Phospholipide am Beispiel der α-Kephaline und α-Lecithine (bei den entsprechenden β-Verbindungen sitzt der Phosphorsäureester am C-Atom 2 des Glycerins).

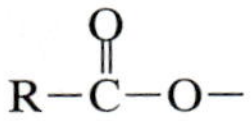 ist meist Stearat, Palmitat und Oleat.

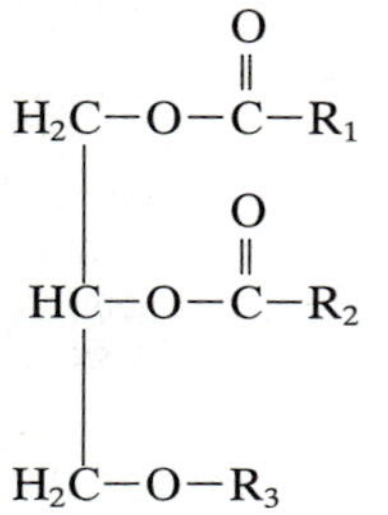

Abb. 12.**3** R_1 und R_2 sind gesättigte oder ungesättigte Fettsäurereste.
Phospholipid: R_3 = Phosphorsäureester
Glykolipid: R_3 = Kohlenhydrat

Die Steroide, die ebenfalls zu den Lipiden zählen, sind Derivate des Gonans, dessen Grundstruktur unter Punkt 7.1.9 erläutert wurde. Hiervon leitet sich auch das Cholesterol (Cholesterin) ab. Wichtige Vertreter sind auch die Gallensäure, Cholsäure und Desoxycholsäure (Abb. 12.5). Im Unterschied zu Cholesterin sind bei den drei letztgenannten Steroiden die Ringe A/B cis verknüpft. Sie wirken wahrscheinlich als Lösungsvermittler für wasserunlösliche Naturstoffe. Außerdem werden die Carotinoide, Polymere des Isoprens, zu den Lipiden gezählt. In Abb. 12.6 sind β-Carotin und Vitamin A aufgeführt. Triacylglycerole bzw. Triglyceride und Phospholipide lassen sich analog der alkalischen Esterhydrolyse

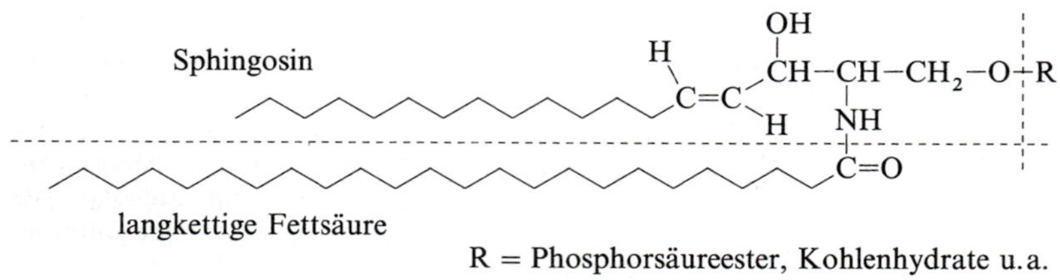

Abb. 12.**4** Allgemeine Struktur der Sphingolipide

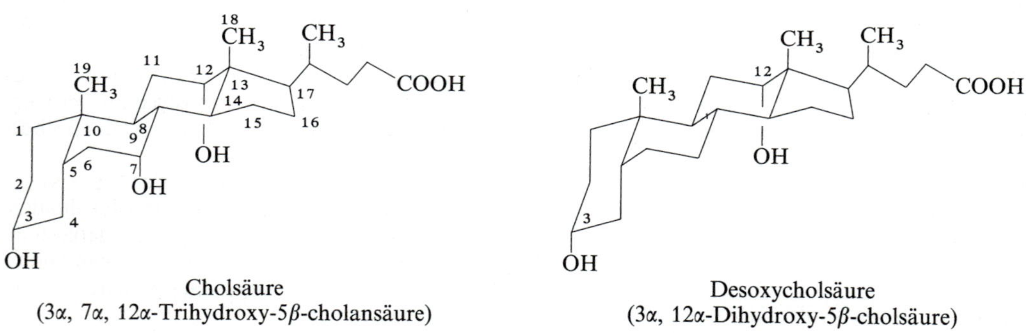

Abb. 12.**5** Cholsäure und Desoxycholsäure

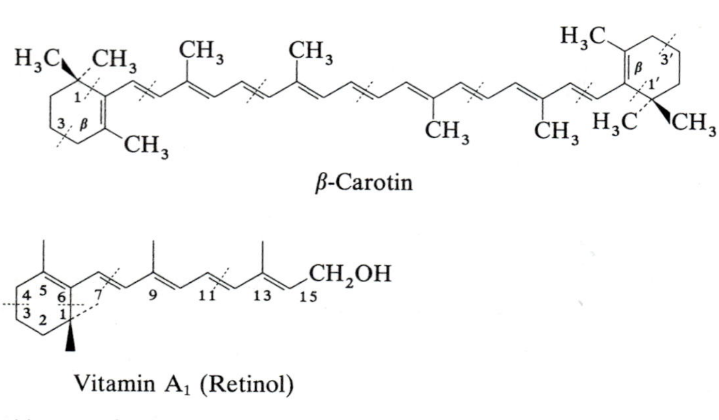

Abb. 12.**6** β-Carotin und Vitamin A_1

(7.4.8) in die Ausgangsprodukte spalten. Die entstehenden Produkte Glycerin, Fettsäuren und evtl. Phosphorsäurederivate sollten benannt werden können. Zahlreiche Naturstoffe, wie die Steroide, Carotinoide, u.a., enthalten als Grundbausteine Isopren, 2-Methyl-1,3-butadien.

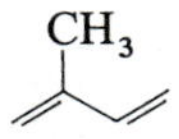

Isopren

Das β-Carotin besteht aus acht Isopreneinheiten. Das Cholesterin wird ebenfalls im Stoffwechsel aus Isopreneinheiten („aktives Isopren") aufgebaut. Lipide üben wichtige Funktionen als Energiespeicher, Wärmeisolatoren und Membrankomponenten aus. Sie haben außerdem eine mechanische Schutzfunktion. Weiteres zur Funktion dieser Stoffe siehe Lehrbücher der Biochemie.

13 Nukleotide, Nukleinsäuren, Chromatin

Die genauen Punkte des Gegenstandskatalogs sind für dieses Kapitel nicht mehr aufgeführt, da sie sich fast ausschließlich auf das Gebiet Biochemie beziehen und in den entsprechenden Lehrbüchern nachgelesen werden können. Die folgenden Kapitel ab Punkt 14 des GK beziehen sich ausschließlich auf das Gebiet Biochemie. Zu Punkt 13 seien nur noch einige chemische Grundstrukturen aufgeführt.

Struktur der Nukleinsäuren:

Nucleinsäuren setzen sich aus drei Bestandteilen zusammen, nämlich den *Nukleobasen,* das sind Purin- und Pyrimidinbasen einer *Pentose,* im Falle der DNA die Desoxyribose, im Falle der RNA die Ribose und *Phosphorsäure.*

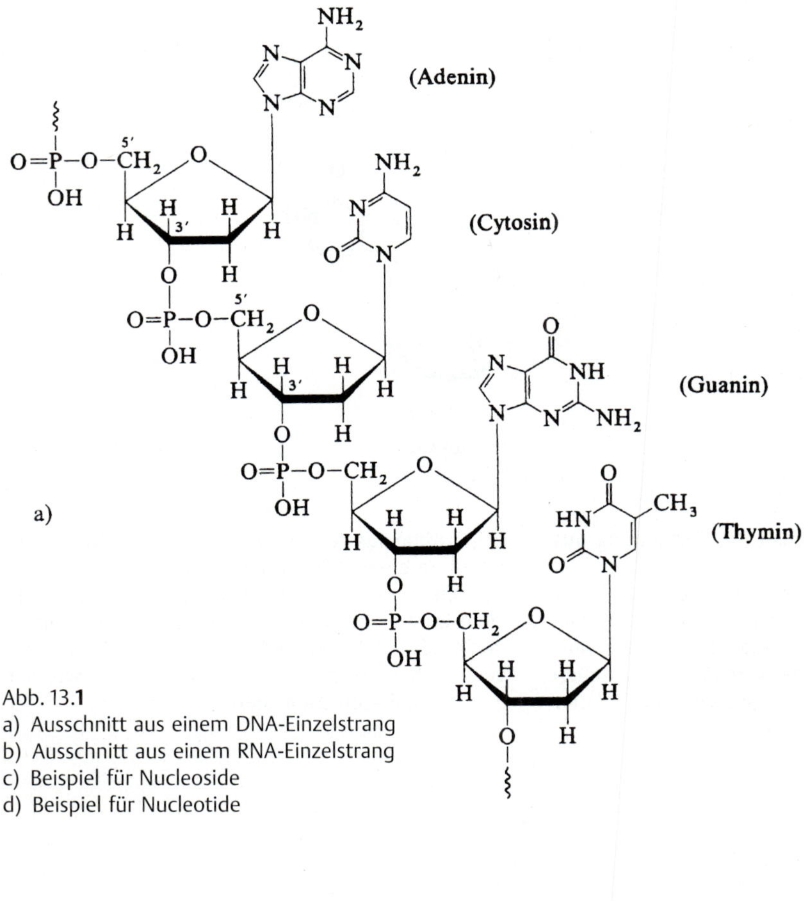

a)

Abb. 13.**1**
a) Ausschnitt aus einem DNA-Einzelstrang
b) Ausschnitt aus einem RNA-Einzelstrang
c) Beispiel für Nucleoside
d) Beispiel für Nucleotide

b)

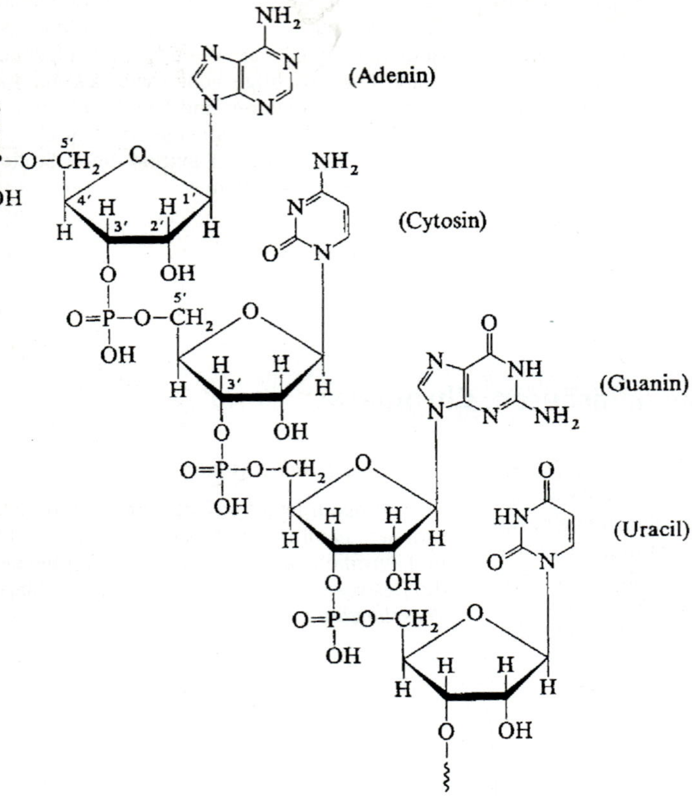

c)

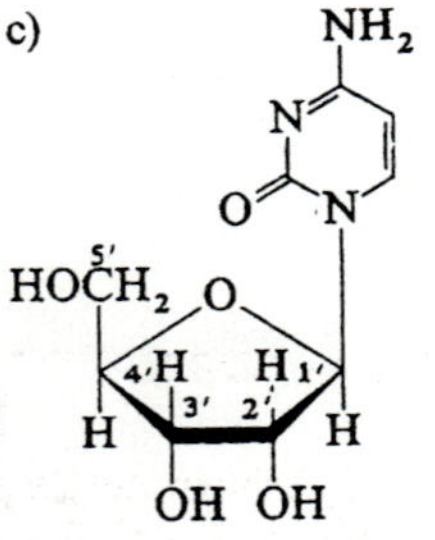

Cytidin

d)

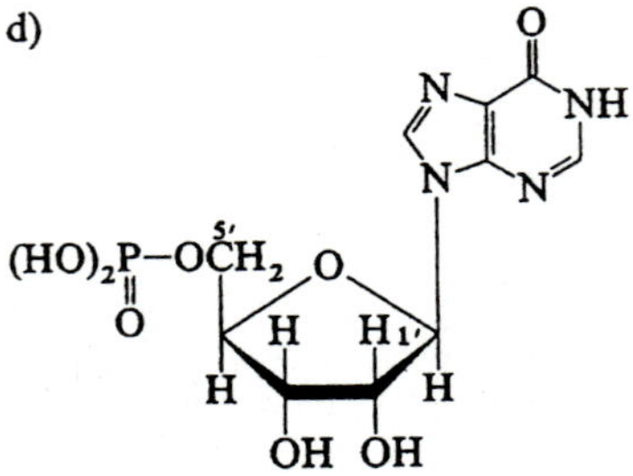

Inosinsäure

Unter *Nukleosid* versteht man die Verbindung aus Pentose und Nukleobase.
Unter *Nukleotid* versteht man ein Nucleosid mit einem zusätzlich esterartig gebundenen Phosphatrest. Werden die Nukleotide wiederum untereinander unter Wasseraustritt und Veresterung zwischen dem Phosphatrest des einen Nukleotids mit einer OH-Gruppe aus der Pentose des anderen Nukleotids im Sinne einer Polykondensation miteinander verbunden, so erhält man Polynukleotide bzw. Nukleinsäuren, wie sie in Abb. 13.1 dargestellt sind.
Auch diese Nukleotidketten sind in der Natur wieder durch Wasserstoffbrückenbindungen zwischen den Nukleobasen stabilisiert.

Fragen

Anmerkung der Redaktion

Zur besseren Übersicht über die Schwerpunkte des umfangreichen Prüfungswissens wurden Fragen und Kommentare mit Ausrufezeichen gekennzeichnet. Diese gehören Stoffgebieten an, zu denen wiederholt in verschiedener Form Fragen gestellt werden.

! = wiederholt geprüfter Stoff

!! = sehr wichtiger, häufig geprüfter Stoff

In diesem Band wurde die Kennzeichnung ab Examen Frühjahr 1998 durchgeführt.

1 Ausgewählte anorganische Verbindungen

Das Kapitel 1 umfaßt die Formeln und Namen ausgewählter anorganischer Verbindungen. Examensfragen zu Kapitel 1 wurden in andere Kapitel des Fragen- und Kommentarteils integriert.

2 Ausgewählte organische Verbindungen

Das Kapitel 2 umfaßt die Formeln und Namen ausgewählter organischer Verbindungen. Examensfragen zu Kapitel 2 wurden in andere Kapitel des Fragen- und Kommentarteils integriert.

3 Aufbau der Materie

3.1 Atome, Elemente

3.1.1 Aufbau des Atoms
3.1.2 Ordnungszahl, Kernladungszahl, Massenzahl

F83

3.1 Welche der folgenden Aussagen trifft für alle Atome, einschließlich des Wasserstoffatoms, zu?

Sie enthalten im Kern immer die folgenden Elementarteilchen:

(A) ein oder mehrere Protonen
(B) ein oder mehrere Neutronen
(C) ein oder mehrere Elektronen
(D) Neutronen und Protonen
(E) Neutronen und Protonen im Zahlenverhältnis 1 : 1

F86

3.2 Die chemischen Eigenschaften eines Elementes werden vor allem bestimmt durch

(A) die Zahl der Valenzelektronen
(B) die Zahl der Nukleonen
(C) den Atomradius
(D) die Siede- und Schmelzpunkte
(E) den Anteil natürlicher Isotope

F84

3.3 Welche Aussage trifft zu?

Stets positiv elektrisch geladen sind

(A) Elektronen
(B) Ionen
(C) Neutronen
(D) β-Teilchen
(E) Keine der Aussagen (A)–(D) trifft zu.

3.1.3 Isotope

F91

3.4 Für die Isotope eines Elementes gilt:

(1) Isotope besitzen die gleiche Zahl von Nukleonen.
(2) Isotope besitzen eine unterschiedliche Zahl von Neutronen.
(3) Da jeweils nur ein Isotop stabil ist, ist ein Gemisch von Isotopen stets radioaktiv.

(A) nur 1 ist richtig
(B) nur 2 ist richtig
(C) nur 1 und 2 sind richtig
(D) nur 1 und 3 sind richtig
(E) nur 2 und 3 sind richtig

F88

3.5 Die Nuklide Tritium ^{3}H und Helium ^{3}He

(1) haben die gleiche Zahl von Nukleonen
(2) sind Isotope
(3) besitzen eine unterschiedliche Zahl von Elektronen

(A) nur 1 ist richtig
(B) nur 3 ist richtig
(C) nur 1 und 2 richtig
(D) nur 1 und 3 sind richtig
(E) nur 2 und 3 sind richtig

3.1 (A) 3.2 (A) 3.3 (E) 3.4 (B) 3.5 (D)

F87

3.6 Welche Aussage trifft **nicht** zu?

Die natürlichen Isotope des Kohlenstoffs sind ${}^{12}_{6}C$, ${}^{13}_{6}C$ und ${}^{14}_{6}C$ (radioaktiv).

(A) Das Isotop ${}^{12}_{6}C$ hat die Atommasse 12,000.
(B) Enzyme können nur Verbindungen umsetzen, die das Isotop ${}^{12}_{6}C$ enthalten.
(C) Alle Kohlenstoffisotope haben 6 Protonen im Kern.
(D) Alle Kohlenstoffisotope haben die Elektronenkonfiguration $1s^2\,2s^2\,2p^2$.
(E) Die Kohlenstoffisotope unterscheiden sich in der Neutronenzahl.

3.1.4 Avogadro-Konstante

F96

3.7 1 Liter einer gesättigten Bariumsulfatlösung enthält 10^{-5} mol/l Ba^{2+}-Ionen.

Wieviel Ba^{2+}-Ionen enthält ein Liter der Lösung ungefähr?

(A) 10^{-23}
(B) 10^{-5}
(C) 10^{18}
(D) 10^{23}
(E) 10^{28}

3.1.5 Relative Atommasse

3.8 Was besagt die Feststellung, daß das Natriumisotop ${}^{23}_{11}Na$ die relative Atommasse 23 hat?

(A) Das Natriumisotop hat das 23fache der Masse des Wasserstoffmoleküls.
(B) Das Natriumisotop 23 hat das 23fache des zwölften Teils der Masse des Kohlenstoffs.
(C) Das Natriumisotop hat das 23fache des zwölften Teils der Masse des Kohlenstoffisotops 12.
(D) Es muß die Dimensionsangabe „Gramm" zugefügt werden.
(E) Keine der vorstehenden Angaben trifft zu.

3.1.6 Elemente

F91

3.9 Die Elemente einer Periode des Periodensystems

(A) haben ähnliche Eigenschaften
(B) unterscheiden sich in der Elektronegativität
(C) stimmen in der Zahl der Valenzelektronen überein
(D) stimmen in der Ordnungszahl überein
(E) sind alle Nichtmetalle

3.1.7 Orbital

H91

3.10 Welche Aussage trifft **nicht** zu?

Für die Beschreibung eines Orbitals spielen folgende Begriffe eine Rolle:

(A) negative Ladungswolke
(B) Ionisierungsenergie
(C) Elektronendichteverteilung
(D) räumliche Symmetrie einer Ladungswolke
(E) Aufenthaltswahrscheinlichkeit für ein Elektron

3.2 Periodensystem

3.2.1 Ordnungsprinzip

3.11 Das Periodensystem der Elemente erhält man, wenn man

(A) die Elemente nach steigender Atommasse anordnet
(B) die Elemente nach steigender Elektronenzahl = Kernladungszahl anordnet
(C) die Elemente nach steigendem Atomdurchmesser anordnet
(D) die Elemente nach der Elektronegativität ordnet
(E) ein geeignetes der unter A–D genannten Ordnungsprinzipien wählt und zusätzlich chemisch ähnlich reagierende Elemente zu Gruppen zusammenfaßt

3.6 (B) 3.7 (C) 3.8 (C) 3.9 (B) 3.10 (B) 3.11 (E)

H84

3.12 Prüfen Sie die folgenden Aussagen zum Periodensystem!

(1) Die Elemente sind ohne Ausnahme nach steigenden Atommassen geordnet.
(2) Die Elemente sind ohne Ausnahme nach steigender Kernladungszahl geordnet.
(3) In den Hauptgruppen sind chemisch verwandte Elemente zusammengefaßt.
(4) Innerhalb einer Periode nimmt die Elektronegativität von links nach rechts ab.
(5) Bei den Nebengruppenelementen werden innere Elektronenschalen aufgefüllt.

(A) nur 1 und 3 sind richtig
(B) nur 2 und 4 sind richtig
(C) nur 2, 3 und 5 sind richtig
(D) nur 3, 4 und 5 sind richtig
(E) 1–5 = alle sind richtig

F92

3.13 Welche Aussage trifft **nicht** zu?

Die Elemente einer Hauptgruppe des Periodensystems

(A) haben ähnliche chemische Eigenschaften
(B) stimmen in der Zahl der Valenzelektronen überein
(C) stimmen in der Ordnungszahl überein
(D) unterscheiden sich im Atomradius
(E) unterscheiden sich in der Elektronenkonfiguration

F93

3.14 Welche Aussagen über Hauptgruppenelemente treffen zu?

(1) Es sind alles Metalle.
(2) In der äußeren Elektronenschale werden s- bzw. s- und p-Orbitale aufgefüllt.
(3) Sie stimmen in der Elektronenkonfiguration überein.
(4) Die Hauptgruppenelemente Iod und Selen sind Spurenelemente, die für den Menschen essentiell sind.

(A) nur 2 ist richtig
(B) nur 1 und 2 sind richtig
(C) nur 1 und 4 sind richtig
(D) nur 2 und 4 sind richtig
(E) nur 2, 3 und 4 sind richtig

3.2.2 Elektronenkonfiguration

H89

3.15 Vergleichen Sie das Element X mit der Elektronenkonfiguration $1s^2\ 2s^2\ 2p^3$ und das Element Y mit $1s^2\ 2s^2\ 2p^4$!

(A) X und Y sind Metalle.
(B) X ist elektronegativer als Y.
(C) X hat die Ordnungszahl 7.
(D) Y hat Edelgaskonfiguration.
(E) X und Y reagieren miteinander zu einem Salz.

3.2.3 Hauptgruppenelemente

3.16 In welcher Hauptgruppe findet sich der Sauerstoff?

(A) 2. Hauptgruppe
(B) 3. Hauptgruppe
(C) 4. Hauptgruppe
(D) 5. Hauptgruppe
(E) 6. Hauptgruppe

F94

3.17 Ein Iodatom besitzt gegenüber einem Chloratom

(A) eine unterschiedliche Anzahl Valenzelektronen
(B) eine höhere Elektronegativität
(C) einen größeren Atomradius
(D) eine kleinere Anzahl Protonen im Kern
(E) eine kleinere Atommasse

3.2.4 Gesetzmäßigkeiten in Perioden und Hauptgruppen

3.18 Welche Aussage trifft **nicht** zu?

Beim Durchlaufen einer Hauptgruppe des Periodensystems von kleiner zu großer Ordnungszahl

(A) nehmen die Atommassen zu
(B) nehmen die Atomdurchmesser zu
(C) nehmen die Elektronegativitäten ab
(D) nehmen die Ionenradien ab
(E) nimmt der metallische Charakter der Elemente zu

3.12 (C) 3.13 (C) 3.14 (D) 3.15 (C) 3.16 (E) 3.17 (C) 3.18 (D)

H87

3.19 Beim Durchlaufen einer Periode des Periodensystems von Elementen mit kleiner zu Elementen mit großer relativer Atommasse (Atomgewicht) wird in den

(1) Hauptgruppen die äußere Schale mit Elektronen aufgefüllt
(2) Hauptgruppen eine innere Schale mit Elektronen aufgefüllt
(3) Nebengruppen eine äußere Schale mit Elektronen aufgefüllt
(4) Nebengruppen eine innere Schale mit Elektronen aufgefüllt

(A) nur 1 ist richtig
(B) nur 3 ist richtig
(C) nur 1 und 3 sind richtig
(D) nur 1 und 4 sind richtig
(E) nur 2 und 4 sind richtig

3.2.5 Nebengruppenelemente

F90

3.20 Was ist den Nebengruppenelementen gemeinsam?

(A) Sie sind alle Metalle.
(B) Sie stimmen in der Elektronenkonfiguration überein.
(C) In der äußeren Schale werden d-Orbitale aufgefüllt.
(D) In der äußeren Schale werden p-Orbitale aufgefüllt.
(E) Sie sind biochemisch ohne Bedeutung.

H92

3.21 Welche Aussagen über Nebengruppenelemente treffen zu?

(1) Es sind alles Metalle.
(2) Sie unterscheiden sich in ihrer Elektronenkonfiguration.
(3) In der äußeren Elektronenschale werden d-Orbitale aufgefüllt.
(4) Molybdän und Mangan sind Spurenelemente, die für den Menschen essentiell sind.

(A) nur 1 ist richtig
(B) nur 1 und 3 sind richtig
(C) nur 2 und 4 sind richtig
(D) nur 1, 2 und 4 sind richtig
(E) nur 2, 3 und 4 sind richtig

F83

3.22 Welche Aussagen über Spurenelemente des menschlichen Organismus sind richtig?

(1) Alle Spurenelemente sind Nebengruppenelemente.
(2) Metallionen, die bei der Aktivierung von Enzymen mitwirken, sind häufig Spurenelemente.
(3) Kationen von Spurenelementen sind häufig Teil von Chelatkomplexen.
(4) Das Kohlenstoffisotop der Masse 14 ist ein Spurenelement.
(5) Spurenelemente werden mit der Nahrung aufgenommen.

(A) nur 1, 3 und 4 sind richtig
(B) nur 2, 3 und 5 sind richtig
(C) nur 3, 4 und 5 sind richtig
(D) nur 1, 2, 4 und 5 sind richtig
(E) 1–5 = alle sind richtig

3.2.6 Andere medizinisch bedeutsame Elemente

F83

3.23 Welche Aussagen zu Br_2 treffen zu?

(1) Elementares Brom kommt bei Zimmertemperatur ausschließlich als Br_2 vor.
(2) Br_2 ist ein Oxidationsmittel für J^-.
(3) Br_2 kann an olefinische Doppelbindungen addiert werden.
(4) Die Elektronegativität von Brom ist größer als die von Jod.

(A) nur 1 und 3 sind richtig
(B) nur 2 und 3 sind richtig
(C) nur 2 und 4 sind richtig
(D) nur 1, 2 und 3 sind richtig
(E) 1–4 = alle sind richtig

3.19 (D) 3.20 (A) 3.21 (D) 3.22 (B) 3.23 (E)

3.3 Chemische Bindung

3.3.1 Moleküle, Molekülmasse

3.24 Die relative Molekularmasse (Molekulargewicht) von Orthophosphorsäure beträgt

(A) 36
(B) 49
(C) 96
(D) 98
(E) Keiner der Werte trifft zu.

Atommassen H 1, O 16, P 31

3.3.2 Biochemisch wichtige Bindungen

3.25 Welche Aussage trifft **nicht** zu?

(A) Im Schwefelwasserstoffmolekül liegen koordinative Bindungen vor.
(B) Im Calciumchlorid liegen Ionenbindungen vor.
(C) Im Ammoniakmolekül ist ein freies Elektronenpaar vorhanden.
(D) Im Sauerstoffmolekül gibt es mehrere freie Elektronenpaare.
(E) Im Harnstoff liegen Atombindungen (= kovalente Bindungen) vor.

F85

3.26 Welche Aussage zur hydrophoben Wechselwirkung trifft **nicht** zu?

(A) Sie bildet sich aus zwischen unpolaren Molekülen, die in Mizellen in einem polaren Lösungsmittel zusammengelagert sind.
(B) Die Bildung geht mit einer Entropie-Abnahme einher, da der Ordnungszustand des Gesamtsystems infolge der Ausbildung hydrophober Wechselwirkungen zunimmt.
(C) Hydrophobe Wechselwirkungen sind sehr viel schwächer als kovalente Bindungen.
(D) Hydrophobe Wechselwirkungen sind für die Siedepunktsanomalie des Wassers verantwortlich.
(E) Hydrophobe Wechselwirkungen sind u. a. für die Ausbildung der Proteinkonformation ursächlich verantwortlich.

F98 **!**

3.27 Welche Aussage trifft **nicht** zu?

Hydrophobe Wechselwirkungen

(A) spielen bei der Mizellen-Bildung von Seifen eine Rolle
(B) spielen beim Aufbau von Bilayer-Membranen durch Phospholipide eine Rolle
(C) lassen sich mit Hilfe von Entropie-Änderungen quantifizieren
(D) sind schwächer als kovalente Bindungen
(E) sind für den vergleichsweise hohen Siedepunkt des Wassers verantwortlich

F86

3.28 Welcher der folgenden Vorgänge kann nicht durch Ausbildung hydrophober Wechselwirkung erklärt werden?

(A) Ausbildung von Proteinkonformationen bei Proteinen mit apolaren Aminosäureresten
(B) Ausbildung von Protein-Lipid-Protein-Strukturen in der Einheits-Zellmembran
(C) Anordnung von Emulgatormolekülen an der Phasengrenzfläche polar/unpolar
(D) Auflösung von Glucose in Wasser
(E) Bindung eines Substrats mit unpolaren Molekülabschnitten an den unpolaren Teil der Bindungsstelle des aktiven Zentrums des Enzyms

3.3.5 Ionen

3.29 Welche Aussage zum Natriumion trifft **nicht** zu?

(A) es entsteht durch Oxidation aus Natrium
(B) es besitzt die Elektronenkonfiguration $1s^2\,2s^2\,2p^6$
(C) es liegt in wäßriger Lösung hydratisiert vor
(D) der Radius des nicht hydratisierten Ions ist größer als der des Natriumatoms
(E) seine Konzentration ist im intrazellulären Raum niedriger als im extrazellulären Raum

3.24 (D) 3.25 (A) 3.26 (D) 3.27 (E) 3.28 (D) 3.29 (D)

F96

3.30 Welches der folgenden Elemente zeigt die geringste Tendenz, Ionen zu bilden?

(A) Zn
(B) Mg
(C) Na
(D) Cl
(E) N

H91

3.31 Welche der folgenden Aussagen zum Magnesiumatom und dem daraus gebildeten Kation trifft **nicht** zu?

(A) Aus dem Magnesiumatom bildet sich bevorzugt ein zweiwertiges Kation.
(B) Der Radius des Magnesiumatoms ist größer als der seines Kations.
(C) Magnesiumatom und -ion stimmen in der Kernladungszahl überein.
(D) Magnesiumatome verfügen über eine mit 8 Elektronen voll besetzte äußere Elektronenschale.
(E) Magnesiumionen sind an Reaktionen von ATP beteiligt.

3.3.6 Ionenbindung

H97

3.32 Welche Aussage zur Ionenbindung trifft **nicht** zu?

(A) Der Bindung liegt eine elektrostatische Wechselwirkung zugrunde.
(B) Sie bildet sich zwischen Ionen aus, deren Atome sich in der Elektronegativität deutlich unterscheiden.
(C) Die Bindung ist ungerichtet.
(D) Die Bindung ist in Kochsalz-Kristallen wirksam.
(E) Die Bindungsenergie ist niedriger als die der Wasserstoffbrückenbindung.

H92

3.33 Welche Aussage trifft **nicht** zu?

Die Ionenbindung ist

(A) elektrostatischer Natur
(B) ungerichtet
(C) zwischen gegensinnig geladenen Ionen wirksam
(D) für Salze charakteristisch
(E) schwächer als eine Van-der-Waals-Bindung

F95

3.34 Welche Aussage zur Ionenbindung trifft **nicht** zu?

(A) Sie bildet sich zwischen Ionen aus, deren Atome aus Gruppen stammen, die im Periodensystem weit voneinander stehen.
(B) Typische Ionenbindungen liegen in Kristallen anorganischer Salze vor.
(C) Die Bindung ist ungerichtet.
(D) Die Bindungsenergie beträgt etwa 40 kJ/mol.
(E) Die Bindungskraft nimmt mit steigender Temperatur ab.

3.3.7 Atombindung

3.35 Für die Atombindung (kovalente Bindung) ist charakteristisch, daß sie

(A) zwischen Atomen gleicher oder sehr ähnlicher Elektronegativität ausgebildet wird
(B) zwischen Atomen sehr unterschiedlicher Elektronegativität ausgebildet wird
(C) nicht gerichtet ist
(D) ausschließlich durch Überlappung von p-Orbitalen zustande kommt
(E) durch ein einzelnes Elektron hervorgerufen und getragen wird

3.30 (E) 3.31 (D) 3.32 (E) 3.33 (E) 3.34 (D) 3.35 (A)

H82

3.36 Welche Aussage zur abgebildeten Substanz trifft zu?

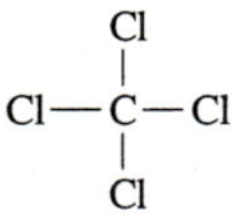

(A) Die C—Cl-Bindung ist aufgrund der Elektronegativität des Cl so polarisiert, daß das C-Atom Elektrophile addiert.
(B) Das Molekül ist ein Dipol, da die C–Cl-Bindungen polarisiert sind.
(C) In wäßriger Lösung erfolgt schwache Dissoziation in CCl^{+}_{3} und Cl^{-}.
(D) Die Substanz ist apolar.
(E) Sie heißt Chloroform und wurde früher als Inhalationsnarkotikum verwandt.

H95

3.37 Welche Aussage zum CO_2 trifft **nicht** zu?

(A) Das Molekül ist linear gebaut.
(B) Es enthält zwei – schwach polarisierte – Doppelbindungen.
(C) Jedes der beiden Sauerstoffatome hat noch 2 freie Elektronenpaare.
(D) CO_2 wird im Porphyrinringsystem des Hämoglobins koordinativ über seine freien Elektronenpaare gebunden.
(E) Die Einstellungsgeschwindigkeit des Gleichgewichts $CO_2 + H_2O \rightleftharpoons H_2CO_3$ kann durch Carboanhydrase beeinflußt werden.

3.3.8 Gewinkelte Moleküle

F85

3.38 Welche Aussage trifft **nicht** zu?

Vergleichen Sie das Wasser- und das Ammoniak-Molekül:

(A) Beide sind Dipol-Moleküle.
(B) Beide können als Nucleophile reagieren.
(C) Wasser hat einen höheren Siedepunkt als Ammoniak.
(D) In wäßriger Lösung von Ammoniak ist Wasser die Brönsted-Base.
(E) Das Wasser-Molekül besitzt zwei, das Ammoniak-Molekül ein freies Elektronenpaar.

3.3.9 Freie Elektronenpaare

3.39 Welche der folgenden Verbindungen besitzt kein freies Elektronenpaar?

(A) Methan
(B) Diäthyläther
(C) Ammoniak
(D) Wasser
(E) Schwefelwasserstoff

H97

3.40 Welche Aussage über Elektrophile und Nukleophile trifft **nicht** zu?

(A) Benzol kann durch Elektrophile angegriffen werden.
(B) Alkene können als Nukleophile reagieren.
(C) Das Proton ist ein Elektrophil.
(D) Wasser ist ein Nukleophil.
(E) Elektrophile besitzen mindestens ein freies Elektronenpaar.

3.3.10 Dipolmoleküle

F88

3.41 Welche Aussage trifft **nicht** zu?

Vergleichen Sie H_2S mit H_2O!

(A) Der Siedepunkt von H_2S ist niedriger als der von Wasser.
(B) Die Assoziation von Wassermolekülen ist bei Zimmertemperatur größer.
(C) Die Azidität von H_2S ist größer.
(D) Die Toxizität von H_2S ist größer.
(E) Die Elektronegativitäten von S im H_2S und von O im H_2O sind gleich.

3.36 (D) 3.37 (D) 3.38 (D) 3.39 (A) 3.40 (E) 3.41 (E)

3.3.11 Wasserstoffbrückenbindungen

H93

3.42 Welche Aussage trifft **nicht** zu?

Wasserstoffbrückenbindungen

(A) treten z.B. zwischen Wassermolekülen auf
(B) beeinflussen die Höhe des Siedepunktes einer Substanz
(C) spielen bei der Ausbildung der DNA-Doppelhelix eine Rolle
(D) treten auf zwischen NH oder OH als Donor und kovalent gebundenem N oder O als Akzeptor
(E) spielen bei der Zusammenlagerung von Fettsäureketten in Membranen eine Rolle

H86

3.43 Welche Aussage zum Siedepunkt einer Substanz trifft **nicht** zu?

(A) Der Siedepunkt entspricht der Temperatur, bei welcher der Dampfdruck der Substanz und der Atmosphärendruck gleich groß sind.
(B) Eine Flüssigkeit kann schon unterhalb ihres Siedepunktes langsam verdampfen.
(C) Druckerhöhung führt zu einer Erhöhung des Siedepunktes.
(D) Durch Anlegen von Vakuum wird der Siedepunkt herabgesetzt.
(E) Essigsäure besitzt aufgrund intramolekularer Wasserstoffbrücken einen tieferen Siedepunkt als ihr Methylester.

F92

3.44 Welche Ausagen zu H_2O und CH_3OH treffen zu?

(1) Beide Moleküle enthalten 2 freie Elektronenpaare.
(2) Beide Moleküle sind assoziiert – allerdings unterschiedlich stark.
(3) Der Siederpunkt des Methanols ist niedriger, obwohl dessen Molmasse größer ist.
(4) H_2O und CH_3OH mischen sich nur unvollständig miteinander.

(A) nur 1 und 3 sind richtig
(B) nur 2 und 3 sind richtig
(C) nur 3 und 4 sind richtig
(D) nur 1, 2 und 3 sind richtig
(E) nur 1, 2 und 4 sind richtig

3.3.12 Hydratation

H94

3.45 Hydratation findet man in wäßriger Lösung bei

(1) Kationen
(2) Anionen
(3) Zuckern
(4) Proteinen
(5) niederen Carbonsäuren

(A) nur 1 und 2 sind richtig
(B) nur 1, 2 und 4 sind richtig
(C) nur 3, 4 und 5 sind richtig
(D) nur 1, 2, 4 und 5 sind richtig
(E) 1–5 = alle sind richtig

3.3.13 Metallkomplexe

3.46 Welche Aussage zur Bildung von Metallkomplexen trifft **nicht** zu?

(A) Ein Elektronendonator liefert das bindende Elektronenpaar.
(B) Atome, wie O, N oder S, die freie Elektronenpaare in Verbindungen tragen können, fungieren als Lieferanten der bindenden Elektronen.
(C) Zentralteilchen mit Elektronenlücke treten in Wechselwirkung mit den Elektronendonatoren.
(D) Die Formel des Komplexes wird durch die Koordinationszahl beeinflußt.
(E) Ein einmal gebildeter Komplex ist so stabil, daß die Komplexbildungsausgangspartner nicht mehr im Gleichgewicht vorliegen.

F89

3.47 Für den Metallkomplex $[Fe(CN_6]^{4-}$ läßt sich die Oxidationszahl des Zentralions nicht angeben,

weil

die Gesamtladung des Komplexes $Fe(CN_6]^{4-}$ nicht gleich der Oxidationszahl des Zentralions ist.

3.42 (E) 3.43 (E) 3.44 (D) 3.45 (E) 3.46 (E) 3.47 (D)

F90

3.48 Welche Aussage zu Metallkomplexen trifft **nicht** zu?

(A) Unter der Koordinationszahl versteht man die Zahl der Bindungen zwischen Zentralion und Liganden.
(B) Ein Ligand, der mit mehr als einem Atom an das Zentralion bindet, ist ein Chelator.
(C) Die Ladung des Zentralions bestimmt die Koordinationszahl.
(D) Bildung und Zerfall von Metallkomplexen lassen sich mit Hilfe des Massenwirkungsgesetzes beschreiben.
(E) Metallkomplexe können unter Ligandenaustausch reagieren.

H96

3.49 Die Stabilität von Metallkomplexen hängt ausschließlich von den Liganden ab,

weil

in Metallkomplexen die Liganden die Bindungselektronen für die Komplexbindung liefern.

H91

3.50 Welche Aussage zu den Reaktionen und der Stabilität der abgebildeten Komplexe trifft **nicht** zu?

(1) $[Zn(H_2O)_4]^{2+} + 4\,NH_3 \rightleftharpoons [Zn(NH_3)_4]^{2+} + 4\,H_2O$
Bildungskonstante
$K_k = 10^{10}$

(2) $[Zn(H_2O)_4]^{2+} + 4\,CN \rightleftharpoons [Zn(CN)_4]^{2-} + 4\,H_2O$
Bildungskonstante
$K_k = 10^{17}$

(A) Beide Reaktionen verlaufen unter Ligandenaustausch.
(B) Der Komplex $[Zn(CN)_4]^{2-}$ ist stabiler als $[Zn(NH_3)_4]^{2+}$.
(C) In allen beteiligten Metallkomplexen ist Zn^{2+} das Zentralion.
(D) Die Gesamtladung der in beiden Reaktionen gebildeten Metallkomplexe ist gleich.
(E) Die koordinative Bindung von CN^- an Zn^{2+} ist fester als die von NH_3.

F97

3.51 Welche Aussage zum Cyanid bzw. Cyanwasserstoff trifft **nicht** zu?

(A) KCN dissoziiert in wäßriger Lösung unter Bildung von K^+ und CN^-.
(B) Das Cyanid-Ion ist ein guter Komplexbildner.
(C) CN^- reagiert mit Eisenkomplexen der Atmungskette.
(D) Die typische Koordinationszahl des CN^- ist 6.
(E) Da HCN eine schwache Säure ist, ist eine wäßrige Lösung von KCN basisch.

F98 **!!**

3.52 Welche Aussage trifft **nicht** zu?

Betrachten Sie folgende allgemeine Metallkomplex-Reaktion:

$[Me(H_2O)_x]^{n+} + x\,L \rightarrow [Me(L)_x]^{n+} + x\,H_2O$

(A) Me ist das Zentralion der Komplexe.
(B) Die Reaktion verläuft unter Ligandenaustausch.
(C) Ist L neutral, entspricht die Gesamtladung der Komplexe der Ladung des Zentralions.
(D) Die Koordinationszahl der Komplexe ergibt sich aus n.
(E) Wenn Wasser der Ligand ist, spricht man von Aquokomplexen.

3.3.15 Chelat-Komplexe und Chelatoren

3.53 Welche der Substanzen kann nicht als Chelator wirksam werden?

(A) $H_3C-CH_2-C(=O)OH$
(B) $H_2N-CH_2-CH_2-CH_2-NH_2$
(C) $HO-CH_2-CH_2-CH_2-SH$
(D) $CH_2-C(=O)OH$ mit NH_2 am CH_2
(E) $HS-CH_2-CH_2-C(=O)OH$

3.48 (C) 3.49 (D) 3.50 (D) 3.51 (D) 3.52 (D) 3.53 (A)

H92

3.54 Welche Aussage zu nachstehendem Metallkomplex trifft **nicht** zu?

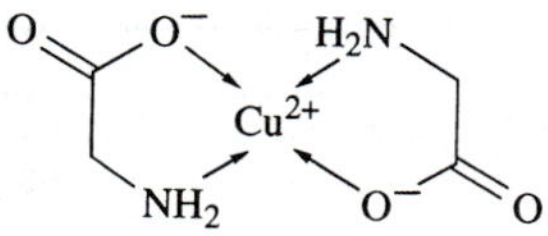

(A) Die Gesamtladung des Metallkomplexes beträgt 0.
(B) Cu^{2+} hat die Koordinationszahl 2.
(C) Es handelt sich um einen Chelatkomplex.
(D) Anionen der Aminosäure Glycin bilden die Liganden.
(E) Der Metallkomplex unterscheidet sich in Farbe und Löslichkeit vom freien Cu^{2+}.

H94

3.55 Welche Aussage zu folgender Reaktion und dem Reaktionsprodukt trifft **nicht** zu?

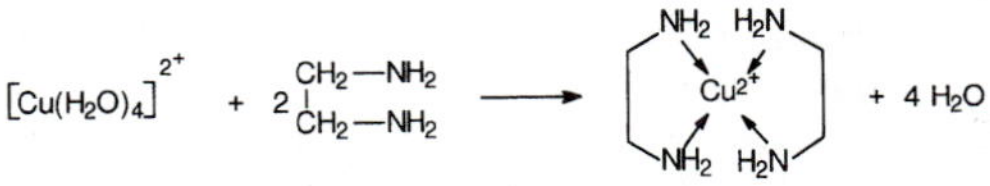

(A) Es entsteht ein Chelatkomplex.
(B) Das Zentralion hat die Koordinatenzahl 4.
(C) Der Chelator ist vierzähnig.
(D) Der Chelator bildet mit dem Zentralion eine 5-Ringstruktur.
(E) Die Reaktion verläuft unter Ligandenaustausch.

F96

3.56 Welche Aussage trifft **nicht** zu?

EDTA reagiert an den durch Pfeile markierten Stellen mit Calciumionen zu einem (1:1)-Komplex.

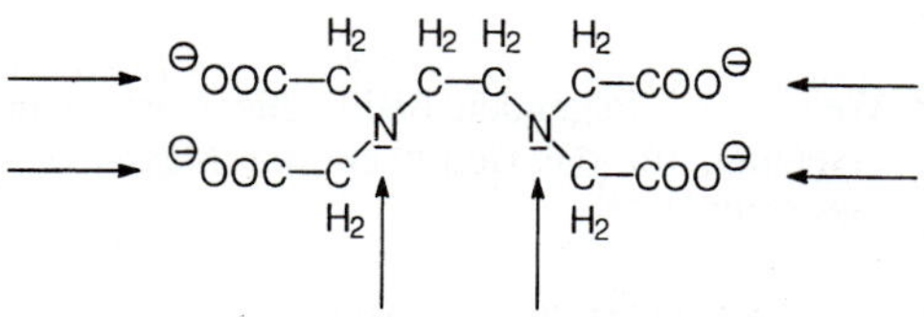

(A) Es entsteht ein Chelat-Komplex.
(B) Der Komplex enthält nur zwei koordinative Bindungen.
(C) Die Calciumionen haben die Koordinationszahl 6.
(D) Die Gesamtladung des Komplexes beträgt −2.
(E) EDTA ist ein sechszähniger Ligand.

H95

3.57 Welche Aussage zum abgebildeten Chelatkomplex trifft **nicht** zu?

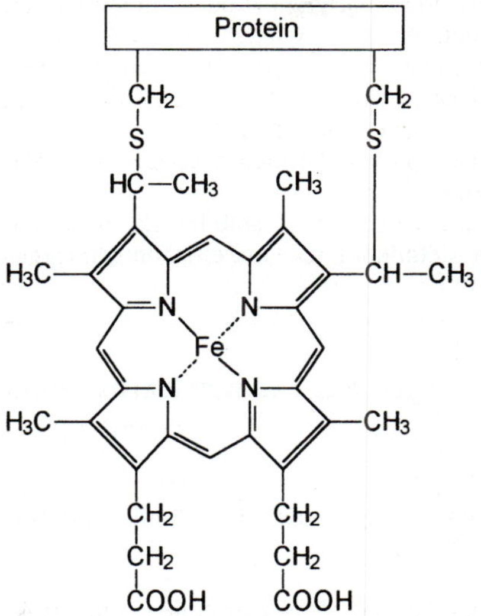

(A) Abgebildet ist eine vereinfachte Darstellung des Cytochrom c.
(B) Die Funktion beruht auf einer Wertigkeitsänderung des Eisens (Fe^{+}/Fe^{3+}).
(C) Das Ringsystem ist über die S-Brücken an Cytochromoxidase gebunden.
(D) Seine Oxidation erfolgt unter Mitwirkung der Cytochromoxidase.
(E) Cytochrom c katalysiert den Elektronentransfer von Cytochrom b auf Cytochromoxidase.

F97

3.58 Welche Aussage über Chelatoren und Chelatkomplexe trifft **nicht** zu?

(A) Chelatkomplexe benötigen für ihre Bildung mehrzähnige Liganden.
(B) Chelatkomplexe weisen maximal 4 Koordinationsstellen auf.
(C) Chelatkomplexe mit EDTA sind in der Regel sehr stabil.
(D) Chelatkomplexe können geladen und ungeladen sein.
(E) Chelatoren können zur Behandlung von Schwermetallvergiftungen genutzt werden.

3.54 (B) 3.55 (C) 3.56 (B) 3.57 (C) 3.58 (B)

H97

3.59 Welche Aussage über Chelatoren und Chelatkomplexe trifft **nicht** zu?

(A) Chelatoren sind zwei- und mehrzähnige Liganden.
(B) Nur Ionen von Übergangsmetallen bilden Chelatkomplexe.
(C) EDTA ist ein Chelator.
(D) Chelatkomplexe können geladen und ungeladen sein.
(E) Chelatkomplexe sind stabiler als vergleichbare Metallkomplexe mit einzähnigen Liganden.

3.4 Fragen aus Examen Herbst 1998

H98

3.60 Welche Aussage über Elektrophile und Nukleophile trifft **nicht** zu?

(A) Alkene können als Nukleophile reagieren.
(B) Nukleophile sind Anionen oder Dipolmoleküle mit einem freien Elektronenpaar.
(C) Protonen sind Elektrophile.
(D) Moleküle oder Ionen mit einer Elektronenlücke sind Elektrophile.
(E) Bei der nukleophilen Substitution ist die Abgangsgruppe ein Elektrophil.

H98 **!!**

3.61 Welche Aussage zum Periodensystem der Elemente trifft **nicht** zu?

(A) Die Ordnungszahl gibt die Anzahl der Protonen und Neutronen im Atomkern an.
(B) Isotope haben die gleiche Ordnungszahl, aber unterschiedliche Atommassen.
(C) Elemente einer Gruppe haben die gleiche Anzahl Valenzelektronen.
(D) Innerhalb einer Periode nimmt die Elektronegativität der Elemente von links nach rechts zu.
(E) Nebengruppenelemente sind dadurch gekennzeichnet, daß d- oder f-Schalen aufgefüllt werden.

4 Reaktionen der Stoffe

4.1 Massenwirkungsgesetz

4.1.1 Konzentrationsmaße

H87

4.1 Bei der Reaktion von Aceton mit Hydroxylamin entsteht Aceton-oxim:

Wenn Sie 5,8 g Aceton einsetzen und 4,38 g des Oxims erhalten, wie groß ist die Ausbeute an Oxim? (Atommassen: H = 1, C = 12, N = 14, O = 16)

(A) 43,8%
(B) 50%
(C) 60%
(D) 75,5%
(E) 82%

H93

4.2 Welche Aussage trifft **nicht** zu?

1 Liter einer 1 molaren wäßrigen Magnesiumchloridlösung enthält ungefähr (Atommassen: Mg = 24,3, Cl = 35,5, O = 16, H = 1)

(A) $6 \cdot 10^{23}$ Mg^{2+}-Ionen
(B) $1,2 \cdot 10^{24}$ Cl^{-}-Ionen
(C) $6 \cdot 10^{23}$ Wassermoleküle
(D) 95,3 g Magnesiumchlorid
(E) 2 Mol Cl^{-}-Ionen

4.1.2 Chemisches Gleichgewicht

4.3 Welche der folgenden Bedingungen ist nicht Voraussetzung für die Gültigkeit des Massenwirkungsgesetzes?

(A) isotherme Reaktionsführung
(B) geschlossenes System
(C) eingestelltes Gleichgewicht
(D) Verwendung von Aktivitäten an Stelle von Konzentrationen in konzentrierten Lösungen
(E) Anwesenheit eines Katalysators

F90

4.4 Die Gleichgewichtskonstante K der Reaktion

$$A+B \underset{k_{-1}}{\overset{k_{+1}}{\rightleftharpoons}} C+D$$

läßt sich folgendermaßen angeben:

(1) $K = \frac{k_{+1}}{k_{-1}}$

(2) $K = k_{+1} \cdot [A] \cdot [B]$

(3) $K = \frac{[C] \cdot [D]}{[A] \cdot [B]}$

(4) $K = \frac{[A] \cdot [B]}{[C] \cdot [D]}$

(A) nur 3 ist richtig
(B) nur 1 und 2 sind richtig
(C) nur 1 und 3 sind richtig
(D) nur 1 und 4 sind richtig
(E) nur 2 und 4 sind richtig

4.5 Eine Substanz A steht mit einer zweiten Substanz B im chemischen Gleichgewicht.

Die Gleichung lautet $A \rightleftharpoons B$
Die Gleichgewichtskonzentrationen betragen:
[A] = 1 molar
[B] = 0,01 molar.

Welche der folgenden Angaben trifft **nicht** zu?

(A) Die Umwandlung von A in B erfolgt endergonisch.
(B) Die Konzentration von A im Gleichgewicht kann verschoben werden, wenn A – etwa durch Ausfällung – ständig aus dem Gleichgewicht entfernt wird.
(C) Durch Erhöhung der Konzentration von B wird der Wert der Gleichgewichtskonstanten K erhöht.
(D) Aus den obigen Daten allein kann man nicht sicher entscheiden, ob die Umwandlung von B in A exotherm verläuft.
(E) Der Wert von K beträgt 0,01.

F92

4.6 Prüfen Sie die Aussagen über das eingestellte chemische Gleichgewicht in einem geschlossenen System!

(1) $\Delta G = 0$.
(2) Die Gesamtreaktionsgeschwindigkeit ist Null.
(3) Die Aktivierungsenergie für Hin- und Rückreaktion ist Null.
(4) Die Konzentration der Ausgangsprodukte ist Null.
(5) Der Netto-Stoffumsatz ist von Null verschieden.

(A) nur 1 ist richtig
(B) nur 1 und 2 sind richtig
(C) nur 2 und 3 sind richtig
(D) nur 1, 4 und 5 sind richtig
(E) nur 2, 3 und 4 sind richtig

H88

4.7 Welche Aussage zu folgender Gleichung trifft **nicht** zu?

$$K = \frac{[\text{Ester}]\,[H_2O]}{[\text{Säure}]\,[\text{Alkohol}]}$$

(A) Der Ausdruck beschreibt das Massenwirkungsgesetz für die Reaktion der Esterbildung.
(B) Zur Erhöhung der Ausbeute an Ester ist es nützlich, das gebildete Wasser zu entfernen.
(C) Zur Erhöhung der Ausbeute ist es nützlich, die Säurekonzentration oder die Alkoholkonzentration zu erhöhen.
(D) Man kann die freie Reaktionsenthalpie aus dem Wert der Gleichgewichtskonstanten K berechnen.
(E) Einem großen Wert von K entspricht eine stark endergone Reaktion.

4.4 (C) 4.5 (C) 4.6 (B) 4.7 (E)

4.2 Salze

4.2.1 Elektrolyte

4.8 Welche Aussage über Elektrolyte trifft **nicht** zu?

(A) Starke Elektrolyte sind in wäßriger Lösung praktisch vollständig dissoziiert.
(B) Schwache Elektrolyte sind in wäßriger Lösung wenig dissoziiert.
(C) Schwerlösliche Salze, z.B. $BaSO_4$ sind schwache Elektrolyte.
(D) Salze sind immer starke Elektrolyte.
(E) Säuren sind je nach der Größe ihrer Dissoziationskonstanten starke oder schwache Elektrolyte.

F84

4.9 Welche Aussagen zu NaCl treffen zu?

(1) NaCl dissoziiert in verdünnter wäßriger Lösung vollständig.
(2) Die Dissoziationsgleichung lautet: $NaCl + H_2O \rightleftharpoons NaOH + HCl$.
(3) Wegen der Dissoziation in wäßriger Lösung kommt undissoziiertes NaCl im Organismus praktisch nicht vor.
(4) Die wäßrige Lösung von NaCl reagiert neutral.

(A) nur 1 und 2 sind richtig
(B) nur 3 und 4 sind richtig
(C) nur 1, 2 und 3 sind richtig
(D) nur 1, 3 und 4 sind richtig
(E) 1–4 = alle sind richtig

H86

4.10 Welche Aussage zu K_2CO_3 trifft **nicht** zu?

(A) Es handelt sich um ein Salz.
(B) Es löst sich in Wasser, wobei in der Lösung K^+ und CO_3^{2-} nachweisbar sind.
(C) CO_3^{2-} reagiert zum großen Teil mit H^+ des Wassers unter Bildung von Hydrogencarbonat.
(D) K_2CO_3 löst sich auch in Aceton unter pH-Verschiebung.
(E) Die wäßrige Lösung von K_2CO_3 enthält überschüssige OH-Ionen, so daß der pH > 7 ist.

F94

4.11 Welche Aussage trifft **nicht** zu?

$$Na_2CO_3 \rightleftharpoons 2\ Na^+ + CO_3^{2-}$$

(A) Die Reaktion beschreibt die Dissoziation von Natriumcarbonat.
(B) Eine wäßrige Lösung von Na_2CO_3 reagiert durch Hydrolyse schwach basisch.
(C) Jedes Salz, das das Anion einer schwachen Säure und das Kation einer starken Base enthält, reagiert in wäßriger Lösung unter Hydrolyse.
(D) Durch Zugabe von HCl bildet sich CO_2.
(E) Eine wäßrige Na_2CO_3-Lösung ist eine Pufferlösung.

4.2.2 Löslichkeit

H92

4.12 Welche Aussage zum Calciumoxalat trifft **nicht** zu?

(A) Seine Formel ist $Ca(COO)_2$.
(B) Es ist in Wasser schlecht löslich.
(C) Es kann Bestandteil von Nierensteinen sein.
(D) Es ist in starken Mineralsäuren gut löslich.
(E) Es gibt ein cis- und ein trans-Isomeres des Calciumoxalates.

F91

4.13 Das Löslichkeitsprodukt von $BaSO_4$ in Wasser bei 25 °C beträgt 10^{-10} mol^2/l^2 (Formelmasse $BaSO_4$: 233).

Wieviel $BaSO_4$ enthält 1 l einer gesättigten wäßrigen Lösung?

(A) $233 \cdot 10^{-10}$ g
(B) 10^{-5} g
(C) 2,33 mg
(D) 233 mg
(E) 233 g

4.8 (E) 4.9 (D) 4.10 (D) 4.11 (E) 4.12 (B) 4.13 (C)

H95

4.14 Welche Aussage trifft **nicht** zu?

0,9 g NaCl wird in 100 ml Wasser gegeben.

(A) Das Salz löst sich vollständig auf.
(B) Das gelöste Material dissoziiert vollständig in Na^+ und Cl^-.
(C) Die Na-Ionen reagieren mit den aus der Dissoziation des Wassers stammenden OH-Ionen.
(D) Die in Lösung befindlichen Ionen – sowohl Kationen wie Anionen – sind hydratisiert.
(E) Die Lösung ist isotonisch.

4.3 Säuren und Basen

4.3.2 Dissoziation

4.15 Wie lautet das Massenwirkungsgesetz für die 1. Dissoziationsstufe der Phosphorsäure?

(A) $K = \frac{[H_2PO_4^-]}{[H^+]\,[H_3PO_4]}$

(B) $K = \frac{[H_2PO_4^-]\,[H^+]}{[H_3PO_4]}$

(C) $K = \frac{[H_3PO_4]\,[H^+]}{[H_2PO_4^-]}$

(D) $K = \frac{[H_3PO_4]}{[H_2PO_4^-]\,[H^+]}$

(E) Keiner der vorgenannten Ausdrücke ist richtig.

H91

4.16 Welche Aussage trifft **nicht** zu?

Für Hb gilt eine Säuredissoziationskonstante von $6 \cdot 10^{-9}$, für HbO_2 eine von $2 \cdot 10^{-7}$ (lg 6 = 0,8; lg 2 = 0,3).

(A) Die pK-Werte sind 8,2 für Hb und 6,7 für HbO_2.
(B) Oxigeniertes Hb ist eine stärkere Säure als Hb.
(C) Die Anlagerung von O_2 an Hb ist eine Oxidation.
(D) Die Anlagerung von O_2 an Hb führt zu einer Konformationsänderung des Hb-Moleküls.
(E) Nach der Abgabe von O_2 kann das gebildete Hb besser Protonen binden als HbO_2.

H97

4.17 Welche Aussage zu HCl trifft **nicht** zu? (relative Atommasse Cl : 35, H : 1)

(A) Eine Lösung von HCl der Konzentration 1 mol/l wird erhalten durch Einleiten von 36 g HCl-Gas in Wasser und Auffüllen der Lösung auf 1 Liter.
(B) Zur Neutralisation eines Volumens HCl-Lösung (c = 1 mol/l) wird das gleiche Volumen NaOH-Lösung (c = 1 mol/l) benötigt.
(C) Aus der vollständigen Dissoziation der HCl (in verdünnter wäßriger Lösung) folgt, daß Cl^- eine schwache Brönsted-Base sein muß.
(D) HCl ist in verdünnter wäßriger Lösung stärker dissoziiert als HI.
(E) Die Dissoziation der HCl ist von der Art des Lösungsmittels und der Temperatur abhängig.

4.3.3 Brönsted-Säure, Brönsted-Base

4.18 Welche der folgenden Reaktionen sind Säure-Basen-Reaktionen?

(1) $HCl + NaOH \rightarrow NaCl + H_2O$
(2) $H_3O^+ + HCO_3^- \rightarrow H_2O + H_2CO_3$
(3) $H_3O^+ + OH^- \rightarrow 2\,H_2O$
(4) $H_3C - COOH + OH^- \rightarrow H_3C - COO^- + H_2O$
(5) $H_3O^+ + HPO_4^{2-} \rightarrow H_2PO_4^- + H_2O$

(A) nur 3 ist richtig
(B) nur 1 und 3 sind richtig
(C) nur 1, 2 und 5 sind richtig
(D) nur 1, 3 und 4 sind richtig
(E) 1 – 5 = alle sind richtig

4.14 (C) 4.15 (B) 4.16 (C) 4.17 (D) 4.18 (E)

H83

4.19 Zu einer 0,01 molaren wäßrigen Lösung von Essigsäure gibt man einige Tropfen konz. Schwefelsäure. Welche Aussage ist richtig, sofern die Temperatur konstant gehalten wird?

(A) Die Dissoziationskonstante der Essigsäure ändert sich.
(B) Es entsteht eine Pufferlösung.
(C) Die Konzentration an undissoziierter Essigsäure nimmt zu.
(D) Der pH-Wert der Lösung wird größer.
(E) Es bildet sich ein Ester.

F87

4.20 Welche Aussage trifft **nicht** zu?

In der Reaktion $H_2PO_4^- + H_2O \rightarrow HPO_4^{2-} + H_3O^+$

(A) ist $H_2PO_4^-$ die Säure
(B) ist H_2O die Base
(C) bilden $H_2PO_4^-$ und HPO_4^{2-} ein korrespondierendes Säure-Basen-Paar
(D) sind H_2O/H_3O^+ Teil eines Redoxsystems
(E) stellt sich ein Gleichgewicht ein

F90

4.21 Welche Aussage trifft **nicht** zu?

Vergleichen Sie die Verbindungen

(1) H_2O und
(2) HCl.

(A) Beide sind Dipolmoleküle.
(B) Beide sind gewinkelt gebaut.
(C) Nach Brönsted ist (1) amphoter, (2) eine Säure.
(D) Das Chloratom in (2) besitzt drei freie Elektronenpaare.
(E) Wenn man (1) und (2) zusammenbringt, entstehen H_3O^+ und Cl^-.

F91

4.22 Welche Aussage trifft **nicht** zu?

Vergleichen Sie die Verbindungen

(1) NH_3 und
(2) H_3O^+
(Relative Atommassen: H = 1, N = 14, O = 16)

(A) (1) hat eine größere relative Molekülmasse als (2).
(B) Stickstoff bzw. Sauerstoff sind jeweils dreibindig.
(C) Beide besitzen ein freies Elektronenpaar.
(D) Nach Brönsted ist (1) eine Base, (2) eine Säure.
(E) In (1) und (2) sind polare Atombindungen wirksam.

H86

4.23 Welche Aussage über H_3O^+ trifft **nicht** zu?

(A) Der Sauerstoff ist dreibindig, der Wasserstoff einbindig.
(B) H_3O^+ kann als Brönsted-Säure fungieren.
(C) Die zu H_3O^+ korrespondierende Brönsted-Base ist das Wasser.
(D) Die Elektronen der Bindung zwischen dem Proton und dem Wasser stammen vom Proton.
(E) Das Proton liegt in wäßriger Lösung in Form dieser Koordinationsverbindung vor, die noch zusätzlich hydratisiert sein kann.

F97

4.24 Welche Aussage trifft **nicht** zu?

Gegenüber Wasser sind Brönsted-Säuren:

(A) HCl
(B) HCN
(C) NH_3
(D) H_2S
(E) HSO_4^-

4.19 (C) 4.20 (D) 4.21 (B) 4.22 (A) 4.23 (D) 4.24 (C)

4.3.4 pH, pK

4.25 Der pK-Wert ist definiert als

(A) Logarithmus der Säuredissoziationskonstante
(B) dekadischer Logarithmus der Dissoziationskonstante
(C) negativer dekadischer Logarithmus der Dissoziationskonstante
(D) identisch mit der Dissoziationskonstante
(E) Keine der Definitionen unter A bis D trifft zu.

4.26 Welche der folgenden Aussagen ist richtig?

(A) Der pK_s-Wert ist der dekadische Logarithmus der Massenwirkungskonstanten eines korrespondierenden Säure-Basen-Paares.
(B) Die durch einen elektrischen Gleichstrom an Elektroden erzwungene Entladung von Ionen heißt Elektrolyse.
(C) Isolierte Systeme sind für Masse undurchlässig, für Energie durchlässig.
(D) Der Nernst-Verteilungskoeffizient gibt das Verhältnis der Volumina von Oberphase und Unterphase an.
(E) Die Molarität gibt an, wieviele Teilchen an einem Reaktionszusammenstoß beteiligt sind.

H97

4.27 Der pK_s-Wert von Chloressigsäure ist größer als der von Essigsäure,

weil

Chloressigsäure in wäßriger Lösung stärker dissoziiert ist als Essigsäure.

H89

4.28 Der pK_s-Wert von NH_4^+ beträgt 9,24, der für $CH_3—NH_3^+$ beträgt 10,64.

Prüfen Sie bitte die folgenden Aussagen!

(1) $CH_3—NH_3^+$ ist eine stärkere Säure als NH_4^+.
(2) $CH_3—NH_3^+$ ist eine schwächere Säure als NH_4^+.
(3) $CH_3—NH_2$ ist eine stärkere Base als NH_3.
(4) $CH_3—NH_2$ ist eine schwächere Base als NH_3.
(5) Basen unterscheiden sich in der Basenstärke; die Säurestärke ihrer Ammoniumionen ist jeweils gleich.

(A) nur 1 und 3 sind richtig
(B) nur 1 und 4 sind richtig
(C) nur 2 und 3 sind richtig
(D) nur 2 und 4 sind richtig
(E) nur 4 und 5 sind richtig

F85

4.29 Welche Aussage zum Guanidin trifft **nicht** zu?

(1) 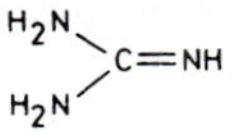

(2) 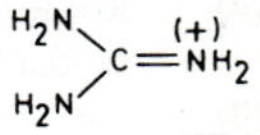

(pK_B in wäßriger Lösung = 0,3)

(A) Es hat die Formel (1).
(B) Es ist in wäßriger Lösung eine sehr starke Base.
(C) In wäßriger Lösung ist der pK_S-Wert 13,7.
(D) Die korrespondierende Säure hat die Formel (2).
(E) Arginin reagiert im Harnstoffzyklus zu Ornithin und Guanidin.

H88

4.30 Welche Aussage zum Hb bzw. HbO_2 trifft **nicht** zu?

Für Hb gilt eine Säuredissoziationskonstante von $6 \cdot 10^{-9}$, für HbO_2 eine von $2 \cdot 10^{-7}$ (lg 6 = 0,8; lg 2 = 0,3).

(A) Die pK-Werte sind 8,2 für Hb und 6,7 für HbO_2.
(B) Oxigeniertes Hb ist eine stärkere Säure als Hb.
(C) Die Anlagerung von O_2 an Hb ist eine Oxidation.
(D) Nach der Abgabe von O_2 kann das gebildete Hb besser Protonen binden als HbO_2.
(E) Durch Erhöhung der Azidität der Lösung wird die O_2-Abgabe gefördert.

F94

4.31 Welche Aussage trifft **nicht** zu?

Kohlendioxid wird bei 25 °C in Wasser eingeleitet bis die Lösung ca. 0,01 M ist. Der pK_s-Wert des Systems beträgt 6,4.

(A) Kohlendioxid ist überwiegend physikalisch gelöst.
(B) Die Löslichkeit von Kohlendioxid in Wasser ist bei gegebener Temperatur vom Druck abhängig.
(C) Kohlendioxid liegt vorwiegend als undissoziierte Kohlensäure vor entsprechend der Gleichung $CO_2 + H_2O \rightleftharpoons H_2CO_3$.
(D) Der pH-Wert der Lösung beträgt etwa 4,2.
(E) Der angegebene pK_s-Wert ergibt sich aus dem Gesamtgleichgewicht $CO_2 + 2\,H_2O \rightleftharpoons H_3O^+ + HCO_3^-$.

F96

4.32 Welche Aussage trifft **nicht** zu?

Kohlendioxid wird bei 25 °C in Wasser eingeleitet bis die Lösung ca. 0,01 mol/l enthält. Der pK_s-Wert des Systems beträgt 6,4.

(A) Der pK_s-Wert des Systems ist temperaturabhängig.
(B) Die Löslichkeit von Kohlendioxid in Wasser ist bei gegebener Temperatur vom Druck abhängig.
(C) Der Anteil undissoziierter H_2CO_3 im Gleichgewicht ist sehr gering.
(D) Der pH-Wert der Lösung beträgt etwa 6,4.
(E) Kohlendioxid löst sich in Wasser besser als Sauerstoff.

4.3.5 pH-Berechnung bei starken Säuren und Basen

4.3.6 pH-Berechnung bei schwachen Säuren und Basen

F86

4.33 Der pH-Wert einer 0,001 molaren Essigsäure beträgt etwa (pK_s der Essigsäure: 5,0):

(A) 2
(B) 3
(C) 4
(D) 5
(E) 6

H89

4.34 Durch Verdünnen wollen Sie aus einer NaOH-Lösung mit dem pH-Wert 13 eine Lösung mit dem pH-Wert 9 herstellen.

Wievielfach müssen Sie verdünnen?

(A) 4fach
(B) 9fach
(C) 1000fach
(D) 10^4fach
(E) 10^9fach

F89

4.35 Wenn man eine 0,1 molare Essigsäure-Acetat-Pufferlösung mit dem pH-Wert 4,8 um den Faktor 10 verdünnt, hat die Lösung einen pH-Wert von

(A) 3,8
(B) 4,8
(C) 5,8
(D) 7
(E) 10

4.30 (C) 4.31 (C) 4.32 (D) 4.33 (C) 4.34 (D) 4.35 (B)

H91

4.36 Welche Aussage zur folgenden Reaktion trifft **nicht** zu?

$HCl + H_2O \rightleftharpoons H_3O^+ + Cl^-$
(rel. Atommasse H = 1, Cl = 35,5)

(A) Löst man 36,5 g HCl zu einem Liter Lösung mit Wasser auf, dann erhält man eine 1-molare Lösung.
(B) Die 1-molare Lösung hat einen pH-Wert von 1.
(C) In 25 ml einer 1-molaren HCl sind 0,025 mol HCl enthalten.
(D) Die Reaktion ist eine Protonenübertragungsreaktion.
(E) H_2O ist Protonenakzeptor.

H96

4.37 Für die Neutralisation von 30 ml Magensaft benötigt man 90 ml einer 0,1 mol/l NaOH.

Wie groß ist die Molarität (mol/l) der im Magensaft enthaltenen Salzsäure?

(A) 0,1
(B) 0,2
(C) 0,3
(D) 0,6
(E) 0,9

4.3.7 Titrationskurven

4.38 Welche Aussage trifft **nicht** zu?

Gegeben sind:

(1) 10 ml wäßrige 0,1 molare HCl und
(2) 10 ml wäßrige 0,1 molare Essigsäure ($pK_s = 4{,}8$)

(A) In Lösung (1) ist pH = 1.
(B) In Lösung (2) ist die Essigsäure nur zu einem kleinen Teil dissoziiert.
(C) Lösung (1) kann man mit 10 ml 0,1 molarer NaOH neutralisieren.
(D) Lösung (2) verbraucht bei der Titration mit 0,1 N NaOH bis zum Äquivalenzpunkt weniger Base als Lösung (1).
(E) Am Äquivalenzpunkt der Titration mit 0,1 molarer NaOH ist der pH-Wert bei (1) kleiner als bei (2).

F86

4.39 In der Titrationskurve ist der pH-Wert aufgetragen, der bei Zusatz von 1 molarer NaOH zu 100 ml einer 1 molaren Lösung einer schwachen Säure gemessen wurde.

Welcher der in der Skizze mit (A) bis (E) gekennzeichneten Punkte entspricht dem Äquivalenzpunkt?

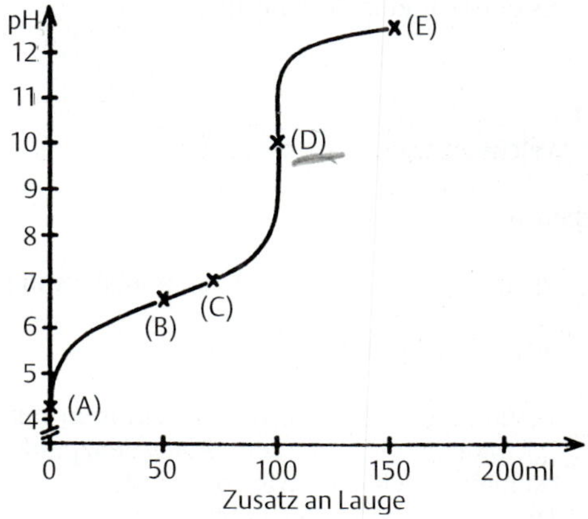

H93

4.40 Jeweils 1 mmol der unbekannten Säuren (1) und (2) werden mit 0,1 M NaOH titriert.

Welche Aussage ergibt sich aus den abgebildeten Titrationskurven?

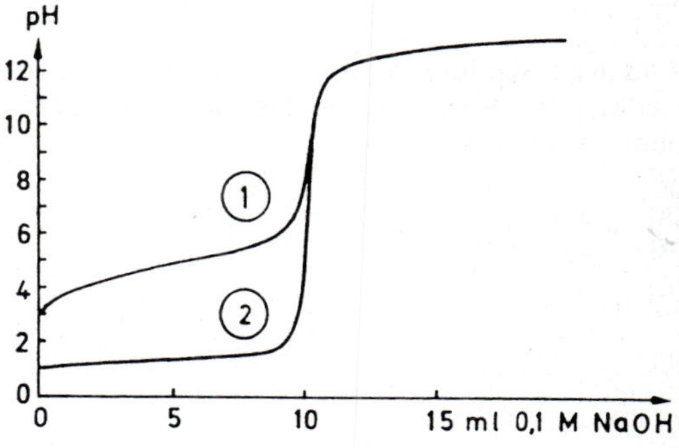

(A) (1) und (2) sind starke Säuren.
(B) (1) könnte Salpetersäure sein.
(C) (2) könnte Schwefelsäure sein.
(D) Am Äquivalenzpunkt stimmen die Lösungen von (1) und (2) im pH-Wert überein.
(E) Bis zum Äquivalenzpunkt verbrauchen (1) und (2) die gleiche Menge NaOH.

4.36 (B) 4.37 (C) 4.38 (D) 4.39 (D) 4.40 (E)

F90

4.41 1 Mol HCL verbraucht bis zum Äquivalenzpunkt 0,5 Mol einer unbekannten Base.

Welche Aussage zu der Reaktion trifft zu?

(A) Es entstehen 2 Mol Wasser.
(B) 1 Mol HCL liefert 2 Mol H^+-Ionen.
(C) 0,5 Mol der Base liefern 1 Mol OH^--Ionen.
(D) Die Base könnte NaOH sein.
(E) Es entsteht eine Pufferlösung.

H85

4.42 Welche Aussage trifft **nicht** zu?

Gegeben sind

(1) 20 ml wäßrige 0,1 molare Ammoniaklösung ($pK_B = 5$).
(2) 10 ml wäßrige 0,1 molare NaOH.

(A) Lösung (1) verbraucht bei der Titration mit 0,1 molarer HCl bis zum Äquivalenzpunkt doppelt soviel Säure wie Lösung (2).
(B) Lösung (2) hat den pH-Wert 13.
(C) Lösung (1) hat einen niedrigeren pH-Wert als Lösung (2).
(D) In Lösung (1) ist Ammoniak ein Protonenakzeptor.
(E) Am Äquivalenzpunkt der Titration mit 0,1 molarer HCl haben beide Lösungen denselben pH-Wert.

H88

4.43 6 g Essigsäure werden mit NaOH titriert. Wieviel Gramm NaOH werden bis zum Äquivalenzpunkt verbraucht?

(A) 2 g
(B) 4 g
(C) 6 g
(D) 8 g
(E) 10 g

F83

4.44 Welche Aussage zum Histidin und seiner dargestellten Titrationskurve trifft **nicht** zu?

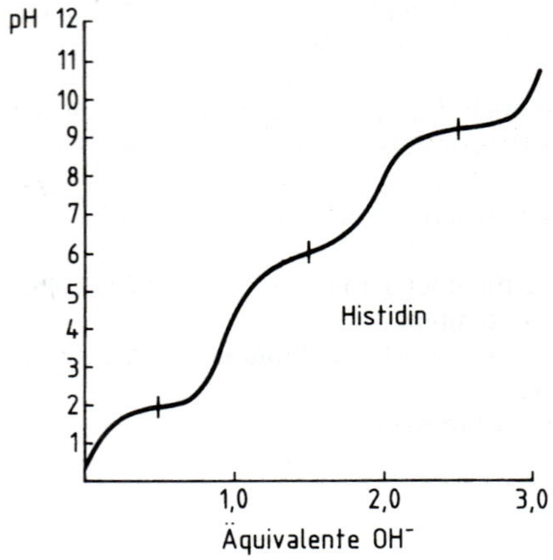

(A) Histidin besitzt 3 pK-Werte.
(B) Histidin puffert im pH-Bereich um pH = 7.
(C) Histidin kann Chelatkomplexe bilden, deren Stabilität pH-abhängig ist.
(D) Histidin enthält einen Pyrrolring.
(E) Durch Decarboxylierung von Histidin entsteht Histamin.

H95

4.45 Welche Aussage trifft **nicht** zu?

NH_3 wird in wäßriger Lösung mit Essigsäure titriert.

(A) Bei der Reaktion entsteht Acetamid.
(B) Es findet eine Neutralisation bzw. Protonenübertragungsreaktion statt.
(C) Bei der Reaktion ist 1 mol Essigsäure 1 mol NH_3 äquivalent.
(D) Die Titrationskurve zeigt ein typisches Pufferungsplateau.
(E) Der Titrationsverlauf kann mit einer Wasserstoffelektrode verfolgt werden.

4.41 (C) 4.42 (E) 4.43 (B) 4.44 (D) 4.45 (A)

4.3.8 Puffer
4.3.9 pH-Wert von Puffern

4.46 Welche der folgenden Aussagen über $H_2PO_4^-$ und HPO_4^{2-} trifft **nicht** zu?

(A) Es handelt sich um ein gekoppeltes Brönsted-Säure-Basen-Paar.
(B) Beide Substanzen sind Anionen der Phosphorsäure.
(C) Beide Substanzen sind Ampholyte.
(D) Beide Substanzen bilden ein wichtiges zelluläres Puffersystem.
(E) Beide Substanzen besitzen den gleichen pK_s-Wert.

F85

4.47 Welche Aussage trifft **nicht** zu?

Gegeben sind:

(1) 10 ml wäßrige 0,1 molare Ameisensäure ($pK_s = 3{,}8$)
(2) 10 ml wäßrige 0,1 molare Essigsäure ($pK_s = 4{,}8$)

(A) Die Säure in Lösung (1) ist stärker dissoziiert als die in Lösung (2).
(B) In Lösung (1) ist pH = 2,4.
(C) Lösung (2) hat bessere Puffereigenschaften als Lösung (1).
(D) Nach Zugabe von 5 ml 0,1 molarer NaOH kann man beide Lösungen als Pufferlösungen verwenden.
(E) Bis zum Äquivalenzpunkt verbrauchen beide Lösungen gleichviel 0,1 molare NaOH.

H97

4.48 Bei der dargestellten Verbindung handelt es sich um Citronensäure

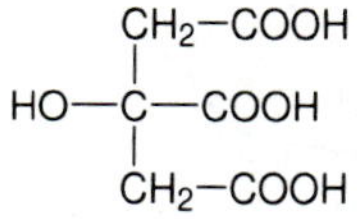

(1) Es gilt: $pK_{S1} < pK_{S2} < pK_{S3}$.
(2) Die Titrationskurve der Citronensäure mit Natronlauge weist drei Pufferbereiche auf.
(3) Citrat ist eine wichtige Puffersubstanz des Blutes.
(4) Sie ist eine chirale Verbindung.

(A) nur 1 und 2 sind richtig
(B) nur 2 und 3 sind richtig
(C) nur 1, 3 und 4 sind richtig
(D) nur 2, 3 und 4 sind richtig
(E) 1–4 alle sind richtig

F98 **!!**

4.49 Welche Bedingung muß erfüllt sein, damit Sie aus der Phosphorsäure und ihren Salzen eine Pufferlösung mit pH = 7,2 erhalten?

(pK_s-Werte der Phosphorsäure: 2,1, 7,2, 12,3)

(A) $[H_2PO_4^-] = [H_3PO^4]$
(B) $[H_3PO^4] = 0{,}1$ mol/l
(C) $[H_2PO_4^-] = [HPO_4^{2-}]$
(D) $[HPO_4^{2-}] = -\log 10^{-7{,}2}$
(E) $[H_2PO_4^-] \cdot [HPO_4^{2-}] = 10^{-7{,}2}$ mol/l

4.46 (E) 4.47 (C) 4.48 (A) 4.49 (C)

F90

4.50 Die Abbildung zeigt die Titrationskurve von Phosphorsäure.

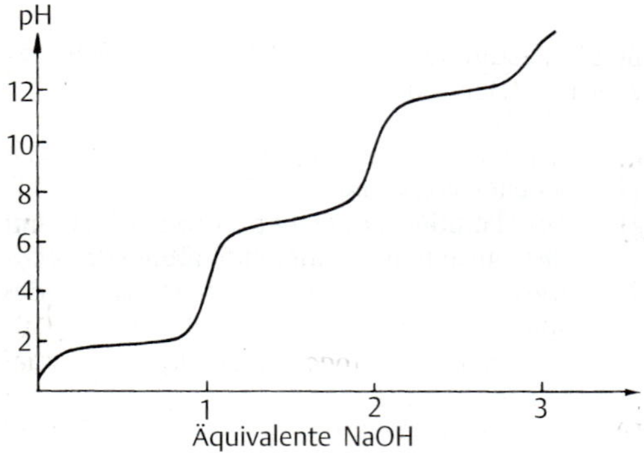

Beim physiologischen pH-Wert des Blutes

(A) überwiegt in Lösung das PO_4^{3-}-Ion
(B) liegt der Äquivalenzpunkt der 2. Stufe
(C) liegt der isoelektrische Punkt von Phosphorsäure
(D) hat die Lösung Puffereigenschaften
(E) liegt das Maximum des NaOH-Verbrauchs

F91

4.51 Welche Aussage trifft **nicht** zu?

Vergleichen Sie 10 ml eines 0,1 M und eines 0,01 M Phosphatpuffers, der aus gleichen Teilen KH_2PO_4 und K_2HPO_4 besteht.

Die Pufferlösungen

(A) unterscheiden sich im pH-Wert
(B) unterscheiden sich in der Pufferkapazität
(C) unterscheiden sich in der Konzentration der Elektrolyte
(D) können unterschiedliche Mengen H_3O^+-Ionen abpuffern
(E) können unterschiedliche Mengen OH^--Ionen abpuffern

H87

4.52 In einem Puffersystem von pK = 6,1 liegt die konjugierte Base in einer Konzentration von 30 mM, die Säure in einer Konzentration von 1,5 mM vor.

Welchen pH-Wert hat das System? (log 20 = 1,3)

(A) 8,1
(B) 7,4
(C) 7,1
(D) 6,4
(E) 4,8

H87

4.53 Welche Aussage trifft **nicht** zu?

Gegeben sind

(1) 10 ml wäßrige 0,1 molare Essigsäure (pK_s = 4,8)
(2) 10 ml wäßrige 0,1 molare Oxalsäure (pK_{s1} = 1,2; pK_{s2} = 4,2)

(A) In Lösung (1) ist der pH-Wert größer als in Lösung (2).
(B) Lösung (1) gibt eine einstufige, Lösung (2) eine zweistufige Titrationskurve.
(C) Bis zur vollständigen Neutralisation verbraucht Lösung (2) doppelt soviel 0,1 molare NaOH wie Lösung (1).
(D) Lösung (2) hat Puffereigenschaften.
(E) Lösung (1) hat nach Zugabe von 5 ml 0,1 molarer NaOH Puffereigenschaften.

F96 F85

4.54 Welche Aussage zu $NaHCO_3$ trifft **nicht** zu?

(A) In Wasser bilden sich die Ionen Na^+ und HCO_3^-.
(B) Die Oxidationsstufe des Kohlenstoffs ist – 4.
(C) In wäßriger Lösung ist der pH > 7.
(D) Beim Übergießen mit HCl bildet sich CO_2.
(E) $NaHCO_3$ und CO_2 bilden in wäßriger Lösung ein Puffersystem.

F95

4.55 Welche Aussage trifft **nicht** zu?

1 Mol Essigsäure werden mit 0,5 Mol Natronlauge versetzt.

(A) Es entstehen 0,5 Mol Wasser.
(B) 0,5 Mol Natronlauge liefern 1 Mol OH^--Ionen.
(C) Der pH-Wert der Lösung entspricht dem pK_s-Wert der Essigsäure.
(D) In der Lösung sind je 0,5 Mol Essigsäure und Acetat enthalten.
(E) Es liegt eine Pufferlösung vor.

F94

4.56 Um einen 1 molaren Puffer von pH = 7 mit möglichst hoher Pufferkapazität herzustellen, mischt man zu gleichen Teilen:

(pK-Werte von H_3PO_4: $pK_{s1} = 2$, $pK_{s2} = 7$, $pK_{s3} = 12$; von Essigsäure; $pK_s = 5$; von Glycin: $pK_{s1} = 3$, $pK_{s2} = 9$)

(A) H_3PO_4/NaH_2PO_4
(B) NaH_2PO_4/Na_2HPO_4
(C) Na_2HPO_4/Na_3PO_4
(D) Essigsäure/Na-Acetat
(E) Glycin/Glycin-HCl

H94

4.57 Sie versetzen 10 ml 0,1 molare K_2HPO mit 5 ml 0,1 molarer HCl und messen dann den pH-Wert. Welchen Wert finden Sie?

(pK_s-Werte des Phosphorsäure: 2,3, 7,2 und 12,3)

(A) 2,3
(B) 5,0
(C) 7,2
(D) 10,0
(E) 12,3

4.3.10 Methoden zur Messung von pH-Werten

4.58 Welche Aussage trifft **nicht** zu?

Für die Bestimmung des pH-Wertes mit Hilfe der Wasserstoffelektrode gilt:

(A) Bei der Messung muß eine Bezugselektrode verwendet werden.
(B) Die Wirkungsweise der Elektrode beruht auf der Ausbildung eines Membranpotentials (oder „Donnan"-Potentials).
(C) Als Bezugselektrode kann auch eine Normalwasserstoffelektrode dienen, deren Potential gleich 0,0 V gesetzt ist.
(D) Aus den Meßwerten lassen sich mit Hilfe der Nernst-Gleichung die pH-Werte berechnen.
(E) Bei der Normalwasserstoffelektrode wird ein von Wasserstoffgas umspültes Platinblech unter Standardbedingungen in Säure mit einer H^+-Konzentration von 1 mol/l getaucht.

F85

4.59 Bei der pH-Messung mit einer Glaselektrode in wäßrigen Lösungen ist eine Bezugselektrode nicht erforderlich

weil

die Potentialdifferenz an der Phasengrenze Glas/Lösung hauptsächlich vom pH-Wert der Probenlösung abhängt.

4.3.11 Farbindikatoren

F89

4.60 Welche Aussage zur pH-Messung mit Farbindikatoren trifft zu?

(A) pH-Messung mit Farbindikatoren ist – im Gegensatz zur Messung mit Glaselektroden – temperaturunabhängig.
(B) Indikatoren sind starke organische Säuren oder Basen.
(C) Der Umschlagbereich eines Indikators hängt von seinem pK_s-Wert ab.
(D) Die Farbänderung ist auf eine irreversible Umwandlung des Indikators zurückzuführen.
(E) Die Genauigkeit der pH-Messung ist bei einer Indikatorkonzentration von etwa 1 mol/l optimal.

4.55 (B) 4.56 (B) 4.57 (C) 4.58 (B) 4.59 (D) 4.60 (C)

4.4 Oxidation und Reduktion

4.4.1 Begriffe

4.61 Welche Aussage zu den Begriffen Oxidation und Reduktion trifft **nicht** zu?

(A) Wenn bei einer chemischen Reaktion eine Verbindung oxidiert wird, muß gleichzeitig eine Verbindung reduziert werden.
(B) Oxidationsmittel sind Stoffe, die Elektronen aufnehmen.
(C) Reduktion einer Verbindung bedeutet Abgabe von Elektronen durch diese Verbindung an das Reduktionsmittel.
(D) Die Entladung von Kationen an der Kathode ist eine Reduktion.
(E) Aufnahme von Wasserstoff bedeutet eine Reduktion des aufnehmenden Stoffes.

H86

4.62 Starke Oxidationsmittel sind Stoffe, die

(1) leicht Elektronen aufnehmen
(2) leicht Elektronen abgeben
(3) anderen Verbindungen Elektronen entziehen
(4) eine geringe Elektronenaffinität besitzen
(5) ein hohes negatives Normalpotential haben

(A) nur 1 ist richtig
(B) nur 1 und 3 sind richtig
(C) nur 2 und 4 sind richtig
(D) nur 1, 3 und 5 sind richtig
(E) nur 2, 4 und 5 sind richtig

4.4.2 Einfache Reaktionsgleichungen

H84

4.63 Welche Aussage trifft **nicht** zu?

Die folgende Gleichung ist gegeben:
$aFe^{3+} + bH_2S \rightarrow cS + dFe^{2+} + 2H^+$

(A) Die Oxidationszahl des S im H_2S ist –2.
(B) Die Oxidationszahl des H ist unverändert.
(C) Fe^{3+} ist Oxidationsmittel, H_2S ist Reduktionsmittel.
(D) a = 2; b = 1; c = 1; d = 2.
(E) Die Gleichgewichtslage wird durch Zugabe von Basen auf die linke Seite verschoben.

F88

4.64 Bei der Reaktion $CO_2 + H_2O \rightarrow H_2CO_3$ ist CO_2 das Oxidationsmittel,

weil

CO_2 bei der Reaktion $CO_2 + H_2O \rightarrow H_2CO_3$ Elektronen aufnimmt.

F84

4.65 Die Reaktionsgleichung

$2H_3C - SH \rightarrow H_3C - S - S - CH_3 + e^- + H^+$

ist richtig,

weil

die Bildung des Disulfids aus Mercaptan eine Oxidation ist.

F89

4.66 Welche Aussage zur nachstehenden Redox-Reaktion trifft zu?

$xFe^{3+} + yI^- \rightleftharpoons zFe^{2+} + I_2$

(A) I^- ist das Oxidationsmittel.
(B) Iod hat die Oxidationszahl +2.
(C) Die stöchiochemischen Faktoren der Gleichung lauten: x = z = 2; y = 1.
(D) Die Reaktion läuft ab, bis ΔE der Redoxteilsysteme gleich Null ist.
(E) Entfernt man das gebildete Iod, ändert sich das Normalpotential der Redoxteilsysteme.

H93

4.67 Welche Aussage zur folgenden Reaktion trifft **nicht** zu?

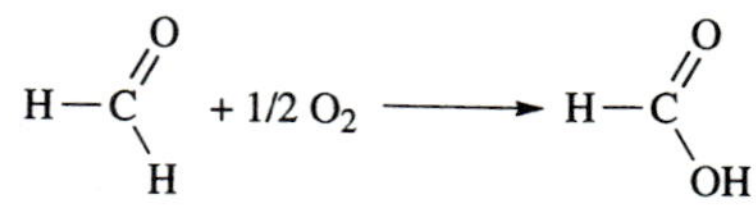

$\Delta G < 0$

(Atommassen: H = 1, C = 12, 0 = 16)

(A) Formaldehyd wird oxidiert, es entsteht Ameisensäure.
(B) Zur Oxidation von 1 mol Aldehyd werden 8 g Sauerstoff benötigt.
(C) Die Reaktion ist exergon.
(D) Die gebildete Säure ist einprotonig.
(E) Bei der Verbrennung von 30 g des Aldehyds mit 16 g O_2 entstehen 46 g der Säure.

4.61 (C) 4.62 (B) 4.63 (E) 4.64 (E) 4.65 (D) 4.66 (D) 4.67 (B)

H94

4.68 Welche Aussage trifft **nicht** zu?

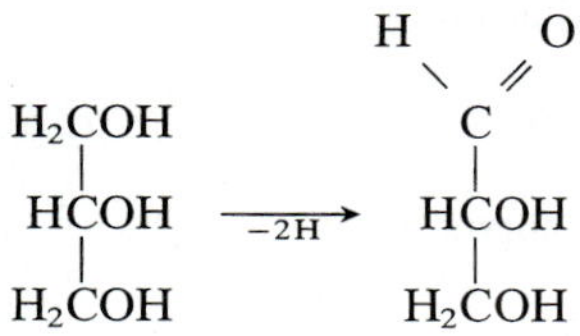

(1) (2)

(A) (1) ist Glycerol, (2) ist Glycerolaldehyd.
(B) Die Reaktion ist eine Oxidation.
(C) (2) ist chiral.
(D) Die (über Zwischenstufen verlaufende) analoge biochemische Reaktion der phosphorylierten Komponenten kann Teilschritt der Gluconeogenese sein.
(E) Die Oxidation der phosphorylierten Substanz (2) führt im Stoffwechsel zu einem 1,3-Dialdehyd.

H94

4.69 Welche Aussage trifft **nicht** zu?

Die Reaktion

$2\,Fe^{3+} + 2\,I^- \rightleftharpoons 2\,Fe^{2+} + I_2$

soll sich im Gleichgewicht befinden.

(A) Es handelt sich um eine Redox-Reaktion.
(B) Wenn man das gebildete I_2 aus dem Gleichgewicht entfernt, kann alles Fe^{3+} zu Fe^{2+} reduziert werden.
(C) Durch Hinzufügen eines geeigneten Katalysators kann die Reaktion erneut in Gang gesetzt werden.
(D) Für das Redoxpotential der Teilreaktionen gilt $\Delta E = 0$.
(E) Es gilt $\Delta G = 0$.

4.4.3 Nernst-Gleichung

4.70 Berechnen Sie das Potential einer Wasserstoffelektrode bei 25 °C ($P_{H_2} = 1$ atm bzw. 1,013 bar) mit Hilfe der Nernst-Gleichung, wenn die Wasserstoffionenkonzentration in der Lösung 10^{-3}N ist.

Nernst-Gleichung: $E = E_0 + \frac{0{,}06}{n} \log \frac{[Ox]}{[Red]}$

$E_0 = 0{,}00$ V

(A) 0,00 V
(B) +0,18 V
(C) −0,18 V
(D) +0,06 V
(E) −0,06 V

H85

4.71 Berechnen Sie das Potential einer Wasserstoffelektrode bei 25 °C ($P_{H2} = 101$ kPa (= 1 atm)) mit Hilfe der Nernst-Gleichung. Die Elektrode soll in eine Lösung von pH = 5 eintauchen.

Nernstsche Gleichung: $E = E_0 + \frac{0{,}06}{n} \log \frac{[Ox]}{[Red]}$

$E_0 = 0{,}00$ V

Der Wert beträgt:

(A) 0,00 V
(B) −0,30 V
(C) +0,30 V
(D) −0,06 V
(E) +0,06 V

4.4.4 Wasserstoffelektrode

4.72 Welche Größe hat auf das Potential einer Wasserstoffelektrode keinen Einfluß?

(A) H_2-Druck an der Elektrode
(B) Material an der Elektrode
(C) Volumen der Lösung in der Elektrodenkammer
(D) pH-Wert der Lösung in der Elektrodenkammer
(E) Temperatur

4.68 (E) 4.69 (C) 4.70 (C) 4.71 (B) 4.72 (C)

4.4.5 Normalpotential

H84

4.73 Welche Aussage zu $CuSO_4$ trifft **nicht** zu?

(A) $CuSO_4$ löst sich in Wasser unter Dissoziation nach:
$CuSO_4 \rightarrow Cu^2 + SO_4^{2-}$
(B) In wäßriger Lösung sind die Cu-Ionen einer $CuSO_4$-Lösung hydratisiert.
(C) Durch Zugabe von Fe^{3+}-Ionen als Oxidationsmittel wird die Wertigkeit des Cu-Ions in der $CuSO_4$-Lösung verändert.
(D) Das Normalpotential des Cu/Cu^{2+}-Systems kann gemessen werden, wenn man ein Cu-Blech in eine 1 molare $CuSO_4$-Lösung eintaucht und gegen die Normalwasserstoffelektrode mißt.
(E) Durch Zugabe von Chelatoren, wie EDTA, D-Penicillamin oder Cysteamin zu $CuSO_4$-Lösungen wird die Konzentration an freiem Cu^{2+} gesenkt.

F92

4.74 Drei Redoxsysteme reihen sich wie folgt in der Spannungsreihe:

	E° (Volt)
$Zn \rightleftharpoons Zn^{2+} + 2e^-$	– 0,76
$Cu \rightleftharpoons Cu^{2+} + 2e^-$	+ 0,35
$Ag \rightleftharpoons Ag^+ + e^-$	+ 0,81

Welche Aussage trifft **nicht** zu?

(A) Elektronen fließen freiwillig von Zn zum Cu^{2+}.
(B) Cu ist in der Lage Ag^+ zu reduzieren.
(C) Ag ist in der Lage Zn^{2+} zu reduzieren.
(D) Die Reaktion $Cu + 2Ag^+ \rightarrow Cu^{2+} + 2Ag$ läuft freiwillig ab.
(E) Die angegebenen Normalpotentiale können unter Standardbedingungen durch Messung gegen eine Normalwasserstoffelektrode bestimmt werden.

F89 F85

4.75 Welche Aussage trifft **nicht** zu?

Gegeben ist folgende Gleichung:

$xCu^{2+} + yZn \rightleftharpoons zCu + tZn^{2+}$

Die Normalpotentiale lauten:

$Cu^{2+} + 2e^- \rightleftharpoons Cu$: + 0,35 V
$Zn^{2+} + 2e^- \rightleftharpoons Zn$: – 0,76 V

(A) $x = 2;\ t = 1$
(B) $y = 1;\ t = 1$
(C) Der Vorgang verläuft freiwillig, so daß metallisches Zink aus einer wäßrigen Cu^{2+}-Lösung metallisches Kupfer ausscheidet.
(D) Die Potentialdifferenz zwischen einer Cu^{2+}/Cu-Normalelektrode und einer Zn^{2+}-Normalelektrode, die durch einen Stromschlüssel verbunden sind, beträgt 1,11 V.
(E) Im Cu^{2+}/Zn-System ist Zn das Reduktionsmittel.

H94

4.76 Gegeben ist ein Ausschnitt aus der Spannungsreihe:

$Zn \rightleftharpoons Zn^{2+} + 2e^-$	– 0,76 V
$H \rightleftharpoons 2H^+ + 2e^-$	0 V
$Cu \rightleftharpoons Cu^{2+} + 2e^-$	+ 0,35 V
$Ag \rightleftharpoons Ag^+ + 2e^-$	+ 0,81 V

Welche Redoxreaktion läuft **nicht** spontan ab?

(A) $Zn + 2HCl \rightarrow ZnCl_2 + H_2$
(B) $Zn + CuSO_4 \rightarrow ZnSO_4 + Cu$
(C) $Cu + 2HCl \rightarrow CuCl_2 + H_2$
(D) $Zn + 2AgNO_3 \rightarrow Zn(NO_3)_2 + 2Ag$
(E) $Cu + 2AgNO_3 \rightarrow Cu(NO_3)_2 + 2Ag$

4.73 (C) 4.74 (C) 4.75 (A) 4.76 (C)

F84

4.77 Welche Aussage zu Fe^{2+} bzw. $FeSO_4$ trifft **nicht** zu?

(A) Durch Zugabe eines Oxidatinsmittels zu einer wäßrigen $FeSO_4$-Lösung entsteht Fe^{3+}.
(B) Mit Chelatoren, wie EDTA, Weinsäure oder Citronensäure, entstehen Chelatkomplexe, wodurch die Konzentration des freien Fe^{2+} gesenkt wird.
(C) Die Oxidation von Fe^0 zu Fe^{2+} ist ein 2-Elektronenübergang (n = 2), wobei pro mol oxidiertes Eisen 2 mol Elektronen abgegeben werden.
(D) Das Fe/Fe^{2+}-Normalpotential wird erhalten, wenn man ein Eisenblech in eine 2molare Fe^{2+}-Lösung eintaucht (n = 2) und gegen die Normalwasserstoffelektrode mißt.
(E) $FeSO_4$ löst sich gut in Wasser unter teilweiser Hydrolyse nach

$$FeSO_4 + 2\,H_2O \rightleftharpoons Fe\,(OH)_2 + H_2SO_4.$$

4.4.6 Redoxelektroden

H84

4.78 Das Redoxpotential des Systems Chinon/Hydrochinon ist durch die Gleichung

$$E = E_0 + \frac{0{,}06}{n} \cdot \lg \frac{[\text{Chinon}][H^+]^2}{[\text{Hydrochinon}]}$$

gegeben.

Für den Fall, daß [Chinon] = [Hydrochinon], gibt welche der folgenden Gleichungen das Redoxpotential E richtig wieder?

(A) $E = E^\circ + 0{,}12\,pH$
(B) $E = E^\circ - 0{,}06\,pH$
(C) $E = E^\circ - 0{,}06\,\log H^+$
(D) $E = E^\circ - 0{,}03\,\log H^+$
(E) $E = E^\circ + 0{,}03\,pH$

4.5 Reaktionen von Metallkomplexen

4.5.2 Gleichungen

4.79 Welche der folgenden Gleichungen gibt die Definition der Komplexzerfallskonstante des Komplexes $[Me(Y)_2]^+$ richtig wieder, wenn das Zentralion einfach positiv geladen ist?

(A) $K = \frac{[[Me(Y)_2]^+]}{[Me^+]\,[Y]^2}$

(B) $K = \frac{[Me^+]\,[Y]^2}{[[Me(Y)_2]^+]}$

(C) $K = \frac{[[Me(Y)_2]^+]}{[Me^+]\,2[Y]}$

(D) $K = \frac{[Me^+]\,2[Y]}{[[Me(Y)_2]^+]}$

(E) keine der Gleichungen ist richtig.

H86

4.80 Auf die Bildung und den Zerfall von Metall-Komplexen läßt sich das Massenwirkungsgesetz nicht anwenden,

weil

in Metall-Komplexen die für die Komplexbindung verantwortlichen Elektronen ausschließlich von den Liganden stammen.

4.77 (D) 4.78 (B) 4.79 (B) 4.80 (D)

F92

4.81 Welche Aussage trifft **nicht** zu?

Überprüfen Sie folgende Reaktion:

x Glycin + $CuCo_3$ →
[Cu(Glycin-Anion)$_2$] + Y + H_2O

(Cu^{2+} hat die Koordinationszahl 4)

Glycin-Anion = 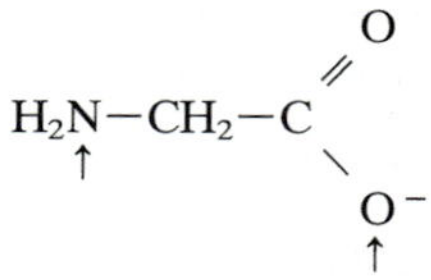

(Ligandenatome durch Pfeil markiert)

(A) Der Reaktion liegt ein Redox-Prozeß zugrunde.
(B) Das Glycin-Anion ist ein Chelator.
(C) Die Gesamtladung des Komplexes ist gleich Null.
(D) x hat den Zahlenwert 2.
(E) Y ist CO_2.

4.5.3 Austausch von Liganden

F95 H93

4.82 Welche Aussage zur folgenden Reaktion trifft zu?

$[Fe(H_2O)_6]^{3+}$+ 2 SCN^- →
$[Fe(H_2O)_4\,(SCN)_2]^+$ + 2 H_2O

(A) Sie ist eine Redox-Reaktion.
(B) Das Eisen ändert seine Oxidationszahl.
(C) Das Eisen ändert seine Koordinationszahl.
(D) Es findet ein Ligandenaustausch statt.
(E) Die Gesamtladung des Metallkomplexes bleibt gleich.

H89

4.83 Welche Aussage zu nachfolgenden Reaktionen trifft **nicht** zu?

2 $H_2N-CH_2-CH_2-NH_2$ + $[Cu(H_2O)_4]^{2+}$

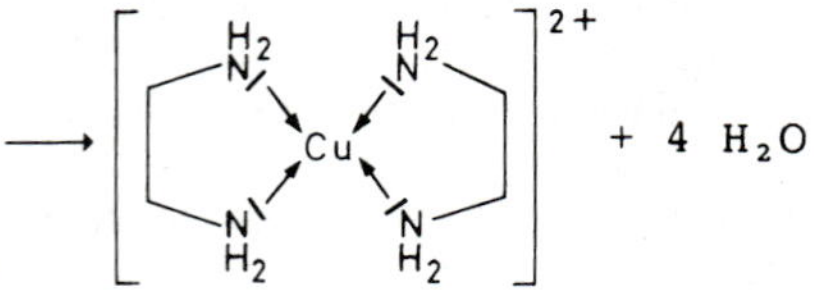

(Ethylendiamin)

(A) Es entsteht ein Chelat-Komplex.
(B) Cu^{2+} hat die Koordinationszahl 4.
(C) Ethylendiamin ist ein vierzähniger Ligand.
(D) Bei der Reaktion wird Wasser als Ligand des Cu^{2+}-Ions verdrängt.
(E) Bei der Reaktion stellt sich ein Gleichgewicht ein.

4.6 Fragen aus Examen Herbst 1998

H98 **!**

4.84 Welche Aussage trifft **nicht** zu?

Gegeben sind:

10 ml eines 0,1 M Phosphatpuffers und
100 ml eines 0,01 M Phosphatpuffers
jeweils bestehend aus gleichen Teilen KH_2PO_4 und K_2HPO_4.

Die Pufferlösungen

(A) können dieselbe Menge Hydroxylionen abpuffern
(B) können dieselbe Menge Hydroniumionen abpuffern
(C) unterscheiden sich in der Konzentration (mol/l) der Elektrolyte
(D) unterscheiden sich im pH-Wert
(E) enthalten die gleiche Menge (g) der Elektrolyte

4.81 (A) 4.82 (D) 4.83 (C) 4.84 (D)

H98

4.85 Welche Aussage trifft **nicht** zu?

1 g Calciumoxalat (Löslichkeitsprodukt $1 \cdot 10^{-9}$ mol^2/l^2) wird in 100 ml Wasser gegeben.

(A) Das Calciumoxalat löst sich nur geringfügig auf.
(B) Durch Zugabe von Ca^{2+} wird die Löslichkeit des Calciumoxalats in Wasser erhöht.
(C) Die Löslichkeit wird durch Zugabe von HCl erhöht.
(D) Nach Zugabe einer starken Säure wird schwach dissoziierte Oxalsäure gebildet.
(E) Der in Lösung gegangene Anteil ist vollständig dissoziiert.

5 Heterogene Gleichgewichte

5.1 Grundbegriffe

5.1.1 Homogen, heterogen

F93

5.1 Welche Aussagen zu homogenen und heterogenen Systemen treffen zu?

(1) Schmelzendes Eis ist ein homogenes System.
(2) Blut ist ein heterogenes System.
(3) Eine 0,7 prozentige Kochsalzlösung ist ein homogenes System.
(4) Luft (21 % O_2, 79 % N_2) ist ein homogenes System.
(5) Eine Öl-Wasser-Emulsion ist ein heterogenes System.

(A) nur 1 und 2 sind richtig
(B) nur 1 und 4 sind richtig
(C) nur 2 und 3 sind richtig
(D) nur 2 und 5 sind richtig
(E) nur 2, 3, 4 und 5 sind richtig

F92

5.2 Welche Aussage zu homogenen Systemen trifft **nicht** zu?

(A) Ein homogenes System ist von einer Phasengrenze umgeben.
(B) Gasmischungen sind immer homogen.
(C) Echte Lösungen sind, obwohl sie mindestens aus zwei Komponenten (Lösungsmittel, gelöster Stoff) bestehen, homogen.
(D) Ein Kochsalzkristall ist homogen.
(E) Blut ist in vivo ein homogenes System.

F93

5.3 Die realen Gase unterscheiden sich von den idealen Gasen dadurch, daß

(1) ihre Partikel aufeinander Kräfte ausüben
(2) ihre Partikel ein endliches Eigenvolumen haben
(3) sie sich verflüssigen lassen
(4) ihre Partikel aus mindestens zwei Atomen bestehen

(A) nur 1 ist richtig
(B) nur 2 ist richtig
(C) nur 1 und 3 sind richtig
(D) nur 1, 2 und 3 sind richtig
(E) 1 – 4 = alle sind richtig

F97

5.4 Welche Aussage zu Stoffgemischen trifft **nicht** zu?

(A) Blut ist ein Stoffgemisch.
(B) Stoffgemische lassen sich mit physikalischen Methoden trennen.
(C) Die chemische Zusammensetzung von Stoffgemischen ist definiert.
(D) Kochsalzlösung ist ein Stoffgemisch.
(E) Stoffgemische können homogen oder heterogen sein.

4.85 (B) 5.1 (E) 5.2 (E) 5.3 (D) 5.4 (C)

5.1.3 Nernst-Verteilungssatz

F89

5.5 Eine Substanz möge sich beim Durchschütteln von 100 ml Wasser mit 10 ml Benzol mit einem Verteilungskoeffizient von 1 verteilen.

Welcher der folgenden Prozentanteile der Substanz liegt dann in der wäßrigen Phase vor?

(A) etwa 1%
(B) etwa 10%
(C) etwa 50%
(D) etwa 90%
(E) etwa 99%

H91

5.6 Bei pH = 1 beträgt der Verteilungskoeffizient k einer organischen Säure ($pK_S = 5{,}4$) zwischen Diethylether (Oberphase) und Wasser (Unterphase) $K = 10^3$.

(A) Die undissoziierte organische Säure ist ausgeprägt polar.
(B) Bei pH = 1 kann man die organische Säure aus der wäßrigen Phase mit Ether ausschütteln.
(C) Der k-Wert für die organische Säure ist bei pH = 10 größer als bei pH = 1.
(D) Die k-Werte bei pH = 1 und pH = 10 sind gleich.
(E) Die Löslichkeit der Säure in Wasser beruht auf hydrophober Wechselwirkung.

5.1.4 Adsorption

5.7 Das Ausmaß der Adsorption eines Stoffes aus einer Lösung an eine Oberfläche eines Festkörpers kann beeinflußt werden durch

(1) Temperatur
(2) die Konzentration der zu adsorbierenden Substanz
(3) die Art des Lösungsmittels
(4) die Art und Größe der Oberfläche des Adsorbens
(5) die Art des Adsorbens

(A) nur 1 und 3 sind richtig
(B) nur 4 und 5 sind richtig
(C) nur 1, 2 und 4 sind richtig
(D) nur 2, 3 und 4 sind richtig
(E) 1 – 5 = alle sind richtig

5.1.5 Konzentration eines Gases in einer Flüssigkeit

5.8 CO_2 verteilt sich mit einem bestimmten Verteilungskoeffizienten zwischen Gasphase und wäßriger Phase. Welche der folgenden Aussagen trifft zu?

Die Konzentration des Gases im Wasser

(A) nimmt ab, wenn der Partialdruck des CO_2 erhöht wird
(B) ist unabhängig von der Konzentration der Kohlensäure im Wasser
(C) nimmt ab, wenn die Temperatur erhöht wird
(D) nimmt zu, wenn die Acidität der wäßrigen Lösung abnimmt
(E) wird von allen unter (A)–(D) genannten Größen nicht beeinflußt

H85

5.9 Welche Aussagen zum Halothan,

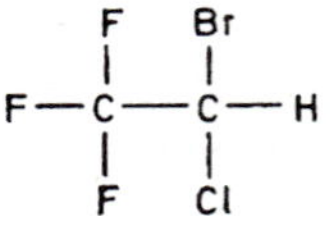

das in der Inhalationsnarkose verwendet wird, treffen zu?

(1) Durch Erhöhung des Partialdrucks von Halothan über Wasser (geschlossenes System) nimmt die im Wasser gelöste Menge von Halothan zu.
(2) Durch Durchleiten von N_2 oder O_2 durch eine mit Halothan gesättigte wäßrige Lösung (offenes System) kann Halothan aufgrund des Henry-Dalton-Gesetzes vollständig entfernt werden.
(3) Vom Halothan gibt es Enantiomere.
(4) Halothan ist wegen der Polarisation der C–H-Bindung, verursacht durch die elektronegativen Substituenten, eine mittelstarke Säure.

(A) nur 1 und 2 sind richtig
(B) nur 2 und 4 sind richtig
(C) nur 3 und 4 sind richtig
(D) nur 1, 2 und 3 sind richtig
(E) nur 2, 3 und 4 sind richtig

5.5 (D) 5.6 (B) 5.7 (E) 5.8 (C) 5.9 (D)

5.1.6 Osmose, Donnan-Gleichgewicht, Dialyse

H87

5.10 Welche Aussage über Osmose, Dialyse und Donnan-Verteilung trifft **nicht** zu?

(A) Bei allen Prozessen ist mindestens eine Komponente gar nicht oder nur beschränkt diffusionsfähig.
(B) Dialyse und Osmose müssen zur Ausbildung eines Donnan-Potentials führen.
(C) Die Dialyse dient zur Abtrennung niedermolekularer Anteile von makromolekularen.
(D) Alle Prozesse sind die Folge von Transportvorgängen durch Membranen.
(E) Der osmotische Druck läßt sich mit einer Gleichung beschreiben, die der allgemeinen Gasgleichung sehr ähnlich ist.

5.2 Anwendung auf Trennverfahren

5.2.1 „Klassische" Trennverfahren

H82

5.11 Zur Stofftrennung geeignete Verfahren sind:

(1) Extraktion (oder „Ausschütteln")
(2) Säulenchromatographie
(3) Destillation
(4) Dünnschichtchromatographie
(5) Titration

(A) nur 1, 3 und 5 sind richtig
(B) nur 2, 3 und 4 sind richtig
(C) nur 1, 2, 3 und 4 sind richtig
(D) nur 1, 2, 4 und 5 sind richtig
(E) 1–5 = alle sind richtig

H90

5.12 Welche Aussage trifft **nicht** zu?

Zur Stofftrennung können ausgenutzt werden:

(A) Dampfdruckunterschiede
(B) Druckdifferenzen bei der Osmose
(C) Löslichkeitsunterschiede
(D) Adsorptionsgleichgewichte
(E) Verteilungsgleichgewichte

H92

5.13 Welche Aussage trifft **nicht** zu?

Eine Substanz A wird aus 100 ml Wasser mit 100 ml Hexan ausgeschüttelt. Das Verteilungsgewicht hängt nicht vom pH-Wert ab. Nach Einstellung des Verteilungsgleichgewichts ist die Konzentration A im Hexan 10mal höher als im Wasser.

(A) Der Verteilungskoeffizient ist etwa 10.
(B) A ist eher lipophil als hydrophil.
(C) A ist keine Säure.
(D) A ist keine Base.
(E) Schüttelt man 100 ml Wasser mit 10 ml Hexan aus, dann sinkt der Verteilungskoeffizient auf ein Zehntel des Wertes wie beim Versuch mit gleichem Volumen beider Phasen.

H89

5.14 Welches der genannten Trennverfahren ist **nicht** geeignet für die Trennung eines Gemisches von Glutaminsäure, Alanin und Lysin?

(A) Dünnschichtchromatographie
(B) Ionenaustauschchromatographie an einem Kationenaustauscher
(C) Elektrophorese
(D) Destillation
(E) Papierchromatographie

5.2.2 Chromatographische Trennverfahren

5.15 Welche Aussage trifft **nicht** zu?

Unter Chromatographie versteht man

(A) ein Verfahren, mit dessen Hilfe nur organische Substanzen getrennt werden können
(B) ein Trennverfahren, das u. a. auf dem Adsorptionsgleichgewicht beruht
(C) ein Verfahren, das u. a. auf Verteilungsgleichgewichten beruhen kann
(D) ein Trennverfahren, das bei geeigneter Auswahl der Festphase und der Temperatur auch Gase trennt
(E) ein Verfahren, das bei flächenförmiger Anwendung des Absorbens in Form der Dünnschichtchromatographie benutzt wird

5.10 (B) 5.11 (C) 5.12 (B) 5.13 (E) 5.14 (D) 5.15 (A)

H92

5.16 Mit der Säulenchromatographie an Kieselgel steht/stehen **nicht** in Zusammenhang:

(A) die stationäre Phase
(B) die mobile Phase
(C) das Eluat
(D) Löslichkeitsunterschiede
(E) Adsorptionsgleichgewichte, Energetik und Kinetik

F90

5.17 Welche Aussage trifft **nicht** zu?

Für die gaschromatographische Trennung von Stoffgemischen gelten die folgenden Bedingungen:

(A) Flüchtigkeit der zu chromatographierenden Stoffe
(B) Verteilung zwischen stationärer Phase – in der Regel aus einem Träger mit flüssigem Überzug bestehend – und Gasphase
(C) Temperaturabhängigkeit des Verteilungsverhaltens
(D) Unabhängigkeit der Wanderungsgeschwindigkeit der Stoffe von der Trägergasgeschwindigkeit
(E) Häufige Einstellung des Verteilungsgleichgewichtes in einer Gaschromatographie-Säule (Vielfachverteilung)

5.2.4 Reinheitskriterien von Substanzen

5.18 Siede- und Schmelztemperatur einer Substanz sind Reinheitskriterien,

weil

Verunreinigungen mit einem anderen Stoff die Siede- und Schmelztemperatur einer Substanz verändern.

F86

5.19 Welche Aussage trifft **nicht** zu?

Von einer unbekannten, klaren Flüssigkeit destilliert bei Normaldruck ein Teil bei 60 °C, der Rest bei 150 °C über. Die beiden Destillate unterscheiden sich im Brechungsindex.

(A) Die unbekannte Flüssigkeit ist ein Stoffgemisch.
(B) Bei Destillation im Vakuum sind die Siedetemperaturen niedriger.
(C) Der Brechungsindex der unbekannten Flüssigkeit unterscheidet sich von dem der Destillate.
(D) Die beiden Destillate bilden – wieder gemischt – eine Emulsion.
(E) Das hier angewandte Trennverfahren beruht auf Dampfdruckunterschieden.

5.3 Fragen aus Examen Herbst 1998

H98

5.20 Welche Aussage zur Osmose trifft **nicht** zu?

(A) Die Membran ist nur für das Lösungsmittel, nicht aber für den gelösten Stoff permeabel.
(B) Der osmotische Druck einer (verdünnten) Lösung ist proportional zur Konzentration der gelösten Substanz.
(C) Der osmotische Druck ist von der Temperatur unabhängig.
(D) Eine 0,1 M Lösung von Calciumchlorid in Wasser entwickelt einen osmotischen Druck, der etwa dreimal so hoch ist wie der einer 0,1 M Lösung von Glucose in Wasser.
(E) Reines Wasser ist im Vergleich zu Blutplasma hypotonisch.

5.16 (D) 5.17 (D) 5.18 (A) 5.19 (D) 5.20 (C)

6 Energetik und Kinetik

6.1 Grundbegriffe der Energetik

6.1.2 Gibbs' freie Energie (= freie Reaktionsenthalpie)

F97

6.1 Welche Aussage trifft **nicht** zu?

Gibbs' freie Standardenergie einer Reaktion $\Delta G^{0\prime}$

(A) ist um so größer, je schneller die Reaktion abläuft
(B) steht in Beziehung zur Gleichgewichtskonstanten der Reaktion
(C) ist bei exergonen Reaktionen negativ
(D) kann aus der Konzentration der Reaktionspartner im Gleichgewicht berechnet werden
(E) gibt an, wieviel Arbeit eine Reaktion maximal leisten kann

H97 H95

6.2 Die Triebkraft ΔG einer exergonen Reaktion im geschlossenen, isobaren und isothermen System ändert sich im Verlauf der Reaktion wie folgt:

Die Triebkraft

(A) nimmt zu
(B) nimmt ab
(C) bleibt konstant
(D) durchläuft ein Minimum
(E) durchläuft ein Maximum

F84

6.3 Welche Aussage zur freien Enthalpie ΔG trifft **nicht** zu?

(A) Bei gekoppelten Reaktionen läßt sich die freie Enthalpie einer Einzelreaktion mit Hilfe der Arrhenius-Gleichung berechnen.
(B) Der Wert der freien Enthalpie einer Reaktion ist temperaturabhängig.
(C) Den Wert der freien Enthalpie kann man bei Redoxprozessen auch aus der EMK berechnen.
(D) Man kann sie aus der Gleichgewichtskonstanten bestimmen, wenn ΔG_0 bekannt ist
(E) Die Änderung der freien Enthalpie ist in einem eingestellten Gleichgewicht gleich Null.

F83

6.4 Welche Aussage zu folgender Reaktion trifft **nicht** zu?

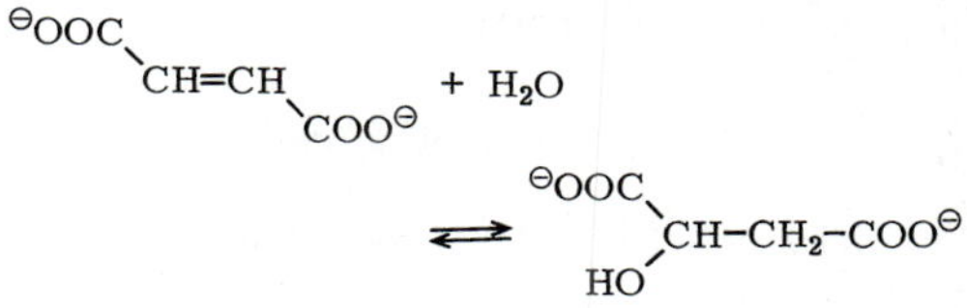

$\Delta G_0 = -3{,}7$ kJ/mol (für die Hirnreaktion)

(A) ΔG_0 kann bestimmt werden, wenn die Konzentration der Reaktionspartner im Gleichgewicht bekannt ist.
(B) Die Rückreaktion ist eine Eliminierungsreaktion.
(C) Es spielt für den Umsatz an Fumarat keine Rolle, ob Malat sich in der Zelle anreichert oder rasch weiter umgesetzt wird.
(D) Die Rückreaktion ist – über die Gleichgewichtskonzentration hinaus – nur durch Kopplung mit anderen exergonen Reaktionen möglich.
(E) Im Gleichgewichtszustand ist $\Delta G = 0$.

H91

6.5 Eine Reaktion $A \rightleftharpoons B$ hat eine Standardfreie Enthalpie $\Delta G^{0\prime} = 5{,}0$ kJ/mol. Bei welchem der unten angegebenen Konzentrationsverhältnisse B/A läuft die Reaktion bei 25 °C gerade spontan in Richtung $A \rightarrow B$ ab?

$$\Delta G = \Delta G^{0\prime} + R \cdot T \cdot \ln \frac{[B]}{[A]} = \Delta G^{0\prime} + R \cdot T \cdot 2{,}303 \cdot \log \frac{[B]}{[A]}$$

($R \cdot T \cdot 2{,}303 = 5{,}77$ kJ/mol)

($R \cdot T \cdot 2{,}303 = 5{,}77$ kJ/mol)

(A) 10^5
(B) 10^1
(C) 10^{-1}
(D) 10^{-4}
(E) 10^{-5}

6.1 (A) 6.2 (A) 6.3 (A) 6.4 (C) 6.5 (C)

6.1.3 Reaktionsenthalpie

6.6 Das „Ammoniak-Gleichgewicht" wird für die gasförmigen Komponenten durch folgende Gleichung beschrieben:

$N_2 + 3\,H_2 \rightleftharpoons 2\,NH_3 \quad \Delta H = -\,92\ kJ/mol$

Das Gleichgewicht wird auf die rechte Seite verschoben, wenn

(A) die Temperatur und der Druck erhöht werden
(B) die Temperatur erniedrigt, der Druck erhöht wird
(C) die Temperatur erhöht, der Druck erniedrigt wird
(D) die Temperatur und der Druck erniedrigt werden
(E) es besteht kein Zusammenhang zwischen Gleichgewichtslage, Reaktionstemperatur und Druck

6.1.4 Reaktionsentropie

6.7 Bei der Bildung von Biopolymeren aus Monomeren (z. B von DNA aus Nucleotideinheiten) nimmt die Entropie ab,

weil A

der Ordnungszustand bei Polymeren größer ist als bei Monomeren.

F88

6.8 Die Verbrennungsreaktion von Glucose wird durch die folgenden Daten beschrieben:

$C_6H_{12}O_6 + 6\,O_2 \rightleftharpoons 6\,CO_2 + 6\,H_2O$

$\Delta G^0 = -\,2880\ kJ\ mol^{-1}$

$\Delta H^0 = -\,2830\ kJ\ mol^{-1}$

(Gibbs-Helmholtz-Gleichung
$\Delta G^0 = \Delta H^0 - T\Delta S^0$)

Bei Zimmertemperatur ist ΔS^0 positiv,

weil A

bei der Glucose-Verbrennung der Ordnungszustand abnimmt.

6.1.5 Gibbs'-Helmholtz-Gleichung

6.9 Die Gibbs-Helmholtz-Gleichung lautet:

$\Delta G = \Delta H - T\Delta S$

Welche Aussage trifft **nicht** zu?

(A) Sie gilt nur für isotherme Systeme.
(B) Das Glied $T\Delta S$ ist das „Entropieglied".
(C) Reaktionen, bei denen ΔG negativ ist, nennt man endergon.
(D) Bei spontanem Ablauf einer Reaktion muß die freie Enthalpie ΔG abnehmen.
(E) Sie gilt nur für geschlossene Systeme und Reaktionen, bei denen keine Druckänderungen auftreten.

F95

6.10 Eine Reaktion ist exergon, wenn

(1) ΔG negativ ist
(2) ΔH negativ ist
(3) Wärme frei wird
(4) ein Katalysator benötigt wird
(5) kein Katalysator benötigt wird

(A) nur 1 ist richtig
(B) nur 5 ist richtig
(C) nur 2 und 5 sind richtig
(D) nur 1, 2 und 3 sind richtig
(E) nur 1, 3 und 4 sind richtig

6.6 (B) 6.7 (A) 6.8 (A) 6.9 (C) 6.10 (D)

F91

6.11 Welche Aussage zu nachstehender Reaktion trifft **nicht** zu?

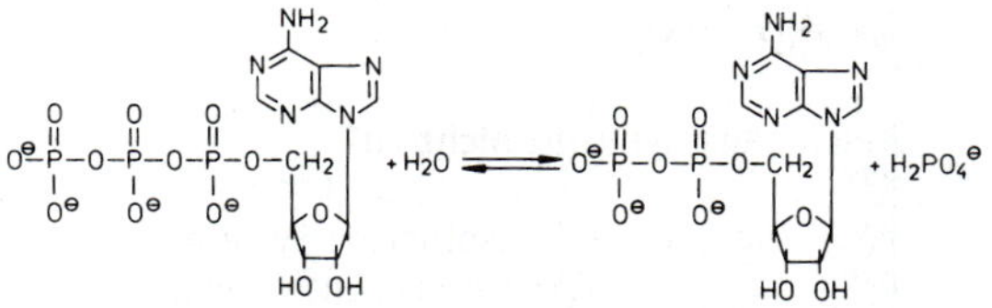

$\Delta G^{0'} = -\ 30{,}7$ kJ/mol für die Hirnreaktion

(A) $\Delta G^{0'}$ kann bei Kenntnis der Gleichgewichtskonstanten K berechnet werden.
(B) Die Hydrolyse von ATP wird in der Zelle durch Ca^{2+} katalysiert.
(C) Die Hydrolyse von ATP ist unter Standardbedingungen bei pH = 7 exergonisch.
(D) Bei der Reaktion ATP → ADP wird eine Phosphorsäureanhydrid-Bindung gespalten.
(E) Die freie Enthalpie der Hydrolyse von ATP kann durch Kopplung mit einer endergonen Reaktion genutzt werden.

H91

6.12 Überprüfen Sie die folgenden Aussagen:

(1) Die Änderungen der freien Enthalpie (G), der Enthalpie (H) und der Entropie (S) sind über die Gleichung $\Delta G = \Delta S - T\Delta H$ miteinander verknüpft.
(2) Für eine Reaktion, die sich im Gleichgewicht befindet, ist $\Delta G = 0$.
(3) Bei einer spontan ablaufenden Reaktion ist ΔG positiv.
(4) Wenn $\Delta H < 0$, verläuft die Reaktion exergonisch.

(A) nur 2 ist richtig
(B) nur 1 und 2 sind richtig
(C) nur 3 und 4 sind richtig
(D) nur 1, 2, und 4 sind richtig
(E) 1 – 4 = alle sind richtig

6.1.6 Änderung von Gibbs' freier Energie bei Konzentrationsänderungen

H88

6.13 Welche Aussage trifft **nicht** zu?

Für die freie Energie ΔG^0 gilt:

$\Delta G^0 = -\ 2{,}3\ RT \cdot \lg K$:

(A) Für die Dissoziation einer schwachen Säure gilt dann $\Delta G^0 = 2{,}3\ RT \cdot \lg pK$.
(B) Die Dissoziation einer starken Säure verläuft exergon.
(C) Das Dissoziationsgleichgewicht einer schwachen Säure liegt auf der Seite der undissoziierten Säure.
(D) Die Dissoziation einer schwachen Säure kann durch Kopplung mit einem exergonen Vorgang erhöht werden.
(E) Die freie Energie kann direkt durch Kalorimetrie bestimmt werden.

6.2 Grundbegriffe der Kinetik

6.2.1 Reaktionsgeschwindigkeit

6.14 Welche Aussage zur Reaktionsgeschwindigkeit trifft **nicht** zu?

(A) $\frac{dc}{dt}$ wird mit positivem Vorzeichen gerechnet, wenn die Geschwindigkeit der Zunahme eines Stoffes gemessen werden soll.
(B) Die Reaktionsgeschwindigkeit bei gekoppelten Systemen wird durch die Reaktion bestimmt, bei der die Geschwindigkeit am größten ist.
(C) Bei einer Reaktion 1. Ordnung ist die Geschwindigkeitskonstante unabhängig von der Konzentration.
(D) Bei einem eingestellten chemischen Gleichgewicht im geschlossenen System sind die Geschwindigkeiten von Hin- und Rückreaktionen gleich.
(E) Für eine Reaktion 1. Ordnung gilt, daß $-\frac{dc}{dt} = kc$.

F90

6.15 Durch welchen Ausdruck wird die Reaktionsgeschwindigkeit für die Reaktion
$A + B \rightleftharpoons C + D$ beschrieben?

(A) $\frac{dc}{dt} A = k \cdot [A] \cdot [B]$

(B) $-\frac{dc}{dt} A = k \cdot [A] \cdot [B]$

(C) $\frac{dc}{dt} A = k \cdot [A]$

(D) $\frac{dc}{dt} A = -k \cdot [B]$

(E) $-\frac{dc}{dt} A = k \cdot [C] \cdot [D]$

6.2.2 Reaktionsordnung

H95

6.16 Bei einer Reaktion 1. Ordnung ist die Halbwertszeit eine Konstante,

weil

sich bei einer Reaktion 1. Ordnung die Konzentration von Ausgangs- und Endprodukt **nicht** ändert.

F91

6.17 Welche Aussage über eine Reaktion 1. Ordnung trifft **nicht** zu?

(A) Die Verseifung eines Esters mit einem Überschuß an Alkalihydroxid ist eine Reaktion 1. Ordnung.
(B) Die Halbwertszeit ist konstant.
(C) Im Verlauf der Halbwertszeit hat die Hälfte einer chemischen Verbindung A reagiert, wenn ihre Umwandlung in einen Stoff B nach der Reaktion 1. Ordnung verläuft.
(D) Die Geschwindigkeit der Umwandlung von A in B wird durch die Gleichung beschrieben:
$-\frac{dc}{dt} A = k \cdot c_A$.
(E) Der Zerfall eines radioaktiven Präparates ist eine Reaktion 1. Ordnung.

F93

6.18 In welchem der Bereiche a–e der dargestellten Enzymkinetik liegt am ehesten eine Reaktion (pseudo)-erster Ordnung vor?

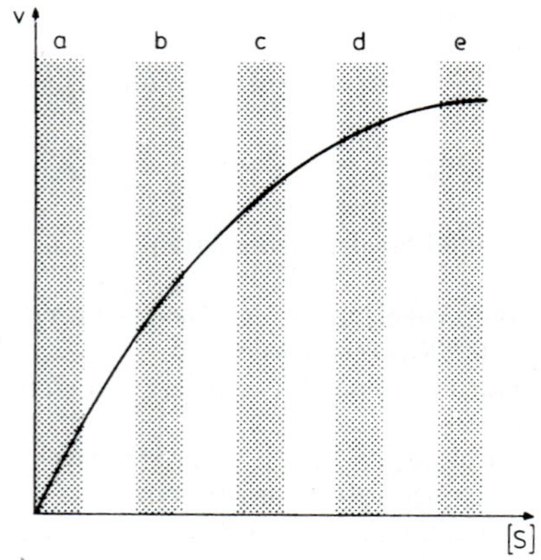

(A) Bereich a
(B) Bereich b
(C) Bereich c
(D) Bereich d
(E) Bereich e

6.2.4 Energieprofil

6.19 Welche Angabe zum Diagramm trifft **nicht** zu?

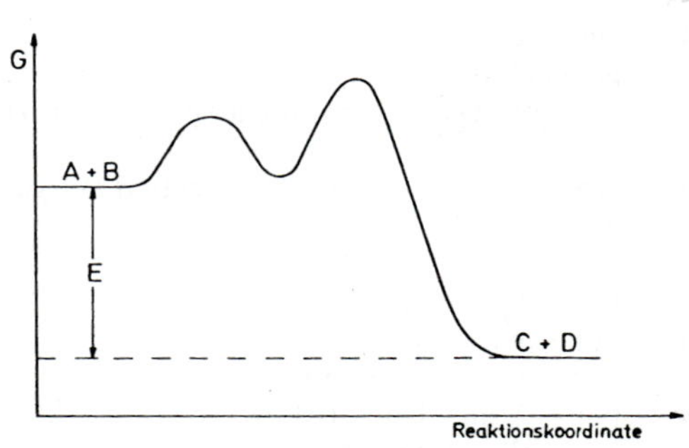

(A) Der Übergangszustand der Reaktion ist energieärmer als die Ausgangsverbindungen.
(B) Aus dem Diagramm lassen sich die Beträge der Aktivierungsenergien entnehmen.
(C) Die Reaktion verläuft über eine Zwischenstufe.
(D) Die freie Enthalpie entspricht der Strecke E.
(E) Die dargestellte Reaktion $A + B \rightarrow C + D$ verläuft exergon.

6.15 (B) 6.16 (C) 6.17 (A) 6.18 (A) 6.19 (A)

F92

6.20 Zwei Gleichgewichtsreaktionen werden durch die beiden Reaktionswegdiagramme beschrieben.

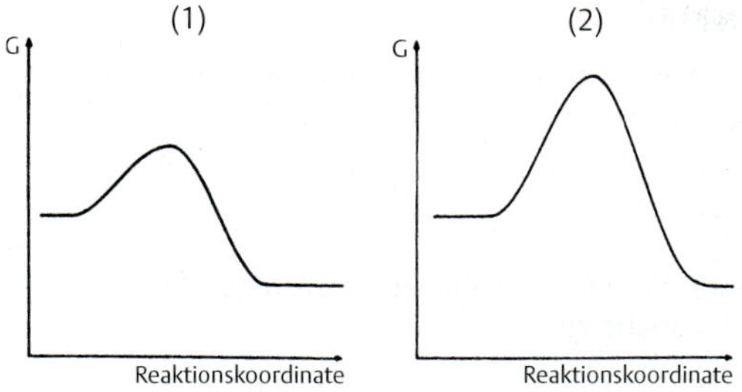

Welche Aussage trifft **nicht** zu?

(A) Reaktion (1) läuft schneller ab als Reaktion (2).
(B) Beide Reaktionen haben die gleiche freie Reaktionsenthalpie.
(C) Bei beiden Reaktionen wird ein Übergangszustand durchlaufen.
(D) Beide Reaktionen haben die gleiche Gleichgewichtskonstante.
(E) Wenn beide Reaktionen die gleiche freie Reaktionsenthalpie haben, dann wird diese auch für beide Reaktionen durch den gleichen Katalysator erniedrigt.

F91

6.21 Welche Aussage trifft **nicht** zu?

Vergleichen Sie die abgebildeten Energieprofile der Gleichgewichtsreaktionen (1) $A \rightleftharpoons B$ und (2) $C \rightleftharpoons D$ (jeweils bei 20 °C).

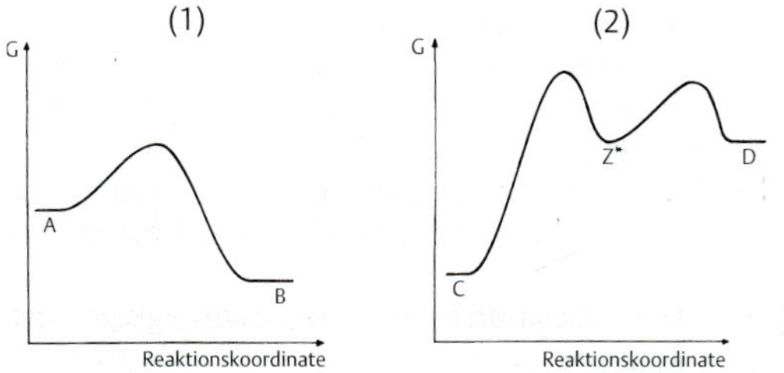

(A) Reaktion (1) ist exergon.
(B) Reaktion (2) ist endergon.
(C) Reaktion (2) läuft über eine Zwischenstufe Z*.
(D) Im Gleichgewicht von Reaktion (1) überwiegt das Endprodukt.
(E) Bei Reaktion (2) ist die Teilreaktion C → Z* schneller als die Teilreaktion Z* → D.

F98 **!!**

6.22 Welche Aussage zur Reaktion, deren Energieprofil gezeigt ist, trifft **nicht** zu?

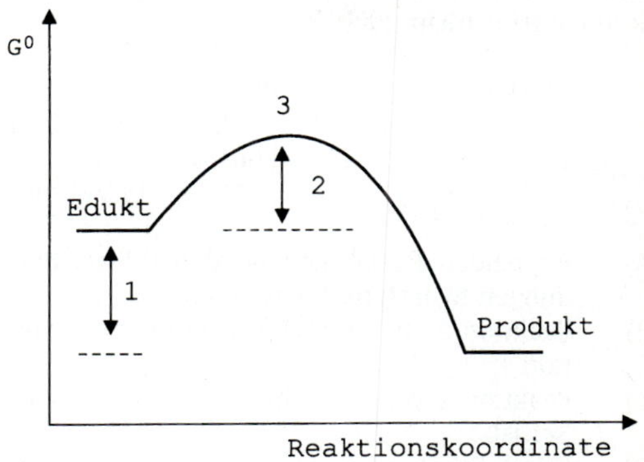

(A) 1 gibt Gibbs' freie Energie der Reaktion an.
(B) 2 gibt die freie Aktivierungsenthalpie an.
(C) An der mit 3 gekennzeichneten Stelle wird ein Übergangszustand der Reaktion durchlaufen.
(D) Die Geschwindigkeit der Reaktion wird durch die Größe von 2 bestimmt.
(E) Die Gleichgewichtslage wird durch die Differenz von 1 und 2 bestimmt.

H97

6.23 Welche Aussage trifft für die Reaktion, deren Energieprofil gezeigt ist, **nicht** zu?

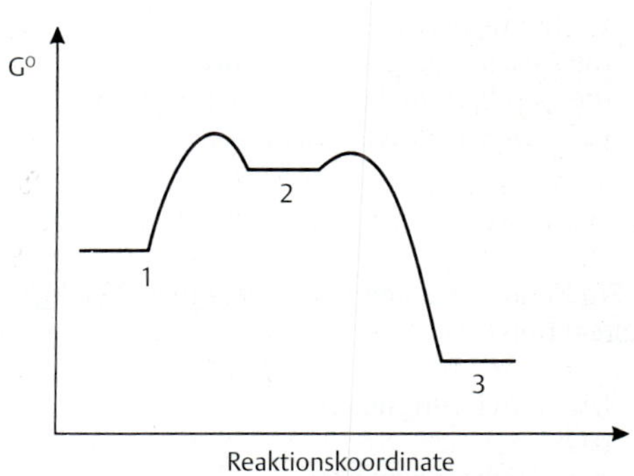

(A) Die Reaktion 1 → 3 ist exergonisch.
(B) Die Reaktion 1 → 3 verläuft über ein Intermediat 2.
(C) Die Umwandlung 1 → 2 erfolgt unter Energieaufnahme.
(D) Der Teilschritt 2 → 3 ist geschwindigkeitsbestimmend für die Gesamtreaktion 1 → 3.
(E) Im Gleichgewicht wird mehr 3 vorliegen als 1.

6.20 (E) 6.21 (E) 6.22 (E) 6.23 (D)

6.2.5 Parallelreaktionen

F88

6.24 Welche Aussage zu den beiden folgenden Reaktionen trifft **nicht** zu?

1. Glc-1-P + $H_2O \rightleftharpoons$ Glc + Phosphat $\Delta G^0 = -$ 20,9 kJ/mol
2. Glc-6-P + $H_2O \rightleftharpoons$ Glc + Phosphat $\Delta G^0 = -$ 13,8 kJ/mol

(A) An beiden Reaktionen werden P-Ester-Bindungen hydrolytisch gespalten.
(B) Reaktion 2 ist schwächer exergon als Reaktion 1.
(C) Reaktion 2 verläuft schneller, weil ΔG^0 größer ist.
(D) Durch Erhöhung der Konzentration der Glucosephosphate wird der Betrag von ΔG erhöht.
(E) Zur Bildung von 1 Mol Glc-1-P aus 1 Mol Glucose und 1 Mol Phosphat müssen 20,9 kJ investiert werden.

6.2.6 Katalyse

6.25 Welche Aussage trifft **nicht** zu?

Ein Katalysator beeinflußt

(A) die Gleichgewichtslage
(B) die Geschwindigkeit, mit der das Gleichgewicht eingestellt wird
(C) die Geschwindigkeit der Hinreaktion
(D) die Geschwindigkeit der Rückreaktion
(E) die Aktivierungsenergie

F89

6.26 Ein Katalysator beeinflußt bei einer Gleichgewichtsreaktion

(1) Die Aktivierungsenergie
(2) ΔG
(3) die Gleichgewichtslage
(4) die Geschwindigkeit von Hin- und Rückreaktion
(5) den Netto-Stoffumsatz nach Erreichen des Gleichgewichts

(A) nur 1 ist richtig
(B) nur 1 und 2 sind richtig
(C) nur 1 und 4 sind richtig
(D) nur 3 und 5 sind richtig
(E) nur 1, 4 und 5 sind richtig

F96

6.27 Der an einer Gleichgewichtsreaktion beteiligte Katalysator senkt Gibbs' Freie Energie ΔG der Reaktion,

weil

der Katalysator die Einstellung des Gleichgewichtes beschleunigt.

F97

6.28 Welche Angabe zu nachstehender Reaktion trifft **nicht** zu?

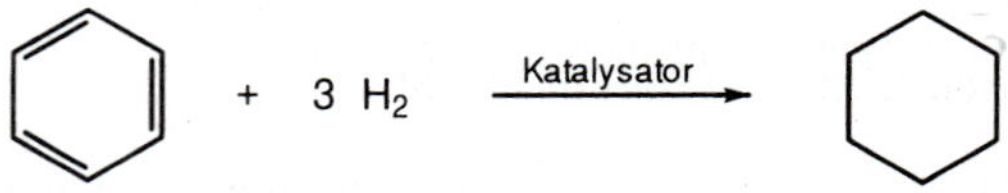

(A) Hydrierung
(B) Addition von Wasserstoff
(C) Aus Benzol entsteht Cyclohexan.
(D) Die Reaktionsgleichung ist richtig.
(E) Der Katalysator erhöht die Aktivierungsenergie.

6.3 Biochemische Anwendung

6.3.2 Fließgleichgewicht

H83

6.29 Welche Aussage über ein „offenes System" und eine in ihm ablaufende chemische Reaktion trifft **nicht** zu?

(A) Die Gesamtreaktionsgeschwindigkeit ist von Null verschieden.
(B) In einem offenen System findet ein Austausch von Energie und Materie mit der Umgebung statt.
(C) Die Geschwindigkeit der Hinreaktion ist gleich der Geschwindigkeit der Rückreaktion.
(D) Die Gesamtreaktionsgeschwindigkeit ist konstant.
(E) In einem offenen System herrscht ein Fließgleichgewicht, das durch Masseneinfuhr und -ausfuhr aus dem System gekennzeichnet ist.

6.24 (C) 6.25 (A) 6.26 (C) 6.27 (D) 6.28 (E) 6.29 (C)

H88

6.30 Eine Reaktion im Fließgleichgewicht innerhalb eines Stoffwechselweges ist gekennzeichnet durch

(A) einen positiven ΔG-Wert
(B) konstante Konzentration von Substraten und Produkten
(C) Einstellung eines chemischen Gleichgewichtes
(D) ATP-Bedarf
(E) Reversibilität

F98 **!**

6.31 Welche Angaben zu einem Fließgleichgewicht treffen zu?

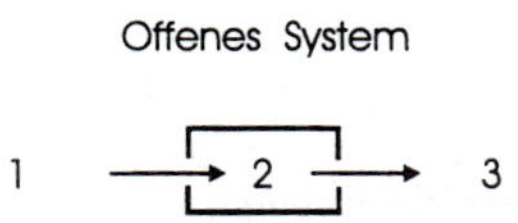

(1) Die Menge an 1 und 3 bleibt gleich.
(2) Die Menge an 2 nimmt langsam ab.
(3) Fließgleichgewichte stehen im Energieaustausch mit der Umgebung.
(4) Die Fließgleichgewichte können ohne Energiezufuhr aufrecht erhalten werden.
(5) Für Fließgleichgewichte gilt: $\Delta G = 0$.

(A) nur 3 ist richtig
(B) nur 1 und 2 sind richtig
(C) nur 1 und 3 sind richtig
(D) nur 2, 3 und 5 sind richtig
(E) nur 1, 2, 4 und 5 sind richtig

F97

6.32 Welche Angabe zu einem Fließgleichgewicht trifft **nicht** zu?

(A) offenes System
(B) dynamisches Gleichgewicht
(C) $\Delta G = 0$
(D) Zur Aufrechterhaltung muß Energie aufgewandt werden.
(E) Es kann Arbeit leisten.

6.3.3 Gekoppelte Reaktionen

6.33 Zwei Reaktionen $A \rightarrow B$ und $B \rightarrow C$ sind miteinander gekoppelt.

Welche Aussage trifft dann **nicht** zu?

(A) Das Massenwirkungsgesetz lautet für die Gesamtreaktion $K = \frac{[C]}{[A]}$.
(B) Die Reaktionsenthalpie der Reaktion $A \rightarrow B$ läßt sich aus der Gesamtreaktionsenthalpie berechnen, abzüglich der Enthalpie der Reaktion $B \rightarrow C$.
(C) Wenn $A \rightarrow B$ endergon verläuft, dann kann die Gesamtreaktion trotzdem spontan ablaufen, wenn die freie Enthalpie der 2. Reaktion einen größeren, negativen Wert aufweist als die der 1. Reaktion.
(D) Es gilt, daß $K = K_1 \cdot K_2$ ist (K_1 und K_2 sind Gleichgewichtskonstanten der Einzelreaktionen).
(E) Geschwindigkeitsbestimmender Schritt ist in einer gekoppelten Reaktion immer die erste Reaktion.

H87

6.34 Wie läßt sich eine vollständige enzymatische Umwandlung von Substrat zu Produkt erreichen bei einer Reaktion, deren ΔG^0 positiv ist?

(A) lange Reaktionsdauer
(B) Zugabe positiver Effektoren
(C) Zugabe sehr hoher Enzymmengen
(D) Entfernen des Produktes durch eine zusätzliche Hilfsreaktion
(E) Enzymaktivierung durch chemische Modifikation

6.30 (B) 6.31 (C) 6.32 (C) 6.33 (E) 6.34 (D)

H87

6.35 Welche Aussage trifft **nicht** zu?

Eine Reaktion besteht aus folgenden Teilreaktionen:

(1) $XY \rightarrow X + Y$
(2) $X + Z \rightarrow XZ$

Dazu gehört das folgende Energiediagramm

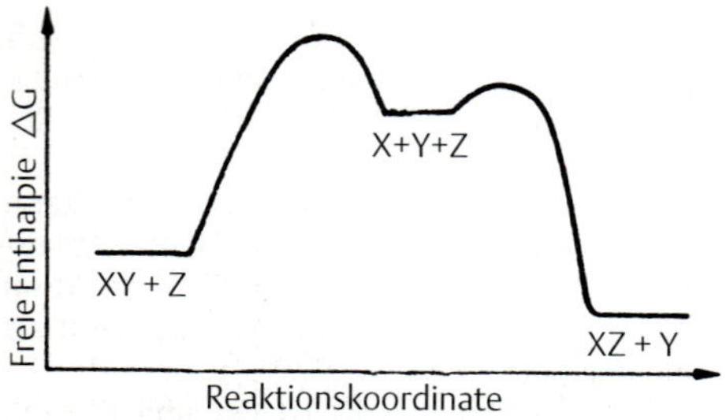

(A) Die Gesamtreaktion ist exergon.
(B) Teilreaktion (1) führt zu einer Zwischenstufe.
(C) Teilreaktion (1) ist der geschwindigkeitsbestimmende Schritt der Gesamtreaktion.
(D) Beide Teilreaktionen durchlaufen einen Übergangszustand.
(E) Die Aktivierungsenthalpie ist für Teilreaktion (1) kleiner als für Teilreaktion (2).

H92

6.36 Welche Aussage trifft **nicht** zu?

(1) $A \rightleftharpoons B + C$ $\Delta G^{0'} = +20$ kJ/mol (Hinreaktion)
(2) $B \rightleftharpoons D$ $\Delta G^{0'} = -32$ kJ/mol (Hinreaktion)

(A) Die Hinreaktion (1) ist endergon.
(B) Die Gleichgewichtskonstante für Reaktion (2) ist größer als (1).
(C) Sind Reaktion (1) und (2) gekoppelt, ist die Gesamtreaktion exergon.
(D) Sind Reaktion (1) und (2) gekoppelt, lautet die Reaktionsgleichung für die Gesamtreaktion $A \rightleftharpoons C + D$.
(E) Das Gleichgewicht der Gesamtreaktion liegt auf der Seite von B.

6.3.4 „Energiereiche" Verbindungen, Gruppenübertragunspotential

H85

6.37 Welche Aussage zur Reaktion $ATP + H_2O \rightleftharpoons ADP + H_3PO_4$ trifft **nicht** zu?

(A) Die Geschwindigkeit der Reaktion von ATP mit H_2O hängt vom pH-Wert ab.
(B) ATP wird hydrolytisch gespalten.
(C) Die Reaktion verläuft von links nach rechts endergon.
(D) Die Gleichgewichtseinstellung wird durch Temperaturerhöhung beschleunigt.
(E) Die Gleichgewichtslage ist temperaturabhängig.

F94

6.38 Welche Aussage trifft **nicht** zu?

Betrachten Sie die folgenden Reaktionen:

(1) $ATP + H_2O \rightarrow ADP + P_i$
$\Delta G^{0'} = -30{,}5$ kJ/mol
(2) Glucose-6-phosphat + $H_2O \rightarrow$ Glucose + P_i
$\Delta G^{0'} = -13{,}8$ kJ/mol

(A) Bei beiden Reaktionen handelt es sich um eine Hydrolyse.
(B) Beide Reaktionen sind exergon.
(C) Bei beiden Reaktionen wird eine Phosphorsäureesterbindung gespalten.
(D) Vom Energiegehalt her kann ATP Glucose in Glucose-6-phosphat überführen.
(E) ATP besitzt ein größeres Energiepotential zur Übertragung von Phosphatgruppen als Glucose-6-phosphat.

6.35 (E) 6.36 (E) 6.37 (C) 6.38 (C)

F95

6.39 Welche Aussage trifft **nicht** zu?

Für die freie Energie der Hydrolyse einiger phosphorylierter Verbindungen gelten folgende Werte:

	$\Delta G^{0\prime}$(kJ/mol)
Phosphoenolpyruvat (PEP)	– 62
Carbamoylphosphat	– 51
ATP (zu ADP)	– 31
Glucose-1-phosphat	– 21
Glucose-6-phosphat	– 14

(A) Carbamoylphosphat ist energiereicher als ATP.
(B) In der Reihe besitzt PEP das höchste Phosphatgruppen-Übertragungspotential.
(C) Bei der Gluconeogenese wird mit einem Überschuß an ATP Pyruvat in der Pyruvatkinase-Reaktion in PEP umgewandelt.
(D) Folgende Reaktion läuft freiwillig ab (in Gegenwart von Hexokinase): ATP + Glucose → ADP + Glucose-6-phosphat.
(E) Die Umwandlung von Glucose-6-phosphat in Glucose-1-phosphat ist endergon.

6.3.6 Enzymkinetik

F93

6.40 Bei einer enzymkatalysierten Reaktion, die der Michaelis-Menten-Kinetik gehorcht, nimmt bei Verdopplung der eingesetzten Enzymmenge unter sonst gleichen Bedingungen

(1) die Konzentration des Enzym-Substrat-Komplexes um den Faktor 2 zu
(2) die Michaelis-Konstante um den Faktor 2 ab
(3) die Maximalgeschwindigkeit um den Faktor 2 zu
(4) der Wert der Geschwindigkeitskonstanten k_{+2} um den Faktor 2 zu

$(ES \xrightarrow{k_{+2}} E + P)$

(A) nur 1 ist richtig
(B) nur 3 ist richtig
(C) nur 1 und 2 sind richtig
(D) nur 1 und 3 sind richtig
(E) nur 2 und 4 sind richtig

6.3.8 Enzymaktivität

6.41 5 μg eines reinen Enzyms, das eine molare Masse von 50 000 g · mol^{-1} hat, ergeben einen maximalen Substratumsatz von 10 μmol/min.

Wie groß ist die molare Aktivität (min^{-1}) des Enzyms?

(A) 10 000
(B) 25 000
(C) 50 000
(D) 100 000
(E) 500 000

6.3.9 Photometrische Methoden

6.42 Man berechne den Zahlenwert des molaren Extinktionskoeffizienten aus den folgenden Angaben:

c = 5 g/100 ml,	rel. Molmasse
d = 0,1 cm	(Molekulargewicht): 50
$E = \varepsilon \cdot c \cdot d$	Extinktion: 10

Der Wert beträgt:

(A) 1
(B) 10
(C) 50
(D) 100
(E) Keiner der Werte ist richtig.

6.4 Fragen aus Examen Herbst 1998

H98 **!**

6.43 Welche Aussage zu gekoppelten Reaktionen trifft **nicht** zu?

(A) Bei gekoppelten Reaktionen berechnet sich Gibbs' freie Energie des Gesamtprozesses als die Summe der Gibbs' freien Energien der Einzelschritte.
(B) Bei gekoppelten Reaktionen berechnet sich die Gleichgewichtskonstante des Gesamtprozesses als das Produkt der Gleichgewichtskonstanten der Einzelschritte.
(C) In gekoppelten Reaktionen können endergone Teilreaktionen ablaufen.
(D) Endergone Teilreaktionen können nur mit endergonen, exergone Teilreaktionen nur mit exergonen gekoppelt sein.
(E) Enzyme können durch Kopplung mit der Hydrolyse von ATP endergone Teilreaktionen katalysieren.

6.39 (C) 6.40 (D) 6.41 (D) 6.42 (D) 6.43 (D)

H98 !!

6.44 Welche Aussage trifft **nicht** zu?

Gibbs' freie Energie (ΔG) gehorcht der Beziehung $\Delta G = \Delta H - T\Delta S$.

(A) ΔG wird üblicherweise in $kJ \cdot mol^{-1}$ angegeben.
(B) ΔG wird negativ, wenn ΔH negativ ist und die Entropie ΔS zunimmt.
(C) Ist der Wert negativ, kann eine Reaktion spontan ablaufen.
(D) Eine endotherme Reaktion kann trotz Entropiezunahme negative ΔG-Werte liefern.
(E) In der lebenden Zelle gilt $\Delta G = 0$.

7 Struktur und Reaktion einfacher organischer Verbindungen

7.1 Grundkörper

7.1.1 Einfach- und Doppelbindungen

7.1

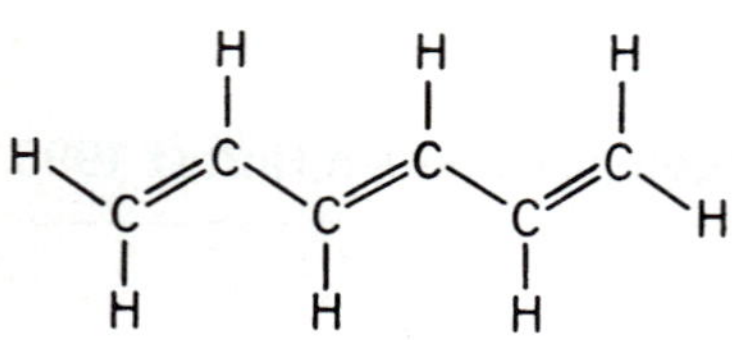

Zu vorstehender Verbindung werden folgende Angaben gemacht:

(1) Das Molekül besitzt ausschließlich sp^2-hybridisierte C-Atome.
(2) Es handelt sich um ein Trien mit konjugierten Doppelbindungen.
(3) Zwischen **allen** C-Atomen ist um die C—C-Bindungsachse freie Drehbarkeit möglich.
(4) Die Winkel zwischen den C—C-Bindungen der Kette betragen jeweils ca. 120°.

(A) nur 1 und 2 sind richtig
(B) nur 1 und 4 sind richtig
(C) nur 2 und 3 sind richtig
(D) nur 1, 2 und 4 sind richtig
(E) 1–4 = alle sind richtig

F89

7.2 In welcher Verbindung sind C-Atome unterschiedlicher Hybridisierung enthalten?

(A) 
(B) $H_3C-CH=CH-CH_3$
(C) $CH_2=CH-CH=CH_2$
(D) $H_3C-CH_2-CH_2-CH_3$
(E) 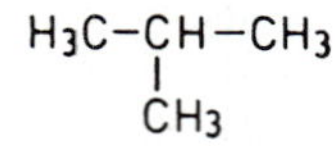

H88

7.3 Welche Aussage zu den numerierten Atomen in nachstehender Verbindung trifft **nicht** zu?

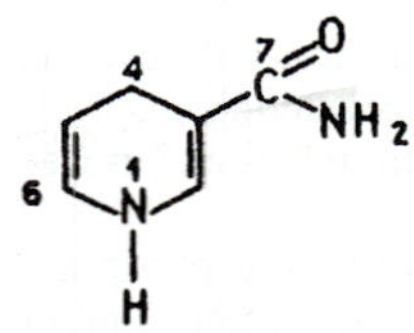

(A) N-Atom 1 besitzt ein freies Elektronenpaar.
(B) C-Atom 6 ist sp^2-hybridisiert.
(C) C-Atom 6 ist an einer π-Bindung beteiligt.
(D) Die von C-Atom 4 ausgehenden Bindungen weisen in die Ecke eines Tetraeders.
(E) C-Atom 7 ist sp^3-hybridisiert.

7.1.2 σ-Bindung
7.1.3 π-Bindung

7.4 Welche Aussage über σ- und π-Bindungen in organischen Verbindungen trifft zu?

(A) σ-Bindungen treten nur zwischen C-Atomen auf.
(B) π-Bindungen treten nur zwischen C-Atomen auf.
(C) Die π-Bindung ist eine rotationssymmetrische Atombindung zwischen zwei Bindungspartnern.
(D) Bei der σ-Bindung ist die Rotation der Bindungspartner um die Bindungsachse eingeschränkt.
(E) Atome werden niemals allein durch π-Elektronen zusammengehalten.

6.44 (E) 7.1 (D) 7.2 (B) 7.3 (E) 7.4 (E)

H87

7.5 Welche Aussage über die numerierten Atome in der Verbindung

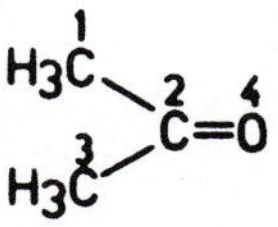

trifft **nicht** zu?

(A) Von C-Atom 1 gehen nur σ-Bindungen aus.
(B) C-Atom 2 ist ein elektrophiles Zentrum.
(C) C-Atom 2 ist sp^2-hybridisiert.
(D) C-Atom 3 ist ein nukleophiles Zentrum.
(E) O-Atom 4 ist an einer π-Bindung beteiligt.

7.1.6 *n*- und *iso*-Alkane

7.6 Welche Aussage zum Methanmolekül trifft zu?

(A) Das C-Atom ist sp^2-hybridisiert.
(B) Die H-Atome bilden die Ecken eines Tetraeders.
(C) Der Bindungswinkel zwischen zwei C—H-Bindungen beträgt 90°.
(D) Das Molekül ist eben gebaut.
(E) Das Molekül ist ein Dipol.

H84

7.7 Welche Aussage zum Ethan trifft zu?

(A) Es entsteht durch Hydrierung von Ethen.
(B) Bei Zimmertemperatur existieren keine Konformere des Ethans.
(C) Durch Oxidation von Ethan entsteht Ameisensäure.
(D) Ethan ist in Wasser unter Hydratisierung gut löslich.
(E) In der wäßrigen Lösung des Ethans entsteht beim Stehen Ethanol.

7.1.7 Cycloalkane

H86

7.8 Welche Aussage zum Cyclohexan trifft zu?

(A) Es entsteht bei der Hydrierung von Cyclohexen.
(B) Es hat die Summenformel C_6H_{14}.
(C) Das Molekül ist eben gebaut.
(D) Es löst sich gut in Wasser.
(E) Keine der Aussagen (A)–(D) trifft zu.

7.1.10 Alkene

7.9 Welche Aussage trifft zu?

Nebenstehende Verbindung ist ein

(A) Cycloalkan
(B) Cycloalken
(C) Aromat
(D) Strukturisomeres vom Cyclohexan
(E) Keine der Aussagen trifft zu.

7.1.14 Disubstituierte Benzolderivate

F88

7.10 Welche Aussage zur folgenden Reaktionsgleichung und den daran beteiligten Verbindungen trifft **nicht** zu?

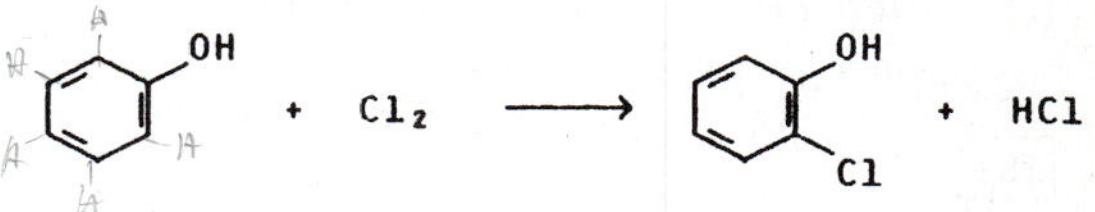

(A) Die Reaktion ist eine Substitutionsreaktion.
(B) Ausgangsstoff ist Phenol.
(C) Es entsteht ein 2-Chlorphenol (o-Chlorphenol).
(D) Die OH-Gruppe und das Cl-Atom stehen in meta-Stellung zueinander.
(E) Wegen des elektronegativen Charakters ist Chlorphenol eine stärkere Säure als das unsubstituierte Phenol.

7.5 (D) 7.6 (B) 7.7 (A) 7.8 (A) 7.9 (B) 7.10 (D)

7.1.15 Bindungsverhältnisse beim Benzol

7.11 Welche Aussage zum Benzolmolekül trifft **nicht** zu?

(A) C- und H-Atome liegen in einer Ebene.
(B) Es läßt sich durch mesomere Grenzstrukturformeln beschreiben.
(C) Die Abstände zwischen den C-Atomen des Sechsrings sind gleich.
(D) Es existiert in Sessel- und Wannenform.
(E) Es hat einen geringeren Energiegehalt als das Hexatrienmolekül.

7.1.16 Klassifizierung von Heterocyclen
7.1.17 Erkennen von Heterocyclen

H84

7.12 Welche Aussage zum Pyrrol (pK_B in wäßriger Lösung = 13,6) trifft **nicht** zu?

(A) Seine Formel ist 
(B) Es ist Baustein des Porphyrinringsystems.
(C) Es weist nur eine sehr geringe Basizität auf.
(D) Im Häm sind 4 Pyrrolringe so verbunden, daß ein Chelatkomplex mit Fe^{2+} entstehen kann.
(E) Durch Hydrierung entsteht Pyridin.

F83

7.13 Welche Aussage zur abgebildeten Substanz trifft **nicht** zu?

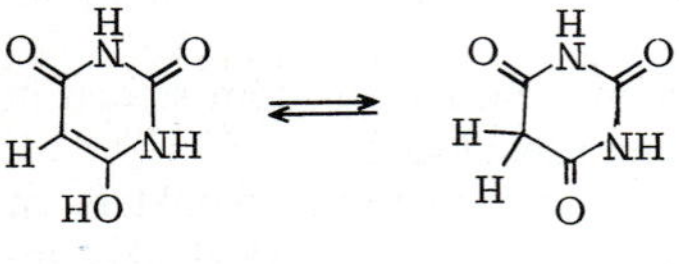

(A) Die Formeln zeigen Barbitursäure.
(B) Die Formeln spiegeln ein Keto-Enol-Gleichgewicht wider.
(C) Bei Entfernung einer Molekülform stellt sich das Keto-Enol-Gleichgewicht erneut ein.
(D) Ein äquimolares Gemisch der Substanz (pK_A = 4) und ihres Natriumsalzes ist ein Puffersystem.
(E) Sie enthält ein Pyridinringsystem.

H96

7.14 Welche Aussage zur abgebildeten Harnsäure trifft **nicht** zu?

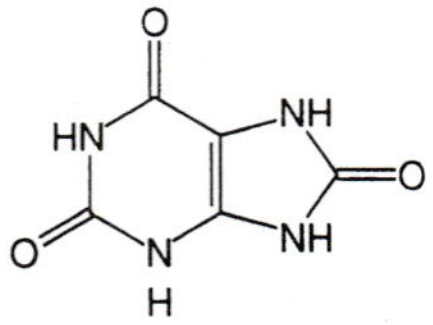

(A) Harnsäure enthält ein Purinringsystem.
(B) Das heterozyklische System ist eben gebaut.
(C) In der Formel ist die mehrfache Keto-(Lactam)-Form vorgestellt.
(D) Harnsäure ist beim Menschen das Endprodukt des Abbaus der Purinbasen.
(E) Harnsäure wird als Trinatriumurat ausgeschieden.

7.1.19 Additionsreaktionen

7.15 Bei der Reaktion

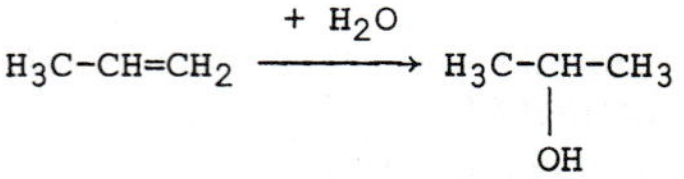

handelt es sich um eine

(A) Addition
(B) Substitution
(C) Eliminierung
(D) Dehydratisierung
(E) Hydrierung

H88

7.16 Beim Abbau von Fettsäuren (n ≤ 14) in den Mitochondrien laufen die folgenden Reaktionen ab:

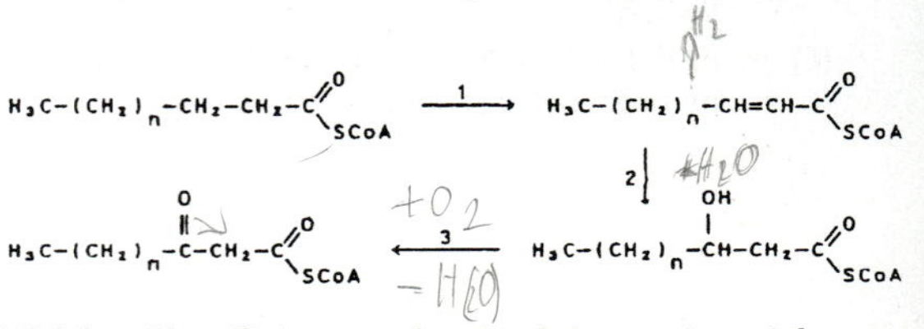

Welche Klassifizierung der Reaktionen ist **nicht** richtig?

(A) 1 = Oxidation
(B) 2 = Addition
(C) 2 = Hydrierung
(D) 3 = Oxidation
(E) 3 = Dehydrierung

7.11 (D) 7.12 (E) 7.13 (E) 7.14 (E) 7.15 (A) 7.16 (C)

H85

7.17 Eine Anlagerung von Br_2 an Cholesterin ist möglich,

weil

Cholesterin eine Doppelbindung enthält.

7.1.20 Eliminierungsreaktionen

7.18 Die Reaktion

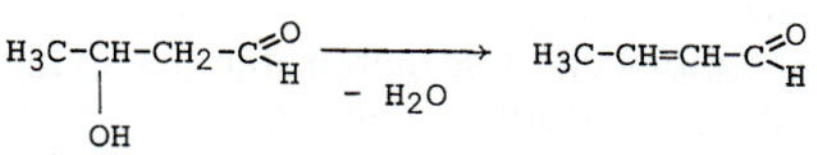

ist eine

(A) Addition
(B) Substitution
(C) Eliminierung
(D) Dehydrierung
(E) Hydratisierung

F89

7.19 Bei der Dehydratisierung einer organischen Verbindung

(1) wird oxidiert
(2) findet eine Eliminierung von Wasser statt
(3) wird Wasserstoff abgespalten
(4) kann ein Olefin entstehen

(A) nur 2 ist richtig
(B) nur 1 und 3 sind richtig
(C) nur 2 und 3 sind richtig
(D) nur 2 und 4 sind richtig
(E) 1–4 = alle sind richtig

H85

7.20 Welche Aussage zu nachstehender Reaktion und den daran beteiligten Verbindungen trifft **nicht** zu?

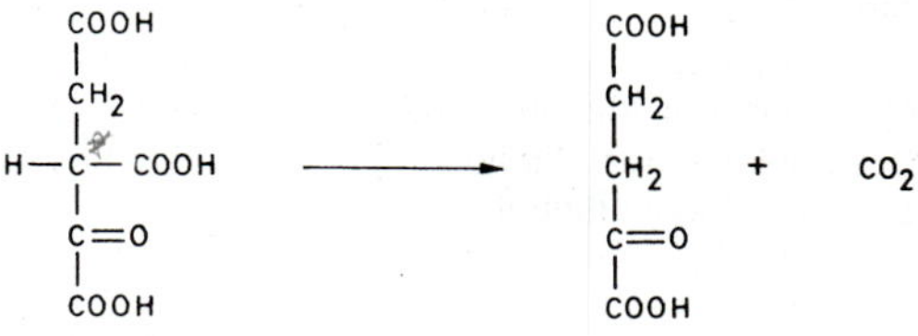

(1) (2)

(A) Die Reaktion (1) → (2) ist eine Eliminierung.
(B) Die Reaktion (1) → (2) ist eine Decarboxylierung.
(C) Bei der Reaktion (1) → (2) geht ein Chiralitätszentrum verloren.
(D) (1) und (2) sind α-Ketonsäuren.
(E) Von (2) existiert eine Enolform.

7.1.21 Substitutionsreaktionen

F86

7.21 Welche Aussage zu den Molekülen (1) und (2) trifft zu?

(1) CH_4
(2) CCl_4

(A) Beide sind Dipolmoleküle.
(B) Beide sind polar.
(C) Substituiert man bei (1) ein H-Atom durch eine OH-Gruppe, erhält man Methanol.
(D) (2) heißt Chloroform.
(E) In saurer Lösung spaltet (1) ein Proton, (2) ein Cl^- ab.

7.2 Verbindungen mit einfach gebundenen Heteroatomen

7.2.1 Alkohole

H82

7.22 Die alkoholische OH-Gruppe gibt leichter ein Proton ab als die Carboxyl-OH-Gruppe,

weil

die negative Ladung beim Carboxylatanion besser stabilisiert ist als beim Alkoholatanion.

7.17 (A) 7.18 (C) 7.19 (D) 7.20 (A) 7.21 (C) 7.22 (D)

F84

7.23 Bei der Hydratisierung der Verbindung 

entsteht ein

(A) Olefin
(B) Aromat
(C) tertiärer Alkohol
(D) sekundärer Alkohol
(E) primärer Alkohol

F88

7.24 Welche Aussage trifft **nicht** zu?

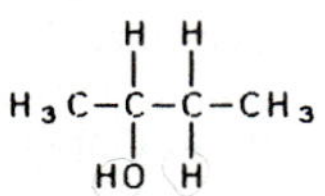

(A) Die gezeigte Substanz ist ein einwertiger Alkohol.
(B) Sie ist ein sekundärer Alkohol.
(C) Sie ist chiral.
(D) Durch Wasserabspaltung entsteht Buten.
(E) Durch Oxidation entsteht Butanal.

F86

7.25 Die Verbindungen Methanol, Acetaldehyd und Propionsäure

(A) bilden eine homologe Reihe
(B) haben die gleiche Summenformel
(C) können durch Redoxreaktionen ineinander überführt werden
(D) sind Verbindungen mit je zwei C-Atomen
(E) Keine der Aussagen (A)–(D) trifft zu.

F87

7.26 Welche Aussage trifft **nicht** zu?

Cholin

(A) enthält vierbindigen Stickstoff
(B) ist ein Kation
(C) enthält eine primäre Alkoholgruppe
(D) ist in wäßriger Lösung ein Ampholyt
(E) reagiert mit Acetyl-CoA zu Acetylcholin

7.2.2 Unterschiede Alkane/Alkohole

H84

7.27 Vergleichen Sie Ethanol und Ethan miteinander:

(A) Es handelt sich um Strukturisomere.
(B) Die Verbindungen haben ähnliche Siedepunkte.
(C) Ethan hat einen höheren Siedepunkt als Ethanol.
(D) Ethan löst sich in Cyclohexan besser als Ethan.
(E) Ethanolmoleküle assoziieren durch Bildung von Wasserstoffbrückenbindungen.

7.2.3 Redoxreaktionen bei Alkoholen und Thiolen

H86

7.28 Eine Verbindung X mit der Summenformel C_3H_8O gibt bei der milden Oxidation ein Produkt mit der Summenformel C_3H_6O, das mit Fehling-Lösung reagiert und mit Hydroxylamin ein Oxim bildet.

Die Verbindung X ist ein

(A) sekundärer Alkohol
(B) Keton
(C) primärer Alkohol
(D) tertiärer Alkohol
(E) Aldehyd

F90

7.29 Welche Aussage zur folgenden Reaktion trifft **nicht** zu?
(rel. Atommasse H = 1, C = 12, O = 16)

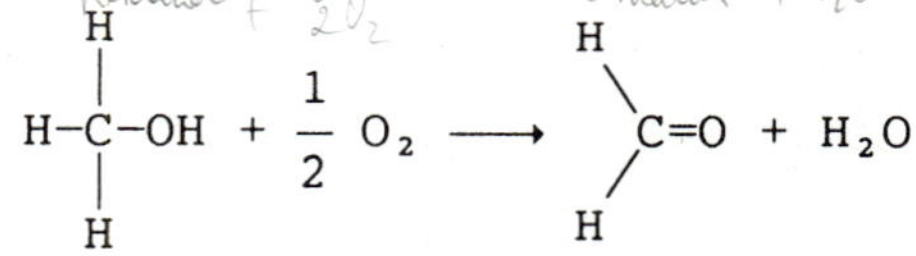

(A) Es handelt sich um die Oxidation von Methanol.
(B) Reaktionsprodukt ist Formaldehyd.
(C) Sie ist richtig bilanziert.
(D) Sie spielt im Stoffwechsel eine Rolle bei Demethylierungs-Reaktionen.
(E) Aus 32 g Methanol entstehen bei vollständigem Umsatz nur 30 g Formaldehyd.

7.2.5 Ether

7.30 Welche Aussage über die Verbindungen 1 und 2 trifft **nicht** zu?

(1) H_3C-CH_2-OH
(2) $H_3C-O-CH_3$

(A) 1 und 2 sind Strukturisomere
(B) 1 heißt Äthanol, 2 ist ein Äther
(C) 1 hat einen höheren Siedepunkt als 2
(D) 1 ist schlechter löslich als 2
(E) 1 läßt sich leichter oxidieren als 2

F97

7.31 Welche Aussage trifft **nicht** zu?

Diethylether

(A) hat dieselbe Molmasse wie n-Butanol
(B) hat im Vergleich zu n-Butanol einen niedrigeren Siedepunkt
(C) ist weniger durch H-Brücken assoziiert als n-Butanol
(D) ist flüchtiger als n-Butanol
(E) wird durch siedendes Wasser zu Ethanol hydrolysiert

H96

7.32 Welche Angabe zu den Verbindungen (1) und (2) trifft **nicht** zu?

(1) $H_3C-CH_2-CH(OH)-CH_3$

(2) $H_3C-CH_2-O-CH_2-CH_3$

(A) (1) und (2) sind Konstitutionsisomere.
(B) (2) heißt Diethylether.
(C) (1) hat einen höheren Siedepunkt als (2).
(D) (1) kann zu einem Keton oxidiert werden.
(E) (1) und (2) bilden mit starken Basen Salze.

7.2.7 Phenole

F91

7.33 Welche Aussagen zu Phenolen treffen zu?

(1) Phenole enthalten stets ein aromatisches Ringsystem.
(2) Phenole enthalten mindestens eine OH-Gruppe.
(3) Phenole sind schwache Säuren.
(4) Phenylalanin enthält eine phenolische OH-Gruppe.

(A) nur 1 und 4 sind richtig
(B) nur 2 und 3 sind richtig
(C) nur 1, 2 und 3 sind richtig
(D) nur 1, 2 und 4 sind richtig
(E) 1–4 = alle sind richtig

F84

7.34 Phenole sind Säuren,

weil

Phenole in wäßriger Lösung Protonen abgeben.

F89

7.35 o-Chlorphenol ist eine stärkere Säure als Phenol,

weil

im o-Chlorphenol durch die Nachbarschaft des elektronegativen Chlors die Dissoziationsfähigkeit der phenolischen OH-Gruppe erhöht wird.

7.30 (D) 7.31 (E) 7.32 (E) 7.33 (C) 7.34 (A) 7.35 (A)

H94

7.36 Welche Aussage zu den abgebildeten Verbindungen trifft **nicht** zu?

(1)

(2)
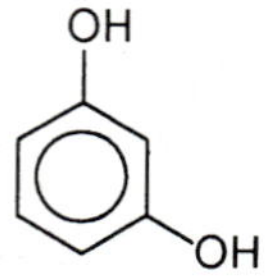

- (A) Beide sind zweiwertige Phenole.
- (B) (1) ist eine para-, (2) eine meta-Verbindung.
- (C) Beide lassen sich leicht zu einem Chinon oxidieren.
- (D) Beide sind schwächere Protonendonatoren als Carbonsäuren.
- (E) Bei beiden erfolgt die elektrophile Substitution am Ring leichter als im Benzol.

7.2.8 Amine

F86

7.37 Welche Aussage zur abgebildeten Verbindung trifft zu?

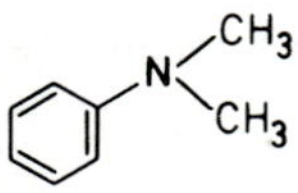

- (A) Es handelt sich um ein sekundäres Amin.
- (B) Mit einem Aldehyd bildet sich eine Schiff-Base.
- (C) Mit Carbonsäurechloriden reagiert sie als Nucleophil zu Carbonsäureamiden.
- (D) Das N-Atom trägt zwei freie Elektronenpaare.
- (E) Bei Zugabe einer starken Säure entsteht ein Salz.

F91

7.38 Welche Aussage zur abgebildeten Verbindung trifft **nicht** zu?

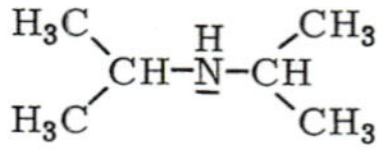

- (A) Es handelt sich um ein sekundäres Amin.
- (B) Das N-Atom trägt ein freies Elektronenpaar.
- (C) Bei Zugabe von HCl entsteht ein Salz.
- (D) Mit Aldehyden oder Ketonen bilden sich Schiff-Basen (Azomethine).
- (E) Die Verbindung reagiert mit einem Carbonsäurechlorid als Nulceophil.

H88

7.39 Quartäre Ammoniumsalze reagieren nicht als Nucleophile,

weil

das N-Atom der quartären Ammoniumsalze positiv geladen ist und kein freies Elektronenpaar mehr besitzt.

F92

7.40 Welche Aussage trifft **nicht** zu?

Die Verbindung $H_3C{-}NH_2$

- (A) heißt Methylamin
- (B) entsteht durch Decarboxylierung von Glycin
- (C) kann sich als Nucleophil an das elektrophile Zentrum (C-Atom) einer Carbonyl-Gruppe anlagern
- (D) bildet stärker Wasserstoffbrücken aus als reines Wasser
- (E) ist eine stärkere Base als Ammoniak

7.2.9 Basizität von Aminen und Amiden

H90

7.41 Die Basizität der NH-Gruppierungen einer Säureamidgruppe ist im Vergleich zur NH_2-Gruppe eines Amins stark herabgesetzt,

weil

der Sauerstoff der benachbarten Carbonylgruppe Elektronen anzieht und dadurch das freie Elektronenpaar am Stickstoff der Amidgruppe weggezogen wird.

7.36 (C) 7.37 (E) 7.38 (D) 7.39 (A) 7.40 (D) 7.41 (A)

H90

7.42 Welche Aussage zu den abgebildeten Verbindungen trifft **nicht** zu?

(1) 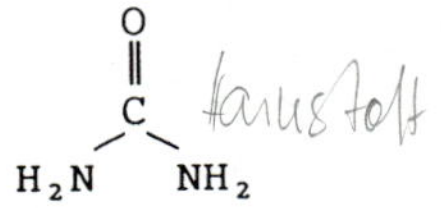 (2) 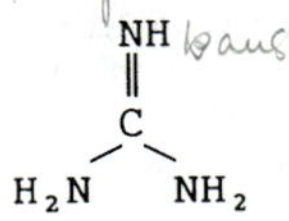

(A) Beide Verbindungen sind Derivate der Kohlensäure.
(B) Beide Verbindungen reagieren in Wasser basisch.
(C) Beide Verbindungen sind wasserlöslich.
(D) Bei (1) handelt es sich um Harnstoff.
(E) (2) ist ein Baustein des Arginins.

F95

7.43

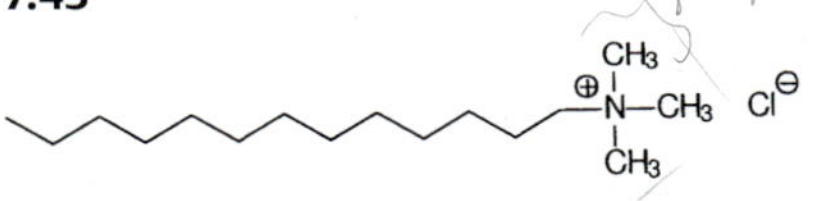

(1) Die abgebildete Verbindung ist ein quartäres Ammoniumsalz.
(2) Das Kation ist in wäßriger Lösung amphiphil.
(3) Das Kation kann in Wasser Mizellen bilden.
(4) Die abgebildete Verbindung reagiert mit OH^- zu einen tertiären Amin und einem Alkohol.

(A) nur 1 und 2 sind richtig
(B) nur 2 und 3 sind richtig
(C) nur 2 und 4 sind richtig
(D) nur 1, 2 und 3 sind richtig
(E) nur 1, 3 und 4 sind richtig

F97

7.44 Welche Aussage trifft **nicht** zu?

Vergleichen Sie die folgenden Verbindungen:

(1) 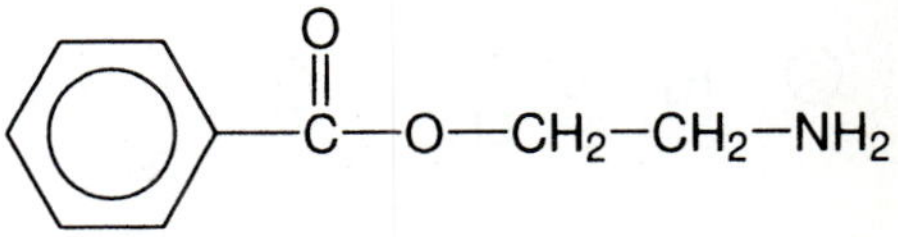

(2) 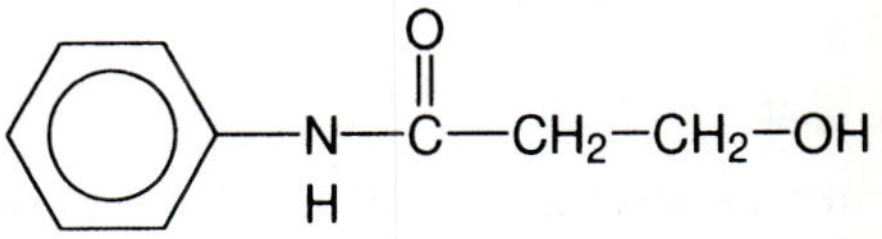

(A) (1) und (2) sind Konstitutionsisomere.
(B) (2) ist ein Carbonsäureamid.
(C) Bei der Hydrolyse von (1) entstehen Benzoesäure und Ethanolamin.
(D) Bei der Hydrolyse von (2) entsteht u.a. Anilin.
(E) (1) und (2) reagieren basisch.

7.3 Carbonylverbindungen

7.3.1 C=O-Doppelbindung

F86

7.45 Welche Aussage zur Carbonylgruppe eines Aldehyds oder Ketons trifft **nicht** zu?

(A) Das Carbonyl-C-Atom ist sp^2-hybridisiert.
(B) Das Carbonyl-C-Atom trägt eine positive Partialladung.
(C) Der Bindungswinkel zwischen den am Carbonyl-C-Atom gebundenen Atomen beträgt jeweils 90°.
(D) In der Carbonylgruppe sind zwischen C- und O-Atom eine σ- und eine π-Bindung wirksam.
(E) Am Sauerstoffatom befinden sich zwei freie Elektronenpaare.

7.42 (B) 7.43 (D) 7.44 (E) 7.45 (C)

7.3.2 Reaktivität der CO-Gruppe

H84

7.46 Vergleichen Sie folgende Verbindungen:

② reagiert mit Wasser leichter zur Carbonsäure als ①,

weil

die Reaktivität des Carbonyl-C-Atoms gegenüber Nucleophilen bei ② größer ist als bei ①.

7.3.3 Aldehyde und Ketone

H89

7.47 Welche Aussage zu Aldehyden trifft **nicht** zu?

(A) Sie entstehen durch Oxidation primärer Alkohole.
(B) Sie reagieren mit primären Aminen.
(C) Die niederen aliphatischen Aldehyde sind wasserlöslich.
(D) Sie lassen sich zu Carbonsäuren oxidieren.
(E) Sie reagieren mit Ketonen zu Acetalen.

H83

7.48 Welche Aussage zu Formaldehyd trifft **nicht** zu?

(A) Bei Reduktion entsteht Methanol.
(B) Bei vorsichtiger Oxidation entsteht Essigsäure.
(C) Bei kräftiger Oxidation entsteht CO_2.
(D) Formaldehyd ist im Organismus ein Stoffwechselprodukt beim Methanolabbau.
(E) Formaldehyd geht mit primären Aminogruppen Reaktionen ein, bei denen eine $-C=N-$ Gruppierung entsteht.

H94

7.49 Welche Angabe zu nachfolgender Reaktion und einzelnen Reaktionsprodukten trifft **nicht** zu?

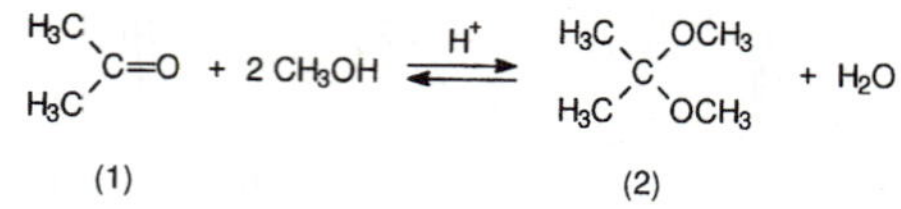

(A) Die Reaktion ist säurekatalysiert.
(B) (1) heißt Aceton.
(C) (2) ist ein Ketal.
(D) Die Reaktion von links nach rechts ist eine Veresterung.
(E) Die Reaktion ist reversibel.

F88

7.50 Welche Aussage zur abgebildeten Reaktion und den daran beteiligten Verbindungen trifft **nicht** zu?

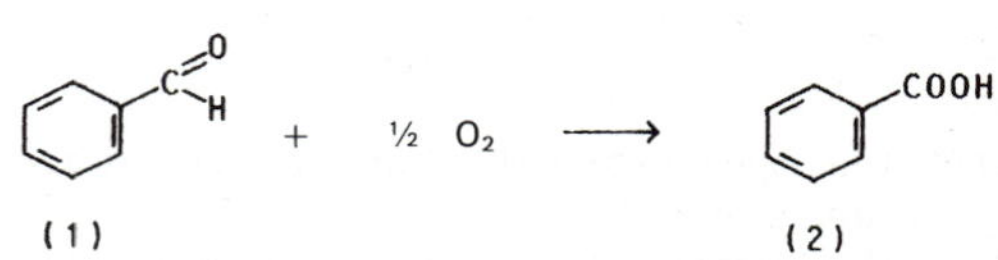

(A) (1) ist Benzaldehyd.
(B) (1) kann reduziert werden.
(C) Bei der abgebildeten Reaktion entsteht Benzoesäure.
(D) (2) entsteht als Zwischenprodukt beim Abbau von Phenylalanin.
(E) (1) reagiert mit Alkoholen unter Bildung von Halbacetalen bzw. Acetalen.

F89

7.51 Ist nachstehende Reaktionsgleichung richtig?

$$R{-}CHO + CH_3OH \xrightarrow{[H^+]} R{-}CH(OCH_3)_2 + H_2O$$

(A) Ja.
(B) Nein, es entstehen zwei Moleküle Wasser.
(C) Nein, es werden zwei Moleküle Methanol benötigt.
(D) Nein, der Aldehyd wird oxidiert.
(E) Nein, es entsteht ein Halbacetal.

7.46 (E) 7.47 (E) 7.48 (B) 7.49 (D) 7.50 (D) 7.51 (C)

F89

7.52 Welche der folgenden Verbindungen läßt sich unter milden Bedingungen **nicht** oxidieren?

(A) $CH_3 - CH_2OH$

(B) 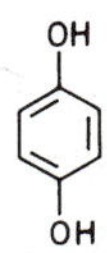

(C) 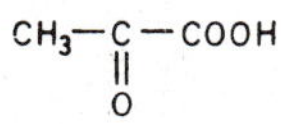

(D) 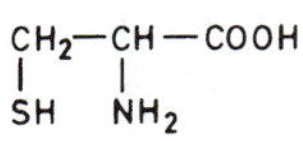

(E) 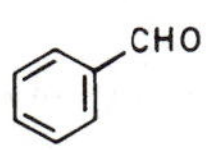

F83

7.53 Bei Aldehyden und Ketonen ist das Carbonyl-C-Atom ein elektrophiles Zentrum,

weil

das Carbonyl-C-Atom in Aldehyden und Ketonen bevorzugt von Elektrophilen angegriffen wird.

H83

7.54 Das Carbonyl-O-Atom in Aldehyden und Ketonen wird leicht angegriffen

(A) von Anionen
(B) von Nucleophilen
(C) von Elektrophilen
(D) vom N-Atom primärer Amine
(E) vom O-Atom des Wassers

F85

7.55 Durch Reduktion eines Ketons entsteht ein primärer Alkohol,

weil

die Carbonylgruppe des Ketons bei der Reduktion zwei H-Atome addiert.

H90

7.56 Welche Aussage zu den abgebildeten Verbindungen und den (unvollständigen) Reaktionsgleichungen trifft **nicht** zu?

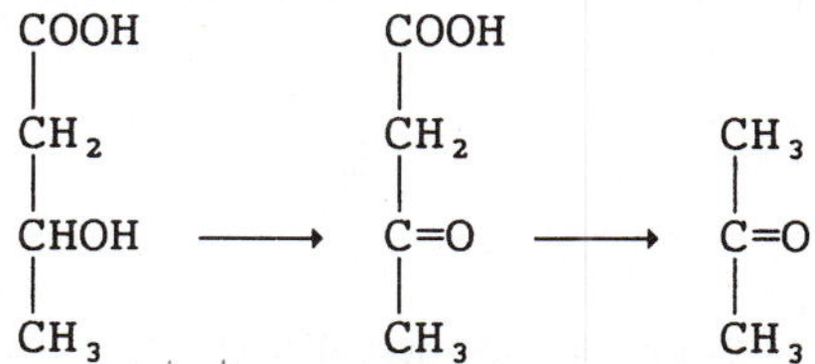

(1) (2) (3)

(A) (1) ist β-Hydroxybuttersäure, (2) ist Acetessigsäure, (3) ist Aceton.
(B) Die Reaktion von (1) zu (2) ist eine Oxidation, von (2) zu (3) eine Decarboxylierung.
(C) Bei unbehandeltem Diabetes mellitus können alle drei Substanzen im Harn nachgewiesen werden.
(D) Beide Reaktionen sind leicht umkehrbar.
(E) (2) ist als CoA-Verbindung ein Zwischenprodukt der Cholesterol-Biosynthese.

7.3.4 Unterschiede Aldehyde/Ketone

H89

7.57 Welche der folgenden Verbindungen läßt sich unter milden Bedingungen **nicht** oxidieren?

(A) HCHO

(B) 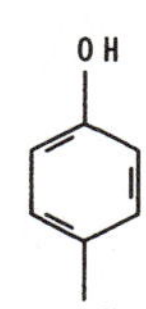

(C) 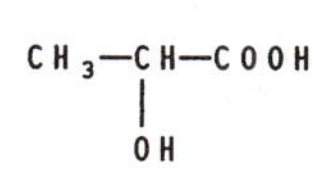

(D) 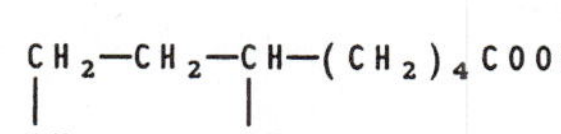

(E) 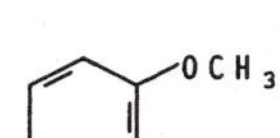

7.3.6 Aldol-Addition bzw. -Kondensation

H91

7.58 Prüfen Sie die Aussagen zur folgenden Verbindung

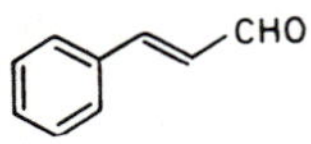

(1) Alle C-Atome sind sp^2-hybridisiert.
(2) Mit geeigneten Oxidationsmitteln entsteht eine Carbonsäure.
(3) Die Verbindung kann aus Benzaldehyd und Acetaldehyd bei einer Aldolkondensation entstanden sein.
(4) Von dieser Verbindung existiert ein cis-Isomer.
(5) Mit primären Aminen bildet sich eine Schiff-Base.

(A) nur 1 und 2 sind richtig
(B) nur 4 und 5 sind richtig
(C) nur 2, 3 und 5 sind richtig
(D) nur 1, 2, 4 und 5 sind richtig
(E) 1 – 5 = alle sind richtig

H84

7.59 Vorgegeben ist folgende Verbindung:

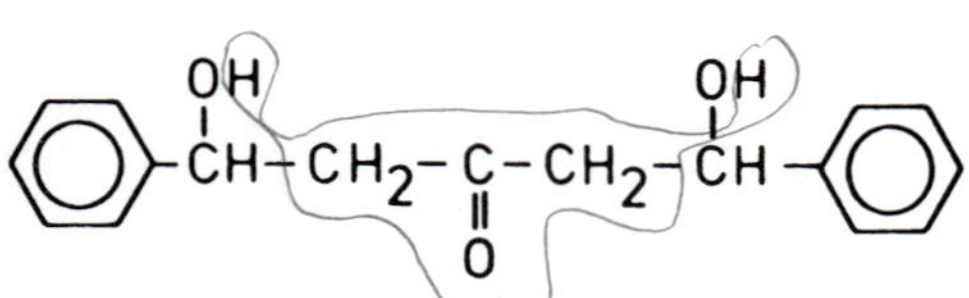

Aus welchen Komponenten (1 – 5) setzt sich die Verbindung zusammen, wenn man weiß, daß eine Aldoladdition stattgefunden hat?

(1) Benzaldehyd
(2) Acetaldehyd
(3) Aceton
(4) Benzoesäure
(5) Äthanol

(A) nur 1 und 2 sind richtig
(B) nur 1 und 3 sind richtig
(C) nur 1 und 5 sind richtig
(D) nur 2 und 4 sind richtig
(E) nur 4 und 5 sind richtig

F97

7.60 Nachfolgende Verbindung ist im Verlauf einer Aldolkondensation entstanden.

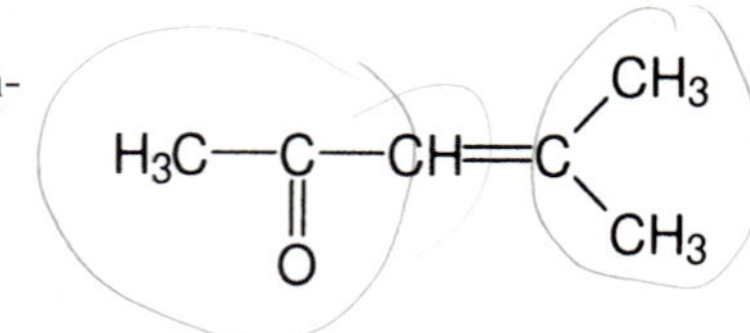

Aus welchen Komponenten ist sie hervorgegangen?

(A) Acetaldehyd und Aceton
(B) Acetaldehyd und 1-Buten
(C) 3 Moleküle Acetaldehyd
(D) 2 Moleküle Aceton
(E) Essigsäure und Aceton

7.3.7 Chinone
7.3.8 Hydrochinon/Chinon-System

7.61 Welche der folgenden Verbindungen ist ein Chinon?

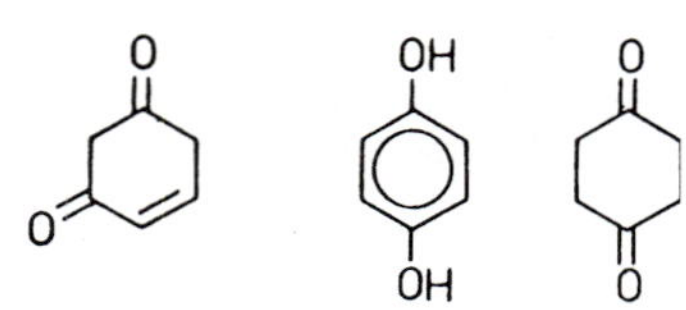

(A) (B) (C)

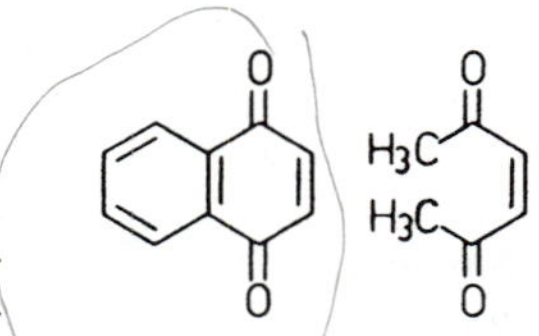

(D) (E)

F83

7.62 Welche Aussage zum Naphthochinon trifft **nicht** zu?

(A) Naphthochinon-(1,4) kann zu Naphthohydrochinon reduziert werden.
(B) Das Redoxpotential des Naphthochinons ist pH-abhängig.
(C) Vitamin K enthält ein Naphthochinonsystem.
(D) Bei Mangel an Vitamin K ist die Prothrombinsynthese erniedrigt.
(E) Dicumarol, ein Antagonist des Vitamin K, enthält ein Naphthochinonsystem.

7.58 (E) 7.59 (B) 7.60 (D) 7.61 (D) 7.62 (E)

F84

7.63 Welche Aussage zur dargestellten Substanz trifft **nicht** zu?

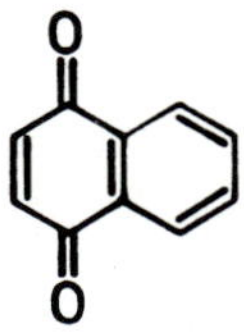

(A) Es handelt sich um Benzochinon.
(B) Sie kann unter H_2-Aufnahme reduziert werden.
(C) Die Reduktionsreaktion ist pH-abhängig.
(D) Das Ringsystem kommt im Vitamin K vor.
(E) Die Reduktion geht mit einer Änderung des UV-Absorptionsspektrums einher.

F90

7.64 Welche Aussage trifft **nicht** zu?

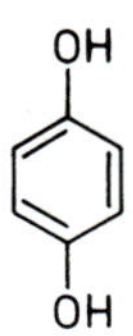

(A) Die abgebildete Substanz ist Hydrochinon.
(B) Es handelt sich um ein zweiwertiges Phenol.
(C) Die OH-Gruppen stehen in para-Stellung zueinander.
(D) Die Substanz ist oxidierbar.
(E) Die Substanz ist weniger wasserlöslich als Benzol.

H92

7.65 Welche Aussage trifft **nicht** zu?

Die abgebildete Verbindung

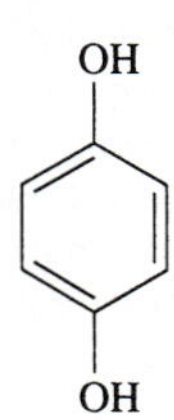

(A) heißt Hydrochinon
(B) ist zu p-Benzochinon oxidierbar
(C) ist trans-konfiguriert
(D) findet sich in Ubichinonen wieder
(E) ist eine zweiprotonige, schwache Säure

7.4 Carbonsäuren und Carbonsäurederivate

7.4.1 Azidität

F87

7.66 Die alkoholische OH-Gruppe gibt leichter ein Proton ab als die Carboxyl-OH-Gruppe,

weil

die negative Ladung beim Carboxylat-Anion besser stabilisiert ist als beim Alkoholat-Anion.

H91

7.67 Welche Aussage trifft **nicht** zu?

Die abgebildete Verbindung

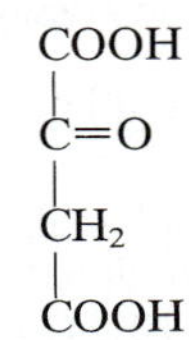

(A) heißt Oxalessigsäure
(B) wird zu Äpfelsäure hydriert
(C) reagiert im Citratzyklus mit Acetyl-CoA zu Citronensäure
(D) kann durch enzymatische Carboxylierung aus Brenztraubensäure synthetisiert werden
(E) geht durch Transaminierung in Glutaminsäure über

H97

7.68 Welche Aussage trifft **nicht** zu?

Die abgebildete Verbindung

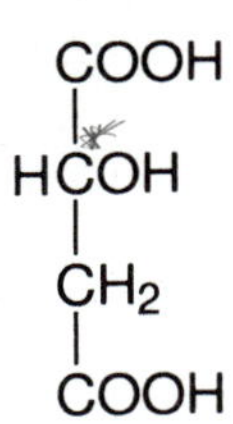

(A) heißt Äpfelsäure
(B) ist α-Hydroxybernsteinsäure
(C) ist Zwischenprodukt im Citrat-Zyklus
(D) besitzt ein Chiralitätszentrum
(E) kann zu Glycerinsäure decarboxyliert werden

7.63 (A) 7.64 (E) 7.65 (C) 7.66 (D) 7.67 (E) 7.68 (E)

F97

7.69 Welche Aussage zur abgebildeten Verbindung trifft **nicht** zu?

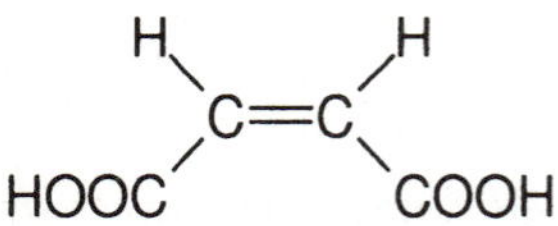

(A) Sie ist eine Dicarbonsäure.
(B) Sie heißt Bernsteinsäure.
(C) $pK_{s1} < pK_{s2}$.
(D) Das trans-Isomer heißt Fumarsäure.
(E) Sie liegt bei pH = 7 als Anion vor.

F95

7.70 Welche Aussage trifft **nicht** zu?

Die Azidität aliphatischer Carbonsäuren

(A) ist höher als die der Alkohole und Phenole
(B) wird durch elektronegative Gruppen (wie z. B. NH_2-Gruppen) in α-Stellung erhöht
(C) wird durch eine elektronegative Gruppe in β-Stellung weniger erhöht als durch die gleiche Gruppe in α-Stellung
(D) ist größer als die Azidität von aliphatischen Sulfonsäuren
(E) ist durch die Mesomerie-Stabilisierung des Carboxylat-Ions erklärbar

7.4.2 Klassifizierung

F85

7.71 Welche der folgenden Verbindungen dissoziieren mehrstufig?

(1) 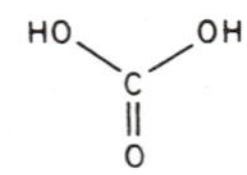

(2) 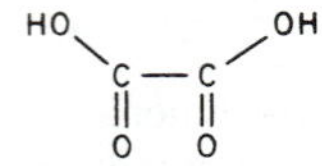

(3) 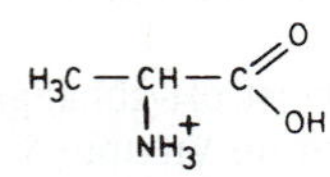

(4) 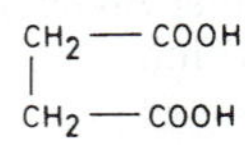

(5) 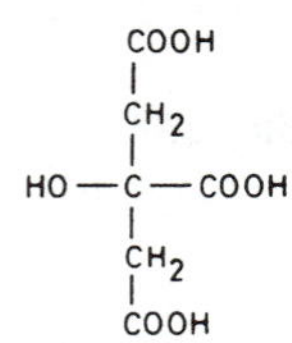

(A) nur 4 und 5 sind richtig
(B) nur 1, 2 und 4 sind richtig
(C) nur 1, 3 und 5 sind richtig
(D) nur 2, 3, 4 und 5 sind richtig
(E) 1 – 5 = alle sind richtig

F85

7.72 Welche Aussage über Fumarsäure-Maleinsäure trifft **nicht** zu?

(A) Fumarsäure ist das trans-Isomer der Maleinsäure.
(B) Fumarsäure und Maleinsäure sind Dicarbonsäuren.
(C) In vivo wird Maleinsäure spontan in Fumarsäure umgewandelt.
(D) Eine Lösung aus Fumarsäure und Fumarat-Ion stellt ein Puffersystem dar.
(E) Fumarat entsteht im Citratzyklus durch Dehydrierung von Succinat.

7.69 (B) 7.70 (D) 7.71 (E) 7.72 (C)

F95

7.73 Welche Aussage trifft **nicht** zu?

Die abgebildete Verbindung

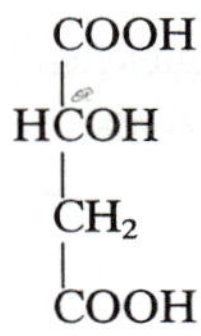

(A) heißt Äpfelsäure
(B) ist α-Hydroxybernsteinsäure
(C) kann sich in eine isomere β-Hydroxysäure umlagern
(D) hat ein Asymmetriezentrum
(E) kann zu Milchsäure decarboxyliert werden

F94

7.74 Welche Aussage zur abgebildeten Verbindung trifft **nicht** zu?

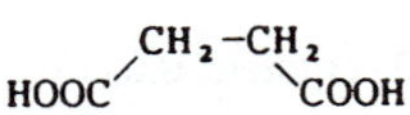

(A) Es handelt sich um Bernsteinsäure.
(B) $pK_{s1} < pK_{s2}$.
(C) Bei Zugabe von NaOH entsteht Succinat.
(D) Sie ist ein Konstitutionsisomer von

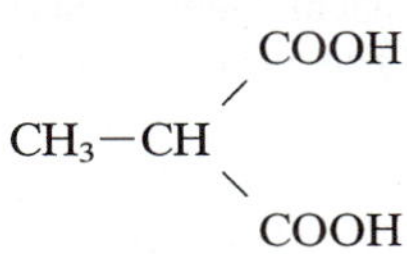

(E) Das trans-Isomer heißt Fumarsäure.

H94

7.75 Welche Aussage trifft **nicht** zu?

Die abgebildete Verbindung

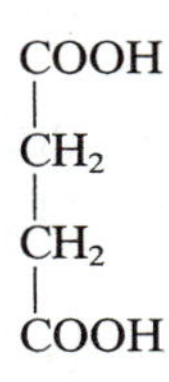

(A) heißt Bernsteinsäure
(B) kann zu Maleinsäure oder Fumarsäure dehydriert werden
(C) wird im Stoffwechsel unter Energiegewinn aus Succinyl-CoA gebildet
(D) hat zwei gleiche pK-Werte
(E) bildet ein zyklisches Anhydrid

H93

7.76 Welche der Verbindungen paßt **nicht** in die homologe Reihe der Dicarbonsäuren?

(A) Oxalsäure
(B) Malonsäure
(C) Bernsteinsäure
(D) Citronensäure
(E) Glutarsäure

H96

7.77 Welche der Verbindungen paßt nicht in die Reihe?

(A) Ameisensäure
(B) Propionsäure
(C) Buttersäure
(D) Bernsteinsäure
(E) Stearinsäure

H90

7.78 Welche Aussage zu nachstehender Reaktion und den daran beteiligten Verbindungen trifft **nicht** zu?

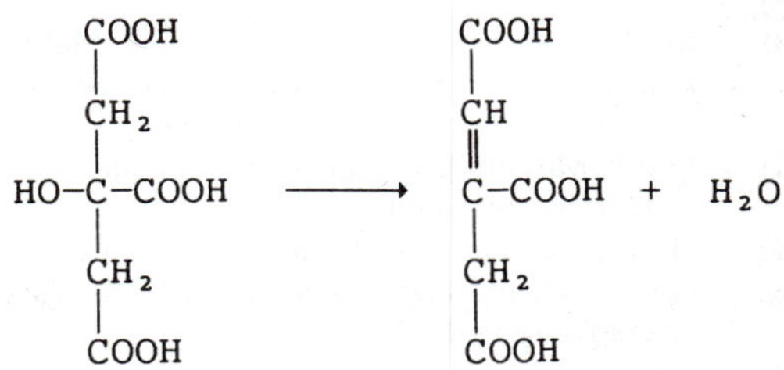

(1) (2)

(A) Die Reaktion (1) → (2) ist eine Eliminierung.
(B) Die Reaktion (1) → (2) ist eine Dehydratisierung.
(C) (1) und (2) sind Tricarbonsäuren.
(D) (1) heißt Citronensäure.
(E) (1) läßt sich zu einer α-Ketosäure oxidieren.

F97

7.79 Welche Aussage zur Glycerinsäure trifft **nicht** zu?

(A) Sie enthält eine sekundäre und eine primäre alkoholische OH-Gruppe.
(B) Phosphoglycerinsäuren sind Zwischenstufen bei der Glykolyse.
(C) Glycerin-2-phosphorsäure und 2-Phosphoglycerinsäure sind identisch.
(D) Sie enthält am C-Atom 2 ein Asymmetriezentrum.
(E) Durch Veresterung mit Phosphat erhält man 3-Phosphoglycerinsäure oder 2-Phosphoglycerinsäure.

7.73 (C) 7.74 (E) 7.75 (D) 7.76 (D) 7.77 (D) 7.78 (E)

7.4.3 Oberflächenaktive Stoffe

7.80 Welche Aussage zu nachstehenden Verbindungen trifft **nicht** zu?

(1) 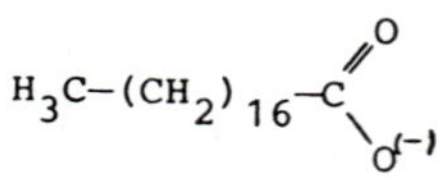

(2) 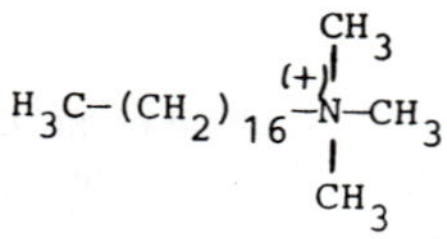

(A) (2) ist eine Invertseife.
(B) In Öl-Wasser-Gemischen zeigen die Moleküle der Verbindungen eine regelmäßige Anordnung an der Phasengrenzfläche.
(C) Durch Mischung beider Verbindungen entstehen Zwitterionen.
(D) (1) und (2) sind oberflächenaktive Stoffe.
(E) Beide Verbindungen senken die Oberflächenspannung des Wassers.

7.4.5 Carbonsäurederivate

H82

7.81 Welche Aussage trifft **nicht** zu?

Acetylchlorid

(A) enthält Chlor in kovalenter Bindung
(B) reagiert mit Wasser zu Essigsäure und HCl
(C) reagiert mit Ammoniak zu Harnstoff
(D) ist ein Derivat der Essigsäure
(E) wird von einem Nucleophil am Carbonyl-C-Atom angegriffen

F96

7.82 Welche Aussage trifft **nicht** zu?

Vergleichen Sie folgende Verbindungen:

(1) 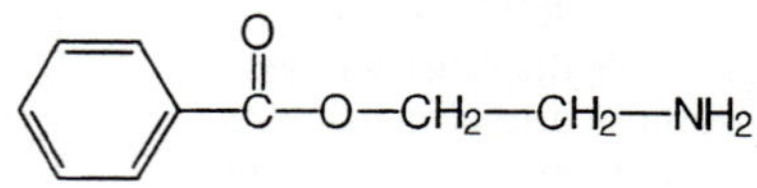

(2) 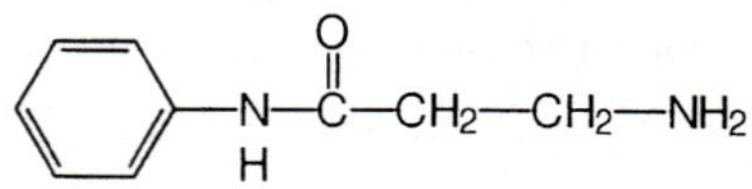

(A) (1) ist ein Carbonsäureester.
(B) (2) ist ein Carbonsäureamid.
(C) Bei der Hydrolyse von (1) entsteht u. a. Benzoesäure.
(D) Bei der Hydrolyse von (2) entsteht u. a. Ethanolamin.
(E) (1) und (2) reagieren basisch.

F94

7.83 Mit welchem der nachfolgenden Reagentien läßt sich Salicylsäure (1) in Acetylsalicylsäure (2) überführen?

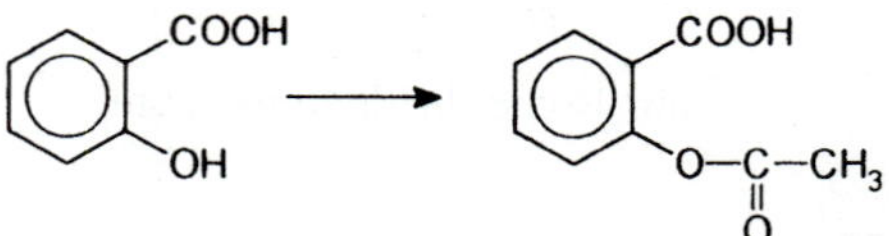

(1) (2)

(A) CH_3-CH_2-COOH

(B) 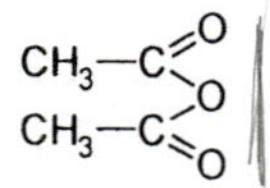

(C) CH_3-CH_2-Cl

(D) 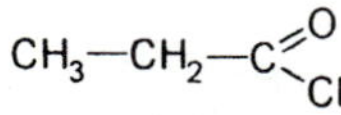

(E) 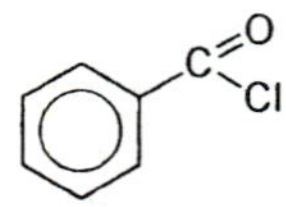

7.80 (C) 7.81 (C) 7.82 (D) 7.83 (B)

H86

7.84 Prüfen Sie die folgenden Aussagen zu nebenstehender Verbindung:

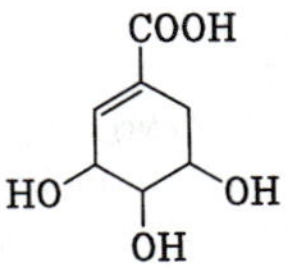

(1) Sie besitzt einen isoelektrischen Punkt.
(2) Sie addiert elementares Brom.
(3) Sie besitzt 4 Chiralitätszentren.
(4) Der Formel lassen sich Konstitution und Konfiguration entnehmen.
(5) Durch doppelte Dehydratisierung kann sich ein substituierter Benzolring bilden.

(A) nur 2 und 5 sind richtig
(B) nur 4 und 5 sind richtig
(C) nur 1, 2 und 3 sind richtig
(D) nur 2, 3 und 4 sind richtig
(E) 1 – 5 = alle sind richtig

7.4.6 Umsetzung mit Nucleophilen

7.85 Acetylchlorid und Essigsäuremethylester unterscheiden sich in ihrer Reaktivität gegenüber Nucleophilen,

weil

kovalent gebundenes Chlor das benachbarte C-Atom stärker positiv polarisiert als ein OCH_3-Rest.

H88

7.86 Welche Aussage zu nachstehenden Reaktionen trifft **nicht** zu?

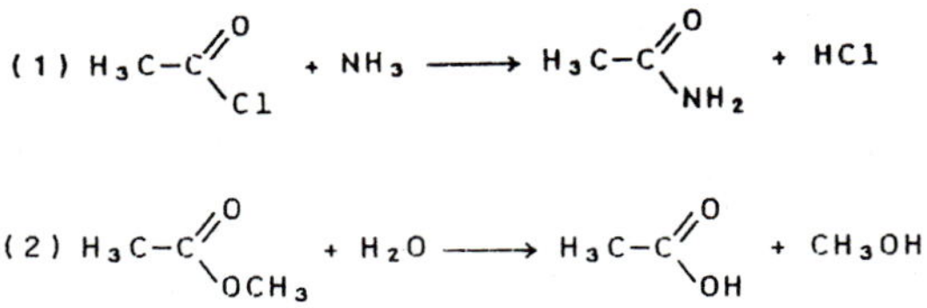

(A) Bei Raumtemperatur läuft Reaktion (1) rascher ab als Reaktion (2).
(B) Reaktion (2) ist eine Esterhydrolyse.
(C) In der Reaktivität gegenüber Nucleophilen sind die Carbonsäurederivate in beiden Reaktionen vergleichbar.
(D) Bei Reaktion (1) entsteht ein Säureamid.
(E) Ammoniak bzw. Wasser reagieren als Nucleophil.

F88

7.87

Ist die vorstehende Reaktionsgleichung richtig?

(A) Ja.
(B) Nein, die stöchiometrischen Verhältnisse stimmen nicht.
(C) Nein, es entsteht ein Oxim.
(D) Nein, Aceton wird gleichzeitig reduziert.
(E) Nein, bei der Reaktion entsteht kein Wasser.

7.4.7 Säurekatalysierte Veresterung

F97

7.88 Welche Aussage über die Verseifung von Carbonsäureestern trifft **nicht** zu?

(A) Die Verseifung in Gegenwart von Säuren verläuft irreversibel.
(B) Die Verseifung kann durch H^+-Ionen katalysiert werden.
(C) Die Geschwindigkeit der Verseifung im alkalischen Milieu hängt von der Konzentration an OH^--Ionen ab.
(D) Bei der alkalischen Verseifung von Triacylglycerinen des Fettgewebes mit NaOH entstehen Glycerin und Natriumsalze höherer Fettsäuren.
(E) Zugabe von Wasser beeinflußt bei reversibler Verseifung die Lage des Gleichgewichts.

7.4.8 Alkalische Esterhydrolyse und Carbonsäureamidhydrolyse

7.89 Vergleichen Sie die alkalische Esterverseifung (I) und die säurekatalysierte Esterhydrolyse (II) in wäßriger Lösung!

Welche Aussage trifft **nicht** zu?

(A) I und II sind reversible Reaktionen.
(B) Bei I entsteht das Carboxylatanion der Carbonsäure, bei II die Carbonsäure selbst.
(C) OH^- wird bei I verbraucht, H^+ bei II nicht.
(D) I verläuft vollständig, sofern pro Estergruppe ein Moläquivalent OH^- zugesetzt wird.
(E) Bei II stellt sich ein Gleichgewicht ein.

7.84 (A) 7.85 (A) 7.86 (C) 7.87 (A) 7.88 (A) 7.89 (A)

H88

7.90 Welche Aussage trifft **nicht** zu?

Vergleichen Sie folgende Reaktionen

(1) $CH_3COOH + NaOH \rightleftharpoons CH_3COO^-Na^+ + H_2O$
(2) $CH_3COOCH_3 + NaOH \rightleftharpoons CH_3COO^-Na^+ + CH_3OH$

(A) Für die quantitative Umsetzung wird bei beiden ein Moläquivalent NaOH benötigt.
(B) Reaktion (1) läuft schneller ab als Reaktion (2).
(C) Beide sind nach Brönsted Säure/Base-Reaktionen.
(D) Bei Reaktion (2) wird eine kovalente Bindung gespalten.
(E) Bei beiden Reaktionen entsteht ein Salz.

F84

7.91 Nachfolgende Verbindung wird mit einem Überschuß an wäßrigem NaOH gekocht.

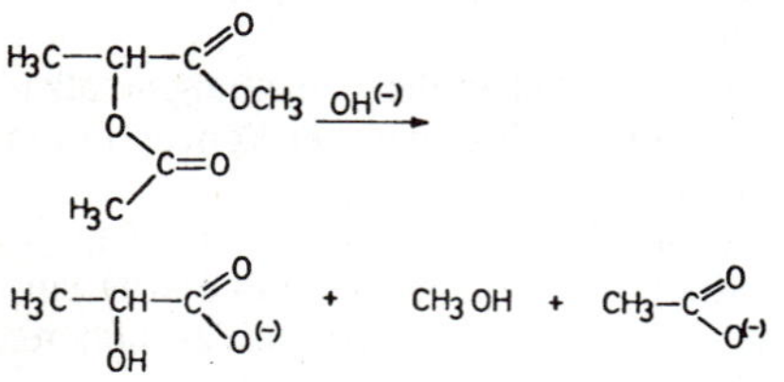

Ist die angegebene Reaktionsgleichung richtig?

(A) Ja.
(B) Nein, das Acetanion kann bei dieser Reaktion nicht entstehen.
(C) Nein, es wird nur die Methylestergruppe verseift.
(D) Nein, es müßte Milchsäuremethylester entstehen.
(E) Nein, es müßte Propionsäuremethylester entstehen.

F90

7.92 Welche Aussagen über die alkalische Esterhydrolyse treffen zu?

(1) Die Hydrolyse verläuft irreversibel.
(2) Pro Estergruppe wird ein OH^--Ion verbraucht.
(3) Die Geschwindigkeit der Hydrolyse hängt von der OH^--Ionen-Konzentration ab.
(4) Die Geschwindigkeit der Hydrolyse hängt von der Temperatur ab.

(A) nur 1 und 2 sind richtig
(B) nur 3 und 4 sind richtig
(C) nur 1, 2 und 4 sind richtig
(D) nur 1, 3 und 4 sind richtig
(E) 1–4 = alle sind richtig

H92

7.93 Welche der Aussagen über die alkalische Esterhydrolyse treffen zu?

(1) Die Hydrolyse verläuft reversibel.
(2) Pro Estergruppe wird ein OH^--Ion verbraucht.
(3) Die Geschwindigkeit der Hydrolyse ist unabhängig von der OH^--Ionen-Konzentration.
(4) Die Geschwindigkeit der Hydrolyse ist unabhängig von der Temperatur.

(A) Keine der Aussagen 1–4 ist richtig.
(B) nur 2 ist richtig
(C) nur 2 und 3 sind richtig
(D) nur 3 und 4 sind richtig
(E) nur 1, 3 und 4 sind richtig

7.90 (C) 7.91 (A) 7.92 (E) 7.93 (B)

F87

7.94 Welche Aussage trifft **nicht** zu?

Aus den abgebildeten Verbindungen können in Gegenwart einer starken Säure durch Hydrolyse Carbonsäuren entstehen.

(A) 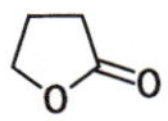

(B) 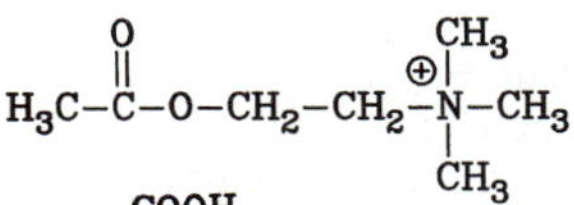

(C) 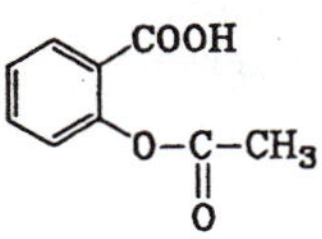

(D) 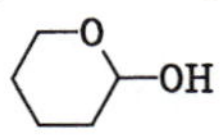

(E) 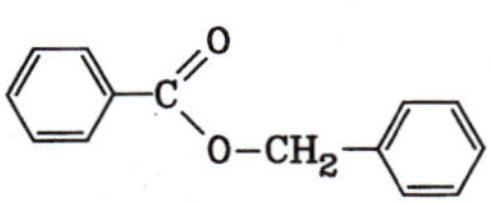

F88

7.95 Welche Aussage zur folgenden Reaktionsgleichung trifft **nicht** zu?

$$H_2N{-}CH_2{-}CH_2{-}S{-}C(=O){-}CH_3 \quad + H_2O \rightleftharpoons$$

(A) Es handelt sich um die Hydrolyse von S-Acetylcysteamin.
(B) Die Reaktion stellt die Spaltung einer Thioesterbindung dar.
(C) Sie ist Modellreaktion für die Spaltung von Acetyl-CoA, weil im CoA die Bindung der Essigsäure auch über eine Cysteamingruppierung erfolgt.
(D) Die Massenwirkungsgleichung für die Reaktion lautet:

$$K = \frac{[\text{Säure}]\,[\text{Amin}]}{[H_2O]\,[\text{Ausgangsstoff}]}$$

(E) Im alkalischen Bereich liegt das Gleichgewicht weiter auf der linken Seite als im sauren Bereich.

H91

7.96 Welche Aussage zur folgenden Reaktion trifft **nicht** zu?

$$R^1{-}C(=O){-}OR^2 \quad + \quad H_2O \underset{II}{\overset{I}{\rightleftharpoons}} R^1{-}C(=O){-}OH \quad + \quad R^2OH$$

(A) Reaktionsrichtung I ist eine Esterhydrolyse.
(B) H-Ionen wirken katalytisch.
(C) Die Reaktion I verläuft bei niedriger Esterkonzentration als Reaktion erster bzw. pseudoerster Reaktionsordnung.
(D) Die Reaktionsprodukte von I sind freie Säure und Alkohol.
(E) Der Reaktionsmechanismus ist bei einer H-Ionenkonzentration von 10^{-2} mol/l der gleiche wie bei einer Konzentration von 10^{-9} mol H-Ionen/l.

H89

7.97 Welche Aussage zur Verseifung eines Esters trifft **nicht** zu?

(A) Die Reaktionsgleichung für die alkalische Verseifung lautet:
Reaktion (1):

$$R^1{-}C(=O){-}OR^2 \quad + \quad OH^- \longrightarrow R^1{-}C(=O){-}O^- \quad + \quad R^2OH$$

(B) Bei der Reaktion (1) werden OH-Ionen verbraucht.
(C) Bei saurer Verseifung lautet die Reaktion:
Reaktion (2):

$$R^1{-}C(=O){-}OR^2 \quad + \quad H_2O \rightleftharpoons R^1{-}C(=O){-}OH \quad + \quad R^2OH$$

(D) Die Reaktion (2) wird durch H-Ionen katalysiert.
(E) Die freie Energie beider Reaktionen ist gleich.

7.94 (D) 7.95 (E) 7.96 (E) 7.97 (E)

H93

7.98 Welche Aussage zur folgenden Reaktion trifft **nicht** zu?

(A) Es handelt sich um eine Esterverseifung.
(B) Bei der Reaktion werden OH^--Ionen verbraucht.
(C) Bei der Reaktion entsteht ein Chiralitätszentrum.
(D) Es entsteht das Anion einer organischen Säure.
(E) Bei saurem pH-Wert verläuft die Reaktion nach einem anderen Mechanismus.

7.4.9 Lactone

F91

7.99 Welche Aussage zur folgenden Reaktion trifft **nicht** zu?

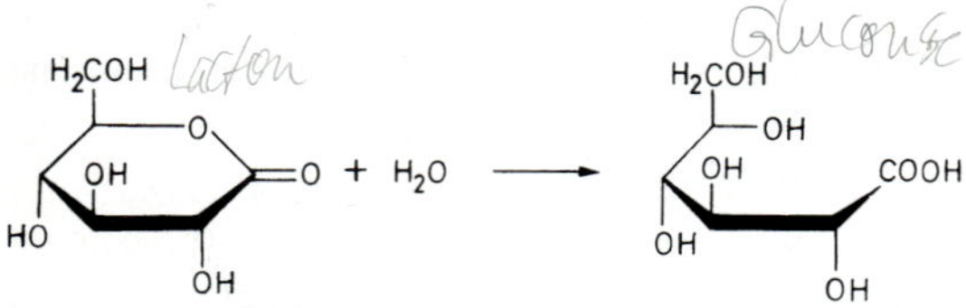

(A) Es handelt sich um die Hydrolyse von Gluconsäurelacton.
(B) Bei der Reaktion wird eine Esterbindung gespalten.
(C) Die Reaktion kann durch folgende Gleichung beschrieben werden:

$$K = \frac{[\text{Gluconsäure}]}{[\text{Lacton}]\,[H_2O]}$$

(D) Bei der Reaktion bleibt die Zahl der Chiralitätszentren unverändert.
(E) Bei der Reaktion handelt es sich um die Öffnung eines Chelatringsystems.

H92

7.100 Die abgebildete Verbindung

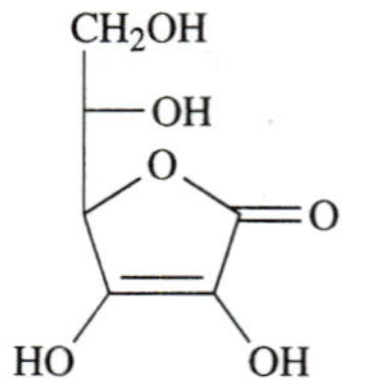

(A) ist eine Pentose
(B) ist ein Lacton
(C) enthält vier Chiralitätszentren
(D) kann cis/trans-Isomerie zeigen
(E) ist ein Phenol

F94

7.101 Welche Aussage trifft **nicht** zu?

Gegeben ist folgende Reaktion:

(A) Ausgangsprodukt ist β-Glucose.
(B) Als Produkt der Reaktion entsteht Gluconsäurelacton.
(C) Die Gleichung ist richtig bilanziert.
(D) Die Reaktion ist Teilschritt der Glykolyse.
(E) Das phosphorylierte Reaktionsprodukt wird im Stoffwechsel hydrolytisch gespalten.

F92

7.102 Folgende Verbindungen sollen hydrolysiert werden.

Bei welcher Verbindung entsteht eine Carboxylgruppe?

(A) $H_3C{-}CH_2{-}O{-}CH_2{-}CH_3$

(B) $H_3C{-}CH_2OH$

(C) 

(D) 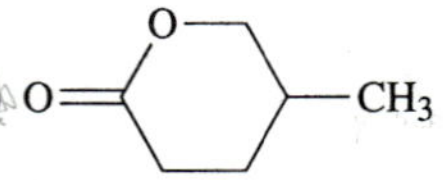

(E) 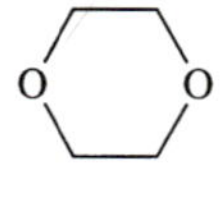

7.98 (C) 7.99 (E) 7.100 (B) 7.101 (D) 7.102 (D)

7.5 Hydroxy- und Ketocarbonsäuren

7.5.1 Klassifizierung

7.103 Welche Angabe zu nebenstehender Verbindung trifft **nicht** zu?

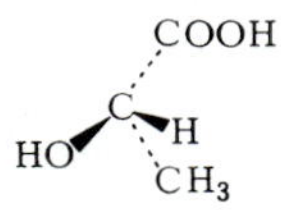

(A) S-Konfiguration
(B) Milchsäure
(C) optisch aktiv
(D) zu Malonsäure oxidierbar
(E) α-Hydroxy-Carbonsäure

H95

7.104 Welche Aussage trifft **nicht** zu?

Die abgebildete Verbindung

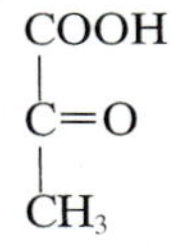

(A) heißt Brenztraubensäure
(B) bildet Enantiomere
(C) kann Keto-Enol-Umlagerung zeigen
(D) kann zu Alanin transaminiert werden
(E) kann zu Acetaldehyd decarboxyliert werden

F94

7.105 Welche Aussage trifft **nicht** zu?

Die abgebildete Verbindung

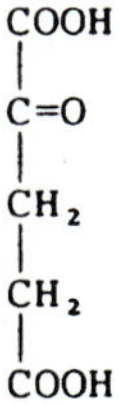

(A) heißt α-Ketoglutarsäure
(B) entsteht im Citratzyklus durch oxidative Decarboxylierung von Isocitronensäure
(C) wird im Citratzyklus durch oxidative Decarboxylierung in ein Derivat der Bernsteinsäure umgewandelt
(D) wird zu Asparaginsäure transaminiert
(E) kann zu einer α-Hydroxyglutarsäure reduziert werden

F94

7.106 Welche Aussage zur dargestellten Substanz trifft **nicht** zu?

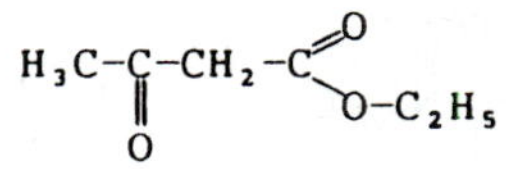

(A) Die Substanz ist ein β-Ketoester.
(B) Die Substanz enthält azide H-Atome.
(C) Nach Hydrolyse kann aus einem der Hydrolyseprodukte in einer Decarboxylierungsreaktion Aceton entstehen.
(D) Die bei der Hydrolyse gebildete freie Säure entsteht auch beim biologischen Abbau von Phenylalanin.
(E) Die Substanz ist chiral.

7.5.2 Redox-Reaktionen von Hydroxy- und Ketocarbonsäuren

F94

7.107 Welche Aussage trifft **nicht** zu?

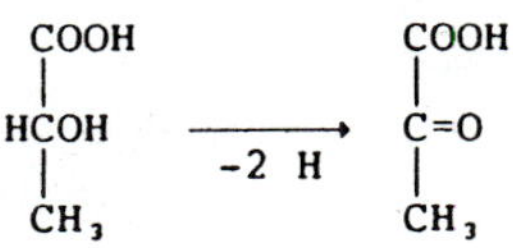

(1) (2)

(A) (1) ist Milchsäure, (2) ist Brenztraubensäure.
(B) Die Reaktion ist eine Oxidation.
(C) Bei der Reaktion wird die Chiralität von (1) aufgehoben.
(D) (1) kann im Stoffwechsel zu (2) reagieren.
(E) Mit Ammoniak entstehen in wäßriger Lösung aus beiden Säuren die jeweiligen Amide.

7.103 (D) 7.104 (B) 7.105 (D) 7.106 (E) 7.107 (E)

7.5.3 Keto-Enol-Tautomerie

7.108 Welche Aussage trifft **nicht** zu?

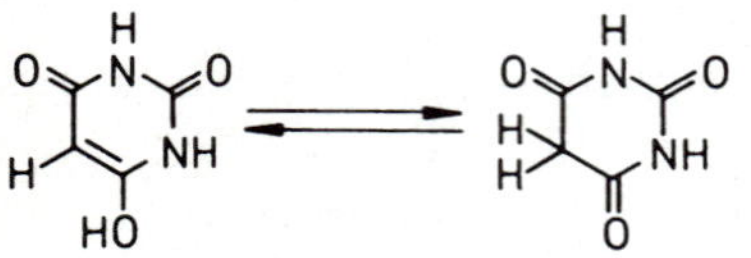

(A) Die Formeln zeigen Barbitursäure.
(B) Die Formeln spiegeln ein Keto-Enol-Gleichgewicht wider.
(C) Die beiden Formeln haben einen verschiedenen Oxidationsgrad.
(D) Ein äquimolares Gemisch aus Barbitursäure und ihrem Natriumsalz ist ein Puffersystem.
(E) Der Heterocyclus der Barbitursäure entspricht dem des Thymins.

F88

7.109 Vom Uracil existieren die folgenden Formen:

weil

Uracil eine tautomere Umlagerung zeigt.

F96

7.110 Welche Aussage zu nachstehendem Gleichgewicht trifft **nicht** zu?

(1)  (2)

(A) Das Gleichgewicht beschreibt eine Mesomerie.
(B) (1) und (2) sind Konstitutionsisomere.
(C) (1) ist die Ketoform.
(D) (2) ist die Enolform.
(E) (1) und (2) sind Carbonsäureester.

F90

7.111 Welche Aussage trifft **nicht** zu?

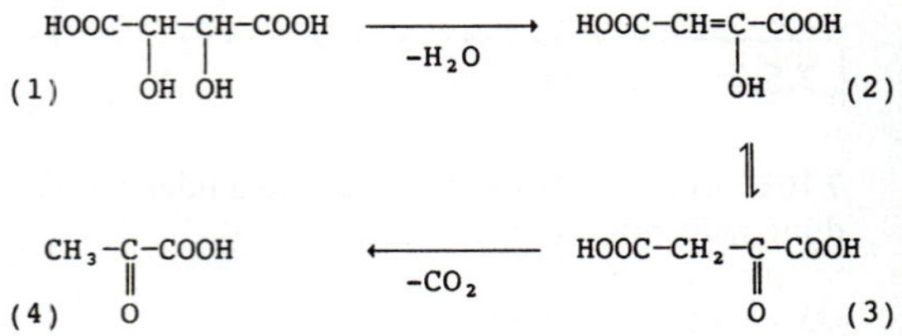

(A) Die Reaktion (1) → (2) ist eine Dehydratisierung.
(B) Die Reaktion (3) → (4) ist eine Decarboxylierung.
(C) (2) und (3) sind ein Beispiel für die Keto-Enol-Tautomerie.
(D) (3) ist Acetessigsäure.
(E) (3) und (4) sind α-Ketocarbonsäuren.

H92

7.112 Welche Aussage trifft **nicht** zu?

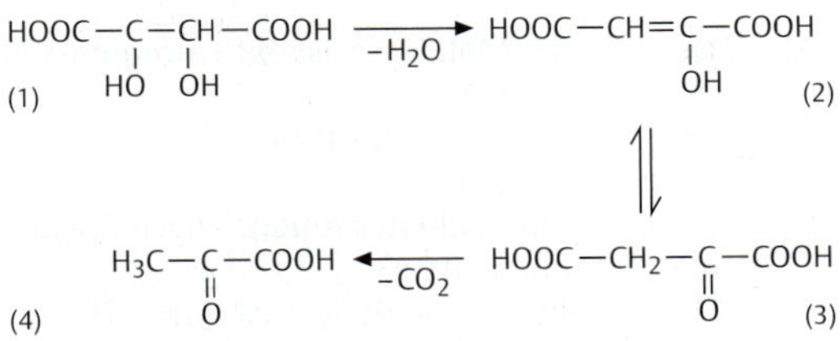

(A) Die Reaktion (1) → (2) ist eine Eliminierung.
(B) Die Reaktion (2) → (3) ist eine Oxidation.
(C) Die Reaktion (3) → (4) ist eine Decarboxylierung.
(D) (3) ist die Ketoform von (2).
(E) (4) heißt Brenztraubensäure.

F91

7.113 Welche Aussage trifft **nicht** zu?

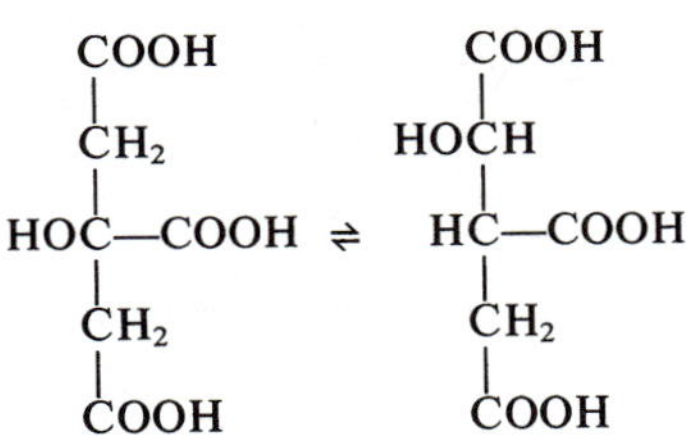

(1) (2)

(A) (1) ist Citronensäure, (2) ist Isocitronensäure.
(B) Bei der Umwandlung von (1) in (2) entsteht eine chirale Verbindung.
(C) (1) und (2) stehen über eine Keto-Enol-Umlagerung im Gleichgewicht miteinander.
(D) Die Umwandlung läuft im Citratzyklus ab.
(E) Beide Substanzen sind Hydroxy-tricarbonsäuren.

F92

7.114 Welche Aussage zur Ascorbinsäure bzw. Dehydroascorbinsäure trifft **nicht** zu?

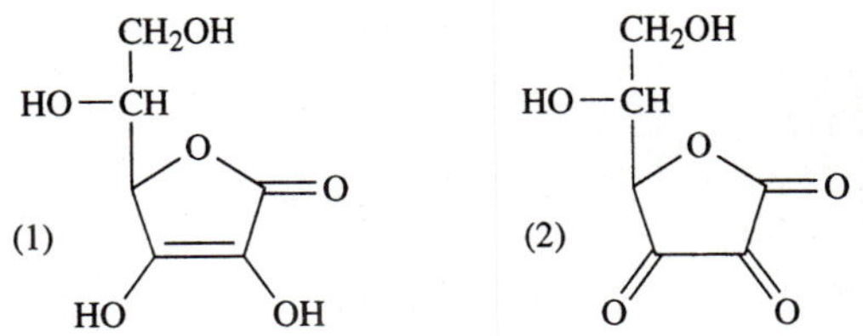

(A) Die Reaktion von (1) zu (2) ist eine Oxidation.
(B) (2) ist die Ketoform von (1).
(C) Beide Verbindungen sind Lactone.
(D) Beide Verbindungen stimmen in der Stereochemie überein.
(E) Beide Verbindungen enthalten eine primäre Alkoholgruppe.

H97

7.115 Welche Aussage zu nachstehender Reaktion und den daran beteiligten Verbindungen trifft **nicht** zu?

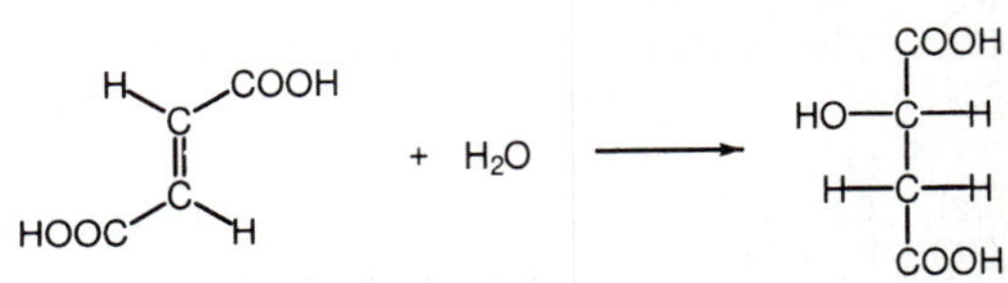

(1) (2)

(A) Die Reaktion (1) → (2) ist ein Schritt im Citratzyklus.
(B) Die Reaktion (1) → (2) ist eine Addition.
(C) Bei der Reaktion (1) → (2) entsteht ein Chiralitätszentrum.
(D) (1) und (2) sind Dicarbonsäuren mit unterschiedlichen pK_s-Werten.
(E) (2) ist die Enolform von (1).

7.5.4 Decarboxylierung

F86

7.116 Die Verbindung 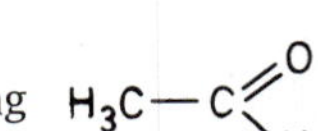 entsteht bei der Decarboxylierung von

(A) Alanin
(B) Milchsäure
(C) Brenztraubensäure
(D) Oxalessigsäure
(E) Malonsäure

7.112 (B) 7.113 (C) 7.114 (B) 7.115 (E) 7.116 (C)

7.6 Organische Derivate der Phosphor-, Schwefel- und Kohlensäure

H82

7.117

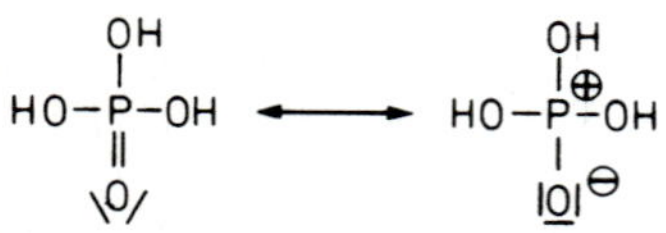

Bei der Phosphorsäure ist die angegebene Mesomerie **nicht** möglich,

weil

Mesomerie nur bei organischen Verbindungen auftritt.

H92

7.118 Welche Aussage zur Phosphorsäure und ihrer Dissoziation in Wasser trifft **nicht** zu?

(A) Phosphorsäure ist dreiprotonig.

(B) Phosphorsäure hat die Strukturformel

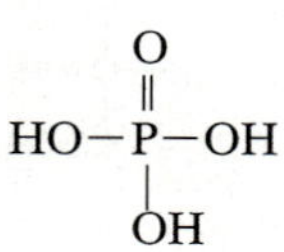

(C) Für die pK_s-Werte der Phosphorsäure gilt: $pK_{s1} > pK_{s2} > pK_{s3}$.

(D) Das Dissoziationsgleichgewicht der 2. Stufe lautet: $H_2PO_4^- + H_2O \rightleftharpoons H_3O^+ + HPO_4^{2-}$.

(E) $H_3PO_4/H_2PO_4^-$ sind ein konjugiertes Säure/Base-Paar.

H91

7.119 Welche Aussage zur Phosphorsäure trifft **nicht** zu?

(A) Die relative Molmasse ist 98 (Atommassen H = 1, O = 16, P = 31).

(B) Die Oxidationszahl des P ist +5.

(C) Sie ist dreiprotonig.

(D) Die Oxidationszahl des Anions – nach Abgabe aller Protonen – ist +3.

(E) Die Calciumverbindung ist in Wasser schlecht, in starken wäßrigen Mineralsäuren gut löslich.

H84

7.120 Bei welcher Verbindung handelt es sich um ein Sulfonamid?

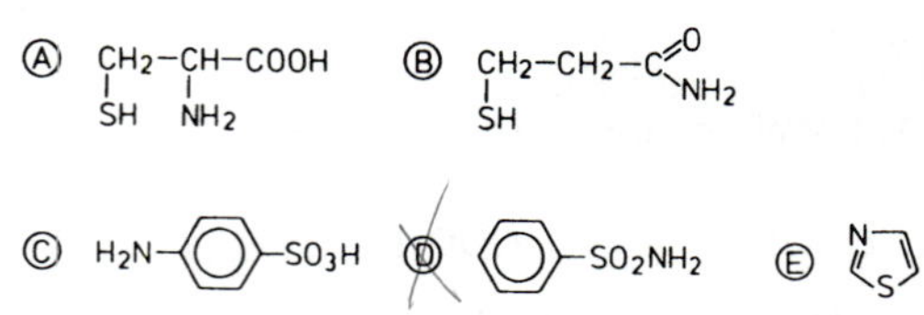

F87

7.121 Welche Aussage zum Harnstoff trifft **nicht** zu?

(A) Er ist das Diamid der Kohlensäure.

(B) Bei der Hydrolyse von 1 mol Harnstoff werden 2 mol Ammoniak und 1 mol CO_2 gebildet.

(C) Die Basizität des Harnstoffs entspricht etwa der von aliphatischen primären Aminen.

(D) Die Biosynthese des Harnstoffs verläuft unter ATP-Verbrauch.

(E) Er entsteht durch enzymatische Spaltung von Arginin.

H83

7.122 Welche Aussage zu $COCl_2$ trifft **nicht** zu?

(A) Die Substanz heißt Phosgen.

(B) Es handelt sich um das Dichlorid der Kohlensäure.

(C) $COCl_2$ reagiert mit 2 NH_3 zu Harnstoff.

(D) Bei Reaktion mit 2 Ethanol entsteht ein Diester.

(E) Hydrolyse ergibt Chlor und CO_2.

7.117 (E) 7.118 (C) 7.119 (D) 7.120 (D) 7.121 (C) 7.122 (E)

H87

7.123 Welche Aussage zum CO_2 trifft **nicht** zu?

(A) Die Bindungen zwischen C und O sind Doppelbindungen.
(B) Das Molekül hat linearen Bau.
(C) Es ist das Anhydrid der Ameisensäure (HCOOH).
(D) Es kann bei der Oxidation von CO entstehen.
(E) Natürliches CO_2 enthält eine geringe Menge $^{13}CO_2$.

F95

7.124 Welche Aussage zur Schwefelsäure und ihren Derivaten trifft **nicht** zu?

(A) Schwefelsäure hat die Strukturformel

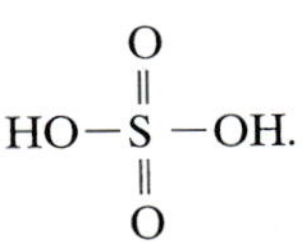

(B) Schwefelsäure besitzt zwei pK_s-Werte.
(C) Die Verbindung $CH_3{-}SO_3H$ ist eine Sulfonsäure.
(D) Die Verbindung

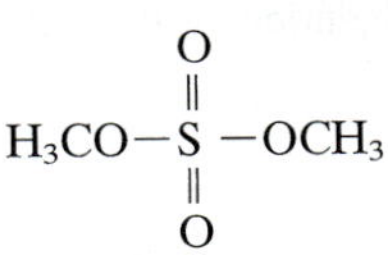

ist ein Diester der Schwefelsäure

(E) Die Verbindung ist ein Sulfonamid.

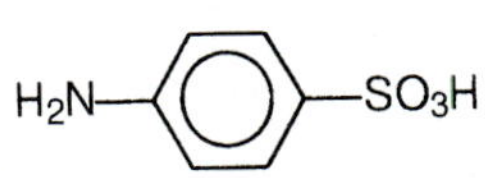

F96

7.125 Welche Aussagen zu den beiden abgebildeten Verbindungen treffen zu?

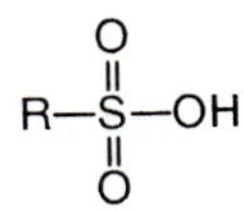

(1)

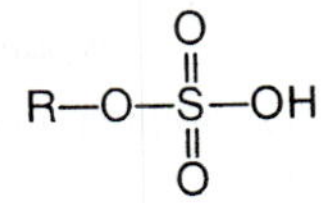

(2)

(1) (1) ist eine Sulfonsäure.
(2) (2) ist ein Schwefelsäureester.
(3) Beide hydrolysieren zu Schwefelsäure und Alkohol.
(4) Beide sind starke Säuren.

(A) nur 1 und 4 sind richtig
(B) nur 2 und 3 sind richtig
(C) nur 1, 2 und 4 sind richtig
(D) nur 2, 3 und 4 sind richtig
(E) 1 – 4 = alle sind richtig

F97

7.126 Welche Aussage zu $H_2PO_4^-$ und HPO_4^{2-} trifft **nicht** zu?

(A) Beide Anionen sind Ampholyte.
(B) Bei gleicher Konzentration der zugehörigen Kaliumsalze erhält man eine Pufferlösung.
(C) HPO_4^{2-} ist die konjugierte Base zu $H_2PO_4^-$.
(D) Der pK_s-Wert der 1. Dissoziationsstufe von $H_2PO_4^-$ ist größer als der von HPO_4^{2-}.
(E) Bei der Titration der Phosphorsäure mit NaOH gibt es einen Punkt, an dem die Anionen in gleicher Konzentration vorliegen.

H97

7.127 Welche Aussage zu Harnstoff und Guanidin trifft **nicht** zu?

(A) Wäßrige Harnstofflösungen reagieren neutral.
(B) Wäßrige Guanidinlösungen reagieren basisch.
(C) Harnstoff und Guanidin sind Moleküle mit einem C-Atom.
(D) Ein Harnstoffrest ist im Ornithin enthalten.
(E) Biotin ist formal ein zyklisches Harnstoffderivat.

7.123 (C) 7.124 (E) 7.125 (C) 7.126 (D) 7.127 (D)

7.7 Fragen aus Examen Herbst 1998

H98 !

7.128 Welche Aussage trifft **nicht** zu?

Carbonsäureester können alkalisch oder sauer hydrolysiert (verseift) werden.

(A) Die alkalische Esterhydrolyse ist irreversibel.
(B) Die saure Esterhydrolyse ist reversibel.
(C) Bei der sauren Esterhydrolyse senken H^+-Ionen die Aktivierungsenergie der Reaktion.
(D) Bei der alkalischen Esterhydrolyse werden OH^--Ionen verbraucht.
(E) Bei beiden Reaktionen stellt sich ein Gleichgewicht ein.

H98 !

7.129 Welche Aussage trifft **nicht** zu?

Die abgebildete Verbindung

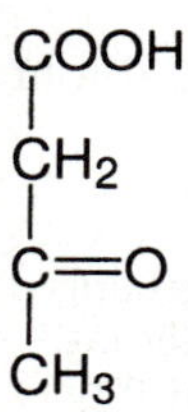

(A) heißt Acetessigsäure
(B) kann zu Aceton decarboxyliert werden
(C) wird bei Insulinmangel vermehrt gebildet
(D) kann zu β-Alanin transaminiert werden
(E) kann Keto-Enol-Umlagerung zeigen

8 Isomerie organischer Verbindungen

8.1 Konstitution, Konformation, Konfiguration

H96

8.1 Welche Angabe zu den Verbindungen (1) und (2) trifft **nicht** zu?

(1)

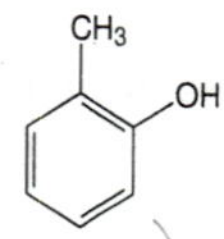

(2)

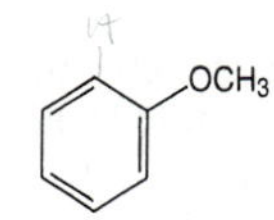

(A) (2) ist ein Ether.
(B) (1) und (2) sind Konstitutionsisomere.
(C) (1) bildet mit NaOH Salze.
(D) (1) ist ein Phenol.
(E) In (1) und (2) sind alle C-Atome sp^2-hybridisiert.

F97

8.2 Welche Aussage über die folgenden Verbindungen trifft **nicht** zu?

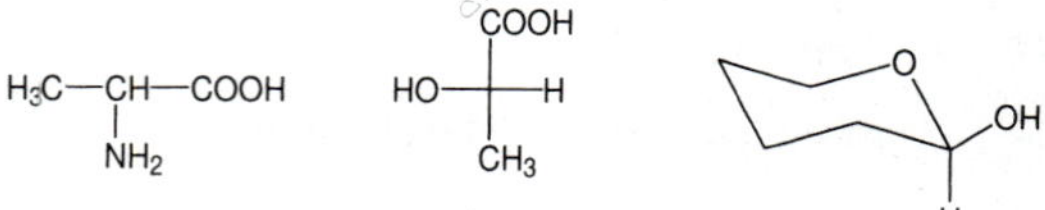

(1) (2) (3)

(A) Verbindung (3) ist ein zyklisches Halbacetal.
(B) Alle drei Verbindungen enthalten wenigstens ein Chiralitätszentrum.
(C) Formel (2) ist die Fischer-Projektion der L-Milchsäure.
(D) Formel (1) kennzeichnet die Konstitution des Glycins.
(E) Aus Formel (3) kann man Konstitution, Konfiguration und Konformation ablesen.

7.128 (E) 7.129 (D) 8.1 (E) 8.2 (D)

H97

8.3 Welche Aussage trifft **nicht** zu?

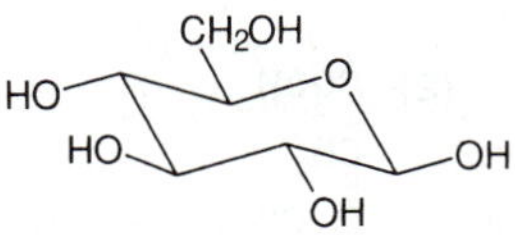

Die Formel der β-D-Glucose zeigt

(A) die Konstitution
(B) die Konfiguration
(C) die Konformation
(D) daß die OH-Gruppe an C_1 zur OH-Gruppe an C_2 transständig ist
(E) daß dieser Zucker an C_6 eine sekundäre Alkoholgruppe trägt

F93

8.4 Die abgebildeten Verbindungen sind

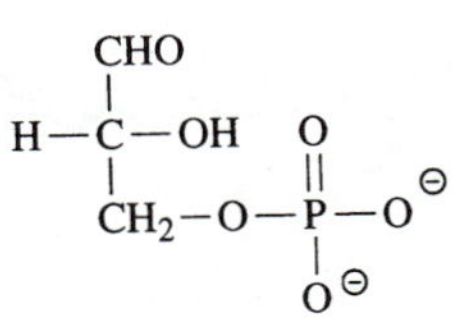

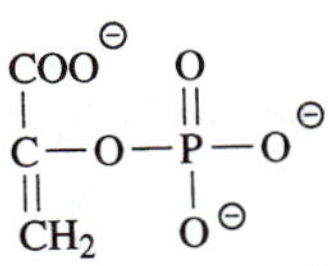

(A) Diastereomere
(B) Konfigurationsisomere
(C) Konformere
(D) Zwischenprodukte der Glykolyse
(E) bei pH = 7 ungeladen

8.4 Konformere

F84

8.5 Welche Aussage zur Sesselform trifft **nicht** zu?

(A) Die Umwandlung der Sesselform in die Wannenform ist beim Cyclohexan ein exergoner Vorgang.
(B) Im Cholesterin liegen die Ringe A und C in der Sesselform vor.
(C) Man unterscheidet an einem Ringsystem in der Sesselform verschiedene Positionen der Substitutenten (axial/äquatorial).
(D) Sie beschreibt eine mögliche Konformation des Cyclohexans.
(E) Sie spielt eine Rolle bei Pyranoseformen von Zuckern.

H91

8.6 Welche Aussage trifft **nicht** zu?

(A) Beide Substanzen sind mesomeriestabilisiert.

(1)

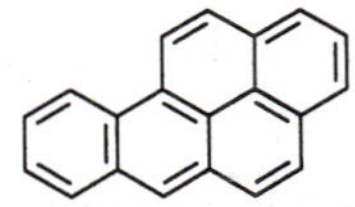

(2)

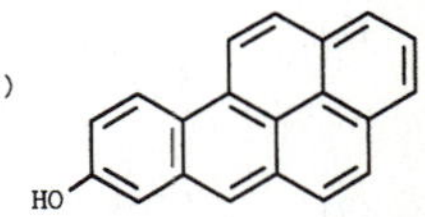

(B) (1) ist Benzpyren, (2) ist ein Phenol.
(C) Die Wasserlöslichkeit von (2) ist etwas höher als die von (1), weil (2) polarer ist als (1).
(D) (1) ist Vorstufe für eine karzinogene Verbindung.
(E) Beide Substanzen liegen in der Sesselkonformation vor.

8.7 Nachfolgend finden Sie zwei Newman-Projektionen:

(1)

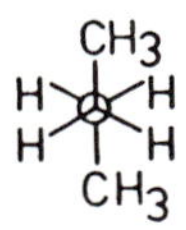

(2)

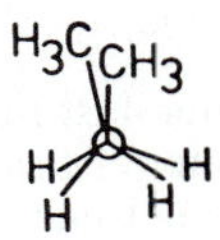

Welche Aussage trifft **nicht** zu?

(A) Bei (1) und (2) handelt es sich um n-Butan.
(B) (1) und (2) sind Konformere ein und derselben Verbindung.
(C) (1) und (2) haben übereinstimmende Konstitution.
(D) (1) ist energieärmer als (2).
(E) (1) und (2) sind diastereomer zueinander.

H95

8.8 Welche Aussage trifft **nicht** zu?

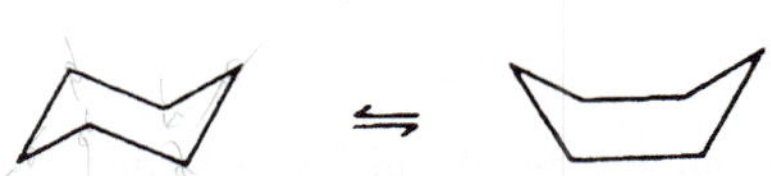

(1) (2)

(A) Die Reaktion beschreibt eine Konformationsumwandlung.
(B) (1) hat einen geringeren Energiegehalt als (2).
(C) Beide Substanzen stehen bei Zimmertemperatur im Gleichgewicht miteinander.
(D) Sowohl (1) als auch (2) ist Cyclohexan.
(E) Die Summenformel beider Substanzen ist C_6H_6.

8.3 (E) 8.4 (D) 8.5 (A) 8.6 (E) 8.7 (E) 8.8 (E)

H92

8.9 Welche der angegebenen Verbindungspaare sind Konformere?

(1) 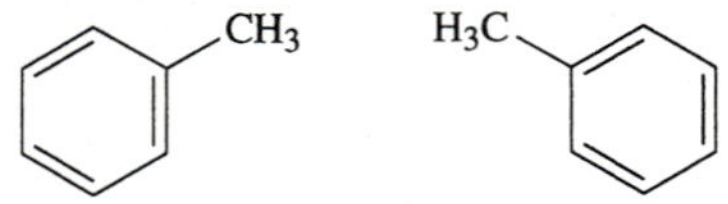

(2)  $H_2C=CH-CH_2-CH_2-CH_3$

(3) H_3C-CH_2-OH $H_3C-O-CH_3$

(4) 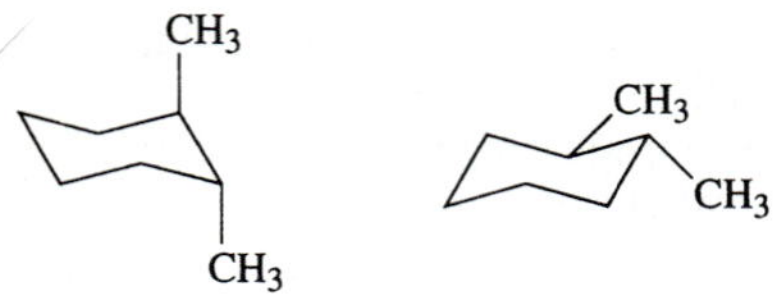

(5) $H_3C-CH(COOH)_2$ CH_2-COOH / CH_2-COOH

(A) nur 4 ist richtig
(B) nur 5 ist richtig
(C) nur 1 und 3 sind richtig
(D) nur 2 und 4 sind richtig
(E) nur 3 und 5 sind richtig

8.5 Konfigurationsisomere

8.5.1 Cis-trans-Isomere

F86

8.10 Welche Aussage zur dargestellten Substanz trifft **nicht** zu?

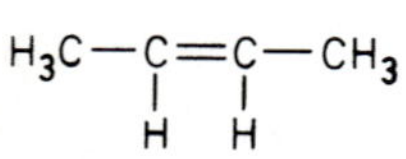

(A) Man kennt von ihr cis- und trans-Isomere.
(B) Sie heißt 2-Buten.
(C) Durch Wasseranlagerung entstehen 2 isomere Butanole.
(D) Durch Hydrierung entsteht n-Butan. + H_2
(E) Buten ist unpolarer als 2-Butanol.

F87

8.11 Welche Aussage zu nachstehender Reaktion und den daran beteiligten Verbindungen trifft zu?

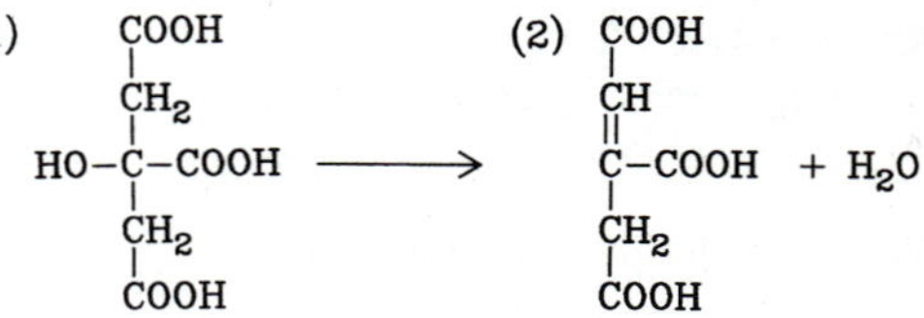

(A) Die Reaktion (1) → (2) ist eine Dehydrierung.
(B) Die Reaktion (1) → (2) ist eine Substitution.
(C) Bei der Reaktion (1) → (2) geht ein Chiralitätszentrum verloren.
(D) (2) ist die Enolform von (1).
(E) Von (2) gibt es cis/trans-Isomere.

H87

8.12 Welche Aussage zur dargestellten Reaktion trifft **nicht** zu?

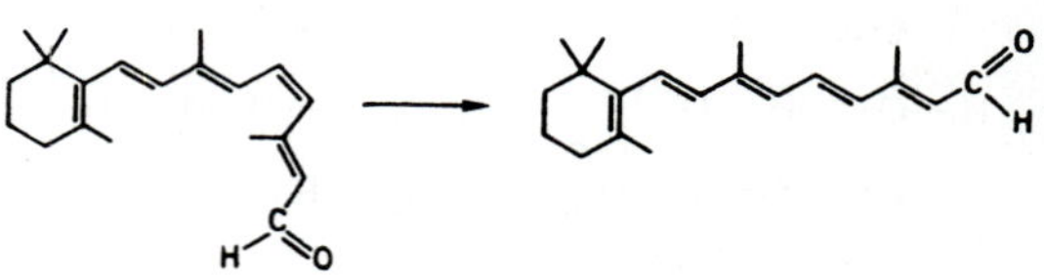

(A) Es handelt sich um eine cis-trans-Umwandlung.
(B) Die Reaktion ist Grundlage des Sehvorganges.
(C) Die Reaktion verläuft exergon.
(D) Das Reaktionsprodukt ist stabiler als die Ausgangsverbindung.
(E) Die Verbindungen werden im menschlichen Organismus aus „aktivem Isopren“ synthetisiert.

8.9 (A) 8.10 (C) 8.11 (E) 8.12 (E)

F92

8.13 Bei welchem der folgenden Verbindungspaare handelt es sich **nicht** um Konfigurationsisomere?

(A)

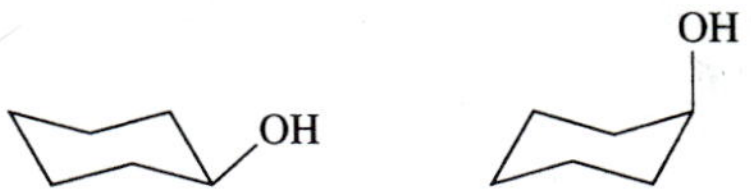

(B)

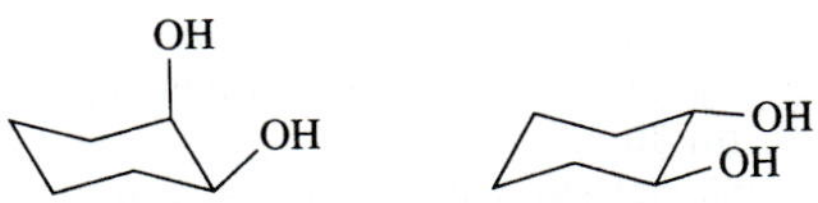

(C)

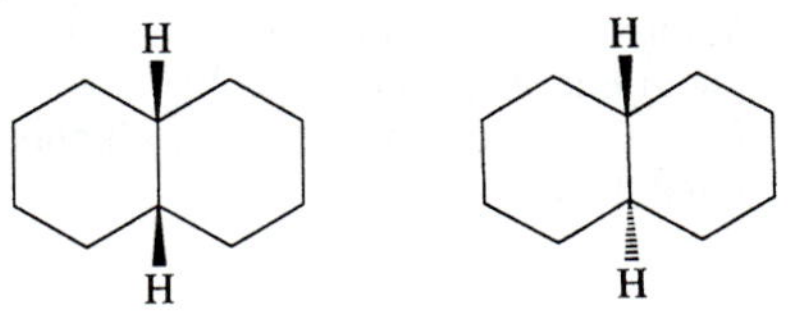

(D)

(E)

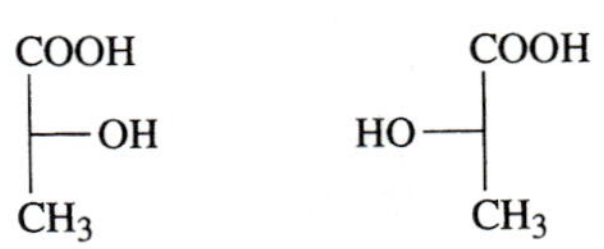

H95 H89

8.14 Welche Aussage zur folgenden Reaktion und den daran beteiligten Verbindungen trifft **nicht** zu?

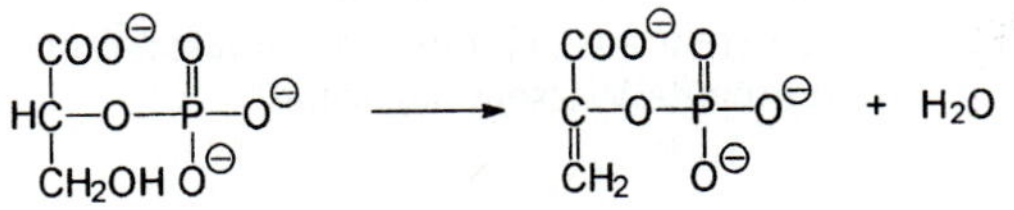

(1) (2)

(A) Die Reaktion (1) → (2) ist eine Eliminierung.
(B) Bei der Reaktion (1) → (2) geht ein Chiralitätszentrum verloren.
(C) Von (2) gibt es cis/trans-Isomere.
(D) Die Reaktion (1) → (2) ist ein Schritt in der Glykolyse.
(E) (2) besitzt ein hohes Phosphatgruppen-Übertragungspotential.

F93

8.15 Welche Aussage trifft **nicht** zu?

Die Verbindung

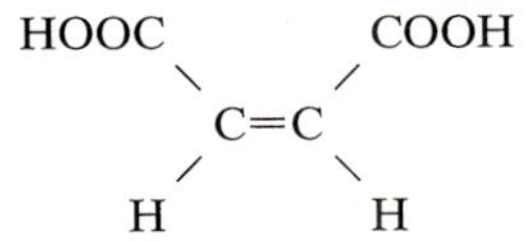

(A) heißt Maleinsäure
(B) geht durch Hydrierung in Bernsteinsäure über
(C) lagert Wasser an unter Bildung von Äpfelsäure
(D) ist energiereicher als die entsprechende trans-Verbindung (Fumarsäure)
(E) bildet mit Cu^{2+}-Ionen Chelatkomplexe

8.5.3 Verbindungen mit chiralen Zentren

H82

8.16 Welche Aussage über die folgenden Verbindungen trifft **nicht** zu?

(A) Verbindung (3) ist ein zyklisches Halbacetal.
(B) Alle drei Verbindungen enthalten wenigstens ein Chiralitätszentrum.
(C) Formel (2) ist die Fischer-Projektion der L-Milchsäure.
(D) Formel (1) kennzeichnet die Konstitution des Glycins.
(E) Aus Formel (3) kann man Konstitution, Konfiguration und Konformation ablesen.

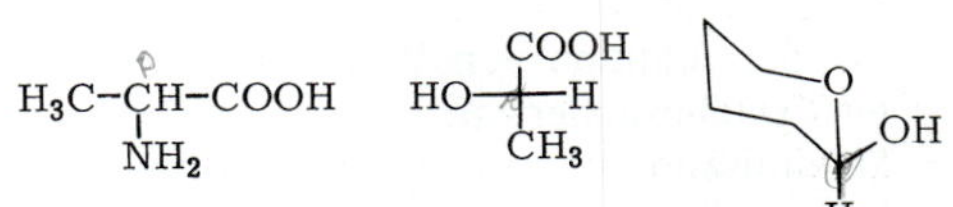

① ② ③

8.13 (A) 8.14 (C) 8.15 (E) 8.16 (D)

H97

8.17 Welche Aussage trifft **nicht** zu?

Bei der dargestellten Verbindung handelt es sich um die Fischer-Projektion der D-Fructose.

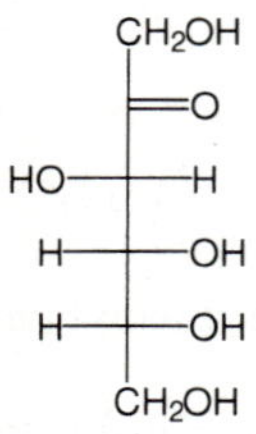

D-Fructose

(A) ist eine Ketohexose
(B) hat drei stereogene Zentren
(C) ist Bestandteil der Saccharose
(D) ist ein Stereoisomer der D-Glucose
(E) ist ein Konstitutionsisomer der D-Mannose

F84

8.18 Welche Aussage zur abgebildeten Shikimisäure trifft **nicht** zu?

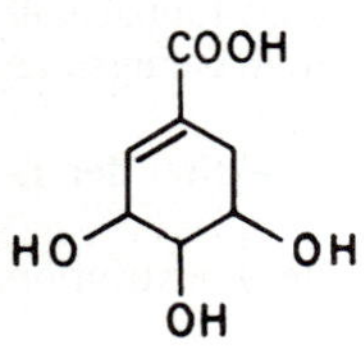

(A) Die Formel beschreibt die Konstitution und die Konfiguration.
(B) Shikimisäure besitzt 3 Chiralitätszentren.
(C) Bei der Addition von Wasserstoff entsteht ein Cyclohexanderivat.
(D) Shikimisäure reagiert mit Bromlösung.
(E) Shikimisäure geht durch zweimalige Dehydratisierung in eine Phenolcarbonsäure über.

H83

8.19 Welche Aussage zu Glycerinsäure trifft **nicht** zu?

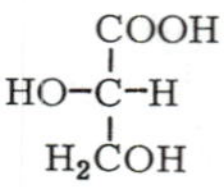

(A) Sie entsteht in vitro durch Oxidation von Glycerinaldehyd.
(B) Die Fischer-Projektionsformel zeigt L-Glycerinsäure.
(C) Sie hat ein Asymmetriezentrum.
(D) Bei Reaktion mit 2 Molekülen Phosphorsäure können Verbindungen mit unterschiedlichem Energiegehalt entstehen.
(E) Nach Oxidation der primären Alkoholgruppe entsteht Weinsäure.

H86

8.20 Welche Aussage zu den abgebildeten Substanzen trifft **nicht** zu?

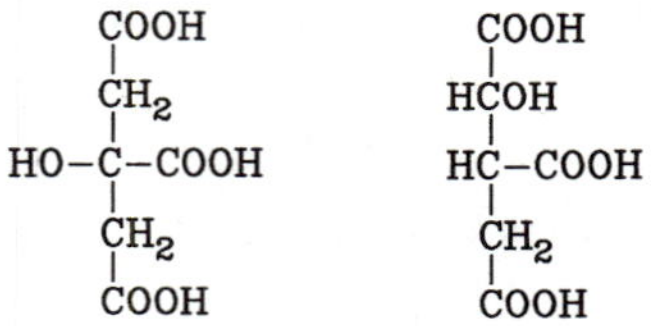

(1) *(2)*

(A) Substanz (1) ist Citronensäure, (2) ist Isocitronensäure.
(B) Beide Substanzen sind Strukturisomere.
(C) (1) enthält eine tertiäre Alkoholgruppe.
(D) Beide Substanzen sind achiral.
(E) (2) entsteht aus (1) durch Wasserabspaltung und erneute Wasseranlagerung.

H95

8.21 Worin stimmen die abgebildeten Verbindungen überein?

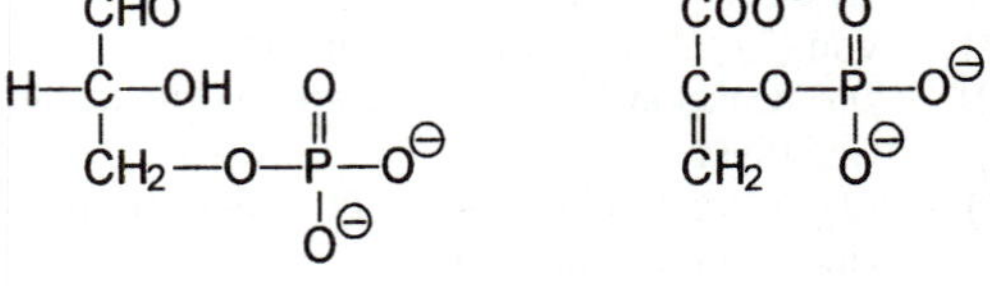

(A) im Energieinhalt
(B) in der Chiralität
(C) in der Oxidationsstufe der C-Atome
(D) Beide kommen im Zytosol vor.
(E) Beide sind Vorstufen bei der Bildung von Glykolipiden.

8.17 (D) 8.18 (A) 8.19 (E) 8.20 (D) 8.21 (D)

8.5.4 Enantiomere

H89

8.22 Dihydroxyaceton und Glycerinaldehyd sind

(A) Konformere
(B) Stereoisomere
(C) Strukturisomere
(D) Enantiomere
(E) Diastereomere

F98

8.23 Welche Aussage trifft **nicht** zu?

1,3-Dihydroxyaceton

(A) ist isomer mit L-Glycerinaldehyd
(B) enthält ein Chiralitätszentrum
(C) ist die einfachste Ketose
(D) ist eine Triose
(E) ist als Phosphat im Fettgewebe Ausgangssubstanz für die Synthese von Glycerinphosphat

F84

8.24 Welche Aussage über die nachstehenden Verbindungen trifft nicht zu?

① 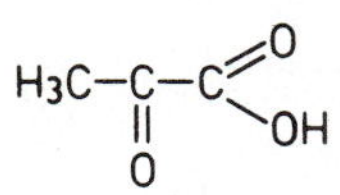 ② 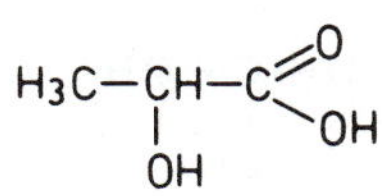

(A) (1) und (2) sind Enantiomere.
(B) (1) kann zu (2) reduziert werden.
(C) (1) heißt Oxalsäure.
(D) (1) und (2) enthalten nur sp^2-hybridisierte C-Atome.
(E) (1) und (2) sind Strukturisomere.

8.25 Welche Aussage über die folgenden Verbindungen trifft **nicht** zu?

(1) 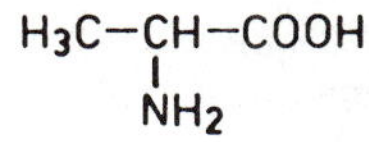

(2) 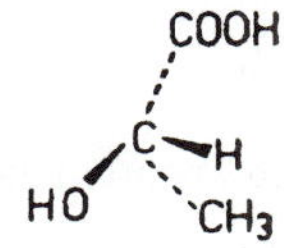 (3) 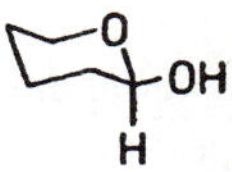

(A) Verbindung (3) ist ein Halbacetal.
(B) Von allen 3 Verbindungen sind Enantiomere denkbar.
(C) Aus Formel (3) kann man die Konstitution, Konfiguration und Konformation ablesen.
(D) Formel (2) ist eine Darstellung der S-Milchsäure.
(E) Aus Formel (1) kann man die Konstitution und Konfiguration ablesen.

F86

8.26 Welche Aussage trifft **nicht** zu?

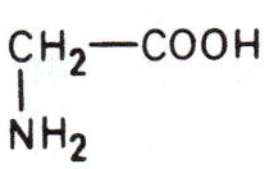 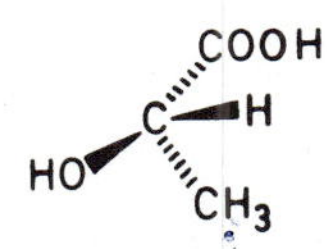 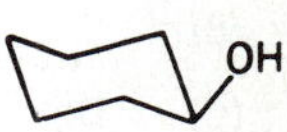

(1) (2) (3)

(A) Verbindung (2) ist Milchsäure.
(B) Formel (2) läßt sich die Konfiguration entnehmen.
(C) Von allen drei Verbindungen sind Enantiomere denkbar.
(D) Formel (3) läßt sich neben der Konstitution auch die Konformation entnehmen.
(E) Verbindung (1) ist Glycin.

H91

8.27 Worin unterscheiden sich die Enantiomeren der Milchsäure?

(A) Siedepunkt
(B) Löslichkeit in Wasser
(C) Vorzeichen der spezifischen Drehung
(D) Reaktivität gegenüber achiralen Reagenzien
(E) UV-Spektren

8.22 (C) 8.23 (B) 8.24 (B) 8.25 (E) 8.26 (C) 8.27 (C)

H90

8.28

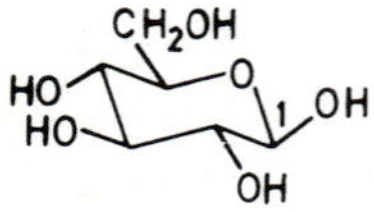

(1)

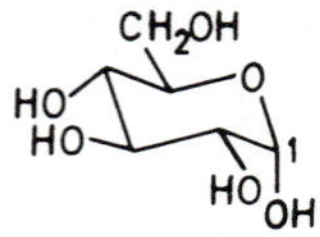

(2)

Die Verbindungen (1) und (2) sind Enantiomere,

weil

C-1 in den Verbindungen (1) und (2) entgegengesetzte Konfiguration hat.

F93

8.29 Die nachstehend abgebildete D-Ribose (offenkettige Form) hat an C-2, C-3 und C-4 D-Konfiguration. Gesucht wird das Enantiomer zur abgebildeten Verbindung.

Welche Konfiguration hat es an C-2, C-3 und C-4?

	C-2	C-3	C-4
(A)	L	L	L
(B)	L	L	D
(C)	D	D	L
(D)	D	L	D
(E)	Zur D-Ribose gibt es kein Enantiomer.		

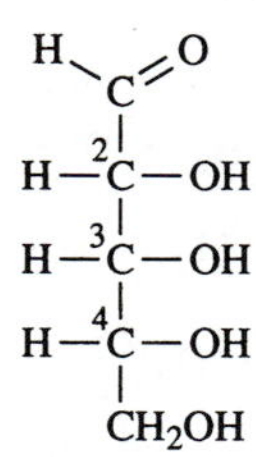

H95

8.30 Welche Aussage trifft **nicht** zu?

Enantiomere

(A) wandeln sich spontan ineinander um
(B) haben den gleichen Energiegehalt
(C) reagieren mit chiralen Reagentien unterschiedlich
(D) haben die gleiche spezifische Rotation, allerdings mit unterschiedlichen Vorzeichen
(E) haben sp^3-hybridisierte C-Atome als Asymmetriezentrum

H97

8.31 α-D- und α-L-Glucopyranose unterscheiden sich

(A) in der Konstitution
(B) nur in der Konfiguration am C-Atom 5
(C) nur in der Konfiguration am C-Atom 1
(D) in der Reaktivität gegenüber Glucose-abbauenden Enzymen
(E) in der Wasserlöslichkeit

8.5.5 Eigenschaften von Enantiomeren

H87

8.32 Bei der enzymatischen Reduktion der Brenztraubensäure im Muskel entsteht nur L-Milchsäure,

weil

die L-Form der Milchsäure energieärmer ist als die D-Form.

F96

8.33 Welche Aussage trifft **nicht** zu?

Die abgebildeten Verbindungen sind

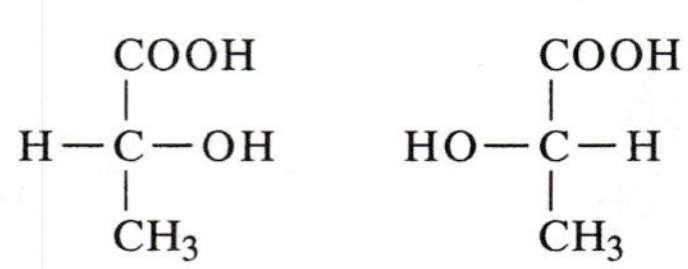

(A) Carbonsäuren
(B) bei pH = 7 negativ geladen
(C) Enantiomere
(D) Diastereomere
(E) Konfigurationsisomere

8.28 (D) 8.29 (A) 8.30 (A) 8.31 (D) 8.32 (C) 8.33 (D)

8.5.6 D/L-Nomenklatur

H93

8.34 Welche Aussage trifft **nicht** zu?

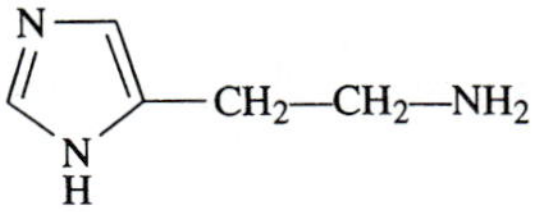

Die abgebildete Verbindung

(A) enthält eine primäre Aminogruppe
(B) wird durch Decarboxylierung aus Histidin gebildet
(C) wird unter Desaminierung und Oxidation abgebaut
(D) ist in der L-Form biologisch aktiv
(E) wirkt auf glatte Muskulatur

8.5.7 Diastereomere

8.35 Vom Glycerinaldehyd

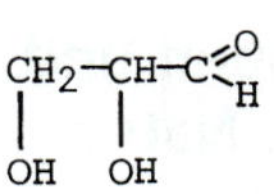

gibt es keine Diastereomere,

weil

das Glycerinaldehydmolekül nur ein Chiralitätszentrum enthält.

F92

8.36 In welchen Eigenschaften unterscheiden sich die abgebildeten Verbindungen?

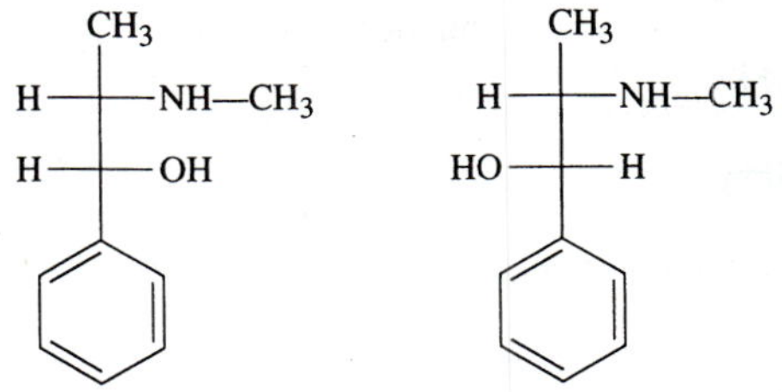

(1) Schmelztemperatur
(2) Löslichkeit in Wasser
(3) spezifische Drehung
(4) chromatographische Daten

(A) nur 3 ist richtig
(B) nur 1 und 2 sind richtig
(C) nur 3 und 4 sind richtig
(D) nur 1, 2 und 4 sind richtig
(E) 1 – 4 = alle sind richtig

F94

8.37 Welche Angabe zu folgenden Verbindungen trifft zu?

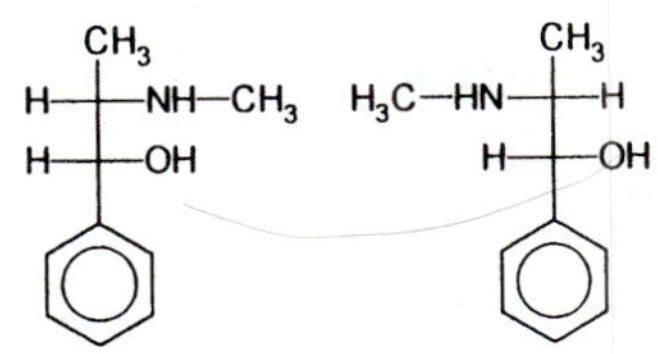

(A) Diastereomere
(B) Phenol
(C) tertiäres Amin
(D) primärer Alkohol
(E) cis/trans-Isomere

8.34 (D) 8.35 (A) 8.36 (E) 8.37 (A)

F98

8.38 Welche Aussage trifft **nicht** zu?

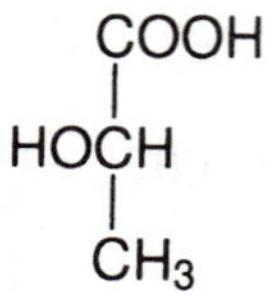

Die abgebildete Verbindung

(A) heißt Milchsäure
(B) kommt in diastereomeren Formen vor
(C) hat einen niedrigeren pK_s-Wert als Propionsäure
(D) wird im Muskel als L-Form gebildet
(E) kann zu einer α-Ketosäure oxidiert werden

H94

8.39 Welche Aussage trifft **nicht** zu?

Die abgebildete Verbindung

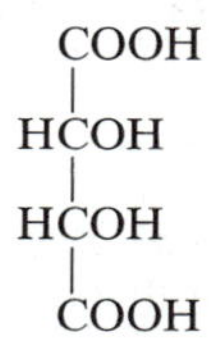

(A) heißt Weinsäure
(B) enthält 2 Asymmetriezentren
(C) kommt in enantiomeren Formen vor
(D) ist als Anion ein Chelator für Cu^{2+}
(E) bildet $2^2 = 4$ Stereoisomere

F96

8.40 Welche Aussage zur meso-Weinsäure trifft zu?

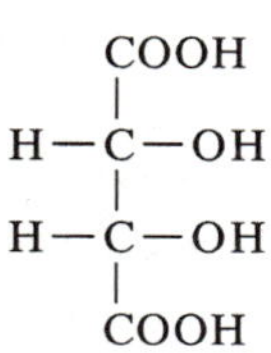

(A) Sie enthält nur ein Chiralitätszentrum.
(B) Sie ist optisch aktiv.
(C) Sie läßt sich in Enantiomere trennen.
(D) Sie ist mit ihrem Spiegelbild identisch.
(E) Meso-Weinsäure ist ein anderer Ausdruck für das Razemat aus D- und L-Weinsäure.

8.6 Fragen aus Examen Herbst 1998

H98 **!**

8.41 Welche Aussage zur abgebildeten Fumarsäure trifft **nicht** zu?

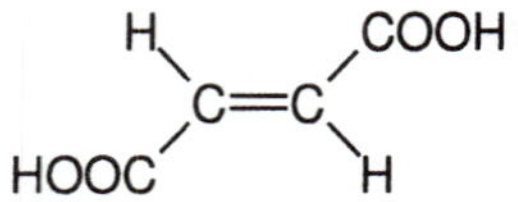

(A) Fumarsäure hat eine trans-konfigurierte Doppelbindung.
(B) Fumarsäure ist Zwischenprodukt im Citratzyklus.
(C) Bei der Fumarase-katalysierten Addition von Wasser an Fumarsäure entsteht Oxalessigsäure.
(D) Bei der Addition von Wasserstoff an Fumarsäure entsteht Bernsteinsäure.
(E) Bei der Enzym-katalysierten Spaltung von Argininosuccinat entsteht Fumarsäure.

9 Funktionelle Gruppen und Stereochemie von Natur- und Arzneistoffen

H85

9.1 Cholin wird aus neutraler wäßriger Lösung an einen Kationenaustauscher adsorbiert,

weil

Cholin in neutraler wäßriger Lösung eine positiv geladene quartäre Ammoniumgruppe enthält.

H83

9.2 Welche Aussage zu folgender Verbindung trifft **nicht** zu?

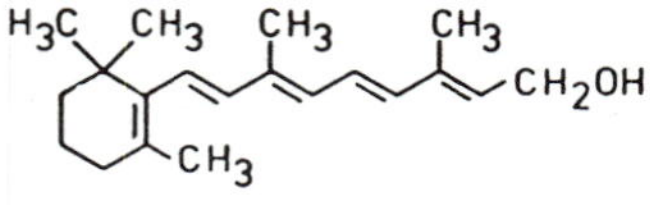

Sie

(A) enthält eine primäre Alkoholgruppe
(B) enthält ein Chiralitätszentrum
(C) enthält trans-Doppelbindungen in der Kette
(D) enthält konjugierte Doppelbindungen
(E) ist lipidlöslich

8.38 (B) 8.39 (E) 8.40 (D) 8.41 (C) 9.1 (A) 9.2 (B)

H88

9.3 Welche Angabe zu den Strukturelementen der abgebildeten Verbindung trifft **nicht** zu?

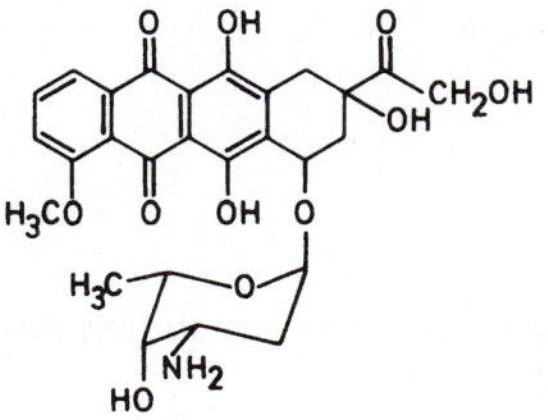

(A) sekundärer Alkohol
(B) Phenol
(C) primäres Amin
(D) Ether
(E) Aldehyd

F83

9.4 Welche Angabe zu den Strukturelementen der abgebildeten Verbindung trifft **nicht** zu?

(Adriamycin)

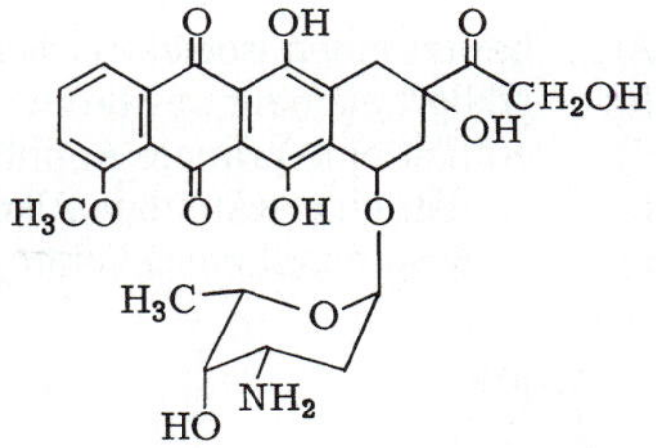

(A) primäres Amin
(B) Glykosidbindung
(C) Keton
(D) Phenol
(E) Ester

H83

9.5 Welche Angabe zu den Strukturelementen der abgebildeten Verbindung trifft **nicht** zu?

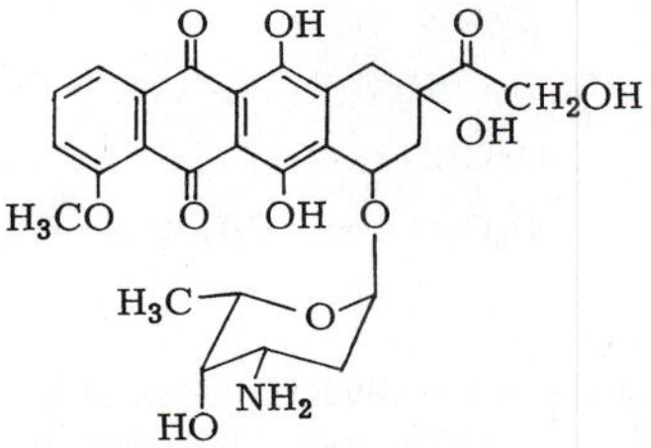

(Adriamycin)

(A) Chinon
(B) primärer Alkohol
(C) sekundärer Alkohol
(D) tertiärer Alkohol
(E) sekundäres Amin

F93

9.6 Welche Aussage trifft **nicht** zu?

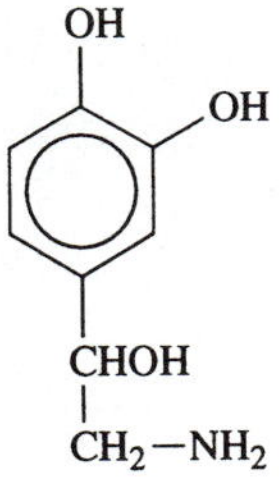

Die abgebildete Substanz

(A) ist ein primäres Amin
(B) enthält zwei Chiralitätszentren
(C) ist ein zweiwertiges Phenol
(D) kann im Stoffwechsel N-methyliert werden
(E) kann als Antagonist des Insulins wirken

F83

9.7 Welche Aussage zu folgender Verbindung trifft **nicht** zu?

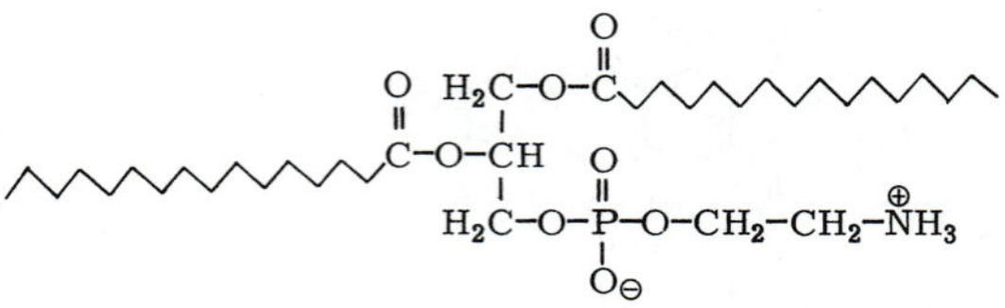

(A) Es handelt sich um ein Glycerinphosphatid.
(B) Die Verbindung enthält zwei Phosphorsäureesterbindungen.
(C) Die Verbindung enthält zwei Carbonsäureesterbindungen.
(D) Die Verbindung ist ein quartäres Ammoniumsalz.
(E) Bei der alkalischen Hydrolyse entsteht u.a. Ethanolamin.

F88

9.8 Welche Angabe(n) zur Acetylsalicylsäure trifft (treffen) zu?

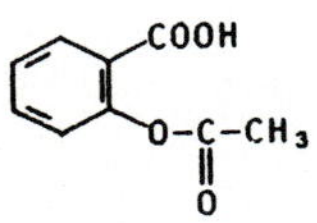

(1) Keton
(2) Lacton
(3) Ester
(4) Anhydrid
(5) Carbonsäure

(A) nur 5 ist richtig
(B) nur 1 und 2 sind richtig
(C) nur 3 und 4 sind richtig
(D) nur 3 und 5 sind richtig
(E) nur 1, 3 und 5 sind richtig

F84

9.9 Welche Aussage zu nachstehender Verbindung trifft **nicht** zu?

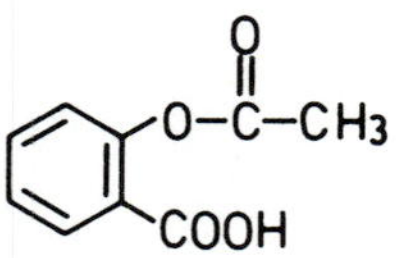

(A) Bei der alkalischen Hydrolyse entstehen Salicylat und Acetat.
(B) Die Verbindung bildet ein Natriumsalz.
(C) Die Substituenten am Ring sind orthoständig.
(D) Es handelt sich um eine β-Ketosäure.
(E) Die Verbindung enthält eine Esterbindung.

F85

9.10 Welche Aussage zur abgebildeten Verbindung Sphingosin trifft **nicht** zu?

Sphingosin

(A) besitzt einen isoelektrischen Punkt
(B) addiert elementares Brom
(C) enthält eine primäre Aminfunktion
(D) enthält eine sekundäre Alkoholfunktion
(E) ist Bestandteil eines Ceramids

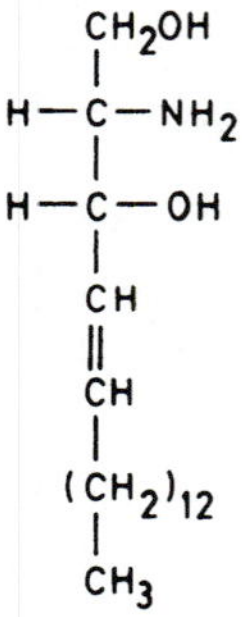

9.7 (D) 9.8 (D) 9.9 (D) 9.10 (A)

F85

9.11 Welche Aussage trifft **nicht** zu?

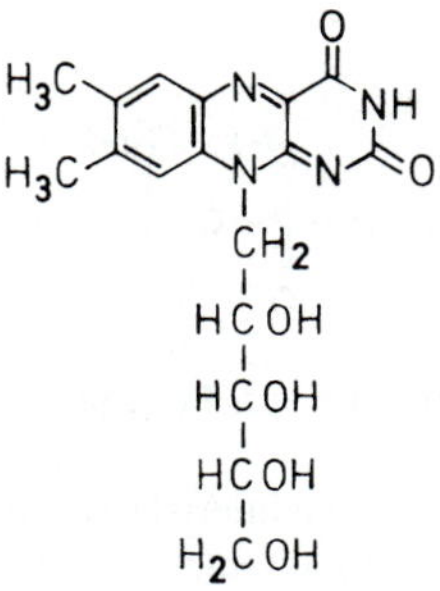

Riboflavin (= Vitamin B_2)

(A) ist ein primärer Alkohol
(B) ist ein tertiäres Amin
(C) enthält einen Pyrimidin-Ring
(D) enthält einen Zucker in glykosidischer Bindung
(E) nimmt als Bestandteil von FAD Wasserstoff auf

H85

9.12 Welche Verbindung entsteht bei der Umsetzung von Acetylchlorid mit Anilin?

(A) 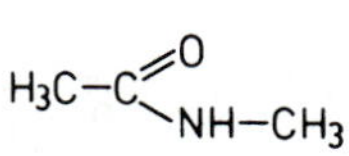

(B) 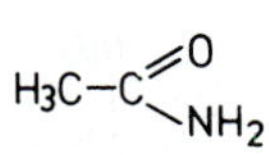

(C) 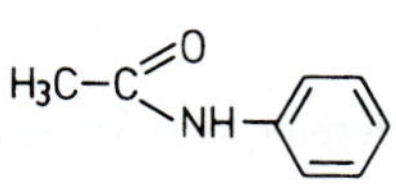

(D) 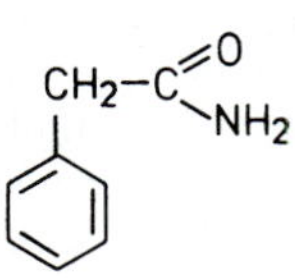

(E) 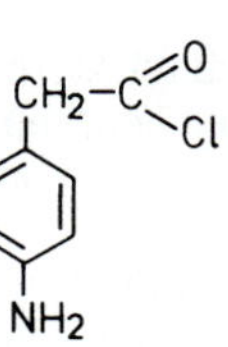

H87

9.13 Welche Aussage trifft **nicht** zu?

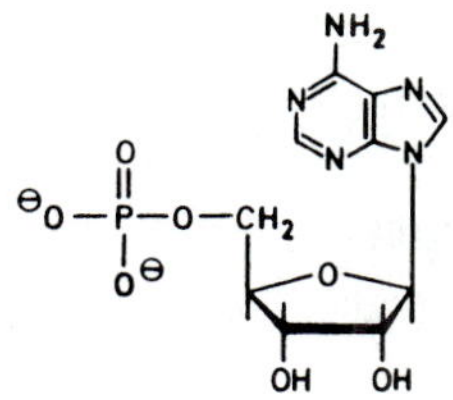

Die abgebildete Substanz

(A) ist AMP
(B) ist „energieärmer" als Kreatinphosphat
(C) enthält das Strukturelement eines Säureanhydrids
(D) enthält ein Purinringsystem
(E) enthält eine N-ribosidische Bindung

F96

9.14 Untenstehende Formel zeigt die endständige Aminoacyl-adenyl-Gruppierung von Alanyl-tRNA. Welches der genannten Strukturelemente ist **nicht** darin enthalten?

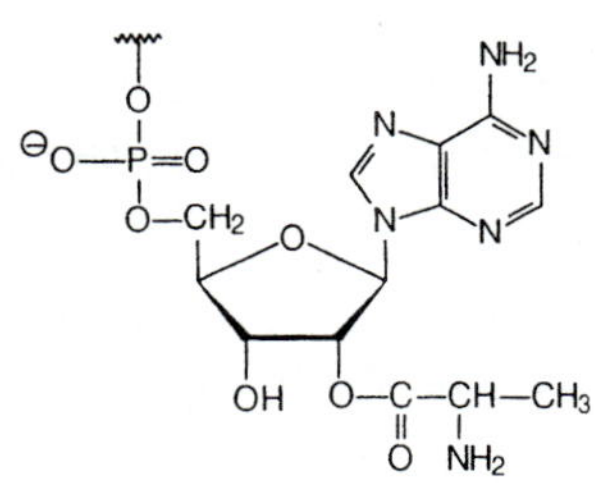

(A) Alanin in einer Esterbindung
(B) Phosphorsäureester
(C) Purin-Gerüst
(D) sekundäres Amin
(E) sekundärer Alkohol

9.11 (D) 9.12 (C) 9.13 (C) 9.14 (D)

H86

9.15 Welche Heterocyclen enthält das Thiamin-Molekül?

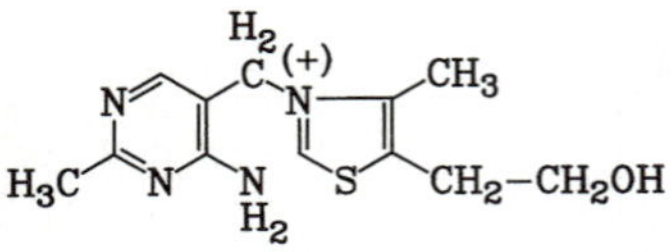

(1) Imidazol
(2) Thiazol
(3) Pyrimidin
(4) Pyridin
(5) Purin

(A) nur 1 und 2 sind richtig
(B) nur 1 und 3 sind richtig
(C) nur 2 und 3 sind richtig
(D) nur 2 und 4 sind richtig
(E) nur 3 und 5 sind richtig

F85

9.16 Welche Aussage zur abgebildeten Verbindung trifft **nicht** zu?

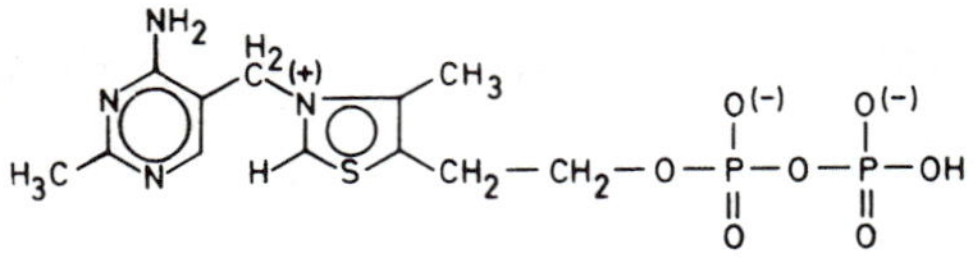

(A) Es handelt sich um Thiamin-pyrophosphat.
(B) Der sechsgliedrige Heterozyklus ist ein substituiertes Pyrimidin.
(C) Der Stickstoff im Thiazolring ist quartär.
(D) Die Verbindung ist Coenzym bei der Decarboxylierung von Ketosäuren.
(E) Die Verbindung enthält zwei Phosphorsäureanhydridbindungen.

H87

9.17 Welche Aussage zum abgebildeten Thiaminpyrophosphat (TPP) trifft **nicht** zu?

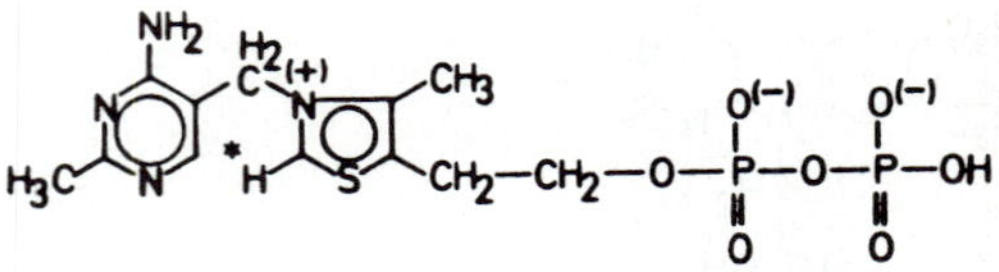

(A) TPP enthält ein Thiazol- und ein Pyrimidin-Ringsystem.
(B) Das durch Stern (*) gekennzeichnete H-Atom ist azid wegen des Elektronenzugs der benachbarten Heteroatome.
(C) Durch Dissoziation des H^+ entsteht ein Carbanion, das eine Ketocarbonsäure anlagern kann.
(D) Die Ketocarbonsäure wird dann decarboxyliert, wodurch ein „aktivierter Aldehyd" entsteht.
(E) Die Reaktion verläuft nur unter aeroben Bedingungen, da das abdissoziierte Proton oxidiert werden muß.

F92

9.18 Welche Aussage zu nachfolgender Substanz trifft **nicht** zu?

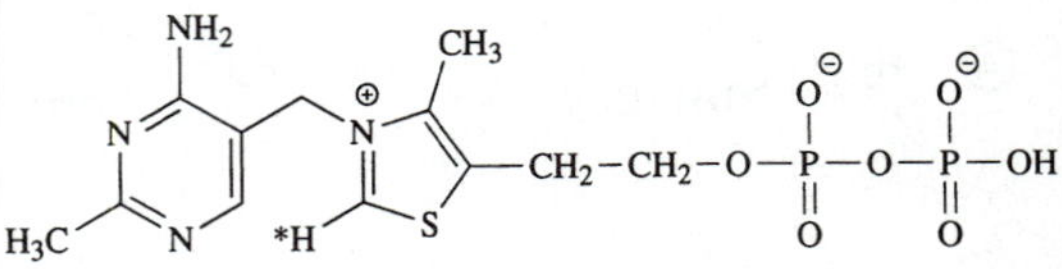

(A) Der fünfgliedrige Heterocyclus ist ein Thiazolderivat.
(B) Der sechsgliedrige Heterocyclus ist ein Pyrimidinderivat.
(C) Das H-Atom – in der Formel durch Stern markiert – ist azid, weil die beiden benachbarten elektronegativen Atome Elektronen ansaugen.
(D) Wegen der leichten Abspaltbarkeit des (durch Stern markierten) H-Atoms kann die Verbindung Additionsreaktionen eingehen – etwa mit Brenztraubensäure als Addend.
(E) Die Verbindung ist Coenzym in Formyl-Transferasen.

F86

9.19 Welche Angabe zu den Strukturelementen der abgebildeten Verbindung trifft **nicht** zu?

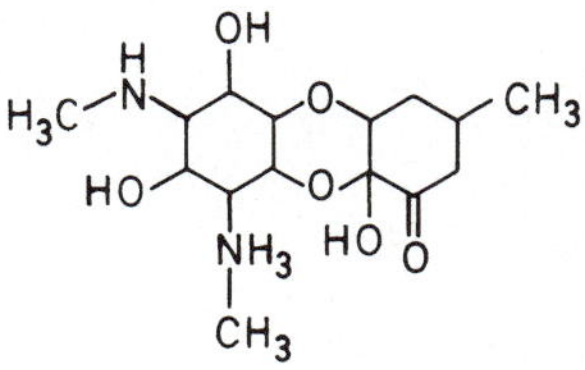

Spectinomycin

(A) sekundärer Alkohol
(B) sekundäres Amin
(C) Keton
(D) Lacton
(E) Heterocyclus

F86

9.20 Welche Aussage zum Serotonin trifft **nicht** zu?

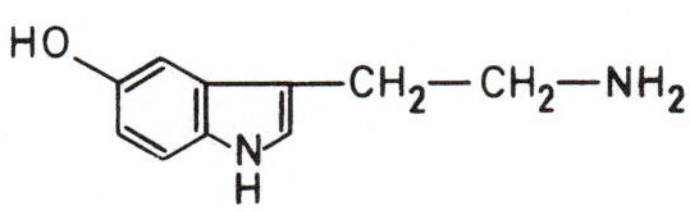

(A) Es entsteht durch Decarboxylierung von 5-Hydroxy-L-tryptophan.
(B) Physiologisch aktiv ist nur die L-Form des Serotonins.
(C) Serotonin ist Neurotransmitter im ZNS.
(D) Serotonin enthält ein Indolringsystem.
(E) Serotonin kann durch Monoamin-Oxidase abgebaut werden.

F86

9.21 Welche Aussage trifft **nicht** zu?

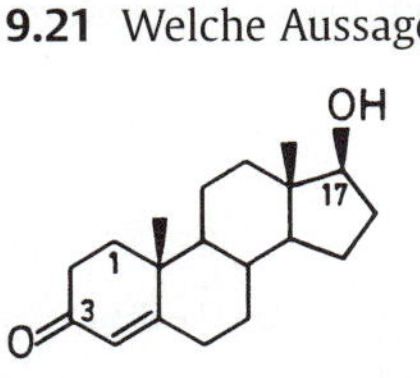

Testosteron

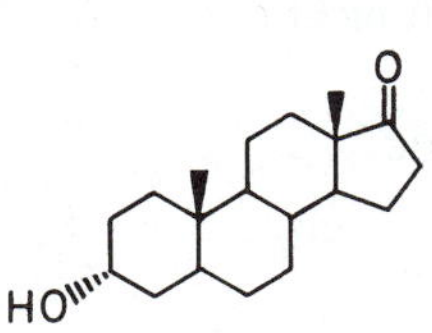

Androsteron

(A) Beim Übergang von Testosteron zu Androsteron wird die OH-Gruppe an C-17 oxidiert, die Ketogruppe an C-3 reduziert und die 4,5-Doppelbindung hydriert.
(B) Die OH-Gruppen sind bei beiden Molekülen an chirale C-Atome gebunden.
(C) Androsteron wirkt stärker androgen.
(D) Testosteron wird als 17-Ketosteroid ausgeschieden.
(E) Bei der Biosynthese dieser Verbindungen sind Cholesterin und Progesteron Vorstufen.

H86

9.22 Welche Angabe zu den Strukturelementen der abgebildeten Verbindung trifft **nicht** zu?

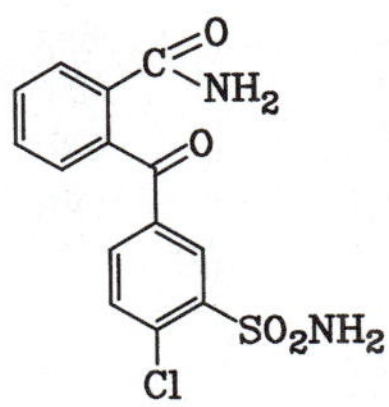

(Chlortalidon)

(A) Keton
(B) Sulfonamid
(C) Carbonsäureamid
(D) primäres Amin
(E) ortho-substituierter Benzolring

F87

9.23 Welche Aussage trifft **nicht** zu?

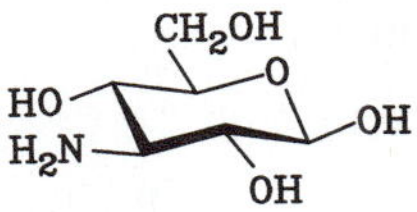

β-D-Glucosamin (2-Amino-2-desoxy-β-D-glucopyranose)

(A) hat die gezeigte Formel
(B) enthält eine primäre Aminogruppe
(C) läßt sich in salzsaurer Lösung mit Hilfe eines Kationenaustauschers von Glucose abtrennen
(D) ist wegen seiner vielen polaren Gruppen in wäßriger Lösung solvatisiert
(E) bildet mit D-Glucosamin-HCl ein Puffersystem

9.19 (D) 9.20 (B) 9.21 (C) 9.22 (D) 9.23 (A)

H88

9.24 Welche Aussage trifft **nicht** zu?

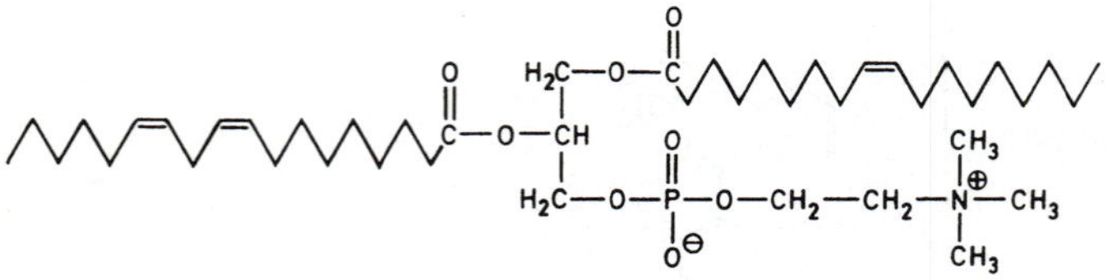

Die abgebildete Substanz (Lecithin)

(A) enthält ein quartäres N-Atom
(B) enthält am C-Atom 2 des Glycerinanteils ein Asymmetriezentrum
(C) enthält trans-konfigurierte ungesättigte Fettsäuren
(D) ist ein Glycerinester
(E) ist ein Zwitterion

F87

9.25 Welche Aussage trifft **nicht** zu?

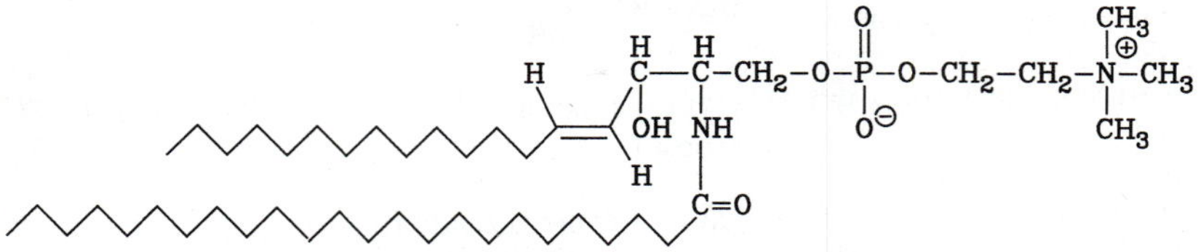

Die abgebildete Substanz

(A) enthält eine Amidbindung
(B) enthält eine trans-konfigurierte Doppelbindung
(C) enthält eine primäre Alkoholgruppe
(D) ist ein Zwitterion
(E) kann bei bestimmten Speicherkrankheiten im ZNS vermehrt vorkommen

F87

9.26 Welche Aussage zur Struktur und den funktionellen Gruppen der abgebildeten Verbindung trifft **nicht** zu?

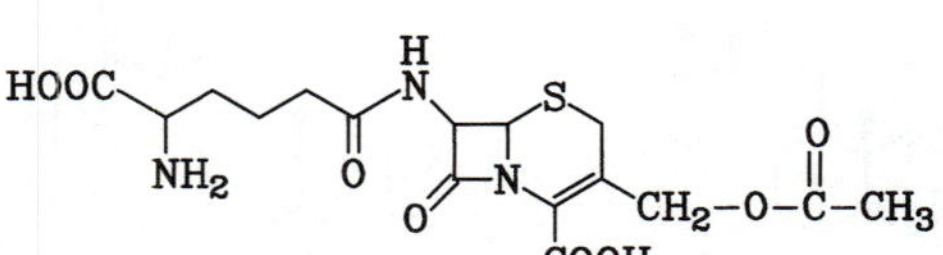

(Cephalosporin)

(A) Estergruppe
(B) amidisch gebundene Aminosäure
(C) Thiazolring
(D) Carboxylgruppe
(E) primäre Aminogruppe

9.24 (C) 9.25 (C) 9.26 (C)

F87

9.27 Welche Aussage trifft **nicht** zu?

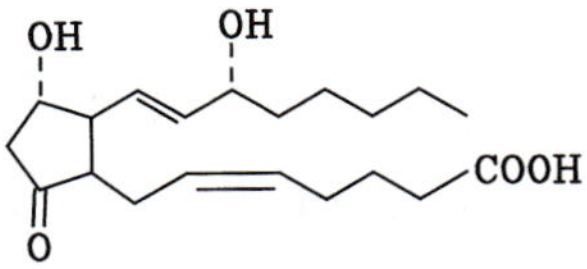

Die abgebildete Substanz (Prostaglandin E_2)

(A) trägt die OH-Gruppe am Ring in trans-Stellung zur benachbarten aliphatischen Kette
(B) ist ein zyklisches Keton
(C) enthält eine cis-konfigurierte Doppelbindung in der Kette mit der Säurefunktion
(D) enthält sekundäre alkoholische OH-Gruppen
(E) wird im Stoffwechsel aus Elaidinsäure gebildet

H94

9.28 Welche Aussage über Pyridoxalphosphat trifft **nicht** zu?

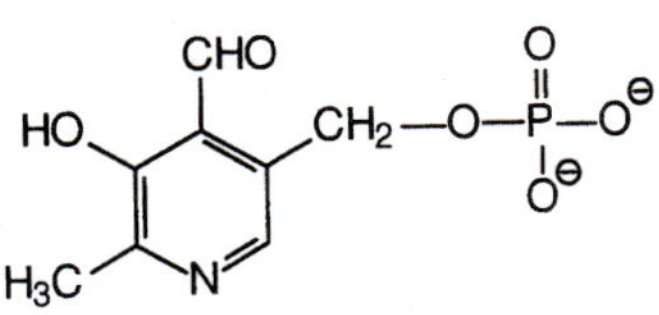

(A) Es ist ein Phosphorsäureester.
(B) Es enthält einen Pyrimidinring.
(C) Es reagiert an der Aldehydgruppe mit primären Aminen.
(D) Es ist Coenzym der Transaminasen.
(E) Es kann am Stickstoffatom protoniert werden.

F89

9.29 Die abgebildete Substanz, das Pharmakon „Captopril"

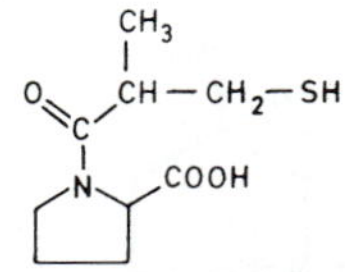

(1) addiert Brom
(2) enthält eine Säureamidgruppe
(3) ist an der Thioalkoholgruppe oxidierbar
(4) ist ein Harnstoff-Derivat
(5) bildet mit NaOH ein Salz

(A) nur 1 und 5 sind richtig
(B) nur 2 und 3 sind richtig
(C) nur 2, 3 und 5 sind richtig
(D) nur 3, 4 und 5 sind richtig
(E) 1 – 5 = alle sind richtig

F89

9.30 Welche Aussage trifft **nicht** zu?

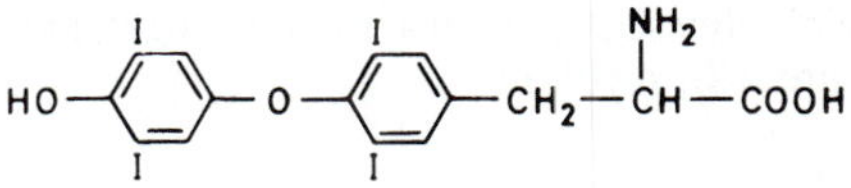

Die abgebildete Verbindung

(A) ist eine Aminosäure
(B) ist ein Ether
(C) ist ein zweiwertiges Phenol
(D) wird im Blut an Protein gebunden transportiert
(E) ist Bestandteil des Thyreoglobulins

H87

9.31 Welche Aussage zur abgebildeten Substanz (Dehydroascorbinsäure) trifft **nicht** zu?

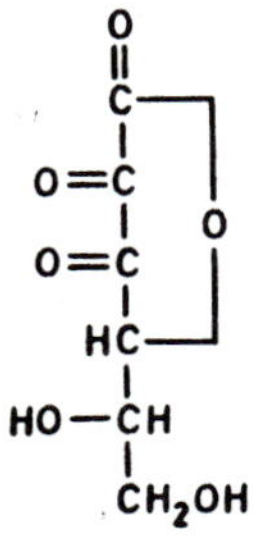

(A) Sie enthält 2 Ketogruppen.
(B) Sie ist ein Lacton.
(C) Der Ring kann unter Wasseranlagerung geöffnet werden.
(D) Sie enthält 2 primäre Alkoholgruppen.
(E) Sie kann leicht reduziert werden.

9.27 (E) 9.28 (B) 9.29 (C) 9.30 (C) 9.31 (D)

H91

9.32 Welche Aussage trifft **nicht** zu?

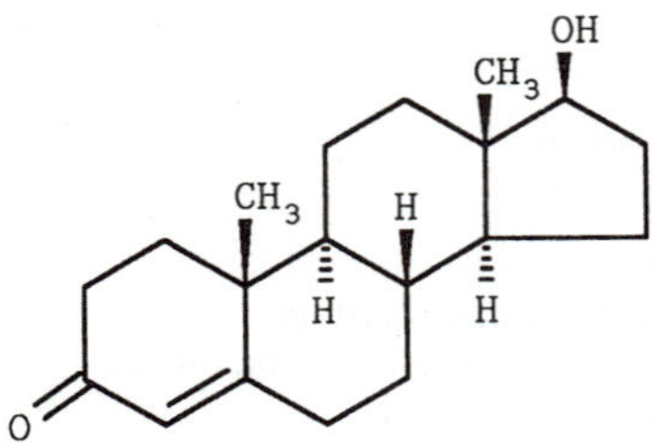

Die abgebildete Verbindung

(A) heißt Testosteron
(B) ist planar gebaut
(C) ist ein Keton
(D) ist ein sekundärer Alkohol
(E) besitzt mehrere Chiralitätszentren

H92

9.33 Welche Aussage zur Struktur der abgebildeten Folsäure trifft **nicht** zu?

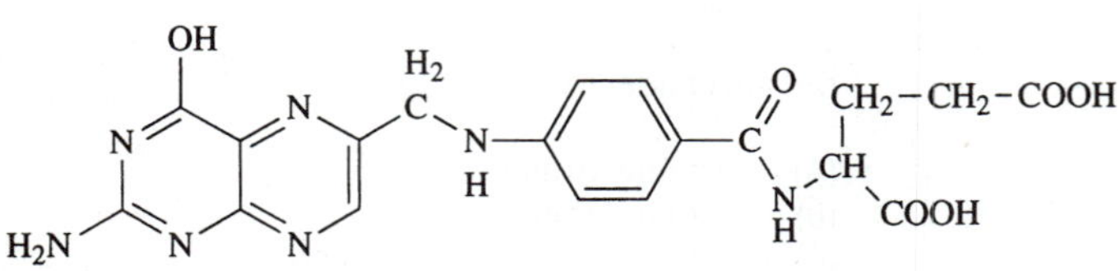

(A) Purin-Gerüst
(B) primäres Amin
(C) sekundäres Amin
(D) amidisch gebundene Glutaminsäure
(E) p-Aminobenzoesäure als Baustein

F93

9.34 Welche Aussage zur Struktur des abgebildeten 1,25-Dihydroxycholecalciferol trifft **nicht** zu?

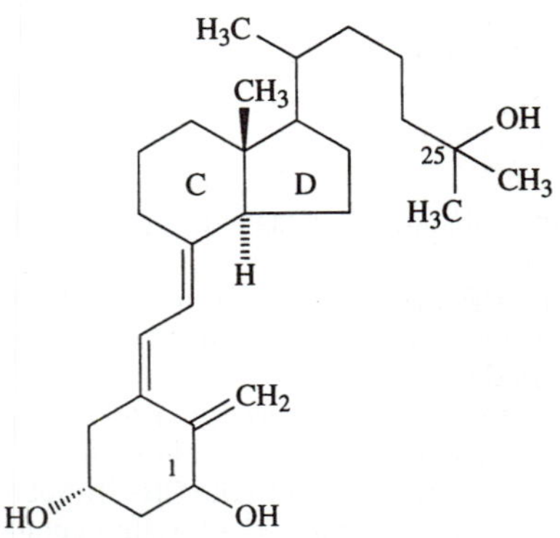

(A) Es ist ein dreiwertiger Alkohol.
(B) Es enthält eine tertiäre OH-Gruppe.
(C) Es enthält konjugierte Doppelbindungen.
(D) Ring C und D sind trans-verknüpft.
(E) C-Atom 25 ist ein Chiralitätszentrum.

F98

9.35 Welche Aussage trifft **nicht** zu?

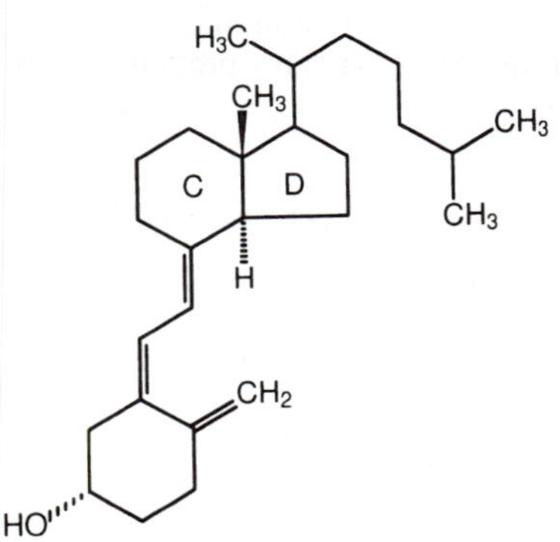

Vitamin D_3

(A) enthält das Sterangerüst
(B) enthält ein konjugiertes Trien-System
(C) wird in der Leber und der Niere hydroxyliert
(D) ist lipidlöslich
(E) wird auch als Cholecalciferol bezeichnet

9.32 (B) 9.33 (A) 9.34 (E) 9.35 (A)

H93

9.36 Welche Angabe zu den funktionellen Gruppen der abgebildeten Verbindung (das Pharmakon Salbutamol) trifft **nicht** zu?

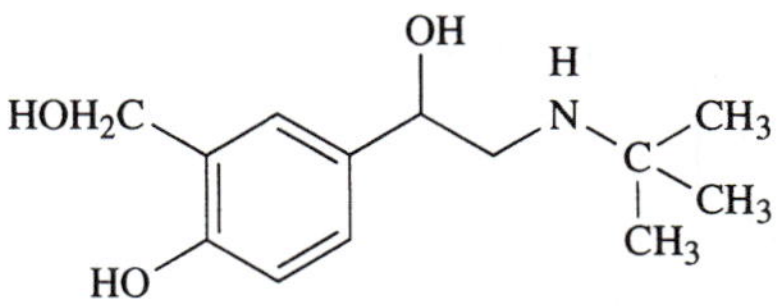

(A) sekundäres Amin
(B) tertiäres Amin
(C) phenolische OH-Gruppe
(D) sekundärer Alkohol
(E) primärer Alkohol

F95

9.37 Welche Aussage zur abgebildeten Substanz trifft **nicht** zu?

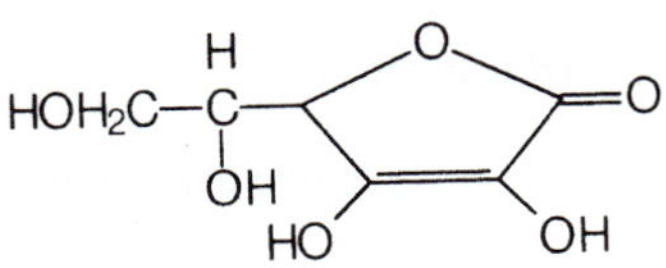

(A) Es handelt sich um Ascorbinsäure.
(B) Sie kann leicht oxidiert werden.
(C) Sie ist wegen der vielen polaren Gruppen gut wasserlöslich.
(D) Sie ist am mitochondrialen Elektronentransport beteiligt.
(E) Sie ist an der Bildung von Kollagenen beteiligt.

F95

9.38 Welche der nachfolgenden Verbindungen enthält **keinen** Phosphor?

(A) Sphingomyelin
(B) FAD
(C) Lecithin
(D) Acetylcholin
(E) Hydroxyapatit

H96

9.39 Welche der nachfolgenden Verbindungen enthält **keinen** Schwefel?

(A) Coenzym A
(B) Riboflavin
(C) Glutathion
(D) Biotin
(E) Thiamin

F95

9.40 Welche Aussage zum abgebildeten Nikotin trifft **nicht** zu?

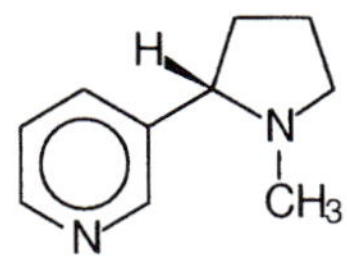

(A) Pyridin-Ring
(B) tertiäres Amin
(C) Es existieren Enantiomere.
(D) Imidazol-Ring
(E) freies Elektronenpaar an jedem Stickstoff-Atom

F98 H96

9.41 Welche Aussage zur abgebildeten Verbindung trifft zu?

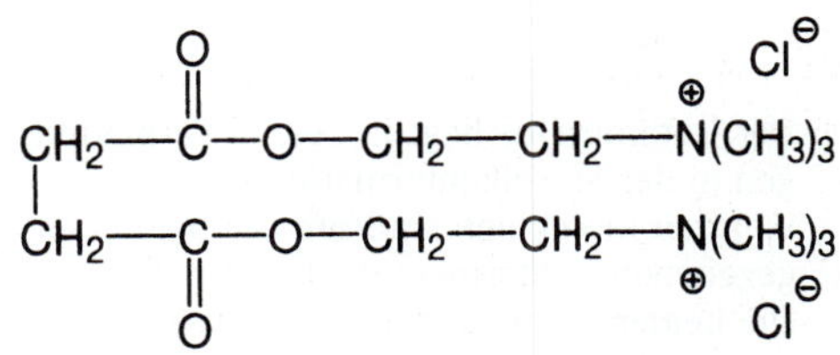

Sie ist ein

(A) Diacylglycerin
(B) Sphingomyelin
(C) quartäres Ammoniumsalz
(D) Zwitter-Ion
(E) Ester der Oxalsäure

F96

9.42 Die Verbindung

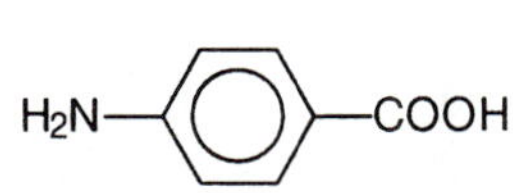

(A) heißt o-Aminobenzoesäure
(B) ist eine proteinogene Aminosäure
(C) wird zur Folsäuresynthese benötigt
(D) kann im menschlichen Stoffwechsel direkt synthetisiert werden
(E) ist ein Abbauprodukt des Tyrosins

9.36 (B) 9.37 (D) 9.38 (D) 9.39 (B) 9.40 (D) 9.41 (C) 9.42 (C)

H96

9.43 Welche Aussage trifft **nicht** zu?

Die Formeln stellen 2 molekulare Varianten eines Pharmakons dar.

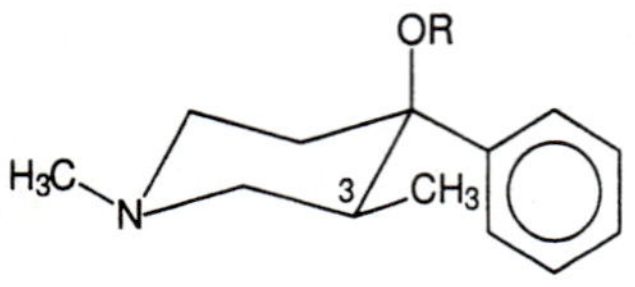

(1)

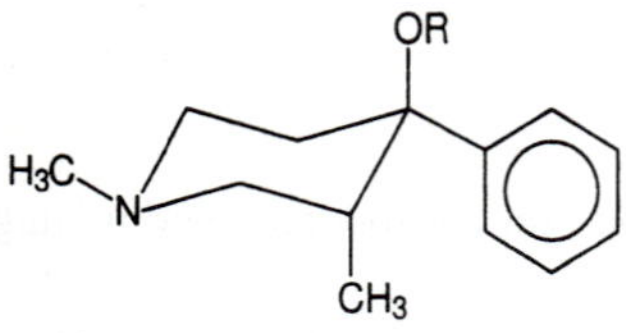

(2)

(A) Der Heterocyclus liegt in beiden Verbindungen in der Sesselkonformation vor.
(B) Von den Molekülen sind nur die beiden angegebenen Konformere denkbar.
(C) Die beiden Verbindungen sind diastereomer zueinander.
(D) In Verbindung (1) steht die Methylgruppe in trans-Stellung zum Phenylring.
(E) Beide Verbindungen sind tertiäre Amine.

H96

9.44 Welche Angabe zu den Bausteinen bzw. funktionellen Gruppen der abgebildeten Verbindung trifft **nicht** zu?

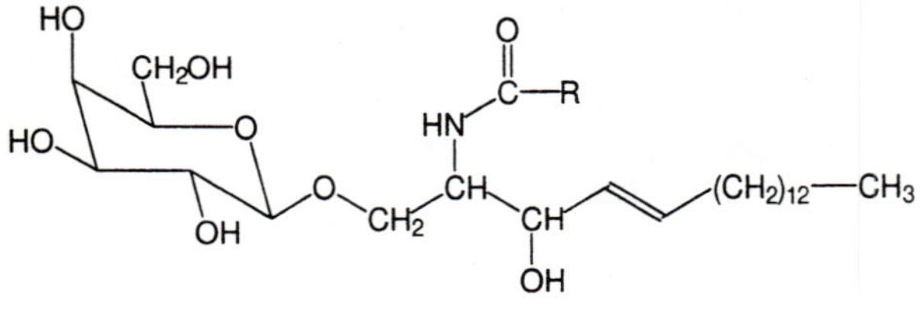

(A) D-Glucose
(B) β-glykosidische Bindung
(C) Säureamid
(D) sekundärer Alkohol
(E) trans-Doppelbindung

F98

9.45 Welche Aussage trifft **nicht** zu?

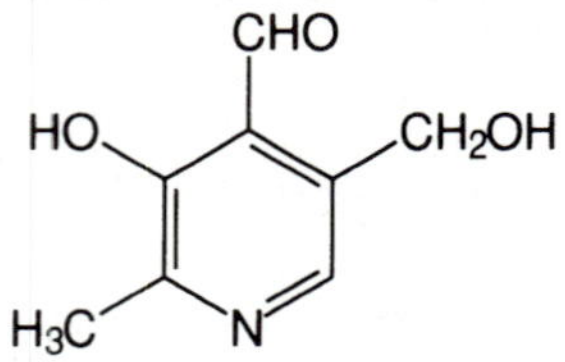

Die abgebildete Verbindung

(A) enthält einen Pyridinring
(B) kann am N-Atom protoniert werden
(C) ist in der Folsäure mit Ribose verbunden
(D) bildet als Coenzym mit Aminogruppen Schiff-Basen
(E) gehört zu den wasserlöslichen Vitaminen

H97

9.46 Welche Aussage trifft **nicht** zu?

Bei der abgebildeten Verbindung handelt es sich um Menthol.

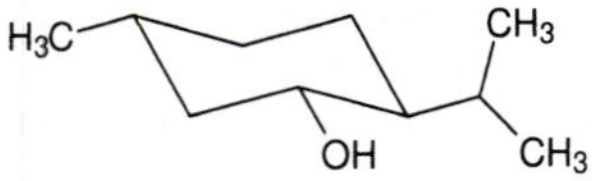

(A) Es hat die Summenformel $C_{10}H_{20}O$.
(B) Es enthält eine iso-Propylgruppe.
(C) Es hat insgesamt zwei stereogene Zentren.
(D) Es ist ein sekundärer Alkohol.
(E) Die Oxidation ergibt ein Keton.

9.43 (B) 9.44 (A) 9.45 (C) 9.46 (C)

H97

9.47 Welche Aussage zur dargestellten Verbindung (das Gestagen Norgestrel) trifft **nicht** zu?

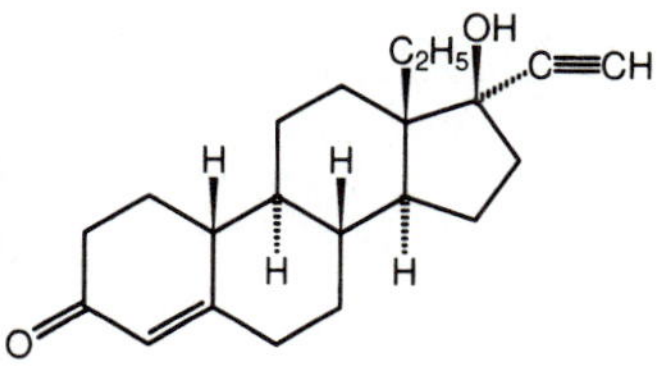

(A) Es handelt sich um ein Derivat des Sterans.
(B) Die Verbindung enthält eine Alkingruppe.
(C) Die Verbindung enthält eine sekundäre Alkoholgruppe.
(D) Fünf- und Sechsring sind miteinander „trans" verknüpft.
(E) Die Verbindung enthält eine Carbonylgruppe.

H97

9.48 Welche Angabe zu den funktionellen Gruppen der abgebildeten Verbindung (Tetracyclin) trifft **nicht** zu?

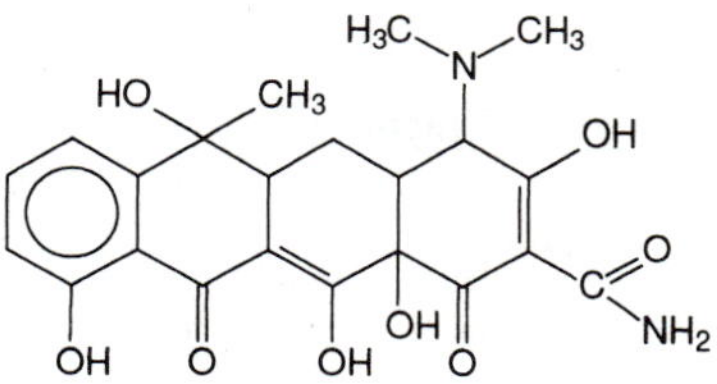

(A) Carbonsäureamid
(B) sekundärer Alkohol
(C) tertiäres Amin
(D) tertiärer Alkohol
(E) phenolisches OH

F98

9.49 Welche Aussage trifft **nicht** zu?

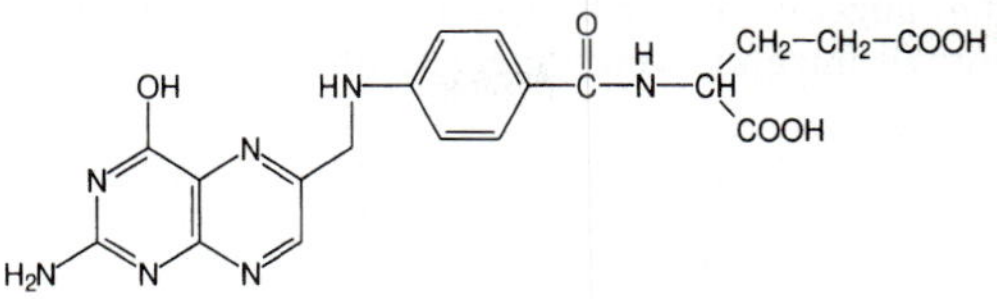

Die abgebildete Verbindung

(A) ist ein Vitamin
(B) enthält als Baustein Glutaminsäure
(C) enthält als Baustein p-Aminobenzoesäure
(D) geht bei der Reduktion in $FADH_2$ über
(E) ist in aktivierter Form Coenzym im C_1-Stoffwechsel

F97

9.50 Welche Angabe zu den Strukturelementen der abgebildeten Verbindung (das Diuretikum Furosemid) trifft **nicht** zu?

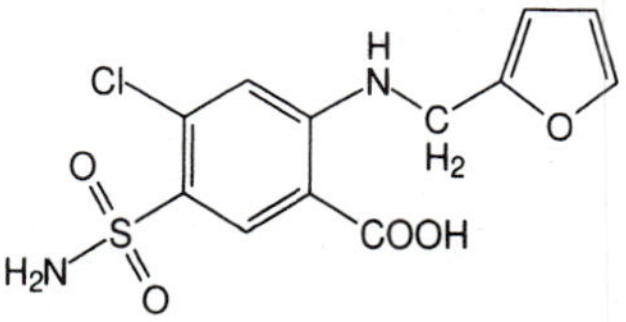

(A) sekundäres Amin
(B) Sulfonsäureamid
(C) Carboxylgruppe
(D) Heterocyclus
(E) p-Stellung von Cl und N am Benzolring

F97

9.51 Welche Angabe zu den Bausteinen bzw. funktionellen Gruppen nachstehender Verbindung trifft **nicht** zu?

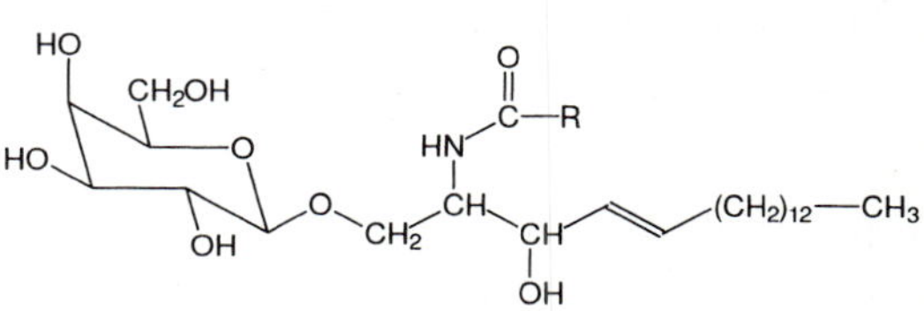

(A) D-Galaktose
(B) α-glykosidische Bindung
(C) Säureamid
(D) sekundärer Alkohol
(E) trans-Doppelbindung

9.47 (C) 9.48 (B) 9.49 (D) 9.50 (E) 9.51 (B)

F98

9.52 Welche Aussage trifft **nicht** zu?

Die abgebildete Teilstruktur eines Arzneimittels enthält folgende funktionelle Gruppen:

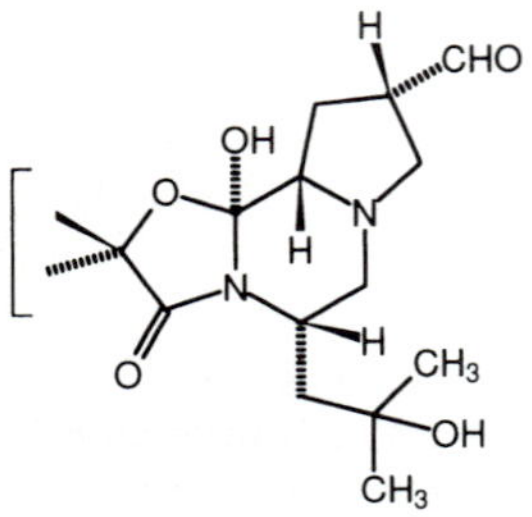

(A) Aldehyd
(B) tertiäres Amin
(C) Carbonsäureamid
(D) sekundäres Amin
(E) tertiärer Alkohol

F98

9.53 Bei der dargestellten Verbindung handelt es sich um β-Carotin.

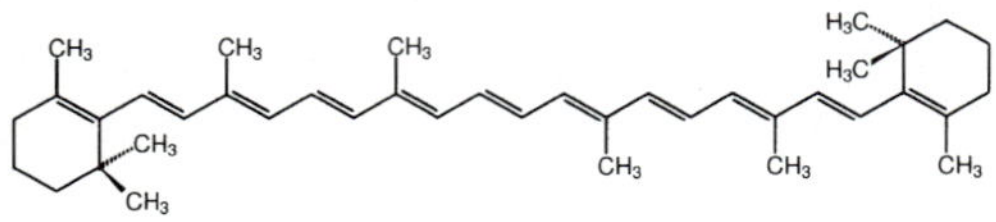

(1) Es ist ein Kohlenwasserstoff.
(2) Es ist ein Isoprenoid.
(3) Sämtliche Doppelbindungen sind konjugiert.
(4) Es ist eine biosynthetische Vorstufe des Vitamins B_1.
(5) Es dient als Cofaktor von Oxidoreduktasen.

(A) nur 1 und 2 sind richtig
(B) nur 2 und 5 sind richtig
(C) nur 1, 2 und 3 sind richtig
(D) nur 1, 3 und 4 sind richtig
(E) 1 – 5 = alle sind richtig

F98

9.54 Welche Aussage trifft **nicht** zu?

Abgebildet ist die allgemeine Formel eines Lecithins.

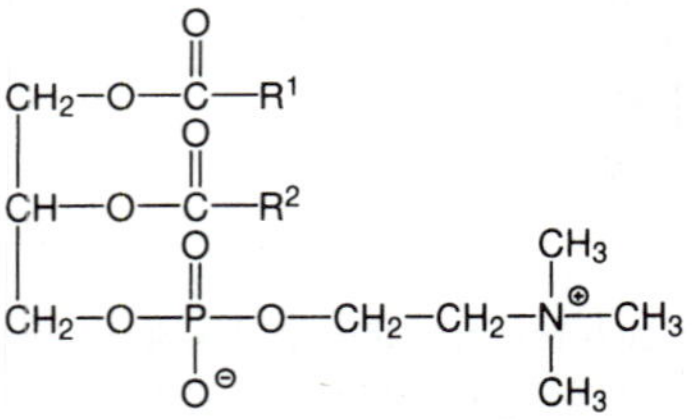

(A) Es ist ein Phospholipid.
(B) Es handelt sich um ein Derivat des Sphingosins.
(C) Bei der Hydrolyse des Lecithins werden die Fettsäuren R^1COOH und R^2COOH in äquimolarem Verhältnis freigesetzt.
(D) Es enthält die Cholin-Substruktur.
(E) Es kann Lipid-Doppelschichten bilden.

Fragen aus Examen Herbst 1998

H98

9.55 Welche Aussage trifft **nicht** zu?

Die abgebildete Verbindung

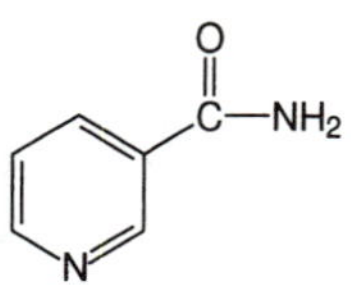

(A) ist ein Säureamid
(B) enthält einen Pyrimidinring
(C) ist Bestandteil von NAD^+
(D) kann am N-Atom des Ringes verknüpft sein
(E) kann als Teil eines Coenzyms ein $^-$-Ion anlagern

9.52 (D) 9.53 (C) 9.54 (B) 9.55 (B)

H98

9.56 Welche Aussage trifft **nicht** zu?

Bei der abgebildeten Verbindung handelt es sich um Coenzym A (CoA).

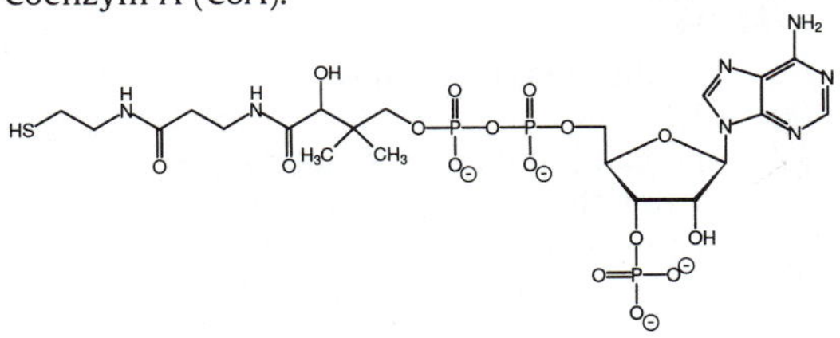

(A) CoA weist eine Thiolgruppe auf.
(B) Carbonsäuren werden im Rahmen des Carbonsäure-Metabolismus als Thioester mit CoA aktiviert.
(C) CoA weist eine Phosphorsäureanhydrid-Bindung auf.
(D) CoA ist an der Aktivierung von Glucuronat beteiligt.
(E) CoA enthält das Strukturelement der Pantothensäure.

H98

9.57 Welche Aussage zum abgebildeten Antibiotikum Ampicillin trifft **nicht** zu?

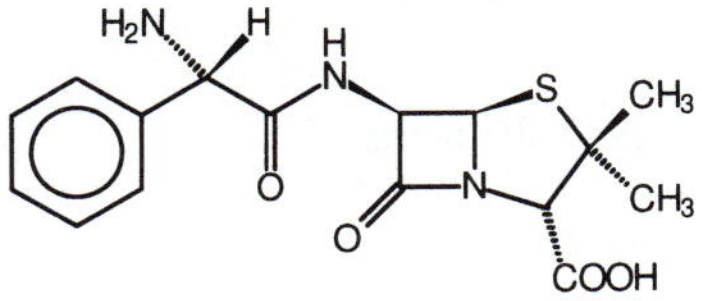

(A) Ampicillin enthält einen β-Laktamring.
(B) Ampicillin enthält eine Phenylalanin-Substruktur.
(C) Ampicillin hat insgesamt fünf Chiralitätszentren.
(D) Die β-Laktamgruppe ist gegenüber Nukleophilen reaktiver als die Amidgruppe.
(E) Eine antibiotische Wirkung des Ampicillins beruht auf der Hemmung der bakteriellen Zellwand-Biosynthese.

H98

9.58 Welche Angabe zu den Strukturelementen der abgebildeten Verbindung (Adriamycin) trifft **nicht** zu?

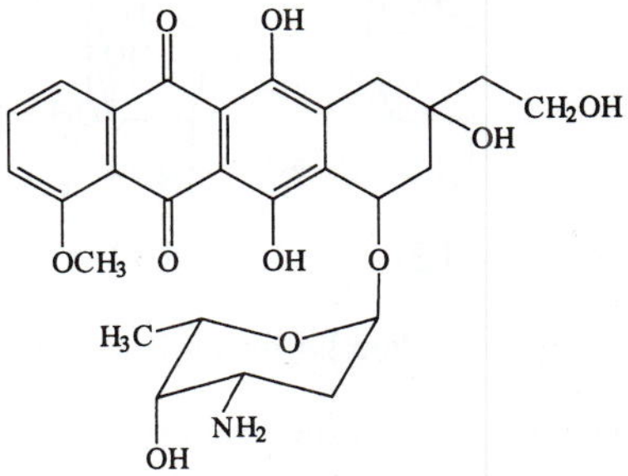

(A) sekundärer Alkohol
(B) Phenol
(C) primäres Amin
(D) Ether
(E) Aldehyd

10 Kohlenhydrate

10.1 Monosaccharide

10.1.1 Klassifizierung

H86

10.1 Welche Aussage zu 1,3-Dihydroxyaceton trifft **nicht** zu?

1,3-Dihydroxyaceton

(A) ist die einfachste Ketose
(B) ist achiral
(C) enthält 2 sekundäre Alkoholgruppen
(D) wird zu Glycerin reduziert
(E) ist in wäßriger Lösung solvatisiert

9.56 (D) 9.57 (***) 9.58 (E) 10.1 (C)

F84

10.2 Welche Aussage zu den folgenden Monosacchariden trifft **nicht** zu?

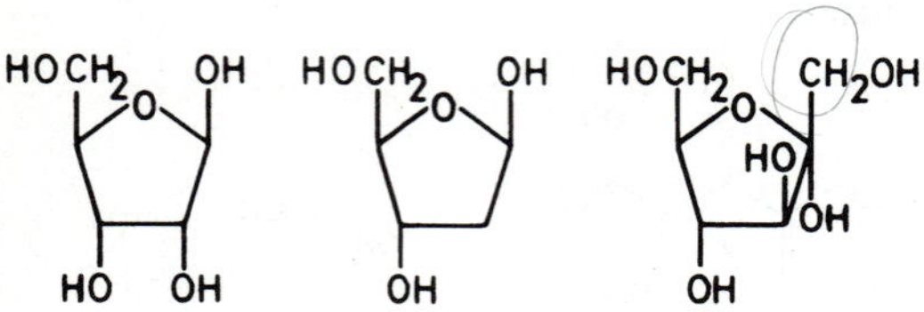

(1) (2) (3)

(A) Alle drei Verbindungen liegen als Furanosen vor.
(B) Alle drei Verbindungen sind Pentosen.
(C) (1) und (2) liegen als Halbacetal vor.
(D) (2) ist ein 2-Desoxyzucker.
(E) (3) liegt eine Ketose zugrunde.

H93

10.3 Welche Aussage über die Zuckeralkohole Sorbitol (1) und Mannitol (2) trifft **nicht** zu?

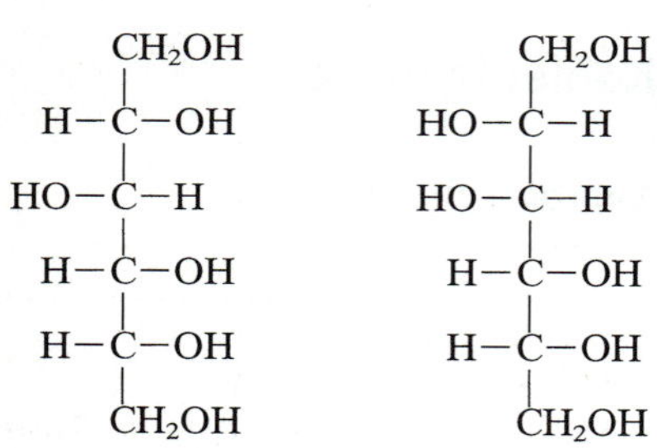

(1) (2)

(A) Sorbitol entsteht durch Reduktion von Glucose.
(B) Mannitol entsteht durch Reduktion von Mannose.
(C) Die Konfiguration der Kohlenstoffatome 2–5 ist in den Alkoholen die gleiche wie in den Zuckern, aus denen sie entstanden sind.
(D) Beide schmecken süß und können als Zuckerersatzstoffe verwendet werden.
(E) Beide kommen in der Pyranoseform vor.

H86

10.4 Welche Aussage zum Glycerinaldehyd trifft **nicht** zu?

Glycerinaldehyd

(A) ist die einfachste Aldose
(B) ist chiral
(C) enthält 2 primäre Alkoholgruppen
(D) läßt sich zu Glycerin reduzieren
(E) ist in wäßriger Lösung solvatisiert

F88

10.5 Welche Angabe zur abgebildeten Verbindung trifft **nicht** zu?

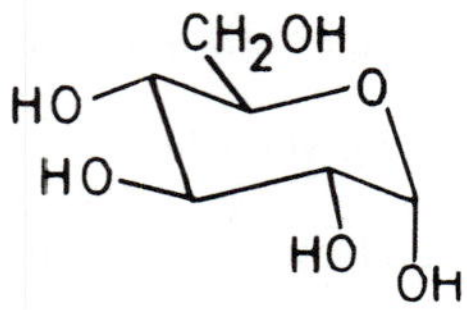

(A) Pyranose
(B) β-Form
(C) $^4C_1$-Konformation
(D) leicht oxidierbar zu Gluconsäure
(E) Baustein der Stärke

F91

10.6 Welche Aussage trifft **nicht** zu?

Die nebenstehend abgebildete Substanz (Sorbit)

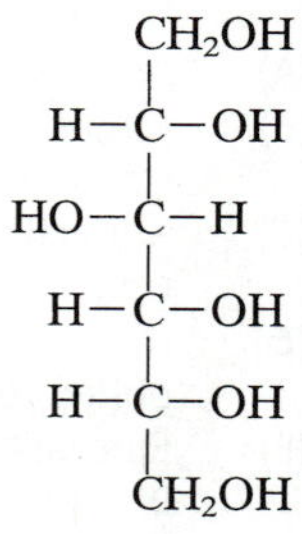

(A) ist eine Aldose
(B) hat 2 primäre OH-Gruppen
(C) hat 4 sekundäre OH-Gruppen
(D) hat 4 asymmetrisch substituierte C-Atome
(E) entsteht durch Reduktion von Fructose

10.2 (B) 10.3 (E) 10.4 (C) 10.5 (B) 10.6 (A)

10.1.2 Schreibweisen

H82

10.7 Welche Aussage trifft **nicht** zu?

Nebenstehende Verbindung (Fischer-Projektion) ist

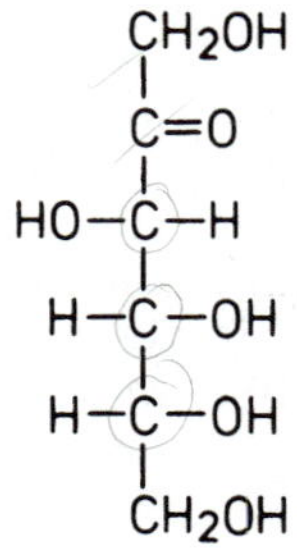

(A) ein Monosaccharid mit drei Chiralitätszentren
(B) Bestandteil der Lactose
(C) ein Strukturisomeres der Glucose
(D) D-Fructose
(E) eine Hexose der D-Reihe

10.1.3 Stereochemie

H95

10.8 α- und β-D-Glucose

(A) sind enantiomer zueinander
(B) können sich in wäßriger Lösung ineinander umwandeln
(C) haben gleichen Energiegehalt
(D) sind 1,4-verknüpft Bestandteil der Amylose
(E) unterscheiden sich durch die Stellung der OH-Gruppe an C-Atom 2

F92

10.9 Welche Aussage zu den Verbindungen (1) und (2) trifft **nicht** zu?

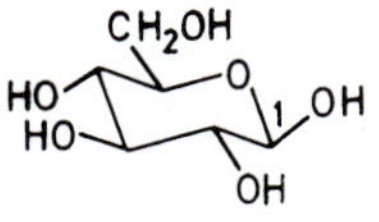

(1)

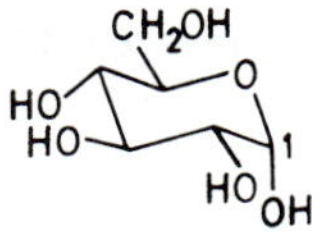

(2)

Sie sind

(A) Pyranosen
(B) zyklische Halbacetale
(C) Anomere der D-Glucose
(D) Konformere
(E) Diastereomere

H93

10.10 Welche Aussage zur Glucose trifft **nicht** zu?

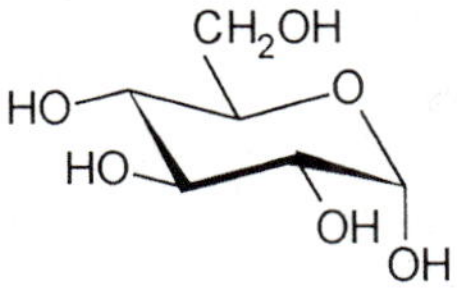

Die abgebildete Formel zeigt

(A) die Konfiguration der Chiralitätszentren
(B) die Konformation des Furanrings
(C) eine zyklische Halbacetalform
(D) die axiale Stellung der OH-Gruppe an C-1
(E) drei äquatorial stehende OH-Gruppen

H88

10.11 Welche Aussage trifft **nicht** zu?

Die abgebildete Substanz

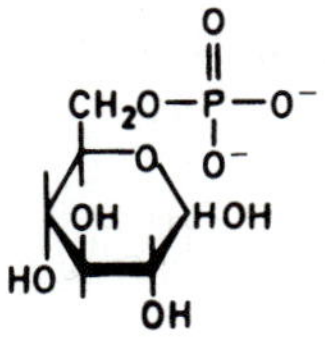

(A) ist ein Phosphorsäureester
(B) ist eine Pyranose
(C) kann im Stoffwechsel in Glucose-1-phosphat umgewandelt werden
(D) hat insgesamt 4 asymmetrische C-Atome
(E) ist Vorstufe der Glykogensynthese

H96

10.12 Welche Aussage trifft **nicht** zu?

D-Mannose und D-Glucose

(A) unterscheiden sich nur durch die Stellung der OH-Gruppe am C-Atom 2
(B) liegen in wäßriger Lösung vor allem in der Pyranoseform vor
(C) sind Bestandteil der Lactose
(D) sind diastereomer zueinander
(E) können enzymatisch ineinander umgewandelt werden

10.7 (B) 10.8 (B) 10.9 (D) 10.10 (B) 10.11 (D) 10.12 (C)

H94

10.13 Welche Aussage trifft **nicht** zu?

Das abgebildete Monosaccharid

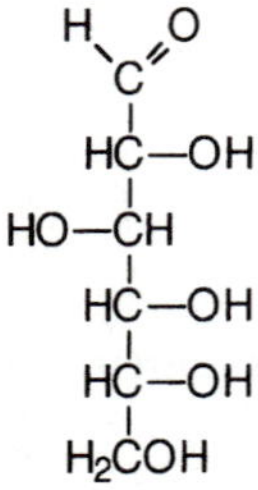

(A) ist ein Zucker der D-Reihe
(B) ist an C-Atom 3 L-konfiguriert
(C) ist die offenkettige Form einer Aldohexose
(D) ist enantiomer zu D-Mannose
(E) kann an C-Atom 6 zu einer Uron-Säure oxidiert werden

H95

10.14 Welche Aussage trifft **nicht** zu?

Das abgebildete Monosaccharid

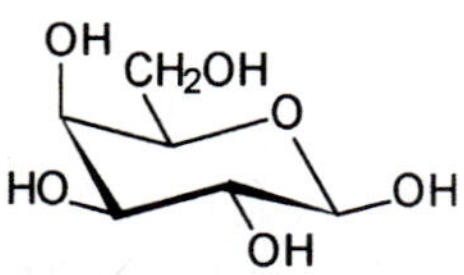

(A) ist Bestandteil der Saccharose
(B) ist ein β-Anomeres
(C) kann durch Ersatz der OH-Gruppe an C_2 durch eine NH_2-Gruppe einen Aminozucker bilden
(D) enthält die OH-Gruppen an C_3 und C_4 in cis-Konfiguration
(E) ist ein Epimeres der D-Glucose

F95

10.15 Das abgebildete Monosaccharid

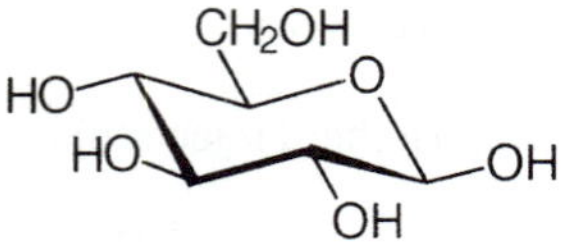

(A) ist β-D-Galaktose
(B) zeigt die Sesselkonformation der Furanoseform
(C) enthält sämtliche OH-Gruppen am Ring in äquatorialer Position
(D) zeigt eine trans-Konfiguration für die OH-Gruppen an C_1 und C_3
(E) kann an C_1 zur Uron-Säure oxidiert werden

F95

10.16 Welche Aussage trifft **nicht** zu?

Das abgebildete Monosaccharid

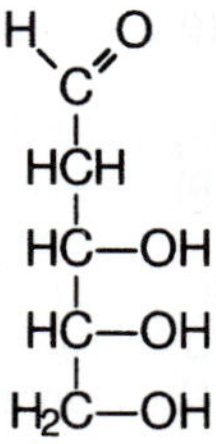

(A) ist ein 2-Desoxy-Zucker
(B) ist eine Aldopentose
(C) geht durch Ringschluß zwischen C_1 und C_4 in eine Furanoseform über, wobei 2 Anomere entstehen
(D) liegt in wäßriger Lösung überwiegend als zyklisches Halbacetal vor
(E) hat in der abgebildeten Form drei Asymmetriezentren

H96

10.17 Welche Aussage trifft **nicht** zu?

Galaktose

(A) unterscheidet sich von der Glucose in der Konfiguration am C-Atom 4
(B) ist im Milchzucker β-glykosidisch mit Glucose verknüpft
(C) ist Bestandteil der Maltose
(D) ist eine Zuckerkomponente von Gangliosiden
(E) ist eine Strukturkomponente der Blutgruppensubstanzen des AB0-Systems

10.13 (D) 10.14 (A) 10.15 (C) 10.16 (E) 10.17 (C)

10.1.5 Reaktionen

10.18 Welche Aussage über die numerierten ringförmigen Verbindungen trifft **nicht** zu?

(1)

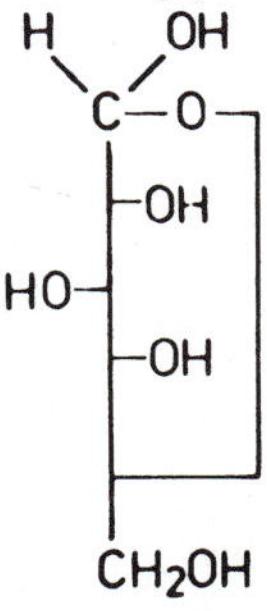

(2)

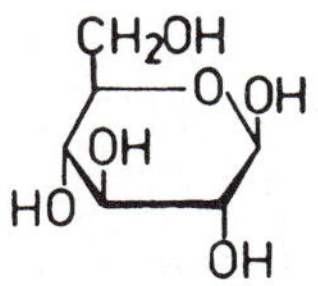

(3)

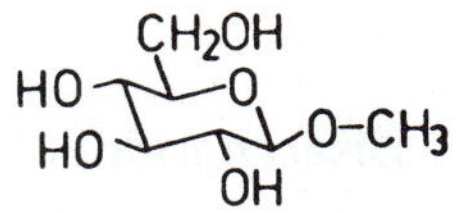

(A) 1 ist eine Hexose
(B) 1 ist ein Vollacetal
(C) 2 ist eine Pyranose
(D) 2 ist ein Halbacetal
(E) 3 ist ein Vollacetal

H82

10.19 Welche Aussage trifft **nicht** zu?

(A) D-Glucopyranose hat reduzierende Eigenschaften.
(B) D-Glucopyranose steht in wäßriger Lösung im Gleichgewicht mit der α- und β-Form.
(C) In der β-D-Glucopyranose in $^4C_1$-Konformation stehen alle OH-Gruppen äquatorial.
(D) D-Glucopyranose ist an C-4 gleich konfiguriert wie Glucosamin.
(E) D-Glucopyranose wird durch Oxidation der OH-Gruppe an C-6 zu Gluconsäure umgewandelt.

H86

10.20 Welche Aussage zu nachstehenden Verbindungen trifft **nicht** zu?

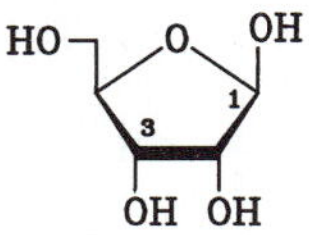

(1)

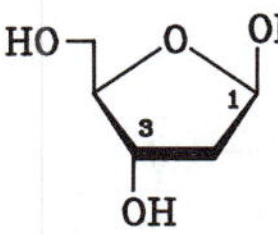

(2)

(A) (1) und (2) sind Pentosen.
(B) (1) und (2) liegen als Furanosen vor.
(C) (1) ist Baustein der RNA.
(D) (2) ist Baustein der DNA.
(E) Die Umwandlung von (1) in (2) entspricht einer Oxidation.

10.1.6 Funktion

F86

10.21 Welche Aussage zum abgebildeten α-D-Fructose-1,6-bisphosphat trifft **nicht** zu?

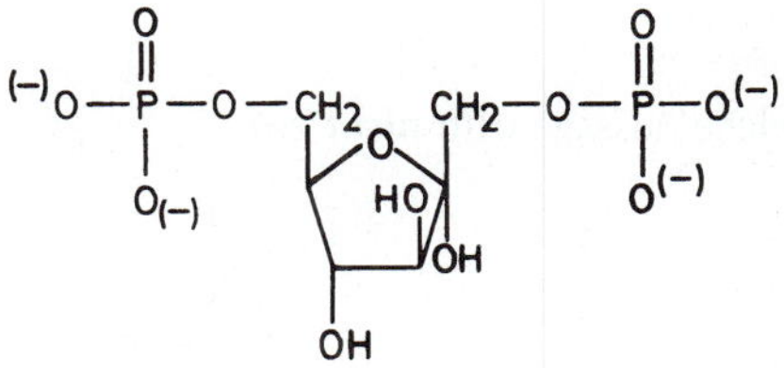

(A) Die Fructose liegt als Furanose vor.
(B) Diese Verbindung ist Zwischenprodukt beim Abbau der Glucose in der Zelle.
(C) Die beiden Phosphorsäurereste sind als Ester gebunden.
(D) Der zugrunde liegende Zucker ist auch Baustein im ATP.
(E) In Gegenwart des Enzyms Aldolase steht es im Gleichgewicht mit Dihydroxyacetonphosphat und D-Glycerinaldehyd-3-phosphat.

10.18 (B) 10.19 (E) 10.20 (E) 10.21 (D)

H96

10.22 Welche Aussage zum D-Fructose-1,6-bisphosphat trifft **nicht** zu?

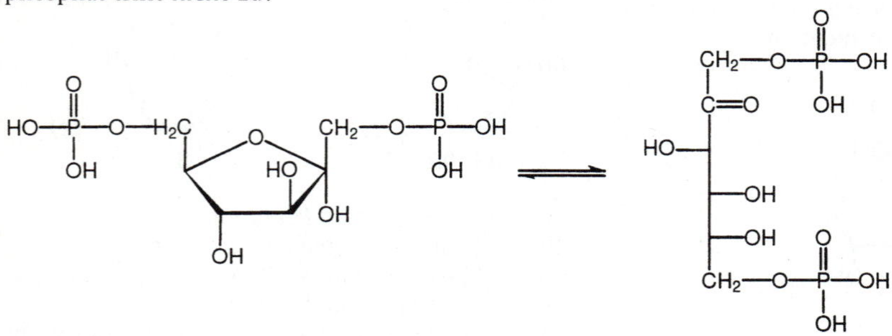

(1) (2)

(A) Phosphorsäurediester
(B) (1) ist ein zyklisches Halbketal.
(C) (2) ist eine Darstellung in der Fischer-Projektion.
(D) (1) ist die Furanose-Form.
(E) Mit Hilfe von Aldolase entstehen zwei C_3-Körper.

F87

10.23 Welche Aussage trifft **nicht** zu?

Die abgebildete Substanz

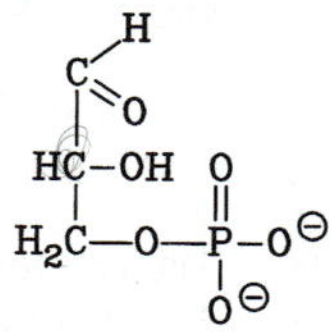

(A) ist Glycerinaldehydphosphat
(B) ist ein Phosphorsäureester
(C) enthält ein asymmetrisches C-Atom
(D) entsteht in der Glykolyse durch Spaltung von Glucose-1,6-bisphosphat
(E) steht in der Glykolyse im Gleichgewicht mit Dihydroxyacetonphosphat

10.2 Disaccharide

10.2.1 Klassifizierung, Aufbau
10.2.2 Struktur

H95

10.24 Welche Angabe zur Reaktion bzw. den denkbaren Produkten trifft **nicht** zu, wenn zwei Moleküle D-Glucose zu einem Disaccharid verknüpft werden?

(A) 1,6-Verknüpfung ist möglich.
(B) Es entsteht eine glykosidische Bindung.
(C) Bei 1,4-Verknüpfung hat das Produkt reduzierende Eigenschaften.
(D) Es erfolgt eine Wasserabspaltung.
(E) Das Produkt könnte Lactose sein.

F96

10.25 Welche Angabe zur Reaktion bzw. den denkbaren Produkten trifft **nicht** zu, wenn zwei Moleküle D-Glucose zu einem Disaccharid verknüpft werden?

(A) Es bildet sich ein Lacton.
(B) Eine β-glykosidische Bindung ist möglich.
(C) Eine α-glykosidische Bindung ist möglich.
(D) 1,4-Verknüpfung ist möglich.
(E) Das Produkt könnte Maltose sein.

10.22 (A) 10.23 (D) 10.24 (E) 10.25 (A)

F95

10.26 In welchen Verbindungen liegt eine glykosidische Bindung vor?

(1) D-Glucose
(2) Maltose
(3) Lactose
(4) ATP
(5) Ascorbinsäure

(A) nur 1 und 2 sind richtig
(B) nur 2 und 3 sind richtig
(C) nur 4 und 5 sind richtig
(D) nur 2, 3 und 4 sind richtig
(E) nur 1, 2, 3 und 5 sind richtig

F91

10.27 Welche Aussage trifft **nicht** zu?

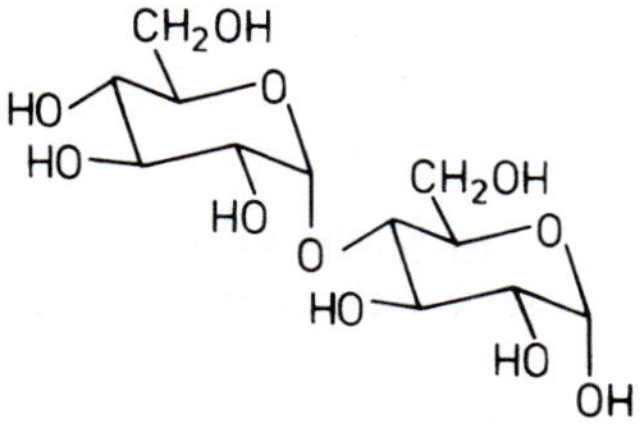

Bei der vorstehenden Verbindung handelt es sich um

(A) Maltose
(B) ein Stereoisomeres der Saccharose
(C) einen Baustein der Stärke
(D) 2 Moleküle D-Glucose in α-1,4-Verknüpfung
(E) ein Disaccharid

F96

10.28 Welche Aussage trifft **nicht** zu?

Lactose und Maltose

(A) haben dieselbe Molmasse
(B) sind unterschiedlich C_1-C_4 verknüpft
(C) können als α- und β-Anomere vorliegen
(D) besitzen beide reduzierende Eigenschaften
(E) können beide durch Maltase abgebaut werden

F98

10.29 Welche Aussage trifft **nicht** zu?

Bei der abgebildeten Verbindung handelt es sich um Saccharose

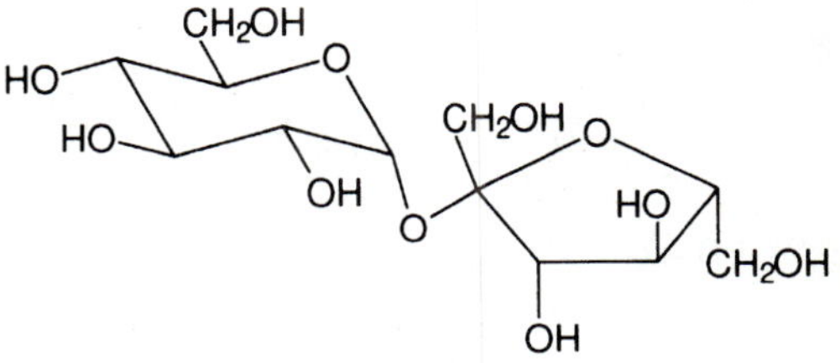

(A) Saccharose ist aus D-Glucose und D-Fructose aufgebaut.
(B) In der Saccharose liegen beide Monosaccharid-Bausteine als α-Anomere vor.
(C) Säuren katalysieren die Hydrolyse der Saccharose zu den Monosacchariden.
(D) Im Gastrointestinaltrakt wird Saccharose durch eine Disaccharidase gespalten.
(E) Saccharose ist ein nicht-reduzierender Zucker.

10.3 Oligo- und Polysaccharide

10.3.1 Klassifizierung, Aufbau
10.3.2 Struktur

F86

10.30 Welche Aussage zum abgebildeten Biopolymeren trifft **nicht** zu?

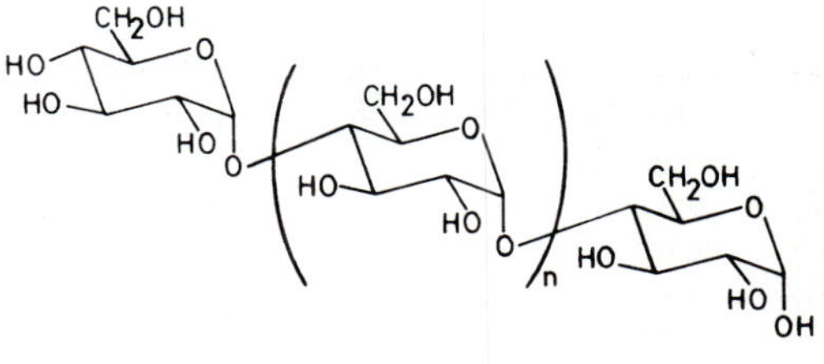

(A) Die Bausteine sind 1,4-verknüpft.
(B) Die Bausteine liegen als Pyranosen vor.
(C) Beim Erwärmen mit wäßriger Säure entsteht als einziges Monosaccharid D-Glucose.
(D) Lange Ketten dieses Moleküls zeigen eine helikale Form.
(E) Für die enzymatische Hydrolyse wird eine β-Glucosidase benötigt.

10.26 (D) 10.27 (B) 10.28 (E) 10.29 (B) 10.30 (E)

H85

10.31 Prüfen Sie die folgenden Angaben zum abgebildeten Trisaccharid!

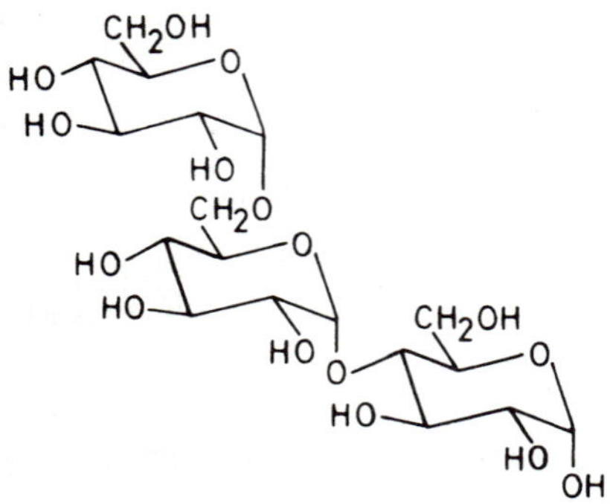

(1) Bei der sauren Hydrolyse entstehen 3 Moleküle D-Glucose.
(2) Es enthält eine 1,4- und eine 1,6-Glykosid-Bindung.
(3) Bausteine dieser Struktur sind in der Stärke enthalten.
(4) Bausteine dieser Struktur sind im Glykogen enthalten.
(5) Für seine enzymatische Hydrolyse werden α-Glucosidasen benötigt.

(A) nur 4 ist richtig
(B) nur 1 und 2 sind richtig
(C) nur 2 und 3 sind richtig
(D) nur 1, 2, 3 und 5 sind richtig
(E) 1 – 5 = alle sind richtig

F90

10.32 Glykosaminoglykane (saure Mucopolysaccharide)

(1) haben aufgrund ihres hohen Gehalts an Uronsäure und Sulfatestergruppen anionischen Charakter
(2) sind aus Disaccharideinheiten aufgebaute Linearpolymere
(3) enthalten Glucosamin- oder Galaktosamin-Reste
(4) können kovalent mit Protein verknüpft sein

(A) nur 1 und 4 sind richtig
(B) nur 2 und 3 sind richtig
(C) nur 1, 2 und 3 sind richtig
(D) nur 2, 3 und 4 sind richtig
(E) 1 – 4 = alle sind richtig

H86

10.33 In Rohrzucker (Saccharose) liegt

(1) eine 1 – 2-Verknüpfung vor
(2) Glucose in der α-Form vor
(3) Fructose in der β-Form vor
(4) Fructose in der Pyranose-Form vor

(A) nur 1 und 2 sind richtig
(B) nur 2 und 3 sind richtig
(C) nur 1, 2 und 3 sind richtig
(D) nur 1, 3 und 4 sind richtig
(E) 1 – 4 = alle sind richtig

F87

10.34 Welche Aussage zum abgebildeten Biopolymeren trifft zu?

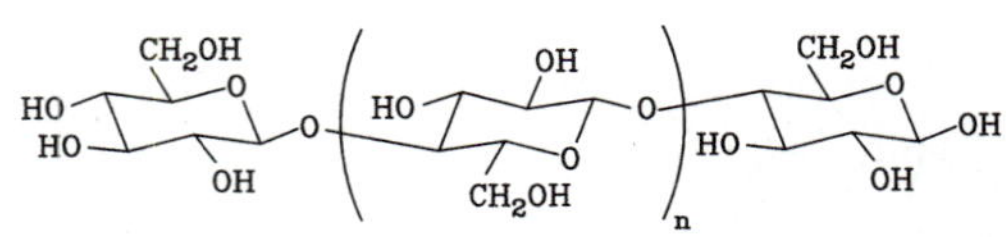

(A) Es ist das Grundgerüst der Stärke abgebildet.
(B) Lange Ketten dieses Moleküls zeigen einen helikalen Aufbau.
(C) Für seine enzymatische Hydrolyse benötigt man β-Glucosidasen.
(D) Die Bausteine liegen als Furanosen vor.
(E) Die Bausteine sind 1,6-verknüpft.

F89

10.35 Vergleichen Sie Cellulose und Stärke.

Welche Angabe trifft **nicht** für beide Substanzen zu?

(A) Biopolymere
(B) Polysaccharide
(C) Verzweigung durch 1,6-Verknüpfung
(D) 1,4-Verknüpfung der Hauptkette
(E) nur aus D-Glucose aufgebaut

10.31 (E) 10.32 (E) 10.33 (C) 10.34 (C) 10.35 (C)

H87

10.36 Welche der folgenden Angaben trifft (treffen) sowohl für Stärke als auch für Zellulose zu?

(1) Polysaccharid
(2) Verzweigung durch 1,6-Verknüpfung
(3) α-Glykosid-Bindung
(4) aus D-Glucose aufgebaut

(A) nur 4 ist richtig
(B) nur 1 und 2 sind richtig
(C) nur 1 und 4 sind richtig
(D) nur 1, 2 und 3 sind richtig
(E) nur 1, 3 und 4 sind richtig

H92

10.37 Zellulose kann **nicht** durch die pankreatische Amylase gespalten werden,

weil

die Glucosereste in Zellulose β-1,4-glykosidisch verknüpft sind.

F88

10.38 Welche Aussage zum Kollagen trifft **nicht** zu?

(A) Kollagen enthält glykosidisch gebundene Galaktose- und Glucosereste.
(B) Kollagen ist typischer Baubestandteil des Bindegewebes.
(C) Kollagen ist in Wasser unlöslich.
(D) Etwa jede dritte Aminosäure im Kollagenmolekül ist Glycin.
(E) Kollagen ist der Hauptbestandteil von Haaren und Nägeln.

10.3.3 Reaktionen

F88

10.39

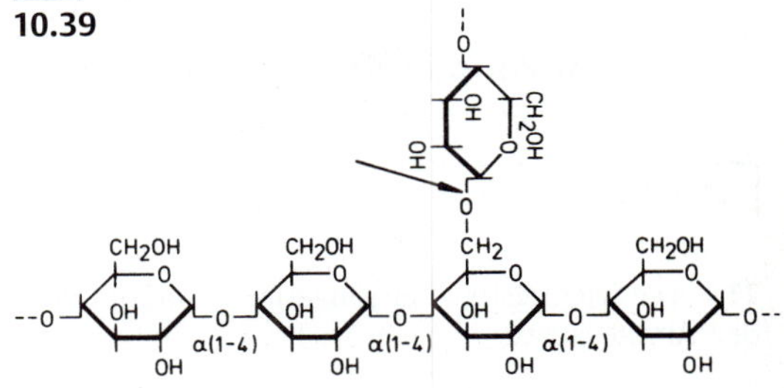

α-Amylase spaltet das in der Formel dargestellte Molekül an der durch Pfeil markierten Stelle,

weil

an der durch Pfeil markierten Stelle eine glykosidische Bindung vorliegt.

10.4 Fragen aus Examen Herbst 1998

H98

10.40 Welche Aussage trifft **nicht** zu?

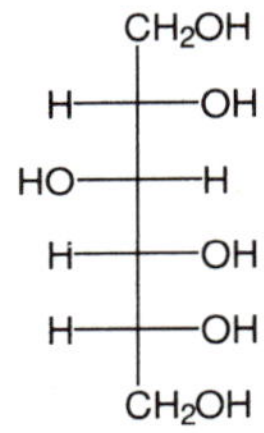

Abgebildet ist die Fischer-Projektion des Sorbits (Sorbitols).

(A) Sorbit ist ein Zuckeralkohol.
(B) Sorbit entsteht aus D-Glucose durch Addition von Wasser.
(C) Sorbit hat vier sekundäre Hydroxylgruppen.
(D) Sorbit hat vier Chiralitätszentren.
(E) D-Mannit (Mannitol) ist ein Stereoisomer des Sorbits.

10.36 (C) 10.37 (A) 10.38 (E) 10.39 (D) 10.40 (B)

11 Aminosäuren, Peptide, Proteine

11.1 Aminosäuren

11.1.2 Eigenschaften

11.1 Die wichtigsten, bei Säugetieren vorkommenden Aminosäuren

(A) sind Ampholyte
(B) haben D-Konfiguration am α-C-Atom
(C) haben einen isoelektrischen Punkt, der sich mit der Formel I.P. = $pK_{S1} + pK_{S2}$ berechnen läßt
(D) enthalten eine Peptidbindung
(E) Keine der vorstehenden Aussagen trifft zu.

H84

11.2 Wenn Sie 20 ml einer 0,1 molaren Alaninlösung mit 10 ml 0,1 molarer HCl versetzen, welchen pH-Wert hat die Lösung dann ungefähr?

(Alanin: $pK_{S1} = 2{,}3$; $pK_{S2} = 9{,}7$)

(A) 1,5
(B) 2,3
(C) 5,4
(D) 6,0
(E) 9,7

F93

11.3 Welche Aussage trifft **nicht** zu?

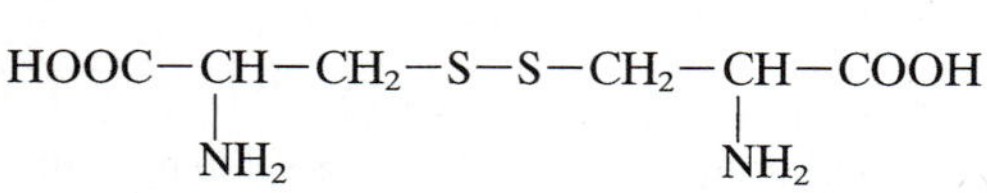

(A) heißt Cystin
(B) enthält eine Disulfidbrücke
(C) kann durch Reduktion in zwei Moleküle Cystein gespalten werden
(D) ist ein Dipeptid
(E) besitzt einen isoelektrischen Punkt

H97

11.4 Welche Aussage trifft **nicht** zu?

Cystein

(A) besitzt einen isoelektrischen Punkt
(B) kann zu Cystin oxidiert werden
(C) kann mit Schwermetallionen Chelatkomplexe bilden
(D) kann zu Methionin methyliert werden
(E) ist Baustein des Glutathions

F92

11.5 Welche Aussage trifft **nicht** zu?

Die abgebildete Verbindung

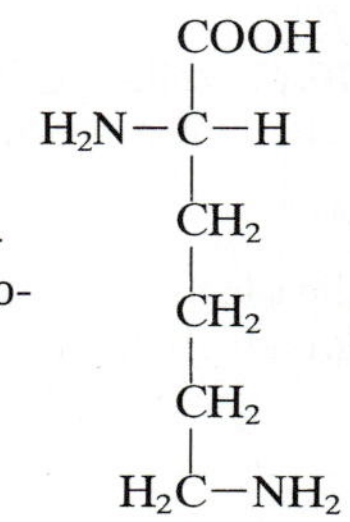

(A) ist die essentielle Aminosäure Lysin
(B) hat wegen ihrer drei funktionellen Gruppen zwei isoelektrische Punkte
(C) ist eine der Aminosäuren, die für die Basizität von Proteinen verantwortlich sind
(D) wird durch Decarboxylierung zu einem biogenen Amin abgebaut
(E) kann über die Carboxylgruppe und die α-Aminogruppe als Chelator wirken

F86

11.6 Welche Aussage zur Elektrophorese von Aminosäuren und Proteinen trifft **nicht** zu?

(A) Es können sowohl Aminosäuren als auch Proteine getrennt werden.
(B) Lysin wandert bei pH = 6 zur Kathode.
(C) Globuline lassen sich elektrophoretisch trennen.
(D) Bei einem pH-Wert, der dem isoelektrischen Punkt entspricht, zeigt ein Protein keine Wanderung.
(E) Die angelegte Spannung ist ohne Einfluß auf die Wanderungsgeschwindigkeit.

11.1 (A) 11.2 (B) 11.3 (D) 11.4 (D) 11.5 (B) 11.6 (E)

H88

11.7 Welche Angabe(n) zur abgebildeten Verbindung trifft (treffen) zu?

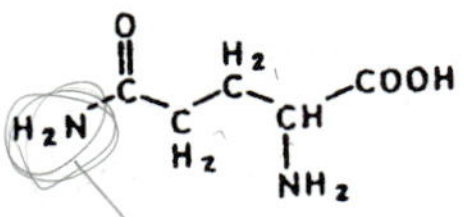

(1) α-Aminocarbonsäure
(2) basische Aminosäure
(3) besitzt zwei isoelektrische Punkte
(4) Lysin

(A) nur 1 ist richtig
(B) nur 2 ist richtig
(C) nur 1 und 2 sind richtig
(D) nur 1, 2 und 3 sind richtig
(E) 1–4 = alle sind richtig

H97

11.8 Welche Aussage trifft **nicht** zu?

Glutamin

(A) ist ein biogenes Amin
(B) leitet sich von Glutaminsäure ab
(C) ist eine neutrale Aminosäure
(D) enthält eine Säureamidgruppe
(E) besitzt einen isoelektrischen Punkt

F98

11.9 Die Decarboxylierung einer α-Aminosäure erfolgt nach folgender Gleichung:

$X \rightarrow HOOC-CH_2-CH_2-CH_2-NH_2 + CO_2$

Bei X handelt es sich um

(A) Lysin
(B) Glutamin
(C) Glutaminsäure
(D) Asparaginsäure
(E) Ornithin

H88

11.10 Welche Aussage zum Tryptophan trifft **nicht** zu?

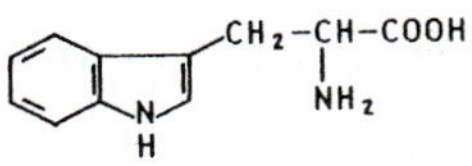

(A) Im Tryptophan liegt ein Indolringsystem vor.
(B) Durch Decarboxylierung entsteht ein biogenes Amin.
(C) 5-Hydroxytryptophan ist Vorstufe des Serotonins im Stoffwechsel.
(D) Die verschiedenen Diastereomeren des Tryptophans werden im Stoffwechsel unterschiedlich schnell decarboxyliert.
(E) Tryptophan ist eine essentielle Aminosäure.

H90

11.11 Welche Aussage zur Aminosäure mit der abgebildeten Formel trifft **nicht** zu?

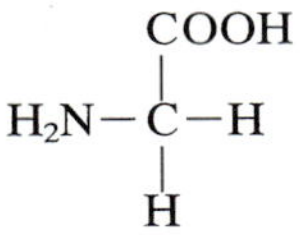

(A) Die Formel zeigt Glycin.
(B) Sie liegt in der L-Form vor.
(C) Sie ist an der Hämbiosynthese beteiligt.
(D) Sie wird zur Biosynthese des Purinringsystems und des Kreatins benötigt.
(E) Bei ihrer Decarboxylierung entsteht Methylamin.

H95

11.12 Welche Aussage zur abgebildeten Verbindung trifft **nicht** zu?

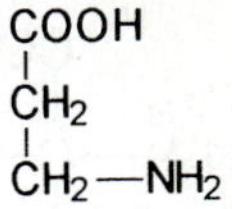

(A) Sie ist β-Alanin.
(B) Sie ist Bestandteil des Coenzyms A.
(C) Die Aminogruppe ist basischer als im α-Alanin.
(D) Sie steht mit einem ringförmigen Amid im Gleichgewicht.
(E) Sie ist achiral.

11.7 (A) 11.8 (A) 11.9 (C) 11.10 (D) 11.11 (B) 11.12 (D)

H93

11.13 Welche Aussage trifft **nicht** zu?

Die abgebildete Verbindung

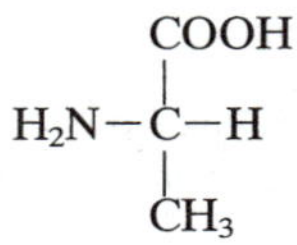

(A) heißt Alanin
(B) kann in enantiomeren Formen vorliegen
(C) wird zu Brenztraubensäure transaminiert
(D) hat einen isoelektrischen Punkt bei ca. pH = 6
(E) steht in wäßriger Lösung mit β-Alanin in einem Umlagerungsgleichgewicht

H96

11.14 Welche Aussage zum abgebildeten Threonin trifft **nicht** zu?

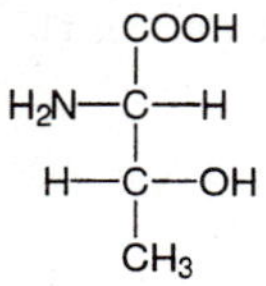

(A) Die Formel beschreibt L,D-Threonin.
(B) Es ist enantiomer mit dem D,L-Threonin.
(C) Es ist diastereomer mit D,D- oder L,L-Threonin.
(D) Die Drehwerte der Ebene des linear polarisierten Lichtes von L,D- und D,D-Threonin sind unterschiedlich.
(E) D,L-Threonin und L,D-Threonin haben in der Dünnschichtchromatographie unterschiedliche Laufgeschwindigkeiten.

F98

11.15 Welche Aussage trifft **nicht** zu?

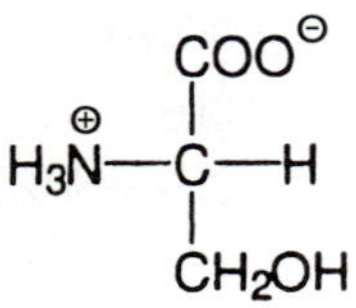

Die abgebildete Substanz

(A) ist L-konfiguriert
(B) hat einen isoelektrischen Punkt von etwa pH = 6
(C) ist proteinogen
(D) kann im Stoffwechsel aus Glycin entstehen
(E) wird zu Cholin decarboxyliert

11.1.3 Struktur

11.16 Welche der aufgeführten Aminosäuren besitzen Seitenketten, die unter physiologischen Bedingungen zur positiven Ladung eines Proteins beitragen können?

(1) Methionin
(2) Asparginsäure
(3) Tyrosin
(4) Lysin

(A) nur 4 ist richtig
(B) nur 1 und 4 sind richtig
(C) nur 2 und 3 sind richtig
(D) nur 1, 2 und 3 sind richtig
(E) nur 1, 3 und 4 sind richtig

H91

11.17 Welche Aussage zu den folgenden Verbindungen trifft **nicht** zu?

(1)

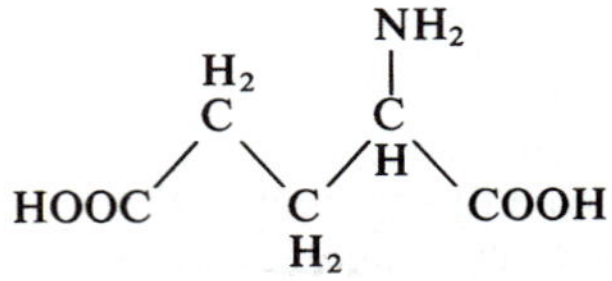

(2)

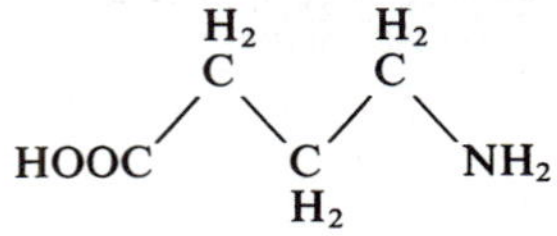

(A) Die Umwandlung von (1) in (2) ist eine Decarboxylierung.
(B) (1) und (2) besitzen einen isoelektrischen Punkt.
(C) (2) ist Glutamin.
(D) (1) ist ein Proteinbaustein.
(E) (1) ist eine saure Aminosäure.

11.13 (E) 11.14 (E) 11.15 (E) 11.16 (A) 11.17 (C)

F85

11.30 Welche der folgenden Aussagen trifft **nicht** zu?

Bei der Hydrolyse eines Dipeptids entstehen unter Aufnahme von einem Molekül Wasser die Aminosäuren Glycin und Alanin in gleichen molaren Mengen.

(A) Es sind insgesamt drei Dipeptide denkbar, die sich in ihrer Sequenz unterscheiden.
(B) Alle denkbaren Dipeptide haben eine freie Carboxylgruppe.
(C) Alle denkbaren Dipeptide besitzen einen isoelektrischen Punkt.
(D) Das Dipeptid läßt sich im sauren oder basischen Milieu hydrolysieren.
(E) Im Dipeptid ist das N-Atom der Peptidbindung schwächer basisch als das der endständigen Aminogruppe.

F87

11.31 Welche Aussage trifft **nicht** zu?

Vergleichen Sie folgende Verbindungen:

(1) H · Ala · Gly · Cys · OH
(2) H · Cys · Gly · Ala · OH

(A) Beide Verbindungen besitzen einen isoelektrischen Punkt.
(B) (1) und 2) unterscheiden sich in der Sequenz.
(C) Am Carboxylende steht in (1) Alanin, in (2) Cystein.
(D) Beide Verbindungen enthalten zwei Peptidbindungen.
(E) Beide Verbindungen enthalten Schwefel.

H87

11.32 Welche Aussage zum abgebildeten Peptid trifft **nicht** zu?

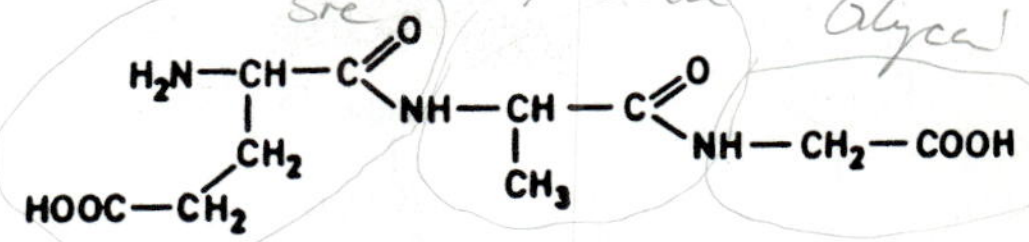

(A) Von dieser Verbindung sind Sequenz-Isomere denkbar.
(B) Am Carboxylende der Kette steht Glutaminsäure.
(C) Die Verbindung hat einen isoelektrischen Punkt.
(D) Bei der vollständigen Hydrolyse werden zwei Moleküle Wasser verbraucht.
(E) Bei der Hydrolyse entsteht u.a. Alanin.

H89

11.33 Welche Aussage zum künstlichen Süßstoff Aspartam trifft **nicht** zu?

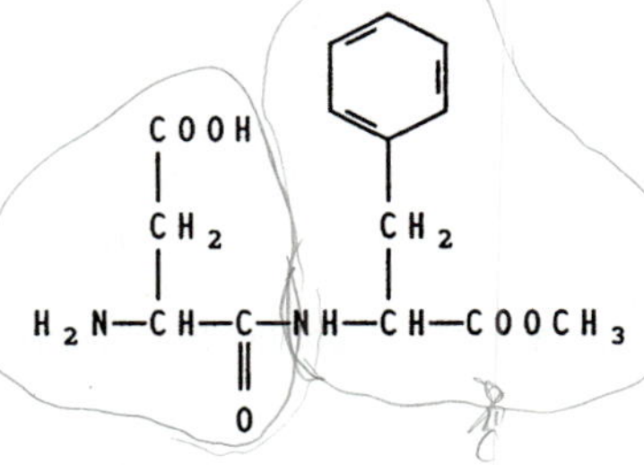

(A) Es besitzt einen isoelektrischen Punkt.
(B) Das Carboxylende ist verestert.
(C) Es enthält zwei Säureamid-Bindungen.
(D) Bei der Hydrolyse entstehen Asparaginsäure und Phenyalanin.
(E) Bei der Hydrolyse entsteht Methanol.

F98

11.34 Die abgebildete Formel zeigt ein Tripeptid.

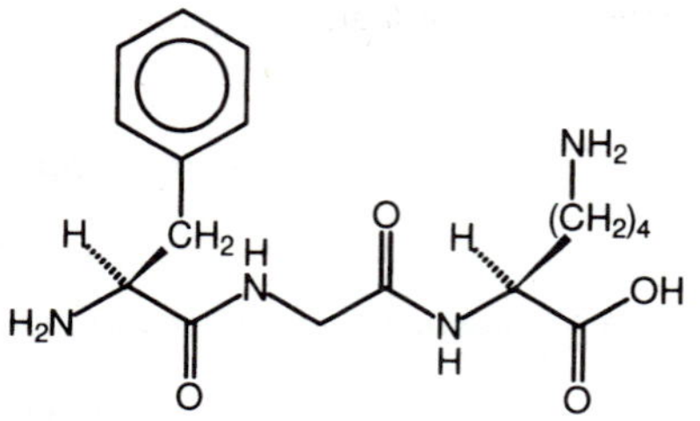

(1) Die Sequenz lautet Lys-Gly-Phe.
(2) Es handelt sich um ein basisches Tripeptid.
(3) Das Tripeptid ist nur aus proteinogenen Aminosäuren aufgebaut.
(4) Zur Hydrolyse des Tripeptids werden drei Äquivalente Wasser benötigt.
(5) Das Tripeptid enthält drei stereogene Zentren.

(A) nur 1 und 3 sind richtig
(B) nur 2 und 3 sind richtig
(C) nur 1, 2, 4 und 4 sind richtig
(D) nur 2, 3, 4 und 5 sind richtig
(E) 1 – 5 = alle sind richtig

11.2.2 Peptidbindung

11.35 Welche Aussagen zur Peptidbindung sind richtig?

(1) Die Atome der CO-Gruppe und der NH-Gruppe liegen in einer Ebene.
(2) Die Basizität des Amid-N-Atoms entspricht der des Methylamins.
(3) Sie wird durch Kochen mit Wasser leicht gespalten.
(4) Die Amid-CO-Gruppe kann Akzeptor für Wasserstoffbrücken sein.
(5) Die Reaktivität der CO-Gruppe gegenüber Nucleophilen entspricht der einer Säureanhydrid-CO-Gruppe.

(A) nur 1 und 4 sind richtig
(B) nur 2 und 5 sind richtig
(C) nur 1, 2 und 4 sind richtig
(D) nur 3, 4 und 5 sind richtig
(E) 1 – 5 = alle sind richtig

H85

11.36 Die abgebildete Verbindung ist ein Dipeptid,

weil

in nachstehender Verbindung zwei Aminosäuren kovalent miteinander verknüpft sind.

$HOOC-CH(NH_2)-CH_2-CH_2-C(=O)-NH-CH_2-CH_2-NH_2$

11.3 Proteine

11.3.1 Klassifizierung von Proteinen

F94

11.37 Welche Aussage zur α-Helix trifft **nicht** zu?

(A) Sie wird durch intramolekulare Wasserstoffbrücken stabilisiert.
(B) Die Seitenketten der Aminosäuren ragen aus der Helix heraus.
(C) Ein hoher Prolin-Anteil begünstigt ihre Ausbildung.
(D) Die α-Helix ist ein wesentliches Strukturelement der Globinkette im Hämoglobin.
(E) Die typische α-Helix setzt voraus, daß die Peptid-Bindung weitgehend planar konfiguriert ist.

H87

11.38 Welche Aussagen zur Struktur von Proteinen treffen zu?

(1) Die Tripelhelix des Kollagens wird durch Wechselwirkungen zwischen benachbarten Polypeptidketten stabilisiert.
(2) Die α-Helix wird durch Wasserstoffbrücken zwischen NH- und CO-Gruppen der gleichen Polypeptidketten stabilisiert.
(3) Faltblattstrukturen können durch Wasserstoffbrücken zwischen parallel oder antiparallel laufenden Polypeptidketten gebildet werden.
(4) Zufallsknäuel entstehen, wenn die Aminosäuresequenz weder die Ausbildung von helikalen noch von Faltblattstrukturen erlaubt.

(A) nur 1 und 2 sind richtig
(B) nur 3 und 4 sind richtig
(C) nur 1, 2 und 3 sind richtig
(D) nur 1, 3 und 4 sind richtig
(E) 1 – 4 = alle sind richtig

11.34 (B) 11.35 (A) 11.36 (E) 11.37 (C) 11.38 (E)

F88

11.39 Welche Aussage über die Proteinkonformation trifft **nicht** zu?

(A) Sie wird durch Glykosylierung und Phosphorylierung beeinflußt.
(B) Disulfidbrücken werden für die Bildung einer Faltblattstruktur benötigt.
(C) Durch Zugabe von Ammoniumsulfat können gelöste Proteine denaturiert werden.
(D) Manche Proteine können in 2 verschiedenen, reversibel ineinander überführbaren Konformationen vorliegen.
(E) Für die Sekundärstruktur eines Proteins ist der partielle Doppelbindungscharakter der Peptidbindung von Bedeutung.

11.3.2 Eigenschaften

H89

11.40 Basische Proteine wandern in der Elektrophorese bei pH = 6 zur Kathode,

weil

basische Proteine bei pH = 6 positiv geladen sind.

11.4 Fragen aus Examen Herbst 1998

H98

11.41 Welche Aussage trifft **nicht** zu?

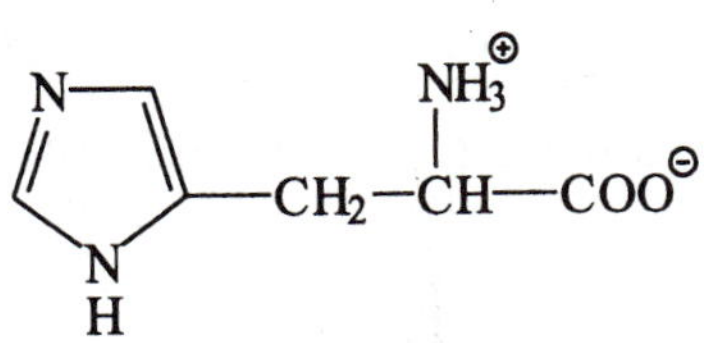

Die abgebildete Substanz

(A) ist ein Histidin
(B) enthält einen Imidazolring
(C) ist proteinogen
(D) kann am α-C-Atom D- oder L-konfiguriert sein
(E) ist bei pH = 2 ungeladen

H98

11.42 Welche Aussage trifft **nicht** zu?

Unter Wasserabspaltung verläuft die Bildung

(A) von Cystin aus zwei Molekülen Cystein
(B) eines Dipeptids aus zwei Aminosäuren
(C) von Cyclohexen aus Cyclohexanol
(D) von Diethylether aus zwei Molekülen Ethanol
(E) von Aconitat aus Citrat

H98 **!**

11.43 Welche Aussage trifft **nicht** zu?

Die abgebildete Formel zeigt ein Tripeptid.

(A) Die Sequenz lautet Tyr-Gly-Asp.
(B) Es handelt sich um ein saures Tripeptid.

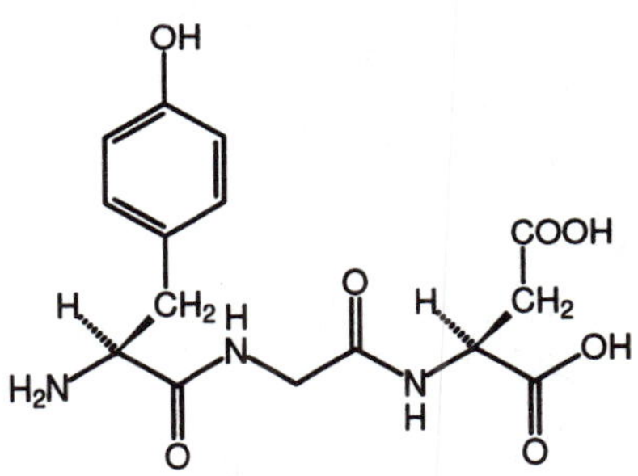

(C) Das Tripeptid ist nur aus proteinogenen Aminosäuren aufgebaut.
(D) Zur Hydrolyse des Tripeptids werden drei Äquivalente Wasser benötigt.
(E) Das Tripeptid enthält zwei Chiralitätszentren.

11.39 (B) 11.40 (A) 11.41 (E) 11.42 (A) 11.43 (D)

12 Fettsäuren, Lipide

12.1 Fettsäuren

H93

12.1 Welche Aussage trifft **nicht** zu?

Der Fettsäure-Abbau (β-Oxidation) läuft über folgende Zwischenstufen:

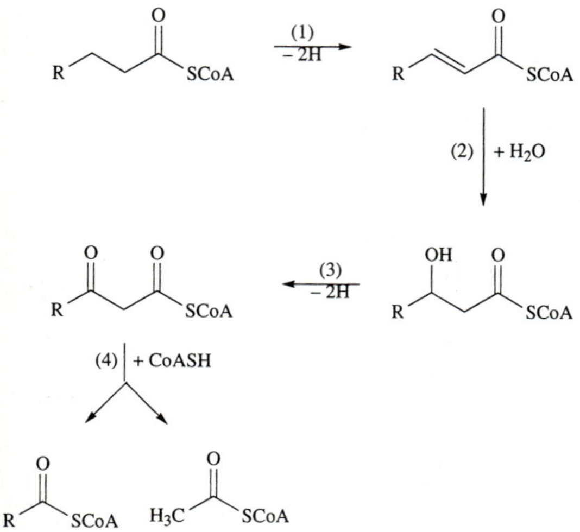

(A) Reaktion (1) ist eine Dehydrierung.
(B) Reaktion (2) ist eine Addition.
(C) Reaktion (3) ist eine Oxidation.
(D) Bei Reaktion (4) erhält man u.a. aktivierte Essigsäure.
(E) An Reaktion (3) ist FAD beteiligt.

12.2 Lipide

12.2.1 Klassifizierung

12.2 Welche Aussage über die Triacylglycerine (Triglyceride) trifft **nicht** zu?

(A) Sie liefern bei der alkalischen Hydrolyse Salze von Monocarbonsäuren.
(B) Sie lassen sich z.B. durch diese Formel beschreiben:

$CH_2{-}O{-}C_{17}H_{35}$
|
$CH{-}O{-}C_{17}H_{35}$
|
$CH_2{-}O{-}C_{17}H_{35}$

(C) Es sind lipophile Verbindungen.
(D) Sie liefern bei der Hydrolyse Glycerin.
(E) Sie enthalten drei Estergruppen.

F93

12.3 Welche Aussage trifft **nicht** zu?

Die abgebildete Verbindung

COOH
|
HCOH
|
H_2COH

(A) heißt Glycerolsäure
(B) kommt in enantiomeren Formen vor
(C) kann zu Glykol decarboxyliert werden
(D) kann durch Oxidation von Glycerolaldehyd entstehen
(E) bildet mit 3 Fettsäuremolekülen Triacylglycerole

12.1 (E) 12.2 (B) 12.3 (E)

12.2.2 Eigenschaften

F98

12.4 Welche Aussage zur abgebildeten Arachidonsäure trifft **nicht** zu?

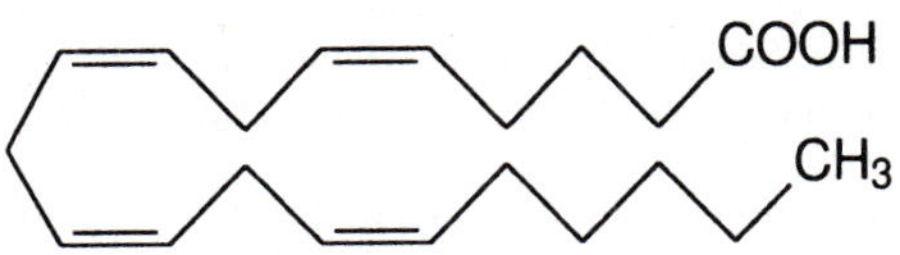

(A) Sie enthält vier cis-Doppelbindungen.
(B) Sie ist eine biologisch wichtige, ungesättigte Fettsäure.
(C) Sie enthält genau so viele C-Atome wie Ölsäure.
(D) Sie ist Biosynthese-Vorstufe der Thromboxane.
(E) Der Umbau zu den Prostaglandinen beginnt mit der Aufnahme von Sauerstoff unter Bildung eines Endoperoxids.

F95

12.5 Welche Aussage trifft **nicht** zu?

```
H3C-(CH2)4     CH2       (CH2)7-COOH
          \   /   \     /
           C=C     C=C
          /   \   /   \
         H     H H     H
```

Die abgebildete Verbindung

(A) heißt Linolsäure
(B) ist all-trans-konfiguriert
(C) hat genau so viele C-Atome wie Stearinsäure
(D) hat einen niedrigeren Schmelzpunkt als Stearinsäure
(E) gehört zu den essentiellen Fettsäuren

F94

12.6 Welche Aussage trifft **nicht** zu?

Mizellen

(A) können entstehen, wenn amphiphile Stoffe in ein wäßriges Milieu eingebracht werden
(B) entstehen in wäßriger Lösung aufgrund hydrophober Wechselwirkungen
(C) zeigen Ordnungsstrukturen
(D) liegen in verdünnten wäßrigen Lösungen von Natriumstearat vor
(E) werden durch Wasserstoffbrücken zwischen den amphiphilen Molekülen stabilisiert

12.3 Fragen aus Examen Herbst 1998

H98

12.7 Welche Aussage zum abgebildeten Ausschnitt aus einer Nucleinsäurekette trifft **nicht** zu?

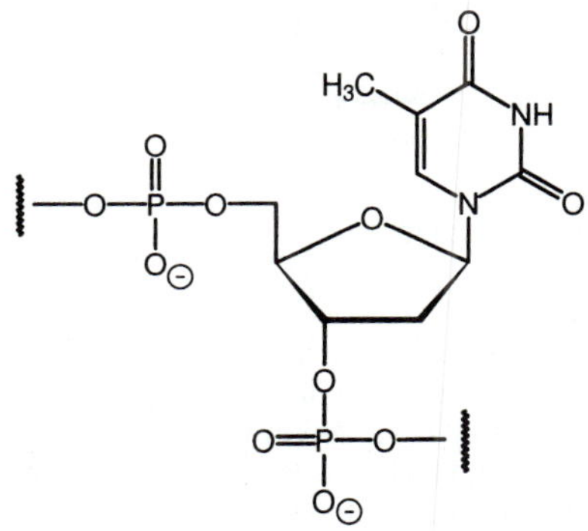

(A) Es handelt sich um einen Ausschnitt der DNA.
(B) Die Base ist ein Pyrimidinderivat.
(C) Die Base heißt Thymin.
(D) Nucleinsäuren enthalten energiereiche Phosphorsäureanhydridbindungen.
(E) Die abgebildete Nucleinsäure enthält 2-Desoxy-D-Ribose.

13 Nukleotide, Nukleinsäuren, Chromatin

H90

13.1 Welche Aussage trifft **nicht** zu?

Betrachten Sie die folgenden Reaktionen

(1) $ATP + H_2O \rightarrow ADP + P_i \quad \Delta G^{0\prime} = -30{,}5\ kJ$
(2) $\text{Glucose-6-phosphat} + H_2O \rightarrow \text{Glucose} + P_i \quad \Delta G^{0\prime} = -13{,}8\ kJ$

(A) Bei beiden Reaktionen handelt es sich um eine Hydrolyse.
(B) Beide Reaktionen sind exergon.
(C) Bei beiden Reaktionen wird eine Phosphorsäureesterbindung gespalten.
(D) Vom Energiegehalt her kann ATP Glucose in Glucose-6-phosphat überführen.
(E) ATP besitzt ein größeres Energiepotential zur Übertragung von Phosphatgruppen als Glucose-6-phosphat.

12.4 (C) 12.5 (B) 12.6 (E) 12.7 (D) 13.1 (C)

F89

13.2 Welche Aussage trifft **nicht** zu?

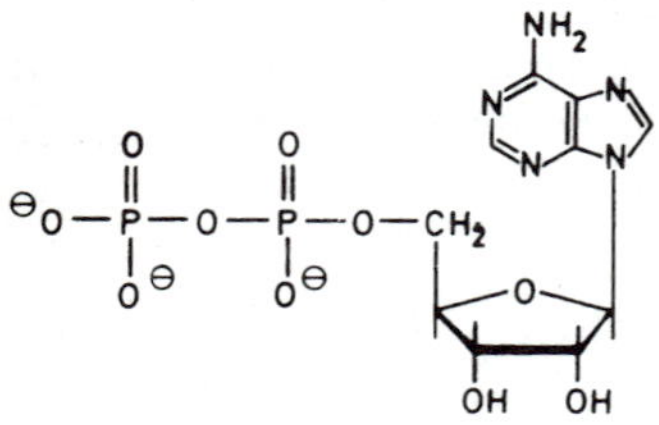

Die abgebildete Substanz

(A) ist ADP
(B) entsteht in exergoner Reaktion aus ATP
(C) enthält eine Säureanhydridbindung
(D) liegt intrazellulär als Anion vor
(E) überträgt den Phosphatrest auf Kreatin unter Bildung von Kreatinphosphat.

F90

13.3 Bei der Ausbildung von Wasserstoffbrücken zwischen Guanin und Cytosin muß Cytosin in der Enol-Form vorliegen,

weil

bei der Ausbildung von Wasserstoffbrücken zwischen Guanin und Cytosin Guanin in der Keto-Form vorliegt.

H90

13.4 Welche Aussage trifft **nicht** zu?

(A) Guanin und Adenin sind die Purinbasen der DNA und RNA.
(B) Guanin enthält ein Sauerstoffatom, das eine negative Partialladung hat.
(C) Das Sauerstoffatom des Guanins ist Protonenakzeptor bei der Basenpaarung mit Cytosin.
(D) Guanin enthält 2 Gruppen, die als Protonendonatoren für Wasserstoffbrücken fungieren.
(E) Guanin bildet mit Cytosin in der DNA 2 Wasserstoffbrückenbindungen aus.

F95

13.5 Welche Aussage trifft **nicht** zu?

Die nachstehend abgebildete Harnsäure

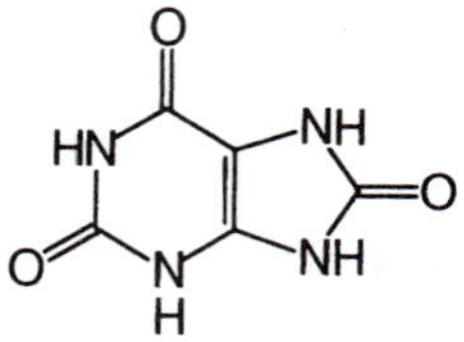

(A) ist ein Purinderivat
(B) ist ein Guanidinderivat
(C) enthält in jedem der beiden Ringe substituierten Harnstoff als Strukturelement
(D) kann durch Protonenwanderung ein aromatisches Ringsystem ausbilden
(E) ist für den Menschen das wichtigste Endabbauprodukt des Purinstoffwechsels

13.2 (E) 13.3 (D) 13.4 (E) 13.5 (B)

Kommentare

1 Ausgewählte anorganische Verbindungen

Das Kapitel 1 umfaßt die Formeln und Namen ausgewählter anorganischer Verbindungen. Examensfragen zu Kapitel 1 wurden in andere Kapitel des Fragen- und Kommentarteils integriert.

2 Ausgewählte organische Verbindungen

Das Kapitel 2 umfaßt die Formeln und Namen ausgewählter organischer Verbindungen. Examensfragen zu Kapitel 2 wurden in andere Kapitel des Fragen- und Kommentarteils integriert.

3 Aufbau der Materie

3.1 Atome, Elemente

3.1.1 Aufbau des Atoms
3.1.2 Ordnungszahl, Kernladungszahl, Massenzahl

F83

Frage 3.1: Lösung A

Atome bestehen bis auf das Wasserstoffatom (H) alle aus drei Elementarteilchen: Protonen und Neutronen im Atomkern (daher auch Nukleonen genannt) und Elektronen in der Atomhülle. Das Wasserstoffatom hat nur ein Proton und ein Elektron, aber kein Neutron!
Zu **(B)** und **(D):** Im Kern des H-Atoms gibt es kein Neutron.
Zu **(C):** Elektronen sind nie im Atomkern.
Zu **(E):** Abgesehen davon, daß es im H-Atom überhaupt kein Neutron gibt, liegen auch bei anderen Elementen nicht immer Protonen und Neutronen im Verhältnis 1 : 1 vor (siehe auch Isotope).

F86

Frage 3.2: Lösung A

Zu **(A):** Die Anzahl der Valenzelektronen bestimmt vor allem die chemischen Eigenschaften eines Elementes. So besitzen beispielsweise Edelmetalle eine gefüllte äußere Elektronenschale und sind daher chemisch sehr stabil. Alkalimetalle dagegen haben jeweils ein Elektron auf der äußeren Schale, das sehr leicht abgegeben werden kann. Darauf beruht die Reaktionsfähigkeit dieser Elemente und ihr Auftreten als einfach positiv geladene Ionen in allen ihren Verbindungen.
Zu **(B):** Die Nukleonenzahl faßt die Anzahl der im Kern befindlichen Neutronen und Protonen zusammen.
Zu **(C):** Betrachtet man die Perioden, so nimmt der Atomradius mit wachsender Kernladungszahl von links nach rechts ab. Da bei gleicher Zahl von Elektronenschalen die Kernladungszahl wächst, werden die Elektronen stärker an den Kern herangezogen. Innerhalb der Gruppen wächst der Atomradius von oben nach unten, da trotz höherer Kernladungszahl innerhalb einer Periode das zusätzliche Volumen der neuen Elektronenschale nicht kompensiert werden kann.
Beispiel: Wasserstoff 0,3 Å; Lithium 1,5 Å; Natrium 1,9 Å; Kalium 2,3 Å.
Zu **(D):** Siede- und Schmelzpunkt als physikalische Eigenschaften werden durch Eigenschaften wie Ionisierungsenergie und Bindungsverhältnisse bestimmt.
Zu **(E):** Isotope stehen im Periodensystem an der gleichen Stelle, haben also gleiche Kernladungszahl und damit gleiche Zahl von Protonen und Elektronen. Daher sind die chemischen Eigenschaften identisch.

F84

Frage 3.3: Lösung E

Zu **(A):** Elektronen sind stets negativ geladen.
Zu **(B):** Ionen können sowohl positiv als auch negativ geladen sein (z. B. Na^+, Cl^-).
Zu **(C):** Neutronen sind elektrisch neutral.
Zu **(D):** Ein β-Teilchen entsteht, wenn sich ein Neutron in ein Proton umwandelt. Es besitzt den Charakter eines Elektrons und ist damit negativ geladen.
Dieses Aussenden von β-Teilchen, auch β-Zerfall genannt, ist eine Art der natürlich vorkommenden Radioaktivität, die beim spontanen Zerfall instabiler Atomkerne entsteht. Die Ordnungszahl des betroffenen Atoms nimmt dabei um 1 zu, es entsteht ein neues Element.
Beispiel: ${}^{14}_{6}C \rightarrow {}^{14}_{7}N + e^-$.

3.1.3 Isotope

Isotope — III.1

Isotope stehen im Periodensystem an der gleichen Stelle, haben also gleiche Kernladungszahl und damit gleiche Zahl von Protonen und Elektronen. Sie unterscheiden sich in ihrer Neutro-

nenzahl und damit auch in ihrer Massenzahl. Die absolute Atommasse wird im wesentlichen durch die Anzahl der Protonen und Neutronen im Kern bestimmt, die Elektronen tragen zur Gesamtmasse nur in verschwindend geringem Umfang bei. Aufgrund der unterschiedlichen Neutronenzahl haben Isotope auch verschieden große absolute und damit natürlich auch verschieden große relative Atommassen.
Isotope:
- gleiche Kernladungszahl, gleiche Zahl von Protonen und Elektronen
- unterschiedliche Massenzahl, unterschiedliche Zahl von Neutronen
- verschiedene absolute und relative Atommasse.

Isotope sind damit physikalisch verschiedene Nuklide ein und desselben chemischen Elementes.

F91

Frage 3.4: Lösung B

Zu **(3):** Von Wasserstoff existieren zwei stabile (^1_1H und ^2_1H = Deuterium) und ein instabiles Isotop (^3_1H = Tritium); genauso verhält es sich beim Kohlenstoff (stabil: $^{12}_6C$, $^{13}_6C$; instabil: $^{14}_6C$). Ein Gemisch von Isotopen muß also nicht zwangsläufig radioaktiv sein.

F88

Frage 3.5: Lösung D

Zu **(1):** Vom Wasserstoff existieren drei Isotope:
^1_1H = Wasserstoff
^2_1H = Deuterium
^3_1H = Tritium.
Tritium besteht aus einem Proton und zwei Neutronen, während der Kern von ^3He aus zwei Protonen und einem Neutron aufgebaut ist. Die Anzahl der Nukleonen, d.h. der Kernteilchen insgesamt, ist für Tritium und ^{3}Helium gleich.
Zu **(2):** Isotope sind Elemente gleicher Protonenzahl, aber unterschiedlicher Neutronenzahl. Da Tritium ein Proton, Helium hingegen zwei Protonen besitzt, liegen keine Isotope vor.
Zu **(3):** Die Zahl der Elektronen entspricht der Kernladungszahl unten am Element, d.h. ^3_1H besitzt ein Elektron, während ^3_2He zwei Elektronen besitzt.

F87

Frage 3.6: Lösung B

Das häufigste Kohlenstoff-Isotop ist $^{12}_6C$ mit 6 Protonen, 6 Neutronen, 6 Elektronen und der Atommasse 12,0. Die C-Isotope mit der Massezahl 13 und 14 weisen 7 bzw. 8 Neutronen im Kern auf. Die Elektronenkonfiguration dieser drei Isotope ist identisch, nämlich $1s^2\ 2s^2\ 2p^2$. Enzymatisch werden alle drei in gleicher Weise umgesetzt.

3.1.4 Avogadro-Konstante

F96

Frage 3.7: Lösung C

Die Berechnung erfolgt mit Hilfe der Avogadro-Zahl (= Loschmidt-Zahl = $6{,}023 \times 10^{23}$). Sie gibt die Zahl der Kohlenstoffatome an, die in 0,012 kg des Isotops C_{12} enthalten sind. Ein Mol ist die Substanzmenge, die ebensoviele Atome, Moleküle oder Ionen gleicher Art enthält.
In einem Mol sind also $6{,}023 \times 10^{23}$ Ba^{2+}-Ionen enthalten. Entsprechend enthält ein Liter mit 10^{-5} mol/l (0,00001 molar) $6{,}023 \times 10^{18}$ Ionen (**ungefähr** 10^{18}).

3.1.5 Relative Atommasse

Frage 3.8: Lösung C

Relative Atommassen beziehen sich immer auf $^1/_{12}$ der Masse eines ^{12}C-Atoms, d.h. ein Element mit der Massenzahl 23 hat $23 \times {}^1/_{12} = {}^{23}/_{12}$ der Masse eines Kohlenstoffisotops ^{12}C.
Zu **(D):** Da die relative Atommasse lediglich eine vergleichende Größe ist, ist sie dimensionslos.
Die absoluten Atommassen liegen zwischen 10^{-22} und 10^{-12} g.

3.1.6 Elemente

F91

Frage 3.9: Lösung B

Die waagerecht verlaufenden Zeilen des Periodensystems nennt man Perioden. Die Elemente einer solchen Periode unterscheiden sich in der Zahl der Valenzelektronen, der Ordnungszahl (Kernladungszahl) und der Elektronegativität. Sie haben daher auch merklich unterschiedliche chemische Eigenschaften: So sind z.B. Lithium (Alkalimetall) und Neon (Edelgas) Mitglieder der 2. Periode.
Elemente mit ähnlichen chemischen Eigenschaften werden in den senkrecht verlaufenden Spalten des Periodensystems als sogenannte Gruppen zusammengefaßt.

3.1.7 Orbital

Orbital — III.2

Orbitale lassen sich als räumliche Struktur beschreiben, in denen sich ein Elektron ca. 90% der Zeit aufhält. Die existierenden unterschiedlichen Orbitaltypen sind symmetrisch, z. B. kann man sich das s-Orbital kugelförmig, das p-Orbital hantelförmig vorstellen.
Synonyme für den Begriff Orbital sind „Elektronendichteraum" oder „negativ geladener Elektronenwolkenraum".

H91

Frage 3.10: Lösung B

Zu **(B):** Der Begriff Ionisierungsenergie (Ionisierungspotential) bezeichnet die Energie, die zur vollständigen Abtrennung des am wenigsten fest gebundenen Elektrons von einem Atom oder Ion benötigt wird. Siehe Lerntext III.2.

3.2 Periodensystem

3.2.1 Ordnungsprinzip

Frage 3.11: Lösung E

Im Periodensystem sind die Elemente nach steigender Kernladungszahl geordnet und zusätzlich chemisch ähnliche Elemente zu verschiedenen Gruppen zusammengefaßt; z. B.:
1. Gruppe mit jeweils einem Außenelektron – Alkalimetalle
2. Gruppe mit jeweils zwei Außenelektronen – Erdalkalimetalle
7. Gruppe mit jeweils sieben Außenelektronen – Halogene
8. Gruppe mit jeweils acht Außenelektronen – Edelgase.

H84

Frage 3.12: Lösung C

Zu **(1)** und **(2):** Für die Reihenfolge der Elemente ist die Ordnungszahl, d. h. die Kernladungszahl maßgebend. Die Atommassen folgen der so festgelegten Reihenfolge nicht immer. Argon (Ordnungszahl 18) hat z. B. eine höhere Atommasse als Kalium (Ordnungszahl 19), ebenso hat Kobalt (Ordnungszahl 27) eine höhere als Nickel (Ordnungszahl 28).
Zu **(3):** Die angegebene Definition ist zutreffend.
Zu **(4):** Innerhalb einer Periode nimmt die Elektronegativität von links nach rechts zu!

Zu **(5):** Bei den Nebengruppenelementen werden innere, bei den Hauptgruppenelementen äußere Elektronenschalen aufgefüllt.

! Merke: Für die Reihenfolge der Elemente ist die Ordnungszahl, d. h. die Kernladungszahl maßgebend. Innerhalb einer Periode nimmt die Elektronegativität von links nach rechts zu!
Bei den Nebengruppenelementen werden innere, bei den Hauptgruppenelementen äußere Elektronenschalen aufgefüllt.

F92

Frage 3.13: Lösung C

Zu **(A)–(B):** Elemente einer Hauptgruppe des Periodensystems stimmen in der Zahl der Valenzelektronen überein und haben ähnliche chemische Eigenschaften (wie z. B. die Alkalimetalle).
Sie unterscheiden sich in der Ordnungszahl (z. B. Na = 11; K = 19), dem Atomradius und der Elektronenkonfiguration.

F93

Frage 3.14: Lösung D

Zu **(A)–(B):** Nicht alle Hauptgruppenelemente sind Metalle (z. B. Sauer- und Stickstoff). Sie besitzen in der äußeren Elektronenschale ausschließlich s- bzw. p-Orbitale, die beim Durchlaufen einer Periode mit Elektronen aufgefüllt werden. Die Elemente im Periodensystem (auch die Nebengruppenelemente!) unterscheiden sich durch ihre Elektronenkonfiguration.
Selen (Ordnungszahl 34) und Iod (Ordnungszahl 53) sind als Hauptgruppenelemente für den Menschen essentielle Spurenelemente.

3.2.2 Elektronenkonfiguration

H89

Frage 3.15: Lösung C

Zu **(A)–(C):** Bei dem Element X handelt es sich um Stickstoff (N); es weist 7 Elektronen (2 + 2 + 3) auf und besitzt daher auch die Ordnungszahl 7.
Element Y ist Sauerstoff (O) mit der Ordnungszahl 8.
Beide Elemente stehen in der zweiten Periode; innerhalb derselben nimmt die Elektronegativität von links nach rechts zu. O hat daher eine höhere Elektronegativität als N.
Zu **(D):** In der zweiten Periode besitzt lediglich Neon mit der Ordnungszahl 10 Edelgaskonfiguration.

3.2.3 Hauptgruppenelemente

Wichtige Elemente — **III.3**

Die Gruppenzugehörigkeit einiger wichtiger Elemente:

1. Hauptgruppe	Wasserstoff (H) Lithium (Li) Natrium (Na) Kalium (K)	Alkaligruppe
2. Hauptgruppe	Magnesium (Mg) Calcium (Ca)	Erdalkaligruppe
3. Hauptgruppe	Bor (B) Aluminium (Al)	
4. Hauptgruppe	Kohlenstoff (C) Silicium (Si)	
5. Hauptgruppe	Stickstoff (N) Phosphor (P)	
6. Hauptgruppe	Sauerstoff (O) Schwefel (S)	
7. Hauptgruppe	Fluor (F) Chlor (Cl) Brom (Br) Jod (J)	Halogene
Edelgase	Helium (He) Neon (Ne) Argon (Ar)	

Wichtige Nebengruppenelemente:

Cobald (Co)	Quecksilber (Hg)
Chrom (Cr)	Eisen (Fe)
Kupfer (Cu)	Silber (Ag)
Zinn (Sn)	Gold (Au)
Zink (Zn)	Platin (Pt)

Frage 3.16: Lösung E

Siehe Lerntext III.3.

F94

Frage 3.17: Lösung C

Zu **(A):** Chlor (Ordnungszahl 17) und Iod (Ordnungszahl 53) gehören der 7. Hauptgruppe des Periodensystems an und werden als Halogene bezeichnet. Beide weisen 7 Valenzelektronen (Außenelektronen) auf.
Zu **(B):** Das Chloratom hat eine höhere Elektronegativität als das Iodatom.
Zu **(C)–(E):** Iod besitzt gegenüber Chlor einen größeren Atomradius, eine größere Anzahl Protonen sowie eine größere Atommasse.

3.2.4 Gesetzmäßigkeiten in Perioden und Hauptgruppen

Gesetzmäßigkeiten des Periodensystems — **III.4**

Die Eigenschaften der Elemente innerhalb der Perioden und Gruppen des Periodensystems weisen bestimmte Gesetzmäßigkeiten auf, die man sich nach Möglichkeit einprägen sollte.

1. Atomradius

In einer Periode bleibt die Zahl der Elektronenschalen konstant, die positive Kernladung steigt aber an. Dadurch werden die Elektronen näher an den Kern herangezogen und der Atomradius nimmt innerhalb der Periode mit steigender Kernladungszahl ab.
Wenn nun in der neuen Periode wieder eine neue Schale hinzukommt, wird der Atomradius größer, nimmt aber beim Durchlaufen der Periode wieder ab. Das zusätzliche Volumen einer neuen Elektronenschale überwiegt also über die vermehrte Anziehung des Kerns auf die Elektronenwolken. Der Atomradius nimmt also innerhalb einer Gruppe von oben nach unten zu.

2. Ionenradius

Hier verhält es sich genauso wie beim Atomradius auch: Innerhalb der Periode nimmt der Ionenradius mit steigender Kernladungszahl ab, innerhalb einer Gruppe nimmt der Ionenradius von oben nach unten zu.
Daneben verhält es sich mit den Ionenradien folgendermaßen:
a) Werden Elektronen abgegeben, so ist das Teilchen positiv geladen und heißt Kation. Durch die Elektronenabgabe verkleinert sich der Ionenradius im Vergleich zum entsprechenden Atom.
Kationen sind also kleiner als die zugehörigen Atome.
b) Werden Elektronen aufgenommen, so ist das Teilchen negativ geladen und heißt Anion. Durch die Elektronenaufnahme vergrößert sich der Ionenradius im Vergleich zum entsprechenden Atom.
Anionen sind also größer als die zugehörigen Atome.

3. Ionisierungsenergie

Die Bildung eines Kations, also die Abtrennung eines Elektrons von einem Atom, wird als Ionisierung bezeichnet. Dazu ist Energie notwendig, die man als Ionisierungsenergie bezeichnet. Das ist also die Energie, die gebraucht wird, um ein Atom in ein Kation zu überführen. Bei großen Atomen ist das Außenelektron, das abgetrennt werden soll, relativ weit vom Atomkern entfernt, so daß die Anziehungskraft auf das Außenelektron kleiner ist als bei kleineren Atomen. Folglich zeigt die Ionisierungsenergie umgekehrtes Verhalten wie der Atomradius: Innerhalb einer Periode nimmt die Ionisierungsenergie mit steigender Kernladungszahl zu (der Atomradius ab), innerhalb einer Gruppe nimmt die Ionisierungsenergie von oben nach unten ab (der Atomradius zu).

4. Elektronenaffinität

Die Energie, die bei der Elektronenaufnahme durch ein Atom – also bei einer Bildung eines Anions – frei wird, wird als Elektronenaffinität bezeichnet. Da die Atome das Bestreben haben, möglichst Edelgaskonfiguration zu erreichen (z. B. mit acht Außenelektronen in der äußersten Schale innerhalb der ersten 3 Perioden), nehmen die Atome, die viele Außenelektronen haben, eher Elektronen auf, während Atome, die wenig Außenelektronen haben, eher Elektronen abgeben.

In einer Periode nimmt also die Elektronenaffinität mit steigender Kernladungszahl – und damit auch mit steigender Außenelektronenzahl – zu.

Innerhalb einer Gruppe haben alle Atome die gleiche Zahl von Außenelektronen. Hier richtet sich die Elektronenaffinität nach der Atomgröße: bei kleinen Atomen ist die Entfernung zwischen Atomkern und den Elektronenschalen kleiner, die Anziehung auf die äußerste Schale also größer. Kleinere Atome haben also ein größeres Bestreben, Elektronen aufzunehmen, als große.

Innerhalb einer Gruppe nimmt also die Elektronenaffinität von oben nach unten ab (der Atomradius zu).

5. Elektronegativität

Als Elektronegativität bezeichnet man die Fähigkeit eines Atoms, in einer kovalenten Bindung Elektronen anzuziehen. Diese Eigenschaft hängt eng mit der Elektronenaffinität zusammen. Wie diese nimmt auch die Elektronegativität innerhalb einer Periode mit steigender Kernladungszahl zu, innerhalb einer Gruppe nimmt die Elektronegativität von oben nach unten ab.

Bei HCl zum Beispiel steht das bindende Elektronenpaar näher beim Cl-Atom, da dessen Elektronegativität größer ist als die des H-Atoms.

Zunahme ►	Abnahme	
	Periode	Gruppe
Atomradius	►	▲
Ionisierungsaffinität	◄	▼
Elektronenaffinität	◄	▼
Elektronegativität	◄	▼
Metallcharakter	►	▲

! Merke: Wenn eine Eigenschaft innerhalb einer Periode von links nach rechts zunimmt, dann nimmt sie innerhalb einer Gruppe von oben nach unten immer ab und umgekehrt!

Frage 3.18: Lösung D

Siehe Lerntext III.4.

H87

Frage 3.19: Lösung D

Beim Durchlaufen einer Periode des Periodensystems von Elementen mit kleiner zu solchen mit großer relativer Atommasse wird in den Hauptgruppen die äußere, in den Nebengruppen die innere Schale mit Elektronen aufgefüllt.

3.2.5 Nebengruppenelemente

F90

Frage 3.20: Lösung A

Zu **(A):** Alle Nebengruppenelemente einschließlich der Lanthaniden und Actiniden haben metallischen Charakter.

Zu **(B)–(D):** Die Nebengruppenelemente unterscheiden sich (genau wie die Hauptgruppenelemente) durch ihre Elektronenkonfiguration. Die einzelnen „Schalen" weisen eine unterschiedliche Orbital-Zusammensetzung auf.

1. Schale: 1 s-Orbital
2. Schale: 1 s-, 3 p-Orbitale
3. Schale: 1 s-, 3 p- und 5 d-Orbitale
4. Schale: 1 s-Orbital.

Bei den Hauptgruppenelementen wird innerhalb einer Periode die jeweils äußere Schale aufgefüllt; im Gegensatz dazu werden bei den Nebengruppenelementen, den Lanthaniden und Actiniden, mit steigender Kernladungszahl innere Elektronenschalen mit ihren Orbitalen besetzt.

Zu **(E):** Biochemische Bedeutung haben Zink (Zn), Eisen (Fe), Kobalt (Co), Kupfer (Cu) u. a.

Schwierige Frage! Lösung A wurde nur von 28% der Kandidaten als richtig erkannt (C = 39%, D = 33%).

! Merke: Alle Nebengruppenelemente einschließlich der Lanthaniden und Actiniden haben metallischen Charakter.

K

H92

Frage 3.21: Lösung D

Siehe auch Kommentar zu Frage 3.20.
Molybdän und Mangan sind für den Menschen essentielle Spurenelemente. Molybdän ist Teil der Flavoproteine Xanthin-Oxidase und Nitrat-Reduktase. Mangan spielt bei der Aktivierung gewisser Enzyme, z.B. der sauren Phosphatase, eine Rolle.

F83

Frage 3.22: Lösung B

Als Spurenelemente für den Menschen sind bisher nachgewiesen: Fe, J, Cu, Zn, Mn, Co, Mo und F.
Zu **(1):** J und F sind Hauptgruppenelemente!
Zu **(2):** Die Enzymwirkung ist an das Vorhandensein von Spurenelementen gebunden, z.B. aktiviert Mn die Leberarginase, die saure Phosphatase und die Cholinesterase.
Zu **(3):** z.B. Fe^{2+} im Häm, CO^{3+} im Vitamin B_{12}.
Zu **(4)** und **(5):** Spurenelemente sind Elemente, die lebensnotwendig, also essentiell sind und biologische Bedeutung haben. Außerdem sind es Elemente, die nur in geringer Menge vorkommen. ^{14}C verhält sich in den biochemischen Prozessen nicht anders als ^{12}C, welches ja in großer Menge vorkommt.

3.2.6 Andere medizinisch bedeutsame Elemente

F83

Frage 3.23: Lösung E

Zu **(1):** Br hat 7 Außenelektronen. Da Edelgaskonfiguration angestrebt wird, überlagern 2 Br-Atome ihre äußersten Elektronenbahnen, d.h. sie benützen ihr äußerstes Elektron gemeinsam.
Zu **(2):** Br_2 hat die Oxidationszahl 0, J^- die Oxidationszahl –1; Br_2 ist also Oxidationsmittel und wird selbst reduziert. J^- ist Reduktionsmittel und wird selbst oxidiert.
Zu **(3):** Br wird folgendermaßen addiert:

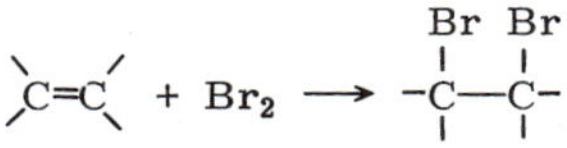

Zu **(4):** Da die Elektronegativität innerhalb einer Gruppe des Periodensystems von oben nach unten abnimmt, hat Br größere Elektronegativität als J.

3.3 Chemische Bindung

3.3.1 Moleküle, Molekülmasse

Frage 3.24: Lösung D

Bei manchen Säuren gibt es Ortho-, Pyro- und Metasäuren, die sich in ihrem Wassergehalt unterscheiden. Orthosäure ist am wasserreichsten, Metasäure am wasserärmsten. Die Orthophosphorsäure hat die Summenformel H_3PO_4, Pyrophosphorsäure $H_4P_2O_7$, Metaphosphorsäure HPO_3. Die relative Molekülmasse errechnet sich als Summe der einzelnen relativen Atommassen, im Falle der Orthophosphorsäure also so:

3 × die Atommasse für H (1) = 3
1 × die Atommasse für P (31) = 31
4 × die Atommasse für O (16) = 64
= 98.

3.3.2 Biochemisch wichtige Bindungen

Frage 3.25: Lösung A

Zu **(A):** Die koordinative Bindung unterscheidet sich von der kovalenten Bindung dadurch, daß bei zwei Bindungspartnern einer ausschließlich als Donor, einer als Akzeptor eines freien Elektronenpaares auftritt. Nachdem beide Partner die Bindung eingegangen sind, kann die resultierende Elektronenpaarbindung nicht von einer kovalenten Bindung unterschieden werden. Folglich beträgt die Bindungsenergie koordinativer Bindungen – wie bei den kovalenten Bindungen – ca. 400 kJ/mol.
Bei H_2S – Schwefelwasserstoff – liegt aber wie bei H_2O eine kovalente Bindung vor, bei der die beiden bindenden Elektronenpaare je zur Hälfte von den Wasserstoffatomen und dem Schwefelatom stammen.

Ein gutes Beispiel für eine koordinative Bindung ist das Ammoniumion NH_4^+. Dabei verbindet sich ein Wasserstoffion (H^+) mit Ammoniak NH_3,

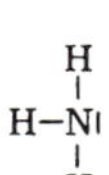

bei dem der Stickstoff N noch ein freies Elektronenpaar hat, das als bindendes Elektronenpaar beim Ammonium fungiert. Beim gebildeten Ammoniumion ist nachträglich nicht mehr feststellbar, welches der 4 H-Atome koordinativ gebunden ist.

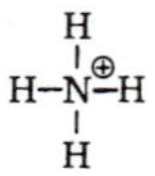

Zu **(B):** Die Ionenbindung (polare, heteropolare Bindung) entsteht aus Elementen, die sich hinsichtlich ihrer Elektronegativität stark unterscheiden. Klassische Beispiele sind die Verbindungen von Alkali- oder Erdalkalimetallen (1. und 2. Hauptgruppe) mit den Halogenen (7. Hauptgruppe). Es bilden sich Halogenide der Alkali- bzw. Erdalkalimetalle. Dabei entstehen einfach bzw. zweifach positive Kationen und einfach negativ geladene Anionen, die infolge elektrostatischer Anziehung zusammenhängen. Dabei umgibt sich jedes Kation mit möglichst vielen Anionen und umgekehrt. So entsteht als regelmäßige Anordnung der Teilchen untereinander das sog. Ionengitter. Bei elektrostatischer Anziehung gibt es aber keine Vorzugsrichtung im Raum.
Die Bindungsenergie bei Ionenbindungen liegt bei ca. 180 kcal/mol (750 kJ/mol).
Zu **(C):** Das Ammoniakmolekül NH_3 besteht aus einem N-Atom und drei kovalent gebundenen Wasserstoffatomen. Der Stickstoff hat als Element der 5. Hauptgruppe fünf Außenelektronen ($2s^2$ $2p^3$). Damit ist neben den drei bindenden Elektronen im Ammoniakmolekül ein freies Elektronenpaar vorhanden.

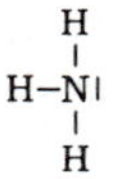

Zu **(D):** Sauerstoff (O) gehört zur 6. Hauptgruppe des Periodensystems und hat damit sechs Außenelektronen ($2s^2$ $2p^4$). Im Sauerstoffmolekül (O_2) gibt es zwischen den beiden O-Atomen zwei bindende Elektronenpaare zur Erlangung der Edelgaskonfiguration. Damit sind die Elektronen im Sauerstoffmolekül folgendermaßen verteilt:

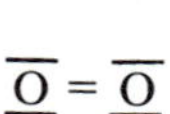

Jedem O-Atom bleiben also 2 freie Elektronenpaare.
Zu **(E):** Im Harnstoff liegen Verbindungen der Elemente Stickstoff (N), Sauerstoff (O), Kohlenstoff (C) und Wasserstoff (H) vor.

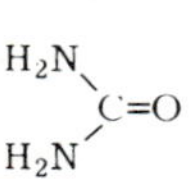

Diese Elemente unterscheiden sich in Bezug auf ihre Elektronegativität nur wenig und bilden keine Ionenbindung miteinander aus. Der Kohlenstoff liefert vier Außenelektronen zur Bindung mit Sauerstoff und den beiden Stickstoffatomen, die ihrerseits wieder je zwei H-Atome binden.
Die vollständige Elektronenkonfiguration sieht so aus:

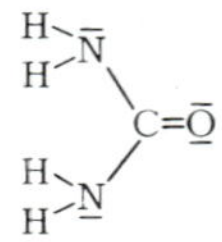

! Merke: Die Ionenbindung ist ungerichtet.

F85

Frage 3.26: Lösung D

Zu **(A):** Löst man unpolare (hydrophobe) Stoffe in polaren (hydrophilen) Lösungsmitteln (z. B. Wasser), so bilden sich Mizellen aus. Die hydrophoben Moleküle lagern sich zusammen und bilden dabei hydrophobe Wechselwirkungen aus.
Mizellenbildung beobachtet man auch bei Palmitat- oder Stearationen (Seifen); dies sind Moleküle, die sowohl einen hydrophilen, als auch einen hydrophoben Teil aufweisen. Die hydrophilen Molekülanteile sind dabei dem Wasser zugewendet, die unpolaren bilden hydrophobe Wechselwirkungen miteinander aus und lagern sich zusammen. Es entstehen quasi unpolare „Inseln", die vom polaren Lösungsmittel umgeben sind.
Zu **(B):** Die Mizellenbildung stellt (siehe oben) einen Zustand höherer Ordnung im Gesamtsystem her, wozu allerdings freie Energie verbraucht werden muß. Dadurch kommt es zu einer Entropieabnahme (Entropie als Maß für den Unordnungsgrad eines Systems), ein Zusammenhang, den die Gibbs-Helmholtz-Gleichung beschreibt.

$$\Delta G = \Delta H - T\Delta S$$

ΔG = freie Enthalpie
ΔH = Reaktionsenthalpie
ΔS = Entropieänderung
T = Temperatur

Zu **(C):** Hydrophobe Wechselwirkungen besitzen etwa eine Energie von 3 kJ/Mol, kovalente Bindungen hingegen etwa einen Betrag von 400 kJ/Mol.
Zu **(D):** H_2O-Moleküle bilden untereinander sogenannte Wasserstoffbrücken aus, es kommt zur Siedepunktserhöhung (H_2O würde, berechnete man den Siedepunkt allein nach dem Molekülgewicht, einen Siedepunkt von $< -60\,°C$ erwarten lassen!).
Zu **(E):** Hydrophobe Wechselwirkungen treten auch zwischen den unpolaren Aminosäure-Anteilen in

Proteinen auf. Die hydrophoben Anteile lagern sich im Protein nach innen, während die hydrophilen nach außen in die wässerige Phase ragen. Auf Grund dieser Wirkungen stabilisiert sich die Tertiärstruktur von Proteinen.

F98 !

Frage 3.27: Lösung E

Zu **(A)–(B):** Unpolare, also hydrophobe Moleküle, wie beispielsweise Kohlenwasserstoffe, die man in polaren Lösungsmitteln wie Wasser suspendiert, haben die Tendenz zu assoziieren. Die zwischen den Alkylresten resultierende Wirkung bezeichnet man als „hydrophobe Wechselwirkungen"; sie spielen sowohl bei der Mizellen-Bildung der Seifen als auch beim Aufbau von Bilayer-Membranen durch Phospholipide eine Rolle.
Zu **(C)–(D):** Entropie ist das Maß für den Unordnungsgrad eines Systems. Bei der Ausbildung einer Mizellenstruktur erhöht sich der Ordnungsgrad im System, die Entropie nimmt ab. Diese Änderungen der Entropie erlauben, unter Zuhilfenahme der Gibbs-Helmholtz-Gleichung, die hydrophoben Wechselwirkungen zu quantifizieren. Sie liegen in einer Größenordnung von 10 kJ/mol und sind damit erheblich schwächer als kovalente Bindungen mit ca. 400 kJ/mol. Kovalente bzw. Atombindung genannte Bindungen bilden sich zwischen Atomen, die keine oder nur eine sehr geringe Elektronegativitätsdifferenz haben, aus (z. B. im Cl_2-Molekül).
Zu **(E):** Für den vergleichsweise hohen Siedepunkt des Wassers sind die Wasserstoffbrückenbindungen verantwortlich, deren Bindungsenergie beträgt ca. 40 kJ/mol:

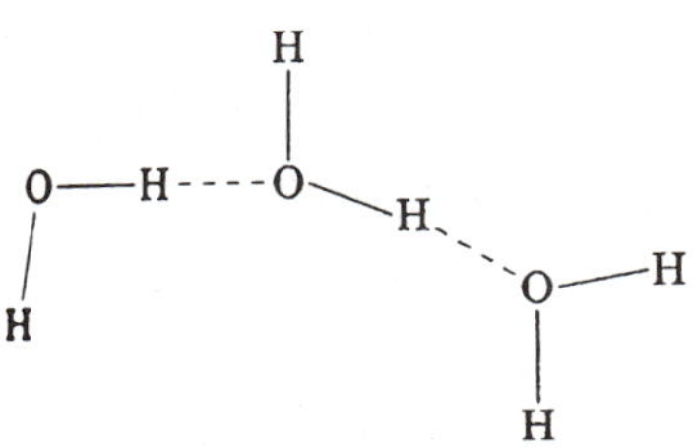

F86

Frage 3.28: Lösung D

Zu **(A):** Hydrophobe Wechselwirkungen sind Kräfte, die zwischen apolaren Resten in einem polaren Medium herrschen. Dabei bilden sich sogenannte Mizellen aus der apolaren Substanz, die vom polaren Medium umgeben sind.
Hydrophobe Wechselwirkungen sind wichtig bei der Stabilisierung von Proteinmolekülen mit apolaren Aminosäureresten. Diese apolaren Gruppen (meist längere Kohlenwasserstoffreste) lagern sich im Innern der Proteine zusammen und stabilisieren dadurch die räumliche Anordnung (Konformation).

Zu **(B):** In der unit membrane sind die Moleküle der Sandwich-Struktur mit ihren polaren Köpfen nach außen zu den polaren Protein-Molekülen gerichtet; innerhalb der Lipidabschnitte bilden sich hydrophobe Wechselwirkungen zwischen den Kohlenstoffketten der Lipidmoleküle Cholesterin und Lecithin aus.
Zu **(C):** Emulgatormoleküle sind Stoffe, die sowohl polare wie auch apolare Abschnitte im Molekül tragen und daher sowohl hydrophilen wie lipophilen Charakter haben. Derartige Emulgatoren ordnen sich an der Phasengrenze polar/unpolar an, indem sie mit ihrem unpolaren „Schwanz" in die Lipidphase ragen, während der polare „Kopf" in die hydrophile Schicht weist. Da diese Substanzen nur in der Grenzschicht zwischen zwei Phasen wirksam sind und hydrophobe Wechselwirkungen auftreten, sind geringe Konzentrationen zur emulsionsfördernden Wirkung nötig.
Zu **(D):** Glucose ist als polare Substanz in Wasser, einem polaren Lösungsmittel, gut löslich.

3.3.5 Ionen

Frage 3.29: Lösung D

Zu **(A):** Als Oxidation bezeichnet man die Abgabe von Elektronen, also z. B. die Bildung von Kationen aus den entsprechenden Atomen
($Na \rightarrow Na^+ + e^-$).
Zu **(B):** Die Elektronenkonfiguration des Na-Atoms ist $1s^2\ 2s^2\ 2p^6\ 3s^1$. Bei der Bildung des Na^+-Ions wird das äußerste Elektron abgegeben, und es entsteht ein positiv geladenes Teilchen: Na^+ mit der Elektronenkonfiguration des Edelgases Neon: $1s^2\ 2s^2\ 2p^6$.
Zu **(C):** Beim Wassermolekül sind die H-Atome in einer Atombindung mit dem O-Atom verbunden. Durch die unterschiedlichen Elektronegativitäten der Teilchen halten sich die bindenden Elektronen im zeitlichen Mittel mehr beim elektronegativen O-Atom als bei den H-Atomen auf. Dabei treten Ladungen auf, die aber kleiner sind als bei Ionenbindungen und daher als Partialladungen bezeichnet werden. Man spricht daher beim H_2O-Molekül von einem Dipol, bei dem eine negative Partialladung $\delta-$ auf der Seite des Sauerstoffs vorliegt und eine ebenso große positive Partialladung auf der entgegengesetzten Seite $\delta+$.

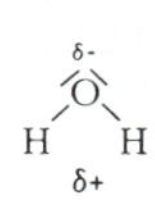

Als Dipol kann das Wasser mit Teilchen, die in Wasser gelöst sind, in Wechselwirkung treten. Bei Ionen bilden sich dabei Hydrathüllen um das vorliegende Ion. Man spricht von Hydratisierung:

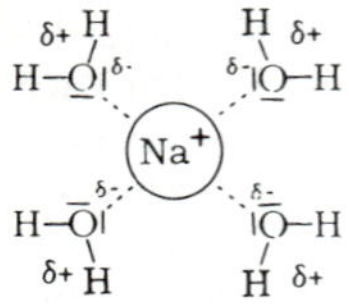

Zu **(D):** Bei der Bildung des Na^+-Ions wird ein Elektron abgegeben. Das Kation hat eine Elektronenschale weniger als das Na-Atom und ist daher kleiner.
Zu **(E):** Natrium gehört zusammen mit K^+, Cl^-, Ca^{2+}, Mg^{2-} und PO_4^{3-} zu den Elektrolyten, ist für die Aufrechterhaltung der Elektroneutralität von großer Bedeutung und spielt im Wasserhaushalt eine wichtige Rolle (osmotische Funktion). In der Zelle liegt es in einer Konzentration von ~ 10 mval/l, extrazellulär in einer Konzentration von 150 mval/l vor.

F96

Frage 3.30: Lösung E

Zu **(A)–(E):** Natrium als Alkalimetall, Magnesium als Erdalkalimetall und Zink als Metall haben die Neigung, Elektronen abzugeben; sie besitzen ein relativ hohes Ionisierungspotential, es entstehen positiv geladene Kationen.
Chlor als Halogen hat eine hohe Bereitschaft ein Elektron aufzunehmen; es weist eine hohe Elektronenaffinität auf. Es entsteht ein negativ geladenes Ion, ein Anion.
Stickstoff als Element der 5. Hauptgruppe ist hingegen relativ „stabil", es zeigt die geringste Tendenz, Ionen zu bilden.

H91

Frage 3.31: Lösung D

Zu **(A)–(C):** Magnesium ist ein Element der 2. Hauptgruppe (Erdalkalimetalle) und bildet daher bevorzugt durch Elektronenabgabe ein zweifach positiv geladenes Ion (= Kation). Kationen haben stets einen im Vergleich zum entsprechenden Atom kleineren Atomradius, Anionen hingegen einen größeren. Die Kernladungszahl (= Ordnungszahl) beträgt sowohl beim Magnesiumatom als auch beim Magnesiumion 12.
Zu **(D):** Magnesiumatome verfügen nicht über eine mit 8 Elektronen voll besetzte äußere Elektronenschale, was einer Edelgaskonfiguration entsprechen würde, sondern über 2 Außenelektronen (Element der 2. Hauptgruppe!).
Zu **(E):** Magnesium ist auf Grund seiner Neigung zur Komplexbildung an allen ATP-abhängigen Reaktionen sowie der Pyrophosphatasereaktion beteiligt (Details siehe Lehrbücher der physiologischen Chemie).

! Merke: Kationen haben stets einen im Vergleich zum entsprechenden Atom kleineren Atomradius, Anionen hingegen einen größeren.

3.3.6 Ionenbindung

H97

Frage 3.32: Lösung E

Zu **(A)–(B):** Die Ionenbindung entsteht aus Elementen, die sich hinsichtlich ihrer Elektronegativität stark unterscheiden. Klassische Beispiele sind die Verbindungen von Alkali- oder Erdalkalimetallen (1. und 2. Hauptgruppe) mit den Halogenen (7. Hauptgruppe). Dabei entstehen einfach bzw. zweifach positive Kationen und einfach negativ geladene Anionen, die infolge elektrostatischer Anziehung zusammenhängen.
Zu **(C):** Die Ladung e eines Ions ist gleichmäßig auf seiner Oberfläche verteilt. Deshalb können sich zwei unterschiedlich geladene Ionen aus jeder Richtung heraus anziehen. Damit ist die Ionenbindung nicht gerichtet.
Zu **(D):** Kristalle anorganischer Salze (z. B. NaCl, CaF_2) sind typische Beispiele für Ionenbindungen; sie werden auch als Ionenkristalle bezeichnet.
Zu **(E):** Unter Bindungsenergie versteht man den Energiebetrag, der benötigt wird, um eine Bindung vollständig zu trennen. Die Bindungsenergie der relativ festen Bindungen (Atombindung, Ionenbindung, koordinative Bindung) liegt in der Regel im Bereich zwischen 300 und 900 kJ/mol, während die der weniger festen Bindungen (Wechselwirkungen) im Bereich von 15–45 kJ/mol für die Wasserstoffbrückenbindungen und im Bereich von < 10 kJ/mol für Van-der-Waals-Bindungen und hydrophobe Wechselwirkungen liegt.

H92

Frage 3.33: Lösung E

Zu **(A)–(E):** Die Ionenbindung bildet sich zwischen gegensinnig geladenen Ionen aus, ist elektrostatischer Natur und ungerichtet. Sie ist weitaus stärker als Van-der-Waals-Bindungen und charakteristisch für Salze. Van-der-Waals-Kräfte spielen bei unpolaren Molekülen eine Rolle und haben einen Energiegehalt von ca. 10 kJ/mol oder 2 kcal/mol. Sie entstehen durch kurzfristige ungleiche Ladungsverteilungen in den Molekülen, sogenannte temporäre Dipolbildungen. Diese treten dann miteinander in Wechselwirkung.

F95

Frage 3.34: Lösung D

Eine Ionenbindung entsteht aus Elementen, die sich hinsichtlich ihrer Elektronegativität stark unterscheiden. Klassische Beispiele sind die Verbindungen von Alkali- oder Erdalkalimetallen (1. bzw. 2. Hauptgruppe) mit den Halogenen. Dabei hängen einfach bzw. zweifach positiv geladene Kationen und negativ geladene Anionen infolge ihrer elektrostatischen Anziehung zusammen. Jedes Kation umgibt sich mit möglichst vielen Anionen (vice versa), es entsteht als regelmäßige Anordnung der Teilchen das Ionengitter. Bei dieser elektrostatischen Anziehung existiert keine Vorzugsrichtung im Raum, d.h. die Ionenbindung ist ungerichtet. Typische Ionenbindungen liegen in Kristallen anorganischer Salze (z.B. NaCl, CaF_2) vor, sie werden als Ionenkristalle bezeichnet.
Die Bindungsenergie der Ionenbindung liegt bei 400 kJ/mol. Erhitzen führt zum Aufbrechen derselben; der Schmelzpunkt von Salzen liegt allerdings entsprechend hoch (der Schmelzpunkt von NaCl liegt bei ca. 800 °C).

3.3.7 Atombindung

Atombindung — III.5

Die wichtigsten Kennzeichen einer Atombindung (auch Elektronenpaarbindung oder homöopolare Bindung genannt) sind folgende:
1. Die kovalente Atombindung bildet sich in der Regel zwischen Atomen ähnlicher Elektronegativität aus, d.h. der Abstand zwischen zwei Atomen im Periodensystem, die eine Atombindung eingehen, darf nicht allzu groß sein.
2. Die Elektronenpaarbindung wird durch Überlappung von Elektronenorbitalen gebildet und ist daher gerichtet. Zwischen den Bindungspartnern bestehen definierte Bindungswinkel, z.B. im Wassermolekül 105°.

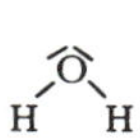

3. Die Bindung kommt durch Überlappung zweier Atomorbitale zustande, es entsteht ein neues Molekülorbital, das zu beiden Atomen gehört (z.B. die Bildung von H_2 aus 2 H-Atomen):

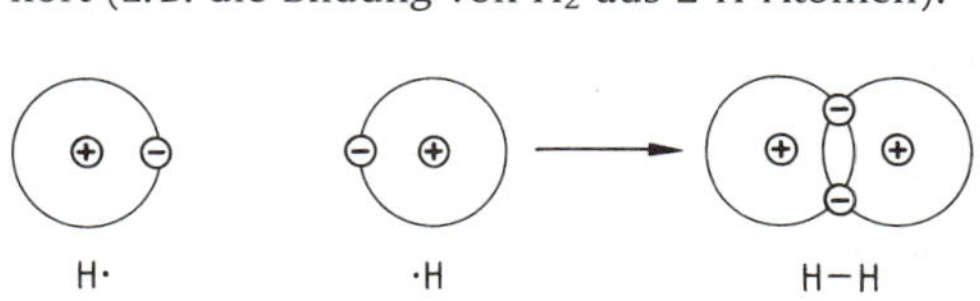

Einsame Valenzelektronen werden durch Punkte gekennzeichnet, Elektronenpaare und das bindende Elektronenpaar durch Striche – sog. Lewis-Schreibweise (z.B. die Bildung von O_2):

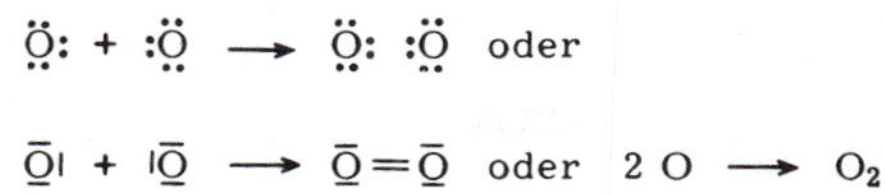

4. Die Bindungsenergie beträgt zwischen 250 und 460 kJ/mol.

Frage 3.35: Lösung A

Zu **(D):** Wie die Bildung des H_2-Moleküls aus zwei H-Atomen zeigt, sind nicht ausschließlich Elektronen von p-Orbitalen an der Atombindung beteiligt; Partner einer Elektronenpaarbindung sind aber immer die Außenelektronen der entsprechenden Bindungspartner.
Siehe Lerntext III.5.

H82

Frage 3.36: Lösung D

Zu **(A)–(D):** Bei der hier abgebildeten Verbindung handelt es sich um Tetrachlorkohlenstoff CCl_4.

CCl_4

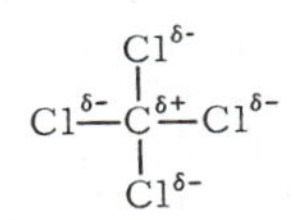

Die C—Cl-Verbindung ist aufgrund der größeren Elektronegativität des Cl so polarisiert, daß die vier Cl-Atome negative, der Kohlenstoff positive Partialladungen tragen. Das C-Atom kann also niemals Elektrophile addieren!
Da das C-Atom in CCl_4 vier C—Cl-Bindungen ausbildet, ist Tetrachlorkohlenstoff als Gesamtmolekül jedoch nicht polar, denn es ist vollkommen symmetrisch gebaut (Tetraeder mit Bindungswinkel von 109°28′).

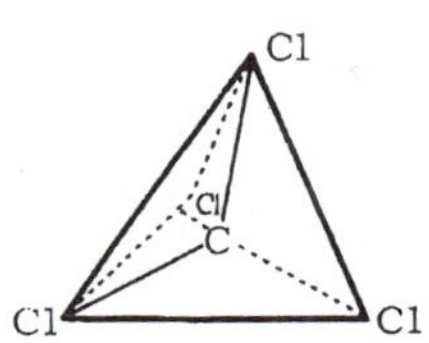

Da in jede Richtung die gleiche Kraft wirkt, ist das Molekül auch kein Dipol wie z.B. H_2O:

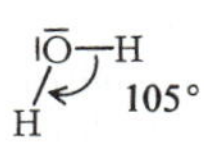

Aus diesem Grund ist Tetrachlorkohlenstoff in Wasser unlöslich.
Zu **(E):** Formel von Chloroform (= Trichlormethan):

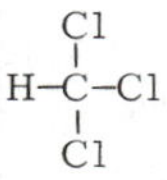

H95

Frage 3.37: Lösung D

Zu **(A)–(C):** CO_2 ist linear aufgebaut:

CO_2 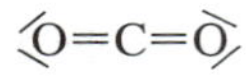

Die Doppelbindungen sind schwach polarisiert; die stark elektronegativen Sauerstoffatome, die jeweils noch 2 freie Elektronenpaare besitzen, „neutralisieren" sich gegenseitig.
Zu **(D)–(E):** CO_2 entsteht in den Zellen des menschlichen Körpers als Endprodukt des Stoffwechsels. Über das Blut erreicht es die Alveolen der Lunge, wo es abgeatmet wird. Für die intraerythrozytäre Bindung existieren zwei Möglichkeiten:

a) Die Hydratation zu Kohlensäure mit konsekutiver Bikarbonatbildung mittels katalytischer Unterstützung des Enzyms Carboanhydrase.
$CO_2 + H_2O \rightleftharpoons H_2CO_3 \rightleftharpoons HCO_3^- + H^+$
b) Ein kleiner Teil des CO_2 wird als Carbaminoverbindung (—NH—COO) an die Aminogruppen der Seitenketten gebunden und transportiert.

Eine Bindung von CO_2 an das Porphyrinringsystem des Hämoglobins findet nicht statt (Aussage (D) damit unzutreffend).
Sehr wohl kann aber Kohlenmonoxid (CO) an Hämoglobin gebunden werden; ein Anteil von > 65% HbCO am Gesamthämoglobin ist tödlich!

3.3.8 Gewinkelte Moleküle

F85

Frage 3.38: Lösung D

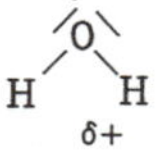

Wasser

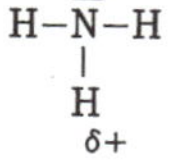

Ammoniak

Zu **(A)** und **(E):** Beide Moleküle sind Dipol-Moleküle, da Ammoniak am Stickstoff ein freies Elektronenpaar, Wasser am Sauerstoff zwei freie Elektronenpaare aufweist, welche man durch Striche kennzeichnet. Auf der Seite der freien Elektronenpaare liegt daher der negative, auf der Seite der Wasserstoff-Atome der positive Pol.
Zu **(B):** Beide Stoffe können als Nucleophile reagieren, d.h. sie können am freien Elektronenpaar Protonen addieren.

$H_2O + H^+ \rightarrow H_3O^+$

$NH_3 + H^+ \rightarrow NH_4^+$

NH_4^+ kann als Kation mit entsprechenden Anionen (z.B. Cl^-) Salze bilden, sogenannte quartäre Ammoniumsalze!
Zu **(C):** Wasserstoffbrücken können beide Moleküle ausbilden, es kommt zur Schwarmbildung. Dadurch liegt der Siedepunkt beider Substanzen beträchtlich höher, als es ihr Molekülgewicht erwarten lassen würde (mit steigendem Molekülgewicht steigt im allgemeinen auch der Siedepunkt). H_2O siedet bei 100 °C, NH_3 bei −33,5 °C. Die Wasserstoffbrücken sind beim Ammoniak allerdings deutlich geringer ausgeprägt als beim Wasser, denn Stickstoff ist nicht so elektronegativ wie Sauerstoff, und Sauerstoff besitzt zwei freie Elektronenpaare, Stickstoff nur eines.
Zu **(D):** Ammoniak ist gut in H_2O löslich. Es reagiert wie folgt:

$NH_3 + H_2O \rightarrow OH^- + NH_4^+$

Brönsted definierte Säuren als Protonendonatoren, Basen als Protonenakzeptoren. NH_3 ist in der vorliegenden Reaktion die Brönsted-Base, H_2O ist die Brönsted-Säure.

3.3.9 Freie Elektronenpaare

Frage 3.39: Lösung A

Um diese Frage zu beantworten, ist die Kenntnis der Strukturformeln unerläßlich.

Methan 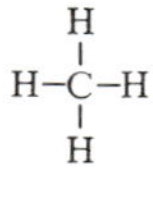

Diethylether 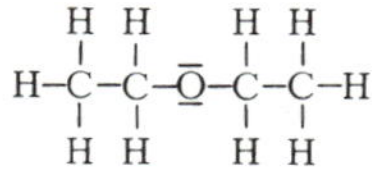

Ammoniak 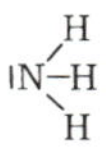

Wasser 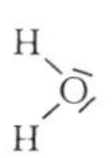

Schwefelwasserstoff 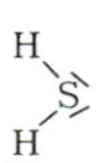

In einem freien Elektronenpaar liegen Valenzelektronen vor, die nicht an einer Bindungsbildung beteiligt sind. Die Valenzelektronen treten hier – wie der Name Elektronenpaar schon sagt – paarweise auf, um stabil zu sein.
Methan besitzt kein freies Elektronenpaar.

H97

Frage 3.40: Lösung E

Zu **(A):** Moleküle mit Elektronenüberschuß sind Nukleophile, die mit Elektronendefizit Elektrophile. Benzol ist eine ringförmige Verbindung mit konjugierten Doppelbindungen, diese können durch „elektronenliebende" Verbindungen angegriffen werden.
Zu **(B):** Alkene (R_1-C=C-R_2) können wie Benzol durch Elektrophile angegriffen werden, reagieren damit als Nukleophile.
Zu **(C)** und **(E):** Das Proton (= Wasserstoff-Ion) besitzt gerade *kein* freies Elektronenpaar und ist das Paradebeispiel für Elektrophile.
Zu **(D):** Wasser ist ein Nukleophil, es hat einen Elektronenüberschuß:

3.3.10 Dipolmoleküle

F88

Frage 3.41: Lösung E

Zu **(A)**, **(B)** und **(E):** Sauerstoff als 6. Element der 2. Periode besitzt eine deutlich höhere Elektronegativität als Schwefel (6. Element der 3. Periode). Beide Verbindungen liegen zwar als Dipolmoleküle vor, die OH-Bindung im Wasser ist aber wg. obiger Elektronegativitätsdifferenz stärker polarisiert als die SH-Bindung im Schwefelwasserstoff.
H_2O kann deshalb im Gegensatz zu H_2S vermehrt Wasserstoffbrücken ausbilden; H_2O Moleküle sind stärker als H_2S-Moleküle assoziiert. Schmelzpunkt, Siedepunkt und Verdampfungswärme des Wassers liegen höher als die von Schwefelwasserstoff. Bei Zimmertemperatur liegt Wasser im flüssigen, Schwefelwasserstoff in gasförmigem Zustand vor.
Zu **(C)–(D):** Aufgrund der Ausbildung von Wasserstoffbrücken und der damit einhergehenden Schwarmbildung reagiert Wasser bekanntermaßen neutral; Schwefelwasserstoff ist dagegen eine starke toxische Säure.

3.3.11 Wasserstoffbrückenbindungen

H93

Frage 3.42: Lösung E

Zu **(A)**, **(B)** und **(D):** Zwischen Dipolen, wie z. B. dem H_2O-Molekül, bilden sich untereinander Zusammenhalte aus, die als Wasserstoffbrücken bezeichnet werden.

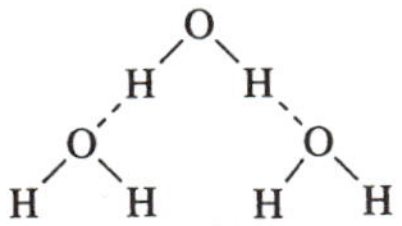

Dadurch entstehen größere Molekülverbände (Assoziate), die zur Vernetzung der Moleküle führen. Es wird schwieriger diese Moleküle „auseinanderzureißen", d. h. sie in die Dampfphase zu überführen. Aus diesem Grund erhöht sich der Siedepunkt. Alle Akzeptoren von Wasserstoffbrücken, wie z. B. N- oder O-Atome, haben ein freies Elektronenpaar; als Donoren treten vor allem —OH-, —NH- und —SH-Gruppen auf. Die Bindungsenergie der Wasserstoffbrückenbindung ist relativ gering, sie beträgt ca. 20 kJ/mol.
Zu **(C)** und **(E):** Bei der DNA-Doppelhelix kommt es zur Ausbildung von Wasserstoffbrückenbindungen zwischen den beteiligten Basen. Bei der Zusammenlagerung von Fettsäureketten spielen diese keine Rolle (es sei an dieser Stelle auf die Lehrbücher der Biochemie verwiesen).

H86

Frage 3.43: Lösung E

Zu **(A):** Entspricht der Dampfdruck einer Flüssigkeit dem Atmosphärendruck, so hat sie ihren Siedepunkt (= Siedetemperatur) erreicht.
Zu **(B):** Jede Flüssigkeit (auch Essigsäure) verdampft in geringem Umfang auch unterhalb der Siedetemperatur (z. B. beim Wäschetrocknen). Der Umfang dieser Verdampfung ist allein von der einwirkenden Temperatur abhängig und um so geringer, je mehr sich diese vom Siedepunkt entfernt.
Zu **(C)–(D):** Reduzierung (Erhöhung) des umgebenden Luftdruckes bewirkt eine Siedepunkterniedrigung (Siedepunkterhöhung). H_2O siedet in 1700 m Höhe (hier herrschen nur noch 635 Torr = 0,83 Atmosphären) schon bei ca. 95 °C. Auf diese Weise kann man auch Nahrungsmitteln Wasser entziehen, die hohe Temperaturen nicht vertragen würden. Im Vakuum (= Luftleere) existiert kein Luftdruck mehr, die Siedetemperatur erniedrigt sich also, was man sich bei der Vakuumdestillation zu Nutzen macht.
Zu **(E):** Die Höhe des Siedepunktes kann man auch als Maß für die Stärke der intermolekularen Kräfte verstehen. Essigsäuremoleküle „haften" stärker

(Wasserstoffbrücken) zusammen als Essigsäuremethylestermoleküle, daher besitzt Essigsäure einen höheren Siedepunkt als Essigsäuremethylester.

! Merke: Entspricht der Dampfdruck einer Flüssigkeit dem Atmosphärendruck, so hat sie ihren Siedepunkt (= Siedetemperatur) erreicht.

F92

Frage 3.44: Lösung D

Wasser

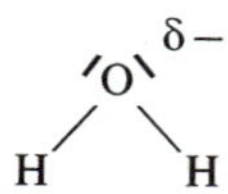

Methanol

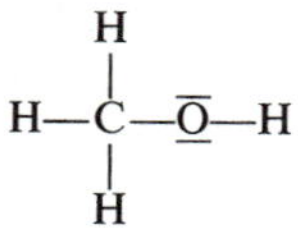

Zu **(1):** In beiden Molekülen besitzt der Sauerstoff zwei freie Elektronenpaare.
Zu **(2):** Alkohole können formal als Abkömmlinge des Wassers HOH beschrieben werden, indem ein H-Atom durch einen organischen Rest ersetzt wird. Mit dem Wasser haben Alkohole daher, wenn auch schwächer, unter anderem die Fähigkeit zur Assoziation, d.h. zur Zusammenlagerung zu „Schwärmen" von 6–8 Molekülen gemeinsam.
Zu **(3):** Der Siedepunkt des Methanols liegt bei 65 °C.
Zu **(4):** Die Hydroxylgruppe ist wie die OH-Gruppe des Wassers stark polarisiert. Alkohole, die kleine Alkylreste (wie das hier angegebene Methanol) oder mehrere Hydroxylgruppen enthalten, sind daher gut wasserlöslich und natürlich ebensogut mit Wasser mischbar.

3.3.12 Hydratation

H94

Frage 3.45: Lösung E

Die Ausbildung von Hydrathüllen ist bei Kationen, Anionen und organischen Verbindungen, die polare Gruppen besitzen, möglich. Dazu zählen Kohlenhydrate, Proteine und auch niedere Carbonsäuren.

3.3.13 Metallkomplexe

Frage 3.46: Lösung E

Metallkomplexe entstehen aus einem Metallion, an das Teilchen mit freiem Elektronenpaar angelagert werden. Das Metallion stellt dabei den Akzeptor, der Partner mit freiem Elektronenpaar den Donator dar. Das Metallion bezeichnet man auch als Zentralteilchen, die Atomgruppen, die damit verbunden sind, als Liganden. Die Anzahl der Liganden, die mit dem Zentralteilchen in Wechselwirkung treten, bezeichnet man als Koordinationszahl (sie beträgt z.B. beim $[Ag(NH_3)_2]^+$ = Diaminsilberion 2, beim $[Fe(CN)_6]^{3-}$ = Hexacyanoferrat(III)-Ion 6).
Zu **(E):** Metallkomplexe sind nicht derart stabil, z.B. können primär vorhandene Liganden durch andere ersetzt werden.

F89

Frage 3.47: Lösung D

Auch bei Metallkomplexen läßt sich auf dem üblichen Weg die Oxidationszahl des Zentralions angeben:

CN = –1 (hier: C = –4, N = 3)
Fe = +2

Die Oxidationszahl des Zentralions ist folglich von der Ladung des Gesamtkomplexes verschieden.

F90

Frage 3.48: Lösung C

Zu **(A)** und **(C):** Die Anzahl der Bindungen zwischen Zentralion und Ligand ist als Koordinationszahl definiert; diese beschreibt nicht die Ladung des Zentralions.
Zu **(B):** Chelatkomplexe bestehen aus Zentralion und mehrzahnigen Liganden (= Chelatoren). Chelatoren müssen daher mindestens 2 Gruppen mit freien Elektronenpaaren tragen.
Zu **(D):** Wie jede andere Gleichgewichtsreaktion läßt sich auch die Bildung bzw. der Zerfall von Metallkomplexen mit Hilfe des Massenwirkungsgesetzes beschreiben.
Zu **(E):** Metallkomplexe können unter Ligandenaustausch reagieren.

! Merke: Koordinationszahl = Anzahl der Bindungen zwischen Zentralion und Ligand.

H96

Frage 3.49: Lösung D

Die Stabilität von Metallkomplexen hängt von einer Vielzahl struktureller Faktoren ab, z.B. der Art des betreffenden Zentralions, von den vorhandenen Liganden, von der Bildungsenthalpie etc. Auch spielen Entropieeffekte eine große Rolle (Aussage (1) falsch).
In Metallkomplexen liefern die Liganden die Bindungselektronen für die Komplexbindung.

H91

Frage 3.50: Lösung D

Zu **(A)–(C), (E):** Das Kation Zn^{2+} ist bei beiden dargestellten Reaktionen das Zentralion; bei beiden findet ein Ligandenaustausch statt: H_2O wird durch NH_3 bzw. CN ersetzt. Wendet man auf die Komplexbildung das Massenwirkungsgesetz an, so erhält man die sogenannte Bildungskonstante K_k. Die höhere Bildungskonstante K_k bei Reaktion (2) zeigt, daß die koordinative Bindung von CN^- an Zn^{2+} fester ist als die von NH_3 und daß der Komplex $[Zn(CN)_4]$ eine höhere Stabilität als $[Zn(NH_3)_4]$ besitzt. Der reziproke Wert der Bildungskonstanten wird übrigens als Dissoziations- oder Zerfallskonstante bezeichnet.
Zu **(D):** Die Gesamtladung des gebildeten Metallkomplexes in Reaktion (1) ist zweifach positiv, die des gebildeten Metallkomplexes in Reaktion (2) zweifach negativ.

F97

Frage 3.51: Lösung D

Zu **(A):** Kaliumcyanid dissoziiert in wäßriger Lösung vollständig in K^+ und CN^- (Cyanid-Ion).
Zu **(B)–(D):** Als guter Komplexbildner reagiert das Cyanid mit Fe^{3+}-Ionen der Atmungskette. Dabei wirkt das Cyanid-Ion als Ligand; 6 Cyanid-Ionen maskieren ein Fe^{3+}-Ion. Dieser Komplex (nicht das CN!) hat dann die Koordinationszahl 6.
Zu **(E):** Da Cyanwasserstoff eine schwache Säure ist, ist die wäßrige Lösung des entsprechenden Kaliumsalzes basisch.

F98 **!!**

Frage 3.52: Lösung D

Zu **(A)–(E):** Gezeigt ist die Metallkomplex-Reaktion mit Me als Zentralion. H_2O als Ligand wird dabei gegen L ausgetauscht. Der Ausgangskomplex ist daher in der Tat ein Aquokomplex. Die Koordinationszahl bezeichnet das Verhältnis von Liganden zu Zentral-Ion und ist im vorliegenden Beispiel x. Für den Fall, daß L neutral ist, entspricht die Gesamtladung des Komplexes der Ladung von Me.

3.3.15 Chelat-Komplexe und Chelatoren

Frage 3.53: Lösung A

Wichtigstes Kennzeichen für Chelatkomplexe ist die Mehrzähnigkeit der Liganden, die man im übrigen auch als Chelatoren bezeichnet. Das Zentralteilchen tritt dabei als Akzeptor von Elektronenpaaren auf. Die Chelatoren müssen also mindestens zwei Gruppen aufweisen können, die Elektronendonorfunktionen besitzen – das sind Gruppen mit N, S oder O als Hauptbestandteile, die freie Elektronenpaare besitzen – wie OH, SH, NH_2 oder NHR-Gruppen.
Im vorliegenden Fall erfüllen die unter (B)–(E) aufgeführten Formelbeispiele diese Kriterien (B): zwei NH_2-Gruppen; (C): eine OH-, eine SH-Gruppe; (D): eine OH-, eine NH_2-Gruppe; (E): eine OH-, eine SH-Gruppe.
Die unter (A) aufgeführte Substanz – es handelt sich um Essigsäure – kann nur eine Gruppe mit Elektronendonorfunktion – die OH-Gruppe – aufweisen und daher nicht als Chelator wirksam werden.

H92

Frage 3.54: Lösung B

Es handelt sich um einen Chelatkomplex. Die Liganden, Anionen der Aminosäure Glycin, sind zweizähnig. Sie gehen mit Cu^{2+} als Zentralkation 4 koordinative, d.h. Elektronenpaarbindungen ein. Cu^{2+} hat damit die Koordinationszahl 4. Die Gesamtladung des Metallkomplexes ist Null.
Der Metallkomplex weist wegen seines größeren Molekülradius im Vergleich zu freiem Cu^{2+} ein deutlich verändertes Löslichkeitsverhalten auf; ebenso verändert sich seine Farbe.

H94

Frage 3.55: Lösung C

Zu **(A)–(E):** Dargestellt ist der Ligandenaustausch von H_2O durch

$CH_2—NH_2$
|
$CH_2—NH_2$

mit Cu als Zentralkation. Es entsteht ein Chelatkomplex mit Stickstoff als Elektronendonator. Das Chelatmolekül ist dabei zweizähnig, es reagiert mit dem Zentralkation nur zweimal. Es bildet sich dabei einschließlich Zentralkation eine 5-Ringstruktur aus. Die Koordinationszahl ist definiert als das Verhältnis Ligand zu Zentralion und beträgt hier 4.

F96

Frage 3.56: Lösung B

Zu **(A)–(E):** EDTA bildet mit einem Ca^{2+}-Ion als Zentralkation einen Chelatkomplex aus. Die Gesamtladung des Komplexes beträgt dabei –2. EDTA als sechszähniger Ligand bildet mit Ca^{2+} sechs koordinative Bindungen aus. Die Koordinationszahl, definiert als das Verhältnis Ligand zu Zentralkation, beträgt 6.

H95

Frage 3.57: Lösung C

Zu **(A)–(E):** Abgebildet ist eine vereinfachte Darstellung des Cytochrom c. Die Cytochrome wirken in der Atmungskette als Elektronenüberträger. Das zentrale Eisen der Eisenporphyrinverbindung fungiert dabei durch Wertigkeitsänderung (Fe^{2+}/Fe^{3+}) als Redoxsystem. Die Cytochrome sind hintereinander („Kaskade") geschaltet; das Cytochrom c „erhält" sein Elektron vom Cytochrom b. Unter Mitwirkung der Cytochromoxidase wird es selbst oxidiert und gibt sein Elektron an letzteres Enzym weiter. Die Cytochromoxidase ist das eigentliche, mit dem Atmungssauerstoff reagierende Endenzym.
Das Ringsystem des Cytochrom c ist über S-Brücken mit einem entsprechenden Protein kovalent verbunden (und nicht mit der Cytochromoxidase; Lösung C)!

F97

Frage 3.58: Lösung B

Zu **(A):** Wichtigstes Kennzeichen für Chelatkomplexe ist die Mehrzähnigkeit der Liganden, die man auch als Chelatoren bezeichnet. Das Zentralteilchen tritt dabei als Akzeptor von Elektronenpaaren auf. Chelatoren müssen also mindestens zwei Gruppen aufweisen können, die Elektronendonorfunktion besitzen.
Zu **(B)–(C):** EDTA bildet mit einem Ca^{2+}-Ion als Zentralkation einen Chelatkomplex aus. Die Gesamtladung des Komplexes beträgt dabei –2. EDTA als sechszähniger Ligand bildet mit Ca^{2+} sechs koordinative Bindungen aus. Die Koordinationszahl, definiert als das Verhältnis Ligand zu Zentralkation, beträgt 6. Der gebildete Komplex ist sehr stabil.
Zu **(D)–(E):** Chelatkomplexe können geladen (siehe oben), aber auch ungeladen sein; sie werden klinisch zur Behandlung von Schwermetallvergiftungen genutzt (z. B. zur Kupferentsorgung beim Morbus Wilson).

H97

Frage 3.59: Lösung B

Zu **(A):** Wichtigstes Kennzeichen für Chelatkomplexe ist die Mehrzähnigkeit der Liganden, die man im übrigen auch als Chelatoren bezeichnet. Die Chelatoren müssen also mindestens 2 Gruppen aufweisen, die Elektronendonorfunktion besitzen. Das Zentralteilchen tritt dabei als der Akzeptor von Elektronenpaaren auf.
Zu **(B):** Nicht nur Übergangsmetalle (z. B. Fe im Hämoglobin, Cobalt im Vitamin B12) sondern auch Erdalkalimetalle (z. B. Mg, Ca u. a.) können als Zentralteilchen mit entsprechenden Chelatoren Chelatkomplexe ausbilden.
Zu **(C):** EDTA ist ein sechszähniger Chelator.
Zu **(D):** Je nach Ladung von Zentralteilchen und Chelatoren können Chelatkomplexe geladen (Gesamtladung = 0) oder ungeladen (Gesamtladung = 0) sein.
Zu **(E):** Chelatkomplexe sind auf Grund der Mehrzähnigkeit der Chelatoren stabiler als vergleichbare Metallkomplexe mit *einzähnigen* Liganden.

3.4 Kommentare aus Examen Herbst 1998

H98

Frage 3.60: Lösung E

Zu **(A)–(D):** Nucleophile sind Teilchen mit Elektronenüberschuß, Elektrophile solche mit Elektronendefizit. Elektrophile sind Moleküle oder Ionen mit einer „Elektronenlücke" (Defizit), z. B. Protonen (H^+).
Nucleophile sind z. B. Anionen oder Dipolmoleküle mit einem freien Elektronenpaar. Alkene als ungesättigte Kohlenwasserstoffe (R_1-HC=CH-R_2) weisen eine nucleophile Doppelbindung auf.
Zu **(E):** Der Ersatz eines Atoms oder einer Atomgruppe durch ein anderes Atom bzw. Atomgruppe wird als *Substitution* bezeichnet. Beispiel einer solchen Reaktion ist die Substitution in Metallkomplexen, z. B.

$$[Cu(H_2O)_4]^{2+} + 4\ NH_3 \Leftrightarrow [Cu(NH_3)_4]^{2+} + 4\ H_2O$$

Das NH_3-Molekül ist substituierend, es stellt für die neuen Bindungen beide Elektronen zur Verfügung und ist daher nucleophil. Die „Abgangsgruppe" H_2O ist als Dipol mit einem freien Elektronenpaar *ebenfalls* nucleophil (Aussage E daher unzutreffend). Den beschriebenen Reaktionsmechanismus nennt man **nucleophile Substitution**.

H98 !!

Frage 3.61: Lösung A

Zu **(A):** Die Ordnungszahl gibt die Zahl der Protonen bzw. Elektronen an, die *Nukleonenzahl* ist die Summe der Protonen und Neutronen im Atomkern.
Zu **(B):** Isotope haben:
- gleiche Zahl von Protonen bzw. Elektronen (Ordnungszahl)
- unterschiedliche Massenzahl, unterschiedliche Zahl von Neutronen
- verschiedene absolute und relative Atommassen

Isotope sind damit physikalisch verschiedene Nuklide ein und desselben chemischen Elementes.
Zu **(C):** Elemente einer Gruppe haben die gleiche Anzahl von Außen/Valenzelektronen, z. B.

- Alkalimetalle: 1 Valenzelektron
- Erdalkalimetalle: 2 Valenzelektronen
- Halogene: 7 Valenzelektronen

Zu **(D):** Innerhalb einer Periode nimmt die Elektronegativität von links nach rechts zu!
Zu **(E):** Bei den Nebengruppenelementen werden innere, bei den Hauptgruppenelementen äußere Elektronenschalen aufgefüllt.

4 Reaktionen der Stoffe

4.1 Massenwirkungsgesetz

4.1.1 Konzentrationsmaße

H87

Frage 4.1: Lösung C

1 Mol Aceton –	6 g	Wasserstoff
	36 g	Kohlenstoff
	16 g	Sauerstoff
	58 g	C_3H_6O

1 Mol Acetonoxim –	7 g	Wasserstoff
	36 g	Kohlenstoff
	14 g	Stickstoff
	16 g	Sauerstoff
	73 g	C_3H_7NO

Werden 0,1 Mol (=5,8 g) Aceton eingesetzt, um 0,06 Mol (=4,38 g) Acetonoxim zu erhalten, beträgt die Ausbeute 60%.

H93

Frage 4.2: Lösung C

Zu **(A)**, **(B)** und **(E):** 1 Mol Magnesiumchlorid ($MgCl_2$) liefert mittels Dissoziation 1 Mol Mg^{2+}-Ionen sowie 2 Mol Cl^--Ionen. 6×10^{23}-Ionen (Avogadro-Konstante) entsprechen einem Mol, d.h. es bilden sich 6×10^{23} Mg^{2+}-Ionen und $2 \times 6 \times 10^{23}$ ($= 1{,}2 \times 10^{24}$) Cl^--Ionen.
Zu **(D):** 1 Mol Mg wiegt 24,3 g, 2 Mol Cl 71 g; ein Liter einer 1-molaren $MgCl_2$-Lösung enthält 95,3 g Magnesiumchlorid.
Zu **(C):** 1 Liter einer wäßrigen 1-molaren $MgCl_2$-Lösung enthält wesentlich mehr als 6×10^{23} (=1 Mol) Wassermoleküle. Unter Nichtberücksichtigung der Dichte von $MgCl_2$ überschlägig: 1000 g – 95,3 g = 904,7 g Wasser. Bei einem Molgewicht von 18 g (2 H=2; 0=16) enthält die Lösung ca. 50,26 Mole H_2O (~ 3×10^{25} Wassermoleküle).

4.1.2 Chemisches Gleichgewicht

Reversible Reaktionen — **IV.1**

Bei einer reversiblen chemischen Reaktion tritt bei gegebenen Konzentrationen und einer bestimmten Temperatur ein Zustand ein, in dem sich die Konzentrationen der einzelnen Reaktionspartner nicht mehr ändern, das chemische Gleichgewicht. Verständlicherweise ist das Vorliegen eines geschlossenen Systems Grundvoraussetzung für das Vorliegen eines solchen Gleichgewichts, da sich bei offenen Systemen durch Austausch von Masse die Konzentrationen der Reaktionsteilnehmer verändern.
Auch Temperaturerhöhungen bzw. -erniedrigungen verschieben das chemische Gleichgewicht. Dabei wird die Konzentration von Produkten, die unter Wärmeverbrauch entstehen, durch Temperaturerhöhung vergrößert (und umgekehrt). Deshalb ist eine konstante Temperatur (isotherm) ebenfalls Grundbedingung für das eingestellte Gleichgewicht.
Das Massenwirkungsgesetz für die Reaktion
$A + B \rightleftharpoons C + D$ lautet:

$$K = \frac{[C] \times [D]}{[A] \times [B]}$$

(Produkt der Konzentrationen der Endprodukte dividiert durch das Produkt der Konzentrationen der Ausgangsstoffe).
Dabei ist K die charakteristische Gleichgewichtskonstante.
Streng genommen gilt das Massenwirkungsgesetz nur für verdünnte Lösungen. Wenn die Konzentrationen der Reaktionspartner 0,1 mol/l übersteigen, behindern sich die einzelnen Teilchen eines Reaktionspartners gegenseitig. Man berücksichtigt für das Massenwirkungsgesetz dann nur noch die Konzentration der wirksamen Teilchen, die auch als Aktivität bezeichnet wird.
Katalysatoren sind Verbindungen, welche die Geschwindigkeit der Gleichgewichtseinstellung verändern. Sie bilden mit einer der Ausgangsverbindungen kurzfristig Zwischenverbindungen und werden nach Reaktionsablauf wieder frei.
Katalysatoren sind aber nicht in der Lage, das Gleichgewicht selbst zu verändern, sondern lediglich den zeitlichen Ablauf einer Reaktion. Sie beschleunigen die Einstellung des Gleichgewichts, üben aber keinen Einfluß auf die Lage des Gleichgewichts einer Reaktion aus!

Frage 4.3: Lösung E

Siehe Lerntext IV.1.

F90

Frage 4.4: Lösung C

Die Gleichgewichtskonstante K der gezeigten Reaktion ist definiert:

a) als das Produkt der Konzentration der Reaktionsprodukte dividiert durch das Produkt der Konzentration der Ausgangsstoffe (zum Zeitpunkt des Reaktionsgleichgewichtes)
b) durch die Division der „Hinreaktionskonstanten k_{+1}“ durch die „Rückreaktionskonstante k_{+1}“.

Der Ausdruck k_{+1} [A][B] (Gleichung 2) beschreibt die Reaktionsgeschwindigkeit der Hinreaktion.
Schwierige Frage, Lösung A wurde von 50% der Kandidaten, Lösung C lediglich von 42% der Kandidaten angegeben.

Frage 4.5: Lösung C

Zu **(A)** und **(E):** Ein Maß für die Triebkraft einer Reaktion ist die Änderung der freien Enthalpie ΔG (ΔG stellt den frei verfügbaren Teil der Reaktionsenergie dar, der in andere Energieformen umgewandelt werden kann).
Sie läßt sich durch die **Gibbs-Helmholtz-Gleichung** beschreiben:

$$\mathbf{\Delta G = \Delta H - T \times \Delta S}$$

ΔG = Änderung der freien Enthalpie
ΔH = Änderung der Enthalpie
ΔS = Änderung der Entropie
T = absolute Temperatur

Dabei bedeutet ein negativer Wert für ΔG, daß im Laufe der Reaktion der Wert der freien Enthalpie abnimmt. Eine solche Reaktion kann freiwillig ablaufen, ohne daß von außen Energie zugeführt wird. Das Gleichgewicht solcher Reaktionen liegt auf der Seite der Reaktionsprodukte, K ist also größer als 1 (exergone Reaktionen). Ein positiver Wert von ΔG kennzeichnet Reaktionen, bei denen freie Enthalpie zugeführt werden muß, die daher nicht spontan ablaufen können. Ihr Gleichgewicht liegt auf der Seite der Ausgangsstoffe, K ist also kleiner als 1

(im vorliegenden Beispiel $K = \frac{0{,}01}{1} = 0{,}01$).

Solche Reaktionen heißen endergon.
Zu **(B)–(C):** Durch Veränderung der Konzentrationen der einzelnen Reaktionspartner in einem eingestellten Gleichgewicht ist es nicht möglich, den Wert für K zu verändern. Wird die Konzentration der Ausgangsstoffe erniedrigt, indem sie – etwa durch Ausfällung – aus dem Gleichgewicht entfernt werden, so verändert sich auch die Konzentration der Endprodukte (z.B. durch Rückreaktion von [B] zu [A]) so lange, bis der für diese bestimmte Reaktion charakteristische Wert für K wieder erreicht ist.
Genauso verhält es sich mit der Erhöhung der Konzentration der Endprodukte. Dabei zerfallen einfach so viele Endprodukte in ihre Ausgangsstoffe, bis der ursprüngliche Wert von K wieder erreicht ist.
Zu **(D):** Von den Begriffen exergon – endergon muß man die Begriffe exotherm – endotherm unterscheiden.
Als exotherm bezeichnet man eine Reaktion, bei deren Bildung Wärme frei wird, ΔH (die Reaktionswärme bei konstantem Druck) also abnimmt. Eine Reaktion, bei der man Wärme zuführen muß, (ΔH positiv) heißt endotherm.
Durch die Gibbs-Helmholtz-Gleichung wird deutlich, daß endotherm nicht gleich endergon, exotherm nicht gleich exergon sein muß. Bei $\Delta G = \Delta H - T \times \Delta S$ kann auch eine endotherme Reaktion mit $H > 0$ dann spontan ablaufen, also exergon sein, wenn $T\Delta S$ größer wird als ΔH.
Dabei ist ΔS ein Maß für die Entropie, d.h. die innere Unordnung eines Systems. Chemische Systeme streben von sich aus immer den Zustand größter Unordnung, also größter Entropie an. (Wenn man z.B. einen gefüllten Gasbehälter öffnet, verteilen sich die einzelnen Gasmoleküle spontan im ganzen Raum.)

> **!** Merke: $\Delta G < 0$: exergone (exergonische) Reaktion $\Delta G > 0$: endergone (endergonische) Reaktion

F92

Frage 4.6: Lösung B

Zu **(1)**, **(2)** und **(5):** Im Reaktionsgleichgewicht ist die Gesamtreaktionsgeschwindigkeit und der Netto-Stoffumsatz Null. Die freie Enthalpie ΔG muß ebenfalls Null sein; andernfalls hätte sich eben dieses Gleichgewicht noch nicht eingestellt. Die Hinreaktion liefert soviel Energie, wie von der Rückreaktion wieder aufgezehrt wird.
Zu **(3):** Die Aktivierungsenergie für Hin- und Rückreaktion ist von der Einstellung des chemischen Gleichgewichtes unabhängig. Sie wird als „Starter“ bei nicht spontan ablaufenden Reaktionen benötigt; sie hilft dann den sogenannten Übergangszustand zu überwinden.
Zu **(4):** Im Gleichgewicht entspricht die Geschwindigkeit der Hinreaktion der der Rückreaktion. Die

Konzentration der Ausgangsprodukte kann daher nicht gleich Null sein.

H88

Frage 4.7: Lösung E

Zu **(A)–(C):** Der Ausdruck

$$K = \frac{[\text{Ester}]\,[H_2O]}{[\text{Säure}]\,[\text{Alkohol}]}$$

beschreibt das Massenwirkungsgesetz für die Reaktion:

Säure + Alkohol $\rightleftharpoons$ Ester + Wasser.

Eine Entfernung der Reaktionsprodukte begünstigt die vollständige Umsetzung des Alkohols mit der Säure. Entsprechend führt eine Erhöhung der Säuren- bzw. Alkoholkonzentration zu einer Steigerung der Esterausbeute.
Zu **(D)–(E):** Die freie Reaktionsenthalpie ΔG läßt sich unter Berücksichtigung von R (allgemeine Gaskonstante) und T (Gleichgewichtstemperatur in Kelvin) aus dem Wert der Gleichgewichtskonstanten K berechnen. Unter Standardbedingungen gilt:

$$\Delta G = -\,RT \cdot \ln K$$
$$= -\,2{,}3\,RT \cdot \lg K$$

Falls $\Delta G < 0$, spricht man von einer exergonen Reaktion, d. h. bei derselben wird Energie frei. Den Fall, daß $\Delta G > 0$ ist, bezeichnet man als endergone Reaktion, es muß Energie zugeführt werden. Ein sehr hoher Wert von K entspricht einer stark exergonen Reaktion; ΔG wird stark negativ.

4.2 Salze

4.2.1 Elektrolyte

Elektrolyte **IV.2**

Elektrolyte sind Verbindungen, die in wäßriger Lösung oder ihrer Schmelze dissoziiert vorliegen und den elektrischen Strom leiten können. Als elektrolytische Dissoziation bezeichnet man dabei die Bildung frei beweglicher Ionen bei der Auflösung eines Stoffes.
Das Kriterium für die Einteilung in starke und schwache Elektrolyte ist deren Dissoziationsgrad. Stoffe, die weitgehend vollständig dissoziiert vorliegen, sind starke Elektrolyte, Stoffe, die nur wenig dissoziiert vorliegen, sind schwache Elektrolyte. Der Grad der Dissoziation wird mit Hilfe der Dissoziationskonstanten $K_{diss.}$ folgendermaßen berechnet:

Dissoziiert eine Verbindung AB in A^+ und B^-, so setzt sich $K_{diss.}$ aus dem Produkt der Konzentrationen von A^+ und B^-, dividiert durch die Konzentration des noch vorliegenden AB, zusammen.

$$K_{diss.} = \frac{[A^+] \times [B^-]}{[AB]}$$

Frage 4.8: Lösung E

Zu **(A)–(B):** Da die Dissoziationskonstante ein Maß für den Grad der Dissoziation ist, gibt sie Aufschluß darüber, ob ein Stoff ein starker oder schwacher Elektrolyt ist. Bei einer größeren $K_{diss.}$ liegt mehr freies A^+ und B^- vor als bei einer kleineren. Große $K_{diss.}$ bedeutet hoher Dissoziationsgrad und starker Elektrolyt, kleine $K_{diss.}$ bedeutet niedriger Dissoziationsgrad und schwacher Elektrolyt.
Zu **(C)–(D):** Zu den starken Elektrolyten gehören fast alle Alkali- und Erdalkalisalze, Alkalihydroxide und Mineralsäuren (wie HCl, H_2SO_4 und HNO_3).
Zu den schwachen Elektrolyten gehören Carbonsäuren, Phenole, organische Basen und einige Salze wie $Fe(SCN)_3$ und $HgCl_2$.
100%ig korrekt ist also auch Antwort D nicht.
Vielleicht ist es am besten, wenn man sich nur stur merkt, daß Salze zu den starken Elektrolyten gehören, gleichgültig ob sie schwer oder leicht löslich sind.
Zu **(E):** Bei schwachen Säuren hängt der tatsächliche Dissoziationsgrad neben der Dissoziationskonstanten auch von der jeweiligen Verdünnung ab (= Ostwald-Verdünnungsgesetz). Die angegebene Dissoziationskonstante geht dabei von einer unendlichen Verdünnung aus. Allein aus der Dissoziationskonstanten bei schwachen Säuren auf die Stärke ihres Elektrolytcharakters schließen zu wollen, ist nicht korrekt.
Siehe Lerntext IV.2.

! Merke: Salze gehören zu den starken Elektrolyten.

F84

Frage 4.9: Lösung D

NaCl und KCl sind beides starke Elektrolyte, die in H_2O vollständig in Na^+ und Cl^- bzw. K^+ und Cl^- dissoziieren. Hierbei werden diese Ionen von einer Hydrathülle umgeben. Die jeweilige Lösung reagiert neutral. NaOH, HCl oder KCl entstehen so nicht. Vielmehr gilt:

$$NaOH + HCl + H_2O \rightarrow Na^+ + Cl^- + 2\,H_2O,$$

d. h. eine starke Säure reagiert mit einer starken Base in Form einer Neutralisationsreaktion. Entzieht man dieser Lösung das Wasser, so kommt es zur Salzbildung.
Undissoziiertes NaCl kommt im menschlichen Körper praktisch nicht vor, da dieser zu ca. 67% aus H_2O besteht.
Die K^+- und Na^+-Ionen sind Kationen und wandern bei der Elektrolyse zur negativ geladenen Kathode, Cl^--Ionen sind Anionen und wandern zur positiv geladenen Elektrode, der Anode.

H86

Frage 4.10: Lösung D

Zu **(A)–(B):** Kohlensäure (H_2CO_3) bildet zwei Reihen von Salzen – Hydrogencarbonate ($Me^+HCO_3^-$) und – „normale" Carbonate ($Me^{2+}CO_3^{2-}$).
K_2CO_3 (Kaliumcarbonat) gehört zur Gruppe der Alkalicarbonate, wobei allein diese aus der Reihe der „normalen" Carbonate leicht wasserlöslich sind (im Unterschied dazu sind sämtliche Hydrogencarbonate leicht wasserlöslich). In einer wäßrigen Kaliumcarbonat-Lösung sind somit K^+- und CO_3^{2-}-Ionen nachweisbar.
Zu **(C)** und **(E):** CO_3^{2-} kann als Protonenakzeptor (=Base) fungieren, es reagiert in wäßriger Lösung unter Bildung von Hydrogencarbonat mit dem selbst in geringem Maße dissoziierten Wassermolekül.

$$CO_3^{2-} + H^+ + OH^- \rightarrow HCO_3^- + OH^-$$

Eine solche Lösung enthält damit überschüssige OH^--Ionen, der pH-Wert wird entsprechend einen Wert > 7 annehmen. Alle Salze organischer Säuren reagieren nach diesem Reaktionsmuster schwach basisch.
Zu **(D):** Die Löslichkeit ionogen aufgebauter Substanzen steht in Abhängigkeit von folgenden Parametern:
- der Gitterstruktur der Substanz
- der Dielektrizitätskonstanten des Lösungsmittels.

Lösungsmittel mit einer hohen Dielektrizitätskonstanten haben ein besonders hohes Solvationsvermögen für ionogen aufgebaute Substanzen, wie es z. B. Salze sind. Diese Lösungsmittel sind Dipole, wobei ihr Dipolcharakter mit der Zunahme ihrer Dielektrizitätskonstanten ebenfalls zunimmt. Aceton hat als relativ unpolares Molekül nur eine etwa $^1/_4$ so große Dielektrizitätskonstante wie Wasser und ist damit als Lösungsmittel für Kaliumcarbonat nicht geeignet.

F94

Frage 4.11: Lösung E

Zu **(A)–(B):** Natriumcarbonat, ein Salz, dissoziiert in Wasser in 2 Na^+- und CO_3^{2-}-Ionen. Die entstehenden CO_3^{2-}-Ionen haben in der Tat schwach basischen Charakter, sie können Protonen aufnehmen.
Zu **(C):** Allgemeines Charakteristikum der Salze ist ihre vollständige Dissoziation in Wasser. Im vorliegenden Beispiel ist Na^+ das Kation einer starken Base (NaOH); CO_3^{2-} das Anion der schwachen Säure H_2CO_3.
Zu **(D):** Zugabe von HCl führt zur Reaktion:
$Na_2CO_3 + HCl \rightarrow NaCl + CO_2 + NaOH$.

Zu **(E):** Puffersysteme bestehen aus
- schwachen Säuren mit ihren korrespondierenden Basen oder
- schwachen Basen mit ihren korrespondierenden Säuren.

! Merke: Salzlösungen haben keine Puffereigenschaften.

4.2.2 Löslichkeit

H92

Frage 4.12: Lösung B

Calciumoxalat ist das Calciumsalz der Oxalsäure.

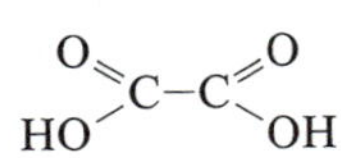

Es ist in Wasser schlecht, in starken Mineralsäuren aber gut löslich. Durch die schlechte Löslichkeit fällt es im Urin leicht aus und ist daher oft Bestandteil von Nierensteinen.
Zu **(E):** Cis-Trans-Isomerie beobachtet man bei Molekülen mit Doppelbindungen, z. B.

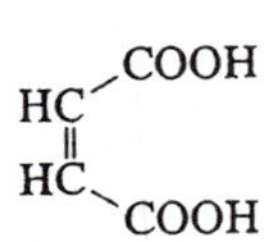

Maleinsäure = cis-2-Buten-disäure

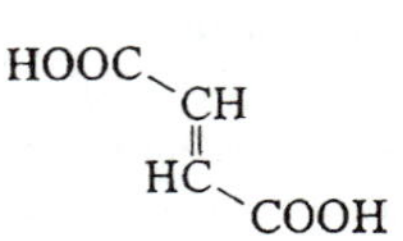

Fumarsäure = trans-2-Buten-disäure

Bei der Oxalsäure liegt eine C—C-Einfachbindung vor.

! Merke: Cis-Trans-Isomerie beobachtet man bei Molekülen mit Doppelbindungen.

F91

Frage 4.13: Lösung C

Das Löslichkeitsprodukt von Bariumsulfat ist wie folgt definiert:

$Lp = [BA^{2+}] \cdot [SO_4^{2-}] = 10^{-10}\ mol^2/l^2$

daraus folgt:

$[Ba^{2+}] = [SO_4^{2-}] = \sqrt{10^{-10}\ mol^2/l^2} = 10^{-5}\ mol/l$

Entsprechend enthält 1 l einer gesättigten wäßrigen Bariumsulfat-Lösung 10^{-5} mol $BaSO_4$:

$233\ g \cdot 10^{-5} = 2{,}33\ g \cdot 10^{-3} = 2{,}33\ mg.$

Bemerkung: Schwierige Frage, lediglich 40% der Kandidaten wählten die richtige Lösung (C), 36% hingegen (A), d.h. die Wurzel wurde nicht gezogen.

H95

Frage 4.14: Lösung C

Zu **(A)–(D):** NaCl (Kochsalz) ist als Salz ein starkes Elektrolyt, das in Wasser vollständig in Na^+- und Cl^--Ionen dissoziiert. Hierbei werden diese Ionen von einer Hydrathülle umgeben. Die Lösung reagiert neutral; NaOH oder HCl entstehen nicht.
Zu **(E):** Eine 0,9% NaCl-Lösung bezeichnet man als isotonisch.

4.3 Säuren und Basen

4.3.2 Dissoziation

Frage 4.15: Lösung B

Grundlage des Massenwirkungsgesetzes ist der Gleichgewichtszustand bei einer reversiblen Reaktion; ist er erreicht, verändern sich die Konzentrationen der Reaktionspartner nicht mehr. Die Gleichgewichtskonstante K berechnet man ähnlich wie die $K_{diss.}$, nämlich aus dem Produkt der Konzentrationen der Endprodukte, dividiert durch das Produkt der Konzentrationen der Ausgangsstoffe, z.B. für die Gleichgewichtsreaktion $A + B \rightleftharpoons C + D$ (der Doppelpfeil kennzeichnet die Gleichgewichtsreaktion).

$$K = \frac{[C] \times [D]}{[A] \times [B]}$$

Die Phosphorsäure H_3PO_4 ist eine sogenannte dreiprotonige Säure, d.h. sie kann drei H^+-Ionen abdissoziieren. Für jedes H^+-Ion gibt es eine eigene Dissoziationsstufe:

1. $H_3PO_4 \rightleftharpoons H^+ + H_2PO_4^-$
2. $H_2PO_4^- \rightleftharpoons H^+ + HPO_4^{2-}$
3. $HPO_4^{2-} \rightleftharpoons H^+ + PO_4^{3-}$

Das Massenwirkungsgesetz für die erste Dissoziationsstufe der Phosphorsäure lautet:

$$K = \frac{[H_2PO_4^-] \times [H^+]}{[H_3PO_4]}$$

H91

Frage 4.16: Lösung C

Zu **(A):** Der pK_s-Wert ist als der negative dekadische Logarithmus der Dissoziationskonstanten der Säure definiert: Es gilt

a) für Hb: $pK_s = -\lg 6 \cdot 10^{-9} = -(0{,}8 - 9) = 8{,}2$
b) für HbO_2: $pK_s = -\lg 2 \cdot 10^{-7} = -(0{,}3 - 7) = 6{,}7$

Zu **(B)** und **(E):** Je kleiner der pK_s-Wert, desto stärker die Säure; oxygeniertes Hb ist also eine stärkere (schwächere) Säure (Base) als Hb.
Zu **(C)–(D):** Hämoglobin besteht aus 4 Peptidketten, die ihrerseits je ein Häm als niedermolekulare prosthetische Gruppe besitzen. Das Hämmolekül wiederum ist aus Komplex-Liganden liefernden Molekülen, die in ihrer Mitte ein Fe^{2+}-Ion in chelatkomplexer Bindung enthalten, aufgebaut (Porphyrinsystem). Je Hämanteil kann ein O_2-Molekül gebunden werden, das Hb geht dabei in das HbO_2 über. Von den 6 Koordinationsstellen des Fe^{2+} sind 4 an die N-Atome des Porphyrinsystems und eine weitere an das Peptid gebunden. Die sechste Koordinationsstelle kann eine *lockere Additionsverbindung* mit molekularem O_2 bilden; die Oxidationszahl des Fe^{2+}-Ions ändert sich dabei nicht, gleichwohl aber die Konformation des Hb-Moleküls.
Zu **(E):** Die Oxygenierung des Hb-Moleküls ist pH-Wert-abhängig (sogenannter *Bohr-Effekt*). Durch Erhöhung der Azidität wird die O_2-Aufgabe gefördert (und umgekehrt; siehe hierzu auch die Lehrbücher der Biochemie und der Physiologie).

! Merke: Je kleiner der pK_s-Wert, desto stärker die Säure.

H97

Frage 4.17: Lösung D

Zu **(A):** Eine 1 molare Lösung enthält 1 Mol der Substanz pro Liter; 1 Mol entspricht dabei der relativen Atommasse in Gramm.
Zu **(B):** Ein Liter einer 1 molaren HCl-Lösung liefert 1 Mol H^+-Ionen. Zur Neutralisation benötigt man 1 Mol OH^--Ionen; diese sind in einem Liter einer 1 molaren NaOH-Lösung vorhanden. Entsprechendes gilt für alle anderen Volumina.
Zu **(C)** und **(E):** Die Dissoziation von HCl ist von der Art des Lösungsmittels und der Temperatur abhängig. In wäßriger Lösung dissoziiert HCl vollständig; ein Charakteristikum einer starken Brönsted-Säure. Die korrespondierende Brönsted-Base ist entsprechend schwach.
Zu **(D):** HI ist eine *stärkere Säure* als HCl und entsprechend stärker dissoziiert. Die Gleichgewichtskonstanten K für die Dissoziation der angeführten Halogenwasserstoffverbindungen belegen dies: $HCl \approx 10^6$, $HI > 10^9$.

4.3.3 Brönsted-Säure, Brönsted-Base

Säure und Base — IV.3

Wichtig für die Begriffe Säure und Base sind die Definitionen von Arrhenius und Brönsted. Bei der Säure stimmen die Definitionen von beiden überein:
Eine Säure ist ein *Protonendonator,* liefert also bei der Dissoziation H^+-Ionen.
Eine Base gibt nach Arrhenius OH^--Ionen ab, sie ist nach Brönsted ein *H^+-Ionen-Akzeptor.*
Eine Brönsted-Säure liefert also bei ihrer Dissoziation immer H^+-Ionen und die entsprechende Brönsted-Base, die ja ihrerseits wieder als H^+-Ionen-Akzeptor fungieren könnte. Solcherart miteinander in Verbindung stehende Reaktionskomponenten bezeichnet man als gekoppeltes oder konjugiertes Säure-Basen-Paar.

$$\underset{\text{Brönsted-Säure}}{XH} \rightleftharpoons \underset{\text{Brönsted-Base}}{X^- + H^+}$$

Es gibt eine Reihe chemisch sehr wichtiger Säure-Basen-Paare, die hier kurz aufgezählt werden sollen:

Brönsted-Säure		Brönsted-Base + H^+
HCl	$\rightleftharpoons$	Cl^-
H_2SO_4	$\rightleftharpoons$	HSO_4^-
H_3PO_4	$\rightleftharpoons$	$H_2PO_4^-$
$H_2PO_4^-$	$\rightleftharpoons$	HPO_4^{2-}
H_3O^+	$\rightleftharpoons$	H_2O
H_2O	$\rightleftharpoons$	OH^-

Wie aus der Tabelle hervorgeht, gibt es einige Substanzen, die sowohl Protonen aufnehmen als auch Protonen abgeben können, also als Säure und Base gleichermaßen fungieren können (z. B. $H_2PO_4^-$, H_2O). Diese Substanzen bezeichnet man als **Ampholyte.**
Als starke Brönsted-Säure bezeichnet man eine Säure, die weitgehend dissoziiert und ihr H^+-Ion leicht abgibt; sie liefert bei ihrer Dissoziation eine schwache Brönsted-Base, die keine große Tendenz zeigt, ein H^+-Ion anzulagern.

Frage 4.18: Lösung E

Zu den Aufgabenbeispielen (2) bis (5)

	Brönsted-Säure	Brönsted-Base		Brönsted-Base	Brönsted-Säure
(2)	H_3O^+	$+ HCO_3^-$	$\rightleftharpoons$	H_2O	$+ H_2CO_3$
(3)	H_3O^+	$+ OH^-$	$\rightleftharpoons$	H_2O	$+ H_2O$

Die der Brönsted-Säure H_3O^+ entsprechende Base heißt H_2O, die der Brönsted-Base OH^- entsprechende Säure heißt ebenfalls H_2O (Ampholyt).

(4) $H_3CCOOH + OH^- \rightleftharpoons H_3CCOO^- + H_2O$
(5) $H_3O^+ + HPO_4^{2-} \rightleftharpoons H_2O + H_2PO_4^-$

Zu Beispiel **(1):** HCl als Brönsted-Säure liefert Cl^- als Brönsted-Base bzw. Säureanion und H^+.
NaOH liefert als Arrhenius-Base Na^+ (Basenkation) und OH^-.
Säureanion und Basenkation reagieren miteinander unter Salzbildung zu NaCl, die starke Brönsted-Base OH^- reagiert mit H^+ zu H_2O.
Demnach sind alle Reaktionen als Säure-Base-Reaktion zu bezeichnen.
Siehe Lerntext IV.3.

H83

Frage 4.19: Lösung C

Zu **(A):** Essigsäure als schwache Säure dissoziiert folgendermaßen:

Ihre Dissoziationskonstante ist für die Essigsäure ein charakteristischer Wert, der nur temperaturabhängig ist.
Zu **(B):** Pufferlösungen bestehen aus schwachen Brönsted-Säuren oder Basen und ihren Salzen. Hier handelt es sich um die Lösung einer starken (Schwefelsäure) und einer schwachen (Essigsäure) Säure, also nicht um eine Pufferlösung.

K

Zu **(C):** Durch die Zugabe von konz. Schwefelsäure H_2SO_4 nimmt – da die Schwefelsäure dissoziiert – auch die Konzentration von H^+-Ionen zu. Aus H^+-Ionen und H_3CCOO^--Ionen entsteht H_3CCOOH, d.h. undissoziierte Essigsäure.
Zu **(D):** Die H^+-Ionenkonzentration der Lösung nimmt zu, also der pH-Wert ab!

! Merke: Ester entstehen aus Säure und Alkohol, niemals aus zwei Säuren!

F87

Frage 4.20: Lösung D

Zu **(A)** und **(B):** $H_2PO_4^-$ ist hier Protonendonator (= Säure); H_2O Protonenakzeptor (= Base).
Zu **(C):** $H_2PO_4^-$ und HPO_4^{2-} bilden ein korrespondierendes Säure-Basen-Paar.
Zu **(D):** Ein Redoxsystem, welches Oxidation (= Abgabe von Elektronen; Erhöhung der Oxidationszahl; Aufnahme von Wasserstoff) bzw. Reduktion voraussetzt, liegt in der vorliegenden Reaktion nicht vor.
Zu **(E):** Bei der gegebenen Reaktion stellt sich schließlich, keine in das System eingreifenden Manipulationen vorausgesetzt, ein Gleichgewicht ein.

F90

Frage 4.21: Lösung B

Zu **(A), (B)** und **(D):** H_2O und HCl haben den folgenden Aufbau bzw. Ladungsverteilung:

Zu **(C)** und **(E):** H_2O kann sowohl ein Proton aufnehmen als auch ein solches abgeben; es ist ein Ampholyt („amphoter").
HCl als starke Säure (= Protonendonator) dissoziiert in Wasser nahezu vollständig:

$$HCl + H_2O \rightarrow H_3O^+ + Cl^-.$$

F91

Frage 4.22: Lösung A

Ammoniak (1) hat die relative Molekülmasse 17 (N = 14; 3 H = 3); H_3O^+ (2) hingegen 19 (O = 16; 3 H = 3). Stickstoff und Sauerstoff sind jeweils dreibindig: Die Atombindungen beider Moleküle sind auf Grund der Elektronegativität von Wasser- und Sauerstoff polarisiert. Beide Verbindungen besitzen ein freies Elektronenpaar.

Als Protonenakzeptor kann Ammoniak als Brönsted-Base, H_3O^+ als Brönsted-Säure (= Protonendonator) agieren.

H86

Frage 4.23: Lösung D

Zu **(A):** In H_3O^+ ist ein H^+-Ion koordinativ an H_2O gebunden. Dabei ist das Wasserstoffatom – wie grundsätzlich in allen Verbindungen – einbindig. Also muß der Sauerstoff dreibindig sein.

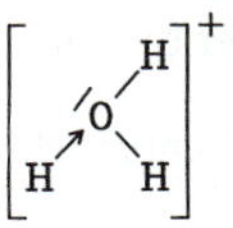

Zu **(B)–(C):** Nach der Definition von Brönsted ist eine Säure ein Protonendonator. Wenn H_3O^+ ein Proton abgibt, entsteht H_2O, die korrespondierende Base zur Brönsted-Säure H_3O^+.
Zu **(E):** Im Wasser freibewegliche Kationen und Anionen werden in eine Hydrathülle eingebettet. Dies trifft auch für das H_3O^+-Molekül zu, das als positiv geladenes Teilchen ebenfalls mit dem Sauerstoff des Wassermoleküls in Wechselwirkung tritt.
Zu **(D):** Der Sauerstoff hat als Element der 6. Hauptgruppe 6 Außenelektronen. Bei der Bildung von H_2O werden 2 Elektronen für die beiden Elektronenpaarbindungen mit den beiden Wasserstoffatomen verbraucht. Das Sauerstoffatom im H_2O-Molekül hat also noch 2 freie Elektronenpaare. Bei der Anlagerung des Protons H^+ bildet sich eine koordinative Bindung aus, deren bindendes Elektronenpaar alleine vom Sauerstoff stammt. Das H^+-Ion entsteht aus einem H-Atom durch Elektronenabgabe, danach liegt nur noch ein Proton vor, das natürlich keine Elektronen zur koordinativen Bindung hat.

F97

Frage 4.24: Lösung C

Zu **(A)–(E):** Brönsted-Säuren sind als Protonendonatoren definiert. Ammoniak reagiert gegenüber Wasser als Protonenakzeptor und ist damit Brönsted-Base (Lösung (C)).

4.3.4 pH, pK

Frage 4.25: Lösung C

Man kann das Massenwirkungsgesetz auch bei der Dissoziation von Elektrolyten anwenden. Dabei nennt man die Gleichgewichtskonstante K auch Dissoziationskonstante, z.B. Essigsäure

$CH_3COOH \rightleftharpoons CH_3COO^- + H^+$.

$$K_{diss.} = \frac{[H] \times [CH_3COO^-]}{[CH_3COOH]}$$

Über die Größe der Dissoziationskonstanten kann man Säuren und Basen in starke und schwache Säuren und Basen einteilen. Starke Säuren haben eine Dissoziationskonstante > 1.
Als vereinfachte Schreibweise der Dissoziationskonstanten hat man den pK-Wert eingeführt – er ist definiert als negativer dekadischer Logarithmus von $K_{diss.}$ (vgl. pH-Wert: negativer dekadischer Logarithmus der H^+-Ionenkonzentration).
Ein großer Wert für $K_{diss.}$ ($K_{diss.} > 1$) entspricht einem kleinen Wert für pK. Zum Beispiel:

1. $K_{diss.} = 10 = 10^1$
   $pK = -\lg K_{diss.}$
   $= -\lg 10$
   $= -1$

2. $K_{diss.} = 100 = 10^2$
   $pK = -\lg K_{diss.}$
   $= -\lg 100$
   $= -2$

! Merke: pK = negativer dekadischer Logarithmus von $K_{diss.}$

Frage 4.26: Lösung B

Zu **(A):** Als pK_s-Wert bezeichnet man den negativ dekadischen Logarithmus der Dissoziationskonstanten der Säuren.
Zum Beispiel:

$AH \rightleftharpoons A^- + H^+$

$$K_{diss.} = \frac{[A^-] \times [H^+]}{[AH]}$$

$pK_s = -\lg K_{diss.}$

(In diesem Fall stimmen übrigens $K_{diss.}$ und die Gleichgewichtskonstante K überein).
Zu **(B):** Elektrolyse ist die Zersetzung von Elektrolyten in Lösung oder ihrer Schmelze durch Gleichstrom. Dabei wandern die Anionen (negativ geladen) zur Anode (positiv geladen) und entladen sich dort unter Elektronenabgabe, die Kationen (positiv geladen) wandern zur Kathode (negativ geladen) und werden dort unter Elektronenaufnahme entladen.
Zu **(C):** Man unterscheidet drei verschiedene Typen von Systemen:

1. **Abgeschlossene = isolierte Systeme** – undurchlässig für Masse und Energie.
2. **Geschlossene Systeme** – undurchlässig für Masse, durchlässig für Energie.
3. **Offene Systeme** – durchlässig für Masse und Energie.

Zu **(D):** Das Nernst-Verteilungsgesetz hat nichts mit Volumina zu tun, sondern beschreibt die charakteristische Verteilung eines Stoffes A in zwei miteinander nicht mischbaren Lösungsmitteln, z. B. Benzol und Wasser. Der Verteilungskoeffizient K ist der Quotient aus der Konzentration von A in der Oberphase (geringere Dichte) und der Konzentration von A in der Unterphase (höhere Dichte). Ein hoher Wert von K bedeutet also, daß die Konzentration von A in der Oberphase höher ist als die Konzentration von A in der Unterphase, das bedeutet also, daß die Affinität von A zur oberen Phase größer ist als die zur unteren.
Zu **(E):** Die Molarität hat für sich betrachtet mit Reaktionen nichts zu tun, sie ist lediglich eine Konzentrationsangabe und sagt aus, wieviel Mole eines Stoffes sich in 1 l Lösung befinden.

! Merke: Man unterscheidet drei verschiedene Typen von Systemen:
1. **Abgeschlossene = isolierte Systeme** – undurchlässig für Masse und Energie.
2. **Geschlossene Systeme** – undurchlässig für Masse, durchlässig für Energie.
3. **Offene Systeme** – durchlässig für Masse und Energie.

H97

Frage 4.27: Lösung D

Der pK_S-Wert von Chloressigsäure beträgt 2,81, der von Essigsäure 4,76. Es gilt: Je kleiner der pK_S-Wert, desto stärker die Säure, desto stärker natürlich auch ihre Dissoziation in wäßriger Lösung.

H89

Frage 4.28: Lösung C

Zu **(2):** Die stärkere Säure hat den kleineren pK_s-Wert. NH_4^+ ist eine stärkere Säure als $CH_3{-}NH_3^+$.
Zu **(3):** Aliphatische Reste sind elektronenliefernde Substituenten (dies gilt auch für die Aussage (2)!), daher ist Methylamin ($CH_3{-}NH_2$) eine stärkere Base als NH_3. Eine zweite Methylgruppe (Dimethylamin) verstärkt die Basizität noch, während bei einer dritten (Trimethylamin) die Basizität wieder sinkt, was man mit einer Abnahme der Solvatisierung zu erklären versucht.
Zu **(5):** Als Säure-Basen-Paar korrespondiert eine starke (schwache) Base mit einer schwachen (starken) Säure.

Die Säurestärken der jeweiligen Ammoniumionen unterscheiden sich daher ebenso wie die entsprechenden Basen.

F85

Frage 4.29: Lösung E

Zu **(A)–(D):** Die abgebildete Formel (1) zeigt Guanidin, ein Derivat des Ammoniaks. Als Amin ist es in wässeriger Lösung eine sehr starke Base mit dem pK_B-Wert von 0,3 bzw. dem pK_S-Wert von 13.7! Es gilt $pK_S + pK_B = 14$. Durch Protonenaufnahme wird Guanidin in Verbindung (2) überführt, welche somit die zu Guanidin korrespondierende Säure darstellt.
Zu **(E):** Arginin reagiert im Harnstoffzyklus hydrolytisch zu Ornithin und Isoharnstoff (→ weiter zu Harnstoff). Details in den Lehrbüchern der Biochemie!

H88

Frage 4.30: Lösung C

Zu **(A):** Der pK_s-Wert ist als der negative dekadische Logarithmus der Dissoziationskonstanten der Säure definiert. Es gilt

a) für Hb: $pK_s = -\lg 6 \cdot 10^{-9} = -(0{,}8 - 9) = 8{,}2$
b) für HbO_2: $pK_s = -\lg 2 \cdot 10^{-7} = -(0{,}3 - 7) = 6{,}7$

Zu **(B)** und **(D):** je kleiner der pK_s-Wert, desto stärker die Säure; oxygeniertes Hb ist also eine stärkere (schwächere) Säure (Base) als Hb.
Zu **(C):** Hämoglobin besteht aus 4 Peptidketten, die ihrerseits je ein Häm als niedermolekulare prosthetische Gruppe besitzen. Das Hämmolekül wiederum ist aus Komplex-Liganden liefernden Molekülen, die in ihrer Mitte ein Fe^{2+}-Ion in chelatkomplexer Bindung enthalten, aufgebaut (Porphyrinsystem). Je Hämanteil kann ein O_2-Molekül gebunden werden, das Hb geht dabei in das HbO_2 über. Von den 6 Koordinationsstellen des Fe^{2+} sind 4 an die N-Atome des Porphyrinsystems und eine weitere an das Peptid gebunden. Die sechste Koordinationsstelle kann eine *lockere Additionsverbindung* mit molekularem O_2 bilden; die Oxidationszahl des Fe^{2+}-Ions ändert sich dabei nicht!
Zu **(E):** Die Oxygenierung des Hb-Moleküls ist pH-Wert-abhängig (sogenannter *Bohr-Effekt*). Durch Erhöhung der Azidität wird die O_2-Abgabe gefördert (und umgekehrt; siehe hierzu auch die Lehrbücher der physiologischen Chemie und der Physiologie).

F94

Frage 4.31: Lösung C

Beim Lösen von CO_2 in Wasser kommt es zur Bildung von Kohlensäure, die wieder in H_3O^+ und HCO_3^- zerfällt:

$$2\,H_2O + CO_2 \rightarrow H_2CO_3 + H_2O \rightarrow HCO_3^- + H_3O^+$$

Es gilt:

$$K = \frac{[H_3O^+]\,[HCO_3^-]}{[H_2O]\,[CO_2]} = 4.3 \cdot 10^{-7}$$

Der pK-Wert ist als der negative dekadische Logarithmus der Dissoziationskonstanten K definiert:

$$pK = -\lg 4{,}3 \cdot 10^{-7} = 6{,}4$$

Gemäß der Dissoziationskonstanten K bildet sich aus CO_2 und H_2O nur zu einem geringen Teil H_2CO_3, das dann wieder in H_3O^+ und HCO_3^- dissoziiert. Der überwiegende Teil des CO_2 ist in wäßriger Lösung physikalisch gelöst. Bei gegebener Temperatur ist die Löslichkeit des Kohlendioxids vom Druck abhängig.
Der pH-Wert als der negative dekadische Logarithmus der H^+-Ionen-Konzentration errechnet sich wie folgt:

$$[H_3O^+]\,[HCO_3^-] = 4{,}3 \cdot 10^{-7}\,[H_2O]\,[CO_2]$$

H_2O ist im Überschuß vorhanden;

$$[CO_2] = 0{,}01\ M;\ [H_3O^+] = [HCO_3^-]$$

$$[H_3O^+] = \sqrt{4{,}3 = 10^{-7} \cdot 0{,}001} = 0{,}0000656$$

$$pH = -\lg\,[H_3O^+] = 4{,}18$$

F96

Frage 4.32: Lösung D

Zu **(A):** pK-Werte als Maß der Säure- bzw. Basenstärke sind temperaturabhängig; die üblichen tabellarisch erfaßten Werte haben ihre Gültigkeit bei 25 °C.
Zu **(B)–(E):** Der pH-Wert der Lösung beträgt etwa 4,18 (siehe hierzu bitte auch den Kommentar zur vorstehenden Frage).
Kohlendioxid löst sich in Wasser weitaus besser als Sauerstoff. Der Verteilungskoeffizient k ist wie folgt definiert:

$$\frac{[Gas]}{[Flüssigkeit]} = k$$

Er beträgt bei einem Druck des Gases über der Flüssigkeit (Wasser) von 1,013 bar (1 atm) und einer Wassertemperatur von 37 °C für O_2 0,024, für CO_2 hingegen 0,49.

4.3.5 pH-Berechnung bei starken Säuren und Basen

4.3.6 pH-Berechnung bei schwachen Säuren und Basen

F86

Frage 4.33: Lösung C

Für schwache Säuren wie für die Essigsäure gilt zur pH-Berechnung folgende Formel:

$$pH = 1/2\ (pK_s - \lg c)$$

c = Konzentration (hier also 0,001 = 10^{-3})
$pH = \frac{1}{2}\,(5{,}0 - \lg 10^{-3})$
$pH = \frac{1}{2}\,(5 - (-3))$
$pH = \frac{1}{2} \times 8$
$pH = 4$

H89

Frage 4.34: Lösung D

Es gilt die Beziehung: pH + OH = 14.
Der pOH-Wert, definiert als der negative dekadische Logarithmus der OH^--Ionen-Konzentration, soll sich im angegebenen Beispiel von 1 auf 5 erhöhen. Starke Basen wie NaOH dissoziieren vollständig, daraus folgt, daß Lösung A 10^{-1} molar und Lösung B 10^{-5} molar ist. Man muß Lösung A 10^4fach verdünnen, um Lösung B mit einem pOH von 5 (entspricht pH-Wert 9) zu erhalten.

F89

Frage 4.35: Lösung B

Der pH-Wert von Pufferlösungen berechnet sich nach der Henderson-Hasselbalch-Gleichung:

$$pH = pK + \lg \frac{[Salz]}{[Säure]}$$

Entspricht die Konzentration des Salzes der der Säure, so gilt: pH = pK! Entsprechend ändert auch eine Verdünnung einer Pufferlösung um den Faktor 10 ihren pH-Wert nicht, das Verhältnis von Salz und Säure bleibt konstant!

H91

Frage 4.36: Lösung B

Zu **(A)** und **(C):** 1 Mol HCl wiegt 36,5 g. Löst man 36,5 g HCl zu einem Liter Lösung mit Wasser auf, dann erhält man eine 1molare Lösung; entsprechend sind in 25 ml (= 0,025 l) 0,025 mol HCl enthalten.
Zu **(B):** Der pH-Wert ist als der negative dekadische Logarithmus der H_3O^+-Ionenkonzentration definiert. Es gilt: – lg 1 = 0.
Zu **(D)** und **(E):** Bei der Reaktion wird ein Proton von HCl auf H_2O übertragen.

H96

Frage 4.37: Lösung C

Zu **(A) – (E):** Es findet mit der einprotonigen Salzsäure eine „1 : 1-Neutralisation" statt. 90 ml einer 0,1molaren NaOH-Lösung liefern 9 mM OH^--Ionen. Damit 30 ml Magensaft 9 mM H^+-Ionen enthalten, muß die Lösung 0,3 molar sein.

4.3.7 Titrationskurven

Frage 4.38: Lösung D

Zu **(A):** HCl ist eine starke Säure, deren pH-Wert sich nach pH = – lg c berechnet. In diesem Fall ist also

$pH = -\lg 0{,}1$
$pH = -\lg 10^{-1}$
$pH = 1$

Zu **(B):** Essigsäure gehört zu den schwachen Säuren, d. h. ihr Bestreben, Protonen abzugeben, ist relativ gering. Daher liegen schwache Säuren nur zum Teil dissoziiert vor.
Zu **(C):** Als Neutralisationsreaktion bezeichnet man die vollständige Umsetzung einer Säure mit einer Base.
10 ml 0,1 molare HCl enthalten

$$10\ ml \times \frac{0{,}1\ Mol}{1000\ ml} = 0{,}001\ Mol\ HCl.$$

Diese dissoziiert in 0,001 Mol H^+ und 0,001 Mol Cl^-.
10 ml 0,1 molare NaOH enthalten

$$10\ ml \times \frac{0{,}1\ Mol}{1000\ ml} = 0{,}001\ Mol\ NaOH.$$

Diese dissoziiert in 0,001 Mol Na^+ und 0,001 Mol Cl^-.
Es liegen also äquimolare Mengen der entsprechenden Ionen vor, es bildet sich 0,001 Mol NaCl und Wasser.
Diese Lösung reagiert neutral (Salz einer starken Säure und einer starken Base!), d. h. sie hat einen pH von 7.
Zu **(E):** Die unterschiedlichen Eigenschaften von schwachen und starken Säuren lassen sich gut an sogenannten Titrationskurven erkennen. Diese er-

hält man experimentell, wenn man zu der vorgelegten Säuremenge jeweils bestimmte Portionen einer Base zugibt und nach jeder Basenzugabe den pH-Wert bestimmt (normalerweise titriert man mit starken Basen wie z.B. NaOH).
An solchen Titrationskurven, bei denen man den Laugenzusatz gegen den gemessenen pH-Wert schematisch aufträgt, kann man einige charakteristische Punkte ablesen, einer davon ist der sogenannte Äquivalenzpunkt, an dem die Säure vollständig umgesetzt ist, d.h. an diesem Punkt ist eine der Säuremenge äquivalente Menge an Base verbraucht.
Bei der Titration von starken Säuren wie HCl mit starken Basen wie NaOH liegt dieser Äquivalenzpunkt bei pH = 7, denn an diesem Punkt liegt eine Lösung von NaCl in Wasser vor.
Anders verhält es sich bei der Titration schwacher Säuren mit starken Basen. Hier liegt schon zu Beginn der Titration der pH-Wert höher als bei der starken Säure. Nach Zusatz von Lauge aber bildet sich ein Puffergemisch (schwache Säure und ihr Salz mit einer starken Base!). Salze ungleich starker Säuren und Basen sind nicht neutral, sondern übernehmen Eigenschaften des jeweils stärkeren Partners, hier also der Base. Das bedeutet, daß der Äquivalenzpunkt im alkalischen Bereich liegt.
Zu **(D):** Am Äquivalenzpunkt haben äquimolare Mengen von Säure und Lauge miteinander reagiert. HCl und Essigsäure sind beide einwertig, d.h. man benötigt bis zum Erreichen des Äquivalenzpunktes jeweils gleiche Mengen von NaOH!

> **!** Merke: Salze ungleich starker Säuren und Basen sind nicht neutral, sondern übernehmen Eigenschaften des jeweils stärkeren Partners.

F86

Frage 4.39: Lösung D

Der Äquivalenzpunkt einer Titrationskurve ist der Wendepunkt der Kurve, an dem äquimolare Mengen von Säure und Lauge miteinander reagiert haben. Es ist das in wäßriger Lösung vollständig dissoziierte Salz der Säure entstanden. Titriert man eine starke Base gegen eine starke Säure, so liegt der Äquivalenzpunkt in der Nähe des Neutralpunktes bei pH 7.
Bei der Titration einer starken Base gegen eine schwache Säure ist der Äquivalenzpunkt, wie im vorliegenden Fall, in den basischen Bereich verschoben. Entsprechend findet sich der Äquivalenzpunkt bei der Titration einer schwachen Base gegen eine starke Säure im sauren Bereich.

H93

Frage 4.40: Lösung E

Zu **(A)–(C):** Die Kurve (1) ist typisch für die Titration einer schwachen, Kurve (2) für die einer starken Säure mit NaOH. Salpetersäure (HNO_3; pK_s: –1,32) ist ebenso wie Schwefelsäure (H_2SO_4; pK_s: –3) eine starke Säure. Schwefelsäure bildet als zweiprotonige Säure bei der Titration mit NaOH eine „zweiteilige" Kurve aus.
Zu **(D)–(E):** Der Äquivalenzpunkt einer Titrationskurve ist definiert als der Wendepunkt derselben: An ihm haben äquimolare Mengen von Base und Säure miteinander reagiert. Bei der Titration einer starken Säure (Verbindung 2) liegt der Äquivalenzpunkt in der Nähe des Neutralpunktes bei pH 7, bei einer schwachen Säure (Verbindung 1) dagegen im alkalischen Bereich. Bis zum Äquivalenzpunkt verbrauchen (1) und (2) allerdings gleiche Mengen NaOH.

F90

Frage 4.41: Lösung C

Zu **(A)–(D):** 1 Mol HCl liefert, als starke Säure vollständig dissoziiert, 1 Mol H^+-Ionen. Ferner gilt, daß im Äquivalenzpunkt äquimolare Mengen Säure und Base miteinander reagiert haben müssen. 0,5 M der verwendeten Base haben demnach 1 Mol OH^--Ionen geliefert. Die Base muß also zwei Hydroxy-Gruppen aufweisen; NaOH kommt nicht in Frage. Bei der Reaktion entsteht 1 Mol H_2O.
Zu **(E):** Pufferlösungen bestehen aus einer schwachen Säure (Base) und ihrer gekoppelten Base (Säure); bei der gezeigten Reaktion kann ein solches System nicht entstehen. Reaktionsprodukt ist hier ein gelöstes Chlorid-Salz.

H85

Frage 4.42: Lösung E

Zu **(A):** Am Äquivalenzpunkt reagieren äquimolare Mengen von Säuren und Basen miteinander. Die doppelte Menge (20 ml) verbraucht also doppelt soviel Säure wie 10 ml 0,1 molarer NaOH.
Zu **(B):** Der pOH-Wert einer starken Base berechnet sich nach

$$pOH = -\lg c$$

also

$$pOH = -\lg 0{,}1$$
$$pOH = -\lg 10^{-1}$$
$$pOH = 1$$

Da pH + pOH = 14 sind, folgt pH = 13.

Zu **(C):** Der pOH-Wert der Ammoniaklösung, einer schwachen Base, berechnet sich nach:

$$pOH = \frac{pK_B - \lg c}{2}$$

$$pOH = \frac{5-(-1)}{2}$$

$pOH = 3$

$pH = 11$

Zu **(E):** Am Äquivalenzpunkt der Titration mit 0,1 molarer HCl ist der pH-Wert der 0,1 molaren Ammoniaklösung kleiner als bei 0,1 molarer NaOH.

H88

Frage 4.43: Lösung B

Für Essigsäure (CH_3COOH) gilt:

C: 2 · 12 = 24 g
O: 2 · 16 = 32 g
H: 4 · 1 = 4 g
60 g entsprechen einem Mol

Für Natronlauge (NaOH) gilt:

Na: 1 · 23 = 23 g
O: 1 · 16 = 16 g
H: 1 · 1 = 1 g
40 g entsprechen einem Mol

Am Äquivalenzpunkt haben äquimolare Mengen von Säure und Lauge miteinander reagiert, Essigsäure und NaOH sind beide einwertig, d. h. man benötigt bis zum Erreichen des Äquivalenzpunktes von beiden Substanzen gleiche Mengen. Im vorliegenden Fall reagieren dann 0,1 M Essigsäure mit 0,1 M NaOH, was einem Verbrauch von 4 g NaOH entspricht.

F83

Frage 4.44: Lösung D

Histidin

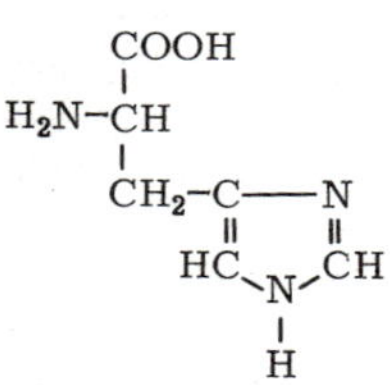

ist eine heterocyclische Aminosäure, die drei pK-Werte besitzt: einen pK für die Säuregruppe, zwei pK-Werte für die basischen Gruppierungen.
Wie aus dem Plateau der Titrationskurve hervorgeht, puffert Histidin im pH-Bereich um 7.

Das biogene Amin von Histidin ist Histamin, ein Hormon, das z. B. in den Mastzellen an Heparin gebunden gespeichert wird.
Zu **(D):** Pyrrolring:

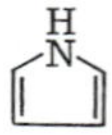

Histidin enthält einen Imidazolring:

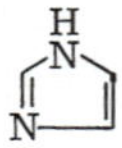

H95

Frage 4.45: Lösung A

Zu **(A):** Acetamid ist ein Carbonsäureamid:

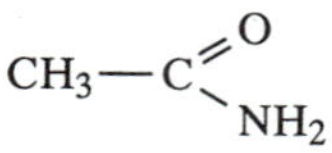

Carbonsäureamide entstehen durch Reaktion von Estern/Säurehalogeniden mit Ammoniak bzw. Aminen.
Zu **(B)–(C):** Puffersysteme entstehen aus einer Mischung einer schwachen Säure mit ihrer korrespondierenden Base, wie man es beispielsweise bei der Titration von Essigsäure mit Ammoniak erhält. Bei der Reaktion findet eine Protonenübertragung statt:

$$CH_3COOH + NH_3 \leftrightarrow CH_3COO^- + NH_4^+$$

Bei der Reaktion ist Essigsäure als einprotonige schwache Säure der ein Proton akzeptierenden Base Ammoniak äquivalent.
Zu **(D)–(E):** Der Titrationsverlauf kann mit einer Wasserstoffelektrode gemessen und verfolgt werden. Die entstehende Titrationskurve zeigt ein typisches Pufferungsplateau, d. h. das System ist hier in der Lage, den pH-Wert bei Zugabe von Säure oder Lauge über einen relativ großen Bereich nahezu konstant zu halten.

4.3.8 Puffer
4.3.9 pH-Wert von Puffern

Frage 4.46: Lösung E

Die Phosphorsäure H_3PO_4 ist eine mehrprotonige Säure, die bei der Dissoziation drei Protonen in drei Dissoziationsstufen abgeben kann. Dabei entstehen als Phosporsäureanionen $H_2PO_4^-$, HPO_4^{2-} und PO_4^{3-}. Sowohl bei $H_2PO_4^-$, als auch bei HPO_4^{2-} ist Protonenabgabe und Protonenaufnahme möglich – es

sind also Ampholyte (Brönsted-Säure und Brönsted-Base zugleich!). HPO_4^{2-} entsteht aus $H_2PO_4^-$ durch Protonenabgabe, ist also die Brönsted-Base zur Säure $H_2PO_4^-$ (gekoppeltes Säure-Basen-Paar!). Zusammen mit dem Kohlensäure-Bikarbonat-System und dem Proteinpuffersystem dient es zur Konstanthaltung des pH-Wertes im menschlichen Organismus.
Bei der Dissoziation der Phosphorsäure wird das erste Proton relativ leicht abgegeben. Von den entstehenden Anionen dissoziieren die nächsten Protonen immer schwieriger ab. Da der pK-Wert ein Maß für die Dissoziationskonstante K ist, unterscheiden sich die pK-Werte der drei Stufen:

$$H_3PO_4 \rightleftharpoons H_2PO_4^- + H^+ \quad pK = 2{,}2$$
$$H_2PO_4^- \rightleftharpoons HPO_4^{2-} + H^+ \quad pK = 7{,}2$$
$$HPO_4^{2-} \rightleftharpoons PO_4^{3-} + H^+ \quad pK = 12{,}4$$

Allgemeingültig: Substanzen mit gleichem pK_s-Wert existieren nicht.

F85

Frage 4.47: Lösung C

Zu **(A):** Der pK_s-Wert ist als der negative dekadische Logarithmus der Dissoziationskonstanten definiert. Es gilt für die Essigsäure:

$$CH_3COOH \leftrightarrow CH_3COO^- + H^+$$

$$\frac{[CH_3COO^-][H^+]}{[CH_3COOH]} = K_{Diss} = 1{,}8 \cdot 10^{-5}$$

$$pK_s = -\lg 1{,}8 \cdot 10^{-5} = 4{,}8.$$

Es gilt für die Ameisensäure:

$$HCOOH \leftrightarrow HCOO^- + H^+$$

$$\frac{[HCOO^-][H^+]}{[HCOOH]} = K_{Diss} = 1{,}59 \cdot 10^{-5}$$

$$pK_s = -\lg 1{,}59 \cdot 10^{-5} = 3{,}8.$$

Zu **(B):** Ameisensäure wird trotz eines pK_s von 3,8 vom IMPP zu den schwachen Säuren gerechnet; es gilt:

$$pH = \frac{1}{2}(pK - \lg c)$$
$$= \frac{1}{2}(3{,}8 - \lg 10^{-1})$$
$$= \frac{1}{2}(3{,}8 - (-1))$$
$$= \frac{1}{2}(3{,}8 + 1)$$
$$= 2{,}4$$

Zu **(C):** Als schwache Säuren sind beide gleichermaßen befähigt, mit ihren korrespondierenden Basen Pufferlösungen zu bilden. Entspricht der pH-Wert dem pK_s-Wert (siehe unten), so ist die maximale Pufferkapazität erreicht. Ameisensäure puffert dann den Bereich von ca. pH 2,8–4,8; Essigsäure den von pH 3,8–5,8. Beide Säuren unterscheiden sich hinsichtlich ihrer Puffereigenschaften also lediglich im abgedeckten Pufferbereich.
Zu **(D):** Zugabe von 5 ml 0,1 molarer NaOH zu 10 ml der jeweils 0,1 molaren Säuren führt zu Pufferlösungen. Dann ist gerade die Hälfte der vorliegenden Säure neutralisiert, es liegt ein Gemisch aus der betreffenden Säure und dem Anion derselben (= korrespondierende Brönsted-Base) im Verhältnis 1 : 1 vor. Nach der Henderson-Hasselbalch-Gleichung

$$pH = pK_S + \lg\frac{[\text{Brönsted-Base}]}{[\text{Brönsted-Säure}]}$$

ist, wenn die Konzentration des Salzes (= korrespondierende Base) der der schwachen Säure entspricht, der pH-Wert gleich dem pK_S-Wert. An diesem Punkt ist die Pufferkapazität am größten.
Zu **(E):** Bis zur vollständigen Neutralisation beider Säuren benötigt man jeweils exakt 10 ml 0,1 molarer NaOH. Der Äquivalenzpunkt wäre damit erreicht.

> **!** Merke: Bei schwachen Säuren liegt der Äquivalenzpunkt im alkalischen Bereich (z. B. bei Essigsäure bei pH = 8,5), bei starken Säuren (z. B. HCl) liegt er beim Neutralpunkt, also bei pH-Wert 7.
> Je kleiner der pK_s-Wert, desto stärker die Säure, d. h. desto leichter dissoziiert das Proton ab.

H97

Frage 4.48: Lösung A

Zu **(1)–(2):** Citronensäure ist eine β-Hydroxytricarbonsäure. Als dreiprotonige Säure weist ihre Titrationskurve drei Pufferbereiche mit den entsprechenden pK_S-Werten auf: $pK_{S1} = 3{,}13 < pK_{S2} < pK_{S3}$.
Zu **(3)–(4):** Ein Chiralitätszentrum besitzt die Citronensäure nicht. Wichtige Puffer des Blutes sind das Hämoglobin-System, das Kohlensäure/Hydrogencarbonat-System sowie das Phosphorsäure/Dihydrogenphosphat bzw. Dihydrogenphosphat/Hydrogenphosphat-System.

F98 !!

Frage 4.49: Lösung C

Wenn die Pufferlösung bei pH = 7,2 optimal puffern soll, dann entspricht dies dem pK_{S2}, d.h. nach der Henderson-Hasselbalch-Gleichung, daß die Konzentration der Base gleich der der korrespondierenden Säure sein muß. H_3PO_4 dissoziiert als dreiprotonige Säure wie folgt:

$$H_3PO_4 \leftrightarrow H_2PO_4^- + H^+ \leftrightarrow HPO_4^{2-} + 2\,H^+ \leftrightarrow PO_4^{3-} + 3\,H^+$$

HPO_4^{2-} fungiert bei dem geforderten pH-Wert als Base, H_2PO^{4-} als Säure.

F90

Frage 4.50: Lösung D

Zu **(A)–(D):** Beim physiologischen pH-Wert des Blutes (7,38–7,42) hat die Titrationskurve der Phosphorsäure das Plateau ihrer zweiten Dissoziationsstufe. An diesem Punkt gilt:

$$[HPO_4^{2-}] = [H_2PO_4^-]$$

Die Lösung zeigt hier in der Tat Puffereigenschaften.
Zu **(E):** Das Maximum des NaOH-Verbrauches liegt weit im alkalischen Bereich.

F91

Frage 4.51: Lösung A

Zu **(A):** Beide Lösungen weisen den gleichen pH-Wert auf, denn die Konzentration des Salzes entspricht jeweils der Konzentration der Säure, das Verhältnis der beiden zueinander ist 1 und entsprechend $pH = pK_s$.
Zu **(B)–(E):** Die 0,1 molare Pufferlösung weist eine 10fach höhere Konzentration an Elektrolyten und damit an puffernden Teilchen auf als die 0,01 molare Lösung. Entsprechend unterscheiden sich die Lösungen an ihrer Pufferkapazität gegenüber H_3O^+- und OH^--Ionen.

H87

Frage 4.52: Lösung B

In einem Puffersystem berechnet sich der vorliegende pH-Wert nach der Henderson-Hasselbalch-Gleichung:

$$pH = pK_s + \lg\frac{[\text{Brönsted-Base}]}{[\text{Brönsted-Säure}]}$$

Es folgt:

$$pH = 6{,}1 + \lg\frac{[30\text{ mM}]}{[1.5\text{ mM}]}$$

$$= 6{,}1 + 20$$
$$= 6{,}1 + 1{,}3 = 7{,}4 \text{ (Lösung B).}$$

H87

Frage 4.53: Lösung D

Zu **(A):** Der pH-Wert von Essigsäure (CH_3COOH), einer schwachen Säure, berechnet sich nach:

$$pH = \frac{1}{2}(pK - \lg c).$$

Es folgt:

$$pH = \frac{1}{2}(4{,}8 - \lg 0{,}1)$$
$$= \frac{1}{2}(4{,}8 - (-1)) = 2{,}9.$$

Oxalsäure ist eine starke zweiprotonige Säure (HOOC—COOH); für starke Säuren gilt die Beziehung $pH = -\lg c$.
Es folgt: $pH = -\lg 0{,}1 = 1$.
Zu **(B)–(C):** Essigsäure als einprotonige Säure liefert bei Titration eine einstufige, Oxalsäure entsprechend eine zweistufige Titrationskurve: Lösung (2) verbraucht bis zur vollständigen Neutralisation daher doppelt soviel 0,1 molare NaOH-Lösung wie Lösung (1).
Zu **(D):** Lösung (2) hat **keine** Puffereigenschaften; Pufferlösungen bestehen aus schwachen Säuren bzw. Basen und ihren Salzen.
Zu **(E):** Setzt man Lösung (1) 5 ml 0,1 molare NaOH hinzu, so liegt exakt die Hälfte der ursprünglich vorhandenen Essigsäure als Salz vor. Gemäß der Henderson-Hasselbalch-Gleichung gilt:

$$\mathbf{pH = pK + \lg\frac{[Salz]}{[Säure]} \leftrightarrow pH = pK + \lg 1}$$
$$\mathbf{\leftrightarrow pH = pK}$$

An diesem Punkt (pH = 4,8 = pK) besitzt die Lösung dann in der Tat Puffereigenschaften.
(Schwierige Frage! A wurde in 13%, B in 1%, C in 29%, **D in 35%** und E in 21% markiert).

F96 F85

Frage 4.54: Lösung B

Zu **(A):** Natriumhydrogenkarbonat ($NaHCO_3$) dissoziiert in Wasser in Na^+- und HCO_3^--Ionen.
Zu **(B):** H erhält die Oxidationszahl +1, Na +1 und O –2, so daß sich für C die Oxidationsstufe +4 errechnet, da die Summe aller Oxidationszahlen innerhalb einer elektroneutralen Verbindung Null ergeben muß.
Zu **(C):** In wässeriger Lösung entsteht das HCO_3^--Ion, das als Säure fungieren kann, wenn es auch das zweite noch vorhandene Proton abspaltet. Dieses Ion hat aber auch basischen Charakter, dann nämlich, wenn es ein Proton anlagert. Es ist damit ein Ampholyt. In wässeriger Lösung überwiegt die basische Wirkung, so daß man einen pH-Wert dieser Lösung im alkalischen Bereich erwarten muß.

Zu **(D):** Beim Übergießen mit HCl kommt es zu folgender Reaktion: $NaHCO_3 + HCl \rightarrow CO_2 + NaCl + H_2O$, wobei sich das Gleichgewicht auf die rechte Seite der Gleichung verlagert, da CO_2 als Gas entweicht.
Zu **(E):** Puffersysteme bestehen aus
- schwachen Säuren mit ihren korrespondierenden Basen oder
- schwachen Basen mit ihren korrespondierenden Säuren!

$$CO_2 + H_2O \longleftrightarrow \left[H_2CO_3 \underset{+\,H^+}{\overset{-\,H^+}{\rightleftharpoons}} \right] HCO_3^-$$

HCO_3^- wäre hier also die Brönsted-Base, CO_2 die Brönsted-Säure. Dieses System ist zu ca. 53% an der Gesamtpufferkapazität des Blutes beteiligt. Es ist von enormer physiologischer Wichtigkeit bei der Regulierung des pH-Wertes des Blutes, da CO_2 über die Lunge abgeatmet, die HCO_3^--Menge über die Niere reguliert werden kann.

F95

Frage 4.55: Lösung B

Zu **(A)**, **(B)** und **(D):** Bei der gezielten Reaktion liefern 0,5 Mol Natronlauge (NaOH) nur 0,5 Mol OH^--Ionen. Diese reagieren mit 1 Mol Essigsäure (CH_3COOH) zu je 0,5 Mol Natriumacetat (CH_3COO^--Na^+) und Wasser (H_2O); es verbleiben 0,5 Mol Essigsäure.
Zu **(C)** und **(E):** Als schwache Säure ist die Essigsäure befähigt, mit ihrer korrespondierenden Base (Natriumacetat) eine Pufferlösung auszubilden. Der pH-Wert einer Pufferlösung berechnet sich nach der Henderson-Hasselbalch-Gleichung:

$$pH = pK_s + \lg \frac{[\text{Brönsted-Base}]}{[\text{Brönsted-Säure}]}$$

Da die Lösung je 0,5 Mol Essigsäure und Natriumacetat enthält, gilt: $pH = pK_s = 3{,}8$.

F94

Frage 4.56: Lösung B

Pufferlösungen bestehen aus schwachen Brönsted-Basen und ihren Salzen. Nach der Henderson-Hasselbalch Gleichung gilt:

$$pH = pk + \lg \frac{c_{Salz}}{c_{Säure}}$$

Bei gleichen Konzentrationen des Salzes und der Säure erreicht nur das System NaH_2PO_4 ($pK_s = 7$)/Na_2HPO_4 eine möglichst hohe Pufferkapazität bei einem pH-Wert von 7.

H94

Frage 4.57: Lösung C

Versetzt man 10 ml 0,1 molare K_2HPO_4-Lösung mit 5 ml 0,1 molarer HCl-Lösung, entstehen 5 ml 0,1 molare K_2HPO_4 und 5 ml 0,1 molare KH_2PO_4. Beide bilden zusammen ein Puffersystem; es gilt entsprechend dem pK_s-Wert der zweiten Dissoziationsstufe der Phosphorsäure:

$$pH = pk + \lg \frac{c_{Salz}}{c_{Säure}}$$

$pH = 7{,}2 + \lg 1$

$pH = 7{,}2.$

4.3.10 Methoden zur Messung von pH-Werten

Frage 4.58: Lösung B

Grundlage der pH-Messung mit Hilfe der Wasserstoffelektrode ist das Redoxsystem $H^+/\frac{1}{2} H_2$. Mit Hilfe einer Wasserstoffelektrode (eine von H_2-Gas von 1 atm Druck und 25 °C Temperatur umspülte Platinelektrode), die zusammen mit einer Vergleichselektrode in die Meßlösung eingetaucht wird, kann man anhand eines Voltmeters den pH-Wert berechnen. Ist dabei die H^+-Konzentration = 1 molar, dann liegen die gleichen Verhältnisse vor wie bei der Normalwasserstoffelektrode.
Nach der Nernst-Gleichung kann man den pH-Wert berechnen:

$$E = E_0 + \frac{RT}{nF} \ln \frac{c_{Ox.}}{c_{Red.}} \qquad \underset{\substack{\uparrow \\ \text{Red.}}}{\tfrac{1}{2} H_2} \rightleftharpoons \underset{\substack{\uparrow \\ \text{Ox.}}}{H^+} + e^-$$

E_0 bei der Normalwasserstoffelektrode = 0.
R, T, n und F sind hierbei konstant. Man kann sie zu einem Wert von 0,059 zusammenfassen.

$$E = 0{,}059 \lg \frac{[H^+]}{[\frac{1}{2} H_2]}$$

Wenn man die Konzentration des Wasserstoffgases konstant bei 1 atm (entspricht bei Gasen 1 Mol/l) hält, folgt:
$E = 0{,}059 \lg [H^+]$.

Da $pH = -\lg H^+$ resultiert

$E = -0{,}059\, pH.$

Diese Art der Messung beruht also auf der Messung eines Redoxpotentials.
Zu **(B)**: Ein Donnan-Potential beobachtet man an semipermeablen Membranen. In menschlichen Zellen z.B. liegen Proteine als Anionen vor. Diese Proteine können aber aufgrund ihrer Größe nicht durch die Zellmembran diffundieren.
Bringt man nun K^+- und Cl^--Ionen in den Extrazellulärraum ein, die durch die Membran diffundieren können, so streben die Elektrolyte eine gleichmäßige Verteilung infolge des herrschenden osmotischen Druckes an. Gleichzeitig aber ist die Diffusion der Cl^--Ionen in den Intrazellulärraum eingeschränkt, da sich die Proteinanionen und die Cl^--Ionen gegenseitig abstoßen.
Aufgrund dieser gegensätzlichen Kräfte stellt sich ein charakteristisches Potential ein, das als Donnan-Potential bezeichnet wird.

F85

Frage 4.59: Lösung D

Die pH-Wert-Messung mit einer Glaselektrode hat als Grundlage, daß H^+-Ionen als einzige eine solche Membran passieren können. Es wird sich also eine Potentialdifferenz ausbilden, da sich nun die H^+-Ionen auf der einen Seite der Membran, die entsprechenden Anionen auf der anderen Seite befinden. Dabei ist die Potentialdifferenz proportional der Konzentration der diffundierten H^+-Ionen.
Selbstverständlich benötigt man zur Messung der Potentialdifferenz eine Bezugselektrode, die sich immer auf der anderen Seite der Membran befindet.

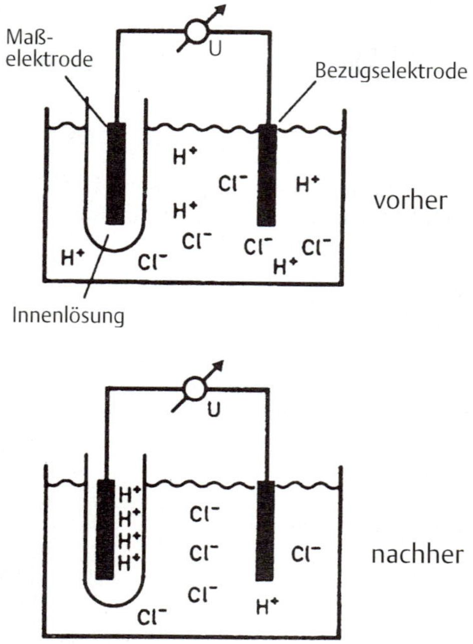

4.3.11 Farbindikatoren

F89

Frage 4.60: Lösung C

Farbindikatoren zur pH-Messung sind schwache organische Säuren, deren konjugierte Basen andere Farben haben als die Säuren.

$$\text{Indikatorsäure} \rightleftharpoons \text{Indikatorbase} + H^+$$

Dabei stellt sich ein bestimmtes Gleichgewicht ein, dessen Konstante temperaturabhängig ist, d.h. die Konzentration der Indikatorsäure und der Indikatorbase sind von der Temperatur abhängig, also auch die pH-Wert-Messung. Der Indikator schlägt an dem Punkt um, wo die Konzentration der Indikatorsäure gleich der Konzentration der Indikatorbase ist.

$$K = \frac{[\text{Indikatorbase}][H^+]}{[\text{Indikatorsäure}]}$$

Bei [Indikatorbase] = [Indikatorsäure] gilt also:

$$K = [H^+]$$
$$-\log K = -\log[H^+]$$
$$pK = pH.$$

Der Indikator schlägt also bei dem pH-Wert um, der seinem pK-Wert entspricht.
Es handelt sich aber um eine reversible Reaktion. Die Farbintensität von Indikatoren ist so hoch, daß schon geringste Konzentrationen ausreichen, um die Färbung einer Lösung zu erkennen, so daß der Indikator selbst den pH-Wert kaum merklich verändert.

4.4 Oxidation und Reduktion

4.4.1 Begriffe

Oxidation und Reduktion — **IV.4**

Zu den Begriffen Oxidation und Reduktion muß man sich folgendes unbedingt einprägen:
Oxidation bedeutet Abgabe von Elektronen und Erhöhung der Oxidationszahl oder eine Abgabe von Wasserstoff (Dehydrierung).
Reduktion bedeutet Aufnahme von Elektronen und Erniedrigung der Oxidationszahl oder eine Aufnahme von Wasserstoff (Hydrierung).
Ein Oxidationsmittel oxidiert ein anderes Element und wird dabei selbst reduziert, nimmt also Elektronen auf und seine Oxidationszahl wird erniedrigt.

Ein Reduktionsmittel reduziert ein anderes Element und wird dabei selbst oxidiert, gibt also Elektronen ab und seine Oxidationszahl wird erhöht.
Oxidation und Reduktion treten grundsätzlich immer zusammen auf (das Element, das oxidiert wird, gibt seine Elektronen an ein anderes Element ab, das dadurch reduziert wird). Man spricht daher von *Redoxreaktionen.*

Frage 4.61: Lösung C

Zu **(D):** Bei der Elektrolyse wandern Kationen (+) an die Kathode (–), werden dort entladen – nehmen also Elektroden auf – d.h. werden reduziert.
Zu **(C):** Reduktion bedeutet für eine Verbindung Aufnahme von Elektronen, die von einem Reduktionsmittel geliefert werden.
Siehe Lerntext IV.4.

H86

Frage 4.62: Lösung B

Oxidation bedeutet Abgabe von Elektronen. Ein Oxidationsmittel oxidiert ein anderes Element und wird dabei selbst reduziert, nimmt also Elektronen auf und seine Oxidationszahl wird erniedrigt. Oxidationsmittel haben demnach eine hohe Elektronenaffinität. Starke Oxidationsmittel haben positive, starke Reduktionsmittel negative Normalpotentiale.

4.4.2 Einfache Reaktionsgleichungen

Oxidationszahl — **IV.5**

Die Oxidationszahl dient der Beschreibung von Redoxprozessen. Dabei gelten folgende Regeln:
- Die Oxidationszahl von Elementen ist immer Null.
- Die Oxidationszahl von Ionen ist gleich ihrer Ladung.
- Die Summe aller Oxidationszahlen innerhalb einer Verbindung ergibt Null, wobei man H mit +1 und O mit –2 bewertet, daher treffen auch die beiden Aussagen zu.
- Erhöht sich die Oxidationszahl, dann haben wir eine Oxidation vor uns; erniedrigt sie sich, so handelt es sich um eine Reduktion.

H84

Frage 4.63: Lösung E

Zu **(C):** Fe verändert seine Oxidationszahl von +3 auf +2, es wird also reduziert und fungiert selbst dabei als Oxidationsmittel.
S verändert seine Oxidationszahl von –2 auf 0, es wird oxidiert.
Zu **(D):** S gibt 2 Elektronen ab, Fe^{3+} nimmt ein Elektron auf. Es gilt:

$$2\,Fe^{3+} + 1\,H_2S \rightarrow 2\,Fe^{2+} + 1\,S + 2\,H^+$$

Zu **(E):** Zugabe von Basen würde die entstehenden Protonen „wegfangen“, das Gleichgewicht würde sich entsprechend nach rechts verschieben.
Siehe Lerntext IV.5.

F88

Frage 4.64: Lösung E

CO_2 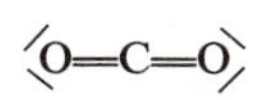

H_2O 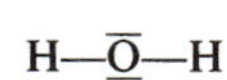

H_2CO_3 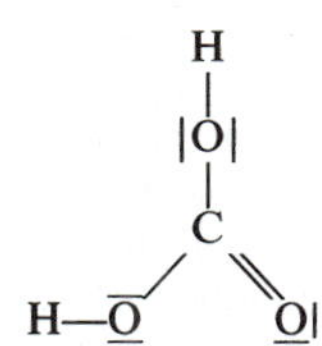

Oxidationszahlen:

CO_2:	O = –2, C = + 4
H_2O:	O = –2, H = + 1
H_2CO_3:	O = –2, C = + 4, H = + 1

Die Oxidationszahlen der einzelnen Elemente der obigen Moleküle beweisen, daß es sich bei der in der Frage angeführten Reaktion gar nicht um eine Redoxreaktion handeln kann. Alle Oxidationszahlen bleiben gleich, es wird kein Element reduziert und damit auch keines oxidiert; es finden keine Elektronenübergänge statt.

F84

Frage 4.65: Lösung D

Mercaptane oder Thioalkohole sind durch SH-Gruppen gekennzeichnet. Reagieren sie miteinander, entstehen Disulfide. Dabei wird Wasserstoff frei, d.h. es handelt sich um eine Oxidation.
Stöchiometrisch richtig lautet die Gleichung:

$$2\,H_3C{-}SH \rightarrow H_3C{-}S{-}S{-}CH_3 + 2\,e^- + 2\,H^+.$$

Die Aminosäure Cystein ist, da sie eine SH-Gruppe enthält, zur Disulfidbildung befähigt. Besonders wichtig ist diese Reaktion bei Proteinvernetzungen.

F89

Frage 4.66: Lösung D

Zu **(A)–(C):** Stöchiometrisch richtig lautet die Gleichung:

$$2\,Fe^{3+} + 2\,I^- \rightleftharpoons 2\,Fe^{2+} + I_2$$

I^- ist dabei das Reduktionsmittel, es verändert seine Oxidationszahl bei der Überführung zum Jod von –1 zu 0. Diese Erhöhung der Oxidationszahl zeigt an, daß I^- oxidiert wurde; entsprechend wurde Fe^{3+} zum Fe^{2+} reduziert.
Zu **(D):** Während einer Redoxreaktion verändern sich die Konzentrationen der beteiligten Teilchen, bis sich ein Gleichgewicht eingestellt hat. Die während der Reaktion eingetretenen Konzentrationsänderungen führen dazu, daß im Gleichgewicht beide Redoxpaare gleiches Redoxpotential haben:

$$\Delta E = E_{I^-/I_2} - E_{Fe^{2+}/F^{3+}} = 0$$

Zu **(E):** Das Normalpotential E_0 wird festgelegt, indem man das Redoxpotential einer Halbzelle, z.B. Fe^{2+}/Fe^{3+} oder $I^-/\frac{1}{2}I_2$ gegen die Normalwasserstoffelektrode (1-molare Säurelösung mit H^+-Konzentration = 1 Mol/l, in die ein von H_2-Gas umspültes Platinblech getaucht wird) unter Standardbedingungen mißt.
Es wird von Veränderungen im chemischen Gleichgewicht nicht beeinflußt.

H93

Frage 4.67: Lösung B

Zu **(A)**, **(B)** und **(E):** Dargestellt ist die Oxidation von Formaldehyd (Molgewicht: 2 × 1 (H) + 16 (O) + 12 (C) = 30 g) zu Ameisensäure (Molgewicht: 2 × 1 (H) + 2 = 16 (O) + 12 (C) = 46 g). Oxidationsmittel ist ½ O_2 (Molgewicht: ½ × 2 × 16 (O) = 16 g).
Zu **(C):** Da ΔG, die freie Enthalpie, < 0, ist die Reaktion exergon, d.h. Energie wird frei; ein spontaner Reaktionsablauf ist möglich.
Zu **(D):** Ameisensäure ist die einfachste Monocarbonsäure und als solche einprotonig.

H94

Frage 4.68: Lösung E

Zu **(A)–(B):** Gezeigt ist die Oxidation (Wasserstoffabgabe) von Glycerol (Verbindung 1) zu Glycerolaldehyd (Verbindung 2).
Zu **(C):** Glycerolaldehyd besitzt am C-Atom 2 vier unterschiedliche Substituenten und ist damit chiral.

Zu **(D)–(E):** In der Gluconeogenese kommt es über Zwischenstufen zur Umwandlung von 3-Phosphoglycerat in Glycerinaldehyd-3-phosphat.
Oxidation (Wasserstoffabgabe) von Glycerinaldehyd führt in der anaeroben Glykolyse zu 1,3-Diphosphoglycerat (vergleiche hierzu auch die Lehrbücher der physiologischen Chemie).

H94

Frage 4.69: Lösung C

Zu **(A)**, **(B)** und **(C):** Die gezeigte Reaktion ist eine Redoxreaktion. I^- ist das Reduktionsmittel, es verändert seine Oxidationszahl bei der Überführung zu Iod von −1 zu 0. I^- wird daher oxidiert; entsprechend wurde Fe^{3+} zum Fe^{2+} reduziert. Entfernt man I_2 aus dem Gleichgewicht, kann Fe^{3+} vollständig reduziert werden.
Ein Katalysator beschleunigt lediglich die Einstellung des Reaktionsgleichgewichtes; ist dieses erreicht, bleibt er ohne Wirkung.
Zu **(D):** Während einer Redoxreaktion verändern sich die Konzentrationen der beteiligten Teilchen, bis sich ein Gleichgewicht eingestellt hat. Im Gleichgewicht ist ΔE (Potentialdifferenz) der Redoxteilsysteme gleich Null.

$$\Delta E = E_{I^-/I_2} - E_{Fe^{2+}/F^{3+}} = 0$$

Zu **(E):** ΔG bezeichnet die freie Enthalpie einer Reaktion, sie ist ein Maß für deren Reaktionsbereitschaft. Im Falle eines sich ausgebildeten chemischen Gleichgewichtes ist ΔG stets Null.

> ! Merke: Ein Katalysator beschleunigt lediglich die Einstellung des Reaktionsgleichgewichtes; ist dieses erreicht, bleibt er ohne Wirkung.

4.4.3 Nernst-Gleichung

Frage 4.70: Lösung C

Um nach der Nernst-Gleichung das vorliegende Potential berechnen zu können, braucht man die Zahlenwerte für n, [Ox.], [Red.].
n ist bei der Wasserstoffelektrode 1, denn Wasserstoff ist einwertig. Die Konzentration des oxidierten Partners, also $[H^+]$, ist ebenfalls angegeben: 10^{-3} N. Die Konzentration des reduzierten Partners, also H_2 ist auch festgelegt, denn Gase unter einem Druck von 1 atm haben die Konzentration 1. Damit lautet die Berechnung:

K

$$E = 0{,}0\ V + \frac{0{,}06}{1} \times \lg \frac{10^{-3}}{1}$$

$E = 0{,}06 \times (-3) = -0{,}18 \Rightarrow$ Lösung C.

H85

Frage 4.71: Lösung B

Der pH-Wert ist der negative dekadische Logarithmus der H^+-Ionenkonzentration. Ein pH-Wert von 5 bedeutet also eine $[H^+]$ von 10^{-5}.
Damit berechnet sich E folgendermaßen:

$$E = 0{,}0\ V + \frac{0{,}06}{1} \times \lg \frac{10^{-5}}{1}$$

$E = 0{,}06 \times (-5) = -3 \Rightarrow$ Lösung B.

4.4.4 Wasserstoffelektrode

Frage 4.72: Lösung C

Mit einer Wasserstoffelektrode mißt man Redoxpotentiale. Nach der Nernst-Gleichung

$$E = E_0 + \frac{RT}{nF} \ln \frac{[Ox]}{[Red]}$$

R: allgemeine Gaskonstante
T: absolute Temperatur (in Kelvin!)
n: Wertigkeit (= Zahl der übertragenen Elektronen)
F: Faraday-Konstante

ist das Potential von den oben beschriebenen Parametern und den Konzentrationen der Reaktionspartner abhängig. An einer Wasserstoffelektrode läuft folgender Vorgang ab:

$$H_2 \rightarrow 2\ H^+ + 2\ e^-$$

Dabei stellt H_2 die reduzierte, H^+ die oxidierte Komponente dar, deren Konzentration das Potential entscheidend beeinflußt (siehe Gleichung). Dabei ist die Konzentration von H^+ besonders wichtig, da sie den pH-Wert bestimmt ($pH = -\lg[H^+]$).
Bei der Messung von Redoxpotentialen ist die sog. Normalwasserstoffelektrode von besonderer Bedeutung. Sie besteht aus einer Platinelektrode, die bei 25 °C von H_2-Gas unter einem Druck von 1 atm umspült wird und in die wäßrige Lösung einer Säure von pH = 0, d.h. $[H^+] = 1$ mol/l eintaucht.
Von Standardbedingungen spricht man, wenn bei 25 °C die Reaktionspartner die Konzentration von 1 mol/l haben. Gase haben dann die Konzentration von 1, wenn sie unter einem Druck von 1 atm stehen (willkürlich festgelegt).

Bei reinen Feststoffen wird die Konzentration = 1 gesetzt.

4.4.5 Normalpotential

H84

Frage 4.73: Lösung C

Zu **(A)–(B):** $CuSO_4$ dissoziiert als Salz in H_2O fast vollständig, wobei die Cu^{++}-Ionen hydratisiert sind.
Zu **(C)–(D):** Die Zahl der Ladungen eines Ions bezeichnet man als dessen Wertigkeit. Das Fe^{3+}-Ion ist dreiwertig positiv, das Cu^{2+}-Ion zweiwertig positiv geladen.
Mißt man das Normalpotential von Metallen gegen die Normalwasserstoffelektrode, kann man die sogenannte Spannungsreihe aufstellen.

K^+	$+ e^-$	= K	– 2,92 V
Ca^{2+}	$+ 2 e^-$	= Ca	– 2,87 V
Na^+	$+ e^-$	= Na	– 2,71 V
Fe^{2+}	$+ 2 e^-$	= Fe	– 0,44 V
Fe^{3+}	$+ 3 e^-$	= Fe	– 0,04 V
H^+	$+ e^-$	= H	0,00 V
Cu^{2+}	$+ 2 e^-$	= Cu	+ 0,35 V
Ag^+	$+ e^-$	= Ag	+ 0,80 V

Dabei besitzen Metalle mit negativen Voltwerten die Neigung zur Abgabe von e^-, die mit positiven Werten die zur Aufnahme. Das jeweils höherstehende *Element* kann als Reduktionsmittel für tieferstehende *Ionen* auftreten. Das Fe^{3+}-Ion hingegen kann dem Cu^{2+}-Ion keine e^- liefern. Die Wertigkeit ändert sich also nicht.
Zu **(E):** Chelatoren können anorganische Kationen (z.B. Cu^{2+}) in die „Schere" nehmen und damit die Konzentration an freien Kationen senken.

F92

Frage 4.74: Lösung C

Zu **(A)–(E):** Die angegebenen Normalpotentiale können unter Standardbedingungen durch Messung gegen eine Normalwasserstoffelektrode bestimmt werden. Je positiver das Normalpotential eines Stoffes, desto schwieriger gibt er seine Elektronen ab, um so schwieriger wird er selbst oxidiert und um so stärker ist seine Wirkung als Oxidationsmittel.

F89 F85

Frage 4.75: Lösung A

Zu **(A)**, **(B)** und **(E):** Die vorliegende Redoxgleichung beschreibt den Übergang von zwei Elektronen von *einem* Zn-Atom auf *ein* zweifach positiv geladenes Cu-Ion. Daher erhalten x, y, z und t jeweils den Wert 1!

Zn ist dabei das Reduktionsmittel, es wird selbst oxidiert, seine Oxidationszahl steigt.
Zu **(C)**: Elemente mit einem negativen Normalpotential haben die Neigung zur Abgabe von Elektronen, die mit einem positiven zur Aufnahme von Elektronen. Elemente mit niedrigerem Normalpotential können andere mit höherem Normalpotential reduzieren, sie sind Reduktionsmittel. Taucht man also metallisches Zink in eine wässerige Cu^{2+}-Lösung, so wird sich metallisches Kupfer (= reduzierte Cu^{2+}-Ionen) an der Zinkoberfläche abscheiden. Auf Grund der Potentialdifferenz läuft dieser Vorgang spontan ab.
Zu **(D)**: Taucht man einen Zinkstab in ein Gefäß mit einer 1 molaren Zn^{2+}-Lösung sowie einen Kupferstab in ein weiteres Gefäß, welches mit 1 molarer Cu^{2+}-Lösung gefüllt ist und verbindet beide sodann mit einem mit KCl gefüllten Rohr, einem Stromschlüssel, so kann man mit einem Voltmeter eine Spannungsdifferenz von 1,11 V messen. Dieser Wert entspricht der Differenz der beiden Normalpotentiale! Die Anordnung bezeichnet man als galvanisches Element.

H94

Frage 4.76: Lösung C

Je negativer das Normalpotential eines Stoffes, desto leichter gibt es seine Elektronen ab.
Ein Elektronentransfer a. $Zn \rightarrow H^+$
b. $Zn \rightarrow Cu^{++}$
c. $Zn \rightarrow Ag^+$
d. $Cu \rightarrow Ag$
läuft spontan ab, die Redoxreaktion $Cu \rightarrow H^+$ hingegen nicht.

F84

Frage 4.77: Lösung D

Zu **(A)**: Fe hat im $FeSO_4$ die Oxidationszahl +2 und kann durch die Zugabe eines entsprechenden Oxidationsmittels zu Fe^{3+} oxidiert werden.
Zu **(B)**: Chelatoren können Fe^{2+} als Zentralkation verwenden. Dadurch entstehen Chelatkomplexe, die Konzentration an freien Fe^{2+}-Ionen wird gesenkt.
Zu **(D)**: Man kann das Fe/Fe^{2+} Normalpotential nur erhalten, wenn man bei 25 °C ein Eisenblech in eine 1molare Fe^{2+}-Lösung eintaucht und gegen die Normalwasserstoffelektrode mißt.
Zu **(E)**: Eisensulfat (ein Salz) löst sich in Wasser nach der angegebenen Reaktionsgleichung!

4.4.6 Redoxelektroden

H84

Frage 4.78: Lösung B

Chinone sind Verbindungen, die zwei Carbonylfunktionen in cyclischer Konjugation enthalten. Sie stellen mit den entsprechenden Hydrochinonen Redoxpaare dar, z. B.

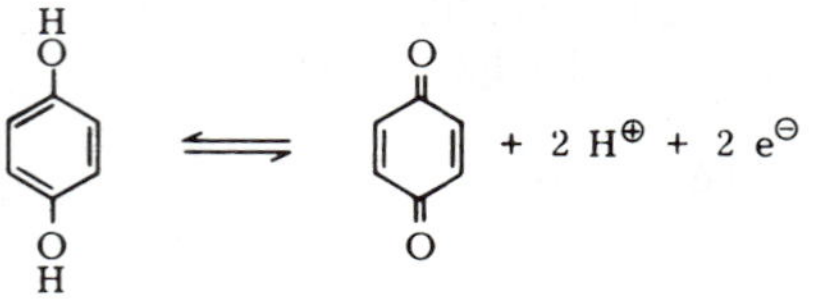

Da hierbei zwei Elektronen abgegeben werden, ist n = 2. Demnach berechnet sich E folgendermaßen (da [Chinon] = [Hydrochinon], sind deren Konzentrationen gekürzt):

$$E = E_0 + \frac{0{,}06}{2} \times \lg [H^+]^2$$

$E = E_0 + 0{,}03 \times 2 \times \lg[H^+]^2$
$E = E_0 + 0{,}06 \lg[H^+]$
und da gilt: $\lg[H^+] = -pH$
folgt: $E = E_0 + [0{,}06 \times -pH]$
$= E_0 - 0{,}06 \times pH$ (Lösung (B)).

4.5 Reaktionen von Metallkomplexen

4.5.2 Gleichungen

Frage 4.79: Lösung B

Die beschriebene Reaktion läßt sich wie folgt darstellen: $[Me(Y)_2]^+ \rightarrow Me^+ + 2\,Y$.
Umformung nach dem Massenwirkungsgesetz ergibt:

$$K = \frac{[Me^+][Y]^2}{[Me(Y)_2]^+}$$

H86

Frage 4.80: Lösung D

Da die Bildung von Metallkomplexen eine Gleichgewichtsreaktion ist, kann man das Massenwirkungsgesetz für deren Bildung sehr wohl anwenden (Aussage (1) ist also falsch). Daß die Bindungselektronen nur von den Liganden stammen, stimmt zwar (Aussage (2) ist also richtig ⇒ Lösung (D)), hat aber mit der Anwendbarkeit für das Massenwirkungsgesetz gar nichts zu tun.

F92

Frage 4.81: Lösung A

Zu **(A)–(E):** Gezeigt ist die Bildung eines Chelatkomplexes mit Cu als Zentralteilchen. Als Chelator wirkt das bidentale Glycin-Anion; die Gesamtladung des Komplexes ist Null.
Die vollständige Reaktionsgleichung lautet:

2 Glycin + $CuCO_3$ → [Cu (Glycin-Anion)$_2$] + CO_2 + H_2O

Ein Redox-Prozeß liegt nicht vor; die Oxidationszahlen verändern sich nicht (H: +1; O: –2; Cu: +2; C: +4).

4.5.3 Austausch von Liganden

F95 H93

Frage 4.82: Lösung D

Zu **(B)–(E):** Dargestellt ist ein Ligandenaustausch eines Eisenkomplexes; zwei H_2O werden durch zwei SCN ersetzt. Die Gesamtladung des Metallkomplexes ändert sich deshalb von 3+ auf 1+. Eisen ändert dabei weder seine Oxidationszahl (3+), noch seine Koordinationszahl (6, d.h. 6 Liganden).
Zu **(A):** Ein Elektronentransfer und damit eine Redoxreaktion liegt hier nicht vor; die Oxidationszahlen der beteiligten Atome bleiben unverändert.

H89

Frage 4.83: Lösung C

Zu **(A)–(C):** Die Gleichung zeigt die Entstehung eines Chelatkomplexes mit Cu als Zentralkation. Als Ligand wirkt dabei das zweizähnige („bidentale") Ethylendiamin; es entsteht ein Cu-Ethylendiamin-Komplex. Die Koordinationszahl ist definiert als Zahlenverhältnis von Ligand bzw. wenn der Ligand mehrere Bindungsstellen hat, als Verhältnis der Bindungsstellen der Liganden zum Zentralkation. Im vorliegenden Fall hat Cu^{2+} die Koordinationszahl 4.
Zu **(D)–(E):** Bei der Reaktion wird Wasser als Ligand des Cu^{2+}-Ions verdrängt; wie bei jeder anderen Reaktion stellt sich ein Reaktionsgleichgewicht ein.

4.6 Kommentare aus Examen Herbst 1998

H98 **!**

Frage 4.84: Lösung D

Zu **(A)**, **(B)** und **(E):** Die Pufferlösungen enthalten die gleiche Menge der entsprechenden Elektrolyte:
Lösung (1): 10 ml = 0,01 l × 0,1 M/l = 0,001 Mol
Lösung (2): 100 ml = 0,1 l × 0,01 M/l = 0,001 Mol
Aus diesem Grund können beide Pufferlösungen auch die gleiche Menge Hydroxylionen (OH^-) bzw. Hydroniumionen (H_3O^+) abpuffern.
Zu **(C):** Beide Pufferlösungen unterscheiden sich in der Konzentration der Elektrolyte; Lösung (1) ist 0,1 molar, Lösung (2) 0,01 molar.
Zu **(D):** Beide Lösungen weisen den *gleichen* pH-Wert auf; die Konzentration des Salzes entspricht in beiden Fällen der Konzentration der Säure.
Gemäß der Henderson-Hasselbalch-Gleichung gilt

$$pH = pK + \lg \frac{[Salz]}{[Säure]}$$
$$pH = pK + \lg 1$$
$$pH = pK + 0$$

und damit: pH (Lösung 1) = pH (Lösung 2) = pK!

H98

Frage 4.85: Lösung B

Zu **(A):** Das Löslichkeitsprodukt von Calciumoxalat (CaC_2O_4) ist wie folgt definiert:
$Lp = [Ca^{2+}] \cdot [C_2O_4^{2-}] = 10^{-9}\ mol^2/l^2$
daraus folgt:
$[Ca^{2+}] = [C_2O_4^{2-}] = \sqrt{10^{-9}\ mol^2/l^2} = 10^{-3}\ mol/l$,
d.h. Calciumoxalat löst sich nur ganz gering.
Zu **(B):** Für Calciumoxalat gilt:
$CaC_2O_4 \Leftrightarrow Ca^{2+} + C_2O_4^{2-}$.
Maskiert man bereits gelöstes Ca^{2+} durch einen Chelator, reduziert sich die Konzentration des freien Ca^{2+} in der Lösung und daraufhin gehen weitere Ca-Ionen in Lösung; die Löslichkeit von Calciumoxalat steigert sich.
Umgekehrt reduziert die Zugabe von Ca^{2+} die Löslichkeit von CaC_2O_4.
Zu **(C)–(D):** Zugabe von HCl erhöht ebenfalls die Löslichkeit von Calciumoxalat. Die gelösten Oxalat-Ionen reagieren in einem zweiten Schritt mit den H^+-Ionen der HCl unter Bildung der schwach dissoziierten Oxalsäure. Durch diesen Schritt wird die Konzentration von Oxalat-Ionen in der Lösung reduziert; neues Calciumoxalat wird daraufhin in Lösung gebracht, die Löslichkeit hat sich erhöht.
Zu **(E):** Der geringe, in Lösung gegangene Anteil des Calciumoxalates (Salz!) ist vollständig dissoziiert.

! Merke: Salze haben einen ionischen Aufbau in einem sogenannten Ionengitter. In wäßriger oder anderer polarer Lösung wird dieses Ionengitter durch Hydratisierung bzw. Solvatisierung gelöst. Der gelöste Anteil des Salzes liegt dann praktisch vollständig dissoziiert vor.

5 Heterogene Gleichgewichte

5.1 Grundbegriffe

5.1.1 Homogen, heterogen

F93

Frage 5.1: Lösung E

Zu **(A)–(E):** Systeme, die bei lichtmikroskopischer Betrachtung keine Grenzflächen erkennen lassen, werden homogen genannt. Homogen sind damit Luft (Gasgemisch) und eine 0,7% NaCl-Lösung; alle übrigen angeführten Systeme sind heterogen.

F92

Frage 5.2: Lösung E

Homogene Systeme sind in bezug auf alle Eigenschaften einheitlich. Sie haben überall gleiche chemische Zusammensetzung und gleiche physikalische Eigenschaften. Homogene Systeme können aus mehreren Komponenten bestehen, z.B. Lösungen oder Gasmischungen.
Homogene Stoffe sind von einer Phasengrenze umgeben, in heterogenen Systemen treten Phasengrenzen auf (z.B. Öl/Wasser).
Zu **(E):** Blut ist kein homogenes System, sondern eine aus vielen Komponenten zusammengesetzte Flüssigkeit mit korpuskulären Bestandteilen (Erythrozyten, Granulozyten, Lymphozyten, Thrombozyten, Plasma).

F93

Frage 5.3: Lösung D

Zu **(A)–(E):** Bei realen Gasen üben ihre Partikel aufeinander Kräfte aus. Diese Partikel haben ein endliches Eigenvolumen. Reale Gase lassen sich verflüssigen. Sind die Anziehungskräfte zwischen den Partikeln sehr gering und ihr Eigenvolumen sehr klein (z.B. Wasserstoff oder Helium), spricht man von idealen Gasen. Ideale Gase folgen dem Boyle-Mariotte- und von Charles-Gay-Lussac-Gesetz:

$$p \cdot V = k$$

p = Druck
V = Volumen
k = temperatur- und substanzabhängige Konstante

F97

Frage 5.4: Lösung C

Zu **(A), (B)** und **(D):** Gemische bestehen aus mehreren reinen Substanzen, die sich mit physikalischen Methoden trennen lassen; Blut und NaCl sind solche Stoffgemische.
Zu **(C):** Die chemische Zusammensetzung von Stoffgemischen ist nicht definiert, erst die Analyse ermöglicht entsprechende Aussagen. Das Blut verschiedener Patienten hat eine unterschiedliche chemische Zusammensetzung.
Zu **(E):** Stoffgemische sind oft heterogen, sie enthalten mehrere homogene Teilsysteme. Es existieren aber auch homogene Stoffgemische, z.B. Mischungen aus Gasen und Lösungen.

5.1.3 Nernst-Verteilungssatz

F89

Frage 5.5: Lösung D

Nach dem Nernst-Verteilungsgesetz ist der Verteilungskoeffizient K

$$K = \frac{c_{Oberphase}}{c_{Unterphase}}$$

Bei einem Verteilungskoeffizienten von 1 ist die Konzentration in Ober- und Unterphase also gleich. Da im vorliegenden Beispiel die Wassermenge 10mal so groß ist wie die Benzolmenge, muß auch die Menge der gelösten Substanzen 10mal so groß sein. Die Substanzmengen (nicht die Konzentrationen!) in Wasser und Benzol verhalten sich demnach wie 10 : 1, d.h. etwa 90% der Substanz sind in Wasser gelöst.

H91

Frage 5.6: Lösung B

Zu **(A), (B)** und **(E):** Die Verteilung einer schwachen organischen Säure ($pK_S = 5{,}4$) zwischen zwei flüssigen Phasen (Siedepunkt von Diethylether: 35 °C) folgt dem Nernst-Verteilungssatz:

$$K = \frac{C_{Oberphase}}{C_{Unterphase}} = \frac{C_{Diethylether}}{C_{Wasser}} = 10^3$$

Bei pH = 1 verteilt sich die Substanz zwischen Wasser und Diethylether im Verhältnis 1 : 1000. Ent-

sprechend dem unpolaren Lösungsmittel Diethylether ist die organische Säure ausgeprägt unpolar („Simila similibus solventur"); man kann sie bei diesem pH-Wert durch Ausschütteln mit unpolaren Substanzen (z.B. Ether) aus dem polaren Lösungsmittel Wasser extrahieren.
Zu **(C)–(D):** Bei pH = 10 wird die schwache organische Säure ihr Proton leichter abgeben können, sie wird dadurch polarer und löst sich besser in Wasser. Dadurch wird der Verteilungskoeffizient K im Vergleich zu dem bei pH = 1 kleiner.

5.1.4 Adsorption

Frage 5.7: Lösung E

Unter Adsorption versteht man die Bindung eines Stoffes an der Oberfläche (bzw. Phasengrenzfläche) einer anderen Substanz. Die Art der Bindung kann dabei sowohl chemischer als auch physikalischer Art (durch Van-der-Waals-Kräfte) sein.
Wie bei allen chemischen Bindungen spielen für das Ausmaß der Adsorption die Beschaffenheit und die Konzentration der teilnehmenden Partner eine Rolle. Auch die Größe der Oberfläche des Adsorbens ist von großer Bedeutung, denn die Menge der adsorbierten Substanz nimmt mit steigender Oberfläche direkt zu. Mit steigender Temperatur steigt auch die kinetische Energie der Teilchen, die adsorbiert werden sollen. Diese kinetische Energie wirkt den bindenden Kräften entgegen – folglich nimmt die Adsorption mit steigender Temperatur ab.

5.1.5 Konzentration eines Gases in einer Flüssigkeit

Frage 5.8: Lösung C

Die Verteilungskonstante K_c der Substanzverteilung für das System Gas/Flüssigkeit ist folgendermaßen definiert

$$\frac{c_{Gas}}{c_{Lösung}} = K_c \quad \textbf{(Henry-Verteilungssatz).}$$

Anhand des Gasgesetzes $c = \frac{p}{R \times T}$ läßt sich erkennen, daß die Konzentration des gelösten Gases dem Partialdruck direkt proportional ist. An der Formel läßt sich auch ablesen, daß die Konzentration des gelösten Gases mit steigender Temperatur abnimmt (vgl. warmes Mineralwasser). In diesem Fall ist die Konzentration des Gases im Wasser auch vom pH-Wert der Lösung abhängig. CO_2 reagiert nämlich mit Wasser zu Kohlensäure H_2CO_3, die wieder in H^+-Ionen und HCO_3^- zerfällt. Nach dem Massenwirkungsgesetz ist K für die Reaktion $H_2O + CO_2 \rightleftharpoons (H_2CO_3) \rightleftharpoons HCO_3^- + H^+$

$$K = \frac{[HCO_3^-] \times [H^+]}{[H_2O] \times [CO_2]}$$

$K \times [H_2O] \times [CO_2] = [HCO_3^-] \times [H^+]$.

Man kann hieran erkennen, daß die CO_2-Konzentration mit steigender H^+-Ionenkonzentration, d.h. abfallendem pH-Wert und steigender Azidität, zunimmt.

H85

Frage 5.9: Lösung D

Zu **(1):** Es gilt: Partialdruck

$$P_{Gas} = \frac{\text{Gesamtdruck} \times \text{Konzentration}}{100}$$

Bei einer Erhöhung des Partialdruckes nimmt daher die Konzentration von Halothan in Wasser zu.
Zu **(2):** Das Henry-Dalton-Gesetz besagt, daß die Löslichkeit eines Gases bei gegebener Temperatur vom Partialdruck des Gases in dem über der Lösung befindlichen Gasraum abhängt.

$$\frac{c_{Gas}}{c_{Lösung}} = K_1 \quad \text{oder} \quad \frac{P_{Gas}}{c_{Lösung}} = K_2$$

Der Proportionalitätsfaktor K heißt Löslichkeitskoeffizient. Das Vermischen verschiedener Gase verändert das Gasgesamtvolumen nicht. Der Gesamtdruck einer Gasmischung ist gleich der Summe der Partialdrucke der einzelnen Gase. Dadurch wird die Konzentration von Halothan in einer gesättigten Lösung durch Einleitung anderer Gase vermindert.
Zu **(3):** Substanzen, die mindestens ein Chiralitätszentrum besitzen, sind zur Ausbildung von Enantiomeren fähig. Da Halothan ein Chiralitätszentrum besitzt, kann es Enantiomere ausbilden.
Zu **(4):** Aufgrund des symmetrischen Aufbaus des Halothans findet eine Polarisierung der C–H-Bindung kaum statt, so daß H^+ nicht abgespalten wird.

> ! Merke: Als Chiralitätszentrum bezeichnet man ein Kohlenstoffatom mit vier verschiedenen Liganden. Substanzen, die mindestens ein Chiralitätszentrum besitzen, sind zur Ausbildung von Enantiomeren fähig.

5.1.6 Osmose, Donnan-Gleichgewicht, Dialyse

Osmose und Dialyse — **V.1**

Osmose bedeutet Lösungsmitteltransport durch eine semipermeable Membran, welche zwei Lösungen unterschiedlicher Teilchenkonzentration trennt. Lösungsmittelmoleküle durchdringen die für gelöste Teilchen undurchlässige Membran

solange, bis es zu einem Konzentrationsausgleich gekommen ist. Osmose ist ein passiver, keine Energie verbrauchender Prozeß.
Kann der Lösungsraum mit der höheren Teilchendichte diffundierendes Lösungsmittel (z.B. H_2O) etwa auf Grund einer starren Wandung nicht unbegrenzt aufnehmen, so steigt hierin durch kleinen H_2O-Einstrom der Druck an. Der so entstehende „osmotische Druck" wird von den folgenden Faktoren beeinflußt und leitet sich von der allgemeinen Gasgleichung ($pV = nRT$) ab:

$p_{osm} V = nRT$

p_{osm}	–	osmotischer Druck
V	–	Volumen
n	–	Anzahl der Mole
R	–	Allgemeine Gaskonstante
T	–	Temperatur (in Kelvin)

Dialyse beruht auf dem Fick-Diffusionsgesetz, welches besagt, daß die durch eine (Membran-) Fläche F in der Zeiteinheit hindurchtretende Substanzmenge direkt proportional der Konzentrationsdifferenz, die durch unterschiedliche Konzentrationen der besagten Substanz diesseits und jenseits der Membran entsteht, ist. Bei der Dialyse diffundieren also keine Lösungsmittel sondern „Substanzteilchen". Die Dialyse wird klinisch bei der Therapie niereninsuffizienter Patienten eingesetzt; niedermolekulare Moleküle bis zu einem Molekulargewicht von 30000 Dalton werden dabei zusammen mit Plasmawasser dem Körperkreislauf entzogen.

H87

Frage 5.10: Lösung B

Ein **Donnan-Gleichgewicht** und ein damit entstehendes **Donnan-Potential** bildet sich zum Beispiel, wenn an nur einer Seite einer permeablen Membran zusätzlich zu den gut permeablen An- und Kationen noch eine bestimmte Menge an impermeablem Protein vorhanden ist. Das impermeable Protein beeinflußt die transmembranalen Wasser- und Ionenflüsse derart, daß die Konzentrationen der permeablen Ionen in beiden Kompartimenten letztendlich nicht mehr übereinstimmen (Aussage (B) ist also falsch; Details hierzu siehe in den Lehrbüchern der Physiologie!). Siehe Lerntext V.1.

5.2 Anwendungen auf Trennverfahren

5.2.1 „Klassische" Trennverfahren

H82

Frage 5.11: Lösung C

Zu **(1)**: Die Extraktion zur Trennung von Stoffgemischen beruht auf unterschiedlichen Verteilungskoeffizienten der verschiedenen Stoffe.
Zu **(2)** und **(4)**: Auch bei den meisten chromatographischen Trennverfahren spielen unterschiedliche Verteilungskoeffizienten eine Rolle, zum Teil wirken aber auch Adsorptionsvorgänge mit.
Zu **(3)**: Das Trennverfahren der Destillation beruht wie auch die Sublimation und Gefriertrocknung auf Dampfdruckunterschieden.
Zu **(5)**: Mit Hilfe der Titration kann man Säuren und Basen quantitativ bestimmen, sie ist jedoch keine Methode zur Stofftrennung.

H90

Frage 5.12: Lösung B

Zu **(A)**: Bei der Destillation, Sublimation und der Gefriertrocknung macht man sich Dampfdruckunterschiede zunutze.
Zu **(C)**: Löslichkeitsunterschiede helfen bei der Stofftrennung mittels Kristallisation.
Zu **(D)–(E)**: Sämtliche chromatographischen Verfahren zur Stofftrennung beruhen auf der Ausnutzung von Adsorptions- bzw. Verteilungsgleichgewichten.
Zu **(B)**: Das Prinzip der Osmose kann zur Stofftrennung keinen Beitrag leisten (siehe hierzu auch die ausführliche Darstellung im Kurzlehrbuch!).

! Merke: Alle chromatographischen Verfahren zur Stofftrennung beruhen auf der Ausnutzung von Adsorptions- bzw. Verteilungsgleichgewichten.

H92

Frage 5.13: Lösung E

Zu **(A)–(B)**: Die Verteilung einer Substanz zwischen zwei flüssigen Phasen folgt dem Nernst-Verteilungssatz:

$$K = \frac{c_{Oberphase}}{c_{Unterphase}} = \frac{c_{Hexan}}{c_{Wasser}} = 10$$

A ist eher lipophil; sie löst sich bevorzugt im unpolaren Lösungsmittel Hexan.
Zu **(C)–(D):** Da der Verteilungskoeffizient K nicht vom pH-Wert abhängig ist, kann die Substanz A weder Säure noch Base sein.
Zu **(E):** Der Verteilungskoeffizient K verändert seinen Wert durch die Änderung der Lösungsmittelvolumina nicht, da er sich auf Konzentrationen bezieht. Die gelöste Menge an Substanz A pro ml Lösungsmittel bleibt gleich!

H89

Frage 5.14: Lösung D

Alanin ist eine neutrale, Lysin eine basische und Glutaminsäure eine saure Aminosäure.
Zu **(A), (B)** und **(E):** Dünnschicht-, Ionenaustausch- und Papierchromatographie machen sich vorhandene Adsorptions- und Verteilungsunterschiede zwischen den zu trennenden Stoffen und einer zu bestimmenden stationären Phase zu Nutze. Die angegebenen Aminosäuren kann man mit jeder dieser Methoden trennen.
Zu **(C):** Die Elektrophorese bedient sich bei der Auftrennung des Aminosäuregemisches der auf Grund unterschiedlicher Ladungen differierenden Wanderungsgeschwindigkeiten der Aminosäuren im elektrischen Gleichstromfeld.
Zu **(D):** Die Destillation dient der Trennung von Flüssigkeiten unterschiedlichen Dampfdruckes.

5.2.2 Chromatographische Trennverfahren

Frage 5.15: Lösung A

Die Chromatographie ist eine Methode zur Auftrennung von homogenen Substanzgemischen in die Einzelsubstanzen. Dabei durchdringt immer eine sog. mobile Phase, die das Substanzgemisch enthält, eine stationäre Phase. Die verschiedenen Substanzen werden aufgrund unterschiedlicher Adsorptionskräfte (wenn die stationäre Phase fest ist) oder aufgrund verschiedener Verteilungskoeffizienten (wenn die stationäre Phase flüssig ist) voneinander getrennt.
Dies ist prinzipiell bei allen Substanzen – auch bei Gasen (Gaschromatographie!) – und selbstverständlich nicht nur bei organischen Substanzen möglich.
Zu **(E):** Bei der Dünnschichtchromatographie handelt es sich um eine Art der Adsorptionschromatographie. Hierbei wird die stationäre feste Phase (z. B. Kieselgel) in dünnen Schichten auf Glasplatten aufgetragen. Sie hat den Vorteil, daß die Auftrennung der Substanzen wesentlich schneller erfolgt als bei der Papierchromatographie.

H92

Frage 5.16: Lösung D

Zu **(A)–(E):** Bei der Säulenchromatographie an Kieselgel durchdringt die sogenannte mobile Phase, die das homogene Substanzgemisch enthält, die stationäre Phase (Kieselgel). Die verschiedenen Substanzen werden wegen differenter Adsorptionskräfte voneinander getrennt; im am Ende der Säule austretenden Eluat erscheinen die verschiedenen Substanzen nach unterschiedlichen Retentionszeiten. Löslichkeitsunterschiede spielen keine Rolle.

F90

Frage 5.17: Lösung D

Zu **(A)** und **(C):** Bei der Gaschromatographie strömt eine gasförmige Phase, die als Elutionsmittel dient, an einer stationären Phase vorüber. Voraussetzung dieses Verfahrens ist die Flüchtigkeit der zu trennenden Stoffe. Die Temperatur beeinflußt den Dampfdruck und damit auch das Verteilungsverhalten der zu trennenden Stoffe.
Zu **(B)** und **(D):** Besteht die feste Phase aus einem Feststoff, so macht man sich die unterschiedliche Adsorption des aufzutrennenden Stoffgemisches zunutze; man bezeichnet dies als Adsorptionsgaschromatographie.
Ist der Feststoff zudem mit einer dünnen Flüssigkeitsschicht überzogen, spricht man von Verteilungsgaschromatographie. Die Wanderungsgeschwindigkeit der Stoffe ist dabei direkt von der Geschwindigkeit des Trägergases abhängig.
Zu **(E):** Bei einer häufig verwendeten Art der Gaschromatographie besteht die feste Phase aus mit einer dünnen Schicht einer hochsiedenden organischen Flüssigkeit überzogenen Trägersubstanz (z. B. Kieselgur). Dies wird in eine Säule eingebracht und dann mit einem als Elutionsmittel fungierendem Gas durchströmt.

5.2.4 Reinheitskriterien von Substanzen

Frage 5.18: Lösung A

Um die Reinheit einer Substanz zu überprüfen, mißt man deren Schmelz- und Siedepunkt, Brechungsindex, Spektren oder chromatographische Parameter. Dabei ist die Reinheit einer Substanz dadurch definiert, daß jeder Teil der Substanz die gleiche Zusammensetzung und die gleichen Eigenschaften hat. Bei Verunreinigungen mit einem anderen Stoff liegen keine Reinsubstanzen vor. Die Verunreinigungen verändern die für die Reinsubstanz charakteristischen Eigenschaften, wie z. B. Siede- und Schmelztemperatur.

F86

Frage 5.19: Lösung D

Zu **(A):** Die Flüssigkeit muß ein Stoffgemisch sein, da die beiden Destillate sich in ihren Brechungsindizes unterscheiden. Reine Stoffe lassen sich durch physikalische Methoden nicht trennen.
Zu **(B)** und **(E):** Der Siedepunkt ist der Punkt, an dem der Dampfdruck einer Flüssigkeit gleich dem Außendruck ist. Der normale Siedepunkt entspricht also der Temperatur, bei der der Dampfdruck = 1 bar ist. Im Vakuum ist der Außendruck erheblich kleiner, die Siedetemperaturen sinken also.
Zu **(C):** Der Brechungsindex der Flüssigkeit wird von den Brechungsindizes der beiden Destillate beeinflußt. Da sich die beiden unterscheiden, kann der Brechungsindex der Flüssigkeit niemals dem eines Destillates entsprechen.
Zu **(D):** Eine Emulsion ist ein heterogenes System verschiedener Flüssigkeiten, wobei feine Tröpfchen der einen Flüssigkeit in der anderen „schweben". Es liegt keine „klare Flüssigkeit" vor, es muß sich um eine Lösung handeln.

5.3 Kommentare aus Examen Herbst 1998

H98

Frage 5.20: Lösung C

Zu **(A)–(C):** Eine Membran, die nur für das Lösungsmittel, nicht aber für den gelösten Stoff permeabel ist, bezeichnet man als semipermeabel.
Bringt man in ein U-förmiges Rohr in der Mitte eine solche semipermeable Membran an und reichert den linken Schenkel z.B. mit NaCl an, so bildet sich zunächst ein Konzentrationsgefälle aus. Um dieses auszugleichen, diffundiert Wasser aus dem rechten in den linken Schenkel, als Folge steigt der Wasserspiegel im linken Schenkel. Entspricht der Druck, mit dem das reine Lösungsmittel in die Lösung drängt, dem hydrostatischen Druck, der durch den hydrostatischen Druck infolge des Niveau-Unterschiedes entstanden ist, herrscht Gleichgewicht. Dies ist der sogenannte **osmotische Druck,** es gilt:
$P_{osm} = c \cdot R \cdot T$
c = Konzentration in Mol
R = allgemeine Gaskonstante
T = absolute Temperatur in Kelvin.
Zu **(D):** Eine 0,1 molare Lösung von $CaCl_2$ liefert 3mal so viele osmotisch wirksame Teilchen (Ca^{2+} und 2 Cl^-) wie eine 0,1 molare Glucoselösung. Entsprechend verhält sich auch der osmotische Druck.
Zu **(E):** Wasser ist im Vergleich zu Blutplasma hypotonisch.

6 Energetik und Kinetik

6.1 Grundbegriffe der Energetik

6.1.2 Gibbs' freie Energie (= freie Reaktionsenthalpie)

Freie Enthalpie — **VI.1**

Die die Triebkraft eines chemischen Vorgangs bestimmende Größe heißt bei isobaren und isothermen Prozessen freie Enthalpie ΔG. Ihre Änderung hängt nach der **Gibbs-Helmholtz-Gleichung** mit der Änderung der Enthalpie ΔH (Reaktionswärme) und der Änderung der sogenannten Entropie ΔS (Maß für die Ordnung/Unordnung eines Systems) wie folgt zusammen: $\Delta G = \Delta H - T\,\Delta S$ (T = absolute Temperatur). Reaktionen, bei denen $\Delta G < 0$ ist, nennt man exergone Reaktionen. Ist dagegen $\Delta G > 0$, so spricht man von endergonen Reaktionen. Bei exergonen Reaktionen wird also Energie frei, diese kann in Arbeit umgesetzt werden.

F97

Frage 6.1: Lösung A

Zu **(C)** und **(E):** Siehe Lerntext VI.1.
Zu **(B)** und **(D):** Bei einer Reaktion $A + B \leftrightarrow C + D$ findet keine vollständige Umsetzung statt, sondern es stellt sich eine Gleichgewichtslage zwischen Edukten und Produkten ein, welche durch die Konstante K charakterisiert ist:

$$K = \frac{[C] \cdot [D]}{[A] \cdot [B]}$$

Diese Gleichgewichtslage ist der thermodynamisch günstigste Zustand; die freie Enthalpie G hängt also auch von der Konzentration der einzelnen Reaktionspartner ab:

$$\Delta G = \Delta G^\circ + RT \ln K$$

R ist dabei die allgemeine Gaskonstante, T die Gleichgewichtstemperatur (Kelvin).
Zu **(A):** Damit eine Reaktion spontan ablaufen kann, muß sie exergon ($\Delta G < 0$) sein, aber selbst dann bedarf es oft noch einer sogenannten zusätzlichen Aktivierungsenergie. Je positiver ΔG (= endergone Reaktion), desto mehr Energie muß in die Reaktion investiert werden. Aussage (A) ist daher unzutreffend.

H97 H95

Frage 6.2: Lösung A

ΔG, die sogenannte freie Enthalpie, charakterisiert die Triebkraft einer chemischen Reaktion. Bei einer exergonen Reaktion wird Energie frei, sie verläuft spontan. Im Verlauf der Reaktion bildet sich schließlich eine sogenannte Gleichgewichtslage aus, ΔG erreicht schließlich im Fall des chemischen Gleichgewichtes den Wert 0.

F84

Frage 6.3: Lösung A

Zu **(A)–(E):** Die Arrhenius-Gleichung stellt den Zusammenhang zwischen der Aktivierungsenergie und der Reaktionsgeschwindigkeit dar. Es ist mit ihrer Hilfe also möglich, die Aktivierungsenergie E_A zu berechnen, nicht aber ΔG.
ΔG wird nach der Gibbs-Helmholtz-Gleichung durch $\Delta G = \Delta H - T\Delta S$ dargestellt. Eine Veränderung der Temperatur führt demnach auch zu einer Veränderung von ΔG.
ΔG kann man bei Redoxvorgängen nach folgender Formel bestimmen:

$\Delta G = - n \times F \times \Delta EMK$
(EMK = elektromotorische Kraft)

EMK ist dabei die Potentialdifferenz zwischen zwei Halbzellen, die Redoxpotentiale ausbilden.
Die Berechnung von ΔG für die Reaktion $A + B \rightleftharpoons C + D$ ist ebenfalls nach folgender Formel möglich:

$$\Delta G = \Delta G_0 + RT \times \ln \frac{[C] \times [D]}{[A] \times [B]}$$

ΔG_0 ist die Änderung der freien Enthalpie unter Standardbedingungen.

Nach dem Massenwirkungsgesetz ist $\frac{[C] \times [D]}{[A] \times [B]}$

gleich dem Wert der Gleichgewichtskonstanten K.
Eine Berechnung von ΔG bei Kenntnis von ΔG_0 und K ist also möglich.
Für den Gleichgewichtszustand gilt $\Delta G = 0$ und damit $\Delta G_0 = RT \times \ln K$. In diesem Falle kann man auch ΔG_0 mit Hilfe von K berechnen.

F83

Frage 6.4: Lösung C

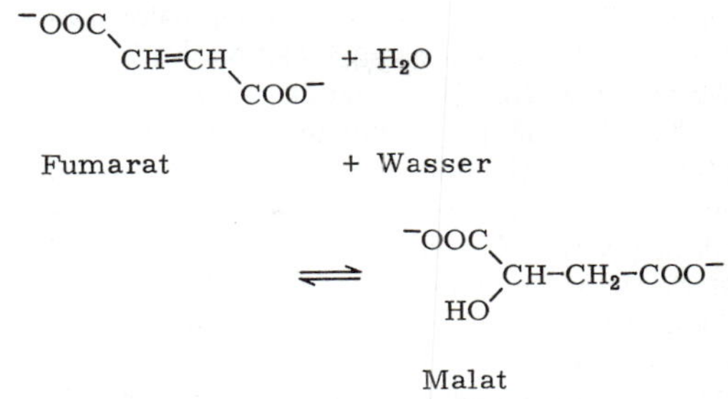

Zu **(A):** ΔG kann man nach folgender Formel berechnen:

$$\Delta G = \Delta G_0 + RT \cdot \ln \frac{[Malat]}{[Fumarat][H_2O]}$$

Da im Gleichgewicht $\Delta G = 0$ gilt, folgt:

$$\Delta G_0 = -RT \cdot \ln \frac{[Malat]}{[Fumarat][H_2O]}$$

Zu **(B):** Die Hirnreaktion ist eine Hydratisierung, d.h. eine Addition von Wasser, die Rückreaktion ist eine Dehydratisierung, d.h. eine Eliminierung von Wasser.
Zu **(C):** Da $\frac{[Malat]}{[Fumarat][H_2O]}$ = konstant, verändert sich der Umsatz an Fumarat, wenn die Konzentration von Malat verändert wird.
Zu **(D):** Die Rückreaktion ist eine endergone Reaktion (da ΔG positiv ist), die nicht spontan ablaufen kann, ohne mit einer exergonen Reaktion gekoppelt zu sein.

H91

Frage 6.5: Lösung C

Nur wenn die Reaktion eine exergone ist, d.h. $\Delta G < 0$, verläuft sie freiwillig. Es muß daher gelten:

$$5{,}0\ kJ/mol + 5{,}77\ kJ/mol \log \frac{[B]}{[A]} < 0.$$

Gerade spontan verläuft die Reaktion bei einem Konzentrationsverhältnis B zu A von 1 : 10.
Bei (D) und (E) verläuft die Reaktion ebenfalls freiwillig, nur noch etwas leichter.

6.1.3 Reaktionsenthalpie

Frage 6.6: Lösung B

ΔH = – 92 kJ/Mol, d. h. die Reaktionsenthalpie ist negativ. Bei der Reaktion von 1 Mol N_2 mit 3 Mol H_2 werden 92 kJ frei. Die Reaktion ist also exotherm. Ändern der äußeren Bedingungen führt bei einem im Gleichgewicht stehenden System dazu, daß dieses dem „äußeren Zwang" auszuweichen versucht (Prinzip von Le Chatelier). So sucht ein solches System z. B. von außen zugeführte Wärme zu verbrauchen. Wärmezufuhr begünstigt also die endotherme Reaktion.
Daher gilt für die obige Reaktion: Temperaturerhöhung begünstigt die Bildung von Wasserstoff und Stickstoff, entsprechend begünstigt Temperaturerniedrigung die exotherme Reaktion, also die Bildung von Ammoniak.
Eine Erhöhung des Druckes begünstigt ebenfalls die Entstehung von Ammonniak, da aus vier Raumteilen (ein Raumteil N_2, drei Raumteile H_2) zwei Raumteile NH_3 entstehen. Der äußere Zwang „Druckerhöhung" führt also zu einer Volumenverkleinerung.

6.1.4 Reaktionsentropie

Frage 6.7: Lösung A

Entropie ist ein Maß für den Unordnungsgrad eines Systems. Bei niedrigen Temperaturen wird ein Atom seine räumliche Position weniger verändern als bei hohen, d. h. der Ordnungsgrad ist bei niedrigen Temperaturen hoch, die Entropie also gering (und vice versa). Die Entropie ist somit temperaturabhängig, wie in der Gibbs-Helmholtz-Gleichung formuliert:
$\Delta G = \Delta H - T\Delta S$.
$T\Delta S$ ist das Entropieglied.
Biochemische Systeme streben nach einer Zunahme der Entropie und einer Abnahme der Energie. Diesen Sachverhalt bezeichnet man als den zweiten Hauptsatz der Energetik.
Zur Frage:
Die Entropie kann auch abnehmen, wenn dazu freie Energie, die einem anderen biochemischen System entzogen wurde, verwendet wird. Untereinander verbundene Monomere (= Polymere) verlieren an „Beweglichkeit", die Entropie sinkt.

F88

Frage 6.8: Lösung A

Bei der Verbrennung von Glucose nimmt die Ordnung ab, das Entropieglied ΔS^0 wird damit positiv. Bei Zimmertemperatur liefert das Glied $T \cdot \Delta S^0$ ca. 50 kJ/mol; daß bei dieser Reaktion darüber hinaus noch eine erhebliche Wärmemenge freigesetzt wird (ΔH = – 2830 kJ/mol), bestätigt die alltägliche Erfahrung.

6.1.5 Gibbs-Helmholtz-Gleichung

Gibbs-Helmholtz-Gleichung — VI.2

Durch die Gibbs-Helmholtz-Gleichung

$$\Delta G = \Delta H - T\Delta S$$

wird der Zusammenhang zwischen der Änderung der freien Enthalpie ΔG, Reaktionsenthalpie ΔH und dem sogenannten Entropieglied TΔS, dem Produkt aus absoluter Temperatur T und Entropieänderung ΔS (sogenannte innere Unordnung) für isotherme und isobare Vorgänge dargestellt.
ΔG charakterisiert die Triebkraft einer chemischen Reaktion.
Dabei bedeutet ein Wert $\mathbf{\Delta G > 0}$ eine endergone, also nicht spontan ablaufende Reaktion.
Bei $\mathbf{\Delta G = 0}$ liegt Gleichgewichtseinstellung vor.
Ein Wert für $\mathbf{\Delta G < 0}$ stellt eine spontan ablaufende Reaktion dar, in deren Verlauf die freie Enthalpie abnimmt. Solche Reaktionen bezeichnet man als exergon.
ΔH ist ein Maß für die Wärmeentwicklung einer Reaktion. $\mathbf{\Delta H < 0}$ bedeutet, daß Wärme nach außen abgegeben wird (exotherme Reaktion).
$\mathbf{\Delta H > 0}$ besagt, daß Wärme von außen aufgenommen werden muß (endotherme Reaktion).
Dabei muß eine endotherme Reaktion nicht unbedingt auch endergon sein. Wenn nämlich $\mathbf{T\Delta S > \Delta H}$ ist, wird ΔG negativ, auch wenn ΔH positiv ist. Eine Reaktion, bei der Wärme aufgenommen werden muß, kann also dann spontan ablaufen, wenn Temperatur und Entropieänderung groß genug sind.

Frage 6.9: Lösung C

Siehe Lerntext VI.2.

F95

Frage 6.10: Lösung D

Durch die Gibbs-Helmholtz-Gleichung wird der Zusammenhang zwischen der Änderung der freien Enthalpie ΔG, der Reaktionsenthalpie ΔH und dem sogenannten Entropieglied TΔS, dem Produkt aus absoluter Temperatur T und der Entropieänderung ΔS („innere Unordnung") dargestellt: $\Delta G = \Delta H - T\Delta S$.
Dabei bedeutet ein Wert $\Delta G > 0$ eine endergone, d. h. nicht spontan ablaufende Reaktion. Ist $\Delta G < 0$,

handelt es sich um eine exergone, d. h. spontan ablaufende Reaktion (Aussage (1)). Bei $\Delta G = 0$ hat sich das Reaktionsgleichgewicht eingestellt.
ΔH ist ein Maß für die Wärmeentwicklung einer Reaktion. Wird Wärme nach außen abgegeben, handelt es sich um eine exotherme Reaktion, ΔH wird kleiner als 0. Eine exotherme Reaktion ist immer auch eine exergone Reaktion, da ΔS stets ≥ 0 (Aussagen (2) und (3)). Der Analogschluß gilt aber nicht: Eine endotherme Reaktion ($\Delta H > 0$) muß nicht endergon sein (kann es allerdings!). Ist $T\Delta S > \Delta H$, wird ΔG negativ, auch wenn ΔH positiv ist. Ein Katalysator reduziert die Aktivierungsenergie einer Reaktion; die freie Enthalpie ΔG wird durch ihn nicht verändert (Aussagen (4) und (5)).

F91

Frage 6.11: Lösung B

Bei der dargestellten Reaktion handelt es sich um die Hydrolyse von Adenosintriphosphat zu Adenosindiphosphat.
Zu **(A):** ΔG^0 (ΔG^0 bei pH 7) = – 2,3 · RT · log K.
Zu **(B):** Falsch, das Enzym ATPase spaltet ATP. Die ATPase wird durch das Prostaglandin E_2 und Mg^{2+}-Ionen beeinflußt.
Ca^{2+}-Ionen spielen bei der Muskelkontraktion, der Blutgerinnung und beim Knochenaufbau eine Rolle.
Zu **(C):** Es handelt sich um eine exergone Reaktion, da ΔG negativ ist.
Zu **(D):** Wenn Phosphorsäureeinheiten unter H_2O-Austritt miteinander reagieren, entstehen sogenannte Phosphorsäureanhydridbindungen. In dem abgebildeten Formelschema wird eine solche Phosphorsäureanhydridbindung unter H_2O-Verbrauch gespalten. Phosphorsäureanhydridbindungen stellen sogenannte „energiereiche Bindungen" dar. Sie enthalten ca. 40 kJ/Mol.
Zu **(E):** Dies ist z. B. der Fall, wenn man Glucose phosphorylieren möchte, denn die Reaktion Glucose + $H_3PO_4 \rightleftharpoons$ Glucose-6-P + H_2O ist endergon. Die Hydrolyse von ATP ist eine exergone Reaktion (C), deshalb läuft dann die Phosphorylierung der Glucose in nachstehender Form freiwillig ab.
Glucose + ATP $\rightleftharpoons$ Glucose-6-P + ADP.

H91

Frage 6.12: Lösung A

Zu **(1):** Die Gibbs-Helmholtz-Gleichung lautet richtig:
$\Delta G = \Delta H - T\Delta S$.
Zu **(2):** Wenn $\Delta H = T\Delta S$, ist $\Delta G = 0$, es herrscht Gleichgewicht.
Zu **(3):** $\Delta G > 0$ beschreibt eine endergone, d. h. nicht spontan ablaufende Reaktion. Ist $\Delta G < 0$, ist die Reaktion exergon, d. h. spontan ablaufend.

Zu **(4):** Es gilt: $\Delta G < 0$: exotherme Reaktion, d. h. Wärmeenergie wird frei.
$\Delta G > 0$: endotherme Reaktion, d. h. die Reaktion geht mit Abkühlung einher.
Bemerkung: Relativ schwierige Frage, nur 43% der Prüfungskandidaten wählten die richtige Lösung (A).

6.1.6 Änderung von Gibbs freier Energie bei Konzentrationsänderungen

H88

Frage 6.13: Lösung E

Zu **(A):** Bezüglich des Zusammenhanges von freier Enthalpie und pK-Wert gilt für schwache und starke Säuren: $\Delta G = 2{,}3\ RT \cdot pK$.
Zu **(B), (C)** und **(D):** Die Dissoziation einer starken Säure verläuft spontan, dabei wird Energie frei, ΔG wird negativ. Das Dissoziationsgleichgewicht einer schwachen Säure liegt auf der Seite der undissoziierten Säure, ΔG ist positiv. Um die Dissoziation dieser zu steigern, muß Energie aufgebracht werden, was durch Kopplung mit einem exergonen Vorgang erreicht werden kann.
Zu **(E):** ΔG^0 kann *nicht direkt* durch Kalorimetrie bestimmt werden. Mit einem Kalorimeter bestimmt man den Energiegehalt eines organischen Stoffes, indem man diesen mit Sauerstoff verbrennt, dabei den Temperaturanstieg mißt und daraus dann $\mathbf{\Delta H^0}$ berechnet.

6.2 Grundbegriffe der Kinetik

6.2.1 Reaktionsgeschwindigkeit

Frage 6.14: Lösung B

Zu **(A):** Die Reaktionsgeschwindigkeit v einer chemischen Reaktion ist definiert durch die Konzentrationsänderung dc der reagierenden Stoffe geteilt durch die Zeitänderung dt. Dabei ist v für neu entstehende Stoffe positiv $v = \frac{dc}{dt}$, für verschwindende Stoffe negativ $v = -\frac{dc}{dt}$.
Zu **(B):** Ein Beispiel für die gekoppelte Reaktion wäre z. B. die Bildung einer Substanz C aus dem Stoff B, der seinerseits aus A entstanden ist.

$$A \rightarrow B \rightarrow C$$

Die Gesamtreaktionsgeschwindigkeit wird bei dieser Reaktion durch die Zunahme der Konzentration von C bestimmt.
Angenommen, die Bildung von C aus B geht 10mal so schnell wie die Bildung von B aus A, so wird die Gesamtreaktionsgeschwindigkeit dadurch nicht vergrößert, denn für die Bildung von C muß immer auf die Bereitstellung von B gewartet werden.
Die Gesamtreaktionsgeschwindigkeit wird von der langsamsten Reaktion bestimmt.
Zu **(C)** und **(E)**: Die Reaktionsordnung beschreibt den Zusammenhang zwischen der Konzentration und der Reaktionsgeschwindigkeit und ist gleich dem Exponenten der Konzentration. Dabei ist eine Reaktion 0. Ordnung von der Konzentration unabhängig, eine Reaktion 1. Ordnung linear von c (d.h. c^1) abhängig, eine Reaktion 2. Ordnung quadratisch von c (d.h. c^2 oder $c_1 \times c_2$) abhängig usw. Für eine Reaktion 1. Ordnung der Art

$A \xrightarrow{k_1} B$ gilt:

$$V_A = -\frac{dc_A}{dt} = k_1 \cdot c_A$$

Die Reaktion verläuft am Anfang, wenn c_A groß ist, schneller als am Ende, wenn die Konzentration von A klein ist.
Dabei ist die Halbwertszeit, also die Zeit, nach der die Hälfte der eingesetzten Substanzmenge reagiert hat, konstant, also von der Konzentration von A unabhängig, ebenfalls die Geschwindigkeitskonstante k_1, nicht aber die Reaktionsgeschwindigkeit selbst.
Zu **(D)**: Bei einem eingestellten Gleichgewicht verändern sich die Konzentrationen der Reaktionspartner nicht mehr, das bedeutet aber nicht, daß die Substanzen nicht mehr miteinander reagieren, sondern daß $v_{Hin.} = v_{Rück.}$, d.h. die Gesamtreaktionsgeschwindigkeit $v = 0$.

! Merke: Die Gesamtreaktionsgeschwindigkeit wird von der langsamsten Reaktion bestimmt.

F90

Frage 6.15: Lösung B

Es handelt sich hier um eine bimolekulare Reaktion, bei der die Moleküle A und B zusammenstoßen und miteinander reagieren. Die Reaktionsgeschwindigkeit ist folglich von den Konzentrationen von A und B abhängig. Hier mißt man die Reaktionsgeschwindigkeit an der Abnahme des Stoffes A. Das negative Vorzeichen kennzeichnet diese Abnahme. Es wäre auch möglich gewesen, die Reaktionsgeschwindigkeit anhand der Zunahme der Konzentrationen von C und D zu bestimmen. Allerdings hätte das Vorzeichen dann positiv sein müssen.

$$\frac{dc}{dt} = k \cdot [C] \cdot [D]$$

6.2.2 Reaktionsordnung

H95

Frage 6.16: Lösung C

Die Halbwertszeit einer Reaktion erster Ordnung ist konzentrationsunabhängig, d.h. sie verändert sich auch im Verlaufe einer Reaktion nicht, wenn sich die Konzentrationen von Ausgangs- und Endprodukt verändern (z.B. beim radioaktiven Zerfall).
Beispiel für die Halbwertszeit: Zerfallen von 20 Molekülen 10 in einer Stunde, so zerfallen von diesen in der nächsten Stunde 5 Moleküle usw. Bei einer Reaktion erster Ordnung ändert sich damit die Konzentration von Ausgangs- und Endprodukt.

F91

Frage 6.17: Lösung A

Zu **(A)**: Als Seifen bezeichnet man die Salze höherer Fettsäuren. Reaktionen, bei denen sie entstehen, heißen Verseifungen (der Begriff wird aber auch für viele Hydrolysen angewandt, bei denen es nicht zur Seifenbildung kommt).

Ester mit der allgemeinen Formel $R_1-\overset{\overset{O}{\|}}{C}-OR_2$ entstehen aus Carbonsäuren und Alkoholen in Anwesenheit von H^+-Ionen.
Ihre Hydrolyse findet ebenfalls in Gegenwart von H^+-Ionen statt und ist ebenfalls in Gegenwart von OH^--Ionen möglich (die Esterbildung aber nicht!).
1. Esterbildung und -hydrolyse in Gegenwart von H^+-Ionen:

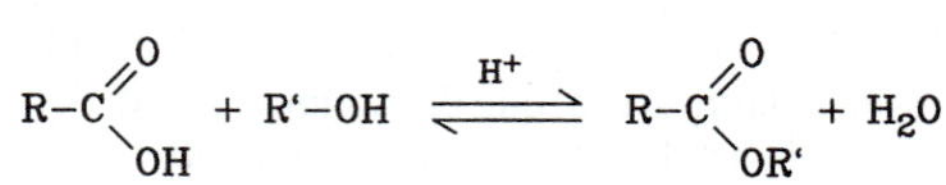

2. Esterhydrolyse in Gegenwart von OH^--Ionen:

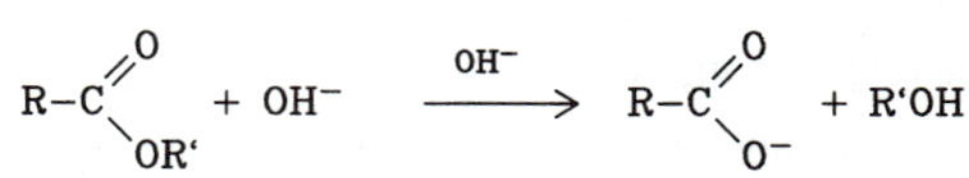

Bei dieser Art der Hydrolyse entsteht nicht wieder die Carbonsäure, sondern deren Salz, das mit dem Alkohol nicht mehr zum Ester reagieren kann, da das Carboxylation nur sehr wenig reaktiv ist.
Die Reaktionsgeschwindigkeit ist sowohl von der Konzentration des Esters als auch von der Konzentration der Base abhängig,

$$v = k_1 \cdot \left[\mathrm{R{-}C}\begin{matrix} \diagup\!\!\!^{\mathrm{O}} \\ \diagdown_{\mathrm{OR'}} \end{matrix} \right] \times [\mathrm{OH^-}]$$

d.h. also von $c_1 \times c_2$ – das bedeutet, daß es sich um eine Reaktion *zweiter Ordnung* handelt.
In diesem Fall liegt ein großer Überschuß an OH^--Ionen vor. Das bedeutet, daß sich die Konzentration von OH^- auch im Verlauf der Reaktion kaum ändert. Demnach ist die Reaktionsgeschwindigkeit praktisch nur noch von der Esterkonzentration abhängig. Solche Reaktionstypen bezeichnet man als pseudomonomolekulare Reaktionen.
Zu **(B)–(D):** Siehe dazu den Kommentar zu Frage 6.14.
Zu **(E):** Bei Zerfall von radioaktiven Nukliden ist die Geschwindigkeit des radioaktiven Zerfalls proportional der Menge an nicht zerfallenen Molekülen. Die Reaktion ist eine Reaktion erster Ordnung, d.h. die Halbwertszeit ist konstant.
Beispiel:
Liegen am Anfang der Zerfallsreaktion 10 radioaktive Moleküle vor, ist die Zerfallsgeschwindigkeit relativ gering, da sie ja der Anzahl der Moleküle proportional ist. Bis zum Erreichen der Halbwertszeit müssen aber auch nur 5 Moleküle zerfallen.
Liegen am Anfang des Zerfalls 1000 radioaktive Moleküle vor, ist die Zerfallsgeschwindigkeit entsprechend größer. Bis zum Erreichen der Halbwertszeit müssen aber 500 Moleküle zerfallen.

F93

Frage 6.18: Lösung A

Zu **(A)–(E):** Die angesprochene Enzymkinetik zeigt die Umsetzung einer variablen Substratmenge mit einer konstanten Enzymmenge: $S + E \rightarrow ES$.
Bei geringen Substratmengen (Bereich a) liegt das Enzym im Überschuß vor, d.h. die Reaktionsgeschwindigkeit ist vor allem von der Substratkonzentration abhängig. Es handelt sich um eine Reaktion (pseudo)-erster Ordnung.
Bei höheren Substratmengen (Bereiche b, c, d) wird die Reaktion zu einer Reaktion zweiter Ordnung.
Im Bereich e liegt das Substrat in großem Überschuß vor, die Reaktionsgeschwindigkeit ist nur noch von der Kapazität des Enzyms abhängig. Man spricht hier von einer Reaktion (pseudo)-nullter Ordnung.

6.2.4 Energieprofil

Frage 6.19: Lösung A

Am dargestellten Energieprofil der Reaktion

$$A + B \rightleftharpoons C + D$$

kann man folgendes erkennen:
Die Reaktion läuft in mehreren Teilschritten ab. Jeder Teilschritt hat eine eigene Aktivierungsenergie (Energiedifferenz zwischen den beiden Energiemaxima und dem Ausgangszustand). Zwischen den beiden Energiemaxima, also den aktivierten Komplexen, liegen Zwischenstufen in Energieminima, die u.U. isolierbar sind und dann als Zwischenprodukte bezeichnet werden.
Zu **(C)–(D):** Die freie Reaktionsenthalpie ΔG entspricht der Energiedifferenz zwischen Ausgangs- und Endzustand der Reaktion, hier also E. Ist ΔG – wie hier dargestellt – negativ, spricht man von exergonen Reaktionen, die freiwillig ablaufen.
Zu **(A):** Die Übergangszustände der Reaktion stellen aktivierte Komplexe dar, die an den Energiemaxima der Reaktion liegen, sie sind also energiereicher als die Ausgangsverbindungen!

F92

Frage 6.20: Lösung E

Zu **(A):** Reaktion (1) besitzt eine niedrigere Aktivierungsenthalpie als Reaktion (2) und läuft daher schneller ab.
Zu **(B)–(C):** Beide Reaktionen weisen die gleiche freie Reaktionsenthalpie (Energiedifferenz zwischen Ausgangs- und Endzustand einer Reaktion) auf; beide durchlaufen auch einen Übergangszustand.
Zu **(D):** Das Produkt der Konzentrationen der Reaktionsprodukte dividiert durch das Produkt der Konzentrationen der Ausgangsstoffe, die Gleichgewichtskonstante, ist bei beiden Reaktionen gleich.
Zu **(E):** Katalysatoren erniedrigen die Aktivierungsenergie. Enzyme als wichtigste Biokatalysatoren haben eine außergewöhnlich hohe Substratspezifität; d.h. in der Regel verlangt jede zu katalysierende Reaktion nach „ihrem" speziellen Katalysator.

F91

Frage 6.21: Lösung E

Zu **(A):** Bei der dargestellten Gleichgewichtsreaktion (1) ist die freie Enthalpie ΔG, definiert als die Energiedifferenz zwischen Ausgangs- und Endzustand der Reaktion, negativ, d.h. es handelt sich um eine exergone Reaktion.
Zu **(B):** ΔG ist hier positiv; die dargestellte Reaktion ist endergon.

Zu **(C)** und **(E):** Reaktion (2) läuft über eine Zwischenstufe Z*. Die Teilreaktion C → Z* benötigt eine höhere Aktivierungsenergie als die Teilreaktion Z* → D und verläuft dadurch langsamer.
Zu **(D):** Im Gleichgewicht von Reaktion (1) überwiegt, da es sich um eine exergone und damit spontan ablaufende Reaktion handelt, das Endprodukt C.

F98 !!

Frage 6.22: Lösung E

Zu **(A):** 1 entspricht der freien Reaktionsenthalpie ΔG, der Energiedifferenz zwischen Ausgangs- und Endzustand der Reaktion. Ist ΔG wie in der vorliegenden Reaktion negativ, spricht man von einer exergonen Reaktion, die freiwillig abläuft.
Zu **(B)** und **(D):** 2 gibt die freie Aktivierungsenthalpie an; diese bedingt auch die Geschwindigkeit der Reaktion. Katalysatoren erniedrigen die Aktivierungsenergie und beschleunigen dadurch die Überführung des Eduktes in das Produkt.
Zu **(C):** 3 kennzeichnet den Übergangszustand der Reaktion. Die aktivierten Übergangskomplexe einer Reaktion sind energiereicher als die Ausgangsverbindungen.
Zu **(E):** Die Gleichgewichtslage wird durch das Verhältnis zwischen Produkten und Edukten bestimmt.

H97

Frage 6.23: Lösung D

Zu **(A)** und **(E):** ΔG als Energiedifferenz zwischen Ausgangs- und Endzustand ist negativ, die Reaktion 1 → 3 ist damit exergon. Im Zustand des Reaktionsgleichgewichtes wird das „energieärmere" Produkt überwiegen; es wird dann mehr 3 als 1 vorliegen.
Zu **(B)–(D):** Die Reaktion verläuft über ein Zwischenprodukt 2. Die Teilreaktion 1 → 2 erfolgt ebenso wie die Teilreaktion 2 → 3 unter Energieaufnahme („Aktivierungsenergie"). Die Teilreaktion 1 → 2 benötigt *höhere* Aktivierungsenergie als die Teilreaktion 2 → 3, verläuft dadurch langsamer und ist der geschwindigkeitsbestimmende Schritt der Gesamtreaktion 1 → 3.

6.2.5 Parallelreaktionen

F88

Frage 6.24: Lösung C

Zu **(A):** Die Reaktionen (1) und (2) zeigen die Esterhydrolyse von Glucose-1-Phosphat bzw. Glucose-6-Phosphat; hierbei werden Phosphat-Ester-Bindungen hydrolytisch gespalten.
Zu **(B)**, **(C)** und **(E):** Reaktion (1) weist einen negativeren ΔG^0-Wert auf als Reaktion (2), sie ist stärker exergon als diese und verläuft auch schneller. Zur Bildung von 1 Mol Glucose-1-Phosphat aus 1 Mol Glucose und 1 Mol Phosphat müssen 20,9 kJ investiert werden; diese Reaktion ist demnach endergon.
Zu **(D):** Wird mehr Glucosephosphat zur Esterhydrolyse angeboten, wird der Betrag von ΔG entsprechend größer.

6.2.6 Katalyse

Frage 6.25: Lösung A

Ein Katalysator verändert die Aktivierungsenergie einer Reaktion. Bei Herabsetzung der Aktivierungsenergie haben mehr zusammenstoßende Teilchen die zur Reaktion erforderliche Energie. Damit wird die Reaktionsgeschwindigkeit bis zur Gleichgewichtseinstellung beschleunigt, und zwar sowohl die der Hin- wie auch der Rückreaktion. Ein Katalysator beeinflußt aber niemals die Gleichgewichtslage!!
Im Energieprofil stellt sich der Unterschied zwischen einer katalysierten und einer nicht katalysierten Reaktion folgendermaßen dar:

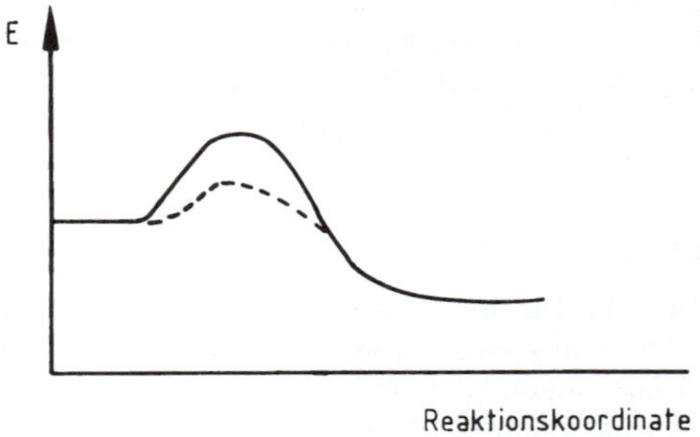

—— nicht katalysiert
– – – katalysiert

F89

Frage 6.26: Lösung C

Zu **(1)** und **(4):** Ein Katalysator setzt die Aktivierungsenergie einer Reaktion herab. Damit wird die Reaktionsgeschwindigkeit bis zur Gleichgewichtseinstellung beschleunigt, und zwar sowohl die der Hin- als auch die der Rückreaktion.
Zu **(2)**, **(3)** und **(5):** Ein Katalysator beeinflußt aber niemals die Gleichgewichtslage oder den Netto-Stoffumsatz nach Erreichen des Gleichgewichts. Auch die freie Enthalpie ΔG (= Kriterium, um eine Reaktion als exergon oder endergon einzustufen) wird durch die Verwendung eines Katalysators nicht verändert.

F96

Frage 6.27: Lösung D

Der an einer Gleichgewichtsreaktion beteiligte Katalysator senkt die Aktivierungsenergie einer Reaktion, dadurch kann sich das Reaktionsgleichgewicht schneller einstellen (Aussage 2 richtig). Ein Katalysator setzt jedoch niemals die freie Energie ΔG herab (Aussage 1 falsch).

F97

Frage 6.28: Lösung E

Zu **(A)–(E):** Dargestellt ist die Hydrierung (Addition von Wasserstoff) von Benzol zu Cyclohexan. Ein Katalysator reduziert die Aktivierungsenergie, eine Erhöhung wäre kontraproduktiv!

6.3 Biochemische Anwendung

6.3.2 Fließgleichgewicht

H83

Frage 6.29: Lösung C

Häufig verwendete Synonyme für „offene Systeme" sind: Fließgleichgewicht, Steady-state-Systeme, stationäre Zustandssysteme. Sie sind in Grenzen für Wärme und Masse durchgängig. Man gibt die Ausgangsstoffe einer chemischen Reaktion mit einer bestimmten Flußgeschwindigkeit ein und entfernt die Reaktionsprodukte ebenfalls mit einer bestimmten Geschwindigkeit. Es bildet sich also kein echtes Reaktionsgleichgewicht aus, bei dem die Geschwindigkeit der Hinreaktion gleich der der Rückreaktion ist. Es gilt $v_{Hin} > v_{Rück}$. Daraus resultiert eine meßtechnisch erfaßbare Gesamtreaktionsgeschwindigkeit, die bei konstanter Masseneinfuhr und -ausfuhr ebenfalls konstant ist.

H88

Frage 6.30: Lösung B

Zu **(B)–(C):** Bei Fließgleichgewichten führt man die Ausgangsstoffe A einer Reaktion mit einer konstanten Rate zu, ebenso entfernt man die Reaktionsprodukte E mit einer konstanten Ausfuhrrate aus dem System. Obwohl man damit im System eine konstante Konzentration von Substraten und Produkten herstellt, kann es nicht zur Einstellung eines echten chemischen Gleichgewichtes kommen. Die Geschwindigkeit der Hinreaktion ist größer als die der Rückreaktion.
Zu **(A)** und **(D):** Energiezufuhr (z.B. ATP-Bedarf/positiver ΔG-Wert) ist keine zwingende Voraussetzung zur Errichtung eines Fließgleichgewichtes.

Zu **(E):** Da man die Reaktionsprodukte aus dem System entfernt, ist eine mögliche Reversibilität nicht mehr gegeben.

F98 **!**

Frage 6.31: Lösung C

Zu **(3)–(5):** Fließgleichgewichte werden auch als „offene Systeme", „Steady-state-Systeme" oder „stationäre Zustandssysteme" bezeichnet. Sie sind in Grenzen für Wärme und Masse durchgängig. Über die Zufuhr von Ausgangsprodukten und die Entfernung von Endprodukten sind sie regulierbar. Zur Aufrechterhaltung dieses dynamischen Gleichgewichtes ist Energie erforderlich; wegen der Entfernung des Endproduktes kann sich ein echtes chemisches Gleichgewicht nicht einstellen; ΔG wird daher niemals Null.
Zu **(1)** und **(2):** Bei Fließgleichgewichten führt man den Ausgangsstoff 1 einer Reaktion mit einer konstanten Rate zu, ebenso entfernt man das Reaktionsprodukt 3 mit einer konstanten Ausfuhrrate aus dem System (s.o.). Damit stellt man in diesem System eine **konstante Konzentration** von Substraten und Produkten her. Bei der Reaktion wird aber 1 in 3 umgewandelt; die **absolute Menge** von 1 nimmt ab, die von 3 zu! Die Menge an 2 bleibt konstant.
Das IMPP gibt (C) als richtige Lösung an, was sicherlich kritisch zu sehen ist.

F97

Frage 6.32: Lösung C

Zu **(A)–(D):** Fließgleichgewichte werden auch als „offene Systeme", „Steady-state-Systeme" oder „stationäre Zustandssysteme" bezeichnet. Sie sind in Grenzen für Wärme und Masse durchgängig. Über die Zufuhr von Ausgangsprodukten und die Entfernung von Endprodukten sind sie regulierbar. Zur Aufrechterhaltung dieses dynamischen Gleichgewichtes ist Energie erforderlich; wegen der Entfernung des Endproduktes kann sich ein echtes chemisches Gleichgewicht nicht einstellen. G wird daher niemals Null.
Zu **(E):** Arbeit wird bei chemischen Reaktionen hauptsächlich als Volumenarbeit verrichtet, in der Form, daß z.B. das Volumen gegen den Atmosphärendruck vergrößert wird. Dies kann auch ein offenes System leisten.

6.3.3 Gekoppelte Reaktionen

Frage 6.33: Lösung E

Zu **(A)** und **(D):** Bei der hier dargestellten Reaktion wird über eine Zwischenstufe B der Stoff C aus A gebildet. Die Gleichgewichtskonstante für die erste Reaktion ergibt sich zu $K_1 = \frac{[B]}{[A]}$ für die zweite zu $K_2 = \frac{[C]}{[B]}$. Die Gleichgewichtskonstante der Gesamtreaktion ($A \rightleftharpoons C$) läßt sich durch Multiplikation der Gleichgewichtskonstanten K_1 und K_2 der Einzelreaktionen erhalten oder ergibt sich durch das Verhältnis der Konzentrationen der Anfangs- und Endprodukte der gekoppelten Reaktion A und C.

$$K = \frac{[C]}{[A]} \quad \text{oder} \quad K = \frac{[B]}{[A]} \cdot \frac{[C]}{[B]} = \frac{[C]}{[A]} = K_1 \cdot K_2$$

Zu **(B) – (C):** Wichtig für den Ablauf einer gekoppelten Reaktion ist die freie Reaktionsenthalpie der Gesamtreaktion. Dabei kann die Reaktion auch dann spontan ablaufen, wenn eine Teilreaktion einen positiven Wert für ΔG_1 aufweist. Dies ist dann möglich, wenn $| - G_2 | > G_1$ ist. Die Gesamtreaktionsenthalpie ist in diesem Fall negativ, da sie sich nach

$$\Delta G_{ges.} = \Delta G_1 + \Delta G_2$$

berechnet.
Die Reaktionsenthalpie ΔG_1 läßt sich also berechnen, wenn man die Gesamtreaktionsenthalpie und die Reaktionsenthalpie der zweiten Reaktion kennt.
Zu **(E):** Geschwindigkeitsbestimmender Schritt einer gekoppelten Reaktion ist immer der langsamste, gleich an welcher Stelle des Reaktionsablaufes er erfolgt.

H87

Frage 6.34: Lösung D

ΔG als Teil der Gibbs-Helmholtz-Gleichung ($\Delta G = \Delta H - T\Delta S$) bezeichnet die sogenannte freie Enthalpie einer Reaktion; hat sie einen negativen Wert, so verläuft die Reaktion spontan, ist sie hingegen positiv, so muß zusätzliche Energie aufgebracht werden.
Die in der Frage angesprochene Reaktion benötigt demnach zusätzliche Reaktionsenergie (= Aktivierungsenergie). Katalysatoren wie z.B. Enzyme verringern lediglich die Aktivierungsenergie, wodurch die Reaktionsgeschwindigkeit erhöht wird. Die bei einer Reaktion sich stets einstellende Gleichgewichtslage wird durch Zugabe von Enzymen daher **nicht** beeinflußt, das Gleichgewicht kann sich nur schneller einstellen. Will man also eine vollständige Umwandlung des Substrats in ein Produkt erreichen, so muß das entstehende Produkt durch eine zweite Reaktion, die möglicherweise auch die benötigte Aktivierungsenergie zur Verfügung stellen kann, entfernt werden.

H87

Frage 6.35: Lösung E

Zu **(A):** Die Reaktion $XY + Z \rightarrow X + Y + Z \rightarrow XZ + Y$ ist eine exergone; die freie Reaktionsenthalpie, d.h. die Energiedifferenz zwischen Ausgangs- und Endzustand der Reaktion ist hier negativ, die Reaktion verläuft freiwillig.
Zu **(C)**, **(D)** und **(E):** Die Reaktion, die ja in zwei Teilschritten abläuft, besitzt zwei Energiemaxima, welche als Übergangszustände der Reaktion bezeichnet werden. Jede Teilreaktion hat eine eigene Aktivierungsenergie (= Energiedifferenz zwischen dem jeweiligen Energiemaximum und dem Ausgangszustand). Die Aktivierungsenergie für Teilreaktion (1) ist demnach **größer** als für Teilreaktion (2). Teilreaktion (1), die auch die Ausgangsprodukte für Teilreaktion (2) liefert, ist der geschwindigkeitsbestimmende Schritt der Reaktion.

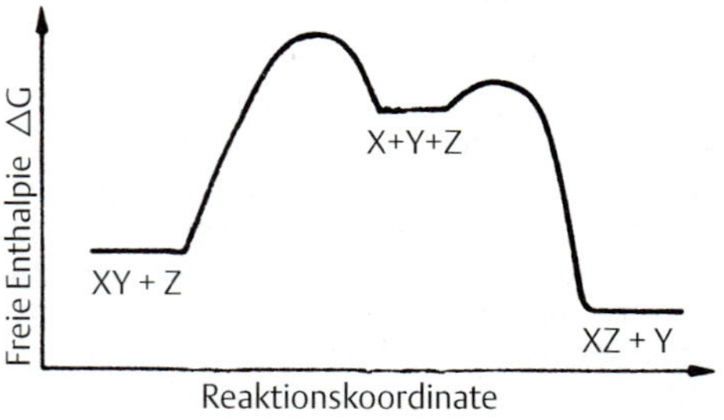

Zu **(B):** Zwischen den beiden Energiemaxima liegt ein Energieminimum, was die Zwischenstufe der Reaktion (1) darstellt. Die Energiedifferenz zwischen ihr und dem Maximum der 1. Reaktion wird dann z.T. zur Aktivierung des 2. Reaktionsschrittes verwendet.

H92

Frage 6.36: Lösung E

Zu **(A):** Die Hinreaktion (1) ist endergon, da $\Delta G^0 > 0$.
Zu **(B):** Bei Reaktion (2) liegt das Gleichgewicht deutlich auf der Seite des Reaktionsproduktes D; die Gleichgewichtskonstante wird > 1.
Zu **(C) – (D):** Siehe hierzu den Kommentar zur vorstehenden Frage.
Zu **(E):** Da die Gesamtreaktion exergon ist ($\Delta G^0 = -12$ kJ/mol), liegt das Gleichgewicht der Gesamtreaktion auf der Seite von D.

6.3.4 „Energiereiche" Verbindungen, Gruppenübertragungspotential

H85

Frage 6.37: Lösung C

Hydrolytische Spaltung von ATP:

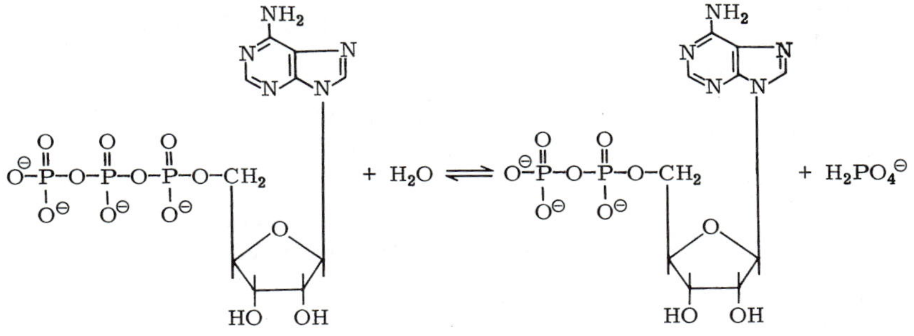

Zu **(A):** Die Reaktionsgeschwindigkeit hängt u.a. von der Konzentration der Reaktionspartner ab.

$ATP + H_2O \rightleftharpoons ADP + H_2PO_4^- + H^+$

Wenn sich der pH-Wert ändert, wird die H^+-Ionenkonzentration und damit die Reaktionsgeschwindigkeit verändert (H^+ ist Reaktionspartner, da H_3PO_4 dissoziiert in $H_2PO_4^- + H^+$).

Zu **(B):** Es handelt sich um eine Hydrolyse, d.h. eine Spaltung von ATP unter Einwirkung von H_2O.

Zu **(C):** Es handelt sich um eine exergone Reaktion, durch die Energie für andere, endergone Vorgänge zur Verfügung gestellt werden kann, z.B. die Phosphorylierung von Glc.

Die Reaktion $Glc + H_3PO_4 \rightleftharpoons Glc\text{-}6\text{-}P + H_2O$ ist endergon. In nachstehender Form läuft sie freiwillig ab: $Glc + ATP \rightleftharpoons \Delta Glc\text{-}6\text{-}P + ADP$.

Zu **(D)–(E):** Je höher die Temperatur, desto schneller wird der Gleichgewichtszustand erreicht. Eine Temperaturerhöhung verschiebt die Lage des Gleichgewichtes in Richtung der endothermen Reaktion.

> **!** Merke: Für den Einfluß der Temperatur auf das chemische Gleichgewicht gilt folgendes:
> a) Je höher die Temperatur ist, desto schneller wird der Gleichgewichtszustand erreicht.
> b) Eine Temperaturerhöhung verschiebt die Lage des Gleichgewichtes in Richtung der endothermen Reaktion.

F94

Frage 6.38: Lösung C

Beide Reaktionen sind Hydrolysen, bei beiden ist $\Delta G < 0$; sie sind exergon. ATP ($\Delta G = -30{,}5$ kJ/mol) hat dabei ein höheres Energiepotential zur Übertragung von Phosphatgruppen als Glucose-6-phosphat ($\Delta G = -13{,}8$ kJ/mol). Die Phosphorylierung der Glucose (erster Schritt der Glykolyse!) ist eine endergone Reaktion. Durch Kopplung mit der stark exergonen Hydrolyse von ATP wird sie erst ermöglicht. Katalysator der Reaktion ist das Enzym Hexokinase.

Wichtig: Bei der Hydrolyse von ATP wird eine Phosphoranhydridbindung gespalten.

F95

Frage 6.39: Lösung C

Zu **(B):** Die Verbindungen mit Phosphorsäuregruppen unterscheiden sich in der Größe der freiwerdenden Energie bei der Übertragung derselben auf andere Reaktionspartner („Phosphatgruppenübertragungspotential"). In der genannten Reihe besitzt PEP das höchste Phosphatgruppenübertragungspotential.

Zu **(A):** Bei der Hydrolyse von Carbamoylphosphat werden pro Mol 51 kJ, bei der von ATP 31 kJ frei. Daher bezeichnet man Carbamoylphosphat im Vergleich zu ATP als „energiereicher".

Zu **(D):** Die Reaktion $ATP + H_2O = ADP + H_3PO_4$ verläuft exergon und liefert ca. 31 kJ/mol. Die Reaktion $Glucose + H_3PO_4 = Glucose\text{-}6\text{-}phosphat + H_2O$ ist eine endergone; sie benötigt ca. 14 kJ/mol. Koppelung beider Reaktionen führt zu:

$ATP + Glucose \rightarrow ADP + Glucose\text{-}6\text{-}phosphat$.

Sie verläuft (in Gegenwart von Hexokinase) freiwillig, es werden ca. 17 kJ/mol frei (exergone Reaktion).
Zu **(E):** Die Umwandlung von Glucose-6-phosphat in Glucose-1-phosphat bedarf der Energiezufuhr, sie ist damit endergon.
Zu **(C):** Bei der Gluconeogenese wird Oxalactat (nicht Pyruvat) unter Verbrauch von GTP (Guanosintriphosphat) in Gegenwart des Enzyms PEP-Carboxykinase in PEP umgewandelt.

6.3.6 Enzymkinetik

F93

Frage 6.40: Lösung D

Die Michaelis-Menten-Gleichung beschreibt die Abhängigkeit der Reaktionsgeschwindigkeit v einer enzymatischen Reaktion von der Konzentration des umzusetzenden Substrates S, wobei der Bezugsmaßstab die maximal mögliche Reaktionsgeschwindigkeit v_{max} ist:

$$\frac{v}{v_{max}} = \frac{[S]}{K_m + [S]}$$

K_m (Michaeliskonstante) ist die Substratkonzentration, bei der die Hälfte des gesamten Enzyms als Enzym-Substrat-Komplex vorliegt, d.h. $\frac{v_{max}}{2}$ beobachtet wird. Sie ist ein Maß für die Affinität des Enzyms zum Substrat und unabhängig von der eingesetzten Enzymkonzentration.
Verdoppelt man die eingesetzte Enzymmenge, verdoppelt sich

a) die Konzentration des Enzym-Substrat-Komplexes und
b) die maximal mögliche Reaktionsgeschwindigkeit.

Im Zustand der Substratsättigung liegt das Enzym komplett als Enzym-Substrat-Komplex vor, es gilt: $v = k_{+2}$ [E].
Damit ist die maximal mögliche Reaktionsgeschwindigkeit erreicht! Die Geschwindigkeitskonstante k_{+2} ist von der eingesetzten Enzymmenge unabhängig.

6.3.8 Enzymaktivität

Frage 6.41: Lösung D

5 µg entsprechen 10^{-10} Mol. 10^{-10} Mol Enzym setzen pro Minute 10^{-5} Mol Substrat um. Die molare Aktivität (min^{-1}) des Enzyms beträgt also 10^5 bzw. 100 000.

Berechnung:

$$5 \cdot 10^4\ g \triangleq 1\ Mol$$
$$5 \cdot 10^{-6}\ g\ (5\ \mu g) \triangleq x$$

$$x = \frac{5 \cdot 10^{-6} \cdot 1\ Mol}{5 \cdot 10^4\ g} = 10^{-10}\ Mol$$

$$10^{-10}\ Mol \triangleq 10^{-5}\ Mol/min\ (=10\ \mu mol/min)$$
$$1\ Mol \triangleq x$$

$$x = \frac{10^{-5}\ Mol/min \cdot 1\ Mol}{10^{-10}\ Mol} = 10^5\ Mol/min$$

6.3.9 Photometrische Methoden

Frage 6.42: Lösung D

Wichtig zur Berechnung des molaren Extinktionskoeffizienten ist die Umrechnung der Konzentrationsangabe von g/ml in mol/l. Dazu benötigt man die rel. Molmasse (Molekulargewicht). Im vorliegenden Fall (MG = 50) würden 50 g einem Mol entsprechen. Die angegebene Konzentration von 5 g/100 ml entspricht also 50 g/1000 ml, also 1 mol/l. Mit dieser Konzentrationsangabe läßt sich der molare Extinktionskoeffizient mit Hilfe der angegebenen Formel leicht berechnen:

$$E = \varepsilon \times c \times d \qquad 10 = \varepsilon \times 1\ mol/l \times 0{,}1\ cm$$

$$\epsilon = \frac{E}{c \times d} \qquad \epsilon = \frac{10}{1\ mol/l \times 0{,}1\ cm}$$

$$\epsilon = \frac{10}{0{,}1\ mol \times cm/l}$$

$$\epsilon = 100\ l/mol \times cm$$

6.4 Kommentare aus Examen Herbst 1998

H98 **!**

Frage 6.43: Lösung D

Zu **(B):** Eine gekoppelte Reaktion ist zum Beispiel: A → B → C.
Diese läßt sich in zwei Teilschritte zerlegen: 1. Reaktion A → B und 2. Reaktion B → C.
Die Gleichgewichtskonstante für die erste Reaktion ergibt sich zu $K_1 = \frac{[B]}{[A]}$, für die zweite zu $K_2 = \frac{[C]}{[B]}$.
Die Gleichgewichtskonstante der Gesamtreaktion A → C ergibt sich durch das Verhältnis der Konzentrationen der Anfangs- und Endprodukte oder

durch die Multiplikation der Gleichgewichtskonstanten K_1 und K_2 der Teilreaktionen:

$$K_G = \frac{[C]}{[A]} \text{ oder}$$

$$K_G = \frac{[B]}{[A]} \cdot \frac{[C]}{[B]} = \frac{[C]}{[A]} = K_1 \cdot K_2$$

Zu **(A):** Durch die **Gibbs-Helmholtz-Gleichung $\Delta G = \Delta H - T\Delta S$** wird der Zusammenhang zwischen der Änderung der freien Enthalpie ΔG, der Reaktionsenthalpie ΔH und dem sogenannten Entropieglied $T\Delta S$, dem Produkt aus absoluter Temperatur T und der Entropieänderung ΔS („innere Unordnung"), dargestellt.
Bei gekoppelten Reaktionen berechnet sich „Gibbs' freie Energie (= freie Enthalpie) ΔG des Gesamtprozesses als die Summe der Gibbs' freien Energien der Einzelschritte.
Zu **(C):** Ist ΔG negativ, wird Energie frei, die Reaktion verläuft spontan und wird als **exergon** bezeichnet.
Ist ΔG positiv, muß zusätzliche Energie aufgewendet werden; die Reaktion verläuft nicht spontan und wird als **endergon** bezeichnet.
In gekoppelten Reaktionen können selbstverständlich endergone Teilreaktionen ablaufen.
Zu **(D)–(E):** Endergone Teilreaktionen können auch (sinnvollerweise!) mit exergonen gekoppelt sein. Eine solche Kombination ist die einer endergonen Teilreaktion mit der stark exergonen Hydrolyse von ATP.

H98 **!!**

Frage 6.44: Lösung E

Zu **(A):** Durch die **Gibbs-Helmholtz-Gleichung $\Delta G = \Delta H - T\Delta S$** wird der Zusammenhang zwischen der Änderung der freien Enthalpie ΔG, der Reaktionsenthalpie ΔH und dem sogenannten Entropieglied $T\Delta S$, dem Produkt aus absoluter Temperatur T und der Entropieänderung ΔS („innere Unordnung"), dargestellt. ΔG wird in kJ/mol angegeben.
Zu **(B)–(D):** Wird ΔG negativ, kann die Reaktion spontan ablaufen, man spricht von einer **exergonen** Reaktion; ist ΔG positiv, von einer **endergonen.**
Reaktionen, die mit Wärmeentwicklung einhergehen, werden als **exotherm ($\Delta H < 0$),** solche, die mit einer Abkühlung einhergehen, **als endotherm ($\Delta H > 0$)** bezeichnet.
Die Formulierung der Aussage (D) „... trotz Entropiezunahme" ist mißverständlich; eindeutiger und klarer wäre „... bei Entropiezunahme" gewesen (sicherlich kein Zufall, die Fragen wären sonst ja auch zu einfach!).
Zu **(E):** ΔG wird bei Erreichen des chemischen Gleichgewichtes Null. Lebende Zellen sind aber sogenannte „offene Systeme" (Fließgleichgewichte), die in Grenzen für Masse und Energie durchgängig sind. Über die Zufuhr von Ausgangsprodukten und die Entfernung von Endprodukten sind sie regulierbar. Ein echtes chemisches Gleichgewicht stellt sich daher nicht ein, ΔG wird daher niemals Null.

> **!** Merke: Exotherme Reaktionen sind exergon. Endotherme Reaktionen können nur exergon sein, wenn der Entropiebetrag $|T \cdot \Delta S|$ den Betrag von $|\Delta H|$ übersteigt.

7 Struktur und Reaktion einfacher organischer Verbindungen

7.1 Grundkörper

7.1.1 Einfach- und Doppelbindungen

Elektronenkonfiguration — **VII.1**

Orbital:
Bezeichnet den Raum der 90%-Aufenthaltswahrscheinlichkeit von Elektronen.
s-Orbital:
Es besitzt ein kugelförmiges Aussehen und breitet sich um den Atomkern als Zentrum aus. Es kann maximal zwei Elektronen aufnehmen.
p-Orbital:
Es besitzt hantelförmiges Aussehen, wobei der Kern im Knotenpunkt der Hantel steht. Es kann ebenfalls höchstens zwei Elektronen aufnehmen. Man unterscheidet p_x-, p_y- und p_z-Orbitale unterschiedlicher räumlicher Ausrichtung.
d-Orbital:
In der Form ist es exzentrischer als ein p-Orbital. Auch dieses kann höchstens zwei Elektronen aufnehmen. Man unterscheidet 5 d-Orbitale.
Orbitalaufbau des C-Atoms:
$1s^2\ 2s^2\ 2p_x^1\ 2p_y^1\ 2p_z^0$, d.h.: Das dem Kern nächstgelegene s-Orbital erhält die Hauptquantenzahl 1. Es ist mit zwei Elektronen voll besetzt, deshalb schreibt man $1s^2$. Diese Elektronenschale ist damit abgeschlossen. Nun werden kernfernere Orbitale zur Verfügung gestellt (Hauptquantenzahl 2), auf die sich die restlichen 4 Elektronen wie oben angegeben verteilen. Betrachtet man allein die Orbitale dieser äußeren „Schale" mit der Hauptquantenzahl 2, so kann man die Elektronenverteilung des C-Atoms auch durch die Kurzschreibweise $s^2\ p^2$ charakterisieren.

C-Verbindungen:
Bei Ausbildung von Verbindungen verändert sich die beschriebene Elektronenverteilung völlig. Es entstehen vier gleiche, sogenannte Hybridorbitale, in denen sich die vier Valenzelektronen (= Elektronen der äußeren Schale) gleichmäßig verteilen. In die Bildung dieser vier Hybridorbitale gehen das 2 s- und die drei 2 p-Orbitale ein. Man bezeichnet diesen Zustand deshalb als *sp^3-Hybridisierung*. Die Hybridorbitale zeigen in die vier Ecken eines Tetraeders und bilden somit zueinander jeweils einen Winkel von 109° aus.
Davon abzugrenzen ist die *sp^2-Hybridisierung*. Aus dem 2 s-, dem 2 p_x- und dem 2 p_y-Orbital entstehen drei sp^2-Hybride, die, in einer Ebene liegend, im Winkel von 120° zueinander stehen.
σ-Bindungen:
Diese Bindungen entstehen durch Überlappung von Atomorbitalen: es entstehen Molekülorbitale mit einem gemeinsamen Elektronenpaar. Es resultiert eine gerichtete Bindungsachse mit freier Drehbarkeit der Partner um diese.
Merke: Bei Einfachbindungen kommt es zu σ-Bindungen und die C-Atome sind ausschließlich sp^3-hybridisiert, z.B. wenn ein sp^3-C-Atom mit vier s-H-Atomen reagiert, entsteht CH_4 (Methan).
π-Bindungen:
Bei den sp^2-hybridisierten C-Atomen steht das dritte p-Orbital (= p_z) senkrecht auf der σ-Bindungsebene. Es enthält das vierte Valenzelektron (im Gegensatz zur Elektronenverteilung im nicht hybridisierten C-Atom). Nähern sich nun zwei solche sp^2-hybridisierte C-Atome, so bildet sich zusätzlich zu der σ-Bindung aus der Überlappung der sp^2-Orbitale durch Überlappung der p_z-Orbitale ober- und unterhalb der σ-Bindungsebene ein sogenanntes π-Orbital. Eine Doppelbindung ist entstanden, denn die C-Atome sind nun ja durch eine σ-Bindung und eine π-Bindung verbunden. Bilden sich π-Orbitale aus, gibt es *keine* freie Drehbarkeit der Atome um die entstandene Doppelbindung mehr.

Frage 7.1: Lösung D

Siehe Lerntext VII.1 Elektronenkonfiguration.
Zu **(1):** Korrekt, da jedes C-Atom an einer Doppelbindung beteiligt ist.
Zu **(2):** Doppelbindungen werden durch die Endung -en im Substanznamen charakterisiert, drei solche sind vorhanden (= Trien). Konjugiert heißt, daß sich Einfach- mit Doppelbindungen abwechseln.
Zu **(3):** Die drei π-Orbitale verschmelzen bei diesem konjugierten System miteinander, dadurch ist die freie Drehbarkeit zwischen den C-Atomen aufgehoben.

! Merke: Bei Doppelbindungen kommt es zusätzlich neben σ-Bindungen zu π-Orbitalen und die C-Atome sind sp^2-hybridisiert.

F89

Frage 7.2: Lösung B

Verbindung A stellt den Benzolring dar, das Sechseck symbolisiert die σ-Bindungen, der Kreis die drei konjugierten π-Bindungen. Beim Benzolring handelt es sich um eine cyclische Konjugation der π-Bindungen. Die Verbindungen A und C enthalten nur sp^2-hybridisierte C-Atome, da alle C-Atome an einer Doppelbindung beteiligt sind.
Die Verbindungen D und E enthalten ausschließlich Einfachbindungen, also sp^3-hybridisierte C-Atome. Die unter (B) skizzierte Verbindung enthält zwei sp^3-hybridisierte C-Atome (die beiden äußeren C-Atome) und zwei sp^2-hybridisierte C-Atome.

H88

Frage 7.3: Lösung E

Es handelt sich hier um Nikotinsäureamid. sp^3-hybridisierte Atome können keine Doppelbindungen ausbilden. Sie sind nicht an einer π-Bindung beteiligt. Vergleiche hierzu auch Lerntext VII.1 Elektronenkonfiguration!

7.1.2 σ-Bindung
7.1.3 π-Bindung

Frage 7.4: Lösung E

Zu **(A):** σ-Bindungen treten z.B. auch zwischen C- und H-Atomen auf.
Zu **(B):** π-Bindungen treten z.B. auch zwischen C- und O-Atomen und zwischen C- und N-Atomen auf. Die CO-Gruppe bezeichnet man als Carbonylgruppe (bitte nicht mit der Carboxylgruppe —COOH verwechseln). Die C=O-Bindung ist stark polarisiert, wobei das O-Atom die Elektronen des π-Orbitals stärker anzieht als das C-Atom.
Zu **(C):** Die σ-Bindung ist eine rotationssymmetrische Bindung zwischen zwei Bindungspartnern.
Zu **(D):** Bei der π-Bindung ist die Rotation der Bindungspartner um die Bindungsachse eingeschränkt.
Zu **(E):** Korrekt, π-Orbitale bilden sich z.B. bei Verbindung zweier sp^2-hybridisierter C-Atome aus. Es kommt dabei stets zur Ausbildung der sogenannten σ-Bindungsebene (siehe auch Lerntext VII.1 Elektronenkonfiguration).

H87

Frage 7.5: Lösung D

Bei dem hier abgebildeten Molekül handelt es sich um Aceton, das einfachste Keton.
Zu **(A):** Das C-Atom 1 ist sp^3-hybridisiert und bildet nur σ-Bindungen (= Einfachbindungen) aus.
Zu **(B):** Das O-Atom besitzt eine höhere Elektronegativität als das C-Atom. Es zieht das π-Orbital stark zu sich herüber. Somit besteht am C-Atom 2 ein Elektronenmangel; dieses C-Atom ist positiv geladen und wird daher als elektrophil bezeichnet.
Zu **(C):** Das C-Atom 2 ist an einer Doppelbindung beteiligt. Es ist folglich sp^2-hybridisiert.
Zu **(D):** C-Atom 3 besitzt kein freies Elektronenpaar, an das sich ein Proton anlagern könnte.
Zu **(E):** O-Atom 4 ist an einer Doppelbindung beteiligt, die man auch als π-Bindung bezeichnet.

7.1.6 *n*- und *iso*-Alkane

Frage 7.6: Lösung B

Methan (CH_4) hat die Strukturformel:

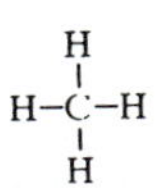

Zu **(A):** Das C-Atom ist sp^3-hybridisiert.
Zu **(B):** Ein Tetraeder wird von vier gleich großen, gleichseitigen Dreiecken gebildet (Sunkist-Tüte). Die vier Hybridorbitale des sp^3-hybridisierten C-Atoms zeigen jeweils in eine Ecke des Tetraeders, da so die einzelnen Elektronen, die sich ja gegenseitig abstoßen, den größten Abstand voneinander haben.
Die Methanstruktur kann durch Überlappung eines jeden solchen Hybridorbitals mit je einem s-Orbital des Wasserstoffs verstanden werden. Daher befinden sich die H-Atome in den Ecken eines um das C-Atom aufgerichteten Tetraeders.
Zu **(C):** Der Tetraederwinkel der C—H-Bindung beträgt 109°.
Zu **(D):** Die Tetraederform schließt einen planaren Aufbau aus.
Zu **(E):** Die Ladungen sind im Methan sehr gleichmäßig verteilt, folglich ist es kein Dipol.

H84

Frage 7.7: Lösung A

Zu **(A):** Ethen als Alken besitzt folgende Strukturformel,

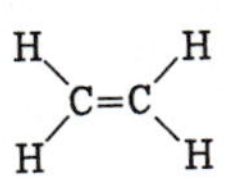

wobei an die reaktive Doppelbindung zwei Wasserstoffatome addiert werden können (Hydrierung), es entsteht:

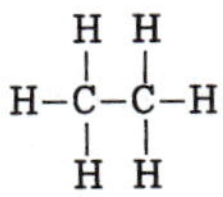

Ethan

Zu **(B):** Molekülformen, die durch freie Drehbarkeit ineinander überführbar sind, bezeichnet man als Konformationsisomere (= Konformere). Beim Ethan unterscheidet man die beiden folgenden Konformere:

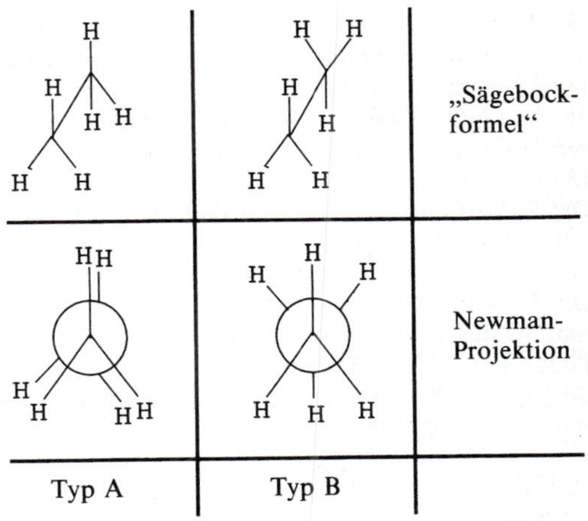

Beide Formen stehen bei Zimmertemperatur im Gleichgewicht miteinander, wobei Typ B die stabilere ist, da hier die H-Atome den maximal möglichen Abstand zueinander haben.
Zu **(C)–(E):** Alkane weisen einen unpolaren Bau auf, sie sind aus diesem Grunde reaktionsträge, lipophil (fettfreundlich) und hydrophob (wasserabweisend). Sie lösen sich nicht in Wasser. Ethan liegt bei Raumtemperatur als Gas vor.
Ameisensäure entsteht durch Oxidation von Methanol über die Zwischenstufe Methanal (= Formaldehyd).

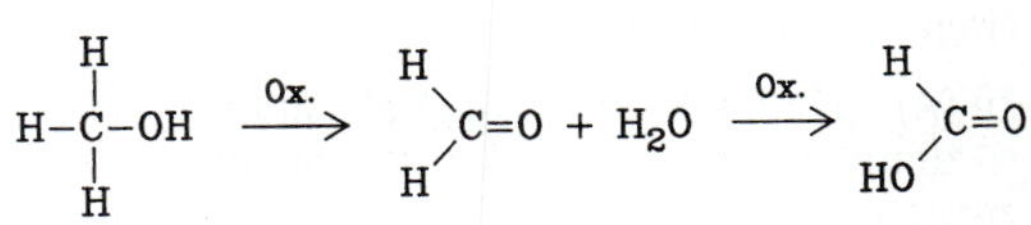

Methanol **Formaldehyd** **Ameisensäure**

7.1.7 Cycloalkane

H86

Frage 7.8: Lösung A

Zu **(A)–(B):** Cyclohexan (C_6H_{12}) entsteht bei der Hydrierung von Cyclohexen:

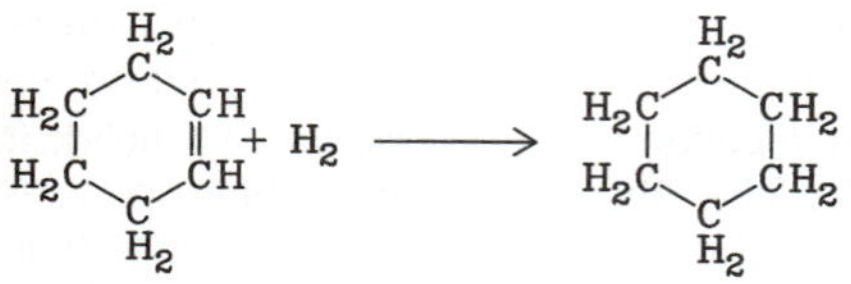

Zu **(C):** Würden bei den Cycloalkanringen (z. B. Cyclohexan) die C-Atome in einer Ebene liegen, müßten die H-Atome ekliptisch zueinander angeordnet sein, es würde sich eine beträchtliche Torsionsspannung (sogenannte Pitzer-Spannung) entwickeln. Bei ebenem Aufbau, bei dem jedes C-Atom mit 4 anderen Atomen verbunden ist, käme es zudem zu einer Deformation des Tetraederwinkels von 109 Grad. Die Kohlenstoffatome würden dann einen Winkel von 120 Grad einschließen, der Ring stünde unter starker Spannung (sogenannte Baeyer-Spannung). Die Sesselform ist daher auch die stabilste Konformation des Cyclohexans, hier treten dann weder Pitzer- noch Baeyer-Spannung auf.
Zu **(D):** Als unpolares Molekül löst sich Cyclohexan nur äußerst schlecht in Wasser.

7.1.10 Alkene

Frage 7.9: Lösung B

Das Molekül ist ringförmig (Präfix: cyclo) aufgebaut, besitzt eine Doppelbindung (= Endung -en) und besteht ausschließlich aus C- und H-Atomen. Bei der Verbindung handelt es sich um das Cycloalken Cyclohexen.

7.1.14 Disubstituierte Benzolderivate

F88

Frage 7.10: Lösung D

Zu **(A)–(D):** Die Reaktion zeigt die Substitution des H-Atoms des 2. C-Atoms des Phenols durch Cl. Es entsteht ein 2-Chlorphenol, wobei die OH-Gruppe und das Cl-Atom in ortho-Stellung zueinander stehen.
Zu **(E):** Chlorid als stark elektronegatives Element erhöht den elektronegativen Charakter des 2-o-Chlorphenols, welches dadurch eine stärkere Säure als das unsubstituierte Phenol darstellt.

7.1.15 Bindungsverhältnisse beim Benzol

Frage 7.11: Lösung D

Benzol hat die Strukturformel: 

Zu **(A):** Benzol besitzt drei cyclische, konjugierte Doppelbindungen. Es kommt zur Ausbildung der σ-Bindungsebene (sp^2-hybridisierte C-Atome) und zu π-Orbitalen. Alle C- und H-Atome liegen somit in der σ-Bindungsebene.
Zu **(B):** Mesomerie (oder Resonanz) besagt, daß man die Elektronenverteilung nicht allein mit einer Struktur beschreiben kann. Für das Benzol ergeben sich u. a. folgende Möglichkeiten der Elektronenzuordnung:

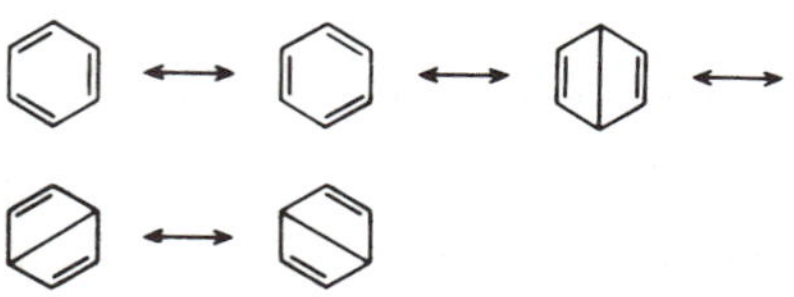

Man nimmt nun an, daß die „wahre" Elektronenstruktur zwischen all diesen Möglichkeiten liegt und symbolisiert dies durch einen Kreis.
Zu **(C):** Im Benzolmolekül sind die Abstände zwischen den aufeinanderfolgenden C-Atomen gleich.
Zu **(D):** Bei cyclischen, keine Doppelbindung enthaltenden Verbindungen (man bezeichnet Verbindungen ohne Doppelbindungen als gesättigt), ist die freie Drehbarkeit noch eingeschränkt möglich (z. B. beim Cyclohexan). Es können hier mehrere Molekülkonformationen unterschieden werden, von denen die stabilsten die Sessel- bzw. Wannenkonformation sind.
Beim Benzol ist dies nicht der Fall, da Benzol drei konjugierte Doppelbindungen enthält.
Zu **(E):** Hexatrien ist im Gegensatz zu Benzol ein offenkettiges Molekül. Cyclische Systeme zeigen eine ausgeprägtere Resonanz als offenkettige, daher erniedrigt sich ihr Energiegehalt. Aromatische Systeme sind aus diesem Grund weniger reaktiv.

7.1.16 Klassifizierung von Heterocyclen
7.1.17 Erkennen von Heterocyclen

H84

Frage 7.12: Lösung E

Zu **(A), (C)** und **(E):** Die abgebildete Strukturformel zeigt Pyrrol. Pyrrol besitzt Säurecharakter, da das am Stickstoff befindliche freie Elektronenpaar in das Ringsystem integriert wird. Das Ringsystem wird dadurch cyclisch konjugiert, das bedeutet, daß sich Einfach- und Doppelbindungen im Ring abwechseln. Die N—H-Bindung wird dadurch stärker in Richtung Stickstoff polarisiert, wodurch das Proton leichter abgespalten werden kann. Entsprechend des pK_B-Wertes von 13,6 weist Pyrrol eine sehr hohe Azidität und nur eine äußerst geringe Basizität auf. Vollständige Hydrierung des Pyrrols ergibt Pyrrolidin:

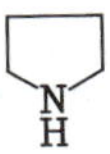

Zu **(B)** und **(D):** Pyrrol ist Bestandteil des Porphyrinringes im Häm, wodurch ein Chelatkomplex mit Fe^{2+} als Zentralkation entsteht.

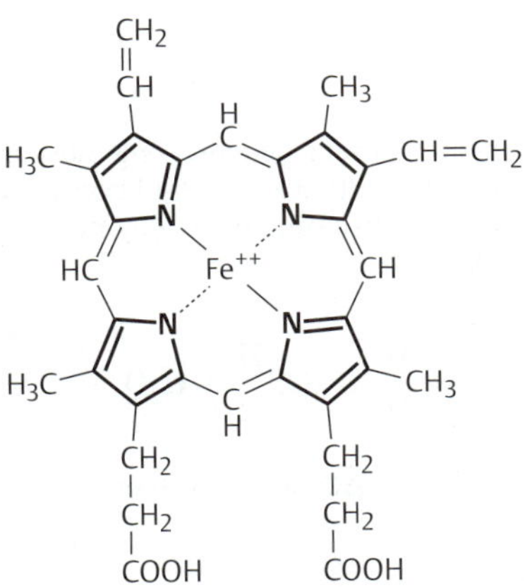

Häm

F83

Frage 7.13: Lösung E

Bei der angegebenen Verbindung handelt es sich um Barbitursäure, deren Salze, die Barbiturate, in der Pharmakologie als Schlafmittel Verwendung finden. Die Barbitursäure ist ein Derivat des Harnstoffs (dessen Derivate als Ureide bezeichnet werden), das Ureid der Malonsäure.

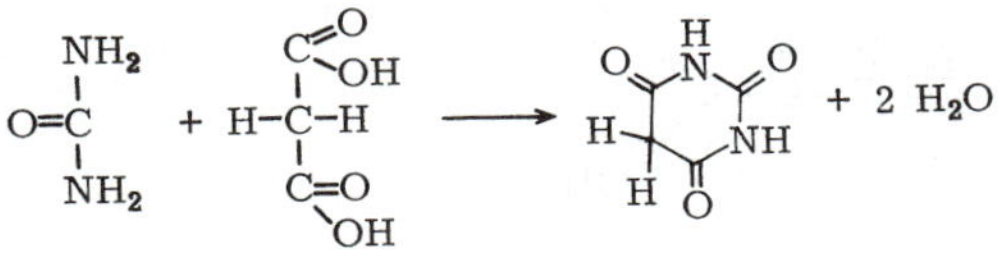

Harnstoff + Malonsäure Barbitursäure

Das Keto-Enol-Gleichgewicht oder die Keto-Enol-Tautomerie beobachtet man bei Ketonen, die in einen ungesättigten Alkohol umgewandelt werden können.

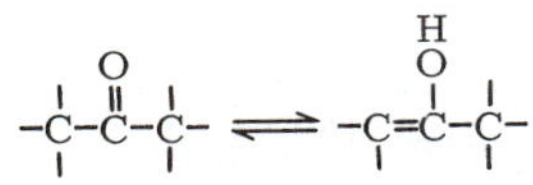

Diese beiden Formen stehen miteinander im Gleichgewicht. Ein solches Gleichgewicht liegt auch bei der Barbitursäure vor (siehe Formeln!). Da in das Ringsystem der Barbitursäure neben C- auch N-Atome eingebaut sind, bezeichnet man es als Heterocyclus. Dieser entspricht dem Ringsystem des Pyrimidin, nicht dem des Pyridin!

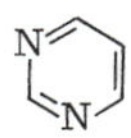

Pyrimidin

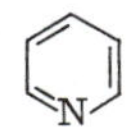

Pyridin

Zu **(D):** Bestandteile eines Puffersystems sind schwache Säuren und ihr Salz oder schwache Basen und ihr Salz. Barbitursäure gehört als organische Säure zu den schwachen Säuren.

H96

Frage 7.14: Lösung E

Zu **(A):** Harnsäure als Aromat enthält ein Purinringsystem:

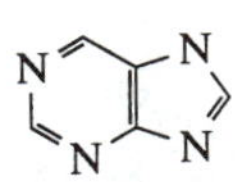

Zu **(B)–(C):** Aufgrund der an Doppelbindungen beteiligten sp^2-hybridisierten C-Atome ist das Purinringsystem eben gebaut.
Die Formel zeigt 3 Keto-Gruppierungen. Intramolekulare Amide nennt man Lactame. Bei der Reaktion einer γ- oder δ-Carboxylgruppe mit einer nukleophilen Gruppe entstehen dann unter Wasserabspaltung spannungsfreie Ringsysteme, z.B.:

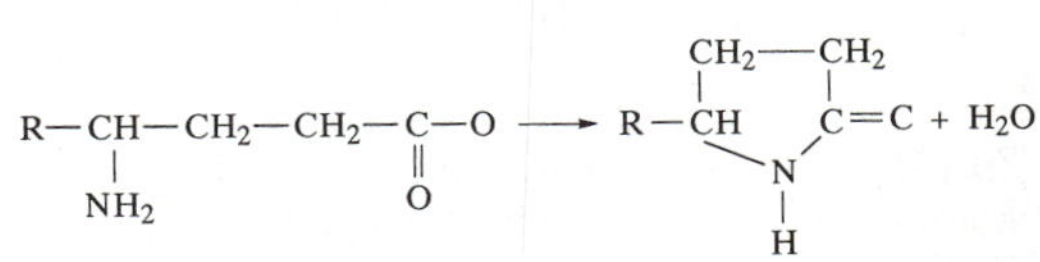

Zu **(D)–(E):** Harnsäure ist beim Menschen das Endprodukt des Abbaues der Purinbasen Adenin und Guanin und wird als solche auch physiologischerweise ausgeschieden.

7.1.19 Additionsreaktionen

Additionsreaktion VII.2

Additionsreaktionen folgen dem allgemeinen Reaktionstypus:

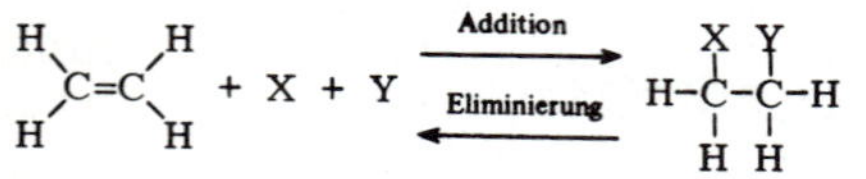

Diese Reaktion ist umkehrbar. Man spricht dann von einer Eliminierung (im Fall von H_2O von einer *Dehydratisierung).*
Substitution bezeichnet den Ersatz eines Atoms oder einer Gruppe durch ein anderes Atom bzw. eine andere Gruppe.
Hydrierung bezeichnet die Anlagerung, *Dehydrierung* die Abspaltung von Wasserstoff.

Frage 7.15: Lösung A

Siehe Lerntext VII.2.
Bei der angegebenen Reaktion handelt es sich um eine *Addition* von H_2O (= Hydratisierung) an eine Doppelbindung (es entsteht ein Alkohol).

H88

Frage 7.16: Lösung C

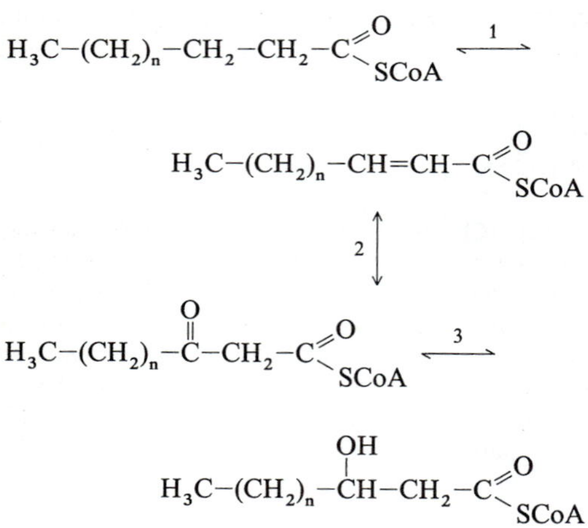

Zu **(A):** 1 zeigt eine Dehydrierung (= Oxidation), es kommt zur Ausbildung einer Doppelbindung.
Zu **(B)–(C):** 2 zeigt die Addition von H_2O (= Hydratisierung); Hydrierung bezeichnet die Addition von Wasserstoff.
Zu **(D)–(E):** 3 zeigt eine weitere Dehydrierung (= Oxidation), es kommt zur Umwandlung eines sekundären Alkohols in ein Keton.

H85

Frage 7.17: Lösung A

Cholesterin wird auch als Δ^5-Cholesten-3-ol(β) bezeichnet, d. h. es verfügt über eine Doppelbindung, die vom C-Atom 5 ausgeht, und eine Hydroxygruppe am C-Atom 3 in β-Position.

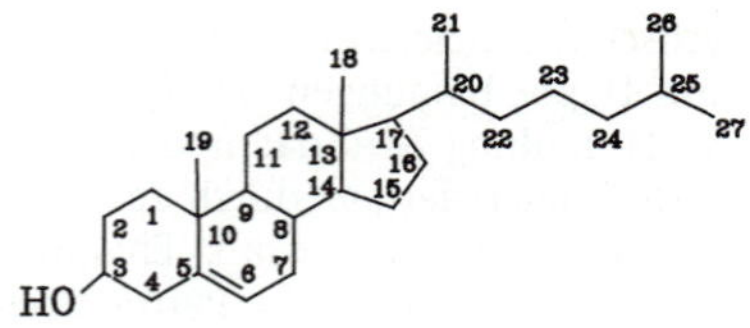

Eine Bromierung von Cholesterin (= Additionsreaktion) ist an der reaktionsfreudigen Doppelbindung möglich.

7.1.20 Eliminierungsreaktionen

Frage 7.18: Lösung C

Wir haben es hier mit einer Dehydratisierung, also einer Eliminierung von Wasser (H_2O), zu tun.

F89

Frage 7.19: Lösung D

Zu **(1)–(4):** Dehydratisierung bedeutet eine Abspaltung von Wasser, sie stellt weder Reduktion noch Oxidation dar. Dehydratisierung eines Alkohols liefert ein Alken (Olefin) z. B.

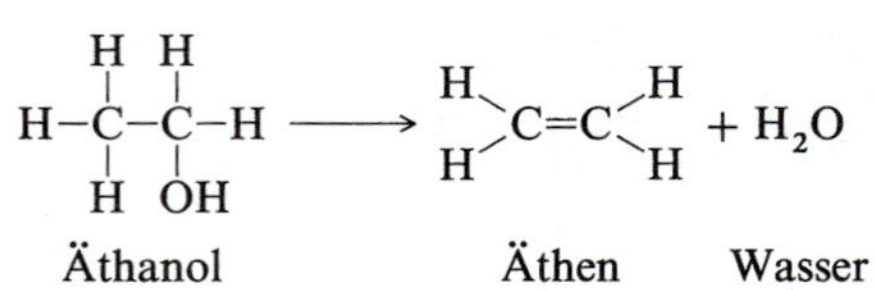

H85

Frage 7.20: Lösung A

Zu **(A):** Eine Eliminierung ist eine Reaktion, bei der unter Abspaltung eines Moleküls eine Doppelbindung entsteht.
Zu **(B)** und **(D):** Bei der vorstehenden Reaktion wird eine Tricarbonsäure unter Abgabe von CO_2 zu einer Dicarbonsäure decarboxyliert. Decarboxylierungsreaktionen finden sich häufig bei Ketosäuren.
Die Ketosäuren werden je nach Stellung der Ketogruppe in α-, β-, γ- etc. Verbindungen eingeteilt:

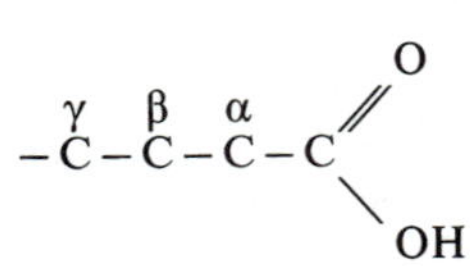

Zu **(C):** Ein Kohlenstoffatom mit vier verschiedenen Liganden wird als Chiralitätszentrum bezeichnet.
Das Chiralitätszentrum (C*) geht bei der Reaktion (1) → (2) verloren.

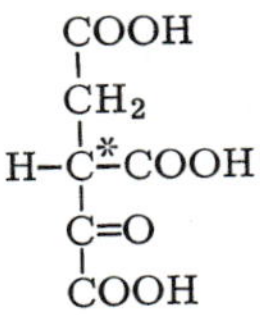

Zu **(E):**

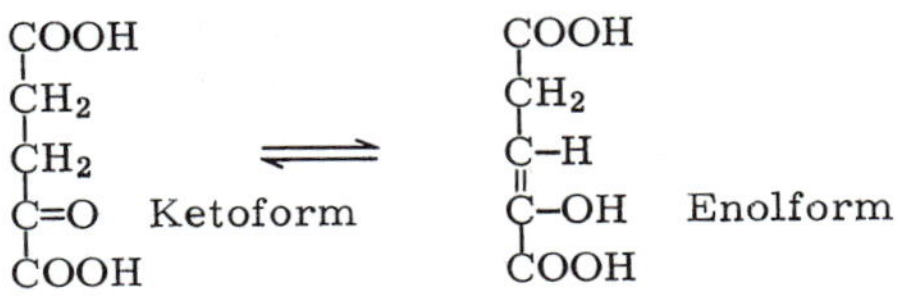

> **!** Merke: Eine Eliminierung ist eine Reaktion, bei der unter Abspaltung eines Moleküls eine Doppelbindung entsteht.

7.1.21 Substitutionsreaktionen

F86

Frage 7.21: Lösung C

Bei den abgebildeten Verbindungen handelt es sich um Methan und Tetrachlorkohlenstoff.

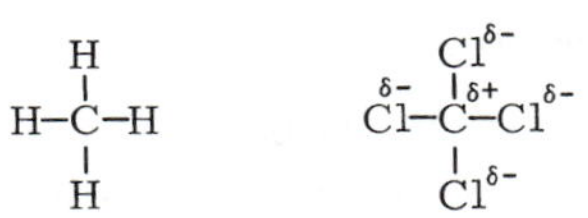

Zu **(A)–(B):** Die vier Elektronenpaarbindungen im Methan sind absolut gleichwertig (sp^3-hybridisiert). Das Molekül ist daher vollkommen symmetrisch und hat keinen Dipolcharakter. Die C—Cl-Verbindung im Tetrachlorkohlenstoff ist zwar polarisiert, aber das Gesamtmolekül ist ebenfalls vollkommen symmetrisch aufgebaut und nicht polar.
Zu **(C):** Methanol ist der einfachste Alkohol und dient vor allem als billiges Lösungsmittel und zur Herstellung von Kunststoffen. Strukturformel:

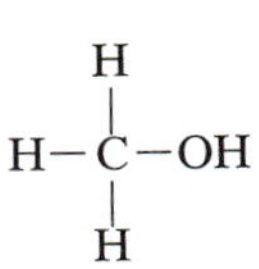

Formel von Chloroform:

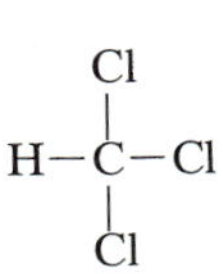

Zu **(E):** Aufgrund des symmetrischen Molekülaufbaus und des fehlenden Dipolcharakters spaltet weder Methan noch Tetrachlorkohlenstoff ein Proton bzw. ein Cl^- im sauren Milieu ab.

7.2 Verbindungen mit einfach gebundenen Heteroatomen

7.2.1 Alkohole

Alkohole — **VII.3**

Einwertige Alkohole enthalten eine, *zweiwertige* zwei OH-Gruppen etc.
Je nachdem, ob die OH-Gruppe (Hydroxygruppe) an einem primären, sekundären oder tertiären Kohlenstoffatom sitzt, unterscheidet man *primäre, sekundäre und tertiäre* Alkohole.
Primäre Kohlenstoffatome sind mit einem, *sekundäre* mit zwei, *tertiäre* mit drei und *quartäre* mit vier weiteren C-Atomen verbunden.

H82

Frage 7.22: Lösung D

Der saure Charakter ist bei der Carboxyl-OH-Gruppe besser ausgeprägt als bei der alkoholischen OH-Gruppe. Dies ist darauf zurückzuführen, daß die benachbarte C=O-Gruppierung einen Elektronensog ausübt. Dies erleichtert die Ablösung des Protons. Dazu kommt, daß das entstehende Carboxylatanion durch Mesomerie stabilisiert ist.

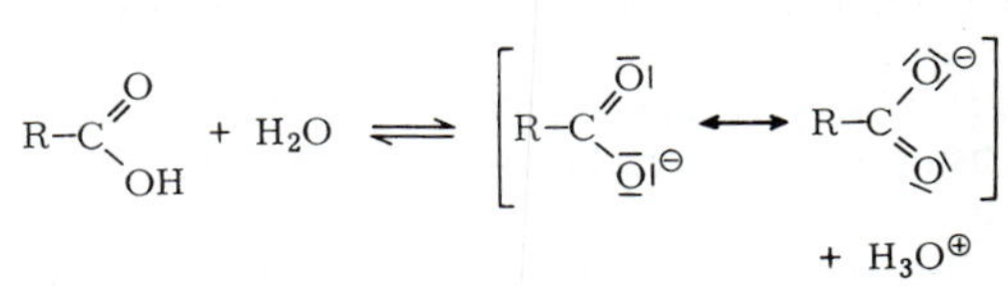

F84

Frage 7.23: Lösung D

Hydratisierung (= Addition von H_2O) führt zu einem Phenol bzw. zu einem sekundären Alkohol:

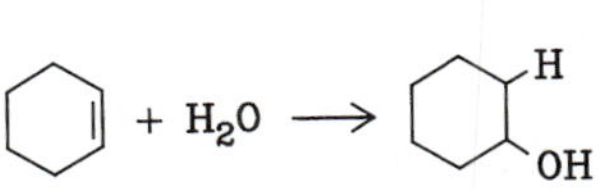

> **!** Merke: Phenole haben als Charakteristikum einen aromatischen Ring, an dem zumindest ein Wasserstoffatom durch eine Hydroxygruppe substituiert worden ist.

F88

Frage 7.24: Lösung E

Zu **(A)–(B):** Die gezeigte Verbindung ist 2-Butanol; eine OH-Gruppe (= einwertig) befindet sich am 2. C-Atom (= sekundärer Alkohol).
Zu **(C):** C-Atom 2 weist 4 verschiedene Substituenten auf, es ist damit Chiralitätszentrum.
Zu **(D):** Durch Wasserabspaltung kann Buten entstehen.
Zu **(E):** Oxidation von primären Alkoholen führt zu Aldehyden (-al), die von sekundären zu Ketonen (-on); Butanal kann also nur aus 1-Butanol gebildet werden.

F86

Frage 7.25: Lösung E

Die Strukturformeln der angegebenen Verbindungen lauten:

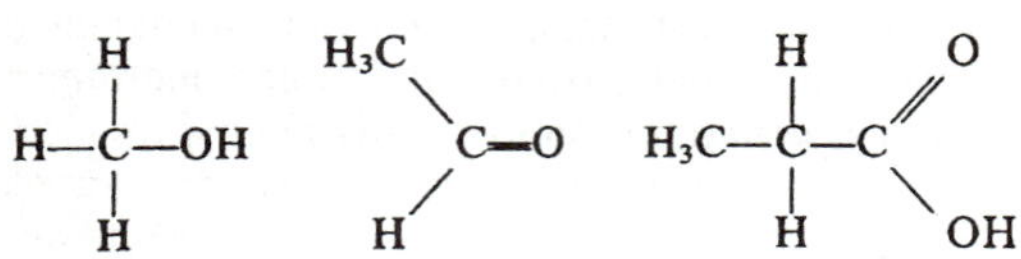

Methanol CH_3OH | Acetaldehyd CH_3COH | Propionsäure C_2H_5COOH

Methanol ist der einfachste Alkohol (funktionelle Gruppe –OH).

Acetaldehyd enthält als funktionelle Gruppe eine Carbonylgruppe (>=⟩), an die ein Wasserstoffatom gebunden ist.

Propionsäure ist eine wasserlösliche Carbonsäure mit einem pK_S-Wert von 4,9.
Zu **(A):** Dies ist keine homologe Reihe, da es sich um Substanzen aus verschiedenen Stoffgruppen handelt.
Zu **(B):** Die Summenformeln lauten für Methanol CH_4O, für Acetaldehyd C_2H_4O und für Propionsäure $C_3H_6O_2$.
Zu **(C):** Bei einer Redoxreaktion werden von einer Substanz Elektronen abgegeben (Oxidation), die von dem zugehörigen Redoxpartner aufgenommen werden (Reduktion).

F87

Frage 7.26: Lösung D

Zu **(A)–(C):** Cholin entsteht durch Methylierung aus 2-Amino-Ethanol:

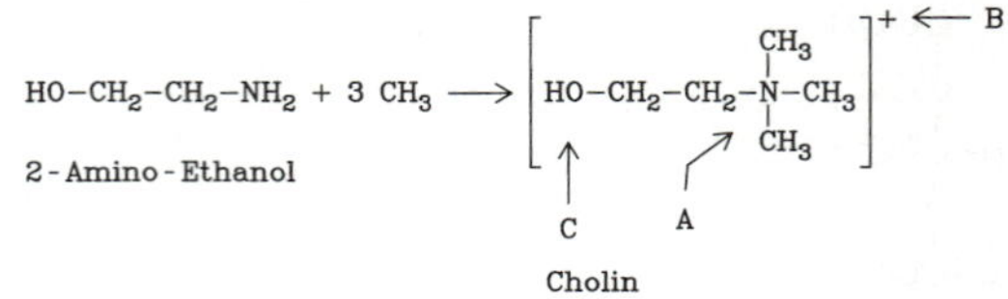

Zu **(D):** Ampholyte sind zugleich Säuren und Basen, Cholin erfüllt diese Voraussetzung nicht!
Zu **(E):** Cholin reagiert mit Acetyl-CoA zu Acetylcholin:

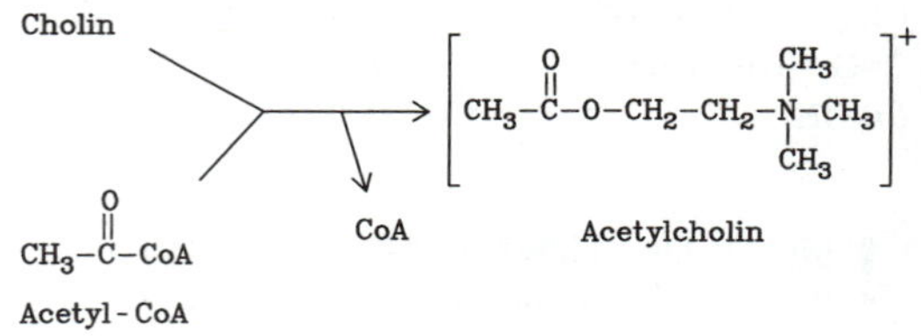

7.2.2 Unterschiede Alkane/Alkohole

H84

Frage 7.27: Lösung E

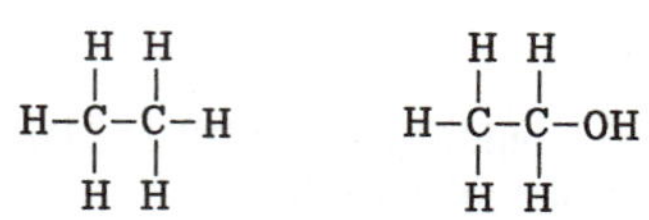

Ethan **Ethanol**

Zu **(A):** Da beide Verbindungen verschiedene Summenformeln besitzen, können sie keine Strukturisomere sein.
Zu **(B)–(E):** Ethanol verfügt über eine Hydroxy- (= OH)-Gruppe, die dafür verantwortlich ist, daß Ethanol Dipolcharakter besitzt und über stärkere intermolekulare Wechselwirkungen verfügt als Ethan, welches völlig unpolar ist. Dadurch lassen sich die Unterschiede zwischen beiden Verbindungen erklären:
- Ethan ist lipophil, Ethanol hydrophil, d. h. Ethan löst sich besser in Cyclohexan (= ebenfalls unpolar), aber schlechter in H_2O als Ethanol.
- Ethan besitzt einen niedrigeren Siedepunkt als Ethanol (–89 °C zu +78,4 °C!!!).
- Als Dipol kann Ethanol im Gegensatz zu Ethan Wasserstoffbrückenbindungen ausbilden.

7.2.3 Redoxreaktionen bei Alkoholen und Thiolen

H86

Frage 7.28: Lösung C

Lösungsweg:
Wie sieht das Produkt, das durch milde Oxidation entstanden ist, aus?

a) Hydroxylamin ist ein nukleophiles Molekül und reagiert mit Aldehyden oder Ketonen nach folgendem Schema:

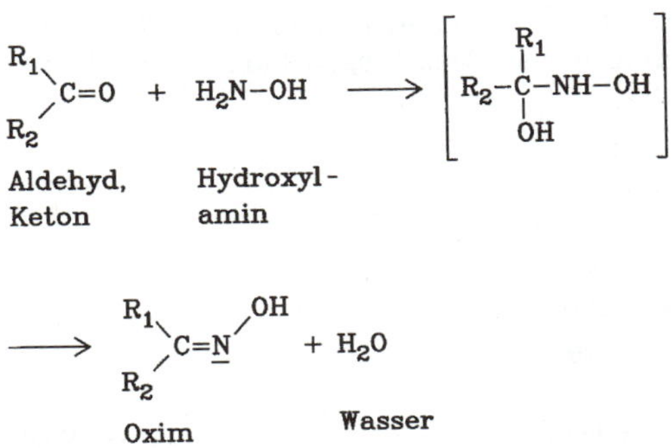

b) Da es mit Fehling-Lösung reagiert hat, muß es sich um ein Aldehyd handeln, denn der Aldehydnachweis wird über eine positive Fehling- oder Tollens-Reaktion geführt. Der Reaktionsmechanismus beider Nachweisreaktionen basiert auf der leichten Oxidierbarkeit der Aldehydgruppe, ist aber genau noch nicht bekannt.

Das Reaktionsprodukt mit der Summenformel C_3H_6O ist also der Propionaldehyd (Propanal):

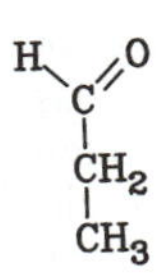

Welches war nun das Ausgangsmolekül X?
Es gilt:
Durch Oxidation (von links nach rechts) bzw. Reduktion (von rechts nach links) können folgende Verbindungen ineinander übergehen:
primärer Alkohol $\rightleftharpoons$ Aldehyd $\rightleftharpoons$ Carbonsäure
sekundärer Alkohol $\rightleftharpoons$ Keton
tertiärer Alkohol $\rightarrow$ nicht milde oxidierbar.
Ausgangssubstanz war also das 1-Hydroxypropanol, ein primärer Alkohol:

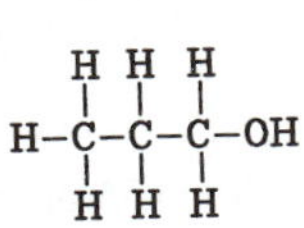

F90

Frage 7.29: Lösung D

Zu **(A)–(C)** und **(E):** Die richtig bilanzierte Reaktionsgleichung zeigt die Oxidation von Methanol zu Formaldehyd. Wird 1 Mol Methanol (Molgewicht 32 g) mit 1 Mol $\frac{1}{2} O_2$ (Molgewicht 16 g) vollständig oxidiert, entstehen 1 Mol Formaldehyd (Molgewicht 30 g) und 1 Mol Wasser (Molgewicht 18 g).
Zu **(D):** Unter einer Demethylierungs-Reaktion versteht man die Abspaltung einer CH_3-Gruppe. Bei der gezeigten Reaktion findet eine derartige Abgabe nicht statt.

7.2.5 Ether

Frage 7.30: Lösung D

Zu **(A):** Verbindungen gleicher Summenformel, die einen unterschiedlichen Bau ihrer C-Skelette bzw. eine unterschiedliche Stellung ihrer funktionellen Gruppen haben, bezeichnet man mit dem Begriff Struktur- oder Konstitutionsisomere. Diese wandeln sich nicht freiwillig (= spontan) ineinander um, da hierbei kovalente Bindungen aufgebrochen und anschließend neu geknüpft werden müßten.
Zu **(B):** Verbindung (1) ist Ethanol, also ein Alkohol, Verbindung (2) ist Dimethylether.
Ether haben folgende „typische" Struktureinheit:

$R_1{-}O{-}R_2$

Zu **(C)–(D):** Ether können keine Wasserstoffbrükken ausbilden. Sie haben daher einen niedrigeren Siedepunkt als Wasser oder Alkohol. Aus diesem Grund sind sie auch schlechter als Alkohole in Wasser löslich, dagegen sind sie selbst sehr gute Lösungsmittel für unpolare Stoffe. In der Fragestellung wird Wasser als Lösungsmittel nicht explizit genannt; strenggenommen hat die Frage damit gar keine Lösung!
Zu **(E):** Ether neigen eher zu Protonenanlagerung. Primäre Alkohole können dagegen zu Aldehyden und weiter zu Carbonsäuren oxidiert werden.

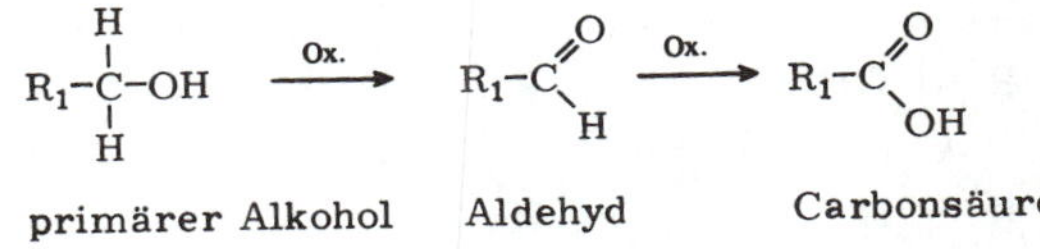

! Merke: Struktur- oder Konstitutionsisomere sind Verbindungen gleicher Summenformel, die einen unterschiedlichen Bau ihrer C-Skelette bzw. eine unterschiedliche Stellung ihrer funktionellen Gruppen haben.

F97

Frage 7.31: Lösung E

Zu **(A):** Ether leiten sich formal vom Wasser ab, indem beide H-Atome durch Kohlenwasserstoffe ersetzt sind:

$R_1{-}O{-}R_2$

Diethylether und Butanol sind Strukturisomere und haben folglich die gleiche Molmasse.

$CH_3{-}CH_2{-}O{-}CH_2{-}CH_3$ Diethylether

$CH_3{-}CH_2{-}CH_2{-}CH_2{-}OH$ *n*-Butanol

Zu **(B)–(D):** Ether haben im Vergleich zu entsprechenden Alkoholen kaum die Möglichkeit, in wäßriger Lösung Wasserstoffbrücken auszubilden. Diethylether ist daher flüchtiger und weist einen niedrigeren Siedepunkt als *n*-Butanol auf.
Zu **(E):** Die Reaktivität der Ether ist nicht sehr groß. Mit starken Säuren ergeben sich wasserlösliche Dialkyloxoniumsalze:

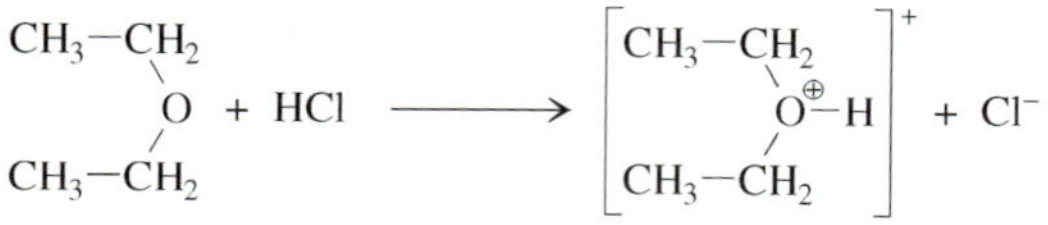

H96

Frage 7.32: Lösung E

Zu **(A)–(B):** Verbindung (1) ist (2)-Butanol (Alkohol), Verbindung (2) heißt Diethylether. Beide sind Konstitutionsisomere, sie haben die Summenformel C_4H_9OH.
Zu **(C):** Ether können im Gegensatz zu Alkoholen keine Wasserstoffbrücken ausbilden. Dies erklärt, daß die Assoziation des Alkohols mit den Wassermolekülen stärker als bei den Ethern ausgeprägt ist und Alkohole einen höheren Siedepunkt als Ether besitzen.
Zu **(D):** Primäre Alkohole können zu Aldehyden, sekundäre (Verbindung (1)) zu Ketonen oxidiert werden:

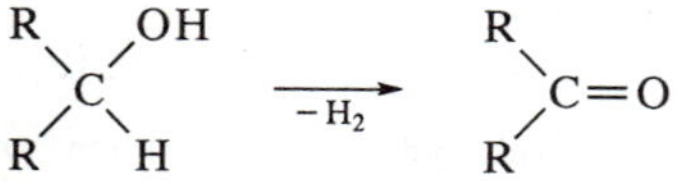

Zu **(E):** Salze entstehen durch Ersatz von Protonen aus einer Säure durch Metallkationen. Säurecharakter hat aber weder Verbindung (1) noch Verbindung (2).

7.2.7 Phenole

F91

Frage 7.33: Lösung C

Zu **(1)–(3):** Phenole haben als Charakteristikum einen aromatischen Ring, an dem zumindest ein Wasserstoffatom durch eine Hydroxygruppe substituiert worden ist. Das Wasserstoffatom dieser OH-Gruppe kann dissoziieren, da sich die Elektronen anziehende Wirkung des mesomeren π-Elektronensystems im aromatischen Ringsystem bis zur O—H-Bindung überträgt.
Zu **(4):** Die aromatische Aminosäure Phenylalanin (enthält einen Benzolring) hat folgende Strukturformel:

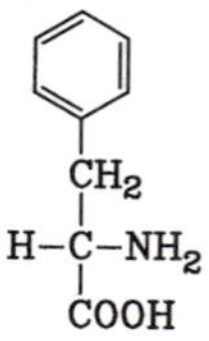

Phenole — **VII.4**

Phenole haben die Grundstruktur:

Sie können aber auch mehrere Hydroxygruppen am Ring enthalten. Man bezeichnet sie je nach Anzahl der OH-Gruppen als ein-, zwei- oder mehrwertige Phenole.
Das mesomere π-Elektronensystem im Ring übt eine elektrophile Kraft aus. Dadurch wird das bei der H^+-Dissoziation entstehende Phenolation stabilisiert. Phenole geben daher leichter als aliphatische Alkohole in wäßriger Lösung Protonen (= H^+) ab. Die unsubstituierten Phenole sind schwache Säuren und dabei durch die Hydroxygruppe reaktiver als Benzol. Sie sind im Vergleich zu Benzol leichter am Kern substituierbar.

F84

Frage 7.34: Lösung A

Siehe Lerntext VII.4 Phenole.

F89

Frage 7.35: Lösung A

Substituiert man das H-Atom des zweiten C-Atoms des Phenols durch ein Cl-Atom, so entsteht ein 2-

Chlorphenol, wobei die OH-Gruppe und das Cl-Atom in ortho-Stellung zueinander stehen.

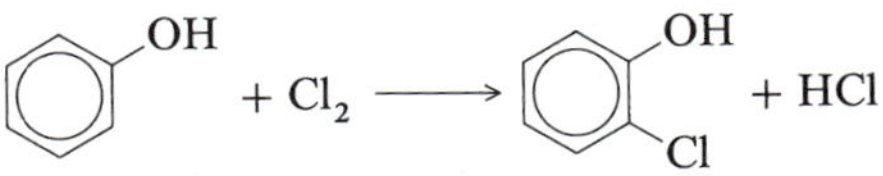

Phenol o-Chlorphenol

Chlorid als stark elektronegatives Element in der Nachbarschaft der phenolischen OH-Gruppe begünstigt die Dissoziation des Protons dieser Hydroxy-Gruppe, o-Chlorphenol ist daher eine stärkere Säure als Phenol.

H94

Frage 7.36: Lösung C

Zu **(A)–(B):** Dargestellt sind die beiden zweiwertigen, d.h. zwei OH-Gruppen aufweisenden Phenole Hydrochinon (1,4-Dihydroxybenzol, Verbindung 1) und Resorcin (1,3-Dihydroxybenzol, Verbindung 2). Die 1,4-Position wird dabei als para-, die 1,3-Position als meta-Stellung bezeichnet.
Zu **(C):** Hydrochinon kann zu Chinon (1,4-Benzochinon) oxidiert werden:

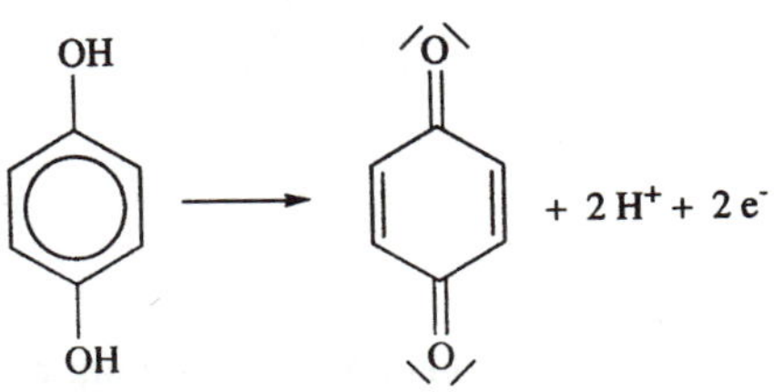

Hydrochinon Chinon

Oxidation von Resorcin müßte zu einem m-chinoiden System führen, dessen Existenz aber auf Grund der Bindungsverhältnisse nicht möglich ist.
Zu **(D)–(E):** Die Substitution eines oder mehrerer Wasserstoffatome am aromatischen Ring durch Hydroxy-Gruppen führt am Ring zu Stellen erhöhter Negativität. Diese Stellen sind dann bevorzugte Angriffspunkte von Kationen, eine elektrophile Substitution erfolgt im Vergleich zum Benzol leichter. Die Elektronen anziehende Wirkung des mesomeren π-Elektronensystems im Ring verleiht der Hydroxy-Gruppe aziden Charakter. Phenole sind dennoch schwächere Säuren als Carbonsäuren.

7.2.8 Amine

Amine — **VII.5**

Amine sind formal Substitutionsprodukte des Ammoniaks. Man unterscheidet Amine je nach der Anzahl der im NH_3 substituierten Wasserstoffatome in primäre, sekundäre, tertiäre und quartäre Amine.

Beispiel:

H_3C-NH_2	$H_3C-NH-CH_3$	$H_3C-N(CH_3)-CH_3$
primäres	sekundäres Amin	tertiäres Amin

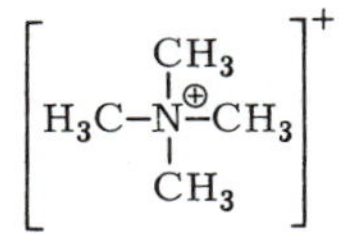

quartäres Amin

F86

Frage 7.37: Lösung E

Siehe Lerntext VII.5.
Zu **(A):** Das abgebildete Amin – Dimethylanilin – ist demnach ein tertiäres Amin.
Zu **(B):** Primäre Amine bilden mit Aldehyden Schiff-Basen.

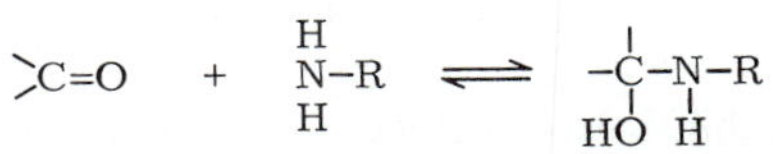

Aldehyd primäres Amin Zwischenprodukt

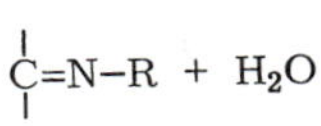

Schiff-Base

Zu **(C):** Carbonsäurechloride 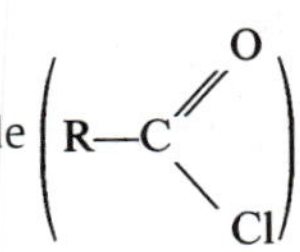 sind sehr reaktionsfreudige Verbindungen und reagieren mit Ammoniak zu Carbonsäureamiden

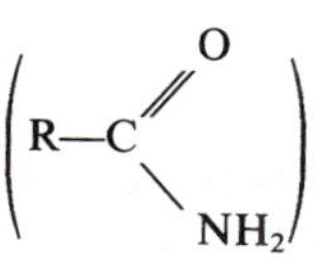

Zu **(D)–(E):** Der Stickstoff des tertiären Amins trägt ein freies Elektronenpaar und kann daher ein weiteres Proton akzeptieren. Bei der Umsetzung von Aminen mit Säuren entstehen wasserlösliche Salze. Für das abgebildete Amin würde die Umsetzung mit HCl nach folgender Reaktionsgleichung ablaufen:

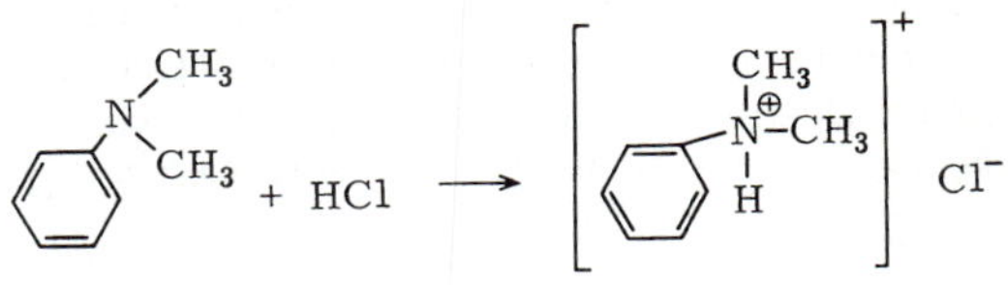

F91

Frage 7.38: Lösung D

Zu **(A):** Es handelt sich um ein sekundäres Amin, da zwei H-Atome des NH_3 durch einen Rest ersetzt wurden.
Zu **(B):** Das N-Atom trägt ein freies Elektronenpaar (N hat 5 Außenelektronen), was man durch einen einfachen Strich kenntlich machen kann:

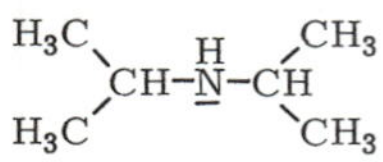

Zu **(C):** Zunächst lagert sich ein Proton am Stickstoff an, das entstandene Kation reagiert dann mit dem Anion Cl^- zu einem quartären Ammoniumsalz.

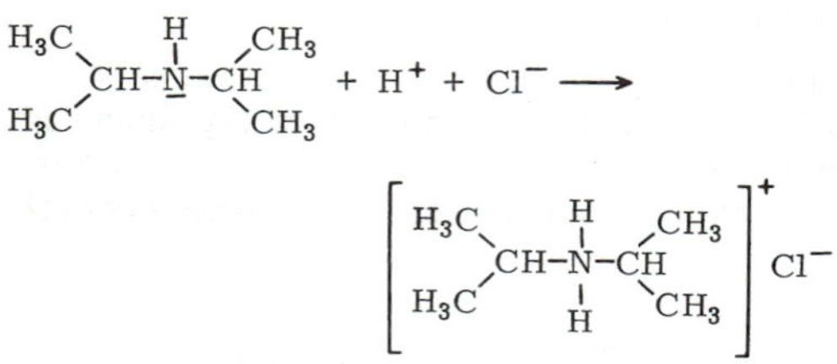

Zu **(D):** Sog. Schiff-Basen entstehen bei der Reaktion von Aldehyden mit primären Aminen:

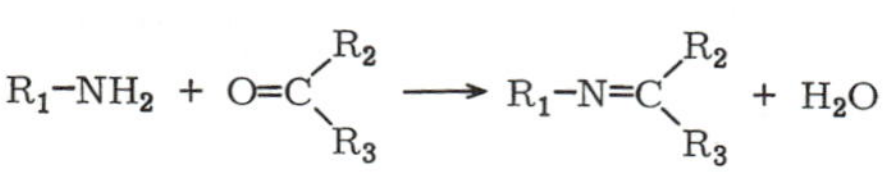

Zu **(E):** Aufgrund des freien Elektronenpaares reagieren Amine mit Carbonsäurehalogeniden als Nucleophile. Dabei bilden sich Säureamide:

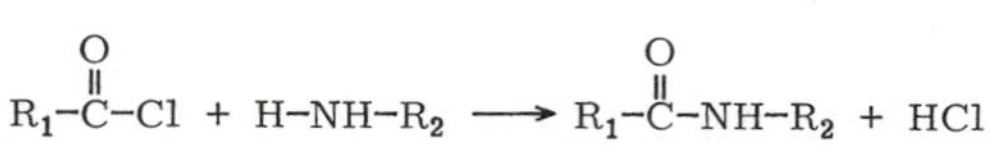

H88

Frage 7.39: Lösung A

Amine besitzen am Stickstoff ein freies Elektronenpaar, sie können daher Protonen addieren. Das entstandene Kation ist befähigt, mit Anionen *quartäre Ammoniumsalze* auszubilden.

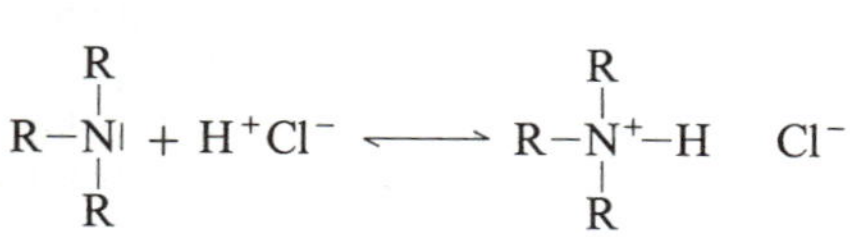

Die Anlagerung eines weiteren Protons ist quartären Ammoniumsalzen aufgrund des nun fehlenden freien Elektronenpaares nicht mehr möglich; sie können daher nicht als Nucleophile reagieren.

F92

Frage 7.40: Lösung D

Zu **(A)–(B):** Decarboxylierung der Aminosäure Glycin liefert Methylamin:

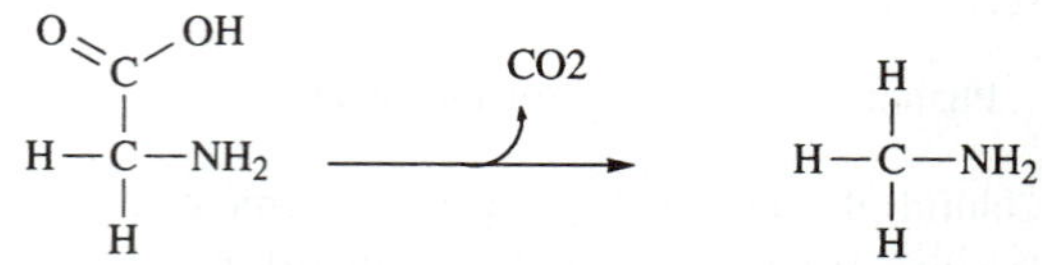

Glycin Methylamin

Zu **(C):** Reagiert Methylamin als primäres Amin mit der Carbonylgruppe (CO-Gruppe) von Aldehyden oder Ketonen, entstehen Aldimine oder Ketimine (sogenannte Schiff-Basen).
Zu **(D):** Da das O-Atom des Wassers stärker als das N-Atom des Methylamins elektronegativ ist, bildet Methylamin schwächere Wasserstoffbrücken als Wasser aus.
Zu **(E):** Methylamin hat stärkeren basischen Charakter als Ammoniak. Die zusätzliche CH_3-Gruppe bewirkt, daß der Stickstoff negativer als beim Ammoniak geladen ist.

7.2.9 Basizität von Aminen und Amiden

H90

Frage 7.41: Lösung A

Reagiert eine Säure mit einem Amin, so kommt es zur Amidbildung. Wichtigstes Beispiel ist die Reaktion der Aminogruppe einer Aminosäure mit der Carboxylgruppe einer zweiten Aminosäure.

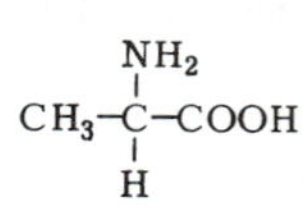

(L-Alanin)

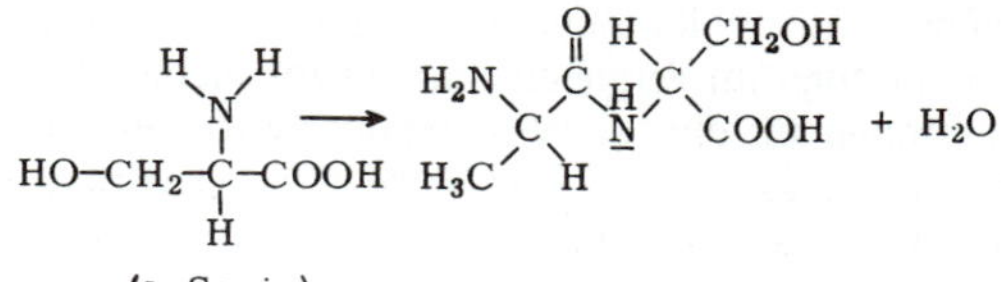

(L-Serin)

Als Säureamidgruppe bezeichnet man die Struktureinheit:

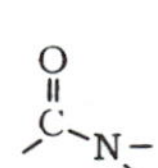

Da das O-Atom stärker elektronegativ als das N-Atom ist, „zieht“ es das freie Elektronenpaar des Stickstoffs in seine Richtung, so daß dieses keine etwa vorhandenen freien Protonen mehr binden kann. Amide reagieren somit neutral und nicht basisch.
Amine leiten sich vom Ammoniak (NH_3) ab. Je nach Anzahl der substituierten H-Atome unterscheidet man primäre, sekundäre und tertiäre Amine. Amine reagieren basisch, d.h. am freien Elektronenpaar des Stickstoffs kann sich ein Proton anlagern.

! Merke: Amide reagieren neutral! Amine reagieren basisch!

H90

Frage 7.42: Lösung B

Zu **(A), (D)** und **(E):** Beide Verbindungen sind Derivate der Kohlensäure:

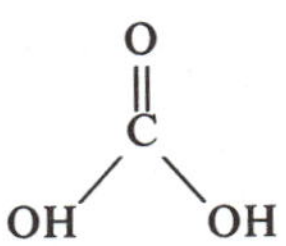

Verbindung (1) ist Harnstoff, das Diamid der Kohlensäure; Verbindung (2) ist Guanidin, ein Bestandteil des Arginins.

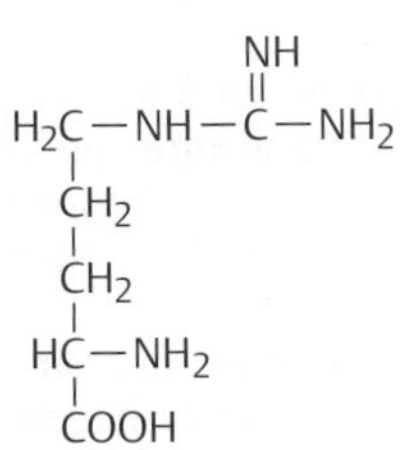

Arginin

Zu **(B)–(C):** Als polare Verbindungen sind beide wasserlöslich, basische Eigenschaften besitzt jedoch lediglich Guanidin. Amide reagieren neutral!

F95

Frage 7.43: Lösung D

Zu **(1):** Tertiäre Amine besitzen am Stickstoffatom ein freies Elektronenpaar:
Dieses kann Protonen addieren, es resultiert ein positiv geladenes Kation, welches Anionen anzieht: Es entsteht ein quartäres Ammoniumsalz.
Zu **(2)** und **(3):** Amphiphile Moleküle haben sowohl hydrophilen als auch lipophilen Charakter. Der Kopf des Kations ist polar (hydrophil), er besteht aus dem positiv geladenen und substituierten Stickstoffatom. Den unpolaren, lipophilen Schwanz bildet die Kohlenwasserstoffkette.
In wäßriger Lösung bilden derartig aufgebaute Kationen Mizellen aus. Dies sind kugelartige Gebilde, bei denen die polaren Köpfe dem polaren Wasser zugewandt und die apolaren lipophilen Kohlenwasserstoffketten in das Innere der Mizelle gerichtet sind:

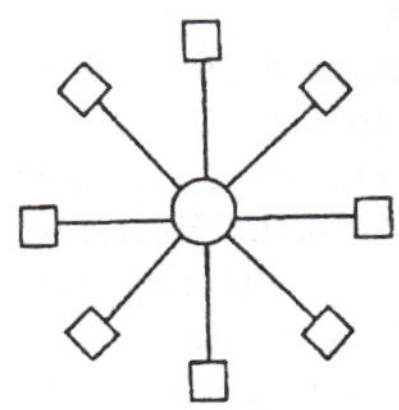

Zu **(4):** In Gegenwart starker Basen kommt es bei den Ammoniumsalzen zur Rückbildung der freien Amine sowie zur Ausbildung eines Alkens und Wasser („Hofmann-Elimination“). Ein Alkohol entsteht dabei nicht.

F97

Frage 7.44: Lösung E

Zu **(A)–(C):** Verbindung (1) ist ein Carbonsäureester, Hydrolyse liefert Benzoesäure und Ethanolamin:

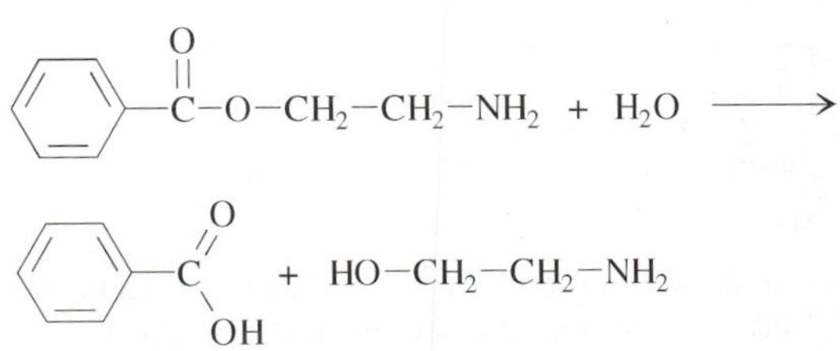

Benzoesäure Ethanolamin

Verbindung (2) ist ein Carbonsäureamid, Hydrolyse liefert u.a. Anilin:

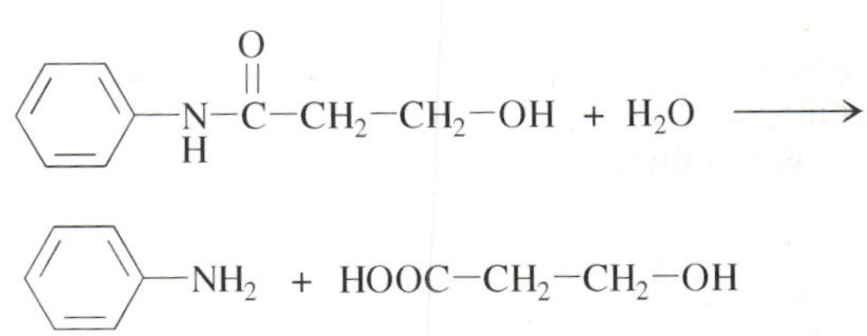

Anilin

Verbindung (1) und (2) haben die gleiche Summenformel und sind damit Konstitutionsisomere.
Zu **(E):** Amide reagieren neutral, weil der der NH-Gruppierung benachbarte Sauerstoff Elektronen anzieht und dadurch das freie Elektronenpaar am Stickstoff der Amidgruppe „weggezogen“ wird.

7.3 Carbonylverbindungen

7.3.1 C = O-Doppelbindung

F86

Frage 7.45: Lösung C

Die Carbonylgruppe hat folgende Struktur: 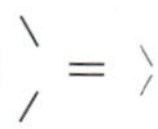

Zu **(A):** Da das Carbonyl-C-Atom eine Doppelbindung ausbildet, muß es sp^2-hybridisiert sein.
Zu **(B):** Das O-Atom ist stark elektronegativ, zieht also die bindenden Elektronen in seine Richtung. Es besitzt daher eine negative Partialladung, das Carbonyl-C-Atom eine entsprechend positive.
Zu **(C):** Die drei am Carbonyl-C-Atom gebundenen Atome liegen auf Grund der sp^2-Hybridisierung dieses Atoms alle in einer Ebene. Sie schließen zwischen sich jeweils einen Winkel von 120° ein.
Zu **(D):** Zwischen C- und O-Atom bildet sich eine Doppelbindung aus. Doppelbindungen sind dadurch charakterisiert, daß sich zusätzlich zur σ-Einfachbindung zwei p-Orbitale ober- und unterhalb der σ-Bindungsebene überlappen und ein π-Orbital ausbilden.
Zu **(E):** Neben den beiden Elektronen, die an der Ausbildung der Doppelbindung beteiligt sind, besitzt der Sauerstoff zwei freie Elektronenpaare.

7.3.2 Reaktivität der CO-Gruppe

H84

Frage 7.46: Lösung E

Die Reaktivität des Carbonyl-C-Atoms gegenüber Nucleophilen nimmt in der folgenden Reihe ab:

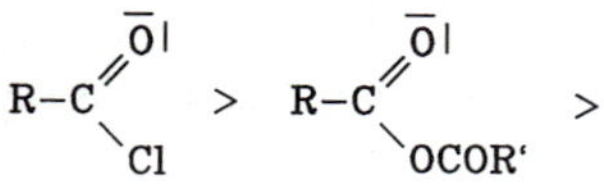

Acetyl-
chlorid
= Verbindung 1

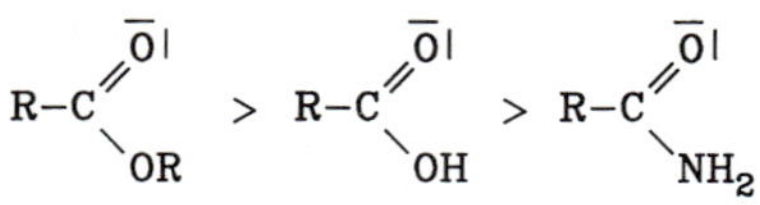

Acetamid
= Verbindung 2

Der Grund: Cl zieht die Bindungselektronen der C—Cl-Bindung sehr viel stärker an (hohe Elektronegativität) als NH_2, d.h. die positive Partialladung des Carbonyl-C-Atoms ist bei einem Säurechlorid am stärksten und Nucleophile (z.B. H_2O) greifen hier leichter an.
Die Umsetzung (Hydrolyse) des Acetylchlorids läuft über folgende Zwischenstufen ab:

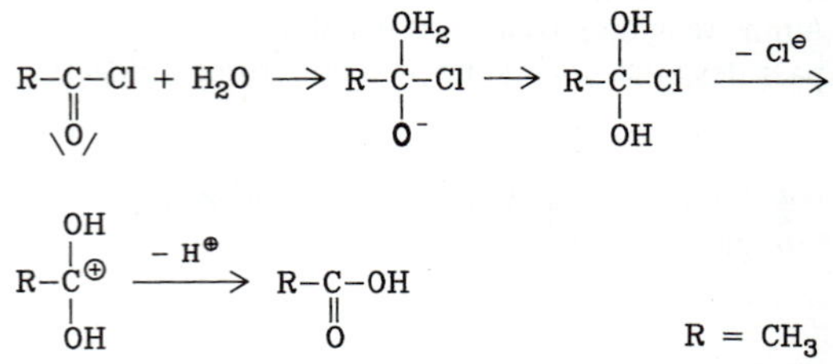

Diesen Reaktionsmechanismus bezeichnet man als nucleophile Substitution.

7.3.3 Aldehyde und Ketone

H89

Frage 7.47: Lösung E

Zu **(A)** und **(D):** Aldehyde entstehen durch Oxidation primärer Alkohole und lassen sich (im Gegensatz zu Ketonen!) zu Carbonsäuren oxidieren.
Zu **(B):** Aldehyde und Ketone reagieren mit primären Aminen zu Aldiminen/Ketiminen (sogenannte Schiff-Basen).
Zu **(C):** Aldehyde und Ketone, die bis zu 5 Kohlenstoff-Atome aufweisen, sind auf Grund ihrer polaren Carbonylgruppe wasserlöslich, sie können neben Wasserstoffbrückenbindungen auch Hydrate ausbilden.
Zu **(E):** Aldehyde oder Ketone können bei der Umsetzung mit Alkoholen Acetale bzw. Ketale bilden, aber *nicht miteinander* reagieren.

H83

Frage 7.48: Lösung B

Zu **(A)–(D):** Bei vorsichtiger Oxidation entsteht aus Methanal (=Formaldehyd) **Ameisensäure,** aus **Ethanal** entsteht Essigsäure!
z.B.:

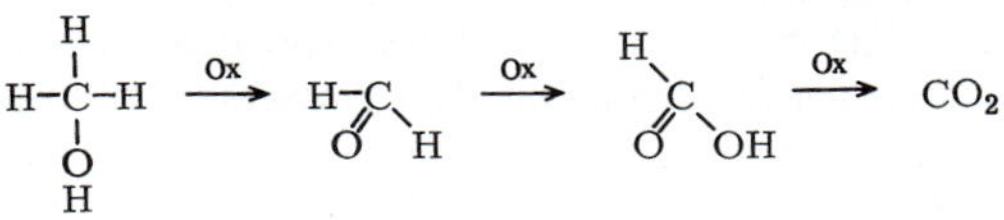

Methanol   Methanal = Formaldehyd   Ameisensäure

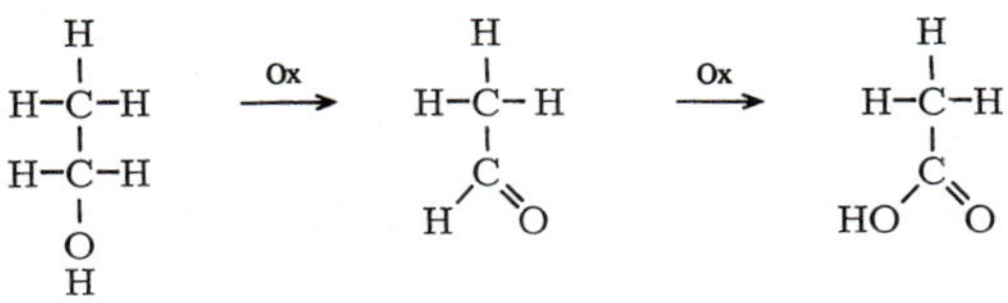

Ethanol   Ethanal   Essigsäure

Zu **(E):**
z.B.:

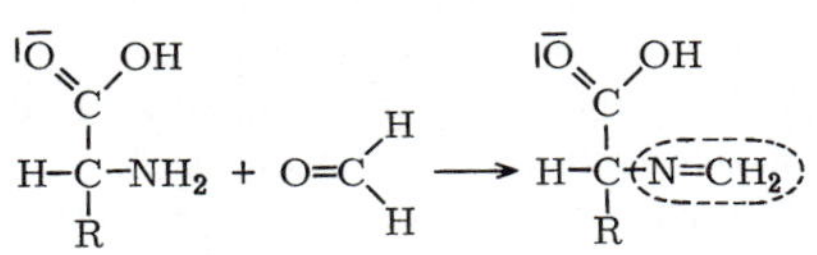

Formaldimin

H94

Frage 7.49: Lösung D

Zu **(A)–(C):** Abgebildet ist die säurekatalysierte Addition von zwei Molekülen Methanol an Aceton (Verbindung 1). Es entsteht in zwei Schritten ein Ketal:

I.

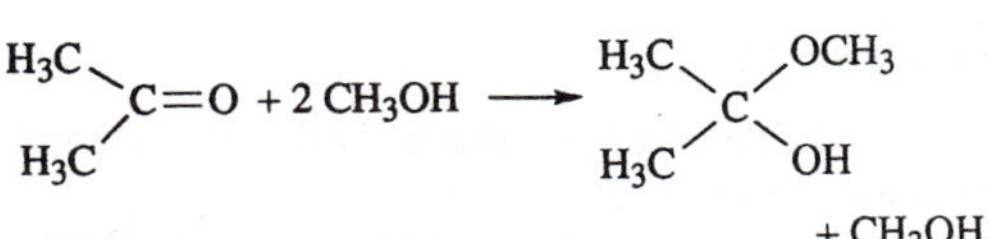

Aceton (=Keton)   Halbketal

II. Unter dem katalytischen Einfluß von H^+-Ionen erfolgt die Wasserabspaltung, dann addiert das Kation das zweite Molekül Methanol:

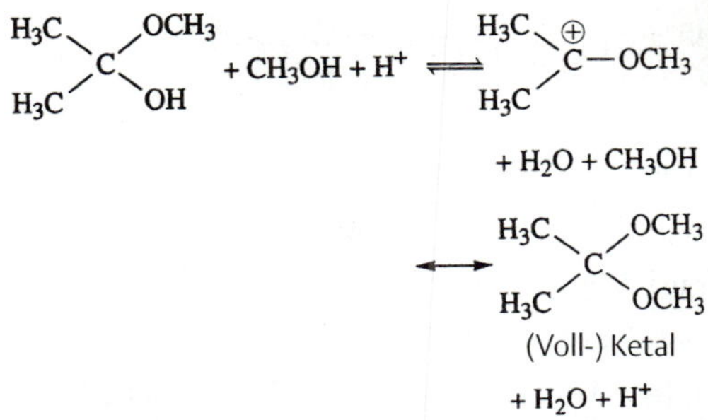

(Voll-) Ketal

Zu **(D):** Ester entstehen bei der Reaktion von Alkoholen mit anorganischen bzw. organischen Säuren.
Zu **(E):** Die Reaktion ist reversibel; Zugabe von OH^--Ionen nach Gleichgewichtseinstellung verlangsamt die Rückreaktion, Zugabe von H^+-Ionen führt zur Lyse des Ketals.

F88

Frage 7.50: Lösung D

Zu **(A)–(C):** Bei der hier abgebildeten Substanz handelt es sich um Benzaldehyd. Aldehyde entstehen durch Oxidation primärer Alkohole (hier Benzalkohol) und können zur Carbonsäure (hier Benzoesäure) weiter oxidiert werden. Entsprechend sind diese Reaktionen durch Reduktion umkehrbar.

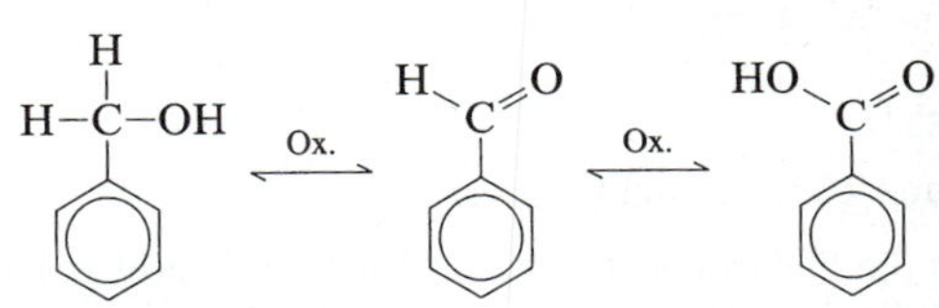

Benzalkohol   Benzaldehyd   Benzoesäure

Zu **(D):** Beim Abbau von Phenylalanin entsteht als Zwischenprodukt keine Benzoesäure. Letztendliche Abbauprodukte sind Fumarsäure, welche in den Citratzyklus eingebracht wird, und Acetessigsäure (siehe hierzu auch die Lehrbücher der physiologischen Chemie).
Zu **(E):** Aldehyde und Ketone reagieren mit Alkoholen zu Halbacetalen bzw. -ketalen. Einbringung eines weiteren Mols Alkohol führt zur Bildung von Acetalen bzw. Ketalen.

F89

Frage 7.51: Lösung C

Die abgebildete Reaktion zeigt die Addition von zwei Molekülen Methanol an ein Aldehyd unter Ausbildung eines Acetals. Die Reaktion weist zwei Schritte auf:

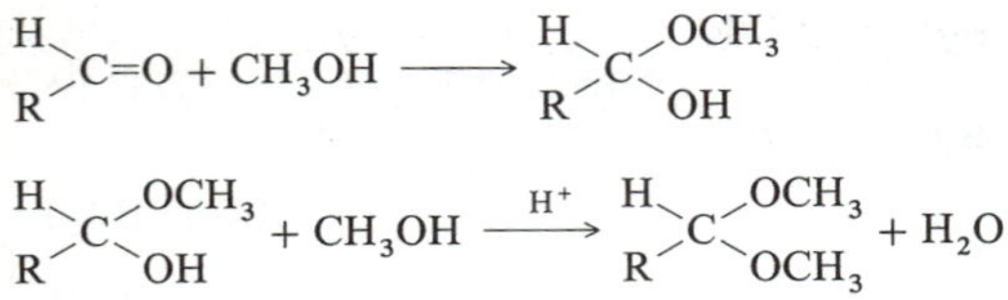

F89

Frage 7.52: Lösung C

Zu **(A):** Dargestellt ist der primäre Alkohol Ethanol. Primäre Alkohole sind zum entsprechenden Aldehyd und dann weiter zur Carbonsäure oxidierbar. Sekundäre Alkohole sind zu Ketonen, tertiäre Alkohole hingegen nicht mehr oxidierbar.
Zu **(B):** Die Strukturformel zeigt das Phenol Hydrochinon, welches zu 1,4-Benzochinon oxidiert werden kann.
Zu **(C)** und **(E):** Aldehyde und Ketone weisen hinsichtlich ihrer Oxidierbarkeit große Unterschiede auf. Während Aldehyde zu Carbonsäuren oxidiert werden können, ist die CO-Gruppe der Ketone nicht oxidierbar. Verbindung (C) ist Pyruvat, es enthält eine Keton-Gruppe. Verbindung (E) zeigt Benzaldehyd, sie kann zu Benzoesäure oxidiert werden.
Zu **(D):** Reagieren zwei Moleküle der Aminosäure Cystein (Verbindung (D)) unter Ausbildung des Disulfids Cystin miteinander, so handelt es sich um eine Oxidation.

F83

Frage 7.53: Lösung C

Da die Elektronegativität des Sauerstoffs größer ist als die des Kohlenstoffs, zieht das O-Atom die Elektronen der C—C-Doppelbindung mehr auf seine Seite:

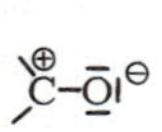

Damit ist das C-Atom elektrophil, das O-Atom nucleophil. An das elektrophile Zentrum lagern sich Nucleophile an, z. B. H_2O:

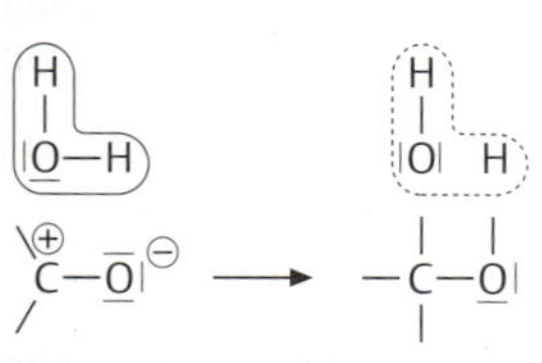

H83

Frage 7.54: Lösung C

Das Carbonyl-O-Atom ist stark elektronegativ, zieht also die bindenden Elektronen in seine Richtung. Es besitzt daher eine negative Partialladung, ist somit nucleophil und wird von Elektrophilen angegriffen.

Zu **(D)–(E):** Sowohl das N-Atom primärer Amine als auch das O-Atom des Wassers tragen negative Partialladungen, sind also nucleophil.

F85

Frage 7.55: Lösung D

Durch Reduktion eines Ketons entsteht ein sekundärer Alkohol, denn die Carbonylgruppe des Ketons addiert bei der Reduktion zwei Wasserstoff-Atome:

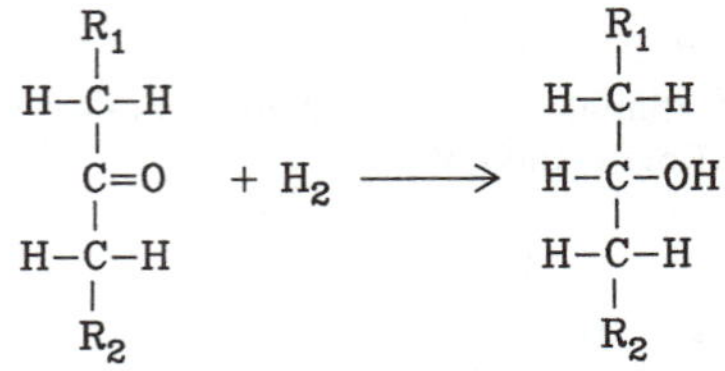

Keton **sekundärer Alkohol**

H90

Frage 7.56: Lösung D

Zu **(A)–(B):** Die Reaktion (1) → (2) zeigt die Dehydrierung (Oxidation) von β-Hydroxybuttersäure zu Acetessigsäure; Decarboxylierung von Acetessigsäure führt dann zu Aceton (Verbindung (3)).
Zu **(C)–(D):** Bei Diabetes mellitus sind sowohl der Zuckerabbau als auch der Citratzyklus gestört, es kommt zum Aufstau von Acetessigsäure. Acetessigsäure wird entweder direkt oder nach Metabolisierung (siehe oben) als β-Hydroxybuttersäure bzw. Aceton im Harn ausgeschieden. Die Decarboxylierung zu Aceton ist dabei eine irreversible Reaktion.
Zu **(E):** Acetessigsäure ist als CoA-Verbindung ein Zwischenprodukt der Cholesterol-Biosynthese (siehe hierzu auch Lehrbücher der Biochemie).

7.3.4 Unterschiede Aldehyde/Ketone

H89

Frage 7.57: Lösung E

Zu **(A):** Formaldehyd (Methanal) läßt sich zu Ameisensäure (HCOOH) oxidieren.
Zu **(B):** Die Strukturformel zeigt das Phenol Hydrochinon, welches zu 1,4-Benzochinon oxidiert werden kann.
Zu **(C):** Verbindung (C) zeigt die α-Hydroxycarbonsäure Milchsäure (Lactat). Durch Oxidation der OH-Gruppe entsteht die Ketocarbonsäure Pyruvat.
Zu **(D):** Die gezeigte Carbonsäure weist zudem zwei Thioalkohol-Gruppen (-SH) auf, die zu Disulfiden oxidiert werden können.

Zu **(E):** Dargestellt ist ein Ether (Methylphenylether). Ether lassen sich unter milden Bedingungen nicht oxidieren.

7.3.6 Aldol-Addition bzw. -Kondensation

H91

Frage 7.58: Lösung E

Zu **(1):** Da alle C-Atome an einer Doppelbindung beteiligt sind, müssen sie auch sp^2-hybridisiert sein.
Zu **(2):** Aldehyde (ein solches liegt hier vor) lassen sich durch milde Oxidation zu Carbonsäuren oxidieren, Ketone dagegen nicht.
Zu **(3):**

a) Aldoladdition (Reaktionsschema; vergleiche den Kommentar zur Frage 7.59):

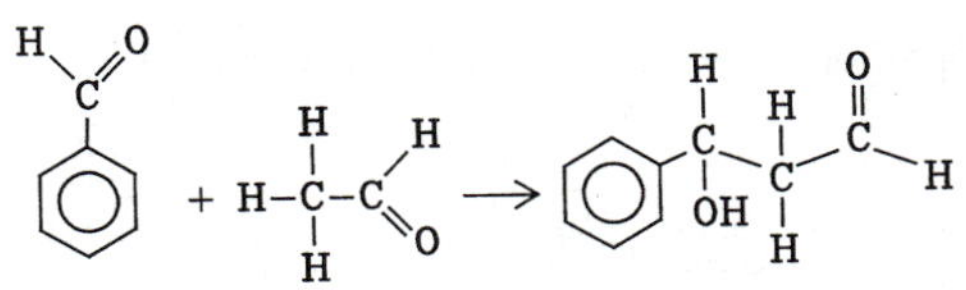

Benzaldehyd   Acetaldehyd

b) Es folgt die H_2O-Eliminierung (= Aldolkondensation):

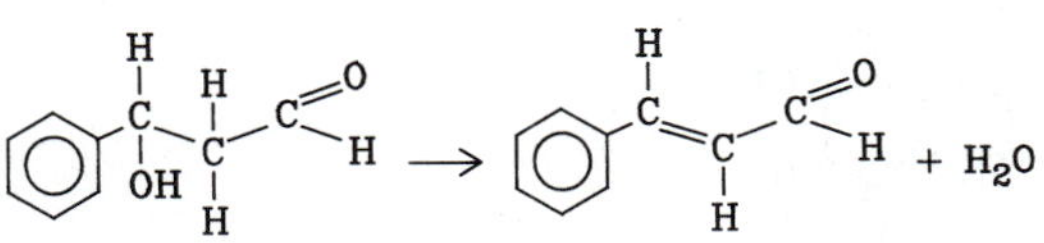

Zu **(4):** Die freie Drehbarkeit ist an der Doppelbindung des α-C-Atoms aufgehoben, folglich sind hier cis-trans-Isomere denkbar.

H84

Frage 7.59: Lösung B

Das O-Atom der Carbonylgruppe bei Aldehyden und Ketonen ist stark elektronegativ. Die C—H-Bindung am benachbarten α-C-Atom wird davon beeinflußt, d.h. das H-Atom kann als Proton abgegeben werden.

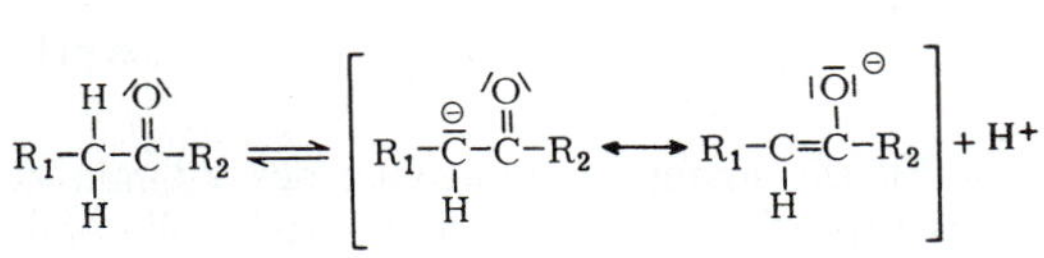

Das entstandene Produkt bezeichnet man als *Carbanion*, es besitzt ein freies Elektronenpaar am α-C-Atom. Im alkalischen Milieu verlagert sich das Reaktionsgleichgewicht auf die Seite des Carbanions.

Dieses stabilisiert sich durch Mesomerie (s.o.). Es kann mit einer elektrophilen Gruppe reagieren, z.B. kann es sich an das elektrophile Zentrum einer Carbonylgruppe eines Aldehyds addieren.

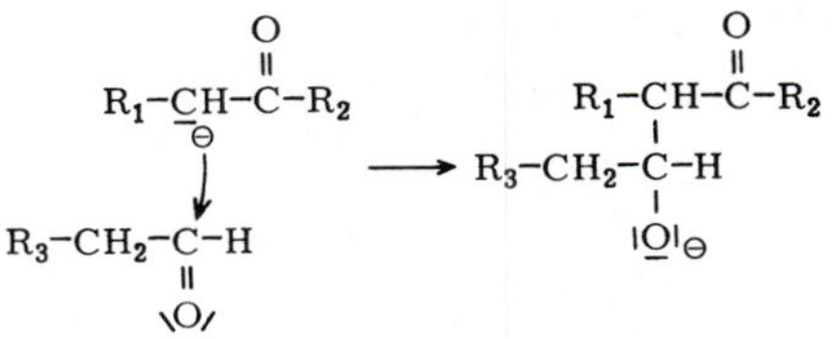

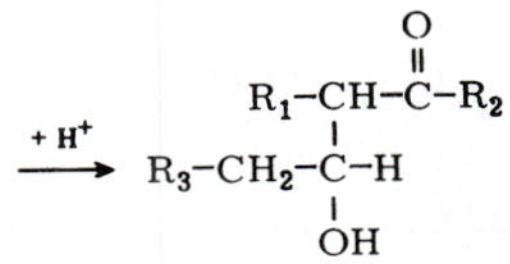

Lagert sich nun noch ein Proton (z.B. aus Wasser) an, so ist ein Aldehyd-Alkohol (daher auch der Name Aldoladdition) entstanden.

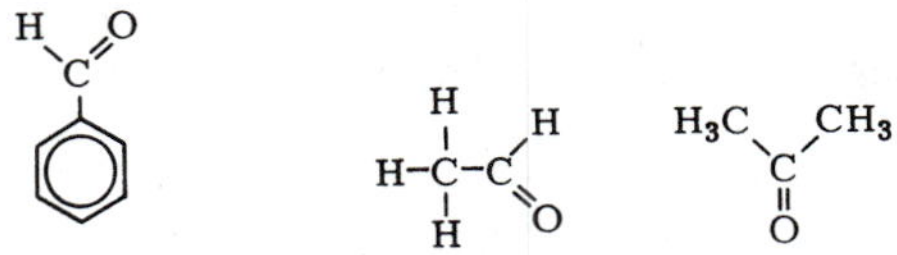

Benzaldehyd   Acetaldehyd   Aceton

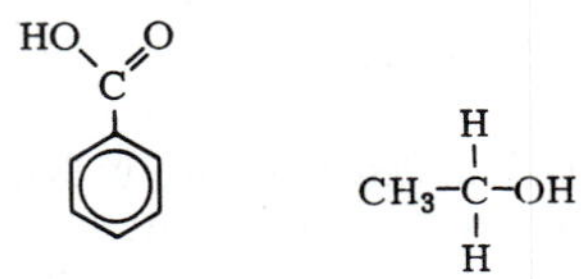

Benzoesäure   Ethanol

Aus Aceton wird ein Carbanion gebildet, dieses addiert ein Molekül Benzaldehyd; nach erfolgter Protonierung wird erneut ein Carbanion gebildet und dieses addiert das zweite Molekül Benzaldehyd; Protonierung ergibt das gesuchte Produkt.

F97

Frage 7.60: Lösung D

Zu **(A) – (E):** Die Verbindung ist aus zwei Molekülen Aceton im Zuge einer Aldolkondensation hervorgegangen.
Es bildet sich zunächst ein Carbanion, daran schließt sich die nucleophile Addition desselben an das elektrophile Carbonyl-C-Atom des zweiten Aceton-Moleküls an und in einem dritten Schritt lagert sich ein Proton an, es kommt zur abschließenden Dehydratisierung:

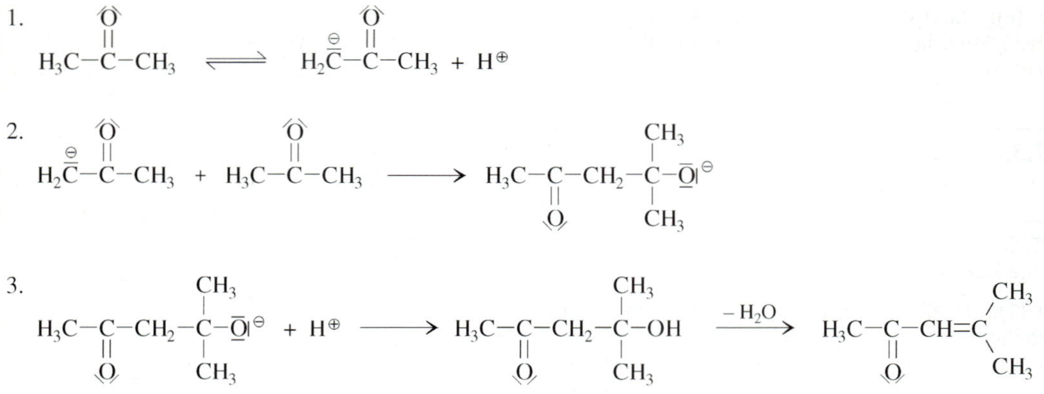

7.3.7 Chinone
7.3.8 Hydrochinon/Chinon-System

Frage 7.61: Lösung D

Chinon (1,4-Benzochinon) entsteht durch Oxidation von Hydrochinon (1,4-Dihydroxylbenzol):

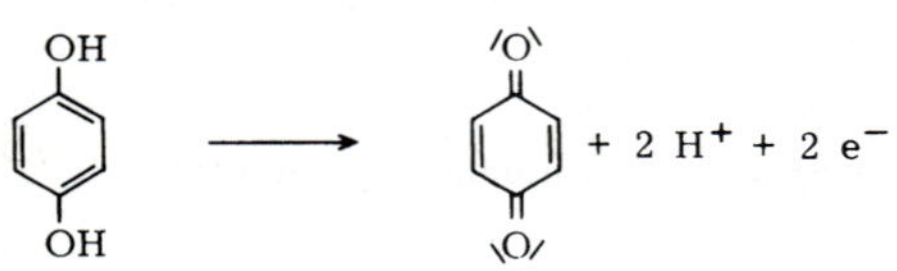

Hydrochinon Chinon

Hydrochinon/Chinon ist ein Redoxsystem, wobei hier das Redoxpotential vom pH-Wert abhängig ist. Zur Frage: Allein Verbindung D (1,4-Naphthochinon) erfüllt die Kriterien eines Chinons. Verbindung B ist das 1,4-Dihydrobenzol (Hydrochinon).
Zu **(A):** Hier handelt es sich um ein m-chinoides System, dessen Existenz auf Grund der Bindungsverhältnisse gar nicht möglich ist.
Zu **(C):** Es handelt sich hier um Cyclohexadien-(1,4).
Zu **(E):** Es handelt sich hier um 2,5-Hexadion-(3,4)-en.

> **!** Merke: *Chinone* sind Verbindungen, die zwei doppelt gebundene Sauerstoffatome in Konjugation zu zwei weiteren Doppelbindungen im desaromatisierten Benzolring aufweisen.

F83

Frage 7.62: Lösung E

Naphthochinon Naphthohydrochinon

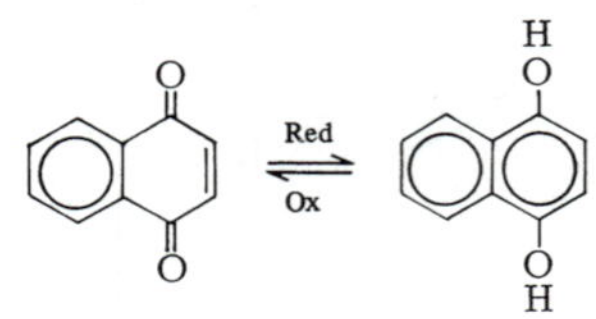

Naphthochinon ist Bestandteil von Vitamin K (Phyllochinon).

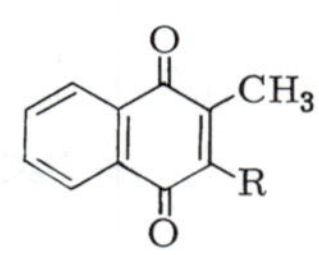

Vitamin K ermöglicht in der Leber die Prothrombinsynthese, ohne an dessen Aufbau beteiligt zu sein. Eine typische Vitamin-K-Mangelerscheinung ist die hämorrhagische Diathese der Säuglinge, die auf zu geringem Prothrombingehalt des Blutes beruht.
Zu **(B):** Das Redoxpotential einer wäßrigen Lösung von Naphthochinon : Naphthohydrochinon (1 : 1) hängt nur vom pH-Wert ab:

$$E = E_0 + 0{,}03\,\lg \frac{[\text{Naphthochinon}][H^+]^2}{[\text{Naphthohydrochinon}]} = E_0 + 0{,}03\,\lg \frac{1\,[H^+]^2}{1} = E_0 - 0{,}06\,\text{pH}$$

Zu **(E):** Dicumarol ist Antagonist des Vitamin K. Zwischen beiden Stoffen besteht strukturelle Ähnlichkeit, aber Dicumarol enthält kein Naphthochinonsystem.

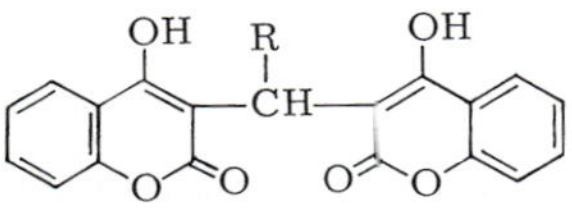

F84

Frage 7.63: Lösung A

Es handelt sich bei der Substanz um das 1,4-Naphthochinon (Bestandteil des Vitamin K), welches durch Reduktion in 1,4-Naphthohydrochinon umgewandelt werden kann:

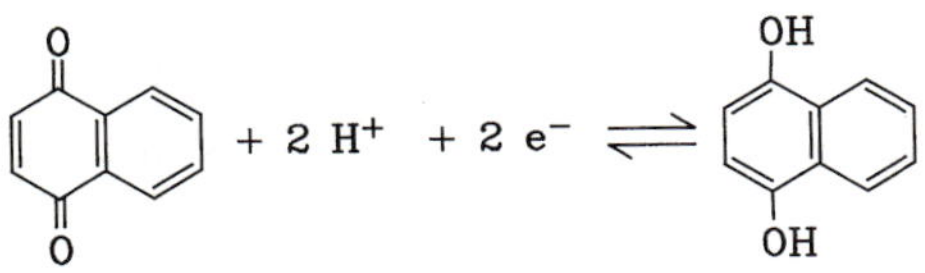

1,4-Naphto-chinon 1,4-Naphto-hydrochinon

Diese Reaktion ist pH-Wert-abhängig, dabei ändert sich auch das UV-Absorptionsspektrum der Substanz.

F90

Frage 7.64: Lösung E

Zu **(A)–(C):** Die Verbindung zeigt das zweiwertige (2 OH-Gruppen besitzende) Phenol Hydrochinon. Die beiden Hydroxy-Gruppen stehen dabei in para (=1,4)-Stellung.
Zu **(D):** Hydrochinon ist zu Chinon oxidierbar und bildet mit diesem ein Redoxsystem (vgl. hierzu auch den Kommentar zu Frage 7.61).
Zu **(E):** Auf Grund der beiden Hydroxygruppen ist Hydrochinon stärker als Benzol polarisiert; es löst sich im polaren Lösungsmittel Wasser besser als Benzol.

H92

Frage 7.65: Lösung C

Zu **(A)**, **(B)** und **(E):** Abgebildet ist p-Hydrochinon (1,4-Dihydroxybenzol), eine schwache, zweiprotonige Säure. Durch Oxidation entsteht p-Chinon (1,4-Benzochinon).
Zu **(C):** Als Derivat des Benzols weist p-Hydrochinon ein cyclisch konjugiertes Doppelbindungssystem auf. Dieses bedingt einen planaren Bau; alle H-Atome bzw. deren Substituenten liegen in einer Ebene. Eine cis-trans-Konfigurationsisomerie kann sich nicht entwickeln.
Zu **(D):** Ubichinon, als Coenzym am Elektronentransfer der Atmungskette beteiligt, hat folgende Strukturformel (reduzierte Form):

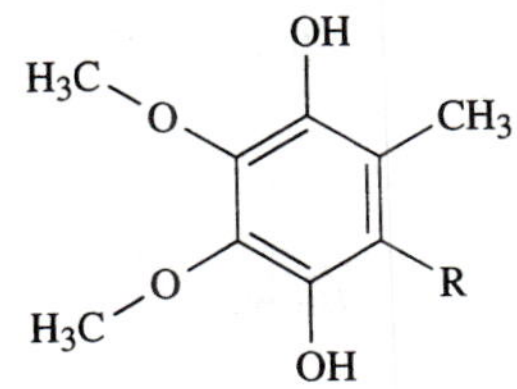

! Merke: Aromaten sind planar!

7.4 Carbonsäuren und Carbonsäurederivate

7.4.1 Azidität

F87

Frage 7.66: Lösung D

Der saure Charakter ist bei der Carboxyl-OH-Gruppe besser ausgeprägt als bei der alkoholischen OH-Gruppe. Dies ist darauf zurückzuführen, daß die benachbarte C=O-Gruppierung einen Elektronensog ausübt. Dies erleichtert die Ablösung des Protons. Dazu kommt, daß das entstehende Carbonylatanion durch Mesomerie stabilisiert ist.

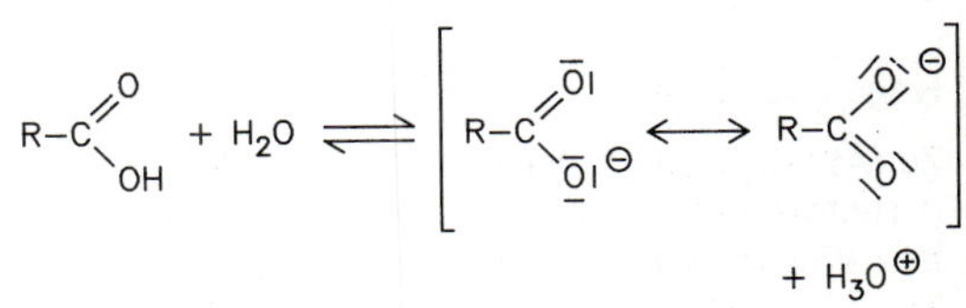

H91

Frage 7.67: Lösung E

Zu **(A)–(B):** Abgebildet ist Oxalessigsäure, die zu Äpfelsäure hydriert werden kann (Reaktion im Citratzyklus):

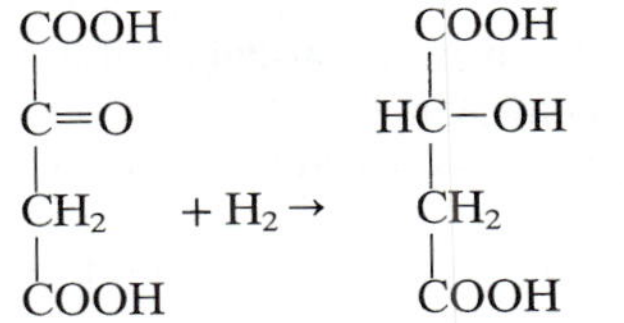

Oxalessigsäure Äpfelsäure

Zu **(C):** Oxalessigsäure reagiert im Citratzyklus mit Acetyl-CoA zu Citronensäure:

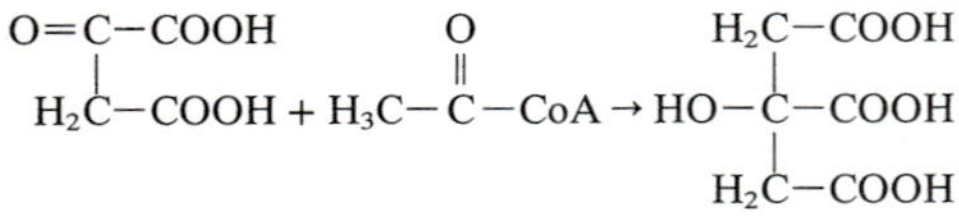

Oxalacetat Acetyl-CoA Citrat

Zu **(D):** Oxalessigsäure kann durch Carboxylierung aus Brenztraubensäure synthetisiert werden:

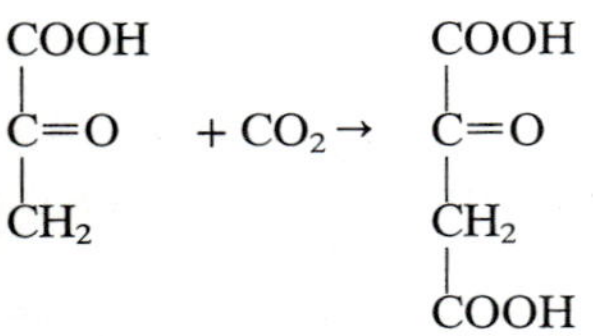

Brenztraubensäure Oxalessigsäure

Zu **(E):** Transaminierung von Oxalessigsäure führt zu Asparaginsäure:

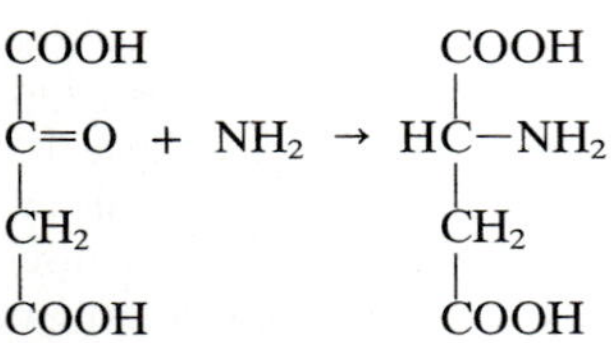

Oxalessigsäure Asparaginsäure

H97

Frage 7.68: Lösung E

Zu **(A)–(B):** Abgebildet ist Äpfelsäure (Malat), eine α-Hydroxycarbonsäure, die auch als α-Hydroxybernsteinsäure bezeichnet werden kann.

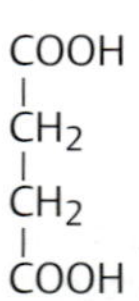

Bernsteinsäure

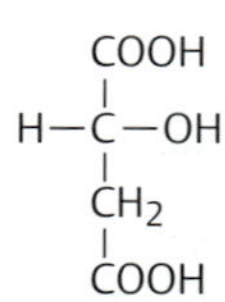

Äpfelsäure

Zu **(C):** Äpfelsäure entsteht im Citrat-Zyklus durch Addition von H_2O an Fumarsäure.
Zu **(D):** Das C-Atom 2 ist das Asymmetriezentrum der Äpfelsäure.
Zu **(E):** Decarboxylierung von Äpfelsäure führt zu Milchsäure:

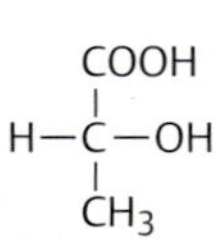

Milchsäure

F97

Frage 7.69: Lösung B

Zu **(A)–(B):** Dargestellt ist die Dicarbonsäure Maleinsäure.
Zu **(C)** und **(E):** Der pKs von Maleinsäure ist 1,8; ihr pKs beträgt 6,0. Bei pH = 7 liegt Maleinsäure demnach als Anion vor.
Zu **(D):** Das trans-Isomer der Maleinsäure ist die Fumarsäure:

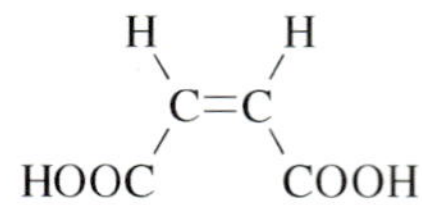

Maleinsäure

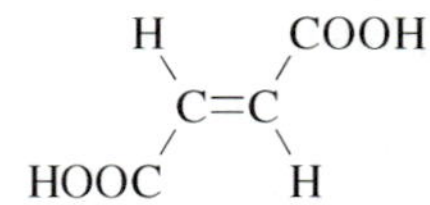

Fumarsäure

F95

Frage 7.70: Lösung D

Zu **(A)** und **(E):** Carbonsäuren sind Substanzen mit einer Carboxyl-Gruppe (-COOH). Durch die Kombination einer OH-Gruppe mit einem doppelt gebundenen Sauerstoff am gleichen C-Atom haben sie einen deutlich saureren Charakter als Alkohol und Phenole. Die Carboxyl-Gruppe wird durch Mesomerie stabilisiert, d. h. die Elektronen der Doppelbindung sind nicht mehr lokalisiert, sondern gleichmäßig über die gesamte COOH-Gruppe verteilt. Die Tendenz zur Abspaltung des Protons wird dadurch zusätzlich verstärkt.
Zu **(B)–(C):** Einführen von elektronegativen Gruppen in α- oder β-Stellung erhöht die Azidität aliphatischer Carbonsäuren, wobei der Steigerungseffekt am β-C-Atom weniger ausgeprägt ist.
Zu **(D):** Sulfonsäuren mit der Grundstruktur

besitzen eine höhere Azidität als aliphatische Carbonsäuren.

7.4.2 Klassifizierung

F85

Frage 7.71: Lösung E

Verbindung (1): Kohlensäure
(2): Oxalsäure
(3): Alanin
(4): Bernsteinsäure
(5): Citronensäure

Jede der Säuren kann mindestens zweistufig (Citronensäure sogar dreistufig) dissoziieren, d. h. mindestens je zwei Protonen abgeben.

F85

Frage 7.72: Lösung C

Zu **(A)–(B):** Fumarsäure und Maleinsäure sind Dicarbonsäuren, wobei Fumarsäure das trans-Isomere der Maleinsäure ist:

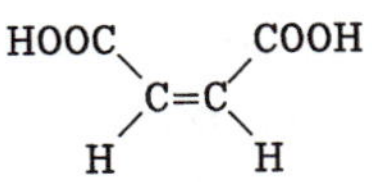

Maleinsäure

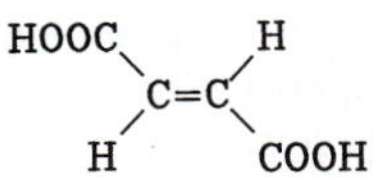

Fumarsäure

Zu **(C):** Cis-Isomere sind energiereicher als die entsprechenden trans-Isomere und damit auch instabiler, da die COOH-Gruppen das Bestreben haben, einen möglichst großen Abstand voneinander zu erreichen.
Trotzdem wandeln sich cis- und trans-Isomere nicht spontan ineinander um, dazu ist eine Erwärmung, also Zufuhr von Energie, erforderlich.
Zu **(D):** Als schwache Säure kann Fumarsäure mit der entsprechenden korrespondierenden Base ein Puffersystem ausbilden.
Zu **(E):** Fumarat entsteht im Citratzyklus durch Dehydrierung von Succinat und wird durch H_2O-Aufnahme zu L-Malat verarbeitet (siehe dazu auch Lehrbücher der Biochemie).

F95

Frage 7.73: Lösung C

Zu **(A)–(B):** Abgebildet ist Äpfelsäure, eine α-Hydroxycarbonsäure, die auch als α-Hydroxybernsteinsäure bezeichnet werden kann. Bernsteinsäure hat die Formel:

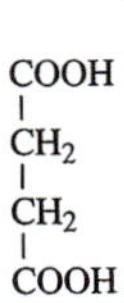

Zu **(C)–(D):** Das β-C-Atom ist das Asymmetriezentrum der Äpfelsäure. Äpfelsäure kann sich nicht in eine isomere β-Hydroxysäure umlagern, denn durch Verlagerung der OH-Gruppe an das vormalige β-C-Atom würde dieses dann zum α-C-Atom werden!
Zu **(E):** Decarboxylierung von Äpfelsäure führt zu Milchsäure:

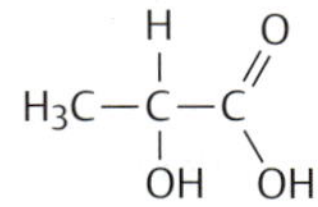

F94

Frage 7.74: Lösung E

Zu **(A)–(C):** Abgebildet ist die Bernsteinsäure ($pK_{S1} = 4{,}17$; $pK_{S2} = 5{,}64$). Ihre Salze, die z.B. durch Zugabe von NaOH entstehen, heißen Succinate.
Zu **(D):** Beide gezeigte Verbindungen sind Konstitutionsisomere; ihre Summenformel ist gleich.
Zu **(E):** Hier gibt es keine Doppelbindung; eine cis/trans-Isomerie kann sich deshalb auch nicht ausbilden.

H94

Frage 7.75: Lösung D

Zu **(A)** und **(D):** Abgebildet ist die Dicarbonsäure Bernsteinsäure (Succinat). Sie besitzt zwei Carboxygruppen und kann daher zwei Protonen abgeben. Entsprechend hat sie zwei pK-Werte: pK_{s1}: 4,17 und pK_{s2}: 5,64.
Zu **(B):** Dehydrierung von Bernsteinsäure führt zu Malein- oder Fumarsäure (cis-trans-Isomere):

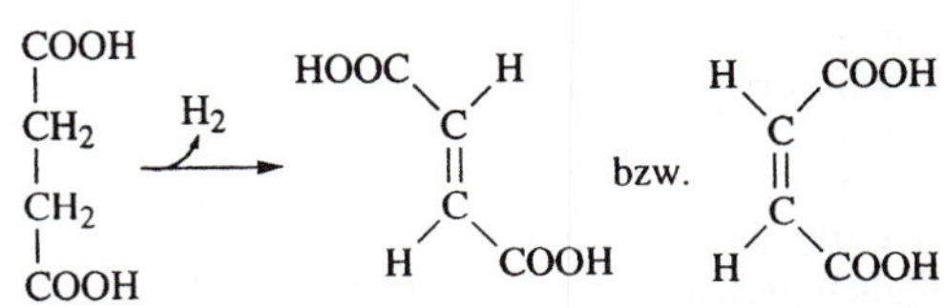

Bernsteinsäure — Fumarsäure (trans) — Maleinsäure (cis)

Zu **(C):** Im Citratzyklus wird Succinat unter Energiegewinn aus Succinyl-CoA gebildet:

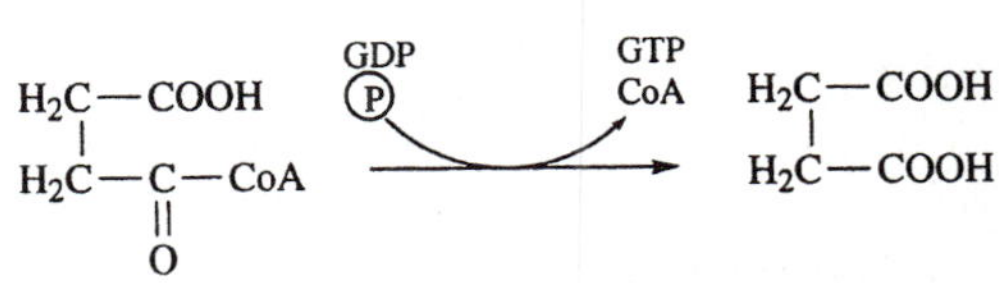

Succinyl-CoA — Succinat

Zu **(E):** Bernsteinsäure kann unter Wasserentzug in ein zyklisches Anhydrid überführt werden:

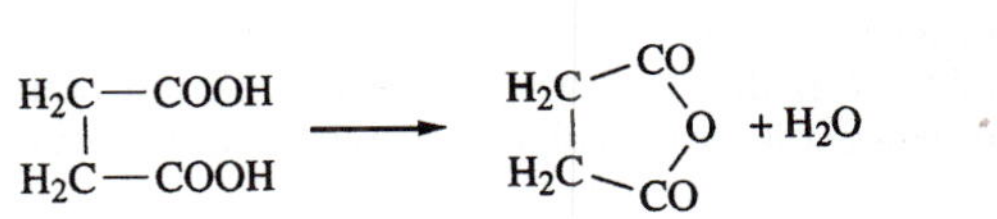

H93

Frage 7.76: Lösung D

Zu **(A)–(E):** Dicarbonsäuren sind durch zwei Carboxygruppen charakterisiert.

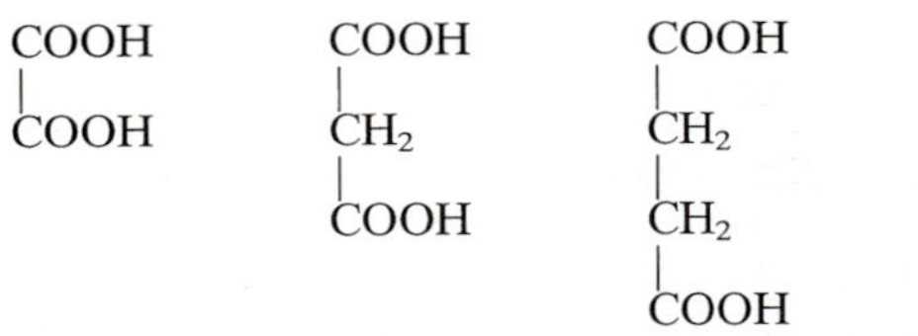

Oxalsäure Malonsäure Bernsteinsäure

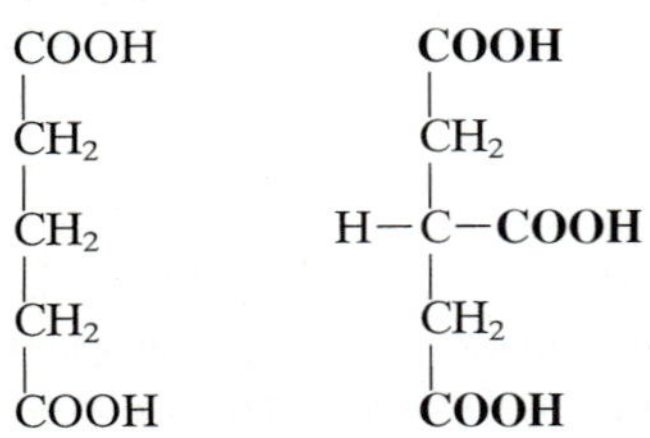

Glutarsäure Citronensäure (3 Carboxygruppen!)

H96

Frage 7.77: Lösung D

Zu **(A)–(E):** Ameisensäure (HCOOH), Propionsäure (CH_3CH_2COOH), Buttersäure ($CH_3CH_2CH_2COOH$) und Stearinsäure ($C_{17}H_{35}COOH$) weisen sämtlich nur eine Carboxylgruppe auf.
Lediglich Bernsteinsäure ist eine Dicarbonsäure:

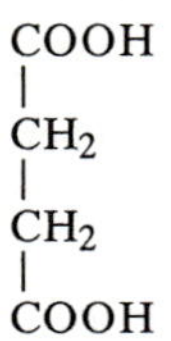

H90

Frage 7.78: Lösung E

Zu **(A)–(E):** Dargestellt ist die Dehydratisierung (=Eliminierung von H_2O) von Citronensäure (Verbindung 1). Beide Verbindungen weisen drei COOH-Gruppen auf; sie sind damit Tricarbonsäuren. Citronensäure ist zudem β-Hydroxycarbonsäure und kann an der OH-Gruppe zu einer β-Ketocarbonsäure, nicht jedoch zu einer α-Ketocarbonsäure oxidiert werden.

F97

Frage 7.79: Lösung C

Zu **(A)** und **(D):** Glycerinsäure hat die folgende Strukturformel:

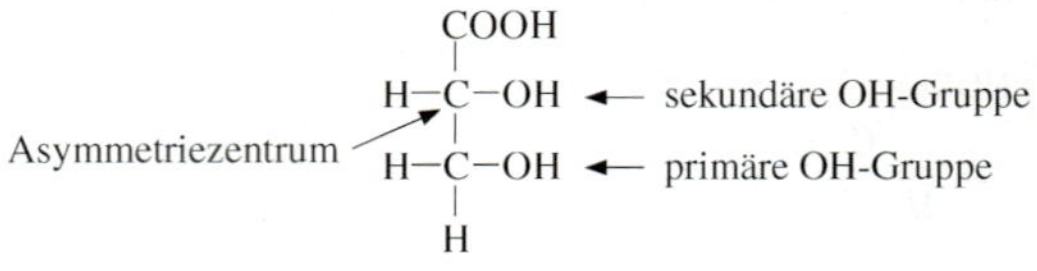

D-Form

Zu **(B):** Phosphoglycerinsäuren sind Zwischenstufen bei der Glykolyse (z. B. 1,3-Diphosphoglycerinsäure; 3-Phosphoglycerat; 2-Phosphoglycerat).

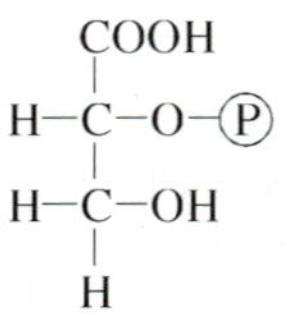

Zu **(C):** 2-Phosphoglycerinsäure leitet sich von der Glycerinsäure ab: s. o.
Glycerin-2-phosphorsäure leitet sich vom Glycerin ab:

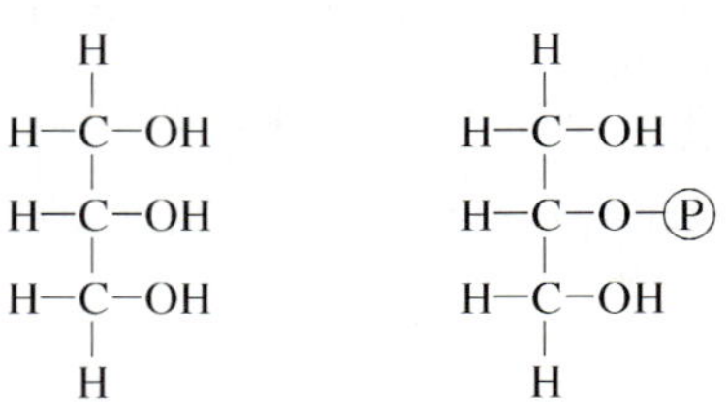

Glycerin Glycerin-2-phosphorsäure

Zu **(E):** Veresterung der Glycerinsäure mit Phosphorsäure an der primären OH-Gruppe (s. o.) ergibt 3-Phosphoglycerinsäure, an der sekundären 2-Phosphoglycerinsäure.

7.4.3 Oberflächenaktive Stoffe

Frage 7.80: Lösung C

Seifen senken die Oberflächenspannung des Wassers, da sie nebeneinander einen hydrophilen und einen lipophilen Teil aufweisen. Man bezeichnet sie auch als Emulgatoren. Ihr hydrophiler (=ionaler) Teil weist in die wäßrige, ihr lipophiler in die Lipidphase. Daraus resultiert eine regelmäßige Anordnung an der Phasengrenzfläche. Seifen sind oberflächenaktive Substanzen.

Man unterscheidet bei den ionischen Seifen zwischen
a) anionischen Seifen (= Verbindung (1)) und
b) kationischen Seifen, auch Invertseifen genannt (Verbindung (2)).

Zu **(A):** Dies sind die klassischen Seifen. Sie bestehen aus den Alkalisalzen langkettiger Fettsäuren. Die Hydrolyse dieser Seifen wird von einer stark alkalischen Reaktion begleitet.
Zu **(B):** Der hydrophile Charakter der Invertseifen ist durch eine quartäre Ammoniumverbindung, der lipophile durch einen längeren aliphatischen Rest am Stickstoff bedingt.
Zu **(C):** Ein Molekül, das zugleich Kation und Anion ist, bezeichnet man als Zwitterion. Ein solches Zwitterion kann bei der Mischung von (1) und (2) nicht entstehen.

7.4.5 Carbonsäurederivate

H82

Frage 7.81: Lösung C

Acetylchlorid ist ein Halogenid der Essigsäure.

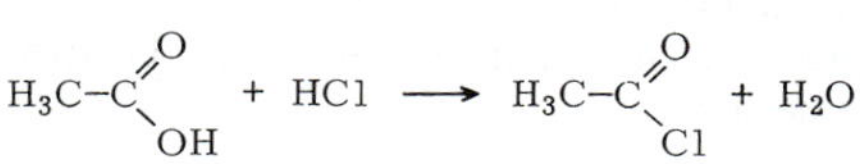

Da das O- und das Cl-Atom stärker elektronegativ sind als das C-Atom, ist die Bindung so polarisiert, daß das C-Atom positive Partialladung trägt, also von Nucleophilen angegriffen werden kann.
Acetylchlorid setzt sich mit Wasser, Alkohol und Ammoniak leicht um:

a) mit H_2O

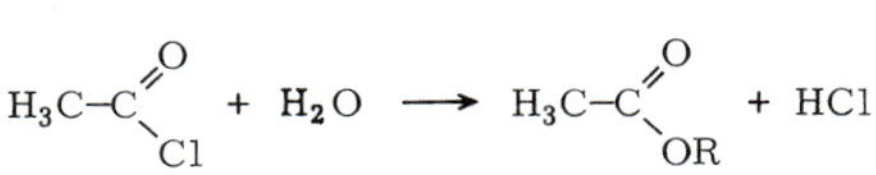

Essigsäure

b) mit Alkohol

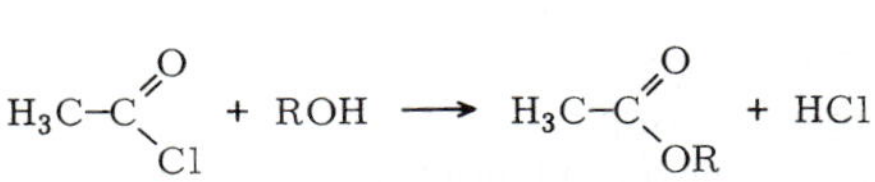

Essigsäureester

c) mit Ammoniak

Essigsäureamid

F96

Frage 7.82: Lösung D

Zu **(A)** und **(C):** Verbindung (1) ist ein Carbonsäureester, Hydrolyse liefert Benzoesäure und Ethanolamin:

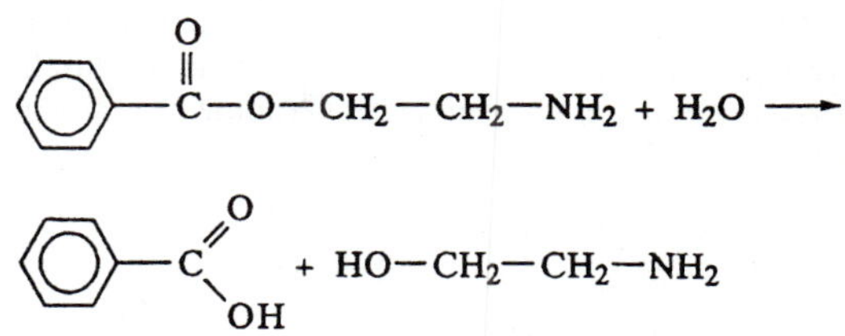

Benzoesäure Ethanolamin

Zu **(B)** und **(D):** Verbindung (2) ist ein Carbonsäureamid. Reagieren Amine mit Carbonsäuren, so entstehen Amide. Hydrolyse führt zu:

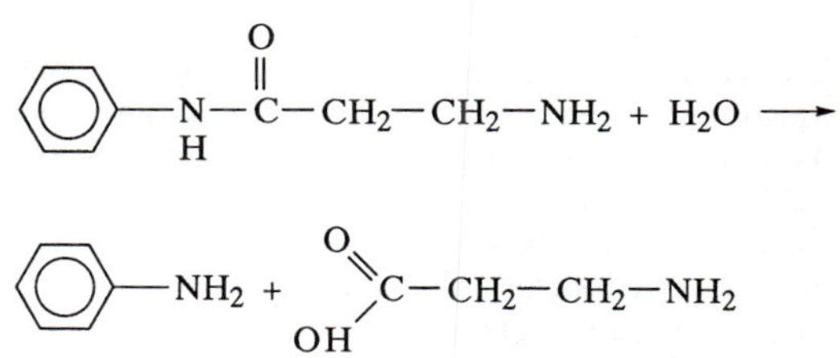

Ethanolamin entsteht dabei nicht.
Zu **(E):** Wegen der endständigen Aminogruppe reagieren beide Verbindungen schwach basisch.

F94

Frage 7.83: Lösung B

Reaktionspartner der Salicylsäure ist das sehr reaktionsfreudige Carbonsäureanhydrid Acetanhydrid:

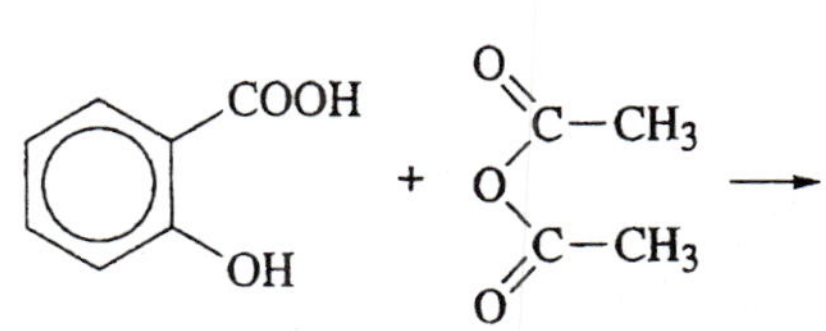

Salicylsäure Acetanhydrid

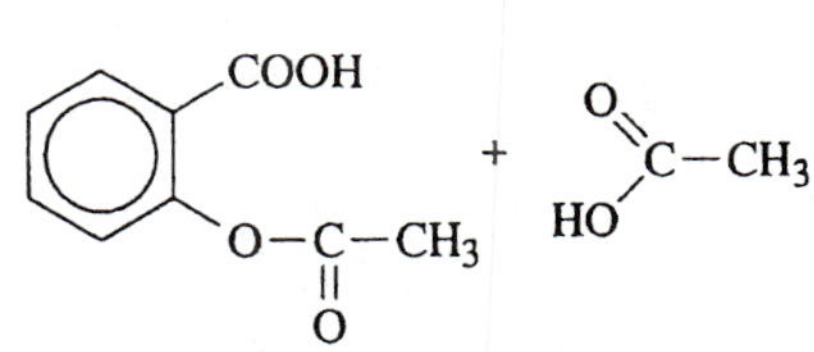

Acetylsalicylsäure Essigsäure

H86

Frage 7.84: Lösung A

Zu **(1):** Die Abbildung zeigt Shikimisäure, die zwar saure, jedoch keine basischen Gruppierungen und damit auch keinen isoelektrischen Punkt besitzt.
Zu **(2):** An die bestehende Doppelbindung können Wasserstoff oder elementares Brom addiert werden.
Zu **(3):** Shikimisäure besitzt die folgenden Chiralitätszentren (*), dies sind die C-Atome, die 4 verschiedene Substituenten besitzen.

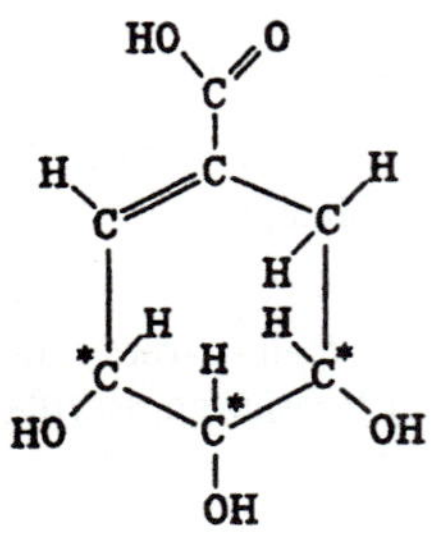

Zu **(4):** Die Konstitution ist der angegebenen Strukturformel zu entnehmen. Die Konfiguration einer Verbindung wird durch die Fischerprojektion oder durch die Keilformel beschrieben.
Zu **(5):** Entfernung von 2 Molekülen H_2O (=zweimalige Dehydratisierung) könnte zu folgenden Phenolcarbonsäuren, auch Hydroxybenzoesäuren genannt, führen:

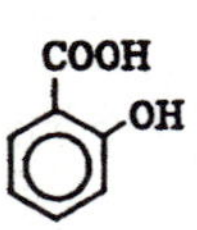

o-Hydroxybenzoesäure
= Salicylsäure

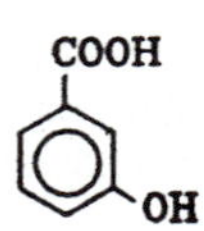

m-Hydroxybenzoesäure

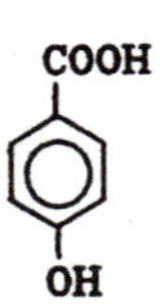

p-Hydroxybenzoesäure

7.4.6 Umsetzung mit Nucleophilen

Frage 7.85: Lösung A

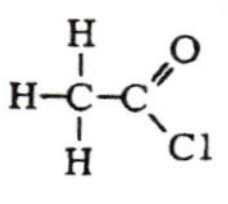

Acetylchlorid

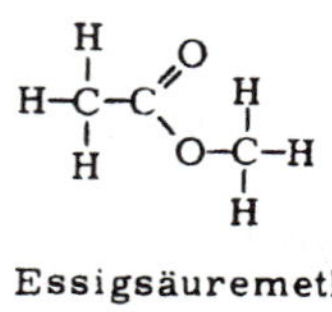

Essigsäuremethylester

Das dem Chloratom benachbarte C-Atom des Acetylchlorids weist eine höhere positive Partialladung auf als das der OCH_3-Gruppe benachbarte C-Atom des Essigsäuremethylester, da Chlor als stark elektronegatives Element einen starken Sog auf die bindenden Elektronen der CCl-Bindung ausübt.
Acetylchlorid besitzt daher eine wesentlich höhere Reaktionsbereitschaft gegenüber Nucleophilen als Essigsäuremethylester.

H88

Frage 7.86: Lösung C

Bei Reaktion (1) handelt es sich um die Bildung von Essigsäureamid aus Acetylchlorid und Ammoniak, bei Reaktion (2) um die Spaltung von Essigsäuremethylester in Essigsäure und Methanol. Reaktion (2) läuft bei Raumtemperatur nicht ab, man muß Essigsäuremethylester und Wasser kochen, um Essigsäure und Methanol zu erhalten. Dagegen ist Acetylchlorid gegenüber Ammoniak sehr reaktionsfreudig. Die Reaktion läuft daher rasch ab.
Zu **(C):** Die Reaktivität gegenüber Nucleophilen nimmt in folgender Reihenfolge ab: Säurechlorid, Säureanhydrid, Säureester, Carbonsäure, Säureamid.
Zu **(E):** Ammoniak und Wasser können als Nucleophil reagieren, weil sie ein bzw. zwei freie Elektronenpaare besitzen:

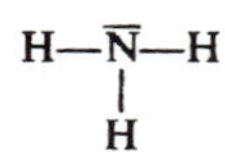

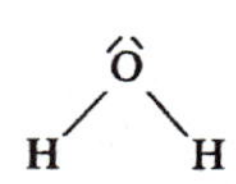

> **!** Merke: Die Reaktivität gegenüber Nucleophilen nimmt in folgender Reihenfolge ab: Säurechlorid, Säureanhydrid, Säureester, Carbonsäure, Säureamid.

F88

Frage 7.87: Lösung A

Zu **(A)**, **(B)**, **(D)** und **(E):** Die Reaktion zeigt die Anlagerung von Anilin (ein primäres Amin) an Aceton (ein Keton). Dabei entsteht ein sogenanntes *Ketimin* sowie Wasser. Die stöchiometrischen Verhältnisse sind richtig dargestellt.
Reagieren Aldehyde mit primären Aminen, bilden sich *Imine*, sogenannte Schiff-Basen.
Zu **(C):** *Oxime* entstehen bei der Reaktion von Hydroxylamin ($H_2N{-}OH$) mit primären Aminen.

K

7.4.7 Säurekatalysierte Veresterung

F97

Frage 7.88: Lösung A

Zu **(A)**, **(B)** und **(E)**: Die säurekatalysierte Esterhydrolyse (Verseifung) ist die Umkehr der säurekatalysierten Esterbildung:

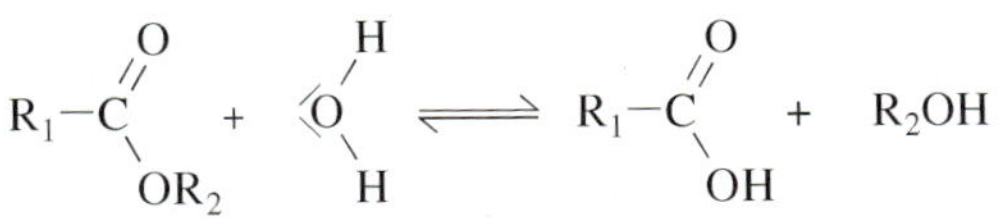

Ester Wasser Carbonsäure Alkohol

Zunächst findet die Addition des Protons und die Wasseranlagerung an den Ester statt, anschließend wird der Alkohol eliminiert und das H^+-Ion wieder abgespalten. Die Reaktion ist reversibel, die Konzentration der katalysierenden H^+-Ionen ändert sich nicht; sie wirken lediglich als Katalysatoren. Wasser beeinflußt bei der säurekatalysierten Esterhydrolyse die Lage des Gleichgewichtes.
Zu **(C)**: Bei der alkalischen Esterhydrolyse wird zunächst ein OH^--Ion addiert, danach wird der Alkohol eliminiert. Die OH^--Ionen werden dabei verbraucht, die Reaktion ist irreversibel und ihre Geschwindigkeit hängt von der Konzentration an OH^--Ionen ab.
Zu **(D)**: Triacylglycerine (Triglyceride) entstehen aus der Veresterung von Fettsäuren höherer Molekülmassen (meistens 12–20 C-Atome) mit Glycerin. Bei der Verseifung im basischen Milieu entstehen Glycerin und die Natriumsalze dieser Carbonsäuren.

7.4.8 Alkalische Esterhydrolyse und Carbonsäureamidhydrolyse

Alkalische Esterverseifung — **VII.6**

Die *alkalische Esterverseifung* (= Esterhydrolyse im alkalischen Bereich) verläuft folgendermaßen:
Zunächst wird ein OH^--Ion addiert, danach wird der Alkohol eliminiert.

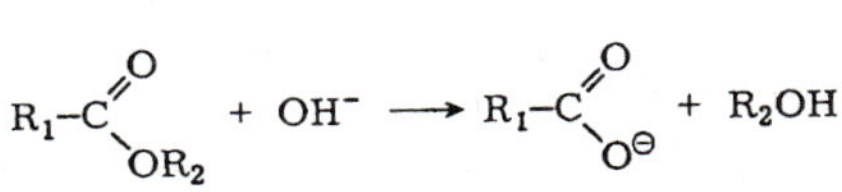

Ester + OH^- ⟶ Carboxylatanion + Alkohol

Die *säurekatalysierte Esterhydrolyse* ist die Umkehr der säurekatalysierten Esterbildung!

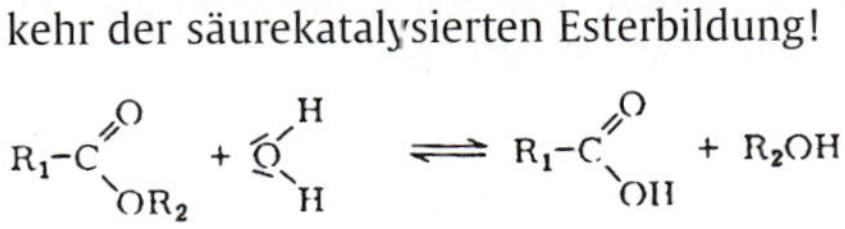

Ester + Wasser ⇌ Carbonsäure + Alkohol

Das katalysierte H^+-Ion wird addiert, danach wird H_2 addiert. Der dritte Schritt ist die Elimination des Alkohols, und zuletzt erfolgt die Abspaltung des katalysierenden H^+-Ions.

Frage 7.89: Lösung A

Zu **(A)** und **(D)**: Siehe Lerntext VII.6.
Bei I werden OH^--Ionen verbraucht, d.h. die Reaktion verläuft vollständig, sofern pro Estergruppe ein Moläquivalent OH^- zugesetzt wird. Die alkalische Esterverseifung verläuft nur in der oben angegebenen Richtung.
Zu **(C)**: Da H^+-Ionen nur als Katalysatoren wirken, werden sie nicht verbraucht.
Zu **(E)**: Siehe Lerntext VII.6.
Bei II verläuft die Reaktion in beide Richtungen, d.h. nach einer gewissen Zeit ist die Geschwindigkeit der Hinreaktion gleich der der Rückreaktion, ein Gleichgewicht hat sich eingestellt.

H88

Frage 7.90: Lösung C

Zu **(A)–(E)**: Reaktion (1) beschreibt die Umsetzung von einem Mol Essigsäure mit einem Mol Natronlauge. Dies stellt eine typische Säure/Base-Reaktion mit Protonenaufnahme bzw. -abgabe dar. Es entsteht Natriumacetat und Wasser.
Reaktion (2) zeigt die alkalische Esterhydrolyse („Verseifung") von einem Mol Methylacetat mit einem Mol Natronlauge; es entstehen Natriumacetat und Methanol. Bei dieser Reaktion muß eine kovalente Bindung gespalten werden; sie verläuft langsamer als Reaktion (1). Eine Protonenübertragung findet nicht statt, es handelt sich daher bei Reaktion (2) um keine Säure/Base-Reaktion nach Brönsted.

F84

Frage 7.91: Lösung A

In der angegebenen Verbindung sind zwei Esterbindungen enthalten (hier markiert).

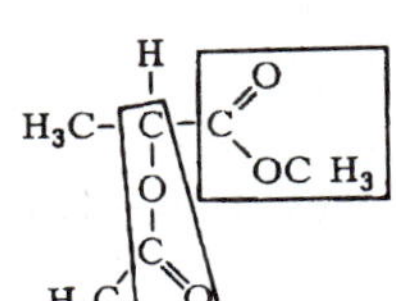

Diese werden bei Zugabe von OH^--Ionen gespalten. Dabei entstehen die drei angegebenen Verbindungen, nämlich das Salz der α-Hydroxy-Propionsäure,

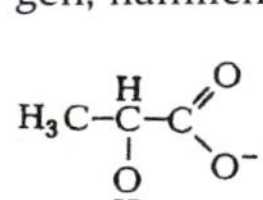

Methanol,

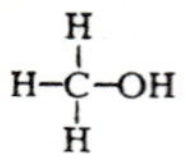

und das Salz der Essigsäure.

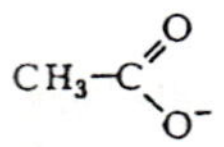

F90

Frage 7.92: Lösung E

Die alkalische Esterhydrolyse verläuft im Gegensatz zur säurekatalysierten irreversibel.
Pro Estergruppe wird ein OH^--Ion verbraucht; zunächst wird ein solches addiert, danach der Alkohol eliminiert.
Die Geschwindigkeit der Hydrolyse hängt von der Temperatur und der OH^--Konzentration ab. Temperaturerhöhung um 10 °C führt etwa zur Verdoppelung bis Verdreifachung der Reaktionsgeschwindigkeit.

H92

Frage 7.93: Lösung B

Siehe Kommentar zu Frage 7.92.

! Merke: Die alkalische Esterhydrolyse verläuft irreversibel. Die säurekatalysierte Esterhydrolyse verläuft reversibel.

F87

Frage 7.94: Lösung D

Zu **(A):** Bei der hier abgebildeten Verbindung handelt es sich um γ-Butyrolacton. Lactone sind intramolekulare Ester, z. B. von γ- und δ-Hydroxycarbonsäuren. Ihre Hydrolyse ergibt die entsprechende Säure.

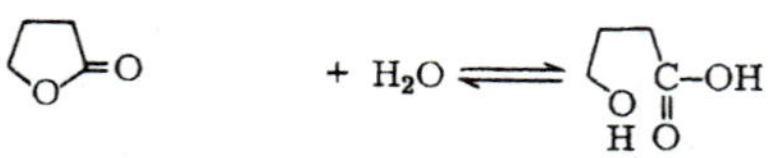

γ-Butyrolacton + Wasser γ-Hydroxybuttersäure

Zu **(B):**

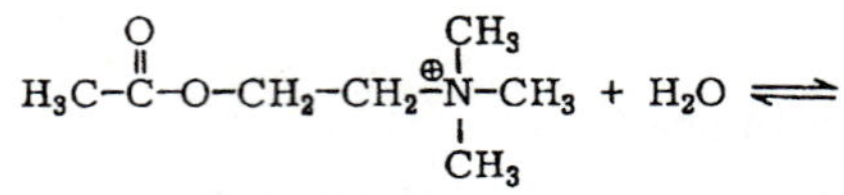

Acetylcholin + Wasser

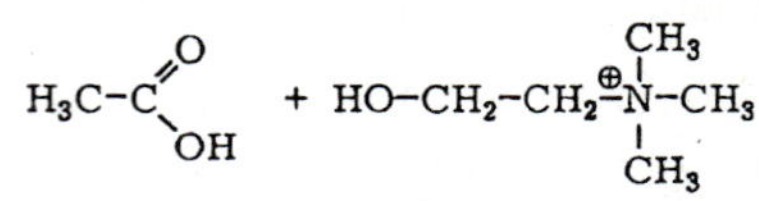

Essigsäure + Cholin

Zu **(C):**

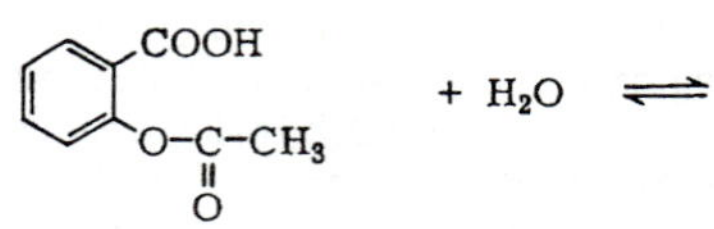

Acetylsalicylsäure + Wasser

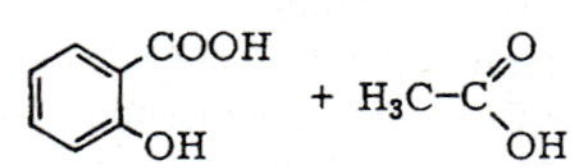

Salicylsäure + Essigsäure

Zu **(E):**

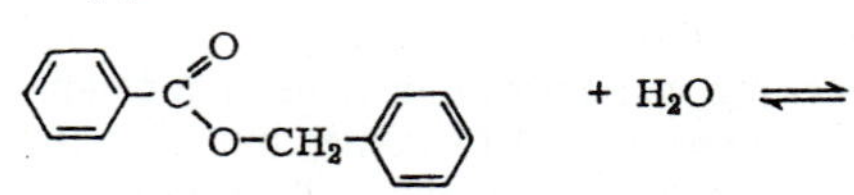

Benzoesäure-benzylester + Wasser

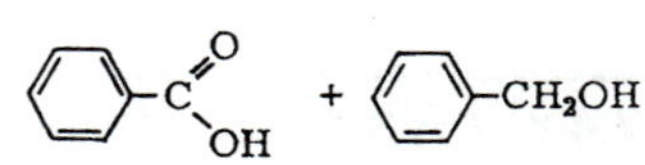

Benzoesäure + Benzylalkohol

Zu **(D):** Hier handelt es sich nicht um einen Ester, sondern um ein cyclisches Halbacetal, das nicht aus Carbonsäure und Alkohol, sondern aus Aldehyd und Alkohol entsteht.

F88

Frage 7.95: Lösung E

Zu **(A) – (C):** Die angegebene Reaktionsgleichung zeigt die Hydrolyse von 2-Acetylcysteamin, dabei wird die Thioesterbindung gespalten. Sie ist Modellreaktion für die Spaltung von Acetyl-CoA, weil im CoA die Bindung der Essigsäure auch über eine Cysteamingruppierung erfolgt.

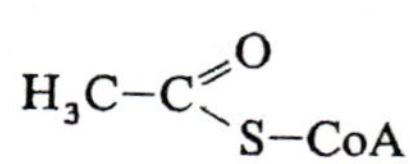

Acetyl-CoA

Zu **(D):** Die Massenwirkungsgleichung für die obige Reaktion lautet:

$$K = \frac{[\text{Säure}]\,[\text{Amin}]}{[H_2O]\,[\text{S-Acetylcysteamin}]}$$

Zu **(E):** ΔG ist bei der alkalischen Esterhydrolyse stärker negativ als bei der säurekatalysierten, entsprechend liegt das Gleichgewicht im alkalischen Bereich weiter auf der *rechten* Seite als im sauren.

H91

Frage 7.96: Lösung E

Zu **(A)–(D):** Die Reaktion zeigt die H^+-katalysierte „saure Esterhydrolyse". Die Reaktion ist umkehrbar, es entsteht ein Alkohol und die entsprechende Säure. Zunächst findet die Addition des Protons und die Wasseranlagerung an den Ester statt, anschließend wird der Alkohol eliminiert und das H^+-Ion wieder abgespalten. Die Konzentration an H^+-Ionen ändert sich dabei nicht. Die saure Esterhydrolyse stellt eine Reaktion erster bzw. pseudoerster Ordnung dar, d.h. die Reaktionsgeschwindigkeit ist primär von der Esterkonzentration abhängig.
Zu **(E):** Im alkalischen Milieu (etwa bei pH-Wert 9) liegt ein völlig anderer Reaktionsmechanismus vor. Es werden OH^--Ionen an den Ester addiert und dann der Alkohol eliminiert. Die OH^--Ionen üben hierbei **keine katalysierende** Funktion aus, sondern sie werden verbraucht. Diese „alkalische Esterhydrolyse" ist eine Reaktion **zweiter** Ordnung und **nicht umkehrbar.**

H89

Frage 7.97: Lösung E

Reaktion (1) zeigt die alkalische Esterhydrolyse (=Verseifung). Es werden hierbei zunächst OH^--Ionen an den Ester addiert und dann der Alkohol eliminiert. Die OH^--Ionen üben **keine katalysierende** Funktion aus, sondern sie werden verbraucht. Diese Reaktion ist nicht umkehrbar.
Reaktion (2) zeigt die umkehrbare, H^+-katalysierte saure Esterhydrolyse (=Verseifung). Zunächst finden die Addition des Protons und die Wasseranlagerung an den Ester statt, anschließend werden der Alkohol eliminiert und das H^+-Ion wieder abgespalten. Die Konzentration an H^+-Ionen ändert sich dabei nicht.
Die freie Reaktionsenthalpie ist bei der irreversiblen alkalischen Verseifung wesentlich größer als bei der sauren Esterhydrolyse.
Ein C-Atom mit vier verschiedenen Liganden wird als asymmetrisch bzw. Chiralitätszentrum bezeichnet; ein solches entsteht hier nicht.

H93

Frage 7.98: Lösung C

Siehe Kommentar zu Frage 7.97.

7.4.9 Lactone

F91

Frage 7.99: Lösung E

Zu **(A)**, **(B)** und **(D):** Dargestellt ist die Hydrolyse von Gluconsäurelacton, dabei wird die Esterbindung zwischen den C-Atomen 1 und 5 gespalten. Diese Hydrolyse hat keinen Einfluß auf die Anzahl der Chiralitätszentren; die C-Atome 2 bis 5 bilden insgesamt 4 solcher Zentren aus.
Zu **(C):** Entsprechend der Gültigkeit des Massenwirkungsgesetzes kann die Reaktion in der angegebenen Formel beschrieben werden: Das Produkt der Konzentration der Endprodukte dividiert durch das Produkt der Konzentration der Ausgangsstoffe ist durch eine Konstante K definiert.
Zu **(E):** Ein Chelatring ist aus Chelatoren aufgebaut, die mit einem Zentralkation jeweils mindestens zweimal reagieren. Derart ausgebildete Ringsysteme finden sich im Häm, der eigentlichen Wirkgruppe des Hämoglobins und im Chlorophyll, nicht jedoch in der abgebildeten Verbindung.

H92

Frage 7.100: Lösung B

Zu **(A):** Zucker mit 5 C-Atomen werden als Pentosen bezeichnet, z.B. D-Ribose:

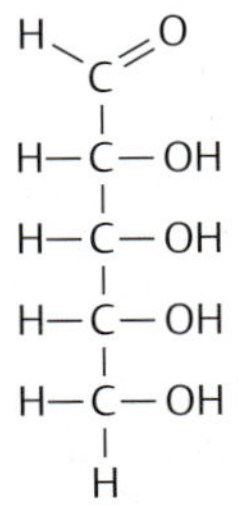

Zu **(B):** Die Abbildung zeigt in der Tat ein Lacton. Sie entstehen aus Hydroxycarbonsäuren, die sowohl eine Alkohol- als auch eine Carbonsäurefunktion besitzen. Sie sind intramolekulare Ester.
Zu **(C)–(D):** Die Verbindung besitzt lediglich 2 Chiralitätszentren am C-Atom 4 bzw. 5. Die Doppelbindung zwischen den C-Atomen 2 und 3 besitzt zwar zwei Hydroxygruppen als Substituenten, wegen der Ringformation kann sich aber keine cis/trans-Isomerie ausbilden.

Zu **(E):** Phenole besitzen eine Hydroxy-Gruppe am aromatischen Benzolring. Ein Benzolring liegt hier nicht vor.

F94

Frage 7.101: Lösung D

Zu **(A)–(C):** Die richtig bilanzierte Gleichung zeigt die Oxidation von β-Glucose am C-Atom 1; es entsteht der „intramolekulare Ester" der Gluconsäure: Gluconsäurelacton.
Zu **(D):** Bei der Glykolyse wird die Glucose im ersten Teilschritt am C-Atom 6 mit Phosphorsäure verestert und dann weiter metabolisiert. Die Reaktion verläuft unter Hydrolyse von ATP (s.o.) und wird durch das Enzym Hexokinase katalysiert.
Zu **(E):** Gluconsäurelacton-6-phosphat wird im Pentosephosphat-Zyklus mittels des Enzyms Lactonase in Gluconsäure-6-phosphat gespalten.

F92

Frage 7.102: Lösung D

Zu **(D):** Eine Carboxylgruppe (R—COOH) kann lediglich bei der Hydrolyse von Verbindung (D), einem Lacton, entstehen.

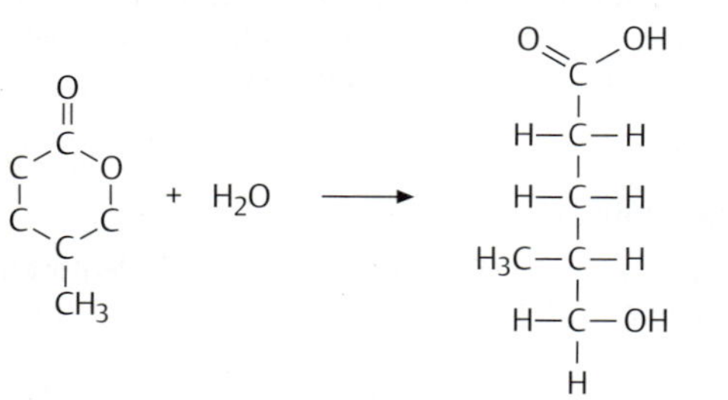

Lacton Wasser δ-Hydroxycarbonsäure

Zu **(A)–(B):** Verbindung (A) ist Diethylether; entstanden aus der Reaktion zweier Moleküle Ethanol (Alkohol; Verbindung (B)) unter Abspaltung von Wasser.
Zu **(C):** Verbindung (C) ist ein Keton; Wasser kann sich unter Ausbildung sogenannter „labiler Hydrate" anlagern; eine Hydrolyse findet nicht statt.
Zu **(E):** Verbindung (E) zeigt den zyklischen Ether Dioxan.

7.5 Hydroxy- und Ketocarbonsäuren

7.5.1 Klassifizierung

Frage 7.103: Lösung D

Zu **(B)**, **(C)** und **(E):** Es handelt sich bei der abgebildeten Carbonsäure um Milchsäure. An dem der COOH-Gruppe benachbarten C-Atom (=α-C-Atom) befindet sich eine Hydroxygruppe. Man bezeichnet solche Carbonsäuren auch als α-Hydroxycarbonsäuren. Das α-C-Atom weist dadurch vier unterschiedliche Liganden auf, ist also ein Chiralitätszentrum. Milchsäure ist daher optisch aktiv.
Zu **(A):** Die aufzustellende Prioritätenreihenfolge der Liganden hat folgendes Aussehen:

$OH > COOH > CH_3$

Vom Liganden höchster (OH) zu dem niedrigster Priorität (CH_3) muß man eine Bewegung nach links (=S) herum machen (Wichtig: das H-Atom weist bei dieser Betrachtung nach hinten, in der abgebildeten Keilformelprojektion jedoch nach vorne, d.h. man muß vor der Entscheidung, ob R- oder S-Konfiguration vorliegt, das Molekül erst gedanklich drehen!). Hier liegt die S-Konfiguration vor.
Zu **(D):** Malonsäure hat die Strukturformel:

Milchsäure ist nicht zu Malonsäure oxidierbar.

H95

Frage 7.104: Lösung B

Zu **(A)**, **(D)** und **(E):** Dargestellt ist Brenztraubensäure (Pyruvat), sie kann zu Alanin transaminiert werden:

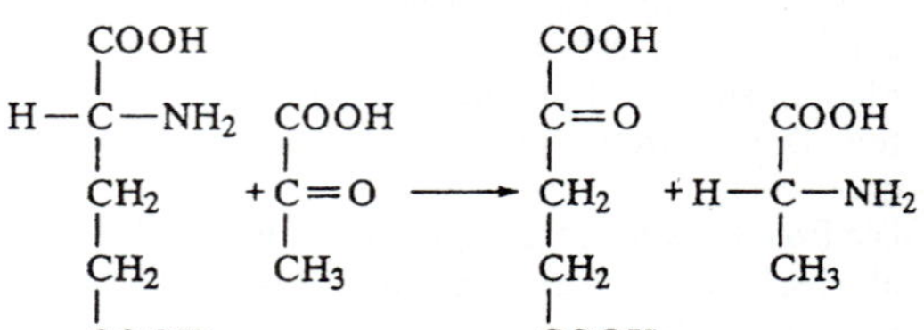

Glutamat Pyruvat α-Ketoglutarat Alanin

Decarboxylierung von Pyruvat führt zu Acetaldehyd:

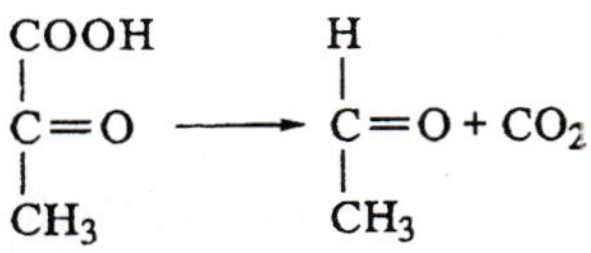

Pyruvat Acetaldehyd

Zu **(C):** Innerhalb der Brenztraubensäure kann ein Proton wandern, so daß sowohl eine Keto-Form als auch eine Enol- (= ungesättigter Alkohol) Form vorliegen kann. Beide Formen stehen dabei im Gleichgewicht miteinander.

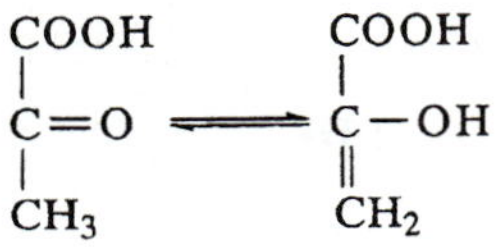

Keto-Form Enol-Form

Reagiert die Enol-Form mit Phosphorsäure, so bildet sich ein Phosphorsäureester aus, nämlich Phosphoenolpyruvat.
Zu **(B):** Enantiomere sind Stereoisomere, die sich wie Bild- und Spiegelbild verhalten; diese können sich jedoch nur beim Vorhandensein eines Chiralitätszentrums ausbilden. Ein solches besitzt Pyruvat nicht (Lösung (B)).

F94

Frage 7.105: Lösung D

Zu **(A)–(B):** Abgebildet ist die α-Ketoglutarsäure, die im Citratzyklus durch oxidative Decarboxylierung aus Isocitronensäure entsteht:

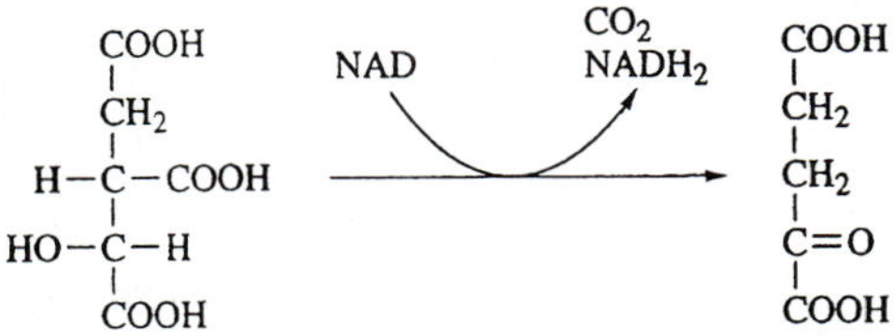

Isocitronensäure α-Ketoglutarsäure

Zu **(C):** Durch weitere oxidative Decarboxylierung entsteht Succinyl-CoA, ein Derivat der Bernsteinsäure:

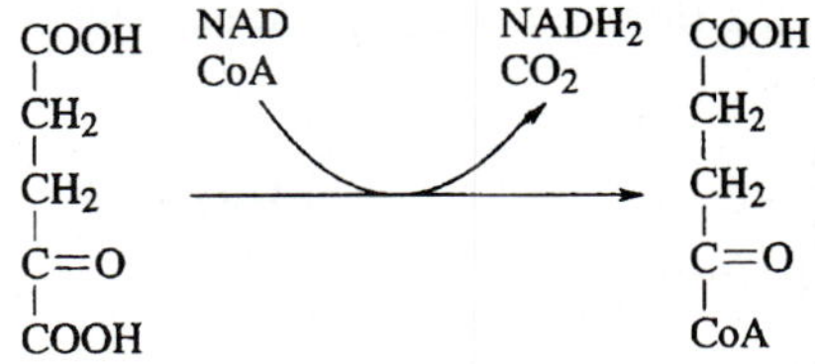

α-Ketoglutarsäure Succinyl-CoA

Zu **(D):** α-Ketoglutarsäure kann zu Glutaminsäure transaminiert werden, nicht jedoch zu Asparaginsäure!

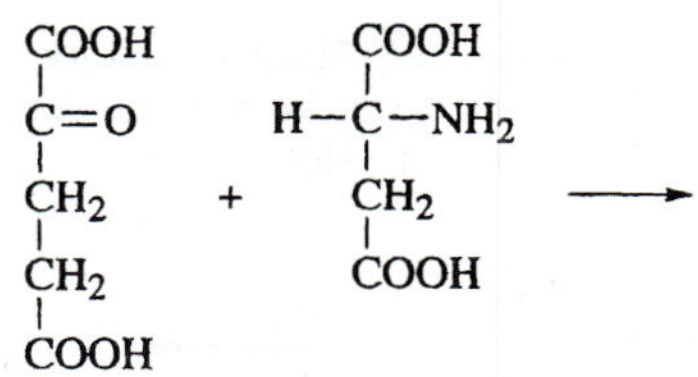

α-Ketoglutarat Aspartat

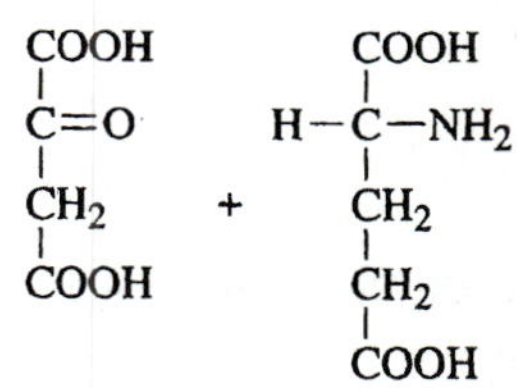

Oxalacetat Glutaminsäure

Zu **(E):** α-Ketoglutarsäure kann zu einer α-Hydroxyglutarsäure reduziert werden:

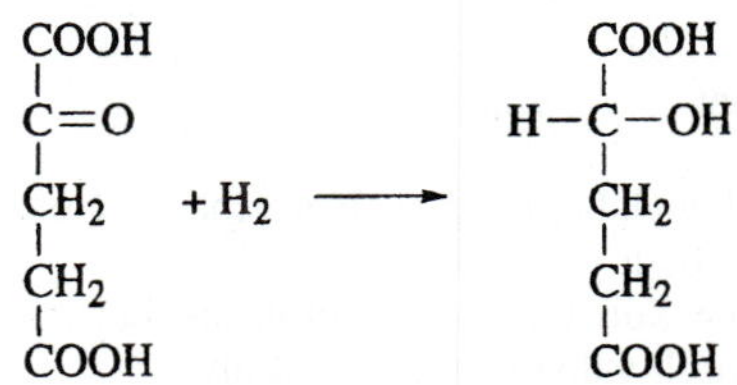

α-Ketoglutarsäure α-Hydroxyglutarsäure

F94

Frage 7.106: Lösung E

Zu **(A):** Die Substanz ist ein β-Ketoester. Hydrolyse führt zu C_2H_5OH (Äthanol) und Acetoacetat:

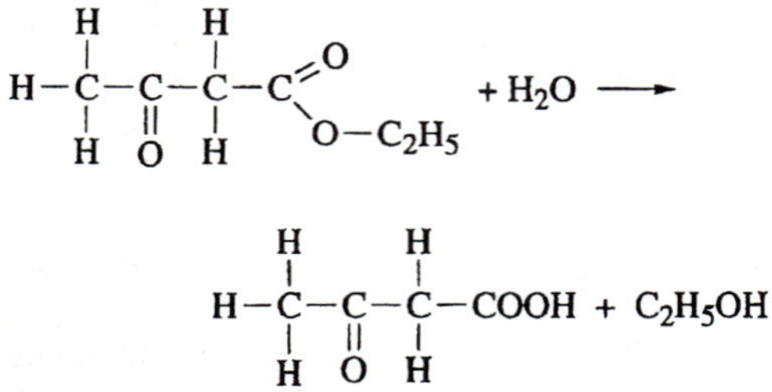

Acetoacetat Äthanol

Zu **(B):** Die H-Atome am α-C-Atom sind stark acid und damit leicht abspaltbar; es kommt zur Ausbildung einer Keto-Enol-Tautomerie:

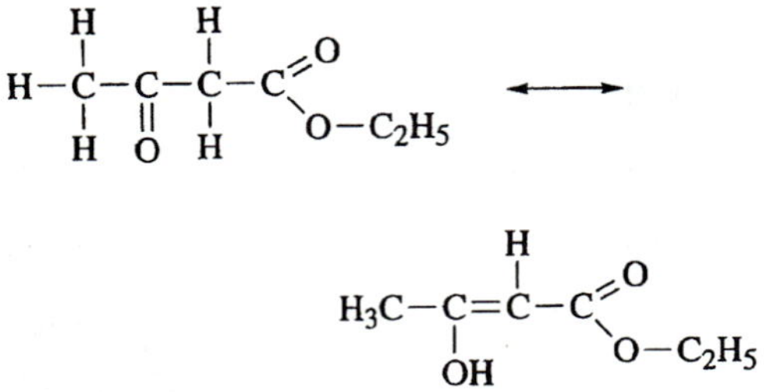

Zu **(C):** Decarboxylierung von Acetoacetat führt zu Aceton:

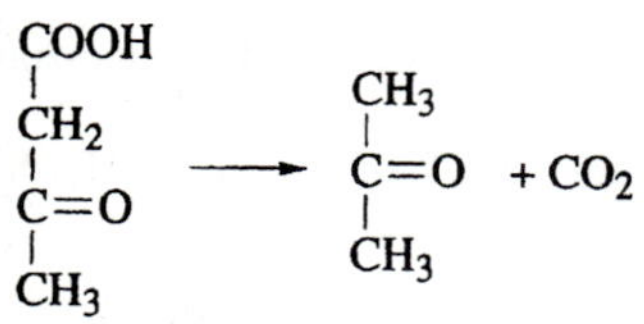

Acetoacetat Aceton

Zu **(D):** Phenylalanin wird zu Acetoacetat und Fumarat abgebaut.
Zu **(E):** Die Substanz ist achiral, sie besitzt kein asymmetrisch substituiertes C-Atom.

7.5.2 Redox-Reaktion von Hydroxy- und Ketocarbonsäuren

F94

Frage 7.107: Lösung E

Zu **(A)–(D):** Gezeigt ist die Oxidation von Milchsäure zu Brenztraubensäure. Diese Reaktion ist Teil der Gluconeogenese.

Milchsäure (Laktat)

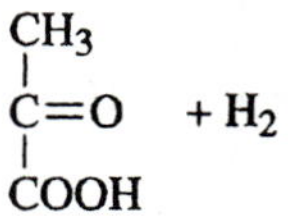

Brenztraubensäure (Pyruvat)

Das im Lactat vorhandene Chiralitätszentrum (*) geht dabei verloren.
Zu **(E):** Amide entstehen durch Reaktion von Säuren mit *Aminen*, den *Derivaten* des Ammoniaks (NH_3). Je nachdem, wieviel Wasserstoffatome substituiert sind, unterscheidet man primäre, sekundäre und tertiäre Amine.

7.5.3 Keto-Enol-Tautomerie

Keto-Enol-Tautomerie **VII.7**

Das Keto-Enol-Gleichgewicht oder die Keto-Enol-Tautomerie beobachtet man bei Ketonen, die in einen ungesättigten Alkohol umgewandelt werden können.

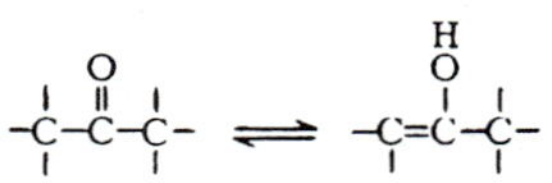

Diese beiden Formen stehen miteinander im Gleichgewicht.

Frage 7.108: Lösung C

Bei der angegebenen Verbindung handelt es sich um Barbitursäure, deren Salze, die Barbiturate, in der Pharmakologie als Schlafmittel Verwendung finden. Die Barbitursäure ist ein Derivat des Harnstoffs (dessen Derivate als Ureide bezeichnet werden), das Ureid der Malonsäure.

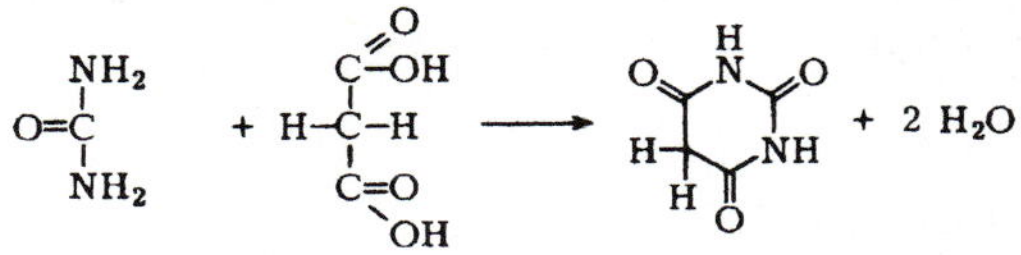

Harnstoff Malonsäure Barbitursäure

Wie die in der Frage angegebenen Formeln zeigen, kommt Barbitursäure in zwei verschiedenen Formen vor, die miteinander im Gleichgewicht stehen, also auch gleichen Oxidationsgrad haben.
Es liegt eine Keto-Enol-Tautomerie vor (siehe Formeln!). Da in das Ringsystem der Barbitursäure neben C- auch N-Atome eingebaut sind, bezeichnet man es als Heterocyclus. Dieser entspricht dem Ringsystem des Thymins, das beim Aufbau der DNA eine große Rolle spielt.

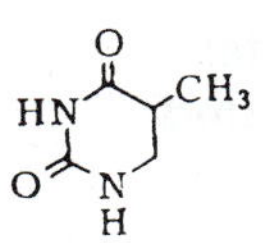

Thymin

Zu **(D):** Bestandteile eines Puffersystems sind schwache Säuren und ihr Salz oder schwache Basen und ihr Salz. Barbitursäure gehört als organische Säure zu den schwachen Säuren.

F88

Frage 7.109: Lösung A

Als Keto-Enol-Tautomerie bezeichnet man die Wanderung eines Protons innerhalb einer Verbindung. Uracil ist zur Ausbildung einer solchen Ketol-Enol-Tautomerie befähigt, wobei allerdings überwiegend die Keto- und kaum die Enol-Form vorliegt.

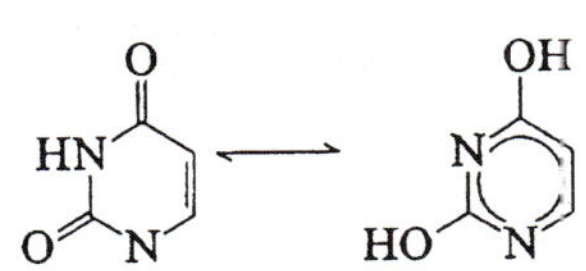

Uracil

Keto-Form Doppelte Enol-Form

F96

Frage 7.110: Lösung A

Zu **(B)–(E):** Dargestellt sind die Konstitutionsisomere eines Carbonsäureesters. Carbonsäureester zeichnen sich durch folgende typische Formation aus:

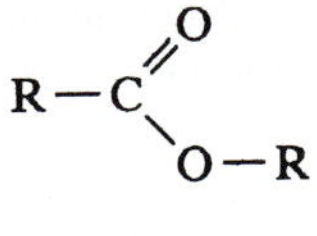

Die Verbindung ist zur Ausbildung einer Keto-Enol-Tautomerie befähigt. Durch Wanderung eines Protons innerhalb der Verbindung wird dabei die Keto-Form (Verbindung (1)) in einen ungesättigten Alkohol (Enol, Verbindung (2)) umgewandelt (vice versa).
Zu **(A):** Die Verschiebung von Bindungselektronen bezeichnet man als Mesomerie (z.B. Benzolring). Es gibt mehrere Möglichkeiten, die Elektronenverteilung mit einer Strukturformel darzustellen.

> **!** Merke: Mesomerie (Resonanz) bezeichnet den Zustand der „Elektronendelokalisation" z.B. für den Benzolring. Das bedeutet, daß man die Elektronenverteilung nicht allein mit einer Strukturformel beschreiben kann, sondern, daß es mehrere Möglichkeiten gibt. Keto-Enol-Tautomerie kommt hingegen durch intramolekulare Protonenwanderung zustande!

F90

Frage 7.111: Lösung D

Verbindung (1): Weinsäure
Verbindung (2): } Oxalessigsäure
Verbindung (3): }
Verbindung (4): Brenztraubensäure
Reaktion (1) → (2) zeigt die Dehydratisierung (Abspaltung von Wasser) von Wein- zu Oxalessigsäure.
Reaktion (3) → (4) zeigt Decarboxylierung (Eliminierung von CO_2) von Oxalessig- zu Brenztraubensäure.
Oxalessigsäure besitzt die Möglichkeit zur Ausbildung einer intramolekularen Keto-Enol-Tautomerie. Durch Wanderung eines Protons kommt es zur Umwandlung des ungesättigten Alkohols („en-ol"; Verbindung (2)) in die Ketoform (Verbindung (3)). Zwischen beiden Formen stellt sich ein Reaktionsgleichgewicht ein.
Bei Brenztrauben- und Oxalessigsäure steht die Ketogruppe in direkter Nachbarschaft zur COOH-Gruppe. Definitionsgemäß handelt es sich damit um α-Ketocarbonsäuren.

H92

Frage 7.112: Lösung B

Siehe Kommentar zu Frage 7.111.

F91

Frage 7.113: Lösung C

Zu **(A), (D)** und **(E):** Die Reaktion zeigt die Umwandlung von Citronensäure (1) in Isocitronensäure (2), eine Reaktion, die im Citratzyklus durch das Enzym Aconitase katalysiert wird. Beide Substan-

zen weisen je eine OH-(Hydroxy-) und drei COOH-(Carboxy-)Gruppen auf und sind dadurch Hydroxytricarbonsäuren.
Zu **(B):** Die Umwandlung der OH-Gruppe von einer tertiären in Citronensäure, dann in eine sekundäre und schließlich in Isocitronensäure hat die Bildung von zwei Chiralitätszentren in Form der C-Atome 2 und 3 zur Folge.
Zu **(C):** Die Ausbildung einer Keto-Enol-Tautomerie setzt das Vorhandensein einer Ketocarbonsäure voraus. Weder Citronensäure noch Isocitronensäure zählen dazu; sie können jedoch an der jeweiligen OH-Gruppe zu β- bzw. α-Ketocarbonsäuren oxidiert werden.

F92

Frage 7.114: Lösung B

Zu **(A):** Dehydrierung (=Oxidation) von Ascorbinsäure liefert Dehydroascorbinsäure.
Zu **(B):** Keto-Enol-Tautomerie bezeichnet eine Isomerieform, bei der zwei Formen einer Verbindung durch intramolekulare Protonenwanderung und Bindungsverschiebung ineinander umwandelbar sind. Eine solche liegt hier nicht vor.
Zu **(C)–(E):** Lactone stellen intramolekulare Ester zwischen einer Alkohol- und einer Carbonsäuregruppe dar. Beide gezeigten Verbindungen sind Lactone; ebenso enthalten beide am C-Atom Nr. 1 eine primäre Alkoholgruppe.
Aussagen zur Stereochemie lassen sich den Abbildungen nicht entnehmen.
Bemerkung: Schwierige Frage, die richtige Antwort (B) wählten nur 21% aller Kandidaten.

H97

Frage 7.115: Lösung E

Zu **(A)–(C):** Die Reaktion zeigt die Addition von H_2O an Fumarsäure. Es entsteht L-Malat (Äpfelsäure) mit einem Chiralitätszentrum an C-Atom 2. Die Umsetzung von Fumarat zu L-Malat ist Teil des Citratzyklus.
Zu **(D):** Der pK_S-Wert der Fumarsäure beträgt 4,5 und der pK_S-Wert der Äpfelsäure liegt bei 3,4.
Zu **(E):** Keto-Enol-Tautomerie beobachtet man bei Ketocarbonsäuren; dabei steht die Keto-Form mit einem ungesättigten Alkohol im Gleichgewicht. Weder Fumar- noch Äpfelsäure gehören zu den Ketocarbonsäuren.

7.5.4 Decarboxylierung

F86

Frage 7.116: Lösung C

Bei einer Decarboxylierung wird CO_2 abgespalten. Ketosäuren gehen durch Erhitzen mit Säure verhältnismäßig leicht in die entsprechenden Aldehyde über. Das abgebildete Molekül ist Acetaldehyd, das aus Brenztraubensäure nach folgender Formel entsteht:

Brenztraubensäure Acetaldehyd

7.6 Organische Derivate der Phosphor-, Schwefel- und Kohlensäure

H82

Frage 7.117: Lösung E

Es gibt sehr viele Moleküle, deren Bindungszustand sich nicht durch eine einzige Valenzbindungsformel beschreiben läßt. Ihr Molekülzustand ist als ein Zwischenzustand zweier oder mehrerer Grenzformeln aufzufassen. Diesen Zwischenzustand bezeichnet man als Resonanzhybrid oder mesomere Form.
Mesomerie tritt sowohl bei anorganischen als auch bei organischen Verbindungen auf, z. B.:

N_2O

oder die in der Aufgabe angegebene Mesomerie der Phosphorsäure:

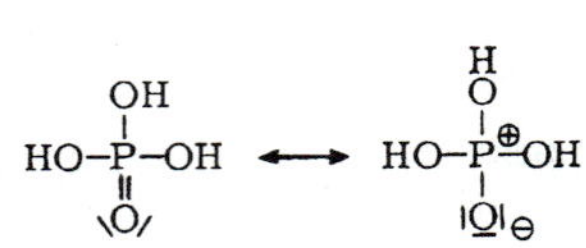

Mesomerie des Benzol:

H92

Frage 7.118: Lösung C

Zu **(A)–(E):** Die dreiprotonige Phosphorsäure ist in der angegebenen Strukturformel richtig wiedergegeben. Ihre pK-Werte lauten:

$pK_{S_1} = 1{,}96$ $pK_{S_2} = 7{,}21$ $pK_S3 = 12{,}32$

Die Aussagen (D) und (E) treffen beide zu.

> **!** Merke: Es gilt immer: $pK_{S_1} < pK_{S_2} < \ldots$

H91

Frage 7.119: Lösung D

Zu **(A)–(B):** Phosphorsäure hat die Summenformel H_3PO_4 und damit die relative Molmasse von 98. Die Oxidationszahl des P ist +5, da die des Sauerstoffs –2 und die des Wasserstoffes +1 beträgt.
Zu **(C)–(D):** Phosphorsäure ist eine dreiprotonige Säure, nach Abgabe aller Protonen ist die Oxidationszahl des resultierenden Anions –3.
Zu **(E):** Die Löslichkeit des Calciumphosphates ist abhängig von der Gitterstruktur, der Dielektrizitätskonstanten des Lösungsmittels, dem Solvationsvermögen und dem pH-Wert. In Wasser ist Calciumphosphat schlecht lösbar; erhöht man durch Zusatz starker Mineralsäuren die H^+-Ionen-Konzentration in der Lösung, so bildet das wenige gelöste Phosphation mit dem H^+-Ion undissoziierte Phosphorsäure. Die Phosphationenkonzentration erniedrigt sich dadurch und neues Phosphat geht aus dem festen Calciumphosphat in Lösung.

H84

Frage 7.120: Lösung D

Sulfonsäureamide entstehen durch Substitution einer OH-Gruppe der Sulfonsäure durch eine Aminogruppe:

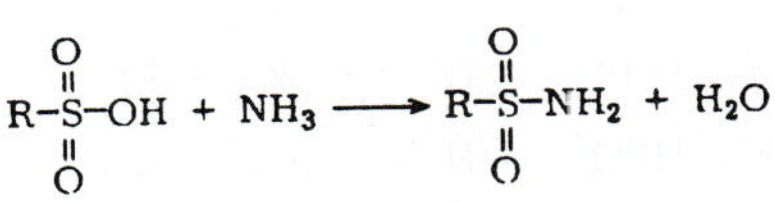

Zu **(A):** Cystein
Zu **(B):** 3-Mercapto-propionamid
Zu **(C):** 4-Sulfanilsäure (p-Aminobenzolsulfonsäure)
Zu **(D):** Benzolsulfamid
Zu **(E):** Thiazol

F87

Frage 7.121: Lösung C

Zu **(A), (D)** und **(E):** Harnstoff, das Diamid der Kohlensäure, wird im Harnstoffzyklus aus NH_3 und CO_2 unter Verbrauch von 4 Mol ATP (pro Mol Harnstoff) synthetisiert. Dabei spaltet das Enzym Arginase aus Arginin Harnstoff (über das Zwischenprodukt Isoharnstoff) ab.

Zu **(B):** Die Hydrolyse von Harnstoff liefert:

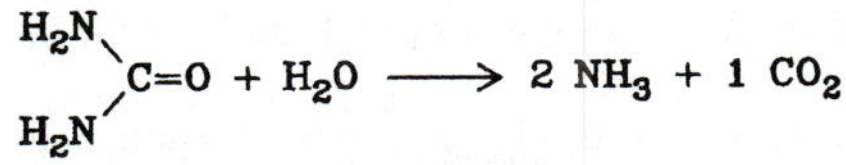

Zu **(C):** Amide reagieren neutral, Amine basisch.

H83

Frage 7.122: Lösung E

Phosgen 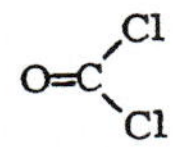 ist das Dichlorid der Kohlensäure 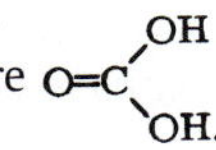

Es entsteht durch Reaktion von CO (nicht CO_2!) und Cl_2. Es ist hochgiftig und wurde als Kampfgas benutzt.
Zu **(C):**

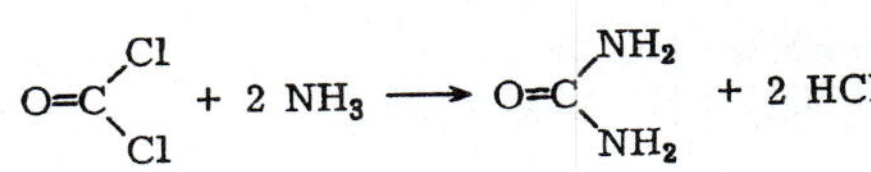

Harnstoff

Zu **(D):**

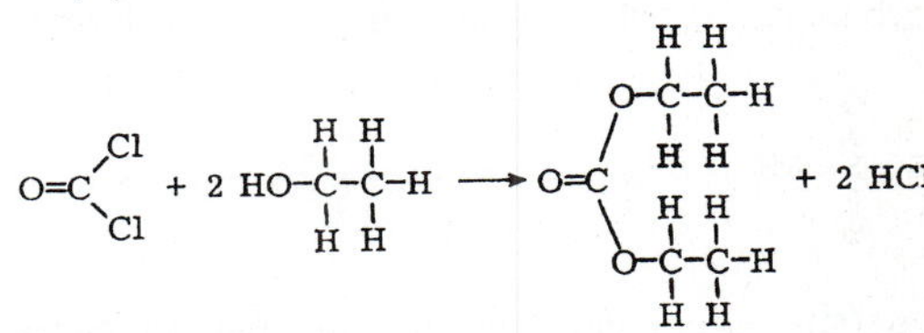

Ethanol Diester

Zu **(E):** Die Hydrolyse von Phosgen ergibt neben Kohlensäure Salzsäure.

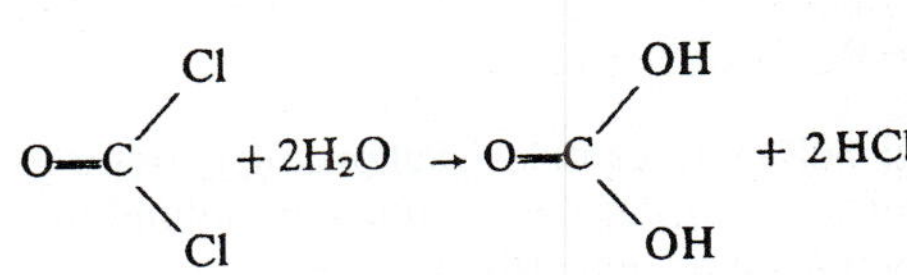

H87

Frage 7.123: Lösung C

CO_2

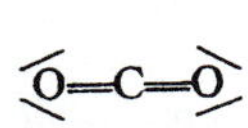

Zu **(A):** Bei ungesättigten Kohlenwasserstoffen (Alkenen) liegen C—C-Doppelbindungen vor. Hierbei gehen zwei sp^2-hybridisierte C-Atome eine π-Bindung und eine σ-Bindung ein. Die π-Bindung ent-

steht durch Wechselwirkung zwischen zwei p-Orbitalen, die senkrecht auf der Ebene der sp^2-Hybridorbitale stehen. Analoges gilt für C=O- und C=N-Bindungen.
Zu **(B):** Kohlendioxid besitzt polare Bindungen, aber keinen Dipolcharakter. Die beiden Bindungspolaritäten sind sich entgegengesetzt und heben sich gegenseitig auf, da CO_2 linear gebaut ist.
Zu **(C):** CO_2 ist das Anhydrid der Kohlensäure H_2CO_3, das Anhydrid der Ameisensäure ist CO!
Zu **(D):** $CO + \frac{1}{2}\,O_2 \rightarrow CO_2$.
Zu **(E):** Isotope des C: $^{12}_{6}C$ ~ 98,9% Häufigkeit
$^{13}_{6}C$ ~ 1,1% Häufigkeit
$^{14}_{6}C$ ~ sehr geringe Häufigkeit
Die Isotope zeigen gleiches chemisches Verhalten. Im natürlichen CO_2 ist also auch $^{13}_{6}C$ enthalten.

F95

Frage 7.124: Lösung E

Zu **(A)–(B):** Abgebildet ist die zweiprotonige Schwefelsäure; es gilt:

$H_2SO_4 \rightarrow HSO_4^- + H^+ \quad pK_{S1} = -3$
$HSO_4^- \rightarrow SO_4^{2-} + H^+ \quad pK_{S2} = 1{,}92$

Zu **(C):** Sulfonsäuren entstehen durch Reaktion von H_2SO_4 mit Aromaten oder Thioalkoholen. In diesen Verbindungen ist der Schwefel direkt an Kohlenstoff gebunden, sie haben die allgemeine Strukturformel:

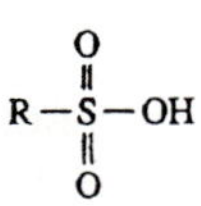

Zu **(D):** Diester der Schwefelsäure mit Alkoholen haben die folgende allgemeine Strukturformel:

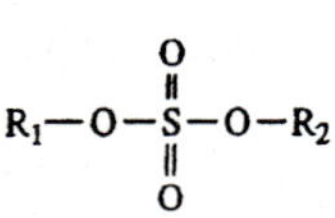

Zu **(E):** Sulfonsäureamide („Sulfonamide") entstehen durch Ersatz der OH-Gruppe der Sulfonsäuregruppierung durch eine NH_2-Gruppe:

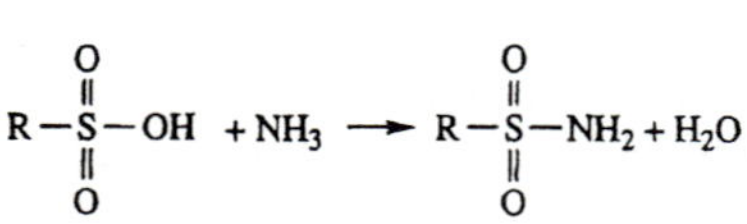

Sulfonsäure **Sulfonamid**

Die gezeigte Verbindung ist also kein Sulfonamid, sondern, wie auch Verbindung (C), eine Sulfonsäure.

F96

Frage 7.125: Lösung C

Zu **(1):** Verbindung (1) ist eine Sulfonsäure; sie entsteht durch Reaktion der Schwefelsäure mit Aromaten oder Thioalkoholen. In diesen Verbindungen ist der Schwefel direkt an Kohlenstoff gebunden.
Zu **(2), (3):** Verbindung (2) ist ein Ester der Schwefelsäure mit der dafür charakteristischen Gruppierung:

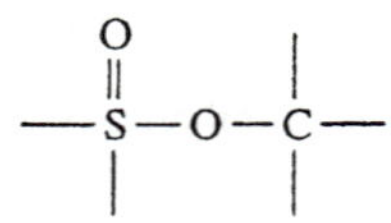

Ester entstehen bei der Reaktion von Säuren mit Alkoholen unter Abspaltung von Wasser. Spaltung (Hydrolyse, „Verseifung") eines Esters führt dann wieder zu den Ausgangsprodukten.
Zu **(4):** In Anbetracht der 3 mit dem Schwefel verbundenen stark elektronegativen Sauerstoffatome, haben beide Verbindungen eine hohe Neigung zur Protonenabgabe; sind entsprechend also starke Säuren.

F97

Frage 7.126: Lösung D

Zu **(A):** Die Phosphorsäure H_3PO_4 ist eine mehrprotonige Säure, die bei der Dissoziation drei Protonen in drei Stufen abgeben kann. Dabei entstehen als Phosphorsäureanionen $H_2PO_4^-$, HPO_4^{2-} und PO_4^{3-}. Sowohl bei $H_2PO_4^-$ als auch bei HPO_4^{2-} ist Protonenaufnahme und Protonenabgabe möglich – es handelt sich um Ampholyte.
Zu **(B)–(D):** Die Phosphorsäure weist je nach Dissoziationsstufe die folgenden pKs-Werte auf:

$$H_3PO_4 \rightleftharpoons H_2PO_4^- + H^+ \qquad pK_{S1} = 2{,}1$$
$$H_2PO_4^- \rightleftharpoons HPO_4^{2-} + H^+ \qquad pK_{S2} = 7{,}2$$
$$HPO_4^{2-} \rightleftharpoons PO_4^{3-} + H^+ \qquad pK_{S3} = 12{,}4$$

HPO_4^{2-} ist damit die konjugierte Base zu $H_2PO_4^-$. Liegen beide in gleicher Konzentration vor, so erhält man eine Dihydrogenphosphat-Hydrogenphosphat-Pufferlösung mit einer optimalen Pufferkapazität bei pH 7,2. Diese Pufferlösung liefert ca. 1% der Gesamtpufferlösung im Blut.
Zu **(E):** Titriert man Phosphorsäure mit NaOH, so gelangt man im Bereich der zweiten Dissoziationsstufe in der Tat an den Punkt, an dem die genannten Anionen ($H_2PO_4^-$ und HPO_4^{2-}) in der gleichen Konzentration vorliegen, d.h. genau die Hälfte von $H_2PO_4^-$ wurde mit NaOH umgesetzt. Die Konzentration des Salzes entspricht damit der der Säure und

entsprechend der Henderson-Hasselbalch-Gleichung:

$$pH = pK + \ln \frac{[Salz]}{[Säure]} \Rightarrow pH = pK = 7{,}2.$$

Genau an diesem Punkt liegt demnach das Pufferungsplateau der zweiten Dissoziationsstufe; hier kann aus der Titrationskurve direkt die entsprechende Dissoziationskonstante abgelesen werden.

H97

Frage 7.127: Lösung D

Zu **(A)–(C):** Harnstoff und Guanidin sind Derivate der Kohlensäure:

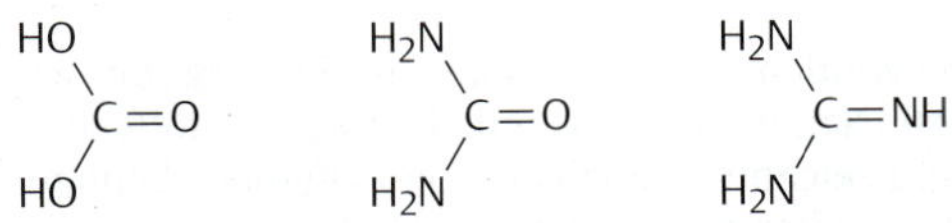

Kohlensäure Harnstoff Guanidin

Als polare Verbindungen sind sowohl Harnstoff als auch Guanidin wasserlöslich. Guanidinlösungen haben basischen Charakter; Harnstoff als *Diamid* der Kohlensäure reagiert neutral.
Zu **(D):** Im Ornithin ist kein Harnstoffrest vorhanden:

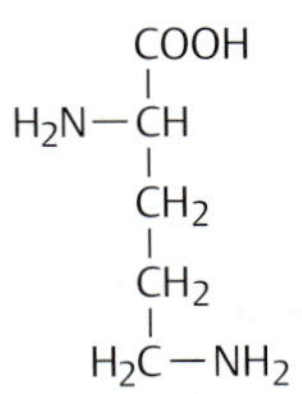

Zu **(E):** Biotin (Vitamin H) ist formal ein zyklisches Harnstoffderivat mit folgender Strukturformel:

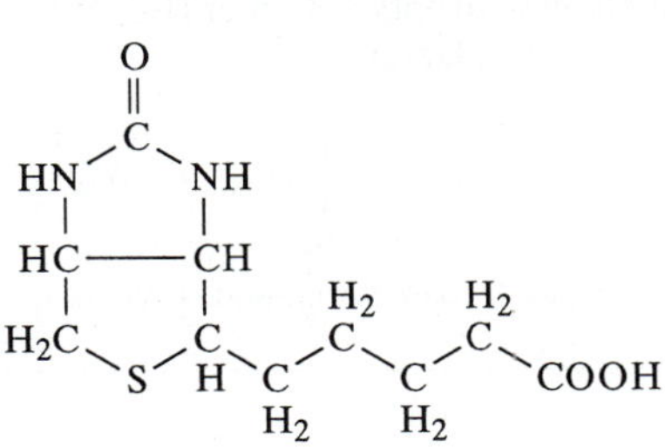

Biotin

7.7 Kommentare aus Examen Herbst 1998

H98 **!**

Frage 7.128: Lösung E

Zu **(A)–(E):** Bei der alkalischen Esterhydrolyse werden OH^--Ionen verbraucht, bei der sauren Esterhydrolyse haben die Protonen nur katalysierende Funktion; sie senken die Aktivierungsenergie der Reaktion.
Im Unterschied zur säurekatalysierten Esterhydrolyse, die ein reversibler Vorgang ist, ist die alkalische irreversibel (→ Aussage (E) falsch).

H98 **!**

Frage 7.129: Lösung D

Zu **(A)–(B):** Abgebildet ist Acetessigsäure. Dehydrierung von β-Hydroxybuttersäure führt zu Acetessigsäure, Decarboxylierung von Acetessigsäure dann zu Aceton:

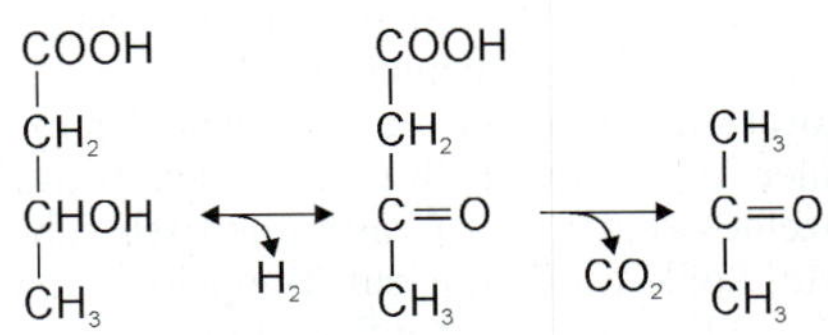

β-Hydroxybuttersäure Acetessigsäure Aceton

Zu **(C):** Bei Diabetes mellitus sind sowohl der Zuckerabbau als auch der Citratzyklus gestört, es kommt zum Aufstau von Acetessigsäure. Acetessigsäure wird entweder direkt oder nach Metabolisierung als β-Hydroxybuttersäure oder Aceton im Harn ausgeschieden. Die Decarboxylierung zu Aceton ist dabei irreversibel.
Zu **(D):** β-Alanin entsteht durch Übertragung einer α-Aminogruppe („Transaminierung") von Glutamat auf *Pyruvat*. Neben Alanin wird dabei noch α-Ketoglutarat gebildet.
Zu **(E):** Bei der *Keto-Enol-Tautomerie* stehen zwei Formen einer Verbindung, die durch Protonenwanderung und Bindungsverschiebung ineinander umwandelbar sind, miteinander im Gleichgewicht. Acetessigsäure ist als β-Ketocarbonsäure dazu in der Lage:

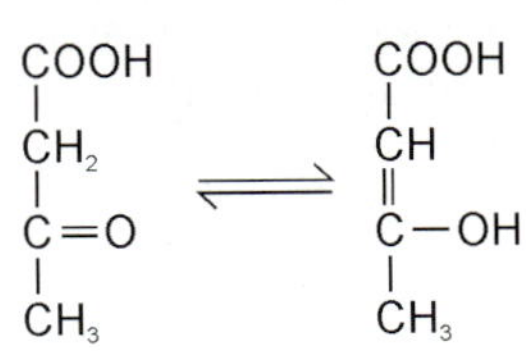

Ketoform Enolform

8 Isomerie organischer Verbindungen

8.1 Konstitution, Konformation, Konfiguration

Konstitution, Konformation, Konfiguration — VIII.1

Stereoisomere unterscheiden sich in ihrer dreidimensionalen Struktur, nicht aber in der Art, wie die einzelnen Atome miteinander verknüpft sind.
Konstitution gibt die Art und Reihenfolge der in einem Molekül vorhandenen Atome und Bindungen an. Die Ausrichtung der Atome im Raum wird dabei nicht berücksichtigt.
Konformation gibt die genaue sterische Anordnung aller Atome wieder, einschließlich der unterschiedlichen Drehmöglichkeiten um Einfachbindungen. Graphische Darstellungsmöglichkeiten von Konformationsisomeren sind die „Sägebockformel" und die Newman-Projektion.
Konfiguration beschreibt die räumliche Anordnung aller Atome innerhalb eines Moleküls um ein einzelnes Zentrum (z.B. asymmetrisch substituiertes Kohlenstoffatom, eine Doppelbindung oder ein Ringsystem). Konfigurationsisomere sind z.B. cis-trans-Isomere, Enantiomere und Diastereomere.
Zum Nachschlagen von Details sei an dieser Stelle auch einmal auf das Kurzlehrbuch verwiesen.

H96

Frage 8.1: Lösung E

Zu **(A):** Ether haben die charakteristische Struktur $R_1—O—R_2$. Verbindung (2) ist ein solcher.
Zu **(B):** Die Verbindungen sind Konstitutionsisomere, sie haben beide die Summenformel C_7H_7OH.
Zu **(C)–(D):** Phenole entstehen durch Substitution eines Wasserstoffatoms an einem aromatischen Ring durch eine Hydroxygruppe. Phenole sind schwache Säuren. Verbindung (1) ist ein Phenol; entsprechend ist mit NaOH eine Salzbildung möglich.
Zu **(E):** Nur die an einer C=C-Doppelbindung beteiligten C-Atome sind sp^2-hybridisiert. Die C-Atome der Einfachbindungen sind sp^3-hybridisiert.

Aldehyde – Ketone – Acetale – Ketale — VIII.2

Aldehyde haben die Struktureinheit

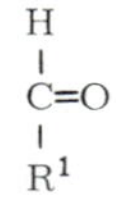

Sie werden durch Anhängen der Endung „al" an den Namen des Grundkohlenwasserstoffs gekennzeichnet.
Ketone haben die Struktureinheit

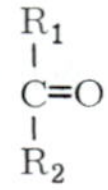

Sie werden durch Anhängen der Endung „on" an den Namen des Grundkohlenwasserstoffs gekennzeichnet. Aldehyde und Ketone können H_2O addieren. Es entstehen Hydrate.

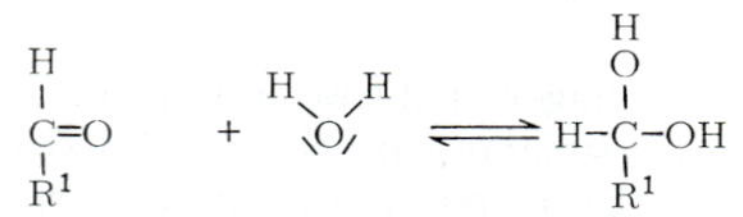

Aldehyd + Wasser ⇌ Hydrat

Entsprechend können Aldehyde und Ketone mit Alkohol reagieren.

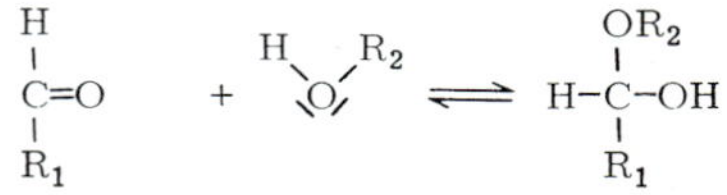

Aldehyd + Alkohol ⇌ Halbacetal

Das entstandene Reaktionsprodukt bezeichnet man als Halbacetal (Halbketal). Reagiert nun dieses Halbacetal (Halbketal) mit einem weiteren Molekül Alkohol, so entsteht unter H_2O-Austritt ein Vollacetal (Vollketal).

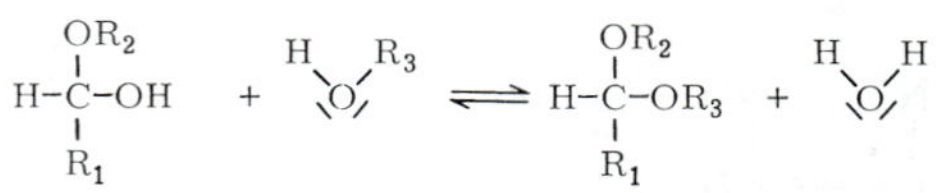

Halbacetal + Alkohol ⇌ Vollacetal + Wasser

F97

Frage 8.2: Lösung D

Zu **(A):** Siehe Lerntext VIII.2.
Zu **(B):** Chiralitätszentren sind asymmetrisch substituierte C-Atome, d.h. C-Atome mit vier unter-

schiedlichen Substituenten. Dies liegt bei allen Verbindungen vor.
Zu **(E):** Die Konstitution eines Moleküls wird durch die Strukturformel beschrieben. Man kann also die Reihenfolge und die Art der Atome erkennen, erhält aber keine Angabe über deren Stellung im Raum. Konfigurationen eines Moleküls werden durch Keilformel und Fischer-Projektion beschrieben. Sie geben Auskunft über die räumliche Stellung

a) der Substituenten an einer Doppelbindung (cis-trans),
b) vier verschiedener Substituenten an einem C-Atom (Chiralität) oder
c) der Substituenten an einem Ringsystem.

Konformationen eines Moleküls sind z. B. Zick-Zack-Ketten, Sessel- oder Wannenform. Verschiedene Konformationsisomere eines Moleküls unterscheiden sich in ihrem Energiegehalt, können aber aufgrund der bei Einfachbindungen vorliegenden freien Drehbarkeit der Atome um die Bindungsachse ineinander überführt werden. Natürlich kann man aus der Darstellung der Sesselkonformation der Verbindung auch erkennen, welche Atome ober- oder unterhalb der „Sitzfläche" liegen, also Aussagen bezüglich der Konfiguration machen. Die Strukturformel der Verbindung (1) erlaubt aber nur Aussagen über die Konstitution des Moleküls.
Zu **(C):** (2) ist die Fischer-Projektion der L-Milchsäure. Zur Fischer-Projektion kommt man über die Keilformeln. Nach Fischer symbolisieren die senkrechten Striche die nach hinten gerichteten Bindungen, die waagerechten die vor der Papierebene gelegenen.
Zu **(D):** Formel (1) kennzeichnet die Konstitution des Alanins! Glycin:

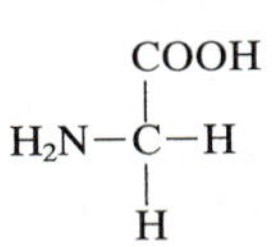

H97

Frage 8.3: Lösung E

Zu **(A)–(C):** Dem Formelbild kann man Konstitution, Konfiguration und Konformation entnehmen.
Zu **(D):** Durch Bildung des zyklischen Halbacetals wird bei der Glucose das C_1-Atom asymmetrisch, daher sind die folgenden zwei räumlichen Anordnungen, auch als Anomere bezeichnet, möglich:

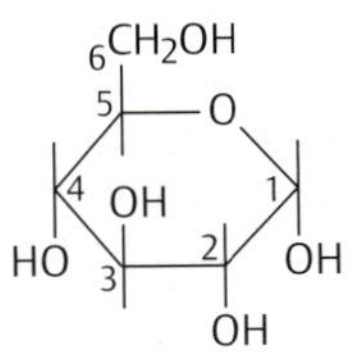

α-D-Glucose

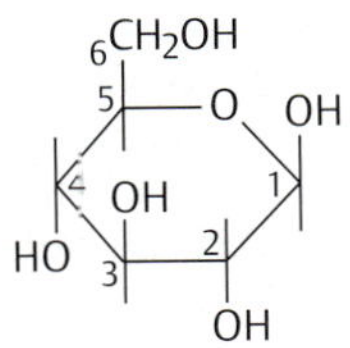

β-D-Glucose

Zu **(E):** Die OH-Gruppe am C_6 ist eine primäre Alkoholgruppe, da das C_6 lediglich an ein weiteres C-Atom gebunden ist!

F93

Frage 8.4: Lösung D

Zu **(A)–(E):** Abgebildet sind die beiden Zwischenprodukte der Glykolyse, D-Glycerinaldehyd-3-phosphat (links) und 2-Phosphoenolpyruvat. Beide Verbindungen haben unterschiedliche Summenformeln und können daher nicht Diastereomere, Konfigurationsisomere oder Konformere sein.
Bei pH = 7 weisen beide an den Phosphatresten und der Carboxylgruppe Ladungen auf.

8.4 Konformere

F84

Frage 8.5: Lösung A

Zu **(A):** Man benötigt bei der Umwandlung der Sessel- in die Wannenkonformation beim Cyclohexan ca. 29 kJ/Mol; d. h. wir haben es hier mit einem endergonen Vorgang zu tun.
Die Sesselform ist stabiler als die Wannenform, denn bei der ersteren haben die C-Atome und die an sie gebundenen H-Atome einen größeren Abstand voneinander.
Zu **(B):** Cholesterin hat die folgende Strukturformel:

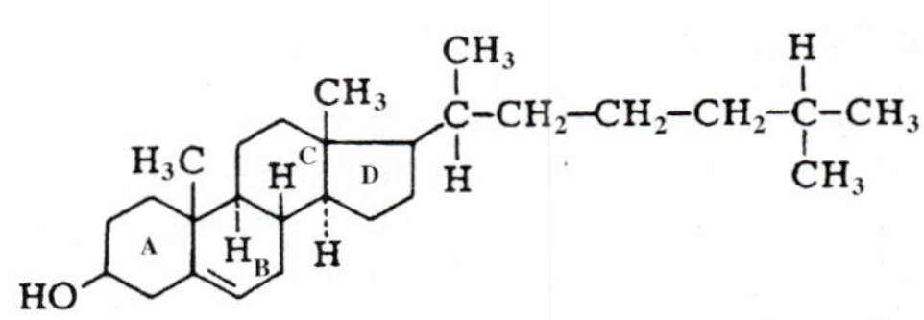

Die Ringe A und C stellen Cyclohexanringsysteme dar, die wegen der damit verbundenen größeren Stabilität in der Sesselform vorliegen.
Zu **(C):** Stehen die Substituenten senkrecht auf der durch die C-Atome der „Sitzfläche" der Sesselkonformation bzw. „Bodenfläche" der Wannenkonformation gedachten Ebene, so spricht man von einer axialen, andernfalls von einer äquatorialen Stellung.
Zu **(E):** Pyranosen sind *Zucker*, die 6 Ringglieder haben. Man unterscheidet bei der Glucose z. B. eine Sessel- und eine Wannenkonformation.
Hexosen besitzen 6 C-Atome (bitte nicht verwechseln).

H91

Frage 8.6: Lösung E

Zu **(A)–(C):** Verbindung (1) ist Benzpyren, (2) ist ein Phenol. Aufgrund der zusätzlichen Hydroxygruppe ist Verbindung (2) etwas polarer und damit in Wasser besser als Benzpyren lösbar. Beide Verbindungen sind mesomeriestabilisiert, d.h. zur Resonanz befähigt. Beim Benzol bilden die p_z-Orbitale eine gemeinsame Elektronenwolke aus.
Zu **(D):** Benzpyren gilt als der Prototyp der sogenannten polycyclischen aromatischen Kohlenwasserstoffe, wobei sein intrazellulärer Metabolismus auch am weitestgehenden aufgeklärt ist. Durch MFOS (mischfunktionelle Oxidasen) und andere Enzyme entstehen dann eine Vielzahl, z.T. auch kanzerogener Verbindungen.
Zu **(E):** Bei aromatischen Systemen liegen alle C-Atome in der Ebene von σ-Bindungen; sie sind damit eben gebaut. Die Ausbildung von Konformationsisomeren, wie z.B. Sessel- oder Wannenform, setzt die freie Drehbarkeit um Einfachbindungen voraus. Im übrigen ließe die gewählte Darstellungsweise keine Aussagen über die etwaig vorliegende Molekülkonformation zu.

> ! Merke: Resonanz bzw. Mesomerie ist definiert als die Fähigkeit eines Moleküls zur intramolekularen Elektronendelokalisation.

Frage 8.7: Lösung E

Es handelt sich hier um zwei Newman-Projektionen des n-Butans in unterschiedlichen Konformationen.
Zu **(A)–(B):** Newman-Projektionen werden verständlich, wenn man folgendes beachtet: Sie dienen der Beschreibung der Konformationsisomere, die aufgrund der freien Drehbarkeit um Einfachbindungen entstehen.
Man blickt an der Achse der Einfachbindung entlang, z.B. beim Butan

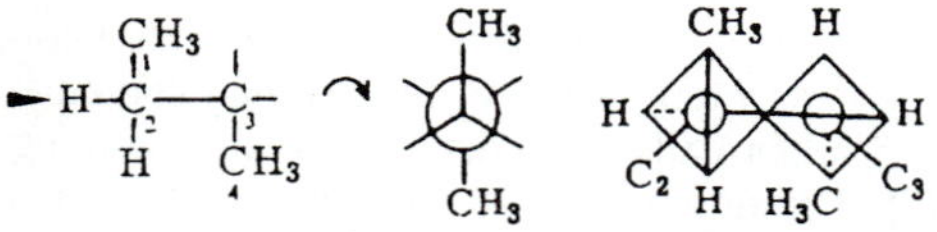

in Richtung des C-Atoms Nr. 3;

schaut man auf das C-Atom Nr. 2 in Richtung des C-Atoms Nr. 3. Die C-Atome Nr. 1 und Nr. 4 sind als Methylgruppen nach oben bzw. unten gezeichnet. Weiter erkennt man die H-Atome der C-Atome Nr. 2 und Nr. 3.

Zu **(C):** Beide Verbindungen haben die gleiche Strukturformel, also gleiche Konstitution.
Zu **(D):** (1) ist stabiler (energieärmer) als (2), da bei (1) die Atome größtmöglichen Abstand voneinander haben, d.h. sie bilden geringere Wechselwirkungen miteinander aus. Außerdem sind die voluminösen Methylgruppen trans-ständig angeordnet.
Zu **(E):** n-Butan besitzt kein Chiralitätszentrum, kann folglich auch keine Diastereomere ausbilden.

H95

Frage 8.8: Lösung E

Gezeigt ist die Konformationsumwandlung des Cyclohexans (Summenformel C_6H_{12}). Die Umwandlung der Sessel- (1) in die Wannenkonformation (2) benötigt ca. 25 kJ/Mol. Bei Zimmertemperatur steht die stabilere Sesselform mit der instabileren Wannenform im Gleichgewicht.

H92

Frage 8.9: Lösung A

Konformere sind Moleküle, deren Atomanordnungen sich durch Drehung um σ-Bindungen ineinander umwandeln lassen.
Zu **(A):** Verbindung (4) zeigt die Umklappungskonformere der Sesselform am Beispiel des Dimethylcyclohexans. Die linke Abbildung ist die sogenannte a,a-Form; die Methylgruppen sind axial angeordnet (eine zeigt nach oben, die andere nach unten).
In der rechten Abbildung ist eine Methylgruppe axial, die andere äquatorial (in der ungefähren Ebene des Cyclohexan-Ringes) ausgerichtet; es handelt sich um die a,e-Form.
Zu **(B)–(E):** Verbindungspaar (1) unterscheidet sich lediglich durch Drehung des gesamten Moleküls um 180 Grad. Die Verbindungspaare (2), (3) und (5) stellen Konstitutionsisomere dar, lediglich die Summenformel ist gleich; sie sind nicht spontan ineinander überführbar.

8.5 Konfigurationsisomere

8.5.1 Cis-trans-Isomere

F86

Frage 8.10: Lösung C

Zu **(A):** Cis-trans-Isomerie bildet sich aus bei Molekülen mit Doppel- oder Ringbildungen. Bei der cis-Form stehen die benachbarten Atome oder Atomgruppen auf der gleichen Molekülseite, während sie bei der trans-Form auf verschiedenen Seiten stehen.

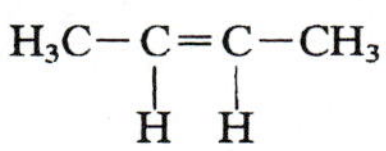

cis-Form

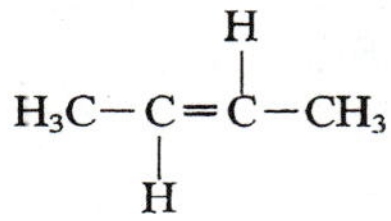

trans-Form

Zu **(B):** Alkene leiten sich von den Alkanen ab und haben in ihrem Molekül zwei Wasserstoffatome weniger als das entsprechende Alkan. Zwischen zwei Kohlenstoffatomen besteht eine Doppelbindung.

Zu **(C):** Durch Wasseranlagerung entsteht 2-Butanol, ein sekundärer Alkohol. Isomere existieren nicht.

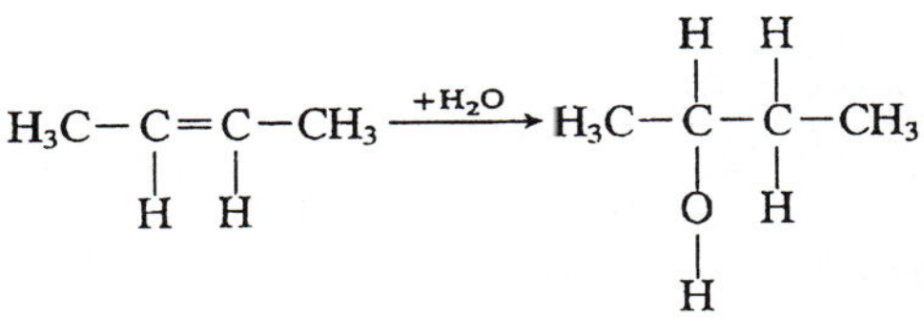

Zu **(D):**

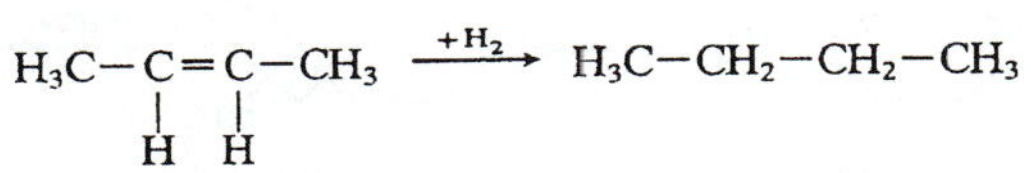

Zu **(E):** Die Hydroxylgruppe des Alkohols ist aufgrund der unterschiedlichen Elektronegativität sehr stark polarisiert.

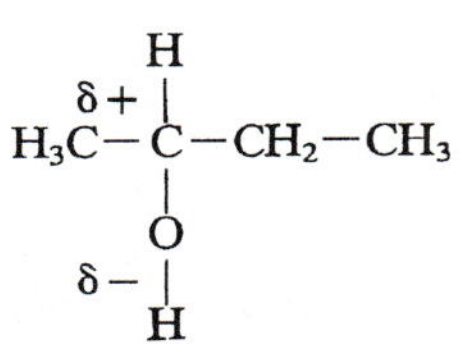

> **!** Merke zur Nomenklatur: Die Bezeichnung des Alkens geschieht durch Auswahl der längsten Kohlenwasserstoffkette, die die Doppelbindung enthält. Bei der Numerierung dieser Kette sollen die doppelt gebundenen C-Atome möglichst niedrige Zahlen haben. Die Ziffer des C-Atoms, von dem die Doppelbindung ausgeht, schreibt man vor den Namen des Alkens. Also: 2-Buten.

F87

Frage 8.11: Lösung E

Zu **(A)–(B):** Die abgebildete Reaktion zeigt die Dehydratisierung von Citronensäure, eine Eliminationsreaktion.

Zu **(C):** Weder Verbindung (1) noch Verbindung (2) weisen ein Chiralitätszentrum auf.

Zu **(D):** Als Hydroxycarbonsäure weist Citronensäure keine Ketongruppierung auf und ist damit auch nicht zur Keto-Enol-Tautomerie befähigt.

Zu **(E):** Cis-trans-Isomere treten bei Verbindungen mit einer C=C-Doppelbindung auf, dabei ist das Vorhandensein je eines Substituenten an den bei der Doppelbindung beteiligten C-Atomen (z. B. wie hier bei Verbindung (2)) Voraussetzung.

H87

Frage 8.12: Lösung E

Zu **(A)–(B):** Die Abbildung zeigt die Umwandlung des 11-cis-Retinals in das all-trans-Retinal; diese Reaktion ist für das Dämmerungssehen, eine Funktion der retinalen Stäbchenrezeptoren, von essentieller Bedeutung.

Das 11-cis-Retinal bildet zusammen mit dem Opsin, einem Proteinkomplex, das Rhodopsin. Unter dem Einfluß von Licht findet die gezeigte Umwandlung statt, es entsteht ein nervöser Impuls.

Zu **(C)–(D):** Die Reaktion ist exergon; da ΔG negativ ist, verläuft sie spontan. Das all-trans-Retinal ist stabiler als das 11-cis-Retinal, unter Energieverbrauch wird 11-cis-Retinal anschließend wieder aus all-trans-Retinal regeneriert.

Zu **(E):** Isopren

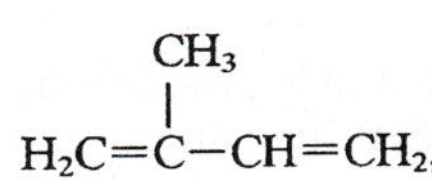

wird nur in Pflanzen und Mikroorganismen synthetisiert und ist der Grundbaustein der Olefine, wie etwa des β-Carotins. Nach Aufnahme mit der Nahrung wird β-Carotin dann im menschlichen Körper gespalten, es entsteht das Vitamin A. Retinal ist das Aldehyd des Vitamin A; Mangel an Vitamin A führt über Rhodopsinmangel zu Hemeralopie (= Nachtblindheit).

F92

Frage 8.13: Lösung A

Zu **(A):** Dargestellt sind zwei Formen eines Moleküls in der sogenannten Sesselkonformation, die durch freie Drehbarkeit ineinander überführt werden können.

Zu **(B)–(E):** Die Verbindungen (B)–(D) weisen eine cis-trans-Isomerie auf; Verbindung (E), die D- bzw. L-Form der Milchsäure, besitzt in Form des C-Atoms Nr. 2 ein Chiralitätszentrum. Die Verbindungen (B)–(E) sind damit Konfigurationsisomere.

H95 H89

Frage 8.14: Lösung C

Zu **(A)–(B):** Dargestellt ist die Dehydratisierung (Eliminierung von Wasser) von 2-Phosphoglycerat (Verbindung (1)) zu Phosphoenolpyruvat (PEP, Verbindung (2)). Das Chiralitätszentrum am C-Atom 2 geht dabei verloren.
Zu **(C):** Cis-trans-Isomere können sich an durch eine Doppelbindung verbundenen C-Atomen mit jeweils einem Substituenten ausbilden:

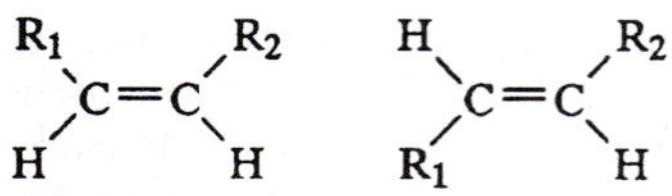

cis-Form trans-Form

PEP ist dazu nicht in der Lage, ein an der Doppelbindung beteiligtes C-Atom ist nicht substituiert.
Zu **(D)–(E):** Die gezeigte Reaktion ist ein wichtiger Schritt der anaeroben Glykolyse. PEP besitzt ein sehr hohes Phosphatgruppen-Übertragungspotential (ΔG: –33,5 kJ/mol) und nimmt auch eine zentrale Stelle im Stoffwechsel ein.

F93

Frage 8.15: Lösung E

Zu **(A)–(B):** Abgebildet ist Maleinsäure, Hydrierung (Anlagerung von H_2) führt zu Bernsteinsäure:

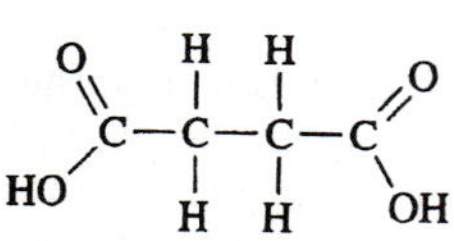

Zu **(C):** Hydratisierung (Anlagerung von H_2O) führt zu Äpfelsäure:

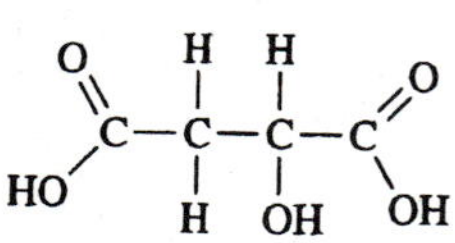

Zu **(D):** Bei der Fumarsäure stehen die Carboxylgruppen in trans-Stellung, diese ist daher energieärmer und stabiler als Maleinsäure:

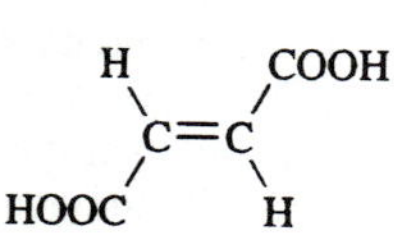

Zu **(E):** Maleinsäure kann mit Cu^{2+}-Ionen keinen Chelatkomplex ausbilden. Der entstehende Ring hätte 7 Glieder (Zentralanion und Elektronendonatoren mitgerechnet) und stünde damit unter zu hoher Spannung.

8.5.3 Verbindungen mit chiralen Zentren

H82

Frage 8.16: Lösung D

Zu **(A):** Siehe auch Lerntext VIII.2 Aldehyde – Ketone – Acetale – Ketale.

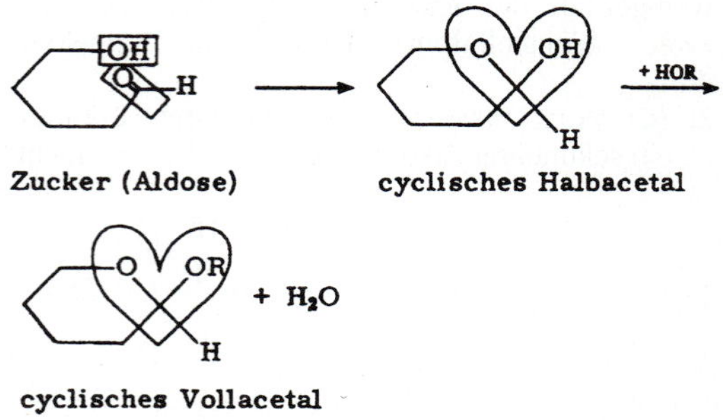

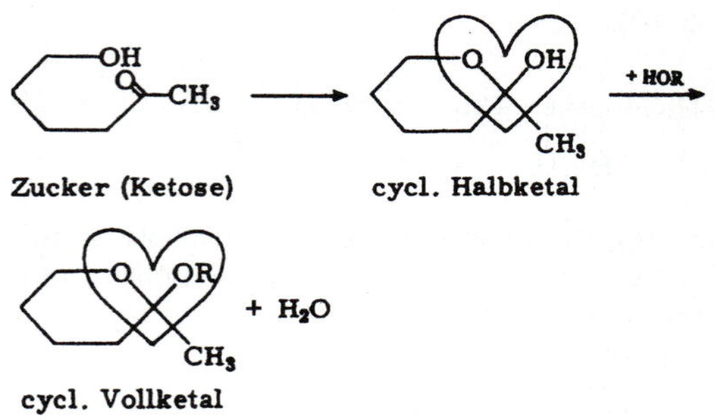

Zu **(B):** Chiralitätszentren sind asymmetrisch substituierte C-Atome, d.h. C-Atome mit vier unterschiedlichen Substituenten. Ein solches liegt bei allen Verbindungen vor.
Zu **(E):** Die Konstitution eines Moleküls wird durch die Strukturformel beschrieben. Man kann also die Reihenfolge und die Art der Atome und Bindungen erkennen, erhält aber keine Angabe über deren Stellung im Raum.
Konfigurationen eines Moleküls werden durch Keilformel und Fischer-Projektion beschrieben. Sie geben Auskunft über die räumliche Stellung a) der Substituenten an einer Doppelbindung (cis-trans), b) vier verschiedene Substituenten an einem C-Atom (Chiralität) oder c) der Substituenten in einem Ringsystem. Konformationen eines Moleküls sind z.B. Zick-Zack-Ketten, Sessel- oder Wannenform. Verschiedene Konformationsisomere eines Moleküls unterscheiden sich in ihrem Energiegehalt, können aber aufgrund der bei Einfachbindungen vorliegenden freien Drehbarkeit der Atome um die Bindungsachse ineinander überführt werden. Natürlich kann man aus der Darstellung der Sesselkonformation der Verbindung auch erkennen, wel-

che Atome ober- oder unterhalb der „Sitzfläche" liegen, also Aussagen bezüglich der Konfiguration machen. Die Strukturformel der Verbindung (1) erlaubt aber nur Aussagen über die Konstitution des Moleküls.
Zu **(C):** (2) ist die Fischer-Projektion der L-Milchsäure. Zur Fischer-Projektion kommt man über die Keilformeln. Nach Fischer symbolisieren die senkrechten Striche die nach hinten gerichteten Bindungen, die waagrechten die vor der Papierebene gelegenen.
Zu **(D):** Formel (1) kennzeichnet die Konstitution des Alanins! Glycin:

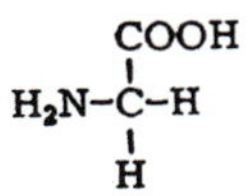

> **!** Merke: Zucker weisen gleichzeitig eine Hydroxy-Gruppe (OH-Gruppe) und eine Aldehyd- oder Ketogruppe auf. Durch intramolekulare Reaktionen dieser Gruppen können die cyclischen Halbacetale bzw. -ketale und, in einem weiteren Schritt, zyklische Vollacetale bzw. -ketale entstehen.

H97

Frage 8.17: Lösung D

Zu **(A):** D-Fructose ist eine Ketohexose (Keto-Gruppe und 6 C-Atome).
Zu **(B):** Die C-Atome 3, 4 und 5 sind asymmetrisch und damit Chiralitätszentren (= stereogene Zentren).
Zu **(C):** Saccharose (Rohrzucker) ist ein Disaccharid aus Fructose und Glucose: Glu α (1 $\rightarrow$ 2) β-Fru.
Zu **(D)–(E):** Konstitutionsisomerie entsteht, wenn gleiche Baubestandteile in verschiedener Reihenfolge miteinander verknüpft werden.
Stereoisomerie (Konfigurationsisomerie) beschreibt die räumlichen Unterschiede an asymmetrisch substituierten C-Atomen (Chiralitätszentren) bzw. an Doppelbindungen und Ringsystemen.
D-Fructose ist ein Konstitutionsisomer der D-Mannose, jedoch *kein* Stereoisomer der D-Glucose:

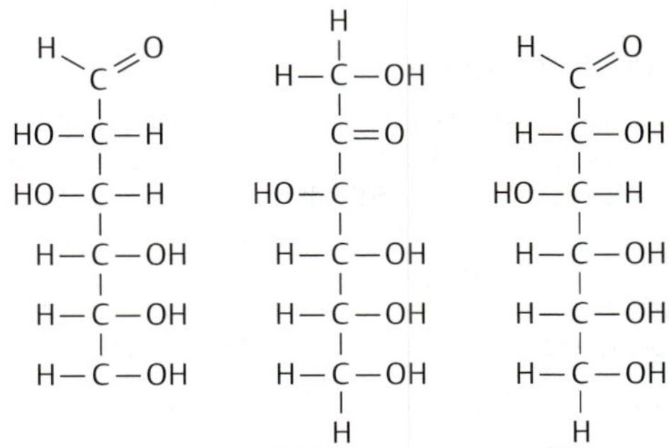

D-Mannose D-Fructose D-Glucose

F84

Frage 8.18: Lösung A

Zu **(A):** Nur die Konstitution der Shikimisäure ist der angegebenen Strukturformel zu entnehmen. Die Konfiguration einer Verbindung wird durch die Fischer-Projektion oder durch die Keilformel beschrieben.
Zu **(B):** Shikimisäure besitzt die folgenden Chiralitätszentren (*), dies sind die C-Atome, die jeweils 4 verschiedene Substituenten besitzen.

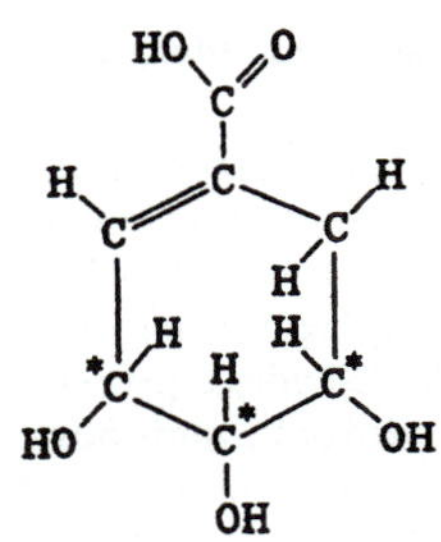

Zu **(C)–(D):** An die bestehende Doppelbindung können Wasserstoff oder Brom addiert werden.
Zu **(E):** Entfernung von 2 Molekülen H_2O (= zweimalige Dehydratisierung) könnte zu folgenden Phenolcarbonsäuren, auch Hydroxybenzoesäuren genannt, führen:

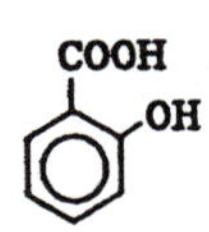

o-Hydroxybenzoesäure
= Salicylsäure

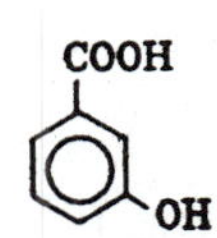

m-Hydroxybenzoesäure

p-Hydroxybenzoesäure

H83

Frage 8.19: Lösung E

Zu **(A):** Durch die Oxidation eines primären Alkohols entsteht ein Aldehyd, durch die Oxidation eines Aldehyds eine Säure, z. B.

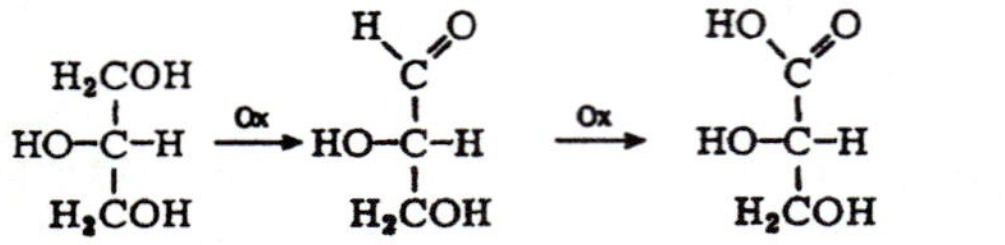

Glycerin Glycerinaldehyd Glycerinsäure

Zu **(B)–(C):** Das unterste asymmetrische C-Atom (d. h. ein C-Atom mit vier unterschiedlichen Substituenten) entscheidet über die Zuordnung zur D- oder L-Reihe. Glycerinaldehyd dient als Basis zur Einordnung der übrigen Zucker.

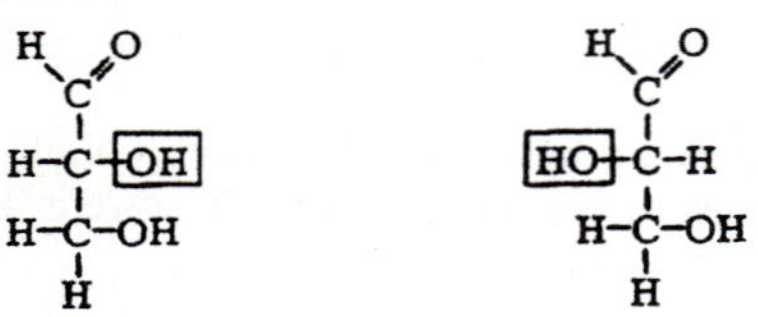

D-Glycerinaldehyd L-Glycerinaldehyd

Zu **(D):** Mit Phosphorsäure H_3PO_4 sind Esterbindungen (an den OH-Gruppen) oder Phosphorsäureanhydridbindungen (an der COOH-Gruppe) möglich, die einen unterschiedlichen Energiegehalt haben.
Zu **(E):** Glycerinsäure ist eine 2,3-Dihydroxy**propan**säure, Weinsäure eine 2,3-Dihydroxy**butandisäure**. Durch Oxidation der primären Alkoholgruppe der Glycerinsäure kann also niemals Weinsäure entstehen.

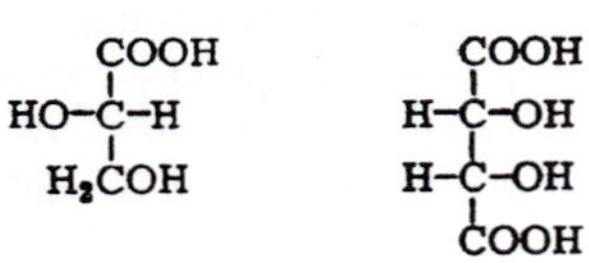

Glycerinsäure Weinsäure

H86

Frage 8.20: Lösung D

Zu **(A)–(B):** Abgebildet sind die beiden Strukturisomere Citronensäure (Vbd. (1)) und Isocitronensäure (Vbd. (2)).
Zu **(C):** An dem C-Atom Nummer 3 besitzt Citronensäure eine tertiäre Alkoholgruppe, Isocitronensäure weist hingegen eine sekundäre OH-Gruppe am C-Atom Nummer 2 auf; ein Unterschied von biochemischer Relevanz (Citratzyklus).
Zu **(D):** Citronensäure (Vbd. (1)) weist kein Chiralitätszentrum auf, sie ist achiral.
Isocitronensäure (Vbd. (2)) dagegen besitzt mit dem C-Atom Nummer 3 ein C-Atom mit 4 verschiedenen Substituenten (= Chiralitätszentrum).
Zu **(E):** Im Citratzyklus wird Citrat durch das Enzym Aconitase zu Isocitrat isomerisiert. Wasserabspaltung und erneute Wasseranlagerung findet dabei statt.

H95

Frage 8.21: Lösung D

Zu **(A)–(E):** Abgebildet sind D-Glycerinaldehyd-3-phosphat

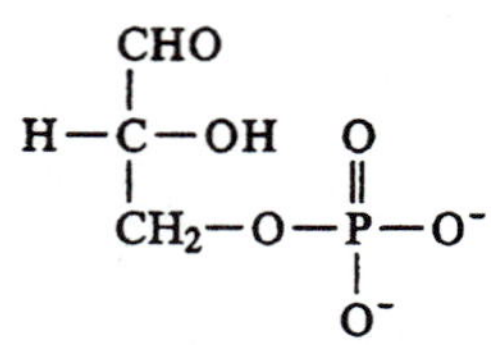

und 2-Phosphoenolpyruvat (PEP).

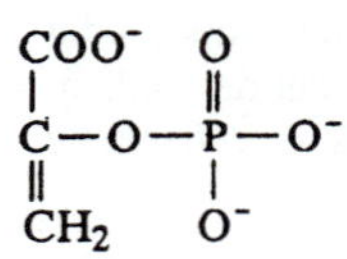

Beide Verbindungen sind Bestandteil der anaeroben Glykolyse bzw. Gluconeogenese. Über die Zwischenprodukte 1,3-Diphosphoglycerat, 3-Phosphoglycerat und 2-Phosphoglycerat sind sie ineinander (mittels entsprechender Enzyme) umwandelbar. Beide Verbindungen kommen im Zytosol vor (Lösung (D)).
Sie unterscheiden sich im Energiegehalt (PEP hat ein höheres Phosphat-Gruppenübertragungspotential), der Chiralität (nur D-Glycerinaldehyd-3-phosphat hat im C-Atom 2 ein Chiralitätszentrum) und der Oxidationsstufen der C-Atome. Die Oxidationsstufe des C-Atoms errechnet sich in organischen Molekülen derart, daß man dem gebundenen elektronegativen Atom (meist Sauerstoff) die bindende Ladung zuerkennt. Pro polarisierter Einfachbindung erhält das C-Atom demnach die Oxidationszahl + 1:

D-Glycerinaldehyd-3-phosphat:
C-Atom 1: +2, C-Atom 2: +1 und C-Atom 3: +1
2-Phosphoenolpyruvat (PEP):
C-Atom 1: +3, C-Atom 2: +1 und C-Atom 3: 0

Bei der Bildung von Glykolipiden sind beide Verbindungen nicht beteiligt.

8.5.4 Enantiomere

H89

Frage 8.22: Lösung C

Dihydroxyaceton   Glycerinaldehyd

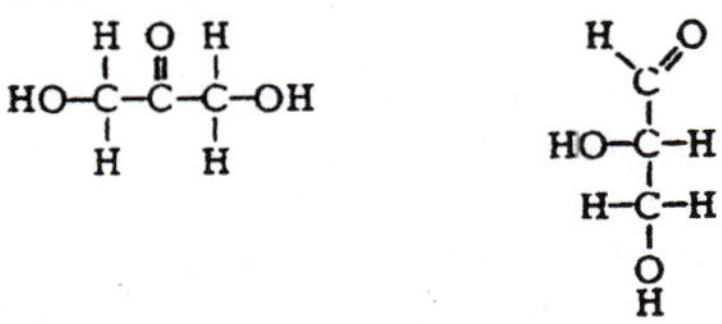

Zu **(A):** Konformere sind Moleküle, deren Atomanordnungen sich durch Drehung um σ-Bindungen ineinander umwandeln lassen, z.B. die folgenden Newman-Projektionen des Butan:

Bei Dihydroxyaceton und Glycerinaldehyd ist das aber nicht möglich.
Zu **(B):** Stereoisomere unterscheiden sich durch ihre Konfiguration, d.h. die räumliche Anordnung ihrer Atome im Molekül ist verschieden, z.B. Dibromethen.

trans-Dibromethen   cis-Bromethen

Zu **(D):** Enantiomere sind Stereoisomere, die sich verhalten wie Bild und Spiegelbild. Sie haben ein asymmetrisches C-Atom (*), an dem zwei verschiedene Konfigurationen möglich sind, z.B.

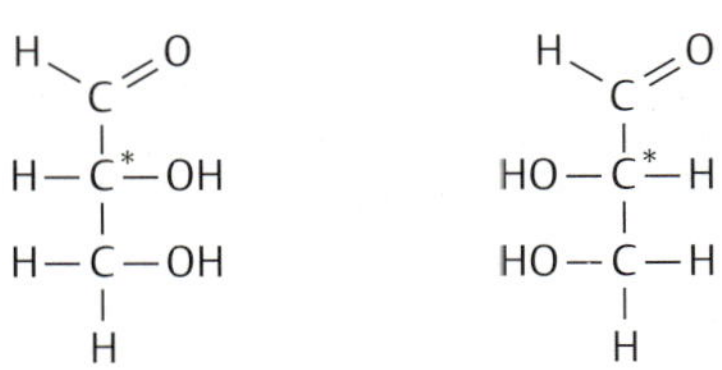

D-Glycerinaldehyd   L-Clycerinaldehyd

Zu **(E):** Diastereomere sind Stereoisomere, die keine Enantiomere sind, d.h. die sich nicht wie Bild und Spiegelbild verhalten. Sie haben mindestens zwei asymmetrische C-Atome.
Zu **(C):** Dihydroxyaceton und Glycerinaldehyd unterscheiden sich jedoch durch die Anordnung ihrer Atome im Molekül und sind daher nicht geometrisch isomer, sondern nur Strukturisomere. Sie unterscheiden sich durch die Stellung ihrer funktionellen Gruppen und können daher auch als Stellungsisomere bezeichnet werden.

F98

Frage 8.23: Lösung B

Zu **(A):** 1,3-Dihydroxyaceton und L-Glycerinaldehyd sind Konstitutionsisomere, d.h. sie haben die gleiche Summenformel ($C_3H_6O_3$).
Zu **(B):** 1,3-Dihydroxyaceton weist im Gegensatz zu L-Glycerinaldehyd (C-Atom 2) kein Chiralitätszentrum auf.

Dihydroxyaceton   L-Glycerinaldehyd

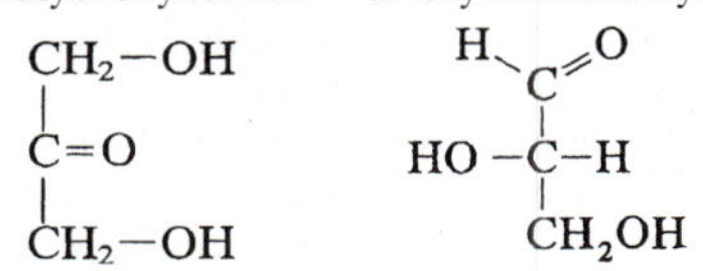

Zu **(C)–(D):** Polyalkohole mit einer Aldehyd- bzw. Keto-Gruppe sind als Zucker bekannt. Entsprechend kann man sie als Aldosen oder Ketosen bezeichnen. Eine weitere Einteilungsmöglichkeit ist die Anzahl der vorhandenen Kohlenstoff-Atome in der Kette; Triosen (3 C-Atome), Tetrosen (4), Pentosen (5), Hexosen (6) etc.
1,3-Dihydroxyaceton ist damit als Triose gleichzeitig die einfachste Ketose.
Zu **(E):** 1,3-Dihydroxyaceton-Phosphat ist im Fettgewebe Ausgangssubstanz für die Synthese von Glycerin-3-phosphat:

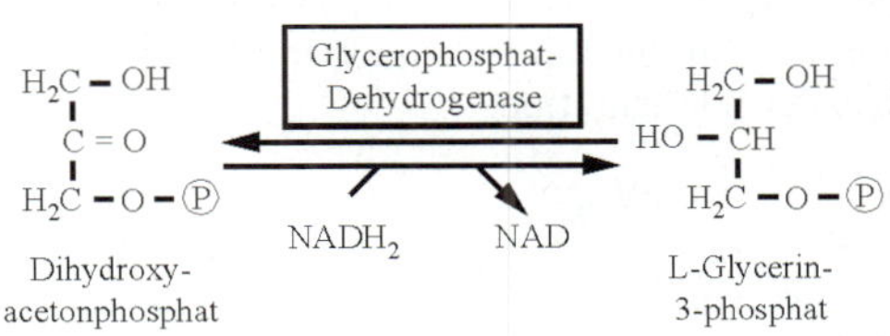

F84

Frage 8.24: Lösung B

Zu **(C):** Verbindung (1) ist Brenztraubensäure (Keton), Verbindung (2) ist Milchsäure (sekundärer Alkohol).
Zu **(B):** Durch Hydrierung kann Brenztraubensäure zu Milchsäure reduziert werden.
Zu **(A), (D)** und **(E):** Brenztraubensäure und Milchsäure verfügen über unterschiedliche Summenformeln, können also weder Strukturisomere noch Enantiomere sein. Beide Verbindungen enthalten sp^3- und sp^2-hybridisierte C-Atome.

Frage 8.25: Lösung E

Zu **(A):** Siehe Kommentar zu Frage 8.16 (A) bzw. Lerntext VIII.2.
Zu **(B):** Da alle abgebildeten Verbindungen über genau ein Chiralitätszentrum verfügen, sind von jeder Verbindung Isomere denkbar, die sich wie Bild und Spiegelbild verhalten, also Enantiomere sind.
Zu **(C)** und **(E):** Siehe Kommentar zu Frage 8.16 (E).
Zu **(D):** Es liegt die Keilformprojektionsformel der S-Milchsäure vor. Das zentrale C-Atom liegt in der Papierebene. Die mit dem Keil verbundenen Liganden liegen vor der Papierebene, die mit Strichen verbundenen hinter derselben.
Um zu entscheiden, ob es sich um eine *R- oder S-Form* handelt, geht man wie folgt vor:
a) Man ordnet die vier Liganden in einer Reihe fallender Priorität. Als Grundlage dient dazu die Prioritätenreihenfolge, die nach der Ordnungszahl der Elemente und anderen Kriterien aufgestellt wird:

J > Br > Cl > SH > OR > OH > NH_2 > COOH > CHO > CH_2OH > CH_3 > H

Man kommt also bei der Milchsäure zu folgender Reihenfolge:

OH > COOH > CH_3 > H

b) Man dreht das Molekül so, daß das H-Atom vom Betrachter wegweist (eine Spitze des Tetraeders zeigt nach hinten, die anderen drei bilden ein gleichseitiges Dreieck vor der Papierebene, das C-Atom liegt in der Papierebene. Dann kommt es zu folgender Konfiguration:

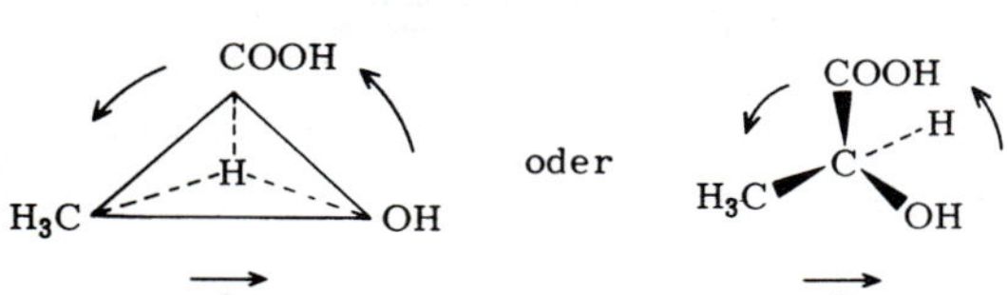

Betrachtet man nun die Liganden dieses gleichseitigen Dreiecks von dem höchster Priorität (—OH) über (—COOH) zu dem niedrigster (—CH_3), so macht man eine Bewegung links herum (= sinister). Damit erhält Verbindung (2) das Präfix S.
Hätte man, um von dem Liganden höchster Priorität zu dem niedrigster Priorität zu gelangen, eine Bewegung rechts herum machen müssen, so wäre das Molekül mit dem Präfix R zu versehen.

F86

Frage 8.26: Lösung C

Zu **(A)–(B):** Siehe hierzu den Kommentar zu Frage 8.25.
Zu **(C):** Da Glycin kein Chiralitätszentrum besitzt, ist es optisch nicht aktiv und kann keine Enantiomere ausbilden.
Zu **(D):** Bei der abgebildeten Substanz handelt es sich um 1-Hydroxycyclohexan, einen einwertigen, cyclischen Alkohol.
Die Konstitution gibt Auskunft über Art und Reihenfolge der Molekülbindungen, erlaubt jedoch keine Beurteilung der dreidimensionalen Anordnung.
Konstitutionsformel für 1-Hydroxycyclohexan:

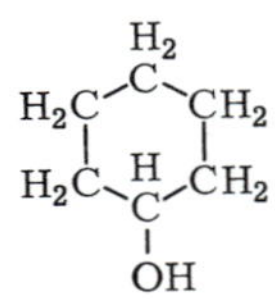

Die Konformation gibt Einblick in die genaue räumliche Anordnung der Atome.
Zu **(E):** Glycin ist die einzige optisch inaktive Aminosäure (isoelektrischer Punkt 5,97). Glycin ist wichtiger Bestandteil vor allem der Skleroproteine (z. B. Kollagen).

H91

Frage 8.27: Lösung C

Enantiomere unterscheiden sich im Drehsinn der Drehung des linear polarisierten Lichtes und in der Reaktivität gegenüber chiralen Reagenzien.
Keine Unterschiede finden sich in der Siede- und Schmelztemperatur, der Löslichkeit, den spektroskopischen Daten und in der Reaktivität gegenüber achiralen Reagenzien.

! Merke: Enantiomere unterscheiden sich im Drehsinn der Drehung des linear polarisierten Lichtes und in der Reaktivität gegenüber chiralen Reagenzien.

H90

Frage 8.28: Lösung D

Abgebildet sind die beiden Konformationsisomere der Glucose, nämlich die α-Form (Verbindung (2)) und die β-Form (Verbindung (1)). Diese beiden Formen kommen durch die Ausbildung eines neuen asymmetrischen C-Atoms (C-Atom 1) im Gefolge der Halbacetal-Bildung zustande und stellen **Diastereomere** dar, die als **Anomere** bezeichnet werden. Beide Formen sind wasserlöslich.

Bei der β-Form stehen alle Substituenten am Pyranosering äquatorial, sie haben damit größtmöglichen Abstand voneinander. Die β-Form wird auch als $^4C_1$-Konformer bezeichnet.
Bei der α-Form steht die OH-Gruppe am C-Atom 1 axial. Die α-Form wird auch als $^1C_4$-Konformer bezeichnet.

F93

Frage 8.29: Lösung A

Zu **(A)–(E):** Isomere, die sich wie Bild und Spiegelbild zueinander verhalten, werden als Enantiomere bezeichnet. C-2, C-3 und C-4 müssen dann L-Konfiguration aufweisen (Lösung (A)).

H95

Frage 8.30: Lösung A

Zu **(A)–(E):** Ist ein Kohlenstoff mit vier verschiedenen Substituenten besetzt, so existieren bei gleicher Summenformel zwei verschiedene Isomere, die sich wie Bild und Spiegelbild zueinander verhalten. Solche Isomere nennt man Enantiomere oder optische Antipoden. Das C-Atom als Asymmetriezentrum ist dabei sp^3-hybridisiert.
Enantiomere unterscheiden sich in den meisten chemischen und physikalischen Eigenschaften wie Löslichkeit, Energiegehalt, Schmelzpunkt, Siedepunkt, Reaktivität gegenüber achiralen Reagentien, spektroskopischen Daten usw. **nicht.** Eine Ausnahme ist ihr Verhalten gegenüber Reagentien, die selbst chiral sind. Ebenfalls verhalten sie sich unterschiedlich gegenüber polarisiertem Licht, dessen Schwingungsebene beim Durchgang durch eine Lösung eines Enantiomeren gedreht wird.

> **!** Merke: Die Drehung erfolgt bei beiden Enantiomeren um denselben Winkel, aber in entgegengesetzter Richtung. Enantiomere können sich nicht spontan ineinander umwandeln.

H97

Frage 8.31: Lösung D

Zu **(A)–(E):** D- und L-Form einer Verbindung sind Enantiomere, d.h. bei gleicher Konstitution verhalten sie sich wie Bild und Spiegelbild. D-Glucose weist somit an *allen* Chiralitätszentren (C-Atome 2, 3, 4 und 5) eine andere Konfiguration als L-Glucose auf:

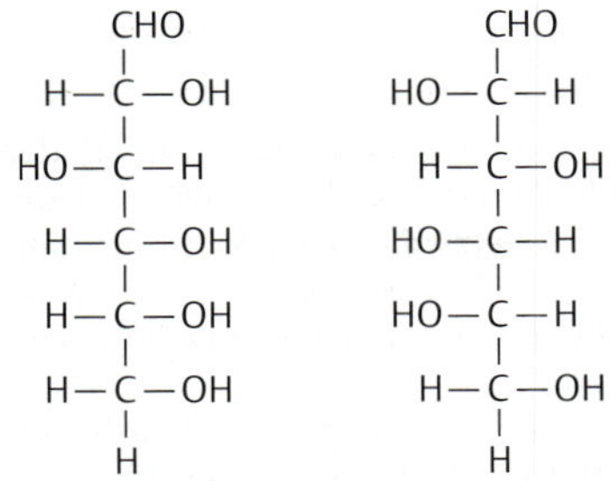

D-Glucose   L-Glucose

Enantiomere besitzen gleichen Siedepunkt, gleichen Schmelzpunkt und gleiche Löslichkeit; sie reagieren mit achiralen Reagenzien gleich und weisen ein identisches Spektrum auf. Unterschiedlich sind jedoch ihr Verhalten gegenüber polarisiertem Licht und ihre Reaktivität mit *chiralen* Reagenzien wie z.B. Enzymen.
Die Aldehydgruppe der Glucose reagiert mit der Alkoholgruppe am C-Atom 5 unter Protonenwanderung zu einem zyklischen Halbacetal. Den dabei entstehenden sechsgliedrigen Pyranosering bezeichnet man als Glucopyranose.

8.5.5 Eigenschaften von Enantiomeren

H87

Frage 8.32: Lösung C

Im Muskel entsteht bei der enzymatischen Reduktion der Brenztraubensäure (=Pyruvat) durch die Lactat-Dehydrogenase ausschließlich L-Lactat (Details siehe Lehrbücher der Biochemie!):

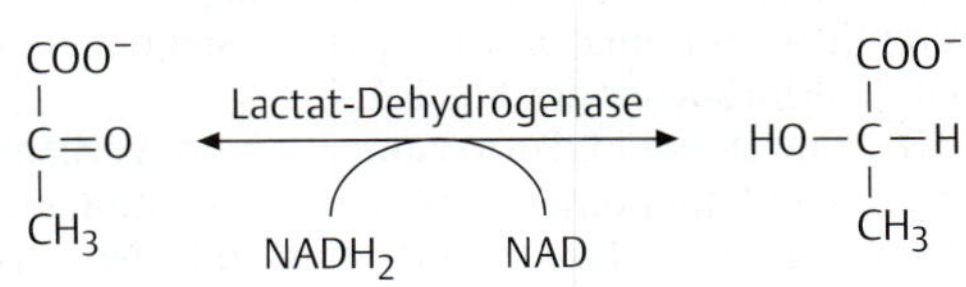

Pyruvat   L-Lactat

D- und L-Milchsäure sind Enantiomere und drehen die Ebene des polarisierten Lichtes rechts- bzw. linksherum. D-Lactat besitzt daneben R-, L-Lactat S-Konfiguration. Enantiomere haben gleichen Siedepunkt, gleiche Schmelztemperatur und den **gleichen Energiegehalt.** Unterschiede weisen sie lediglich in ihrer Reaktion gegenüber chiralen Reagenzien und in ihrem Verhalten gegenüber polarisiertem Licht auf.

F96

Frage 8.33: Lösung D

Zu **(A):** Dargestellt sind die beiden Enantiomere der Milchsäure in der Fischer-Projektion, nämlich die D- (die OH-Gruppe weist dabei nach rechts) und die L-Form (die OH-Gruppe weist nach links). Milchsäure (Lactat) ist eine der wichtigsten α-Hydroxycarbonsäuren.
Zu **(B):** Aufgrund der Hydroxyl- und der Carboxylgruppe am α-C-Atom neigen α-Hydroxycarbonsäuren zur Protonenabgabe, sie sind (nomen est omen) Säuren und bei pH 7 negativ geladen.
Zu **(C)** und **(E):** Spiegelbildliche Konfigurationsisomere heißen Enantiomere.
Zu **(D):** Konfigurationsisomere in Molekülen mit mehreren Asymmetriezentren, die sich **nicht** wie Bild und Spiegelbild verhalten, nennt man Diastereomere.

8.5.6 D/L-Nomenklatur

H93

Frage 8.34: Lösung D

Zu **(A)–(C)** und **(E):** Abgebildet ist Histamin, das biogene Amin des L-Histidins:

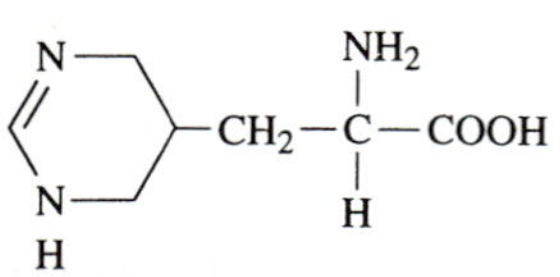

L-Histidin

Histamin löst eine Kontraktion der glatten Muskulatur aus; sein Abbau via Desaminierung und Oxidation führt zu Imidazol-5-Essigsäure (siehe hierzu auch die Lehrbücher der Biochemie).
Zu **(D):** Eine D- oder L-Form kann nur beim Vorhandensein von Enantiomeren existieren. Enantiomere bedingen aber ein Kohlenstoff-Atom mit vier verschiedenen Substituenten. Ein solches existiert zwar bei L-Histidin, nicht jedoch bei Histamin.

8.5.7 Diastereomere

Chiralitätszentrum **VIII.3**

Bei einem Chiralitätszentrum gibt es zwei räumlich verschiedene Anordnungen der Substituenten um das zentrale C_2-Atom herum, die sich zueinander wie Bild und Spiegelbild verhalten und als Enantiomere bezeichnet werden. Sie stellen sogenannte Konfigurationsisomere dar.

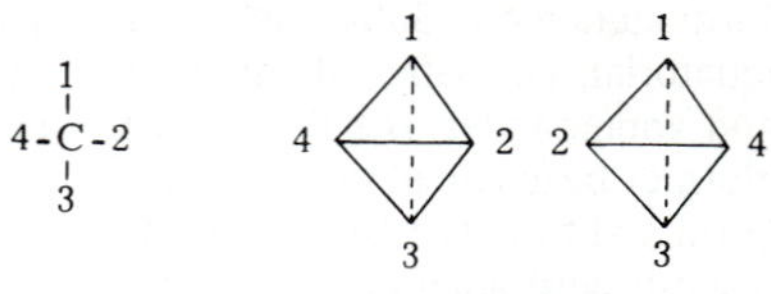

Bild Spiegelbild

Sind nun mehr als zwei Chiralitätszentren in einem Molekül vorhanden, so können sich mehr als zwei Konfigurationsisomere ausbilden. Diejenigen unter ihnen, die sich **nicht** wie Bild und Spiegelbild verhalten, werden als Diastereomere bezeichnet.

Frage 8.35: Lösung A

Siehe Lerntext VIII.3.
Glycerinaldehyd besitzt nur ein Chiralitätszentrum (=Asymmetriezentrum) in Form des C-Atoms 2.
Bei nur einem Chiralitätszentrum können sich keine Diastereomere ausbilden.

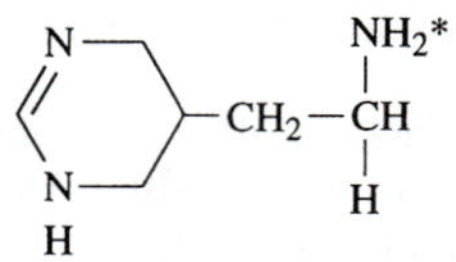

Histamin
*primäre Aminogruppe

F92

Frage 8.36: Lösung E

Zu **(A)–(E):** Die Verbindung weist zwei Chiralitätszentren, nämlich die C-Atome 2 und 3 auf. Abgebildet sind die daraus resultierenden Diastereomere; Konfigurationsisomere, die nicht spiegelbildlich zueinander sind. Sie stellen verschiedene Substanzen mit differenten **chemischen** und **physikalischen** Eigenschaften dar.

F94

Frage 8.37: Lösung A

Zu **(A):** Die Verbindungen sind Diastereomere, sie weisen in Form der C-Atome 2 und 3 zwei Chiralitätszentren auf und können daher mehr als zwei Konfigurationsisomere ausbilden. Diejenigen unter ihnen, die sich **nicht** wie Bild und Spiegelbild verhalten, werden als Diastereomere bezeichnet.

Zu **(B):** Phenole haben die Struktur:

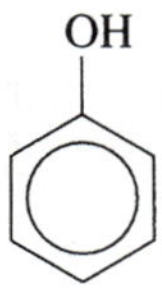

Zu **(C):** Bei einem tertiären Amin sind alle H-Atome des Ammoniaks (NH_3) substituiert.
Zu **(D):** Bei einem primären Alkohol ist die Hydroxygruppe an ein endständiges („primäres") C-Atom gebunden.
Zu **(E):** Cis-trans-Isomerien treten z.B. bei intramolekular vorhandenen Doppelbindungen auf.

F98

Frage 8.38: Lösung B

Zu **(A)** und **(E):** Abgebildet ist Milchsäure, sie kann zu Brenztraubensäure, einer Ketosäure oxidiert werden.
Zu **(B):** Diastereomere können sich nur bei Verbindungen mit mindestens zwei Chiralitätszentren ausbilden. Diejenigen Konfigurationsisomere, die sich wie Bild und Spiegelbild verhalten, werden als Enantiomere, die restlichen eben als Diastereomere bezeichnet. Milchsäure mit nur einem Chiralitätszentrum am C-Atom 2 kann damit keine Diastereomere, aber Enantiomere hervorbringen.
Zu **(C):** Milchsäure hat einen pK_S von 3,87, Propionsäure (CH_3CH_2COOH) von 4,9.
Zu **(D):** Bei starker Belastung gewinnt das Muskelgewebe über die anaerobe Glykolyse ATP; dabei entsteht als Endprodukt L-Milchsäure.

H94

Frage 8.39: Lösung E

Weinsäure verfügt über zwei Chiralitätszentren, die jedoch gleichartig gebaut sind. Daher lassen sich nur die folgenden Stereoisomere aufbauen:

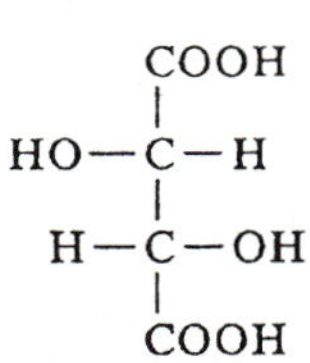

D-Weinsäure (SS)

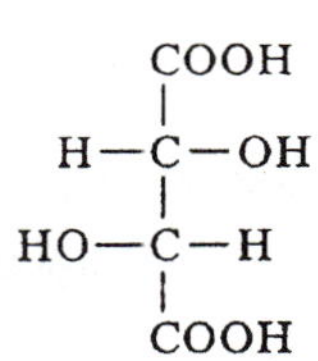

L-Weinsäure (RR)

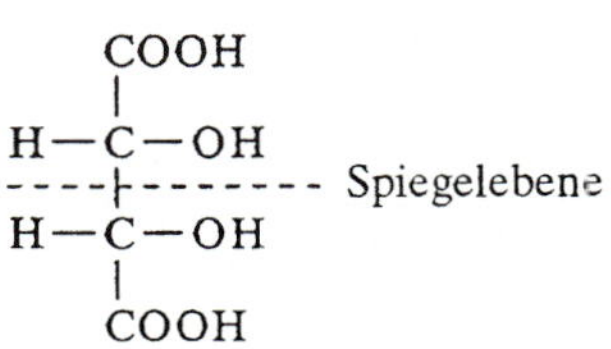

Mesoweinsäure

D- und L-Weinsäure sind Enanatiomere und drehen die Ebene des polarisierten Lichtes. Bei der D-Weinsäure sind beide Chiralitätszentren S-konfiguriert, bei der L-Weinsäure sind beide R.
Mesoweinsäure ist optisch inaktiv, da die Wirkung der einen Molekülhälfte durch die andere, spiegelbildlich gebaute, aufgehoben wird.

! Merke: Alle Meso-Verbindungen sind optisch inaktiv!

F96

Frage 8.40: Lösung D

Siehe Kommentar zu Frage 8.39.

8.6 Kommentare aus Examen Herbst 1998

H98 **!**

Frage 8.41: Lösung C

Zu **(A):** Abgebildet ist die trans-konfigurierte Fumarsäure, die entsprechende cis-Verbindung heißt Maleinsäure:

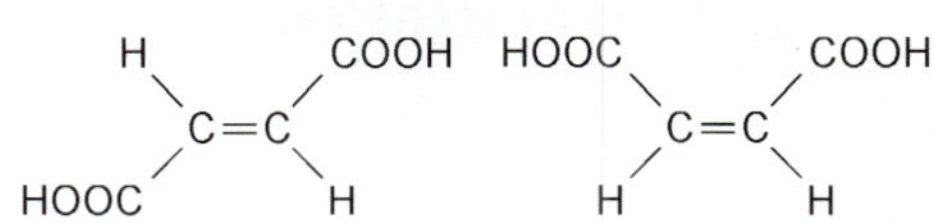

Fumarsäure Maleinsäure

Zu **(C)–(B):** Bei der Addition von Wasser an Fumarsäure entsteht Äpfelsäure (Malat), eine Teilreaktion des Citratzyklus:

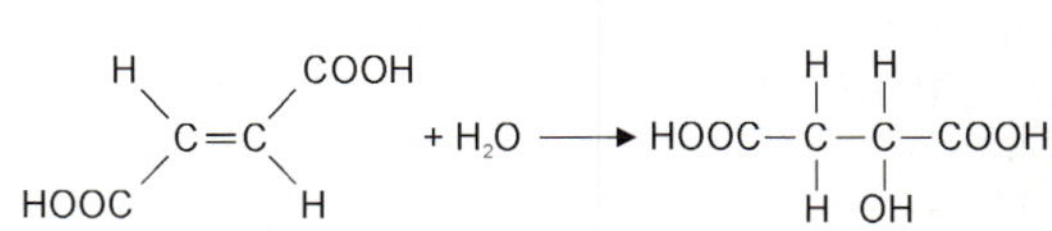

Fumarsäure Wasser Äpfelsäure

Zu **(D):** Bei der Addition von Wasserstoff an Fumarsäure entsteht Bernsteinsäure:

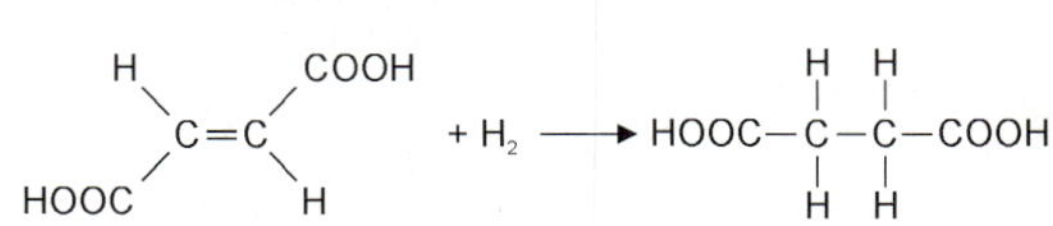

Fumarsäure Wasserstoff Bernsteinsäure

Zu **(E):** Enzymatische Spaltung von Argininosuccinat führt zu Fumarsäure und Arginin, einem Teilschritt der Harnstoffbiosynthese:

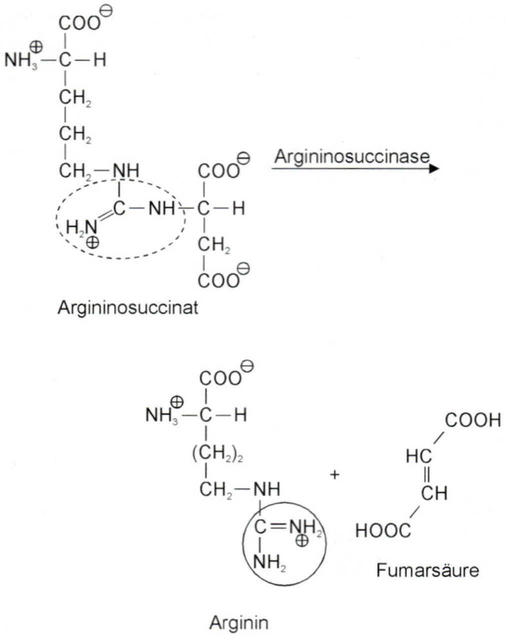

9 Funktionelle Gruppen und Stereochemie von Natur- und Arzneistoffen

H85

Frage 9.1: Lösung A

Cholin entsteht aus dem primären Amin 2-Aminoethanol durch dreifache Methylierung mit Hilfe des Methionins als Methylgruppendonator.

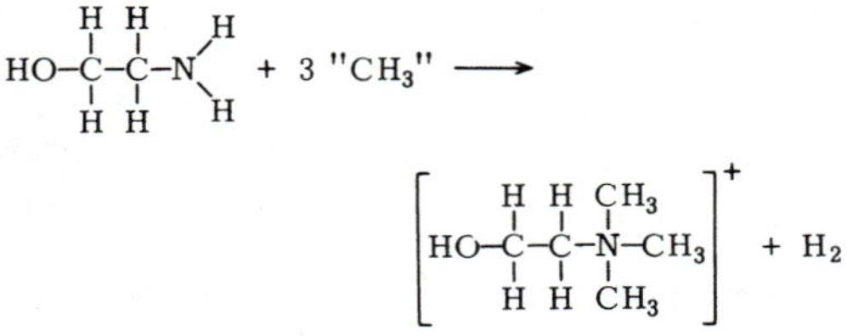

Als quartäre Ammoniumverbindung ist Cholin ein Kation und wird aus neutraler wäßriger Lösung an einen Kationenaustauscher adsorbiert.

H83

Frage 9.2: Lösung B

Ein Chiralitätszentrum ist ein C-Atom, das mit vier verschiedenen Substituenten verbunden ist. Das ist bei der hier abgebildeten Substanz bei keinem C-Atom der Fall.

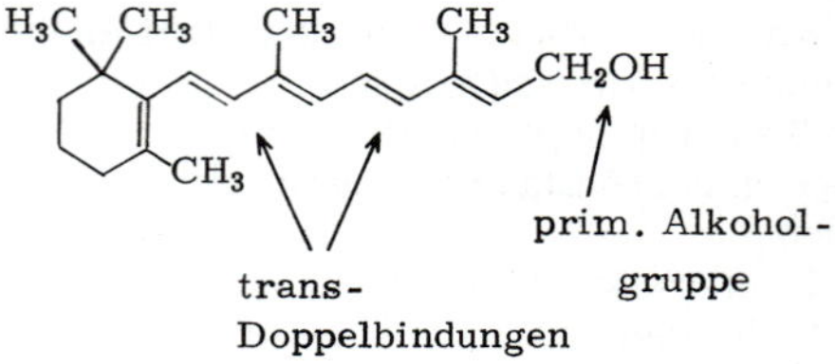

H88

Frage 9.3: Lösung E

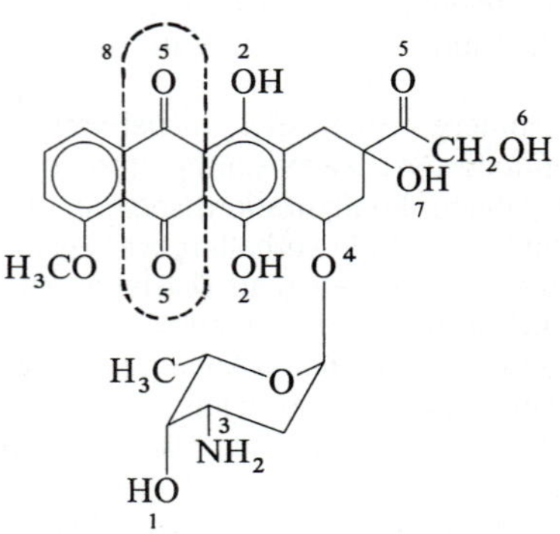

1 = sekundärer Alkohol
2 = Phenol
3 = primäres Amin
4 = Etherbindung, O-glycosidische Bindung
5 = Keto-Gruppierungen; Aldehyd-Gruppen kommen in der Verbindung nicht vor
6 = primärer Alkohol
7 = tertiärer Alkohol
8 = Chinon

F83

Frage 9.4: Lösung E

Siehe Kommentar zu Frage 9.3.

H83

Frage 9.5: Lösung E

Siehe Kommentar zu Frage 9.3.

F93

Frage 9.6: Lösung B

Zu **(A)–(C):** Die Abbildung zeigt Noradrenalin, ein primäres Amin ($R-NH_2$). Am Benzolring weist es 2 Hydroxygruppen auf und ist damit auch ein zweiwertiges Phenol. Noradrenalin besitzt lediglich ein Chiralitätszentrum (*).
Zu **(D):** N-Methylierung führt zu Adrenalin:

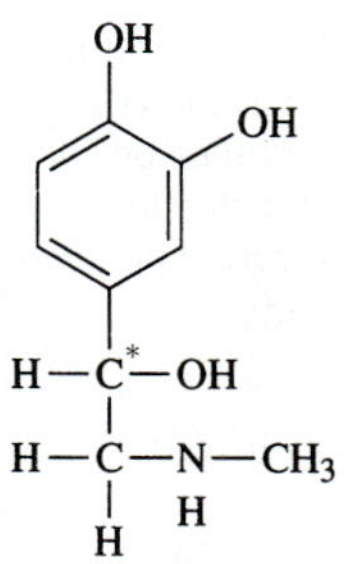

Zu **(E):** Noradrenalin kann als Antagonist des Insulins wirken (Details siehe Lehrbücher der physiologischen Chemie).

F83

Frage 9.7: Lösung D

Wenn bei der Biosynthese eines Triglycerids auf das intermediär entstandene Fettsäurediglycerid nicht ein dritter Acylrest, sondern ein Phosphatid übertragen wird, so entsteht ein Glycerinphosphatid. (Phosphatid = Phosphorsäurediester).
Man unterscheidet Phosphatidylcholin (Lecithin), Kephaline (Phosphatidylserin-Phosphatidylethanolamin) und Phosphatidylinosit.

Zu **(D):** Hier liegt kein Ammoniumsalz vor, sondern ein Zwitterion, das das Phosphorsäureanion und das Ethanolaminkation enthält.

F88

Frage 9.8: Lösung D

Acetylsalicylsäure weist als Carbonsäure (•) eine Esterbindung (• •) auf.

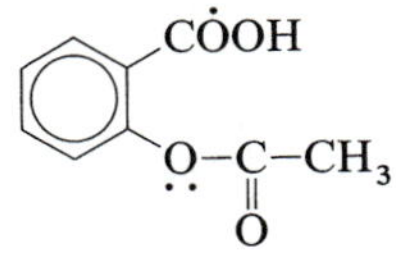

Keton: $R_1-\overset{\overset{O}{\|}}{C}-R_2$

Lacton: Ester in Ringform.

Anhydrid: $R_1-\underset{*}{\overset{\overset{O}{\|}}{C}}-O-\underset{*}{\overset{\overset{O}{\|}}{C}}-R_2$

*können auch P- oder S-Atome sein.

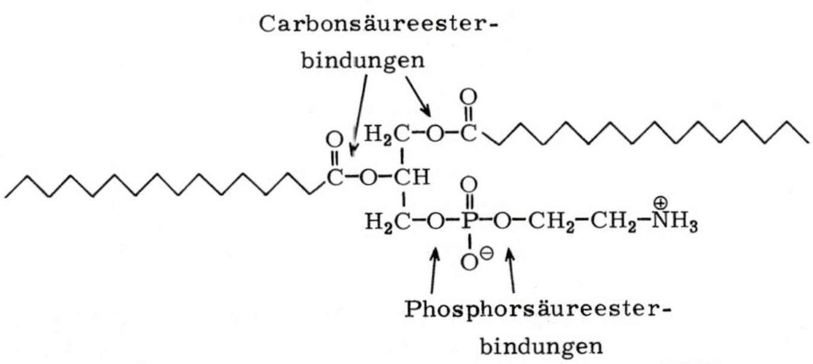

Bei der Hydrolyse der Phosphorsäureesterbindungen würde Phosphorsäure und Ethanolamin entstehen.

$HO-CH_2-CH_2-NH_2$

Ethanolamin

F84

Frage 9.9: Lösung D

Zu **(A)**, **(C)** und **(E):** Bei der abgebildeten Verbindung handelt es sich um Acetylsalicylsäure, eine pharmakologisch bedeutsame Substanz. Sie ist ein Ester, bestehend aus den Komponenten Salicylsäure und Essigsäure. Alkalische Hydrolyse zerlegt sie wieder in ihre Bestandteile. Die Substituenten am Ring stehen orthoständig zueinander:

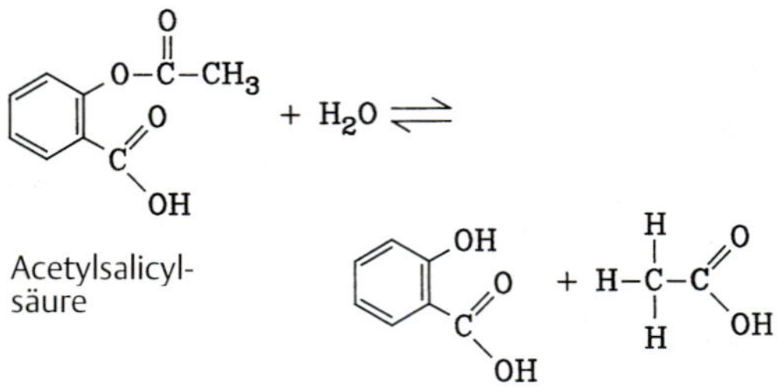

Acetylsalicylsäure

Salicylsäure

Essigsäure

Zu **(B):** Die Carboxyl-Gruppe der Acetylsalicylsäure sorgt für den sauren Charakter der Verbindung. Dissoziiert das Proton ab, so kann das verbliebene Anion ein Natriumsalz bilden, z. B.:

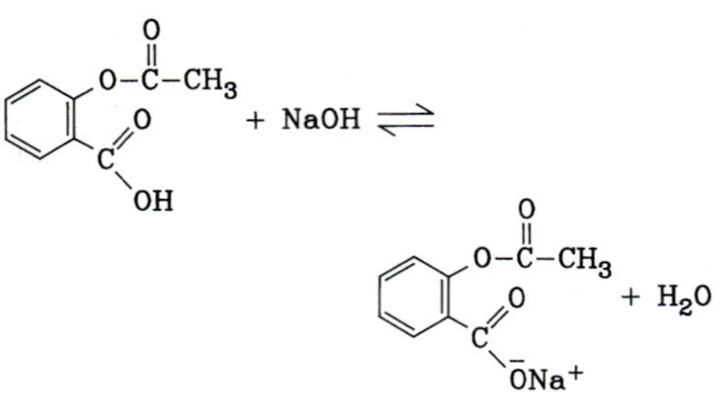

Zu **(D):** Um eine Säure als β-Ketosäure bezeichnen zu können, muß am β-C-Atom eine Ketongruppe plaziert sein. Dies ist hier nicht der Fall.

F85

Frage 9.10: Lösung A

Zu **(A):** Sphingosin, ein Aminoalkohol, besitzt keinen isoelektrischen Punkt, da er nur eine basische Aminogruppe aufweist, jedoch keine saure Gruppe. Daher hat Sphingosin auch keinen Ampholytcharakter.

Zu **(B):** An die Doppelbindung kann elementares Brom addiert werden.

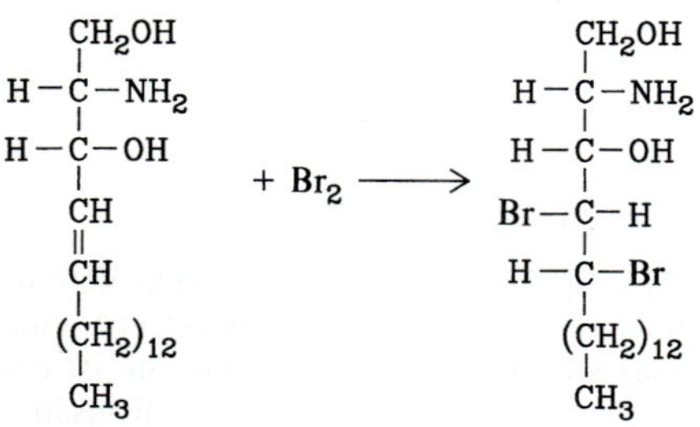

Zu **(C):** Ist beim Ammoniakmolekül (NH_3) ein H-Atom substituiert worden, so handelt es sich um ein primäres Amin. Dies ist beim Sphingosin der Fall.

Zu **(D):** Sphingosin enthält sowohl eine primäre als auch eine sekundäre Alkoholgruppe (OH). Die primäre befindet sich an einem primären C-Atom (= Kontakt zu nur einem weiteren C-Atom), die sekundäre Hydroxy-Gruppe an einem sekundären C-Atom (= Kontakt zu zwei weiteren C-Atomen).

Zu **(E):** Sphingosin ist Bestandteil des Ceramids. Ceramid ist die kohlenhydratfreie Grundstruktur der Sphingoglykolipide. Man unterscheidet bei den Sphingoglykolipiden je nach Charakter des Kohlenhydratrestes Cerebroside (siehe unten), Sulfatide, Globoside, Hämatoside und Ganglioside.

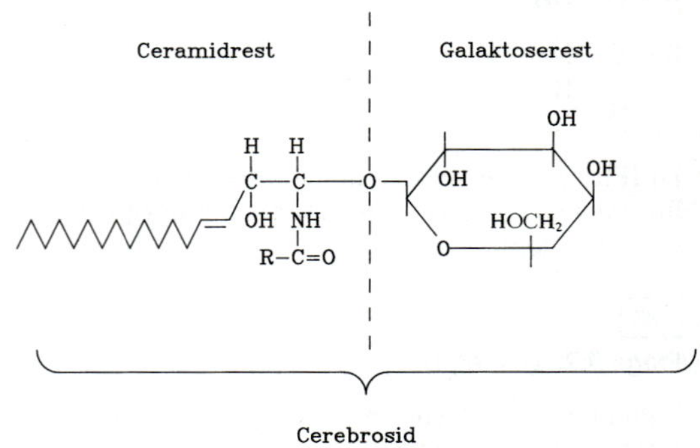

F85

Frage 9.11: Lösung D

Zu **(A)**, **(B)** und **(C)**:

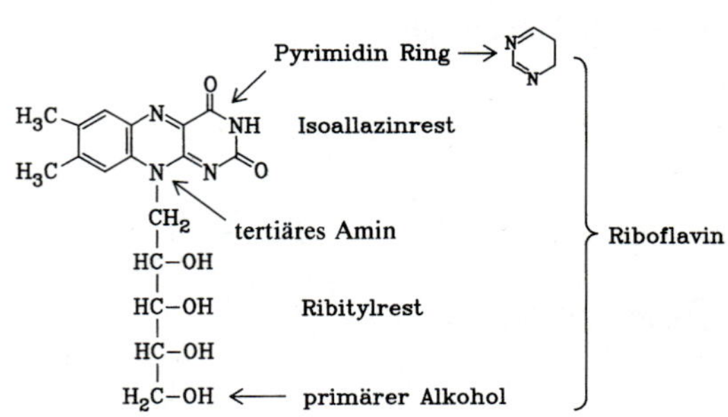

Zu **(D):** Das C-Atom 1 des D-Ribit ist mit dem Stickstoff-Atom des Isoallazinringes nicht glykosidisch sondern direkt verknüpft.

Zu **(E):** Riboflavin ist Bestandteil des Flavin-adenin-dinucleotids (FAD), der prosthetischen Gruppe zahlreicher Enzyme, die als Dehydrogenasen und Oxydasen ubiquitär im Organismus vorkommen. Zwei Wasserstoffatome können dabei an die N-Atome 1 und 10 addiert werden.

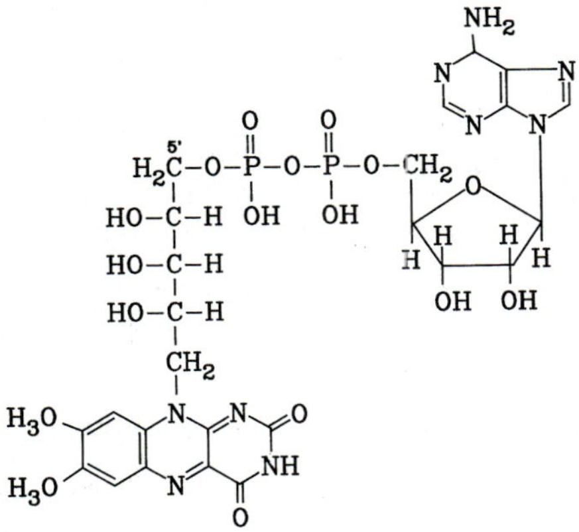

Flavin–adenin–dinucleotid (FAD)

H85

Frage 9.12: Lösung C

Acetylchlorid als Halogenid der Essigsäure und Anilin (primäres Amin) bilden ein Säureamid*:

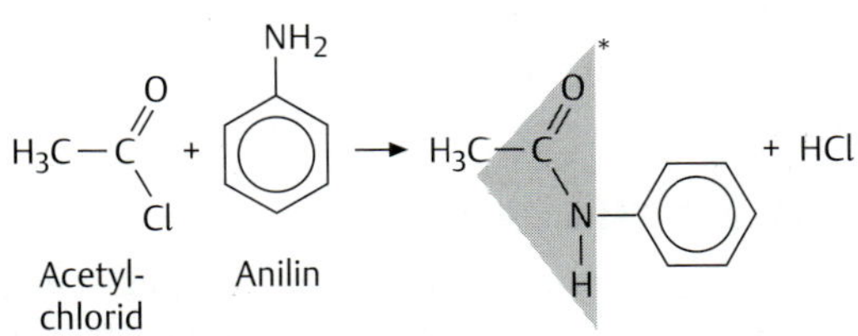

Zu **(A):** Methylessigsäureamid
Zu **(B):** Essigsäureamid
Zu **(D):** Phenylessigsäureamid
Zu **(E):** Anilinessigsäurechlorid

H87

Frage 9.13: Lösung C

Zu **(A)**, **(D)** und **(E):** Die abgebildete Substanz ist Adenosinmonophosphat (AMP). AMP enthält ein Purinringsystem und ist als Ribose 1 → 9 N-ribosidisch an Adenin gebunden.
Zu **(C):** AMP weist keine Säureanhydridbindung auf. Säureanhydridbindungen entstehen bei der Reaktion zweier Säuren miteinander, wobei H_2O (z.B. bei ATP) austritt. AMP weist lediglich eine Phosphoresterbindung auf.
Zu **(B):** Mißt man die bei der Hydrolyse freiwerdende Energie, kann man eine Reihenfolge der energieübertragenden Verbindungen erstellen. Dabei ist Kreatinphosphat auf Grund seiner Phosphamidbindung noch deutlich energiereicher als ATP, welches durch Anlagerung von Pyrophosphorsäure aus AMP synthetisiert und anschließend wieder zu ADP und AMP abgebaut wird. AMP ist demnach deutlich „energieärmer“ als Kreatinphosphat.

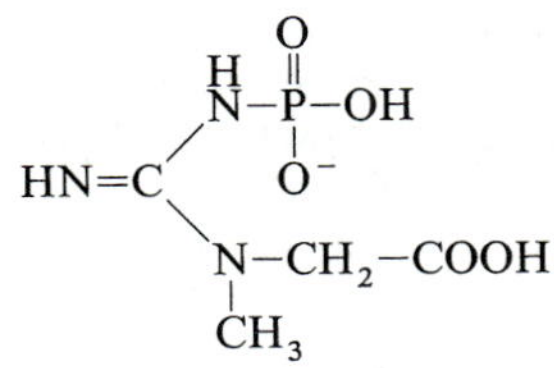

Kreatinphosphat

F96

Frage 9.14: Lösung D

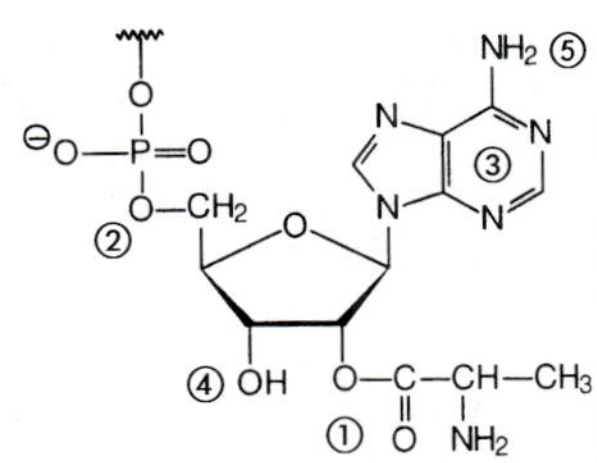

1. Alanin in der Esterbindung
2. Phosphorsäureester
3. Purin-Gerüst
4. sekundärer Alkohol
5. primäres Amin

H86

Frage 9.15: Lösung C

Zu **(1):** Imidazol 

Zu **(2):** Thiazol 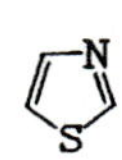

Zu **(3):** Pyrimidin 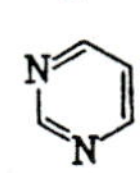

Zu **(4):** Pyridin 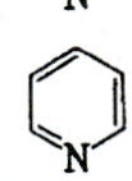

Zu **(5):** Purin 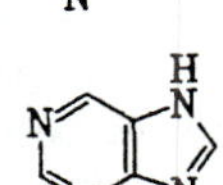

F85

Frage 9.16: Lösung E

Die abgebildete Verbindung ist Thiamin-pyrophosphat. Sie ist Coenzym und aktives Zentrum der α-Ketosäure-Decarboxylasen, der α-Keto-Oxydasen, der Transketolasen und Phosphoketolasen.
Der sechsgliedrige Heterozyklus ist ein substituiertes Pyrimidin.

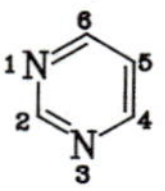

Pyrimidin

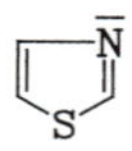

Thiazol

Der Stickstoff am Thiazolring des Thiamin-pyrophosphats hat eine Doppelbindung mit einem sowie je eine Einfachbindung mit zwei weiteren C-Atomen ausgebildet. Das freie Elektronenpaar am Stickstoff ist „verbraucht", es ist damit ein quartäres Stickstoffatom.
Die Verbindung enthält eine Phosphorsäureanhydridbindung. Phosphorsäureanhydridbindungen entstehen, wenn zwei Moleküle Phosphorsäure unter H_2O-Abspaltung miteinander reagieren.

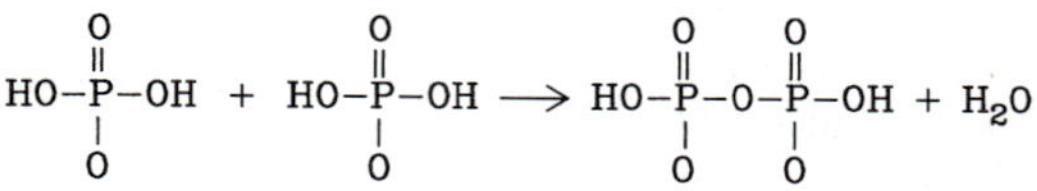

Thiamin (=Vitamin B_1) und Phosphorsäure bilden zusätzlich noch eine Esterbindung aus:

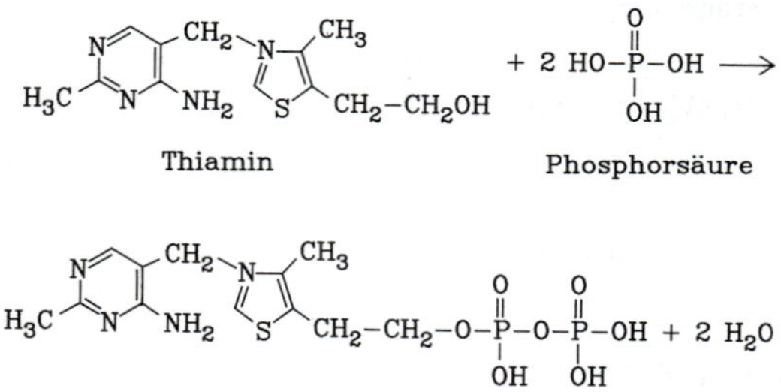

Thiaminpyrophosphat ist Coenzym der α-Ketosäure-Decarboxylasen, α-Keto-Oxydasen, Transketolasen und Phosphoketolasen. Das H-Atom am C-Atom 2 des Thiazolringes besitzt auf Grund der hohen Elektronegativität der benachbarten Heteroatome aziden Charakter; dissoziiert es ab, entsteht ein Carbanion. Reagiert das Carbanion dann mit einer Ketocarbonsäure, wird diese decarboxyliert und es entsteht ein „aktivierter Aldehyd".

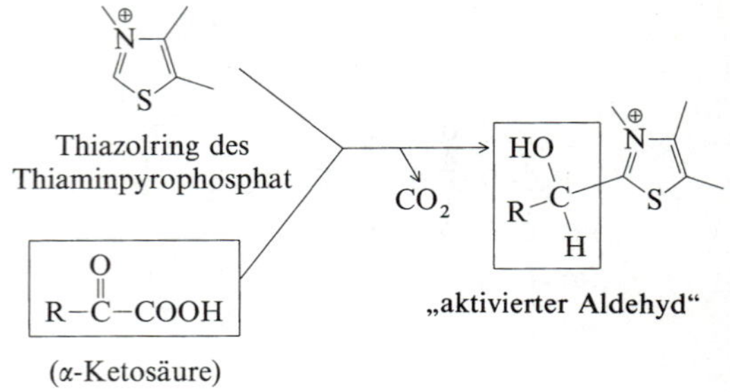

Diese Reaktion verläuft auch unter anaeroben Bedingungen. TPP-katalysierte Reaktionen finden sich u.a. im Pentosephosphatzyklus, bei der Oxidation von Pyruvat und im Citratzyklus (Details siehe in den Lehrbüchern der Biochemie).

H87

Frage 9.17: Lösung E

Siehe Kommentar zu Frage 9.16.

F92

Frage 9.18: Lösung E

Siehe Kommentar zu Frage 9.16.

F86

Frage 9.19: Lösung D

Zu **(A):** Man unterscheidet primäre, sekundäre und tertiäre Alkohole, je nachdem, ob die alkoholische OH-Gruppe an einem primären, sekundären oder tertiärem C-Atom sitzt. Ein primäres Kohlenstoffatom hat Verbindung zu einem, ein sekundäres zu zwei, ein tertiäres C-Atom zu drei weiteren C-Atomen.
Zu **(B):** Die Einteilung in primäre, sekundäre und tertiäre Amine wird durch die Anzahl der im NH_3 ersetzten Wasserstoffatome bestimmt.
Zu **(C):**
Ein Keton wird durch die Ketogruppe 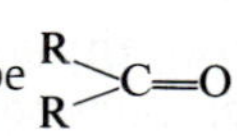 charakterisiert.
Zu **(D):** Lactone lassen sich durch Wasserabspaltung aus den entsprechenden Hydroxycarbonsäuren gewinnen und entstehen nach intramuraler Esterbildung.
Beispiel:

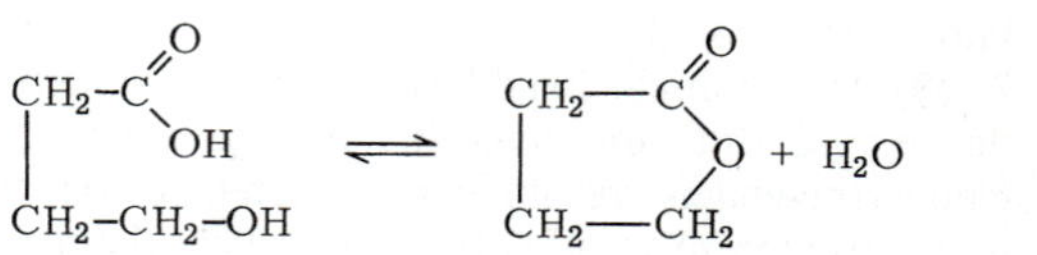

γ-Hydroxybuttersäure γ-Butylolacton

K

Zu **(E):** Heterocyclen sind cyclische Verbindungen, bei denen ein oder mehrere Kohlenstoffatome durch andere Atome wie N, O und S ersetzt sind, wie zum Beispiel Spectinomycin:

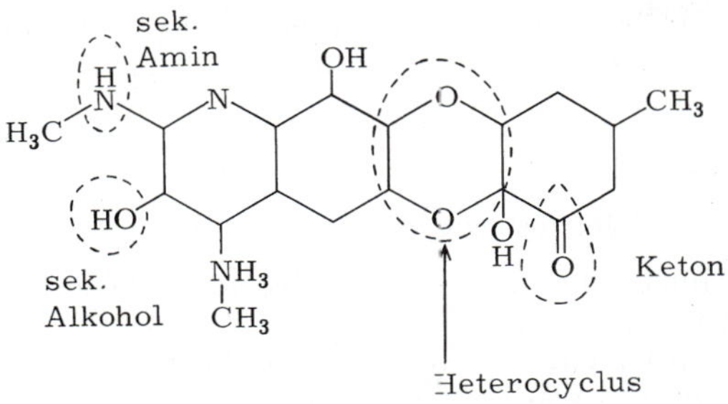

! Merke: Man unterscheidet primäre, sekundäre und tertiäre Alkohole, je nachdem, ob die alkoholische OH-Gruppe an einem primären, sekundären oder tertiären C-Atom sitzt. Ein primäres Kohlenstoffatom hat Verbindung zu einem, ein sekundäres zu zwei, ein tertiäres C-Atom zu drei weiteren C-Atomen.

F86

Frage 9.20: Lösung B

Zu **(A):** Serotonin (5-Hydroxytryptamin) entsteht im Organismus aus Tryptophan, das durch eine spezifische Hydroxylase zu 5-Hydroxy-L-tryptophan hydroxyliert wird. Der Hydroxylierung folgt die Decarboxylierung durch die DOPA-Decarboxylase zu 5-Hydroxytryptamin (Serotonin).

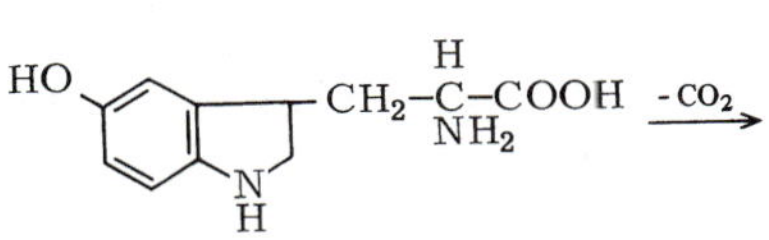

5-Hydroxy-L-tryptophan

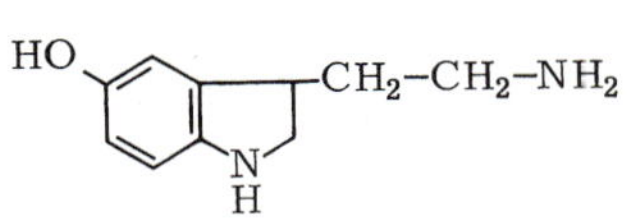

Serotonin (5-Hydoxytryptamin)

Zu **(B):** Nur bei der Vorstufe des Serotonins, dem 5-Hydroxytryptophan, kann eine D- und eine L-Form unterschieden werden.
Zu **(C):** Serotoninerge Synapsen finden sich besonders im Schlaf- und Sexualzentrum der Formatio reticularis.
Zu **(D):** Indol:

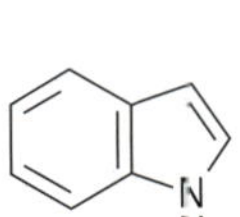

Zu **(E):** Der Abbau des Serotonin erfolgt über eine Monoaminoxidase zu 5-Hydroxyindolacetat, das über den Urin ausgeschieden wird.

F86

Frage 9.21: Lösung C

Androsteron und Testosteron gehören zu den Androgenen, die im männlichen Organismus die Ausbildung der sekundären Geschlechtsmerkmale fördern. Des weiteren haben Androgene ausgeprägte anabole Stoffwechselwirkungen, d.h. sie bewirken eine gesteigerte Eiweißsynthese.
Zu **(B):** Chirale C-Atome besitzen vier verschiedene Liganden.
Zu **(C):** Testosteron ist das wirksamste Androgen.
Zu **(D):** Testosteron wird in der Leber zu drei verschiedenen 17-Ketosteroiden abgebaut, die größtenteils über den Harn ausgeschieden werden.
Zu **(E):** Die Bildung verläuft von Cholesterin über Cholesterol, Progesteron, 17-α-Hydroxyprogesteron, Androsteron zu Testosteron. Näheres siehe Lehrbücher der Biochemie!

H86

Frage 9.22: Lösung D

Ketone 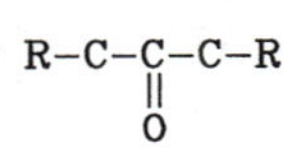

Sulfonamide 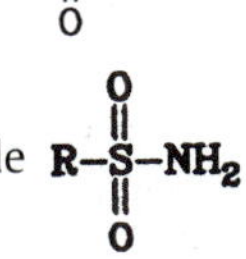

Carbonsäureamide 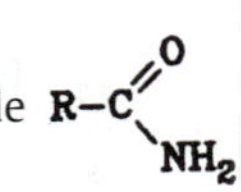

primäre Amine R–NH_2

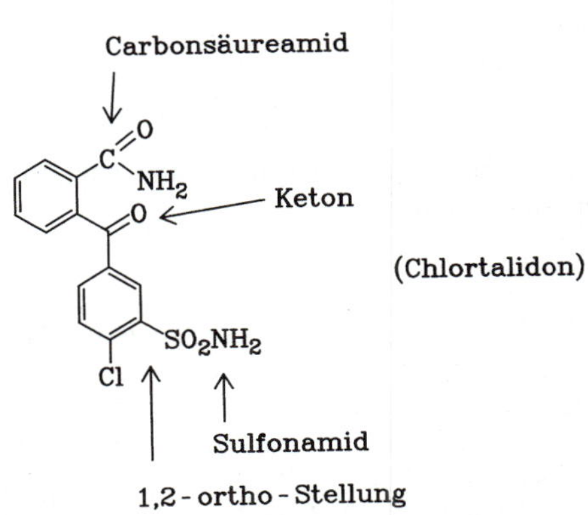

Zu **(E):** Der Benzolring ist sowohl ortho (1.2) als auch para (1.4) substituiert. Siehe auch Kommentar zu Frage 9.23.

F87

Frage 9.23: Lösung A

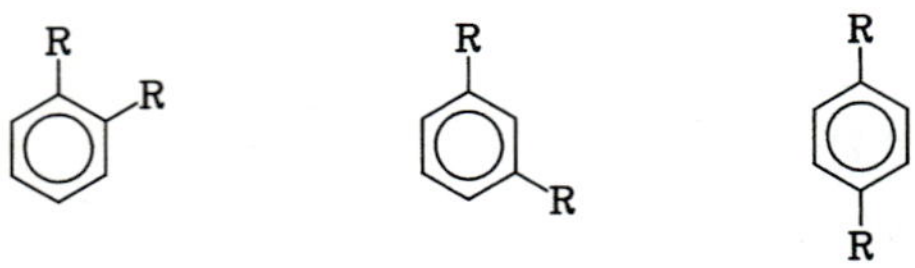

1.2-ortho-Stellung   1.3-meta-Stellung   1.4-para-Stellung

Zu **(A)–(B):** β-D-Glucosamin hat die Formel

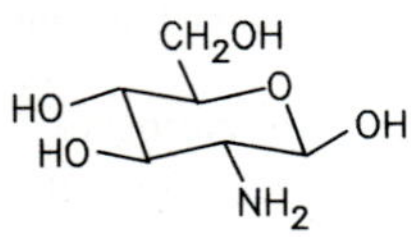

Es enthält eine primäre Aminogruppe.
Zu **(C):** In salzsaurer Lösung fungiert die Aminogruppe als Protonenakzeptor, das Molekül bekommt dadurch eine positive Ladung und läßt sich mit Hilfe eines Kationenaustauschers von Glucose abtrennen.
Zu **(D):** β-D-Glucosamin ist auf Grund der polaren Gruppen gut in Wasser löslich.
Zu **(E):** Organisch protonisierte Amine (= Brönsted-Säuren) können mit ihren Aminen (= Brönsted-Basen) Puffersysteme ausbilden.

H88

Frage 9.24: Lösung C

Zu **(A)–(D):**

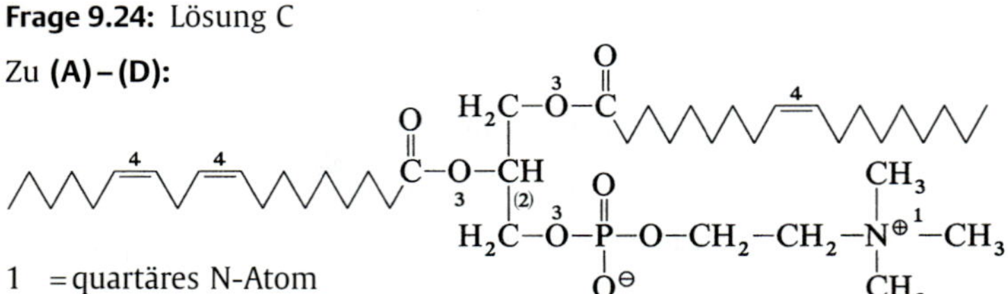

1 = quartäres N-Atom
(2) = Asymmetriezentrum
3 = Esterbindungen
4 = cis-konfigurierte Doppelbindungen

Zu **(E):** Zwitterionen (z.B. Lecithin) sind zugleich Kationen und Anionen.

F87

Frage 9.25: Lösung C

Zu **(A)–(B):**

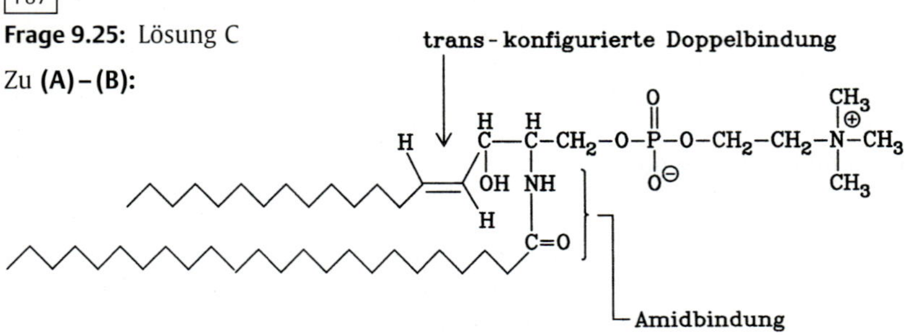

Zu **(D)–(E):** Abgebildet sind Sphingomyelin. Sphingomyeline bilden zusammen mit den Glyceridphosphatiden die Lipidklasse der Phosphatide. Bei bestimmten Speicherkrankheiten sind sie (besonders reichlich im Gehirn) vermehrt (z.B. Niemann-Pick-Erkrankung). Sphingomyelin enthält sowohl eine positive als auch eine negative Partialladung und ist somit Zwitterion.

F87

Frage 9.26: Lösung C

Grundgerüst der Cephalosporine ist 7-Amino-Cephalosporansäure.
Zu **(A):** Estergruppierungen entstehen unter Abspaltung von Wasser aus Säuren und Alkoholen und sind durch die Sequenz

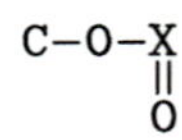

X = C, N, P, S u.a.

gekennzeichnet.
Zu **(B):** Kennzeichen der Amidbildung ist die Sequenz

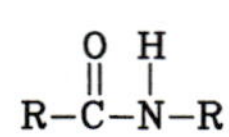

Zu **(C):** Einen Thialzolring mit der Struktur 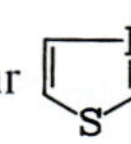 weist das Cephalosporin C nicht auf.

Zu **(D):** Eine Carboxyl-Gruppe hat folgende Struktur:

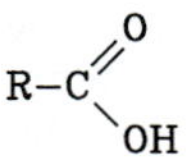

Zu **(E):** Primäre Aminogruppen als Derivate des Ammoniak weisen lediglich einen Substituenten auf:

$R{-}NH_2$.

F87

Frage 9.27: Lösung E

Zu **(E):** Prostaglandin E_2 leitet sich aus der Arachidonsäure ab (siehe Lehrbücher der Biochemie).

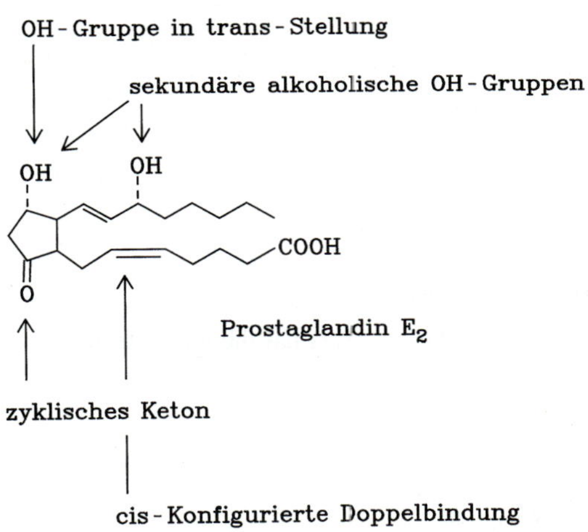

H94

Frage 9.28: Lösung B

Zu **(A)–(B):**

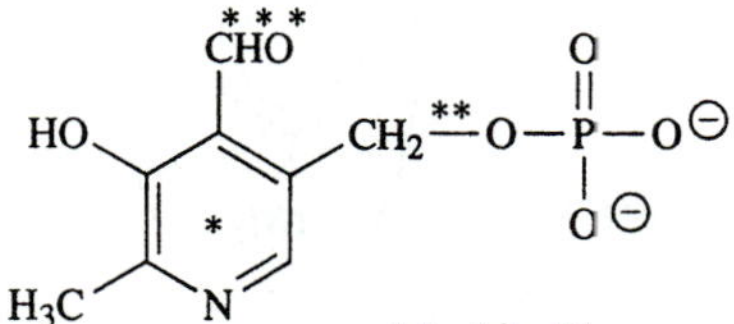

* Pyridin-Ring
** Phosphorsäureesterbindung
*** Aldehyd-Gruppe

Zu **(C)–(D):** Pyridoxalphosphat kann an der Aldehydgruppe mit primären Aminen reagieren, es bilden sich Schiff-Basen. Am Stickstoffatom kann es protoniert werden.
Zu **(E):** Pyridoxalphosphat ist im Stoffwechsel Coenzym der Transaminasen (siehe hierzu auch die Lehrbücher der physiologischen Chemie).

F89

Frage 9.29: Lösung C

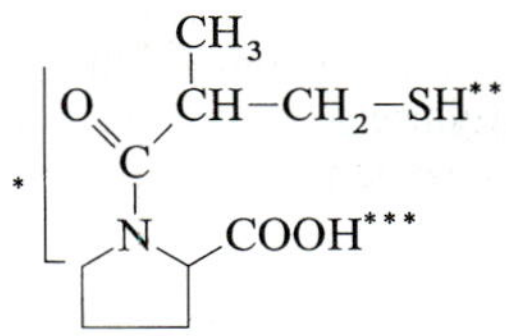

Zu **(1)** und **(2):** Captopril weist eine Säureamidgruppe (*) auf, an die C=O-Doppelbindung kann jedoch im Gegensatz zu Alkenen kein Halogen addiert werden.
Zu **(3):** Die Thioalkoholgruppe (**) kann zu einem Disulfid oxidiert werden.
Zu **(4):** Harnstoff ist das **Diamid** der Kohlensäure:

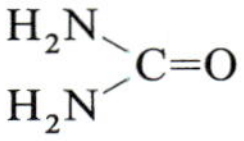

Captopril ist kein Harnstoff-Derivat.
Zu **(5):** Captopril weist eine Carboxy-Gruppe auf (***), bei der Reaktion mit NaOH bildet sich das Na-Salz des Captopril aus.

F89

Frage 9.30: Lösung C

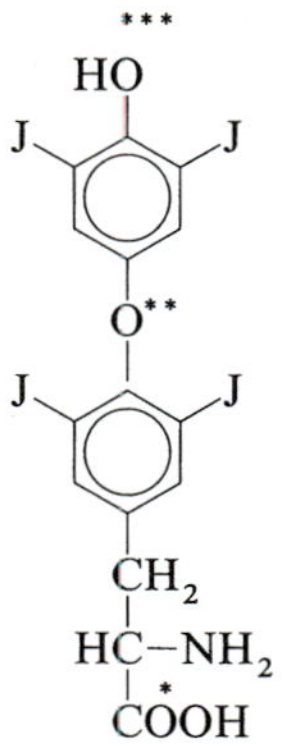

Zu **(A)–(E):** Die Verbindung zeigt Thyroxin (=T_4), ein Schilddrüsenhormon, welches in der Schilddrüsenzelle unter Einwirkung einer Protease aus dem Thyreoglobulin abgespalten wird. Im Plasma erfolgt die Bindung des T_4 an α-Globulin, Präalbumin und Albumin. T_4 besitzt eine Aminosäure-Gruppe (*), ist ein Ether (**), jedoch **kein** zweiwertiges Phenol. Als einwertiges (***) Phenol weist T_4 lediglich eine Hydroxy-Gruppe auf.

H87

Frage 9.31: Lösung D

Zu **(A)**, **(B)** und **(D)**: Dehydroascorbinsäure enthält zwei Ketogruppen, **eine** primäre und **eine** sekundäre Hydroxygruppe. Als γ-Hydroxycarbonsäure hat sie einen inneren Ester, ein sogenanntes Lacton ausgebildet.

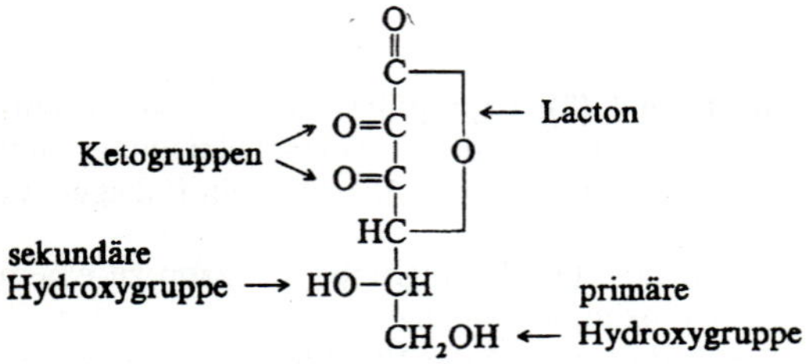

Zu **(C)**: Unter Verbrauch eines Moleküles H_2O kann der Lactonring gespalten werden.

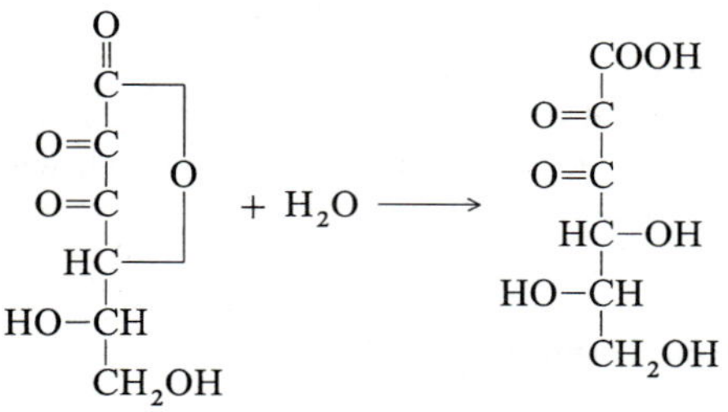

Zu **(E)**: Dehydroascorbinsäure kann leicht zu Ascorbinsäure reduziert werden.

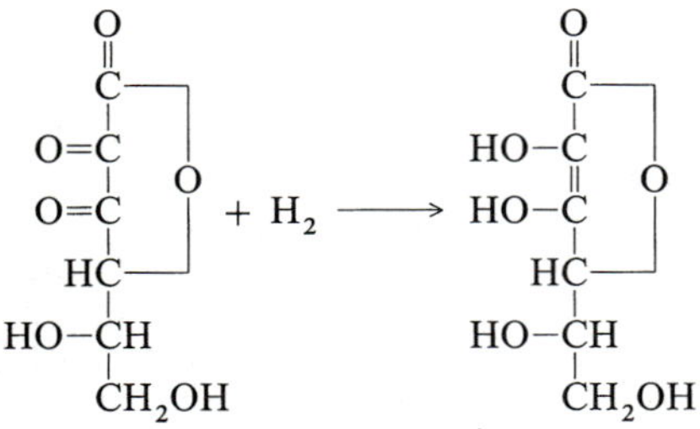

H91

Frage 9.32: Lösung B

Abgebildet ist Testosteron, eine Verbindung, die sich vom Androstan, dem Grundskelett aller Steroide ableitet. Ebenso wie im Androstan haben im Testosteron die Cyclohexanringsysteme Sesselkonformation. Testosteron ist damit nicht planar aufgebaut. Testosteron ist außerdem ein Keton ($R_1-C(=O)-R_2$), ein sekundärer Alkohol (Hydroxygruppe am C-Atom 17) und verfügt über mehrere Chiralitätszentren (z.B. C-Atome 10, 17, 18).

Die folgende Abbildung zeigt Androstan mit der entsprechenden Numerierung der C-Atome:

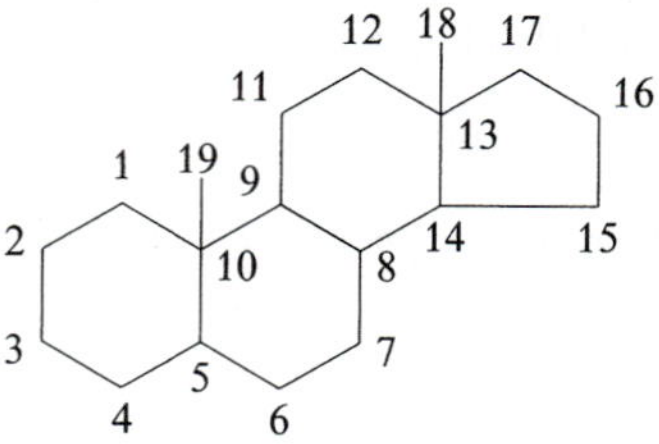

H92

Frage 9.33: Lösung A

Zu **(A)**: Das Purin-Gerüst hat die folgende Strukturformel:

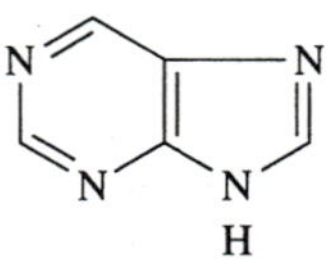

Zu **(B)–(E)**:

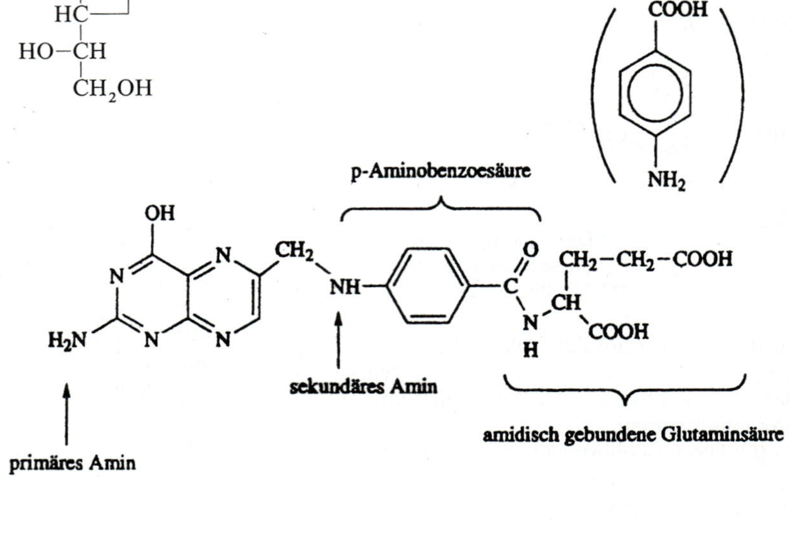

F93

Frage 9.34: Lösung E

Zu **(A)–(C):** 1,25-Dihydroxycholecalciferol enthält neben zwei konjugierten Doppelbindungen drei Hydroxygruppen und ist damit ein 3-wertiger Alkohol. Die Hydroxygruppe am C-Atom 25 ist eine tertiäre, sie ist mit einem tertiären C-Atom verbunden.
Zu **(D):** Die Ringe C und D sind trans-verknüpft, da die Methylgruppe des Ringsystems in trans-Stellung zum gezeigten Wasserstoffatom steht.
Zu **(E):** C-Atom 25 ist kein Chiralitätszentrum; es besitzt nicht vier unterschiedliche Substituenten.

F98

Frage 9.35: Lösung A

Zu **(A):** Steran ist die „Mutter" der meisten Steroide und ist aus drei Sechs- und einem Fünfring aufgebaut:

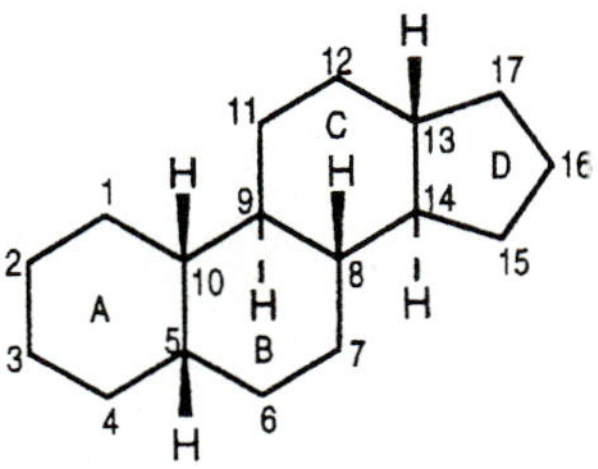

Gonan = Steran

Zu **(B)–(E):** Abgebildet ist das Vitamin D_3, auch Cholecalciferol genannt. Es ist lipidlöslich und wird in der Leber zu 25-Hydroxycholecalciferol und dann in der Niere zu 1,25-Dihydroxycholecalciferol hydrolysiert. Cholecalciferol besitzt drei konjugierte Doppelbindungen und damit ein konjugiertes Trien-System.

H93

Frage 9.36: Lösung B

Zu **(A)–(E):**

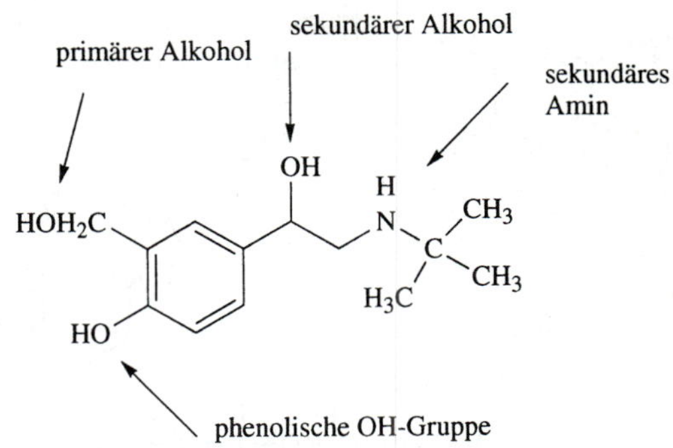

Bei einem tertiären Amin sind alle drei Wasserstoffatome des NH_3 substituiert.

F95

Frage 9.37: Lösung D

Zu **(A)–(C):** Abgebildet ist Ascorbinsäure, das Vitamin C. Ascorbinsäure ist ein starkes Reduktionsmittel und wird als solches leicht zu Dehydroascorbinsäure ($C_6H_6O_6$) oxidiert:

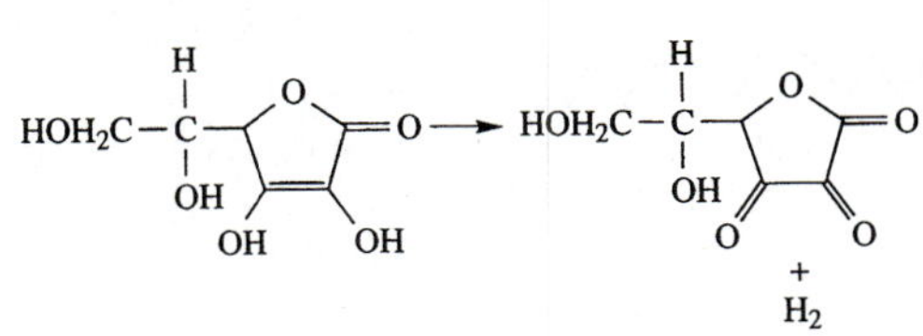

Wegen der vielen polaren Gruppen ist Vitamin C wasserlöslich.
Zu **(D)–(E):** Eine Mangelversorgung mit Vitamin C führt auch zu Störungen des Kollagenmetabolismus (pathologischer Knochenaufbau, subperiostale Blutungen, rissige Haut etc.). Am mitochondrialen Elektronentransport ist es hingegen nicht beteiligt.

F95

Frage 9.38: Lösung D

Zu **(A):**

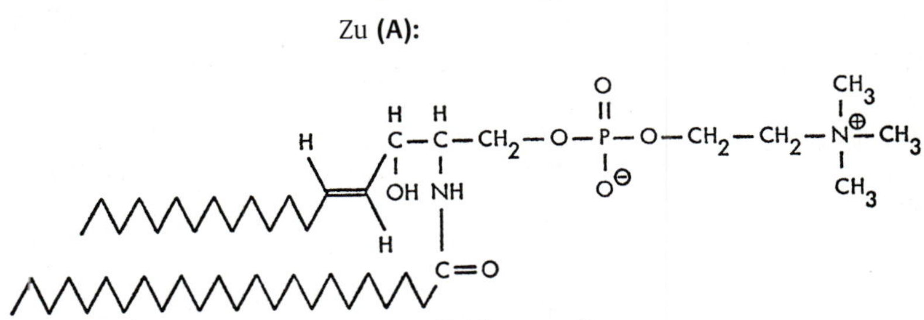

Sphingomyelin

Zu **(B)**:

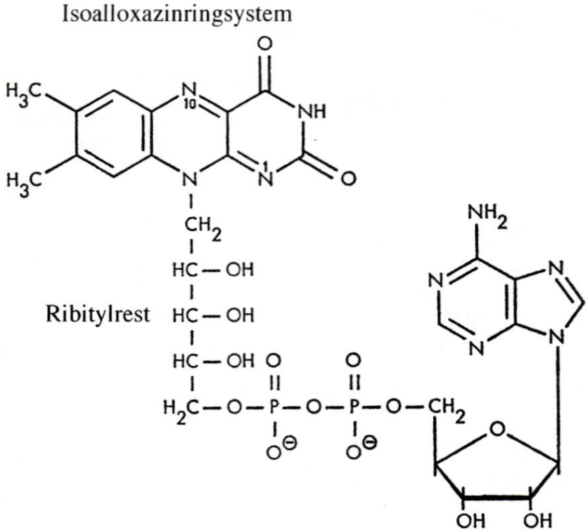

Flavinadenindinucleotid = FAD

Zu **(C)**:

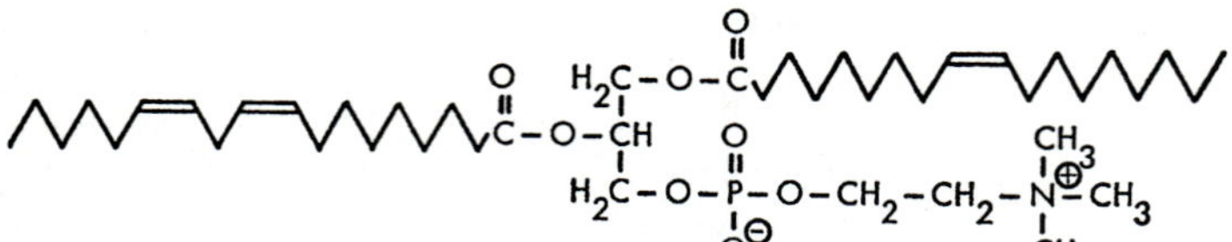

Lecithin

Zu **(D)**:

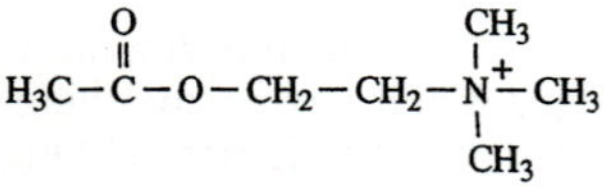

Acetylcholin

Zu **(E)**:

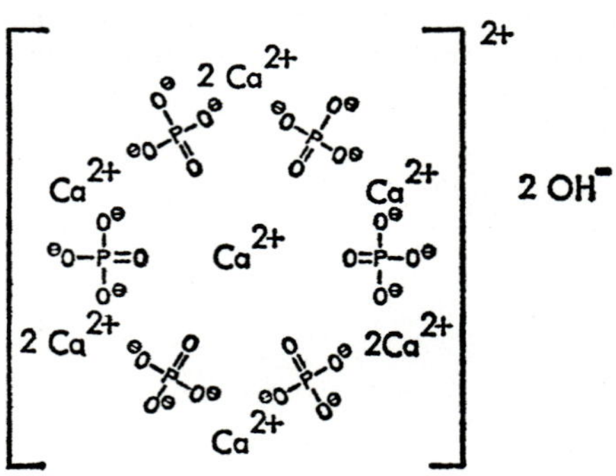

Hydroxylapatit

$3\ Ca_3(PO_4)_2 \quad Ca(OH)_2$

H96

Frage 9.39: Lösung B

Zu **(A)–(E):** Coenzym A (=HS—CoA)

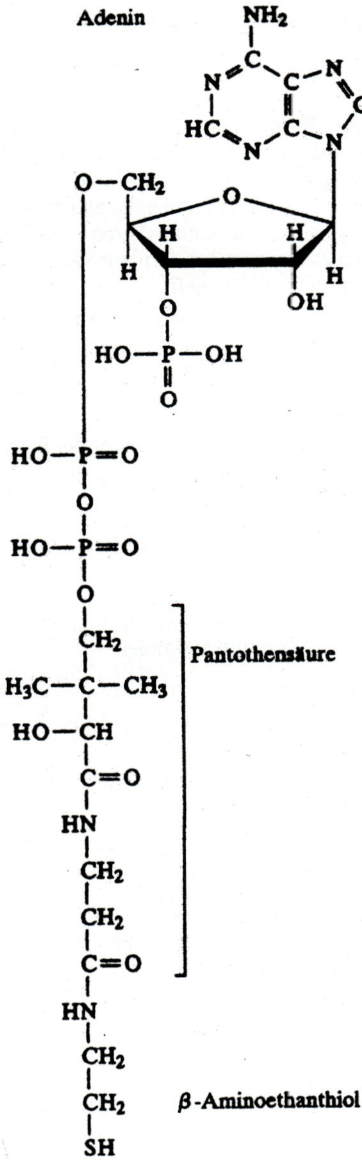

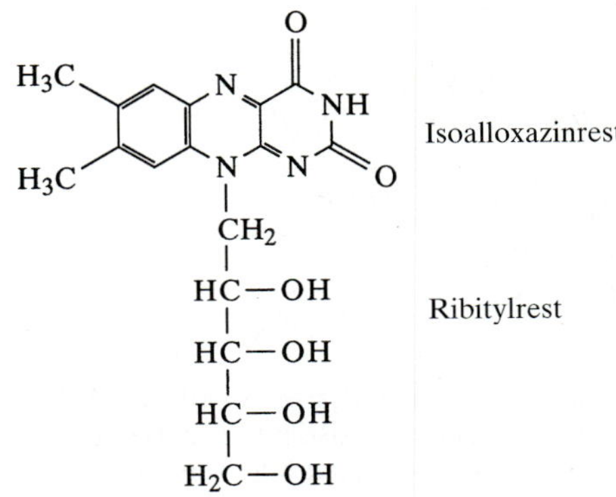

Riboflavin

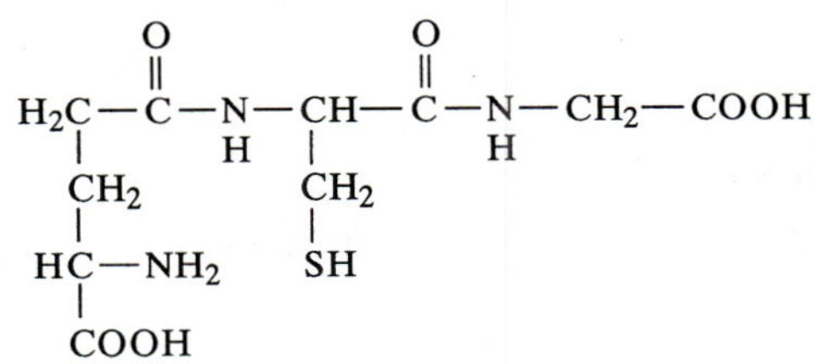

Glutathion

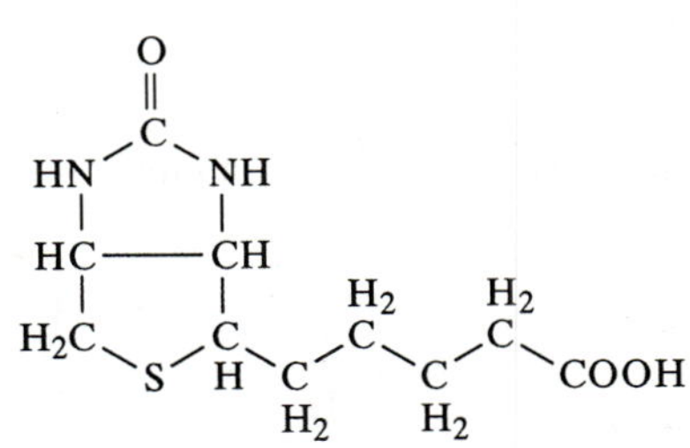

Biotin

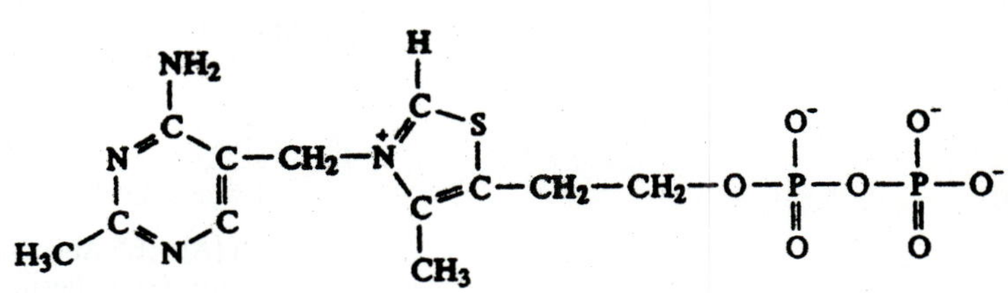

Thiaminpyrophosphat (TPP)

F95

Frage 9.40: Lösung D

Zu **(A)–(C):**

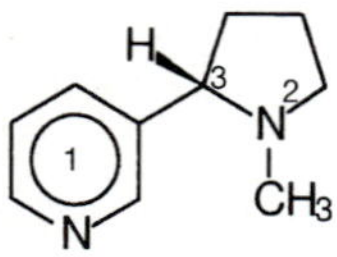

(1) = Pyridin-Ring, (2) = tertiäres Amin, (3) = Asymmetriezentrum, dadurch existieren Enantiomere.
Zu **(D):** Der Imidazol-Ring hat folgende Struktur:

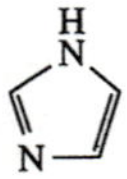

Zu **(E):** Jedes der beiden Stickstoff-Atome besitzt ein freies Elektronenpaar.

F98 H96

Frage 9.41: Lösung C

Zu **(A):** Diacylglycerin hat die Strukturformel:

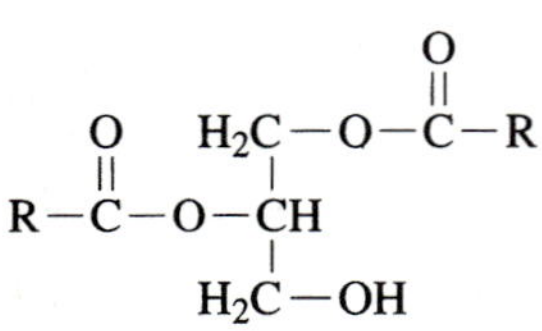

Diglycerid
(Diacylglycerin)

Zu **(B):** Sphingomyelin hat die Strukturformel:

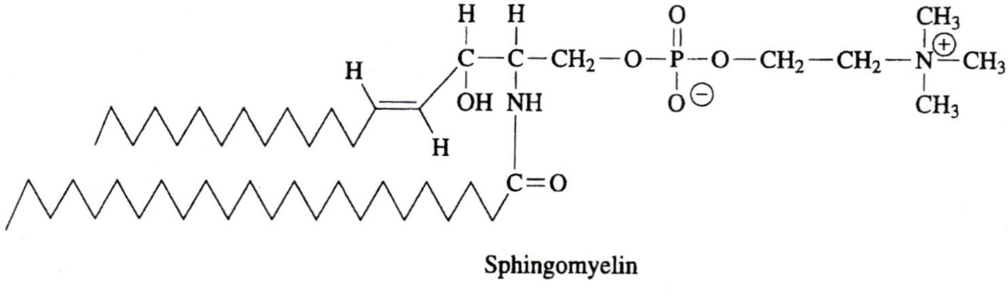

Sphingomyelin

Zu **(C):** Quartäre Ammoniumsalze entstehen durch Ersatz aller vier Wasserstoff-Atome im Ammonium-Kation durch organische Reste:

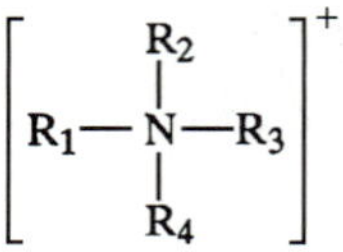

Das resultierende Kation zieht Anionen, z. B. Cl^-, an. Es entsteht ein quartäres Ammoniumsalz; eine solche Verbindung liegt hier vor.
Zu **(D):** Zwitterionen sind Moleküle, die gleichzeitig Kation und Anion sind (z. B. Aminosäuren). Die Verbindung ist kein Zwitterion, sondern ein Salz (s. o.).
Zu **(E):** Oxalsäure hat die Formel:

Die abgebildete Verbindung ist ein Diester der Bernsteinsäure:

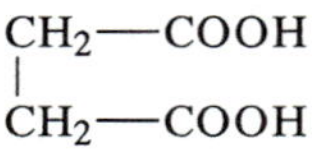

Ester bilden sich unter Abspaltung von Wasser aus der Reaktion von Säuren mit Alkoholen:

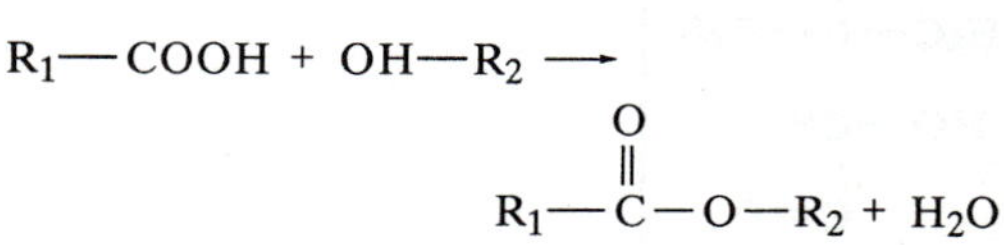

F96

Frage 9.42: Lösung C

Zu **(A)–(E):** Abgebildet ist para (1,4)-Aminobenzoesäure. Sie ist Bestandteil der Folsäure eines Vitamines und kann im menschlichen Stoffwechsel nicht direkt synthetisiert werden (siehe hierzu auch die Lehrbücher der Biochemie).

H96

Frage 9.43: Lösung B

Zu **(A)** und **(E):** In beiden Verbindungen liegt der Heterozyklus in der Sesselkonformation vor; beide weisen tertiäre Amine ($R_1-\overline{N}(R_3)-R_2$) auf.

Zu **(B):** Die Wannenform wäre ein weiteres Konformer.

Zu **(C)–(D):** Bei Ringsystemen ragen die Substituenten entweder ober- oder unterhalb des Ringes aus der Ringebene heraus. Unter Bezug auf einen Liganden A kann ein anderer Ligand B auf der gleichen (cis) oder auf der anderen (trans) Seite des Ringes stehen. Die Methylgruppe der Verbindung (1) steht zum Phenylring in trans-Stellung; in Verbindung (2) hingegen in cis-Stellung.

Beide Verbindungen sind Isomere, die sich nicht wie Bild und Spiegelbild verhalten; man bezeichnet sie als Diastereomere.

H96

Frage 9.44: Lösung A

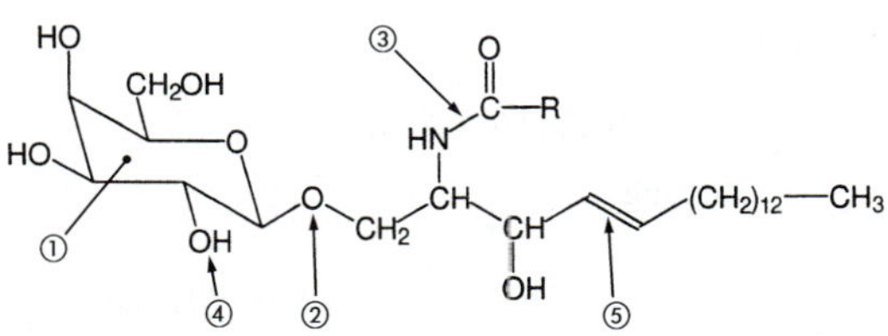

1. Galaktose
2. β-glykosidische Bindung
3. Säureamid
4. sekundärer Alkohol
5. trans-Doppelbindung

F98

Frage 9.45: Lösung C

Zu **(E):** Abgebildet ist das wasserlösliche Vitamin Pyridoxal (Vitamin B_6). Es existieren daneben noch zwei weitere aktive Formen des Vitamins B_6, nämlich das Pyridoxin und das Pyridoxamin:

Zu **(A)** und **(B):**

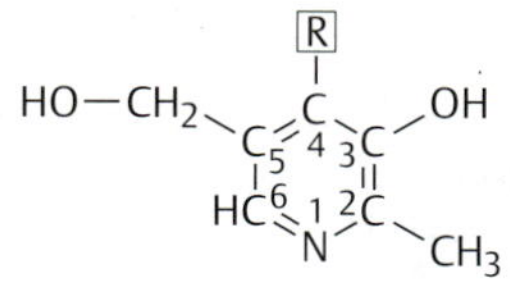

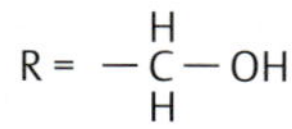
Pyridoxin

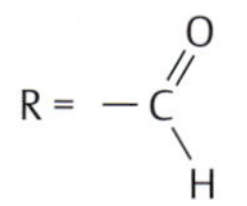
Pyridoxal

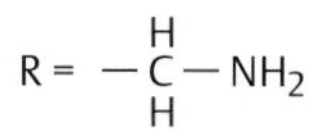
Pyridoxamin

Der zentrale Ring ist ein Pyridinring, der am freien Elektronenpaar des Stickstoffs ein Proton anlagern kann:

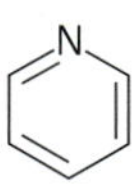

Zu **(C):** Folsäure besteht aus je einem Pteridin-, einem p-Aminobenzoesäure- und einem Glutaminsäurerest.

Zu **(D):** Pyridoxal weist eine Aldehyd-Gruppe auf und ist damit in der Lage, in seiner Funktion als Coenzym Schiff-Basen zu bilden.

H97

Frage 9.46: Lösung C

Zu **(A)–(E):** Menthol mit der Summenformel $C_{10}H_{19}OH$ besitzt neben der iso-Propylgruppe ($(CH_3)_2CH-$) eine sekundäre Alkoholgruppe und kann dadurch zum Keton oxidiert werden. Menthol verfügt über insgesamt 3 Chiralitätszentren (*):

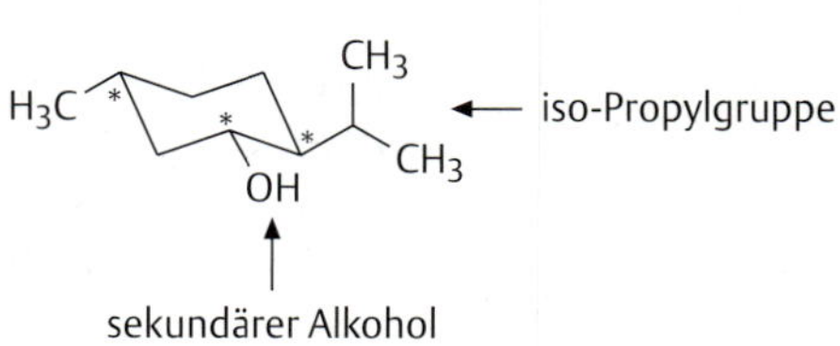

H97

Frage 9.47: Lösung C

Norgestrel:

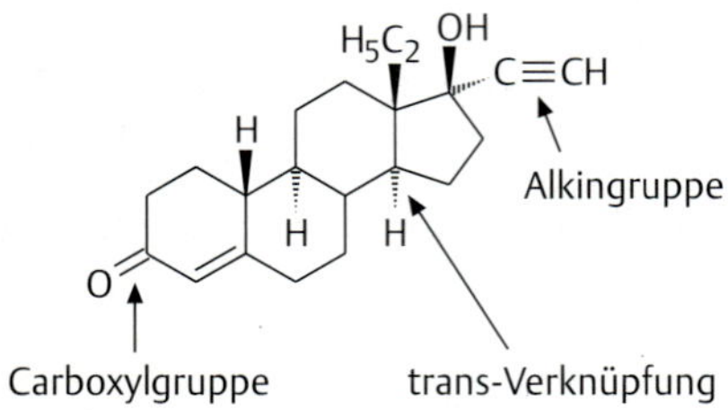

Steran (Gonan):

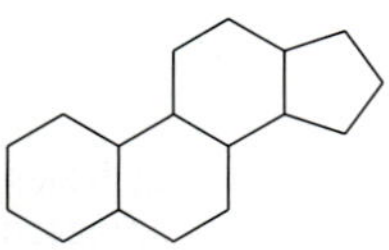

H97

Frage 9.48: Lösung B

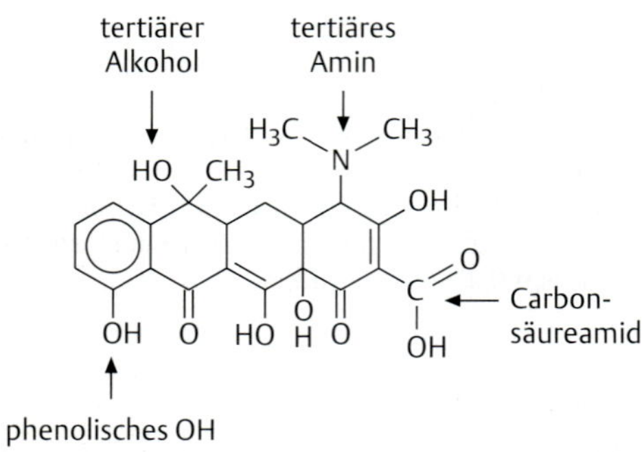

F98

Frage 9.49: Lösung D

Zu **(A)–(C):** Abgebildet ist das Vitamin Pteroylglutaminsäure, besser bekannt als Folsäure:

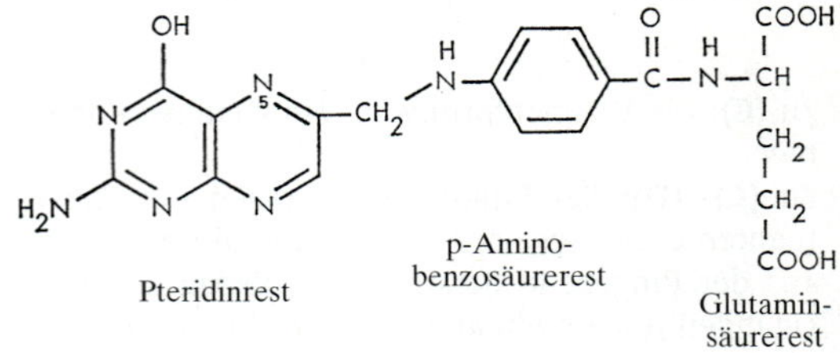

Folsäure
(Pteroylglutaminsäure)

Zu **(D)–(E):** Folsäure kann im Stoffwechsel zu Tetrahydrofolsäure („Coenzym F") reduziert werden. In dieser aktivierten Form wirkt es als Coenzym bei der Aktivierung von C1-Einheiten, bei deren oxidativer oder reduktiver Umwandlung und ihrer Übertragung auf verschiedene Akzeptoren.

F97

Frage 9.50: Lösung E

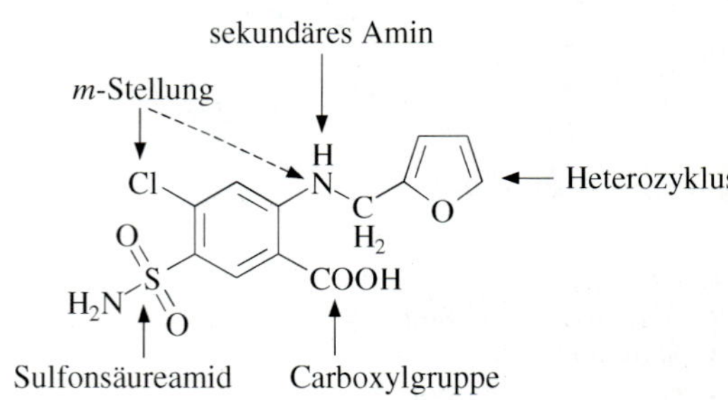

F97

Frage 9.51: Lösung B

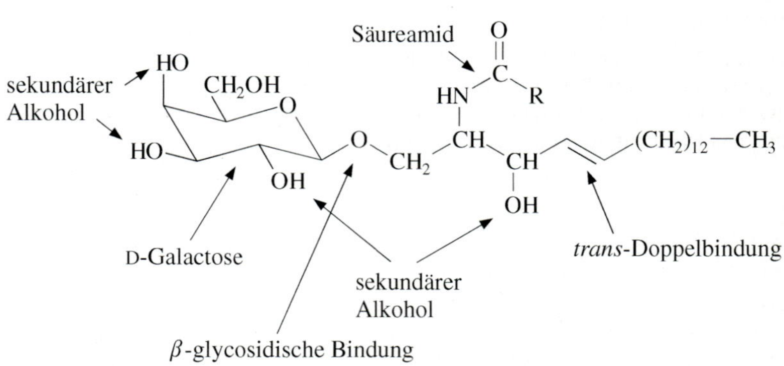

F98

Frage 9.52: Lösung D

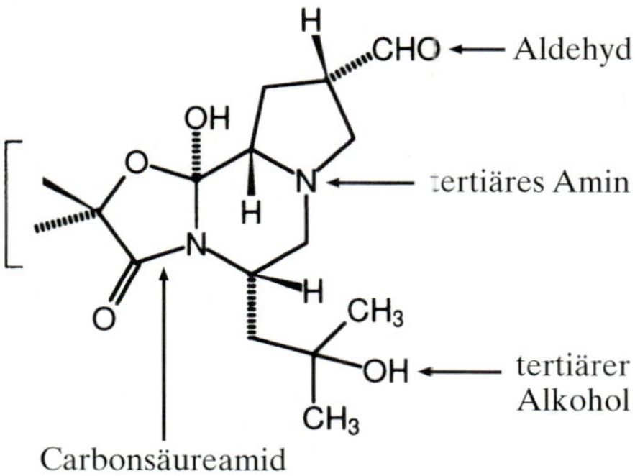

F98

Frage 9.53: Lösung C

Zu **(1)–(3):** Als Kohlenwasserstoff ist β-Carotin formal aus 8 Isopren-Einheiten aufgebaut und gehört damit zu den Isoprenoiden. Sämtliche Doppelbindungen sind konjugiert; d.h. Einzelbindungen treten abwechselnd mit Doppelbindungen auf.

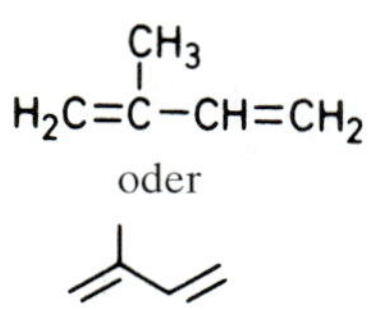

2-Methyl-1,3-butadien (Isopren)

Zu **(4):** Thiamin (Vitamin B_1) besteht aus einem Pyrimidin- und einem Thiazolrest; β-Carotin ist keine biosynthetische Vorstufe:

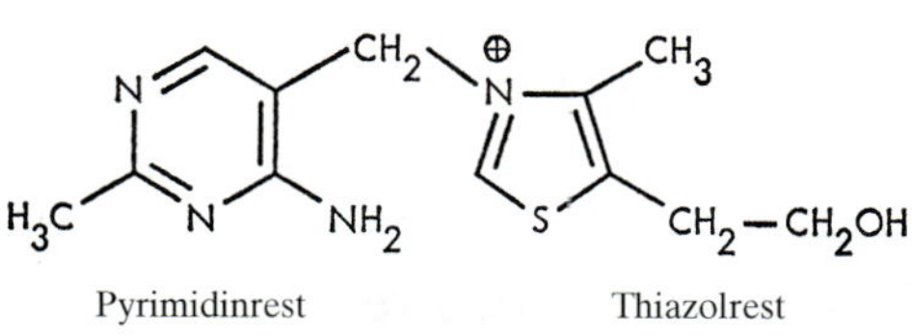

Thiamin

Zu **(5):** β-Carotin hat keine Funktion als Cofaktor bei Oxidoreduktasen.

F98

Frage 9.54: Lösung B

Zu **(A), (C), (D)** und **(E):** Wenn bei der Biosynthese eines Triglycerids an die Stelle einer der langkettigen Fettsäuren Phosphorsäure tritt, ist ein Phospholipid entstanden. Die Phosphorsäure ihrerseits ist mittels einer Esterbindung mit der alkoholischen OH-Gruppe anderer Stoffe verbunden; handelt es sich dabei um Cholin, gehört die Substanz in die Gruppe der Lecithine. Die Lecithine unterscheiden sich dann je nach Art der langkettigen Fettsäuren. Bei der Hydrolyse der Lecithine werden die langkettigen Fettsäuren in äquimolarem Verhältnis freigesetzt. Lecithine können wegen dieser langkettigen Fettsäuren Lipid-Doppelschichten bilden, dadurch erklärt sich ihr vermehrtes Vorkommen in biologischen Membranen.

Zu **(B):** Lecithine sind Derivate des Glycerols, nicht des Sphingosins:

$CH_3(CH_2)_{12}$-CH = CH-CH-CHCH$_2$OH
| |
OH NH_2

Kommentare aus Examen Herbst 1998

H98

Frage 9.55: Lösung B

Zu **(A)–(B):** Die Abbildung zeigt Nicotinamid. Am **Pyridinring** befindet sich eine Säureamidgruppe:

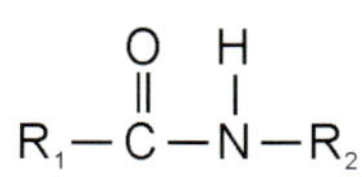

Der Pyrimidinring hat folgende Strukturformel:

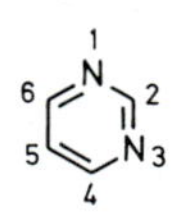

Pyrimidin

Zu **(C)–(D):** Nicotinamid ist Bestandteil des Coenzyms NAD$^+$:

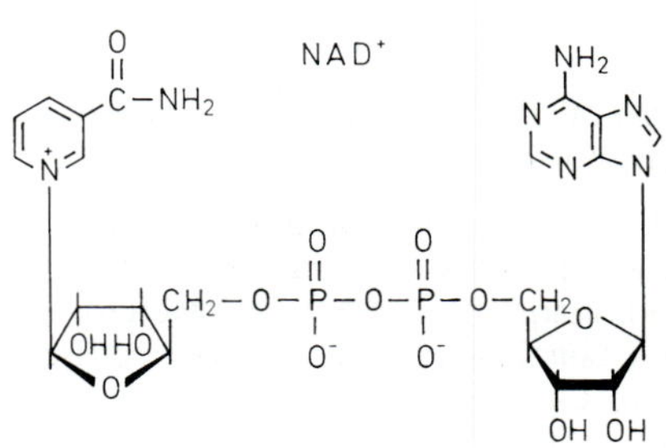

Dabei ist das N-Atom des Pyridinrings an eine Ribose gebunden, die als Phosphorsäureester vorliegt, der wiederum mit Adenosinmonophosphat über eine Säureanhydridbindung verbunden ist.

Zu **(E):** Nicotinamid als Teil der Coenzyme NAD$^+$ bzw. NADP$^+$ kann in der 4er Position des Pyridinringes ein H-Ion *(Hydridion)* anlagern; dadurch wer-

den die Coenzyme in ihre reduzierte Form (NADH bzw. NADPH) überführt.
Hydridionen entstehen bei Dehydrogenasereaktionen. Der aus dem Substrat eliminierte Wasserstoff geht in ein Hydridion und ein Proton über: $2\,H \rightarrow H^- + H^+$.

H98

Frage 9.56: Lösung D

Zu **(A), (C), (E):** Coenzym A weist eine Thiolgruppe (1), eine Phosphorsäureanhydrid-Bindung (2) und das Strukturelement der Panthothensäure auf:

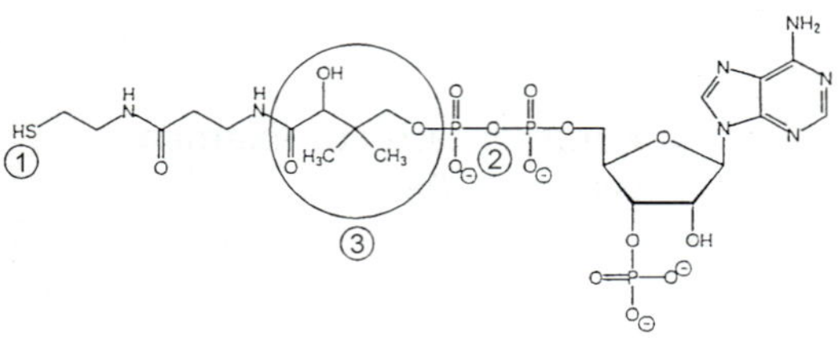

Zu **(B):** Carbonsäuren werden im Rahmen ihres Metabolismus als Thioester mit CoA aktiviert:

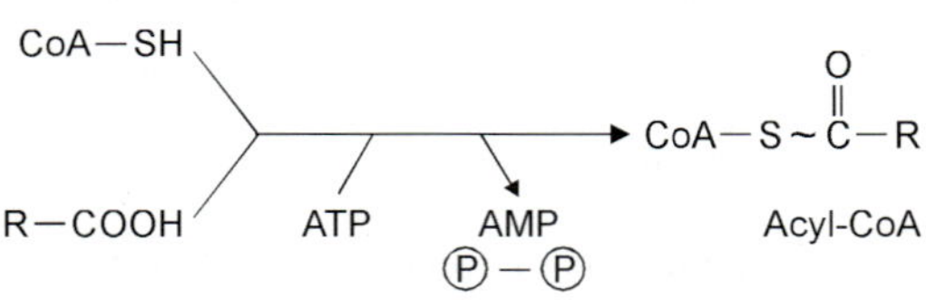

Carbonsäure

Zu **(D):** Coenzym A ist an der Aktivierung von Glucuronat nicht beteiligt. Uridindiphosphat (UDP) aktiviert die Glucuronsäure zur „aktiven Glucuronsäure", welches Ausgangsprodukt für die Synthese des Vitamin C (Ascorbinsäure) bzw. für den Abbau zu Xylulose-5-Phosphat ist.

H98

Frage 9.57: Lösung *** Die Frage wurde aus der Wertung genommen.

Zu **(A)** und **(C):** Abgebildet ist das Antibiotikum Ampicillin; es enthält **vier** Chiralitätszentren (*) und einen β-Laktamring (**). Bemerkenswerterweise beruhen 4 Chiralitätszentren auf asymmetrisch substituierten C-Atomen (auch die Regel), das fünfte ist „axialchiral" (#).

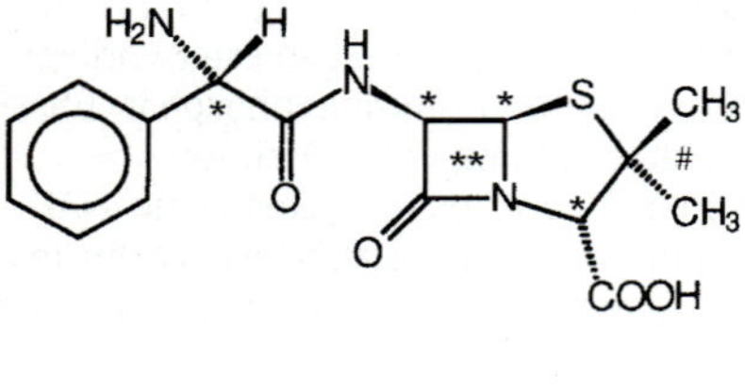

Zu **(B):** Eine Phenylalanin-Struktur ist im Ampicillin nicht vorhanden; Phenylalanin hat folgende Strukturformel:

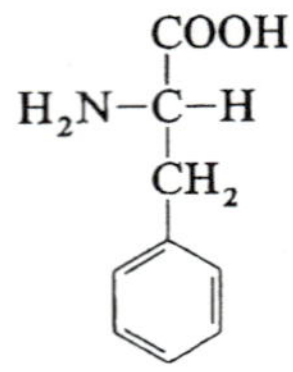

L-Phenylalanin

Zu **(D)–(E):** Beide Aussagen sind zutreffend.
Diese Frage enthält zwei Falschaussagen: (B) und (C).

H98

Frage 9.58: Lösung E

Zu **(A)–(E):**

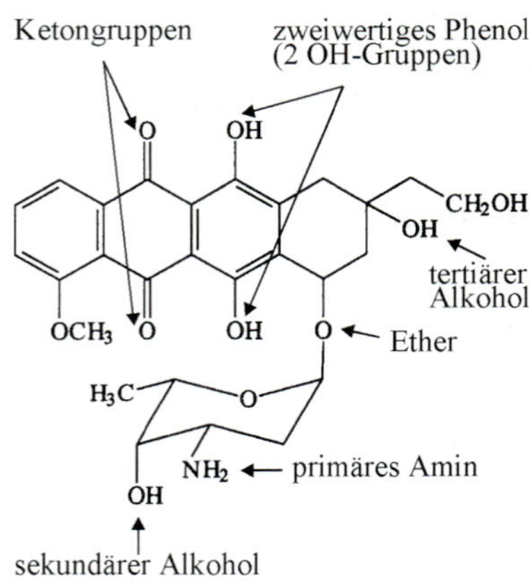

Adriamycin

10 Kohlenhydrate

10.1 Monosaccharide

10.1.1 Klassifizierung

Kohlenhydrate — X.1

Kohlenhydrate, auch **Saccharide** oder **Zucker** genannt, sind Polyalkohole, die zudem eine Aldehyd- oder Ketogruppe besitzen.
Man unterteilt sie in **Monosaccharide** (z. B. Ribose, Glucose, Fructose), **Oligosaccharide** (z. B. Saccharose, Lactose) und **Polysaccharide** (z. B. Stärke, Glykogen, Zellulose).

Die Monosaccharide werden je nach Anzahl der enthaltenen Kohlenstoffatome unterteilt in **Triosen** (3 C-Atome), **Tetrosen** (4), **Pentosen** (5), **Hexosen** (6) und **Heptosen** (7).
Diese unterteilt man weiter in **Aldosen** und **Ketosen,** je nachdem, ob sie eine Aldehyd- oder eine Ketofunktion enthalten.
Aldosen und Ketosen können mit einer der OH-Gruppen desselben Moleküls („intramolekular") zu cyclischen Halbacetalen (bei Aldosen) bzw. Halbketalen (bei Ketosen) kondensieren. Die resultierenden Fünfring- bzw. Sechsring-Systeme mit Sauerstoff als Heteroatom nennt man unter Bezug auf die Heterocyclen Furan (5-Ringsystem) bzw. Pyran (6-Ringsystem) **Furanosen** oder **Pyranosen**.

H86

Frage 10.1: Lösung C

1,3-Dihydroxyaceton hat folgende Strukturformel:

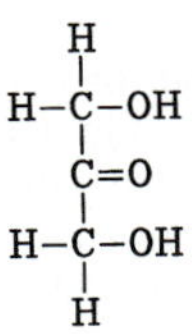

Zu **(A)**, **(B)**, **(C)** und **(E):** 1,3-Dihydroxyaceton ist die einfachste Ketose, sie weist 2 primäre Alkoholgruppen, jedoch kein Chiralitätszentrum auf. Auf Grund ihres polaren Aufbaus ist sie in wäßriger Lösung solvatisiert.
Zu **(D):** Ketone können zu sekundären Alkoholen reduziert werden:

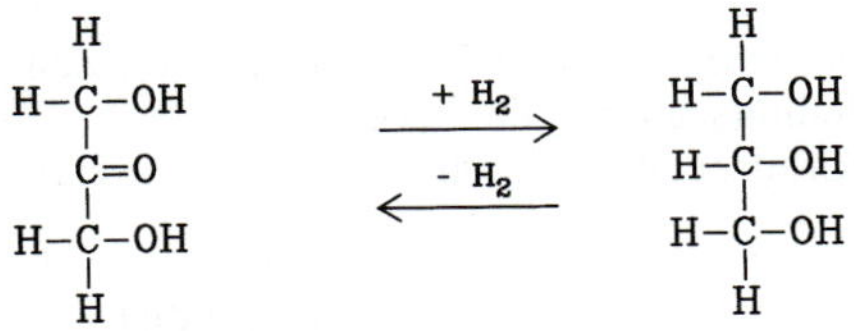

1,3 - Dihydroxyaceton Glycerin

F84

Frage 10.2: Lösung B

Verbindung (1) ist β-Ribose. Verbindung (2) Desoxy-β-Ribose und Verbindung (3) ist Fructose.
Zu **(A):** Da alle drei Verbindungen 5 Ringglieder besitzen, sind alle drei Furanosen.
Zu **(B):** β-Ribose und Desoxy-β-Ribose sind Pentosen, da sie 5 C-Atome aufweisen. Fructose ist eine Hexose (6 C-Atome).

Zu **(C):** Ribose bildet wie folgt ein inneres Halbacetal aus:

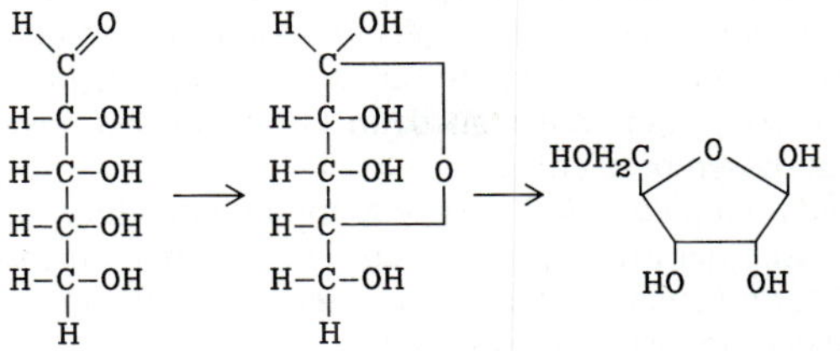

Zu **(D):** In Position 2 der Desoxy-Ribose ist die Hydroxygruppe der Ribose durch ein Wasserstoffatom substituiert worden, was man mit dem Präfix „Desoxy" kenntlich zu machen sucht.
Zu **(E):** Fructose, eine Ketohexose, bildet ein inneres Halbketal aus:

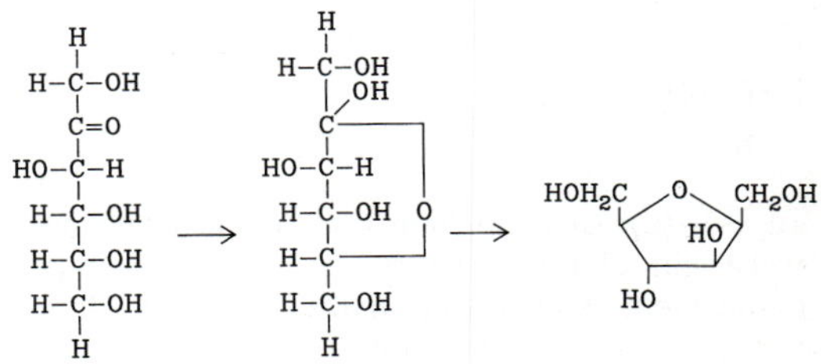

H93

Frage 10.3: Lösung E

Zu **(A)–(C):** Es gilt:

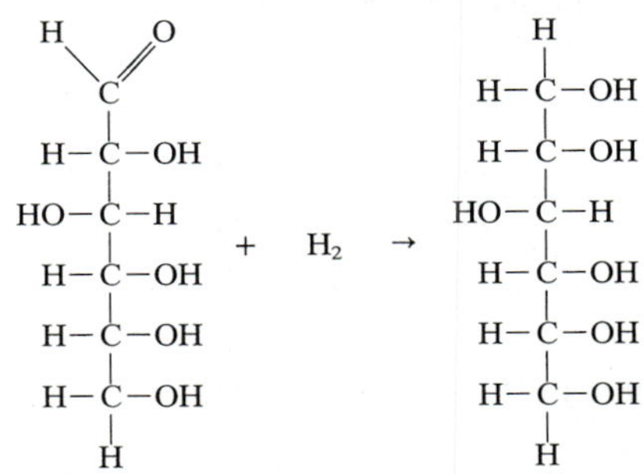

D-Glucose D-Sorbitol

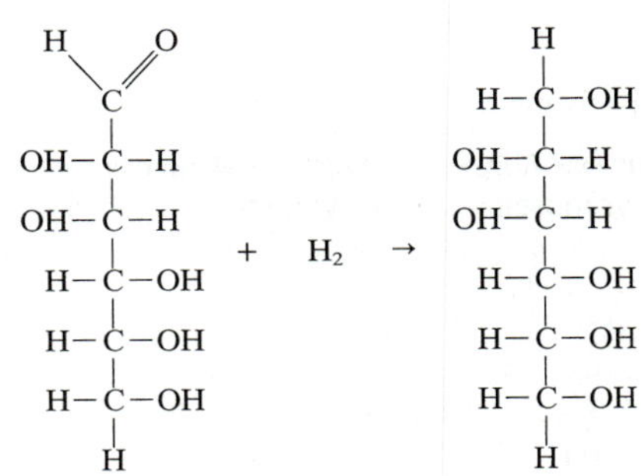

D-Mannose D-Mannitol

Zu **(D):** Mannitol und Sorbitol schmecken süß und können als Zuckerersatzstoffe verwendet werden.
Zu **(E):** Zucker sind Polyalkohole, die zudem eine Aldehyd- oder Ketongruppe aufweisen. Zucker sind damit in der Lage, innere Halbacetale bzw. Halbketale zu bilden, die man dann als Pyranosen oder Furanosen bezeichnet.
Die reinen Polyalkohole wie Mannitol oder Sorbitol weisen derartige Aldehyd- oder Ketogruppen nicht auf; entsprechend können sie nicht in der Pyranose oder Furanoseform vorliegen.

H86

Frage 10.4: Lösung C

D-Glycerinaldehyd hat die Formel:

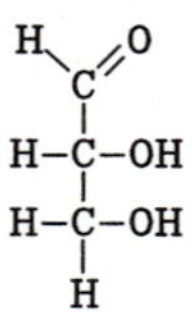

Zu **(A)–(C):** Glycerinaldehyd als einfachste Aldose weist ein Chiralitätszentrum am C-Atom 2 auf, damit dient es als Bezugsmaßstab zur Einordnung der jeweiligen Kohlenhydrate zur D- oder L-Reihe.
Zu **(C):** Glycerinaldehyd besitzt am C-Atom 2 eine sekundäre und am C-Atom 3 eine primäre Alkoholgruppe.
Zu **(D):** Aldehyde können zu Carbonsäuren oxidiert bzw. zu primären Alkoholen reduziert werden. Entsprechend kann Glycerinaldehyd zu Glycerin reduziert werden:

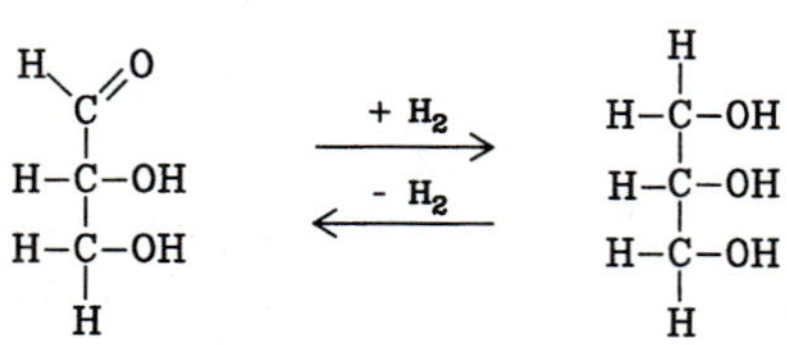

Glycerinaldehyd **Glycerin**

Zu **(E):** Als polares Molekül ist Glycerinaldehyd in wäßriger Lösung solvatisiert.

F88

Frage 10.5: Lösung B

Zu **(A)–(B):** Die Abbildung zeigt α-D-Glucose, welche den Pyranosen (= 6 Ringglieder) zugeordnet wird.

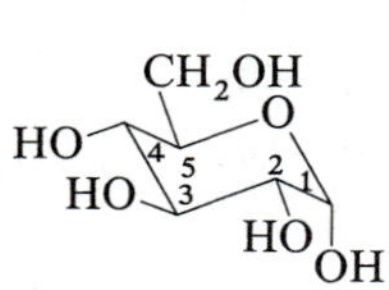

α-Form

Je nach Stellung der OH-Gruppe am C-Atom 1 unterscheidet man eine α- (axial senkrecht) von einer β-Form (äquatorial); hier liegt die α-Form vor.
Zu **(C):** Bei der Glucose existieren 2 Konformationen der Sesselform. Haben alle Substituenten den größtmöglichen Abstand voneinander, d.h. zeigen sie in äquatoriale Richtung, so bezeichnet man dies als $^4C_1$-Konformation.
Zu **(D):** Glucose läßt sich durch Oxidation am C-Atom 1 leicht zu Gluconsäure oxidieren.

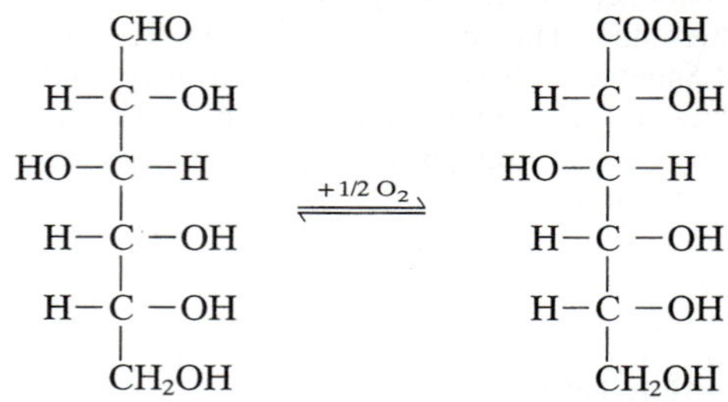

Glucose Gluconsäure

Zu **(E):** Stärke besteht aus zwei Komponenten, etwa 80% Amylopektin und etwa 20% Amylose. In der Amylose sind etwa 200 α-D-Glucosemoleküle 1,4 glykosidisch verbunden. Amylopektin ist ebenfalls aus 1,4-glykosidisch verbundener α–D-Glucose aufgebaut. Zusätzlich bestehen noch 1,6-verbundene Verzweigungsstellen.

F91

Frage 10.6: Lösung A

Zu **(A):** Aldosen sind Polyalkohole mit einer Aldehyd-Gruppe: Sorbit weist eine solche nicht auf.
Zu **(B)–(D):** Sorbit besitzt zwei primäre OH-Gruppen an den C-Atomen 1 und 6 und vier sekundäre Hydroxy-Gruppen an den C-Atomen 2 bis 5, die auch gleichzeitig asymmetrisch substituierte Zentren (Chiralitätszentren) darstellen.
Zu **(E):** Sorbit entsteht durch Reduktion von Fructose:

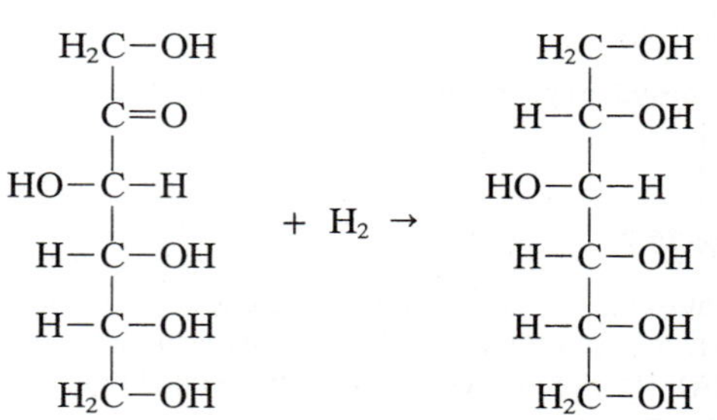

Fructose Sorbit

10.1.2 Schreibweisen

H82

Frage 10.7: Lösung B

Bei der hier abgebildeten Substanz handelt es sich um D-Fructose.
Zu **(A):** Die Atome C_3, C_4 und C_5 sind asymmetrisch, also Chiralitätszentren.
Zu **(B):** Lactose besteht aus Galactose und Glucose. Fructose ist mit Glucose Bestandteil der Saccharose.
Zu **(C):** Fructose besteht aus den gleichen Atomen wie Glucose, sie unterscheiden sich jedoch durch die Anordnung ihrer Atome im Molekül = Strukturisomerie.
Zu **(E):** Es handelt sich um eine Hexose, da Fructose aus 6 C-Atomen besteht. Sie gehört der D-Reihe an, da die OH-Gruppe am C_5 (das am weitesten von der Ketogruppe entfernte asymmetrische C-Atom) sterisch gleich angeordnet ist wie bei D-Glycerinaldehyd.

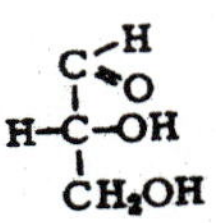

D-Glycerin-aldehyd

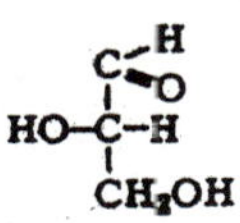

L-Glycerinaldehyd

10.1.3 Stereochemie

H95

Frage 10.8: Lösung B

Zu **(B)** und **(E):** α- und β-D-Glucose sind Konformationsisomere, die durch Ausbildung eines neuen asymmetrischen C-Atomes (C-Atom 1) in Gefolge der Halbacetal-Bildung zustande kommen:

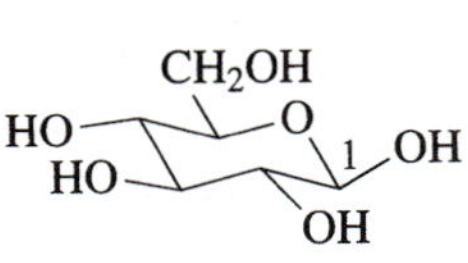

β-Form

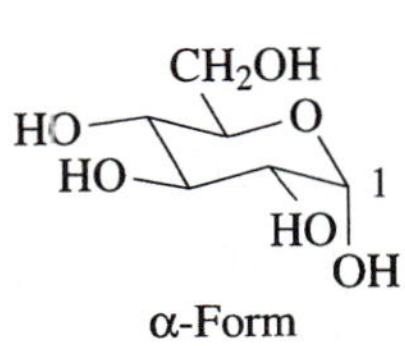

α-Form

Sie stellen Diastereomere dar, die als Anomere bezeichnet werden. In wäßriger Lösung stellt sich ein Gleichgewicht zwischen beiden Formen ein (Lösung (B)).
Zu **(C):** α- und β-Form haben nicht den gleichen Energiegehalt; bei der β-Form stehen alle OH-Gruppen äquatorial, sie ist am stabilsten. Bei der α-Form steht die Hydroxy-Gruppe am C-Atom 1 in axialer Stellung.

Zu **(A):** Enantiomere sind Stereoisomere, die sich wie Bild und Spiegelbild verhalten. Diastereomere hingegen sind Stereoisomere, die keine Enantiomere sind.
Zu **(D):** Amylose besteht nur aus α-D-Glucose-Molekülen, die 1–4 verknüpft sind.

F92

Frage 10.9: Lösung D

Zu **(A)**, **(B)**, **(C)** und **(E):** Abgebildet sind die beiden Konfigurationsisomere der Glucose, nämlich die β-Form (Verbindung (1)) und die α-Form (Verbindung (2)). Diese beiden Formen kommen durch die Ausbildung eines neuen asymmetrischen C-Atomes (C-Atom 1) im Gefolge der Halbacetal-Bildung zustande und stellen Diastereomere dar, die als Anomere bezeichnet werden.
Als Pyranosen besitzen sie 6 Ringglieder.
Zu **(D):** Konformationsisomere der Glucose sind Sessel- oder Wannenform.

H93

Frage 10.10: Lösung B

Zu **(B)–(C):** Die abgebildete Formel zeigt Glucose. Glucose gehört zu den Aldosen und kann als solche ein cyclisches Halbacetal mit 6 Ringgliedern ausbilden, sie gehört demnach zu den Pyranosen (= 6 Ringglieder) und nicht zu den Furanosen (= 5 Ringglieder).
Zu **(A):** Die abgebildete Sesselform gibt auch Auskunft über die Anordnung der Atome im Raum (= Konfiguration). Bei der Sesselform unterscheidet man eine α- von einer β-Form. Hier ist die α-Form der Glucose gezeigt.
Zu **(D)–(E):** Bei der β-Form stehen alle OH-Gruppen äquatorial, sie ist daher am stabilsten; bei der hier diskutierten α-Form steht die Hydroxy-Gruppe am C-Atom 1 in axialer Stellung. In wäßriger Lösung stellt sich ein Gleichgewicht zwischen beiden Formen ein.

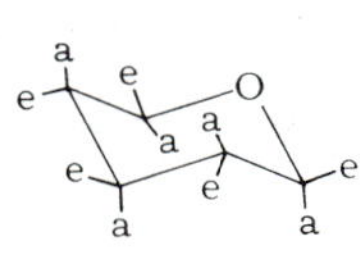

a = axial e = äquatorial

H88

Frage 10.11: Lösung D

Die abgebildete Substanz stellt α-Glucose-6-Phosphat dar:

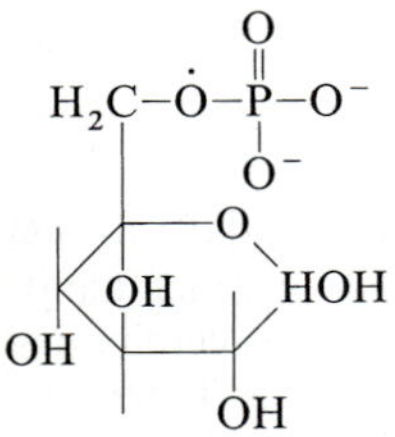

Zu **(A)**, **(B)** und **(D)**: α-Glucose-6-Phosphat weist 6 Ringglieder auf (= Pyranose), wobei sämtliche 5 C-Atome asymmetrisch substituiert sind. Durch Phosphorylierung am C-Atom 6 kommt es zur Ausbildung einer Phosphorsäureesterbindung (*).
Zu **(C)** und **(E)**: Durch obige Phosphorylierung ist Glc-6-P (Kurzschreibweise) energiereicher und reaktionsbereiter als Glucose. Es ist Vorstufe der Glykogensynthese und kann im Stoffwechsel in Glc-1-P umgewandelt werden (siehe hierzu auch die Lehrbücher der Biochemie).

H96

Frage 10.12: Lösung C

Zu **(A)**: D-Mannose und D-Glucose unterscheiden sich als Hexosen in der Tat nur durch die Stellung der Hydroxygruppe am C-Atom 2:

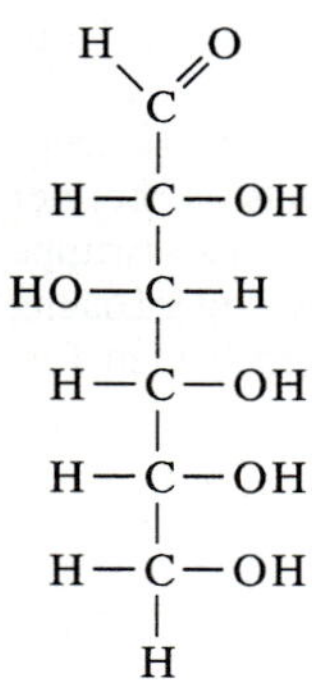

D-Glucose

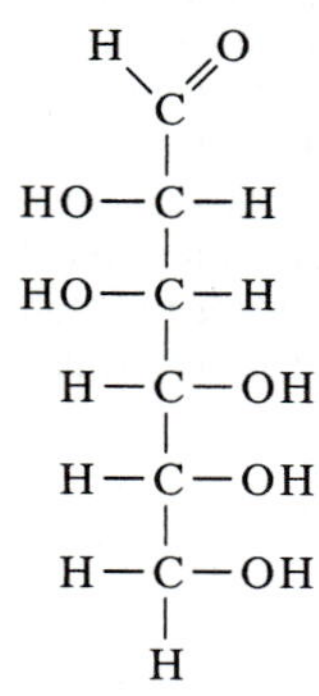

D-Mannose

Zu **(B)**: Beide Zucker (Aldosen) bilden in wäßriger Lösung innere Halbacetale aus, es entsteht ein Ringsystem mit 6 Gliedern; in Anlehnung an den Heterozyklus Pyran bezeichnet man derartige cyclische Zucker auch als Pyranosen.
Zu **(C)**: Das Disaccharid Lactose besteht aus je einem Molekül Galaktose und Glucose. Beide Moleküle sind 1–4 glykosidisch miteinander verknüpft.
Zu **(D)**: D-Mannose und D-Glucose sind Isomere. Isomere, die sich nicht wie Bild und Spiegelbild verhalten, bezeichnet man als Diastereomere.
Zu **(E)**: D-Mannose und D-Glucose können enzymatisch ineinander umgewandelt werden.

H94

Frage 10.13: Lösung D

Zu **(A)–(C)**: Abgebildet ist die offenkettige Form von Glucose, dem biochemisch wichtigsten Monosaccharid. Glucose besitzt am C-Atom 1 eine Aldehyd-Gruppe (Aldose) und weist 6 Kohlenstoffatome auf (Hexose).
Das Molekül ist am C-Atom 3 L- (Laevus), an den C-Atomen 2, 4 und 5 D- (Dexter) konfiguriert. Das unterste asymmetrische C-Atom bestimmt die Zuordnung zur D- oder L-Reihe; die Abbildung zeigt Glucose in der D-Form.
Zu **(D)**: Enantiomere verhalten sich wie Bild und Spiegelbild. D-Mannose ist nicht enantiomer zu D-Glucose:

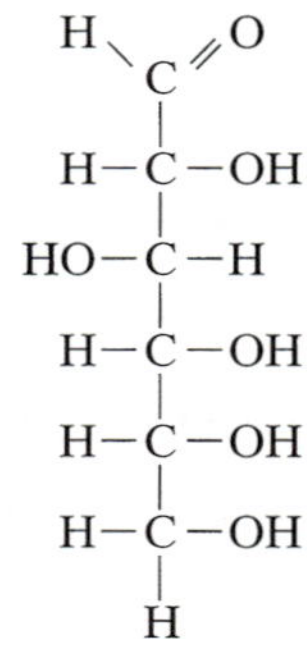

D-Glucose

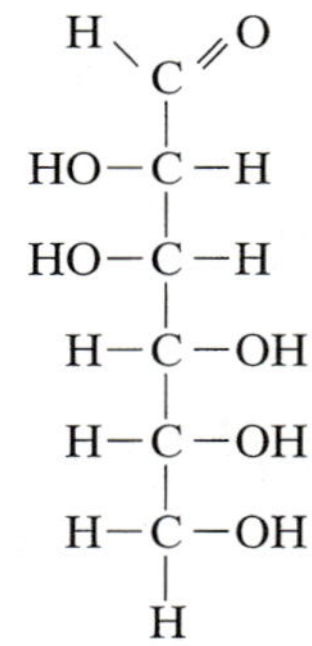

D-Mannose

Zu **(E)**: Oxidation der Glucose am C-Atom 6 führt zu Glucuronsäure:

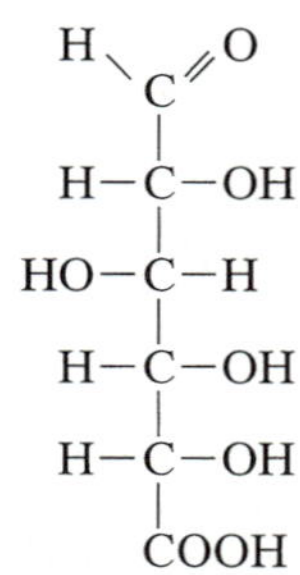

Glucuronsäure

Glucuronsäure bildet einen Halbacetalring aus und existiert in einer α- und einer β-Form:

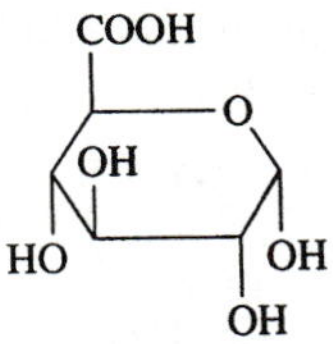

α-Glucuronsäure

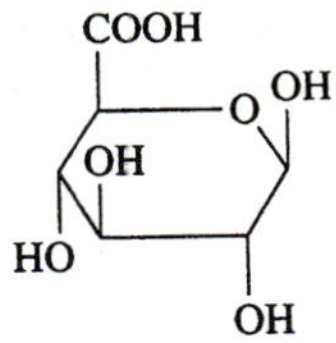

β-Glucuronsäure

H95

Frage 10.14: Lösung A

Abgebildet ist die β-Form der D-Galaktose, die C-Atome sind numeriert:

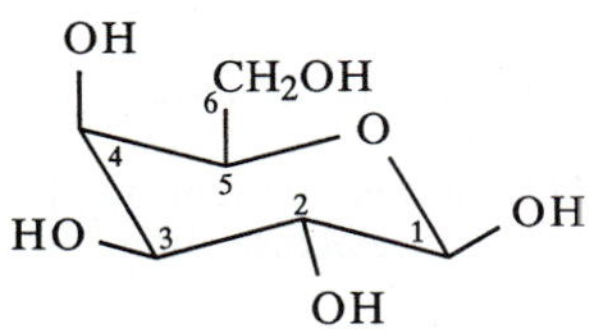

Zu **(A)**: Saccharose („Rohrzucker") besteht aus 1–2 glykosidisch verknüpften α-Glucose- und β-Fructose-Molekülen:

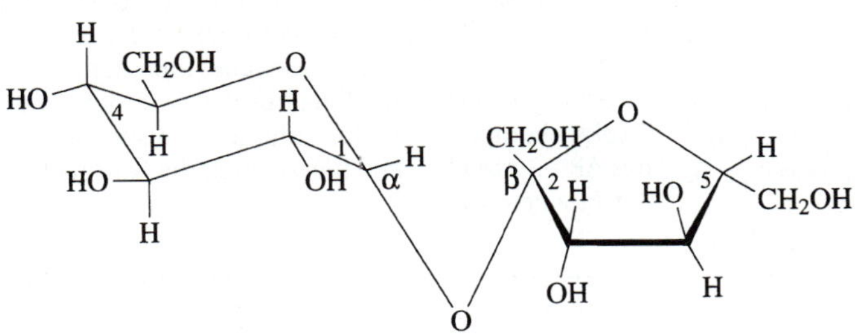

α-D-Glucopyranoseteil β-D-Fructofuranoseteil

Saccharose (Rohrzucker)

Zu **(B)**: Zucker können cyclische innere Halbacetale (bei Aldosen) oder Halbketale (bei Ketosen) bilden. Dadurch wird das C-Atom, das zuvor Träger der C=O-Gruppe war, zu einem neuen Chiralitätszentrum; es entstehen zwei Diastereomere, die man als Anomere bezeichnet, eine α-Form und eine β-Form:

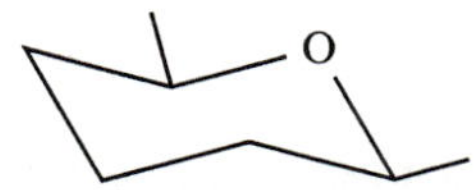

β-Form

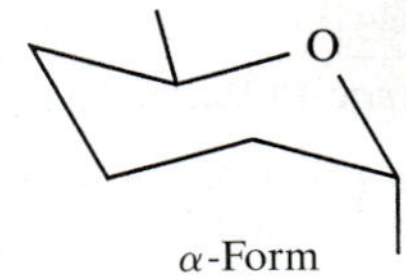

α-Form

Bei der β-Form (α-Form) liegt bei Pentosen in Bezug auf die Bindung C_5–C_6 eine cis (trans)-Stellung vor.
Zu **(C)**: Ersatz der Hydroxy-Gruppe am C-Atom 2 durch eine NH_2-Gruppe führt zur Bildung von Galactosamin, einem Aminozucker:

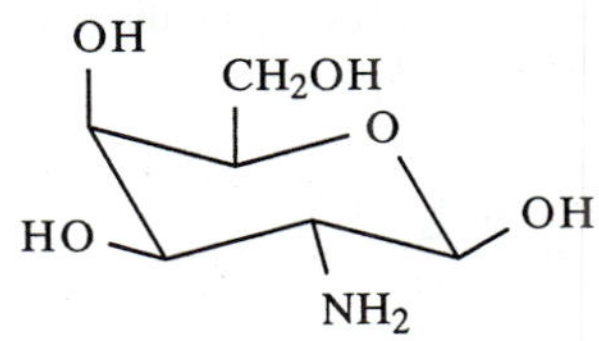

Zu **(D)**: Die Hydroxy-Gruppen an C-Atom 3 und 4 ragen auf der gleichen Seite des Ringes aus der Ringebene heraus, sie stehen somit in cis-Stellung!
Zu **(E)**: Epimere sind Diastereomere mit mehreren Chiralitätszentren, die sich in ihrer Konfiguration jedoch nur an einem einzigen asymmetrisch substituierten C-Atom unterscheiden. D-Glucose und D-Galaktose unterscheiden sich nur durch die Stellung der Hydroxygruppen am C-Atom 4:

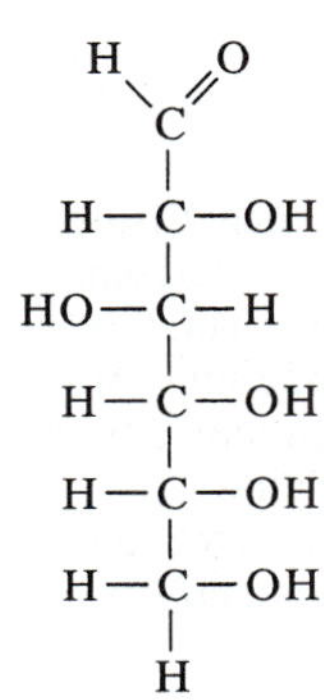

D-Glucose

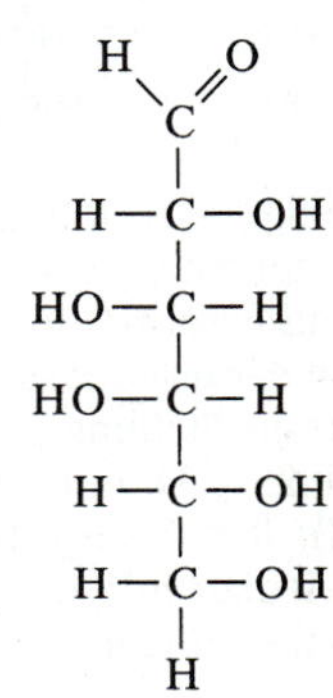

D-Galaktose

F95

Frage 10.15: Lösung C

Zu **(A)–(C):** Abgebildet ist die β-Form der Glucose. Bei ihr stehen alle Substituenten am Pyranosering (= 6 Ringglieder) äquatorial; damit haben sie größtmöglichen Abstand voneinander. Die β-Form wird auch als $^4C_1$-Konformer bezeichnet.
Zu **(D):** Die abgebildete β-D-Glucose zeigt eine cis-Konfiguration für die OH-Gruppen an C_1 und C_3. Bei 1,3-disubstituierten Cyclohexanen steht in der trans-Form der eine Substituent äquatorial, der andere axial. Für das cis-Isomer existiert eine diäquatoriale und eine diaxiale Stellung.

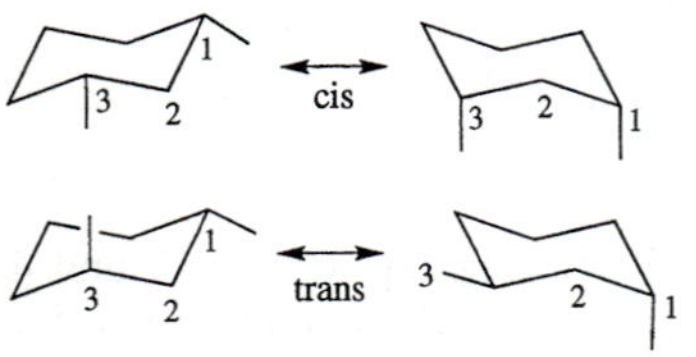

Zu **(E):** Glucose läßt sich durch Oxidation am C-Atom 1 zu Gluconsäure, durch Oxidation am C-Atom 6 zu Glucuronsäure überführen.

F95

Frage 10.16: Lösung E

Zu **(A):** Abgebildetes Monosaccharid ist R-2-Desoxyribose.
Zu **(B):** Es weist eine Aldehyd-Gruppe (Aldose) sowie 5 C-Atome (Pentose) auf und wird deshalb zu den Aldopentosen (wie z.B. auch R-Ribose) gerechnet.
Zu **(C)–(D):** Durch Ringschluß zwischen C_1 und C_4 kommt es zur Ausbildung eines cyclischen Halbacetals mit 5 Ringgliedern (Furanosen):

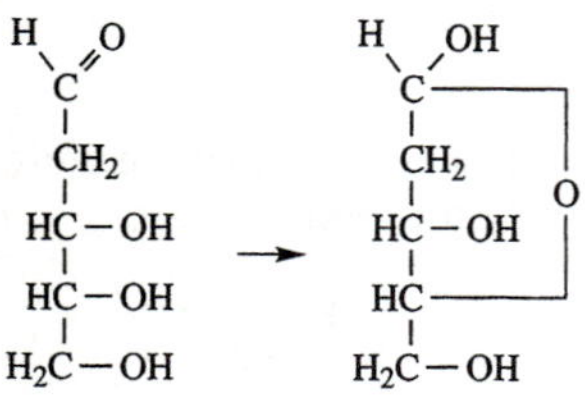

Als Folge des Ringschlusses wird das C_1-Atom asymmetrisch, es entstehen zwei Diastereomere (α- und β-Form), die als Anomere bezeichnet werden. In der α-Form steht die OH-Gruppe am C-Atom 1 in trans-Stellung zum Bezugssystem am C-Atom 4; bei der β-Form dagegen in cis-Stellung.
Zu **(E):** R-2-Desoxyribose hat in der abgebildeten Form lediglich 2 Asymmetriezentren, nämlich die C-Atome 3 und 4.

H96

Frage 10.17: Lösung C

Zu **(A):** Galaktose unterscheidet sich von der Glucose in der Konfiguration am C-Atom 4:

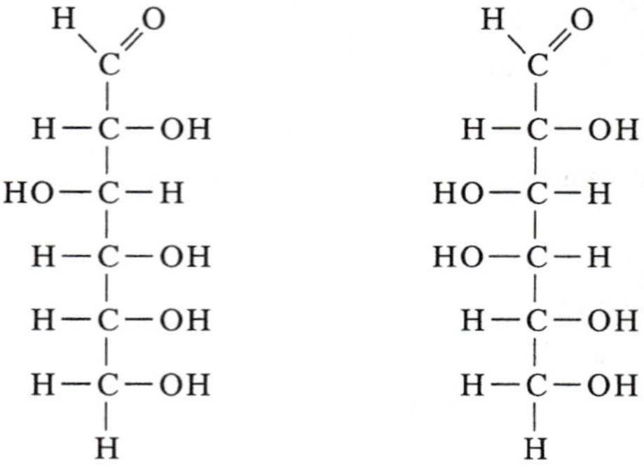

D-Glucose D-Galaktose

Zu **(B)–(C):** Lactose (Milchzucker) besteht aus β-1,4-glykosidisch verbundenen Galaktose- und Glucose-Molekülen.
Maltose besteht aus zwei α-1,4-glykosidisch verbundenen Glucose-Molekülen.
Zu **(D)–(E):** Ganglioside gehören zur Gruppe der Sphingoglykolipide und enthalten als Bausteine den Aminoalkohol Sphingosin und u.a. als Zuckerkomponente Galaktose. Sie kommen in der grauen Hirnsubstanz, dem Nervengewebe und dem Erythrozytenstroma vor. Galaktose ist ferner eine Strukturkomponente der Blutgruppensubstanzen des AB0-Systems (siehe hierzu auch die Lehrbücher der Biochemie).

10.1.5 Reaktionen

Frage 10.18: Lösung B

Zu **(A):** Verbindung (1) ist die Pyranose (siehe B) und Aldohexose R-Fructose.
Zu **(B):** Zucker liegen im Körper selten in der offenkettigen Form vor. Speziell Hexosen und Pentosen bilden gerne *cyclische Halbacetale* und *Halbketale* innerhalb eines Moleküls aus. Zur Ringbildung kommt es durch die Reaktion einer Hydroxy- mit der Carbonylgruppe. Der entstandene Ring besitzt O als Heteroatom. Ist der Ring aus fünf Atomen aufgebaut, bezeichnet man diese Zucker als Furanosen

(abgeleitet vom Furan: ).

Entsprechend heißen Ringe mit 6 Atomen Pyranosen

(abgeleitet vom Pyran: 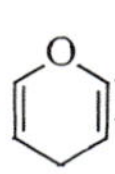).

Zu **(C)–(D):** Verbindung (2) ist die Haworth-Schreibweise der R-Glucose. (2) ist eine Hexose, Aldose, Pyranose und gleichzeitig Halbacetal.
Man kommt zur Haworth-Schreibweise, indem man die OH-Gruppen, die in der Tollens-Schreibweise rechts (links) stehen, nach unten (oben) zeichnet.

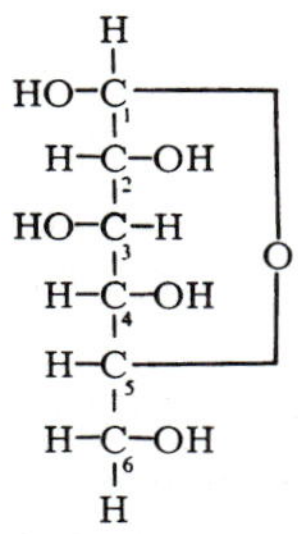

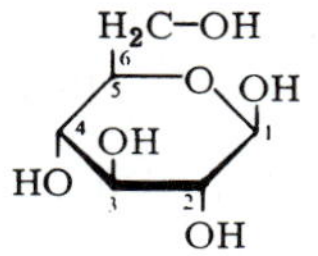

R-Glucose (Tollens) R-Glucose (Haworth)

Die Ziffern 1–6 dienen der Numerierung der C-Atome.
Zu **(E):** Verbindung (3) ist ein Vollacetal, nämlich das β-Methylglykosid, dargestellt in der Sesselkonformation. Atome, die in der Haworth-Schreibweise nach oben (unten) weisen, tun dies auch in der Sesselkonformation.

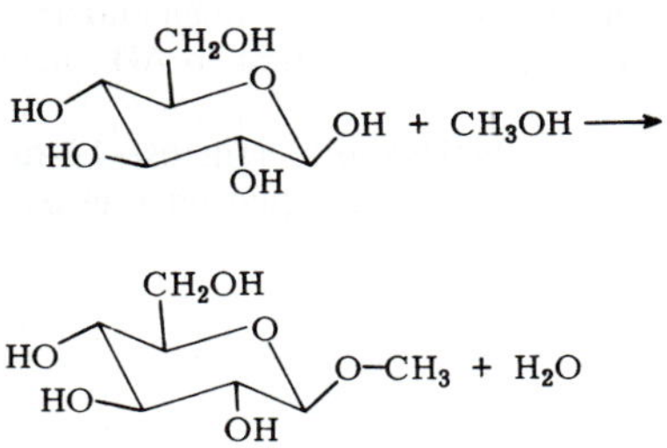

β-R-Glucose + Methanol ⟶

β-Methylglykosid + Wasser

> **!** Merke: Hexosen (6 C-Atome) sind *nicht* mit Pyranosen (6 Ringglieder), Pentosen (5 C-Atome) sind *nicht* mit Furanosen (5 Ringglieder) identisch!

H82

Frage 10.19: Lösung E

D-Glucopyranose entsteht durch die Bildung eines Cyclohalbacetals aus Glucose.

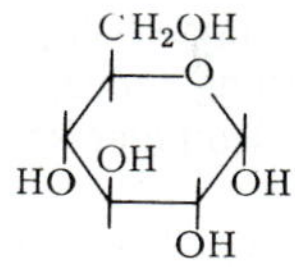

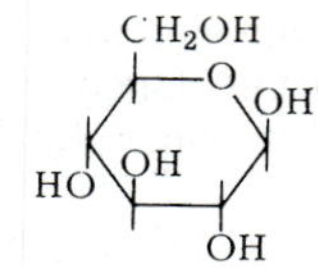

α-D-Glucose β-D-Glucose

Durch diese Cyclohalbacetalbildung wird das C-1 asymmetrisch, so daß zwei verschiedene räumliche Anordnungen denkbar sind, die man als α- und β-Form bezeichnet (siehe oben). Bei der β-Form sind die Kräfte, die OH-Gruppen aufeinander ausüben, am geringsten, da alle OH-Gruppen äquatorial stehen.

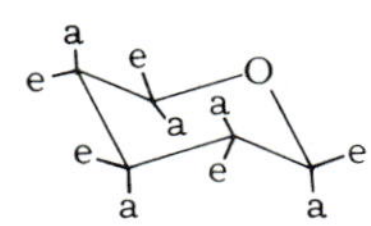

a = axial e = äquatorial

Sie ist daher die bevorzugte Form. Die Konformationsangabe der D-Glucopyranose ist jedoch nur in kristallinem Zustand möglich, da sich im Wasser ein Gleichgewicht zwischen der α- und β-Form ausbildet, das das polarisierte Licht um +52,5° dreht (α: +112,2°; β: = 18,7°).
Bei der Oxidation von D-Glucose am C-1 entsteht Gluconsäure, die leicht in ein Lacton, einen inneren Ester, übergeht.

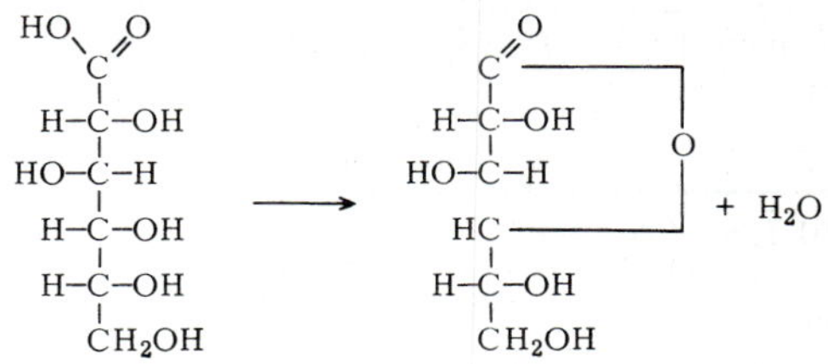

Gluconsäure Gluconsäure-γ-lacton

Bei der Oxidation am C-6 entsteht Glucuronsäure.

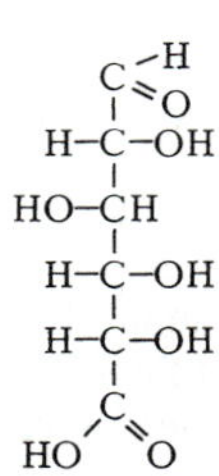

Glucuronsäure

Dabei wirkt Glucose als Reduktionsmittel (sie wird oxidiert). Diese Eigenschaft macht man sich bei ihrem Nachweis zunutze. Glucose und alle anderen

Zucker, die eine freie Acetylhydroxylgruppe haben, können Cu^{2+}-Ionen in alkalischer Lösung reduzieren, was zu einem Farbwechsel führt (Trommer-Reaktion).
Zu **(D):** Bei Glucosamin wird die OH-Gruppe am C-2 der Glucose durch eine NH_2-Gruppe ersetzt (= 2-Desoxy-2-amino-β-D-Glucopyranose). Die Konfiguration am C-4 wird gegenüber der D-Glucopyranose nicht verändert.

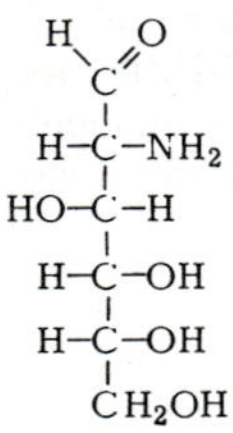

Glucosamin

H86

Frage 10.20: Lösung E

Zu **(A) – (D):** Abgebildet ist β-Ribose (1), Bestandteil der RNA, und Desoxy-β-Ribose (2), Bestandteil der DNA. Beide Kohlenhydrate besitzen 5 Ringglieder und sind damit Furanosen. Die 5 C-Atome beider Verbindungen ermöglichen auch eine Einordnung beider in die Gruppe der Pentosen.
Zu **(E):** In Position 2 der Desoxy-β-Ribose ist die Hydroxygruppe der Ribose durch ein Wasserstoffatom substituiert worden (= Reduktion), was man mit dem Präfix „Desoxy" kenntlich zu machen sucht.

10.1.6 Funktion

F86

Frage 10.21: Lösung D

Zu **(A):** Zucker, die in der cyclischen Halbketalform als Fünfringe vorliegen, heißen Furanosen (nach dem Heterocyclus Furan).
Furan:

Zu **(B) – (C):** Unter Glykolyse versteht man den Abbau von Glucose zu Lactat unter anaeroben Bedingungen (Emden-Meyerhof-Weg); dabei wird chemische Energie als ATP gewonnen.
Unter aeroben Bedingungen wird Glucose lediglich bis zur Brenztraubensäure (Pyruvat) abgebaut, welches dann zur weiteren Verarbeitung über Zwischenschritte in den Citratzyklus eingebracht wird.

Bei der Glykolyse wird Glucose zunächst in Glucose-6-phosphat und dann zu Fructose-6-phosphat umgewandelt. Im nächsten Schritt wird Fructose-6-phosphat dann zu Fructose-1,6-diphosphat phosphoryliert (zum Studium der weiteren Reaktionsschritte sei auf die Lehrbücher der Biochemie verwiesen!).

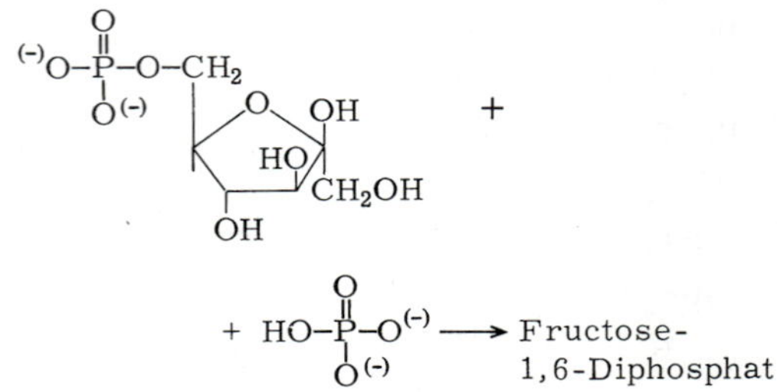

Formal sind die Phosphatreste über Esterbindungen verbunden:

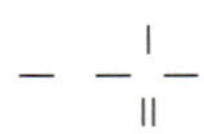

Zu **(D):** ATP ist ein Mononucleotid aus der Purinbase Adenin, Ribose und drei linear aneinandergereihten Phosphaten. Fructose kommt in ATP nicht vor.
Zu **(E):** Mittels der Aldolase wird Fructose-1,6-diphosphat in zwei Moleküle Triosephosphat gespalten:

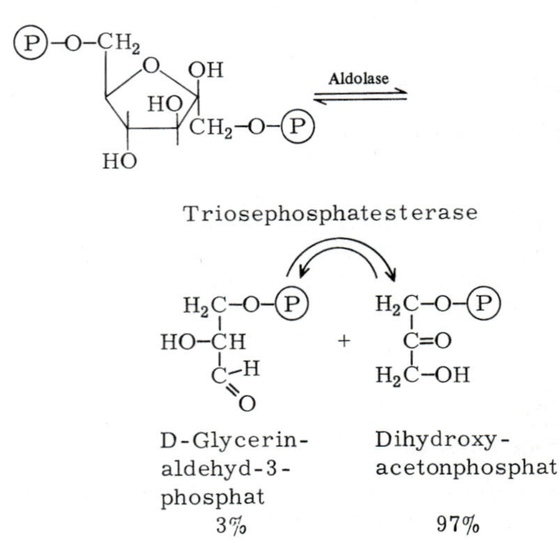

H96

Frage 10.22: Lösung A

Zu **(A):** Zwei Moleküle Phosphorsäure sind mit den Hydroxygruppen der C-Atome 1 und 6 der D-Fructose über Esterbindungen verbunden; folglich liegt ein *Biphosphat* der Fructose und kein Phosphorsäurediester vor.
Zu **(B)–(D):** Verbindung (2) zeigt die offenkettige Form von D-Fructose-1,6-biphosphat in der Fischerprojektion. Durch Ringschluß bildet sich ein zyklisches Halbketal mit 5 Ringgliedern (sogenannte Furanoseform) aus (Verbindung (1)).
Zu **(E):** Im Zuge der Glykolyse kommt es, durch das Enzym Diphosphofructaldolase katalysiert, zur Umsetzung von D-Fructose-1,6-biphosphat in die zwei C-3-Körper D-Glycerinaldehyd-3-phosphat und Dihydroxyacetonphosphat.

F87

Frage 10.23: Lösung D

Zu **(A)–(C):** Das abgebildete Glycerinaldehydphosphat weist eine Phosphorsäureesterbindung auf. Das C-Atom 2 ist ein asymmetrisches, es besitzt 4 verschiedene Substituenten.
Zu **(D):** Glycerinaldehydphosphat entsteht durch Spaltung von Fructose-1,6-diphosphat.
Zu **(E):** Dihydroxyacetonphosphat und Glycerinaldehydphosphat stehen in der Glykolyse miteinander im Gleichgewicht. Diese Reaktion wird durch das Enzym Triosephosphat-Isomerase katalysiert (vergleiche hierzu die Lehrbücher der Biochemie!).

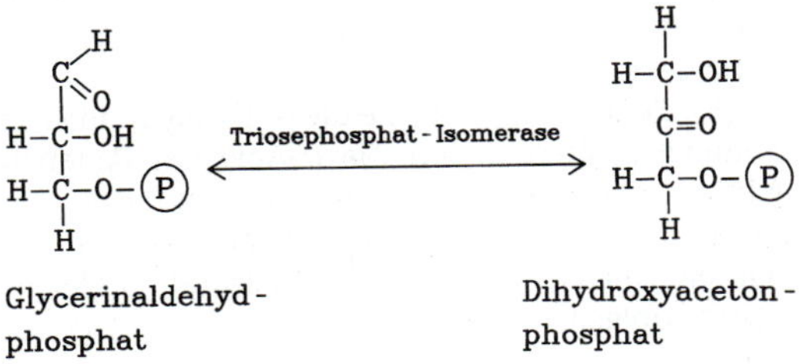

10.2 Disaccharide

10.2.1 Klassifizierung, Aufbau
10.2.2 Struktur

H95

Frage 10.24: Lösung E

Zwei Monosaccharide können unter Wasserabspaltung „glykosidisch" verbunden werden, es entsteht ein Disaccharid. Verbindet man zwei Glucoseeinheiten 1–6-glykosidisch, entsteht Isomaltose, verknüpft man sie 1–4-glykosidisch, resultiert Maltose. Maltose hat ebenso wie Cellobiose und Lactose noch eine freie Halbacetalgruppe am C-Atom 1 und kann daher Fehling-Lösung reduzieren.
Lactose entsteht aus der 1–4-glykosidischen Verbindung von β-Galaktose mit Glucose. Lactone sind **innere Ester** von Hydroxycarbonsäuren!

F96

Frage 10.25: Lösung A

Siehe Kommentar zu Frage 10.24.

F95

Frage 10.26: Lösung D

Eine glykosidische Hydroxylgruppe entsteht bei Monosacchariden, wenn die Carbonylgruppe (Aldehydgruppe oder Ketogruppe) mit einer Alkoholgruppe unter Ausbildung eines Furanringes (Furanosen) oder Pyranringes (Pyranosen) reagiert. Die glykosidische Hydroxylgruppe ist besonders reaktionsfreudig und immer an der Bindung bei Disacchariden wie Maltose (2) und Lactose (3) beteiligt. In allen Nucleotiden ist die Ribose bzw. die Desoxyribose mit ihrer glykosidischen Hydroxylgruppe an der Bindung an die Pyrimidinbasen bzw. Purinbasen beteiligt. Eine solche N-glykosidische Bindung liegt im ATP (4) vor.

F91

Frage 10.27: Lösung B

Zu **(A)**, **(C)**, **(D)** und **(E):** Dargestellt ist das Disaccharid Maltose, welches aus 2 Molekülen D-Glucose in α-1,4-Verknüpfung aufgebaut ist. Stärke als Polysaccharid besteht aus miteinander verbundenen Maltose-Molekülen.
Zu **(B):** Saccharose (Rohrzucker) ist ein Disaccharid, bestehend aus 1,2-glykosidisch verbundener α-Glucose und β-Fructose. Maltose ist somit kein Stereoisomer der Saccharose!

F96

Frage 10.28: Lösung E

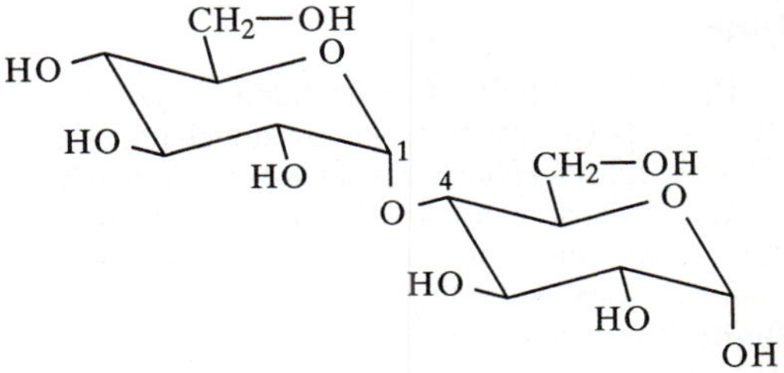

Maltose

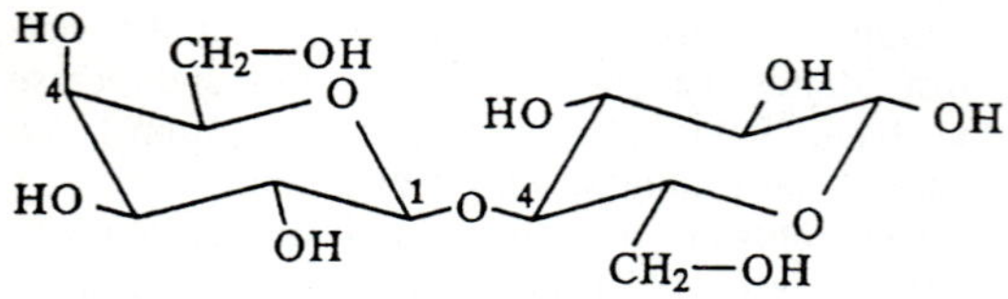

Lactose

Zu **(A)**, **(B)** und **(D)**: Lactose entsteht aus der 1,4-glykosidischen Verbindung von β-Galaktose mit Glucose; Maltose aus 1,4-glykosidisch verknüpften Glucoseeinheiten. Da Glucose die gleiche Summenformel wie Galaktose ($C_6(H_2O)_6$) besitzt, haben Lactose und Maltose die gleiche Molmasse. Beide haben reduzierende Eigenschaften; sie haben am C-Atom 1 noch eine freie Halbacetalgruppe.
Zu **(C)**: Lactose und Maltose können beide als β- und α-Form vorliegen. Durch den Ringschluß zum Halbacetal wird das C-Atom 1 Chiralitätszentrum, es entstehen zwei Diastereomere, Anomere genannt, eine β-Form und eine α-Form.
Zu **(E)**: Maltase baut Maltose, Lactase Lactose ab.

F98

Frage 10.29: Lösung B

Zu **(A)–(B)**: Saccharose als Disaccharid besteht aus 1,2-glykosidisch verbundenen D-Glucose-(α-Form) und D-Fructose-(β-Form)Molekülen.
Zu **(D)**: Im Gastrointestinaltrakt wird Saccharose durch eine Disaccharidase in die beiden Monosaccharide gespalten.
Zu **(E)**: Bei der Saccharose sind sowohl in der Glucose als auch in der Fructose die CO-Gruppen in Anspruch genommen und haben dadurch keine reduzierende Wirkung.

10.3 Oligo- und Polysaccharide

10.3.1 Klassifizierung, Aufbau
10.3.2 Struktur

F86

Frage 10.30: Lösung E

Zu **(A)**, **(C)** und **(D)**: Das abgebildete Polysaccharid ist aus α-D-Glucosemonomeren aufgebaut, die α-1,4-glykosidisch gebunden sind. Es könnte sich hierbei um Amylose handeln, die aus ca. 200 Glucosemonomeren aufgebaut ist. Die Amyloseketten sind schraubenförmig gerollt.
Zu **(B)**: Pyranosen sind Zucker, die in der cyclischen Halbacetalform als Sechsringe vorliegen. Sie leiten sich vom Heterocyclus Pyran ab.

Pyran

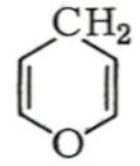

Zu **(E)**: Amylose wird durch α-1,4-Glucosidase enzymatisch gespalten.

H85

Frage 10.31: Lösung E

Zu **(1)** und **(2)**: Das abgebildete Trisaccharid ist aus drei α-D-Glucosemonomeren aufgebaut, die über Glycosidbindungen verknüpft sind. Die Zahlen 1,4 und 1,6 geben die Kohlenstoffatome an, zwischen deren Hydroxylgruppen (OH) die Bindung erfolgte.

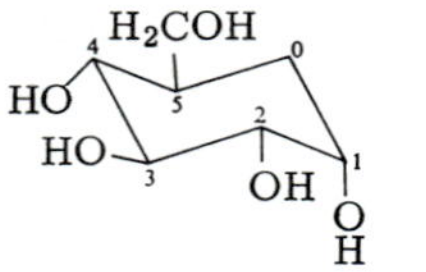

Unter Hydrolyse versteht man die Spaltung kovalenter Bindungen durch Anlagerung von H_2O.
Zu **(3)**: Stärke besteht aus zwei Komponenten, etwa 80% Amylopektin und etwa 20% Amylose. In der Amylose sind etwa 200 α-D-Glucosemoleküle 1,4-glykosidisch gebunden. Amylopektin ist ebenfalls aus 1,4-glykosidisch verbundener α-D-Glucose aufgebaut. Zusätzlich bestehen 1,6-gebundene Verzweigungsstellen.
Zu **(4)**: Glykogen ist ebenfalls aus α-D-Glucose aufgebaut und dem Amylopektin sehr ähnlich. Der Unterschied besteht in der noch stärker ausgebildeten Verzweigung und der größeren Molekülmasse des Glykogens.
Zu **(5)**: Zu den Enzymen, die die α-1,4-glykosidische Bindung spalten, gehört die α-Amylase. Daneben gibt es eine Vielzahl von α-1,6-Glucosidasen, die meist in der Dünndarmwand verankert sind, so daß enzymatische Spaltung und Resorption gleichzeitig erfolgen.

F90

Frage 10.32: Lösung E

Als Glykosaminoglykane (saure Mucopolysaccharide) bezeichnet man anionische Linearpolymere, welche alternierend einen N-acetylierten (bzw. sulfatierten) Aminozucker und eine Uronsäure (bzw. Galaktose) und manchmal auch Estersulfatgruppen aufweisen. 100 bis 1000 dieser sich wiederholenden Disaccharideinheiten bilden dann ein Molekül.
Sie können Proteine kovalent binden, man bezeichnet sie dann als Proteoglykane (in dieser Form liegen sie auch im Gewebe vor).
Als Beispiel sei hier die Disaccharideinheit der Hyaluronsäure angeführt:

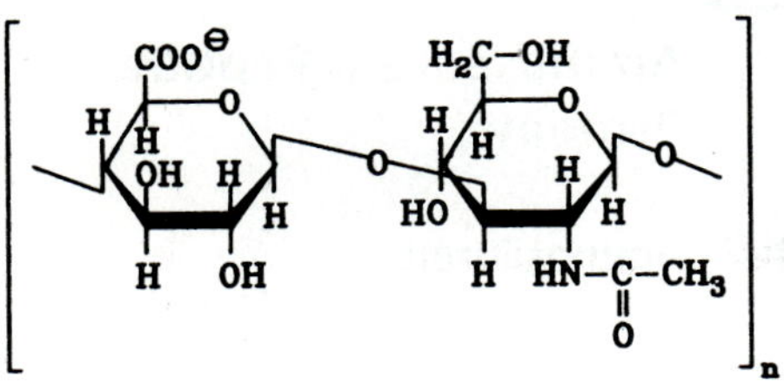

H86

Frage 10.33: Lösung C

Das Disaccharid Saccharose besteht aus 1,2-glykosidisch verbundenen Glucose-(α-Form) und Fructose-(β-Form)Molekülen, abgekürzt:
Glc-α(1→2)β-Fru.
Fructose liegt dabei in der Furanose-Form (= 5 Ringglieder) vor.

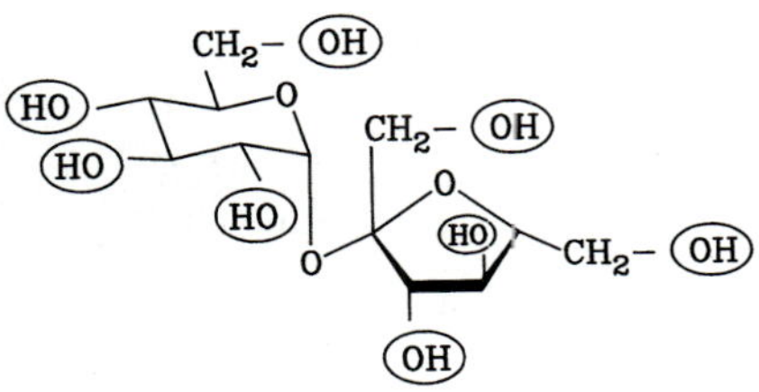

Saccharose

F87

Frage 10.34: Lösung C

Abgebildet ist das Polysaccharid Zellulose, welches aus den β-1,4-glykosidisch verknüpften Glucosemolekülen besteht. Es zeigt einen fadenförmigen Aufbau (z.B. Wattefäden). β-Glucosidasen werden zur enzymatischen Hydrolyse von Zellulose benötigt. Für den Menschen ist Zellulose unverdaulich, da er diese Enzyme nicht besitzt.

F89

Frage 10.35: Lösung C

Cellulose besteht aus β-1,4-glykosidisch verknüpften Glucosemolekülen, besitzt einen fadenförmigen Aufbau und ist, da für ihren Abbau β-Glucosidasen benötigt werden, für den Menschen unverdaulich.
Stärke besteht aus α-1,4-glykosidisch verknüpften Glucosemolekülen, hat einen spiralförmigen Bau und ist für den Menschen verdaulich.
Glykogen weist neben α-1,4- auch α-1,6-glykosidisch verknüpfte D-Glucose-Einheiten auf und ist für den Menschen ebenfalls verdaulich.
Cellulose und Stärke sind, da sie zu den Polysacchariden gehören, auch Biopolymere.

H87

Frage 10.36: Lösung C

Siehe Kommentar zu Frage 10.35.

H92

Frage 10.37: Lösung A

Die pankreatische Amylase spaltet lediglich α-1,4-glykosidische Bindungen, nicht jedoch β-1,4-glykosidische Bindungen, wie sie z.B. in der Zellulose vorhanden sind. Zellulose ist daher für den Menschen nicht verdaulich.

F88

Frage 10.38: Lösung E

Zu **(A)–(D):** Kollagen ist ein sehr komplex aufgebautes Molekül (Details siehe Lehrbücher der Biochemie), es besitzt dabei unter anderem ein Disaccharid der Struktur Glc-α(1–2)Ga. Etwa 2% des Bindegewebes der Wirbeltiere bestehen aus Kollagen. Es ist in Wasser unlöslich und typischer Bestandteil des Bindegewebes. Etwa jede dritte Aminosäure des Kollagens ist Glycin; für das Kollagen nahezu spezifisch ist die Aminosäure Hydroxylysin.
Zu **(E):** Haare und Nägel enthalten als Hauptprotein Keratin und nicht etwa Kollagen.

10.3.3 Reaktionen

F88

Frage 10.39: Lösung D

Bei dem in der Formel angegebenen Molekül handelt es sich um einen Ausschnitt aus Glykogen oder Amylopektin, die aus α-1,4- und α-1,6-glykosidischen Bindungen bestehen. An der Stelle, die durch einen Pfeil markiert ist, liegt eine Verbindung der OH-Gruppe am C-1 eines Glucosemoleküles (also die glykosidische OH-Gruppe) in α-Stellung mit einer Hydroxylgruppe am C-6 eines anderen Glucosemoleküls vor. Es handelt sich also um eine α-1,6-glykosidische Bindung.
Die α-Amylase des Speichels und des Pankreas spaltet Amylopektin und Glykogen an ihren α-1,4-glykosidischen Verbindungen, sie greift jedoch α-1,6-Verbindungen nicht an.

10.4 Kommentare aus Examen Herbst 1998

H98

Frage 10.40: Lösung B

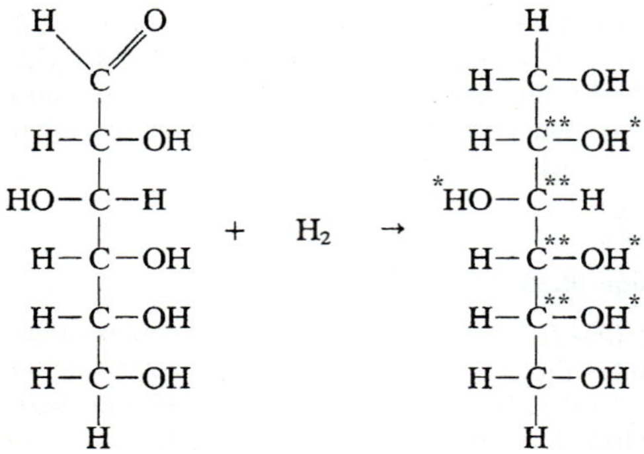

D-Glucose D-Sorbitol

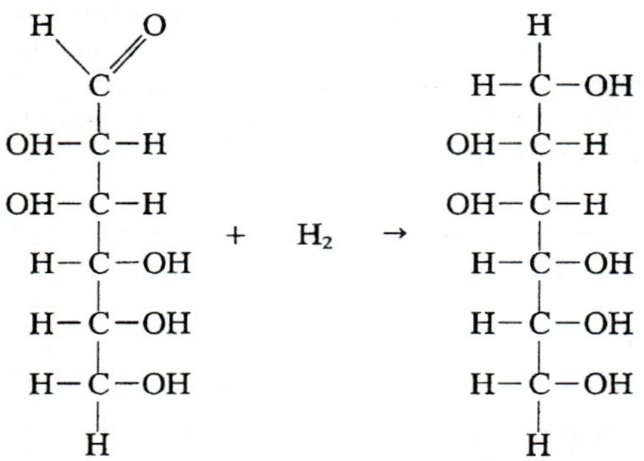

D-Mannose D-Mannitol

Zu **(A):** Zucker sind Polyalkohole, die zudem eine Aldehyd- oder Ketongruppe aufweisen.

Zu **(B)–(E):** Sorbit entsteht aus D-Glucose durch Addition von *Wasserstoff.* Sorbit besitzt vier sekundäre Hydroxylgruppen (*), d. h. OH-Gruppen, die sich an einem sekundären C-Atom befinden. Ein primäres C-Atom ist mit einem weiteren, ein sekundäres C-Atom mit zwei weiteren C-Atomen verbunden etc.

Zudem weist Sorbit 4 Chiralitätszentren (**) auf, d. h. C-Atome mit 4 verschiedenen Substituenten.

Mannitol und Sorbit unterscheiden sich lediglich in ihrer Konfiguration am C-Atom 2; sie sind dabei bei gleicher Summenformel Stereoisomere.

11 Aminosäuren, Peptide, Proteine

11.1 Aminosäuren

11.1.2 Eigenschaften

Isoelektrischer Punkt **XI.1**

An ihrem isoelektrischen Punkt (= substanzspezifischer pH-Wert) verhält sich die jeweilige Aminosäure nach außen elektrisch neutral, d. h. sie wandert *nicht* im elektrischen Feld. Die Ladung einer Aminosäure ist pH-Wert abhängig:

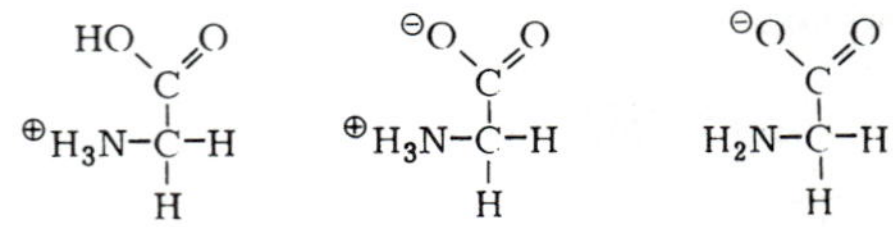

Glycin, pH < I. P. Glycin, pH = I. P. Glycin, pH > I. P.

I.P. = isoelektrischer Punkt

Der isoelektrische Punkt berechnet sich unter Bezugnahme auf die Dissoziationskonstanten der in Frage kommenden funktionellen Gruppen wie folgt:

a) Neutrale Aminosäuren (Glycin, Alanin, Serin etc.) sind Monoamino-monocarbonsäuren. Es gilt:

$$[pK_{(\text{Carboxylgruppe})} + pK_{(\text{Aminogruppe})}] \cdot ½ = \text{I.P. oder}$$

$$\frac{pK_S + pK_B}{2} = \text{I.P.}$$

b) Basische Aminosäuren (Arginin, Lysin etc.) sind Diamino-monocarbonsäuren. Bei ihnen wirkt sich die Dissoziation der α-Carboxylgruppe nur geringfügig auf den I.P. aus. Es gilt:

$$\frac{pK_{B_1} + pK_{B_2}}{2} = \text{I.P.}$$

c) Saure Aminosäuren (Asparaginsäure, Glutaminsäure) sind Monoamino-dicarbonsäuren. Bei ihnen wirkt sich die Dissoziation der α-Aminogruppe nur geringfügig auf den I.P. aus. Es gilt:

$$\frac{pK_{S_1} + pK_{S_2}}{2} = \text{I.P.}$$

K

Frage 11.1: Lösung A

Zu **(A):** Aminosäuren sind Verbindungen, die Säure und Base zugleich sind. Man bezeichnet derartige Stoffe als Ampholyte.
Zwitterionen sind Ionen, die Kationen und Anionen zugleich sind.
Zu **(B):** Die proteinogenen Aminosäuren sind α-Aminosäuren der L-Form.
Zu **(C):** Siehe Lerntext XI.1 Isoelektrischer Punkt.
Zu **(D):** Reagiert die Carboxylgruppe einer Aminosäure mit der Aminogruppe einer zweiten, so kommt es zur Ausbildung einer Peptidbindung, dem Spezialfall einer Säureamidbindung.

! Merke: Proteinogene Aminosäuren sind α-Aminosäuren der L-Form.

H84

Frage 11.2: Lösung B

Alanin ist eine Monoamino-monocarbonsäure mit der Strukturformel:

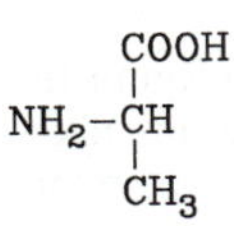

In ihr liegen zwei Säure/Base-Systeme vor:

a) $R-COOH \rightleftharpoons R-COO^- + H^+$

b) $R-NH_3^+ \rightleftharpoons R-NH_2 + H^+$

Je nach herrschendem pH-Wert kann Alanin vorliegen als:

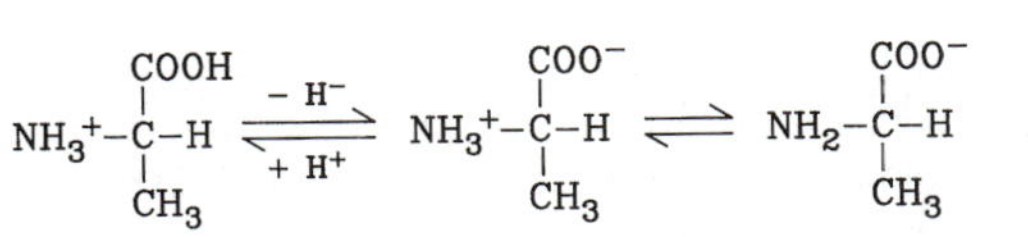

Kation, im stark sauren Milieu — Zwitterion — Anion, im stark basischen Bereich

Den pH-Wert, an dem ein Maximum an Zwitterionen vorliegt, bezeichnet man als isoelektrischen Punkt.
In der Fragestellung reagiert Alanin im sauren Milieu:

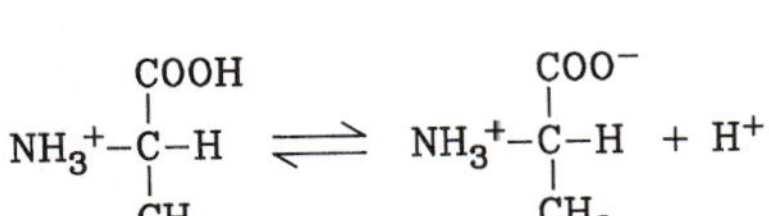

Kation — Zwitterion

Da 1 val Alanin mit 0,5 val HCl reagieren, wird genau die Hälfte der Zwitterionen in Kationen überführt, d.h. die Konzentration an Zwitterionen entspricht der von Kationen. Es gilt:

$$\frac{[\text{Zwitterion}][H^+]}{[\text{Kation}]} = K_{a_1}$$
$$[H^+] = K_{a_1}$$
$$pH = pK_{a_1}$$
$$pH = 2{,}3$$

F93

Frage 11.3: Lösung D

Zu **(A)–(C):** Abgebildet ist die Aminosäure Cystin. Sie besteht aus zwei, über eine Disulfidbrücke verbundenen Molekülen Cystein. Reduktion (Anlagerung von Wasserstoff) führt wieder zur Bildung von zwei Molekülen Cystein.
Zu **(D):** Eine Peptidbindung ist **nicht** vorhanden; Cystin ist daher kein Dipeptid.
Zu **(E):** Als Aminosäure besitzt Cystin auch einen isoelektrischen Punkt.

H97

Frage 11.4: Lösung D

Zu **(A)–(B):** Zwei Moleküle der Aminosäure Cystein können zur Aminosäure Cystin oxidiert werden:

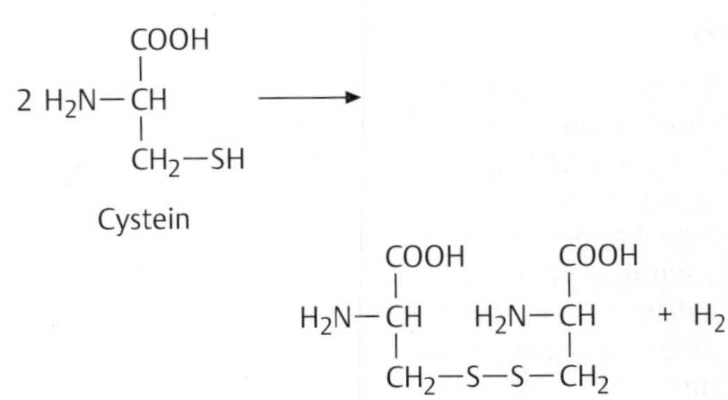

Cystein — Cystin

Als Aminosäuren können beide Verbindungen auch als Zwitterionen vorliegen und besitzen damit einen isoelektrischen Punkt.
Zu **(C):** Cystein kann mit der NH_2- und SH-Gruppe als zweizähniger Chelator wirken und mit Schwermetallionen Chelatkomplexe bilden.
Zu **(D):** Methionin hat folgende Strukturformel:

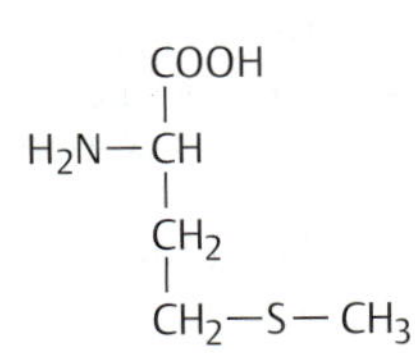

Methionin entsteht *nicht* durch Methylierung von Cystein.
Zu **(E):** Cystein ist Baustein des Tripeptides Glutathion: Glu-Cys-Gly.

F92

Frage 11.5: Lösung B

Zu **(A)–(B):** Die Abbildung zeigt die basische Aminosäure Lysin. Bei basischen Aminosäuren wirkt sich die Dissoziation der Carboxylgruppe nur geringfügig auf den isoelektrischen Punkt aus.
Es gilt:

$$\frac{pK_{B_1} + pK_{B_2}}{2} = \text{I.P.}$$

Zu **(C)–(E):** Lysin ist in Proteinen für deren Basizität verantwortlich. Decarboxylierung führt zum biogenen Amin Cadaverin. Lysin kann über die Carboxylgruppe und die α-Aminogruppe auch als Chelator (bidental) wirken.

! Merke: Jede Aminogruppe hat nur einen isoelektrischen Punkt.

F86

Frage 11.6: Lösung E

Zu **(A)** und **(D):** Aminosäuren (AS) enthalten in ihrem Molekül eine oder mehrere Carboxylgruppen (negative Ladung) und eine oder mehrere Aminogruppen (positive Ladung). Der pH-Wert, an dem eine Aminosäure gleich viele positive und negative Ladungen trägt, wird als isoelektrischer Punkt bezeichnet. Bei diesem pH-Wert erfolgt nach Anlegen eines Gleichstromfeldes (Elektrophorese) keine Ionenwanderung. Bei niedrigerem pH-Wert als ihrem isoelektrischen Punkt sind die AS zu einem größeren Teil positiv geladen und wandern daher im elektrischen Feld zur Kathode. Umgekehrt wandern die AS bei einem pH-Wert, der größer als ihr isoelektrischer Punkt ist, zur Anode, da sie in diesem Fall mehr negative Ladungen tragen.
Proteine bestehen aus mehr als 100 AS, die über Peptidbindungen verknüpft sind. Sie tragen daher ebenfalls positive und negative Ladungen und sind daher im elektrischen Feld trennbar.
Zu **(B):** Lysin hat einen isoelektrischen Punkt von 9.74. Bei einem pH-Wert von 6 überwiegen daher die positiven Ladungen, so daß Lysin als Kation zur Kathode wandert.
Zu **(C):** Globuline sind als Proteine elektrophoretisch trennbar.

Zu **(E):** Die Wanderungsgeschwindigkeit ist proportional der Feldstärke und der Ionenladung und umgekehrt proportional dem Teilchenradius und der Viskosität der Suspension.

H88

Frage 11.7: Lösung A

Zu **(2)–(4):** Die abgebildete Formel zeigt Glutamin. Glutamin ist das Säureamid der Glutaminsäure.

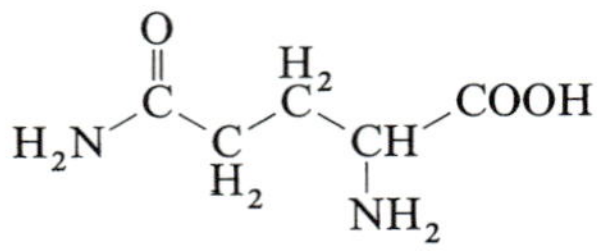

Das doppelt gebundene Sauerstoffatom beeinflußt durch seine hohe Elektronegativität das freie Elektronenpaar am Stickstoff derart, daß dieses **keine basische Wirkung** (= Protonenaufnahme) mehr entfalten kann; man rechnet Glutamin deshalb nicht zu den basischen, sondern zu den neutralen Aminosäuren.
Glutamin besitzt als Ampholyt lediglich einen isoelektrischen Punkt von 5,6 (pK_{S_1} (—COOH) = 2,2; pK_{S_2} ($—NH_3^+$) = 9,1).
Zu **(1):** Befindet sich die NH_2-Gruppe in unmittelbarer Nachbarschaft zur COOH-Gruppe am nächsten C-Atom, so handelt es sich um eine α-Aminocarbonsäure (z. B. Glutamin).

H97

Frage 11.8: Lösung A

Zu **(A):** Biogene Amine entstehen durch Decarboxylierung der COOH-Gruppe. Decaboxylierung von Glutaminsäure führt zu γ-Aminobuttersäure:

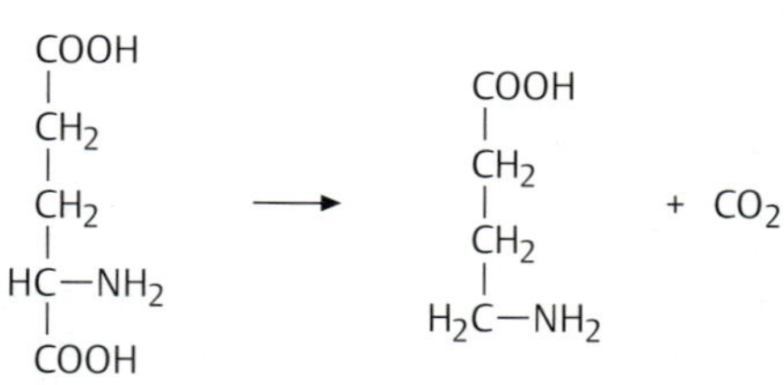

Glutaminsäure γ-Aminobuttersäure

Zu **(B)** und **(D)**: Glutamin ist das Säureamid der Glutaminsäure:

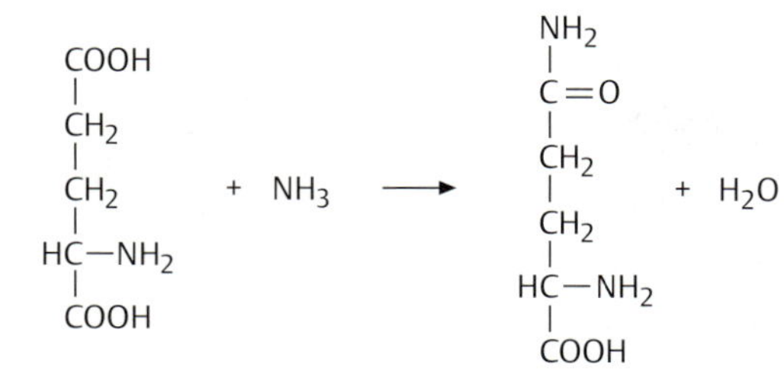

Glutaminsäure Glutamin

Zu **(C)**: Das doppelt gebundene Sauerstoffatom beeinflußt durch seine hohe Elektronegativität das freie Elektronenpaar am Stickstoff derart, daß dieses keine basische Wirkung (= Protonenaufnahme) mehr entfalten kann; man rechnet Glutamin aus diesem Grund nicht zu den basischen, sondern zu den neutralen Aminosäuren.
Zu **(E)**: Glutamin besitzt als Ampholyt einen isoelektrischen Punkt von 5,6 (pK_{S_1}) (–COOH) = 2,2; pK_{S_2} ($-NH_3^+$) = 9,1).

F98

Frage 11.9: Lösung C

Gefragt ist nach der Decarboxylierung (Abspaltung von CO_2) von Glutaminsäure; es entsteht γ-Aminobuttersäure:

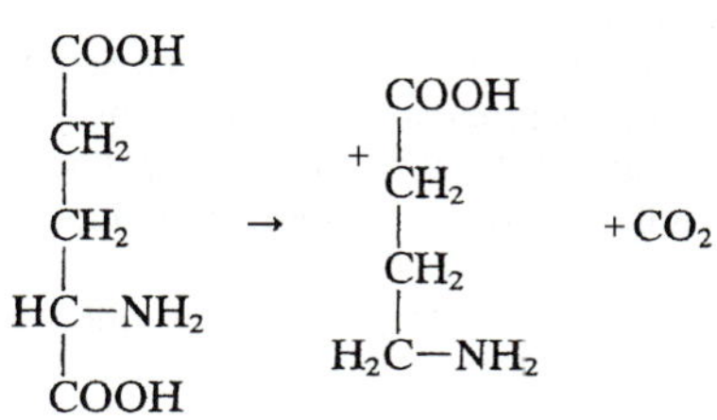

Glutaminsäure γ-Aminobuttersäure

H88

Frage 11.10: Lösung D

Zu **(A)**, **(B)**, **(C)** und **(E)**: Tryptophan ist eine essentielle Aminosäure, welche ein Indolringsystem aufweist (∗). Tryptophan besitzt mehrere Abbau- bzw. Umbauwege, u.a. entsteht durch Decarboxylierung das biogene Amin Tryptamin, das weiter zur Indol-Essigsäure abgebaut wird.

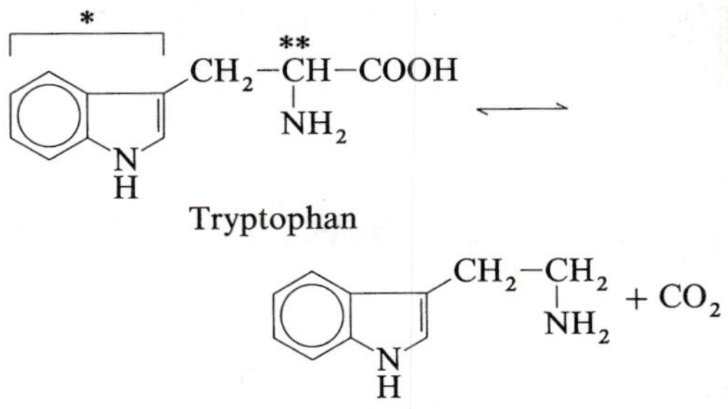

Tryptophan

Tryptamin

Ein weiterer Abbauweg führt über das 5-Hydroxytryptophan zum Serotonin.
Zu **(D)**: Diastereomere können sich nur in Molekülen ausbilden, die mindestens zwei Asymmetriezentren aufweisen. Tryptophan besitzt nur ein solches (∗∗).

H90

Frage 11.11: Lösung B

Zu **(A)**, **(B)** und **(E)**: Die Formel zeigt Glycin. Glycin verfügt über kein asymmetrisches C-Atom, folglich ist es auch nicht zur Ausbildung von Isomeren befähigt. Methylamin entsteht durch Decarboxylierung von Glycin.

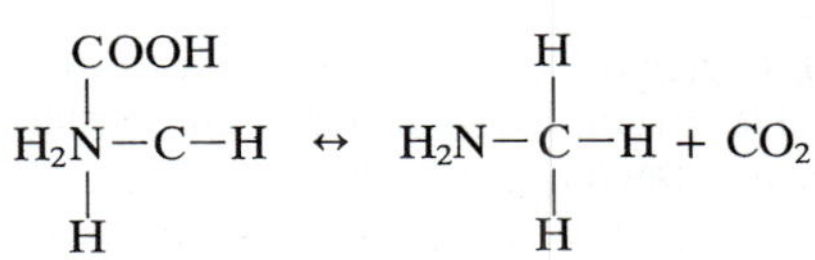

Glycin Methylamin

Zu **(C)–(D)**: Die Aminosäure Glycin ist Bestandteil der Biosynthese des Häms, des Purinringsystems und des Kreatins. Die entsprechenden Stoffwechselschemata sind äußerst umfangreich, es sei an dieser Stelle deshalb auf die Lehrbücher der Biochemie verwiesen!

H95

Frage 11.12: Lösung D

Zu **(A)**: Abgebildet ist β-Alanin, eine β-Aminosäure, die durch Decarboxylierung von Asparaginsäure entsteht:

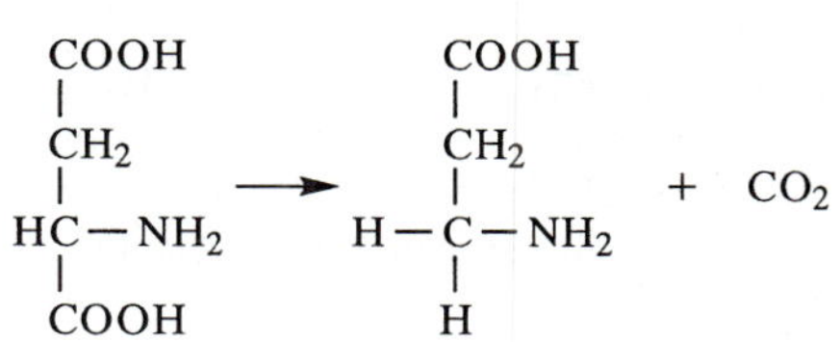

Zu **(B):** β-Alanin ist Bestandteil der Pantothensäure. Pantothensäure wiederum ist Bestandteil des Coenzyms A:

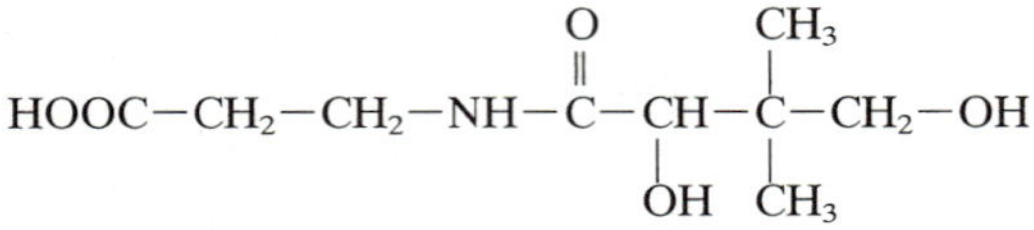

β-Alaninrest Pantoinsäurerest

Pantothensäure

Zu **(C):** Auf Grund des im Vergleich zum α-Alanin größeren Abstandes der Amino- von der Carboxylgruppe im β-Alanin, hat letztere den stärkeren basischen Charakter.
Zu **(D):** Nur γ- und δ-Aminosäuren können unter Wasserabspaltung intramolekulare heterocyclische Fünf- oder Sechsringsysteme, sogenannte innere Amide (= Lactame), ausbilden. β-Aminosäuren sind dazu wegen der resultierenden Ringspannung nicht in der Lage (Lösung (D)).
Zu **(E):** β-Alanin ist achiral, es besitzt kein asymmetrisch substituiertes Kohlenstoffatom (Chiralitätszentrum).

H93

Frage 11.13: Lösung E

Zu **(A)–(B):** Abgebildet ist α-Alanin; das α-C-Atom ist Chiralitätszentrum, es kann damit zur Ausbildung von Enantiomeren kommen.
Zu **(C):** Alanin kann zu Brenztraubensäure transaminiert werden:

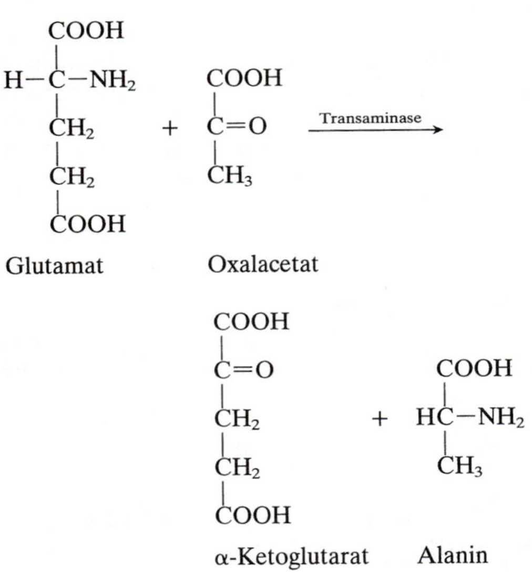

Zu **(D):** Der isoelektrische Punkt liegt bei pH = 6,0.
Zu **(E):** β-Alanin entsteht durch Decarboxylierung einer Carboxygruppe der Asparaginsäure.

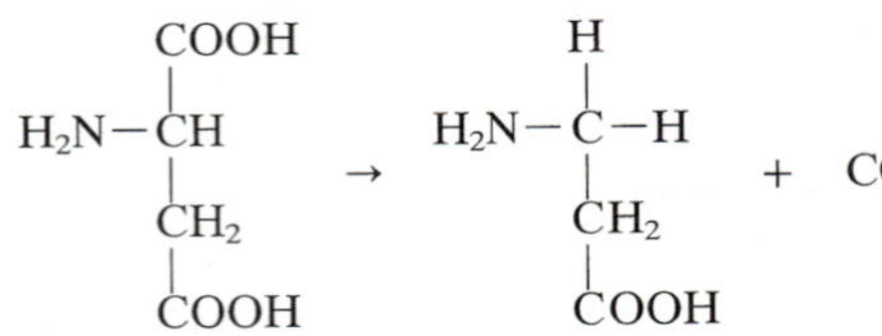

Asparaginsäure β-Alanin

Wichtig: In wäßriger Lösung steht α-Alanin mit β-Alanin **nicht** in einem Umlagerungsgleichgewicht.

H96

Frage 11.14: Lösung E

Zu **(A):** Die Formel beschreibt die Aminosäure L,D-Threonin in der Fischer-Projektion. Sie besitzt zwei Chiralitätszentren, das obere ist L- (laevus, d.h. die Aminogruppe weist nach links), das untere ist D- (dexter, d.h. die Hydroxygruppe weist nach rechts) konfiguriert.
Zu **(B)–(C):** Konfigurationsisomere, die sich wie Bild und Spiegelbild verhalten, nennt man Enantiomere; die dies nicht tun, heißen Diastereomere.
Zu **(D):** Diastereomere sind völlig verschiedene Agentien mit unterschiedlichen Schmelzpunkten, chemischen Reaktionsvermögen etc. Die Drehwerte der Ebene des linear polarisierten Lichtes sind daher ebenso different.
Zu **(E):** Enantiomere haben einen identischen Siedepunkt, den gleichen Schmelzpunkt, gleiche Löslichkeit, gleiche Energiegehalte u.a. Daher haben Enantiomere auch eine identische Laufgeschwindigkeit in der Dünnschichtchromatographie.
Wichtig: Gegenüber chiralen Reagenzien und in ihrem Verhalten gegenüber polarisiertem Licht unterscheiden sich auch die Enantiomere!

F98

Frage 11.15: Lösung E

Zu **(A)–(B):** Abgebildet ist die Aminosäure L-Serin mit einem isoelektrischen Punkt von 5,68.
Zu **(C):** Die 20 Aminosäuren, die zum Aufbau von Proteinen dienen, nennt man „proteinogen“. Zu diesen gehört auch L-Serin.
Zu **(D):** L-Serin kann aus Glycin metabolisiert werden:

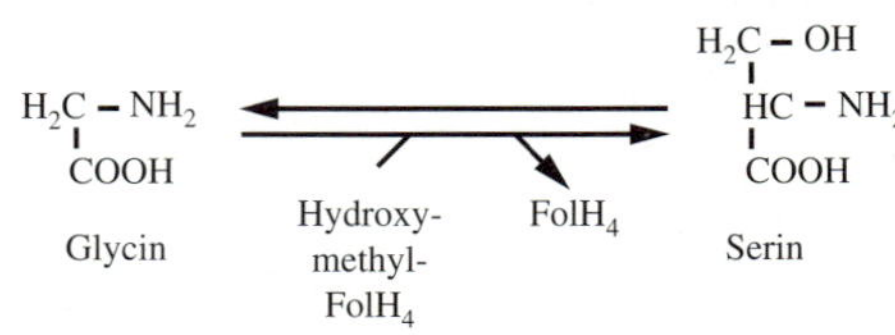

Zu **(E):** Decarboxylierung von L-Serin führt zu Colamin, dieses kann dann zu Cholin methyliert werden.

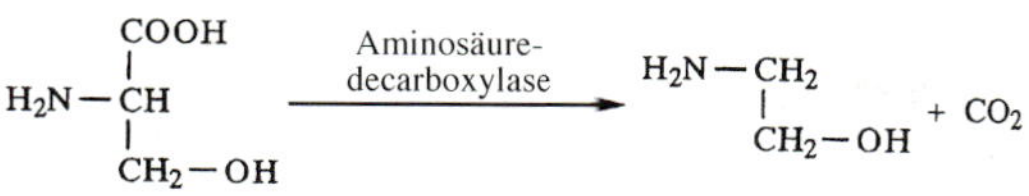

L-Serin Colamin

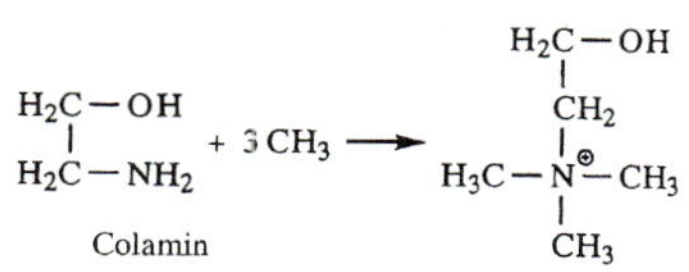

Colamin Cholin

11.1.3 Struktur

Frage 11.16: Lösung A

In Proteinen liegen saure und basische Gruppen vor, deren Zahl von der Anzahl ihrer sauren und basischen Aminosäuren bestimmt wird. Wegen des Vorliegens solcher geladener Gruppen werden Proteine als Ampholyte bezeichnet, d.h. sie können als Säure ($-NH_3^+$) oder als Base ($-COO^-$) reagieren. Ein Protein mit positiver Ladung muß also bei physiologischem pH-Wert über mehr NH_3^+-Gruppen als COO^--Gruppen verfügen. Dies ist dann der Fall, wenn das Protein **basische Aminosäuren** wie **Arginin, Lysin** oder **Hydroxylysin** enthält.

H91

Frage 11.17: Lösung C

Verbindung (1) ist die saure Aminosäure L-Glutaminsäure, die auch ein Proteinbaustein ist. Verbindung (2) entsteht aus (1) mittels Abspaltung von CO_2 (Decarboxylierung) und ist damit das biogene Amin der Glutaminsäure: γ-Aminobuttersäure. Beide Verbindungen besitzen saure und basische Gruppen und damit auch einen isoelektrischen Punkt.

H94

Frage 11.18: Lösung D

Zu **(B)** und **(D):** Abgebildet ist die saure Aminosäure Glutaminsäure. Ihr isoelektrischer Punkt liegt bei 3,22; d.h. bei diesem pH-Wert besitzt Glutaminsäure eine gleiche Anzahl von positiven und negativen Ladungen. Ist der pH-Wert der Lösung alkalisch, geht Glutaminsäure in ein Anion über und wandert zur Anode.
Zu **(A)** und **(C):** Chiralitätszentrum der Glutaminsäure ist das C-Atom mit der Aminogruppe. Auf Grund dieser ist auch die Carboxylgruppe (1) stärker azid als die Carboxylgruppe (2).

Zu **(E):** Decarboxylierung von Glutaminsäure führt zu γ-Aminobuttersäure:

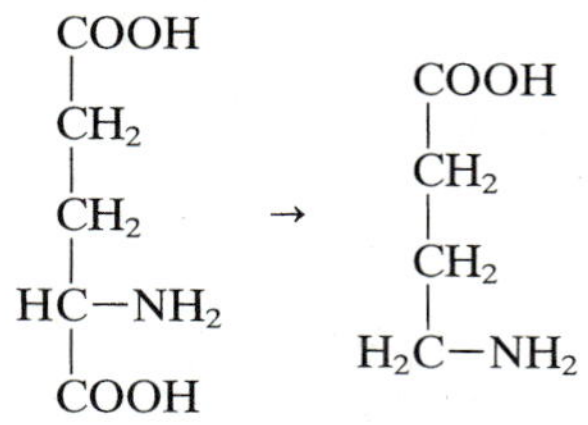

Glutaminsäure γ-Aminobuttersäure

H92

Frage 11.19: Lösung A

Zu **(A):** Histidin, eine heterozyklische Aminosäure hat die Strukturformel:

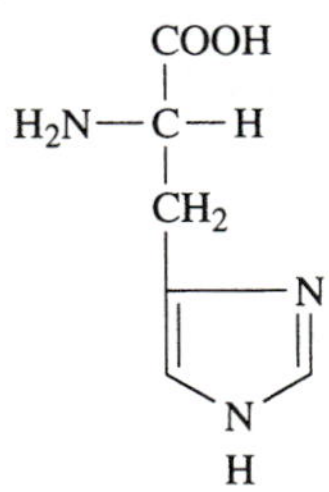

Zu **(B)–(E):** Abgebildet ist die ebenfalls heterozyklische Aminosäure Prolin. Sie liegt in der L-Konfiguration vor, enthält eine sekundäre Aminogruppe und ist Bestandteil von Proteinen (proteinogen). Der Organismus kann Prolin zu Glutaminsäure abbauen.

11.1.5 Funktion

H82

Frage 11.20: Lösung E

Bei der hier abgebildeten Substanz handelt es sich um D-Penicillamin (D-Penicillamin, weil die NH_2-Gruppe nach rechts weist).
Zu **(A):** D-Penicillamin kann z.B. Kupfer binden. Bei der Wilson-Erkrankung kann durch die Gabe von Penicillamin ein Teil des Kupfers über die Niere zur Ausscheidung gebracht werden.
Zu **(C):** Die Oxidation verläuft nach folgendem Schema:

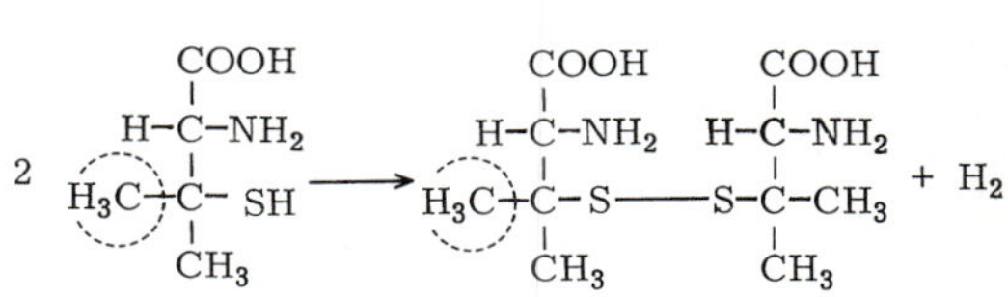

Zu **(E):** Penicillamin ist keine essentielle Aminosäure, **essentielle Aminosäuren sind:** Valin, Phenylalanin, Leucin, Isoleucin, Threonin, Tryptophan, Methionin und Lysin.

F96

Frage 11.21: Lösung D

Zu **(A)–(B):** Die Abbildung zeigt die achirale Aminosäure Glycin. Sie ist für den menschlichen Stoffwechsel von großer Bedeutung. Sie ist Baustein von Proteinen, des Glutathions und u.a. an der Biosynthese des Kreatins, der Porphyrine und Purine beteiligt.
Zu **(C)–(E):** Glycin kann aus Serin durch Hydroxymethyltransfer synthetisiert werden, bzw. auf dem umgekehrten Weg zu Serin verwandelt werden. Ein weiterer Syntheseweg des Glycins hat Cholin als Ausgangssubstanz. Eine Decarboxylierung zu einem gefäßaktiven biogenen Amin ist nicht möglich. Vergleiche hierzu auch die Lehrbücher der Biochemie.

F83

Frage 11.22: Lösung B

Glycin 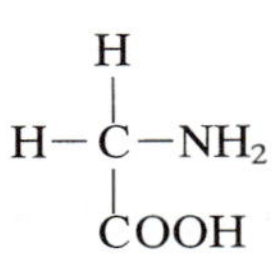 enthält kein asymmetrisches

C-Atom, es gibt hier also keine L- und D-Form!
Glycin kann im Organismus aus Serin, aus Glyoxylsäure und aus Cholin synthetisiert werden.
Glycin ist Bestandteil von Proteinen (im Kollagen zu 30%), wird für die Biosynthese von Kreatin, Purinen und Porphyrinen benötigt und ist in der Leber an Konjugations- und Entgiftungsreaktionen (Bildung von Glycocholsäure und Hippursäure) beteiligt.

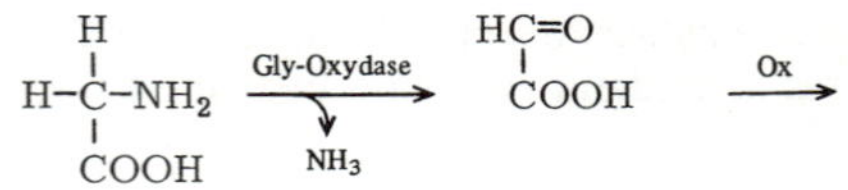

Glycin Glyoxylsäure

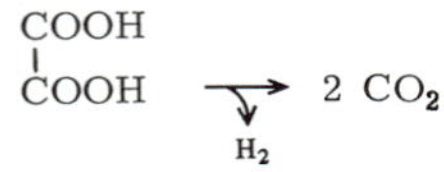

Oxalsäure

Zu **(A):** Zwei Mol CO_2 wiegen 2×12 (C) = 24
$+ 4 \times 16$ (O) = 64
88 g

F83

Frage 11.23: Lösung B

Noradrenalin entsteht aus:
Phenylalanin → Tyrosin → Dopa → Dopamin → Noradrenalin.

F83

Frage 11.24: Lösung C

GABA entsteht aus Glutaminsäure durch Decarboxylierung.

F83

Frage 11.25: Lösung A

Serotonin entsteht aus Tryptophan → 5-Hydroxytryptophan → 5-Hydroxytryptamin (Serotonin).

H95

Frage 11.26: Lösung D

Zu **(A)–(C):** Abgebildet ist die Decarboxylierung von L-Serin (Verbindung (1)) zu Aminoethanol, auch Colamin genannt (Verbindung (2)). Colamin kann durch dreifache Methylierung in Cholin überführt werden:

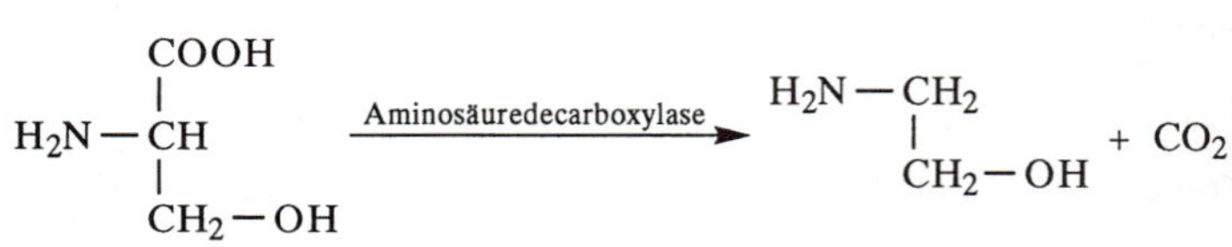

L-Serin Colamin

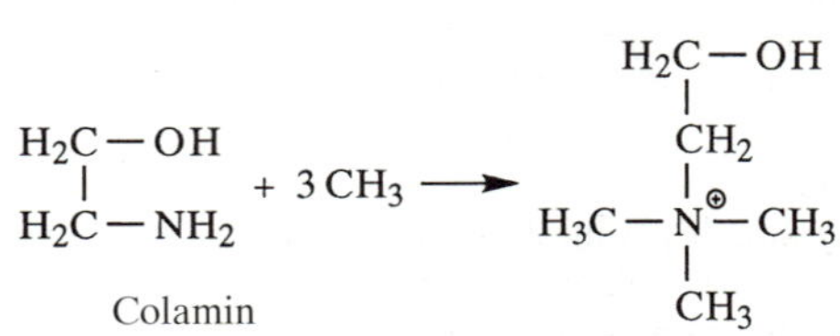

Colamin Cholin

Zu **(D):** L-Serin besitzt am C-Atom 2 ein Chiralitätszentrum, Colamin ist achiral.
Zu **(E):** Proteine bestehen aus Aminosäuren; L-Serin ist eine solche. Colamin hingegen ist keine Aminosäure, sondern das durch Decarboxylierung entstandene biogene Amin von L-Serin (siehe oben).

11.2 Peptide

11.2.1 Klassifizierung

H92

Frage 11.27: Lösung C

Es handelt sich bei der vorliegenden Verbindung um das Oligopeptid Glutathion. Vollständige Hydrolyse führt zu:

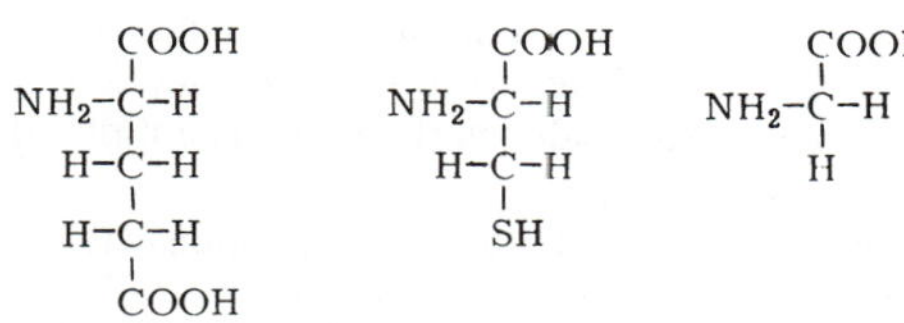

L-Glutaminsäure L-Cystein Glycin

Ausnahmsweise reagiert hier die γ-Carbonylgruppe der L-Glutaminsäure mit der Aminogruppe von L-Cystein. Man bezeichnet das Glutathion deshalb auch als γ-Glutamyl-cysteyl-glycin.
Glutathion liegt im Erythrozyten in einer Konzentration von 2 mMol/l vor und schützt hier SH-gruppenhaltige Enzyme vor der Oxidation, da es selbst leicht zur Disulfidform dehydriert (= oxidiert) werden kann.

H93

Frage 11.28: Lösung C

Zu **(A)–(D):** Es handelt sich bei der vorliegenden Verbindung um das zwei Peptidbindungen aufweisende Oligopeptid Glutathion. Vollständige Hydrolyse führt zu:

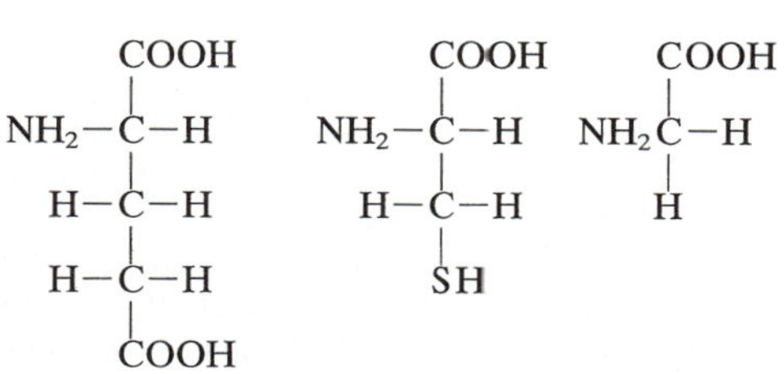

L-Glutaminsäure L-Cystein Glycin

Ausnahmsweise reagiert hier die γ-Carbonylgruppe der L-Glutaminsäure mit der Aminogruppe von L-Cystein. Man bezeichnet Glutathion deshalb auch als γ-Glutamyl-cysteyl-glycin.
Glutathion liegt im Erythrozyten in einer Konzentration von 2 mMol/l vor und schützt hier SH-gruppenhaltige Enzyme vor der Oxidation, da es selbst leicht zur Disulfidform dehydriert werden kann.
Zu **(C):** Der isoelektrische Punkt ist definiert als der pH-Wert, an dem genauso viele positive wie negative Ladungen vorliegen. Aminosäuren oder Peptide können daher nur jeweils einen isoelektrischen Punkt aufweisen.

H91

Frage 11.29: Lösung E

Zu **(1)** und **(2):** Siehe hierzu den Kommentar zu Frage 11.28.
Zu **(3)** und **(4):** Thiole, auch Thioalkohole oder Mercaptane genannt, weisen als Schwefelanalogon des Alkohols die funktionelle Gruppe —SH auf. Durch Oxidation der Thiole entstehen Disulfide mit der Strukturformel: $R_1 - S - S - R_2$.
Zu **(5):** Leukotriene sind Metaboliten des Arachidonsäurestoffwechsels und als solche mit den Prostaglandinen verwandte, körpereigene Substanzen. Man unterscheidet die Leukotriene A bis F. Die dargestellte Verbindung ist Bestandteil des Leukotriens C_4.
Bemerkung: Schwere, den Rahmen sprengende Frage; insbesondere die sichere Beurteilung der Aussage (5) erfordert ein außerordentlich hohes Detailwissen.

F85

Frage 11.30: Lösung A

Zu **(A)–(C):**

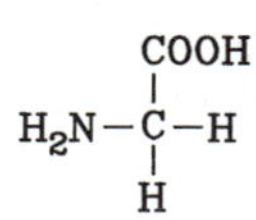

Glycin

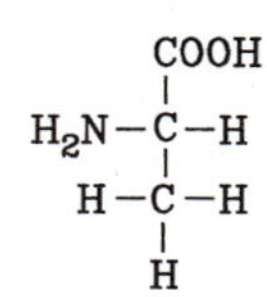

Alanin

Wenn bei der Hydrolyse eines Dipeptides Glycin und Alanin in äquimolaren Mengen entstehen, kann das Dipeptid nur zwei Konstitutionsisomere aufweisen, nämlich

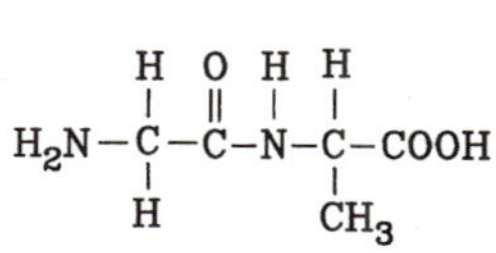

Glycyl–alanin
=Gly–Ala

oder

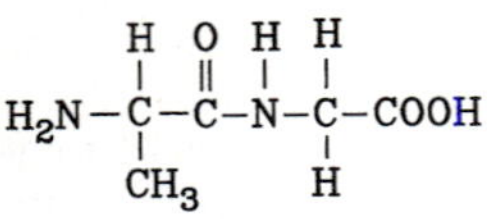

Alanyl–glycin
=Ala–Gly

Beide Isomere besitzen eine freie Carboxylgruppe (COOH), wobei das H^+-Ion leicht abgegeben werden kann.
Zu **(D):** Die Peptidbindung ist ein Spezialfall der Säureamidbindung, einer Bindung, die entsteht, wenn Säuren mit Aminen reagieren. Diese Bindung kann mit Hilfe von starken Säuren oder Basen hydrolysiert werden. Dabei entstehen im vorliegenden Fall Glycin und Alanin.
Zu **(E):** Die Peptidbindung

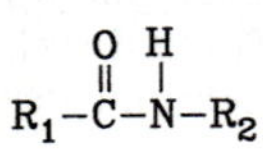

reagiert im Gegensatz zu einer randständigen Aminogruppe neutral und nicht basisch, da am Stickstoff kein freies Elektronenpaar als Anlagerungsstelle für ein H^+-Ion zur Verfügung steht. Das liegt an der Elektronenverteilung der Peptidbindung, der sogenannten Mesomerie:

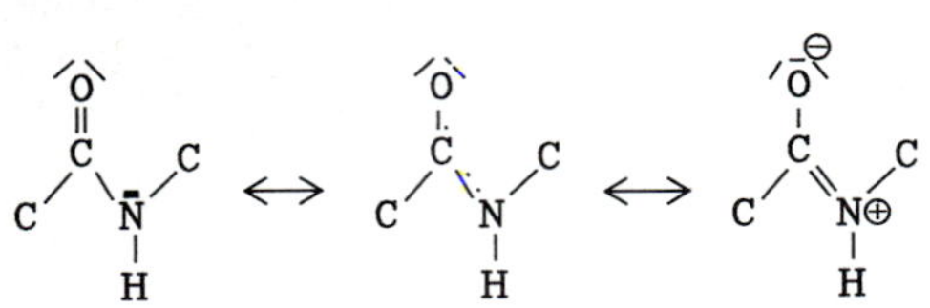

Die tatsächliche Elektronenverteilung beschreibt die mittlere Formel, so daß sich zeitweise eine Doppelbindung zwischen dem Stickstoff und dem Kohlenstoff ausbilden kann. Das freie Elektronenpaar am Stickstoff wird somit durch diesen mesomeren Zustand der Peptidbindung „verbraucht". Die beschriebene Doppelbindung zwischen dem N und dem C ermöglicht ferner das Zustandekommen von cis- und trans-Isomeren.

F87

Frage 11.31: Lösung C

Zu **(A)–(E):** Beide vorliegenden Peptide sind
a) zugleich Säure und Base und damit Ampholyte und auch
b) zugleich Kationen und Anionen und damit Zwitterionen.

An ihrem isoelektrischen Punkt haben beide Verbindungen die gleiche Anzahl von positiven und negativen Ladungen.

H-Alanyl-Glycyl-Cystein (Vbd. 1)

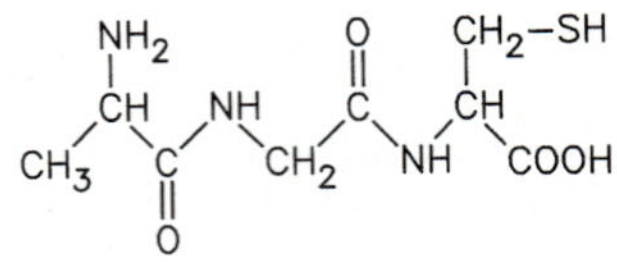

H-Cysteyl-Glycyl-Alanin (Vbd. 2)

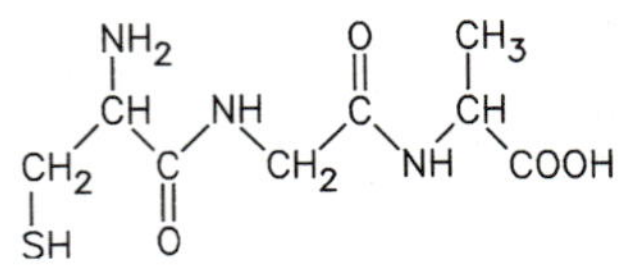

H87

Frage 11.32: Lösung B

Zu **(D)–(E):** Das abgebildete Tripeptid ist aus den drei Aminosäuren Glutaminsäure, Alanin und Glycin aufgebaut. Unter Verbrauch zweier Moleküle H_2O werden die beiden vorhandenen Peptidbindungen hydrolysiert.
Zu **(B):** Am Carboxylende des Tripeptides steht Glycin, am Aminoende Glutaminsäure.
Zu **(C):** Das diskutierte Tripeptid weist sowohl saure (2 Carboxylgruppen) als auch basische (1 Aminogruppe) Gruppen auf; als Ampholyt besitzt es demnach auch einen isoelektrischen Punkt.
Zu **(A):** Von dem gezeigten Peptid sind insgesamt 6 Sequenzen-Isomere denkbar: H-Glu-Ala-Gly-OH, H-Glu-Gly-Ala-OH, H-Ala-Gly-Glu-OH, H-Ala-Glu-Gly-OH, H-Gly-Ala-Glu-OH, H-Gly-Glu-Ala-OH.

H89

Frage 11.33: Lösung C

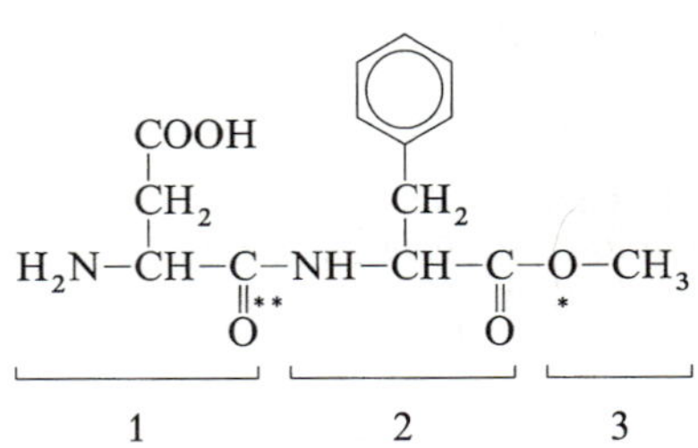

Aspartam

Aspartam besteht aus einem am Carboxylende mit dem Alkohol Methanol (3) veresterten (*) Dipeptid, welches aus den beiden Aminosäuren Asparaginsäure (1) und Phenylalanin (2) aufgebaut ist. Die Verknüpfung der beiden Aminosäuren über **eine** Peptidbindung (**) stellt den Spezialfall einer Säureamid-Bindung dar. Mittels Hydrolyse läßt sich Aspartam wieder in seine drei Einzelkomponenten zerlegen.

Zu **(A):** Als Dipeptid weist Aspartam saure und basische Gruppierungen auf; folglich besitzt die Verbindung auch einen isoelektrischen Punkt.
Zu **(B)–(C):** Bei Peptiden wird das Carboxylende mit –OH, das Aminoende mit –H bezeichnet. Bei Verbindung 1 steht am Carboxylende Cystein, bei Verbindung 2 Alanin.
Zu **(D)–(E):** Die drei Aminosäuren beider Verbindungen sind durch je 2 Peptidbindungen miteinander verbunden; beide enthalten auch die Aminosäure Cystein und damit Schwefel.

F98

Frage 11.34: Lösung B

Zu **(1)** und **(3):** Es handelt sich in der Tat um ein aus den proteinogenen Aminosäuren Phenylalanin, Glycin und Lysin aufgebautes Tripeptid; die Sequenz wurde jedoch falsch angegeben. Die richtige Sequenz muß lauten: Phe-Gly-Lys! Das Tripeptid mit der Sequenz Lys-Gly-Phe ist ein anderes Molekül mit anderen chemischen Eigenschaften.
Man ist überein gekommen, die Kurzsymbolik so anzugeben, daß das Carboxy-Ende eines Peptides auf der „rechten" Seite der Formel zur Darstellung kommt.
Zu **(2):** Das Tripetid ist basisch; zwei Amino-Gruppen sind mit einer Carboxy-Gruppe kombiniert.
Zu **(4):** Zur Hydrolyse des Tripetides werden zwei Äquivalente Wasser benötigt; Phe-Gly-Lys besitzt zwei Peptidbindungen!
Zu **(5):** Phe-Gly-Lys enthält lediglich 2 C-Atome mit vier verschiedenen Liganden (Chiralitätszentren).

11.2.2 Peptidbindung

Frage 11.35: Lösung A

Zu **(1):** Die Peptidbindung bildet die folgenden Mesomerieformen aus:

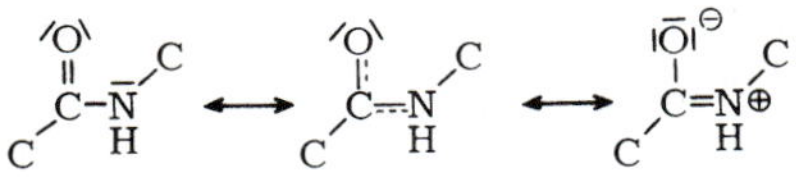

Auf Grund des damit gegebenen Doppelbindungscharakters ist die Peptidbindung eben, d.h. die daran beteiligten Atome liegen in einer Ebene.
Zu **(2):** Siehe Merksatz.
Zu **(3):** Nur längeres Kochen des Proteins mit 30% Schwefelsäure bzw. konzentrierter Salzsäure führt zur Hydrolyse.
Zu **(4):** Mit NH- und OH-Gruppen kann die Amid-CO-Gruppe Wasserstoffbrücken ausbilden. Die Bindungsenergie einer solchen beträgt etwa 8 kJ/Mol.

Zu **(5):**

Carbonsäureanhydrid   Carbonsäureamid

Wasser, Alkohol und Amine sind typische Nucleophile, die am positiv polarisierten C-Atom der Carbonylgruppe angreifen wollen. Bei Carbonsäureanhydriden ist die Polarisierung der C-Atome auf Grund der drei stark elektronegativen O-Atome ausgeprägter als bei Carbonsäureamiden, Carbonsäureanhydride reagieren daher leichter mit Nuleophilen als Carbonsäureamide.

! Merke: Amide reagieren im Gegensatz zu Aminen neutral und nicht basisch.

H85

Frage 11.36: Lösung E

Ein Dipeptid besteht aus zwei Aminosäuren, die über eine Säureamidbindung, die sogenannte Peptidbindung, verbunden sind. Die Bindung entsteht, wenn die Carboxylgruppe der einen Aminosäure mit der Aminogruppe der anderen Aminosäure unter Wasseraustritt reagiert:

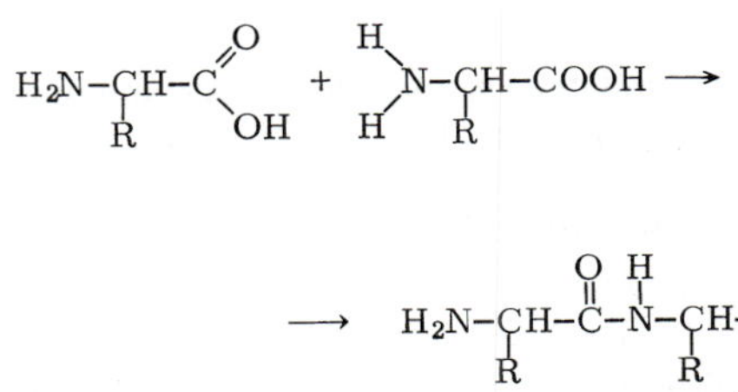

Vorstehende Verbindung ist deshalb kein Dipeptid, weil sie aus der Reaktion einer Aminosäure mit einem Diamin entstanden ist. Ethylendiamid besitzt keine Carboxylgruppe und ist daher keine Aminosäure.

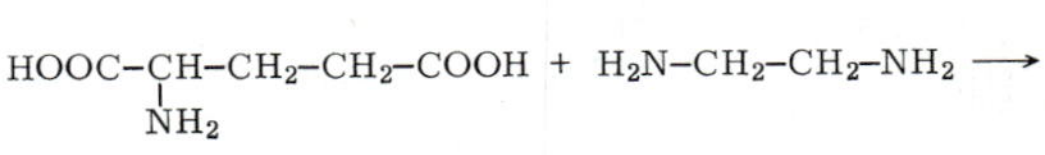

Glutaminsäure   Ethylendiamid

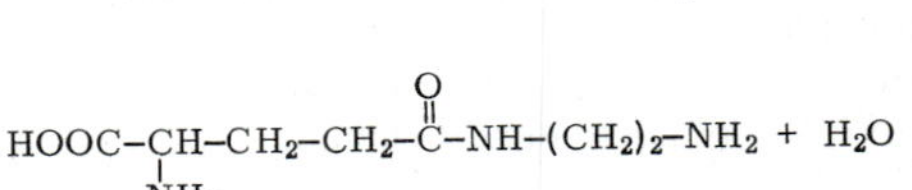

> **!** Merke: Jede Peptidbindung ist eine Säureamidbindung (aber nicht umgekehrt!).

11.3 Proteine

11.3.1 Klassifizierung von Proteinen

F94

Frage 11.37: Lösung C

Zu **(A)–(B):** Bei der Sekundärstruktur der Proteine unterscheidet man die sogenannte α-Helix, die Faltblattstruktur und die Kollagentripelhelix. Die α-Helix entsteht durch intramolekulare Wasserstoffbrücken zwischen den Amino- und Carboxylgruppen der Peptidbindungen, wobei sich die Peptidkette schraubenartig anordnet. Die Seitenketten der Aminosäuren ragen aus der α-Helix heraus.
Zu **(C):** Ein hoher Prolin- bzw. Hydroxyprolinanteil findet sich vor allem in der Kollagentripelhelix.
Zu **(D):** Die α-Helix ist ein wesentliches Strukturelement der Globinkette des Hämoglobins.
Zu **(E):** Bei der Peptidbindung existieren zwei mesomere Grenzstrukturen:

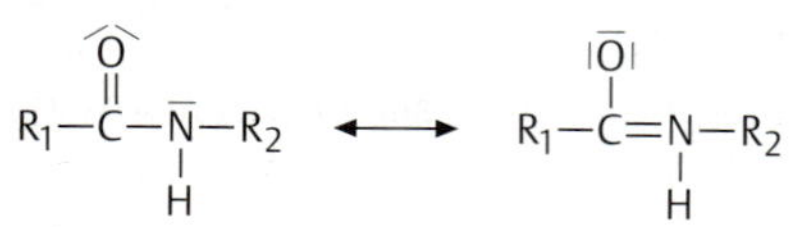

Alle zur Peptidbindung gehörenden Atome und Bindungen liegen in einer Ebene; sie ist planar und trans-konfiguriert; beides Voraussetzungen zur Ausbildung der α-Helix.

H87

Frage 11.38: Lösung E

Zu **(2)** und **(3):** Die einzelnen Aminosäuren sind in Proteinen durch Peptidbindungen verbunden. Liegen zwei Peptidketten eng beisammen, kann sich zwischen dem O-Atom und dem N-Atom zweier Peptidbindungen eine Wasserstoffbrücke ausbilden.

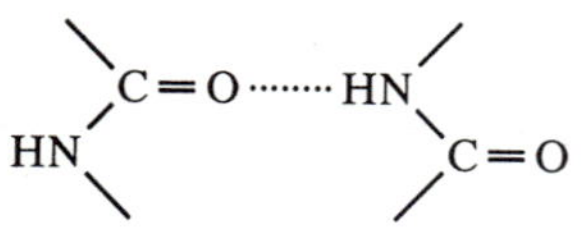

Es kann dadurch zur Ausbildung einer Faltblattstruktur kommen, wenn die Peptidketten parallel bzw. antiparallel zueinander liegen.

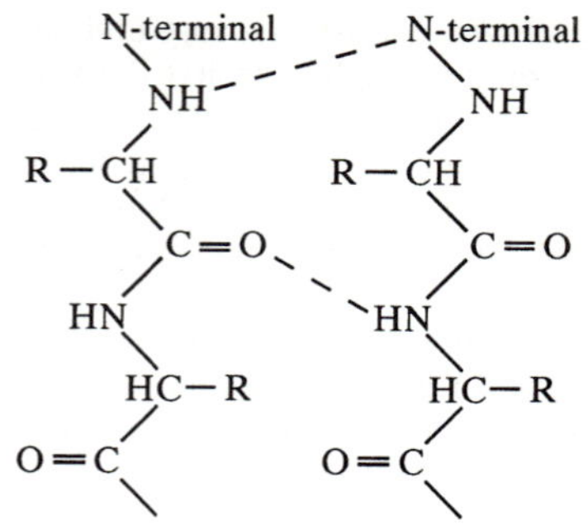

parallel

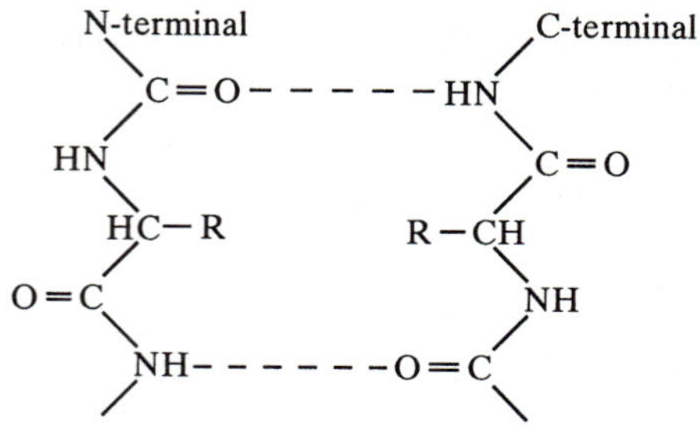

antiparallel

Kommt es innerhalb einer Peptidkette zur Ausbildung von Wasserstoffbrücken, resultiert daraus eine Spirale, die man als α-Helix bezeichnet (nicht mit der DNA-Doppelhelix verwechseln!). Eine Umdrehung der α-Helix erfordert 3,7 Aminosäurereste, die Ganghöhe beträgt 0,54 nm.
Zu **(1):** Beim Kollagen liegt eine Tripelhelix aus 3 miteinander verdrillten Einzelfäden vor. Die Verknüpfung der drei Fäden erfolgt durch Wasserstoffbrückenbindungen und kovalente Bindungen.
Zu **(4):** Die Sekundär- und Tertiärstrukturen der nativen Proteine können durch Hitze, aber auch durch Zusetzen von Chemikalien (Säuren, Salze u. a.) weitgehend zerstört werden. Man bezeichnet diesen Vorgang als Denaturierung; es entstehen sogenannte Zufallsknäuel.

F88

Frage 11.39: Lösung B

Zu **(E):** Die *Primärstruktur* der Proteine ist durch deren Sequenz und die dazugehörige chemische Strukturformel festgelegt. Die *Sekundärstruktur* ist eine definierte räumliche Anordnung des Makromoleküls, die durch die Wasserstoffbrückenbindungen zwischen den Amino- und Carboxylgruppen stabilisiert wird. Dabei wird der partielle Doppelbingungscharakter der Peptidbindung dahingehend genutzt, daß es zur Ausbildung von Wasserstoffbrückenbindungen zwischen N—H- und O=C-Gruppierungen kommt. Bei der *Sekundärstruktur* unterscheidet man die sogenannte *α-Helix* von der *Faltblattstruktur*.

Zu **(B):** Strukturen, die durch Wechselwirkung dieser Sekundärstrukturen miteinander zustandekommen, nennt man *Tertiärstrukturen*, diese werden durch Disulfidbrücken und ionale Bindungen stabilisiert.

Zu **(A)**, **(C)** und **(D):** Glykosylierung und Phosphorylierung beeinflussen die Konformation von Proteinen. Gelöste Proteine können durch organische Lösungsmittel (z.B. Alkohol), Säuren, Laugen, Harnstoff und Schwermetallsalze (z.B. Ammoniumsulfat) denaturiert werden.

Manche Proteine können zudem noch in zwei verschiedenen, ineinander überführbaren Konformationen vorliegen (Details siehe Lehrbücher der Biochemie).

11.3.2 Eigenschaften

H89

Frage 11.40: Lösung A

Basische Proteine besitzen im sauren Milieu eine positive Ladung: sie wandern in der Elektrophorese zur Kathode und sind damit Kationen. Der isoelektrische Punkt eines basischen Proteins liegt selbstredend im basischen Bereich.

11.4 Kommentare aus Examen Herbst 1998

H98

Frage 11.41: Lösung E

Zu **(A)–(B):** Gezeigt ist die basische Aminosäure Histidin; sie enthält einen Imidazolring (*):

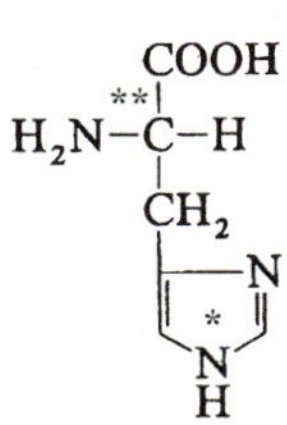

Zu **(C):** Histidin gehört zu den in Eiweißen (Proteinen) vorkommenden Aminosäuren, diese bezeichnet man als *proteinogen*.

Zu **(D):** Die α-Aminosäuren haben in der α-Stellung zur Carboxylfunktion eine Aminogruppe. Steht die Aminogruppe an diesem asymmetrisch substituierten α-C-Atom (** Chiralitätszentrum) in der sogenannten Fischer Projektion links, spricht man von einer L-Aminosäure; steht sie rechts, von einer D-Aminosäure. Histidin hat diese beiden Möglichkeiten.

Zu **(E):** Aminosäuren sind Säure und Base zugleich. Man bezeichnet derartige Stoffe als *Ampholyte*. An ihrem *isoelektrischen Punkt* (= substanzspezifischer pH-Wert) verhält sich die jeweilige Aminosäure nach außen elektrisch neutral, d.h. sie wandert im elektrischen Feld nicht. Die Ladung einer Aminosäure ist damit pH-Wert abhängig: Unterhalb des jeweiligen isoelektrischen Punktes liegt sie als Kation, darüber als Anion vor. Der isoelektrische Punkt von Histidin liegt bei einem pH von ca. 7,5; bei einem pH von 2 liegt Histidin daher als Kation vor.

H98

Frage 11.42: Lösung A

Zu **(A)–(E):** *Dehydrierung* (Abspaltung von *Wasserstoff*) von zwei Molekülen Cystein führt zu Cystin:

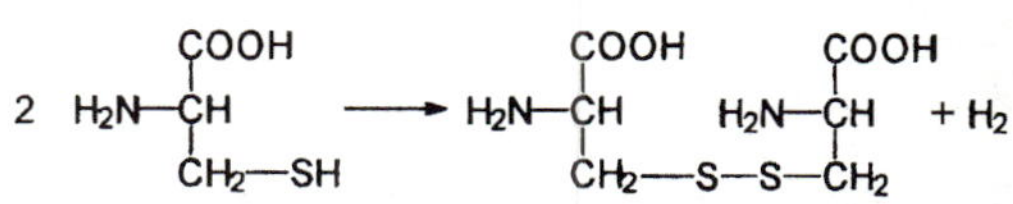

Alle anderen angegebenen Reaktionen sind in der Tat *Dehydratisierungen* (Abspaltung von *Wasser*).

H98 !

Frage 11.43: Lösung D

Zu **(A)** und **(C):** Das Tripeptid ist aus den Aminosäuren L-Tyrosin (Tyr), L-Glycin (Gly) und L-Asparaginsäure (Asp) aufgebaut. Alle drei Aminosäuren (Tripeptid!) kommen in Proteinen vor; man bezeichnet sie daher als *proteinogen*.

Zu **(B):** Zwei COOH-Gruppen steht lediglich eine NH_2-Gruppe gegenüber, es handelt sich daher um ein saures Tripeptid.

Zu **(D):** Die drei Aminosäuren sind über zwei Peptidbindungen verbunden; deren Hydrolyse benötigt lediglich *zwei* Äquivalente Wasser!

Zu **(E):** Das Tripeptid enthält zwei Chiralitätszentren (*):

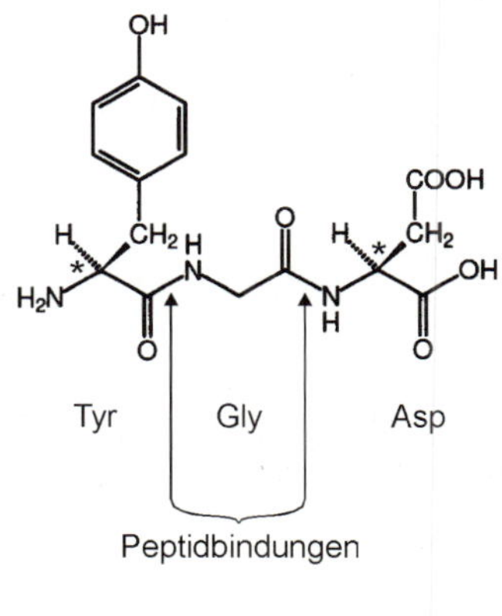

12 Fettsäuren, Lipide

12.1 Fettsäuren

H93

Frage 12.1: Lösung E

Zu **(A)** und **(C):** Reaktionen (1) und (3) sind Abspaltungen von Wasserstoff (= Dehydrierungen); die Ausgangsverbindungen werden jeweils oxidiert.
Zu **(B):** Reaktion (2) ist die Anlagerung (Addition) von Wasser.
Zu **(D):** Reaktion (4) führt zu einer aktivierten CoA-Fettsäure

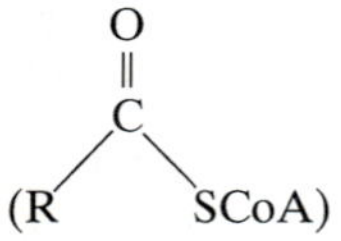

sowie aktivierter Essigsäure.

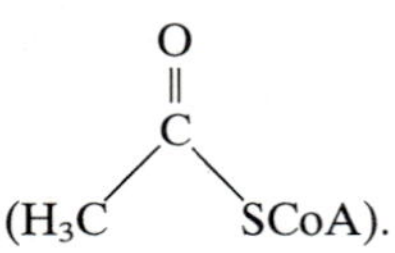

Zu **(E):** An Reaktion (3) ist neben der β-Hydroxyacyl-CoA-Dehydrogenase NAD und nicht FAD beteiligt.

12.2 Lipide

12.2.1 Klassifizierung

Frage 12.2: Lösung B

Triglyceride (Neutralfette) sind die Triester des Glycerins (Propantriol) mit Fettsäuren. Sie haben die Strukturformel:

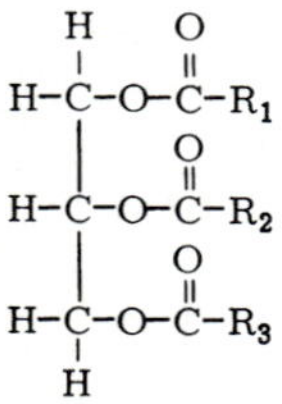

Bei der alkalischen Esterhydrolyse (= Esterverseifung) entstehen die Salze der Monocarbonsäuren (= Seifen) und Glycerin.

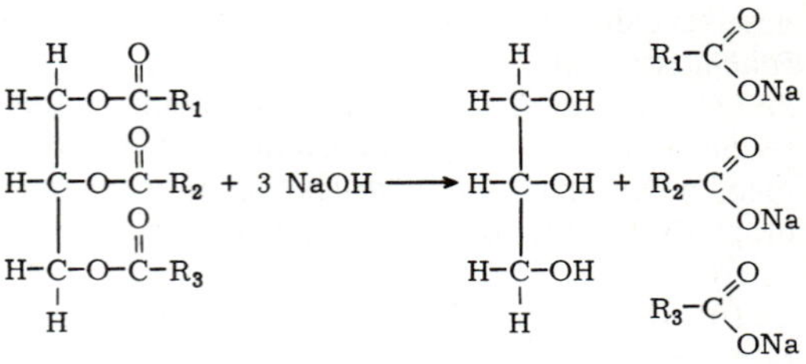

Glycerin Seifen

Bei der sauren Esterhydrolyse (H^+-Ionen wirken dabei nur als Katalysatoren) entstehen Glycerin und die Monocarbonsäuren.

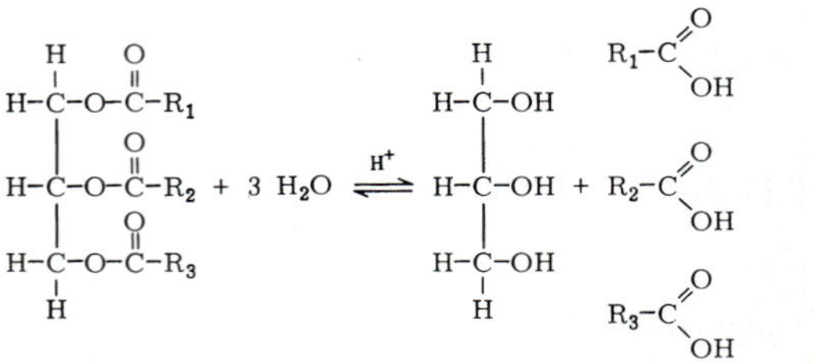

Glycerin Carbonsäuren

Triglyceride sind als relativ unpolare Moleküle lipophil (= hydrophob).

F93

Frage 12.3: Lösung E

Zu **(A)**, **(C)** und **(D):** Abgebildet ist Glycerolsäure, sie kann zu Glykol decarboxyliert werden:

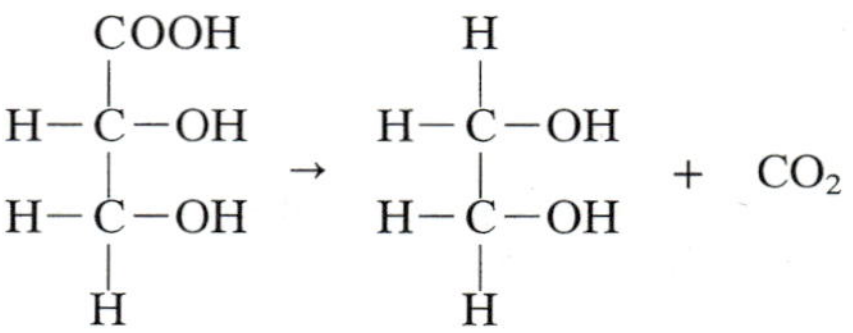

Glykol

Oxidation von Glycerolaldehyd ergibt Glycerolsäure:

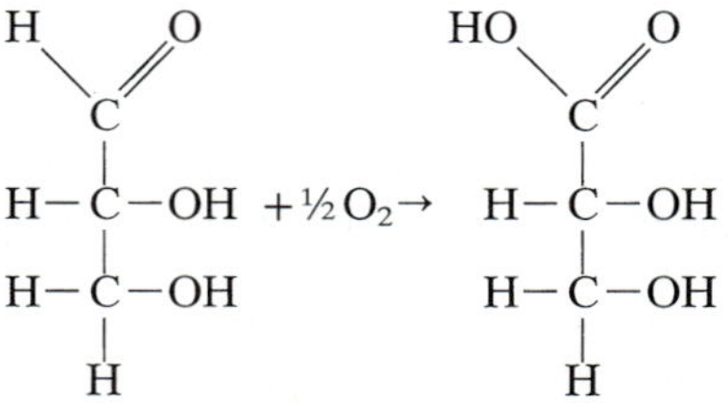

Glycerolaldehyd

Zu **(B):** Wegen des Chiralitätszentrums in Form des C-Atom 2 kommen zwei Enantiomere vor.
Zu **(E):** Lediglich Glycerin kann mit 3 Fettsäuremolekülen Triacylglycerole ausbilden.

H_2C-OH
$\quad|$
H_2C-OH
$\quad|$
H_2C-OH

Glycerin

12.2.2 Eigenschaften

F98

Frage 12.4: Lösung C

Zu **(A)–(B):** Abgebildet ist die mehrfach ungesättigte Fettsäure Arachidonsäure. Sie enthält vier (jedoch keine konjugierten) Doppelbindungen, an denen sie stets cis-konfiguriert ist.
Zu **(C):** Ölsäure hat die Formel: $CH_3(CH_2)_7(CH{=}CH)(CH_2)_7COOH$ und damit 18 C-Atome; Arachidonsäure weist 20 C-Atome auf.
Zu **(D)–(E):** Arachidonsäure ist Vorläufersubstanz der Prostaglandine; der Umbau beginnt mit der Sauerstoffaufnahme unter Bildung eines Endoperoxids. Auch die Thromboxane gehen auf die Arachidonsäure zurück.

F95

Frage 12.5: Lösung B

Zu **(A)–(C):** Abgebildet ist cis-cis-Oktadecen-(9,12)-säure, die Linolsäure. Sie ist all-cis-konfiguriert und besitzt wie Stearinsäure ($CH_3(CH_2)_{16}COOH$) 18 C-Atome.
Zu **(D)–(E):** Der Schmelzpunkt von Linolsäure liegt bei –5 °C, der von Stearinsäure bei 70 °C. Linolsäure ist eine essentielle Fettsäure, d. h. genau wie Linolen- und Arachidonsäure muß sie, um Mangelerscheinungen vorzubeugen, mit der Nahrung zugeführt werden.

F94

Frage 12.6: Lösung E

Alkalisalze der längerkettigen Carbonsäuren (z. B. Natriumstearat, Natriumpalmitat) verfügen über einen lipophilen Teil, die Kohlenwasserstoffkette, und einen hydrophilen Teil, die Carboxylgruppe. Solche Moleküle werden als amphiphil bezeichnet. Im Wasser ragt der hydrophile Teil in dieses hinein, der lipophile Teil aus ihm hinaus. Dadurch wird die Oberflächenspannung des Wassers gesenkt. Diese amphiphilen Moleküle sind auch in der Lage, als Mizellen (Ordnungsstruktur) lipophile Teile (z. B. Öltröpfchen) zu emulgieren.
Zu **(E):** Wasserstoffbrücken bilden sich zwischen diesen oberflächenaktiven Molekülen nicht aus.

12.3 Kommentare aus Examen Herbst 1998

H98

Frage 12.7: Lösung D

Zu **(A)–(C):** Abgebildet ist die Nucleinsäure-Base Thymin. Thymin ist wie Uracil und Cytosin ein Pyrimidinderivat; Adenin und Guanin sind Purin-Abkömmlinge:

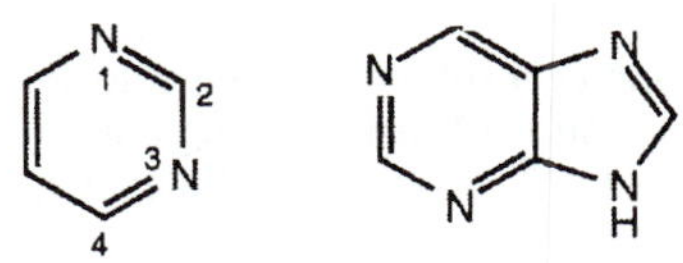

Pyrimidin Purin

Die genannten Nucleinsäure-Basen sind Bestandteil der DNA.
Zu **(D)–(E):** Der in Thymin vorhandene Zucker ist in der Tat 2-Desoxy-D-Ribose (eine Pentose). Die in den Nucleinsäure-Basen vorhandenen Pentosen 2-Desoxy-D-Ribose bzw. D-Ribose sind am C-Atom 5 esterartig mit Phosphorsäure verbunden. Diese Phosphorsäure reagiert nun mit der Pentose einer zweiten Nucleinsäure-Base (durch Veresterung über deren OH-Gruppe in Position 3), es entsteht mittels dieser **5′-3′-Phosphorsäurediester-Bindung** eine Art Kette. Nucleinsäuren enthalten daher im Gegensatz zu z. B. ATP *keine* energiereichen Phosphorsäureanhydridbindungen.

13 Nukleotide, Nukleinsäuren, Chromatin

H90

Frage 13.1: Lösung C

Zu **(A)**, **(B)** und **(E):** Die bei der Hydrolyse von Phosphorsäuregruppen durch Spaltung von energiereichen Verbindungen freiwerdende Energie (= exergone Reaktion) ist ein Maß für ihre Fähigkeit, diese Phosphatgruppen auf andere Verbindungen zu übertragen. Dieses sogenannte Phosphatgruppenübertragungspotential ist bei ATP ($\Delta G = -30{,}5$ kJ/mol) größer als bei Glucose-6-phosphat ($\Delta G = -13{,}8$ kJ/mol).

Zu **(C):** Bei der Hydrolyse von Glucose-6-phosphat wird eine Phosphorsäureesterbindung gespalten; bei der Hydrolyse von ATP hingegen eine Säureanhydridbindung.
Zu **(D):** Glucose kann durch ATP in Glucose-6-phosphat und ADP überführt werden. Obwohl für die Phosphorylierung der Glucose 13,8 kJ/mol benötigt werden, verläuft diese Reaktion exergon, d.h. 16,7 kJ/mol werden freigesetzt (–30,6 kJ/mol + 13,8 kJ/mol = –16,7 kJ/mol).

F89

Frage 13.2: Lösung E

Zu **(A)–(B):** Die Strukturformel zeigt Adenosindiphosphat (ADP). ADP entsteht durch Abspaltung von Phosphorsäure aus Adenosintriphosphat (ATP). Bei dieser Reaktion werden 29,3 kJ pro Mol frei, die Reaktion ist exergon.
Zu **(C)–(D):** Die beiden Phosphorsäuremoleküle des ADP sind durch eine Säureanhydridbindung miteinander verbunden (—P—O—P—). Intrazellulär liegt ADP als Anion vor, der intrazelluläre pH-Wert liegt mit 6,9 nahe am Neutralpunkt.
Zu **(E): Adenosintriphosphat** überträgt einen Phosphatrest auf Kreatinin unter Bildung von Kreatinphosphat. Katalysierendes Enzym ist hierbei ATP-Kreatin-Transphosphorylase. Als Reaktionsprodukt entsteht bei dieser Reaktion ADP.

F90

Frage 13.3: Lösung D

Bei der Ausbildung von Wasserstoffbrücken liegen sowohl Cytosin als auch Guanin in der Keto-Form vor.

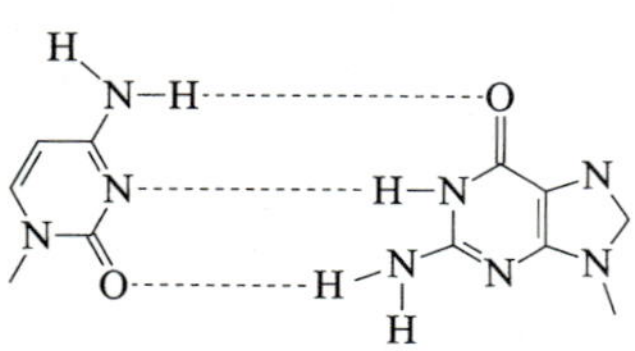

Cytosin Guanin

Prinzipiell sind die Nukleinbasen zwar zur Keto-Enol-Tautomerie befähigt, sie liegen jedoch ausschließlich in der Keto-Form vor.

H90

Frage 13.4: Lösung E

Zu **(A)–(E):** Adenin und Guanin sind die Purinbasen, Cytosin und Thymin die Pyrimidinbasen der DNA und RNA. Im Gegensatz dazu weist die RNA statt des Thymins Uracil und statt Desoxyribose Ribose auf.
Die Basenpaarung zwischen Guanin und Cytosin zeigt die folgende Formel; es kommt dabei zur Ausbildung von drei Wasserstoffbrückenbindungen.

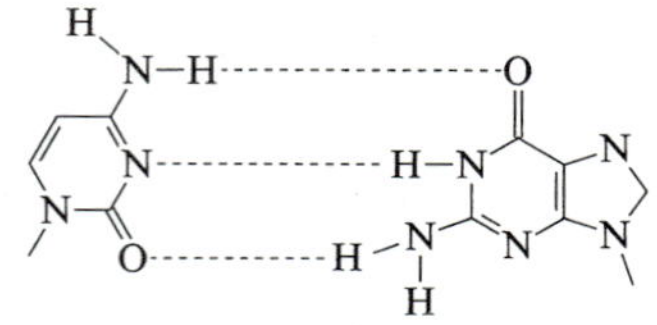

Cytosin Guanin

F95

Frage 13.5: Lösung B

Zu **(A)**, **(B)** und **(E):** Harnsäure ist das wichtigste Abbauprodukt der Purinbasen Adenin und Guanin. Guanin wird über Xanthin zu Harnsäure metabolisiert. Guanidin hingegen ist mit dem Harnstoff verwandt und findet sich in Spuren im menschlichen Organismus.

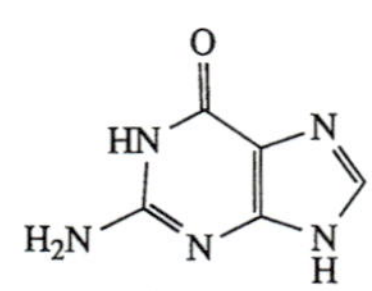

Guanin

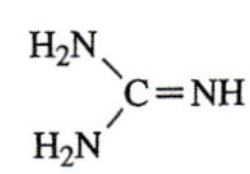

Zu **(C):** Als Heterozyklus enthält Harnsäure in jedem der beiden Ringe substituierten Harnstoff als Strukturelement.

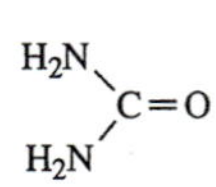

Zu **(D):** Bei der Harnsäure kann es durch intramolekulare Protonenänderung zu einer cyclischen Konjugation der dann vorhandenen drei Doppelbindungen kommen; es hat sich ein aromatisches Ringsystem ausgebildet:

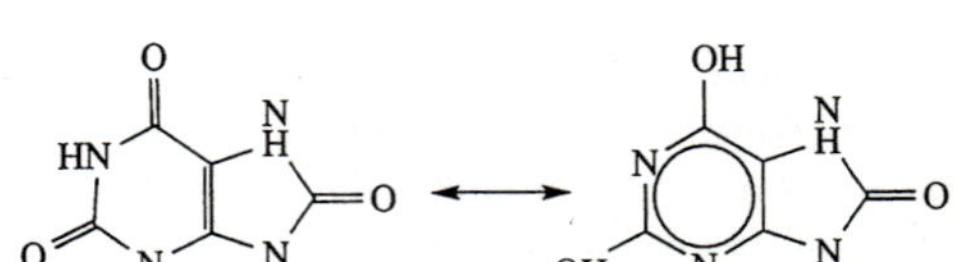

Sachverzeichnis

Sachverzeichnis

A

D

E

F

G

H

I

K

L

M

Q

R

U

V

W

X

Z

Original-Prüfungsfragen mit Kommentar
GK1
Examen Frühjahr 1999
alle 320 Original-Prüfungsfragen des GK1
Physikum
Thieme
Examen Frühjahr 1999

Ihre Meinung ist gefragt!

Sehr geehrte Leserin, sehr geehrter Leser,

ein gutes Buch sollte auch über mehrere Auflagen in Inhalt und Gestaltung den Bedürfnissen seiner Leser gerecht werden. Um dies zu erreichen, sind wir auf Ihre Hilfe angewiesen. Deshalb: Schreiben Sie uns, was Ihnen an diesem Buch gefällt, vor allem aber, was wir daran ändern sollen.
Für Ihre Mühe möchten wir uns mit einer **Verlosung** bedanken, an der jeder Fragebogen teilnimmt. Die Verlosungen finden 2 × jährlich statt. Zu gewinnen sind jeweils 25 Büchergutscheine à DM 50,–. Der Rechtsweg ist ausgeschlossen. Wir freuen uns auf Ihre Antwort, die wir selbstverständlich vertraulich behandeln.

Bitte schicken Sie diesen Fragebogen an:

Georg Thieme Verlag
Programmplanung Medizin
Dr. med. P. Fode
Postfach 30 11 20
70451 Stuttgart

Wie beurteilen Sie diesen Band:

Anzahl der Schemata ausreichend	ja ❑	nein ❑
Anzahl der Tabellen ausreichend	ja ❑	nein ❑
Anzahl der Lerntexte ausreichend	ja ❑	nein ❑

Wie beurteilen Sie die inhaltliche Qualität der Kommentare? Welche Kommentare sind besonders gut, welche Kommentare sind nicht ausreichend?

Wie beurteilen Sie die Lerntexte bzw. das Kurzlehrbuch?

Zu folgenden Themen wünsche ich mir einen Lerntext/ausführlichere Erklärungen:

Wie beurteilen Sie den Schreibstil und die Lesbarkeit des Bandes?

Ist die Schwarze Reihe für dieses Prüfungsfach als Vorbereitung ausreichend? Haben Sie noch andere Lehrbücher benutzt? Welche?

Besonders gefallen hat mir an diesem Band:

Weitere Vorschläge und Verbesserungsmöglichkeiten?

Absender (bitte unbedingt ausfüllen)